LAÉRCIO VASCONCELOS

RACIOCÍNIO MATEMÁTICO 2

EDITORA
CIÊNCIA MODERNA

Raciocínio Matemático 2

Editor: Paulo André P. Marques
Produção Editorial: Dilene Sandes Pessanha

FICHA CATALOGRÁFICA

VASCONCELOS FILHO, Laércio Correia de.

Raciocínio Matemático 2

Rio de Janeiro: Editora Ciência Moderna Ltda., 2023.

1. Matemática 2. Sistemas matemáticos: intuitivo, indutivo, dedutivo
I — Título

ISBN: 978-65-5842-297-6 CDD 510
511.2

Editora Ciência Moderna Ltda.
R. Alice Figueiredo, 46 – Riachuelo
Rio de Janeiro, RJ – Brasil CEP: 20.950-150
Tel: (21) 2201-6662/ Fax: (21) 2201-6896
E-MAIL: LCM@LCM.COM.BR
WWW.LCM.COM.BR **08/23**

PARA O MELHOR USO DESTE LIVRO

Este livro segue o estilo que muitos chamam de "provas comentadas". Muitos estudantes consideram isso, não como uma série de problemas para resolver, mas sim, questões para tomar conhecimento, aumentando as chances de resolução nas provas dos concursos reais. Isto pode funcionar em determinadas matérias, mas no caso da matemática, esta não é a melhor forma de estudar. O princípio de estudo que este livro segue, não é aquele em que o aluno espera encontrar na prova uma questão perecida com outra que já viu, ou no mesmo estilo. Isto eventualmente ocorre, mas a única forma do aluno ter grande possibilidade de resolver a maioria das questões de uma prova é adquirindo o conhecimento. O conhecimento ensinado neste livro é a habilidade do raciocínio para a resolução de problemas matemáticos.

O livro possui 10 capítulos, cada um deles com 10 testes, cada teste com 10 questões, o que totaliza 1000 questões. Consideramos uma questão como sendo um exercício, ou na maior parte das vezes, um problema que caiu na prova de um determinado concurso. Nos concursos, algumas vezes o que uma questão pede é um simples cálculo, mas quase todas elas vão mais longe: são problemas, que o aluno precisa ler, compreender, e descobrir qual caminho deverá tomar para chegar à solução. Aí sim, poderá fazer os cálculos necessários. A habilidade com cálculos é importante para chegar à resposta, mas somente a habilidade do raciocínio permite que o aluno descubra quais cálculos deve realizar.

O método de estudo recomendado é que o aluno estude um teste de cada vez. Em cada teste, o aluno deve tentar resolver as questões. Mesmo que não consiga resolver, é importante que "quebre a cabeça" tentando. A seguir, deve conferir o gabarito e checar quantas questões conseguiu resolver. Aí sim, pode ler as resoluções das questões. Desta forma, o aluno conseguirá, aos poucos, conseguir resolver mais questões sozinho. A ideia é que o aluno chegue no final do livro resolvendo a maioria das questões sem ajuda.

A sequência de capítulos é a seguinte:
3 capítulos de ARITMÉTICA
4 capítulos de ÁLGEBRA
3 capítulos de GEOMETRIA PLANA
O aluno pode estudar os capítulos na ordem, ou então estudar paralelamente as três matérias, ou seja, formar 3 sequências simultâneas, sendo uma para cada matéria:
ARITMÉTICA: capítulos 1, 2 e 3
ÁLGEBRA: capítulos 4, 5, 6 e 7
GEOMETRIA: capítulos 7, 8 e 9

Obviamente será difícil iniciar e terminar capítulos de matérias diferentes de forma simultânea, mesmo porque ÁLGEBRA tem um capítulo a mais. O que importa é que ao chegar no final do livro, o aluno estará apto a realizar provas dos concursos que sejam seus objetivos: Colégio Militar para ingresso no Ensino Médio, CEFET, EAM, CFN. O livro também prepara para EPCAr e Colégio Naval, mas no caso desses dois concursos, é fundamental resolver também provas desses concursos, de anos anteriores.

Bons estudos!

Laércio Vasconcelos

Sumário

Capítulo 1

Aritmética

Os livros da série "Raciocínio Matemático" podem ser classificados com o termo que muitos usam, "provas comentadas". Entretanto, é muito mais que isso.

Provas não foram feitas para o aluno aprender a matéria, apesar de, em parte, ajudarem nessa missão. Provas foram feitas para checar se o aluno conhece a matéria do programa, pelo menos em parte. Tipicamente uma prova não checa o conhecimento de todo o programa. Provas têm como principal missão, eliminar candidatos. Indiretamente, as questões de prova têm um objetivo secundário, que é testar o conhecimento.

Uma só prova não cobre todo o conteúdo programático exigido. Questões de provas são adequadas para um aluno que terminou o seu curso preparatório. Não servem, em geral, para um aluno que está aprendendo a matéria, ao longo de um curso preparatório. Para usar questões de provas com o objetivo de aprender a matéria, é preciso usar questões FÁCEIS, MÉDIAS, e finalmente DIFÍCEIS. Tivemos o cuidado de selecionar questões com ordem crescente de dificuldade, mesmo que de concursos diversos, e assim usar essas questões de forma adequada para o aprendizado.

O aluno pode estudar neste livro ao longo do seu curso preparatório, mas como estão em ordem crescente de dificuldade, o estudo pode ser iniciado até mesmo antes do início do preparatório. Por exemplo, um aluno que vai prestar concurso para o Colégio Naval ou EPCAr, pode iniciar seus estudos meses antes do início do seu curso preparatório. O mesmo se aplica a quem vai prestar concurso para o Colégio Militar, para ingresso no Ensino Médio. Alunos que vão estudar para CEFETs e Institutos Federais encontrarão neste livro, uma boa referência de estudos, com diversas questões de anos anteriores. Estudantes que se preparam para ingresso no CFN e EAM (Marinha) ficarão surpresos ao constatarem que várias questões dos seus concursos já foram cobradas antes em concursos para CEFETs e Colégios Militares, e vice-versa.

A estratégia de estudos para esse livro não consiste no aluno simplesmente ler as soluções. Consiste em um estudo para aumentar a habilidade do aluno em vencer o desafio de fazer uma prova de matemática e obter uma nota alta. Porque não basta passar em um concurso, é preciso passar com uma nota alta, para ficar dentro das vagas disponíveis.

O método de estudo para este livro é o seguinte. Existem 1000 questões, divididas em 10 capítulos, por assunto. Em cada capítulo, 10 testes de 10 questões cada. O teste é a unidade mínima de estudo. Escolha o primeiro teste e tente resolvê-lo. No início, não se preocupe com o tempo. Use a expressão "quebrar a cabeça". Se não lembrar das fórmulas, ou do conceito necessário, consulte a matéria que deve ser usada. Ao terminar um teste, verifique as respostas na seção "Respostas dos testes", e veja que nota obteve. Registre a nota, para acompanhar o seu progresso. Depois, vá à seção "Resoluções dos testes" e veja como as questões são resolvidas. Veja como resolver aquelas questões que você errou, ou que não conseguiu resolver. Observe a solução do autor, pois mesmo em uma questão que você acertou, pode existir uma outra solução, ou informações adicionais, ou mesmo macetes para resolução. Você verá que suas notas irão melhorando à medida em que avança nos capítulos.

Chegando ao fim do livro, resolva algumas provas reais do concurso que você pretende realizar. Você notará uma maior facilidade na resolução das questões. Um aumento na sua habilidade matemática, e uma grande chance de aprovação no seu concurso.

Teste 1

1) CMF – Dois números inteiros positivos são tais que a divisão do primeiro deles por 7 deixa resto 6, enquanto a divisão do segundo, também por 7, deixa resto 5. Somando os dois números e dividindo o resultado por 7, o resto será

(A) 1 (B) 2 (C) 3 (D) 4 (E) 5

2) CMPA – Branca de Neve distribuiu para os sete anões a sua colheita de 707 cogumelos. Sabe-se que nenhum dos anões tem a mesma altura e que, começando pelo mais baixo deles, seguindo a ordem crescente das respectivas alturas, cada anão recebeu um cogumelo a mais que o anão de altura imediatamente inferior à sua. Ocorrendo isso, tem-se que o mais alto dos anões receberá uma quantidade de cogumelos igual a

(A) 104 (B) 105 (C) 106 (D) 107 (E) 108

3) CMSM – Um teleférico é capaz de percorrer um trajeto de 800 metros em apenas 5 minutos. Qual é a sua velocidade em quilômetros por hora?

(A) 8,6 (B) 9,6 (C) 10 (D) 12,4 (E) 16

4) CMRJ – O número de divisores inteiros e positivos de $\mathbf{N = 2^{14} - 2^{12} + 6.2^{10}}$ é igual a

(A) 13 (B) 22 (C) 36 (D) 45 (E) 66

5) CMBH – O gráfico representa o resultado de uma prova aplicada a uma turma do CMBH. Identifique a alternativa que apresenta o inteiro mais próximo da média aritmética dos alunos desta turma.

(A) 5 (B) 6 (C) 7 (D) 8 (E) 9

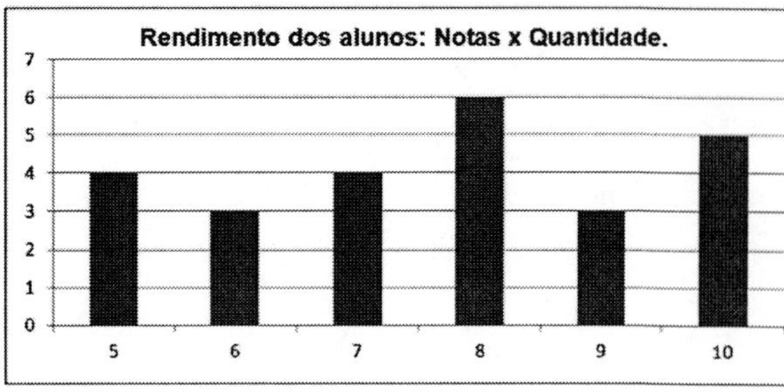

6) CFN – Um produto foi vendido com 15% de acréscimo sobre o preço de tabela. Qual era o preço de tabela se o preço de venda foi de R$ 3.450,00?

(A) R$ 3.300,00 (B) R$ 3.150,00 (C) R$ 3.100,00 (D) R$ 3.030,00 (E) R$ 3.000,00

7) CFN – Um relógio atrasa 3 minutos a cada 6 horas. Quanto tempo o relógio atrasa em 8 dias?

(A) 1 hora e 36 minutos (B) 1 hora e 16 minutos (C) 1 hora e 6 minutos
(D) 1 hora e 36 segundos (E) 1 hora e 16 segundos

8) CEFET RJ – Dois terços da área de um terreno correspondem a 120 m^2. A área que corresponde a três quintos desse terreno é:

(A) 65 m^2 (B) 96 m^2 (C) 108 m^2 (D) 150 m^2

9) IFSP – Uma confecção tem um custo fixo com contas de água, luz e salário de funcionários de R$ 5.000,00 por mês. Cada peça de roupa produzida tem um custo de R$ 4,00 e é vendida por R$ 12,00. O número de peças que devem ser produzidas e vendidas para se obter um lucro igual ao custo fixo é

(A) 125 (B) 250 (C) 625 (D) 1250 (E) 1275

10) IFMT – O sistema de encanamento de água de uma residência apresenta um pequeno vazamento e é alimentado por uma caixa d'água em forma de paralelepípedo com as seguintes medidas: 200 cm de comprimento, 120 cm de largura e 100 cm de altura. Estando a caixa d'água totalmente cheia e não se utilizando água por um período de 6 horas, verifica-se que o nível da água abaixa 10 cm. Considerando que o vazamento por períodos de 6 horas é sempre o mesmo, pode-se afirmar que a perda de água durante 30 dias, em litros, é:

(A) 9.600 (B) 28.800 (C) 36.000 (D) 48.000 (E) 72.000

Teste 2

11) CFN – Qual é o número cujo quíntuplo mais 34 unidades é igual ao número de um algarismo de maior valor?

(A) 5 (B) –1 (C) –3 (D) –5 (E) –7

12) CFN – Determine o valor da expressão abaixo:

$$\left\{\left(30-2^3\times 3\right)^2 \div \left[21-\left(7^3-5^2\times 13\right)\right]\right\} \div \left(3^2-\sqrt{36}\right)$$

(A) 1 (B) 2 (C) 3 (D) 4 (E) 8

13) EAM – Considerando-se todos os divisores naturais de 360, quantos NÃO são pares?

(A) 6 (B) 5 (C) 4 (D) 3 (E) 2

14) CEFET RJ – Sabe-se que um automóvel a 80 km/h percorre certa distância em 2 horas. Para a mesma distância, se aumentarmos sua velocidade para 100 km/h, o tempo do seu percurso ficará:

(A) Diminuído em 20% (B) Diminuído em 25%
(C) Aumentado em 20% (D) Aumentado em 25%

15) CEFET RJ – Uma garrafa PET (poli tereftalato de etileno) com sua tampa custa sessenta centavos. Sabendo que garrafa custa cinquenta centavos a mais que a tampa, quanto custa só a tampa?

(A) R$ 0,05 (B) R$ 0,15 (C) R$ 0,25 (D) R$ 0,35

16) IFSP – O valor da expressão $\dfrac{2^{-2}-2^{-3}}{2^2}$ é igual a

(A) $\dfrac{1-2^5}{2^4}$ (B) 2^{-3} (C) -2^{-5} (D) 2^{-5} (E) $\dfrac{2^5-1}{2^4}$

17) CMB – Um estudante do 3º ano do CMB recebe uma mesada para bancar as despesas dele, pois mora distante de sua família. Gastava, mensalmente, 20% de sua mesada com transporte e alimentação. Com o aumento dos preços desses itens, no segundo semestre, passou a gastar R$ 120,00 a mais por mês, comprometendo, a partir de então, 25% do que recebe. A mesada desse estudante é, em reais, igual a:

(A) 1.000,00 (B) 1.400,00 (C) 1.800,00 (D) 2.000,00 (E) 2.400,00

18) CMJF – Efetuando os cálculos adequados para resolver a expressão numérica abaixo, $2^{-3} - 2^{-2} - \left(\frac{1}{2}\right)^{-3} + \left(-\frac{1}{2}\right)^{-2}$ o inverso do resultado é:

(A) 93/8 (B) –33/8 (C) –8/93 (D) –8/33

19) CMM – A quantidade de números pares com três algarismos distintos que podemos formar com os algarismos 0, 1, 2, 3, 4, 5 e 6 é

(A) 110 (B) 115 (C) 120 (D) 125 (E) 130

20) CMPA – Alex e Vinícius são dois irmãos que se ajudam quando necessitam. Se Alex emprestar R$ 1.000,00 para Vinícius, eles ficarão com quantias iguais, mas se Vinícius emprestar R$ 1.000,00 para Alex, este ficará com o dobro do outro. Podemos afirmar que os dois irmãos possuem, juntos, a quantia de

(A) R$ 2.000,00 (B) R$ 5.000,00 (C) R$ 7.000,00 (D) R$ 9.000,00 (E) R$ 12.000,00

Teste 3

21) CMBH – Analisando os valores encontrados para A e B, é correto afirmar que:

$$A = 1 - \cfrac{1}{1 + \cfrac{1}{1 - \cfrac{1}{1 + \cfrac{1}{1 - \cfrac{1}{2}}}}} \qquad B = 1 + \cfrac{1}{1 - \cfrac{1}{1 + \cfrac{1}{1 - \cfrac{1}{1 + \cfrac{1}{2}}}}}$$

(A) A < 0 e B < 0 (B) A.B < 0 (C) A – B > B – A (D) $\frac{B}{A} > \frac{A}{B}$ (E) 0<B<1 e A>1

22) CMJF – Se $x = \frac{2^{-1} + 3^{-1}}{\sqrt{1 + 5.4^{-1}}}$ e $y = \frac{\left(2^{-1} + 3^{-1}\right)^{-1}}{\sqrt[3]{1 - 7.2^{-3}}}$, então:

(A) x < y < 0 (B) x + y = 21/5 (C) x.y = 4/3 (D) $x^{-1} \cdot y^{-1} = 29/20$

23) CMRJ – Sendo **n** um número inteiro e positivo, o produto abaixo vale:

$$\left(1 + \frac{1}{2}\right) \cdot \left(1 - \frac{1}{3}\right) \cdot \left(1 + \frac{1}{4}\right) \ldots \left(1 + \frac{1}{2n}\right) \cdot \left(1 - \frac{1}{2n+1}\right) \ldots \left(1 + \frac{1}{200}\right)$$

(A) 0 (B) $\frac{198}{200}$ (C) 1 (D) $\frac{200}{199}$ (E) $\frac{201}{200}$

24) CFN – Um número real X é expresso por $(2^{-3} + 2^{-3}) : (4^{-1} + 4^{-1})$. Qual o valor de X?

(A) 3/2 (B) 1 (C) 1/2 (D) 1/4 (E) 0

25) CFN - Qual o valor da expressão
$25 - \{3 \times 17 - [10 + 6 \times (8 - 4 \times 2) + 2 + 3] - 4 \times 4\} : 5$?

(A) 42 (B) 23 (C) 21 (D) 13 (E) 10

26) CFN - Determine o valor da expressão abaixo.

$$\left[\left(-\frac{1}{2}\right)^4 \div \left(-\frac{1}{2}\right)^3\right] \cdot \left(-\frac{1}{2}\right)^6 + 2^{-7}$$

(A) −2 (B) −1 (C) −1/2 (D) 0 (E) 1/2

27) CEFET RJ - Sejam A e B números abaixo representados.

A = 12 − 2 × 5 + 2 e **B = (4/3).(11 − 2) − 6**

Qual das alternativas abaixo indica o MMC entre A e B?

(A) 24 (B) 12 (C) 6 (D) 0

28) CEFET RJ - Se a = 0,3, b = 0,29 e c = 31/100, então:

(A) a > b > c (B) a < b < c (C) b > a > c (D) b < a < c

29) CEFET ES - Calcule o valor da expressão $\sqrt[3]{\dfrac{2^{28} + 2^{30}}{10}}$

(A) 2^7 (B) 2^8 (C) 2^9 (D) 2^{29} (E) 2^{57}

30) IFSP - O resultado da expressão $\dfrac{(\sqrt{36})^{40}.(\sqrt{6})^4}{6^2.36^{0,5}}$ é

(A) 36^{39} (B) 6^9 (C) 6^{39} (D) 1 (E) 0

Teste 4

31) EAM - Dentre os inscritos em um concurso público, 60% são homens e 40% são mulheres. Sabe-se que já estão empregados 80% dos homens e 30% das mulheres. Qual a porcentagem dos candidatos que já têm emprego?

(A) 60% (B) 40% (C) 30% (D) 24% (E) 12%

32) CFN - Um funcionário de uma empresa recebeu R$ 315,00 a mais no seu salário, referente a um aumento de 12,5%. Sendo assim, qual o salário deste funcionário sem o aumento?

(A) R$ 2.205,00 (B) R$ 2.520,00 (C) R$ 2.712,00 (D) R$ 2.835,00 (E) R$ 2.913,00

33) CFN - Uma promoção de alimentos anuncia os seguintes descontos para um produto que custa R$ 10,00 o quilo:
30% no preço do pacote de 5 kg
20% no preço do pacote de 2 kg
10% no preço do pacote de 1 kg
No mínimo, quanto uma pessoa deve pagar, se comprar 8 kg, 15 kg e 17 kg, respectivamente?

(A) R$ 15,00; R$ 21,00; R$ 30,00
(B) R$ 20,00; R$ 31,00; R$ 90,00
(C) R$ 45,00; R$ 90,00; R$ 115,00
(D) R$ 55,00; R$ 70,00; R$ 105,00
(E) R$ 60,00; R$ 105,00; R$ 121,00

34) CEFET RJ – Em uma mistura têm-se 3 litros de álcool e 5 litros de gasolina. Calcule quantos litros de gasolina é necessário acrescentar a essa mistura para que o percentual de álcool passe a corresponder a 25% na nova mistura.

35) CEFET RJ – Juca está preparando um refresco que é feito apenas de suco e água. A quantidade total de refresco é de 4 litros, sendo o suco, apenas 5% desse total. Juca percebeu que o refresco ficou muito aguado, e com isso deseja acrescentar mais suco no refresco. Determine a quantidade de suco que ele deve acrescentar ao refresco de modo que o suco passe a representar 50% do refresco.

(A) 1,2 litros (B) 2,8 litros (C) 3,6 litros (D) 4,0 litros

36) CEFET ES – Suponha que na mercearia do seu Joaquim, o valor inicial de venda de uma determinada mercadoria M seja de R$ 100,00. Como a procura por M estava grande, então seu Joaquim achou que deveria aumentar o seu preço em 20%, e assim o fez. Passada a fase de grande consumo desta mercadoria, então seu Joaquim resolveu reduzir o preço que estava sendo praticado em 20%. Qual o novo valor da mercadoria M?

(A) R$ 100,00 (B) R$ 60,00 (C) R$ 98,00 (D) R$ 80,00 (E) R$ 96,00

37) IFSP – Em uma cidade, sabe-se que 40% dos trabalhadores estão desempregados. Desse grupo, 60% não concluíram o ensino médio. A porcentagem do total de trabalhadores que estão desempregados e concluíram o ensino médio é de:

(A) 16% (B) 20% (C) 24% (D) 28% (E) 32%

38) CMB – O Estádio Nacional de Brasília estava inicialmente orçado em R$ 700 milhões. No entanto, o custo total ao término da obra foi de R$ 1,6 bilhões de reais. Qual foi o aumento aproximado do percentual do custo do estádio, em relação ao valor original?

(A) 22,85% (B) 28,5% (C) 88,5% (D) 125% (E) 128,5%

39) CMBH – Um vendedor de uma concessionária de automóveis vendeu dois carros pelo mesmo preço, ganhando 20% em um deles e perdendo 20% no outro. Fazendo a contabilidade verificou que perdeu R$ 800,00 na transação. Identifique a alternativa correta.

(A) Os dois carros juntos custaram R$ 18.000,00
(B) O carro mais barato custou R$ 4.000,00
(C) O carro mais barato custou R$ 6.000,00
(D) O carro mais caro custou R$ 10.000,00
(E) O carro mais caro custou R$ 12.000,00

40) CMF – Dos 2800 candidatos inscritos num concurso, 420 não compareceram à prova, portanto foram eliminados. Dos que compareceram, 40% foram aprovados. O percentual dos candidatos que realizaram a prova e foram reprovados, em relação ao número de candidatos inscritos no concurso, é

(A) 34% (B) 45% (C) 51% (D) 55% (E) 60%

Teste 5

41) CFN – O gráfico refere-se à produção brasileira de soja nos anos de 2004 e de 2005. Se 1 kg de soja, em 2004, era vendido na lavoura a R$ 0,30, qual foi o valor da produção nesse ano?

(A) R$ 15.450.000,00
(B) R$ 16.550.735,00
(C) R$ 18.000.000,00
(D) R$ 18.500.550,00
(E) R$ 19.000.350,00

42) CFN – Interprete o gráfico abaixo, analise se as sentenças são F ou V e marque a opção correta.

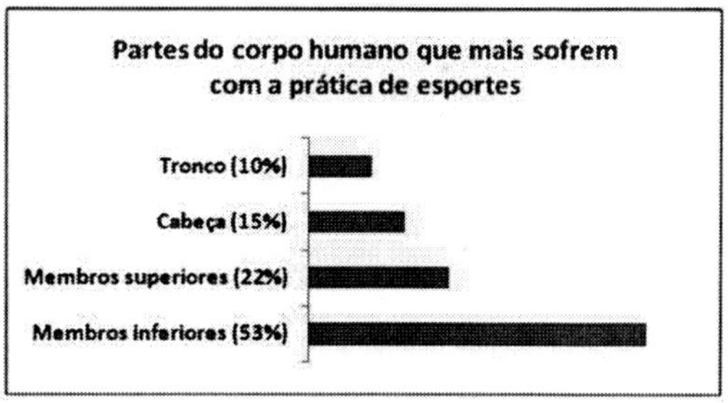

a) de acordo com os dados apresentados, o tronco sofre mais com a prática de esportes.
b) 15% dos problemas apresentados estão relacionados à cabeça.
c) o número 10% significa que de cada 100 problemas, 1 está relacionado ao tronco.
d) 44% das pessoas têm problemas nos membros superiores com a prática de esportes.

(A) FFVV (B) VFVF (C) VVVF
(D) FVFF (E) FFVF

43) EAM – O gráfico a seguir apresenta o resultado de uma coleta seletiva de lixo realizada por uma empresa de limpeza urbana em determinada praia do litoral brasileiro. De acordo com o gráfico, a fração irredutível que representa a quantidade de papel encontrado em relação à quantidade de lixo recolhido foi:

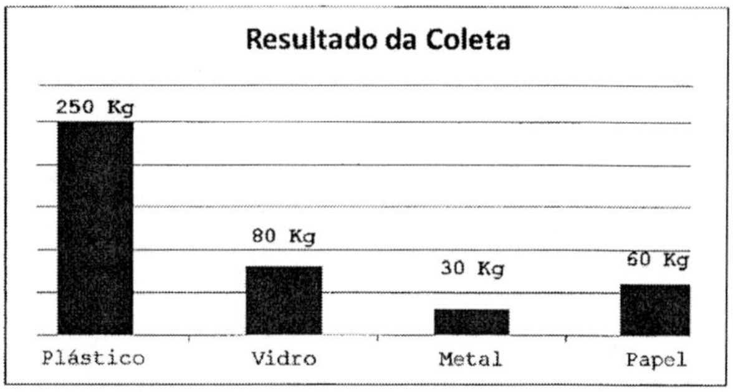

(A) 5/6 (B) 2/3 (C)3/5
(D) 3/8 (E) 1/7

44) CEFET RJ – A seguir temos o gráfico da temperatura em graus Celsius (eixo vertical), no Rio de Janeiro, para os dias 1, 2, 3 e 4 de setembro de 2015 (onde no eixo horizontal temos a marcação do início de cada dia). Considerando esse gráfico, qual dia foi registrada a temperatura máxima no Rio de Janeiro

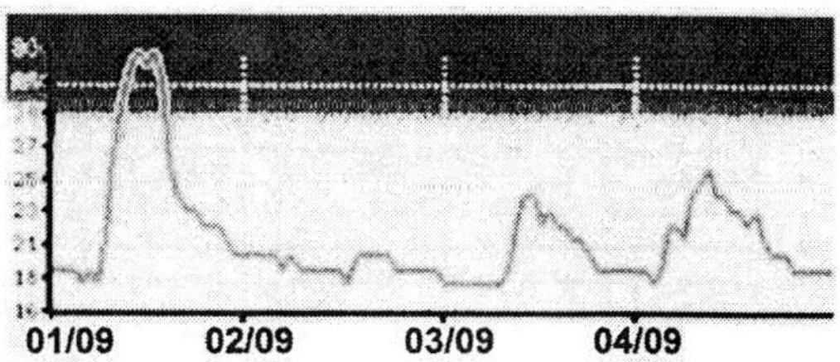

(A) 1 (B) 2 (C) 3 (D) 4

45) IFSP – O gráfico representa o número de alunos de uma escola distribuídos por idade. Sabe-se que os alunos com exatamente 15 anos correspondem à quinta parte do grupo de idade a que pertence. Se um aluno dessa escola é escolhido ao acaso, a probabilidade de esse aluno ter exatamente 15 anos é

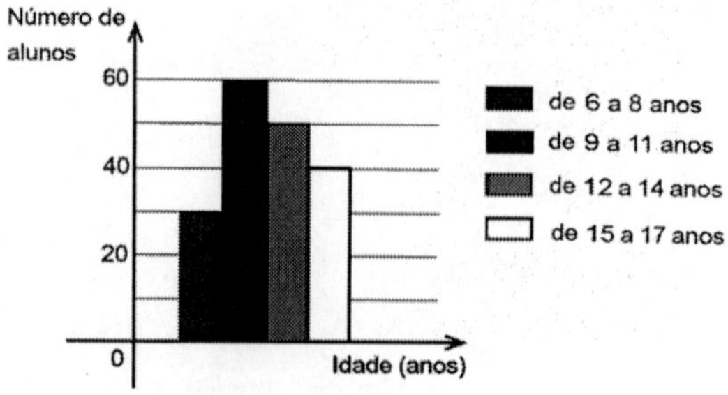

(A) 2/5 (B) 4/15 (C) 2/9
(D) 9/50 (E) 2/45

46) CMB – Um provedor de Internet desejava saber o tempo, em minutos, de acesso diário, de seus assinantes à rede. Para isso, encomendou uma pesquisa com 200 pessoas, cujas informações sobre o tempo de acesso diário estão registrados no histograma abaixo.
Considere a reta vertical que passa pelo tempo x (em minutos) e que divide ao meio a área do polígono formado pelas barras retangulares que formam o histograma (região hachurada).

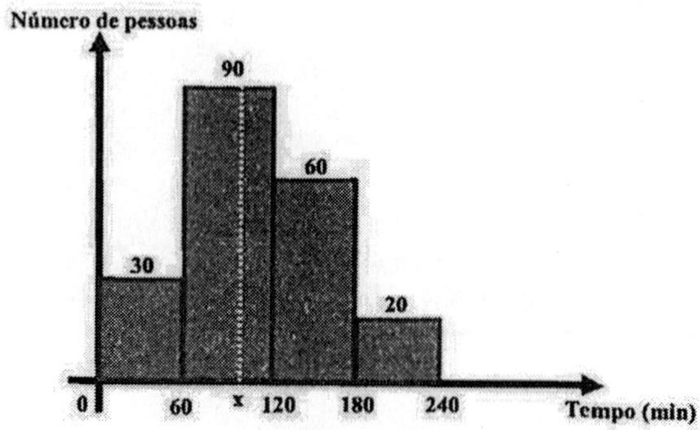

Sabendo que o valor de x corresponde à mediana da distribuição dos dados representados, então o valor de x é igual a:

(A) 106 min (B) 106 min 20s (C) 106 min 40s (D) 107 min (E) 107 min 30s

47) CMBH – Após um levantamento feito no CMBH, entre o total de alunos voluntários para comporem alguma das equipes esportivas, que o colégio pode oferecer, obteve-se os dados apontados no gráfico. O eixo horizontal indica a faixa de altura dos alunos, em metros, enquanto o eixo vertical indica a quantidade de alunos por faixa de altura.

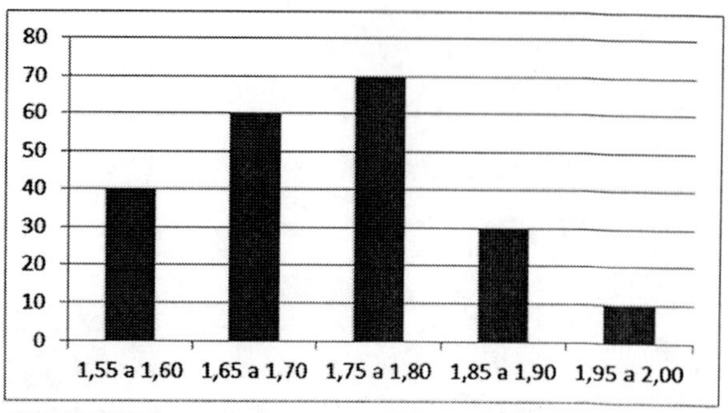

Assim, pode-se concluir que a afirmação CORRETA em relação a esses dados encontra-se na alternativa:

(A) 120 alunos possuem altura igual ou superior a 1,75 m.
(B) Aproximadamente 52,4% dos alunos voluntários possuem altura igual ou superior a 1,75 m
(C) Para compor a equipe de basquetebol, o técnico deseja utilizar alunos com altura superior a 1,80 m e para isso, ele dispõe de menos de 40 alunos dentro do grupo de voluntários.
(D) O total de alunos voluntários não ultrapassa 200 indivíduos.
(E) Levando-se em consideração que o CMBH possui 700 alunos, pode-se afirmar que o percentual de voluntários do colégio é superior a 33% do total de alunos do CMBH.

48) CMF – Uma pesquisa realizada para apurar a escolaridade de 130 candidatos ao cargo de auxiliar de escritório obteve os resultados representados no gráfico abaixo. De acordo com esses dados, o percentual dos candidatos ao cargo de auxiliar de escritório que não concluíram o Ensino Médio é de aproximadamente:

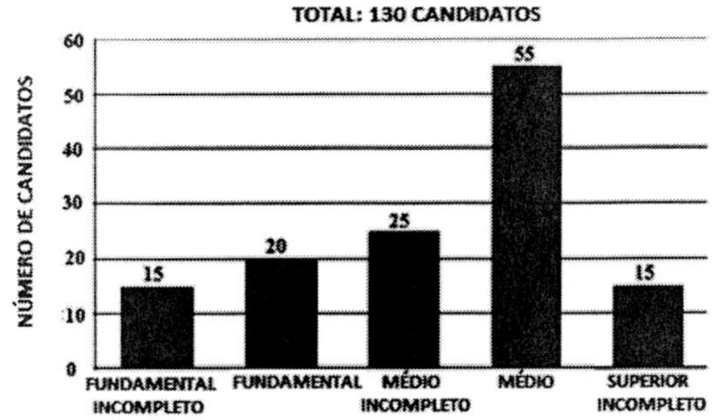

(A) 19% (B) 25% (C) 34%
(D) 46% (E) 60%

49) CMM – Os dados do gráfico dizem respeito à Avaliação Trienal dos Cursos e programas de Mestrado e Doutorado realizada pelo Capes em 2016. O percentual aproximado de programas que tiveram conceito máximo igual a 4,0 é de:

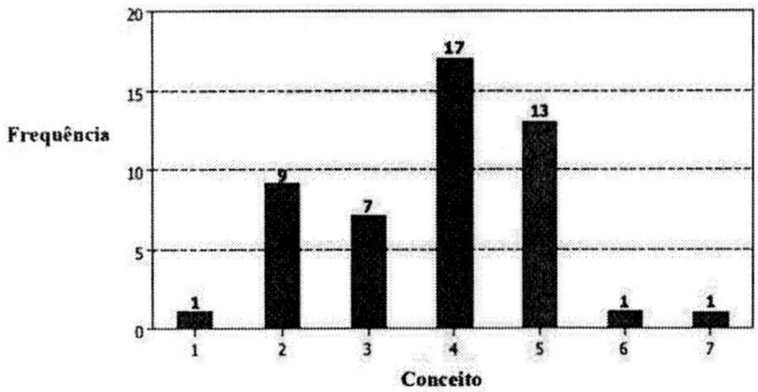

(A) 45% (B) 58,5% (C) 42%
(D) 44,6% (E) 69,4%

50) CMPA – O gráfico representa a distribuição das idades, em anos, dos alunos de uma das turmas do 3º ano do Ensino Médio do Colégio Militar de Porto Alegre. Representando as informações contidas nesse gráfico, em um gráfico de setores circulares, pode-se afirmar que o ângulo central associado à idade de 18 anos será igual a:

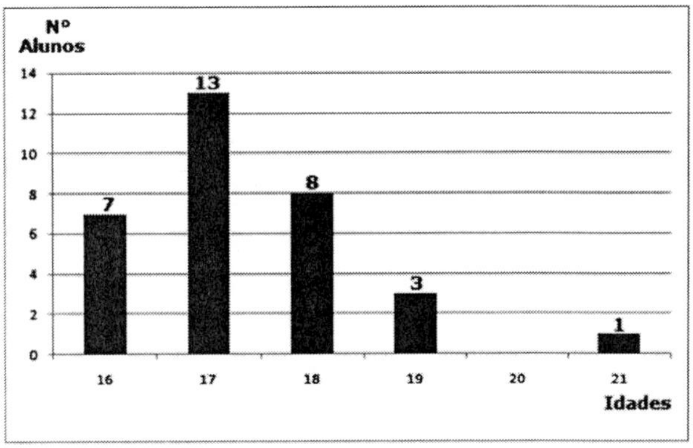

(A) 100° (B) 90° (C) 45°
(D) 30° (E) 18°

Teste 6

51) EAM – Uma câmera fotográfica digital custa R$ 500,00 à vista. Se for vendida a prazo, o valor passa a ser R$ 560,00. Qual o percentual de acréscimo na venda dessa câmera a prazo?

(A) 5,6% (B) 10% (C) 12% (D) 20% (E) 56%

52) EAM – Uma padaria produz 800 pães e, para essa produção, necessita de 12 litros de leite. Se a necessidade de leite é proporcional à produção, se o dono quer aumentar a produção de pães em 25% e se o litro de leite custa R$ 2,50, quanto o dono deverá gastar a mais com a compra de leite para atingir sua meta?

(A) R$ 5,00 (B) R$ 7,50 (C) R$ 20,00 (D) R$ 30,00 (E) R$ 37,50

53) EAM – Uma tropa possui 7% de seus soldados nascidos no Norte do país, 15% na região Sudeste, 10% na região Sul, 3% na região Centro-oeste e o restante no Nordeste. Considerando

que a tropa é composta por 140 soldados, determine quantos são do nordeste e assinale a opção correta.

(A) 83 (B) 87 (C) 90 (D) 91 (E) 93

54) CMF – A fim de recuperar o poder aquisitivo dos seus funcionários, uma empresa concedeu, de forma sucessiva, os seguintes reajustes nos salários:
I) aumento de 5%
II) aumento de 8%
III) aumento de 10%
Se após os reajustes, o salário passou a ser de R$ 1.247,40, então podemos afirmar que o salário antes dos reajustes era de:

(A) R$ 800,00 (B) R$ 1.000,00 (C) R$ 1.050,00 (D) R$ 1.100,00 (E) R$ 1.120,00

55) CMBH – Uma caixa com o formato de um paralelepípedo possui 15 unidades de comprimento, 8 unidades de largura e 12 unidades de altura. Se dividirmos a medida do comprimento por 3, multiplicarmos a medida da largura por 2 e adicionarmos 3 unidades à medida da altura, então significa que o novo volume:

(A) aumentou em 240 unidades de volume
(B) diminuiu em 20%
(C) permaneceu o mesmo
(D) aumentou em 20%
(E) diminuiu em 240 unidades de volume

56) CMF – Um comerciante de eletrodomésticos adquiriu da fábrica um estoque de geladeiras para a sua loja. Considerando as despesas com funcionários, impostos e outros encargos, ele estimou que para não ter prejuízo, no momento da venda, deveria acrescentar ao valor de fábrica, no mínimo, 23% desse valor. No entanto, sabendo que a maioria dos clientes negocia um desconto no momento da compra, em vez de aplicar o percentual estimado, ele prepara a tabela de preços ao consumidor acrescentando ao preço de fábrica 50% desse. O maior desconto, sobre o preço da tabela, que o comerciante pode conceder a um cliente, de modo a não ter prejuízo, é:

(A) 27% (B) 20% (C) 18% (D) 15% (E) 10%

57) CMJF – Do total de funcionários das empresas X, Y e Z, 30% optaram pelo plano de Assistência Médica Vida Boa. 45% do total dos funcionários trabalham na empresa X e 20% do total dos funcionários trabalham na empresa Z. Sabendo que 20% dos funcionários da empresa X e 35% dos funcionários da empresa Z, optaram pelo plano de Assistência Médica Vida Boa, a porcentagem de funcionários da empresa Y que optaram pelo plano foi:

(A) 30% (B) 35% (C) 40% (D) 35%

58) CMM – Numa promoção, uma loja oferece uma TV de tela plana por R$ 1.800,00 à vista, ou pode ser comprada com uma entrada de 25% do preço à vista, no ato da compra, e mais um pagamento de R$ 1.512,00 após três meses. Nesse caso, a taxa mensal de juros simples cobrada é

(A) 3% (B) 4% (C) 6% (D) 9% (E) 10%

59) CMRJ – Os professores Sobral, Euler e Gil dividiram entre si a tarefa de corrigir 561 provas de um concurso para o Magistério Militar. Sabe-se que Euler corrigiu 60% do número de provas corrigidas por Sobral e que Gil, por sua vez, corrigiu 45% da quantidade que coube

a Euler. Com base nesses dados, é correto concluir que o número de provas corrigidas por um dos três é

(A) 120 (B) 90 (C) 81 (D) 75 (E) 60

60) IFSP - Senhor Gustavo está com uma idade avançada e resolveu dividir sua fortuna entre seus filhos e netos. Após pensar muito, decidiu guardar 10% para sua velhice e dar a cada um de seus três filhos quantias iguais e aos seis netos metade do que cada pai receberá. É correto afirmar que a parte da fortuna do senhor Gustavo que cada neto irá receber é

(A) 10% (B) 7,5% (C) 5% (D) 4,5% (E) 2,5%

Teste 7

61) IFSP - Um comerciante tem lucro de 60% sobre o seu preço de custo na venda de suas mercadorias. Como quer acabar com o seu estoque, ele concede um desconto de 20% sobre o valor de venda. Neste caso, seu lucro será de x% sobre o preço de custo. O valor de x é

(A) 22 (B) 28 (C) 32 (D) 38 (E) 42

62) CMBH - Em uma fazenda com 1000 hectares de área, a produção do ano de 2015 ocorreu conforme apresentado na tabela e no gráfico abaixo. Com base nessas informações, analise as alternativas e assinale a afirmativa correta.

Plantação	% da área total da fazenda
Feijão	10
Milho	18
Algodão	25
Soja	42

Produção em toneladas por hectare

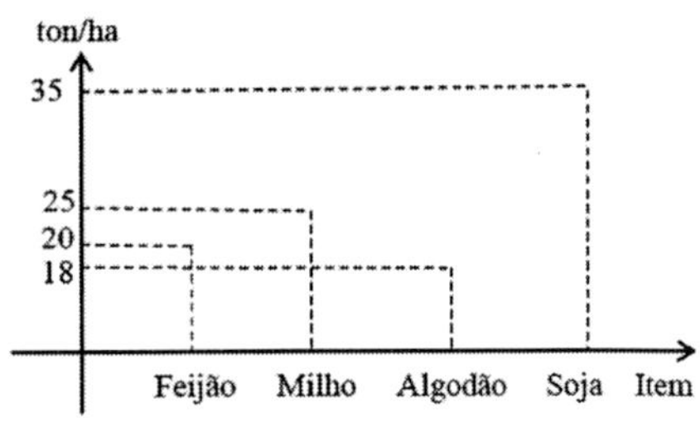

(A) A produção total de milho é superior à produção total de algodão.
(B) Se a área não cultivada fosse empregada na produção de soja, a produção aumentaria em 15%.
(C) A produção total dessa fazenda não superou 25.000 toneladas.
(D) A produção total de algodão supera a produção total de feijão em 125%.
(E) A área não cultivada representa 6% da área cultivada.

63) CMM - Um reservatório, com 40 litros de capacidade, já contém 30 litros de uma mistura gasolina/álcool, com 18% de álcool. Deseja-se completar o tanque com uma nova mistura gasolina/álcool, de modo que a mistura resultante tenha 20% de álcool. A porcentagem de álcool nessa nova mistura deve ser de:

(A) 20% (B) 22% (C) 24% (D) 26% (E) 28%

64) CEFET RJ - O município de Cefetópolis teve no segundo turno da última eleição para prefeito grande número de abstenções, 40%. Isso significa que dos eleitores aptos a votar, 40% não compareceram às urnas. Considerando os eleitores que compareceram para votar, tivemos a seguinte distribuição:
- Candidato A: 30% dos votos.
- Candidato B: 45% dos votos.
- Votos nulos ou brancos: 25% dos votos.

O TRE divulga os resultados a partir dos votos válidos, **dos quais NÃO são computados os votos nulos ou brancos.** Nesse caso de segundo turno, por exemplo, foram computados como válidos apenas os votos recebidos pelos candidatos A e B.

a) Qual o percentual de votos válidos recebidos pelo candidato A?

b) Considerando o total de eleitores aptos a votar, qual o percentual de votos recebidos pelo candidato A?

65) EAM – Caso uma televisão de R$ 915,00 esteja sendo vendida com um desconto de 28%, quanto se pagará por ela?

(A) R$ 256,20 (B) R$ 649,80 (C) R$ 658,80 (D) R$ 769,80 (E) R$ 889,80

66) EAM – Uma geladeira de R$ 1.250,00 passou a custar R$ 1.100,00 para pagamento à vista. O preço dessa geladeira teve, portanto, um desconto de:

(A) 14% (B) 13% (C) 12% (D) 11% (E) 10%

67) CEFET ES – Um comerciante aumentou o preço de uma mercadoria em 30%. Após o reajuste, houve uma queda na venda da mercadoria; então ele resolveu dar um desconto de 20% sobre o novo preço. O percentual de aumento ou desconto sobre o preço inicial foi de:

(A) 0,5% de desconto (B) 4% de aumento (C) 5% de desconto
(D) 10% de aumento (E) 10% de desconto

68) Colégio Pedro II (RJ) – Considere as medidas oficiais de futebol como sendo 7,32m de comprimento e 2,44 m de altura, sabendo que a área ocupada pelo goleiro é representada pelo retângulo ABCD na figura, com 1,80 m de altura (lado AB) e 2,0 m de largura (lado BC). Deste modo, na cobrança de um pênalti, o goleiro ocupa uma porcentagem da área do gol aproximadamente igual a

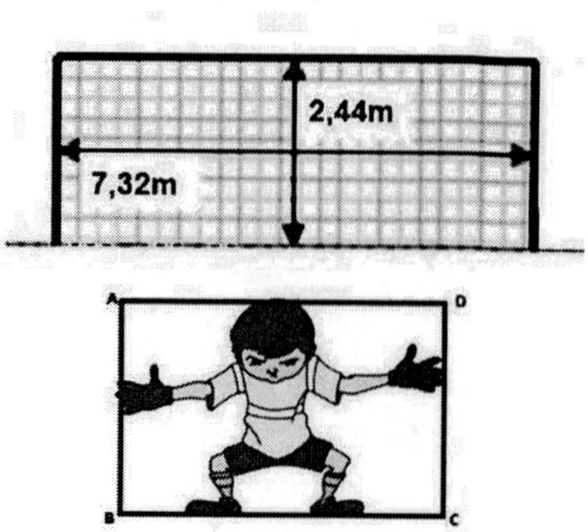

(A) 12% (B) 15% (C) 20% (D) 24%

69) IFSP – Alguns dados sobre o desemprego em um país indicam que a população desocupada no segundo trimestre de 2014, aproximadamente 6,8 milhões de pessoas, era 20% menor que a população desocupada no segundo trimestre de 2015. Sendo assim, é correto afirmar que a alternativa que mais se aproxima do número de pessoas desocupadas no país em 2015 é

(A) 8,1 milhões (B) 8,9 milhões (C) 7,7 milhões (D) 7,3 milhões (E) 8,5 milhões

70) CMRJ – Em uma reunião havia apenas oficiais de Marinha, do Exército e da Aeronáutica. Se todos os oficiais da Aeronáutica se retirassem da reunião, os oficiais de Marinha passariam a representar 40% dos restantes. Se, ao contrário, fossem retirados todos os oficiais de Marinha, os militares do Exército representariam 90% dos presentes à reunião. A razão entre a quantidade de militares da Aeronáutica e a quantidade de militares de Marinha presentes à reunião seria igual a:

(A) 1/2 (B) 1/4 (C) 1/5 (D) 1/6 (E) 1/9

Teste 8

71) IFRO – Uma piscina na forma de um paralelepípedo retângulo de 9m de comprimento, 4m de largura e 2m de altura está sendo abastecida de água à razão constante de 50 litros por minuto. O tempo necessário, em horas, para encher esta piscina, sem desperdício de água, é

(A) 25 (B) 22 (C) 20 (D) 24 (E) 18

72) CMPA – Um retângulo ABCD está dividido em quatro retângulos menores. As áreas de três deles, em unidades de área, estão indicadas na figura dada. A fração que corresponde à área não conhecida S, em relação à área do retângulo ABCD é:

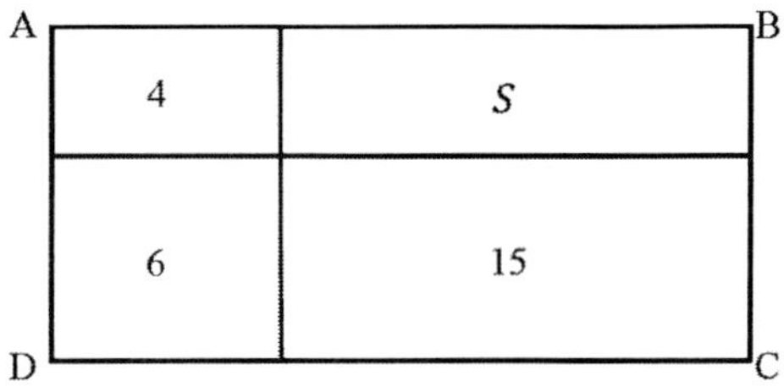

(A) 3/8 (B) 2/7 (C) 1/2 (D) 1/2 (E) 5/9

73) IFMG – Com a queda das vendas, o gerente de uma loja decidiu dar um desconto de 10% em todas as mercadorias. Maria entrou na loja e viu que o fogão que ela queria comprar estava custando R$ 360,00. Qual era o valor do fogão antes do desconto?

(A) R$ 324,00 (B) R$ 360,00 (C) R$ 396,00 (D) R$ 400,00

74) CFN – Uma lanchonete, para minimizar custos e aumentar seu lucro, resolveu reduzir em 7/20 a quantidade de bacon utilizada em todos os seus sanduíches. Sabendo que a lanchonete utilizava 100g de bacon por sanduíche, qual a nova quantidade a ser utilizada?

(A) 75g (B) 65g (C) 55g (D) 45g (E) 35g

75) CMJF – Em uma prova de 25 questões, a cada resposta certa, ganha-se 0,4 ponto e a cada resposta errada, perde-se 0,1 ponto. Um aluno resolveu todas as questões e obteve a nota 0,5. A porcentagem de acertos desse aluno foi:

(A) 5% (B) 16% (C) 20% (D) 24%

76) CMRJ – Armínio procura manter sob controle todas as suas despesas. Após anotar todos os seus gastos, verificou que a média aritmética de suas despesas durante os seis primeiros meses foi de R$ 3.000,00. Contudo, computados os gastos efetuados no sétimo mês, a média aritmética de suas despesas durante os sete primeiros meses foi de R$ 3.300,00. O valor das despesas de Armínio no sétimo mês foi de:

(A) R$ 5.100,00 (B) R$ 7.200,00 (C) R$ 3.300,00 (D) R$ 3.000,00 (E) R$ 300,00

77) CMSM – Potenciação é uma forma simplificada de representar uma sequencia de multiplicações com os mesmos fatores. Os primeiros registros de potências datam de aproximadamente 1000 A.C., em tabelas babilônicas. Também foram encontrados cálculos com potências em papiros egípcios, demonstrando o volume de uma pirâmide.
A expressão numérica de $27^{0,333...} - (4/3)^{-3}$ tem como resultado:

(A) 81/32 (B) 23/5 (C) 7/4 (D) 165/64 (E) 131/97

78) CMS – Se o número $N = 2^p.3^{p+1}.5^2$ tem 90 divisores positivos, então o máximo divisor comum de N e 336 possui:

(A) 20 divisores inteiros (B) 25 divisores inteiros (C) 30 divisores inteiros
(D) 35 divisores inteiros (E) 40 divisores inteiros

79) CMR – Seu João-do-óleo foi trocar uma peça de seu carro. Para isso, a oficina informou que o valor a ser pago pela mão de obra era um terço do valor da peça. No caso de pagamento à vista, a loja dá 7% de desconto em cima do valor da peça. Seu João-do-óleo pediu para que o desconto fosse de 10% do valor total (mão de obra + peça). A fim de atender ao cliente, o dono da loja concedeu o desconto. Sabendo que o desconto em cima do valor da peça continuou de 7%, então o desconto em cima do valor da mão de obra foi de:

(A) 11% (B) 19% (C) 3% (D) 13% (E) 21%

80) CMF – Certo número de moedas foi colocado em várias fileiras de maneira a preencherem um quadrado sobrando sete moedas. As mesmas moedas colocadas em uma formação retangular, de modo que um lado tenha três moedas a mais que o lado do quadrado formado anteriormente e o outro lado uma moeda a menos do que o lado do mesmo quadrado, faltaram quatro moedas. Então, o número total de moedas é

(A) 43 (B) 56 (C) 59 (D) 62 (E) 68

Teste 9

81) CMBH – Observe a tabela abaixo, nela estão contidas as médias aritméticas das alturas dos alunos das equipes de voleibol e basquetebol do CMBH.

Equipe	Total de participantes	Média das alturas (metros)
Volei	**10**	**1,82**
Basquete	**10**	**1,86**

Sabe-se que há 3 alunos que pertencem simultaneamente às equipes de vôlei e basquete e que a média de suas alturas é 1,88 m. Dessa forma, a média aritmética das alturas de todos ao alunos que participam dessas duas equipes, em metros, é igual a:
OBS.: Use duas casas decimais de aproximação.

(A) 1,82 (B) 1,83 (C) 1,84 (D) 1,85 (E) 1,86

82) IFMG – Um professor, após aplicar uma prova para seus 20 alunos, anotou os resultados obtidos e calculou o valor da média e da mediana no conjunto das notas. Ao devolver as provas, percebeu um erro na correção: o aluno com a maior nota deveria receber mais 1 ponto. Com relação aos novos valores da média e da mediana do conjunto de notas, assinale a alternativa correta:

(A) A média da turma irá aumentar e a mediana irá diminuir.
(B) A média e a mediana da turma não irão se alterar.
(C) A média da turma irá aumentar e a mediana permanecerá a mesma.
(D) A média e a mediana da turma irão aumentar.

83) IFGO – Em um certo clube, uma piscina para adultos possui as seguintes dimensões: 30 metros de comprimento, 15 metros de largura e 2 metros de profundidade. Se a piscina está apenas com 2/3 de sua capacidade preenchida, então o número de litros que faltam para preenchê-la totalmente é

(A) 200.000 litros (B) 300.000 litros (C) 400.000 litros (D) 500.000 litros (E) 600.000 litros

84) CFN – Quando Bruno chegou à escola, um dos dois relógios de sua sala de aula estava marcando 6 horas e 50 minutos e o outro estava marcando 7 horas e 10 minutos. A professora avisou que um dos relógios estava atrasado 3 minutos, e o outro estava adiantado. Quantos minutos o outro relógio estava adiantado em relação à hora certa?

(A) 3 (B) 10 (C) 13 (D) 17 (E) 23

85) IFPE – A casa de Felipe tem uma sala para dois ambientes e ele decidiu revestir o seu piso com cerâmica. A figura representa a sala com as suas medidas em metros. Sabe-se que cada caixa contém um metro quadrado de cerâmica. Com base nessa informação e nas medidas indicadas na figura, que quantidade mínima de metros quadrados de cerâmica ele terá que comprar?

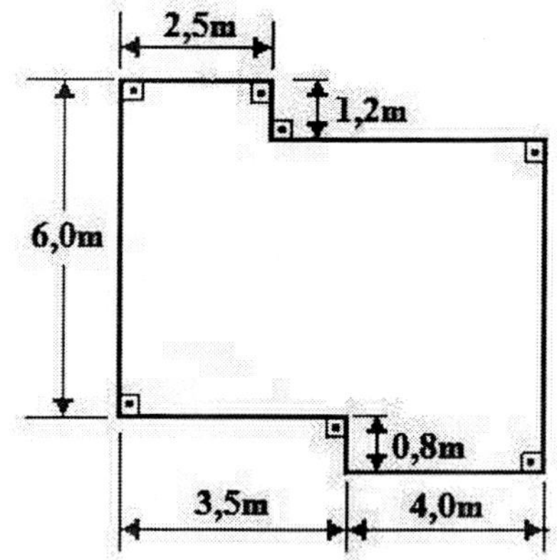

(A) 38 (B) 39 (C) 43 (D) 48 (E) 50

86) IFMT – A figura representa parte de uma escada construída com blocos de concreto, na forma de prisma de base quadrada, cujas arestas da base medem 20 cm, e a altura, 1,5 m. O volume de concreto necessário para construir uma escada como esta, com 20 degraus, é igual a:

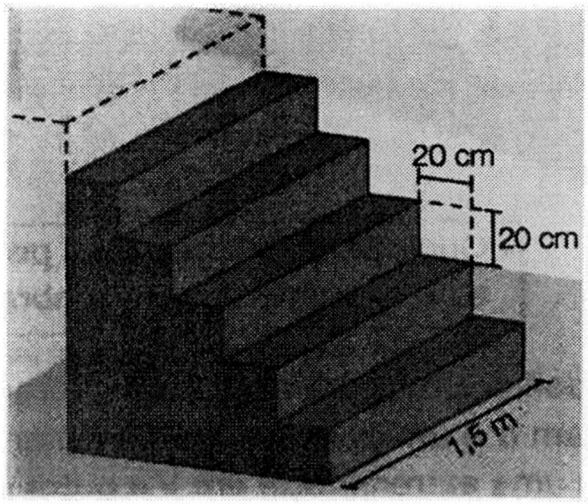

(A) 21,5 m^3 (B) 12 m^3 (C) 8,5 m^3
(D) 210 m^3 (E) 12,6 m^3

87) EAM – A soma de um número x com o dobro de um número y é –7; e a diferença entre o triplo desse número x e o número y é igual a 7. Sendo assim, é correto afirmar que o produto xy é igual a:

(A) –15 (B) –12 (C) –10 (D) –4 (E) –2

88) CMF – Um técnico em eletrônica cobra pela visita uma taxa fixa de R$ 40,00 mais R$ 20,00 por hora de trabalho num conserto de determinado equipamento eletrônico. O número mínimo de horas que esse técnico deverá trabalhar, no conserto desse equipamento, para que ele receba mais de R$ 210,00 é um número:

(A) menor que 6.
(B) maior ou igual a 6, mas menor que 8.
(C) maior ou igual a 8, mas menor que 10.
(D) maior ou igual a 10, mas menor que 12.
(E) maior ou igual a 12.

89) CMPA – A média aritmética simples de uma lista com 100 números reais é igual a 6,85. Dessa lista é retirado o número 6. Feito isso, tem-se que a média aritmética dos números restantes ficará sendo igual a

(A) 6,252525... (B) 6,595959... (C) 6,979797... (D) 6,919191... (E) 6,858585...

90) CMR – Um carpinteiro recebeu a incumbência de cortar 40 toras de madeira de 8 metros cada uma e 60 toras da mesma madeira de 6 metros cada uma, em toras de mesmo comprimento, sendo o comprimento maior possível. Nessas condições, o número de toras obtidas, ao todo, pelo carpinteiro, é:

(A) 340 toras (B) 100 toras (C) 500 toras (D) 240 toras (E) 120 toras

Teste 10

91) IFMA – Uma livraria dá desconto de 20%, sobre o preço de tabela, em todos os livros que vende. Ao adquirir um livro cujo preço de tabela é 90 reais, quanto uma pessoa irá pagar com esse desconto?

(A) 72 reais (B) 52 reais (C) 68 reais (D) 78 reais (E) 46 reais

92) IFGO – Fábio fez uma aplicação no valor de R$ 2.000,00 durante 8 meses, à taxa de juros simples de 0,65% ao mês. Logo, o montante obtido por Fábio ao final da aplicação equivale a

(A) R$ 2.104,00 (B) R$ 2.112,00 (C) R$ 2.160,00 (D) R$ 2.204,00 (E) R$ 2.226,00

93) IFPR – Um produto sofreu dois aumentos consecutivos no seu preço de venda numa mesma semana. Sabe-se que o aumento acumulado na semana foi de 69%, e que o primeiro aumento sofrido por esse produto foi de 30%. Portanto, o segundo aumento de preço sofrido por esse produto nessa semana foi de:

(A) 39% (B) 37,5% (C) 35% (D) 32,5% (E) 30%

94) IFAM – Um poupador aplicou todas as suas economias a juros simples de 2,5% ao mês. Com essa taxa espera dobrar o valor desse investimento no final de:

(A) 6 anos e 1 mês (B) 5 anos e 2 meses (C) 4 anos e 7 meses
(D) 3 anos e 4 meses (E) 2 anos e 5 meses

95) CFN – A razão entre as idades de dois irmãos hoje é 5/6 e a soma delas é 33 anos. Quantos anos tem o mais novo?

(A) 10 (B) 12 (C) 15 (D) 18 (E) 20

96) CMM – A média aritmética das notas de quatro alunos é igual a 7. Se aumentarmos de 3 unidades a menor dessas notas, e diminuirmos de 5 unidades a maior delas, então a nova média será

(A) 4,75 (B) 5,25 (C) 5 (D) 6,5 (E) 4,25

97) CMRJ – Benjamin e seu irmão aniversariam na mesma data. Ele tem o triplo da idade que o irmão tinha quando ele tinha a idade que o irmão tem hoje. Podemos afirmar que

(A) daqui a cinco anos a soma das idades será 60 anos.
(B) Benjamin é 10 anos mais velho que o irmão.
(C) quando o irmão tiver a idade que Benjamin tem hoje, a soma das idades será múltiplo de 7.
(D) quando a idade de um for o dobro da idade do outro, a soma das idades será 54 anos.
(E) daqui a cinco anos a diferença das idades será 10 anos.

98) CMR – Um terreno deve ser dividido em lotes iguais por certo número de herdeiros. Se houvesse três herdeiros a mais, cada lote diminuiria em 20 m^2. Se houvesse quatro herdeiros a menos, cada lote aumentaria em 50 m^2. Então, é correto afirmar que:

(A) a área de cada lote é 100 m^2.
(B) a área total do terreno é 700 m^2.
(C) a área de cada lote é 70 m^2.
(D) o número de herdeiros é 5.
(E) o número de herdeiros é 7.

99) CMPA – "Era uma lagarta tão pequena que quase sumia. Iniciando no chão, na grande palmeira subia. Usando sempre o máximo de energia, todos os dias 6 metros para cima fazia, mas à noite, sempre 4 metros descia. Ao anoitecer do 15º dia, a subida teve fim. Diga baixinho, apenas para mim, qual a altura, em metros, da palmeira do jardim?"

(A) 50 (B) 43 (C) 28 (D) 30 (E) 34

100) CMS – Um vendedor de automóveis tem duas propostas de trabalho. Na primeira ele ganharia 5% do total de suas vendas; na segunda, ele ganharia R$ 1.000,00 mais 3% de suas vendas. A partir de que valor a primeiras proposta é mais vantajosa que a segunda?

(A) R$ 20.000,00 (B) R$ 30.000,00 (C) R$ 40.000,00 (D) R$ 50.000,00 (E) R$ 60.000,00

Respostas dos testes

Respostas do Teste 1

01) D	03) B	05) C	07) A	09) C
02) A	04) C	06) E	08) C	10) B

Respostas do Teste 2

11) D	13) A	15) A	17) E	19) C
12) D	14) A	16) D	18) B	20) E

Respostas do Teste 3

21) D	23) E	25) C	27) B	29) C
22) C	24) C	26) D	28) D	30) C

Respostas do Teste 4

31) A	33) E	35) C	37) A	39) A
32) B	34) 4 L	36) E	38) E	40) C

Respostas do Teste 5

41) A	43) E	45) E	47) B	49) E
42) D	44) A	46) C	48) E	50) B

Respostas do Teste 6

51) C	53) D	55) E	57) C	59) C
52) B	54) B	56) C	58) B	60) B

Respostas do Teste 7

61) B	63) D	65) C	67) B	69) E
62) D	64) *	66) C	68) C	70) D

64) 40%, 18%

Respostas do Teste 8

71) D	73) D	75) D	77) D	79) B
72) B	74) B	76) A	78) A	80) B

Respostas do Teste 9

81) B	83) B	85) C	87) D	89) E
82) C	84) D	86) E	88) C	90) A

Respostas do Teste 10

91) A	93) E	95) C	97) C	99) E
92) A	94) D	96) D	98) A	100) D

Resoluções dos testes

Resoluções do teste 1

1) CMF – Se o primeiro número deixa resto 6 na divisão por 7, podemos chamá-lo de 7k + 6. O segundo, como deixa resto 5 na divisão por 7, podemos chamá-lo de 7m + 5. Os valores k e m são números naturais desconhecidos. Usamos valores diferentes pois os números citados são independentes. Seria errado chama-los, por exemplo, de 7k + 6 e 7k + 5, apesar de chegarmos ao mesmo resultado no final.
A soma dos dois números é:
7k + 6 + 7m + 5 = 7k + 7m + 11.
Ao dividirmos esta soma por 7, o resto será totalmente dependente do valor 11 encontrado acima, já que 7k + 7m é um múltiplo de 7, ou seja, deixa resto 0 na divisão por 7. Portanto o resto procurado é o mesmo resto da divisão de 11 por 7, ou seja, 4.

Resposta: (D) 4

2) CMPA – Já que cada anão recebeu um cogumelo a mais que o anão anterior, do mais baixo para o mais alto, podemos chamar as quantidades recebidas de:
1º anão: x

2º anão: x + 1
3º anão: x + 2
4º anão: x + 3
5º anão: x + 4
6º anão: x + 5
7º anão: x + 6
A soma das quantidades recebidas é 7x + 21. Portanto temos:
$7x + 21 = 707$
$7x = 707 - 21 = 686$
$x = 686 \div 7 = 98$
O anão mais alto recebeu x + 6, ou seja, 98 + 6 = 104 cogumelos.

Resposta: (A) 104

3) CMSM – O teleférico percorre 800 metros em 5 minutos. 800 metros é o mesmo que 0,8 km. 5 minutos é 1/12 da hora. Sendo assim, em uma hora, percorreria uma distância 12 vezes maior, se fosse possível. Uma distância 12 vezes maior que 0,8 km é:
0,8 km × 12 = 9,6 km, ou seja, 9,6 quilômetros por hora.

Resposta: (B) 9,6

4) CMRJ – Para encontrar o número de divisores inteiros positivos, temos que expressar o número em sua forma fatorada. Poderíamos desenvolver as potências e operá-las, mas esse caminho é um pouco trabalhoso. Melhor é tentar manter o número em sua forma fatorada. No caso, as três parcelas possuem um fator comum, que é 2^{10}. Portanto escrevemos:

$N = 2^{14} - 2^{12} + 6.2^{10} = 2^{10}(2^4 - 2^2 + 6)$. Aqui usamos a conhecida *fatoração por evidência*, que pode ser usada com termos algébricos, mas também com números.

$2^{10}(2^4 - 2^2 + 6) = 2^{10}(16 - 4 + 6) = 2^{10}(18)$

O número 18 que aparece na fatoração acima pode ser escrito como 2.3^2. Sendo assim, N vale:
$2^{10}.2.3^2 = 2^{11}.3^2$
Para encontrar o número de divisores positivos, somamos 1 a cada expoente e multiplicamos.
$(11 + 1) \times (2 + 1) = 12 \times 3 = 36$

Resposta: (C) 36

5) CMBH – Esse é um gráfico estatístico chamado *histograma*, ou *distribuição de frequências*. Neste caso em particular, da esquerda para a direita, indica que a nota 5 foi obtida por 4 alunos, a nota 6 foi obtida por 3 alunos, a nota 7 foi obtida por 4 alunos, a nota 8 foi obtida por 6 alunos, a nota 9 por 3 alunos, e a nota 10 por 5 alunos.

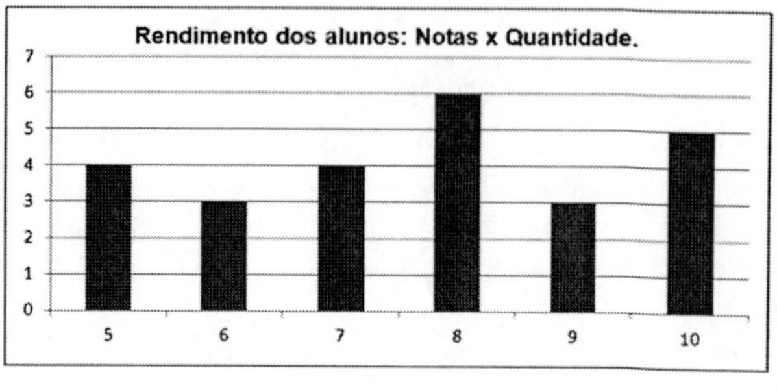

O total de alunos é 4 + 3 + 4 + 6 + 3 + 5 = 25. A média é igual à soma das notas, dividida por 25, que é o total de alunos.
A soma de todas as notas é:
5+5+5+5 + 6+6+6 + 7+7+7+7 + 8+8+8+8+8+8 + 9+9+9 + 10+10+10+10
Ou melhor ainda, ao invés de somar, podemos usar multiplicações:
$5\times4 + 6\times3 + 7\times4 + 8\times6 + 9\times3 + 10\times5 = 20 + 18 + 28 + 48 + 27 + 50 = 164$
A média é igual a essa soma, dividida por 25, que é o número de alunos:
$164 \div 25 = 6{,}56$

O inteiro mais próximo entre as opções é 7.

Resposta: (C) 7

6) CFN – Somar 15% é o mesmo que multiplicar por 1,15. Sendo assim, o preço praticado, de R$ 3.450,00, é igual ao preço original multiplicado por 1,15.
Para saber o preço original, dividimos 3.450 por 1,15

$\frac{3450}{1{,}15} = \frac{345000}{115}$. Nessa passagem, multiplicamos ambos os termos da fração por 100, para eliminar a vírgula. No caso de 1,15, multiplicar por 100 é o mesmo que "andar" duas casas com a vírgula, para a direita. No caso de 3450, multiplicar por 100 é o mesmo que adicionar dois zeros. Agora podemos simplificar a fração, e/ou armar a divisão.

$$\frac{345000}{115} = \frac{69000}{23} = \frac{3000}{1} = 3000$$

Portanto o preço original da mercadoria era R$ 3.000,00.

Resposta: (E) R$ 3.000,00

7) CFN – Calculemos quanto o relógio atrasa em 8 dias:
Em 6 horas atrasa 3 minutos. Quatro períodos desse resulta em 1 dia.
Em 24 horas (1 dia), atrasa $4 \times 3 = 12$ minutos.
Em 8 dias, atrasa $12 \times 8 = 96$ minutos.
96 minutos é o mesmo que 60 minutos + 36 minutos, ou seja, 1 hora e 36 minutos.

Resposta: (A) 1 hora e 36 minutos

8) CEFET RJ – Se dois terços são 120, então a metade, um terço (ou 1/3) é a metade de 120, que é 60. Se 1/3 é 60, então o total é o triplo, que vale 180.
Portanto o terreno mede 180 m^2. De fato, 2/3 disso são realmente 120 m^2. O problema pergunta quanto valem 3/5 dessa área. Basta dividir 180 por 5 e multiplicar por 3. Isso resulta em

$180 \div 5 = 36$

$36 \times 3 = 108$

Resposta: (C) 108 m^2

9) IFSP – Cada peça fornece um lucro de R$ 8,00, pois é produzida por R$ 4,00 e vendida por R$ 12,00. A quantidades de peças a serem produzidas para cobrir o custo fixo de R$ 5.000,00 é igual a este custo fixo, dividido pelo lucro em cada peça.

$5000 \div 8 = 625$

Resposta: (C) 625

10) IFMT – O volume, em litros, gasto pelo vazamento nessas 6 horas, é igual ao volume esvaziado da caixa d'água, porém para encontrar este volume em litros, devemos multiplicar as dimensões em decímetros, já que 1 litro é o mesmo que 1 dm^3.
As dimensões a serem consideradas são as mesmas da caixa d'água, exceto a altura, que não é a altura da caixa d'água, mas sim, a redução no nível da água.
Largura e comprimento: 120 cm e 200 cm, o mesmo que 12 dm e 20 dm
Altura: a queda de nível = 10 cm = 1 dm
O volume esvaziado, em litros, é 12 dm × 20 dm × 1 dm = 240 dm^3 = 240 litros.
Se em 6 horas o vazamento causa um esvaziamento de 240 litros, em 24 horas causará um esvaziamento 4 vezes maior = 240 litros × 4 = 960 litros.
Em 30 dias, o desperdício será 30 vezes maior: 30 × 960 litros = 28.800 litros.

Resposta: (B) 28.800

Resoluções do teste 2

11) CFN – O número de um só algarismo, de maior valor, é 9. O problema pede o número cujo quíntuplo, somado com 34, é igual a 9. Chamando esse número de x, temos:

$5x + 34 = 9$

$5x = 9 - 34$

$5x = -25$

$x = -25 \div 5 = -5$

Resposta: (D) –5

12) CFN – É necessário saber a ordem correta das operações a serem realizadas, porém é preciso também entender quais expressões estão sendo operadas com quais expressões. Levando em conta os parênteses, chaves e colchetes, podemos identificar três expressões principais. Chamemos essas expressões de X, Y e Z:

$$\left\{\left(30-2^3\times 3\right)^2 \div \left[21-\left(7^3-5^2\times 13\right)\right]\right\}\div\left(3^2-\sqrt{36}\right)$$

$$\left\{(X)^2 \div [Y]\right\}\div (Z)$$

A expressão X é o conteúdo do primeiro par de parênteses:

$X = 30 - 2^3 \times 3 = 30 - 8 \times 3 = 30 - 24 = 6$. Não devemos esquecer que X está elevado ao quadrado.

A expressão Y é o conteúdo dos colchetes:

$Y = [21 - (7^3 - 5^2 \times 13)]$

Claro que no cálculo de Y, devemos antes calcular o conteúdo dos parênteses. Nesses parênteses, calculamos primeiro as potências, depois a multiplicação e por último a subtração. Só então poderemos calcular 21 – este valor.

$Y = 21 - (7^3 - 25 \times 13)$

Um pouco de trabalho para calcular $7^3 = 7 \times 7 \times 7 = 49 \times 7 = 343$

Temos ainda $25 \times 13 = 325$. Ficamos então com:

$Y = 21 - (343 - 325) = 21 - (18) = 3$

Finalmente calculamos Z:

$Z = 3^2 - \sqrt{36}$. Devemos primeiro calcular 3^2, depois $\sqrt{36}$, e por último fazemos a subtração.

$Z = 9 - 6 = 3$.

Ficamos então com X=6, Y=3 e Z=3. A expressão se reduz a:

$$\left\{(X)^2 \div [Y]\right\}\div (Z) = \left\{(6)^2 \div [3]\right\}\div (3)$$

Ou seja, primeiro elevamos $6^2 = 36$, então dividimos por 3. Resulta em $36 \div 3 = 12$.

Finalmente dividimos 12 por 3 (o valor a expressão Z), resultando em

$12 \div 3 = 4$

Resposta: (D) 4

13) EAM – O caminho para encontrar divisores de um número começa com a sua fatoração. Fatorando 360 encontramos:

360	2
180	2
90	2
45	3
15	3
5	5
1	

Ficamos então com $360 = 2^3 \times 3^2 \times 5$.

Os divisores de 360 que não são pares são aqueles que não possuem fator 2. Portanto, de todos os fatores de 360, para formar divisores ímpares, podemos usar apenas os fatores 3 e 5 disponíveis, ou seja, os divisores de:

$3^2 \times 5$

O problema pergunta o número de divisores ímpares. O número de divisores é obtido somando 1 a cada expoente (dos fatores primos) e multiplicando os resultados. No caso, temos:

$(2 + 1) \times (1 + 1) = 3 \times 2 = 6$

Temos então 6 divisores ímpares.

Agora atenção à pegadinha. Este método é usado para encontrar os divisores positivos. Se fossem pedidos os divisores inteiros, ou simplesmente os divisores, teríamos que contar com os negativos, e a quantidade seria duas vezes maior. Neste problema, são pedidos os divisores naturais, ou seja, positivos. Portanto a resposta 6 é a correta.

Resposta: (A) 6

14) CEFET RJ – Um método rápido é lembrar que velocidade e tempo são grandezas *inversamente proporcionais*, ou seja, o seu produto é constante. Portanto temos:

Situação 1: Velocidade = 80 km/h, tempo = 2 horas.

Situação 2: Velocidade = 100 km/h, tempo = T

Ficamos com $80 \times 2 = 100 \times T \rightarrow T = 1{,}6$ h

Ou seja, o tempo será reduzido de 2 horas para 1,6 hora. Percentualmente, esta redução foi de:

$\frac{0{,}4}{2} \times 100\% = 20\%$, ou seja, uma redução de 20%.

Lembrando que o cálculo para determinar uma variação percentual (aumento ou redução) é o seguinte:

Calculamos a variação (diferença entre os valores inicial e final), dividimos pelo valor original (no caso, 2 horas) e multiplicamos o resultado por 100%.

Resposta: (A) Diminuído em 20%

15) CEFET RJ – Chamemos o preço da tampa de T. A garrafa custa 50 centavos a mais que a tampa, então podemos chamar o preço da garrafa de 0,5 + T (garrafa sem tampa). O preço da garrafa com tampa é o preço da garrafa, somado com o preço da tampa:

Garrafa: 0,5 + T

Tampa: T

Total: 0,5 + T + T = 0,5 + 2T.

Foi dado que o preço da garrafa com a tampa é 60 centavos, ou seja:

0,5 + 2T = 0,6

2T = 0,6 – 0,5 = 0,1

T = 0,05

Logo a tampa custa 5 centavos.

Resposta: (A) R$ 0,05

16) IFSP – Um caminho rápido, para que está craque em potências, é multiplicar o numerador e o denominador da expressão por 2^3. Assim estaremos descartando as potências negativas. Ficamos com:

$$\frac{2^{-2} - 2^{-3}}{2^2} = \frac{\left(2^{-2} - 2^{-3}\right) \times 2^3}{2^2 \times 2^3} = \frac{2 - 1}{2^5} = \frac{1}{2^5} = 2^{-5}$$

Uma outra solução é trabalhar com frações. A potência 2^{-2} vale $1/2^2 = 1/4$, e a potência 2^{-3} vale $1/2^3 = 1/8$. Ficamos com o numerador igual a 1/4 – 1/8:

$$\frac{1}{4}-\frac{1}{8}=\frac{2}{8}-\frac{1}{8}=\frac{1}{8}$$

O denominador da nossa expressão é $2^2 = 4$. Portanto, temos:

$$\frac{1/8}{4}=\frac{1}{32}=2^{-5}$$

Resposta: (D) 2^{-5}

17) CMB – Fazer um diagrama sempre ajuda. Consideremos a mesada dividida em 20 parcelas, cada uma com valor de 5%. O gasto original com passagens, que era 20% do total, pode ser representado por 4 parcelas de 5%. A mesada foi mantida, mas o preço das passagens aumentou, passando ao consumir 25% do total da mesada, ou seja, 5 parcelas de 5%. Isso pode ser representado pelos dois diagramas abaixo.

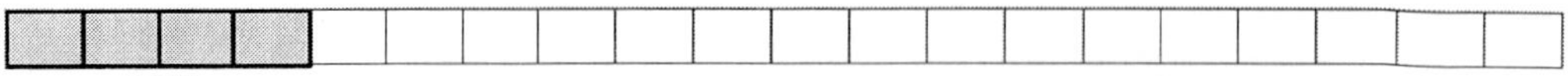

20%

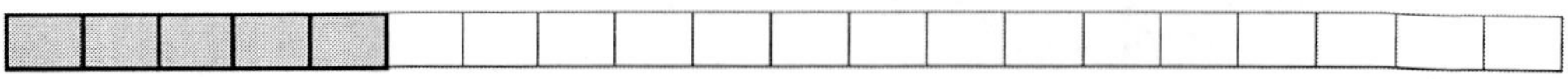

25%

O problema informa que esse aumento equivale a R$ 120,00 a mais por mês, ou seja, cada parcela vale R$ 120,00. Então as 20 parcelas, que são a mesada toda, equivalem a:
$20 \times 120{,}00 = 2400{,}00$, este é o valor total da mesada.

Resposta: (E) 2.400,00

18) CMJF – Temos quatro potências com expoentes negativos. Sabemos que para elevar um valor a um expoente negativo, basta inverter a base e tornar o expoente positivo:

$$2^{-3}=\left(\frac{1}{2}\right)^{3}=\frac{1}{2^{3}}=\frac{1}{8}$$

$$2^{-2}=\left(\frac{1}{2}\right)^{2}=\frac{1}{2^{2}}=\frac{1}{4}$$

$$\left(\frac{1}{2}\right)^{-3}=2^{3}=8$$

$$\left(-\frac{1}{2}\right)^{-2}=(-2)^{2}=4$$

Portanto nossa expressão se reduz, com a redução ao mesmo denominador, a:

$$\frac{1}{8}-\frac{1}{4}-8+4=\frac{1}{8}-\frac{2}{8}-\frac{64}{8}+\frac{32}{8}=-\frac{33}{8}$$

Resposta: (B) –33/8

19) CMM – Apesar de fazer parte de um concurso realizado no final do ensino fundamental, a questão usa um conceito de análise combinatória, um assunto que é tipicamente apresentado no Ensino Médio.
Para formar números pares de três algarismos, temos que compor esses algarismos de uma das seguintes formas. Lembremos que os algarismos precisam ser distintos:
XY0: X e Y podem ser 1, 2, 3, 4, 5 ou 6
XY2: X e Y podem ser 0, 1, 3, 4, 5 ou 6
XY4: X e Y podem ser 0, 1, 2, 3, 5 ou 6
XY6: X e Y podem ser 0, 1, 2, 3, 4 ou 5

Em cada um dos quatro casos, acima, o algarismo das centenas tem 6 escolhas diferentes. Uma vez escolhido o algarismo das centenas, sobram 5 opções para o algarismo das dezenas (já que não pode haver repetição de algarismos). Portanto o número total de escolhas para formar os algarismos XY, em cada um dos casos acima, é $6 \times 5 = 30$. Isto se chama *princípio da multiplicação*.

Levando em conta cada um dos quatro casos acima, ficamos com o seguinte número total de escolhas: 30 + 30 + 30 + 30 = 120 escolhas.

Logo, é possível formar 120 números diferentes nessas condições.

Resposta: (C) 120

20) CMPA - Chamemos de A e V, os valores possuídos pelos irmãos Alex e Vinícius, respectivamente. As duas informações dadas são as seguintes:

1) Se Alex emprestar R$ 1.000,00 para Vinícius, eles ficarão com quantias iguais

Daí podemos concluir que A – 1000 = V + 1000

2) se Vinícius emprestar R$ 1.000,00 para Alex, este ficará com o dobro do outro

Daí podemos concluir que A + 1000 = 2.(V – 1000).

Podemos então formar um sistema com duas equações:

1) A – V = 2000

2) A – 2V = –3000

Subtraindo essas duas equações ($1^a - 2^a$), ficamos com:

A – V – A + 2V = 2000 + 3000

$\boxed{V = 5000}$

Usando este valor de V na 1ª equação, ficamos com:

A – 5000 = 2000

$\boxed{A = 7000}$

Então os dois juntos possuem R4 12.000,00

Resposta: (E) R$ 12.000,00

Resoluções do teste 3

21) CMBH - Comecemos com o cálculo da expressão A. É preciso calcular primeiro as operações mais internas da expressão.

$$A = 1 - \cfrac{1}{1 + \cfrac{1}{1 - \cfrac{1}{1 + \cfrac{1}{1 - \cfrac{1}{2}}}}}$$

Temos no último denominador, 1 – 1/2 = 1/2. Que invertido resulta em 2. Somado com 1, resulta em 3. Portanto a expressão circundada ao lado é o inverso de 3: 1/3.

$$A = 1 - \cfrac{1}{1 + \cfrac{1}{1 - \cfrac{1}{3}}}$$

Assim podemos escrever a expressão A na forma ao lado. O último denominador, 1 – 1/3, é igual a 2/3. Que invertido resulta em 3/2. Somado com 1 é igual a 5/2. Que invertido resulta em 2/5. Finalmente ficamos com 1 – 2/5 = 3/5, então este é o valor de A.

$$B = 1 + \cfrac{1}{1 - \cfrac{1}{1 + \cfrac{1}{1 - \cfrac{1}{1 + \cfrac{1}{2}}}}}$$

Começando com o último denominador, temos 1 + 1/2 = 3/2.
Que invertido resulta em 2/3.
Fazendo 1 – 2/3, resulta em 1/3.
Que invertido resulta em 3.
Ficamos então com a expressão circundada valendo 1 + 3 = 4.

$$B = 1 + \frac{1}{1 - \frac{1}{4}}$$

A expressão B fica reduzida à forma ao lado. No último denominador temos 1 – 1/4 = 3/4. Que invertido resulta em 4/3. Finalmente, 1 + 4/3 = 7/3, e este é o valor de B.

Portanto, A = 3/5 e B = 7/3. Conhecendo esses valores para A e B, podemos testar qual das opções é a verdadeira.

(A) A < 0 e B < 0: ERRADO, pois ambos os valores são positivos.
(B) A.B < 0 : ERRADO, já que A e B são positivos.
(C) A – B > B – A : ERRADO
Tal expressão é equivalente a A > B, o que é obviamente falso, dados os valores de A e B.

(D) $\frac{B}{A} > \frac{A}{B}$: CORRETO

Essa expressão equivale a $B^2 > A^2$, lembrando que é correto "multiplicar cruzado" na desigualdade porque ambos os valores são positivos. Pode ser ainda escrito como B > A, o que está correto dados os valores de A e B.

(E) 0<B<1 e A>1: ERRADO, dados os valores de A e B. Na verdade B>1 e 0<A<1.

Resposta: (D) $\frac{B}{A} > \frac{A}{B}$

22) CMJF – Existem alguns casos em que a pergunta de um problema sobre cálculo de expressões não requer o cálculo propriamente dito. A expressão pode aparecer, por exemplo, multiplicada por zero, ou outra situação que tornaria o cálculo desnecessário. Isso deve ser sempre checado. Não é o caso dessa questão. As perguntas que aparecem nas opções de resposta tornam necessários os cálculos dos valores de x e y. Calculemos por partes:

a) Numerador de x: $2^{-1} + 3^{-1}$ = 1/2 + 1/3 = 5/6
b) Denominador de x: O radicando é 1 + 5.(1/4) = 1 + 5/4 = 9/4, sua raiz quadrada é 3/2.
Então x vale

$$\frac{5}{6} \div \frac{3}{2} = \frac{5}{6} \times \frac{2}{3} = \frac{5}{9}$$

c) Numerador de y: O inverso de $2^{-1} + 3^{-1}$ = inverso de 5/6 = 6/5.
d) Denominador de y: O radicando vale 1 – 7/8 = 1/8. Sua raiz cúbica é 1/2.
Então y vale:

$$\frac{6}{5} \div \frac{1}{2} = \frac{6}{5} \times \frac{2}{1} = \frac{12}{5}$$

Temos portanto x = 5/9 e y = 12/5. Agora testamos as opções de respostas:

(A) x < y < 0 : ERRADO, já que ambos são positivos!

(B) x + y = 21/5 : ERRADO, pois $\frac{5}{9} + \frac{12}{5} = \frac{25}{45} + \frac{108}{45} = \frac{133}{45}$, que não é o mesmo que 21/5.

(C) x.y = 4/3 : CERTO, de fato, o produto é igual a 4/3: $\frac{5}{9} \times \frac{12}{5} = \frac{12}{9} = \frac{4}{3}$

(D) $x^{-1} . y^{-1}$ = 29/20 : ERRADO, o produto dos inversos é igual ao inverso do produto, que resulta em 3/4.

Resposta: (C) x.y = 4/3

23) CMRJ – As expressões entre parênteses podem ser escritas como:

$1 + \frac{1}{2} = \frac{3}{2}$ $1 - \frac{1}{3} = \frac{2}{3}$ $1 + \frac{1}{4} = \frac{5}{4}$ $1 - \frac{1}{5} = \frac{4}{5}$ $1 + \frac{1}{6} = \frac{7}{6}$

$1 + \frac{1}{2n} = \frac{2n+1}{2n}$ $1 - \frac{1}{2n+1} = \frac{2n}{2n+1}$

O produto todo vai até 201/200, e ficamos com:

$$\frac{3}{2}\times\frac{2}{3}\times\frac{5}{4}\times\frac{4}{5}\times\ldots\times\frac{2n+1}{2n}\times\frac{2n}{2n+1}\times\ldots\times\frac{201}{200}$$

É importante perceber que cada termo tem um numerador par e um denominador ímpar, e vice-versa. Além disso, cada termo de ordem ímpar é o inverso do termo seguinte. Sendo assim, o produto de cada termo de ordem ímpar, pelo termo seguinte, resulta em 1. Último termo, 201/200, não temo o seu "par seguinte", já que em cada dupla, um termo tem um denominador par e o seguinte tem denominador ímpar. Isso significa que o produto dado tem um número ímpar de termos, e o último termo sobrará. Portanto o produto é 201/200.

Resposta: (E) $\frac{201}{200}$

24) CFN – As duas expressões envolvidas são:
1ª expressão: $(2^{-3} + 2^{-3}) = (1/8 + 1/8) = 2/8 = 1/4$.
2ª expressão: $(4^{-1} + 4^{-1}) = 1/4 + 1/4 = 2/4 = 1/2$.
A expressão X vale $\frac{1}{4}\div\frac{1}{2}=\frac{1}{4}\times\frac{2}{1}=\frac{1}{2}$

Resposta: (C) 1/2

25) CFN – A expressão a ser calculada é

25 – {3 × 17 – [10 + 6 × (8 – 4 × 2) + 2 + 3] – 4 × 4} : 5

Algumas operações da expressão podem ser calculadas, pois seus termos não estão envolvidos em operações "vizinhas". São elas: 3×17, 4×2 e 4×4. A expressão se reduz a:

25 – {51 – [10 + 6 × (8 – 8) + 2 + 3] – 16} : 5

Calculemos agora o valor entre colchetes. Temos 8 – 8 na expressão, que resulta em zero, que está multiplicado por 6. Essa parte da expressão valerá zero. O valor entre colchetes fica reduzido a 10 + 2 + 3 = 15. A expressão fica como:

25 – {51 – [15] – 16} : 5

O valor entre chaves é 51 – 15 – 16, que resulta em 20. Ficamos com:

25 – 20 : 5

Finalmente, devemos agora resolver a divisão, que tem precedência sobre a subtração. Ficamos com 25 – 4 = 21.

Resposta: (C) 21

26) CFN – Por mais complicada que seja uma expressão, sempre poderemos identificar na sua composição, expressões menores. Para evitar confusão, podemos calcular essas "sub-expressões" separadamente, o que reduz a chance de erros. No nosso caso, podemos identificar as seguintes expressões
X: o valor dentro dos colchetes
Y: O valor dos parênteses seguintes
Z: O último termo, 2^{-7}.
Calculemos uma expressão de cada vez:

$$X=\left[\left(-\frac{1}{2}\right)^4\div\left(-\frac{1}{2}\right)^3\right]=\left[\left(\frac{1^4}{2^4}\right)\div\left(-\frac{1^3}{2^3}\right)\right]$$

A primeira potência dará um resultado positivo, pois o número negativo –1/2 está elevado a um expoente par. A segunda ficará negativa, pois o número negativo –1/2 está elevado a um expoente ímpar. Ficamos com:

$X = \frac{1}{16} \div \left(-\frac{1}{8}\right) = \frac{1}{16} \times \left(-\frac{8}{1}\right) = -\frac{1}{2}$. Portanto a expressão X vale –1/2. Agora calculemos Y

$Y = \left(-\frac{1}{2}\right)^6 = \frac{1}{2^6} = \frac{1}{64}$. Aqui mais uma vez tivemos um número negativo elevado a um expoente par, resultando em um valor positivo. Lembrando ainda que elevar uma fração a um expoente significa elevar o numerador e elevar o denominador. Portanto Y = 1/64.

Finalmente calculamos Z:

$Z = 2^{-7} = \frac{1}{2^7} = \frac{1}{128}$. Lembrando que para elevar uma base a um expoente negativo, basta inverter a base e tornar o expoente positivo. Logo, Z = 1/129. A nossa expressão total fica reduzida a:

$$X.Y + Z = \left(-\frac{1}{2}\right).\frac{1}{64} + \frac{1}{128} = -\frac{1}{128} + \frac{1}{128} = 0$$

Resposta: (D) 0

27) CEFET RJ – Nessa questão temos que calcular os valores de A e B, e encontrar o MMC desses valores. Calculemos A e B:

A = 12 – 2 × 5 + 2

O cálculo é simples, pois a expressão é pequena e não tem parênteses. Temos uma multiplicação, uma adição e uma subtração. Calculemos primeiro a multiplicação: 2 × 5 = 10. Ficamos com:

A = 12 – 10 + 2 = 4 ➔ A=4

A expressão B vale:

B = (4/3).(11 – 2) – 6

No caso devemos calcular primeiro o conteúdo dos parênteses, 11 – 2 = 9. Ficamos com

B = (4/3).9 – 6

Calculamos a seguir a multiplicação da fração por 9, para depois subtrair 6.

$B = \frac{4}{3} \times \frac{9}{1} - 6 = 12 - 6 = 6$. Assim temos B=6

Finalmente, calculamos o MMC entre 4 e 6 como o problema pede. O menor múltiplo comum entre 4 e 6 é 12, pode ser calculado mentalmente. Se não calcularmos mentalmente, podemos usar outro método:

4 – 6	2
2 – 3	2
1 – 3	3
1 – 1	MMC = 2 × 2 × 3 = 12

Resposta: (B) 12

28) CEFET RJ – Uma questão simples que lida com comparação de números racionais. Vemos que **a** é maior que **b**, já que a vale 0,30 e b vale 0,29. O objetivo aqui é enganar o aluno distraído, que poderia pensar que 0,3 vale menos que 0,29, e sabemos que não é assim que comparamos números decimais. O algarismo 3 do número **a** está na mesma casa decimal que o algarismo 2 do número **b**, e temos que comparar números decimais tomando os algarismos da parte decimal, da esquerda para a direita. Uma outra forma é completar com zeros à direita

da parte decimal, até os dois números ficarem com o mesmo número de casas decimais. Assim fica fácil ver que 0,30 é maior que 0,29.

Finalmente, temos o número **c**, que vale 31/100 = 0,31. Então **c** é o maior dos três números, e **b** é o menor dos três. Levando isso em conta, encontramos facilmente a resposta correta:

Resposta: (D) b < a < c

29) CEFET ES – Cálculo de expressões aritmética são sempre cobrados em concursos. Nesse problema temos uma raiz cúbica de uma fração. Não podemos indicar os valores que aparecem, pois são muito grandes: 2^{28} e 2^{30}. No final, uma sinistra raiz cúbica.

Resolvemos esse problema facilmente usando um tratamento algébrico.

O número 2^{30} pode ser escrito como $2^2.2^{28}$, uma propriedade básica das potências. Isso resulta em 4.2^{28}. A expressão pode ser então escrita como:

$\sqrt[3]{\dfrac{2^{28}+2^{30}}{10}}=\sqrt[3]{\dfrac{2^{28}+4.2^{28}}{10}}=\sqrt[3]{\dfrac{5.2^{28}}{10}}$. Aqui colocamos 2^{28} em evidência no numerador do radicando, ficando com 5.2^{28}. Um pouco de álgebra ajudando a aritmética. Agora simplificamos 5 com 10, ficando com:

$\sqrt[3]{\dfrac{5.2^{28}}{10}}=\sqrt[3]{\dfrac{2^{28}}{2}}$. Finalmente dividimos o numerador, 2^{28}, pelo denominador 2, o que resulta em 2^{27}, mais uma vez usando uma propriedade básica das potências. A expressão se reduz a:

$\sqrt[3]{2^{27}}$. Note que o radicando é um cubo perfeito, pois seu expoente é múltiplo de 3. Para extrair sua raiz cúbica, basta dividir seu expoente por 3, resultando em:

$\sqrt[3]{2^{27}}=2^9=512$

Resposta: (C) 2^9

30) IFSP – Outra questão que requer o conhecimento das propriedades das potências.

No numerador, a raiz quadrada de 36 é 6, então temos 6^{40}. Este valor está multiplicado pela raiz quadrada de 6, elevada à quarta potência. O cálculo fica fácil quando exprimimos a raiz quadrada como uma potência de expoente 1/2:

$\left(\sqrt{6}\right)^4=\left(6^{\frac{1}{2}}\right)^4=6^{\frac{1}{2}\times 4}=6^2$. Mais uma vez estamos usando propriedades das potências. Assim o nosso numerador fica expresso como:

$6^{40} \times 6^2 = 6^{42}$

Agora calculemos o denominador da nossa expressão. Note que elevar a 0,5, o mesmo que 1/2, equivale a extrair a raiz quadrada. Então temos no denominador o fator $\sqrt{36}$, que vale 6.

O denominador vale:

$6^2.6 = 6^3$

A expressão final é a divisão dos dois valores encontrados:

$\dfrac{6^{42}}{6^3}$. Para dividir potências de mesma base, repetimos a base e subtraímos os expoentes.

Ficamos então com 6^{39}.

Resposta: (C) 6^{39}

Resoluções do teste 4

31) EAM – Problemas de matemática básica usam matéria ensinada no 5º ano do Ensino Fundamental, mas são cobrados em provas superiores, como as provas para ingresso no Ensino Médio, e nas provas para ingresso nos cursos superiores.

Em muitos tipos de problema, seja qual for o nível, a solução é facilitada quando usamos algum tipo de desenho ou diagrama. No caso presente, Faremos um diagrama indicando os homens e as mulheres que participam do concurso. Como o problema não especifica números, e sim, porcentagens, podemos "estipular" uma quantidade fictícia, como sendo 100 candidatos.

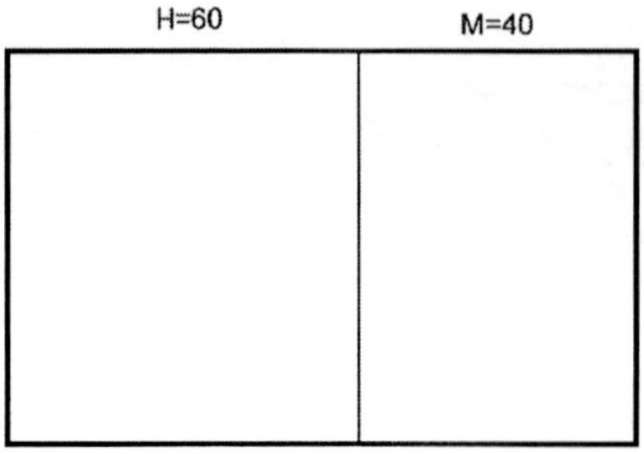

Na verdade não são 100 candidatos, mas 100 grupos de candidatos. Mas para efeito de cálculo de porcentagem podemos raciocinar como se fossem realmente 100 candidatos.

Uma vez que estipulamos o número de candidatos, como sendo 100, o número de homens e mulheres será:

Homens: 60% de 100 = 60
Mulheres: 40% de 100 = 40

É dado ainda que 80% dos homens estão empregados, então temos 80% de 60 = 48. Os homens desempregados são os restantes, 60 – 48 = 12.
As mulheres empregadas são 30% de 40 = 12. As 28 restantes estão desempregadas. Assim podemos atualizar nosso diagrama:

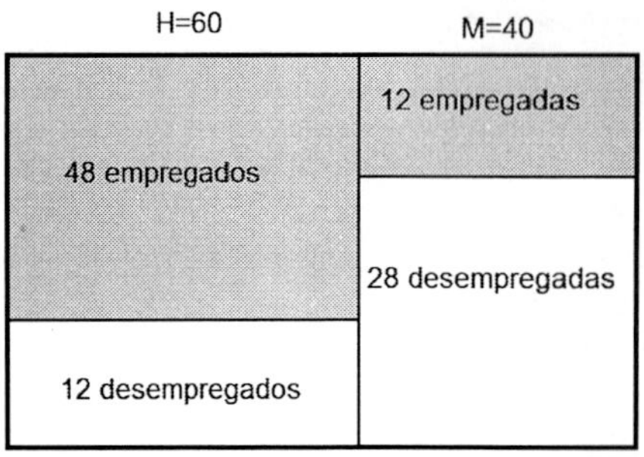

Os candidatos que já têm emprego são 48 + 12 = 60.
Como o total é 100, temos então 60% de candidatos empregados.

Resposta: (A) 60%

32) CFN – O modo mais fácil de resolver o problema é usando uma regra de três simples. Sabemos que R$ 315,00 corresponde a 12,5% do salário original e queremos saber quando vale 100% do salário original:

315.......... 12,5%
x............. 100%

$$x = \frac{315 \times 100}{12{,}5}$$

Agora basta fazer as simplificações. Multiplicando numerador e denominador por 2, ficamos livres da vírgula:

$$x = \frac{315 \times 100 \times 2}{12{,}5 \times 2} = \frac{315 \times 200}{25} = \frac{315 \times 40}{5} = \frac{315 \times 8}{1} = 2520$$

Note que este é o salário original, como o problema pergunta. Se perguntasse o salário novo, teríamos que somar este valor com 315.

Resposta: (B) R$ 2.520,00

33) CFN – Calculemos os preços, usando os descontos indicados, para cada tipo de pacote. Como o preço por quilo é R$ 10,00, os pacotes, sem desconto, custarão respectivamente R$ 50,00, R$ 20,00 e R$ 10,00. Com os descontos, os preços serão:
Pacote de 5 kg: desconto de 30% de R$ 50,00 = R$ 15,00 ➔ R$ 35,00, com o desconto
Pacote de 2 kg: desconto de 20% de R$ 20,00 = R$ 4,00 ➔ R$ 16,00 com o desconto

Pacote de 1 kg: desconto de 10% de R$ 10,00 = R$ 1,00 → R$ 9,00 com desconto
Portanto os preços dos pacotes são, respectivamente, R$ 35,00, R$ 16,00 e R$ 9,00.
Note que em cada um desses três pacotes, os preços do quilo são R$ 7,00, R$ 8,00 e R$ 9,00, respectivamente. Para pagar o preço mínimo é preciso usar os pacotes maiores, na medida do possível.
8 kg = 5 kg + 2 kg + 1 kg = R$ 35,00 + R$ 16,00 + R$ 9,00 = R$ 60,00
15 kg = 5 kg + 5 kg + 5 kg = 3 × R$ 35,00 = R$ 105,00
17 kg = 5 kg + 5 kg + 5 kg + 2 kg = 3 × R$ 35,00 + R$ 16,00 = R$ 121,00

Resposta: (E) R$ 60,00; R$ 105,00; R$ 121,00

34) CEFET RJ – É preciso tomar cuidado com problemas de mistura de álcool e gasolina, pois no Brasil a gasolina vendida nos posto tem uma porcentagem de álcool misturada, e o álcool, dependendo da época, tem uma porcentagem de gasolina misturada. É preciso descobrir se o problema indica que isto deve ser levado em conta ou não. No caso deste problema, não foi dada informação relativa à mistura dos combustíveis comercializados, significando que devemos considerar que nos postos é vendida gasolina 100% pura e álcool 100% puro.
A mistura citada tem 3 L de álcool e 5 L de gasolina. Pede-se para adicionar gasolina, de tal forma que a nova mistura passe a conter 25% de álcool.
Esses 25% de álcool (a quarta parte) são aqueles 3L existentes na mistura inicial, pois não foi adicionado mais álcool, apenas gasolina.
Portanto na nova mistura, os 3 L de álcool já existentes são 25%, a quarta parte da mistura total. Sendo assim a mistura total deve ter 12 litros, após o adicionamento de mais gasolina. Como eram 3 + 5 = 8 litros, e devemos chegar a 12 litros, basta adicionar 4 litros de gasolina.

Resposta: 4 litros

35) CEFET RJ – Claro que o refresco ficou aguado, tem apenas 5% de suco e 95% de água! Ou seja, dos 4 litros existentes na jarra, temos:
Suco: 5% de 4L = 0,2 L
Água: 95% de 4L = 3,8 L
Claro que é preciso saber calcular as porcentagens, senão o raciocínio não pode ser finalizado.
Suco: 5% de 4L = $\frac{5}{100} \times 4 = \frac{20}{100} = 0{,}2$
Água: a quantidade restante: 4 L = 0,2 L – 3,8 L

Para que na nova mistura, o suco passe a representar 50% do total, é preciso que as quantidades de suco e água sejam iguais. Como já temos 3,8 L de água, devemos ter também 3,8 L de suco. No refresco aguado já existe 0,2 L de suco, então basta adicionar 3,6 L de suco.

Resposta: (C) 3,6 litros

36) CEFET ES – Este tipo de problema de porcentagem separa o aluno que estudou, do aluno que não estudou. Quem nunca resolveu um problema assim vai dizer que aumentando 20% e reduzindo 20%, volta-se ao preço original, o que está totalmente errado. O primeiro aumento de 20% é calculado sobre o preço original, de R$ 100,00, enquanto a redução de 20% é calculada sobre o novo preço, que é R$ 120,00, portanto os valores do aumento e da redução são diferentes.
1º : Preço original = R$ 100,00; aumento = 20% de R$ 100,00 = R$ 20,00, resultando em R$ 120,00.
2º : Novo preço = R$ 120,00; redução = 20% de R$ 120,00 = R$ 24,00, resultando em R$ 120,00 – R$ 24,00 = R$ 96,00.

Resposta: (E) R$ 96,00

37) IFSP – Recomendamos que seja feito um diagrama simples indicando os grupos envolvidos. Consideremos a população como sendo 100 unidades. Temos portanto:
100 pessoas. Desempregados = 40% de 100 = 40, e empregados = 60% de 100 = 60.

Daqueles 40 desempregados, 60% não concluíram o ensino médio, ou seja:
60% de 40 = 24

Os que concluíram o ensino médio e estão desempregados são:
40% de 40 = 16

Portanto, dos 100 trabalhadores, 16 são aqueles que estão desempregados e têm o ensino médio completo. Isso resulta em 16%.

Resposta: (A) 16%

38) CMB – Para calcular um aumento percentual, dividimos a variação pelo valor original, e multiplicamos o resultado por 100%. Ficamos com:

Valor original: 700 milhões
Variação: 1600 milhões – 700 milhões – 900 milhões.

Isso resulta no seguinte aumento percentual:

$$\frac{900}{700} \times 100\% = \frac{900}{7}\% = 128{,}57\%$$

É preciso tomar cuidado com a "pegadinha". O que calculamos não foi o preço final, mas sim, o aumento em relação ao preço original, que é o que o problema pergunta. A resposta não é 28%, mas sim, 128%, que são os 900 milhões em comparação com os 700 milhões originais.

Resposta: (E) 128,5%

39) CMBH – A venda do 1º carro deu um lucro de 20%, o mesmo que 1/5. Isso é o mesmo que dizer que o primeiro carro foi comprado por um valor 5 e vendido por um valor 6. Ou seja, o 1º carro havia sido comprado por 5/6 do seu valor de venda.
A venda do 2º carro resultou em um prejuízo de 20%. Isso é o mesmo que dizer que este carro foi comprado por 5 e vendido por 4. Portanto o 2º carro foi comprado originalmente por 5/4 do seu valor de venda.
Os valores de venda dos dois carros foram iguais. Convém representar todas essas informações em um diagrama.

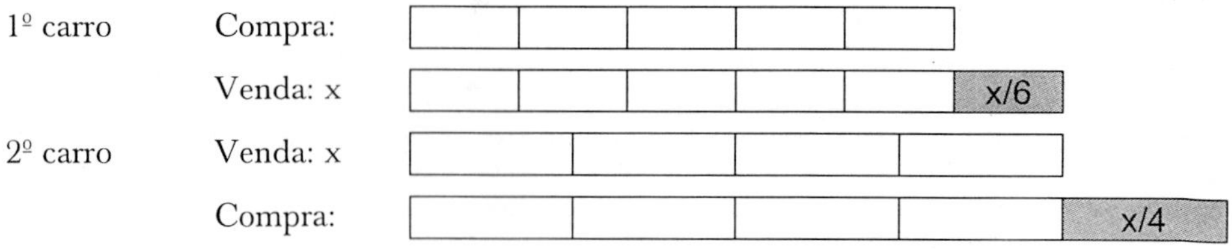

Se chamarmos o preço de venda de cada carro de x, e levando em conta as frações das nossas conclusões, vemos que o 1º carro deu um lucro de x/6, enquanto o 2º deu um prejuízo de x/4.
O problema informa que o prejuízo da transação toda foi R$ 800,00, ou seja:

$\frac{x}{6} - \frac{x}{4} = -800$. Multiplicando toda a equação por 12, eliminamos os denominadores:

2x – 3x = –9600

x = 9600

Encontramos portanto o preço de venda de ambos os carros, R$ 9.600,00 cada um. Afora ficou fácil encontrar o preço de compra de cada carro:

1º carro: comprado por 5/6 de x = R$ 8000,00

2º carro: comprado por 5/4 de x = R$ 12.000,00

Com essas conclusões, concluímos que a resposta (E) é a correta.

Resposta: (E) O carro mais caro custou R$ 12.000,00

40) CMF – O artifício de "estipular" a totalidade de um conjunto de objetos, ou uma população, como sendo 100, é um facilitador de contas. Neste problema, a informação de que eram 2800 candidatos inscritos, é um modo de atrair o aluno para fazer cálculos mais complicados, usando os números verdadeiros, ao invés do 100 fictício. Ainda assim, podemos ignorar esses números verdadeiros e usar o 100 fictício, pois o problema não pergunta números verdadeiros, e sim, uma porcentagem.

Dos 2800 candidatos, 420 não compareceram. Isso é o mesmo que dizer que de cada 100 candidatos, 15 não apareceram. Esses números são obtidos a partir da simplificação da relação entre as quantidades dadas:

$\frac{420}{2800} = \frac{60}{400} = \frac{15}{100}$. Portanto, é o mesmo que dizer que 15% dos candidatados, faltaram, então 85% compareceram.

Desses 85%, 40% foram aprovados. 40% de 85% é 34% (dividir 85 por 5 e multiplicar por 2).

Ou seja, 34% do total de candidatos, foram aprovados.

Os que compareceram (ou seja, realizaram a prova) e foram reprovados, foram

85% – 34% = 51%

51% é a porcentagem dos candidatos que compareceram (realizaram a prova) e não foram aprovados.

Também poderíamos resolver o problema lidando com os números verdadeiros, mas seria mais trabalhoso.

Dos 2800 inscritos, 420 faltaram, então compareceram 2380. Desses 2380 candidatos, 60% foram reprovados, ou seja, 3/5. Temos que dividir 2380 por 5 e multiplicar por 3, o que resulta em 1428. Finalmente dividimos 1428 por 2800, para saber a porcentagem em relação ao número total de inscritos. 1428 ÷ 2800 = 0,51, portanto, 51%.

Resposta: (C) 51%

Resoluções do teste 5

41) CFN – Note que os valores do gráfico não são dados em toneladas, mas sim, em milhares de toneladas. Em 2004, a produção foi 51.500 mil toneladas, o mesmo que 51.500.000 toneladas, que em quilos resulta em 51.500.000.000 kg.

(Note que as safras de grãos atingem os milhões de toneladas, e não milhares). Foi um erro da banca, do gabarito, e de muitos cursos e canais que "foram na onda" do erro.

Temos que multiplicar a quantidade de quilos 0,30, que é o preço de cada quilo: 51.500 × 0,3 = 15.450. Colocando mais seis zeros, ficamos com 15.450.000.000 reais.

Ocorre que as opções não terminam com seis zeros, mas sim, com três zeros. Isso porque desprezaram (assim como a banca) o fato do gráfico indicar, não toneladas, mas milhares de toneladas. A resposta correta é 15.450.000.000 reais, mas para "ir na onda" do erro, temos que considerar apenas três zeros no final.

Resposta (compartilhando o erro da banca e do gabarito): (A) R$ 15.450.000,00

42) CFN – Analisemos as afirmativas apresentadas, usando o gráfico:

a) de acordo com os dados apresentados, o tronco sofre mais com a prática de esportes. FALSO. Os membros inferiores sofrem mais (53% das lesões).
b) 15% dos problemas apresentados estão relacionados à cabeça. VERDADEIRO, de fato são indicados 15% para a cabeça.
c) o número 10% significa que de cada 100 problemas, 1 está relacionado ao tronco. FALSO. Indica que de cada 100, 10 estão relacionados ao tronco.
d) 44% das pessoas têm problemas nos membros superiores com a prática de esportes. FALSO. O gráfico indica 22%.
Portanto, temos FVFF

Resposta: (D) FVFF

43) EAM – O total do lixo, em kg, é 250 + 80 + 30 + 60 = 420.
A fração representada pelo papel é:
60 /420 = 6/42 = 1/7.

Resposta: (E) 1/7

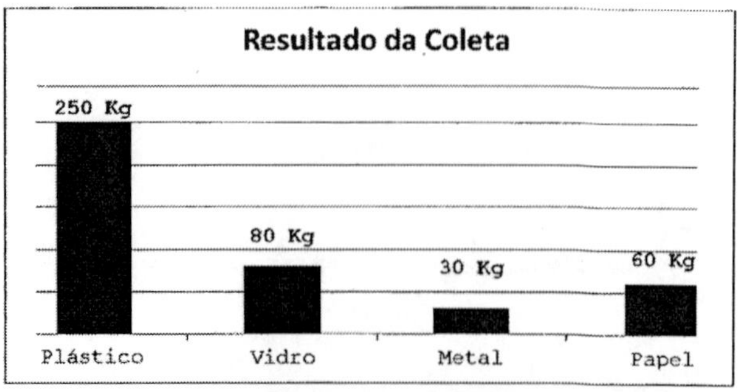

44) CEFET RJ – O gráfico tem em destaque, a temperatura máxima. Tal temperatura ocorreu entre o início do dia 1 e o início do dia 2, ou seja, durante o dia 1. Questões de gráfico são normalmente um ponto fácil.

Resposta: (A) 1

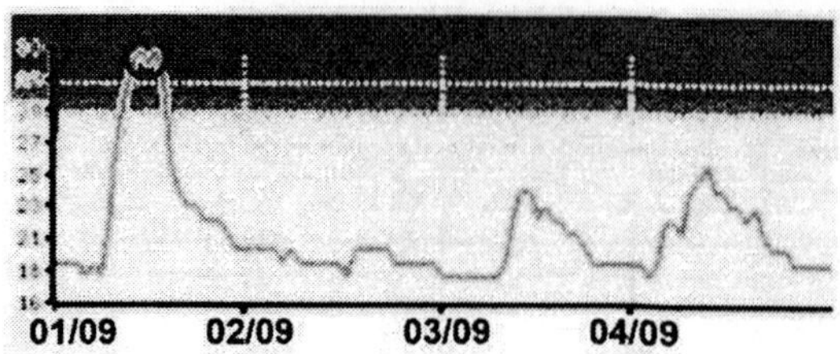

45) IFSP – O número total de alunos é, pelo gráfico:
30 + 60 + 50 + 40 = 180, ou seja, os valores das ordenadas (y) para cada faixa.
A faixa que contém os alunos de 15 anos, tem também os de 16 e 17. O problema informa que os de 15 anos são a quinta parte do grupo ao qual pertencem, ou seja, a quinta parte de 40, que vale 8.

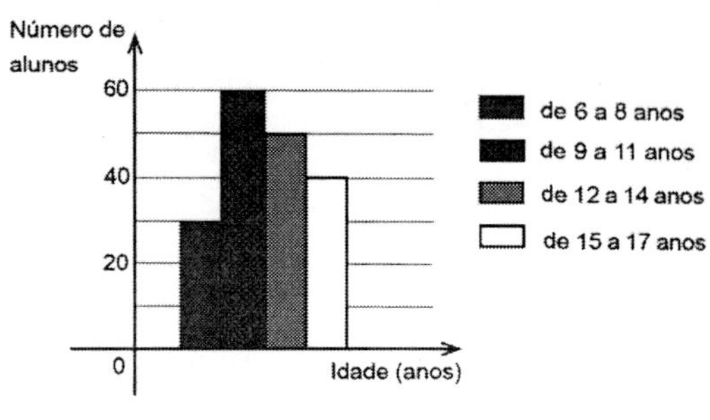

Portanto são 8 alunos de 15 anos. A probabilidade pedida é igual a:

$$\frac{8}{180} = \frac{4}{90} = \frac{2}{45}$$

Resposta: (E) 2/45

46) CMB – A área total dos quatro retângulos é:
30 × 60 + 90 × 60 + 60 × 60 + 20 × 60 = 12000.
Isto porque os quatro retângulos têm base igual a 60, e as alturas indicadas: 30, 90, 60 e 20.
Para que x divida a área ao meio, devemos ter 6000 à esquerda e 6000 à direita. Como o primeiro retângulo tem área 1800, restam 4200 para o retângulo que tem base de 60 a x. Portanto:

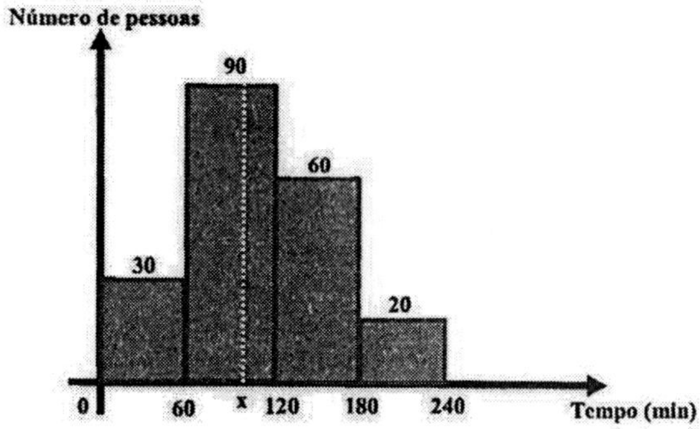

(x – 60) × 90 = 4200
x = 130/3 = 46 2/3, ou seja, 46 min e 40 s.
Somando com 60, que é o tempo inicial do segundo retângulo, temos 60 + 46 min 40s = 106 min 40s.

Resposta: (C) 106 min 40s

47) CMBH – O gráfico indica 5 faixas de alturas e as quantidades de alunos em cada faixa. Por exemplo, a primeira barra indica que 40 alunos têm alturas entre 1,55m e 1,60m. As faixas seguintes referem-se às alturas indicadas no eixo x, e as quantidades de alunos são, respectivamente, 60, 70, 30 e 10. Total: 210 alunos.

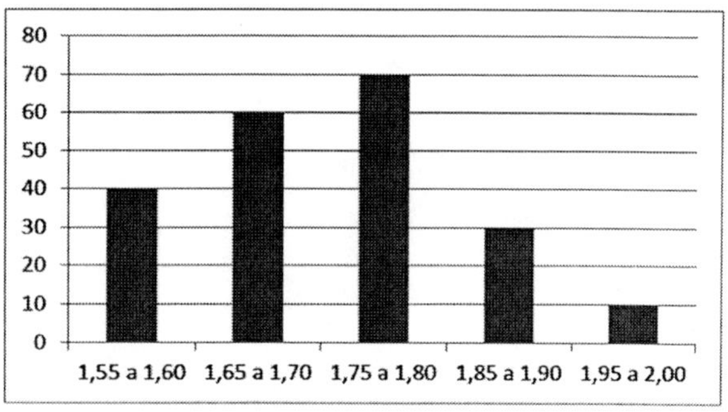

Precisamos analisar cada uma das cinco afirmativas para identificar a verdadeira.

(A) 120 alunos possuem altura igual ou superior a 1,75 m. ERRADO, na verdade são 70+30+10 = 110.
(B) Aproximadamente 52,4% dos alunos voluntários possuem altura igual ou superior a 1,75 m. CERTO. São 110 de um total de 210, que corresponde à porcentagem de 52,38% - trabalhoso, tem que fazer a divisão: (110/210) × 100%.
(C) Para compor a equipe de basquetebol, o técnico deseja utilizar alunos com altura superior a 1,80 m e para isso, ele dispõe de menos de 40 alunos dentro do grupo de voluntários. ERRADO. Como são exatamente 30 + 10 = 40, não se diz "pelo menos 40", mas sim, exatamente 40.
(D) O total de alunos voluntários não ultrapassa 200 indivíduos. ERADO, são 210.
(E) Levando-se em consideração que o CMBH possui 700 alunos, pode-se afirmar que o percentual de voluntários do colégio é superior a 33% do total de alunos do CMBH. ERRADO. 210 de 700 é o mesmo que 30%, que é inferior a 33%.

Resposta: (B)

48) CMF – O número total de candidatos é 15+20+25+55+15=130. As três primeiras faixas são os que não concluíram o ensino médio: 15+20+25=60. O percentual é:
(60/130) × 100% = 46,15%.

Resposta: (E) 60%

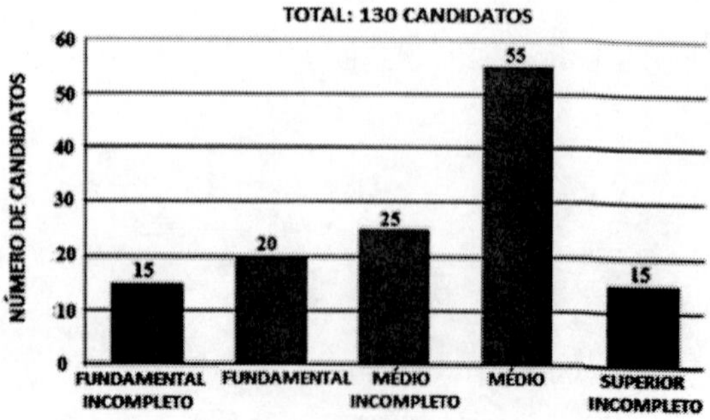

49) CMM – No total são:
1+9+7+17+13+1+1 = 49.
Se perguntasse conceito igual a 4 seroa 17/49 = 34,7%. Essa resposta não está nas opções. A frase "conceito máximo igual a 4" poderia ser interpretada como "conceito de no máximo 4". Nesse caso seriam a soma dos cursos com conceito 1, 2, 3 e 4, totalizando 1+9+7+17 = 34. A porcentagem seria:
34/49 = 69,4%. Provavelmente era isso o que o enunciado queria dizer.

Resposta: (E) 69,4%

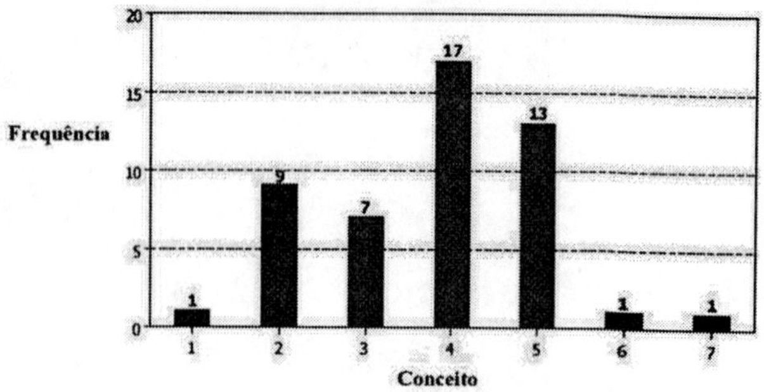

50) CMPA – Quando se pergunta o ângulo central em um gráfico de setores, é preciso multiplicar a fração da parte dividida pelo total, e multiplicá-la por 360°.
O total de alunos é:
7+13+8+3+1 = 32
Para o grupo de 18 anos, temos 8/32 = 1/4. Multiplicando por 360°, resulta em 90°.

Resposta: (B) 90°

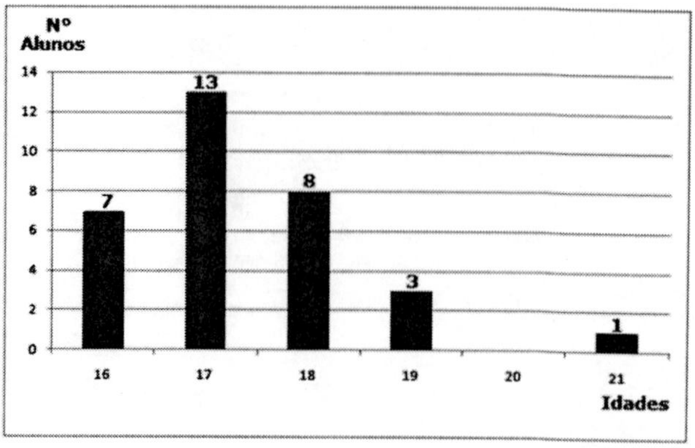

Resoluções do teste 6

51) EAM – Não se falou em pagamento de entrada, nem em número de parcelas, então o problema é bem simples. Pede apenas a comparação entre os valores a vista e a prazo. Ou seja, comparar 500 com 560. O acréscimo do pagamento a prazo é de 60 reais. Que comparado com o valor original (500), representa a porcentagem de:

$\frac{60}{500} \times 100\% = \frac{6}{50} \times 100\% = \frac{6}{1} \times 2\% = 12\%$. Aqui simplificamos 60 e 500 por 10, depois simplificamos 100 e 50 por 50, resultando em 6×2%=12%.

Resposta: (C) 12%

52) EAM – Pode ser resolvido por uma regra de 3, porém é mais vantajoso usar raciocínio matemático. As quantidades de ingredientes são proporcionais ao que está sendo produzido. Para aumentar a quantidade de pães em 25%, será preciso aumentar todos os seus ingredientes também em 25%. Os 12 litros de leites deverão ser aumentados para 12 + 3 = 15 litros, pois 25% (a quarta parte) de 12 é o mesmo que 3.

Serão necessários mais 3 litros de leite, e como cada litro custa R$ 2,50, o gasto adicional será 3 × 2,50 = 7,50.

Note que não foi preciso lidar com a quantidade de 800 pães. Saber que o aumento é 25% foi suficiente para resolver o problema.

Resposta: (B) R$ 7,50

53) EAM – Os soldados estão assim distribuídos por região:

Norte: 7%

Sudeste: 15%

Sul: 10%

Centro-oeste: 3%.

Nordeste: ?

Lembrando que o Brasil tem 5 regiões, falta apenas o Nordeste. As quatro regiões citadas somam juntas, 7+15+10+3 ➔ 35%, logo o restante, 65%, são os do Nordeste.

65% do total (140) é igual a:

$$\frac{65}{100}\times 140 = \frac{65}{10}\times 14 = \frac{13}{1}\times 7.$$

Depois de simplificar 140 e 100 por 10, ficamos com 14 e 10. No numerador, 65 é o mesmo que 5×13, e 14 é o mesmo que 2×7. Este 5 e este 2 simplificam com o 10 do denominador, sobrando apenas 13 e 7 no numerador. 13 × 7 = 91.

Resposta: (D) 91

54) CMF – Aumentar 5% é o mesmo que multiplicar por 1,05. Aumentar 8% é o mesmo que multiplicar por 1,08. Aumentar 10% é o mesmo que multiplicar por 1,1. Então, com os três aumentos sucessivos, o salário inicial S foi multiplicado por:

1,05 × 1,08 × 1,1

Podemos escrever então:

S × 1,05 × 1,08 × 1,1 = 1247,40

A conta poderá ser um pouco trabalhosa. Multiplicando os três fatores do primeiro membro, ficaremos com um número com 5 casas decimais. Depois termos que dividir 1247,40 por este valor, o que pode ser ainda mais trabalhoso. Um outro caminho seria transformar os decimais em frações, e fazer simplificações. Ficaríamos com:

$$S\times\frac{105}{100}\times\frac{108}{100}\times\frac{11}{10}=\frac{124740}{100}$$

Partiríamos então para fazer simplificações nos dois membros, por 11, por 5, por 3, por 7, até a divisão se tornar mais simples. Trabalhoso de qualquer jeito.

Entre os dois caminhos citados, ambos trabalhosos, faremos o primeiro.

1,05 × 1,08 = 1,134

1,132 × 11 = 12,474

Uma grata surpresa, pois ficamos assim com:

S × 12,474 = 1247,40 ➔ S = 1000.

Ou seja, o salário original era 1000 reais.

Resposta: (B) R$ 1.000,00

55) CMBH – As dimensões da caixa original eram:

C = 15; L = 8 e A = 12. O volume dessa caixa é 15 × 8 × 12 = 1440 unidades de volume.

Com as modificações, passaram a ser:

C = 5; L = 16 e A = 15. O novo volume passa a ser 5 × 16 × 15 = 1200 unidades de volume. Portanto o volume original era 1440 e passou a ser 1200. Sem necessidade de fazer cálculos adicionais, vemos rapidamente que a resposta (E) se aplica, o volume diminuiu 240 unidades.

Resposta: (E) diminuiu em 240 unidades de volume

56) CMF – Consideremos o preço original de 100 unidades. O preço mínimo de venda para não ter prejuízo nem lucro, é 123 unidades (aumento de 23%).

Com o aumento de 50%, o preço de tabela passa a ser 150 unidades.

O desconto dado sobre esse preço deve ser no máximo 27 unidades, para que o preço final chegue a ser 123 unidades.

Essa redução de 27 unidades, em comparação com o preço de tabela de 150 unidades, representa uma redução percentual de:

$$\frac{27}{150} \times 100\%$$

O número 150 do denominador pode ser escrito como 3 × 50, e simplificar 3 com 27, e 50 com 100, resultando em:

9 × 2% = 18%

Resposta: (C) 18%

57) CMJF – Nesse tipo de problema, é sempre bom desenhar um diagrama, pois facilita a visualização das informações. Das três empresas, temos 45% em X, 20% em Z, e restam para Y, 35%. Para facilitar, podemos "estipular" o número total de funcionários como 100, já que a pergunta feita é toda sobre porcentagens. Ou então chamar de 100k, e chamar os números de funcionários de 45k, 20k e 35k.

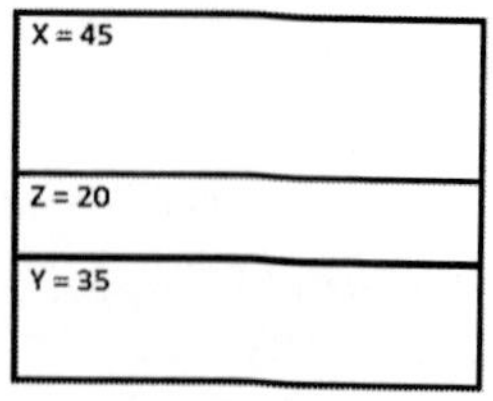

Optaram pelo plano:

20% dos funcionários da empresa X = 9 funcionários (estipulando total de 100)

35% dos funcionários da empresa Z = 7 funcionários

Como o total das três juntas, que optaram pelo plano, foram 30%, ou seja, 30, descontando os 9 e os 7 indicados acima, restam então 14 optantes da terceira empresa, ou seja:

14 de 35, que é o mesmo que 2/5, ou 40%.

(Lembrando: $\frac{14}{35} \times 100\% = 40\%$)

Resposta: (C) 40%

58) CMM – Na compra parcelada, temos uma entrada de 25% do preço total, o que resulta em R$ 450,00 (25% é o mesmo que a quarta parte).

Restam para pagar, R$ 1350,00. O pagamento será feito em uma única parcela de R$ 1512,00 após três meses. Desses R$ 1520,00, abatendo o preço original de R$ 1350,00, o restante (R$ 162,00) são os juros.

Sabemos que juros = capital × taxa × tempo. Então:

162 = 1350 × taxa × 3

Taxa = $\frac{162}{1350 \times 3} = \frac{54}{1350} = \frac{18}{450} = \frac{2}{50} = \frac{4}{100}$, portanto, 4%. O tempo considerado foi dado em meses, então tivemos 4% ao mês.

Resposta: (B) 4%

59) CMRJ – De acordo com o enunciado, podemos calcular a quantidade de provas corrigidas pelos professores Euler e Gil, em função das provas corrigidas pelo prof. Sobral. Como as porções foram dadas em porcentagens, chamamos a quantidade de provas do prof. Sobral de 100x.

Sobral: 100x
Euler: 60% de 100x = 60x
Gil: 45% de Euler = 45% de 60x = 27x (esse cálculo o aluno precisa dominar sozinho. 45% é o mesmo que dividir por 20 e multiplicar por 9).
O total de provas corrigidas foi 100x + 60x + 27x = 187x. Temos então:
187x = 561 ➔ x = 3
Logo os três professores citados corrigiram 300 (Sobral), 180 (Euler) e 81 (Gil).
A pergunta não especifica qual o professor, mas o único número que se aplica é 81, do professor Gil.

Resposta: (C) 81

60) IFSP – São 3 filhos e 6 netos. Cada neto receberá metade do que cada pai irá receber. Então podemos especificar as quantias como:
Netos: x cada ➔ 6 netos recebem = 6x
Filhos: 2x cada ➔ 3 filhos recebem 6x
Os filhos e netos recebem juntos, 12x. Isso é 90% do valor total, já que o S.r. Gustavo permanecerá com 10%. Então
12x = 90 ➔ x = 7,5
Cada neto receberá 7,5% do total, e cada filho, 15%.

Resposta: (B) 7,5%

Resoluções do teste 7

61) IFSP – Mais um problema que pode ser resolvido "estipulando preço", pois todos os valores são dados em porcentagens.
Um lucro de 60% sobre o valor de compra, seria por exemplo, comprar por 100 e vender por 160. Aplicando um desconto de 20% sobre 160, temos:
20% de 160 = 32
160 – 32 = 128
O preço passaria a ser 128. Como a mercadoria foi comprada por 100, e vendida por 128, seu lucro passou a ser 28%.

Resposta: (B) 28

62) CMBH – Inicialmente calculemos as áreas em hectares para cada cultura. As porcentagens da tabela ao lado, levando em conta que no total são 1000 hectares, resultam nas respectivas áreas indicadas ao lado. Note que as porcentagens somam 95%, então 5% = 50 ha é a área não cultivada.
O gráfico abaixo indica as quantidades em toneladas para cada produto, para cada hectare. No total temos as produções:

Plantação	% da área total da fazenda
Feijão	**10** = 100 ha
Milho	**18** = 180 ha
Algodão	**25** = 250 ha
Soja	**42** = 420 ha

Feijão: 100 ha × 20ton/ha = 2000 ton.
Milho: 180 ha × 25 ton/ha = 4500 ton
Algodão: 250 ha × 18 ton/ha = 4500 ton
Soja: 420 ha × 35 ton/ha = 14.700 ton

TOTAL: 25.700 ton

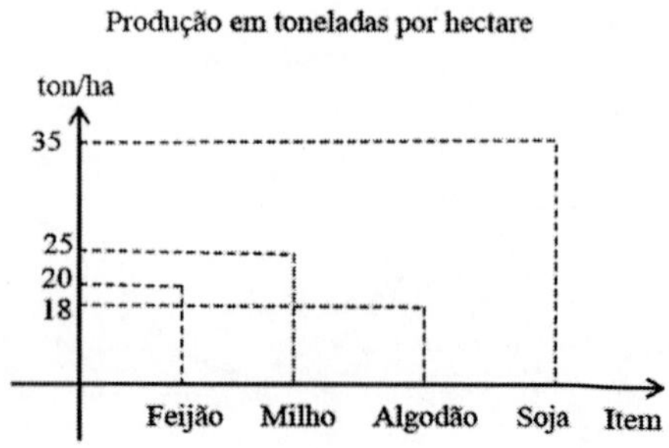

De posse dessas informações, analisemos as afirmativas:

(A) A produção total de milho é superior à produção total de algodão. ERRADO, são iguais.
(B) Se a área não cultivada fosse empregada na produção de soja, a produção aumentaria em 15%. ERRADO, porcentagem cultivada com soja aumentaria de 42% para 47%. O aumento porcentual é equivalente a 5/42, que não é o mesmo que 15%.
(C) A produção total dessa fazenda não superou 25.000 toneladas. ERRADO, foi de 25.700 ton.
(D) A produção total de algodão supera a produção total de feijão em 125%. CERTO. Comparando algodão com feijão, temos 2000 ton de feijão e 4500 ton de algodão. São 2500 ton a mais, ou seja, 125%.
(E) A área não cultivada representa 6% da área cultivada. ERRADO, são 5%.

Resposta: (D)

63) CMM - Dos 30 litros já existentes no tanque, 18% são álcool, ou seja, 5,4 litros. A mistura final ocupará todo o tanque e deverá ter 20% de álcool, o que resulta em 8 litros. Como o tanque já tem 5,4 litros de álcool, esta nova mistura deverá estar adicionando 2,6 litros de álcool, do total de 10 litros que serão adicionados da nova mistura. Portanto esta nova mistura deverá ter 2,6 de um total de 10, ou seja,, 26% de álcool.

Resposta: (D) 26%

64) CEFET RJ - Sempre que um problema for totalmente baseado em porcentagens, sem indicar um só número absoluto, podemos estipular as quantidades desconhecidas. Nesse problema, comecemos estipulando como 100 o número de eleitores.
As abstenções foram 40%, ou seja, 40 não compareceram para votar. Foram portanto 60 votantes.
Desses 60 votantes:
30% votaram em A: 30% de 60 = 18 eleitores
45% votaram em B: 45% de 60 = 27 votantes
25% brancos e nulos: 25% de 60 = 15
A soma das porcentagens acima é 100%, e a soma dos votos acima é 60.
Os votos válidos foram 18 + 27 = 45.
O candidato A obteve a seguinte porcentagem dos votos válidos:

$$\frac{18}{45} \times 100\% = \frac{2}{5} \times 100\% = 40\%$$

Esses 18 votos recebidos pelo candidato A representam 18% do total dos 100 candidatos aptos a votar.

Resposta: A) 40%; B) 18%

65) EAM - Questão puramente trabalhosa. Com um desconto de 28%, serão pagos apenas 72% do preço original, ou seja, 72% de 915. Armando a conta, temos:

0,72 × 915 = 658,80.

Outro método de cálculo é calcular o desconto de 28% sobre R$ 915,00 e abater este desconto do valor original.

28% de 915 = 0,28 x 915 = 256,20

915 - 256,20 = 658,80

Resposta: (C) R$ 658,80

66) EAM - O desconto é a redução, dividida pelo valor original, multiplicada por 100%. No caso, temos:

Redução: 1250 - 1100 = 150

$$\frac{150}{1250}\times 100\% = \frac{15}{125}\times 100\% = \frac{3}{25}\times 100\% = \frac{3}{1}\times 4\% = 12\%$$

Resposta: (C) 12%

67) CEFET ES - Aumentar 30% é o mesmo que multiplicar por 1,3. Reduzir 20% é o mesmo que multiplicar por 0,8. Então a combinação do aumento e da redução equivale multiplicar o preço original por:

1,3 × 0,8 = 1,04

Portanto, ao final das duas alterações de preço, o valor acabou sendo multiplicado por 1,04, ou seja, um aumento de 4%.

Resposta: (B) 4% de aumento

68) Colégio Pedro II - A fração que representa a relação entre as áreas é a "área do goleiro", dividida pela área do gol.

$$\frac{2\times 1{,}8}{2{,}44\times 7{,}32} = \frac{2\times 1{,}8}{2\times 1{,}22\times 2\times 3{,}66} = \frac{0{,}9}{1{,}22\times 3{,}66}$$

$$= \frac{0{,}3}{1{,}22\times 1{,}22}$$

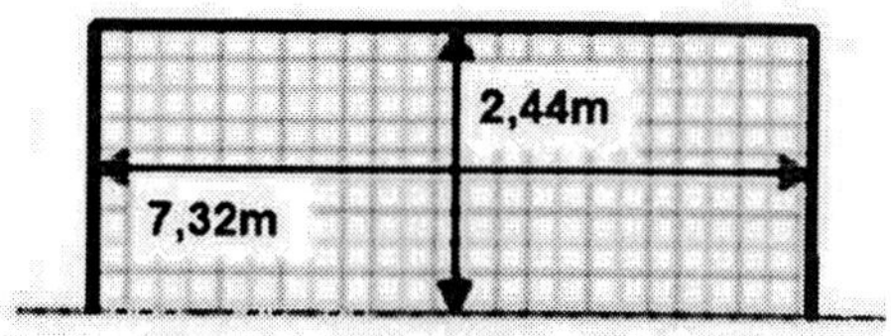

Nada mais simplifica. Como o problema pediu a resposta aproximada, e os valores das opções são proporcionalmente diferentes, podemos usar um valor aproximado nos cálculos.

1,22 × 1,22 = 1,48 ≈ 1,5

Então a porcentagem pedida pode ser aproximada por:

$$= \frac{0{,}3}{1{,}5}\times 100\% = \frac{1}{5}\times 100\% = 20\%$$

Resposta: (C) 20%

69) IFSP - Em 2014 eram 6,8 milhões de desempregados, sendo este valor 20% menor que o de 2015. Significa que esses 6,8 milhões representavam 80% dos desempregados de 2015.

6,8 milhões = 80%; 1,7 milhões = 20% (dividindo por 4); 8,5 milhões = 100% (multiplicando por 5).

Então em 2016 eram 8,5 milhões de desempregados.

Resposta: (E) 8,5 milhões

70) CMRJ – Na segunda situação, ficariam apenas os oficiais do Exército e da Aeronáutica, sendo que os do Exército seriam 90%. Então podemos chamar a quantidade de oficiais da Aeronáutica de x, e do Exército de 9x.
Na primeira situação, com a retirada dos oficiais da Aeronáutica, ficariam apenas os da Marinha e os do Exército. Se os da Marinha são 40%, os do Exército são 60%. Esses 60% equivalem a 9x, e 20% equivalem à terça parte, 3x. Os 40% da Marinha são portanto, 6x. Logo as quantidades são:
Aeronáutica: x
Exército: 9x
Marinha: 6x
A razão pedida, entre os oficiais da Aeronáutica e Marinha é:
x/6x = 1/6.

Resposta: (D) 1/6

Resoluções do teste 8

71) IFRO – Problema muito tranquilo. Primeiro calculemos o volume da piscina, em litros. Para isso, temos que exprimir as medidas em decímetros, já que 1 litro é o mesmo que 1 decímetro cúbico.
Medidas: 9m, 4m e 2m ➔ 90dm, 40dm, 20dm
Volume = 90 × 40 × 20 ➔ 72000 litros
Então para encher a piscina são necessários 7200 litros de água.
A torneira fornece 50 litros a cada minuto. O número de minutos para encher a piscina é obtido pela divisão:
72000 ÷ 50 = 1.440 minutos.
Para saber o tempo em horas, dividimos por 60:
1440 ÷ 60 = 24

Resposta: (D) 24

72) CMPA – A proporção entre as áreas indicadas para os retângulos da esquerda, é a mesma dos retângulos à direita. Isso é fácil ver, as áreas dos retângulos da esquerda são ax e ay, e os da direita são bx e by. Sendo iguais essas proporções, podemos escrever:

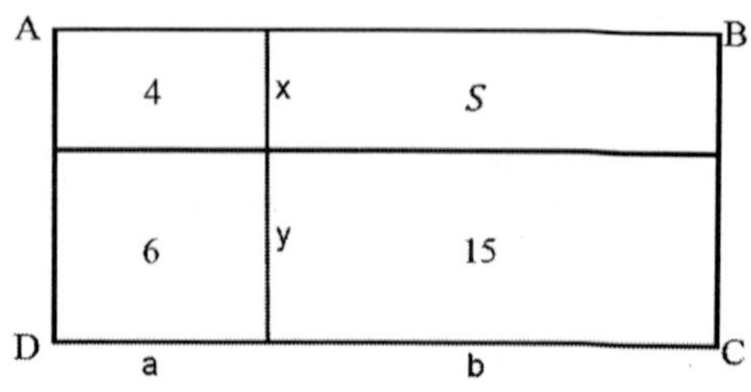

$\frac{4}{6} = \frac{S}{15}$. Resolvendo a proporção, temos:
6S = 4 × 15
6S = 60
S = 10
A área do retângulo ACDD é:
4 + 6 + 10 + 15 = 35
Portanto a relação pedida é 10/35 = 2/7.

Resposta: (B) 2/7

73) IFMG – Se ocorreu um desconto de 10%, então os preços praticados eram iguais a 90 dos preços originais. Então 360 é 90% do preço original. Dividindo por 9, concluímos que 40 é 10% do preço original, e multiplicando por 100 temos que 400 é 100% do preço original.

Resposta: (D) R$ 400,00

74) CFN - Reduzir em 7/20 equivale a dizer reduzir de 7/20, ou reduzir para 13/20 (é preciso usar corretamente as preposições). Usamos "de" ou "em" para indicar a parte que foi retirada. Usamos "para", para indicar a parte que sobra. Subtraindo 7/20, restam 13/20. Esta fração, sobre os 100g originais, resulta em:

$$\frac{13}{20} \times 100g = 65g$$

Resposta: (B) 65g

75) CMJF - A nota máxima é 10, que corresponde a 25 acertos:
25 × 0,4 = 10.
Considerando **A** o número de acertos, o número de erros é 25 – A.
Então a nota é dada por:

0,4A - (25 - A) × 0,1, já que em cada erro a aluno perde 0,1.
0,4A - 25 × 0,1 + A × 0,1 =
0,4A - 2,5 + 0,1A = 0,5A - 2,5. Esses acertos resultaram para o aluno, a nota 0,5, então:
0,5A - 2,5 = 0,5
0,5A = 3,0
A = 6
Portanto o aluno acertou 6 questões, e errou as outras 19. Conferindo:
6 × 0,4 - 19 × 0,1 = 2,4 - 1,9 = 0,5

Foram assim 6 acertos, de um total de 25. Em porcentagem, isso resulta em:
6 de 25 é o mesmo que 24 de 100 (basta multiplicar por 4).

Resposta: (D) 24%

76) CMRJ - A média dos 6 primeiros meses é a soma das despesas desses 6 meses, dividida por 6. Logo a soma das despesas desses 6 meses é 6 × 3,000 = 18.000.
Considerando como D a despesa do 7º mês, a média passou a ser 3.300. Essa nova média é a soma desses 7 meses, dividida por 7. Então a soma das despesas desses 7 meses é:
3.300 × 7 = 23.100.
Como os 6 primeiros meses já somavam 18.000, a despesa do 7º mês foi:
23.100 - 18.000 = 5.100.

Resposta: (A) R$ 5.100,00

77) CMSM - Isso é o que se chama "bláblábla", poderia simplesmente perguntar o valor da expressão. Seu valor é:

$$27^{0,333...} - (4/3)^{-3}$$

A dízima 0,333... é o mesmo que 1/3. Elevar a 1/3 é o mesmo que extrair a raiz cúbica. Então:

$$27^{0,333...} = \sqrt[3]{27} = 3$$

Além disso, elevar a uma potência negativa é o mesmo que elevar o inverso do número à mesma potência, tornada positiva. Então:

$$\left(\frac{4}{3}\right)^{-3} = \left(\frac{3}{4}\right)^{3} = \frac{3^3}{4^3} = \frac{27}{64}$$

Logo a expressão se reduz a:

$$3 - \frac{27}{64} = \frac{192 - 27}{64} = \frac{165}{64}$$

Resposta: (D) 165/64

78) CMS – Partindo da fatoração de N, e conhecendo o número de divisores positivos, podemos determinar P, e então o valor de N.

O número de divisores positivos é obtido, partindo da decomposição de N em fatores primos, somamos 1 a cada expoente e multiplicamos os resultados. Então temos:

$(P+1).(P+2).(2+1) = 90$

$(P+1).(P+2) = 30$

$P^2 + 3P + 2 = 30$

$P^2 + 3P - 28 = 0$

Resolvendo a equação, ficamos com as soluções P=4 e P=–7. A raiz negativa não serve, pois os expoentes da decomposição devem ser números naturais, já que N é um número natural.

Fazendo P = 4, encontramos para N, o valor:

$N = 2^4.3^5.5^2$.

Para responder à pergunta, precisaremos fatorar 336. Fazendo a fatoração, encontramos:

$336 = 2^4.3.7$.

O MDC entre N e 336 é (Fatores comuns elevados aos menores expoentes):

$2^4.3$. O problema pergunta o número de divisores desse MMC. Os divisores positivos são:

$(4+1)(1+1) = 5 \times 2 = 10$

São 10 divisores inteiros positivos. Contando com os negativos, são 20.

Resposta: (A) 20 divisores inteiros

79) CMR – Sempre que um problema não informa valores específicos (no caso, preços), apenas porcentagens, e pede resultados em porcentagens, podemos "estipular" valores. No caso, para um preço da mão de obra igual a 1/3 do valor da peça, podemos estipular quaisquer valores, desde que atendida a condição de 1/3 acima. Por exemplo:

Peça:	R$ 300,00
Mão de obra:	R$ 100,00
Total:	R$ 400,00

Sendo o desconto de 7% do valor da peça, equivale a R$ 300,00 × 0,07 = R$ 21,00, um desconto de R$ 21,00. Seriam pagos R$ 279,00 pela peça e os mesmos R$ 100,00 pela mão de obra.

Foi pedido o desconto de 10% sobre o valor total, ou seja, 0,1 × R$ 400,00 = R$ 40,00, portanto seriam pagos R$ 360,00.

Esse desconto total de R$ 40,00 continuou sendo os mesmos 7% (R$ 21,00) sobre a peça, então para completar os R$ 40,00 de desconto, é preciso dar mais R$ 19,00 sobre a mão de obra. O desconto de R$ 19,00 sobre a mão de obra que originalmente era R$ 100,00, corresponde a 19%.

Ficou assim:

Peça:	R$ 300,00 – 7% = R$ 300,00 – R$ 21,00 = R$ 279,00
Mão de obra:	R$ 100,00 – 19% = R$ 100,00 – R$ 19,00 = R$ 81,00
Total:	R$ 400,00 – R$ 40,00 = R$ 360,00 (ou 10% sobre os R$ 400,00 originais)

Resposta: (B) 19%

80) CMF – Seja **n** o número de moedas do quadrado original. Serão usadas $\mathbf{n^2}$ moedas e sobrarão 7 moedas do total. Então esse total de moedas é $\mathbf{n^2 + 7}$.

Na segunda situação, é formado um retângulo incompleto, pois ficam faltando 4 moedas. O número de moedas necessário para formar este retângulo completo é (n + 3)(n – 1). Como ficaram faltando quatro moedas, o número total de moedas é (n + 3)(n – 1) – 4. Essas duas quantidades são iguais, ou seja:

$n^2 + 7 = (n + 3)(n - 1) - 4 \rightarrow n^2 + 7 = n^2 + 2n - 3 - 4$

$7 = 2n - 7 \rightarrow 14 = 2n \rightarrow n = 7$

Note que n não é o número de moedas, mas sim, o lado do quadrado original. O número de moedas é $n^2 + 7 = 49 + 7 = 56$

Resposta: (B) 56

Resoluções do teste 9

81) CMBH – Temos 3 tipos de alunos:
VB (3): Os que estão nas duas equipes ➔ Soma das alturas = 3 x 1,88 = 5,64
SV(7): Os que estão somente no vôlei ➔ Soma das alturas = 10 x 1,82 – 5,64 = 12,56
SB (7): Os que estão somente no basquete. ➔ Soma das alturas = 10 x 1,86 – 5,64 = 12,96
A soma de valores é sempre igual à sua média multiplicada pela quantidade de valores. Nas equipes de vôlei e basquete, a soma das alturas é a altura média multiplicada por 10. Idem para aqueles 3 alunos que pertencem a ambas as equipes.
Então a soma das alturas dos 7 alunos (SV) que são somente do vôlei, é igual à soma das alturas dos alunos do vôlei, menos a soma das alturas dos 3 alunos que são de ambas as equipes. A mesma coisa pra o basquete. O número total de alunos, contando os duplicados uma única vez, é:
5,64 + 12,56 + 12,96 = 31,16
São ao todo 17 alunos, então a média das alturas é 31,16 ÷ 17 = 1,833

Resposta: (B) 1,83

82) IFMG – Como são 20 alunos, e o maior nota vai aumentar 1 ponto, a soma de todas as 20 notas aumentará em 1 ponto. Este 1 ponto será dividido por 20 no cálculo da média, contribuindo para aumenta-la em 1 ÷ 20 = 0,05. Sendo assim, a média aumentará em 0,05. Já a mediana continuará a mesma, pois a maior nota, com o aumento, continuará sendo a maior nota. Lembrando que para encontrar a mediana, colocamos os valores em ordem crescente e tomamos o valor central, ou a média dos dois centrais. Já que a maior continuará sendo a maior, isso não irá alterar as posições das demais notas, então a mediana continuará sendo a mesma.

Resposta: (C) A média da turma irá aumentar e a mediana permanecerá a mesma.

83) IFGO – A piscina estará 2/3 cheia quando sua altura em água for 2/3 da máxima, ou seja, faltando 1/3 da altura total para completá-la. O volume que falta para completar a piscina será o produto das dimensões, em decímetros: 300 dm x 150 dm x 20/3 dm = 300.000 dm^3 = 300.000 litros

Resposta: (B) 300.000 litros

84) CFN – O relógio atrasado deve estar marcando uma hora anterior à do adiantado. Então o relógio que marca 6:50 é o atrasado. Se está atrasado 3 minutos, conforme disse a professora, então a hora correta é 6:53. O adiantado, que marca 7:10, está então 17 minutos adiantado.

Resposta: (D) 17

85) IFPE – Podemos calcular a área pedida como sendo o retângulo maior, e subtraindo os dois retângulos pequenos, na parte superior e na parte inferior.

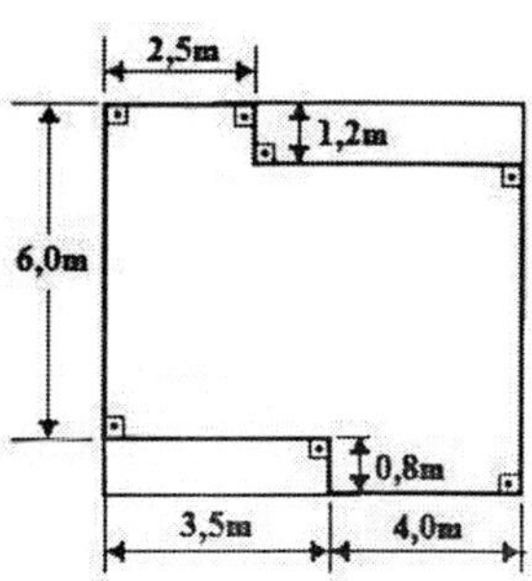

Retângulo grande: 6,8 m × 7,5 m = 51 m^2
Retângulo pequeno superior: 1,2 m × 5 m = 6 m^2
Retângulo pequeno inferior: 0,8 m × 3,5 m = 2,8 m^2
Área em m^2 = 51 – 6 – 2,8 = 42,2
Portanto serão necessárias 43 caixas, já que cada uma tem 1 m^2.

Resposta: (C) 43

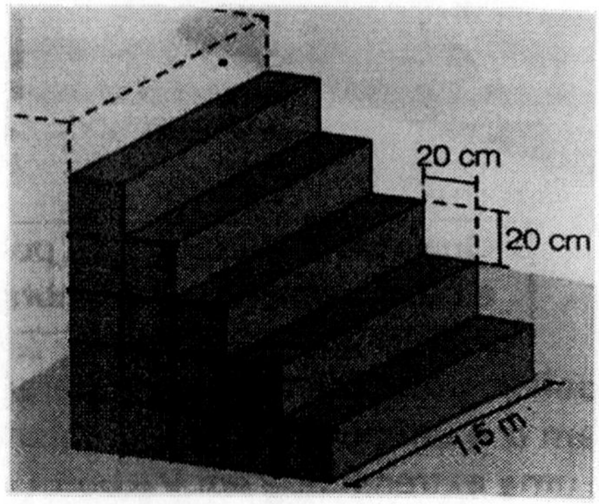

86) IFMT – Comecemos calculando o volume da escada ao lado. Este volume é o mesmo de 15 pequenos blocos em forma de paralelepípedo retângulo, com dimensões:

0,2 m × 0,2 m × 1,5 m = 0,06 m^3.

Como são 15 blocos, o volume é:

15 × 0,06 m^3 = 0,9 m^3

A escada ao lado equivale a 15 blocos. Em uma escada de 20 degraus, este número será:

1 + 2 + 3 + 4 + 5 + 6 + 7 + 8 + 9 + 10 + 11 + 12 + 13 + 14 + 15 + 16 + 17 + 18 + 19 + 20.

É uma conta um pouco trabalhosa de fazer, mas ficará rápida se agruparmos as parcelas em outra ordem:

1 + 20 + 2 + 19 + 3 + 18 + 4 + 17 + 5 + 16 + 6 + 15 + 7 + 14 + 8 + 13 + 9 + 12 + 10 + 11

Cada duas dessas parcelas, nessa ordem, somam 21. São 10 pares com soma 21, então esta soma vale 21 × 10 = 210. O volume pedido é:

210 × 0,06 m^3 = 12,6 m^3

Resposta: (E) 12,6 m^3

87) EAM – O problema requer a resolução de um sistema:

$$\begin{cases} x+2y=-7 \\ 3x-y=7 \end{cases}$$

Existem diversos métodos para resolver um sistema como esse. Usaremos o *método da substituição*. Da segunda equação, temos que y = 3x – 7. Usando este valor de y na 1ª equação, temos:

x + 2(3x – 7) = –7

x + 6x – 14 = –7

7x = 14 – 7 = 7

x = 1. Assim encontramos y = 3.1 – 7 = 3 – 7 = –4

Portanto x = 1 e y = –4

O produto pedido é 1 × (–4) = –4

Resposta: (D) –4

88) CMF – Como ganha R$ 40,00 pela visita, precisa ganhar R$ 170,00 ou mais pelas horas trabalhadas. Como recebe R$ 20,00 por hora, precisa trabalhar o seguinte total de horas:

170 ÷ 20 = 8,5

Ocorre que não foi feita menção alguma à possibilidade de fracionar as horas trabalhadas, ou seja, considera-se como um número inteiro. No caso, trabalhando 8,5 horas, receberá por 9 horas. A resposta que atende a isso é (C).

Resposta: (C) maior ou igual a 8, mas menor que 10.

89) CMPA – Se a média dos 100 números é 100, sua soma é:

6,85 × 100 = 685

Retirando o número 6 dessa lista, sobrarão 99 números, e sua soma passará a ser:

685 – 6 = 679

A nova média será 679 ÷ 99 = 685,8585...

Resposta: (E) 6,858585...

90) CMR - As toras usadas são de dois tipos: 8m e 6m. O comprimento de todas as toras resultantes deve ser iguais, então este comprimento é um divisor comum de 8 e 6, e precisa ser o maior possível. Portanto estamos falando do maior divisor comum (MDC) entre 8 e 6. Este MDC é igual a 2m.

Sendo assim, cada uma das 40 toras de 8m dará origem a 4 toras, somando assim 160.

Cada uma das 60 toras de 6m dará origem a 3 toras, somando assim 180 toras. O total de toras é 160 + 180 = 340.

Resposta: (A) 340 toras

Resoluções do teste 10

91) IFMA - O desconto é 20% de 90. 20% é o mesmo que a quinta parte, então temos:

90 ÷ 5 = 18. Abatendo 18 de 90, ficamos com 72.

Resposta: (A) 72 reais

92) IFGO - Montante é o valor original (no caso, R$ 2.000,00), somado com os juros. E juros é igual a:

Capital × taxa × tempo.

Na forma acima, a taxa não é usada em porcentagem, mas em decimal equivalente. Por exemplo, 15% é o mesmo que 0,15. No nosso caso, 0,65% é o mesmo que 0,0065 (anda 2 casas com a vírgula, para a esquerda). Se quiser usar o número da porcentagem, deve ser usada a forma:

$$\frac{Capital \times taxa \times tempo}{100}$$

Nesse caso, uma taxa de 15% aparece com 15 no numerador, porque o 100 do denominador estará fazendo a conversão necessária.

Deve ser usada a mesma unidade de tempo que a empregada na taxa. Se a taxa é 0,65% ao mês, devemos usar o tempo em meses. Portanto os juros foram:

$2000 \times 0{,}0065 \times 8 =$

$2 \times 6{,}5 \times 8 =$

$13 \times 8 = 104$

Sendo assim o montante será R$ 2.104,00

Resposta: (A) R$ 2.104,00

93) IFPR - Aumento de 30% equivale a multiplicar o preço por 1,3. Aumento de 69% equivale a multiplicar o preço por 1,69. Então o preço original, com os dois aumentos, ficou no final, multiplicado por 1,69. Primeiro aumento multiplicou o preço por 1,3, mas o segundo aumento é desconhecido, é justamente o que o problema pergunta. Partindo do preço P, temos:

$P \times 1{,}3 \times K = P \times 1{,}69$

Simplificando por P, temos:

$1.3K = 1{,}69$

$$K = \frac{1{,}69}{1{,}3} = \frac{169}{130}$$

Simplificando por 13, ficamos com

$$\frac{169}{130} = \frac{13}{10} = 1{,}3$$

Ou seja, o segundo aumento fez a multiplicação por 1,3, então foi de 30.

Outra resolução: considere um preço inicial fictício de 100 reais.

Com o primeiro aumento, 30%, passou para 130 reais.

Para aumentar de 130 reais para 169 reais, o preço subiu 39 reais. Este aumento percentual foi de:

$$\frac{39}{130} \times 100\% = \frac{3}{10} \times 100\% = 30\%$$

Resposta: (E) 30%

94) IFAM – Dobrar o valor de um investimento significa um, aumento de 100%. Com 2,5% ao mês, para chegar a 100% são necessários 40 meses. De fato, 40 x 2,5 = 100. E 40 meses é o mesmo que 3 anos e 4 meses.

Resposta: (D) 3 anos e 4 meses

95) CFN – Se a razão entre as idades é 5/6, podemos chama-las de 5x e 6x. A soma é 5x+ 6x = 11x, que vale 33:
11x = 33 ➔ x = 3
Então as idades são 5×3 = 15 e 6×3 = 16.
O problema pergunta a idade do mais novo, no caso, 15 anos.

Resposta: (C) 15

96) CMM – Se a média das 4 notas é 7, a soma dessas quatro notas é:
7 × 4 = 28 (a média multiplicada pela quantidade de valores).
Com as duas alterações indicadas no problema, esta soma irá aumentar 3 e diminuir 5, ou seja, irá diminuir 2. Passará então de 28 para 26. A nova média será:
26 ÷ 4 = 6,5.

Resposta: (D) 6,5

97) CMRJ – A resolução de problemas de idades fica facilitada quando construímos uma tabela indicando as pessoas indicadas nas linhas, e as épocas indicadas nas colunas:

	Hoje	Passado
Benjamin	3x	y
seu irmão	y	x

Os valores indicados na tabela acima retratam a frase: "Ele tem o triplo da idade que o irmão tinha, quando ele tinha a idade que o irmão tem hoje".
Podemos extrair duas informações adicionais da tabela, que são óbvias nos problemas de idade:
1) A diferença entre as idades é a mesma, em qualquer época. Então a diferença hoje é a mesma diferença naquele passado:
3x – y = y – x ➔ 4x = 2y ➔ $\boxed{2x = y}$
2) O número de anos que se passam é o mesmo para as duas pessoas:
3x – y = y – x ➔ 4x = 2y, mas essa é a mesma equação já obtida no item 1.

A única informação encontrada, de que y=2x, nos permite reescrever a tabela de idades da seguinte forma:

	Hoje	Passado
Benjamin	3x	2x
seu irmão	2x	x

As informações dadas pelo problema não permitem determinar as idades, ou seja, qualquer valor de x atende ao enunciado. Por exemplo, poderíamos ter x=1 e idades 3/2 hoje e 2/1 no passado, ou x=10 e ter 30/20 hoje e 20/10, há 10 anos atrás. Isto significa que não podemos responder com certeza se as opções A, B, D e E estão corretas, pois necessitariam de mais informações, como "... a soma das idades é tanto..." ou algo similar. Notemos entretanto que a opção (C) não requer idades absolutas, então vamos analisá-la. Vejamos o que ocorrerá quando o irmão tiver a idade que Benjamin tem hoje, ou seja, no futuro...

	Futuro	Hoje	Passado
Benjamin	4x	3x	2x
seu irmão	3x	2x	x

Neste futuro, quando o irmão tiver os mesmos 3x que Benjamin tem hoje, Benjamin terá 4x, já que são x anos a mais. Os dois juntos somarão 7x, ou seja, um múltiplo de 7. Então a resposta correta é (C).

Resposta: (C) quando o irmão tiver a idade que Benjamin tem hoje, a soma das idades será múltiplo de 7.

98) CMR – Uma questão considerada difícil, mesmo para o padrão do concurso do Colégio Militar. Digna de aparecer em concursos como o do Colégio Naval e da EPCAr. Mais raramente, CEFET e Institutos Federais apresentam questões com esse nível de dificuldade. Não pode ser resolvida somente com Aritmética: requer alguns conhecimentos de Álgebra. Misturar matérias é uma forma de criar questões difíceis.

O problema tem duas quantidades desconhecidas (incógnitas): O tamanho do terreno e o número original de herdeiros. No caso podemos chamar as incógnitas de T (tamanho do terreno, em metros) e n (número original de herdeiros). Alternativamente, ao invés do tamanho T do terreno, poderíamos usar o tamanho P de uma parte, ou seja, o terreno total T dividido pelo número de herdeiros, ou P = T/n. Podemos usar T e n, ou então P e n. Os dois caminhos são algebricamente parecidos. Usaremos na nossa resolução, T e n.

O terreno mede T, e com n herdeiros, cada um receberá T/n.

Com mais herdeiros, obviamente cada herdeiro receberá uma parte menor. Com mais três herdeiros, o parte de cada um será 20 m^2 menor. Podemos escrever o seguinte:

T dividido por n herdeiros: uma parte vale T/n.

T dividido por (n+3) herdeiros: uma parte vale T(n+3)

A segunda é 20 m^2 menor, então:

$\frac{T}{n+3} = \frac{T}{n} - 20$ (O lote para n+3 herdeiros é igual é 20m^2 menor que o lote original)

Na segunda situação, temos que se fossem 4 herdeiros a menos, cada parte aumentaria em 50 m^2, então:

$\frac{T}{n-4} = \frac{T}{n} + 50$ (O lote para n – 4 herdeiros é igual a 50m^2 maior que o lote original)

Agora basta resolver o sistema com duas equações e duas incógnitas, T e n. Apesar de não ser um sistema linear, podemos utilizar técnicas empregadas para sistemas lineares. Separar as variáveis sempre ajuda.

1ª equação ➔ $20 = \frac{T}{n} - \frac{T}{n+3}$ ➔ $\frac{20}{T} = \frac{1}{n} - \frac{1}{n+3}$

2ª equação ➔ $\frac{T}{n-4} = \frac{T}{n} + 50$ ➔ $\frac{T}{n-4} - \frac{T}{n} = 50$ ➔ $\frac{1}{n-4} - \frac{1}{n} = \frac{50}{T}$

Na resolução de um sistema, devemos sempre tentar eliminar uma das variáveis, assim ficamos com uma equação simples, com uma variável. No nosso caso, se multiplicarmos a 1ª equação por 5, e se multiplicarmos a 2ª equação por 2, ambas passarão a ter um membro 100/T:

1ª ➔ $\frac{100}{T} = \frac{5}{n} - \frac{5}{n+3}$

2ª ➔ $\frac{100}{T} = \frac{2}{n-4} - \frac{2}{n}$

Já que 100/T é igual a ambos os valores, podemos escrever:

$\frac{5}{n}-\frac{5}{n+3}=\frac{2}{n-4}-\frac{2}{n}$ ➔ $\frac{7}{n}-\frac{5}{n+3}=\frac{2}{n-4}$. Ficamos com uma equação com apenas **n**.

Agora eliminamos os denominadores. A primeira fração "vai por" (n+3)(n–4), a segunda "vai por" n(n–4), e a terceira "vai por" n(n+3). Na linguagem informal dizemos "vai por", mas de forma mais matematicamente precisa, diríamos "terá seu numerador e denominador multiplicados por...". Uma vez com os denominadores iguais, podemos descartá-los.

$$7(n+3)(n-4)-5n(n-4)=2n(n+3)$$
$$7(n^2-n-12)-5n^2+20n=2n^2+6n$$
$$7n^2-7n-84-5n^2+20n-2n^2-6n=0$$
$$7n-84=0$$
$$n=12$$

Portanto são 12 herdeiros. Voltando na equação 1 original, podemos descobrir o tamanho do terreno:

$20=\frac{T}{n}-\frac{T}{n+3}$ ➔ $20=\frac{T}{12}-\frac{T}{15}$ ➔ $20\times 60=T\times 5-T\times 4=5T-4T=T$

$$T=1200$$

Então o terreno tem 1200 m^2, os herdeiros são 12 e cada um receberá um lote de 100 m^2.

OBS.: Se você achou difícil o problema, volte a tentar resolvê-lo depois que estudar os capítulos de Álgebra.

A partir das nossas conclusões, vemos que a resposta correta é (A).

Resposta: (A) a área de cada lote é 100 m^2.

99) CMPA – A lagarta subia 6m durante o dia, à noite descia 4 metros, o que resulta em 6 – 4 = 2 metros para cima. Dos 15 dias citados, 14 foram completos: subida diurna de 6m e descida noturna de 4m. Então nesses 14 primeiros dias, a subida total foi de:

14 × 2m = 28m

No 15º dia a lagarta chegou ao topo ao anoitecer, ou seja, ao final da subida de 6 metros. Então a subida total foi 28m + 6m = 34m.

Resposta: (E) 34

100) CMS – As comissões calculadas pelas duas propostas são as seguintes:

1ª proposta: 0,05V

2ª proposta: 0,03V + 1000

Onde V é valor total das vendas. Obviamente para valores de V suficientemente grandes, 5% é melhor que 3%, mas para valores bem pequenos, o valor fixo de 100 0 reais pesará mais. Os dois valores serão iguais quando:

0,05V = 0,03V + 1000

0,05V - 0,03V = 1000

0,-02V = 1000

V = 1000 ÷ 0,02 . Multiplicando dividendo e divisor por 100, ficamos com:

V = 100000 ÷ 2 = 50000

Portanto para vendas de R$ 50.000,00 as comissões serão iguais. Para vendas acima de R$ 50.000,00, o cálculo pela primeira proposta resultará em uma comissão maior para o vendedor.

Resposta: (D) R$ 50.000,00

■

Capítulo 2

Aritmética

Teste 11

101) CFN – Um sítio tem 8 hectares. Cada hectare produz 70 toneladas de cana. O sitiante tem apenas um caminhão, que transporta 7 toneladas. Quantas viagens deverão ser realizadas para o transporte de toda a cana?

(A) 35 (B) 49 (C) 54 (D) 79 (E) 80

102) EAM – Deseja-se azulejar, até o teto, as 4 paredes de uma cozinha. Sabe-se que a cozinha possui 2 portas medindo 210 cm de altura e 80 cm de largura cada uma, e uma janela com 150 cm de altura e 110 cm de comprimento. O comprimento, a largura e a altura da cozinha são iguais a 5 m, 4 m e 3 m, respectivamente. Determine o número mínimo de metros quadrados inteiros de azulejos que devem ser comprados e assinale a opção correta.

(A) 42 (B) 43 (C) 49 (D) 55 (E) 58

103) IFMG – Uma loja de sapatos oferece duas opções de pagamento. Para pagamento à visa, o cliente tem um desconto de 10% ou pode parcelar a compra em duas prestações mensais iguais, sem desconto, sendo que a primeira prestação deve ser paga no ato da compra. Qual a taxa de juros embutida nas vendas a prazo?

(A) 5% (B) 10% (C) 25% (D) 125%

104) CEFET ES – Dividindo um número x por um número y, obtém-se quociente 1 e resto 5. Se o quádruplo de y for dividido por x, encontram-se quociente 2 e resto 8, então o valor de y é igual a:

(A) 8 (B) 9 (C) 10 (D) 11 (E) 12

105) ETAM – Em uma escola existem 480 alunos, 55% são meninas. São matriculados mais 20 alunos, 4 meninos e 16 meninas. Qual o novo percentual de meninas na escola?

(A) 55% (B) 56% (C) 57% (D) 58%

106) CMB – Uma imagem digital, capturada por uma câmera fotográfica, é formada por pontos chamados *pixels*. Nas câmeras digitais modernas, a resolução das imagens é dada em *megapixels*, unidade de medida que representa um milhão de pixels. As informações sobre cada um desses pixels são armazenadas, em geral, em 3 bytes.
Utilizando uma câmera de um iPhone 6s com 12 megapixels de resolução, Maria Luiza fotografou 50 imagens em uma viagem que fez a Pirenópolis. Considerando que 1 KB (quilobyte) = 10^3 bytes, 1 MB (megabyte) = 10^3 KB, 1 GB (gigabyte) = 10^3 MB e que Maria

Luiza deseja armazenar as imagens em um pendrive, então a capacidade de memória desse pendrive deve ser, no mínimo, igual a

(A) 512 MB (B) 700MB (C) 900 MB (D) 1 GB (E) 1,8 GB

107) CMPA - Um teste de matemática tem vinte perguntas. Para a correção, são atribuídos sete pontos a cada resposta correta e deduzidos dois pontos a cada resposta incorreta. Não é atribuído nem deduzido nenhum ponto a cada pergunta não respondida. Uma pessoa obteve 87 pontos nesse teste. O número de perguntas que não foram respondidas é

(A) múltiplo de 5. (B) múltiplo de 2. (C) múltiplo de 3. (D) múltiplo de 7. (E) zero.

108) CMM - Para pintar os dois lados de um muro de formato retangular, desprezando sua espessura, foram necessárias exatamente 3 latas de tinta, que cobrem, cada uma, 24 m^2 de área. Sabendo-se que a altura do muro corresponde a 1/9 de seu comprimento, então a razão entre a medida do comprimento do muro e seu perímetro vale

(A) 7/20 (B) 20/8 (C) 2/5 (D) 20/9 (E) 9/20

109) CMJF - Um estudo sobre o problema do desemprego numa cidade Y, no período representado abaixo, apresentou ou seguinte gráfico sobre taxa de desemprego. Pela análise do gráfico, é correto considerar que no período considerado:

(A) A maior taxa de desemprego foi de 14%
(B) A taxa de desemprego no ano de 2012 foi a menor do período.
(C) A partir de 2009, a taxa de desemprego foi decrescente.
(D) No período de 2002 a 2013, a taxa de desemprego esteve entre 8% e 16%.

110) CMBH - Atualmente, a situação econômica do país está fazendo com que as lojas ofereçam vários planos de pagamentos. Com o objetivo de aumentar as vendas, uma revendedora de carros oferece dois planos:
(1) 39% de desconto para pagamento à vista.
(2) 25% de desconto para pagamento em 3 vezes iguais (entrada mais duas prestações).
Sabe-se que o dinheiro pode ser aplicado a uma taxa fixa de i% ao mês.
Identifique a alternativa que apresenta o valor de i para o qual é indiferente a escolha entre os dois planos.

(A) 25 (B) 27 (C) 30 (D) 20 (E) 15

Teste 12

111) EAM - O número natural N = $2^3.3^p$ possui 20 divisores positivos. Sendo assim, o valor de p é:

(A) 2 (B) 3 (C) 4 (D) 5 (E) 6

112) EAM – Um colecionador de selos criou um catálogo de selos em uma pasta com 20 páginas numeradas de 1 até 20, cada uma com 15 selos, distribuídos em 5 linhas e 3 colunas. Os selos foram numerados de 1 a 300. Nesse catálogo, alguns selos são considerados raros e ocupam as posições 9ª, 18ª, 27ª, 36ª e assim sucessivamente. Depois que o catálogo for completado com todos os selos, é correto afirmar que o número da última página que terminará com um selo raro será

(A) 9 (B) 11 (C) 12 (D) 18 (E) 20

113) CEFET RJ – João faz caminhada a cada 4 dias. Pedro, vizinho de João, faz caminhada no mesmo local, a cada 6 dias. Considerando que Pedro e João se encontraram hoje fazendo caminhada, eles se encontrarão novamente daqui a **n** dias. Qual das alternativas abaixo indica um valor possível para n?

(A) 30 (B) 32 (C) 36 (D) 42

114) IFGO – Certo medicamento consiste na mistura homogênea de dois componentes líquidos A e B. Um farmacêutico, ao realizar o preparo desse medicamento, colocou em um primeiro frasco, 40 ml dessa mistura contendo 25% do componente B. Em um segundo frasco, colocou 60 ml da mistura contendo 40% do componente B. Em seguida, juntou as duas misturas em um terceiro frasco. Sendo assim, assinale a alternativa que corresponde à porcentagem do componente B presente na mistura do terceiro frasco.

(A) 24% (B) 30% (C) 34% (D) 65% (E) 66%

115) FAETEC – Paulo foi a uma loja comprar dois presentes, um para cada filho, por ocasião do dia das crianças. O presente para o filho mais velho custava o dobro do presente do filho mais novo. Chegando ao caixa, ganhou um desconto de 10% sobre o valor total dos presentes, e com isso pagou 216 reais. O preço, em reais, do presente do filho mais velho antes do desconto era de:

(A) 72 (B) 84 (C) 124 (D) 144 (E) 160

116) IFGO – Num posto de combustível em Goiânia, observou-se a mudança do preço do litro da gasolina no intervalo de três dias consecutivos. No segundo dia, houve um aumento do preço do litro da gasolina de 20% em relação ao primeiro dia e, no terceiro dia, o aumento foi de 10% em relação ao segundo dia. É correto afirmar que o aumento percentual do preço do litro da gasolina do primeiro dia para o terceiro dia foi de

(A) 32% (B) 30% (C) 12% (D) 2%

117) CMM – Uma rede de supermercados adquiriu desinfetantes nos aromas pinho e lavanda. A compra foi entregue em 25 caixas contendo 30 garrafas em cada uma delas. Sabendo-se que cada caixa continha seis garrafas de desinfetantes a mais no aroma pinho do que no aroma lavanda, o número de garrafas entregues a esta rede de supermercados, no aroma pinho, foi de:

(A) 450 (B) 230 (C) 540 (D) 200 (E) 300

118) CMBH – Ao entrarem na sala de aula, os alunos do 9º ano do Ensino Fundamental do CMBH encontram três quadrados desenhados no quadro. O quadrado ABCD possuía 80 cm de perímetro, o quadrado EFGH possuía uma diagonal com 300 mm de comprimento e o quadrado IJKL possuía uma área com 3,24 dm^2. Compare os quadrados e identifique a alternativa correta.

(A) A área do quadrado ABCD é a maior.
(B) O lado do quadrado EFGH é o menor.

(C) O perímetro do quadrado ABCD é o menor.
(D) O apótema do quadrado IJKL é o maior.
(E) A diagonal do quadrado IJKL é a menor.

119) CMPA – Uma concessionária de veículos vende um carro em dois modelos. Os valores desses modelos, depois de vendidos, decrescem linearmente com o tempo. Os valores de hoje dos modelos A e B na concessionária são, respectivamente, R$ 38.000,00 e R$ 32.000,00. Daqui a 5 anos, o modelo A valerá R$ 24.000,00, enquanto que o modelo B, também daqui a 5 anos, valerá R$ 22.000,00. Em quanto tempo o modelo B valerá o mesmo que o modelo A?

(A) 7 anos. (B) 7 anos e 5 meses (C) 6 anos e 10 meses
(D) 6 anos e 6 meses (E) 7 anos e 6 meses.

120) CMF – Numa sala de aula com 25 alunos, a média das notas da prova de matemática do 3º bimestre foi 6,4. Sabe-se que na referida prova, a média das notas das mulheres foi 7,0 e dos homens foi 6.0. A quantidade de mulheres na sala é um número divisível por

(A) 3 (B) 4 (C) 5 (D) 6 (E) 7

Teste 13

121) IFBA – S.r. Bartola tem certa quantia financeira. Ele aplicou num investimento de risco, perdeu 20% deste valor e resolveu retirar a aplicação. Reaplicou o valor retirado em outro investimento que garantiu-lhe um ganho de 20%. Após estas operações financeiras, podemos afirmar, com relação à quantia financeira que Sr. Bartola tinha antes das transações, que ele:

(A) Ganhou 4%. (B) Ganhou 2%. (C) Perdeu 2%.
(D) Perdeu 4%. (E) Não ganhou nem perdeu.

122) IFPB – Numa determinada atividade de uma gincana cultural de uma escola de grande João Pessoa, os alunos das três salas de aula participantes dessa gincana foram orientados a formarem o menor número possível de grupos, com uma mesma quantidade de integrantes e da mesma sala. Sabendo que a primeira sala tinha 20 alunos, a segunda tinha 28 alunos e a terceira tinha 36 alunos, o número de grupos formados na segunda sala foi de:

(A) 4 (B) 5 (C) 6 (D) 7 (E) 8

123) IFAL – José Manuel vai todos os dias da semana ao IFAL. Quando ele vai de táxi ele volta de ônibus. Durante k dias letivos, José Manuel foi de ônibus oito vezes, voltou de ônibus quinze vezes e tomou táxi, ida ou volta, nove vezes. Então, o valor de k vale:

(A) 15 (B) 16 (C) 17 (D) 18 (E) 19

124) IFMA – Para fazer um suco de laranja para os alunos, o funcionário da lanchonete de uma escola mistura o suco concentrado com água na razão de 4 para 7. Nessas condições, 44 copos de suco concentrado devem ser misturados com quantos copos de água?

(A) 85 (B) 66 (C) 75 (D) 77 (E) 69

125) CFN – Uma sala retangular, medindo 3,52 m de largura e 4,16 m de comprimento, terá seu piso totalmente revestido com ladrilhos inteiros, quarados e de mesma dimensão, sem que haja espaço entre os ladrilhos vizinhos. Os ladrilhos serão escolhidos de modo que possuam o maior tamanho possível. Nessas condições, qual o tamanho máximo do lado do ladrilho?

(A) Maior de 10 cm e menor de 15 cm
(B) Maior de 15 cm e menor de 20 cm
(C) Maior de 20 cm e menor de 25 cm

(D) Maior de 25 cm e menor de 30 cm
(E) Maior de 30 cm e menor de 35 cm

126) CFN – Para preencher totalmente o fundo de uma caixa cúbica de vidro com um metro de aresta, com cubos menores de 1 dm^3, sem empilhá-los, quantos cubos menores serão usados?

(A) 100.000 (B) 10.000 (C) 1.000 (D) 100 (E) 10

127) CMRJ – Um casal resolve reformar sua sala e decide utilizar pisos laminados. O modelo usado vem em caixas que contém 2,2 m^2 de piso e a sala que desejam revestir possui 25 m^2. Qual será o gasto com a instalação do piso, sabendo que são vendidas apenas caixas fechadas e que a colocação custa R$ 300,00, e que o custo é R$ 52,90/m^2 ?

(A) R$ 1622,50 (B) R$ 1643,46 (C) R$ 1662,55 (D) R$ 1681,30 (E) R$ 1696,56

128) CMPA – Uma loja vende uma televisão por R$ 1.500,00 à vista, ou uma entrada de 20% do valor à vista mais um pagamento de R$ 1.380,00 após 5 meses. Podemos afirmar que a taxa de juros simples aplicada pela loja é de

(A) 1,5% ao mês (B) 2% ao mês (C) 3% ao mês (D) 10,5% ao ano (E) 20,5% ao ano

129) CMSM – A caixa d'água do CMSM pode ser abastecida pela Companhia Rio-grandense de Saneamento (CORSAN) e/ou por um poço artesiano localizado no interior do colégio. Sabe-se que:
a) para encher a caixa com água da CORSAN e do poço artesiano, a o mesmo tempo, são necessárias 4h e 48 min;
b) para deixar a caixa d'água cheia, com o abastecimento sendo feito somente pelo poço artesiano, são necessárias quatro horas a mais em relação ao tempo de abastecimento feito somente pela CORSAN.
c) cessado qualquer tipo de abastecimento e estando a caixa d'água cheia, ela pode ser esvaziada por uma torneira de vazão constante em 16 horas.
Considerando os dados acima e estando a caixa d'água inicialmente vazia, calcule:
1) o tempo necessário para encher a caixa d'água do CMSM somente com água da CORSAN;
2) o tempo necessário para encher a caixa d'água, sabendo que os dois abastecimentos são realizados simultaneamente e que a torneira para esvaziá-la está aberta.
Assinale a alternativa que apresenta, respectivamente, as respostas corretas.

(A) 6 horas, 48/7 horas (B) 10 horas, 46/7 horas (C) 8 horas, 48/7 horas
(D) 12 horas, 44/7 horas (E) 9 horas, 48/7 horas

130) CMBH – Três máquinas A, B e C trabalhando juntas fazem um serviço em X horas. Operando sozinha, a máquina A necessita de cinco horas adicionais, a B necessita de duas horas adicionais e a C necessita de X horas adicionais. Em quanto tempo, em horas, a máquina A realiza sozinha o serviço?

(A) 10 (B) 9 (C) 8 (D) 7 (E) 6

Teste 14

131) IFMT – Um indivíduo fazendo cálculos chegou à dízima 7,3535.... Obtenha o número racional p/q que representa essa dízima.

(A) p=7353, q=990 (B) p=7353-73 = 7280, q=900 (C) p=7353 – 73 = 7280, q = 999
(D) p=7353 – 73 = 7280, q = 990 (E) Tal número não existem porque essa dízima corresponde a um número irracional

132) IFGO – Segundo especialistas em saúde, é recomendável que uma pessoa consuma no mínimo 2 litros de água por dia. Numa residência com 5 pessoas, se cada morador ingerir a quantidade mínima diária indicada, o número de galões de 20 litros consumidos em 30 dias será de:

(A) 12 galões. (B) 15 galões. (C) 17 galões. (D) 19 galões. (E) 20 galões.

133) IFCE – Suponha que 16 caixas serão utilizadas para carregar livros e que a capacidade máxima de cada caixa é 9 livros, então a quantidade mínima necessária, para garantir que cada caixa possua pelo menos 4 livros, deve ser

(A) 138 (B) 139 (C) 140 (D) 64 (E) 73

134) IFPE – Uma loja vende um aparelho de TV por R$ 1.800,00 à vista. A prazo, o preço da TV é de R$ 2.120,00, sendo R$ 200,00 pagos de entrada, e o restante após 6 meses. Qual a taxa semestral de juros cobrados pela loja?

(A) 20% (B) 18% (C) 16% (D) 14% (E) 12%

135) EAM – No dia 17-10-2016, à zero hora, iniciou-se mais uma vez o horário de verão no Rio de Janeiro, que tem sido usado com o objetivo de economizar energia elétrica nos momentos de pico e evitar sobrecarga no sistema. No dia 16-10-2016, um avião partiu de St. John's, Canadá, com destino ao Rio de Janeiro. A saída aconteceu às 21h e 45 min e o voo teve duração de 13h e 45 min. Considerando que entre St. John's e Rio de Janeiro não há diferença de fuso horário, em que horário local o avião chegou ao Rio de Janeiro?

(A) 9h 30min (B) 10h 30min (C) 11h 15min (D) 11h 45min (E) 12h 30min

136) EAM – Observe a figura abaixo. Um prédio projeta no solo uma sombra de 30m de extensão no mesmo instante em que uma pessoa de 1,80m projeta uma sombra de 2,0m. Pode-se afirmar que a altura do prédio vale:

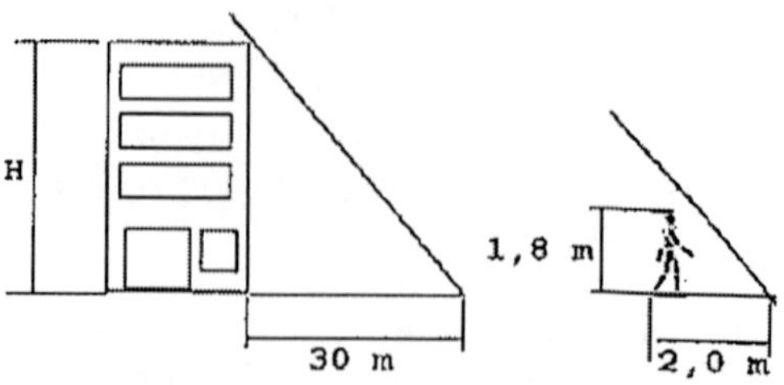

(A) 27m (B) 30m (C) 33m
(D) 36m (E) 40m

137) CMF – Para o tratamento de uma determinada doença, um paciente toma três tipos de remédio, a saber:
Remédio A de 4 em 4 horas, remédio B de 8 em 8 horas, remédio C de 10 em 10 horas.
O paciente iniciou o tratamento no dia 1º de janeiro, às 06h 00min, quando tomou os três remédios. Sabendo que o tratamento será encerrado após coincidirem pela 6ª vez o horário dos três remédios (não considerando o dia do início do tratamento), que dia e hora o tratamento será encerrado?

(A) 8/jan, às 8h (B) 9/jan, às 16h (C) 10/jan, às 8h (D) 11/jan, às 6h (E) 12/jan, às 0h

138) CMJF – Uma região de Minas Gerais apresentou, nos últimos cinco meses, os seguintes valores para a precipitação pluviométrica média (em milímetros):

Março	Abril	Maio	Junho	Julho
32	30	28	28	27

A média, a mediana e a moda do conjunto de valores acima são, respectivamente:

(A) 29, 28, 28 (B) 30, 28, 29 (C) 28, 29, 29 (D) 29, 29, 28

139) CMB – Um motorista de táxi, em Brasília, cobra um valor fixo em cada viagem, independentemente da distância a ser percorrida, mais um valor fixo por quilômetro rodado. Um passageiro foi transportado do Aeroporto Internacional até o Estádio, percorreu 15 km e pagou R$ 35,00 pela viagem. Após o jogo, o passageiro foi levado pelo mesmo taxista do Estádio até o Hotel das Nações, percorreu 2,5 km e pagou R$ 10,00 pela corrida. Assim, o valor cobrado pelo taxista por quilômetro rodado é de:

(A) 15 reais (B) 12 reais (C) 8 reais (D) 5 reais (E) 2 reais

140) CMBH – Uma empresa fez o levantamento da folha de pagamento de seus funcionários e obteve os resultados no gráfico abaixo. Se 10 funcionários que recebem 2 salários mínimos passarem a receber 3 salários mínimos e 5 funcionários que recebem 6 salários mínimos passarem a receber 10 salários mínimos, a média salarial dessa empresa:
OBS.: Considere o salário mínimo igual a R$ 880,00.

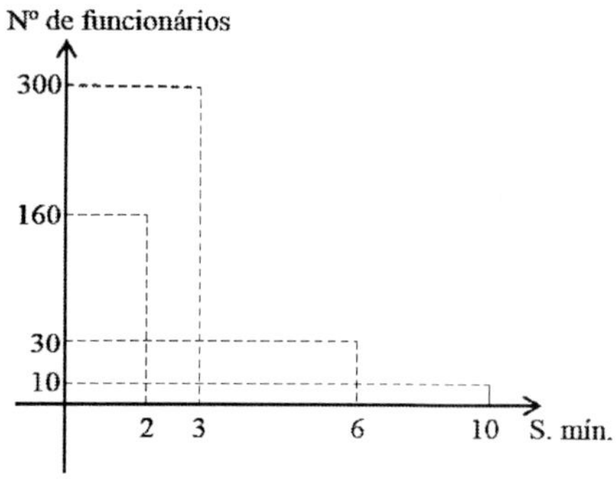

(A) diminuirá em R$ 20,30
(B) não se alterará
(C) aumentará em R$ 52,80
(D) aumentará em 0,1 do salário mínimo
(E) aumentará menos que 5% do salário mínimo

Teste 15

141) CEFET RJ – Joãozinho observou que o número de meninas de sua turma dividido pelo número de meninos dessa mesma turma é 0,88. Qual é o menor número possível de alunos (meninos ou meninas) dessa turma?

(A) 88 (B) 64 (C) 50 (D) 47

142) IFSP – Pesquisas sobre reciclagem mostram que cerca de 40% de material plástico utilizado pode ser reaproveitado para a produção de resinas plásticas. Estima-se que, no Brasil, pelo menos 2,2 milhões de toneladas de plástico, descartados após o uso, se acumulam anualmente. Então, pelo menos x mil toneladas de plástico por ano podem ser reaproveitadas. O valor de x é

(A) 160 (B) 220 (C) 320 (D) 440 (E) 880

143) IFMG – Para um primeiro dia de aula, o professor de Matemática comprou 300 balas para dividir, igualmente e sem sobras, entre os alunos matriculados. Nesse dia faltaram 5 alunos e, assim, cada aluno recebeu duas balas a mais. É correto afirmar que o número de alunos presentes era:

(A) 30 (B) 25 (C) 20 (D) 15

144) IFRN – Para uma madeireira transportar, em 10 dias, 280 m^3 de madeira, são necessários 20 caminhões que fazem 4 viagens por dia. Para esse mesmo trajeto e com a mesma velocidade em 15 dias, fazendo 2 viagens diárias. 18 desses caminhões transportarão qual volume de madeira?

(A) 189 m^3 (B) 198 m^3 (C) 264 m^3 (D) 378 m^3

145) EAM – Um estudante pagou um lanche de 8 reais em moedas de 50 centavos e 1 real. Sabendo que, para este pagamento, o estudante utilizou 12 moedas, determine, respectivamente, as quantidades de moedas de 50 centavos e de um real que foram utilizadas no pagamento do lanche e assinale a opção correta.

(A) 5 e 7 (B) 4 e 8 (C) 6 e 6 (D) 7 e 5 (E) 8 e 4

146) CFN – Divida o número 600 em partes diretamente proporcionais a 2, 3 e 5.

(A) 40, 120, 440 (B) 90, 180, 230 (C) 100, 200, 300 (D) 120, 180, 300 (E) 150, 200, 250

147) CMBH – As caixas de leite sofrem variações das medidas para facilitar a estocagem, o manuseio, a economia de papel, entre outras finalidades. Entontarmos a caixa A com as seguintes dimensões aproximadas: 6 cm × 9 cm × 18.6 cm e outra caixa B com as seguintes dimensões aproximadas: 7,1 cm × 7,1 cm × 19,9 cm. Identifique a alternativa correta.

(A) Os volumes de cada caixa são aproximadamente iguais.
(B) O volume da caixa A é 10% maior do que o volume da caixa B.
(C) A quantidade de papel utilizada para construir a caixa B é 10% menor do que a quantidade utilizada para construir a caixa A.
(D) O volume da caixa B é 5% menor do que o volume da caixa A.
(E) A quantidade de papel utilizada para construir a caixa A é 5% menor do que a quantidade utilizada para construir a caixa B.

148) CMPA – A lanchonete do seu Renato oferece várias opções para um lanche. Cada lanche pode conter somente: um sanduíche, uma bebida e uma sobremesa.
Cláudio resolve fazer um lanche lá no seu Renato. Chegando lá, observa que as opções para montá-lo são:
- Sanduíches: de presunto e queijo ou de atum, ou de frango ou de bife;
- Bebidas: café com leite ou suco de laranja ou chá;
- Sobremesa: salada de frutas ou rapadura de leite ou sorvete de morango.
Rapidamente, Cláudio fez um cálculo mental a percebeu que teria à sua disposição para escolher, uma quantidade total de possibilidades igual a:

(A) 32 (B) 36 (C) 18 (D) 24 (E) 10

149) CMF – Para esvaziar uma caixa d'água, em forma de um paralelepípedo retângulo, utiliza-se um balde cuja capacidade é de 9 litros. Sabe-se que a caixa d'água está completamente cheia e que ao retirar a água da caixa, o balde sai, também, completamente cheio. A figura abaixo apresenta as dimensões da caixa d'água de onde se retira a água. Com base nessas informações, pode-se concluir que o nível d'água, na caixa, depois de retirados 50 baldes, diminuirá em

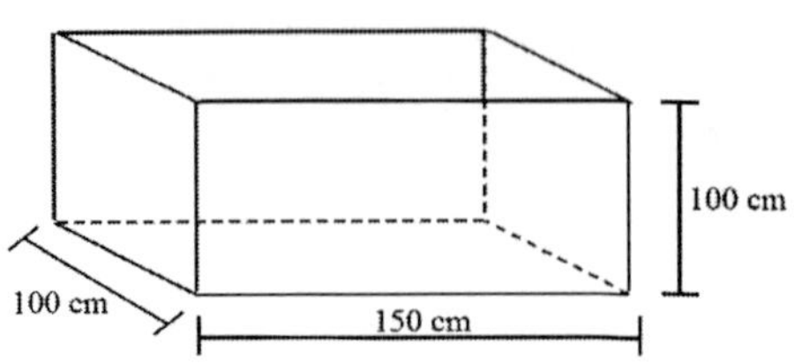

(A) 15 cm (B) 20 cm (C) 25 cm (D) 30 cm (E) 35 cm

150) CMJF – Um navio de guerra, com uma guarnição de 300 homens, necessita de 120.000 litros de água para efetuar uma viagem prevista de 20 dias. Aumentando a guarnição em 50 homens e a água em 6000 litros, a duração da viagem, com as mudanças realizadas, será de:

(A) 16 dias (B) 18 dias (C) 22 dias (D) 24 dias

Teste 16

151) FAETEC - O quadro a seguir apresenta uma sequência numérica em que cada número, a começar do segundo, é obtido a partir do número anterior, de acordo com o mesmo padrão matemático.

28	31	36	43	52	x	76	91	y

A diferença **y – x** é igual a:

(A) 45 (B) 44 (C) 43 (D) 42 (E) 41

152) FIOCRUZ - Uma estante de uma biblioteca possui capacidade para, no máximo, 14 livros, sendo que a arrumação ideal seria com 12 livros. Em um setor dessa biblioteca, há cinco estantes. Um bibliotecário conseguiu arrumar 65 livros de maneira a deixar o maior número possível de estantes com arrumação ideal. Sendo assim, podemos afirmar que:

(A) 1 estante ficou com número máximo de livros.
(B) 3 estantes ficaram com o número máximo de livros.
(C) 3 estantes ficaram com arrumação ideal.
(D) Nenhuma estante ficou com a arrumação ideal.
(E) 2 estantes ficaram com a arrumação ideal.

153) CTUR - Um determinado produto, que era vendido por R$ 40,00, sofreu um aumento de 15% no seu preço de venda. Posteriormente, sofreu novo aumento de 18%. Em comparação com o preço inicial, o percentual de acréscimo sobre o preço de venda desse produto, após os dois aumentos, foi de:

(A) 57,3% (B) 53,7% (C) 37,5% (D) 35,7% (E) 33%

154) Colégio Pedro II (RJ) - É bastante comum o uso de películas de *insulfilm* em janelas de edifícios e vidros de veículos com o intuito de reduzir a radiação solar. Essas películas possuem uma classificação de acordo com seu grau de transparência, isto é, com o percentual de radiação solar que permitem passar. Sobre um determinado vidro com 80% de transparência, coloca-se uma película com classificação de 60%. Após essa aplicação, obtém-se uma redução de radiação solar igual a:

(A) 48% (B) 52% (C) 70% (D) 140%

155) CFN - Qual das expressões abaixo tem o mesmo resultado que 1967:350?

(A) 196,7 : 3,5 (B) 196,7 : 0,35 (C) 19,67 : 3,5 (D) 1,967 : 3,5 (E) 1,967 : 0,035

156) CMPA - Uma quantidade de 600 litros de água apresentava um índice de salinidade de 12%. Devido à evaporação, esse índice subiu para 18%. A quantidade de água, em litros, que evaporou, é de:

(A) 200 (B) 190 (C) 210 (D) 180 (E) 220

157) CMM - O Tangran é um antigo quebra-cabeça chinês cujo nome significa "sete tábuas da sabedoria". Ele é composto de sete peças: 5 triângulos isósceles, 1 paralelogramo e 1 quadrado que podem ser posicionados de modo a formar um quadrado maior, como é mostrado na figura 1.

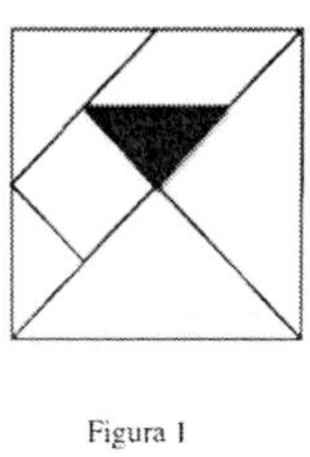
Figura 1

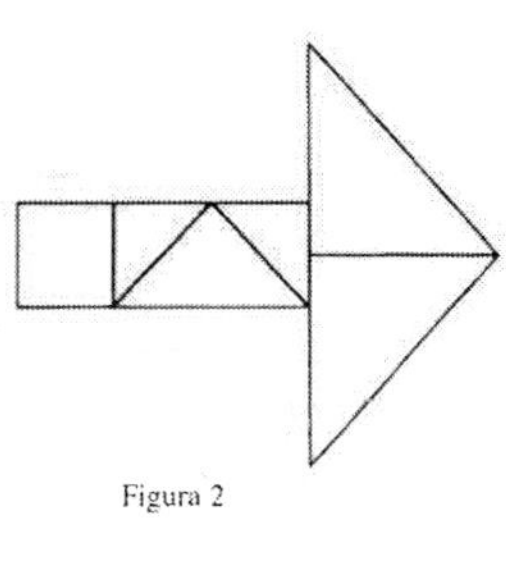
Figura 2

Observe que, para construir a seta mostrada na figura 2, foram usadas apenas seis das 7 peças do Tangran original. Dessa forma, se a área do triângulo sombreado da figura 1 é igual a 9 cm^2, a área da superfície da seta construída na figura 2, em centímetros quadrados, é

(A) 108 (B) 126 (C) 128 (D) 132 (E) 136

158) CMJF – Um restaurante cobra 10% do valor consumido como taxa de serviço. Um cliente pagou R$ 50,60 e o outro pagou R$ 132,00. A soma dos valores consumidos pelos dois clientes, sem a taxa de serviço, é de:

(A) R$ 164,00 (B) R$ 164,34 (C) R$ 166,00 (D) R$ 168,00

159) CMBH – Oscar Ribeiro de Almeida Niemeyer, o "Gênio das Formas", nasceu e faleceu na cidade do Rio de Janeiro (15/12/1907 – 05/12/2012). Engenheiro arquiteto, reconhecido pela beleza, ousadia e leveza de seus projetos nacionais e internacionais. A Igreja e o Museu da Pampulha, a Casa do Baile e a Cidade Administrativa Presidente Tancredo de Almeida Neves, em Belo Horizonte, são marcas da sua genialidade. Identifique a alternativa correta.

(A) Faltaram, aproximadamente, 10 dias para seu aniversário de 106 anos.
(B) Faltaram, aproximadamente, 14.400 min para seu aniversário de 105 anos.
(C) Faltaram, aproximadamente, 240 horas para seu aniversário de 104 anos.
(D) Faltaram, aproximadamente, 9 dias para seu aniversário de 105 anos.
(E) Faltaram, aproximadamente, 264 horas para seu aniversário de 106 anos.

160) CMB – Em 2016, uma loja do Iguatemi Shopping, devido à comemoração do Dia dos Pais, vendeu, no mês de agosto, 750 *smartphones* a mais que em julho. O gráfico abaixo ilustra as vendas nesses dois meses. Nessas condições, a média aritmética simples das vendas por essa loja, durante os dois meses, foi igual a

(A) 1500 (B) 1000 (C) 750
(D) 500 (E) 250

Teste 17

161) ETAM – A doceria vende bolo de chocolate por R$ 35,00 o quilo e os demais bolos por R$ 30,00 o quilo. Em um fim de semana foram vendidos no total 40 bolos e a doceria teve faturamento de R$ 1325,00. Quantos bolos de chocolate foram vendidos?

(A) 15 (B) 20 (C) 25 (D) 30

162) IFF – Um caixa eletrônico de um banco possui notas de R$ 20,00 ou R$ 50,00. Um cliente desse banco sacou, nesse caixa, 17 notas totalizando R$ 520,00. Assim, o número de notas de 20 reais é um divisor de

(A) 99 (B) 100 (C) 101 (D) 102 (E) 105

163) IFMG – Daila comprou uma camisa que custava R$ 80,00. Quando foi fazer o pagamento verificou que tinha apenas R$ 60,00. A vendedora informou-lhe que poderia pagar o restante 30 dias depois. O valor a ser pago, entretanto, passaria para R$ 24,00. A taxa mensal cobrada foi de:

(A) 5% (B) 10% (C) 15% (D) 20%

164) IFES – Jaime comprou um carro bicombustível zero quilômetro, que saiu da concessionária apenas com uma certa quantidade de gasolina brasileira no tanque. Parou no primeiro posto e abasteceu o carro com 15 litros de álcool, ficando dessa forma, com uma proporção de "um para um" dos dois combustíveis no tanque. Sabendo que a gasolina brasileira possui 25% de álcool em sua composição, quantos litros de gasolina havia no tanque do carro de Jaime ao chegar no posto?

(A) 15 (B) 22,5 (C) 30 (D) 35 (E) 37,5

165) CFN – Em uma viagem, João dirigiu 1500 km fazendo apenas uma parada para descanso. Na primeira jornada da viagem, dirigiu 12 horas 24 minutos e 37 segundos. Na segunda jornada dirigiu 6 horas 38 minutos e 51 segundos. Qual o total de tempo que levou a viagem?

(A) 19h 3 min 28s (B) 18h 13 min 38s (C) 18h 23min 58s
(D) 17h 33 min 60s (E) 16h 3min 58s

166) EAM – Uma pesquisa sobre a preferência de leitura dos jornais A e B revelou que, dos 400 entrevistados, 190 leem o jornal A e 250 o jornal B. Sabendo que todos os entrevistados leem pelo menos um dos jornais, quantos leem os dois jornais?

(A) 20 (B) 40 (C) 60 (D) 80 (E) 100

167) CMBH – Durante a aplicação de uma avaliação parcial de Matemática, em uma turma do 1º ano do ensino médio do CMBH, constatou-se que 2 alunos haviam faltado, e que a média obtida pelos 28 alunos restantes, na 1ª chamada da avaliação, foi igual a 6,8. Ao realizarem a 2ª chamada da avaliação, as notas obtidas pelos 2 alunos que faltaram, elevaram a média inicial da turma em 0,1 ponto. Sabendo-se que a diferença entre as notas que cada um dos dois alunos obteve é igual a 3,0, pode-se concluir que:

(A) a menor nota obtida na 2ª chamada foi inferior a 6,0.
(B) a média das notas obtidas pelos dois alunos é inferior a 8,0.
(C) a maior nota obtida na 2ª chamada foi superior a 9,5.
(D) a maior nota obtida não foi superior a 9.
(E) a média obtida na 2ª chamada pelos dois alunos foi igual a 6,9.

168) CMPA – Nicodemus escreveu a sigla CMPA repetidamente, justapondo-a conforme indicado abaixo:
CMPACMPACMPACMPACMPA...
Cansado de repetir, parou na letra que ocupa a posição 2015, escrevendo da esquerda para a direita. Sendo assim, tem-se que a quantidade de letras P que Nicodemus escreveu, desde o início até chegar nessa posição, é igual a

(A) 502 (B) 503 (C) 504 (D) 505 (E) 506

169) CMF – Na figura abaixo temos: AB=x, BC=4 cm, CL=3 cm, EF = 7 cm, FG = GH = y e HI = 5 cm. Sabendo-se que 18 e 26 são as medidas, em cm^2, das áreas dos polígonos ABCDEF e GHIJLM, respectivamente, a soma das medidas dos segmentos AB e FG, em cm, é

(A) 10 (B) 11 (C) 12 (D) 13 (E) 14

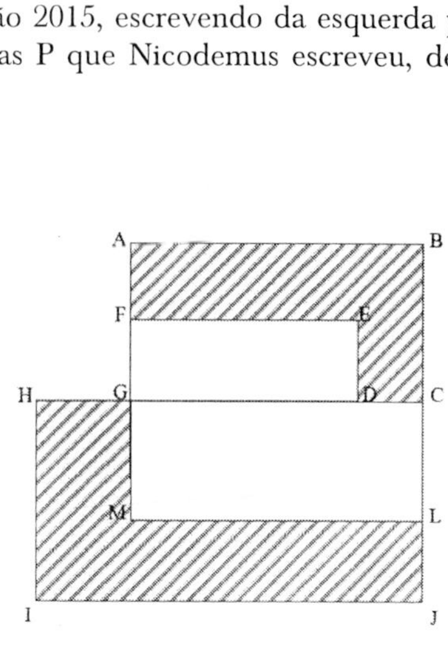

170) CMM – O Departamento de Comércio Exterior do Banco Central possui 30 funcionários com a seguinte distribuição salarial em reais. Quantos funcionários recebem R$ 1.600,00 devem ser demitidos para que a mediana desta distribuição de salários seja R$ 1.300,00?

Nº de Funcionários	Salário em R$
10	1.000,00
12	1.600,00
5	2.000,00
3	2.500,00

(A) 8 (B) 11 (C) 9 (D) 10 (E) 7

Teste 18

171) CMB – O gráfico abaixo ilustra o número de *smartphones* vendidos no Brasil, em milhões, nos últimos cinco anos. A partir desses dados, observa-se que o número de *smartphones* vendidos em um certo ano é igual ao dobro do número de *smartphones* vendidos no ano anterior.

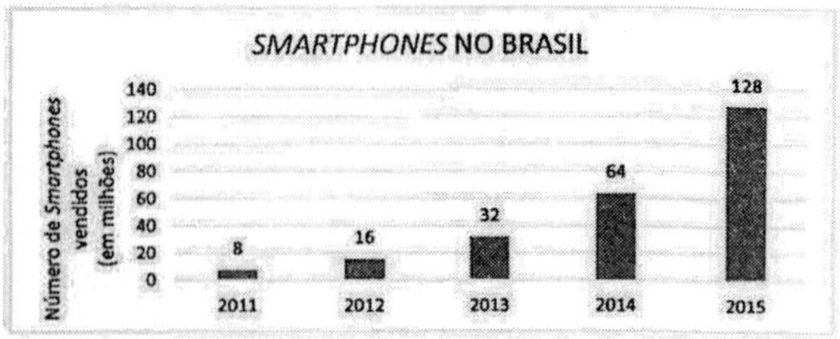

Supondo que esse comportamento se mantenha, é correto afirmar que o número de *smartphones* que serão vendidos (em milhões) no ano de 2020 é igual a

(A) 4096 (B) 2048 (C) 1024 (D) 512 (E) 256

172) CMBH – Em um conjunto com cinco números: a1, a2, a3, a4 e a5, sabe-se que a média aritmética dos três primeiros é igual a 15 e a média aritmética dos dois últimos é igual a 10. Se a4=a5, a2=15 e a3=2.a1, então identifique a alternativa que apresenta a moda desse conjunto de números.

(A) 5 (B) 10 (C) 8 (D) 11 (E) 12

173) CMF – Um professor dispõe de 3 turmas do 1º ano para formar os grupos que participarão da Feira de Ciências. Os grupos deverão ser formados, dentro de cada turma, de maneira que tenham o maior número possível de alunos e a mesma quantidade de alunos por grupo. O efetivo de cada turma é o seguinte (tabela ao lado):

TURMA	QUANTIDADE DE ALUNOS
101	35
102	33
103	34

Por motivos diversos, 5 alunos da turma 102 e 6 alunos da turma 103 não poderão participar da Feira de Ciências, portanto não farão parte dos grupos. Com base nessas informações, podemos afirmar que:

I – Cada grupo possui 4 alunos.
II – Será formado um total de 13 grupos.
III – O número de alunos por grupo corresponde a 20% do número de alunos na turma 101.
Com relação às afirmativas acima, é (são) correta (s) apenas

(A) I (B) II (C) II e III (D) I e III (E) I e II

174) CMJF – Paulo, que trabalha na empresa X, recebeu um aumento de 10% sobre o seu salário. Um tempo depois, recebeu um novo aumento de 25%, passando a receber R$ 1.320,00. O valor do salário de Paulo antes dos dois aumentos era:

(A) R$ 960,00 (B) R$ 891,00 (C) R$ 860,00 (D) R$ 1.000,00

175) CMM – Considere um telefone celular em que a conta mensal é dada por uma função polinomial do 1º grau, em que x representa o número de chamadas locais e y representa o total a ser pago em reais. No mês de março, foram realizadas 100 chamadas locais e a conta mensal foi de 170 reais. Já no mês de junho, ocorreram 120 chamadas locais, e a conta mensal foi de 198 reais. Dessa forma, podemos afirmar que o total a ser pago no mês em que ocorrerem 180 chamadas será de:

(A) 200 reais (B) 212 reais (C) 282 reais (D) 300 reais (E) 253 reais

176) IFMA – O dono de uma loja comprou x relógios por R$ 1.700,00 e quer vendê-los com lucro de R$ 120,00 em cada um. A expressão que representa o preço de venda de cada relógio, em reais, é

(A) 1700/x – 120 (B) –x + 170 (C) x + 120 (D) x + 170 (E) 1700/x + 120

177) CFN – Em um mapa cartográfico, 4 cm representam 12 km. Nesse mesmo mapa, 10 cm representarão quantos quilômetros?

(A) 20 (B) 24 (C) 30 (D) 32 (E) 40

178) IFMT – A piscina de um clube está com água até a medida indicada na figura abaixo e, para esvaziá-la, é utilizada uma bomba de sucção, cuja vazão de 1600 litros de água, por minuto, é constante.

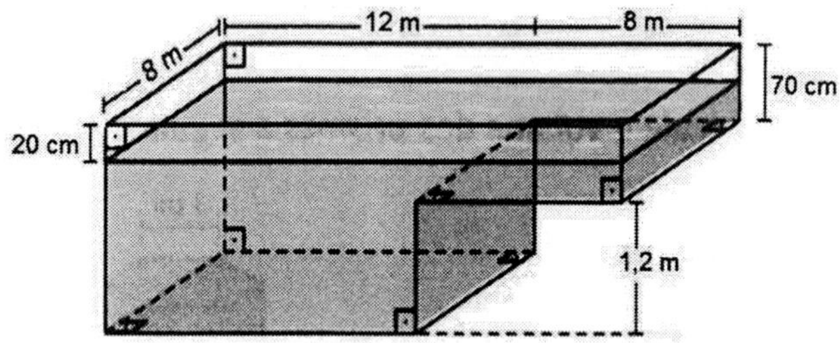

Então, o tempo necessário, em minutos, para que a piscina seja totalmente esvaziada, é igual a:

(A) 90 min (B) 122 min (C) 78 min (D) 150 min (E) 136 min

179) IFMA – Uma fazenda retangular que possui 4 km de largura por 5 km de comprimento foi comprada pelo governo federal e será dividida para 400 famílias em lotes de mesma área. Sabendo que um hectare equivale a uma área de 10.000 m^2, cada família deve receber um lote de área igual a:

(A) 2 hectares (B) 4 hectares (C) 5 hectares (D) 8 hectares (E) 10 hectares

180) IFRO – Um investidor A aplica a juros simples R$ 1.000,00 a 2,5% a.m., por 10 meses. Um segundo investidor B, aplica também a juros simples, R$ 800,00 a 3% a.m., por 9 meses. Assinale a alternativa correta:

(A) O investidor A recebeu juros de R$ 125,00.
(B) A diferença entre os juros recebidos pelos investidores A e B é de R$ 34,00.
(C) O investidor A recebeu menos juros que o investidor B.
(D) Os investidores A e B receberam juros iguais.
(E) Os investidores A e B obtiveram montantes iguais.

Teste 19

181) IFMT – Se m e n são inteiros maiores do que zero com m<n, definimos m δ n como a soma dos inteiros entre m e n, incluindo m e n. Então, calcule o valor de $\frac{23 \delta 26}{2 \delta 5}$.

(A) 7 (B) 4 (C) 8 (D) 1 (E) 12

182) IFRO – Que número deve ser somado ao numerador e ao denominador da fração 2/3 para que ela tenha um aumento de 20%?

(A) 1 (B) 2 (C) 3 (D) 4 (E) 5

183) IFAM – Um usuário de um caixa automático de um banco, fez um saque de R$ 300,00 e recebeu notas de 50 e 20 reais. Pode-se concluir, com certeza, que dentre as notas retiradas:

(A) O número de notas de R$ 20,00 é par.
(B) O número de notas de R$ 20,00 é ímpar.
(C) O número de notas de R$ 50,00 é par.
(D) O número de notas de R$ 50,00 é ímpar.
(E) O número de notas de R$ 50,00 é ímpar e o de R$ 20,00 é par.

184) IFPE – Ao utilizar um ferro elétrico 30 minutos por dia, durante 20 dias, o consumo de energia é 10 kWh. Qual será o consumo do mesmo ferro elétrico se ele for usado 45 minutos por dia, durante 28 dias?

(A) 14 kWh (B) 18 kWh (C) 21 kWh (D) 26 kWh (E) 30 kWh

185) IFPB – Para uma seleção de emprego de uma determinada empresa apareceram 300 candidatos. A fim de organizar a convocação para as entrevistas, decidiu-se numerá-las de 1 a 300. Na primeira semana, foram convocados os candidatos cujos números eram pares e, na segunda semana, os candidatos cujos números eram divisíveis por 7 e que ainda não haviam sido chamados na primeira semana. Na terceira semana, foram chamados todos os outros candidatos que ainda não haviam sido convocados na primeira e segunda semanas, é CORRETO, então, afirmar que o número de candidatos convocados na terceira semana é de:

(A) 81. (B) 102. (C) 129. (D) 137. (E) 142.

186) CMB – Em junho de 2006, na Copa do Mundo da Alemanha, um inglês e um francês aplicaram, cada um, a quantia de 10 mil reais a uma taxa de juros de 20% ao ano. A única diferença é que o inglês aplicou no regime de juros compostos, enquanto o francês preferiu o regime de juros simples. Em junho de 2014, exatamente 8 anos depois e considerando $1{,}2^4 = 2{,}07$, teremos a seguinte situação:

(A) O inglês terá um montante de exatamente 26 mil reais.
(B) Se M for o montante obtido pelo francês, em reais, então $M.10^{-3}$ é um número primo.
(C) O montante obtido pelo inglês, em reais, será um número par.
(D) O inglês terá ganho de juros uma quantia superior ao dobro do ganho de juros do francês.
(E) O montante obtido pelo francês, em reais, será um número múltiplo de três.

187) CMBH – De uma folha de papelão, de lados medindo 26 cm e 13 cm, foram retirados 4 cantos quadrados, de lados medindo 3 cm, para construir uma caixa sem tampa, dobrando o papelão nas linhas pontilhadas, conforme a figura abaixo. Determine o volume da caixa formada.

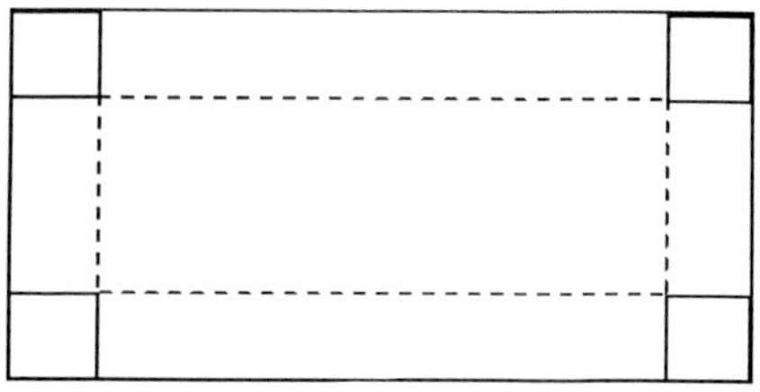

(A) 600 cm^3 (B) 510 cm^3 (C) 420 cm^3
(D) 450 cm^3 (E) 500 cm^3

188) CMF – Com palitos de fósforos idênticos, constrói-se uma sucessão de quadrados, conforme mostra cada figura abaixo.

Figura 1 Figura 2 Figura 3 Figura 4

A figura na sucessão que possui exatamente 283 palitos é a de número

(A) 90 (B) 91 (C) 92 (D) 93 (E) 94

189) CMPA – Durante o intervalo de suas aulas, entre 9h 55 min e 10h 15 min, o aluno Sah Bidu, do 9º ano do Ensino Fundamental, observou que alguns passarinhos brincavam nos galhos de uma árvore no pátio do seu colégio. Durante esse intervalo, ele percebeu que:
- quando pousavam dois passarinhos em cada galho, todos os galhos ficavam ocupados e cinco passarinhos permaneciam voando;
- quando pousavam todos os passarinhos, sendo três em cada galho, quatro galhos ficavam vazios.
Antes de ir para a próxima aula, Sah Bidu calculou o total de passarinhos envolvidos nessa situação e encontrou como resultado um número, cuja soma dos algarismos é igual a

(A) 12 (B) 18 (C) 24 (D) 36 (E) 39

190) CMM – Maria dividiu a quantia de R$ 2.100,00 entre seus filhos Eduarda, Bruna e Gabriel, de 3, 5 e 6 anos, respectivamente. Para realizar essa operação, Maria resolveu dividir o valor total em partes inversamente proporcionais às idades dos filhos. Com base nessas informações, podemos afirmar que:

(A) Eduarda recebeu 100 reais a mais que a soma dos valores recebidos pelos outros irmãos
(B) Gabriel recebeu 20% a menos em relação ao que recebeu a irmã Bruna.
(C) se a divisão fosse feita em partes iguais, Gabriel teria sua parte acrescida em 40% em relação ao que realmente recebeu.
(D) Bruna recebeu a diferença entre os valores recebidos pelos outros dois irmãos.
(E) a quantia que Bruna recebeu correspondeu a 40% do que recebeu a irmã Eduarda.

Teste 20

191) CMF – O histograma abaixo sintetiza informações sobre as alturas de 25 alunos de uma sala de aula do 1º ano do Ensino Médio do Colégio Militar de Fortaleza. Com base no gráfico, é correto afirmar que:

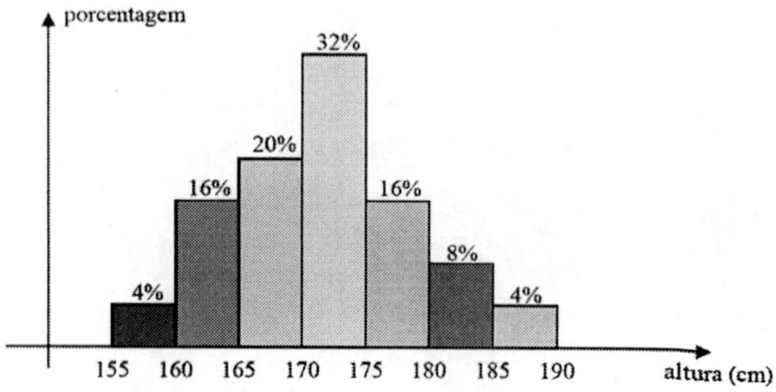

(A) a quantidade de alunos com menos de 1,70 m é igual a 12.
(B) a quantidade de alunos com altura entre 1,75 m e 1,90 m é menor que 10.
(C) exatamente 2/5 dos alunos da sala têm altura entre 1,70 m e 1,90 m.
(D) a quantidade de alunos com mais de 1,80, é maior que 4.
(E) a quantidade de alunos com altura abaixo de 1,75 m é igual a 16.

192) CMPA – Um tanque vazio possui três torneiras: T1, T2 e T3. A torneira T1, funcionando sozinha, enche completamente esse tanque em 9 h. Também, funcionando sozinha, a torneira T2 o faz em 12 h. Estando vazio, abrem-se essas três torneiras simultaneamente e, funcionando juntas, enchem esse tanque em 4 h. Sendo assim, pode-se afirmar que a torneira T3, funcionando sozinha, encheria esse tanque em uma quantidade de horas igual a

(A) 10 (B) 18 (C) 12 (D) 21 (E) 15

193) CMM – Em uma seção de uma empresa com 20 funcionários, a distribuição dos salários mensais, segundo os cargos que ocupam, é a seguinte:

CARGO	Nº de empregados	Salário mensal (R$)
Gerentes	2	X
Secretários	8	1.700,00
Estagiários	10	1.200,00

Sabendo-se que o salário médio desses funcionários é de R$ 1.490,00, pode-se concluir que o salário de cada um dos dois gerentes é de:

(A) R$ 2.900,00 (B) R$ 4.200,00 (C) R$ 2.100,00 (D) R$ 1.900,00 (E) R$ 3.400,00

194) CMJF – Em uma sala, há uma lâmpada (L), uma televisão (TV) e um aparelho de ar condicionado (AC). O consumo de energia da lâmpada equivale a 2/3 do consumo de energia da TV, e o consumo de energia do AC equivale a 10 vezes o consumo de energia da TV. Se a lâmpada, a TV e o AC forem ligados, simultaneamente, o consumo total de energia será de 1,05 quilowatts por hora (kWh). Nessas condições, se um kWh custa R$ 0,40, o custo (em reais) para manter a lâmpada, a TV e o AC ligados, 4 horas por dia, durante 30 dias, e o consumo de energia (em kWh) da TV são, respectivamente:

(A) R$ 50,40 e 0,06 kWh
(B) R$ 50,40 e 0,09 kWh
(C) R$ 54,00 e 0,09 kWh
(D) R$ 54,00 e 0,06 kWh

195) CFN – Em um recipiente foram colocados 18 litros de tinta. Essa quantidade de tinta ocupou 3/5 do recipiente. Quantos litros cabem em 1/5 desse mesmo recipiente?

(A) 1,1 L (B) 6,0 L (C) 15,3 L (D) 18,0 L (E) 30,0 L

196) FIOCRUZ – O algoritmo da divisão de Euclides fornece o divisor, o quociente e o resto de uma divisão, sendo que o resto deve ser um número positivo menor que o divisor. Por exemplo, na divisão de 7 por 2, a igualdade **7 = 2 × 3 + 1** indica que o quociente dessa divisão é 3 e o resto é 1. Considerando a igualdade aritmética **1028 = 145.q + r**, podemos concluir que:

(A) 1028 quando dividido por 8 deixa resto 132.
(B) 1028 quando dividido por 13 deixa resto 145.
(C) 1028 quando dividido por 7 deixa resto 6.
(D) 1028 quando dividido por 13 deixa resto 7.
(E) 1028 quando dividido por 6 deixa resto 158.

197) IFGO – Pressionadas, as siderúrgicas brasileiras aceitaram as cotas de exportação impostas pelos EUA em troca da eliminação das tarifas adicionais. Com isso, a exportação de aços semiacabados cairá aproximadamente 7% em relação ao volume exportado em 2017. Sabendo que a partir desta sanção o Brasil poderá exportar 3,5 milhões de toneladas de aços semiacabados por ano, logo, em 2017, o Brasil exportava, aproximadamente, em toneladas de aços semiacabados

(A) 2,76 milhões (B) 3,41 milhões (C) 3,76 milhões (D) 3,75 milhões

198) CTUR – Um folheto da construção civil informa que um vazamento pequeno de uma torneira, de 20 gotas por minuto, desperdiça, em 30 dias, 100 litros de água potável. Tendo lido esse folheto, um aluno do Colégio Técnico, preocupado, observou que uma torneira do banheiro tinha um vazamento de 45 gotas por minuto, já há 40 dias. Por causa dessa torneira, a quantidade de água desperdiçada no Colégio, em litros, durante esse período, foi

(A) 100 (B) 150 (C) 220 (D) 250 (E) 300

199) IFRJ – No sistema de numeração do Egito Antigo, os escribas utilizavam em seus registros, frações unitárias, ou seja, frações com numeradores iguais a 1. Algumas frações, com numeradores diferentes de 1, eram escritas como soma de frações unitárias. Sendo assim, uma possível representação da fração 19/20, como soma de frações unitárias, poderia ser dada por:

(A) $\frac{1}{2}+\frac{1}{3}+\frac{1}{5}$ (B) $\frac{1}{2}+\frac{1}{4}+\frac{1}{5}$ (C) $\frac{1}{2}+\frac{9}{20}$ (D) $\frac{2}{5}+\frac{1}{4}$

200) IFMG – Em uma turma, a razão entre o número de meninas e meninos, nessa ordem, é igual a 3/2. Em outra turma, esta razão é 7/3. Sabe-se que as duas turmas têm 40 alunos cada. Quando juntaram as duas turmas para participar de uma palestra, os professores perceberam que a razão entre o número de meninas e meninos, nessa ordem, passou a ser de:

(A) 10/5 (B) 5/9 (C) 2/3 (D) 13/7

Respostas dos testes

Respostas do Teste 11

101) E	103) C	105) B	107) A	109) D
102) C	104) B	106) E	108) E	110) A

Respostas do Teste 12

111) C	113) C	115) E	117) A	119) E
112) D	114) C	116) A	118) E	120) C

Respostas do Teste 13

121) D	123) B	125) E	127) E	129) C
122) D	124) D	126) D	128) C	130) E

Respostas do Teste 14

131)	133)	135)	137)	139)
132)	134)	136)	138)	140)

Respostas do Teste 15

141) D	143) B	145) E	147) A	149) D
142) E	144) A	146) D	148) B	150) B

Respostas do Teste 16

151) A	153) D	155) C	157) E	159) B
152) E	154) A	156) A	158) C	160) A

Respostas do Teste 17

161) C	163) D	165) A	167) C	169) A
162) A	164) B	166) B	168) C	170) D

Respostas do Teste 18

171) A	173) C	175) C	177) C	179) C
172) B	174) A	176) E	178) B	180) B

Respostas do Teste 19

181) A	183) C	185) C	187) C	189) A
182) B	184) C	186) D	188) E	190) C

Respostas do Teste 110

191) B	193) C	195) B	197) C	199) B
192) B	194) B	196) C	198) E	200) D

Resoluções dos testes

Resoluções do teste 11

101) CFN – O sítio produziu ao todo, 8 × 70 toneladas de cana, pois são 70 toneladas em cada hectare. Como são 8 hectares, basta multiplicar: 8 × 70 = 560.
Como o caminhão tem capacidade de 7 toneladas, o número de viagens que precisará fazer é:
560 ÷ 7 = 80

Resposta: (E) 80

102) EAM – As paredes da cozinha são quatro retângulos. Dois deles têm áreas 5 × 3 = 15, e dois têm áreas 4 × 3 = 12. A área total é portanto, 15 + 15 + 12 + 12 = 54, tudo em metros quadrados.
Dessa área, devemos descontar as áreas das duas portas e da janela.
Portas: 2 × 2,10 × 0,8 = 3,36
Janela: 1,5 × 1,1 = 1,65
As portas e a janela, juntas, têm área de 5,01 m^2.
Da área das paredes, abatamos as áreas das portas e da janela, ficando com:
54 – 5,01 = 48,99
Levando em conta metros quadrados inteiros, este número mínimo é 49.

Resposta: (C) 49

103) IFMG – Como o problema lida somente com porcentagens, sem dar indicações em reais, podemos "estipular valores". Vamos estipular como sendo 100 reais o preço do par de sapatos. Com pagamento à vista, é aplicado um desconto de 10%, e o preço cai para 90 reais.
Para pagamento em duas parcelas, prevalece o preço de 100 reais. São pagos 50 reais de entrada, e 50 reais um mês depois.

Pagamento à vista:	90	
Pagamento parcelado:	50	+50

Nas duas modalidades, estão sendo pagos 50 reais no ato da compra. A diferença é que, à vista, pagamos mais 40 também no ato da compra, totalizado 90. No pagamento a prazo, esses 40 reais serão pagos um mês depois, com valor de 50. De 40, o valor passa para 50, ou seja, um acréscimo de 10.
10 reais sobre um valor original de 40 é um aumento de 1/4. O mesmo que 25%. Portanto esses são os juros mensais: 25% (bem caro!)

Resposta: (C) 25%

Alguns alunos dizem "para que preciso estudar matemática, se já existe computador e calculadora para fazer contas?". Não cair em armadilhas do comércio é uma das justificativas.

104) CEFET ES – Lembremos da relação existente entre os termos de uma divisão:

Dividendo	Divisor
Resto	Quociente

Dividendo = Quociente × Divisor + Resto

No problema, temos então:

x = y.1 + 5, o mesmo que x = y + 5

4y = 2.x + 8, o mesmo que 2y = x + 4 (simplificando por 2).

Usando o valor de x da 1ª equação e substituindo na 2ª, ficamos com:

2y = (y + 5) + 4

2y = y + 9

y = 9

Voltando à primeira equação, ficamos com x = y + 5, ou x = 14

Já temos a resposta, y=9, mas podemos conferir os números no enunciado:

Dividindo um número x por um número y, obtém-se quociente 1 e resto 5 ➔ 14 dividido por 9 resulta em 1, e resto 5.

Se o quádruplo de y for dividido por x, encontram-se quociente 2 e resto 8 ➔ 36 dividido por 14 resulta em 2, e resto 8.

Ambos conferem.

Resposta: (B) 9

105) ETAM – A escola tem 480 alunos, sendo 55% de meninas. O número de meninas é portanto:

55% de 480 = 264

Os meninos são os restantes: 480 – 264 = 216

Com a chegada dos novos alunos, o colégio passou a ter:

Meninas: 264 + 16 = 280

Meninos: 216 + 4 = 220

Total: 500 alunos.

O novo percentual de meninas passou a ser 280/500, ou 56/100 = 56%.

Resposta: (B) 56%

106) CMB – Sendo cada pixel formado por 3 bytes, então 12 megapixels são 12.000.000 pixels, que usam 36.000.000 bytes, cada fotografia, ou seja 36 MB para cada fotografia.

Para armazenar 50 imagens, são necessários 50 x 36 MB = 1800 MB, o mesmo que 1,8 GB.

Resposta: (E) 1,8 GB

OBS.: Na verdade não é assim que acontece. O sensor ótico da câmera realmente gera todos aqueles bytes (no caso do problema, 36 MB para cada foto), porém antes de serem gravadas no cartão de memória da câmera, as imagens são convertidas para um formato que compacta bastante as imagens (tipicamente o padrão JPG), que resulta em imagens ocupando de 10 a 100 vezes menos espaço, em troca de uma perda de qualidade imperceptível para a visão humana.

107) CMPA – Um tipo de problema relativamente comum, que pode ser resolvido por Álgebra, usando um sistema de equações lineares. Entretanto, esse é um problema diferente.

Chamemos de x o número de acertos, y o número de erros e z o número de questões em branco. Sendo assim, pela pontuação definida, a nota é:

7x – 2y = 87

Temos que encontrar números inteiros x e y que atendam à expressão acima. Fica claro que 7x precisa ser um múltiplo de 7 superior a 87 (7x = 87 + 2y).

Um múltiplo de 7 superior a 87 é 91 = 13×7. Caso este valor x=13 seja válido, devemos ter y=2, para que a igualdade 7x – 2y = 87 seja correta. Sendo assim encontramos uma solução: x=13, y=2, e z=5 (são ao todo 20 questões).

Note entretanto que encontramos esta solução testando respostas ou seja, *solução por inspeção.* É válido usar este método para encontrar soluções, e no caso de problemas como este, é o único método disponível. Ocorre que o fato de encontrarmos uma solução, não significa que seja a correta, pois podem existir outras soluções.

Então devemos investigar se existem outros valores de x, y e z que atendem ao problema. Valores de x inferiores a 13 não servem, pois teríamos 84 – 2y = 87, o que é impossível. Além de y ser um número inteiro, partido de 84 e subtraindo um valor positivo, nunca chegaremos a 87. Vejamos se valores superiores para x podem atender ao problema:

x = 14: Teríamos 7 × 14 – 2y = 87, ou 98 – 2y = 87. Não serve, pois y tem que ser um inteiro.

x = 15: Teríamos 7 × 15 – 2y = 87, ou 105 – 2y = 87, ou y=9. Como são 20 questões ao todo, não podemos ter x=15 e y=9.

Se fizermos x=17, encontraremos y=16, que também entra em conflito com x+y+z=20.

Portanto, a solução que encontramos, x=13, y=2 e z=5 é a única que serve. Analisando as respostas, vemos que a única que se aplica é que z é múltiplo de 5.

Resposta: (A) múltiplo de 5.

108) CMM – Se cada lata cobre 24 m^2, então a área total pintada é 72 m^2. Essa área representa os dois lados do muro, então cada lado tem 36 m^2 de área. Sendo assim as dimensões do muro têm produto 36, e como foi dado que a altura é 1/9 do comprimento, então essas dimensões só podem ser 2 e 18.

Com essas dimensões, o perímetro é 2 + 2 + 18 + 18 = 40.

A razão entre o comprimento e o perímetro é 18/40 = 9/20

Resposta: (E) 9/20

109) CMJF – Problemas de "analisar o gráfico" são em geral simples. É o caso desse problema.

A) Errado, vemos que a maior taxa de desemprego foi em 2009, de quase 16%.

B) Errado, a menor taxa foi em 2006.

C) Errado. Depois de 2002, aumentou, diminuiu e aumentou.

D) Certo. Os valores estão realmente entre 8% e 16%.

Resposta: (D) No período de 2002 a 2013, a taxa de desemprego esteve entre 8% e 16%.

OBS.: A economia está relacionada com a matemática. A alteração em um parâmetro da economia pode resultar em uma melhora e uma piora. A melhora pode vir de imediato, e a piora pode aparecer anos depois. E vice-versa.

110) CMBH – Questão considerada difícil, digna de aparecer em concursos mais avançados, como para universidades e concursos para quem tem o ensino médio completo.

Como quase sempre ocorre, podemos estipular valores para facilitar os cálculos.

Vamos estipular o preço de 100 reais para a mercadoria. As formas de pagamento são as seguintes:

(1) 39% de desconto para pagamento à vista, custaria 61.

(2) 25% de desconto e pagamento em 3 vezes iguais.

Nesse segundo caso, o preço de 100 cairia para 75 e seria pago como 25+25+25, sendo os primeiros 25 no ato da compra e as outras duas parcelas de 25 pagas 30 e 60 dias depois.

Ocorre que ao invés de pagar os 61 à vista, o comprador que tenha este valor pode optar pelo segundo plano, pagando 25 e aplicando o dinheiro que sobra, fazendo retiradas para pagar as duas outras parcelas. O problema pergunta qual deve ser a taxa de juros para a qual a escolha seria indiferente.

Essa taxa é aquela na qual, o comprador que tinha 61, poderia optar por parcelar e aplicar o dinheiro, fazendo duas retiradas da aplicação financeira para pagar as duas prestações, sem sobra no final.

Chamemos de M, não a taxa de juros, mas o valor pelo qual o capital é multiplicado a cada mês. Por exemplo, juros de 20% equivalem a usar M = 1,20.

Considerado o comprador com os 61 reais e optando pelo parcelamento:

Compra: paga 25 e aplica os 36 restantes.

1º mês. Os 36 originais passam a 36M.

Daí retiram-se 25 para pagar a parcela. Sobram 36M – 25.

2º mês. Os 36M – 25 foram multiplicados por M, resultando em $36M^2 - 25M$. Daí retiram-se 25 para pagar a última parcela, e acaba o dinheiro. Temos então:

$36M^2 - 25M - 25 = 0$

É uma equação do segundo grau, com delta valendo:

$25^2 + 4.36.25 - 25(25 + 4\times36) = 25(25+144)=25\times169$

A raiz quadrada de delta vale $5\times13 = 65$

A equação tem uma só raiz positiva:

$$\frac{25+65}{2\times36} = \frac{90}{72} = \frac{10}{8} = 1{,}25$$

Como M=1,25, significa que a cada mês, o capital aplicado é multiplicado por 1,25, ou seja, são juros de 25% ao mês.

Resposta: (A) 25

OBS.: Como certamente não será possível encontrar uma aplicação que forneça 25% ao mês, o parcelamento oferecido é mais vantajoso.

Resoluções do teste 12

111) EAM - O número de divisores positivos de um número natural N é obtido a partir da decomposição de N em fatores primos. Soma-se 1 a cada expoente e multiplicam-se os resultados.

Neste problema, N já está fatorado em fatores primos, 2 e 3, com expoentes 3 e P, respectivamente. Então este número de divisores é:

(3 + 1)(P + 1) = 4(P+1).

Como este valor foi dado como sendo 20, temos:

4(P + 1) = 20

P + 1 = 5

P = 4

Resposta: (C) 4

112) EAM - Os selos raros ocupam as posições que são múltiplos de 9: 9, 18, 27, 36, etc.

Os últimos selos de cada páginas têm números que são múltiplos de 15, já que são 15 selos por página. A informação de 5 linhas e 3 colunas é irrelevante.

Os selos raros no final da página são ao mesmo tempo, múltiplos de 15 e múltiplos de 9, ou seja, múltiplos do MMC entre 9 e 15. Este MMC vale 45. Portanto os selos raros em finais de página são os de números:

45, na página 3,

90, na página 6,

135, na página 9,

180, na página 12,

225, na página 15 e 270, na página 18

Resposta: (D) 18

113) CEFET RJ – De 4 em 4 dias para João e de 6 em 6 dias para Pedro. Uma vez que já tenham se encontrado hoje, o número de dias para que se encontrem novamente é um múltiplo de 4 e múltiplo de 6, simultaneamente. São múltiplos comuns de 4 e 6. O menor desses múltiplos é 12, o MMC entre 4 e 6. Os demais dias também irão ocorrer depois de múltiplos de 12: 24, 36, 48, etc. Entre as opções, o único múltiplo de 12 é 36.

Resposta: (C) 36

114) IFGO – O volume total no terceiro frasco é igual à soma dos volumes antes existentes nos dois frascos: 40 ml e 60 ml, totalizando então, 100 ml.
O primeiro frasco tem 25% de B (10 ml), portanto os 30 ml restantes são do componente A.
O segundo frasco tem 40% de B (24 ml), portanto os 36 ml restantes são do componente A.
A mistura final tem então 34 ml de B, e 66 ml de A. A porcentagem de B é 34 de um total de 100, ou seja, 34%.

Resposta: (C) 34%

115) FAETEC – Nesse problema não podemos "estipular valores", pois existe uma informação em reais: 216. Devemos então usar outra abordagem.
Chamamos os preços dos presentes de x (do filho mais novo) e 2x (do filho mais velho), já que o problema informou que o preço do presente do mais velho custava o dobro. O preço total é portanto 3x.
Chegando ao caixa, ganhou um desconto de 10% sobre o preço total, pagando apenas 216 reais. Então 216 reais é 90% do preço total original. Para saber o preço original (100%), basta dividir 216 por 9 e multiplicar por 10, o que resulta em:
$216 \div 9 = 24$; $24 \times 10 = 240$
Então 240 é o valor de 3x, o preço total antes do desconto. Portanto $x = 80$.
Os preços dos presentes, sem o desconto, eram R$ 80,00 e R$ 160,00.

Resposta: (E) 160

116) IFGO – Aumentar 20% é o mesmo que multiplicar por 1,2. Aumentar 10% é o mesmo que multiplicar por 1,1. Os dois aumentos consecutivos multiplicaram o preço original por $1{,}2 \times 1{,}1 = 1{,}32$. Isso é o mesmo que aumentar 32% o preço vigente no primeiro dia.

Resposta: (A) 32%

117) CMM – Cada caixa tem 30 garrafas, sendo que a quantidade de garrafas de pinho é 6 a mais que os de lavanda. Chamando as quantidades de P e L, podemos escrever:
1) $P + L = 30$
2) $P = L + 6$
Juntando as duas informações temos
$(L + 6) + L = 30$
$2L + 6 = 30$
$2L = 24$
$L = 12 \rightarrow P = 18$
Portanto cada caixa tem 18 garrafas de pinho e 12 de lavanda. Como foi um total de 25 caixas, o número de garrafas de pinho é $25 \times 18 = 450$.

Resposta: (A) 450

118) CMBH – Como todos são quadrados, aquele de maior lado será o de maior perímetro, de maior diagonal, maior apótema e de maior área. Então, basta descobrir os lados de cada um dos quadrados e podemos responder ao que o problema pede. Chamamos os quadrados de Q1, Q2 e Q3 e calculemos os seus lados.
Q1 (ABCD), perímetro = 80 cm, lado = 20 cm

Q2 (EFGH), diagonal = 300 mm = 30cm, como diagonal é o lado multiplicado por $\sqrt{2}$, seu lado é a diagonal dividida por $\sqrt{2}$: $\frac{30}{\sqrt{2}} = \frac{15 \times 2}{\sqrt{2}} = 15\sqrt{2} \approx 21$. Um pouco de álgebra e radicais, quem não sabe poderá errar a questão.

Q3 (IJKL), área = 3,24 dm^2 = 3,24 × 10cm × 10cm = 324 cm^2 = 18cm × 18cm. Portanto seu lado mede 18 cm. Os lados de Q1, Q2 e Q3 são, respectivamente, 20 cm, 21cm e 18 cm. O maior quadrado é Q1 (ABCD), e o menor é Q3 (IJKL). Portanto a resposta correta é

Resposta: (E) A diagonal do quadrado IJKL é a menor.

119) CMPA – O preço do modelo A é reduzido de 38.000 para 24.000 em 5 anos, ou seja, 2.800 por ano. O preço do modelo B, no mesmo período, é reduzido de 32.000 para 22.000, ou 2.000 por ano. Isso quer dizer que a diferença entre os preços dos modelos A e B decresce na taxa de R$ 800,00 por ano, já que o primeiro desvaloriza 2800 e o segundo desvaloriza 2000. Como a diferença hoje entre os preços é 6.000, e decresce à razão de 800 por ano, o número de anos para que a diferença seja zero (ou seja, os preços serem iguais) é

6.000 ÷ 800 = 7,5 anos, o mesmo que 7 anos e 6 meses,

Resposta: (E) 7 anos e 6 meses.

120) CMF – O problema cita três médias: da turma, dos meninos e das meninas. Cada média vale a soma das respectivas notas, dividida pelo total de valores. Isso é o mesmo que dizer que a soma das notas de um grupo é igual à sua média, multiplicada pelo número de participantes. Por exemplo, a média dos 25 alunos da turma é 6,4, então:

Soma da turma = 25 × 6,4 = 160

Chamemos de H o número de homens e M o número de mulheres. A média dos homens é 6, então a soma das suas notas é H × 6 = 6H. Sendo M o número de mulheres, e como sua média é 7, temos que a soma das notas das mulheres é M × 7 = 7M

Então a soma de todas as notas, já calculada como 160, vale 6H + 7M. Temos então duas equações:

H + M = 25

6H + 7M = 160

Podemos resolver o sistema usando H = 25 – M e substituindo na 2ª equação, ficando com:

6(25 – M) + 7M = 160

150 – 6M + 7M = 160

M = 10, e H = 15.

A quantidade de mulheres é um número divisível por 5.

Resposta: (C) 5

Resoluções do teste 13

121) IFBA – Para muitos isso é uma pegadinha, pois pensam que ganhar 20% e perder 20% resulta no valor original. Não é, pois os primeiros 20% foram calculados sobre o valor original, e os outros 20% foram calculados sobre o valor resultante da primeira aplicação.

Este problema pode ser resolvido facilmente estipulando valores, pois não existe indicação de valores reais, apenas de porcentagens. Vamos então estipular a quantia inicial como R$ 100,00. Perdendo 20% desses R$ 100,00, restam R$ 80,00. A seguir, em uma segunda aplicação, ganha-se 20% daqueles R$ 80,00, ou seja, R$ 16,00, ficando com o total de R$ 96,00.

Considerando as duas aplicações, o valor original era R$ 100,00 e foi reduzido a R$ 96,00, ou seja, uma perda de 4%.

Resposta: (D) Perdeu 4%.

122) IFPB – Um típico problema de MDC. Se o número de grupos deve ser o menor possível, então o tamanho de um grupo deve ser o máximo possível. Além disso, esse máximo deve ser um divisor do número de alunos. Por exemplo, não é possível formar grupos de 7 em uma turma de 20, já que o tamanho de cada grupo deve ser um divisor do tamanho da turma. Como os grupos de cada turma devem ter a mesma quantidade de alunos, seu tamanho deve ser um divisor comum do tamanho de cada turma. Sendo assim, o tamanho de um grupo deve ser o máximo divisor comum (MDC) entre os tamanhos das turmas: 20, 28 e 36. Calculando o MDC entre esses números, encontramos 4. Portanto serão formados grupos de 4: 5 na primeira turma, 7 na segunda turma e 9 na terceira turma.

Resposta: (D) 7

123) IFAL – Um problema clássico que já apareceu em vários concursos, apenas com modificações no enunciado, mas com a mesma ideia matemática. Já caiu por exemplo na EPCAr e na UFRJ, entre outros concursos. Certamente é originário de algum livro clássico de matemática.

A cada dia ocorreram dois trajetos, um de ida e um de volta. Então a quantidade total de trajetos é o dobro do número de dias. Notemos que na descrição, são indicados todos os trajetos realizados, seja de ônibus ou táxi, seja ida ou volta:

- Foi de ônibus 8 vezes
- Voltou de ônibus 15 vezes
- Tomou táxi 9 vezes, ida ou volta.

Nessa relação não falta nenhum dos trajetos, seja de ônibus ou táxi, Temos indicados ida-ônibus, volta-ônibus, ida-táxi e volta-táxi. Portanto o número total de trajetos foi:

8 + 15 + 9 = 32 trajetos

Sendo 32 trajetos, foram ao todo 16 dias, então K=16.

Resposta: (B) 16

124) IFMA – A proporção de 4 para 7 entre concentrado (polpa da fruta) e água, significa que a cada 11 porções de suco existem 4 porções de concentrado e 7 porções de água.

No caso, com 44 copos de concentrado, serão necessários 77 copos de água, já que a relação entre água e concentrado é 7/4. O problema é fácil, é preciso apenas prestar atenção entre "suco" e "suco concentrado" (ou "polpa"), que são coisas diferentes.

Resposta: (D) 77

125) CFN – Outro típico problema de MDC. Já que os ladrilhos são quadrados, seu tamanho é um divisor comum da largura e do comprimento da sala. Se queremos o tamanho máximo, então esse tamanho é o máximo divisor comum (MDC) entre a largura e o comprimento da sala. Devemos usar centímetros nas medidas, para ficar com quantidades inteiras. Então a medida procurada é o MDC entre 352 e 416.

352 – 416	2	O MMC entre 352 e 416 é
176 – 208	2	
88 – 104	2	$2 \times 2 \times 2 \times 2 \times 2 = 32$
44 – 52	2	
22 – 26	2	
11 – 13		

Então cada ladrilho deve medir 32 cm × 32 cm.

Resposta: (E) Maior de 30 cm e menor de 35 cm

126) CFN – O decímetro é a décima parte do metro. Se todo o cubo grande, com aresta de 1 metro, fosse preenchido com cubos de 1 dm, seriam formadas 10 camadas, como indica a figura. Cada camada tem dimensões de 10 × 10 cubos, já que 1 metro são 10 decímetros.

O problema pede para preencher apenas o fundo da caixa, ou seja, será usada apenas a primeira camada na figura ao lado. O número de cubos menores necessário será 10 × 10 = 100.

Resposta: (D) 100

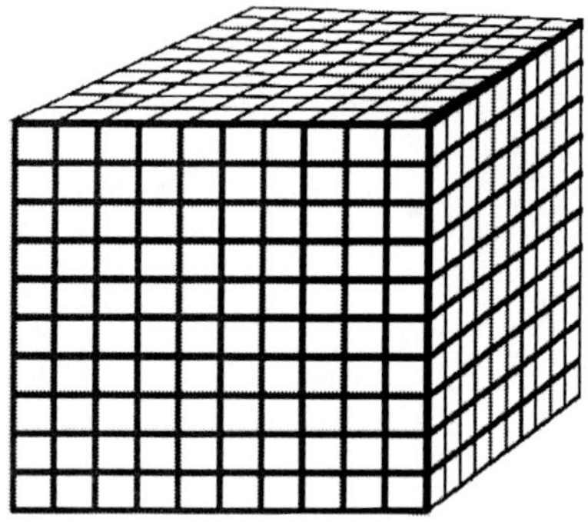

127) CMRJ – Para calcular o gasto, será preciso determinar o número de caixas a serem compradas, calcular seu custo, e somar com o custo da mão de obra.

O problema pode deixar alguma dúvida quanto à interpretação dos custos. Existem dois custos envolvidos: a compra e a instalação (ou seja, a obra para colocar os pisos). Foram citados dois preços no problema: R$ 300,00 e R$ 52,90 por metro quadrado. O valor R$ 300,00 diz respeito à mão de obra, e o de R$ 52,90 é o preço por metro quadrado de piso. O custo da mão de obra é o total, já que não existe indicação como "preço por metro quadrado". Portanto são R$ 300,00 de mão do obra total. Resta calcular o preço do material.

O custo foi dado como R$ 52,90 por metro quadrado, então seria apenas o caso de multiplicar por 25, mas existe uma pegadinha.

Não é possível comprar 25 m^2, e sim, caixas de 2,2 m^2. Para formar 25 m2, serão necessárias 12 caixas:

10 caixas = 22 m^2

11 caixas = 24,2 m^2

12 caixas = 26,4 m^2

Agora vem o que o Colégio Militar adora: contas "quebradinhas".

Uma caixa tem 2,2 m^2, e cada m^2 custa R$ 52,90. Então o preço de cada caixa é:

2,2 × 52,90. E não adianta usar aproximações, pois vemos que as respostas apresentam valores muito parecidos. O aluno deve ser craque em contas manuais para passar nesse concurso. Claro que você sabe fazer essa conta...

2,2 × 52,90 = R$ 116,38 por caixa

Como são 12 caixas, o custo será:

12 × 116,38 = R$ 1.396,56

Somando os 300 reais da instalação, ficamos com:

R$ 1.696,56

Resposta: (E) R$ 1696,56

128) CMPA – A entrada dada na compra foi 20% do preço, ou seja, 300 reais. Ficaram faltando 1200 reais. Esse valor foi pago como R$ 1.380, devido aos juros, em uma única parcela 5 meses depois. Sendo assim foram 180 reais de juros. Podemos então usar a fórmula:

Juros = capital × taxa × tempo.

180 = 1200 × taxa × 5

Simplificando por 10, depois por 2, depois por 3, ficamos com:

18 = 120 × taxa × 5

9 = 60 × taxa × 5

3 = 20 × taxa × 5

Taxa = 3/100 = 3% ao mês

Resposta: (C) 3% ao mês

129) CMSM – Problema muito similar ao 225, que caíra na prova do CFN três anos antes. Por isso candidatos ao Colégio Militar devem resolver as provas do CFN, e vice-versa.

Este problema requer a utilização da famosa "fórmula das torneiras". Antes de apresentá-la, vamos justificá-la. Toda torneira tem um parâmetro chamado *vazão*, que representa a quantidade de água fornecida a cada minuto. Quando duas torneiras são ligadas juntas, as vazões e somam.

Por exemplo, se uma torneira fornece 30 litros por minuto e outra fornece 20 litros por minuto, as duas juntas fornecerão 50 litros por minuto, ou seja, a soma das vazões.

Em muitos problemas, as vazões não são informadas, nem a capacidade do tanque a ser cheio, mas sim, o tempo que cada torneira demora para enchê-lo.

Por exemplo, se uma torneira demora, sozinha, um temo T1 para encher um tanque, a vazão dessa torneira é C/T1, onde C é a capacidade do tanque. Se a segunda torneira demora T2, sua vazão é C/T2.

Quando as duas torneiras são abertas ao mesmo tempo, as vazões se somam, portanto a vazão total é C/T1 + C/T2. Podemos descobrir o tempo T que as torneiras juntas levam para encher o tanque, dizendo que essa vazão "conjunta" é C/T, sendo T o tempo que as duas juntas levam para encher o tanque juntas, e levando em conta que esta vazão C/T é a soma das vazões das duas torneiras, ou seja:

$$\frac{C}{T} = \frac{C}{T_1} + \frac{C}{T_2}$$

Simplificando por C, ficamos com $\frac{1}{T} = \frac{1}{T_1} + \frac{1}{T_2}$

Esta relação é conhecida como "fórmula das torneiras".

No nosso problema temos que as duas torneiras juntas levam 4 horas e 48 minutos para encher o tanque, ou seja, 4,8 horas (já que 48 minutos é 8/10 da hora).

Os temos de cada torneira são desconhecidos, mas é dado que uma torneira demora 4 horas a mais que a outra para encher o tanque. Então podemos escrever

T2 = T1 + 4 (T1 = CORSAN). Ficamos com:

$\frac{1}{4{,}8} = \frac{1}{T_1} + \frac{1}{T_1 + 4}$. Nossa incógnita é T1, o tempo que a torneira da CORSAN leva para encher a caixa. Usemos x para indicar esse tempo:

$$\frac{1}{4{,}8} = \frac{1}{x} + \frac{1}{x+4}$$

$$x(x+4) = 4{,}8(x+4) + 4{,}8x$$

$$x^2 + 4x = 4{,}8x + 19{,}2 + 4{,}8x$$

$$x^2 - 5{,}6x - 19{,}2 = 0$$

As raízes da equação são 8 e –2,4. Obviamente só serve a raiz positiva, ou seja, a torneira da CORSAN leva 8 horas para encher a caixa, e o poço artesiano leva 4 horas a mais, 12 horas. Conferindo, as duas juntas levam:

$\frac{1}{T} = \frac{1}{8} + \frac{1}{12}$, que resolvido leva a T=4,8.

Com este valor de 8 horas, vemos que a única resposta que pode estar correta é (C). Mas calculemos o segundo valor que o problema pede, o tempo para encher a caixa com as duas torneiras juntas e a terceira torneira usada para esvaziamento aberta. O problema indica que esta torneira leva 16 horas para esvaziar a caixa, então este valor entrará na fórmula das torneiras com um sinal negativo:

$$\frac{1}{T} = \frac{1}{T_1} + \frac{1}{T_2} - \frac{1}{T_3}$$

Substituindo os valores, temos:

$$\frac{1}{T}=\frac{1}{8}+\frac{1}{12}-\frac{1}{16}$$

A fórmula das torneiras com uma torneira ou ralo esvaziando só pode ser usada se o esvaziamento for mais demorado que o enchimento, como é o caso. Se o esvaziamento for mais rápido que o enchimento, a caixa jamais será cheia. Como o esvaziamento é mais demorado, podemos usar a fórmula e encontrar o valor pedido:

$$\frac{1}{T}=\frac{1}{8}+\frac{1}{12}-\frac{1}{16}=\frac{6}{48}+\frac{4}{48}-\frac{3}{48} \rightarrow T = 48/7.$$

Resposta: (C) 8 horas, 48/7 horas

130) CMBH – Apesar de não ter relação alguma com o enchimento de um tanque, esse problema pode ser resolvido com o uso da fórmula das torneiras. No caso, não temos uma vazão, mas uma produção: quanto do serviço pode ser feito na unidade de tempo. As três máquinas juntas têm uma "capacidade de serviço" (que corresponde à vazão de uma torneira) igual à soma das capacidades de serviço das três máquinas. Podemos então usar:

$$\frac{1}{X}=\frac{1}{X+5}+\frac{1}{X+2}+\frac{1}{X+X}$$

Eliminando os denominadores ficamos com

$$2(X+2)(X+5)=2X(X+2)+2X(X+5)+(X+2)(X+5)$$

$$(X+2)(X+5)=2X(X+2)+2X(X+5)$$

$$X^2+7X+10=2X^2+4X+2X^2+10X$$

$$3X^2+7X-10=0$$

As raízes são 1 e –10/3. Como X é um número de horas, só serve a raiz positiva.
Então as três máquinas juntas fazem o serviço em 1 dia, as máquinas A, B e C individualmente levam, respectivamente 6 dias, 3 dias e 2 dias.

Resposta: (E) 6

Resoluções do teste 14

131) IFMT – Um problema que aparece eventualmente em concursos: a determinação da *fração geratriz* de uma dízima periódica. Existem fórmulas para tal, mas muitas vezes esquecemos. Uma fórmula que vale a pena lembrar é a da dízima periódica simples. Por exemplo, a dízima 0,5555... tem como fração geratriz, 5/9. O numerador é a parte que se repete (período), e o denominador é formados por tantos noves quantos forem os algarismos do período, no caso, apenas um.
Já a dízima do problema, 0,353535... tem como geratriz, 35/99, seguindo o mesmo princípio. O decimal completo, 7,353535... pode ser escrito como

$$7+\frac{35}{99}=\frac{7\times 99+35}{99}=\frac{728}{99}.$$

Este valor não está nas opções, mas encontramos 7280/990, que é o mesmo valor.

Resposta: (D)

132) IFGO – O número de litros necessários é 2 litros por pessoa, por dia.
5 pessoas consumirão 10 litros por dia
Em 30 dias, serão 300 litros.
Se forem usados garrafões de 20 litros, serão necessários 15 garrafões a cada mês.

OBS.: É ERRADO usar a expressão "galão de 20 litros", porque galão é o nome de uma unidade de inglesa de medida, que representa 3,6 ou 3,8 litros, dependendo das origens. O que ocorre é que no Brasil, muitas vezes a palavra "galão" é usada como sinônimo de "vasilhame", "recipiente" ou "vasilhame", mas esse uso está errado. Portanto a resposta é "15 vasilhames", e não "15 galões".

Resposta: (B) (vasilhames, e não galões)

133) IFCE - É possível colocar 4 livros em cada caixa se transportarmos 64 livros. Ficariam 4 livros em cada uma das 16 caixas. Apesar de ser possível, não é garantido. Alguém poderia colocar mais livros nas primeiras caixas, conseguindo assim colocar menos livros nas últimas caixas, então não podemos garantir que sempre existirão 4 livros ou mais por caixa. A única forma de garantir que existam 4 ou mais livros por caixa, é obrigando 15 caixas a ficarem totalmente cheias, e deixar 4 livros na última caixa, o que totaliza 15 × 9 + 4 = 139 livros. Assim, mesmo colocando menos de 4 livros em uma caixa, não haverá espaço restante para guardar todos os demais livros nas caixas restantes.

Resposta: (B) 139

134) IFPE - Observe como o problema é parecido com o 128, que caiu na prova do CMPA três anos depois. Isto significa que os candidatos ao Colégio Militar devem resolver as provas dos CEFETs e Institutos Federais, e vice-versa.
O preço à vista é R$ 1800,00, mas pagando a prazo, é dada uma entrada de R$ 200,00, e o valor restante (que seria R$ 1600,00) é pago em uma única parcela de R$ 1.920 6 meses depois (total a prazo: 2.120), valor este maior devido aos juros.
Usemos como o semestre o período usado na taxa ou seja, queremos calcular os juros por semestre, e temos o valor cobrado após um semestre.
Juros = capital × taxa × tempo
Os juros são 1920 – 1600 = 320
320 = 1600 × taxa × 1 (1 semestre)
Taxa = 0,2, ou seja, 20% em por semestre.

Resposta: (A) 20%

135) EAM - O avião partiu no dia 16, às 21h 45 min, e o voo durou 13h 45 min. O horário de chegada, em relação ao horário da cidade de partida, é:

21h	45 min
13h	45 min +
34h	90 min

90 min deve ser convertido em 1 hora e 30 minutos. Então temos um "vai 1" para as horas, ficando com 35 horas e 30 min. Mas o horário de 35 horas não existe, temos que abater 24 horas e considerar como 11horas do dia seguinte. Então a chegada no Rio de Janeiro foi às 11 horas e 30 minutos do dia seguinte. Como no Rio de Janeiro já havia entrado em vigor o horário de verão, o horário de chegada do avião no Rio, em hora local, é 12 horas e 30 minutos, pois os relógios foram adiantados em 1 hora devido ao horário de verão.

Resposta: (E) 12h 30min

136) EAM - Um homem de 1,8 metro projeta uma sombra de 2,0 m. Significa que, conhecendo a medida da sombra, para saber a altura da pessoa, basta multiplicar a medida da sombra por 0,9. O mesmo se aplica para o prédio. Sua sombra é 30 metros, então sua altura é:
H = 30 × 0,9 = 27 m

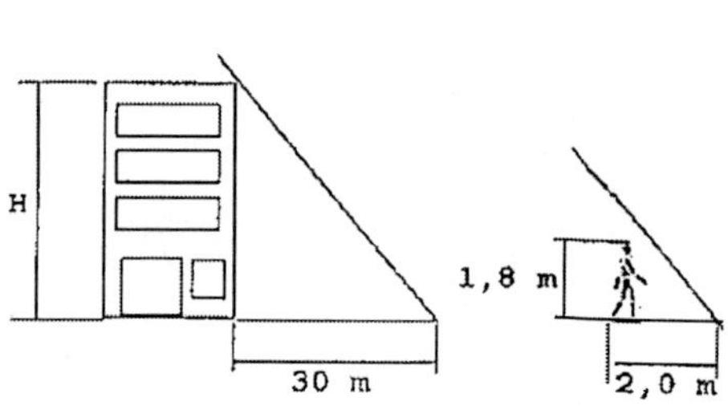

Resposta: (A) 27m

137) CMF – O número de horas para os três remédios coincidirem é o MMC entre os períodos: 4 horas, 8 horas e 10 horas, ou seja, este MMC vale 40 horas.
O tratamento terminará após 6 desses períodos, ou seja, após 240 horas, o mesmo que 10 dias. Sendo assim o tratamento terminará depois de exatos 10 dias após o seu início (já que o horário inicial não é contado). Portanto isso ocorrerá no mesmo horário, 6h 0 min, do dia 11 de janeiro.

Resposta: (D) 11/jan, às 6h

138) CMJF – A média é a soma dividida por 5:
(32 + 30 + 28 + 28 + 27)/5 = 145/5 = 29
A moda é a mais fácil: o valor que aparece mais vezes, no caso, é o 28. As respostas (A) e (E) apresentam média 29 e moda 28, falta chegar a mediana.
Para encontrar a mediana, temos que primeiramente colocar os valores em ordem crescente. Isso fica: 27, 28,, 28, 30 e 32
No caso de um número ímpar de valores, a mediana é o valor central. Se fosse par, a mediana seria a média dos dois valores centrais. No caso, temos 5 valores, a mediana é o 3º valor, que é 28. As respostas são:
Média = 29, mediana = 28 e moda = 28.

Resposta: (A) 29, 28, 28

139) CMB – Chamamos de x o valor fixo (bandeirada), e y o valor do quilômetro rodado.
No primeiro trajeto, de 15 km, temos:
x + 15y = 35
No segundo trajeto, de 2,5 km, temos:
x + 2,5y = 10
Subtraindo as duas equações, temos:
12,5y = 25
y = 2

Resposta: (E) 2 reais

140) CMBH – A empresa tem 500 funcionários. Como sabemos quantos funcionários recebem 2, 3, 6 ou 10 salários mínimos, podemos calcular a média salarial, entretanto isso não é necessário para resolver o problema, pois é perguntada apenas qual a variação. As informações sobre essas variações são as seguintes:
10 funcionários que recebem 2 SM passaram a receber 3 SM ➔ aumento de 10 SM no total.
5 funcionários que recebem 6 SM passaram a receber 10 SM ➔ aumento de 20 SM no total.
Então, a soma de todos os salários aumentou 10 SM + 20 SM = 30 SM.
Como são 500 funcionários, a média aumentou em 30 SM 500 = 0,06 SM.
Como o salário mínimo é R$ 880, isso corresponde a
0,06 x 880 = R$ 52,80

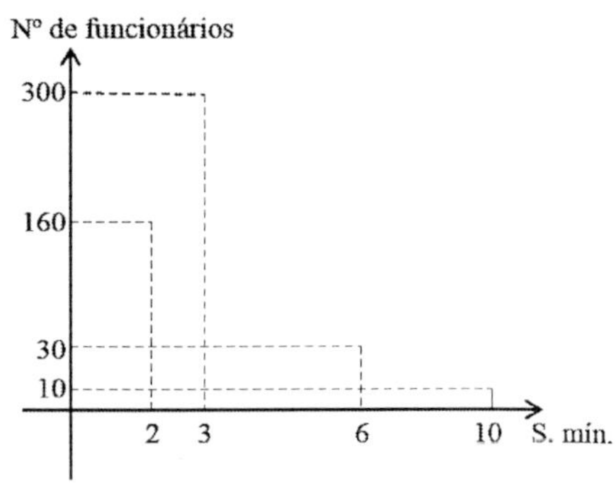

Resposta: (C) aumentará em R$ 52,80

Resoluções do teste 15

141) CEFET RJ – Chamemos de H o número de meninos e M o número de meninas. Podemos escrever então:

$$\frac{M}{H} = 0,88$$

Este número decimal pode ser escrito como 88/100.

$$\frac{M}{H} = \frac{88}{100}$$

Não quer dizer que são necessariamente 88 meninas e 100 meninos, mas sabemos que são números inteiros e estão nessa proporção. Poderiam ser esses números, totalizando 188 integrantes na turma, mas existem outros números inteiros menores que guardam entre si a mesma proporção. Para encontrá-los, basta simplificar a fração 88/100 até que se torne irredutível:

$\frac{M}{H} = \frac{88}{100} = \frac{44}{50} = \frac{22}{25}$. Os números 22 e 25 são primos entre si, não têm fatores comuns. Os fatores primos de 22 são 2 e 11, e 25 tem apenas o fator primo 5, então chegamos a uma fração irredutível. Este é o número mínimo de alunos da turma: 22 + 25 = 47.

Resposta: (D) 47

142) IFSP – Se 40% do plástico descartado pode ser reciclado, temos no Brasil, 40% de 2,2 milhões de toneladas, ou seja:
0,4 x 2,2 milhões de toneladas = 0,88 milhões de toneladas = 880.000 toneladas. O número de milhares de toneladas é 880.

Resposta: (E) 880

143) IFMG – Considere x o número de alunos. Cada aluno deveria receber 300/x balas. Com 5 alunos faltando, compareceram x – 5. As 300 balas foram divididas entre x – 5 alunos, então cada um recebeu 300(x – 5). Esta diferença é igual a 2 balas.

$$\frac{300}{x-5} - \frac{300}{x} = 2$$

$$300x - 300(x-5) = 2x(x-5)$$

$$150x - 150(x-5) = x(x-5)$$

$$150x - 150x + 750 = x^2 - 5x$$

$$x^2 - 5x - 750 = 0$$

As raízes são x = 30 e x = –25. Descartando a raiz negativa, temos x=30 alunos.
De fato, com 30 alunos, cada aluno receberia 10 balas. Com a falta de 5 alunos, as 300 balas foram divididas por 25, resultando em 12 balas para cada aluno.
Sendo 30 alunos, os presentes no 1º dia forma apenas 25.

Resposta: (B) 25

144) IFRN – O problema pode ser revolvido por regra de três composta, mas é mais fácil resolver usando redução à unidade. Calculamos o carga que 1 caminhão transporta em 1 viagem.
280 m^2 de madeira transportados por 20 caminhões, então cada caminhão transporta 14 m^3.
Esse transporte é feito por 1 caminhão em 10 dias, então em 1 dia esse caminhão transporta 1,4 m^3. São 4 viagens por dia, então um caminhão, em 1 viagem, transporta 0,35 m^3.
Agora é só multiplicar. Em 15 dias, 18 caminhões, com 2 viagens, transportarão ao todo:
0,35 m^3 × 15 × 18 × 2 = 189 m^3.

Resposta: (A) 189 m^3

145) EAM – Se forma 12 moedas, de 50 e de 1 real, chamemos de x o número de moedas de 0,50. Então o número de moedas de 1 real será 12 – x. O valor é 8 reais, e podemos calcular o valor pelas moedas:
0,50 ➔x.0,5
1,00 ➔ (12 – x).1 = 12 – x
Ficamos com
0,5x + 12 – x = 8
4 = x – 0,5x
4 = 0,5x
x = 8
Portanto foram 8 moedas de 0,50 e 4 moedas de 1,00.
A resposta é “8 e 4”.

Resposta: (E) 8 e 4

146) CFN – Basta chamar as partes de 2x, 3x e 5x. O total é calculado como:
2x + 3x + 5x =600
10x = 600 ➔ x = 60
Então as partes são 120, 180 e 300

Resposta: (D) 120, 180, 300

147) CMBH – Das 5 afirmativas, três se referem a volumes e duas se referem a áreas (quantidade de papel).
Os volumes são:
VA = 6 cm × 9 cm × 18.6 cm = 1004,4 cm^3
VB = 7,1 cm × 7,1 cm × 19,9 cm = 1003,159 cm^3
Esses cálculos já são suficientes para identificar que os dois volumes são aproximadamente iguais, a diferença é um pouco maior que 1 cm^3, o 1 mL.
É suficiente também para determinar que (B) e (D) estão erradas, pois indicam diferenças de volumes de 5% e 10%.
(C) e (E) não foram testadas, o gasto de papel é dado pela área lateral das caixas, cujo cálculo necessitaria de algumas multiplicações. Tal cálculo é desnecessário, pois já identificamos que a resposta correta é (A).

Resposta: (A) Os volumes de cada caixa são aproximadamente iguais.

148) CMPA – O número de opções para o lanche é o seguinte:
Sanduíche: 4 opções
Bebida: 3 opções
Sobremesa: 3 opções
O número total de opções para formar um lanche é igual ao produto desses números de opções: 4× 3 × 3 = 36. Isso se chama *princípio da multiplicação.*

Resposta: (B) 36

149) CMF – O volume da caixa d’água cheia, em litros, é dado pelo produto das dimensões em decímetros:
10 × 15 × 10 = 1500 dm^3 = 1500 litros. Apenas para relembrar, pois este valor não será necessário na resolução que apresentamos.

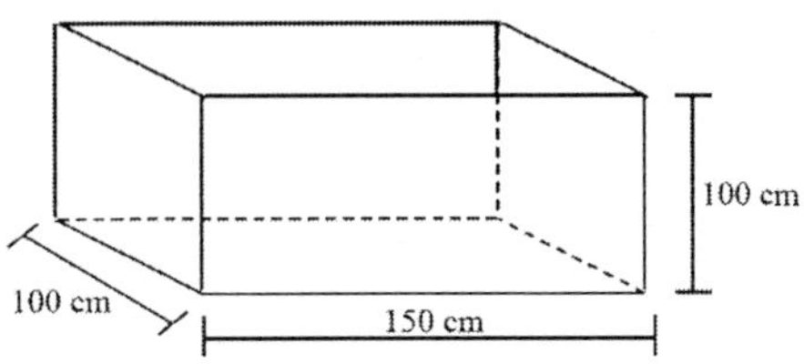

Se foram retirados 50 baldes, o volume de água retirado foi, em litros:

50 × 9 litros = 450 litros.
Este é o volume de um paralelepípedo que representa a água retirada: a base mede 100 cm e 150 cm, e a altura H é o valor pedido pelo problema. Então:
10 × 15 × H = 450
150 × H = 450 → H = 3
Ou seja, a água terá descido 3 decímetros, o mesmo que 30 cm.

Resposta: (D) 30 cm

150) CMJF – Vamos resolver o problema usando *redução à unidade*. Se são usados 120.000 litros de água para 300 homens, 1 homem consumirá 120000 ÷ 300 = 400 litros. Esta quantidade é para 20 dias, então em 1 dia são necessários 400 ÷ 20 = 20 litros. Portanto, cada homem consome 20 litros de água por dia.
A guarnição será aumentada em 50 homens, portanto passará a ser 50 + 300 = 350 homens. A quantidade de água será aumentada em 6000 litros, portanto passará a ser 120.000 + 6.000 = 126.000 litros.
Os 350 homens consumirão diariamente, 350 × 20 litros = 7000 litros. O consumo de 126.000 litros será para D dias, ou seja:
7.000 × D = 126.000

$$D=\frac{126000}{7000}=\frac{1260}{70}=\frac{126\times 10}{7\times 10}=18$$

A viagem poderá durar, com a água indicada, 18 dias.

Resposta: (B) 18 dias

Resoluções do teste 16

151) FAETEC – A identificação de um "padrão matemático" não tem um método fixo. Existem casos em que os números aumentam de uma quantidade fixa, ou uma quantidade variável, ou são multiplicados por um valor, existem na verdade infinitas possibilidades. A mais óbvia é a diferença entre os números da sequência.

28	31	36	43	52	x	76	91	y

Vemos que entre o 1º e o 2º valor, ocorreu um aumento de 3 unidades.
Entre o 2º e o 3º valor, ocorreu um aumento de 5 unidades
Entre o 3º e o 4º valor, ocorreu um aumento de 7 unidades
Entre o 4º e o 5º valor, ocorreu um aumento de 9 unidades.
Tudo indica que esses aumentos seguem a sequência 3, 5, 7, 9, ... Seguindo esta lógica, o próximo aumento deve ser de 11 unidades, então o próximo número (x) é 52 + 11 = 63.
Se esta lógica estiver correta, os próximos aumentos serão de 13, 15 e 17 unidades.
Depois de 63, teremos 76, 91 e 108. Como os números 76 e 91 conferem, tudo indica que esta é realmente a lógica, e os números x e y vale, 63 e 108. A diferença y – x vale 45.

Resposta: (A) 45

152) FIOCRUZ – São 5 estantes com 65 livros. Existem estantes com a arrumação ideal, que são 12 livros. As arrumações fora do ideal usam 13 ou 14 livros, e também quantidades inferiores a 12. O problema possui múltiplas soluções, e a única informação adicional que temos é que existe a quantidade máxima de estantes com 12 livros, chamada arrumação ideal.
5 não pode ser o número de estantes com arrumação ideal. Se fosse assim, teríamos 60 livros, e seria preciso uma 6ª estante parta guardar esses 5 livros. Lembrando que são ao todo 5 estantes.
4 não pode ser o número de estantes com a arrumação ideal, pois teríamos nessas quatro estantes, 48 livros, e sobrariam 17 livros para a última estante, o que não é permitido, pois o máximo é 14.

3 não poderia ser o número de estantes com a arrumação ideal, pois teríamos nessas 3 estantes, 36 livros. Faltariam guardar outros 29 livros, e como cada estante comporta no máximo 14, isso não seria possível.
2 poderia ser o número de estantes com a arrumação ideal. Essas duas estantes guardaria, 24 livros, faltariam 41 para guardar nas outras 3 estantes. Como cada estante guarda no máximo 14 livros, poderíamos guardar 41 em 3 estantes fazendo 14 + 14 + 13.
Então é possível guardar todos os livros com duas estantes na arrumação ideal. Não é possível com 3, 4 ou 5 estantes, então 2 é o número máximo de estantes com a arrumação ideal.

Resposta: (E) 2 estantes ficaram com a arrumação ideal.

153) CTUR – O problema clássico dos aumentos percentuais sucessivos, que é obtido por multiplicações:
Aumento de 15%: multiplicar por 1,15
Aumento de 18%: multiplicar por 1,18
Os dois aumentos juntos: multiplicar por 1,15 × 1,18 = 1,357
Isso corresponde a um aumento de 35,7%.
Outro método para resolver o problema, um pouco mais trabalhoso, é calcular os valores dos preços:
40,00 com 15% de aumento: 40 + 15% de 40 = 40 + 6 = 46
46,00 com 18% de aumento: 46 + 18% de 46 = 46 + 8,28 = 54,28
Variação: de 40,00 para 54,28 ➔ 14,28

Variação percentual: $\frac{14,28}{40} \times 100\% = \frac{1428}{40}\% = 35,7\%$

Resposta: (D) 35,7%

154) Colégio Pedro II (RJ) – A classificação é de acordo com o percentual de radiação que deixam passar. 80% significa que deixam passar 80%, ou seja, 0,8 vezes a radiação original. 60% significa que deixam passar 0,6 vezes a radiação incidente. Como as duas películas são aplicadas uma sobre a outra, a radiação que as atravessa é 0,8 × 0,6 vezes a radiação original, ou seja, 0,48. Isso equivale a um índice de 48%.

Resposta: (A) 48%

OBS.: Problema similar já foi cobrado há alguns anos na prova para o Colégio Militar, 6º ano.

155) CFN – Todas as expressões das opções têm numerador e denominador similares aos de 1967 : 350, exceto por fatores múltiplos de 10. Na pior das hipóteses, cada uma das 5 opções pode ser simplificada, e verificado qual delas se reduz a 1967 : 350, sem a necessidade de fazer essa conta.
Uma outra forma de resolver é observar que 1967 : 350- é um valor entre 5 e 6. Pois 6 × 350 = 2100, e 5 × 350 = 1750. Podemos então procurar qual das alternativas resulta em um valor entre 5 e 6.
Obviamente (A) 196,7 : 3,5 não é o caso, pois 196 : 3 resulta em mais de 60.
O mesmo podemos dizer sobre (B) e (D). (E) também não, pois é o mesmo que 196,7 : 3,5. A opção (C) apresenta um resultado próximo de 6. Façamos a sua simplificação para comparar com o valor original do enunciado:

$\frac{19,67}{3,5} = \frac{1967}{350}$ (andando duas casas com a vírgula para a direita). Este valor é exatamente aquele original do enunciado, e esta é a resposta correta.

Resposta: (C) 19,67 : 3,5

156) CMPA – A salinidade indica a quantidade de sal, dividida pela quantidade de água. Se passou de 12% para 18%, significa que aumentou, sendo multiplicada por 1,5. Esse aumento não ocorreu por ter aumentado a quantidade de sal, que é a mesma, mas por ter sido reduzida a quantidade de água, pela evaporação.
Sendo assim, a quantidade de água foi dividida por 1,5.

$$\frac{600\ litros}{1{,}5}=\frac{1200\ litros}{3}=400\ litros$$

Eram 600 litros de água, que com a evaporação passaram a ser 400 litros. Então evaporaram 200 litros.

Resposta: (A) 200

157) CMM – Todas as peças são formadas por figuras que são múltiplas dos triângulos pequenos. A área total é de 32 triângulos pequenos. A seta formada à direita usa apenas 6 das 7 peças do Tangram. O paralelogramo não foi usado. Sendo assim, 4 triângulos pequenos não serão usados para formar a grande seta. Apenas 28,

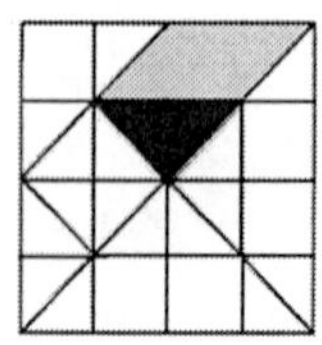
Figura 1

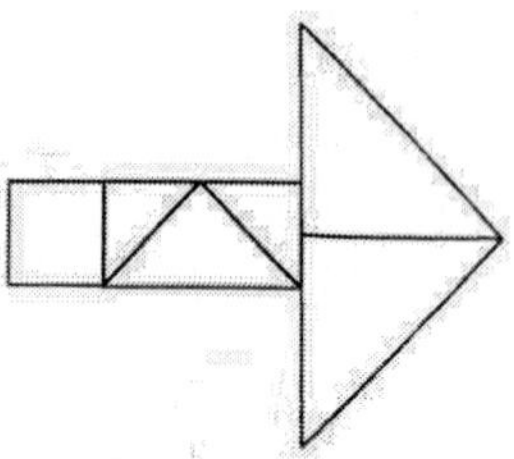
Figura 2

Já o triângulo preto é formado por 2 triângulos pequenos. Sendo assim a seta é 14 vezes maior que o triângulo preto. Se a área do triângulo preto é 9 cm^2, a área da seta é 14 x 9 cm^2 = 136 cm^2.

Resposta: (E) 136

158) CMJF – Os valores pagos são iguais aos valores consumidos, somados com 10%. Somar 10% é o mesmo que multiplicar por 1,1. Então "voltar os 10%" não é subtrair 10%, mas sim, dividir por 1,1. Então os valores pagos pelos dois clientes, somados, foi:

$$\frac{50{,}60}{1{,}1}+\frac{132{,}00}{1{,}1}=\frac{182{,}60}{1{,}1}$$

Fazendo a divisão, encontramos: R$ 166,00

Resposta: (C) R$ 166,00

159) CMBH – Com mais 10 dias, teria chegado ao aniversário de 105 anos (1907 a 2012). As opções que citam o aniversário de 105 anos são (B) e (D). A (D) está obviamente errada, pois o correto são 10 dias, e não 9, então a resposta correta só pode ser a (B). Vamos conferir:
10 dias = 240 horas = 240 × 60 minutos = 14.400 minutos.

Resposta: (B) Faltaram, aproximadamente, 14.400 min para seu aniversário de 105 anos.

160) CMB – Comparando os dois meses, vemos que a diferença, representada por 2 unidades, corresponde a 750 aparelhos, então cada unidade representa 375 aparelhos. Como o gráfico tem 8 unidades indicadas, o número de aparelhos nos dois meses é
375 × 8 = 3000.
O problema pergunta a média aritmética dessas vendas, que é 3000

dividido pelos 2 meses, ou seja, 1500 aparelho por mês.

Resposta: (A) 1500

Resoluções do teste 17

161) ETAM – Chamemos de C o número de bolos de chocolate vendidos, e 40 – C o número de bolos de outros sabores. O faturamento é dado por:

Chocolate: 35C

Outros: (40 – C).30

Somando, temos

35C + 1200 - 30C = 5C + 1200 = 1325

5C = 125

C = 25

Foram portanto 25 bolos de chocolate e 15 de outros sabores. Conferindo, o faturamento foi:

25.35 + 15.30 = 875 + 450 = 1325

Resposta: (C) 25

162) IFF – Problema similar ao anterior.

Seja V o número de notas de 20. Então o número de notas de 50 é 17 – V.

O valor total é 20V + 50.(17 – V). O total é 520 reais, então:

20V + 850 - 50V = 520

330 = 30V

V = 11

As restantes, 6, foram de 50 reais. Conferindo o valor: 11 × 20 + 6 × 50 = 220 + 300 = 520.

11 notas de 20 reais. E 11 é um divisor de 99

Resposta: (A) 99

163) IFMG – Os 20 reais que faltavam, seriam pagos depois de 1 mês, como 24. Este valor é 20% maior que 20. Em 30 dias, foram juros de 20% ao mês.

Resposta: (D) 20%

164) IFES – Pelo que o problema diz, o álcool é puro, mas a "gasolina brasileira" é uma mistura de 25% de álcool e 75% de gasolina. Portanto antes de abastecer, o tanque tinha 3x litros de gasolina e x litros de álcool. Se com ao 15 litros de álcool puro, ficou uma proporção "um para um", significa que aqueles 15 litros de álcool abastecidos representam 2x. O tanque ficou com 3x de gasolina e x + 2x de álcool.

Como 2x = 15 litros, então x = 7,5 litros.

O tanque tinha, antes do abastecimento, 4x litros de gasolina brasileira (30 litros), dos quais 3x eram gasolina pura: 3 × 7,5 = 22,5 litros.

Note que o enunciado faz referência a dois tipos de gasolina, chamadas simplesmente de *gasolina*, e *gasolina brasileira*. A primeira é pura, a segunda é a mistura citada com 1 parte de álcool para 3 de gasolina. A pergunta do problema se refere à gasolina pura existente na mistura, ou seja, 22,5 litros.

Resposta: (B) 22,5

165) CFN – Note que não sabemos o tempo que durou o intervalo. Não é possível determinar o tempo total da viagem, incluindo esta parada. O único tempo que pode ser calculado é o tempo no qual o automóvel esteve em movimento:

12h	24min	37s
6h	38min	51s
18h	62min	88s

Não podemos ter 88 segundos, então troquemos por 60 + 28, ficando com 28 segundos e "vai 1" nos minutos, totalizando 63 minutos. Não podemos ter 63 minutos, então usamos 3 minutos e "vai 1" para as horas. São portanto 19 horas, 3 minutos e 28 segundos. Essa é exatamente a opção (A), que leva em conta apenas o tempo em que o carro esteve em movimento. As outras quatro opções trazem tempos menores, o que significa que o problema realmente queria a soma desses tempos em movimento, sem contar com o tempo da parada.

Resposta: (A) 19h 3 min 28s

166) EAM – Todos leem algum jornal, e a soma das quantidades é 190 + 250 = 440. Como foram 400 entrevistados, significa que aqueles 40 a mais representam os leitores que compram ambos os jornais. O Diagrama de Venn ao lado esclarece a situação. O problema não perguntou, mas por esse diagrama podemos deduzir que 150 leem apenas A, 210 leem apenas B, e 40 leem A e B juntos.

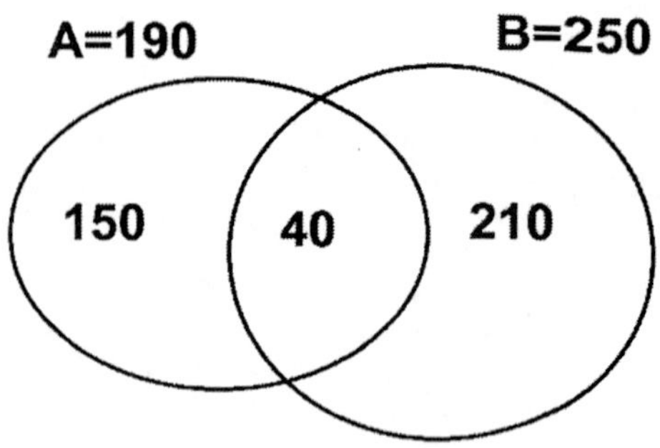

Resposta: (B) 40

167) CMBH – Os 28 alunos presentes na 1ª chamada tiveram a soma de suas notas igual a 28 x 6,8 = 190,4 (média vezes o número de valores).
Com a segunda chamada dos dois alunos que faltaram, a média subiu 0,1 ponto, ou seja, passou para 6,9. Então a soma de todas as 30 notas da turma foi:
30 x 6,9 = 207
Isto significa que aquelas duas novas notas somaram 207 – 190,4 = 16,6.
Chamando de x e y as notas desses dois alunos, temos:
$x + y = 16{,}6$
$x - y = 3{,}0$
Resolvendo o sistema encontramos x = 9,8 e y = 6,8. Com esses valores, analisamos as opções e encontramos a correta:

Resposta: (C) a maior nota obtida na 2ª chamada foi superior a 9,5.

168) CMPA – Problema fácil mas requer atenção. Escrevendo 2015 letras, o número de siglas CMPA completas é 2015 ÷ 4 = 503, resto 3.
As letras P foram ao todo: 503, oriundas dos 503 grupos completos, e mais uma, contidas no último grupo que está incompleto, CMP, mas possui a letra P, totalizando 504.

Resposta: (C) 504

169) CMF – A área do polígono superior, dada como 18, pode ser calculada pela figura como 4x – 7y. A área do polígono inferior, dada como 26, pode ser calculada pela figura como 5(x+y) – 3x = 2x + 5y. Temos então duas equações:

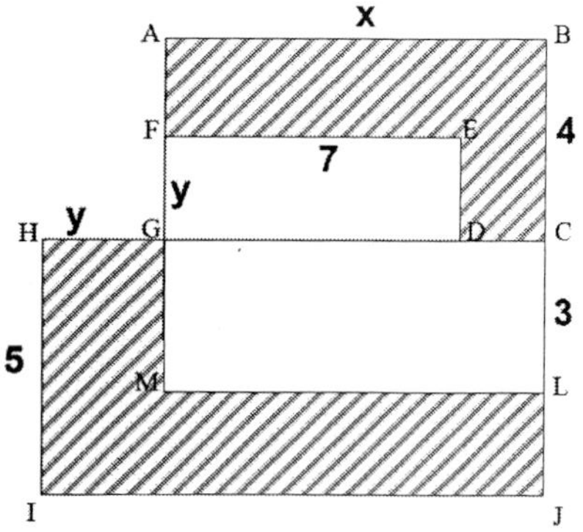

$$\begin{cases} 4x - 7y = 18 \\ 2x + 5y = 26 \end{cases}$$

Podemos resolver o sistema por qualquer dos métodos conhecidos. Multiplicando a 2ª equação por 2, ficamos com 4x + 10y = 52. Fazendo a 2ª equação menos a 1ª, eliminamos x e ficamos com:
17y = 34 ➔ y = 2.
Substituindo y por 2 em qualquer das duas equações, encontramos x = 8.
O valor pedido pelo problema é x + y, que vale 10.

Resposta: (A) 10

170) CMM – Duas coisas erradas neste problema. Primeiro, os salários no Banco Central não são tão baixos. Segundo, sendo estatal, é um banco que não costuma demitir funcionários.

Nº de Funcionários	Salário em R$
10	1.000,00
12	1.600,00
5	2.000,00
3	2.500,00

Mas tratando matematicamente, vamos resolver o problema.
A mediana é o valor central, quando o número de valores é ímpar. Após a demissão dos funcionários, a mediana passará a ser 1300. Como não existe o valor 1300 entre os salários, este só pode ser obtido como a média entre 1000 e 1600, visto que a mediana, para quantidades pares, é a média dos dois valores centrais. Esses valores centrais devem ser então 1000 e 1600. Sendo mediana, a metade estará abaixo, e a metade estará acima deste valor. Como serão demitidos apenas funcionários com salário de 1600, serão mantidos os 10 funcionários com salário igual a 1000, e ficarão outros 10 funcionários com salários superiores a 100. Contando com os 5 com salário 2000 e 3 com salário 2500, que não serão demitidos, devem restar 2 funcionários com salário 1600. Ficará assim:

10 de 1000, 2 de 1600, 5 de 2000 e 3 de 2500.

Portanto deverão ser demitidos 10 funcionários com salário de 1600.

Resposta: (D) 10

Resoluções do teste 18

171) CMB – O período é tão pequeno que podemos "contar nos dedos". O comportamento que estamos supondo se manter, é o das vendas dobrando a cada ano. Teríamos então:

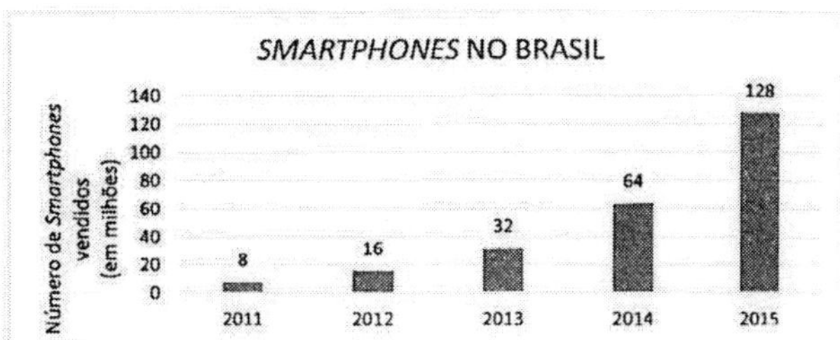

2016 = 256 milhões
2017 = 512 milhões
2018 = 1024 milhões
2019 = 2048 milhões
2020 = 4096 milhões.

Obviamente uma projeção absurda, dada a população do Brasil.

Resposta: (A) 4096

172) CMBH – Como temos 5 informações, provavelmente será possível determinar essas 5 incógnitas. A partir das três últimas informações, podemos escrever os cinco números como:
a1, 15, 2.a1, a4, a4
A média aritmética dos dois últimos é 10, então temos a4=10, igual a a5.
A média aritmética dos três primeiros é 15, então sua soma é 45.
a1 + 15 + 2.a1 = 45 ➔ a1 = 10. Então os númèros são:
10, 15, 20, 10 e 10.
A moda é 10.

Resposta: (B) 10

173) CMF – Como 5 da 102 e 6 da 103 não participarão, restarão nas três turmas, respectivamente, 35, 28 e 28 alunos. Para formar grupos iguais e com a maior quantidade possível, esta quantidade deverá ser o MDC entre as quantidades.
MDC(35, 28, 28) = 7.
Serão portanto formados grupos de 7. O total de grupos será 5 + 4 + 4 = 13.
Agora analisemos as três afirmativas:

TURMA	QUANTIDADE DE ALUNOS
101	35
102	28
103	28

I – Cada grupo possui 4 alunos = FALSO
II – Será formado um total de 13 grupos = VERDADEIRO.
III – O número de alunos por grupo corresponde a 20% do número de alunos na turma 101 = VERDADEIRO.
As corretas são II e III.

Resposta: (C) II e III

174) CMJF – Com os dois aumentos sucessivos, o salário original foi multiplicado por
1,1 × 1,25 = 1,375
Portanto o salário original, multiplicado por 1,375, resulta em 1.320. O salário original é igual a 1320 ÷ 1,375. Conta um pouco trabalhosa que resulta em 960. Isso é Colégio Militar.
O cálculo pode ser feito de outro modo menos trabalhoso.
O salário de 1320 é igual ao salário anterior somado com 25%, ou seja, dividido por 4 e multiplicado por 5. Se dividirmos 1320 por 5 e multiplicarmos por 4, encontraremos o salário antes do segundo aumento.
1320 ÷ 5 = 264
264 × 4 = 1056
Este valor 1056 é o salário depois do primeiro aumento, que foi de 10%. Que é o mesmo que aumentar 1/10, ou seja, dividir por 10 e multiplicar por 11. Se fizermos o inverso, encontrarmos o primeiro salário.
1056 ÷ 11 = 96
96 × 10 = 960
Portanto o salário original era R$ 960,00.

Resposta: (A) R$ 960,00

175) CMM – A função polinomial do 1º grau é dada pela relação

$y = ax + b$

É preciso descobrir os valores dos parâmetros **a** e **b** em função das informações dadas pelo problema.

Março: $170 = 100a + b$ (170 reais por 100 chamadas)

Junho: $198 = 120a + b$ (198 reais por 120 chamadas)

Subtraindo os valores, temos:

$28 = 20a$

$a = 1{,}4$

O valor de b pode ser determinado em qualquer uma das duas equações

$170 = 100 \times 1{,}4 + b \Rightarrow b = 30$

Sabendo os valores de a e b, calculamos o que o problema pede: o custo para 180 chamadas:

$y = 1{,}4 \times 180 + 30$

$y = 282$

Resposta: (C) 282 reais

176) IFMA – É fácil ver que o dono da loja não comprou cada relógio por 1.700, e sim, todo o lote de x relógios por 1.700. Caso contrário o preço de venda de cada relógio seria 1700 + 120 = 1.820,00, que não está entre as opções.

Foram pagos 1.700 pelos x relógios, então cada relógio custou 1700/x. Cada um terá que dar um lucro de R$ 120,00, então o preço de venda de cada um será 1700/x + 120, o que corresponde à opção (E).

Resposta: (E) 1700/x + 120

177) CFN – Se cada 4 cm representam 12 km, dividindo essas medidas por 4, ficamos com 1 cm representando 3 km. Multiplicando por 10, temos que 10 cm representam 30 km. Outro método é usando regra de três:

4 cm 12km

10 cm x

x = 10 x 12 / 4 = 30 (em km)

Resposta: (C) 30

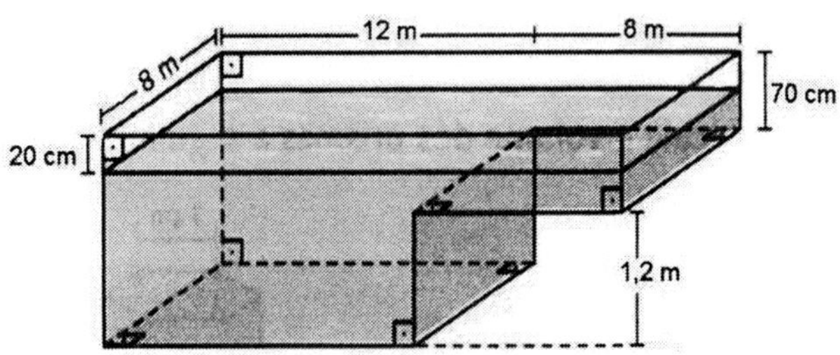

178) IFMT – O volume de água na piscina é formado por dois paralelepípedos. O superior tem medidas:

$20m \times 8\ m \times 0{,}5\ m$

O inferior tem medidas:

$12m \times 8\ m \times 1{,}2\ m$

Usando decímetros, termos as medidas em litros:

$200 \times 80 \times 5 = 80.000$ litros

$120 \times 80 \times 12 = 115.200$ litros

TOTAL: 195.200 litros

Se a bomba esvazia 1600 litros por minuto, o número de minutos para esvaziar a piscina é:

$195.200 \div 1600 = 122$ minutos

Resposta: (B) 122 min

179) IFMA – A área de cada lote é igual ao total, dividido por 400.

Área = $4000m \times 5000m = 20.000.000\ m^2$

A área de cada lote é:

$20.000.000\ m^2 \div 400 = 50.000\ m^2$

Como é pedida a área em hectares, e cada hectare são 10.000 m^2, tal área equivale a 5 hectares.

Resposta: (C) 5 hectares

180) IFRO – Calculemos os juros e o montante para A e B.
A: Juros = 1000 × 0,025 × 10 = 250, montante = 1250
B: Juros = 800 × 0,03 × 9 = 216, montante = 1016
A partir desses valores, concluímos que a única resposta correta é (B).

Resposta: (B) A diferença entre os juros recebidos pelos investidores A e B é de R$ 34,00.

Resoluções do teste 19

181) IFMT – Usando a definição dada para o operador δ, temos:
23 δ 26 = 23 + 24 + 25 + 26 = 98
2 δ 5 = 2 + 3 + 4 + 5 = 14
A divisão entre os valores é 98/14 = 7

Resposta: (A) 7

182) IFRO – Basta obrigar a ocorrer:

$$\frac{2+x}{3+x} = 1{,}2 \times \frac{2}{3}$$

$$6+3x = 2{,}4 \times (3+x) = 7{,}2 + 2{,}4x$$

$$0{,}6x = 1{,}2$$

$$x = 2$$

De fato, somando 2 a ambos os termos de 2/3, ficamos com 4/5. E multiplicando 2/3 por 1,2 ficamos com 0,8, o mesmo que 4/5.

Resposta: (B) 2

183) IFAM – Não temos informações suficientes para determinar o número de cédulas de cada valor. Poderia, ser 2 de 50 e 10 de 20, ou 4 de 50 e 5 de 20. Sendo x e y os números de cédulas de 50 e de 20 reais, temos:
50x + 20y = 300
5x + 2y = 30
O número de notas de 20 pode ser par ou ímpar, como no exemplo acima. Isso invalida (A) e (B). Já o número de notas de 50, podemos dizer que com certeza que é par, pois:
5x = 30 – 2y
5x é uma quantidade par, dada por 30 – 2y. Então 5x tem um fator 2. Como 5 é ímpar, então x tem que ser par.

Resposta: (C) O número de notas de R$ 50,00 é par.

184) IFPE – Passando de 30 minutos para 45 minutos, o gasto diário é multiplicado por 1,5. Passando de 20 para 28, o gasto estará sendo multiplicado por 1,4. Então o gasto original, que era de 10 kWh, passará para 10 × 1,5 × 1,4 = 10 × 2,1 = 21 kWh

Resposta: (C) 21 kWh

185) IFPB – Na primeira semana, foram chamados todos os pares de 1 a 300, no total de 150 números.

Na segunda semana foram chamados, dos restantes os múltiplos de 7. Como só restavam ímpares, foram múltiplos de 7 ímpares: 7, 21, 35, 49, 63, etc.

Cada um desses números pode ser denotado pela expressão 14n – 7. Fazendo n=1, encontramos 7; fazendo n=2 encontramos 21, fazendo n=3 encontramos 35.

O último múltiplo de 7 ímpar menor que 300 é 287, que corresponde ao seguinte valor de n:

$14n - 7 = 287$

$14n = 294$

$n = 294 \div 14 = 21$

Então, na segunda semana, foram chamados 21 candidatos. Foram portanto:

1ª semana: 150

2ª semana: 21

3ª semana: 300 – 150 – 21 = 129

Resposta: (C) 129.

186) CMB – Com juros compostos de 20% ao ano, a cada ano, o valor é multiplicado por 1,2. Em 8 anos, será multiplicado por 1,2 oito vezes. O problema informa que $1{,}2^4 = 2{,}07$. Então $1{,}2^8 = 2{,}07 \times 2{,}07 = 4{,}2849$

Portanto a aplicação a juros compostos resultará no montante de R$ 42.849,00 (Inglês)

Na aplicação a juros simples de 20%, o total de juros em 8 anos será:

$10.000 \times 0{,}2 \times 8 = 16.000$, e o montante será R$ 26.000,00 (francês).

Com esses dados podemos analisar as cinco alternativas. Lembrando que montante é igual ao capital inicial, somado com os juros. A afirmativa correta é a (D).

De fato, o inglês terá ganho de juros, R$ 32.840,00 (a diferença entre seu montante e o capital inicial), que é mais que o dobro dos R$ 16.000, que são os juros recebidos pelo francês.

Resposta: (D)

187) CMBH – O comprimento é a dimensão maior (26), sendo abatidas duas vezes 3 cm, resultando em 20 cm. A largura é 13 cm, abatidos os mesmos 6 cm, resultando em 7 cm. A altura é 3 cm. Então o volume é:

$20\text{ cm} \times 7\text{ cm} \times 3\text{ cm} = 420\text{ cm}^3$.

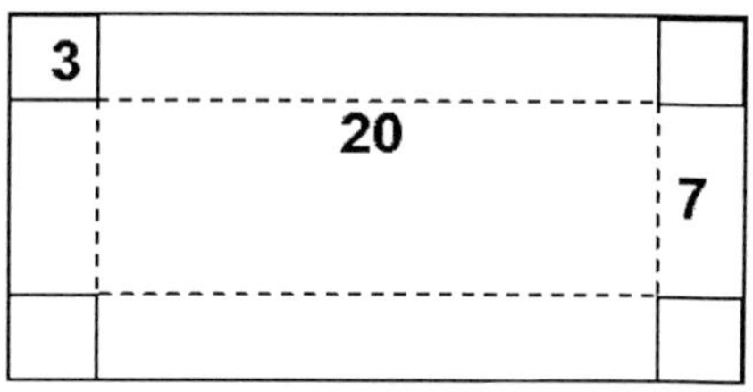

Resposta: (C) 420 cm³

188) CMF – Note que cada figura tem 3 palitos a mais que a anterior. Isto significa que a fórmula que indica o número e palitos tem um termo 3n. Mas a fórmula não é 3n, existe ainda um termo somado. Para n = 1 temos 4 palitos, valor que pode ser expresso como 3×1 + 1. Isso indica que a fórmula que fornece o número de palitos é 3n + 1, onde n é o número de quadrados formados.

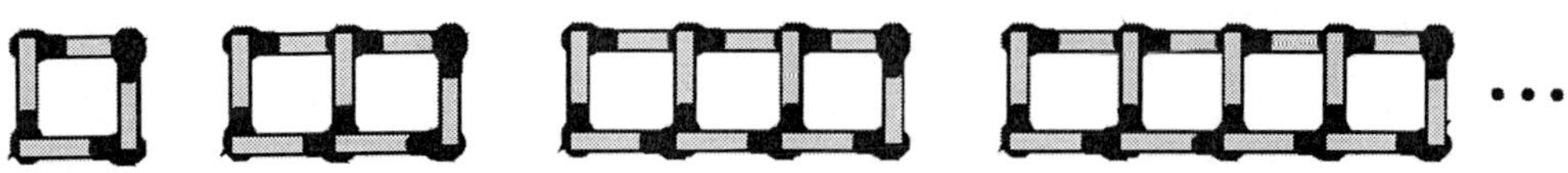

Figura 1 Figura 2 Figura 3 Figura 4

Checando com n=2, ficamos com 3×2 + 1 = 7. De fato, a segunda figura tem 7 palitos. Para n=3, temos, 3×3+1 = 10 palitos, que é a quantidade encontrada na 3ª figura.

A figura que tem 283 palitos é encontrada com essa fórmula:

$283 = 3n + 1$

$3n = 282$

$n = 94$

Portanto a figura que tem 94 quadrados, terá 283 palitos.

Resposta: (E) 94

189) CMPA – Sendo g o número de galhos e p o número de passarinhos, a primeira informação nos permite concluir que p = 2g + 5

Da segunda informação, com 3 em cada galho, quatro galhos ficavam vazios, então

p = 3(g – 4)

Trocando p por 2g + 5 da primeira equação, ficamos com:

2g + 5 = 3g – 12

g = 17

p = 2.17 + 5 = 39

São portanto 17 galhos e 39 passarinhos

Haja concentração para contar 39 passarinhos...

O número de passarinhos é 39, um número cuja soma dos algarismos é 12.

Resposta: (A) 12

190) CMM – Partes inversamente proporcionais a valore dados, são partes diretamente proporcionais aos inversos desses valores. Ou seja, proporcionais a

1/3, 1/5 e 1/6. Multiplicamos por 30 esses três valores, para ficar com inteiros, o que resulta nos números 10, 6 e 5.

Então vamos dividir 2100 em partes proporcionais a 10, 6 e 5. Chamamos de 10k, 6k e 5k, e ficamos com

10k + 6k + 5k = 2100

21k = 2100

k = 100

Então as partes são 1000 (Eduarda), 600 (Bruna) e 500 (Gabriel).

Conferindo as respostas, vemos que a correta é (C). A divisão em partes iguais resultaria em 700 para cada um. Ao invés de 500, Gabriel receberia 700, que é 40% a mais que os 500 que realmente recebeu.

Resposta: (C)

Resoluções do teste 20

191) CMF – É preciso calcular o número de alunos com cada faixa de altura:

4% de 25 = 1

16% de 25 = 4

20% de 25 = 5

32% de 25 = 8

8% de 25 = 2

Então as 7 faixas indicadas têm, respectivamente, 1, 4, 5, 8, 4, 2 e 1 alunos.

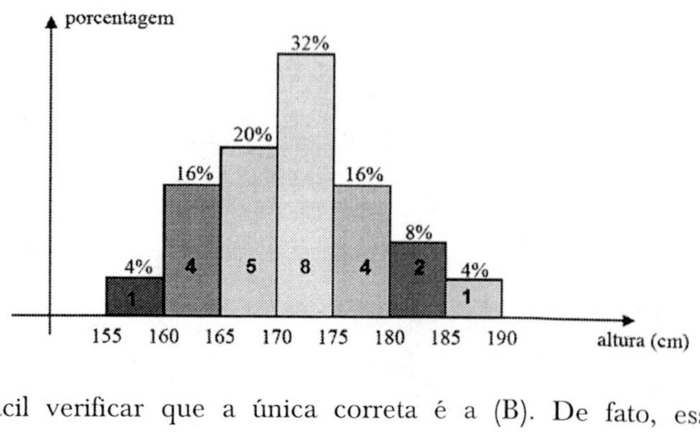

De posse desses números, fica fácil verificar que a única correta é a (B). De fato, essa quantidade é 4 + 2 + 1 = 7.

Resposta: (B)

192) CMPA – Problema facilmente resolvido usando a "fórmula das torneiras", já apresentada neste capítulo. Temos:

$$\frac{1}{T} = \frac{1}{T_1} + \frac{1}{T_2} + \frac{1}{T_3}$$

$$\frac{1}{4}=\frac{1}{9}+\frac{1}{12}+\frac{1}{T_3}$$

$$\frac{1}{T_3}=\frac{1}{4}-\frac{1}{9}-\frac{1}{12}=\frac{9}{36}-\frac{4}{36}-\frac{3}{36}=\frac{2}{36}=\frac{1}{18}$$. Logo, T_3 = 18 horas.

Resposta: (B) 18

193) CMM – A soma dos salários é igual ao salário médio, multiplicado pelo número de valores (no caso, número de funcionários). Temos então que a soma dos salários é
20 × 1.490 = 29.800

CARGO	Nº de empregados	Salário mensal (R$)
Gerentes	2	X
Secretários	8	1.700,00
Estagiários	10	1.200,00

Esses 29.800 reais são iguais a, pela tabela:
2X + 8 × 1700 + 10 × 1200 = 2X + 25.600
2X + 25.600 = 29.800
2X = 4.200
X = 2.100

Resposta: (C) R$ 2.100,00

194) CMJF – Como a lâmpada consome 2/3 da TV, podemos chamar o consumo da lâmpada de 2x e a da TV de 3x. O AC consome 10 vezes o consumo da TV, portanto este consumo é 30x. A soma dos consumos dos três aparelhos é portanto 2x + 3x + 30x = 35x.
É dado que o consumo dos três aparelhos é 1,05 kWh. Então:
35x = 1,05 kWh
x = 1,05/35 = 0,03 kWh
Logo temos:
Lâmpada: 0,06 kWh, TV = 0,09 kWh e AC = 0,9 kWh.
O problema informa ainda que este é o consumo "por hora", e que 1 kWh custa 40 centavos.
Temos então:
1) Custo para os três aparelhos: 1,05 × R$ 0,40 × 4 × 30 = R$ 50,40
2) Consumo da TV: 0,09 kWh

Resposta: (B) R$ 50,40 e 0,09 kWh

OBS.: Os termos elétricos usados nessa questão estão imprecisos. O correto é dizer que a potência consumida pela TV é 0,09 kW. Já a energia consumida pela TV em uma hora, é 0,09 kWh, e não se fala "quilowatt por hora", mas sim, "quilowatt.hora", no sentido de multiplicação. Esse assunto é visto no ensino médio, na matéria Eletricidade, que faz parte da Física.

195) CFN – 3/5 são 18 litros, então 1/5 é a terça parte de 18 litros, ou seja, 6 litros.

Resposta: (B) 6,0 L

196) FIOCRUZ – Essa questão foi originalmente anulada na prova, pois nenhuma das respostas estava correta. Fizemos uma adaptação para que a questão ficasse correta, sendo a resposta (C). Na prova original estava indicado resto 13.
Inicialmente, observe que a igualdade do enunciado 1028 = 145q + r não tem vínculo algum com as respostas. Para cada uma das cinco respostas, podemos checar se estão corretas ou erradas, independentemente da igualdade 1028 = 145q + r.

Tudo o que temos que fazer é ignorar a igualdade dada no enunciado, e fazer a divisão de 1028 pelos números dados: 8, 13, 7 e 6.

Devemos lembrar ainda que o resto nunca pode ser maior que o divisor. Portanto as respostas (A), (B) e (E) estão erradas. Basta testar as respostas (C) e (D), fazendo as divisões de 128 por 7 e por 13.

C) 1028 ÷ 7 = 146, resto 6: CERTO

D) 1028 ÷ 13 = 79, resto 1: ERRADO

Portanto a resposta correta é (C)

Resposta: (C) 1028 quando dividido por 7 deixa resto 6.

197) IFGO – Com a redução de 7%, a cota de exportação passou a ser 3,5 milhões de toneladas. Logo o valor do ano anterior era tal que, seus 93% equivalem a 3,5 milhões.

0,93 X = 3,5 milhões

X = 3,5 milhões ÷ 0,93 = 3,76, aproximadamente

Resposta: (C) 3,76 milhões

198) CTUR – De 20 gotas para 45 gotas, a quantidade de água é multiplicada por 45/20. De 30 dias para 40 dias, a quantidade de água é multiplicada por 4/3. Então aqueles 100 litros ficam multiplicados por (45/20) e (4/3):

$$100 \times \frac{45}{20} \times \frac{4}{3} = 300 \quad \text{(300 litros)}$$

Resposta: (E) 300

199) IFRJ – Basta verificar qual das opções indicam frações unitárias cuja soma é 19/20. As respostas (C) e (D) estão erradas, pois apresentam frações que não são unitárias. Testemos as opções (A) e (B):

(A): $\frac{1}{2} + \frac{1}{3} + \frac{1}{5} = \frac{15}{30} + \frac{10}{30} + \frac{6}{30} = \frac{31}{30}$. Este resultado não é o mesmo que 19/20.

(B): $\frac{1}{2} + \frac{1}{4} + \frac{1}{5} = \frac{10}{20} + \frac{5}{20} + \frac{4}{20} = \frac{19}{20}$. Esta é a opção correta.

Resposta: (B) $\frac{1}{2} + \frac{1}{4} + \frac{1}{5}$

200) IFMG – Na primeira turma, podemos chamar as quantidades de meninas e meninos de 3x e 2x, ficando com 3x + 2x = 40 ➔ x = 8. São portanto 24 meninas e 16 meninos nessa primeira turma.

Na segunda turma, chamemos de 7y e 3y os números de meninas e meninos, respectivamente. Ficamos com 10y = 40 ➔ y = 4, então são 28 meninas e 12 meninos. Juntando as duas turmas, ficamos com 24 + 28 = 52 meninas, e 16 + 12 = 28 meninos. Com as duas turmas juntas a razão entre as quantidades de meninas e meninos passou a ser 52/28, o mesmo que 13/7.

Resposta: (D) 13/7

■

Capítulo 3

Aritmética

Teste 21

201) CMM – No laboratório de Biologia do CMM, os alunos do 1º ano do Ensino Médio realizaram a seguinte experiência com uma melancia de massa igual a 20 kg: sabendo que 95% da massa da melancia é constituída por água, submeteram a fruta a um processo de desidratação (que elimina apenas água) até que a participação da água da massa da melancia se reduzisse a 90%. Após o processo de desidratação, a massa da melancia ficou igual a:

(A) 18 kg (B) 19 kg (C) 10 kg (D) 11 kg (E) 12 kg

202) CMB – As provas dos concursos para ingresso no Colégio Militar de Brasília (CMB), após serem impressas, são colocadas em um envelope, lacradas e guardadas em um cofre do CMB. O segredo do cofre é uma sequência de 4 dígitos distintos escolhidos entre os algarismos 1, 2, 3, 4, 5 e 6. Se a pessoa responsável pelo cofre esquecer essa senha e fizer seguidas tentativas de abertura demorando 15 segundos em cada uma, e só consegue abrir o cofre na sua última tentativa, não tendo repetido nenhuma, quanto tempo levará para abrir esse cofre?

(A) 1h 30 min (B) 1h 40 min (C) 1h 50 min (D) 2h (E) 2h 10 min

203) CMBH – Nas obras do Mineirão para a Copa do Mundo de Futebol, em 2014, está sendo construído um muro. Se 4 operários, trabalhando 8 horas por dia, levantam um muro de 30 metros de comprimento em 10 dias, então poderíamos concluir que o comprimento do muro (com a mesma largura e altura) seria de 40,5 metros, se 6 operários tivessem trabalhado 9 horas por dia durante 8 dias. Identifique a alternativa INCORRETA.

(A) As grandezas comprimento do muro e quantidade de operários são diretamente proporcionais.
(B) As grandezas quantidade de operários e quantidade de dias são inversamente proporcionais.
(C) As grandezas quantidade de dias e quantidade de horas por dia são inversamente proporcionais.
(D) As grandezas quantidade de horas por dia e comprimento do muro por dia são inversamente proporcionais.
(E) As grandezas comprimento do muro e quantidade de dias são diretamente proporcionais.

204) CMF – Para a construção de uma obra, uma empresa estimou que com uma determinada quantidade de operários, trabalhando 8 horas por dia, poderia concluí-la em 12 dias. No entanto, por contenção de despesas, o setor de obras da empresa somente poderá contar com 2/3 da quantidade inicial de operários, trabalhando 6 horas por dia. Nessas condições, a obra deverá ser concluída em quantos dias?

(A) 24 (B) 20 (C) 18 (D) 28 (E) 30

205) CFN – Se 4 tratores iguais realizam um serviço em 10 dias, trabalhando 8 horas por dia, em quantos dias esse serviço seria realizado com 2 tratores, trabalhando 10 horas por dia?

(A) 16 (B) 32 (C) 48 (D) 64 (E) 72

206) CFN – A massa do conjunto (barra e discos) é igual a 200 kg. Determine a massa de cada um dos discos A, B e C, respectivamente, sabendo que a barra tem 20 kg, a massa do disco C é o triplo da massa do disco A e a massa do disco B é o dobro da massa do disco A.

(A) 10 kg, 20 kg e 25 kg
(B) 11 kg, 18 kg e 30 kg
(C) 9 kg, 30 kg e 50 kg
(D) 15 kg, 18 kg e 60 kg
(E) 15 kg, 30 kg e 45 kg

207) CEFET RJ – Observe o algoritmo a seguir,

$$\begin{array}{l|l} n & 8 \\ \hline \underline{0} & \square{,}625 \end{array}$$

Que apresenta a divisão de certo número natural não nulo **n** por 8. Mesmo sem a informação sobre n e a parte inteira do quociente (□), podemos afirmar que o menor número natural maior que **n** e divisível por 8 (quociente natural e resto zero) é

(A) n+1 (B) n+3 (C) n+5 (D) n+7

208) IFPE – Clarinha está brincando com blocos e decidiu unir quatro blocos retangulares de madeira, para isso ela dispõe de três blocos de base quadrada de lado 1 cm e 4 cm de comprimento além de um bloco de base também quadrada de lado 1 cm e 6 cm de comprimento, formando o objeto mostrado na figura abaixo. Determine a área da superfície deste sólido.

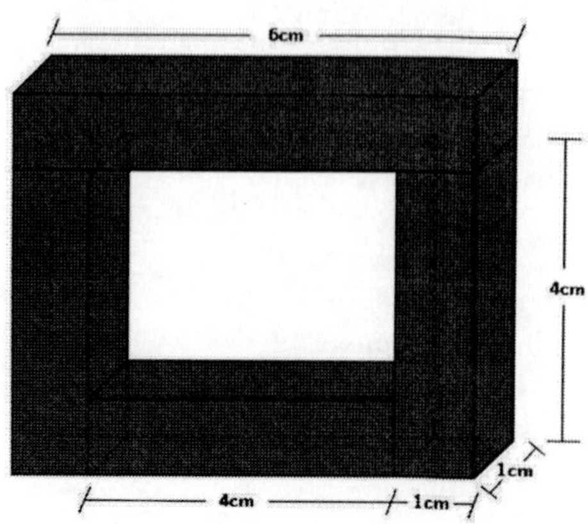

(A) 72 cm^2 (B) 36 cm^2 (C) 48 cm^2
(D) 24 cm^2 (E) 96 cm^2

209) CEFET ES – Paulo e Daniel sobem uma escada que contém 20 degraus. Paulo sobe essa escada de 2 em 2 degraus enquanto Daniel sobe de 3 em 3 degraus. Analise as afirmativas a seguir:

I . Apenas um deles vai pisar no 13º degrau.
II. Os degraus 6º, 12º e 16º serão pisados pelos dois.
III. Nenhum deles irá pisar no 15º degrau.

Podemos afirmar que:

(A) Apenas a afirmativa I é verdadeira.
(B) A afirmativa II é falsa.
(C) Apenas a afirmativa III é falsa.
(D) As afirmativas I e III são verdadeiras.
(E) As afirmativas II e III são verdadeiras.

210) Colégio Pedro II (RJ) – Observe na figura a forma de se arrumar mesas e cadeiras.

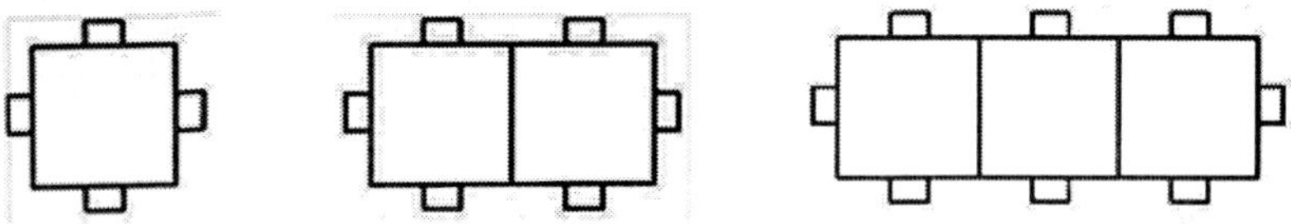

O número de cadeiras necessárias quando se chegar a 50 mesas será

(A) 102 (B) 104 (C) 106 (D) 108

Teste 22

211) CMRJ – Em uma turma, a média das alturas de seus 20 alunos é 1,5 m. Se Luiz, um dos alunos da turma, for retirado da contagem, a média aumenta em 2%. Por uma questão de adaptação, Antônio, que é um aluno desta escola, será transferido para a turma de Luiz, fazendo com que a média das 21 alturas diminua em 2%. Assim, a diferença entre as alturas de Luiz e Antônio é

(A) 6 cm (B) 5 cm (C) 4 cm (D) 3 cm (E) 2 cm

212) CMPA – Carlos atribuiu a cada um dos seus livros um código formado por 3 das 26 letras do nosso alfabeto, na seguinte ordem:
AAA, AAB, ... , AAZ, ABA, ABB, ... , ABZ, ... , AZA, AZB, ... , AZZ, BAA, BAB, ...
Sabendo que Carlos tem 2060 livros, o código que ele utilizou para catalogar o último livro da sua coleção é

(A) DLN (B) EJG (C) DTR (D) DBF (E) EAD

213) CMR – Em caso de escassez de água, a fábrica de calçados "PISALEGAL" utiliza uma caixa d'água para armazenamento de água. Para calcular a vazão da água, o engenheiro hidráulico modelou a expressão a seguir:

$$V(t) = \frac{-1}{2800}t^2 + 7$$

que por sua vez representa o volume (em m^3)de água presente na caixa d'água no instante t (em minutos). Supondo que a caixa esteja completamente cheia às 10 horas da manhã. Nesse horário, é interrompido o enchimento dessa caixa e ela passa a ser esvaziada. Segundo os cálculos do engenheiro, a caixa estará completamente vazia a partir das

(A) 12h 20min (B) 12h 30min (C) 13h 10min (D) 13h 15min (E) 13h 20min

214) CMSM – No gráfico abaixo, encontra-se um levantamento de infrações cometidas no estado do Rio Grande do Sul de janeiro de 2007 até julho de 2017. Analisando o gráfico, pode-se afirmar que:

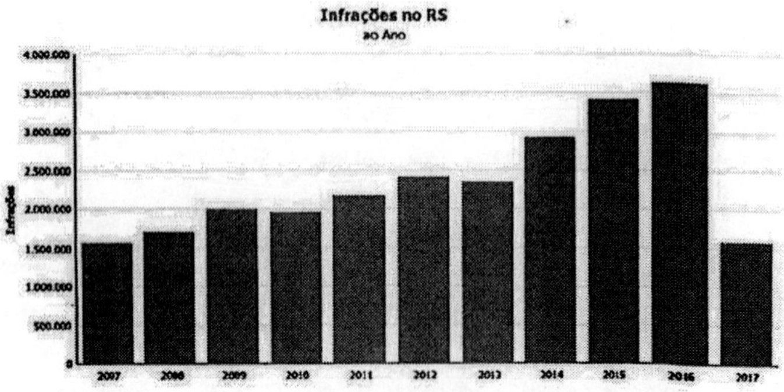

(A) no ano de 2010, houve um aumento no número de infrações comparado com 2009.
(B) em 2016 houve mais infrações que a soma do número de infrações de 2007 e 2008.
(C) em 2015, houve o dobro do número de infrações que no ano de 2009.
(D) de 2010 a 2016, o número de infrações, de um ano para o outro, só aumentou.
(E) de 2009 a 2016, houve somente um ano em que o número de infrações diminuiu.

215) CFN – Os lados do retângulo interno medem a metade dos lados do retângulo externo. Então, calcule a área hachurada.

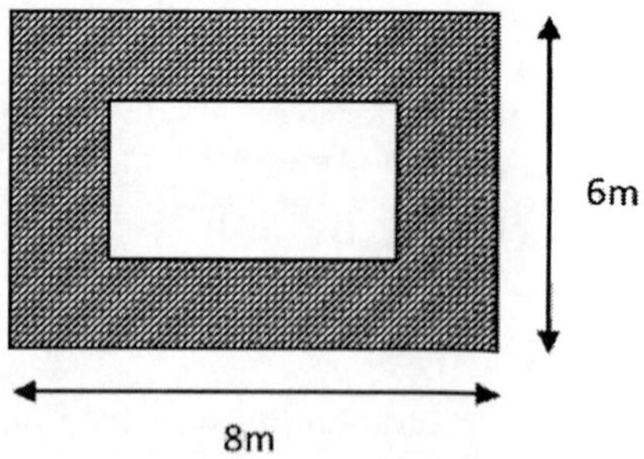

(A) 12 m^2 (B) 36 m^2 (C) 42 m^2
(D) 48 m^2 (E) 60 m^2

216) IFRN – Em uma cidade de 8.500 habitantes, o número de pessoas que possuem o ensino médio completo, das que apenas possuem o ensino fundamental completo e o das que apenas sabem ler e escrever, é, nessa ordem, diretamente proporcional aos números 15, 20 e 50. Portanto, nessa cidade temos:

(A) 6.000 pessoas que só sabem ler e escrever.
(B) 2.500 pessoas com o ensino médio completo.
(C) 2.000 pessoas com o ensino fundamental completo.
(D) menos de 3.000 pessoas que só sabem ler e escrever.

217) IFSP – A quinoa tem origem nos Andes e é um alimento rico em ferro, fósforo, cálcio, vitaminas B1, B2 e B3 e ainda contém as vitaminas C e E. Admitindo que a quinoa é vendida em sacas de 25 kg, que contêm, cada uma, cerca de 10^7 grãos, então a massa de um grão de quinoa é, em gramas, aproximadamente,

(A) $2{,}5 \times 10^{-6}$ (B) $2{,}5 \times 10^{-3}$ (C) $2{,}5 \times 10^{0}$ (D) $2{,}5 \times 10^{1}$ (E) $2{,}5 \times 10^{2}$

218) IFMG – Um jogo de tabuleiro possui dois dados distintos, um deles com seis faces numeradas de 1 a 6 e outro com 4 faces numeradas de 1 a 4. Em cada rodada, o jogador deve lançar os dois dados e somar os valores obtidos em cada um deles. Quantos lançamentos distintos apresentam a soma dos dados igual a um múltiplo de 4?

(A) 4 (B) 5 (C) 6 (D) 7

219) IFGO – O quadro negro de uma sala de aula tem a forma de um retângulo. Sabe-se que a razão entre as medidas do menor e do maior lado é 9/40 e o perímetro desse quadro negro é

igual a 9 metros e 80 centímetros. Com base nessas informações, a medida da diagonal desse quadro é igual a

(A) 3,80 m (B) 3,65 m (C) 4,25 m (D) 4,10 m (E) 4,05 m

220) IFMA - No pátio de uma revendedora de veículos existem motos e automóveis num total de 120 veículos e 320 rodas. A quantidade de motos e automóveis, respectivamente, é

(A) 80 e 40 (B) 40 e 80 (C) 100 e 35 (D) 20 e 80 (E) 150 e 15

Teste 23

221) CMF - A prova de um concurso é composta de 20 testes de múltipla escolha. Um candidato ganha 5,0 pontos por cada teste respondendo corretamente e perde 3,0 pontos por cada resposta errada. Para ser aprovado no concurso, é necessário que o candidato faça uma pontuação maior ou igual a 60 pontos na prova. O número mínimo de testes que um candidato deve acertar para ser aprovado é:

(A) 12 (B) 13 (C) 14 (D) 15 (E) 16

222) CMM - As questões de Matemática do Concurso Vestibular da Universidade Amazonense, em 2015, foram classificadas em categorias quanto ao índice de facilidade, como mostra o gráfico de barras a seguir. Se esta classificação fosse apresentada em um gráfico de setores circulares, a cada categoria corresponderia um setor circular. O ângulo do maior desses setores mediria:

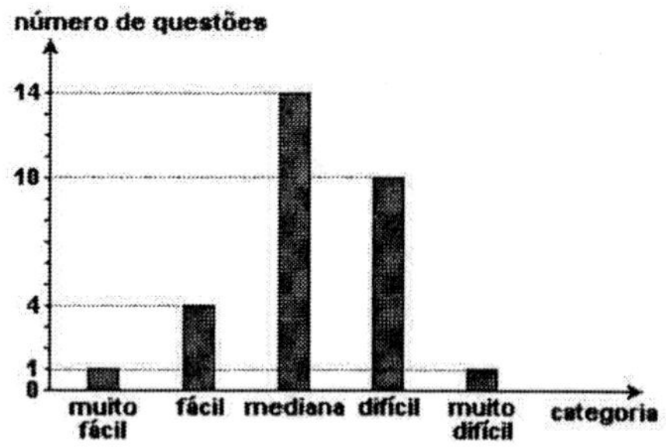

(A) 168° (B) 120° (C) 152°
(D) 134° (E) 172°

223) CMB - Na construção de um estádio, um grupo de 6 operários é capaz de instalar 12 cadeiras em 8 horas de trabalho. Com a falta de um funcionário, o número de horas necessárias para que 5 cadeiras sejam instaladas é:

(A) 4 (B) 5 (C) 6,5 (D) 7 (E) 7,5

224) CMBH - Com os algarismos 3, 4, 5, 7, 8 e 9 um sítio da *Internet* gera uma senha com 4 dígitos distintos para cada usuário. Identifique a alternativa que apresenta a quantidade de senhas formadas e apresentam o algarismo 4 ou o algarismo 9.

(A) 256 (B) 280 (C) 320 (D) 336 (E) 430

225) CFN - Duas torneiras podem, juntas, encher um recipiente em 18 horas. Qual o tempo que cada uma, sozinha, leva para encher esse mesmo recipiente, se a primeira emprega nessa operação 27 horas a mais que a segunda?

(A) 54 e 27 (B) 57 e 30 (C) 58 e 31 (D) 59 e 32 (E) 60 e 33

226) IFAM - Uma prova de vestibular contém 50 questões, num total de 100 pontos, sendo considerado aprovado o candidato que obtiver nota mínima de 60 pontos. Três questões erradas anulam uma correta e as questões deixadas em branco não são consideradas erradas. Para obter aprovação nesse concurso, o candidato pode errar no máximo:

(A) 8 questões (B) 10 questões (C) 12 questões (D) 15 questões (E) 20 questões

227) IFMT – Para organizar uma gincana, Rose e Rodrigo precisam colocar marcas na ciclovia do clube. Rose colocou marcas verdes a cada 30 metros, e Rodrigo colocou marcas amarelas a cada 50 metros. A pista tem 4500 metros. Após determinado percurso da ciclovia, aparecerão duas marcas (verdes e amarelas), no mesmo lugar. A partir de quantos metros e em quantos lugares, ocorrerão essas marcas?

(A) 150 metros e 30 lugares (B) 150 metros e 50 lugares (C) 120 metros e 30 lugares
(D) 100 metros e 50 lugares (E) 100 metros e 25 lugares

228) IFMA – Numa prova de Química, 12% dos alunos erraram todas as questões, 32% acertaram algumas e erraram outras, e os 14 alunos restantes acertaram todas. Nessas condições, quantos alunos fizeram essa prova?

(A) 25 (B) 15 (C) 20 (D) 18 (E) 28

229) IFSC – As notas registradas no boletim de um determinado aluno do sexto ano no primeiro bimestre foram: 9, 8, 8, 8, 10, 7, 10, 8, 9, 9, 10. Analisando as medidas de tendência central dessas notas, qual a alternativa INCORRETA?

(A) O valor da média e da mediana são iguais.
(B) O valor da mediana é 9.
(C) A média aritmética das notas é maior que 8.
(D) O valor da mediana é maior que o valor da moda.
(E) O valor da moda é 8.

230) IFPE – Para se deslocar de casa até a escola, um professor percorre 480 km por semana. Sabe-se que ele realiza esse trajeto de carro ou de motocicleta. Se o custo do quilômetro rodado é de 40 centavos para o carro e de 15 centavos para a motocicleta, então quantos quilômetros o professor deve percorrer por semana na motocicleta, para que o custo total semanal seja de R$ 90,00?

(A) 400 km (B) 408 km (C) 416 km (D) 420 km (E) 458 km

Teste 24

231) CMRJ – Quatro irmãos possuem juntos um total de R$ 71,00. Se a quantidade de dinheiro do primeiro fosse aumentada de R$ 4,00, a do segundo diminuída de R$ 3,00, e a do terceiro reduzida à metade e, ainda a do quarto fosse duplicada, todos os irmãos teriam a mesma importância. O valor da importância final de cada um dos irmãos, em, reais, é:

(A) R$ 13,00 (B) R$ 14,00 (C) R$ 15,00 (D) R$ 16,00 (E) R$ 17,00

232) CMSM – Leonardo de Pisa (1180 – 1250), mais conhecido como Fibonacci, escreveu o *Liber Abaci*. Muito dessa obra é desinteressante, mas o seguinte problema inspira os matemáticos até hoje: "Num pátio fechado coloca-se um casal jovem de coelhos. Supondo que em cada mês, a partir do segundo mês de vida, cada casal dá origem a um novo casal de coelhos, ao fim de um ano, quantos casais de coelhos estarão no pátio?". Se considerarmos apenas um semestre, qual a resposta a esse problema?

(A) 18 (B) 14 (C) 12 (D) 10 (E) 8

233) CMPA – A construção geométrica do retângulo ABCD utiliza quadriláteros cujos lados são, sucessivamente, os termos da sequência numérica: (1, 1, 2, 3, 5, 8, 13, 21, 34, 55). Se continuarmos a seguir a mesma lógica de construção da figura, podemos afirmar que, quando desenharmos o quadrado associado ao décimo termo da sequência, o valor numérico da área do maior retângulo obtido é igual a

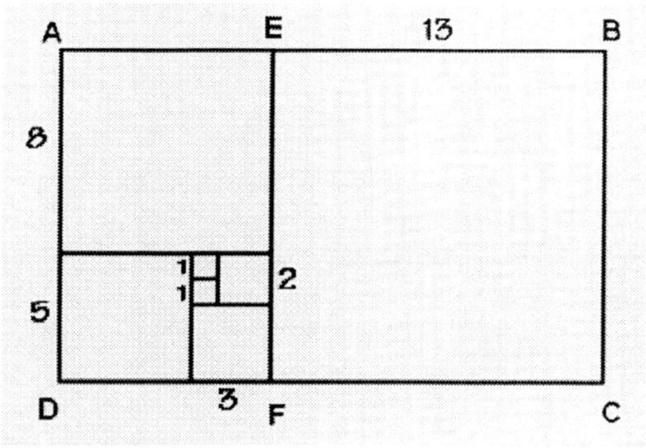

(A) 12816 (B) 4895 (C) 3025
(D) 1870 (E) 1320

234) CMM – O gráfico a seguir mostra, em função do tempo, o montante obtido em um investimento. De acordo com os dados apresentados no gráfico sobre esse investimento, analise as afirmações abaixo.

I) O capital aplicado nesse investimento foi de R$ 3.500,00

II) O investimento foi aplicado em regime de juros compostos.

III) A taxa de juro do investimento foi de 15% ao mês.

IV) Mantidas as mesmas condições, o montante da aplicação ao fim do 6º mês será R$ 2.850,00.

Estão corretas apenas as afirmações:

(A) I e III (B) II e IV (C) I e IV (D) III e IV (E) II e III

235) CMR – Numa aula de matemática, o Professor propôs o seguinte desafio à aluna Sheila: "É possível representar o resultado de $2^{2018} \cdot 3^{2017} \cdot 5^{2016}$ na forma $k.10^n$, de modo que **n** seja um número inteiro e o algarismo das unidades de k seja diferente de zero?"
Após efetuar alguns cálculos, Sheila diz ao professor:
"Sim! É possível! No entanto, o número **k** tem muitos dígitos. Consigo, no máximo, determinar o expoente **n** e o algarismo das unidades de **k**, pode ser?"
O professor concordou, verificou que os resultados estavam corretos e parabenizou Sheila por ter encontrado os números

(A) 3 e 2016 (B) 4 e 2017 (C) 6 e 2016 (D) 7 e 2017 (E) 2 e 2016

236) IFSP – O sangue humano é classificado em quatro tipos: A, B, AB e O. Além disso, também pode ser classificado pelo fator Rh em Rh+ ou Rh–.

	A	B	AB	O
Rh+	27	24	23	55
Rh–	15	13	13	30

As pessoas do tipo O com Rh– são consideradas doadoras universais e as do tipo AB com Rh+ são receptoras universais. Feita uma pesquisa sobre o tipo sanguíneo com 200 funcionários de uma clínica de estética, o resultado foi exposto na tabela a seguir. Um desses 200 funcionários será sorteado para um tratamento de pele gratuito. A probabilidade de que o sorteado seja doador universal é

(A) 7,5% (B) 10% (C) 15% (D) 17,5% (E) 20%

237) IFMG – Em uma pesquisa sobre o estado de saúde de um grupo de 700 pessoas acima de 65 anos, constatou-se que:

- 300 são fumantes
- 380 são hipertensos
- 100 não são hipertensos nem fumantes

Com os dados dessa pesquisa, podemos concluir, CORRETAMENTE, que nesse grupo pesquisado, o número de fumantes que são hipertensos é igual a:

(A) 80 (B) 120 (C) 180 (D) 220

238) IFRJ – O Produto Interno Bruto (PIB) representa a soma de todos os bens produzidos por um país em um intervalo de tempo. Nessa conta, entram todos os bens e serviços consumidos pelas pessoas, empresas e governo. Considere este gráfico que mostra o PIB de um país entre os anos 2010 e 2014. Se o crescimento do PIB nesse período foi linear, o PIB desse país em janeiro de 2011, em trilhões de dólares, corresponde a

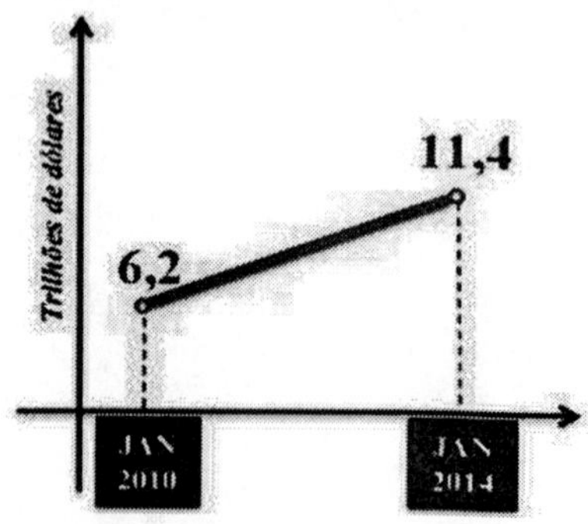

(A) 6,9 (B) 7,3 (C) 7,5 (D) 7,8

239) IFCE – Para os números x = 2/5, y = 3/7 e z = 1/3, quando escrevemos $\left(\frac{x}{y} - z\right)^2$ como fração irredutível, obtemos numerador e denominador que somam

(A) 24 (B) 12 (C) 15 (D) 34 (E) 52

240) IFBA – O professor Joaquim avisou a um grupo de alunos que, quando os encontrasse novamente, adivinharia o número de alunos deste grupo, sem olhar, e eles teriam que pagar o lanche do professor. Certo dia, na hora do recreio, o professor Joaquim gritou lá de dentro da sala:

- Olá, meus queridos vinte e sete alunos!

Um deles respondeu:

- Professor, nós não somos vinte e sete. Nós, metade de nós e um oitavo de nós, e vós, professor, é que somos vinte e sete.

De acordo com a conversa, a quantidade de alunos no pátio era um número:

(A) divisor de oito (B) múltiplo de três (C) múltiplo de sete
(D) múltiplo de cinco (E) quadrado perfeito

Teste 25

241) CMM – Na figura a seguir temos um esboço de parte do centro de uma cidade com suas pontes. As setas indicam o sentido do fluxo de tráfego de veículos.

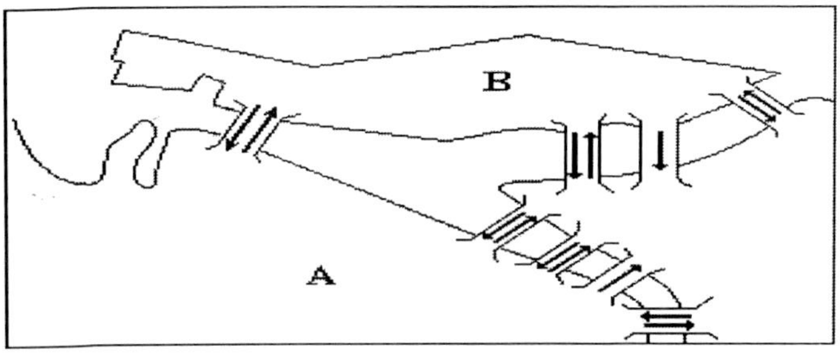

De quantas maneiras, utilizando apenas o esboço, poderá uma pessoa ir de carro do ponto A ao ponto B (marco zero) e retornar ao ponto de partida passando exatamente por três pontes distintas?

(A) 8 (B) 13 (C) 17 (D) 18 (E) 20

242) CMF – Três bordadeiras fazem 2/5 de uma encomenda de toalhas, do mesmo tipo, em 18 dias. Admita que, diariamente, elas mantém sempre as mesmas condições de trabalho. Para completar o restante da encomenda, elas precisarão de mais quantos dias?

(A) 21 (B) 29 (C) 27 (D) 25 (E) 23

243) CMPA – Um foguete é equipado com um sistema de propulsão que lhe confere uma velocidade continuadamente crescente, de tal forma que, a partir da velocidade de 100 km/h, a cada 80 litros de combustível consumido ocorre um acréscimo de 20% em sua velocidade. Logo após o lançamento, observa-se que, no instante em que a velocidade é de 100 km/h, o combustível disponível é de 2000 litros. Então, a velocidade do foguete, em km/h, no instante em que termina o combustível, é

(A) $100.(0,2)^{25}$ (B) $100.(1,2)^{25}$ (C) 10^{25} (D) $(1,2)^{25}$ (E) $(12)^{25}$

244) CMPA – **A**ugusto, **UB**iratã, **C**armo, **D**jairo e **E**lon são os cinco alunos da equipe titular de Basquetebol do CMPA. Esses alunos posaram, lado a lado, para várias fotografias e, como dispunham de tempo, trocaram de posição (ordem) sucessivamente, tirando o total de 120 fotografias possíveis. O esquema abaixo mostra algumas das poses desses alunos nas fotografias.

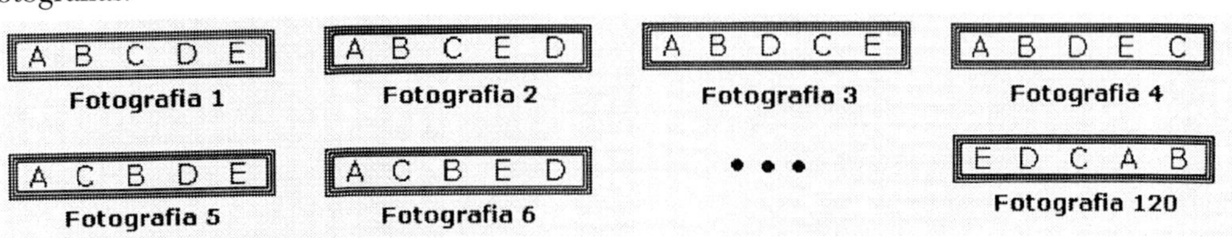

O aluno Elon comprou todas as fotografias nas quais ele aparecia na posição central. Se o custo unitário de uma fotografia é R$ 0,75, podemos afirmar que ele gastou um total de

(A) R$ 18,00 (B) R$ 36,00 (C) R$ 54,00 (D) R$ 72,00 (E) R$ 90,00

245) CMF – Márcia vai dividir, entre seus quatro filhos, uma determinada quantia em partes diretamente proporcionais às suas respectivas idades. Salomão tem um ano a mais que Lara, Raquel tem dois a mais que Salomão e Gabriel tem o dobro da idade de Lara mais um ano. Em um gráfico de setores, qual é o ângulo central que corresponde à quantia que receberá Salomão?

(A) 20° (B) 36° (C) 45° (D) 72° (E) 90°

246) CFN – Com certa quantidade de ração é possível alimentar 40 coelhos durante 30 dias. Calcule os valores de A, B, C e D, de acordo com o quadro abaixo, considerando-se a mesma quantidade de ração.

Nº de coelhos	Nº de dias
40	30
120	A
B	60
C	15
60	D

(A) 90, 80, 20, 60 (B) 60, 20, 60, 30 (C) 10, 20, 80, 20
(D) 10, 40, 20, 15 (E) 5, 80, 90, 60

247) CFN – Uma moeda é lançada 4 vezes. Qual a probabilidade de que apareça coroa nas quatro vezes?

(A) 1/16 (B) 1/12 (C) 1/8 (D) 1/4 (E) ½

248) IFRS – Abaixo está representada a planificação de um cubo, com um vértice identificado pela letra A e os demais pelos números de 1 a 13. Na composição espacial do cubo, a soma dos números que representam os vértices que coincidirão com o vértice A é dada por

(A) 8 (B) 9 (C) 11 (D) 20 (E) 23

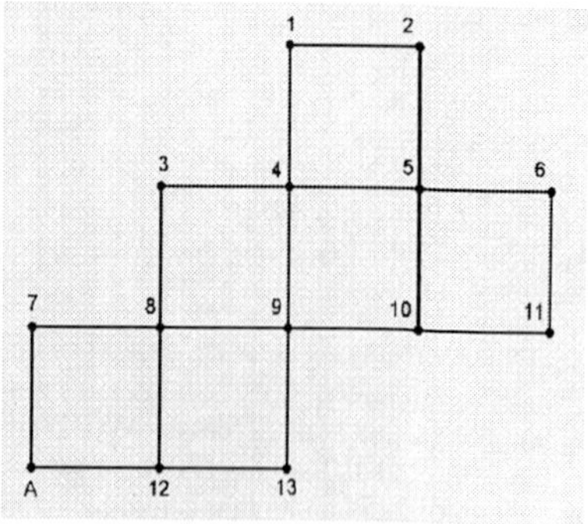

249) IFPE – Lúcia pediu a seu pai, Sr. Paulo, para montar um aquário em seu quarto. Os dois foram a uma loja especializada e compraram os equipamentos necessários. As dimensões do aquário eram: 1,2 metros de largura, 0,6 metros de comprimento e 0,65 metros de altura. Depois que o aquário estava com água, o Sr. Paulo percebeu que tinha esquecido de colocar um castelo de pedra para enfeite. Com cuidado, ele colocou o castelo dentro do aquário e percebeu que o nível da água subiu 15 cm. Lembrando-se de suas aulas de matemática, ele resolveu calcular o volume do castelo. Depois de efetuados os cálculos, ele percebeu que o volume do castelo era, em dm^3:

(A) 1,08 (B) 10,8 (C) 108 (D) 1080 (E) 10800

250) CEFET ES – Uma pessoa fez uma dieta alimentar para emagrecer durante 30 dias. Para controlar a variação de seu peso, registrou no quinto dia da dieta o peso de 92 kg. No décimo dia registrou o peso de 85 kg. Considerando-se que essa pessoa manteve as mesmas condições alimentares durante todo o período, podemos afirmar que no vigésimo segundo dia seu peso foi igual a:

(A) 82 kg (B) 81,5 kg (C) 68,2 kg (D) 79 kg (E) 78,5 kg

Teste 26

251) CMM – Pouco se sabe sobre a vida de Diofanto da Alexandria, considerado o maior algebrista grego que, acredita-se, tenha vivido no período conhecido como "Idade da Prata", de 250 a 350 d.C.

O texto seguinte é uma transcrição adaptada do "Epitáfio de Diofanto", extraído do livro Matemática Divertida e Curiosa, de Malba Tahan, conhecido matemático brasileiro.

Eis o túmulo que encerra Diofanto – maravilha de contemplar" Com um artifício aritmético a pedra ensina a sua idade:

"Deus concedeu-lhe passar a sexta parte de sua vida na juventude; um doze avos na adolescência; um sétimo foi passado num casamento estéril. Decorreu mais de cinco anos,

depois do que lhe nasceu um filho. Mas esse filho [...], no entanto, bem amado" – apenas tinha atingido a metade do total de anos que viveu seu pai, quando morreu. Quatro anos ainda, Diofanto mitigou a própria dor com o estudo da ciência dos números, antes de chegar ao termo de sua existência."

De acordo com as informações contidas no epitáfio, a sexta parte do número de anos vividos por Diofanto foi:

(A) 84 (B) 72 (C) 48 (D) 24 (E) 14

252) CMF – "O Quadrado Mágico é uma tabela quadrada na qual os números contidos nas linhas, nas colunas ou nas diagonais, somados, apresentam sempre o mesmo valor, sendo que nenhum desses números se repete. Veja a seguir um exemplo de um quadrado mágico de 9 casas (3 × 3).
Sua origem não é conhecida, mas há registros de sua existência em épocas anteriores à nossa era na China e na Índia. O quadrado de 9 vasas (3 × 3) foi encontrado pela primeira vez num manuscrito árabe, no fim do Século VIII, e atribuído a Apolônio de Tiana (Século I) por Marcellin Berthelot."

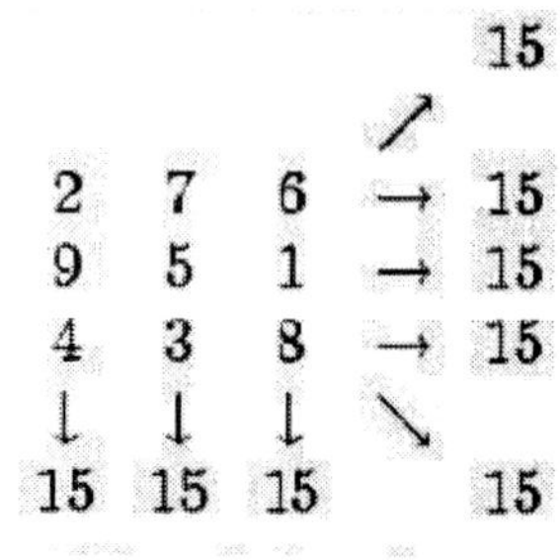

No quadrado mágico da figura ao lado, a soma de todos os números da tabela é igual a 36. Desse modo, o valor de **a** é

(A) 1 (B) 2 (C) 4 (D) 6 (E) 8

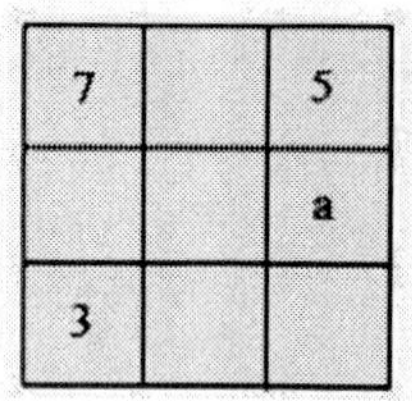

253) CMPA – Numa corrida de carros, um piloto percorreu três trechos: um de 100 km, um de 120 km e um de 200 km. O piloto sabe que as velocidades médias nesses trechos foram 80 km/h, 90 km/h e 100 km/h, mas não lembra qual dessas velocidades correspondem a cada um desses trechos. Podemos garantir que o tempo total gasto pelo piloto para percorrer os três trechos foi

(A) menor do que 4 horas.
(B) maior do que 4 horas e menor do que 5 horas.
(C) maior do que 5 horas e menor do que 6 horas.
(D) maior do que 6 horas e menor do que 7 horas.
(E) maior do que 7 horas.

254) CMRJ – Magda foi informada, em dezembro, que a mensalidade do seu curso de francês a partir de janeiro do ano seguinte aumentaria 60%. Ela não concordou com o aumento e procurou o PROCON, que, após analisar o caso, determinou que o curso desse um desconto de 15% em relação ao valor da nova mensalidade. O curso acatou a decisão do PROCON. Como Magda é professora do CMRJ, o curso, voluntariamente, decidiu dar-lhe 10% de desconto sobre o valor que havia sido determinado pelo PROCON. Dessa forma, o aumento da mensalidade do curso de francês para o ano seguinte passou a ser, em percentual, um número compreendido entre:

(A) 34 e 36 (B) 25 e 26 (C) 23 e 24 (D) 24 e 25 (E) 22 e 23

255) CMBH – O gráfico abaixo, mostra o número de vitórias dos brasileiros que venceram grandes prêmios de Fórmula 1, até setembro de 2008.

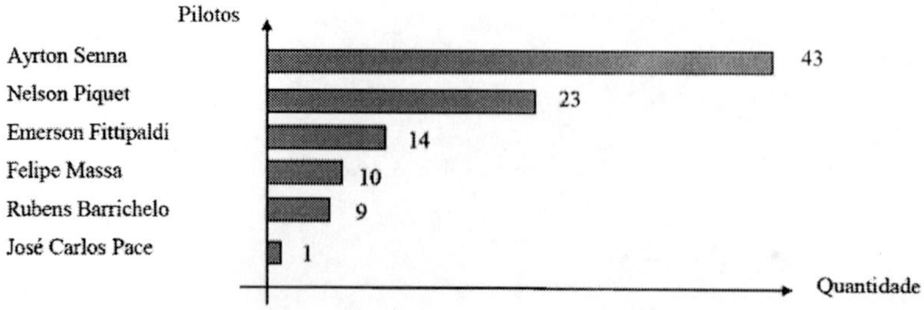

Identifique a afirmativa incorreta:

(A) José Carlos Pace é o brasileiro com menos vitórias
(B) Ayrton Senna tem mais vitórias do que os outros brasileiros juntos.
(C) Felipe Massa tem mais vitórias que Rubens Barrichelo.
(D) Nelson Piquet tem a mesma quantidade de vitórias que Emerson e Barrichelo juntos.
(E) Emerson Fittipaldi tem menos vitórias do que Ayrton Senna.

256) CFN – Na aula de informática, faltaram 2 rapazes. Ainda assim, nessa aula o número de rapazes era maior que o número de meninas. Sabendo que havia 10 meninas na classe, qual é o menor número possível de alunos dessa classe?

(A) 19 (B) 20 (C) 21 (D) 22 (E) 23

257) CEFET RJ – Considerando as informações do gráfico abaixo, de 2010 a 2014 o número de turistas que chegaram ao Brasil cresceu ano após ano. Por exemplo, em 2010 chegaram 5,2 milhões de turistas ao Brasil e em 2011 chegaram 5,4 milhões de turistas. Um aumento de 200 mil chegadas de turistas ao Brasil.
O aumento percentual de turistas que chegaram ao Brasil em 2014, comparado com o ano anterior, foi de aproximadamente:

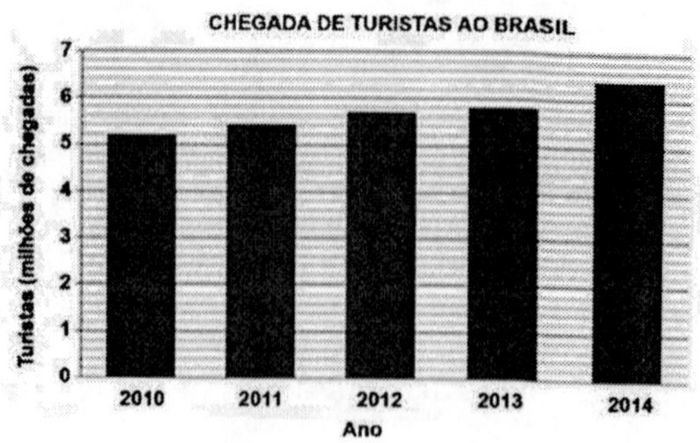

(A) 10,3% (B) 12,5% (C) 9,1% (D) 13,2%

258) IFPE – Na sua casa, Felipe construiu uma churrasqueira para reunir seus amigos e parentes. A figura mostra a área da churrasqueira composta por um retângulo e um triângulo retângulo. Em volta, tem uma calçada revestida com lajotas. O piso da área da churrasqueira vai ser revestido com cerâmica. Por recomendação do mestre da obra, Felipe deve comprar 20% de cerâmica a mais do que a quantidade de metros quadrados que se vai revestir.

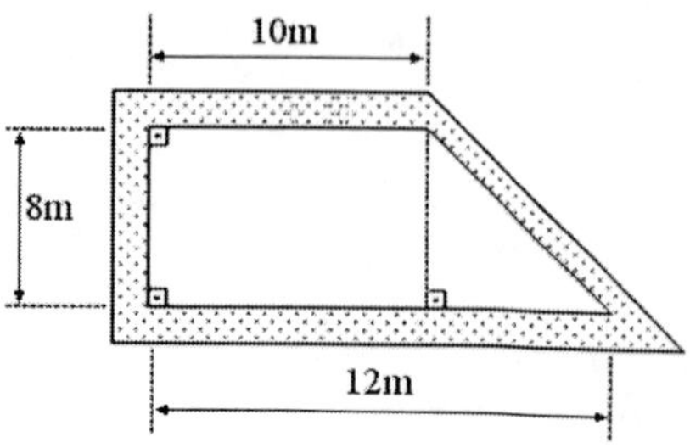

Dessa forma, quantos metros quadrados de cerâmica devem ser comprados?

(A) 105,60 (B) 115,65 (C) 125,70 (D) 135,75 (E) 145,80

259) IFSP – Três pedreiros gastaram 12 dias para fazer 9 metros de muro. Quantos pedreiros serão necessários para construir 12 metros do mesmo muro em 6 dias?

(A) 12 (B) 10 (C) 6 (D) 8 (E) 9

260) IFRS - Um retângulo que teve 40% de sua largura aumentada e 35% de seu comprimento reduzido apresenta, em relação à área do retângulo inicial,

(A) aumento de 9% (B) redução e 5% (C) redução de 9%
(D) aumento de 19% (E) igualdade de áreas

Teste 27

261) CMM - Uma máquina, trabalhando dez horas por dia, durante três dias, produz 2400 peças de um produto. O fabricante recebeu uma encomenda de 3680 peças para serem produzidas, no máximo, em seis dias. Se a máquina trabalhar oito horas por dia nos cinco primeiros dias, o número de horas que ela deverá trabalhar no sexto dia para que seja produzida a quantidade exata da encomenda é

(A) 6 (B) 9 (C) 12 (D) 10 (E) 8

262) CMPA - Um professor de Matemática, trabalhando sozinho, monta uma prova em 5 horas. Com a ajuda de um estagiário, a mesma prova é montada em 2 horas. Inicialmente, o professor começou a trabalhar sozinho na montagem da prova. Depois de algum tempo, cansado, ele convocou o estagiário para ajuda-lo, Após 150 minutos do início da tarefa, a prova foi finalizada. Então, o professor trabalhou sozinho durante:

(A) 40 min (B) 45 min (C) 50 min (D) 55 min (E) 60 min

263) CMSM - A massa de uma medalha de ouro da Olimpíada de Londres é de 400 gramas. Desses 400 gramas, apenas 1,34% é realmente ouro, o restante é composto de 92,5% de prata e 6,16% de cobre. Quantos gramas de ouro, prata e cobre, respectivamente, cada medalha de ouro possui?

(A) 5,36g de ouro, 370g de prata e 24,64g de cobre
(B) 53,6g de ouro, 321,76g de prata e 24,64g de cobre
(C) 5,36g de ouro, 345,36g de prata e 49,28g de cobre
(D) 5,36g de ouro, 370g de prata e 246,4g de cobre
(E) 370g de ouro, 24,64g de prata e 5,36g de cobre

264) CMRJ - Em um domingo de futebol no novo estádio do Maracanã, 90.000 torcedores estavam presentes. Metade dos portões foi aberta às 14 horas e, durante três horas, entraram 10.000 torcedores por hora. A partir das 17 horas, a outra metade dos portões se abriu, permitindo que um número maior de pessoas entrasse. Observe o gráfico ao lado.

O número de torcedores presentes no Maracanã chegou a 45.000 às 17 horas e

(A) 10 minutos (B) 15 minutos
(C) 20 minutos (D) 30 minutos
(E) 40 minutos

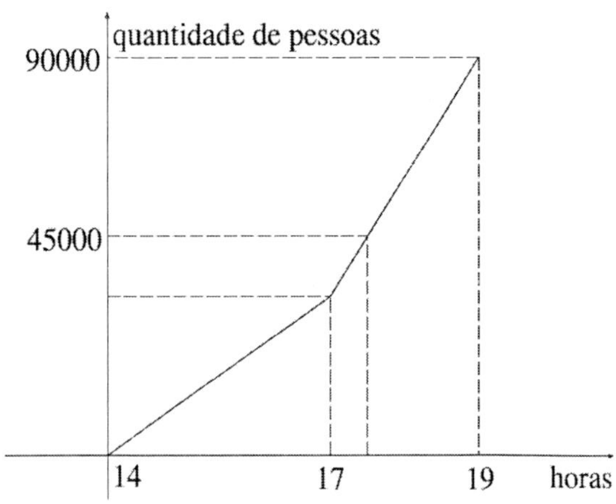

265) CFN - Determine o menor algarismo que deve ser colocado no lugar do x para que o número 234.35x seja divisível por 6.

(A) 0 (B) 2 (C) 4 (D) 6 (E) 8

266) CEFET RJ – Alex, Beatriz e Camila foram convidados e fazerem afirmações sobre o número $N = 2^{50} + 4^{20}$.
Alex afirmou que N é múltiplo de 8;
Beatriz afirmou que metade de N é igual a $2^{25} + 4^{10}$.
Camila afirmou que N é par.
Quantas das afirmações feitas pelos participantes são verdadeiras?

(A) 0 (B) 1 (C) 2 (D) (E) 3

267) CEFET ES – Três pessoas se associaram e montaram uma empresa na qual cada uma delas aplicou RR 20.000,00, R$ 30.000,00 e R$ 40.000,00 respectivamente. No balanço anual dessa empresa verificou-se um lucro de R$ 45.000,00. Sabendo que este lucro deverá ser dividido entre os 3 sócios em partes diretamente proporcionais ao capital aplicado, determine o valor do lucro recebido pelo sócio que mais aplicou:

(A) R$ 24.000,00 (B) R$ 22.000,00 (C) R$ 20.000,00 (D) R$ 15.000,00 (E) R$ 19.000,00

268) IFGO – Bruno mora em Goiânia e trabalha em Anápolis. Habitualmente, Bruno percorre o percurso de ida ao trabalho a uma velocidade média de 80 km/h, gastando 30 minutos. Certo dia decidiu fazer esse percurso com uma velocidade média 25% superior à velocidade média habitual. Nessas condições, o tempo gasto na viagem diminuirá em relação ao tempo anteriormente demandado com velocidade média habitual em

(A) 6 minutos (B) 8 minutos (C) 10 minutos (D) 12 minutos

269) Colégio Pedro II (RJ) – André trabalha no Centro do Rio de Janeiro e almoça de segunda a sexta-feira nos restaurantes da região. Certo dia, ele encontrou um restaurante *self-service* que oferecia duas modalidades de pagamento:

- R$ 29,90 "coma à vontade" (valor fixo, sem pesar o prato), ou
- R$ 46,00 por quilo (valor depende do consumo aferido na balança).

Para a segunda modalidade de pagamento, a balança marcava apenas o número inteiro de gramas a ser consumido pelo cliente, excluindo-se o "peso" inicial do prato (sem alimento). É mais vantajoso para André optar pelo "coma à vontade" a partir de

(A) 648 gramas (B) 649 gramas (C) 650 gramas (D) 651 gramas

270) IFF – Na rodoviária de Campos dos Goytacazes partem ônibus para Macaé a cada 20 minutos, para Cabo Frio a cada 30 minutos e para Itaperuna a cada 45 minutos. Os amigos André, Marcos e Roberto são professores do Instituto Federal Fluminense e trabalham nos campi de Macaé, Cabo Frio e Itaperuna, respectivamente. Todas as terças-feiras eles partem da rodoviária para seus respectivos campi sempre às 6 horas e 20 minutos da manhã> Caso percam esse horário, os três professores só poderão sair, ao mesmo tempo, às

(A) 8 h (B) 8 h e 30 min (C) 8 h 40 min (D) 9 h (E) 9 h 20 min

Teste 28

271) CMM – Numa campanha de divulgação do vestibular, o diretor mandou confeccionar cinquenta mil folhetos. A gráfica realizou o serviço em cinco dias, utilizando duas máquinas de mesmo rendimento, oito horas por dia. O diretor precisou fazer nova encomenda. Desta vez sessenta mil folhetos. Nessa ocasião, uma das máquinas estava quebrada. Para atender ao pedido, a gráfica prontificou-se a trabalhar doze horas por dia, executando o serviço em

(A) 5 dias (B) 8 dias (C) 10 dias (D) 12 dias (E) 15 dias

272) CMPA – A tabela abaixo apresenta a relação de dependência existente entre duas grandezas x e y.

x	1	2	5	9	10
y	5	20	125	405	*A*

A partir da análise dos valores dessa tabela, podemos afirmar que A é igual a

(A) 50 (B) 100 (C) 410 (D) 450 (E) 500

273) CMRJ – Numa sala, há vários bancos e várias pessoas. Se cada pessoa sentar em 1 banco, ficam 2 pessoas em pé, e se em cada banco sentam 2 pessoas, sobram 2 bancos vazios. Se em cada banco podem sentar 10 pessoas, quantas pessoas ainda poderiam entrar na sala e ficar sentadas?

(A) 42 (B) 48 (C) 72 (D) 52 (E) 38

274) CMSM – Os alunos do CMSM são incentivados a estudar em grupo com colegas da série e quanto mais tempo estudarem melhor será o desempenho nas diversas disciplinas. Sabendo que 6 alunos resolvem juntos 12 exercícios de Matemática, estudando 3 horas por dia durante 4 dias, calcule a quantidade de alunos necessária para resolver 20 exercícios de Matemática estudando 4 horas por dia durante 3 dias.

(A) 7 alunos (B) 10 alunos (C) 8 alunos (D) 11 alunos (E) 9 alunos

275) CFN – A parede de um muro retangular de 4,40 m por 2,50 m tem duas aberturas: uma porta de 1,80 m por 1,0 m e uma janela de 1,50 m por 1,80 m. Qual a área da superfície pintada desse muro?

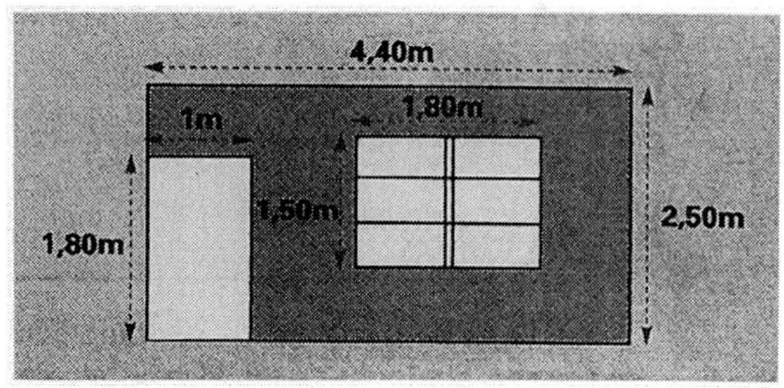

(A) 3,75 m^2 (B) 4,50 m^2 (C) 6,50 m^2
(D) 5,25 m^2 (E) 6,90 m^2

276) IFMT – Num congresso de turismo, havia 50 pessoas entre homens e mulheres. Descubra quantas mulheres e quantos homens estavam presentes nesse congresso, sabendo-se que o produto das quantidades dos dois grupos é igual a 621 e que a quantidade de mulheres é maior do que a quantidade de homens.

(A) 17 mulheres e 33 homens (B) 33 mulheres e 17 homens
(C) 27 mulheres e 23 homens (D) 23 mulheres e 27 homens
(E) 28 mulheres e 22 homens

277) IFPR – Sabe-se que em uma fábrica, 8 máquinas montam 32 peças em 8 dias. Assinale a alternativa que indica quantos dias seriam necessários para montar 84 peças, em 12 máquinas.

(A) 12 (B) 14 (C) 16 (D) 18

278) IFMA – Em uma sala de aula, 70% dos alunos gostam de Matemática, 30% gostam de Língua Portuguesa e 5% não gostam de nenhuma dessas duas disciplinas. Nesse grupo, o percentual de alunos que gostam das duas disciplinas ao mesmo tempo é:

(A) 10% (B) 100% (C) 95% (D) 5% (E) 20%

279) IFAL – Em 1202, o matemático italiano Leonardo Fibonacci introduziu uma das sequências mais famosas do mundo – a sequência de Fibonacci. Em termos matemáticos, a fórmula recursiva é dada por

$$F(x)=\begin{cases}0, & x=0\\ 1, & x=1\\ F(n-1)+F(n-2), & x>1\end{cases}$$

Isto é, cada número, a partir do segundo, é a soma dos dois anteriores. Então podemos afirmar que F(4) + F(7) vale:

(A) 8 (B) 12 (C) 13 (D) 16 (E) 34

280) IFPI – Raissa possui um carro a gasolina cujo consumo é de 1 litro de combustível a cada 15 km percorridos e, Sabrina possui um carro a álcool que consome 1 litro de combustível a cada 10 km percorridos. Sabe-se que o litro de gasolina custa R$ 2,80, o litro de álcool R$ 2,50, e que Raissa e Sabrina possuem a mesma quantia de dinheiro para ser usado com combustível. Marque a alternativa que indica quantos quilômetros irá percorrer Sabrina, sabendo que Raissa percorreu 450 km.

(A) 336 km (B) 344 km (C) 352 km (D) 380 km (E) 403 km

Teste 29

281) CMM – Um dado foi lançado 50 vezes. A tabela a seguir mostra os seis resultados possíveis e as suas respectivas frequências de ocorrências:

Resultado	**1**	**2**	**3**	**4**	**5**	**6**
Frequência	**7**	**9**	**8**	**7**	**9**	**10**

A frequência de aparecimento de um resultado ímpar foi de

(A) 2/5 (B) 11/25 (C) 12/25 (D) 1/2 (E) 13/25

282) CMB – A Copa do Mundo será sediada em doze cidades: Manaus, Cuiabá, São Paulo, Brasília, Salvador, Fortaleza, Recife, Natal, Belo Horizonte, Rio de Janeiro, Curitiba e Porto alegre, distribuída nas cinco regiões do país. Supondo que a cidade escolhida para sediar a Final da Copa pertença à região Sudeste, qual a probabilidade de que Belo Horizonte ou São Paulo seja essa cidade?

(A) 1/6 (B) 1/4 (C) 1/3 (D) 2/3 (E) 1/2

283) CMPA – A tabela abaixo mostra o tempo de duração, em minutos (min), de ligações telefônicas que uma pessoa realizou ao longo de um dia pela operadora "Fale Mais". Essa pessoa resolveu obter o tempo mediano das duas ligações naquele dia.

8	4	3	7	8	6	3	3	3	8	2

Para isso, calculou a mediana dos tempos, obtendo o tempo de

(A) 5 min (B) 3,7 min (C) 3 min (D) 4 min (E) 6 min

284) CMSM – A demanda por fontes de energia tem aumentado gradualmente no Brasil. Uma das opções encontradas é aquela em que se aproveita o vento como fonte (energia eólica). Na cidade de São Borja – RS, o Instituto de Meteorologia verifica diariamente a velocidade média do vento, como indicado na tabela, para que seja analisado o potencial eólico da região. Com base nas

DATA	Velocidade média (km/h)
19/08	12
20/08	21
21/08	12
22/08	16
23/08	19

informações acima, pode-se afirmar que a:

24/08	11
25/08	11
26/08	6
27/08	9
28/08	9

(A) mediana das velocidades médias, em todo o período, é 11,5 km/h.
(B) velocidade média aumentou entre os dias 24/08 e 25/08.
(C) moda das velocidades médias, durante todo o período, é de 15 km/h.
(D) velocidade média se manteve constante em todo o período considerado no gráfico.
(E) velocidade média mínima observada foi no dia 21/08.

285) CMBH - Há 20 anos, em 1º de julho de 1994, entrava em vigor o real, moeda que pôs fim à hiperinflação que assolava a população brasileira. Nesse novo sistema monetário, cada real valia uma URV (Unidade Real de Valor), que por sua vez, valia 2750 cruzeiros reais. Dessa forma, 33550 cruzeiros reais valiam:

(A) 10,50 URV (B) 11,70 URV (C) 12,50 URV (D) 12,20 URV (E) 13,70 URV

286) IFPA - Seis retângulos idênticos são reunidos para formar um retângulo maior, conforme mostra a figura. Qual a área deste retângulo maior?

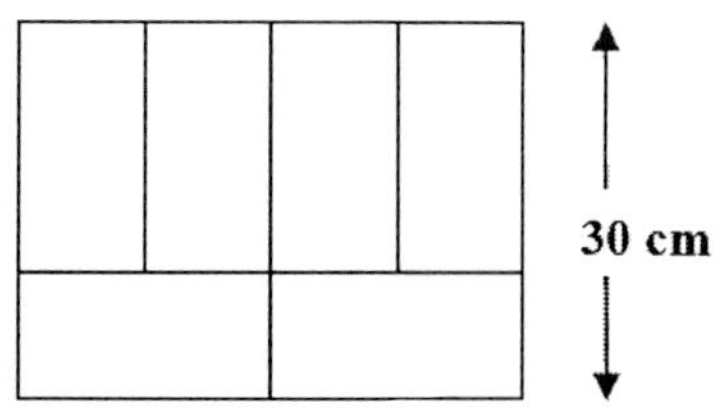

(A) 200 cm^2 (B) 400 cm^2 (C) 600 cm^2
(D) 1000 cm^2 (E) 1200 cm^2

287) IFTO - Suponha que um pedreiro, trabalhando 8 horas por dia, consiga construir um muro com 10 metros de comprimento e 2 metros de altura em 2 dias. Mantendo esse mesmo ritmo, quantos dias são necessários para que este pedreiro construa um muro com 160 metros quadrados?

(A) 20 dias (B) 10 dias (C) 8 dias (D) 4 dias (E) 16 dias

288) IFRR 2017 - Lucas e Fábio são grandes amigos e gostam muito de matemática. Lucas pediu a Fábio que escolhesse dois números naturais distintos, ambos maiores que 873, e fizesse a seguinte operação matemática: $x = (p + q)^2 + (p - q)^2$. Sabendo que p e q são os números escolhidos por Fábio, então, é correto afirmar que:

(A) x é um número par
(B) x é um número negativo
(C) x é um número primo
(D) x tem uma quantidade ímpar de divisores positivos
(E) x é múltiplo de 6

289) IFMS - Airton é aluno do IFMS do curso de informática. Para se deslocar de sua casa até o Instituto Federal ele faz uso do ônibus escolar. No percurso de sua casa até o IFMS, o ônibus gasta 15 min, com velocidade de 80 km/h. Em um dia chuvoso, o motorista, muito cauteloso, conduziu o ônibus a 60 km/h. Quanto tempo Airton levou para chegar, nesse dia chuvoso, a seu curso?

(A) 11 min (B) 20 min (C) 12 min (D) 25 min (E) 30 min

290) IFMG – Certo auditório possui uma plateia formada por 18 filas de assentos sendo que cada fila tem um lugar a mais que a anterior. A primeira possui 8 assentos. Qual o número máximo de espectadores sentados esse auditório comporta?

(A) 165 (B) 297 (C) 351 (D) 473

Teste 30

291) CMM – João, Maria e Antônia tinham juntos R$ 100.000,00. Cada um deles investiu sua parte por um ano, com juros de 10% ao ano. Depois de creditados seus juros no final desse ano, Antônia passou a ter R$ 11.000,00 mais o dobro do novo capital de João. No ano seguinte, os três reinvestiram seus capitais, ainda com juros de 10% ao ano. Depois de creditados os juros de cada um no final desse segundo ano, o novo capital de Antônia era igual à soma dos novos capitais de Maria e João. Qual era o capital inicial de João?

(A) R$ 20.000,00 (B) R$ 22.000,00 (C) R$ 24.000,00 (D) R$ 26.000,00 (E) R$ 28.000,00

292) CMPA – Um inseto andou de um vértice a outro do cubo abaixo, seguindo um caminho específico. O inseto partiu do vértice B, percorreu toda a aresta reversa ao segmento CD, para em seguida percorrer a aresta perpendicular à face BCGF. Finalmente, completou seu caminho percorrendo toda a diagonal da face EFGH. O inseto chegou ao vértice

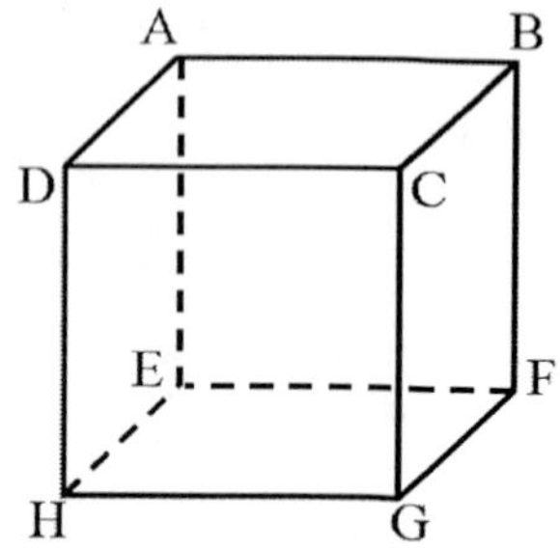

(A) E (B) F (C) G (D) H (E) D

293) CMPA – Uma maior oferta de carne bovina, no mercado interno, fez com que o valor dos cortes nobres baixasse seu preço no Rio Grande do Sul. A tabela abaixo apresenta uma comparação, nos anos de 2010 e 2011, da variação desses preços.

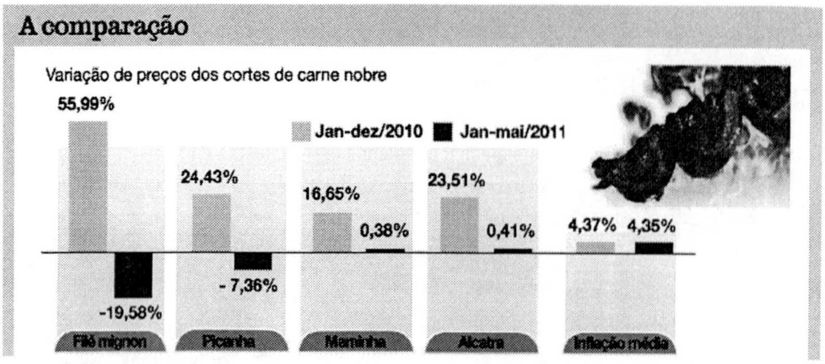

Em 1º de janeiro de 2010, o preço pago por 1 kg de Picanha era de R$ 16,90. A partir da análise das informações do gráfico de colunas acima e considerando que houve uma variação de preços uniforme ao longo do período, podemos afirmar que, em 31 de maio de 2011, o valor pago por 1 kg de Picanha passou a ser de

(A) R$ 14,01 (B) R$ 15,65 (C) R$ 19,48 (D) R$ 20,10 (E) R$ 21,02

294) CMRJ – Magda comprou um computador sofisticado e tem duas opções de pagamento: à vista, por R$ 4520,00; ou financiado em três parcelas (uma entrada e mais duas mensalidades iguais(, com juros de 10% ao mês sobre o saldo devedor, sendo o valor da entrada igual ao dobro de cada parcela. Qual é o valor da soma dos três pagamentos na forma financiada?

(A) R$ 5469,20 (B) R$ 4840,00 (C) R$ 4870,30 (D) R$ 4972,00 (E) R$ 5040,00

295) CMRJ – Um laboratório produz 100 litros de determinado componente. Em seguida, para produzir vacinas, dilui esse concentrado em 1340 dm^3 de água destilada. O produto final é então armazenado em ampolas de 20 cm^3 cada, ficando cada ampola completamente cheia. O número de ampolas que pode ser produzido é igual a

(A) 3600 (B) 7200 (C) 14400 (D) 36000 (E) 72000

296) CMRJ – Patrícia necessita telefonar para Arthur, mas lembra apenas dos 4 primeiros algarismos do número do telefone dele. Faz contato com Guilherme, que lhe dá as seguintes informações sobre os 4 algarismos restantes:
- Formam um número divisível por 12;
- o algarismo das dezenas é 7;
- o algarismo das unidades de milhar é 5.
A quantidade máxima de possibilidades que Patrícia deverá verificar para identificar o número correto é

(A) 4 (B) 5 (C) 6 (D) 7 (E) 8

297) OBMEP – Qual é o algarismo das unidades do número

$1 \times 3 \times 5 \times 7 \times 9 \times 11 \times 13 \times 15 \times 17 \times 19 - 2015$?

(A) 0 (B) 1 (C) 5 (D) 6 (E) 8

298) 28ª OBM – No fim de 1994, Neto tinha a metade da idade de sua avó. A soma dos anos de nascimento dos dois é 3844. Quantos anos Neto completa em 2006?

(A) 55 (B) 56 (C) 60 (D) 62 (E) 108

299) UTFPR – Sendo **n** um número natural, $n \neq 0$, assinale a alternativa verdadeira.

(A) O número $n^2 + 3$ é sempre um número ímpar.
(B) O número n^3 é sempre divisível por 3.
(C) O número $n(n - 1)$ é sempre ímpar.
(D) O mínimo múltiplo comum entre n e 2n é sempre um número par.
(E) O máximo divisor comum entre n e 2n é 2n.

300) EPCAr – Uma empresa de artigos de perfumaria oferece a seguinte modalidade na negociação dos seus produtos: "Qualquer pessoa que se cadastre como vendedor tem autonomia para estabelecer o preço de venda e recebe uma comissão sobre o lucro que conseguir.".
No mês de fevereiro, um vendedor recebeu uma caixa com vários frascos iguais de perfume que era lançamento para o Dia das Mães, e teve duas semanas de prazo para efetuar as vendas e esgotar o estoque que estava sob sua responsabilidade.
Ao final da 1ª semana, verificou que restava apenas 1/4 do estoque que recebera, sendo que, assim, ele já havia apurado 39/40 do valor que a empresa investira na fabricação destes perfumes.
Na semana seguinte ele vendeu o restante dos frascos conservando o mesmo preço de venda. Sabe-se que o vendedor recebe uma comissão de 45% sobre o lucro que obtiver. Neste caso, cada R$ 100,00 que esse vendedor receber com suas vendas lhe dará direito a uma comissão cujo valor, em reais, está entre:

(A) 8 e 10 (B) 10 e 12 (C) 12 e 14 (D) 14 e 16

Respostas dos testes

Respostas do Teste 21

201) C	203) D	205) A	207) B	209) B
202) A	204) A	206) E	208) A	210) A

Respostas do Teste 22

211) A	213) A	215) B	217) B	219) D
212) D	214) B	216) C	218) C	220) A

Respostas do Teste 23

221) D	223) B	225) A	227) A	229) A
222) A	224) D	226) D	228) A	230) B

Respostas do Teste 24

231) D	233) B	235) E	237) A	239) D
232) E	234) D	236) C	238) C	240) E

Respostas do Teste 25

241) C	243) B	245) D	247) A	249) C
242) C	244) A	246) C	248) A	250) C

Respostas do Teste 26

251) A	253) B	255) B	257) A	259) D
252) D	254) E	256) E	258) A	260) C

Respostas do Teste 27

261) A	263) A	265) C	267) C	269) C
262) C	264) D	266) C	268) A	270) E

Respostas do Teste 28

271) B	273) D	275) C	277) B	279) D
272) E	274) B	276) C	278) D	280) A

Respostas do Teste 29

281) C	283) D	285) D	287) E	289) B
282) D	284) A	286) E	288) A	290) B

Respostas do Teste 30

291) A	293) C	295) E	297) A	299) D
292) C	294) B	296) D	298) C	300) B

Resoluções dos testes

Resoluções do teste 21

201) CMM – Se a melancia pesava 20 kg, e 95% era água, então 5% era "fruta sólida", como se fosse a fruta desidratada. 5% de 20 kg é 1 kg. Portanto eram 19 kg de água e 1 kg de sólido. Para que a fruta ficasse com 90% de água, teria que ser reduzida a 1 kg de sólido e 9 kg de água. Teriam evaporado 10 kg de água, e a massa restante da melancia é 1 kg (sólido) + 9k (água), totalizando 10 kg.

Resposta: (C) 10 kg

202) CMB – Uma sequência de 4 dígitos diferentes, escolhidos entre os 6 dígitos dados, requer 4 escolhas:
6 escolhas possíveis para o 1º dígito
5 escolhas possíveis para o 2º dígito, pois um dígito já terá sido escolhido.
4 escolhas possíveis para o 3º dígito, pois dois dígitos já terão sido escolhidos.
3 escolhas possíveis para o 4º dígito, pois três dígitos já terão sido escolhidos.
O total de escolhas é $6 \times 5 \times 4 \times 3 = 360$ escolhas (combinações).
Se cada tentativa demora 15 segundos, o tempo total para testar todas as combinações possíveis é $360 \times 15 = 5400$ segundos.
Dividindo por 60, teremos o total de minutos.
$5400 \div 60 = 90$ minutos, o mesmo que 1 hora e meia, ou 1h 30 min.

Resposta: (A) 1h 30 min

203) CMBH – O problema não pergunta o tempo de construção com as diferentes equipes, nem pergunta o comprimento do muro, ele na verdade fornece essas informações. O que é perguntado é quais dessas grandezas são diretamente proporcionais e quais são inversamente proporcionais. As grandezas envolvidas são:

- Número de operários
- Número de horas diárias trabalhadas
- Comprimento do muro

- Tempo total de construção do muro, em dias

Então chequemos as opções:
(A): Quanto mais operários, mais muro será construído. São diretamente proporcionais.
(B): Quanto mais operários, em menos tempo o muro será construído. São inversamente proporcionais.
(C): Quanto mais dias forem disponíveis, menos horas precisarão ser trabalhadas por dia. São inversamente proporcionais.
(D): Quanto mais horas de trabalho diárias, mais muro será construído. São diretamente proporcionais.
(E): Quanto maior é o muro, mais dias irá demorar a sua construção. São diretamente proporcionais.

Dentre as afirmativas, vemos que a única ERRADA é (D).

Resposta: (D) As grandezas quantidade de horas por dia e comprimento do muro por dia são inversamente proporcionais.

204) CMF – Com menos operários, a obra irá demorar mais. O número de operários e a duração da obra são grandezas inversamente proporcionais, Com 2/3 da quantidade de operários, o tempo para conclusão da obra será multiplicado por 3/2. Além disso, o número de horas trabalhadas passou de 8 para 6. Com menos horas, o tempo da obra aumentará na proporção inversa. Como são 3/4 das horas, a duração da obra ficará multiplicada por 4/3. Combinando essas duas modificações, o tempo total da obra fica multiplicado pelo produto (3/2) × (4/3) =
$\frac{3}{2}\times\frac{4}{3}=2$. Ou seja, o tempo da obra irá dobrar. Dos 12 dias originalmente previstos, passará a ser 24 dias.

Resposta: (A) 24

205) CFN – 10 dias de trabalho, com 8 horas por dia, são 80 horas de trabalho. Como são 4 tratores, isso é o mesmo que 1 trator trabalhando durante 320 horas.
Este mesmo serviço, que levaria 320 horas para ser feito por um só trator, será agora realizado por 2 tratores. Então cada um deles terá que trabalhar 160 horas.
Como são 10 horas de trabalho por dia, o número de dias necessários será 160 ÷ 10 = 16 dias.

Resposta: (A) 16

206) CFN – Note que os discos B e C são dados em relação ao disco A. Então chamando a massa de A de x, temos:
B = 2x e C = 3a
Como temos 2 discos de cada tamanho, a massa total dos 6 discos é x + x + 2x + 2x + 3x + 3x = 12x
A barra tem 20 kg, e o total tem 200 kg. Então temos:
20 + 12x = 200 ➔ 12x = 180 ➔ x = 15.
Portanto as massas dos discos A, B e C são 15 kg, 30 kg e 45 kg.

Resposta: (E) 15 kg, 30 kg e 45 kg

207) CEFET RJ – A parte decimal 0,625 é obtida pelo resto da divisão inteira, sendo dividido por 8. Para saber esse resto da divisão inteira, basta fazer a operação inversa, ou seja, multiplicar 0,625 por 8:
0,625 × 8 = 5

Portanto o número n deixa resto 5 na divisão inteira por 8. Para encontrar o próximo múltiplo de 8 superior a n, basta somar 3, assim o resto 5 se transformará em resto 8, que dará uma divisão exata por 8. Então o número procurado é n + 3.

Resposta: (B) n+3

208) IFPE – Visto de frente, esse bloco apresenta um perímetro externo e um perímetro interno. O externo mede 6 + 6 + 5 + 5 = 22 cm. O interno mede 4 + 4 + 3 + 3 = 14 cm. Cada um deles deverá ser multiplicado por 1 cm para obtermos a área lateral correspondente (interna e externa). Isso resulta em 22 cm^2 + 14 cm^2 = **36 cm**^{2}. Temos que somar a área frontal e a área traseira, que são iguais. Cada uma delas é um retângulo de 6 cm × 5 cm, menos um retângulo menor, de 4 cm × 3 cm. Isso resulta em 30cm^2 – 12 cm^2 = 18 cm^2. Como são duas áreas iguais (frontal e traseira), totaliza **36 cm^2**. Portanto o total é 72 cm^2.

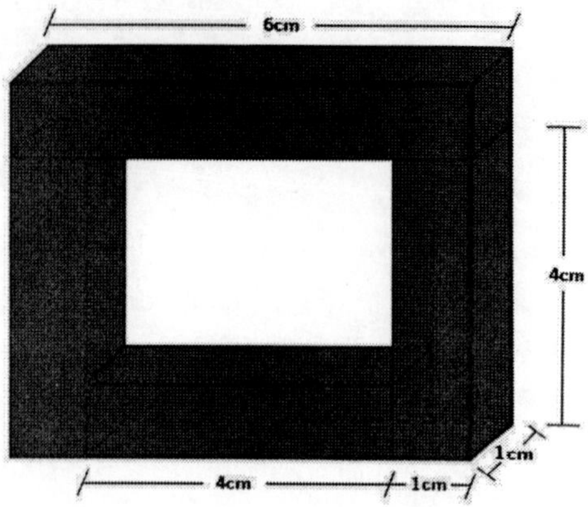

Resposta: (A) 72 cm^2

209) CEFET ES – Paulo pisará nos degraus 2, 4, 6, 8, 10, 12, 14, 16, 18 e 20, ou seja, os múltiplos de 2. Daniel pisará nos degraus 3, 6, 9, 12, 15 e 18, ou seja, os múltiplos de 3.
Assim deduzimos que (I) é falsa, nenhum pisará no 13º degrau. A (II) também é falsa, pois Daniel não pisará no 16º. Finalmente, (III) também é falsa, pois Daniel pisará no 15º degrau. As três são falsas. A única resposta que se encaixa é (B), que indica que (II) é falsa. Note que não está sendo dito que (II) é a única falsa, apenas que é falsa.

Resposta: (B) A afirmativa II é falsa.

210) Colégio Pedro II (RJ) – Esse problema tem uma técnica simples para fornecer rapidamente a resposta. A fórmula que relaciona o número de elementos (no caso, de cadeiras), em função da ordem n (no caso, o número de mesas) é:

INÍCIO + n.VARIAÇÃO.

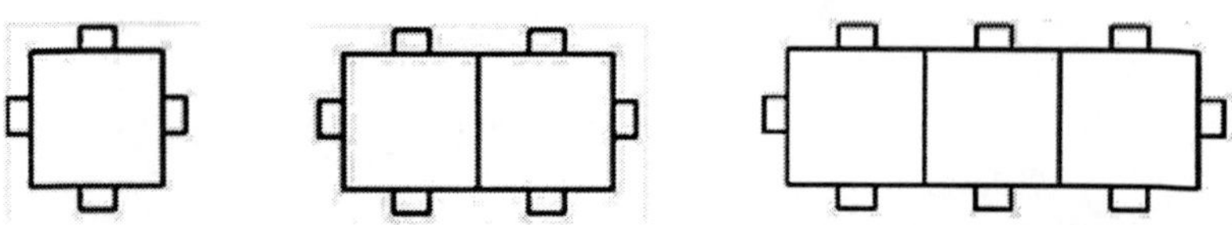

A VARIAÇÃO é o que muda de uma figura para a próxima. Comparando duas figuras consecutivas, como 1 e 2, vemos que esta variação é igual a 2 cadeiras, pois a 1ª figura tem 4 cadeiras, e a 2ª tem 6 cadeiras. Então VARIAÇÃO = 2.
Podemos descobrir o valor de INÍCIO pela figura que tem n=1, ou seja, a primeira.
Na primeira temos 4 cadeiras. Então
4 = INÍCIO + 1 . VARIAÇÃO
4 = INÍCIO + 1.2
INÍCIO = 2.
Logo a fórmula geral é
Cadeiras = 2 + 2,n, onde n é o número de mesas.

Testando para n = 1, n = 2 e n = 3, vemos que a fórmula funciona com as figuras dadas.

Para 50 mesas, basta fazer na fórmula, n = 50. O número de cadeiras será:
2 + 50 × 2 = 102.

Resposta: (A) 102

Resoluções do teste 22

211) CMRJ - A soma das alturas dos 20 alunos da turma de Luiz, incluindo o próprio Luiz, é 20 × 1,5m = 30 metros. Com a saída de Luiz, ficam 19 alunos, e a média aumenta 2%, portanto passa as ser 1,50 + 2% de 1,50 = 1,53 m. Sendo assim, a soma das alturas dos 19 alunos restantes é 19 × 1,53m = 29,07 m. Significa que a altura de Luiz é 0,93m.
Note que Luiz de fato não foi retirado da sua turma, ele continua na mesma. Continuam 20 alunos, e a média das alturas continua sendo 1,50 m.
Antônio é transferido para a turma de Luiz. A turma passar a ter 21 alunos, e a média diminuiu 2%. Portanto a média passa a ser 1,50 m = 2% de 1,50 m = 1,47 m. A soma das alturas desses 21 alunos é 21 × 1,47m = 30,87 m. Esta soma era 30 m e passou a ser 30,87 m, devido à soma com a altura de Antônio, que é portanto, 87 cm.
Concluímos que Luiz mede 93 cm e Antônio mede 87 cm. A diferença entre suas alturas é 6 cm.

Resposta: (A) 6 cm

212) CMPA - Considerando todos os códigos que começam com A, as letras seguintes variam de A a Z, portanto AA, AB, AC, ... AZ. BA, BB, BC, ... BZ totalizam 26 x 26 = 676 códigos. Chamemos esse grupo de códigos de Série A. Serão usadas também a Série B (BAA até BZZ), a Série C (CAA a CZZ), mas a Série D não precisará ser usada inteira, pois essas três primeiras já totalizam 3 × 676 = 2028. Para chegar a 2060, faltam apenas mais 32 códigos. São eles:
DAA a DAZ: 26 códigos
Faltam apenas mais 6 para chegar ao 2060º livro. Esses códigos são:
DBA, DBB, DBC, DBD, DBE e DBF.

Resposta: (D) DBF

213) CMR - A fórmula se aplica para o esvaziamento da caixa. Quando t=0, o volume armazenado é 7 m^3. Conforme t aumenta, a parcela $t^2/2800$ é subtraída desse volume inicial, então a fórmula representa um esvaziamento. Esse esvaziamento começa com t=0 (que representa 10 da manhã), com V inicial igual a 7. O esvaziamento terminará quando tivermos V=0, ou seja:

$$0 = \frac{-1}{2800}t^2 + 7$$

$$\frac{t^2}{2800} = 7$$

$$t^2 = 7 \times 2800 = 7 \times 7 \times 400$$

$$t = 7 \times 20 = 140$$

Então a caixa estará vazia com t = 140 minutos, o mesmo que 2h 20 min. Como começou o esvaziamento às 10h da manhã, a caixa estará vazia no horário de 12h 20 min.

Resposta: (A) 12h 20min

214) CMSM – Analisando as afirmativas:

(A): Errado, de 2009 para 2010 houve redução, apesar de bem pequena.

(B): Certo. A soma das quantidades em 2007 e 2008 é inferior a 3.500.000, apesar de não ser possível ler pelo gráfico, o valor exato. Já as infrações de 2016 foram superiores a 3.500.000.

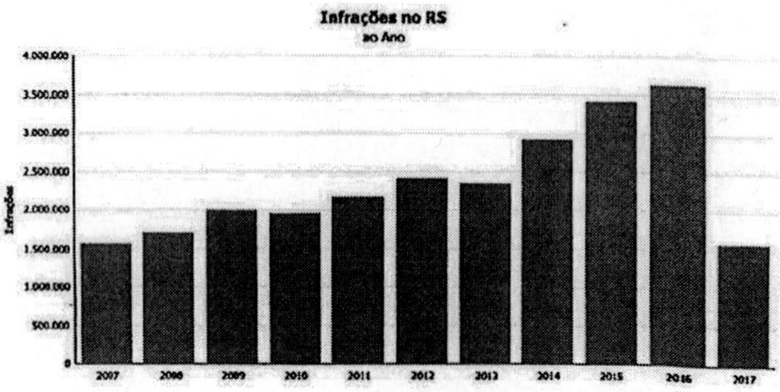

(C): Errado. Em 2009, foram cerca de 2 milhões, e em 2015 não chegou a 4 milhões.

(D): Errado, ocorreu redução em 2013.

(E): Errado, ocorreram reduções duas vezes, de 2009 para 2010 e de 2012 para 2013.

Resposta: (B)

215) CFN – As medidas do retângulo interno são a metade das medidas do externo, então são 4 m e 3 m. A área pedida é:

$8 \times 6 - 4 \times 3 = 48 - 12 = 36$, ou seja, 36 m^2.

Resposta: (B) 36 m^2

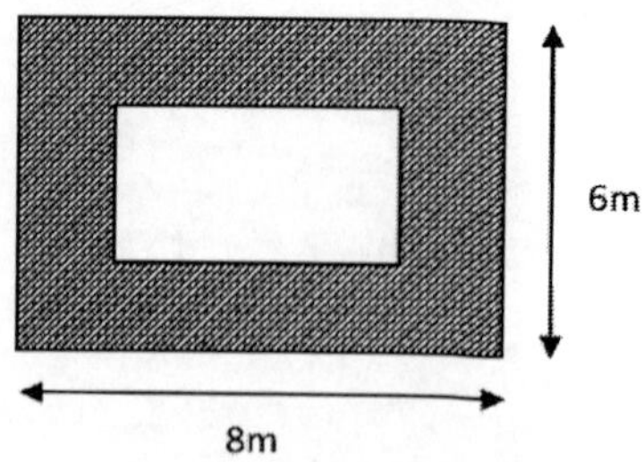

216) IFRN – Observe o uso da palavra "apenas" em dois dos grupos citados. É claro que aqueles que têm o fundamental ou o médio completos, sabem ler e escrever, mas ali são citados os que apenas sabem ler e escrever, sem ensino fundamental nem médio completos. Também é claro que quem tem o ensino médio, tem também o fundamental, mas o problema descreve os que apenas têm o fundamental, sem o médio. Ou seja, os três grupos citados sã totalmente disjuntos, não existem elementos comuns.

Podemos chamar as quantidades desses grupos de 15x, 20x e 50x. Sua soma, 85x, é igual aos 8500 habitantes. Então x = 100, e as quantidades são:

Médio: 15x = 1.500

Fundamental: 20x = 2.000

Alfabetizados: 50x = 5.000

Portanto a resposta correta é (C).

Resposta: (C) 2.000 pessoas com o ensino fundamental completo.

217) IFSP – Basta dividir os 25 kg pelos 10.000.000 de grãos.

$$\frac{25.000g}{10.000.000} = 2{,}5 \times 10^{-3} g$$

Resposta: (B) 2,5 × 10^{-3}

218) IFMG – A soma dos valores é no máximo 10. Múltiplos de 4, temos apenas 4 e 8. Os números do 1º dado vão de 1 a 6, e os do 2º dado vão de 1 a 4, então as possibilidades são: 1 e 3; 2 e 2; 3 e 1; 4 e 4; 5 e 3; 6 e 2. Total de 6 resultados.

Resposta: (C) 6

219) IFGO – Podemos chamar as medidas de 9x e 40x. O perímetro é 49x + 49x = 98x. Como foi dado que o perímetro é 9,80m, então temos x = 0,1, e as medidas são 0,9m e 4m.
Usar o Teorema de Pitágoras vai nos levar a um cálculo de raiz quadrada de número decimal (16,81). Então façamos de uma outra forma.
As medidas do quadro são 40x e 9x. Esquecendo x, considere um triângulo retângulo de catetos 40 e 9. Usando o Teorema de Pitágoras com esses números inteiros, ficamos com uma hipotenusa, que, elevada ao quadrado, resulta em $40^2 + 9^2 = 1600 + 81 = 1681$
É de se desconfiar que este número 1681 é o quadrado de 41, que é um pouco maior que 40.
De fato, temos $41^2 = 41 \times 41 = 1681$
Logo a hipotenusa é 41. Usando 41x, ficamos com 4,10 m.

Resposta: **(D) 4,10 m**

220) IFMA – Se o número de motos for M, o de automóveis será 120 – M. O número de rodas é:
2M + 4.(120 – M) = 2M + 480 – 4M = 480 – 2M
Como são 320 rodas, temos:
480 – 2M = 320
160 = 2M
M = 80.
Portanto são 80 motos e 40 carros.

Resposta: (A) 80 e 40

Resoluções do teste 23

221) CMF – O problema não fez referência à questão deixada em branco. Muitas vezes os testes que usam uma penalidade para a resposta errada, como é esse caso, consideram 0 ponto perdido para questões em branco. O problema não fez referência a esse caso, então consideraremos a questão deixada em branco como sendo uma questão errada.

Seja x o número de respostas corretas. As erradas são as restantes, 20 – x. A pontuação total é: 5x – 3(20 – x), e esta soma deve ser maior ou igual a 60.
5x – 60 + 3x = 60
8x = 120
x = 15
De fato, com 15 acertos, serão 75 pontos positivos e 15 pontos negativos, totalizando 60.

Resposta: (D) 15

222) CMM – Para determinar o ângulo, formamos uma fração com denominador 360. O numerador será o ângulo pedido. O número total de questões é:
1 + 4 + 14 + 10 + 1 = 30
O maior valor é 14, a fração do total é 14/30.
Convertendo o denominador para 360, temos:

$$\frac{14}{30} = \frac{14 \times 12}{30 \times 12} = \frac{168}{360}$$

Portanto o ângulo pedido é 168°.

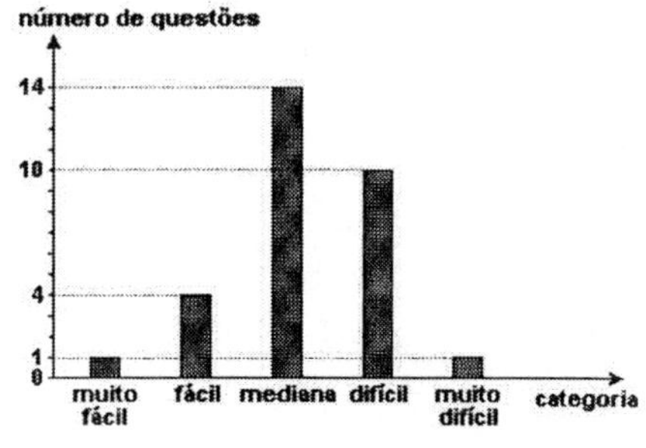

Resposta: (A) 168°

223) CMB – Usemos o método da redução à unidade, calculando o tempo para um operário instalar uma cadeira:
6 operários instalam 12 cadeiras em 8 horas
1 operário instala 2 cadeiras em 8 horas.
1 operário instala 1 cadeira em 4 horas.

Agora temos 5 operários e queremos saber o tempo para instalar 5 cadeiras:
1 operário instala 1 cadeira em 4 horas.
1 operário instala 5 cadeiras em 20 horas.
5 operários instalam 5 cadeiras em 4 horas (5 vezes mais rápido, pois são 5 trabalhando)

Resposta: (B) 5

224) CMBH – É mais fácil resolver o problema pelo método da subtração. Calculamos todas as senhas possíveis, e subtraímos aquelas que não usam 4 nem 9, ou seja, apenas com os demais algarismos.
Todas as senhas:
1º algarismo: 6 escolhas
2º algarismo: 5 escolhas (não podemos repetir algarismos, e um já foi usado)
3º algarismo: 4 escolhas
4º algarismo: 3 escolhas
Total: 6 × 5 × 4 × 3 = 360 senhas possíveis.

Calculemos agora o número de senhas que não usam 4 nem 9. Podemos usar apenas 3, 5, 7 e 8.
1º algarismo: 4 escolhas
2º algarismo: 3 escolhas
3º algarismo: 2 escolha
4º algarismo: 1 escolha
Total: 24 senhas possíveis.
Subtraindo do total (360), as que não tem 4 nem 9, restarão as que possuem 4 ou 9, ou ambos.
360 – 24 = 336.

Resposta: (D) 336

225) CFN – Este é um "problema de torneiras" considerado difícil, pois envolve um número desconhecido, ao invés de termos tempos de enchimento estabelecidos. As informações são as seguintes:
2ª torneira: enchimento no tempo T
1ª torneira: enchimento no temo T+27
Juntas: enchimento em 18 horas.
Usando a fórmula geral das torneiras, temos:

$$\frac{1}{T} = \frac{1}{T_1} + \frac{1}{T_2}$$

$$\frac{1}{18} = \frac{1}{T+27} + \frac{1}{T}$$

Como é uma equação, podemos reduzir as frações ao mesmo denominador (MMC) e eliminar os denominadores.

$T(T+27) = 18T + 18(T+27)$
$T^2 + 27T = 18T + 18T + 486$ (18 × 27 = 486)
$T^2 - 9T - 486 = 0$
É melhor manter aquele 486 como 18×27, pois será mais fácil simplificar.
$T^2 - 9T - 18\times 27 = 0$

O discriminante é $\Delta = 9^2 + 4\times18\times27$
Podemos colocar 9^2 em evidência, ficando com:
$\Delta = 9^2(1+4\times2\times3) = 9^2.25$
Logo, $\sqrt{\Delta} = 9\times5 = 45$. As raízes são:
$T = \frac{9\pm45}{2}$, que são 27 e –18. A raiz negativa não serve, pois o tempo T é positivo. Logo, temos T = 27. Uma torneira enche o tanque em 27 horas, a outra enche em 54 horas.

Resposta: (A) 54 e 27

226) IFAM – As 50 questões valem 100 pontos, então cada uma vale 2 pontos. Para aprovação, inicialmente devemos garantir 30 questões certas, pois totalizam 60 pontos. Nas 20 questões restantes, não podemos ter perdas, ou seja, o número de erros não pode ser maior que o triplo do número de acertos.
Por exemplo, o candidato estará aprovado se dessas 20 questões acertar 5. Se errar as 15 restantes, terá soma zero, não afetando o resultado de 60 pontos já obtidos com aqueles 30 acertos. Se errar menos de 15, ainda terá chance de recuperar a perda com as questões restantes. Obviamente é preciso ter acertos, pois questões em branco não compensarão os erros.
Acima de 15 erros, não haverão questões certas em número suficiente para compensar esses erros, e o aluno será reprovado. O número máximo de erros é 15, desde que acerte as outras 5, para não haver perda em relação a aqueles 60 pontos já conquistados.

Resposta: (D) 15 questões

227) IFMT – As marcas simultâneas ocorrerão nos pontos cuja distância seja um múltiplo comum de 30 e 50, ou seja, 150 metros. O problema não citou a colocação de marcas no início da pista, então a primeira duplicidade de marcas ocorrerá depois de 150 metros. Como são 4500 metros de extensão, existirão 30 lugares com as marcas simultâneas.

Resposta: (A) 150 metros e 30 lugares

228) IFMA – Os três conjuntos citados são disjuntos, pois um aluno só pode estar em uma das três situações:

- Errar todas
- Acertar umas e errar outras
- Acertar todas.

Então, o total de alunos é a soma dos totais acima.
12% + 32% + 14 = 100%
Logo aqueles 14 alunos correspondem a 56%. Um aluno é 4%, portanto são ao todo 25 alunos.

Resposta: (A) 25

229) IFSC – A média é a soma dos valores, dividida pela quantidade de valores.
A soma é 96. São ao todo 11 valores. A média é 96 ÷ 11 = 8,72
A mediana requer que os números sejam colocados em ordem crescente:
7, 8, 8, 8, 8, 9, 9, 9, 10, 10, 10. A mediana é o valor central, no caso, 9.
Já a moda é o valor mais comum, que no caso é 8.
Com esses valores para média (8,72), mediana (9) e moda (8), temos que a única incorreta é (A).

Resposta: (Incorreta): (A) O valor da média e da mediana são iguais.

230) IFPE – Sendo M a distância, em quilômetros, percorrida de motocicleta, a distância percorrida de carro é 480 – M. Levando em conta os custos por quilômetro, temos:
Motocicleta: 0,15.M
Carro: 0,40.(480 – M)
Total: 192 – 0,25M
Para que seja igual a 90 reais, temos:
192 – 0,25M = 90
0,25M = 102
M = 408

Resposta: (B) 408 km

Resoluções do teste 24

231) CMRJ – Chamemos as quantidades de dinheiro de cada irmão de x, y, z e w, e apliquemos as condições do problema:
1º : x ➔ x + 4
2º : y ➔ y – 3
3º : z ➔ z/2
4º : w ➔ 2w
Comparando os valores do 3º e do 4º irmãos, temos:
$\frac{z}{2} = 2w$, o mesmo que z = 4w. Então ao invés de usar z e w, podemos utilizar somente a variável w, e ao invés de z, usar 4w.
O 2º irmão ficou com y – 3, e como é dito que os quatro valores da segunda coluna são iguais, temos:
y – 3 = 2w, ou y = 2w + 3
Comparando os valores do 1º com o 4º, temos:
x + 4 = 2w, ou x = 2w – 4.
Então os valores originais x, y, z e w, cuja soma é 71, podem ser escritos como
2w – 4, 2w + 3, 4w e w.
2w – 4 + 2w + 3 + 4w + w = 71
9w – 1 = 71
9w = 72
w = 8
Conhecendo w, podemos calcular o que o problema pede, a importância igual de cada um no final, que no caso vale 2w, ou seja, 16.

Resposta: (D) R$ 16,00

232) CMSM – O problema é certamente muito difícil para quem nunca lidou com a *sequência de Fibonacci*. É preciso notar que os coelhos nascidos há um mês não procriam, somente a partir do 2º mês de vida. Então o número de novos casais gerados em um mês não é igual ao número de casais existentes no mês anterior, mas sim, dois meses antes.
1º mês: Existe apenas 1 casal
2º mês: O casal existente ainda é muito jovem e não procria, então continua 1 casal.
3º mês: Temos o mesmo casal, que já completou 2 meses, mais sua cria ➔ 2 casais
4º mês: O casal jovem ainda não procria, então temos 2 + 1 nova cria = 3 casais
5º mês: Os mesmos 3 (2 adultos e 1 jovem) mais as crias dos adultos: 3 + 2 = 5
6º mês: Os 5 do mês anterior (3 adultos e 2 jovens) mais as crias dos adultos: 5 + 3 = 8
Portanto no 6º mês teremos ao todo, 8 casais de coelhos.

Resposta: (E) 8

233) CMPA – A cada etapa, o lado do novo quadrado é igual à soma dos lados dos quadrados das duas etapas anteriores. Basta observar o lado do quadrado maior, que é o último (13), e da maneira como foi formado, é a soma dos lados dos dois anteriores (8 e 5). Os lados formam uma sequência de Fibonacci, a mesma do problema dos coelhos anterior. O problema já informa os valores dos termos. O 10º vale 55 e o 9º vale 34. Este retângulo terá as dimensões:

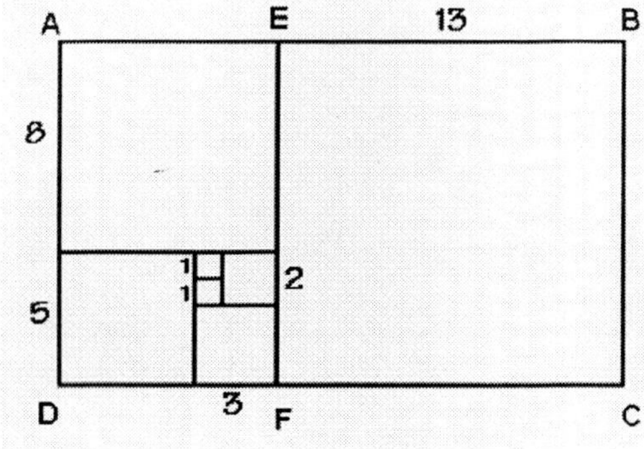

Largura: 55
Comprimento: 55 + 34 = 89
Basta notar que a largura será o lado do 10º quadrado, e o comprimento será a soma dos lados do 10º e do 9º quadrados. Então a área pedida é
$55 \times 89 = 4895$

Resposta: (B) 4895

234) CMM – O regime dos juros simples é aquele que adiciona juros constantes em períodos iguais. No gráfico ao lado, é isso o que acontece, sendo adicionados R$ 225,00 fixos a cada mês. O gráfico do montante em função do tempo é uma reta.

O capital inicial é o valor do montante para t=0, ou seja, R$ 1500,00.
Ao final de 1 mês são adicionados 225,00, que corresponde a 15% do capital inicial:
225/1500 = 0,15
Então a taxa é 15% ao mês.

Temos então:
I) O capital aplicado nesse investimento foi de R$ 3.500,00: ERRADO, é R$ 1500,00
II) O investimento foi aplicado em regime de juros compostos. ERRADO, são simples.
III) A taxa de juro do investimento foi de 15% ao mês. CERTO.
IV) Mantidas as mesmas condições, o montante da aplicação ao fim do 6º mês será R$ 2.850,00. CERTO. Calculando c.i.t, temos 1500 x 0,15 x 6 = 1350 de juros, o montante é 2.850,00.
As certas são III e IV.

Resposta: (D) III e IV

235) CMR – Vamos encontrar a maior potência de 10 que faz parte do número dado:
$2^{2018} \cdot 3^{2017} \cdot 5^{2016} = 2^{2016} \cdot 5^{2016} \cdot 2^2 \cdot 3^{2017} = 10^{2016} \cdot 4 \cdot 3^{2017}$
Da forma como o número foi expresso, temos n = 2016. Além disso, o número k tem apenas os fatores 2 e 3, portanto não possui fatores 2 nem 5, e por isso não é múltiplo de 10, e seu último algarismo não é zero.
Já descobrimos o valor de n=2016, falta determinar o último algarismo de $4 \cdot 3^{2017}$.
Sabemos que potências crescentes apresentam ciclos no seu último algarismo:
$3^1 = 3$, termina com 3
$3^2 = 9$, termina com 9

$3^3 = 27$, termina com 7
$3^4 = 81$, termina com 1
$3^5 = 243$, termina com 3. A partir daqui, que o 3 aparece, os algarismos se repetem:
$3^6 = 729$, termina com 9.
O último algarismo segue a sequência 3, 9, 7, 1, 3, 9, 7, 1, ... Repetem de 4 em 4.
Como 2017 deixa resto 1 na divisão por 4, seu último algarismo é o mesmo de $3^1 = 3$.
Então 3^{2017} termina com 3. Como está multiplicado por 4, e $4 \times 3 = 12$, o número 4.3^{2017} termina com 2,
Sendo assim, os dois números procurados são 2 e 2016.

Resposta: (E) 2 e 2016

236) IFSP – Doadores universais são os de sangue O–. Pela tabela, são 30, e considerando um total de 200, isso representa 15%.

	A	B	AB	O
Rh+	27	24	23	55
Rh–	15	13	13	30

Resposta: (C) 15%

237) IFMG 2016 – Note que das 700 pessoas, 100 não são hipertensos nem fumantes. Os 600 restantes representam os fumantes ou hipertensos, ou ambos os casos. Como a soma é 300 + 380 = 680, significa que 80 deles se enquadram nas duas categorias (estão sendo contados em duplicidade), ou seja, hipertensos e fumantes ao mesmo tempo.

Resposta: (A) 80

238) IFRJ – O país citado, que não é o Brasil, apresentou no período um aumento de 5,2 trilhões em 4 anos, ou seja, uma média de crescimento de 1,3 trilhões por ano. Portanto, em 2011 cresceu 1,3 trilhões em relação aos 6,2 trilhões de 2011.
$6{,}2 + 1{,}3 = 7{,}5$

Resposta: (C) 7,5

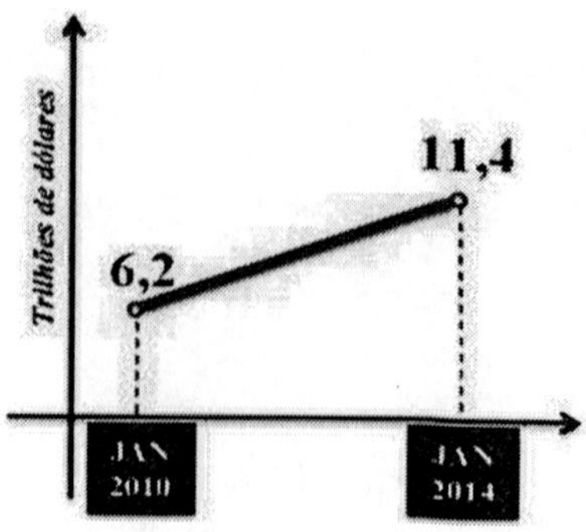

OBS.: Crescimento do PIB tem que ser analisado com cautela. Se um país tomar emprestado 4 trilhões, desperdiçar 1 trilhão e gastar 3 trilhões para fazer, por exemplo, obras, o PIB terá crescido 3 trilhões, mas a dívida terá crescido 4. A China, por exemplo, tem o crescimento do seu PIB movido pelas suas exportações, e não por empréstimos, então é um crescimento sustentável.

239) IFCE – Calculando a expressão com os valores dados para x, y e z, temos:

$$\left(\frac{2/5}{3/7}-\frac{1}{3}\right)^2=\left(\frac{2}{5}\times\frac{7}{3}-\frac{1}{3}\right)^2=\left(\frac{14}{15}-\frac{5}{15}\right)^2=\left(\frac{9}{15}\right)^2=\left(\frac{3}{5}\right)^2=\frac{9}{25}$$

Ficamos com uma fração irredutível (não admite mais simplificação), com a soma dos termos igual a 9 + 25 = 34.

Resposta: (D) 34

240) IFBA – De acordo com o que o aluno disse, temos:

$$n+\frac{n}{2}+\frac{n}{8}+1=27$$

$$n+\frac{n}{2}+\frac{n}{8}=26$$

$$\frac{8n}{8}+\frac{4n}{8}+\frac{n}{8}=26$$

$$\frac{13n}{8}=26$$

$$\frac{n}{8}=2$$

$$n=16$$

Entre as respostas, a única que serve é (E), um quadrado perfeito.

Resposta: (E) quadrado perfeito

Resoluções do teste 25

241) CMM - Vamos dividir as pontes em 3 grupos: (1), formado por uma só ponte de mão dupla, (2), formado por 4 pontes, sendo que uma delas é de mão única, e (3), com 3 pontes, sendo uma delas de mão única.

Podemos identificar dois tipos de trajetos:

1º (1) - (3) - (2)

2º (2) - (3) - (1)

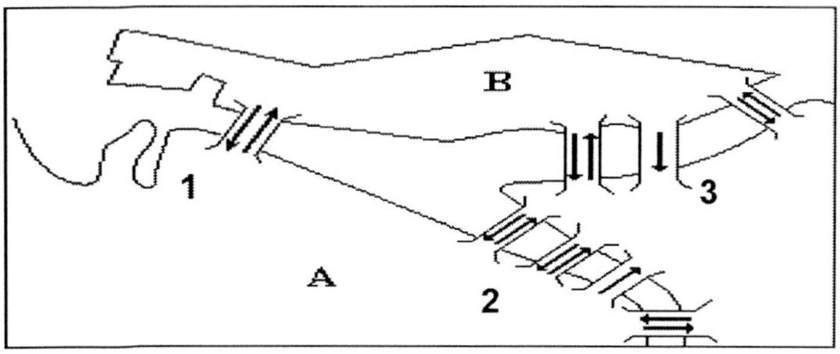

Calculemos o número de escolhas em cada um dos trajetos. No grupo (1) temos uma única ponte, e uma única escolha de ponte, seja no sentido norte ou no sentido sul. No grupo (2) temos 4 escolhas de ponte no sentido norte, e 3 escolhas no sentido sul. No grupo 3 podemos escolher 2 pontes indo para o norte e 3 indo para o sul.

Sendo assim, o número de caminhos possíveis nos dois trajetos é:

1º : $1 \times 3 \times 3 = 9$

2º : $4 \times 2 \times 1 = 8$

Ou seja, temos 17 maneiras de fazer o caminho dado pelo problema.

Resposta: (C) 17

242) CMF - As condições de trabalho são exatamente iguais nos dois casos. Se para realizar 2/5 do trabalho foram necessários 18 dias, os 3/5 restantes precisarão de 27 dias. Basta dividir por 2 e multiplicar por 3.

Resposta: (C) 27

243) CMPA - O combustível de 2000 litros tem 25 etapas de 80 litros. Então ocorrerão 25 acréscimos de velocidade, notando que esses acréscimos são multiplicativos, ou seja, a cada 80 litros, a velocidade é multiplicada por 1,2. Por isso as respostas usam potências de 1,2.

A velocidade quando o combustível acabar é igual aos 100 km/h iniciais, multiplicados por $(1,2)^{25}$. Esta velocidade é portanto 100. $(1,2)^{25}$,

Resposta: (B) 100.$(1,2)^{25}$

244) CMPA – Já que essas 120 fotografias são todas as possíveis, e todos os alunos aparecem em todas as posições, então em 1/5 delas o aluno Elon está na posição A, 1/5 na posição B, 1/5 em C, 1/5 em D e 1/5 em E. Ou seja, em 24 delas (1/5 de 120), Elon está na posição central. Como cada foto custa R$ 0,75, o valor pago pelas 24 fotos será
24 × R$ 0,75 = R$ 18,00

Resposta: (A) R$ 18,00

245) CMF – Tentemos identificar quanto cada filho receberá, a partir das informações dadas. Note que as idades estão usando como referência, a idade de Lara, que vamos chamar de x:

Lara:	x
Salomão:	x + 1
Gabriel:	2x + 1
Raquel:	x + 3

O problema é maldoso. Não temos informações para descobrir o valor de x, mas a soma das quatro idades é 5x + 5, e a idade de Salomão é x + 1, portanto, 1/5 da soma de todas as idades. Logo o ângulo central pedido é 1/5 de 360° = 72°.

Resposta: (D) 72°

246) CFN – As grandezas do quadro ao lado são inversamente proporcionais, pois quanto mais coelhos, menos irá durar a ração.
Em A, temos o triplo de coelhos, portanto a duração será 1/3 de 30 dias = 10 dias.
Em B, para durar o dobro, devemos ter a metade do número de coelhos, ou seja, 20 coelhos.
Em C, temos a metade do número de dias, pois o número de coelhos deve ser o dobro: C=80.
Em D, o temo 3/2 do número de coelhos, então o número de dias é 2/3: D=20 dias.

Nº de coelhos	Nº de dias
40	30
120	A
B	60
C	15
60	D

Portanto os valores de A, B, C e D são 10, 20, 80 e 20.

Resposta: (C) 10, 20, 80, 20

247) CFN – Os lançamentos são eventos independentes. A probabilidade de ocorrerem eventos independentes é o produto das probabilidades de cada um dos eventos. Então a probabilidade de ocorrerem coroa quatro vezes é:

$$\frac{1}{2}\times\frac{1}{2}\times\frac{1}{2}\times\frac{1}{2}=\frac{1}{16}$$

Resposta: (A) 1/16

248) IFRS – Note que com o cubo montado, algumas linhas irão coincidir. Por exemplo, a linha 7-8 irá coincidir com a linha 3-8, isto significa que o vértice A coincide com a nova posição, também A, duas quadrículas acima, indicadas na figura.
Fazendo uma volta completa em torno da face superior 1-2-5-4, temos a sequência A-3-4-5-6, então o ponto 6 coincide com A. "Fechando" a face superior 1-2-5-4, vemos que o ponto 2 coincidirá com o ponto A superior. Então a posição desse A superior é a mesma de 2 e de 6. A face inferior do cubo, 8-9-13-12, não faz contato com A. Então os pontos que coincidem com A são apenas 2 e 6, sua soma é 8.

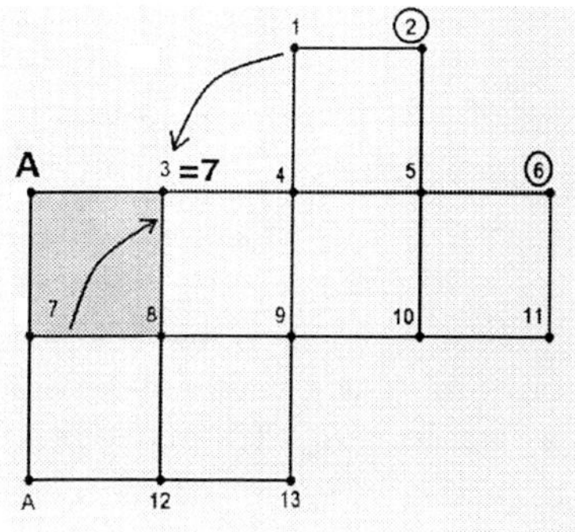

Resposta: (A) 8

249) IFPE – As medidas da base do aquário, em dm, são 12 dm e 6 dm. A altura de água é desconhecida, se chamarmos de h, dada em decímetros, o volume de água será:
$12 \times 6 \times h = 72h$
Ao colocar o castelo dentro do aquário, ocorrerá um aumento do nível da água. Este aumento resulta em um volume de água que é igual ao volume do castelo. Como o nível da água aumentou 15 cm = 1,5 dm, o volume do castelo é:
$12 \times 6 \times 1{,}5 = 108$ litros
Note que não importa a altura da água anterior, o que interessa é o volume do castelo, que pode ser calculado dessa forma, levando em conta a mesma base do aquário, e como altura, o aumento do nível da água, resultando em 108 litros.

Resposta: (C) 108

250) CEFET ES – Anotemos os pesos nas datas indicadas:
5º dia: 92 kg
10º dia: 85 kg
O emagrecimento foi de 7 kg em 5 dias, o mesmo que 1,4 kg por dia.
Entre o 10º e o 22º, transcorrem 12 dias. Então o emagrecimento foi $12 \times 1{,}4$ kg = 16,8 kg. Abatendo este valor do peso no 10º dia, ficamos com:
$85 - 16{,}8 = 68{,}2$

Resposta: (C) 68,2 kg

Resoluções do teste 26

251) CMM – É preciso escrever matematicamente as inscrições no túmulo de Diofanto, para descobrir a sua idade ao falecer. Chamando de n o número total de anos vividos, temos:

(n/6) ...a sexta parte de sua vida na juventude;
(n/12) um doze avos na adolescência;
(n/7) um sétimo foi passado num casamento estéril.
(5) Decorreu mais de cinco anos, depois do que lhe nasceu um filho.
(n/2) ...o filho, apenas tinha atingido a metade do total de anos que viveu seu pai, quando morreu.
(4) Quatro anos ainda, ... antes de chegar ao termo de sua existência.

A parte mais difícil de interpretar é a relativa ao tempo de vida do filho. Não é dito que o filho havia atingido a metade da idade que o pai tinha na época, mas sim, a metade dos anos que viveu o pai, ou seja, n/2. Ficamos então com:

$$\frac{n}{6}+\frac{n}{12}+\frac{n}{7}+5+\frac{n}{2}+4=n$$

Resolvendo a equação, ficamos com: (MMC = 84)

$14n+7n+12n+420+42n+336=84n$

$756=9n$

$n=84$

Uma outra forma de resolver a questão, mas não tão precisa, era observar que 84 era o único número entre as opções, divisível por 6, 12 e 7 ao mesmo tempo. A partir daí, deveríamos testar se a descrição do epitáfio funciona com n=84.

Resposta: (A) 84

252) CMF – Se a soma de todos os números do quadrado mágico é 36, então cada linha tem soma igual a 12. Isso nos permite descobrir os números da 1ª linha e da 1ª coluna: 0 e 2.

Ficam faltando os números 1, 4 , 6 e 8. Um deles é o número a que o problema pergunta, os outros três são as três posições ainda em branco na figura.

7	0	5
2		a
3		

Desses quatro números disponíveis, 1 é ímpar, os outros três são pares. Os dois em branco da terceira linha precisam ter a soma igual a 9. A única forma para conseguir isso é escolher 1 e 8 para a terceira linha. Não podem ser 1 e 8 nessa ordem, senão a terceira coluna teria 5, a e 9, cuja soma ultrapassaria 12. Então tem que ser na ordem 8 e 1.

Restam apenas 4 e 6, que devem ocupar a posição central e o número **a**. Para respeitar a soma 12 em qualquer linha ou coluna, a posição central precisa ser 4 e o valor de **a** precisa ser 6.

7	0	5
2		a
3	8	1

Resposta: (D) 6

253) CMPA – Velocidade é igual à distância dividida pelo tempo. Isso é o mesmo que dizer que tempo é igual a distância dividida pela velocidade:

$$V=\frac{D}{T} \rightarrow T=\frac{D}{V}$$

Neste problema temos três distâncias percorridas: 100 km, 120 km e 200 km, e três velocidades para esses três trechos: 80 km/h, 90 km/h e 100 km/h. O problema é que não sabemos qual trecho corresponde a qual velocidade. Se soubéssemos, bastaria fazer a divisão D/V e somar os três tempos, resultando no tempo total.

Felizmente o problema não pergunta o tempo exato, mas sim, a faixa de valores. Podemos então resolver o problema calculando o tempo mínimo e o tempo máximo.

Tempo mínimo: Usamos as maiores velocidades para as maiores distâncias.

$$T_{\min}=\frac{100}{80}+\frac{120}{90}+\frac{200}{100}=1{,}25+1{,}33+2=4{,}58h$$

O tempo máximo ocorrerá para as velocidades mais baixas nos trechos mais longos:

$$T_{\max}=\frac{100}{100}+\frac{120}{90}+\frac{200}{80}=1+1{,}33+2{,}5=4{,}83h$$

Sendo assim, seja qual for a velocidade correta para cada trajeto, podemos ter a certeza que o tempo total será um valor compreendido entre 4,58 horas e 4,83 horas. Das opções, a que atende a isso é (B).

Resposta: (B) maior do que 4 horas e menor do que 5 horas.

254) CMRJ - Podemos estipular para a mensalidade do ano anterior, o valor de 100 reais. Se não fizermos isso, podemos chamar esta mensalidade de 100x. Seja usando 100, ou 100x, a porcentagem encontrada no final será a mesma. Façamos com 100x.
Com o aumento de 60%, o preço aumentaria para 160x. O PROCON determinou que fosse dado um desconto de 15% em relação ao novo preço. E 15% de 160x é 24x. Portanto a mensalidade passaria a ser 136x.
O curso resolveu dar um desconto voluntário de 10% sobre este valor determinado pelo PROCON, ou seja, uma redução de 13,6x. A mensalidade, com os dois descontos, passou a ser:
136x - 13,6x = 122,4x.
Levando em conta esses dois descontos, comparando com o ano anterior, o preço que era 100x passou a ser 122,4x, ou seja, um aumento de 22,4%.

Resposta: (E) 22 e 23

OBS.: Esta mesma questão caiu em uma prova para o Ensino Médio do Colégio Militar, e também em uma prova para ingresso no 6º ano.

255) CMBH - As questões de "análise de gráficos" são geralmente muito fáceis. Esta é facílima. Basta conferir cada uma das 5 afirmativas para identificar que 4 delas estão corretas, e uma está incorreta, que é (B). Senna tem 43 vitórias, e os outros cinco brasileiros juntos têm mais que 43, e não menos: 23 + 14 + 10 + 9 + 1 = 57.

Portanto a resposta correta, que corresponde à afirmativa incorreta, é:

Resposta: (B) Ayrton Senna tem mais vitórias do que os outros brasileiros juntos.

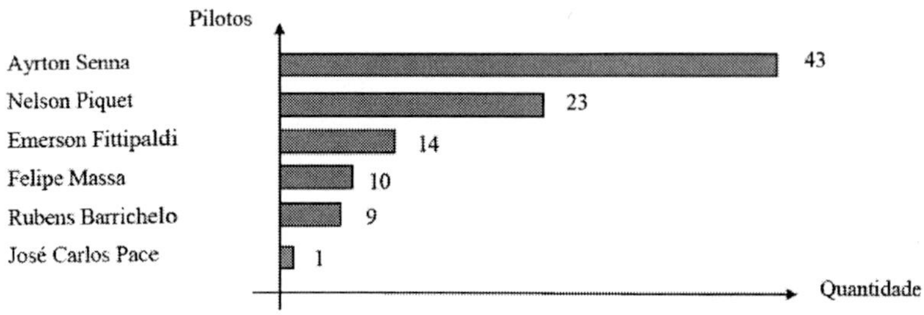

256) CFN - O problema informou que faltaram 2 rapazes, mas não deu informação alguma sobre faltas das meninas. Pode ter ocorrido alguma falta entre as meninas, ou não. Consideremos o caso mais simples, que nos levará ao menor número de alunos, como o problema pergunta, de que todas as meninas estavam presentes, ou seja, a classe tem exatamente 10 meninas.
Com 2 rapazes faltosos, para ter um número maior que o de meninas, é preciso que a turma tenha pelo menos 13 rapazes. Com 2 faltas, compareceriam 11 rapazes, que seriam mais que as 10 meninas presentes. Portanto a turma tem, no mínimo:
10 meninas + 13 rapazes = 23 alunos (mas pode ter mais).

Resposta: (E) 23

257) CEFET RJ – Como as linhas horizontais representam divisões de 200 mil turistas, temos:

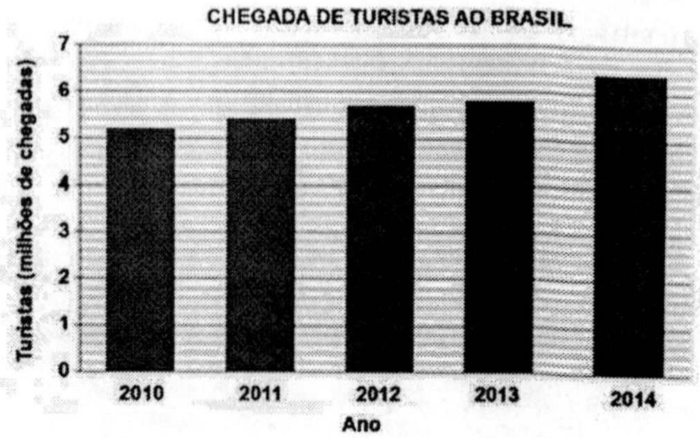

2013: 5,8 milhões
2014: 6,4 milhões

A variação percentual é a diferença, dividida pelo valor inicial, e multiplicada por 100%:

$$\frac{0,6}{5,8} \times 100\% = 10,34\%$$

Resposta: (A) 10,3%

258) IFPE – O problema cita dois tipos de revestimento: as cerâmicas, para a área da churrasqueiras, e as lajotas, para a calçada em torno da churrasqueira. Não podemos calcular a área da calçada em torno, pois suas medidas não foram dadas. Felizmente não é preciso calcular, pois o problema pergunta apenas sobre a parte interna, que usará cerâmica.

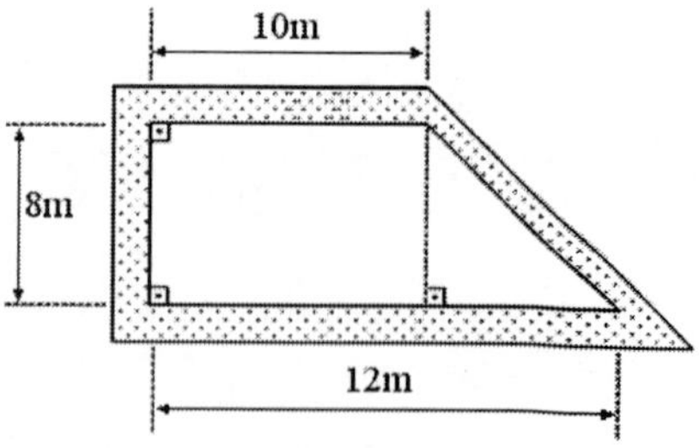

A área interna é formada por um retângulo e um triângulo, cujas áreas são:

- Retângulo: 10m × 8m = 80 m^2
- Triângulo: 8m x 2m /2 = 8 m^2

Portanto a área total é 88 m^2. É preciso comprar 20% a mais que a área real, então a área de cerâmica a ser comprada é
88 m^2 + 20% de 88 m^2 = 88 m^2 + 17,6 m^2 =
105,6 m^2

Resposta: (A) 105,60

259) IFSP – A quantidade de pedreiros, 3, deve ser multiplicada por 4/3, pois o comprimento do muro passou de 9 metros para 12 metros, e multiplicada por 2, pois o tempo foi reduzido de 12 dias para 6 dias, portanto é preciso ter mais pessoas trabalhando. Ficamos então com

$$3 \times \frac{4}{3} \times 2 = 8$$

Resposta: (D) 8

260) IFRS – Talvez fosse mais comum dizer, na língua portuguesa, que o retângulo teve:
Sua largura aumentada em 40%
Seu comprimento reduzido em 35%
Sendo assim, a largura foi multiplicada por 1,4 e o comprimento multiplicado por 0,65. A área é igual à original, multiplicada por esses dois fatores: 1,4 × 0,65 = 0,91
Isso é o mesmo que dizer que a área foi reduzida em 9%.

Resposta: (C) redução de 9%

Resoluções do teste 27

261) CMM – A máquina produz 2400 peças em 3 dias, trabalhando 10 horas por dia. São portanto 800 peças produzidas em 1 dia de 10 horas, ou 80 peças por hora.

A mesma máquina vai produzir 3680 peças em duas etapas:

- Etapa 1: 5 dias de 8 horas
- Etapa 2: 1 dia de x horas.

Na etapa 1 são produzidas 5 × 8 × 80 = 3200 peças
(5 dias de 8 horas, a 80 peças por hora = 3200 peças).

Das 3680 peças encomendadas, ficam faltando somente 480 peças.
Como a máquina produz 80 peças por hora, serão necessárias 6 horas.

Resposta: (A) 6

262) CMPA – Se o professor monta a prova, trabalhando sozinho, em 5 horas, significa que em 1 horas de trabalho, ele monta 20% da prova, ou seja, 0,2. Para saber a parte da prova que o professor monta em um tempo de x horas, basta multiplicar x por 0,2. Em x=1 hora monta 0,2 da prova, em x=3 horas monta 0,6 da prova e em x = 5 horas monta 1,0 da prova, ou seja, a prova inteira.
Da mesma forma, trabalhando com o estagiário, a prova é montada em 2 horas. Então em um tempo de x horas, os dois juntos montam 0,5x da prova.
Digamos que o professor tenha trabalhando sozinho durante x horas. A partir daí trabalhou junto com o estagiário. Se o tempo total de trabalho foi 150 minutos = 2,5 horas, o tempo foi dividido da seguinte forma:
Etapa 1: Somente o professor = x horas ➔ montada 0,2x da prova
Etapa 2: Professor + estagiário = (2,5 – x) horas ➔ montada 0,5(2,5 – x) da prova
A soma dessas duas partes deve ser Iguaí a 1, que é a prova inteira:
0,2x + 0,5(2,5 – x) = 1
0,2x + 1,25 – 0,5x = 1
0,25 = 0,3x
x = 0,25/0,3 = 5/6
Ou seja, o professor trabalhou sozinho durante 5/6 da hora, o mesmo que 50 minutos.

Resposta: (C) 50 min

263) CMSM – As quantidades são:
Ouro: 400g × 0,0134 = 5,36g
Prata: 400g x 0,925 = 370g
Cobre: 400g x 0,0616 = 24,64g

Resposta: (A) 5,36g de ouro, 370g de prata e 24,64g de cobre

264) CMRJ – A chave do problema consiste em determinar a quantidade de pessoas presentes no instante em que ocorreu a abertura da totalidade dos portões. Antes apenas parte dos portões estavam abertos, e entravam 10.000 pessoas por hora, durante 3 horas. Isso resulta em um total de 30.000 torcedores.
Após isso, o número de torcedores presentes aumentou de 30.000 para 90.000 em 2 horas, ou seja, 60.000 em 2 horas ou 30.000 por hora. Para chegar a 45.000, é preciso aumentar de 30.000 para 45.000, ou seja, aumentar 15.000. Como são 30.000 por hora, isso precisará de meia hora. Portanto ocorrerá às 17 horas e 30 minutos.

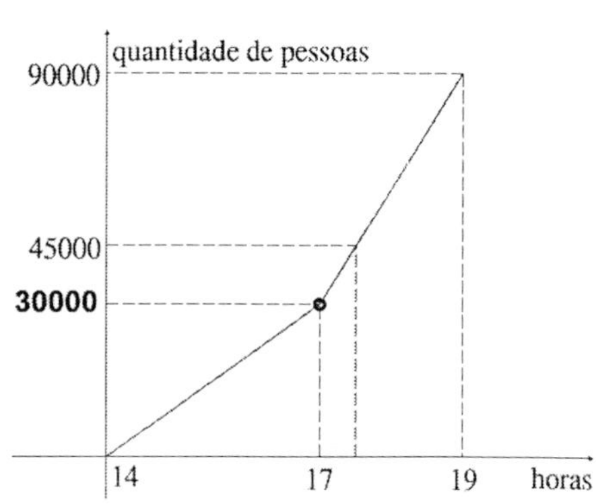

Resposta: (D) 30 minutos

265) CFN – Para ser divisível por 6, precisa ser par e múltiplo de 3.
Os algarismos iniciais são 2, 3, 4, 3 e 5, a soma vale 17. Para ser múltiplo de 3, tem a soma dos algarismos tem que ser múltiplo de 3, mas podemos usar apenas algarismos pares.
0 não serve, pois a soma seria 17, que não é múltiplo de 3.
2 não serve, pois a soma seria 19, que não é múltiplo de 3.
4 serve, pois a soma seria 21, que é múltiplo de 3.

Resposta: (C) 4

266) CEFET RJ – Analisemos as afirmativas sobre o número $N = 2^{50} + 4^{20}$.
1) Alex afirmou que N é múltiplo de 8;
CERTO, pois tanto 2^{50} como 4^{20} podem ser divididos por 8, já que possuem muitos fatores 2. Fazendo a divisão de N por 8, encontramos $2^{47} + 2.4^{18}$.
2) Beatriz afirmou que metade de N é igual a $2^{25} + 4^{10}$.
ERRADO. A metade de uma potência não é obtida dividido o expoente por 2. Beatriz deve voltar a estudar as propriedades das potências. A metade de N é $2^{49} + 2.4^{19}$.
3) Camila afirmou que N é par.
CERTO. É a soma de dois números pares, já que possuem abundância de fatores 2.
Sendo assim, duas são verdadeiras.

Resposta: (C) 2

267) CEFET ES – Devemos fazer uma divisão proporcional, dividindo o valor do lucro (R$ 45.000) em partes proporcionais ao investimento de cada um, no caso, o mesmo que 2, 3 e 4. Usamos então:
2x + 3x + 4x = 45.000
9x = 45.000
x = 5000.
Então os valores a receber são R$ 10.000,00, R$ 15.000,00 e R$ 20.000,00.
O lucro do sócio que mais aplicou foi R$ 20.000,00

Resposta: (C) R$ 20.000,00

268) IFGO – Se com a velocidade média de 80 km/h, gasta-se meia hora no percurso, então a distância desse percurso é 40 km. Claro, em 60 min são percorridos 80 km, em 30 min, que é a metade do tempo, percorre-se a metade da distância. Também é possível chegar a essa conclusão usando a fórmula da velocidade:

$$V = \frac{D}{T} \rightarrow D = V.T$$

Com V = 80 km/h e T = 0,5h (é preciso usar o tempo em horas nas duas medidas), então a distância é 80 × 0,5 = 40.
Naquele certo dia o percurso vai ser feito com uma velocidade 25% maior. Aumentando 25% sobre 80 km/h chegamos a 100 km/h. O tempo para realizar esse percurso é obtido também a partir da fórmula da velocidade:

$$V = \frac{D}{T} \rightarrow T = \frac{D}{V} = \frac{40km}{100km/h} = 0{,}4h$$

0,4 h é o mesmo que 0,4 × 60 min = 24 min. Portanto nesse dia, o tempo de trajeto será 24 minutos, ao invés de 30 minutos. Uma redução de 6 minutos.

Resposta: (A) 6 minutos

269) Colégio Pedro II (RJ), 2019 – Basta calcular qual seria o peso em gramas da refeição paga pela balança, para o preço se igualar ao mesmo do "coma à vontade":
46x = 29,90, onde x é o número de quilos.

X = 29,90/46 = 0,65kg = 650g

Portanto, para refeições de até 650g, vale mais a pena pagar o preço pela balança (46,00 o quilo). Para refeições acima de 650g, vale mais a pena pagar pelo modo "coma à vontade", já que o pagamento por peso seria mais caro que o valor fixo de R$ 29,90.

Resposta: (C) 650 gramas

270) IFF – As saídas simultâneas ocorrem pela primeiras vez às 6:20 da manhã. Ocorrerão novamente depois de um tempo em minutos, igual ao MMC entre os intervalos de cada ônibus. O MMC entre 20, 30 e 45 é 180. No caso, 180 minutos, que são 3 horas. A nova saída simultânea será 3 horas depois, às 9h 20 min.

Resposta: (E) 9 h 20 min

Resoluções do teste 28

271) CMM – Façamos o problema usando *redução à unidade*. Vamos calcular quantos folhetos por hora uma máquina produz.

Foram 50.000 folhetos produzidos por duas máquinas. Cada máquina produziu 25.000 folhetos, em 5 dias, ou 5.000 folhetos por dia. Foram 8 horas de trabalho por dia, então cada máquina é capaz de produzir por hora, 5.000 ÷ 8 = 625 folhetos.

No segundo serviço, apenas uma máquina irá trabalhar. São ao todo 60.000 folhetos, e a máquina produz 625 folhetos por hora. O número de horas necessárias será

60.000 ÷ 625 = 96 horas.

Se a máquina irá trabalhar 12 horas por dia, precisará de 96 ÷ 12 = 8 dias para realizar o serviço.

Resposta: (B) 8 dias

272) CMPA – Observando apenas os valores 1 e 5, somos levados a pensar que a relação entre x e y é y = 5x, mas não é correto, o que pode ser visto quando examinamos os valores seguintes.

x	1	2	5	9	10
y	5	20	125	405	***A***

A proporção entre y e x não é constante, varia de acordo com x, o que indica que esta não é uma relação linear. Pode ser uma relação quadrática. Entre os valores 2 e 20, vemos que se enquadra a relação $y = 5x^2$. De fato, essa relação se enquadra para todos os valores:

$5 = 5.1^2$, $20 = 5.2^2$, $125 = 5.5^2$, $405 = 5.9^2$. Sendo assim, o valor de A é $5.10^2 = 500$.

Resposta: (E) 500

273) CMRJ – Chamemos de **b** o número de bancos e **p** o número de pessoas. As informações dadas são as seguintes:

- Se cada pessoa sentar em 1 banco, ficam 2 pessoas em pé ➔ p = b + 2
- Se em cada banco sentam 2 pessoas, sobram 2 bancos vazios ➔ p = 2(b – 2)

Portanto

b + 2 = 2(b – 2)

b + 2 = 2b – 4

b = 6 e p = 8

De fato, com 8 pessoas, sentando uma em cada banco, duas ficarão de pé, e colocando duas em cada banco, serão usados 4 bancos e sobrarão 2 bancos.

Se cada banco comporta 10 pessoas, os 6 bancos comportam 60 pessoas. Como existem 8 pessoas, ainda sobre lugares para 60 – 8 = 52 pessoas.

Resposta: (D) 52

274) CMSM – O estudo de 3 horas diárias durante 4 dias totaliza 12 horas. Esses 6 alunos resolvem 12 exercícios em 12 horas, o mesmo que 1 exercício a cada hora.
Isso é o mesmo que dizer que 1 aluno leva 6 horas para resolver sozinho um exercício.
Na segunda etapa devem ser resolvidos 20 exercícios em 4 dias de 3 horas, ou seja, em 12 horas. Em 12 horas, um aluno resolve 2 exercícios. Como são 20 exercícios, serão necessários 10 alunos.

Resposta: (B) 10 alunos

OBS.: Este é o método da <u>redução à unidade</u>. Ele não é tão fácil de empregar, mas pode ser utilizado passo a passo, e tem lógica no seu funcionamento. Outro método ensinado é a regra de três composta, que é um pouco mais fácil de empregar, pois emprega menos raciocínio, e no final, o aluno nem entende o cálculo que está realizando.

275) CFN – A área pedida é a área do retângulo grande ($4{,}40 \times 2{,}50 = 11{,}0\ m^2$) menos as áreas da porta ($1{,}0 \times 1{,}80 = 1{,}80\ m^2$) e a área da janela ($1{,}50 \times 1{,}80 = 2{,}70\ m^2$), o que resulta em:

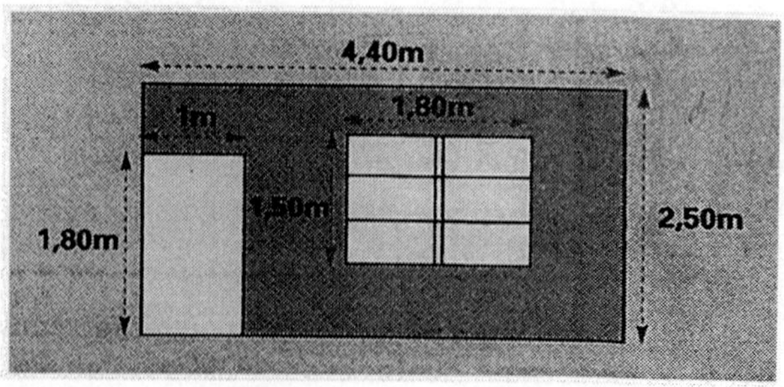

$11 - 1{,}8 - 2{,}7 = 6{,}5\ m^2$

Resposta: (C) 6,50 m²

276) IFMT – É preciso identificar dois números cuja soma é 50 e cujo produto é 621. Isso é um problema simples de álgebra. Chamamos os números de x e 50 – x. O produto é x(50 – x) que vale 621. Temos então:
$50x - x^2 = 621$
$x^2 - 50x + 621 = 0$
É uma equação do 2º grau, cujo valor de Δ é:
$50^2 - 4 \times 621 = 2500 - 2484 = 16$
Portanto as raízes são:
$\frac{50 \pm 4}{2}$, que resultam em 23 e 27.
São portanto 27 mulheres e 23 homens.

Resposta: (C) 27 mulheres e 23 homens

277) IFPR – Façamos essa questão usando regra de três composta. Quando temos apenas duas grandezas, usamos a regra de três simples. Com mais de duas, usamos a regra de três composta. Para isso, formamos uma tabela onde as colunas são as grandezas, e as linhas são as situações. Tipicamente temos duas situações. Neste problema, uma situação é ter 8 máquinas montando 32 peças em 8 dias. A outra situação é ter 12 máquinas montando 84 peças em x dias.

	Máquinas		Peças		Dias	
Situação 1	8	↓	32	↑	8	↑
Situação 2	12		84		x	

A seguir identificamos quais grandezas são diretamente e quais são inversamente proporcionais. Devemos fazer essa comparação com a grandeza cujo x queremos determinar. Então comparamos peças com dias, e também máquinas com dias.

Quanto mais peças a montar, mais dias serão necessários, portanto Peças e Dias são grandezas diretamente proporcionais. Então ao lado das peças e dos dias, usamos setas apontando para cima.
A seguir comparamos máquinas com dias. Se tivermos mais máquinas disponíveis, serão necessários menos dias para produzir as peças. Portanto, máquinas e dias são grandezas inversamente proporcionais. Sendo assim, a grandeza máquinas deverá ter uma seta no sentido contrário ao de dias, portanto, máquinas fica com uma seta para baixo.
Agora escrevemos uma igualdade, com 8/x no primeiro membro, e no segundo membro, usamos um produto de frações. As frações que têm seta contrária à grandeza que tem x, devem ser invertidas.

$$\frac{8}{x} = \frac{32}{84} \cdot \frac{12}{8}$$

A igualdade acima resultará em x = 14

O mesmo problema poderia ser resolvido por redução à unidade. A vantagem do método da redução à unidade é que entendemos melhor o que está acontecendo.
8 máquinas levam 8 dias para montar 32 peças. Se fosse 1 só máquina, levaria um temo 8 vezes maior: 64 dias para montar as 32 peças. Então são necessários 2 dias para 1 máquina montar 1 peça.
Para montar 84 peças, 1 maquina precisaria de um tempo 84 vezes maior, ou seja, 168 dias. Mas como são agora 12 máquinas trabalhando, o serviço será mais rápido: apenas 1/12 desse tempo: 168/12 = 14 dias.

Resposta: (B) 14

278) IFMA – A soma dessas porcentagens resulta em mais que 100%: 105%. Esses 5% a mais são devido à interseção do conjunto dos que gostam de Matemática e dos que gostam de Português. Descontando os 5% que não gostam de nenhuma das duas, o total deveria ser 95%, mas 70 + 30 = 100. Esses 5% a mais são aqueles que gostam de ambas as matérias.

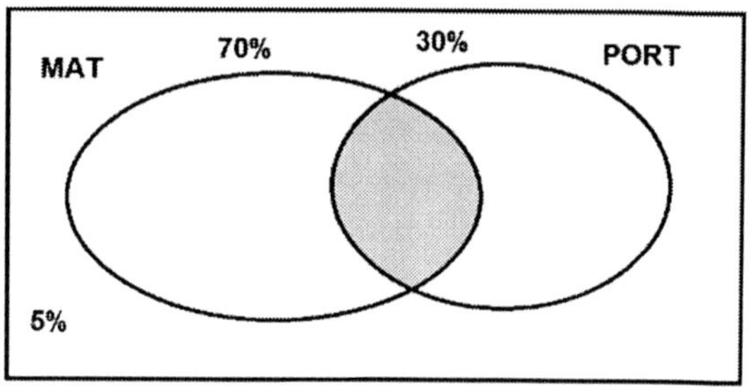

Resposta: (D) 5%

279) IFAL – Quem nunca ouviu falar na sequência de Fibonacci pode resolver esse problema, mas e resolução fica mais fácil para quem já viu questão parecida. O que a fórmula indica é que x pode valer 0, 1, 2, 3, ..., e que os valores iniciais são F(0_ = 0, F(1) = 1, e que todos os termos seguintes são iguais à soma dos dois termos anteriores. A sequência ficaria:

$$F(x) = \begin{cases} 0, & x = 0 \\ 1, & x = 1 \\ F(n-1) + F(n-2), & x > 1 \end{cases}$$

F(0) = 0
F(1) = 1
F(2) = 0+1=1
F(3) = 1+1=2
F(4) = 1+2=3
F(5) = 2+3=5

F(6) = 3+5=8
F(7) = 5+8=13
...
O problema pergunta o valor de F(4)+F(7) = 3 + 13 = 16.

Resposta: (D) 16

280) IFPI – O problema é fácil, basta organizar as informações:
Raissa: gasolina: 1L = 15 km, 1L = R$ 2,80
Sabrina: álcool: 1L = 10 km, 1L = R$ 2,50

Sendo assim, Raissa gasta R$ 2,80 para andar 15 km, e Sabrina gasta R$ 2,50 para andar 10 km.
Raissa percorreu 450 km, portanto 30 vezes mais que 15 km. Como seu carro usa gasolina, então é 30 × R$ 2,80 = R$ 84,00
Com este valor, o número de litros de álcool que Sabrina poderá comprar é:
84,00 ÷ 2,50 = 33,6 litros
Como cada litro de álcool permite andar 10 km, a distância trafegada será 33,6 × 10 = 336 km.

Resposta: (A) 336 km

Resoluções do teste 29

281) CMM – Os resultados ímpares foram:
1: 7 vezes
3: 8 vezes
5: 9 vezes
Total de ímpares: 24 vezes

Resultado	**1**	**2**	**3**	**4**	**5**	**6**
Frequência	**7**	**9**	**8**	**7**	**9**	**10**

A frequência absoluta é o número de vezes que um determinado evento ocorre. A frequência relativa é o mesmo valor, porém dividido pelo valor total. Nesse exemplo, a frequência que aparece nas opções é a relativa, pois os valores foram divididos por 50. Portanto temos 24/50 = 12/25, ou se preferir em decimal, fica 0,48, ou 48%. No caso a resposta correta é (C).

Resposta: (C) 12/25

282) CMB – Temos 12 cidades, mas apenas 3 da região Sudeste: Rio de Janeiro, São Paulo e Belo Horizonte. Portanto temos 3 casos possíveis, e 2 casos favoráveis: Belo Horizonte e São Paulo. Portanto a probabilidade perguntada é 2/3.

Resposta: (D) 2/3

283) CMPA – encontrar a mediana de uma distribuição é muito fácil. A primeira coisa a fazer é colocar os valores em ordem crescente.

8	4	3	7	8	6	3	3	3	8	2

Ordenando os valores:
2, 3, 3, 3, 3, 4, 6, 7, 8, 8, 8
Depois verificamos a quantidade de valores. Se for um número ímpar de valores, a mediana é o valor central. Se for um número par de valores, a mediana é a média aritmética dos dois centrais. No caso são 11 valores, então a mediana é o valor central, o 6º: o valor 4.

Resposta: (D) 4 min

284) CMSM – Não devemos confundir a velocidade média do vento, com a média das velocidades médias diárias. Isso foi colocado de propósito para confundir. As estatísticas perguntadas pelo problema são apenas a moda e a mediana. Quanto aos valores diários, são perguntados apenas máximos e mínimos.

DATA	Velocidade média (km/h)
19/08	12
20/08	21
21/08	12
22/08	16
23/08	19
24/08	11
25/08	11
26/08	6
27/08	9
28/08	9

Para encontrar a mediana desses 10 valores, colocamos em ordem:

6, 9, 9, 11, 11, 12, 12, 16, 19, 21

São 10 valores, então a mediana é a média aritmética dos dois valores centrais: 11 e 12, portanto, 11,5.

Não se pode falar em moda, pois a distribuição tem 3 modas, com iguais quantidades. São elas 9, 11 e 12. Dizemos que é uma distribuição *trimodal*.

Analisando as 5 afirmativas, e levando em conta a mediana e a moda encontradas, vemos que a resposta correta é (A). As afirmativas (B), (D) e (E) estão erradas, assim como a (C) que afirma que a moda é 15, o que não está correto.

Resposta: (A) mediana das velocidades médias, em todo o período, é 11,5 km/h.

285) CMBH 2014 – Basta fazer a divisão do número de cruzeiros reais (33550) pela taxa de conversão (1 URV = 2750 cruzeiros reais). É só uma questão de fazer uma conta um pouco trabalhosa. Faremos usando simplificação.

$\frac{33550}{2750} = \frac{3355}{275} = \frac{671}{55} = \frac{61}{5} = 12{,}20$, portanto são 12,20 URV.

Resposta: (D) 12,20 URV

286) IFPA – Se chamarmos a dimensão menor de cada retângulo de x, a dimensão maior será igual a 2x, é a única forma desses seis retângulos menores se encaixarem. Temos então a altura 30cm igual a 3x, portanto x vale 10 cm. As dimensões do retângulo grande são 3x=30 e 4x=40, então a área vale 1200 cm^2.

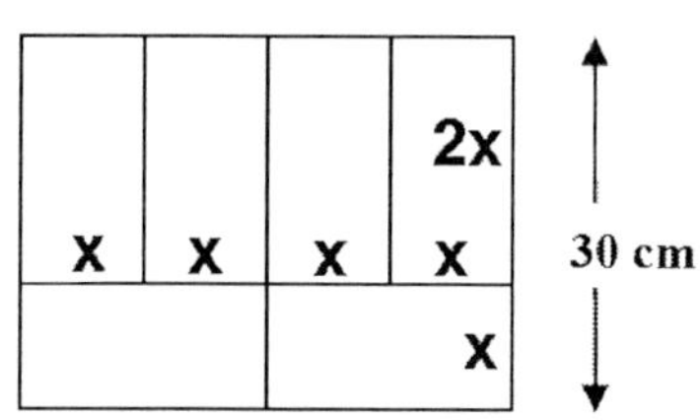

Resposta: (E) 1200 cm^2

287) IFTO – Note que a informação de 8 horas por dia é irrelevante para a resolução do problema, pois foi dito que será mantido o mesmo ritmo de trabalho, ou seja, o trabalho realizado por dia será o mesmo. Na primeira situação, o pedreiro leva 2 dias para construir um muro com dimensões 10 m × 2 m = 20 m^2. Um muro de 160 metros quadrados é 8 vezes maior, portanto irá demorar um tempo 8 vezes maior: 8 × 2 dias = 16 dias.

Resposta: (E) 16 dias

288) IFRR – Lembrando das fórmulas de produtos notáveis sobre o quadrado da soma e quadrado da diferença, temos:

$(p + q)^2 = p^2 + 2pq + q^2$

$(p - q)^2 = p^2 - 2pq + q^2$

Somando, encontramos

$(p + q)^2 + (p - q)^2 = x = 2p^2 + 2q^2$

x pode ser escrito ainda como $2(p^2 + q^2)$. Como p e q são números naturais, concluímos que x é um número par, o que torna a resposta (A) correta. É errado afirmar que x é negativo, e também que x é primo, já que é par maior que 2. Afirmar que x tem uma quantidade ímpar de divisores positivos é o mesmo que afirmar que x é um quadrado perfeito, o que não podemos afirmar com certeza, pois isso dependeria dos valores escolhidos para p e q. O mesmo sobre a questão de ser múltiplo de 6: não podemos fazer tal afirmativa.

Resposta: (A) x é um número par

289) IFMS – Como leva 15 minutos a 80-km/h, significa que a distância percorrida é 20 km (lembrando que distância = tempo × velocidade: D = 0,25 h × 80 km = 20 km)
Reduzindo a velocidade para 60 km/h, temos:
velocidade = distância/tempo, ou tempo = distância/velocidade. O tempo passará a ser:
20 km/60km/h = 1/3 da hora, ou 20 minutos.

Resposta: (B) 20 min

290) IFMG – As quantidades de assentos nas filas são:
1ª fila: 8 assentos
2ª fila: 9 assentos
3ª fila: 10 assentos.
...
18ª fila: 25 assentos.
Note que o número de assentos em cada fila é igual a 7 unidades a mais que o número da fila. Portanto o número total de assentos é:

S = 8 + 9 + 10 + 11 + ... + 24 + 25 (18 valores somados)
Podemos escrever S com suas parcelas em ordem inversa, ficando com:
S = 25 + 24 + 23 + ... + 10 + 9 + 8
Somando essas duas relações, ficamos com 2S, e os valores somados podem ser agrupados da seguinte forma:
8 + 25
9 + 24
10 + 23
...
24 + 9
25 + 8
Cada dupla de parcelas resulta no mesmo valor: 33
Portanto a soma é igual a 18 × 33 = 594
Se 2S vale 594, então S vale 297.

Resposta: (B) 297

Resoluções do teste 30

291) CMM – Note que existem três valores desconhecidos, cuja soma é R$ 100.000,00. Poderíamos começar chamando esses valores de x, y e z, tais que x+y+z=100.000. Entretanto vamos utilizar um pequeno artifício algébrico para evitar frações e decimais: vamos chamar os valores de 100x, 100y e 100z, tais que x+y+z=1000.
Depois de um ano, os valores de cada um, acrescidos e juros, são
110x, 110y e 110z, já que foram acrescidos 10% de juros.
De acordo com o enunciado, Antônia passou a ter R$ 11.000,00 mais o dobro do novo capital de João, então podemos escrever 110z = 11000 + 2.110x
Depois de mais um ano, com juros de 10%, os capitais passaram a ser
121x, 121y e 121z. É dito ainda que creditados os juros do 2º ano, o novo capital de Antônia era igual à soma dos novos capitais de Maria e João. Mas como os juros são os mesmos para

os três, esta proporção entre os capitais é sempre a mesma, ou seja, o capital de Antônia é igual à soma dos capitais de Maria e João, em qualquer época. Podemos então escrever z = x + y. Logo, temos z=500, e x+y também vale 500.
Voltando à relação 110z = 11000 + 2.110x, e fazendo z=500, ficamos com:
110.500 = 11000 + 2.110x
5000 = 1000 + 20x
500 = 100 + 2x
x = 200
Portanto os valores iniciais de João, Maria e Antônia eram, respectivamente, 20.000, 30.000 e 50.000.

Resposta: (A) R$ 20.000,00

292) CMPA – Partindo de B, o inseto percorre a aresta reversa ao segmento CD, que no caso é BF. Uma reta ou segmento reverso é aquela que não é paralela, nem concorrente. Depois percorreu a aresta perpendicular ao quadrado BCGF, que a partir de F, só pode ser FE. Finalmente percorre a diagonal da face EFGH, que partindo de E, só pode ser EG. A trajetória termina em G.

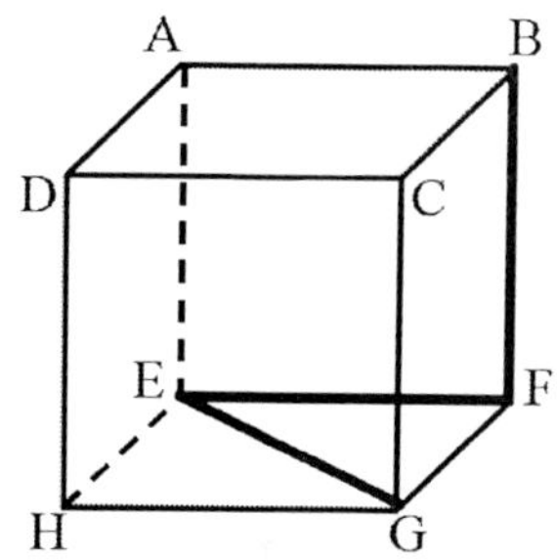

Resposta: (C) G

293) CMPA – O gráfico traz informações sobre a variação de preços de 5 tipos de carnes, Por exemplo, o Filé Mignon teve um aumento de 55,99% ao longo do ano de 2010, e uma redução de 19,58% ao longo do ano de 2011.

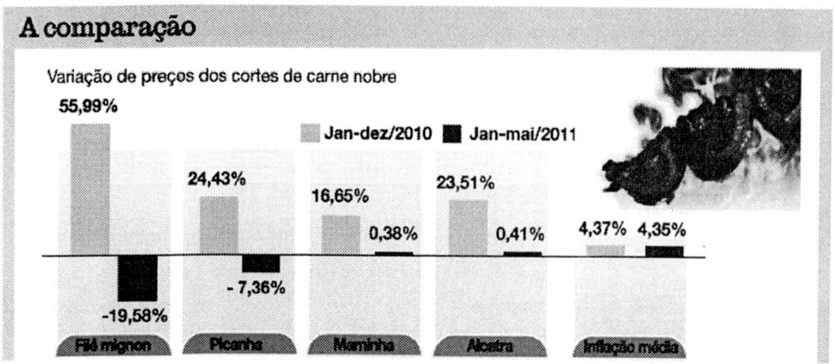

No início de 2010, 1 kg de Picanha custava R$ 16,90, e o problema pergunta seu preço no final do período, ou seja, em maio de 2011. Isso pode ser calculado a partir das duas variações dadas. O problema é que as contas são muito trabalhosas. Para fazer contas menos trabalhosas, podemos operar com menos casas decimais. Usar 24% ao invés de 24,43, e usar 7% ao invés de 7,36%. Encontraremos valores aproximados.
2010: 16,90 + 24% = 16,90 x 1,24 = 20,956
2011: 20,95 – 7% = 20,95 x 0,93 = 19,48
Por sorte a opção C tem esse valor. Se encontrássemos outro valor parecido, como 19,53, ainda seria considerado como letra C. A estratégia da simplificação não teria dado certo se encontrássemos um valor mais próximo de 20, no caso poderia ser a letra D. Nesse caso teríamos que repetir os cálculos usando todas as casas decimais.

Resposta: (C) R$ 19,48

294) CMRJ – As três parcelas podem ser indicadas como:

1ª : 2x, no ato da compra

2ª : x, 30 dias depois

3ª : x, 60 dias depois

O saldo devedor é o valor devido, acrescido de juros. Terminando um mês, o saldo devedor aumenta devido aos juros. Esses são juros compostos, pois o valor dos juros é acrescido à dívida.

Se não existissem juros (se existissem bancos ou pessoas dispostas a emprestar seu dinheiro sem uma compensação em troca, ou seja, os juros), as parcelas neste caso seriam 50%, 25% e 25% do valor à vista. Como existem juros, para relacionar as parcelas com o valor original da mercadoria, temos que levar em conta os juros.

Uma parcela de valor x paga 30 dias depois tem juros incluídos. O valor original daquela parcela, sem os juros de 10% utilizados, é x/1,1. Lembrando que adicionar 10% é o mesmo que multiplicar por 1,1, e que tirar 10% sobre o valor inicial é diferente sobre tirar 10% sobre o valor final. Se fosse sobre o valor final, para saber o inicial bastaria multiplicar por 0,9. Como é sobre o valor inicial, temos que dividir o final por 1,1.

Portanto um pagamento x feito 30 dias depois, quita uma dívida de x/1,1 de um mês antes.

Da mesma forma, um pagamento x feito 60 dias depois quita uma dívida de $x/(1,1)^2$ feita dois meses antes.

Sendo assim, na data da compra, a dívida total pode ser escrita como:

$$2x+\frac{x}{1,1}+\frac{x}{1,1^2}$$

O termo 2x é a entrada. A primeira fração representa o valor que, após 30 dias com juros de 10%, transformou-se em x. A segunda fração representa o valor que, após 60 dias, com juros de 10%, transformou-se em x. A soma desses três valores deve ser igual ao valor da mercadoria à vista.

$$2x+\frac{x}{1,1}+\frac{x}{1,1^2}=4520 \rightarrow x\frac{2.1,1^2+1,1+1}{1,1^2}=4520 \rightarrow x\frac{2,42+1,1+1}{1,1^2}=4520$$

$$x\frac{4,52}{1,1^2}=4520 \rightarrow \frac{x}{1,1^2}=1000 \rightarrow x=1210$$

Portanto as parcelas pagas foram 2420, 1210 e 1210. O valor total financiado foi a soma desses três valores, R$ 4.840,00

Resposta: (B) R$ 4840,00

295) CMRJ – Inicialmente devemos lembrar que 1 litro é o mesmo que 1 dm^3. Os 100 litros do componente químico foram adicionados a 1340 litros de água, totalizando 1440 litros do produto final. Para saber o número de ampolas, teremos que converter esses 1440 litros para cm^3. Esta conversão deve ser feita com atenção. Uma forma é lembrar que 1 ml (milésimo do litro) é o mesmo que 1 cm^3, portanto 1 litro = 1000 cm^3.

Outra forma de fazer a conversão é:

1 litro = 1 dm^3 = 1 dm × 1 dm × 1 dm = 10 cm × 10 cm × 10 cm = 1000 cm^3.

Portanto o volume total do produto é 1.440.000 cm^3.

Para saber o número de ampolas, basta dividir por 20 cm^3:

$$\frac{1440000}{20}=72000$$

São portanto, 72 mil ampolas.

Resposta: (E) 72000

296) CMRJ - A partir das informações dadas, podemos indicar o número procurado como 5x7y.
Um número divisível por 12 deve ser divisível por 3 e por 4.
Para ser divisível por 3, a soma dos seus algarismos deve ser divisível por 3. Como 5+7 já é divisível por 3, a soma dos outros dois algarismos, x e y, precisa ser divisível por 3.
Para que o número seja divisível por 4, devemos levar em conta apenas os dois últimos algarismos, pois 100 é divisível por 4. Então os dois últimos algarismos devem formar um número divisível por 4, que pode ser 72 ou 76.
Se for 72 (y=2), x só poderá ser 1, 4 ou 7 (para a soma ser múltiplo de 3).
Se for 76 (y=6), x só poderá ser 0, 3, 6 ou 9.
Portanto temos as seguintes possibilidades para o número desconhecido:
5172, 5472, 5772, 5076, 5376, 5676 e 5976. Total de 7 possibilidades.

Resposta: (D) 7

297) OBMEP - Para descobrir o algarismo das unidades de uma expressão envolvendo apenas adições, subtrações e multiplicações, para operar com os algarismos das unidades. Não é necessário fazer a conta completa, basta analisar as unidades.
$1 \times 3 \times 5 = 15$; $5 \times 7 = 35$; $5 \times 9 = 45$;
$45 \times 11 = ...5$; $5 \times 13 = 65$; $5 \times 15 = 75$; $5 \times 17 = 85$; $5 \times 9 = 45$
Claro, um produto de ímpares tem resultado ímpar. E 5 multiplicado por um valor ímpar, é um número que termina obrigatoriamente com 5.
Desse número terminado com 5, subtraímos 2015. O resultado será um número que termina com o algarismo 0.

Resposta: (A) 0

298) OBM - Seja x a idade de Neto, e 2x a idade do avô. Se isso ocorreu em 1994, o nascimento de Neto foi em 1994 – x, e do avô foi 1994 – 2x. A soma desses dois anos foi dada como sendo 3844:
$1994 - x + 1994 - 2x = 3844$
$144 = 3x$
$x = 48$
Portanto Neto tinha 40 anos em 1994. Em 2006, que são 12 anos depois, Neto completou 48 + 12 = 60 anos.

Resposta: (C) 60

299) UTFPR - Analisando as afirmativas:

(A) O número $n^2 + 3$ é sempre um número ímpar. ERRADO, pois como n pode ser par ou ímpar, seu quadrado também poderá ser par ou ímpar. Somando com 3, o resultado poderá ser par ou ímpar.
(B) O número n^3 é sempre divisível por 3. ERRADO. Isso só ocorre se n tiver um fator 3. Por exemplo, se n=10, $n^3 = 1000$, que não é múltiplo de 3.
(C) O número $n(n - 1)$ é sempre ímpar. ERRADO, o resultado é par. Entre n e n – 1, que são dois números consecutivos, obrigatoriamente um deles será par, portanto o produto é par.
(D) O mínimo múltiplo comum entre n e 2n é sempre um número par. CERTO. Como 2n é par, o MMC tem um fator 2, portanto par.
(E) O máximo divisor comum entre n e 2n é 2n. ERRADO, O MDC entre n e 2n é o próprio n, que pode ser par ou ímpar. Então é errado afirmar que é par, pois pode não ser.

Resposta: (D) O mínimo múltiplo comum entre n e 2n é sempre um número par.

300) EPCAr – Uma questão interessante, e que saiu com gabarito errado na própria EPCAr, e foi mantido errado, pois diversos cursos preparatórios publicaram o gabarito com o mesmo erro. Mas você precisa saber resolver corretamente.

Para facilitar os cálculos, podemos estipular uma venda total de 100 reais, e calcular o lucro para esta venda. Se quisermos ser mais rigorosos, podemos chamar a venda de 100x, e trabalhar com x, mas em algum ponto do algebrismo, x irá "cancelar".

Se no fim de 1 semana restava 1/4 do estoque, o valor restante a vender era R$ 25,00, tendo sido vendidos R$ 75,00 na primeira semana.

Esses 75 reais são 39/40 do custo de produção, que vamos chamar de P. Temos então:

$$\frac{39}{40}P = 75 \rightarrow P = \frac{75 \times 40}{39} = \frac{25 \times 40}{13} = \frac{1000}{13}$$

O lucro é igual ao valor das vendas (100) menos o custo de produção (P).

$$L = 100 - \frac{1000}{13} = \frac{300}{13}$$

Finalmente, calculamos 45% desse lucro, que é a comissão recebida pelo vendedor:

$$\text{Comissão} = \frac{45}{100} \times \frac{300}{13} = \frac{135}{13} = 10{,}38$$

Portanto a cada 100 reais vendidos, o vendedor recebe uma comissão de R$ 10,38. Entre as opções, a correta é a (B).

Resposta: (B) 10 e 12

■

Capítulo 4

Álgebra

Teste 31

301) CMB – O gráfico a seguir ilustra a velocidade v de um jogador em função do tempo **t** nos primeiros 16 segundos após o início de uma partida de futebol.

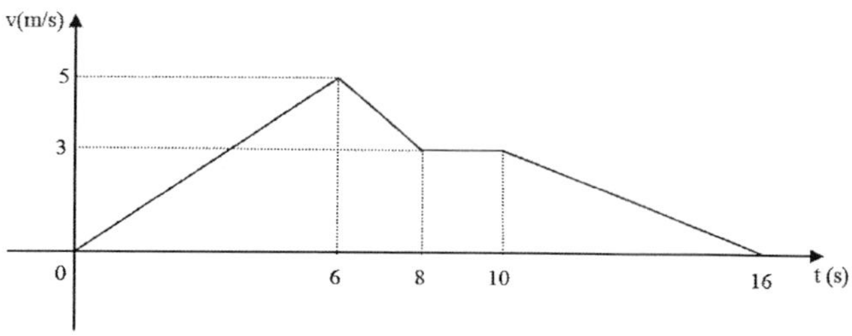

Se, entre 8 e 10 segundos, a velocidade do jogador é constante e igual a 3 m/s, então para t1 = 3s, t2 = 9s e t3=12s, o valor de v(t1) + v(t2) – v(t3) é:

(A) 2,5 m/s (B) 3,0 m/s (C) 3,5 m/s (D) 4 m/s (E) 4,5 m/s

302) CMBH – Sendo a um número real entre 0 e 1, é CORRETO afirmar que:

(A) $\sqrt[3]{a^5} > \sqrt{a}$ (B) $\dfrac{1}{\sqrt{a^5}} < \dfrac{1}{\sqrt[3]{a^2}}$ (C) $\sqrt[3]{a} > \sqrt[6]{a^2}$ (D) $\dfrac{1}{\sqrt[6]{a^5}} < 1$ (E) $\sqrt[3]{a^5} < \sqrt[3]{a^2}$

303) CMF – Calcule o valor da expressão $\sqrt{16^{-\frac{1}{2}} + 0{,}75 + \sqrt[4]{4 \times \sqrt[3]{64}}} + \dfrac{1}{\sqrt{3}}$

(A) $\dfrac{4\sqrt{3}}{3}$ (B) $\dfrac{2\sqrt{3}}{3}$ (C) $\dfrac{\sqrt{3}+1}{3}$ (D) $\sqrt{3}+1$ (E) 1

304) CMJF – Dentre as afirmativas abaixo, marque a única opção correta.

(A) A quantidade de divisores do número 150 é um número que pode ser escrito na forma 2n + 1, com $n \in \mathbb{N}$.

(B) $\sqrt{17}$ é um número irracional, pois pode ser escrito na forma p/q, com p e q $\in \mathbb{Z}$ e $q \neq 0$.

(C) Sabendo-se que ax + by = c tem solução inteira se, e somente se, d é divisor de c, sendo d = MDC (a, b), podemos dizer que 172x + 20y = 1043 tem soluções inteiras.

(D) 0,999... = 1

305) CMM – Simplifique a expressão $\dfrac{\left[1-\left(\dfrac{x}{y}\right)^{-2}\right].x^2}{\left(\sqrt{x}-\sqrt{y}\right)^2+2\sqrt{xy}}$, com x > y > 0

(A) x – y (B) x + y (C) y – x (D) $x^2 + y^2$ (E) $x^2 - y^2$

306) EAM – A fatoração de $x^2 - (y - 2x)^2$ é

(A)(2x – y)(x – y) (B) (x – y)(y – 3x) (C) (y – x)(2x – y)
(D) (3x – y)(y – x) (E) (2x – y)(3x – y)

307) CFN – O número π, representado pela dízima não periódica 3,141692..., é um número que:

(A) $\pi \in \mathbb{N}$ (B) $\pi \notin \mathbb{R}$ (C) $\pi \in \mathbb{Q}$ (D) $\pi \in \mathbb{I}$ (E) $\pi \in \mathbb{Z}$

308) CEFET RJ – Considere as afirmativas abaixo:
I) π = 22/7
II) $\sqrt{4} = \pm 2$
III) Entre as frações 1/7 e 2/7, não existe qualquer fração irredutível.
IV) A soma de todos os números naturais primos menores do que 10 é 18.
Assinale a alternativa que indica o número de afirmativas verdadeiras.

(A) 0 (B) 1 (C) 2 (D) 3

309) IFSP – Ada Byron (Condessa de Lovelace), filha do poeta inglês Lord Byron, viveu no século XIX e foi pioneira na história do desenvolvimento de programas para computador junto com Charles Babbage. Certo dia, ao lhe perguntarem a idade, ela respondeu: "Se trocarmos a ordem dos seus algarismos e elevarmos ao quadrado, obteremos justamente o ano em que estamos".
Em 1977, após x anos de seu nascimento, Ada Byron foi homenageada: uma linguagem de programação foi desenvolvida recebendo o nome de ADA. O valor de x é:

(A) 119 (B) 128 (C) 137 (D) 151 (E) 162

310) IFMG – Sobre uma reta real são destacados quatro pontos, A, B, C e D conforme a figura.

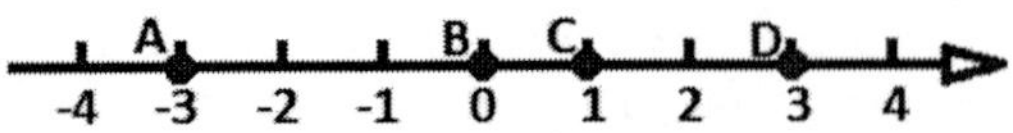

A representação na reta real do número 7/4 está mais próxima de:

(A) A (B) B (C) C (D) D

Teste 32

311) EAM – $\sqrt{75}$ é equivalente a:

(A) 37,5 (B) 75 (C) $5\sqrt{5}$ (D) $3\sqrt{5}$ (E) $5\sqrt{3}$

312) CFN – Qual o valor de x na função f(x) = 3x + 5, sabendo-se que sua imagem é 9?

(A) 1/2 (B) 3/4 (C) 4/3 (D) 17 (E) 32

313) CMM – Um professor de matemática do Colégio Militar de Manaus realizou uma atividade com os alunos do 9º ano, premiando aqueles que resolvessem o seguinte problema:

"um número natural de dois algarismos é um quadrado perfeito e o produto dos seus algarismos é o dobro de um quadrado perfeito". A quantidade de números naturais que satisfazem o referido problema é:

(A) 1 (B) 3 (C) 5 (D) 4 (E) 2

314) CMPA – Em um restaurante, uma garrafa e sua tampa custam juntas R$ 110,00. Considere que a garrafa custa R$ 100,00 a mais do que a tampa. Sendo assim, tem-se que a tampa sozinha, em R$, custa

(A)10 (B) 8 (C) 6 (D) 5 (E) 3

315) CMR – Considere as afirmações a seguir:

(I) $\sqrt{613+\sqrt{141+\sqrt{7+\sqrt{4}}}}$ é um número natural.

(II) $\dfrac{1}{\sqrt{2}-\dfrac{1}{\sqrt{2}-1}}$ é um número irracional.

(III) $\sqrt[2017]{\dfrac{2^{2017}+2^{2020}}{9}}$ é um número racional;

Pode-se afirmar que:

(A) apenas I é verdadeira
(B) todas são falsas
(C) apenas II e III são verdadeiras
(D) apenas I e III são verdadeiras
(E) todas são falsas

316) CMSM – Com a descoberta dos números irracionais foi necessário verificar as propriedades dos números incluindo agora essa nova classe. Das alternativas abaixo marque a única que é VERDADEIRA.

(A) a soma de dois números irracionais é um número irracional.
(B) $\sqrt{x^2}=x$, para todo $x \in \mathbb{R}$.
(C) Se x e y são números reais, tais que (x – y).x = 2(x – y), então x = 2.
(D) o produto de dois números irracionais pode ser um número racional.
(E) 1/x é o inverso do número real x, qualquer que seja $x \in \mathbb{R}$.

317) CEFET RJ – Se x = –2, y = 5x e z = 5, então o valor numérico da expressão $E=\dfrac{x^3-x^4-y^0}{\sqrt{z}}$ é igual a:

(A) $5\sqrt{5}$ (B) $\sqrt{5}$ (C) $-5\sqrt{5}$ (D) $-\sqrt{5}$

318) IFSP – Quatro unidades do produto A, com "peso" de 1 kg, custam 480 reais. Sete unidades do produto B, "pesando" 1 kg, custam 300 reais. Sabendo-se que 10 unidades do produto A e x unidades do produto B, juntas, "pesam" no mínimo 5 kg e não ultrapassam 2000 reais, então o número x é

(A) primo (B) divisível por 7 (C) divisível por 5 (D) múltiplo de 6 (E) múltiplo de 4

319) CEFET ES – Um grupo de pessoas alugou um ônibus para uma viagem ao Rio de Janeiro. Para isso, cada uma das x pessoas deveria pagar y reais pelo aluguel. No dia da

viagem, no momento de recolher o dinheiro do aluguel, faltaram 5 pessoas, e por isso cada um dos presentes teve que pagar 3 reais a mais para terem todo o valor do aluguel. Dessa forma, qual é a expressão que informa o preço do aluguel?

(A) (x – 5).3y (B) (x – 5).(y + 3) (C) x(y + 3) – 5 (D) xy + 3 (E) (x + 5).(y – 3)

320) IFPA – Ao simplificar a fração algébrica $\frac{4x^2+8ax+4a^2}{2x+2a}$, obtemos:

(A) x + a (B) 2x + 2a (C) 2x – 2a (D) $x^2 - a^2$ (E) –x –a

Teste 33

321) CMRJ – A companhia de turismo Vivitour freta um ônibus de 40 lugares de acordo com as seguintes condições descritas no contrato de afretamento:
I) Cada passageiro pagará R$ 160,00, se todos os 40 lugares forem ocupados.
II) Cada passageiro pagará um adicional de R$ 8,00 por lugar não ocupado.
Quantos lugares a companhia de turismo deverá vender para garantir lucro máximo?

(A) 30 (B) 32 (C) 35 (D) 38 (E) 40

322) CMB – Simplificando a expressão $\sqrt[4]{\left(a^4-\frac{6}{5}a^2+0{,}36\right)^2}$, obtém-se:

(A) a + 3/5 (B) a – 3/5 (C) a^2 – 0,8 (D) a^2 + 3/5 (E) a^2 – 3/5

323) CMBH – Sendo a e b ∈ $\mathbb{R}^*_+$, tais que a sua soma é 9, o valor de b que torna a expressão $\left[\frac{\sqrt{a+b}-\sqrt{a}}{b}\right]^{-1}$ equivalente a 5 é:

(A) 3 (B) 4 (C) 5 (D) 6 (E) 7

324) CMF – O valor de $64^2 + 62^2 - 63^2 - 61^2$ é:

(A) 340 (B) 220 (C) 320 (D) 250 (E) 300

325) CMJF – A expressão $\frac{8^{88}-4^{44}}{8^{44}-4^{22}}$ é equivalente a:

(A) $1 - 2^{88}$ (B) $2^{44}.(2^{88} + 1)$ (C) 9.2^{44} (D) $3.(1 - 2^{88})$

326) EAM – Seja a função real f definida por f(x) = (x + k)/p. Sabendo-se que f(3) = 2 e f(5) = 4, determine o valor de k + p e assinale a opção correta:

(A) 0 (B) 1 (C) 2 (D) 3 (E) 4

327) CEFET RJ – Considere p e q números reais não nulos e não simétricos. A seguir são descritas seis afirmações envolvendo esses números e cada uma delas está associada a um valor informado entre parênteses.

I – $(p+q)^2 = p^2 + q^2$ (10)

II – $\sqrt[3]{p.q} = \sqrt[3]{p}.\sqrt[3]{q}$ (20)

III – $\sqrt{p^2+q^2} = p+q$ (30)

IV – $\dfrac{1+pq}{q} = 1+p$ (40)

V – $\dfrac{1}{p+q} = \dfrac{1}{p} + \dfrac{1}{q}$ (50)

VI – $\dfrac{1}{\dfrac{1}{p}+\dfrac{1}{q}} = \dfrac{pq}{p+q}$ (60)

(A) 190 (B) 110 (C) 80 (D) 20

328) IFSP – Em uma sala de aula com 40 alunos, o dobro do número de meninas excede o número de meninos em 5 unidades. Sendo assim, nessa sala, o número de meninos supera o número de meninas em:

(A) 11 unidades (B) 12 unidades (C) 10 unidades (D) 13 unidades (E) 14 unidades

329) Colégio Pedro II (RJ) – Tomás perguntou à sua avó quantos anos ela tinha. Ela respondeu: "Eu tenho seis filhos e a diferença de idade entre cada um e o próximo é de quatro anos. Tive meu primeiro filho (seu tio Pedro) com 19 anos. Hoje minha filha mais nova (sua tia Natália) tem 19 anos.". Quantos anos tem a avó de Tomás?

(A) 58 (B) 60 (C) 68 (D) 72

330) CEFET ES – Ao simplificarmos a expressão algébrica $\dfrac{(a-b)^2+(a+b)^2-2a^2}{(a+b)^2-(a-b).(a+b)}$, a ≠ –b e b ≠ 0, obtemos:

(A) a^2-b^2 (B) $\dfrac{b}{a}$ (C) $\dfrac{b}{b+a}$ (D) $a^2-2ab+b^2$ (E) $a^2+2ab+b^2$

Teste 34

331) CMB – Os dados na Tabela I representam o total de gols marcados e o número de partidas disputadas pelos jogadores Lionel Messi e Cristiano Ronaldo em um torneio de futebol realizado no game FIFA 2016.

	Gols	Partidas
Lionel Messi	$g^{\frac{1}{2}}$	p^2
Cristiano Ronaldo	p^4	$g^{\frac{3}{2}}$

Tabela I

Sabendo que p e q são números maiores que 1 e que a média de gols marcados por partida disputada foi a mesma para os dois jogadores, é correto concluir que

(A) $p=\sqrt{g}$ (B) $p=\sqrt[3]{g}$ (C) $p=\sqrt[3]{g^2}$ (D) $p=\sqrt[4]{g}$ (E) $p=\sqrt[4]{g^3}$

332) CMBH – O autor persa Al-Khowarizmi (780 – 850 d.C.) foi um notável matemático, astrônomo e geógrafo. Em seu livro Al-Jabr Wa'l Murãbalah, publicado antes de 850 d.C., apresentou a primeira solução sistemática das equações lineares e quadráticas. No quinto capítulo desse livro, o autor propõe o seguinte problema:
"Divida 10 unidades em duas partes, de modo que a soma dos produtos obtidos multiplicando cada parte por si mesma seja igual a 58."
A diferença entre a maior parte e a menor parte, obtidas na resolução desse problema, é:

(A) 3 (B) 4 (C) 5 (D) 6 (E) 7

333) CMF – A diferença entre os quadrados de dois números ímpares consecutivos é sempre um número divisível por

(A) 8 (B) 6 (C) 5 (D) 7 (E) 9

334) CMJF – Respeitada a condição de existência ($x \neq 3$), simplifique a expressão

$$\frac{2(x-2).(x-3)^3 - 3(x-2)^2.(x-3)^2}{(x-3)^3}$$

(A) $\frac{x(x-2)}{(x-3)^3}$ (B) $\frac{x(2-x)}{(x-3)}$ (C) $\frac{x(x-2)}{(x-3)^2}$ (D) $\frac{x(2-x)}{(x-3)^4}$

335) IFMT – X e Y são as medidas dos lados de um retângulo de área 20 e perímetro 18. Qual o valor numérico da expressão $5x^2y + 5xy^2$?

(A) 500 (B) 600 (C) 800 (D) 900 (E) 1000

336) IFRO – Seja a equação exponencial $\left(4^{2x+1}\right)^2 = 256$. Então x^2 é igual a:

(A) 4 (B) 1/4 (C) 2 (D) 1/2 (E) –2

337) IFAM – Fatore a expressão $\frac{(a+b)^2 - 2b(a+b)}{(a-b)}$

(A) a – b (B) a + b (C) 1 (D) 2ab (E) $a^2 - b^2$

338) IFPE – Se $(x - y)^2 - (x + y)^2 = -8$, então x.y é igual a:

(A) 0 (B) –1 (C) –2 (D) 2 (E) 4

339) IFPB – Um conjunto numérico é dito fechado para uma operação se, e somente se, o resultado da operação com quaisquer dois elementos desse conjunto continua sendo um elemento desse conjunto. Com base nessa afirmação, é CORRETO afirmar que:

(A) $\mathbb{N}$ é fechado para a subtração.

(B) $\mathbb{Z}$ é fechado para a divisão.

(C) $\mathbb{Q}$ é fechado para a subtração.

(D) $\mathbb{R}$ é fechado para a divisão.

(E) $\mathbb{R} - \mathbb{Q}$ é fechado para a multiplicação.

340) IFMA – O número inteiro mais próximo da raiz da equação $\frac{x+4}{2} - \frac{x-5}{5} = 0{,}7$ é:

(A) 1 (B) –7 (C) –5 (D) –3 (E) –8

Teste 35

341) CMM – Sabendo que o número x é dado pela expressão

$$-\frac{3}{4} + \left[\frac{\left((-2)^{3\sqrt{2}-4}\right)^{3\sqrt{2}+4}}{11}\right]^{-1}$$, podemos afirmar que:

(A) $x^2 - 1$ é par (B) $x^x + x$ é um número composto (C) $3^x - 2$ é quadrado perfeito
(D) x é irracional (E) x – 5 é um natural divisível por 2017

342) CMPA – De cada um dos cantos de um retângulo de papelão, cujo comprimento é igual ao dobro da largura L, retira-se um pequeno quadrado de lado com comprimento igual a um terço da largura. Feito isso, dobram-se as bordas para cima de modo a montar uma caixa sem tampa com forma de um paralelepípedo retângulo. Sendo assim, tem-se que a expressão algébrica que permite calcular o volume dessa caixa pode ser expressa por

(A) $4L^3/9$ (B) $2L^3/3$ (C) $4L^3/27$ (D) $4L^3$ (E) $2L^3$

343) CMR – Considere que o preço P de cada ingresso num jogo importante seja definido em função da expectativa do número x de milhares de torcedores, por P = 100 – 2x. Sabe-se que a renda (R) é o valor arrecadado apenas com a venda dos ingressos. Qual a quantidade de torcedores que permite a maior renda possível?

(A) 10.000 (B) 15.000 (C) 25.000 (D) 30.000 (E) 40.000

344) CMSM – Um grupo de alunos do CMSM, em um trabalho na disciplina de Matemática, fez um levantamento de dados sobre o tráfego médio de veículos que passam por hora na entrada desse colégio. O resultado foi exposto pelos mesmos alunos por meio de uma equação matemática, descrita da seguinte forma:
"A quantidade x de carros que passa, por minuto, pela entrada desse colégio, é igual a menos um quarto mais a raiz quadrada dessa mesma quantidade x de carros."
Pode-se afirmar que a média de carros que passa pela entrada do CMSM, por hora, é igual a:

(A) 15 (B) 20 (C) 25 (D) 30 (E) 35

345) CMRJ – Determine a forma de potência mais simples do radical abaixo:

$$\sqrt[3]{11^{29}.\sqrt[4]{11^{28}.\sqrt[5]{11^{27}.\sqrt[6]{11^{26}.\sqrt[7]{11^{25}}}}}}$$

(A) $11^{3509/280}$ (B) $11^{1131/56}$ (C) $11^{504/125}$ (D) $11^{27/5}$ (E) $11^{3/56}$

346) CMB – Um número de três algarismos é tal que a soma dos valores absolutos desses algarismos é 12 e o algarismo das unidades é 5. Se o algarismo das unidades for colocado no lugar das centenas, o algarismo das centenas for colocado no lugar das dezenas e o algarismo das dezenas for colocado no lugar das unidades, o número diminui 54 unidades. Qual é esse número?

(A) 615 (B) 435 (C) 345 (D) 255 (E) 165

347) IFRS – Se $b^x = 5$, então o valor da expressão $5.b^x - 3.b^{2x}$ é

(A) –100 (B) –75 (C) –50 (D) –25 (E) 100

348) IFPR – Se x e y são números que pertencem ao conjunto dos números racionais e $y \neq 0$, então podemos afirmar que:

(A) x/y é um número natural. (B) x/y é um número racional.
(C) x/y é um número inteiro (D) x/y é um número irracional.

349) IFSC – Qual é a denominação mais simples do valor numérico da expressão

$\dfrac{a^5 + a^{10} + (b-1)^2}{(1+2c)^3}$, com a = –1, b = –2 e c = –1 ?

(A) Número irracional (B) Número racional (C) Número real
(D) Número natural (E) Número inteiro

350) IFMG – Uma função é dada pela regra $f(x)=\begin{cases} 2x+1, \text{ se } x \text{ for ímpar} \\ 3x, \text{ se } x \text{ for par} \end{cases}$

Calcule o valor de f(3) + f(4) e marque a alternativa correta.

(A) 16 (B) 17 (C) 18 (D) 19

Teste 36

351) IFMS – O valor da expressão $\mathbf{a^3 - 2ax^2y^2}$, com a = 8, x = –3 e y = –2 é

(A) 1088 (B) 64 (C) –64 (D) –360 (E) 360

352) IFPE – Daqui a sete anos, a idade de Pedro será o dobro da idade de Paulo. Sete anos atrás, a idade de Paulo era 1/3 da idade de Pedro. Com base nessas informações, é correto afirmar que, atualmente,

(A) Pedro tem 48 anos (B) Pedro tem 21 anos
(C) as idades de Pedro e Paulo somam 60 anos.
(D) a diferença de Pedro e Paulo é 28.
(E) a idade de Paulo é 17 anos.

353) IFTO – Se f(x – 7) = x^2 + 3, então f(x + 4) é igual a:

(A) $x^2 + 22x + 124$ (B) $(x + 4)^2 + 3$ (C) $x^2 + 8x + 20$ (D) $x^2 + 14$ (E) $x^2 + 14x + 49$

354) IFPA – Um grupo de Pesquisa do IFPA Campus Abaetetuba, constatou em uma de suas pesquisas que a população A de uma determinada bactéria cresce segundo a Lei $A(t) = 100.2^t$, onde t representa o tempo em horas. Para atingir uma população de 800 bactérias, será necessário um tempo de

(A) 2 horas (B) 2,5 horas (C) 3 horas (D) 3,5 horas (E) 4 horas

355) IFMT – Se o numerador de uma fração é acrescido de uma unidade, o valor da fração resultante é dois terços. Se ambos, numerador e denominador, são acrescidos de 5 unidades, o valor da fração resultante é sete décimos. Nessas condições, o produto do numerador pelo denominador da fração original é:

(A) 64 (B) 65 (C) 85 (D) 125 (E) 135

356) CMB – Em um determinado instante, as baterias B1 e B2 de dois aparelhos celulares apresentam, respectivamente, 100% e 80% da carga total. Para descarregar por completo, B1 leva t horas e B2 leva três horas a mais que B1. Considerando que as baterias descarregam linearmente ao longo do tempo e que, num certo instante, as duas baterias possuem o mesmo percentual de carga igual a 50%, o valor de t, em horas, é igual a

(A) 1 (B) 2 (C) 3 (D) 6 (E) 9

357) CMBH – A média de **n** números é o resultado da divisão por **n** da soma dos **n** números considerados. Sabe-se que a média aritmética dos quadrados de dois números inteiros é 73 e que a média aritmética entre o menor desses números e seu inverso é 13/5. Portanto, a diferença entre esses dois números é igual a:

(A) –5 (B) –6 (C) 6 (D) 11 (E) 16

358) CMF – Em uma bolsa, existem peças em formatos de triângulos, quadrados e pentágonos, nas quantidades de x triângulos, y quadrados e z pentágonos. Sabendo-se que a soma das quantidades de peças é igual a 10; que, se somarmos as quantidades de vértices de todas as

peças, obtemos 37; e que a quantidade de triângulos é igual à soma das quantidades de quadrados e pentágonos, o valor de $2x + 3y + z$ é

(A) 18 (B) 21 (C) 25 (D) 28 (E) 30

359) CFN – Determine a função quadrática que expressa a área y do retângulo em função de x.

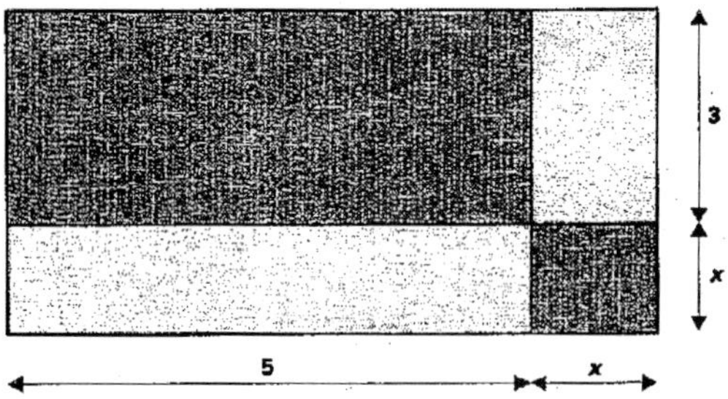

(A) $x^2 + 8x + 15 = 0$
(B) $x^2 + 8x + 8 = 0$
(C) $x^2 + 5x + 3 = 0$
(D) $5x^2 - 3x + 8 = 0$
(E) $x^2 - 8x + 12 = 0$

360) CFN – Simplifique o radical $\frac{1}{xy}\sqrt{12x^3y^5}$.

(A) $6x\sqrt{2xy}$ (B) $3y\sqrt{3xy}$ (C) $2x\sqrt{6xy}$ (D) $2y\sqrt{3xy}$ (E) $x\sqrt{3xy}$

Teste 37

361) CMB – A alternativa correta é:

(A) $\frac{\sqrt{2}+\sqrt[3]{5}}{2} < \frac{\sqrt[3]{5}+\sqrt{5}}{2} < \frac{\sqrt[3]{2}+\sqrt{2}}{2}$

(B) $\frac{\sqrt[3]{5}+\sqrt{5}}{2} < \frac{\sqrt[3]{2}+\sqrt{2}}{2} < \frac{\sqrt{2}+\sqrt[3]{5}}{2}$

(C) $\frac{\sqrt{2}+\sqrt[3]{5}}{2} < \frac{\sqrt[3]{2}+\sqrt{2}}{2} < \frac{\sqrt[3]{5}+\sqrt{5}}{2}$

(D) $\frac{\sqrt[3]{2}+\sqrt{2}}{2} < \frac{\sqrt{2}+\sqrt[3]{5}}{2} < \frac{\sqrt[3]{5}+\sqrt{5}}{2}$

(E) $\frac{\sqrt[3]{2}+\sqrt{2}}{2} < \frac{\sqrt[3]{5}+\sqrt{5}}{2} < \frac{\sqrt{2}+\sqrt[3]{5}}{2}$

362) CMBH – Em 01/01/1986, João era 26 anos mais velho que seu filho Pedro. Sabe-se que eles fazem aniversário no dia 31/12; Em 01/01/2003, a idade do pai era o dobro da idade do filho. A idade de João em 01/01/1994 era:

(A) 35 anos (B) 37 anos (C) 40 anos (D) 43 anos (E) 45 anos

363) CMF – Mariana é 4 anos mais nova que Isabella. Somando-se 2 (dois) anos à idade de Isabella e subtraindo-se 2 (dois) anos da idade de Mariana, o produto das novas idades passa a ser 20. Então, a soma dos quadrados das idades de Mariana e Isabella é:

(A) 80 (B) 100 (C) 53 (D) 61 (E) 74

364) CMJF – Em uma indústria o custo para a produção de x toneladas de vigas de metal é dado, em reais, pela expressão $C = 20 + 60x - 0{,}75\ x^2$. O custo, em reais, para que sejam produzidas 10 toneladas é:

(A) 535 (B) 545 (C) 555 (D) 565 (E) 575

365) CMM – Se $k = \sqrt{3} + \sqrt{5}$, então $\sqrt{15}$ é igual a:

(A) $\frac{k^2 - 8}{2}$ (B) $\frac{k^2}{2}$ (C) $k^2 - 8$ (D) k^2 (E) $2k^2$

366) IFRS – Se $\frac{(a-b)^2}{a^2 - b^2} = 2$, então podemos afirmar que o valor de **a** é igual a

(A) 1/b (B) 2b (C) –2b (D) 3b (E) –3b

367) IFPR – Dadas as expressões $M = -x^2 + 5x - 3$ e $N = -x^3 - 2x^2 + 8x$, para $x = -1$, tem-se:

(A) M = N (B) M = 2N (C) M = –2N (D) M = N/2

368) IFSC – O valor da expressão $(2013^2 - 2012^2) - (2012^2 - 2011^2)$ é um número:

(A) múltiplo de 5 (B) quadrado perfeito (C) negativo (D) primo (E) divisor de 5

369) IFMG – O polinômio $(n^2 - 4)x^3 + (n + 2)x^2 + mx + 5$ será considerado do terceiro grau em função de **m** e **n**, se e somente se:

(A) $n \in \mathbb{R} - \{-2, 2\}$, independentemente do valor de m;
(B) $n, m \in \mathbb{R} - \{-2, 2\}$;
(C) $n \in \mathbb{R}$, independentemente do valor de m;
(D) $n \in \mathbb{R} - \{4\}$, independentemente do valor de m;

370) IFGO – Simplifique a expressão algébrica:

$$\frac{4x + xy}{4y + y^2} \div \frac{4x^2}{(x+y)^2 - (x-y)^2}$$

(A) 4 (B) 4x (C) xy (D) 1 (E) y

Teste 38

371) CFN – O retângulo e o quadrado abaixo são equivalentes (têm a mesma área). Observe atentamente as figuras e determine qual a medida do lado do quadrado e o seu perímetro, respectivamente.

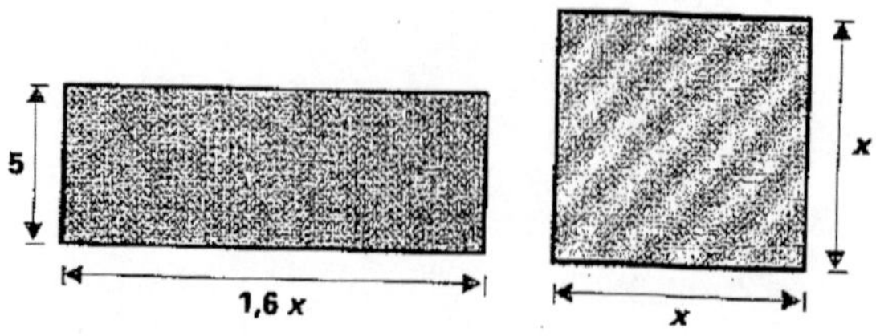

(A) 8 e 32 (B) 12,8 e 35,6 (C) 8 e 16 (D) 12,8 e 20,8 (E) 8 e 12,8

372) CFN – Sendo $U = \mathbb{R} \times \mathbb{R}$, resolva o sistema:

$$\begin{cases} x - y = -5 \\ 2x + 3y = 10 \end{cases}$$

(A) (–25, 20) (B) (–3, 2) (C) (–1, 4) (D) (50/11, –30/11) (E) (3, –2)

373) EAM – O conjunto solução no campo dos reais da inequação $3x + 5 > -7x + 3$ é

(A) $\{x \in \mathbb{R} \mid x \geq 2/10\}$ (B) $\{x \in \mathbb{R} \mid x < -2/10\}$ (C) $]-2/10, +\infty[$ (D) $[2/10, +\infty[$ (E) $]-\infty, -2/10]$

374) CMS - Simplificando a expressão $\dfrac{a^6+2a^3+1}{a^2+2a+1}$ para todo a ∈ ℝ–{–1}, obtemos:

(A) $a^4 + a^2 + 1$ (B) $a^2 + a + 1$ (C) $a^3 + a^2 + 1$ (D) $(a^2 - a + 1)^2$ (E) $(a + 1)(a^2 - a + 1)$

375) CMSM - Uma caixa d'água possui uma tubulação que a alimenta e a enche em x horas. Possui também um "ladrão" que a esvazia em x + 5 horas. A caixa d'água, quando vazia, enche em 30 horas com a tubulação e o "ladrão" funcionando simultaneamente. Se a tubulação entupir e a caixa d'água estiver cheia, em quanto tempo ficará novamente vazia?

(A) 25 horas (B) 15 horas (C) 20 horas (D) 10 horas (E) 30 horas

376) CMRJ - Dados os números reais a, b e c diferentes de zero e a + b + c ≠ 0, para que a igualdade $\dfrac{1}{a}+\dfrac{1}{b}+\dfrac{1}{c}=\dfrac{1}{a+b+c}$ sempre se verifique, devemos ter, necessariamente:

(A) a = b = 2c (B) a = b = –2c (C) a=b ou b=c ou a=c
(D) a + c = 2b (E) a=–b ou b=–c ou a=–c

377) CMR - Um restaurante vende, em seu *self-service*, 100 kg de comida por dia, a R$ 12,00 o quilograma. Uma pesquisa de opinião revelou que, para cada real de aumento no preço, o restaurante perderia 10 clientes com um consumo médio de 500 g cada. O valor do quilograma da comida para que o restaurante, após o reajuste, venha a ter a maior receita possível, em reais, é:

(A) R$ 4,00 (B) R$ 16,00 (C) R$ 14,00 (D) R$ 12,00 (E) R$ 8,00

378) IFMG - Para que a igualdade $\dfrac{3}{x^2+3x-10}=\dfrac{A}{x+5}+\dfrac{B}{x-2}$ seja verdadeira, devemos ter que:

(A) A – B = 3 (B) A = B (C) A = –B (D) A + B = 3

379) IFRS - Para $a\sqrt{15}$ e $b=1{,}71030303\ldots$, o valor da expressão $\dfrac{(a+b)(a-b)+2b^2}{(a+b)^2-2ab}$ é igual a

(A) 0 (B) 1/4 (C) 1/3 (D) 1/2 (E) 1

380) IFSC - O dobro da minha idade aumentada de oito é igual a 54 anos. Qual é a minha idade?

(A) 23 anos (B) 32 anos (C) 46 anos (D) 43 anos (E) Nenhuma das alternativas

Teste 39

381) CEFET RJ - No conjunto dos números reais, se dois valores têm o mesmo quadrado, então eles são iguais ou simétricos, ou seja, $a^2 = b^2 \leftrightarrow$ a=b ou a=–b. Desse modo, se $a^2 = 4^2$, podemos garantir que a = 4 ou a = –4 .
Na equação do segundo grau $(2x - 200)^2 = (x + 500)^2$, a soma das soluções é

(A) –100 (B) 600 (C) 700 (D) 800

382) IFSP – Observe os dados abaixo.
A idade de Paulo é um número ímpar, divisível por 3, compreendido entre 20 e 30, que satisfaz à inequação $2x - 3(x + 7) > -46$. Considerando os dados expostos, assinale a alternativa que apresenta a idade de Paulo.

(A) 30 anos (B) 27 anos (C) 25 anos (D) 23 anos (E) 21 anos

383) CEFET ES – Determine o conjunto-solução da inequação $\frac{(x-1)^{2009}(-x+5)^{2010}}{(2x-1)^{2010}} \leq 0$.

(A) $\{x \in \mathbb{R} \mid x \leq 1 \text{ e } x \neq 1/2\}$ (B) $\{x \in \mathbb{R} \mid x < 1 \text{ e } x \neq 1/2\}$
(C) $\{x \in \mathbb{R} \mid x \leq 1 \text{ ou } x = 5 \text{ e } x \neq 1/2\}$
(D) $\{x \in \mathbb{R} \mid x \geq 5 \text{ e } x \neq 1/2\}$ (E) $\{x \in \mathbb{R} \mid x = 5 \text{ e } x \neq 1/2\}$

384) FAETEC – Considere a seguinte igualdade, que é um exemplo de uma fatoração por evidenciação:
$a^n + a^{n+3} = a^n(1+a^3)$
Usando a igualdade apresentada, podemos afirmar que o valor $3^3 + 3^6$ equivale a:

(A) 26×27 (B) 27×28 (C) 28×29 (D) 29×30 (E) 30×31

385) CTUR – Duas pessoas conversam. João diz: "me dê cinco das suas moedas e ficamos com a mesma quantidade." Maria responde: "Me dê cinco das suas e ficarei com o triplo das moedas que restam para você.". Quantas moedas João possuía?

(A) 10 (B) 15 (C) 20 (D) 25 (E) 35

386) IFRJ – Gauss, um menino muito esperto, precisou resolver um problema em sua casa. Ele possuía uma balança de comparação (de pratos) sem escala, uma embalagem de arroz de 2,5 kg, duas embalagens idênticas de farinha e uma de feijão. Seu objetivo era medir a massa (o peso) da embalagem de feijão. Depois de realizar várias tentativas frustradas, Gauss conseguiu equilibrar os pratos da balança nas duas situações descritas a seguir.

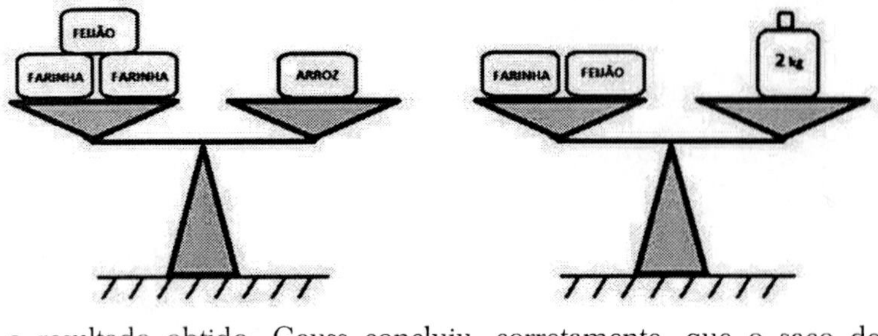

Analisando o resultado obtido, Gauss concluiu, corretamente, que o saco de feijão possui massa igual a

(A) 1,8 kg (B) 1,5 kg (C) 1,0 kg (D) 0,5 kg (E) 2,0 kg

387) CFN – Se $2x - y = 2$ e $x + 3y = 15$, dê o valor numérico de $x^2 + y^2$.

(A) 25 (B) 30 (C) 35 (D) 40 (E) 45

388) EAM – Uma professora de Matemática, durante uma aula, propôs o seguinte problema para sua turma: "Quando meu filho nasceu, minha idade era um quadrado perfeito compreendido entre 20 e 30. Hoje a idade do meu filho é um cubo perfeito compreendido entre 5 e 10. Qual a soma das nossas idades hoje?"

(A) 45 anos (B) 41 anos (C) 36 anos (D) 30 anos (E) 28 anos

389) CMRJ – Se $\dfrac{3^{n-2}+3^{n-1}+3^{n}+3^{n+1}}{2^{n-2}+2^{n-1}+2^{n}+2^{n+1}}=\dfrac{10.7^{n+1}+2.7^{n}}{7^{n+2}-37.7^{n}}$, então o valor de n é

(A) –4 (B) –2 (C) 0 (D) 2 (E) 4

390) CMB – Dados os números reais x = $(0{,}111...)^6$ e y = 1,2666..., assinale a opção que representa o valor numérico da expressão $\dfrac{x^{\frac{1}{6}}-x^{\frac{1}{4}}}{y}$ em sua forma fracionária irredutível.

(A) $\dfrac{13}{170}$ (B) $\dfrac{10}{171}$ (C) $\dfrac{7}{172}$ (D) $\dfrac{4}{173}$ (E) $\dfrac{1}{174}$

Teste 40

391) CMB – Sejam Q e R, respectivamente, o quadrado da soma e a soma dos quadrados de dois números reais não nulos x e y. Qual das expressões abaixo, em função de S = x+y e P = x.y, representa a média aritmética entre Q e R?

(A) S^2 – P (B) S^2 – 2P (C) P^2 – S (D) P^2 – 3S (E) S^2 + 3P

392) CMBH – O tempo médio T, em segundos, que todo o sangue de um mamífero de 625 quilogramas leva para circular todo o corpo uma vez e voltar ao coração é dado por:

$$T=\frac{141}{8}.(0{,}0016)^{-\frac{1}{4}}$$

Qual o tempo médio T, em segundos, de circulação de sangue desse mamífero?

(A) 3,525 (B) 17,229 (C) 39,411 (D) 58,932 (E) 88,125

393) CMF – Simplificando-se a expressão $\dfrac{2^{n+8}-16.2^{n+1}}{7.2^{n+4}}-1$, onde n é um número natural, obtém-se o resultado:

(A) –1 (B) 1 (C) 2 (D) 4 (E) 7

394) CMJF – Dado o sistema ao lado, a alternativa correta é:

$$\begin{cases} a-b=5 \\ a^2+b^2=13 \end{cases}$$

(A) $\sqrt{-(ab)}$ é impossível.

(B) $\dfrac{a}{b}=-\dfrac{5}{3}$

(C) $a.b=\dfrac{15}{4}$

(D) $a^2-b^2=\pm 5$

395) CMM – Ao calcularmos os pontos de interseção entre duas funções, estamos simplesmente calculando os valores de x e y que satisfazem simultaneamente as duas funções. Dados os pontos M e N, pertencentes respectivamente às funções f(x) = $2x^2$ + 1 e g(x) = $-x^2$ + 4x – 3 , o menor comprimento possível do segmento MN, paralelo ao eixo y, é:

(A) 13/8 (B) 8/3 (C) 3/8 (D) 8/13 (E) 5/3

396) CMPA – Um grupo de amigos decidiu dividir, igualmente entre si, o custo para a organização de uma festa. Se eles conseguissem convencer mais 3 amigos a dividirem esse custo, cada um deles pagará R$ 100,00 a menos que o valor previsto inicialmente. Por outro lado, se 2 amigos desistirem, cada um dos restantes pagará R$ 100,00 a mais. Sendo assim,

tem-se que a quantidade de amigos que decidiu organizar essa festa é igual a um número, cujo produto dos algarismos, é igual a

(A) 12 (B) 10 (C) 16 (D) 2 (E) 8

397) CMR – Dizemos que um número de três algarismos é "modesto" quando, simultaneamente,
- ao retirarmos sua centena obtemos um número de dois algarismos que é quadrado perfeito;
- ao retirarmos sua dezena obtemos um número de dois algarismos que é par.

Com base nas informações acima, pode-se afirmar que a soma de todos os números "modestos" é

(A) 23580 (B) 24570 (C) 25600 (D) 28270 (E) 30080

398) CMSM – Existem afirmações em Matemática que ainda não foram demonstradas, neste caso são chamadas de *conjecturas*. Uma das conjecturas mais famosas se deve ao matemático prussiano Christian Goldbach, que em 1742 escreveu: "todo inteiro par maior que 2 pode ser escrito como a soma de 2 números primos". Por exemplo, 16 = 13 + 3. Usando essa conjectura, de quantas maneiras diferentes o número 50 pode ser escrito?

(A) 2 (B) 3 (C) 4 (D) 5 (E) 6

399) CMRJ – Você sabe elevar números naturais terminados em 5 ao quadrado de forma rápida? Observe o método:

Considere o número N5, sendo N natural. Então $(N5)^2$ vale M25, sendo M = N.(N+1).

Exemplos:

Utilizando o método, temos:

$45^2 = 2025$, pois para N=4, temos M = 4×5 = 20.

$105^2 = 11025$, pois para N = 10, temos M = 10×11 = 110.

Baseado nessa ideia, qual dos números abaixo gera, nos naturais, uma raiz quadrada exata?

(A) 100625 (B) 308425 (C) 403525 (D) 416025 (E) 500625

400) CMRJ – Se $x + y = 2$ e $\dfrac{x^3 + y^3}{x^2 + y^2} = \dfrac{1}{4}$, então $(xy)^{-1}$ é igual a:

(A) 11/14 (B) 11/13 (C) 11/12 (D) 1 (E) 11/10

Respostas dos testes

Respostas do Teste 31

301) C 303) A 305) A 307) D 309) E
302) E 304) D 306) D 308) A 310) C

Respostas do Teste 32

311) E 313) E 315) D 317) C 319) B
312) C 314) D 316) D 318) D 320) B

Respostas do Teste 33

321) A 323) C 325) B 327) C 329) A
322) E 324) D 326) A 328) C 330) C

Respostas do Teste 34

331) B 333) A 335) D 337) B 339) C
332) B 334) B 336) B 338) D 340) E

Respostas do Teste 35

341) B 343) C 345) A 347) C 349) E
342) C 344) A 346) A 348) B 350) D

Respostas do Teste 36

351) C 353) A 355) E 357) C 359) A
352) D 354) C 356) E 358) B 360) D

Respostas do Teste 37

361) D 363) A 365) A 367) A 369) A
362) D 364) B 366) E 368) D 370) D

Respostas do Teste 38

371) A 373) C 375) B 377) B 379) E
372) C 374) D 376) E 378) C 380) A

Respostas do Teste 39

381) B	383) C	385) B	387) A	389) E
382) B	384) B	386) B	388) B	390) B

Respostas do Teste 310

391) A	393) B	395) B	397) A	399) D
392) E	394) D	396) D	398) C	400) A

Resoluções dos testes

Resoluções do teste 31

301) CMB – A velocidade mais fácil de ser calculada é para t2 = 9s. Vemos pelo gráfico que entre 8s e 10s, a velocidade permaneceu constante igual a 3 m/s. Portanto v(t2) = 3.

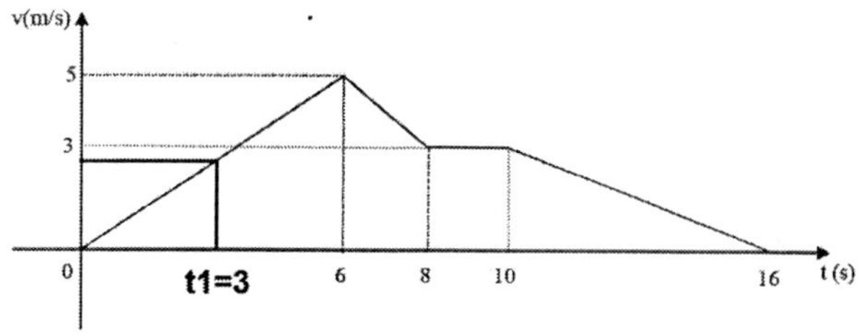

A velocidade em t1 também está fácil de calcular. Como a velocidade começa com 0 em t=0, e aumenta linearmente para 5 m/s, em t=6, é claro que 3s é a metade desse tempo, então a velocidade em t1 será a metade da máxima, portanto, 2,5 m/s.
v(t1) = 2,5
A velocidade em t3=12 é um pouco mais difícil de ser calculada. Entre 10s e 16s, t3 está a 1/3 do caminho (10 a 16 são 6 segundos, e de 10 a 12 são 2 segundos). Sendo assim, a diminuição nesse período, que foi de 3 m/s, será também 1/3 desse valor. Portanto a velocidade diminuirá de 3 m/s para 2 m/s, ou seja, v(t3) = 2.
Sendo assim, v(t1) + v(t2) – v(t3) = 2,5 + 3 – 2 = 3,5 m/s.

Resposta: (C) 3,5 m/s

302) CMBH – Potências podem ser crescentes ou decrescentes, o que depende da base ser maior que 1 ou menor que 1 (ou melhor, entre 0 e 1).
1) Base maior que 1: Quanto maior o expoente, maior o resultado. Ex: 2^5 é maior que 2^3.
2) Base entre 0 e 1: Quanto maior o expoente, menor o resultado. Ex: $0{,}1^3$ é menor que $0{,}1^2$.
Como no problema, **a** está entre 0 e 1, temos que comparar as potências a partir do expoente ser maior, usando o critério (2) acima:

(A) $\sqrt[3]{a^5} > \sqrt{a}$: Comparando $a^{\frac{5}{3}} : a^{\frac{1}{2}}$. 5/3 > 1/2, então $a^{5/3} < a^{1/2}$. FALSO.

(B) $\dfrac{1}{\sqrt{a^5}} < \dfrac{1}{\sqrt[3]{a^2}}$: Comparando $a^{-\frac{5}{2}} : a^{-\frac{2}{3}}$. –5/2 < –2/3, então $a^{-5/2} > a^{-2/3}$. FALSO.

(C) $\sqrt[3]{a} > \sqrt[6]{a^2}$: Comparando $a^{\frac{1}{3}} : a^{\frac{2}{6}}$. Como a é positivo, podemos simplificar 2/6 para 1/3, então as potências são iguais. FALSO.

(D) $\dfrac{1}{\sqrt[6]{a^5}} < 1$: Comparando $a^{-\frac{5}{6}} : a^0$. Como –5/6 < 0, então $a^{-5/6} > a^0$. FALSO.

(E) $\sqrt[3]{a^5} < \sqrt[3]{a^2}$: Comparando $a^{\frac{5}{3}} : a^{\frac{2}{3}}$. Como 5/3 > 2/3, então $a^{5/3} < a^{2/3}$. VERDADEIRO.

Resposta: (E) $\sqrt[3]{a^5} < \sqrt[3]{a^2}$

303) CMF – Lembrando que o expoente negativo tem o efeito de inverter a base. O expoente fracionário é uma raiz de uma potência. Então temos:

$$16^{-\frac{1}{2}} = \frac{1}{16^{\frac{1}{2}}} = \frac{1}{\sqrt{16}} = \frac{1}{4}$$

$4\sqrt[3]{64} = 4 \times 4 = 16$, e $\sqrt[4]{16} = \sqrt[4]{2^4} = 2$. Portanto a expressão fica simplificada para:

$$\sqrt{\frac{1}{4}+\frac{3}{4}+2}+\frac{1}{\sqrt{3}}=\sqrt{3}+\frac{1}{\sqrt{3}}=\frac{3+1}{\sqrt{3}}=\frac{4}{\sqrt{3}}=\frac{4\sqrt{3}}{3}$$ (no final, racionalizamos o denominador)

Resposta: (A) $\frac{4\sqrt{3}}{3}$

304) CMJF – Analisando as afirmativas:

(A) A quantidade de divisores do número 150 é um número que pode ser escrito na forma 2n + 1, com n∈ℕ. **FALSO.** Isso pode ser notado rapidamente, pois os quadrados perfeitos são os únicos números naturais que possuem um número ímpar de divisores, e 150 não é quadrado perfeito. Isso ocorre porque os divisores podem ser agrupados os pares: 1 e 150, 2 e 75, 3 e 50, 5 e 30, 6 e 25, 10 e 15. Quando o número é quadrado perfeito, existe divisor que fica "sozinho", o que resulta em um número ímpar de divisores. Por exemplo, para 36, podemos agrupar 1 e 36, 2 e 18, 3 e 12, 4 e 9. O divisor 6 fica sozinho, justamente porque 6×6=36. Isso ocorre com todos os quadrados perfeitos.

(B) $\sqrt{17}$ é um número irracional, pois pode ser escrito na forma p/q, com p e q ∈ ℤ e q ≠ 0. **FALSO**, pois um número irracional **não pode** ser escrito na forma p/q, com p e q inteiros.
(C) Sabendo-se que ax + by = c tem solução inteira se, e somente se, d é divisor de c, sendo d = MDC (a, b), podemos dizer que 172x + 20y = 1043 tem soluções inteiras. A primeira afirmação é na verdade um teorema que devemos considerar como verdadeiro. Ou seja, a equação tem soluções inteiras se e somente se c é múltiplo do MDC entre a e b. A afirmativa para ser analisada é a segunda, que a equação dada (172x + 20y = 1043) tem soluções. Temos que verificar se 1043 é múltiplo do MDC entre 172 e 20. O MDC é 4, e 1043 não é múltiplo de 4, então a equação não tem soluções inteiras. Logo a afirmativa é **FALSA**.
(D) 0,999... = 1. A única afirmativa **VERDADEIRA** da lista. A dízima periódica 0,999... é exatamente igual a 1. Isso é fácil comprovar. Se chamarmos este valor de x, temos que 10x = 9,999..., ou seja, 10x = x + 9, equação que resolvida resulta em x=1.

Resposta: (D) 0,999... = 1

305) CMM – Para resolver a expressão precisamos lembrar da fórmula de produtos notáveis envolvida (quadrado da diferença): $(a - b)^2 = a^2 - 2ab + b^2$. Precisamos também usar o fato de que um expoente negativo tem o efeito de inverter a base. Ficamos então com:

$$\frac{\left[1-\left(\frac{x}{y}\right)^{-2}\right].x^2}{\left(\sqrt{x}-\sqrt{y}\right)^2+2\sqrt{xy}}=\frac{\left[1-\left(\frac{y}{x}\right)^{2}\right].x^2}{\left(x+y-2\sqrt{x}\sqrt{y}\right)+2\sqrt{xy}}=\frac{x^2-y^2}{x+y-2\sqrt{xy}+2\sqrt{xy}}=\frac{x^2-y^2}{x+y}$$

A expressão do numerador é uma diferença de quadrados, que pode ser fatorada como (x+y)(x–y). Ficamos então com:

$$\frac{x^2-y^2}{x+y}=\frac{(x+y)(x-y)}{x+y}=x-y$$

Observe que em nenhum momento foi preciso usar o fato de que x>y. Significa que a expressão também é válida para x<y. O importante é que tanto x como y precisam ser positivos, para que as raízes quadradas existam.

Resposta: (A) x – y

306) EAM – Trata-se de uma diferença de quadrados. O quadrado de x e o quadrado de y–2x. Sabemos que a diferença de quadrados pode ser fatorada como o produto da soma pela diferença dos valores. Então:
$x^2 - (y-2x)^2 = [x + y - 2x][x - (y-2x)]$
$= [y - x][3x - y]$

Resposta: (D) (3x – y)(y – x)

307) CFN – Dízimas não periódicas são números IRRACIONAIS. Portanto a resposta correta é (D).

Resposta: (D) π ∈ 𝕀

308) CEFET RJ – Analisando as afirmativas, temos:
I) $\pi = 22/7$ ERRADO, este é apenas um valor aproximado para π.
II) $\sqrt{4} = \pm 2$ ERRADO, o símbolo $\sqrt{\ }$ significa apenas "a raiz quadrada positiva".
III) Entre as frações 1/7 e 2/7, não existe qualquer fração irredutível. ERRADO, os números racionais são infinitos, e entre dos racionais quaisquer, existem infinitos outros racionais, e qualquer racional pode ser escrito como fração irredutível, basta simplificar.
IV) A soma de todos os números naturais primos menores do que 10 é 18. Pegadinha. Tenta pegar os distraídos que esquecem que o número 1 não é primo nem composto. A classificação de números primos se aplica apenas de 2 em diante.
Os primos menores que 10 são 2, 3, 5 e 7, sua soma é 17, e não 18. Portanto, ERRADO.

Resposta: (A) 0

309) IFSP – Como Ada Byron viveu no século 19, o referido ano em que estavam está compreendido entre 1801 e 1900. O único quadrado perfeito nessa faixa é 1849, o quadrado de 43:
$42^2 = 1764$
$43^2 = 1849$
$44^2 = 1936$
Ou seja, 43 era sua idade com os algarismos trocados. Então sua idade era 34 anos. Se isso ocorreu então seu nascimento ocorreu em 1849 – 34 = 1815.
No ano de 1977, seu nascimento havia ocorrido há x anos. Então o valor de x é:
x = 1977 – 1815 = 162

Resposta: (E) 162

310) IFMG – 7/4 é o mesmo que 1,75. Este valor está entre 1 e 2, portanto mais próximo de 1 (C) do que de 3 (D). Portanto a resposta é C.

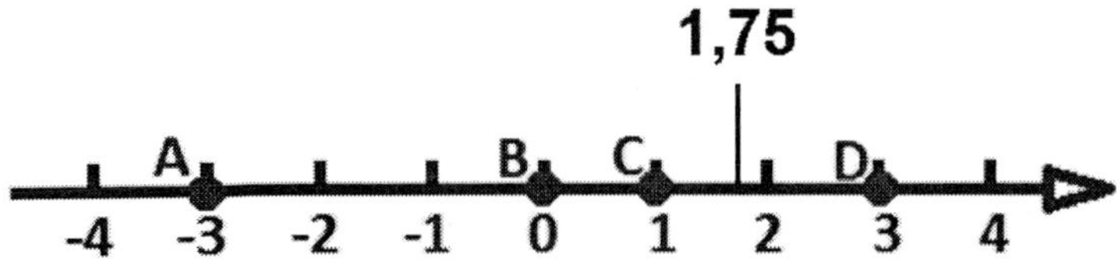

Resposta: (C) C

Resoluções do teste 32

311) EAM – Uma operação de cálculo de radicais bem simples. O número 75 pode ser escrito como 25 × 3, o que é vantajoso, já que 25 é um quadrado perfeito, então sua raiz quadrada, que é 5, pode ser colocada para fora do radical.

$\sqrt{75} = \sqrt{25 \times 3} = 5\sqrt{3}$

Resposta: (E) $5\sqrt{3}$

312) CFN – A imagem de um valor x é o valor de y correspondente. Para que tenhamos y=9, é preciso que:

3x + 5 = 9
3x = 4
x = 4/3

Resposta: (C) 4/3

313) CMM – A parte que diz "Um professor de matemática ... ... seguinte problema:" poderia ser suprimida, pois é puro bla-bla-bla. O problema poderia começar falando do número natural, seguido pela pergunta.
Quadrados perfeitos de dois algarismos existem:
16, 25, 36, 49, 64 e 81.
Dentre estes, aqueles cujo produto dos algarismos é o dobro de um quadrado perfeito, são:
36: 3 × 6 = 18 = 2 × 9
81: 8 × 1 = 8 = 2 × 4
Existem portanto dois números naturais que satisfazem o problema.

Resposta: (E) 2

314) CMPA – Chamando de G o preço somente da garrafa, e T o preço da tampa, temos:
G + T = 110
G – T = 100
Somando as igualdades, encontramos 2G = 210, G = 105. Logo T = 5.

Resposta: (D) 5

315) CMR – Analisando as afirmativas, temos:

(I) $\sqrt{613+\sqrt{141+\sqrt{7+\sqrt{4}}}}$ é um número natural. CERTO.

$$\sqrt{613+\sqrt{141+\sqrt{7+\sqrt{4}}}} = \sqrt{613+\sqrt{141+\sqrt{7+2}}} = \sqrt{613+\sqrt{141+\sqrt{9}}} = \sqrt{613+\sqrt{141+3}}$$
$$= \sqrt{613+\sqrt{144}} = \sqrt{613+12} = \sqrt{625} = 25$$

(II) $\dfrac{1}{\sqrt{2}-\dfrac{1}{\sqrt{2}-1}}$ é um número irracional. ERRADO.

$$\frac{1}{\sqrt{2}-\dfrac{1}{\sqrt{2}-1}} = \frac{1}{\sqrt{2}-\dfrac{(\sqrt{2}+1)}{(\sqrt{2}-1)(\sqrt{2}+1)}} = \frac{1}{\sqrt{2}-\dfrac{(\sqrt{2}+1)}{2-1}} = \frac{1}{\sqrt{2}-(\sqrt{2}+1)} = -1$$

(III) $\sqrt[2017]{\dfrac{2^{2017}+2^{2020}}{9}}$ é um número racional. CERTO.

$$\sqrt[2017]{\frac{2^{2017}+2^{2020}}{9}}=\sqrt[2017]{\frac{2^{2017}+2^{2017}.2^{3}}{9}}=\sqrt[2017]{\frac{2^{2017}\left(1+2^{3}\right)}{9}}=\sqrt[2017]{\frac{2^{2017}.9}{9}}=\sqrt[2017]{2^{2017}}=2$$

Portanto as verdadeiras são I e III.

Resposta: (D) apenas I e III são verdadeiras

316) CMSM – Analisando as afirmativas, temos:

(A) a soma de dois números irracionais é um número irracional. ERRADO.
Os Irracionais não possuem a propriedade do fechamento. Por exemplo, 1+π e 2–π são irracionais, mas sua soma é 3, que não é irracional.

(B) $\sqrt{x^2}=x$, para todo $x\in\mathbb{R}$. ERRADO. Isso vale somente para x positivo. Se fizermos por exemplo x = –3, ficaremos com $\sqrt{(-3)^2}=\sqrt{9}=3$, e não –3.

(C) Se x e y são números reais, tais que (x – y).x = 2(x – y), então x = 2. ERRADO. Podemos ter qualquer outro valor de x, se usarmos y e x iguais. No caso, x – y resulta em zero, e ficamos com 0.x = 2.0, o que é válido para qualquer x.

(D) o produto de dois números irracionais pode ser um número racional. CERTO. Por exemplo, $\sqrt{5}.\sqrt{5}=5$

(E) 1/x é o inverso do número real x, qualquer que seja $x\in\mathbb{R}$. ERRADO. Para x=0, o inverso não existe.

Resposta: (D)

317) CEFET RJ – Atribuindo os valores indicados para x, y e z, temos?

$$E=\frac{(-2)^3-(-2)^4-(-10)^0}{\sqrt{5}}=\frac{-8-16-1}{\sqrt{5}}=\frac{-25}{\sqrt{5}}=-5\sqrt{5}$$

Resposta: (C) $-5\sqrt{5}$

318) IFSP – O que significa "quatro unidades do produto A pesam 1 kg"? Significa que as quatro juntas pesam 1 kg, ou seja, cada uma pesa 0,25 kg. Além disso, essas quatro juntas custam 480 reais, então cada uma custa 120 reais. Temos então:
Produto A: 0,25 cada, 120 reais cada.

Já o produto B é tal que sete unidades pesam 1 kg, então cada unidade de B pesa (1/7) kg, e o custo de cada uma é (300/7) reais.

A seguir temos 10 unidades de A e x unidades de B.
O peso total desse conjunto é:
10 × 0,25 + x × (1/7). Como pesam no mínimo 5 kg, temos:
2,5 + x/7 > 5
x/7 > 2,5
x : 2,5 × 7 = 17,5
Esta é a primeira informação sobre o número inteiro x: é maior que 17,5, portanto, um inteiro maior que 17 (é inteiro pois foi informado "x unidades do produto B").
Quanto preço, é dado que é inferior a 2000 reais, portanto:
10 × 120 + x.(300/7) < 2000
12 + 3x/7 < 20
3x/7 < 8
x < 8.7/3
x < 56/3
Sendo x um número inteiro, menor que 56/3 = 18,666..., deve ser 18 ou menos
Mas x também precisa ser maior que 17,5. Logo x só pode ser 18.

Entre as opções, a única que serve é que trata-se de um múltiplo de 6.

Resposta: (D) múltiplo de 6

319) CEFET ES – Com x pessoas pagando y reais cada, o valor total arrecadado é xy. Mas entre as opções não temos o valor xy. Entretanto, podemos descobrir o preço do aluguem do ônibus a partir da segunda informação.
Com 5 pessoas faltando, o número de pessoas passou a ser x – 5. O valor a ser pago por cada uma aumentou 3 reais, ou seja, passou a ser y + 3. Então a arrecadação, que é o valor do aluguel a ser pago pelo ônibus, pode ser também calculada como:
(x – 5)(y + 3).
Este é exatamente o valor da opção (B).

Resposta: (B) (x – 5).(y + 3)

320) IFPA – Comecemos colocando em evidência 4 no numerador e 2 no denominador. Ficamos com:

$$\frac{4x^2+8ax+4a^2}{2x+2a}=\frac{4(x^2+2ax+a^2)}{2(x+a)}=\frac{2(x^2+2ax+a^2)}{(x+a)}=$$

A expressão entre parênteses no numerador é um produto notável, um quadrado perfeito, que é $(x+a)^2$. Podemos então escrever a expressão como:

$$\frac{2(x^2+2ax+a^2)}{(x+a)}=\frac{2(x+a)^2}{(x+a)}=2(x+a)$$

Resposta: (B) 2x + 2a

Resoluções do teste 33

321) CMRJ – Correção: não é o lucro máximo, é a arrecadação (ou faturamento) máximo. O lucro depende de outros fatores, outras despesas que devem ser também contabilizadas. Por exemplo, com mais pessoas podem existir despesas adicionais como mais combustível, mais água/lanches, etc. O caminho para o lucro máximo é buscar o faturamento máximo, mas nem tudo o que se arrecada é lucro.
Considere x o número de lugares vagos no ônibus. Os pagantes serão portanto 40 – x. O valor que cada um pagará é 160 + 8x.
Portanto, a arrecadação é
$(40 - x)(160 + 8x) = -8x^2 - +160x + 6400$

Trata-se de uma função do 2º grau com coeficiente de x^2 negativo, portanto seu gráfico é uma parábola com a concavidade voltada para baixo. A função tem máximo no vértice da parábola, que ocorre para x = (–b)/(2a) = –160/(–16) = 10
Portanto, com 10 faltantes, a arrecadação será máxima. Termos 30 pagantes, e cada um pagará 240 reais, totalizando 7200 reais.

Resposta: (A) 30

322) CMB – Não parece, mas a expressão dentro dos parênteses é um quadrado perfeito. Em que ser, já que nas opções de respostas, o radical "sumiu". De fato, temos:

$$a^4-\frac{6}{5}a^2+0{,}36=a^4-2.\frac{3}{5}a^2+\frac{36}{100}$$

A fração 36/100, simplificada por 4, resulta em 9/25, que é o mesmo que $(3/5)^2$. Assim identificamos um quadrado perfeito, o quadrado da expressão $(a^2 - 3/5)$. Podemos então escrever a expressão total como:

$\sqrt[4]{\left(a^2-\frac{3}{5}\right)^4}$. Lembrando que o valor correto de $\sqrt[4]{x^4}=|x|$. No caso, se fizermos a suposição que $a^2 - 3/5$ é positiva, o uso do módulo pode ser dispensado, resultando em $a^2 - 3/5$.

Resposta: (E) $a^2 - 3/5$

323) CMBH – Como a + b = 9, podemos fazer a = 9 – b, e a expressão fica:

$$\left(\frac{3-\sqrt{9-b}}{b}\right)^{-1}=5$$

$$\left(\frac{3-\sqrt{9-b}}{b}\right)=\frac{1}{5}$$

$$15-5\sqrt{9-b}=b$$

$$15-b=5\sqrt{9-b}$$

$$225-30b+b^2=25(9-b)=225-25b$$

$$-30b+b^2=-25b$$

$$b^2=5b$$

As soluções da equação são b=0 e b=5, mas b=0 não serve, pois a expressão original tem um denominador b. Portanto b=5. Conferindo b=5 na expressão original, temos a=4 e b=5, ficando com:

$$\left[\frac{\sqrt{a+b}-\sqrt{a}}{b}\right]^{-1}=\left[\frac{3-2}{5}\right]^{-1}=\left[\frac{1}{5}\right]^{-1}=5$$

Resposta: (C) 5

324) CMF – Obviamente é muito trabalhoso fazer essas contas, mas podemos resolver facilmente usando produtos notáveis. Temos duas diferenças de quadrados:

$64^2 + 62^2 - 63^2 - 61^2 = 64^2 - 63^2 + 62^2 - 61^2$

As duas diferenças de quadrados podem ser escritas como o produto da soma pela diferença dos números envolvidos:

$(64 + 63)(64 - 63) + (62 + 61)(62 - 61) = 127 + 123 = 250$

OBS.: Atenção, é um tipo de questão relativamente comum nos concursos.

Resposta: (D) 250

325) CMJF – O numerador tem uma diferença de quadrados. É o mesmo que:

$(8^{44} + 4^{22})(8^{44} - 4^{22})$. Fazendo a substituição, temos:

$$\frac{(8^{44}+4^{22})(8^{44}-4^{22})}{8^{44}-4^{22}}=8^{44}+4^{22}$$

Este valor não aparece nas respostas, deve aparecer um número equivalente. Para investigar, vamos exprimir o valor usando potências de 2:

$8^{44} = (2^3)^{44} = 2^{132}$

$4^{22} = (2^2)^{22} = 2^{44}$

Ficamos com $2^{132} + 2^{44}$

Colocando 2^{44} em evidência, temos:

$2^{44}(2^{88} + 1)$

Resposta: (B) $2^{44}.(2^{88} + 1)$

326) EAM – Para descobrir os dois valores desconhecidos, k e p, precisamos de duas equações. Essas equações foram fornecidas nas formas de f(3)=2 e f(5)=4
f(3) = (3 + k)/p = 2
f(5) = (5 + k)/p = 4
Da 1ª equação temos 3 + k = 2p
Da 2ª equação temos 5 + k = 4p
Subtraindo a 2ª menos a 1ª, k irá "cortar" e ficamos com:
2 = 2p ➔ p = 1
Fazendo p=1 em qualquer das duas equações (usemos a 1ª), ficamos com:
3 + k = 2
k = –1
Portanto, com p=1 e k = –1, ficamos com k + p = 0

Resposta: (A) 0

327) CEFET RJ – Analisando com base nas fórmulas de produtos notáveis e nas propriedades das operações:

I – $(p+q)^2 = p^2 + q^2$ (10) FALSO. Pela fórmula de produtos notáveis, é $p^2 + 2pq + q^2$

II – $\sqrt[3]{p.q} = \sqrt[3]{p}.\sqrt[3]{q}$ (20) VERDADEIRO, é uma propriedade das potências.

III – $\sqrt{p^2+q^2} = p+q$ (30) FALSO.

IV – $\dfrac{1+pq}{q} = 1+p$ (40) FALSO.

V – $\dfrac{1}{p+q} = \dfrac{1}{p} + \dfrac{1}{q}$ (50) FALSO.

VI – $\dfrac{1}{\frac{1}{p}+\frac{1}{q}} = \dfrac{pq}{p+q}$ (60) VERDADEIRO, basta efetuar as operações do 1º membro.

As verdadeiras são apenas II e VI, então o resultado é 20 + 60 = 80.

Resposta: (C) 80

328) IFSP – Sendo m o número de meninas e h o número de meninos, temos que
m + h = 40.
A outra afirmação pode ser escrita como
2m = h + 5
Isso é suficiente para descobrir os valores de h e m. Da 2ª equação temos
h = 2m – 5
Substituindo este valor de h na 1ª equação ficamos com:
m + (2m – 5) = 40
3m = 45
m = 15, o que implica em h = 25.
Sendo assim, o número de meninos supera o número de meninas em 10 unidades.

Resposta: (C) 10 unidades

329) Colégio Pedro II (RJ) – O primeiro filho nasceu quando a avó de Tomás tinha 19 anos. Então os seis filhos nasceram quando ela tinha as idades:
19, 23, 27, 31, 35 e 39.
Se a filha mais nova tem hoje 19 anos, então a idade que a avó de Tomás tem hoje é 39 + 19 = 58 anos.

Resposta: (A) 58

330) CEFET ES – Produtos notáveis e fatoração: assuntos que caem nas provas.

$$\frac{(a-b)^2+(a+b)^2-2a^2}{(a+b)^2-(a-b).(a+b)}=\frac{a^2-2ab+b^2+a^2+2ab+b^2-2a^2}{a^2+2ab+b^2-(a^2-b^2)}=\frac{2b^2}{a^2+2ab+b^2-a^2+b^2}$$

$$=\frac{2b^2}{2ab+2b^2}=\frac{2b^2}{2b(a+b)}=\frac{b}{a+b}$$

Resposta: (C) $\frac{b}{b+a}$

Resoluções do teste 34

331) CMB – Pela tabela a média de gols por partida (número total de gols dividido pelo número total de partidas), para os jogadores são:

	Gols	Partidas
Lionel Messi	$g^{\frac{1}{2}}$	p^2
Cristiano Ronaldo	p^4	$g^{\frac{3}{2}}$

Tabela I

Messi: $g^{1/2}/p^2$
CR: $p^4/g^{3/2}$

Como essas duas médias são iguais temos:

$\frac{g^{1/2}}{p^2}=\frac{p^4}{g^{3/2}}$ ➔ $g^2=p^6$, o mesmo que $g=p^3$, e o mesmo que $p=\sqrt[3]{g}$

Resposta: (B) $p=\sqrt[3]{g}$

332) CMBH – As partes podem ser expressas como x e 10 – x. Multiplicar uma parte por si mesma significa elevá-la ao quadrado. Então temos:

$x^2 + (10 - x)^2 = 58$
$x^2 + 100 + x^2 - 20x = 58$
$2x^2 - 20x + 42 = 0$
$x^2 - 10x + 21 = 0$

Uma equação do 2º grau que pode ser resolvida facilmente, ou usando a fórmula de resolução, ou “de cabeça”, ou usando soma e produto. Dois números cuja soma é 10 e cujo produto é 21, são 3 e 7.

Podemos também encontrar essas raízes usando a fórmula para resolução da equação do 2º grau, conhecida indevidamente no Brasil como “fórmula de Bhaskara”.

Temos $\Delta = 10^2 - 4.1.21 = 100 - 84 = 16$

Portanto as raízes são: $\frac{10\pm\sqrt{16}}{2}$, o que resulta em 3 e 7.

O problema pergunta a diferença entre esses valores, que no caso é 4.

Resposta: (B) 4

333) CMF – Dois números ímpares consecutivos podem ser expressos como 2n + 1 e 2n + 3. A diferença entre seus quadrados é:

$(2n + 3)^2 - (2n + 1)^2 = 4n^2 + 12n + 9 - (4n^2 + 4n + 1) = 8n + 8$

Este valor é um múltiplo de 8.

Resposta: (A) 8

334) CMJF – O numerador tem fatores (x – 2) e (x – 3) que podem ser colocados em evidência:

$$\frac{2(x-2).(x-3)^3-3(x-2)^2.(x-3)^2}{(x-3)^3}=\frac{(x-2)(x-3)^2[2(x-3)-3(x-2)]}{(x-3)^3}$$

$$=\frac{(x-2)[2x-6-3x+6]}{(x-3)}=\frac{(x-2)[-x]}{(x-3)}$$

A resposta equivalente a este valor é (B).

Resposta: (B) $\frac{x(2-x)}{(x-3)}$

335) IFMT – Se as medidas dos lados são X e Y, sua área vale xy. Então temos XY = 20. O perímetro é 2X + 2Y, ou mesmo que 2(X + Y). Se o perímetro é 18, então X + Y = 9. Esses números podem ser descobertos de diversas formas. Dois números cuja soma é 9 e cujo produto é 20 são 4 e 5, o que com um pouco de prática, pode ser resolvido "de cabeça". Uma outra forma é usando uma equação do 2º grau $x^2 - Sx + P = 0$, onde S é a soma e P é o produto dos valores procurados. Como S=9 e P=20, ficamos com a equação $x^2 - 9x + 20 = 0$. As soluções da equação são 4 e 5.
Sabendo os valores de X e Y (4 e 5, ou 5 e 4), podemos calcular a expressão que o problema pergunta:
$5x^2y + 5xy^2 = 5.4^2.5 + 5.4.5^2 = 400 + 500 = 900$

Uma terceira forma de resolver o problema é fatorando a expressão pedida:
$5x^2y + 5xy^2 = 5xy(x + y)$
Podemos encontrar seu valor mesmo sem saber x e y, pois temos xy=20 e x + y = 9, o que resulta em:
5.20.9 = 900.

Resposta: (D) 900

336) IFRO – 256 é o mesmo que 16 × 16. Logo $4^{2x+1} = 16$
Mas como 16 é 4^2, temos que 2x + 1 = 2. Logo, x = 1/2.
Sendo assim, x^2 vale 1/4.

Resposta: (B) 1/4

337) IFAM – Novamente, produtos notáveis e fatoração. Na verdade o que precisa ser feito é fatorara e simplificar.

$$\frac{(a+b)^2-2b(a+b)}{(a-b)}=\frac{a^2+2ab+b^2-2ab-2b^2}{a-b}=\frac{a^2-b^2}{a-b}=\frac{(a+b)(a-b)}{a-b}=a+b$$

Resposta: (B) a + b

338) IFPE – Uma equação que requer um pouco de algebrismo:
$(x - y)^2 - (x + y)^2 = -8$
$x^2 - 2xy + y^2 - (x^2 + 2xy + y^2) = -8$
$x^2 - 2xy + y^2 - x^2 - 2xy - y^2 = -8$
$-4xy = -8$
$xy = 2$

Resposta: (D) 2

339) IFPB – É preciso analisar cada caso individualmente.

(A) ℕ é fechado para a subtração. ERRADO, a subtração de dois naturais pode resultar em um número negativo.

(B) $\mathbb{Z}$ é fechado para a divisão. ERRADO, pois nem mesmo existe a divisão, caso o divisor seja zero. Portanto não existe fechamento, apenas devido ao zero.

(C) $\mathbb{Q}$ é fechado para a subtração. CERTO. A subtração de dois números racionais quaisquer é também um número racionai.

(D) $\mathbb{R}$ é fechado para a divisão. ERRADO, pois a divisão não é definida quando o divisor é zero.

(E) $\mathbb{R} - \mathbb{Q}$ é fechado para a multiplicação. ERRADO, pois a multiplicação de irracionais pode fornecer um resultado que não é racional. Por exemplo, $\sqrt{2}.\sqrt{2} = 2$, que não é irracional.

Resposta: (C) $\mathbb{Q}$ é fechado para a subtração.

340) IFMA – Começamos a resolução reduzindo as frações ao mesmo denominador, depois eliminamos os denominadores.

$$\frac{x+4}{2} - \frac{x-5}{5} = 0{,}7$$

$$\frac{5(x+4)}{2\times 5} - \frac{2(x-5)}{5\times 2} = \frac{0{,}7\times 10}{10}$$

$$5x+20-2x+10=7$$

$$3x=-23$$

$$x=-7{,}666...$$

O número mais próximo desse valor é –8.

Resposta: (E) –8

Resoluções do teste 35

341) CMM – Usualmente não elevamos bases negativas a expoentes irracionais. O resultado em geral é um número complexo, assunto que é apresentado apenas no ensino médio. Sendo assim, a rigor, está fora do programa do ensino fundamental fazer esse tipo de operação. Porém, matematicamente está correto usar a propriedade $(x^a)^b = x^{ab}$, também com x negativo, a e b racionais. Na expressão do problema, temos (–2) elevado a um expoente irracional, e o resultado pro sua vez está também elevado a um expoente irracional. Isso é o mesmo que elevar (–2) ao produto desses expoentes irracionais:

$$\left(3\sqrt{2}-4\right)\left(3\sqrt{2}+4\right)=18-16=2$$

Portanto, estamos na verdade elevado (–2) ao quadrado, e o resultado é 4. A expressão fica:

$$-\frac{3}{4}+\left[\frac{4}{11}\right]^{-1} = -\frac{3}{4}+\frac{11}{4}=\frac{8}{4}=2$$

Sendo x=2, a única resposta correta é (B).

Resposta: (B) $x^x + x$ é um número composto

342) CMPA – É melhor desenhar a caixa, usando as informações do enunciado. Levando em conta que a largura é L, o comprimento é 2L, e os quatro quadrados retirados dos cantos com lado igual a L/3. O volume da caixa formada é 4.(L/3).(L/3).(L/3) = $4L^3/27$.

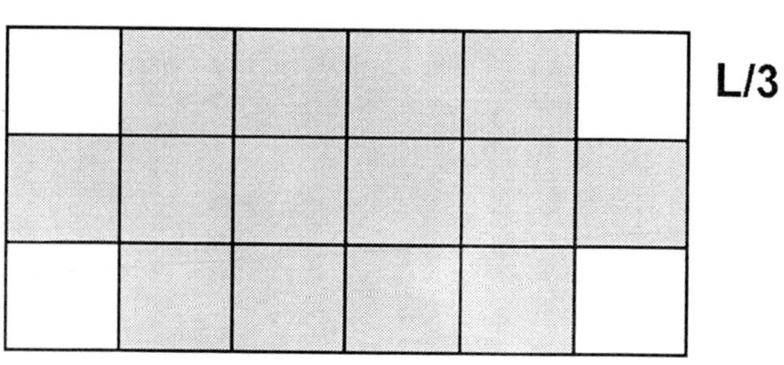

Resposta: (C) $4L^3/27$

343) CMR – A renda de um jogo é a arrecadação da venda de ingressos. É igual ao número de ingressos vendidos, multiplicado pelo valor do ingresso:

x.(100 – 2x)= –2x² + 100x

É uma função do 2º grau que possui um máximo, já que a concavidade do gráfico está voltada para baixo. O valor de x que resulta nesse máximo (vértice) é (–b)/(2a) = –100/(–4) = 25

O problema pergunta o número de torcedores que resulta nesse máximo, então são 25 milhares, ou 25.000.

Resposta: (C) 25.000

344) CMSM – As questões de prova atualmente trazem cada vez mais "conversa fiada" desnecessária, para fazer os problemas ficarem mais próximos da realidade, mas isso resulta em enunciados longos. Para resolver o problema, basta identificar a equação resultante do enunciado e resolvê-la. A expressão

"A quantidade x de carros que passa, por minuto, pela entrada desse colégio, é igual a menos um quarto mais a raiz quadrada dessa mesma quantidade x de carros."

pode ser escrita como

$x=-\frac{1}{4}+\sqrt{x}$. Resolvendo a equação, temos:

$$4x=-1+4\sqrt{x}$$
$$4x+1=4\sqrt{x}$$
$$16x^2+8x+1=16x$$
$$16x^2-8x+1=0$$
$$(4x-1)^2=0$$
$$x=\frac{1}{4}$$

Portanto são 1/4 de carro a cada minuto, o mesmo que 1 carro a cada 4 minutos, ou 15 carros por hora.

Resposta: (A) 15

345) CMRJ – Para evitar erros, comecemos pelo radical mais interno. Lembrando que

$$\sqrt[A]{11^B}=11^{\frac{B}{A}}$$

Começando do radicando mais interno, cada vez que multiplicamos por uma potência de 11, equivale a somar o expoente da nova potência com o expoente da potência calculada até o momento. E cada vez que passamos por uma raiz, equivale a dividir o expoente pelo índice da raiz. Portanto o expoente da expressão resultante (a base é 11) será:

$$\frac{1}{3}\left(\frac{1}{4}\left(\frac{1}{5}\left(\frac{1}{6}\left(\frac{25}{7}+26\right)+27\right)+28\right)+29\right)$$

Este resultado é o expoente final que o 11 terá na expressão. O meio mais fácil de fazer esse cálculo é observar que o número 25 ficará dividido pelo produto 3.4.5.6.7, o número 26 ficará dividido pelo produto 3.4.5.6, 27 ficará dividido por 3.4.5, 29 por 3.4 e 29 por 3

$$\frac{25}{3.4.5.6.7}+\frac{26}{3.4.5.6}+\frac{27}{3.4.5}+\frac{28}{3.4}+\frac{29}{3}$$

Coloquemos 1/3 em evidência para ficar com um pouco menos de contas.

$$\frac{1}{3}\left(\frac{25}{4.5.6.7}+\frac{26}{4.5.6}+\frac{27}{4.5}+\frac{28}{4}+\frac{29}{1}\right)$$

Reduzindo as cinco frações dentro dos parênteses ao mesmo denominador, ficamos com

$$\frac{1}{3}\left(\frac{25}{4.5.6.7}+\frac{26.7}{4.5.6.7}+\frac{27.6.7}{4.5.6.7}+\frac{28.5.6.7}{4.5.6.7}+\frac{29.4.5.6.7}{1.4.5.6.7}\right)$$

A soma dos denominadores das cinco frações é:

25 + 182 + 1.134 + 5.880 + 24.360 = 31.581

O resultado da expressão fica:

$\frac{31581}{3.4.5.6.7}$. A fração admite simplificação por 9, ficando $\frac{3509}{4.5.2.7}$. Não admite mais simplificação por 2, nem por 5, nem por 7, portanto é irredutível. O resultado é então o indicado na letra (A).

Resposta: (A) $11^{3509/280}$

346) CMB – Inicialmente pela descrição do problema, podemos indicar o número como AB5, sendo que A+B=7

A troca de algarismos descrita resulta no número 5AB. É dito ainda que este novo número é 54 unidades inferior ao original. Temos então:

Valor do 1º número, em função dos seus algarismos: 100A + 10B + 5

Valor do 2º número, em função dos seus algarismos: 500 + 10A + B

O novo número é 54 unidades menor:

500 + 10A + B = 100A + 10B + 5 – 54

549 = 90A + B

61 = 10A + B

Ficamos então com duas equações envolvendo A e B:

A+B=7

10A + B = 61

Subtraindo 2ª – 1ª, ficamos com

9A = 54 ➔ A = 6, e em consequência, B = 1.

O número original é 615.

Resposta: (A) 615

347) IFRS – Como $b^x = 5$, e usando a propriedade das potências $(A^b)^c = A^{bc}$, temos que $b^{2x} = (b^x)^2 = 5^2 = 25$

Portanto a expressão vale:

5.5 – 3.25 = 25 – 75 = –50

Resposta: (C) –50

348) IFPR – A princípio, nos conjuntos $\mathbb{N}$, $\mathbb{Z}$, $\mathbb{Q}$ e $\mathbb{R}$, existem as propriedades de fechamento em relação à adição e multiplicação, mas para subtração e divisão existem algumas limitações. É preciso analisar caso a case. Sendo x e y racionais, temos:

(A) x/y é um número natural. ERRADO. O resultado pode ser um número natural, mas pode ser um racional na forma de fração.

(B) x/y é um número racional. CERTO. Desde que a operação seja permitida ($y \neq 0$), a divisão de dois racionais resulta em um número racional.

(C) x/y é um número inteiro. ERRADO. Pode ser inteiro ou não.

(D) x/y é um número irracional. ERRADO. Sendo x e y racionais, a divisão nunca será irracional.

Resposta: (B) x/y é um número racional.

349) IFSC – Atribuindo os valores dados, temos:

$$\frac{(-1)^5+(-1)^{10}+(-2-1)^2}{(1+2.(-1))^3}=\frac{-1+1+(-3)^2}{(-1)^3}=\frac{9}{-1}=-9$$

O número pode ser classificado como racional, como inteiro e como real. As três respostas estão corretas. Não existe na matemática uma "denominação mais simples" para um número. Não se pode dizer que um conjunto numérico é mais simples que outro. É uma típica questão que poderia ser anulada. Talvez a intenção da banca fosse indicar o conjunto numérico mais simples ao qual o valor pertence, como o menor dos conjuntos numéricos ao qual –9 pertence. Segundo esse critério, é o conjunto dos inteiros.

Resposta: (E) Número inteiro

350) IFMG – Trata-se de um função curiosa, pois foi definida apenas para números que podem ser classificados como pares ou ímpares, ou seja, os inteiros. No caso, aplicando as fórmulas, temos:
f(3) = 2.3 + 1 = 7 (pois 3 é ímpar)
f(4) = 3.4 = 12 (pois 4 é par).
Ficamos então com 7 + 12 = 19.

Resposta: (D) 19

Resoluções do teste 36

351) IFMS – É preciso lembrar que quando elevamos um número ímpar a um expoente, o seu sinal também fica elevado ao expoente, Por exemplo, elevar –3 ao quadrado é $(-3)^2$, que resulta em 9, e não -3^2, onde somente 3 está elevado ao quadrado, o que resulta em –9. Sendo assim, o valor da expressão é:
$a^3 - 2ax^2y^2 = 8^3 - 2.8.(-3)^2.(-2)^2 = 512 - 16.9.4 = 512 - 144\times4 = 512 - 576 = -64$

Resposta: (C) –64

352) IFPE – Chamando de futuro a época daqui a 7 anos, e de passado a época a 7 anos atrás, temos uma diferença total de 14 anos entre passado e futuro. As idades são:

	Passado	Hoje	Futuro
Pedro	2x – 14	2x – 7	2x
Paulo	x – 14	x – 7	x

Pela primeira informação, podemos chamar as idades no futuro de 2x e x (a idade de Pedro será o dobro da idade de Paulo). As idades hoje são 7 anos abaixo de 2x e x, portanto são 2x – 7 e x – 7, respectivamente. No passado as idades eram 7 anos menores, ou seja, 2x – 14 e x – 14.
Foi dito ainda que há 7 anos atrás, a idade de Paulo era 1/3 da idade de Pedro, ou seja, 2x – 14 era o triplo de x – 14:

2x – 14 = 3.(x – 14)
2x – 14 = 3x – 42
28 = x
Portanto atualmente Pedro tem 2x – 7 = 49 anos e Paulo tem x – 7 = 21 anos.

Resposta: (D) a diferença de Pedro e Paulo é 28.

353) IFTO – $f(x - 7) = x^2 + 3$ significa que dado o argumento de uma função, temos que somar 7, e a seguir, elevar o resultado ao quadrado e somar 3.
Então, f(x + 4) deve ser calculado assim. Somamos 7 ao argumento, ficando com x + 11. Elevamos ao quadrado e somamos 3, ficando com
$(x + 11)^2 + 3 = x^2 + 22x + 121 + 3 = x^2 + 22x + 124$

Resposta: (A) $x^2 + 22x + 124$

354) IFPA - Para atingir a população de 800, o valor de t deve ser tal que:

$100.2^t = 800$

$2^t = 8$

O número t tal que 2 elevado a este número valo 8, é 3. Isto também pode ser determinado fazendo $8 = 2^3$, ficando com a seguinte equação exponencial:

$2^t = 2^3$ ➔ t=3. Como na fórmula dada, t é dado em horas, temos t = 3 horas.

Resposta: (C) 3 horas

355) IFMT - Cada uma das informações dadas nos leva a uma equação. Chamando a fração original de a/b, temos:

1) "Se o numerador de uma fração é acrescido de uma unidade, o valor da fração resultante é dois terços." ➔ $\frac{a+1}{b} = \frac{2}{3}$. Note que a princípio não podemos dizer que a fração é 1/3, pois pode ser um valor equivalente, como 4/6, 10/15, 20/30, 200/300, etc.

2) "Se ambos, numerador e denominador, são acrescidos de 5 unidades, o valor da fração resultante é sete décimos." ➔ $\frac{a+5}{b+5} = \frac{7}{10}$

As duas igualdades assim obtidas nos fornecem um sistema:

$\frac{a+1}{b} = \frac{2}{3}$ ➔ $3a+3=2b$

$\frac{a+5}{b+5} = \frac{7}{10}$ ➔ $10a+50=7b+35$ ➔ $10a+15=7b$

Resolvendo o sistema, termos os valores de a e b, ou seja, a fração descrita no problema.

$$\begin{cases} 3a+3=2b \\ 10a+15=7b \end{cases}$$

Podemos resolver o sistema de várias formas. Vamos fazer a elimina~]ao da variável b, multiplicando a 1ª equação por 7 e a 2ª equação por 2, e subtraindo as duas:

$$\begin{cases} 21a+21=14b \\ 20a+30=14b \end{cases} \Rightarrow 21a+21=20a+30 \Rightarrow a=9$$

Sabendo **a**, ficou fácil determinar **b**:

$3a+3=2b$ ➔ $27+3=2b$ ➔ $b=15$

Portanto a fração original é 9/15. De fato, somando 1 ao numerador ficamos com 10/15, que é equivalente a 2/3. Somando 5 a ambos os termos ficamos com 14/20, equivalente a 7/10.

O problema pergunta o produto dos termos: $9 \times 15 = 135$

Resposta: (E) 135

356) CMB - Se a bateria B1 tem durabilidade de t horas, e está com 100% de carga, para chegar a 50% de carga passará um tempo igual a t/2.

Enquanto isso, a bateria B2 leva um tempo t + 3 para descarregar totalmente, e aqui vem a dúvida. Esse tempo é para a bateria B2 descarregar partindo de uma carga de 100% ou de uma carga de 80%? Aqui está a maldade do problema, isso não ficou claro, e dá margem a uma dupla interpretação. Devemos considerar os dois caminhos, t + 3 horas partindo de 100% e t + 3 horas partindo de 80%. Teremos então a surpresa que fazendo com 100%, nenhuma das respostas servirá, mas fazendo com 80%, teremos uma resposta válida entre as opções. Os dois métodos são matematicamente similares, vamos resolver diretamente considerando 80%. Em alguns concursos isso pode resultar em anulação, mas no Colégio Militar é uma armadilha comum e não resulta em anulação.

Analisemos portanto o gasto da carga da bateria B2 depois de um tempo t/2. Se ambas as baterias chegaram a 50% de carga, então a carga da bateria B2 passou de 80% para 50%, ou seja, foram gastos 30% da carga total.

Temos que 80% da carga máxima de B2 duram t + 3 horas, e 30% da carga máxima de B2 foi consumida em t/2 horas. Ficamos com uma regra de três:

80% ..... t + 3
30% t/2

Resolvendo, ficamos com
$80 \times t/2 = 30 \times (t + 3)$
$8 \times t/2 = 3 \times (t + 3)$
$4t = 3t + 9$
$t = 9$ horas

Resposta: (E) 9

357) CMBH – A primeira informação é uma equação com duas variáveis, que são os dois números, mas a segunda informação é uma equação com uma só variável:

A média aritmética entre o menor desses números e seu inverso é 13/5. Chamando esse número de x, temos:

$\frac{x+\frac{1}{x}}{2}=\frac{13}{5}$. Isso resulta em $5x+\frac{5}{x}=26$, o mesmo que $5x^2-26x+5=0$

Esta equação tem $\Delta = 26^2 - 4.5.5 = 676 - 100 = 576 = 24^2$.

Portanto as soluções são $\frac{26 \pm 24}{10}$, o que resulta em 5 e 1/5.

Chamando esse número de x, temos duas possibilidades: x = 5 e x = 1/5.
O outro número do problema é y, e podemos agora usar a primeira informação: a média aritmética dos quadrados é 73.
$(x^2 + y^2)/2 = 73$ é o mesmo que $x^2 + y^2 = 146$.

a) para x = 5:
$25 + y^2 = 146$ ➔ $y^2 = 146 - 25 = 121$ ➔ y = 11 ou y = –11. A raiz –11 não serve pois o enunciado define x como o menor dos dois números.
Portanto as soluções para esse caso são x = 5 e y = 11.

b) para x = 1/5:
$1/25 + y^2 = 146$ ➔ $y=\frac{\sqrt{3649}}{5}$, que não tem raiz exata (irracional). Não serve porque o problema informou que são números inteiros.

Sendo assim, a única solução que serve é a primeira: 5 e 11. A diferença pode ser indicada como 6 ou –6. Quando não se especifica como a ordem da diferença é calculada, convenciona-se tomar o módulo, ou seja, 6.

Resposta: (C) 6

358) CMF – Os x triângulos contribuem com 3x vértices, os y quadrados com 4y vértices e os z pentágonos com 5z vértices. Temos então as seguintes informações do problema:
1) $x + y + z = 10$
2) $3x + 4y + 5z = 37$

3) x = y + z

Temos três equações e três incógnitas, então fica fácil resolver o sistema. Combinando a primeira com a terceira equações, temos x + x = 10, ou x = 5, e também y + z = 5.

Usando x como sendo 5, e trocando z por 5 – y, a segunda equação se reduz a:

$15 + 4y + 5(5 - y) = 37$

$15 + 4y + 25 - 5y = 37$

$40 - 37 = y$

y = 3. Portanto z = 2

Os valores procurados são x = 5, y = 3 e z = 2.

A quantidade pedida, 2x + 3y + z vale 10 + 9 + 2 = 21

Resposta: (B) 21

359) CFN – As dimensões do retângulo, em função de x, são (x + 3) e (x + 5). A área é o seu produto:

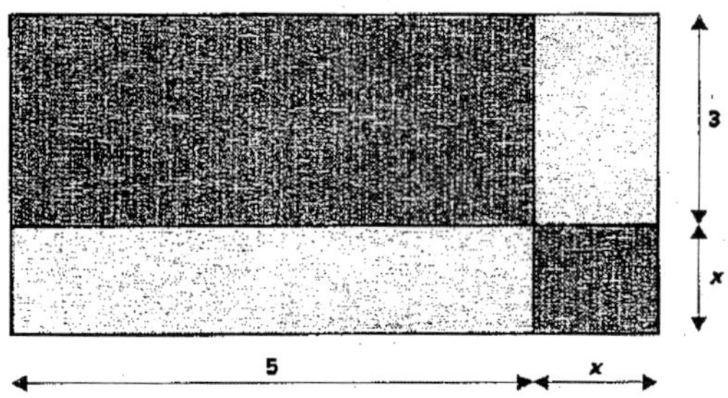

$(x + 3)(x + 5) = x^2 + 8x + 15$

Aqui existe um erro matemático. A expressão que responde ao problema é a que encontramos, $x^2 + 8x + 15$. Não é para igualar esta expressão a zero, isso foi provavelmente uma distração da banca. A resposta correta é sem igualar a zero, portanto, façamos essa correção:

Resposta: (A) $x^2 + 8x + 15$

360) CFN – Ao simplificar um radical, nem sempre conseguimos "sumir" com o radical, mas torna-lo uma expressão mais simples. Como temos uma raiz quadrada, temos que formar quadrados no radicando, e coloca-los para fora do radical. Por exemplo, o número 12 pode ser escrito como 4.3, e como 4 é quadrado perfeito, podemos colocar 2 para fora do radical, ou seja,

$\sqrt{12} = \sqrt{4 \times 3} = 2\sqrt{3}$

Temos que fazer o mesmo com x^3 e y^5, que estão dentro do radical. Resolvendo a questão com o rigor máximo, a resolução poderia ficar complicada, pois os valores de x e y podem ser negativos, então seria preciso abrir a expressão em dois casos: ambos positivos e ambos negativos. Apareceriam expressões com módulo de x e módulo de y nos resultados. Como as respostas não apresentam módulos, tudo indica que a banca examinadora considerou a resolução mais simples, para x e y positivos.

$$\frac{1}{xy}\sqrt{12x^3y^5} = \frac{2\sqrt{3.x^2.x.y^4.y}}{xy} = \frac{2xy^2\sqrt{3.x.y}}{xy} = 2y\sqrt{3.x.y}$$

Resposta: (D) $2y\sqrt{3xy}$

Resoluções do teste 37

361) CMB – Observemos que em todos os valores a serem comparados, existe o denominador 2. Como todos os denominadores das expressões são iguais a 2, podemos desprezar os denominadores e comparar apenas os numeradores.

Os denominadores são formados por quatro valores diferentes:

$\sqrt[3]{2}$, $\sqrt[3]{5}$, $\sqrt{2}$ e $\sqrt{5}$. Entre esses números, algumas desigualdades permitem decidir sobre as comparações:

$\sqrt{2} < \sqrt{5}$. Para números maiores que 1, quanto maior é o número maior é sua raiz quadrada
$\sqrt[3]{2} < \sqrt[3]{5}$. Idem, para raiz cúbica.
$\sqrt[3]{2} < \sqrt{2}$. Para números maiores que 1, a raiz quadrada é maior que a raiz cúbica.
$\sqrt[3]{5} < \sqrt{5}$. Idem.

Além disso, é mais fácil encontrar as comparações erradas, que encontrar as certas.
(A) ERRADO. Como $\sqrt[3]{2} < \sqrt[3]{5}$ e $\sqrt{2} < \sqrt{5}$, a soma da 2ª fração é maior que a da 3ª fração.
(B) ERRADO. Na 1ª e na fração temos valores que são maiores que os da 2ª fração.
(C) ERRADO. Na 1ª e na 2ª fração, temos $\sqrt{2}$ em ambas, mas $\sqrt[3]{2}$ não é maior que $\sqrt[3]{5}$
(D) CERTO. Os valores da 2ª fração são maiores que os da 1ª. Comprando a 2ª com a 3ª, vemos que $\sqrt[3]{5}$ "empata", mas na 3ª temos $\sqrt{5}$, que é de fato maior que $\sqrt{2}$.
(E) ERRADO. Entre a 2ª e a 3ª frações, o valor $\sqrt[3]{5}$ empata, mas $\sqrt{2}$ e $\sqrt{5}$ estão erradas.

Resposta: (D)

362) CMBH – A pergunta do problema pode ser respondida se descobrirmos a idade de João em qualquer das épocas conhecidas. Tomemos as idades de João e seu filho nas duas épocas descritas: 1986 e 2003.

	1986	2003
João	x+26	x+26+17
Seu filho	x	x+17

2003 é 17 anos depois de 1983. Tanto João como seu filho estavam 17 anos mais velhos que em 1986. Foi dado que a idade do pai era o dobro da idade do filho, então:
$x + 26 + 17 = 2(x + 17)$
$x + 43 = 2x + 34$
$x = 9$
Sendo assim, em 1986 João tinha $x + 26 = 35$ anos. Em 1994, 8 anos depois, João tinha $35 + 8 = 43$ anos.

Resposta: (D) 43 anos

363) CMF – Se Mariana é 4 anos mais nova que Isabella, podemos chamar a idade de Mariana de x, e a de Isabella de x + 4.
Somando-se 2 (dois) anos à idade de Isabella ➔ Isabella ficaria com x + 6
Subtraindo-se 2 (dois) anos da idade de Mariana ➔ Mariana ficaria com x – 2
Com essas novas idades, o produto passaria a ser 20.
$(x + 6)(x - 2) = 20$
$x^2 + 4x - 12 = 20$
$x^2 + 4x - 32 = 0$
Resolvendo as equação do 2º grau, as raízes são $x = -8$ e $x = 4$
Como x representa uma idade, não pode ser negativo. Logo x=4. As idades são:
Isabella: $x + 4 = 8$
Mariana: $x = 4$
A soma dos quadrados das idades é $8^2 + 4^2 = 64 + 16 = 80$.

Resposta: (A) 80

364) CMJF – Basta fazer x = 10 na fórmula dada. Um simples problema de *valor numérico*.
$C(10) = 20 + 60.10 - 0,75.10^2 = 20 + 600 - 0,75,100 = 620 - 75 = 545$

Resposta: (B) 545

365) CMM – O valor $\sqrt{15}$ deve ser determinado em função de k. Para isso, basta elevar ao quadrado a expressão de k:

$$k = \sqrt{3} + \sqrt{5}$$

$$k^2 = \left(\sqrt{3} + \sqrt{5}\right)^2$$

$$k^2 = 3 + 5 + 2.\sqrt{3}.\sqrt{5}$$

O radical pedido no problema, $\sqrt{15}$, é exatamente o produto de $\sqrt{3}$ e $\sqrt{5}$ dado na expressão acima.

$$k^2 = 8 + 2.\sqrt{15}$$

$$\sqrt{15} = \frac{k^2 - 8}{2}$$

Resposta: (A) $\frac{k^2 - 8}{2}$

366) IFRS – Mais uma questão de fatoração / simplificação. Fatorando o denominador, aparecerá o fator (a – b), que poderá ser simplificado com o numerador:

$$\frac{(a-b)^2}{a^2 - b^2} = \frac{(a-b)^2}{(a+b)(a-b)} = \frac{(a-b)}{(a+b)}$$

Como foi dado que a expressão vale 2, temos:

$$\frac{a-b}{a+b} = 2$$

$$a - b = 2a + 2b$$

$$a = -3b$$

Resposta: (E) –3b

367) IFPR – Fazendo nas expressões de M e N, o valor de x igual a –1, como foi dado, temos:
$M = -x^2 + 5x - 3 = -(-1)^2 + 5.(-1) - 3 = -1 - 5 - 3 = -9$
$N = -x^3 - 2x^2 + 8x = -(-1)^3 - 2.(-1)^2 + 8.(-1) = 1 - 2 - 8 = -9$.
Logo, M = N.

Resposta: (A) M = N

368) IFSC – Um tipo de questão muitíssimo comum. Calcular o valor da expressão de uma forma tradicional é extremamente trabalhoso, pois teríamos que elevar ao quadrado os quatro números, e operar com valores na faixa de milhões. O cálculo fica bastante simples se usarmos produtos notáveis: a diferença de quadrados:

$a^2 - b^2 = (a + b)(a - b)$

$2013^2 - 2012^2 = (2013 + 2012)(2013 - 2012) = 4025.1 = 4025$
$(2012^2 - 2011^2 = (2012 + 2011)(2012 - 2011) = 4023.1 = 4023$
2025 – 2023 = 2, que é um número primo.

Resposta: (D) primo

369) IFMG – A única condição para que um polinômio seja do terceiro grau é que maior grau presente seja 3, e que o coeficiente de x^3 seja não nulo. Portanto:
$n^2 - 4 \neq 0$
$n^2 \neq 4$
Portanto n não pode ser 2, nem –2.

$n \in \mathbb{R}-\{-2, 2\}$

Os coeficientes dos graus inferiores são irrelevantes, uma vez que seja garantido que o coeficiente de terceiro grau é diferente de zero.

Resposta: (A) $n \in \mathbb{R}-\{-2, 2\}$, independentemente do valor de m

370) IFGO – Na primeira fração podemos colocar x em evidência no numerador e y em evidência no denominador. Na segunda fração, desenvolvemos os produtos notáveis e simplificamos:

$$\frac{x(4+y)}{y(4+y)} \div \frac{4x^2}{x^2+2xy+y^2-(x^2-2xy+y^2)} = \frac{x}{y} \div \frac{4x^2}{x^2+2xy+y^2-x^2+2xy-y^2}$$

$$= \frac{x}{y} \div \frac{4x^2}{4xy} = \frac{x}{y} \div \frac{x}{y} = 1$$

Resposta: (D) 1

Resoluções do teste 38

371) CFN – Algumas vezes nas provas, é válido marcar a letra certa sem resolver a questão. Isso pode ser feito neste problema. Como o perímetro do quadrado é o quádruplo do seu lado, e a única opção que tem um número e seu quádruplo é (A), concluímos que essa é a resposta certa, sem fazer cálculos.

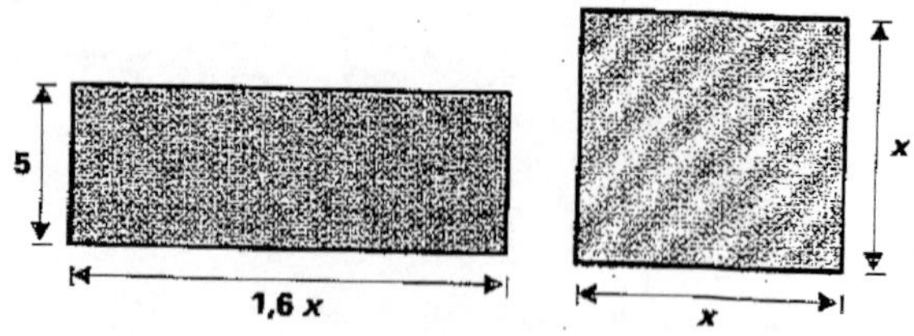

Entretanto, isso é uma particularidade dessa questão. Um problema parecido pode eventualmente apresentar alternativas que não permitam usar esse "atalho". Então, durante os estudos, o aluno não deve assumir um comportamento de quem faz uma prova, mas o comportamento de quem está de fato solucionando as questões. Esta, por sinal, é muito fácil. Como os dois quadriláteros têm a mesma área:

$5 . 1{,}6x = x^2$
$8x = x^2$
$8 = x$

Portanto o lado do quadrado vale 8 e seu perímetro vale 32.

Resposta: (A) 8 e 32

372) CFN – Da 1ª equação temos que x = y – 5. Usando este valor de x na 2ª equação, ficamos com:

2(y – 5) + 3y = 10
2y – 10 + 3y = 10
5y = 20
y = 4, logo x = 4 – 5 = –1

Vale a pena conferir se as duas equações são satisfeitas com esses valores de x e y: (x=–1 e y=4)

1ª equação: x – y = –1 – 4 = –5: OK
2ª equação: 2x + 3y = 2(–1) + 3.4 = –2 + 12 = 10: OK

Resposta: (C) (–1, 4)

373) EAM – Uma inequação do 1º grau, que resolvida, fica:

3x + 5 > –7x + 3

3x + 7x > 3 – 5

10x > –2

x > –1/5

Fácil, mas algumas respostas estão na forma de intervalo, e usam 2/10 ao invés de 1/5, já que são frações equivalentes. (A) está errada pois traz o sinal (≥), quando o correto é (>). (B) está errada, pois traz x<, quando o correto é x>. (D) está errada porque o extremo correto do intervalo é –2/10, e não 2/10. (E) também está errada porque o intervalo dado é compatível com x < –2/10, e não com x > –2/10.

A letra (C) é correta, apesar de estar escrita de forma diferente. A expressão x > –2/10, escrita na forma de intervalo, é (–2/10, +∞). O intervalo aberto em –2/10 pode ser escrito como (–2/10, +∞) ou como]–2/10, +∞[.

Resposta: (C)]–2/10, +∞[

374) CMS – O denominador é um quadrado perfeito. É o quadrado de (a + 1). Mas o denominador também é um quadrado perfeito. É o quadrado de (a^3 + 1). Podemos escrever a expressão como:

$$\frac{(a^3+1)^2}{(a+1)^2}=\left(\frac{a^3+1}{a+1}\right)^2$$

A expressão $a^3 + 1$ é uma soma de cubos: $x^3 + y^3 = (x + y)(x^2 - xy + y^2)$; e pode ser fatorada como: $(a + 1)(a^2 - a + 1)$. A expressão fica:

$$\left(\frac{a^3+1}{a+1}\right)^2=\left(\frac{(a+1)(a^2-a+1)}{a+1}\right)^2$$. Simplificando a fração por (a + 1), ficamos com:

$(a^2-a+1)^2$, que corresponde à letra (D) das opções.

Resposta: (D) $(a^2 - a + 1)^2$

375) CMSM – O professor que criou essa questão nunca olhou de perto o funcionamento de uma caixa d'água. Quando moramos em um apartamento, é praticamente impossível ter acesso a este funcionamento. O chamado "cano ladrão" de uma caixa d'água, não serve para esvaziá-la, mas sim, para controlar o seu transbordamento. Quando uma caixa d'água é cheia através de uma bomba elétrica, assim que atinge o seu nível máximo, a bomba é desligada e a caixa tem o excesso de água escoada por um encanamento que fica na parte superior da caixa, o "cano ladrão". Isso evita que a caixa transborde de cause alagamentos inconvenientes. Este cano direciona a água para um local seguro, ou até mesmo para a rede de saída. Portanto uma caixa d'água jamais pode ser esvaziada com o "cano ladrão". Ele deve ter pensado em outro tipo de encanamento, um tipo de dreno que retira toda a água da caixa, para limpeza ou manutenção. Consideremos portanto como sendo o dreno, e não o "ladrão".

O problema é resolvido com a conhecida "fórmula das torneiras", considerando como negativo, o esvaziamento pelo dreno. As informações do problema são:

Tempo para encher a caixa com a tubulação de entrada: x horas

Tempo para esvaziar a caixa com o dreno: x + 5 horas

Tempo para encher a caixa, com tubulação e dreno aberto: 30 horas.

Lembrando da fórmula das torneiras:

$$\frac{1}{T}=\frac{1}{T_1}+\frac{1}{T_2}$$

Considerando T_2 como o tempo para o dreno esvaziar a caixa, esta fração entrará como negativa na fórmula. Temos T = 30 horas, $T_1 = x$ e $T_2 = x + 5$.

$$\frac{1}{30}=\frac{1}{x}-\frac{1}{x+5}$$

$$x(x+5)=30(x+5)-30x$$

$$x^2+5x=30x+150-30x$$

$$x^2+5x-150=0$$

Uma equação do 2º grau, cujas raízes são x = 10 e x = –15.

Como x é tempo, não pode ser negativo. Então devemos usar apenas a raiz x = 10.

A pergunta do problema é quanto tempo a caixa demorará para ficar vazia, estando inicialmente cheia, ou seja, o tempo de esvaziamento do dreno, que é x + 5 = 15 horas.

Resposta: (B) 15 horas

376) CMRJ – A resposta correta pode ser encontrada facilmente testando valores, já que o problema pergunta a condição para que a igualdade sempre se verifique, ou seja, pra quaisquer valores de a, b e c, desde que não anulem os denominadores. Por exemplo, para testar se a letra (A) está correta, podemos checar se a expressão é válida para a = 2, b = 2 e c = 1. Se os valores das expressões forem diferentes, então a letra (A) está errada. Se forem iguais, nada se pode afirmar, pois a igualdade estar certa para certos valores, não significa que estará correta para quaisquer valores.

Aplicando esta "técnica de eliminação", podemos constatar que as letras (A), (B), (C) e (D) estão erradas, restando apenas a (E), que é a resposta do problema.

Entretanto, você não deve basear seus estudos em "técnicas alternativas", mas sim, aprender a resolver os problemas matematicamente, por uma razão muito simples: nem sempre uma questão pode ser resolvida por "técnicas alternativas".

Para resolver mesmo o problema, devemos usar álgebra: fatoração e frações algébricas.

Partimos das expressões que devem ser iguais para quaisquer valores de a, b e c:

$\frac{1}{a}+\frac{1}{b}+\frac{1}{c}=\frac{1}{a+b+c}$. Podemos reduzir todas as frações algébricas ao mesmo denominador, e então eliminar os denominadores. O MMC dos denominadores é a.b.c.(a+b+c). Ficamos com:

$$\frac{bc.(a+b+c)}{a.b.c.(a+b+c)}+\frac{ac.(a+b+c)}{a.b.c.(a+b+c)}+\frac{ab.(a+b+c)}{a.b.c.(a+b+c)}=\frac{abc}{a.b.c.(a+b+c)}$$

$$abc+b^2c+bc^2+a^2c+abc+ac^2+a^2b+ab^2+abc=abc$$

$$2abc+b^2c+bc^2+a^2c+ac^2+a^2b+ab^2=0$$

Entre o 1º , o 5º e o 7º termos, coloquemos a em evidência:

$$a(b^2+2ab+c^2)+b^2c+bc^2+a^2c+a^2b=0$$

$a(b+c)^2+bc(b+c)+a^2(b+c)=0$. Colocamos (b + c) em evidência:

$$(b+c)[a^2+a(b+c)+bc]=0$$

A expressão que está entre colchetes é um Produto de Stevin, sendo a soma b+c e o produto bc. A fatoração do Produto de Stevin (x^2 + Sx + P) consiste em determinar os números que têm soma S e produto P. No caso, os números são b e c (soma b+c e produto bc). Então a fatoração é (a + b)(a + c).

$$(b+c)(a+b)(a+c)=0$$

Este produto vale zero se tivermos b = –c, ou a = –b, ou a = –c. Isso é exatamente a letra (E).

Resposta: (E) a=–b ou b=–c ou a=–c

377) CMR – Para 1 real de aumento no preço, perdem-se 10 clientes com consumo médio de 500g cada, ou seja, vendem-se em média, menos 5 kg. Sem alteração alguma, são vendidos 100 kg a R$ 12,00 o quilograma. Então, com x reais de aumento, passaremos a ter:

Preço: (12 + x) reais
Vendas: (100 – 5x) quilogramas

A receita é o produto do número de quilogramas pelo preço de 1 quilograma:
$(100 - 5x)(12 + x) = -5x^2 + 40x + 1200$
A função do 2º grau $ax^2 + bx + c$, com a negativo, tem máximo obtido para $x = -b/(2a)$
Nesse caso, temos o valor:
$x = -40/(2.(-5) = 4$
Ou seja, a receita máxima ocorrerá se for praticado o preço 12 + 4 = R$ 16,00.

Resposta: (B) R$ 16,00

378) IFMG – O problema tem uma imperfeição, que poderia até mesmo resultar na sua anulação. Para quaisquer valores de A e B, quase sempre será possível resolver a equação e encontrar valores de x que a satisfarão. O problema mais desafiador é encontrar valores de A e B, para os quais a expressão é válida para qualquer x. Isso deve ser dito de outra forma: Para que as expressões sejam identicamente iguais (iguais para qualquer x). Resolveremos o problema nessas condições.
Manipulamos algebricamente as expressões e obrigamos que o resultado seja verdadeiro para qualquer x:

$$\frac{3}{x^2+3x-10}=\frac{A}{x+5}+\frac{B}{x-2}=\frac{A(x-2)}{(x+5)(x-2)}+\frac{B(x+5)}{(x-2)(x+5)}=\frac{Ax-2A+Bx+5B}{x^2+3x-10}$$

Ficamos com uma fração com denominador igual ao da primeira fração: $x^2 + 3x - 10$. Basta então obrigar os numeradores a serem iguais para qualquer x. Ou seja, a expressão Ax – 2A + Bx + 5B deve ser igual a 3 para todo x. Isso é conseguido fazendo:
A + B = 0 e –2A + 5B = 3
Resolvendo o sistema, temos
2B + 5B = 3 ➔ B = 3/8, e A = –3/8
Note que A + B = 0 é uma condição necessária, o que terna a opção (C) correta, mas não é suficiente. Devemos ter necessariamente para A e B, os valores –3/8 e 3/8, respectivamente.

Resposta: (C) A = –B

379) IFRS – É recomendável simplificar antes a expressão, algebricamente, para apenas no final substituir os valores dados.

$$\frac{(a+b)(a-b)+2b^2}{(a+b)^2-2ab}=\frac{a^2-b^2+2b^2}{a^2+2ab+b^2-2ab}=\frac{a^2+b^2}{a^2+b^2}=1$$

Ou seja, a expressão sempre vale 1, não importa quais sejam os valores de a e b. Que bom não fizemos as substituições...

Resposta: (E) 1

380) IFSC – Um problema simples que pode ser resolvido sem o uso de equações. Basta usar raciocínio e fazer os cálculos ao contrário. O dobro da idade, somado com 8, é igual a 54 anos. Sem somar os 54 anos, é 46. Se 46 é o dobro da idade, então a idade é 23. Um pouco de calma e atenção e você encontra o caminho para a escola desejada, no caso, Instituto Federal de Santa Catarina.

Resposta: (A) 23 anos

Resoluções do teste 39

381) CEFET RJ – A explicação dada é uma forma para resolver equações do 2º grau que estejam na forma de quadrados, sem utilizar fórmulas. No caso, temos:
$(2x - 200)^2 = (x + 500)^2$, então podemos dizer que as expressões que estão elevadas ao quadrado são iguais ou simétricas.
a) $2x - 200 = x + 500$
$x = 700$
b) $2x - 200 = -(x + 500)$
$2x - 200 = -x - 500$
$3x = -300$
$x = -100$

Portanto a soma das soluções é 700 –100 = 600

Resposta: (B) 600

382) IFSP – Número ímpar entre 20 e 30, divisível por 3, existem apenas 21 e 27. É preciso verificar quais atendem à inequação dada. Fazemos x = 21 e x = 27, e checamos quais resultam em uma expressão verdadeira.
Outra forma é resolver a inequação e verificar se 21 e 27 estão de acordo. Vamos resolver por este método.
$2x - 3(x + 7) > -46$
$2x - 3x - 21 > -46$
$-x > -25$
$x > 25$

Como x temo que ser maior que 25, a única solução que serve é 27.

Resposta: (B) 27 anos

383) CEFET ES – Os dois termos com expoentes pares não afetam o sinal, apenas temos que levar em conta o fato de serem zero.
$(-x + 5)^{2010}$ nunca é negativo. Apenas pode se tornar zero para x = 5, o que é solução da inequação.
$(2x - 1)^{2010}$ também nunca é negativo, apenas se torna zero para x = 1/2, e este valor deve ser excluído da solução.
Finalmente, o termo $(x - 1)^{2009}$ é o único que pode se tornar negativo. Isso ocorrerá para $x \leq 1$.
Isso nos leva à solução $(-\infty, 1]$. Devido aos outros dois fatores analisados, temos que adicionar x = 5 e retirar x = 1/2. Portanto a solução é:

Resposta: (C) $\{x \in \mathbb{R} \mid x \leq 1$ ou $x = 5$ e $x \neq 1/2\}$

384) FAETEC – Depois de relembrar a fatoração ficou ainda mais fácil!

$3^3 + 3^6 = 3^3(1 + 3^3) = 27 \times (1 + 27) = 27 \times 28$

Resposta: (B) 27×28

385) CTUR – Podemos resolver o problema com um sistema de duas equações e duas incógnitas, mas a solução pode ser feita de forma mais fácil, usando uma única equação. Se Maria der 5 moedas para João as quantidades ficam iguais, então Maria tem 10 moedas a mais:
João: x moedas
Maria: x + 10 moedas.
De fato, ao dar 5 moedas para João, ambos ficarão com x + 5 moedas.
A frase de Maria permitirá descobrir o valor de x:
"Me dê cinco das suas e ficarei com o triplo das moedas que restam para você."

Se isso for feito, João ficará com x – 5, e Maria ficará com x + 15. Ou seja:
$x + 15 = 3(x - 5)$
$x + 15 = 3x - 15$
$30 = 2x$
$x = 15$
Portanto João tem 15 moedas e Maria tem 25 moedas.

Resposta: (B) 15

386) IFRJ – Chamando de A o peso da embalagem de feijão e B o peso da embalagem e farinha, e lembrando que a embalagem de arroz pesa 2,5 kg, temos:
$A + 2B = 2{,}5$
$A + B = 2$
Subtraindo as duas equações, temos:
$B = 0{,}5$
Substituindo este valor de B na segunda equação, temos:
$A + 0{,}5 = 2$
$A = 1{,}5$.
Portanto a embalagem de feijão pesa 1,5 kg.

Resposta: (B) 1,5 kg

387) CFN – As duas equações dadas permitem encontrar os valores de x e y:
$2x - y = 2$
$x + 3y = 15$
Da primeira equação encontramos $y = 2x - 2$. Substituindo este valor de y na 2ª equação, temos:
$x + 3(2x - 2) = 15$
$x + 6x - 6 = 15$
$7x = 21$
$x = 3$
$y = 2x - 2 = 6 - 2 = 4$
Com x=3 e y=4, calculamos o valor pedido: $3^2 + 4^2 = 9 + 16 = 25$

Resposta: (A) 25

388) EAM – Quadrado perfeito entre 20 e 30 só existe um: 25. Cubo perfeito entre 5 e 10 só existe um: 8. Então a professora tinha 25 quando o filho nasceu, e como o filho tem 8, a professora tem hoje 33. A soma das idades é 33 + 8 = 41.

Resposta: (B) 41 anos

389) CMRJ – Na primeira fração, podemos colocar em evidência 3^{n-2}, e no denominador colocar em evidência 2^{n-2}. Na segunda fração podemos colocar 7^n em evidência no numerador e no denominador.

$$\frac{3^{n-2}+3^{n-1}+3^n+3^{n+1}}{2^{n-2}+2^{n-1}+2^n+2^{n+1}} = \frac{10.7^{n+1}+2.7^n}{7^{n+2}-37.7^n}$$

$$\frac{3^{n-2}\left(1+3+3^2+3^3\right)}{2^{n-2}\left(1+2+2^2+2^3\right)} = \frac{7^n(70+2)}{7^n(49-37)}$$

$$\frac{3^{n-2}.40}{2^{n-2}.15} = \frac{72}{12}$$

$$\left(\frac{3}{2}\right)^{n-2}.\frac{8}{3}=\frac{6}{1} \quad \rightarrow \quad \left(\frac{3}{2}\right)^{n-2}=\frac{9}{4}$$

9/4 é o quadrado de 3/2. Então n – 2 = 2, e n = 4.

Resposta: (E) 4

390) CMB – Nesse problema não temos escapatória. Vamos ter que encontrar as frações geratrizes das dízimas:

$$0{,}111...=\frac{1}{9} \quad \rightarrow \quad x=\frac{1}{9^6}=\frac{1}{3^{12}}$$

$$1{,}2666...=1{,}2+0{,}0666...=\frac{12}{10}+\frac{1}{10}\times 0{,}666...=\frac{12}{10}+\frac{1}{10}\times\frac{6}{9}=\frac{6}{5}+\frac{1}{15}=\frac{19}{15}$$

No numerador da expressão temos a raiz sexta e a raiz quarta de x, que resulta em:

$\frac{1}{3^2}-\frac{1}{3^3}=\frac{1}{9}-\frac{1}{27}=\frac{2}{27}$. Portanto a expressão vale:

$$\frac{\frac{2}{27}}{\frac{19}{15}}=\frac{2}{27}\times\frac{15}{19}=\frac{2}{9}\times\frac{5}{19}=\frac{10}{171}$$

Resposta: (B) $\frac{10}{171}$

Resoluções do teste 40

391) CMB – Sendo Q o quadrado da soma de x e y, temos Q = $x^2 + 2xy + y^2$, e sendo R a soma dos quadrados, temos R = $x^2 + y^2$. A média aritmética entre Q e R vale:>
$(x^2 + 2xy + y^2 + x^2 + y^2)/2 = x^2 + y^2 + xy$
Esta expressão pode ser escrita como $x^2 + y^2 + 2xy - xy$, o mesmo que $(x + y)^2 - xy$, ou $S^2 - P$.

Resposta: (A) S^2 – P

392) CMBH – Elevar a –1/4 é o mesmo que extrair a raiz quarta e inverter o resultado. O número 0,0016 pode ser escrito como 16/10.000, portanto:

$.(0{,}0016)^{-\frac{1}{4}}=\left(\frac{16}{10000}\right)^{-\frac{1}{4}}=\left(\frac{\sqrt[4]{16}}{\sqrt[4]{10000}}\right)^{-1}=\left(\frac{2}{10}\right)^{-1}=\frac{10}{2}=5$. Portanto,

$$T=\frac{141}{8}.5=88{,}125$$

Resposta: (E) 88,125

393) CMF – O número 2 aparece com os expoentes n+8, n+1 e n+4. O menor deles é n+1, então podemos coloca-lo em evidência.

$$\frac{2^{n+8}-16.2^{n+1}}{7.2^{n+4}}-1=\frac{2^{n+1}(2^7-16)}{7.2^{n+1}.2^3}-1=\frac{(2^7-16)}{7..2^3}-1=\frac{128-16}{56}-1=\frac{112}{56}-1=2-1=1$$

Resposta: (B) 1

394) CMJF – Trata-se de um sistema de duas equações com duas incógnitas, porém um sistema do 2º grau (não linear). A técnica da

$$\begin{cases} a-b=5 \\ a^2+b^2=13 \end{cases}$$

substituição pode ser usada, como nos sistemas lineares.
Da 1ª equação, temos:
a = b + 5, e substituindo na 2ª equação, ficamos com:
$(b + 5)^2 + b^2 = 13$
$b^2 + 10b + 25 + b^2 = 13$
$2b^2 + 10b + 12 = 0$
$b^2 + 5b + 6 = 0$
Calculando o Δ e resolvendo pela fórmula, encontramos as raízes:
–2 e –3. Cada um desses valores de **b** tem um valor de **a** correspondente, visto que a = b + 5. Para b = –2, temos a = 3, e para b = –3, temos a = 2. Ou seja, as soluções possíveis para a e b são –3 e 2, –2 e 3.
Testando as quatro opções, vemos que a única correta para os dois casos acima, é $a^2 - b^2 = \pm 5$.

Resposta: (D) $a^2 - b^2 = \pm 5$

395) CMM – Desenhar os gráficos das duas funções não é necessário para resolver a questão, mas ajuda na sua explicação. A medida do segmento MN, paralelo ao eixo y, com M e N respectivamente nos gráficos de f(x) e g(x), é dada pela diferença dos valores das duas funções, para um determinado x. Portanto MN vale:

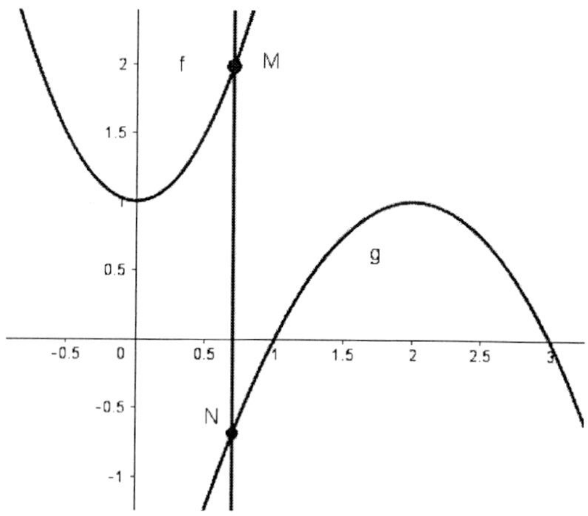

$2x^2 + 1 - (-x^2 + 4x - 3) = 3x^2 - 4x + 4$
Sendo assim, MN é também uma função do 2º grau, com coeficiente de x^2 positivo, portanto possui um valor mínimo. Este mínimo é obtido para x = –b/(2a) = 4/6 = 2/3.
O valor de MN para este valor de x é:
$3.(2/3)^2 - 4.(2/3) + 4 = 4/3 - 8/3 + 4 = 8/3$.

Resposta: (B) 8/3

396) CMPA – Temos dois valores desconhecidos: V (despesa total) e n (número de amigos). Cada um pagará V/n, mas se conseguirem mais 3 amigos, cada um pagará apenas V(n+3), que é 100 reais a menos.

$$\frac{V}{n} - \frac{V}{n+3} = 100$$

Com 3 amigos desistindo, cada amigo pagará V/(n – 2), que é 100 reais a mais que o valor original:

$$\frac{V}{n-2} - \frac{V}{n} = 100$$

Essas duas equações resultam em um sistema que permite determinar V e n. Note que o problema não pergunta o valor de V, mas o valor de N, ou seja, o valor de V não nos interessa. Portanto vamos encontrar V nas duas equações e igualar esses valores, o que resultará em uma equação com n.

$$\frac{V}{n} - \frac{V}{n+3} = 100 \rightarrow V(n+3) - V.n = 100n(n+3) \rightarrow V = \frac{100n(n+3)}{3}$$

$$\frac{V}{n-2} - \frac{V}{n} = 100 \rightarrow V.n - V.(n-2) = 100n(n-2) \rightarrow V = \frac{100n(n-2)}{2}$$

Portanto, igualando esses dois valores de V, temos:

$$\frac{100n(n+3)}{3}=\frac{100n(n-2)}{2}$$

$$2(n+3)=3(n-2)$$

$$2(n+3)=3(n-2)$$

$$n=12$$

O problema não perguntou, mas se quiséssemos calcular V, poderíamos usar uma das equações já encontradas:

$$V=\frac{100n(n+3)}{3}=\frac{100.12(12+3)}{3}=6000$$

A pergunta é sobre o produto dos algarismos de n, e já que n=12, este produto vale 2.

Resposta: (D) 2

397) CMR – Os algarismos das unidades e dezenas precisam formar um quadrado perfeito par. Podem ser, a princípio, 00, 04, 16, 36 ou 64. Mas 00 e 04 não são números de dois algarismos, então devemos considerar apenas 16, 36 e 64. Levando em conta as dezenas, podemos formar os seguintes números "modestos":

116, 136, 164,
216, 236, 264,
316, 336, 364,
...
916, 936, 964.

Somando as dezenas e centenas, temos 16 + 36 + 64, nove vezes: 116 × 9 = 1044.
Temos ainda que somar as centenas: 3 vezes (100 + 200 + 300 + 400 + ... + 900) =
3 × (4500) = 13.500
Total: 13500 + 1044 = 14544

Para a nossa surpresa, este valor não está presente entre as opções. Os valores das opções são maiores que 14.544, o que significa que a banca examinadora está considerando números que nós não consideramos. Usamos quadrados perfeitos de dois algarismos como sendo 16, 36 e 64, mas provavelmente estão considerando também 00 e 04. São quadrados perfeitos mas não são de dois algarismos. Isso deveria resultar na anulação da questão, mas este não é um processo simples. Muitas vezes os cursos acabam compactuando com um erro de gabarito, pelo fato da maioria dos seus alunos terem também cometido o mesmo erro. Existe ainda a questão do tempo para recurso, muitas vezes inferior a 3 dias, e a resposta errada acaba sendo oficializada.

O que o aluno precisa fazer é tentar encontrar na hora da prova, uma resposta compatível com o "erro da banca". No caso dessa questão, é considerar 00 e 04 como "quadrados perfeitos de dois algarismos". Ficamos então com os seguintes números:

100, 104, 116, 136, 164,
200, 204, 216, 236, 264,
...
900, 904, 916, 936, 964,

A soma 0 + 4 + 16 + 36 + 64 = 120 aparece 9 vezes, temos então 9 × 120 = 1080.
A soma (100 + 200 + 300 + ... + 900) = 4500 aparece 5 vezes, então temos 5 × 4500 = 22500.
Somando esses valores temos 22500 + 1080 = 23.580

Resposta: (A) 23580

398) CMSM – Temos que enumerar todas as formas de escrever o número 50 como a soma de dois números como a soma de dois números, e tomar apenas as que usam dois primos.

Lembremos que 1 não é primo, então comecemos com 2, formando 2 + 48. Como 40 não é primo, descartamos. A próxima possibilidade é 3 + 47, que serve, pois ambos são primos. A investigação ficará mais rápida se tomarmos como o primeiro valor, cada um dos primos inferiores a 50:

3 + 47, 5 + 45, 7 + 43, 11 + 39, 13 + 37, 17 + 33, 19 + 31, 23 + 27, 29 + 21, 31 + 19, 37 + 13, 41 + 9, 43 + 7, 47 + 3

Existem pares repetidos, e pares que apresentam números compostos: 45, 39, 33, 27, 21, 9. Os pares que possuem dois primos são apenas:

3+47, 7+43, 13+37, 19+31, total de 4 possibilidades.

Resposta: (C) 4

399) CMRJ - De acordo com o método indicado, o número N(N+1) formado é sempre par, pois entre dois números consecutivos, um é par e outro é ímpar. Isso elimina a letra (C), pois 4035 é ímpar, e não pode ser expresso na forma N(N+1), para nenhum valor de N.

Outro número que não pode ser quadrado é 308425 da letra B, pois qualquer que seja o último algarismo de N, a expressão N(N+1) nunca terminará com 4:

0.1 termina com 0, 1.2 termina com 2, 2.3 termina com 6, 3.4 termina com 2, 4.5 termina com 0, 5.6 termina com 0, 6.7 termina com 2, 7.8 termina com 6, 8.9 termina com 2, 9.0 termina com 0, e 0.1 termina com 0. Isso nos deixa apenas três opções para testar:

(A) 100625 (D) 416025 (E) 500625

Testando (A), teríamos que encontra N tal que N(N+1) = 1006, o mesmo que $N^2+N-1006 = 0$. É uma equação do 2º grau com Δ valendo 1 + 4.1006 = 4025. Este número não pode ser quadrado perfeito, pois segundo o mesmo critério, 40 teria que ser o produto de dois números consecutivos, da forma K e K + 1. Checando os divisores de 40, vemos que não existem dois divisores consecutivos. Assim, 4025 não é quadrado perfeito, as raízes de $N^2+N-1006 = 0$ são irracionais, e não existem valores N e N + 1 naturais com produto 1006, logo o número 100625 não é quadrado perfeito.

Analogamente, façamos o mesmo teste com 500625. Temos que encontrar N tal que N(N+1) = 5006, o mesmo que encontrar soluções inteiras positivas para $N^2 + N - 5006 = 0$. O valor de Δ para essa equação é 1 + 20.024 = 20.025. Aplicando novamente o mesmo critério, temos que encontrar valores inteiros K e K + 1 tais que K(K+1) = 200. Entre K e K + 1, um deles é par, outro é ímpar. Os divisores ímpares de 200 são apenas 1, 5 e 25. Para formar 200 como produto, esses três números teriam que ser multiplicados por 200, 40 e 8, portanto em nenhum desses casos podemos chamar os valores de K e K + 1. Logo, 20025 não é quadrado perfeito, portanto não existem números N e N + 1 que tenham produto 5006.

Uma vez eliminadas quatro das opções de respostas, resta apenas a opção (D).

Resposta: (D) 416025

400) CMRJ - Conhecendo x + y, podemos calcular x2 + y2, em função do produto xy:

$(x + y)^2 = x^2 + y^2 + 2xy$

$x^2 + y^2 = (x + y)^2 - 2xy$

Uma vez que sabemos que x+y=2, e chamando xy de P, temos:

$x^2 + y^2 = 2^2 - 2P = 4 - 2P$

Façamos o mesmo com $(x + y)^3$:

$(x + y)^3 = x^3 + 3x^2y + 3xy^2 + y^3$

$(x + y)^3 = x^3 + y^3 + 3xy(x + y)$

$2^3 = x^3 + y^3 + 3P.(2)$

$x^3 + y^3 = 8 - 6P$

Sabendo $x^2 + y^2$ e $x^3 + y^3$ em função de P, podemos usar esses valores na expressão dada no enunciado:

$$\frac{x^3+y^3}{x^2+y^2}=\frac{1}{4} \Rightarrow \frac{8-6P}{4-2P}=\frac{1}{4} \Rightarrow \frac{4-3P}{2-P}=\frac{1}{4}$$

$$16-12P=2-P$$

$$14=11P$$

$$P=\frac{14}{11}, \text{ logo } (xy)^{-1}=P^{-1}=\frac{11}{14}$$

Resposta: (A) 11/14

■

Capítulo 5

Álgebra

Teste 41

401) CEFET RJ – Considere as inequações
A: $2(x-3)-4(x-1)\leq -2$
B: $\frac{x}{2}-\frac{1}{3}\leq\frac{x}{6}$
A opção que representa a interseção dos conjuntos soluções das inequações acima é:

(A) $x \leq 1$ (B) $x \geq 2$ (C) $1 \leq x \leq 2$ (D) $0 \leq x \leq 1$

402) IFSP – Determine a soma das soluções inteiras da equação
$(x^2 + 1).(x^2 - 25).(x^2 - 5x + 6) = 0$

(A) 1 (B) 3 (C) 5 (D) 7 (E) 11

403) CEFET ES – O preço de uma corrida de táxi é obtido da seguinte forma: uma parte fixa de R$ 4,50 mais, R$ 0,75 por quilômetro rodado. Sabe-se que um passageiro pagou, ao final da corrida, o total de R$ 13,50. Qual a distância, em quilômetros, percorrida por este passageiro?

(A) 18 (B) 14 (C) 10 (D) 12 (E) 16

404) Colégio Pedro II (RJ) – Em uma reunião foram trocados apertos de mão entre as pessoas presentes, de modo que cada pessoa cumprimentou todas as outras uma única vez. Observe a tabela que indica a quantidade de apertos de mão realizados entre n pessoas.
Se nessa reunião foram realizados 78 apertos de mão, o número de pessoas presentes foi:

Número de pessoas	Número de apertos de mão
3	3
4	6
5	10
...	...
n	$\frac{n.(n-1)}{2}$

(A) um número múltiplo de 3.
(B) um número primo.
(C) um número quadrado perfeito.
(D) um número divisor de 100.

405) IFRS – A metade de um número natural, denominado por **a**, somado ao dobro do sucessor de **a**, resulta em 42. Determine o valor de $(a - 31.a^{-1})^{1/2}$

(A) 1/4 (B) 5/15 (C) 15/16 (D) 25/16 (E) 15/4

406) IFGO – Uma pessoa foi ao shopping de sua cidade para ver o tema da decoração de Natal deste ano. Após um passeio na área interna, parou em frente a uma grande árvore de Natal. Observou que havia 200 bolinhas de Natal, entre vermelhas e pratas. Notou ainda que o dobro do número de bolinhas pratas era igual ao número de bolinhas vermelhas, adicionadas de mais 40 bolinhas. Qual o número de bolinhas vermelhas?

(A) 30 (B) 60 (C) 80 (D) 90 (E) 120

407) FIOCRUZ – A alternativa que fornece a solução do sistema linear ao lado é:

$$\begin{cases} 3x + y = 14 \\ \frac{2}{3}x - y = \frac{2}{3} \end{cases}$$

(A) x = 2 e y = 7
(B) x = 4 e y = 2
(C) x = 4 e y = 4
(D) x = 4 e y = 4

408) IFF – Colocando cinco moedas de R$ 1,00 e quatro moedas de R$ 0,50 sobre uma balança digital, o seu visor mostra o valor de 67 gramas. Colocando sete moedas de R$ 1,00 e seis moedas de R$ 0,10, o seu visor passa a mostrar o valor de 79 gramas. A massa da moeda de R$ 0,50 é três gramas maior que a da moeda de R$ 0,10. Ao colocarmos uma moeda de cada valor (R$ 1,00, R$ 0,50 e R$ 0,10) sobre a balança, o resultado que aparecerá no visor, em gramas, é

(A) 20 (B) 22 (C) 24 (D) 26 (E) 28

409) ETAM – O quociente da divisão de $x^3 - 6x^2 + 11x - 12$ por $x^2 - 2x + 3$ é:

(A) 2x + 3 (B) x + 6 (C) x – 4 (D) 3x – 5

410) IFAL – É verdadeiro que

(A) o quadrado da diferença entre **a** e **b** é a expressão $a^2 - b^2$.
(B) o cubo do quadrado de **a** é expresso por $(a^3)^2$.
(C) o quadrado de **c**, que é a soma dos quadrados de a e b, é expresso por $c^2 = (a + b)^2$.
(D) a terça parte do quadrado da soma de a e b é a expressão $\left(\frac{a+b}{3}\right)^2$.
(E) o quociente do quadrado da diferença entre a e b, pela diferença entre o quadrado de a e b resulta em $\frac{a-b}{a+b}$.

Teste 42

411) CFN – Qual o valor de x na inequação $\frac{1}{2} + \frac{2x}{3} > \frac{3}{2}$?

(A) x>4 (B) x<5/2 (C) x<3/2 (D) x>3/2 (E) x>–3/2

412) CFN – Determine o maior valor inteiro que satisfaz à inequação abaixo.

$$\frac{x}{2} + \frac{4x}{5} < 1$$

(A) 4 (B) 3 (C) 2 (D) 1 (E) 0

413) CFN – Coloque C (certo) ou E (errado) na afirmação sobre as inequações, assinalando a seguir a opção correta.

( ) Se $-2x > 4$, então $x < -2$.
( ) Se $3x > -18$, então $x < -6$.
( ) Se $-6 < -x$, então $6 > x$.
( ) Se $-5x < 35$, então $x > -7$.

(A) C, C, E, E (B) C, E, C, C (C) E, E, C, C (D) C, E, C, E (E) E, C, C, E

414) CFN – Resolva a seguinte equação do 1º grau com uma incógnita, sendo U = R:

$$x-\frac{3+x}{6}=\frac{1}{3}.\frac{(x-7)}{(2)}$$

(A) 2/3 (B) 1 (C) –2 (D) 3/2 (E) –1

415) CFN – Calcule o valor de **x** e **y** nas proporções:

$$\frac{6}{x}=\frac{9}{12} \text{ e } \frac{2y}{3}=-\frac{24}{15}$$

(A) 3,5 e –9/8 (B) 7,5 e –5/3 (C) 9,0 e 10/5 (D) 8,0 e –12/5 (E) 11 e 9/3

416) EAM – Sabendo-se que A e B são subconjuntos finitos de U, que $\overline{A}$ é a notação para a operação complementar de A em relação a U, que $\overline{A}=\{q, r, s, t, u\}$, $A \cap B = \{o, p\}$ e $A \cup B = \{m, n, o, p, q, r\}$, é correto afirmar que:

(A) A tem dois elementos e B tem quatro elementos.
(B) A tem quatro elementos e B tem dois elementos.
(C) A tem três elementos e B tem três elementos.
(D) A tem quatro elementos e B tem quatro elementos.
(E) A tem um elemento e B tem cinco elementos.

417) EAM – Uma função $f: \mathbb{R} \to \mathbb{R}$ definida por $f(x) = -3x + 6$ é:

(A) crescente para todos os reais
(B) crescente para $x > 2$.
(C) decrescente para todos os reais.
(D) decrescente para $x < 2$
(E) decrescente para $x \geq 2$.

418) EAM – Para que a expressão $\sqrt{2x-3}$ seja número real, deve-se ter:

(A) $x \geq 3/2$ (B) $x \leq 2/3$ (C) $x \geq 2/3$ (D) $x \geq -3$ (E) $x \leq 3/2$

419) EAM – Se $2x + 13 = 4y + 9$, então o valor de $6x - 6$ é

(A) $12y - 18$ (B) $10y - 10$ (C) $8y - 12$ (D) $6y - 10$ (E) $4y - 8$

420) EAM – O valor da expressão $\dfrac{x^3+x^2-4x-4}{(x+1).(x-2)}$ quando $x = 987$ é:

(A) 987 (B) 988 (C) 989 (D) 990 (E) 991

Teste 43

421) CMB – Um motorista na cidade de Brasília possui um automóvel modelo flex, ou seja, como combustível pode utilizar tanto a gasolina quanto o etanol. Utilizando apenas gasolina, consome 33 litros para percorrer 297 quilômetros. Quando utiliza apenas etanol, o automóvel consome 30 litros para percorrer 180 quilômetros. Sabendo que o automóvel utiliza, por vez, somente um tipo de combustível e que o preço do litro de gasolina é R$ 2,88, qual deve ser o preço do litro de etanol para que o custo do quilômetro rodado, nos trajetos descritos acima, seja o mesmo?

(A) R$ 1,90 (B) R$ 1,92 (C) R$ 1,94 (D) R$ 1,96 (E) R$ 1,98

422) CMBH – Na festa de formatura do 9º ano do Ensino Fundamental, cada pessoa cumprimentou todas as outras pessoas uma única vez, com um aperto de mão. Ocorreram 1540 apertos de mão no total. Qual é o número de pessoas presentes na festa?

(A) 14 (B) 28 (C) 56 (D) 112 (E) 224

423) CMF – Um químico precisa fazer 7 litros de uma mistura M com as substâncias x e y, de modo que tenha quantidades iguais das duas substâncias. Para tal, ele dispõe de duas misturas, a M1, composta por 4 litros da substância x e 6 litros da substância y, e a M2, composta por 3 litros da substância x e 1 litro da substância y. A quantidade de litros que deve ser retirada das substâncias M1 e M2, respectivamente, para que juntas formem a mistura M desejada, é

(A) 5 e 2 (B) 4,5 e 2,5 (C) 4 e 3 (D) 6 e 1 (E) 4,2 e 2,8

424) CMJF – Ao se alugar um carro na locadora São Jorge, paga-se uma taxa fixa de R$ 20,00 mais R$ 9,00 por quilômetro rodado. Já a locadora São Lucas cobra uma taxa fixa de R$ 21,00 mais R$ 8,00 por quilômetro rodado e ainda 10% sobre o total. A quantidade mínima de quilômetros rodados para que a locadora São Jorge deixe de ser mais vantajosa que a locadora São Lucas é:

(A) 10,5 km (B) 12,0 km (C) 14,0 km (D) 15,5 km

425) CMRJ – Na festa junina do CMRJ, com a finalidade de evitar o uso de dinheiro pelos alunos, tia Sandra organizou um sistema que usa fichas de diferentes cores. Uma ficha branca tem o mesmo valor que 3 fichas azuis ou a metade do valor de uma vermelha. Uma ficha preta vale 5 vezes o valor da vermelha. Se cada ficha azul vale R$ 5,00, um aluno que possui 2 fichas pretas, 5 vermelhas, 6 brancas e 10 azuis dispõe de um valor equivalente a:

(A) R$ 650,00 (B) R$ 620,00 (C) R$ 590,00 (D) R$ 550,00 (E) R$ 700,00

426) CEFET RJ – O quadrado ABCD de lado igual a 4 é composto por dois retângulos e dois quadrados. Sabendo que as medidas dos lados destes quadrados são dadas pelas raízes da equação $x^2 - 4x + 1 = 0$, assinale a opção que indica o valor da área hachurada.

(A) 1 (B) 2 (C) 4 (D) 8

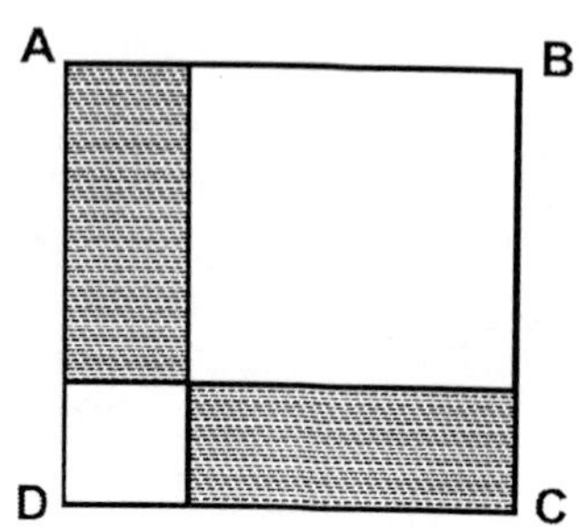

427) IFSP – Um triângulo é desenhado marcando-se os pontos A(3, 5), B(2, –6) e C(–4, 1) no plano cartesiano. O triângulo A'B'C' é o simétrico do triângulo ABC em relação ao eixo y. Um dos vértices do triângulo A'B'C' é

(A) (3, 5) (B) (–2, 6) (C) (–2, –1) (D) (–4, 5) (E) (4, 1)

428) IFGO – Carol e Pablo vão lanchar em uma padaria. Enquanto, Carol come três pães de queijo e toma um café, Pablo come dois pães de queijo e toma dois cafés. Eles pagam R$ 4,20 e R$ 3,60 respectivamente, pelo que consumiram. É correto afirmar que o preço a ser pago por um café acrescido de um pão de queijo nessa padaria é de

(A) R$ 1,60 (B) R$ 1,80 (C) R$ 2,00 (D) R$ 2,20

429) IFAL – Em uma enquete, realizada com 2016 candidatos a uma das vagas nos cursos do IFAL, para saber em quais matérias entre Matemática, Física e Química, eles sentiam mais dificuldade, obteve-se o seguinte resultado: 920 sentiam dificuldade em Matemática, 720 em Física e 560 em Química, 400 em Matemática e Física, 360 em Matemática e Química, 320 em Física e Química e 200 nas três matérias. O número de candidatos que afirmaram não ter dificuldades em nenhuma matéria é

(A) 136 (B) 336 (C) 416 (D) 576 (E) 696

430) OBMEP – Qual a soma dos algarismos de $\sqrt{1111111111-22222}$?

(A) 10 (B) 15 (C) 18 (D) 20 (E) 25

Teste 44

431) CMM – Sabendo-se que r1, r2 e r3 são números reais tais que r1 – r2 e r1 + r2 + r3 são racionais, analise as afirmações abaixo:
I. Se r1 é racional, ou r2 é racional, então r3 é racional.
II. Se r3 é racional, então r1 + r2 é racional.
III. Se r3 é racional, então r1 e r2 são racionais.
A(s) afirmação(ões) verdadeira(s) é(são)

(A) apenas I (B) apenas II (C) apenas III (D) apenas I e II (E) I, II e III

432) CMPA – No verão de 2014/2015, a fábrica de sorvete "derrete, mas não cai", estava trocando 10 palitos de sorvete por 1 sorvete com palito. Sendo assim, a que fração do sorvete corresponde 1 palito?

(A) 1/10 (B) 1/6 (C) 1/9 (D) 1/7 (E) 1/8

433) CMR – Cada unidade de um certo tipo de relógio é vendida pela indústria que o fabrica por R$ 80,00, a esse preço, são vendidas semanalmente 500 unidades. Sabe-se que a cada R$ 2,00 de aumento no preço unitário do relógio as vendas semanais caem em 10 unidades. Sabe-se ainda que o custo semanal de fabricação de x unidades desse relógio é dado por $C(x) = x.\left(\frac{2700}{x} + 51\right)$, e que o lucro semanal obtido pela fábrica é dado pela diferença entre a receita semanal (valor total recebido na semana com as vendas dos relógios) e o custo semanal de fabricação. Sendo assim, quão o lucro semanal recebido pela fábrica quando a receita semanal for máxima?

(A) R$ 14850 (B) R$ 25650 (C) R$ 28200 (D) R$ 37545 (E) R$ 40500

434) CMSM – Os organizadores dos Jogos Olímpicos disponibilizaram milhões de ingressos para venda durante as Olimpíadas. Considere que o número de ingressos x vendidos, em milhões, durante os jogos seja definida pela equação:

$1 + (x^2 + x)(x^2 + 5x + 6) = 89^2$

Nessa equação x é inteiro e positivo, qual é o valor de x(x + 3)?

(A) 87 (B) 88 (C) 89 (D) 90 (E) 91

435) CMRJ – Sabendo que α e β são as raízes da equação $(x - 2)(x - 3) + (x - 3)(x + 1) + (x + 1)(x - 2) = 0$, o valor da expressão

$$\frac{1}{(\alpha+1)(\beta+1)}+\frac{1}{(\alpha-2)(\beta-2)}+\frac{1}{(\alpha-3)(\beta-3)}$$

está compreendido entre:

(A) 2 e 4 (B) –3 e –2 (C) 1 e 2 (D) –1 e 1 (E) 5 e 7

436) CFN – Sendo X' e X" as raízes reais da equação $x + 1 = (8 - x)/x$, com $x \neq 0$, o valor de $(X')^2 + (X'')^2$ é:

(A) –20 (B) –12 (C) 12 (D) 16 (E) 20

437) IFMS – Luíza, vovó de Jorge, querendo saber como seu neto estava em Matemática, fez um desafio, dizendo que, em seu sítio, ela cria marrecos e coelhos, todos juntos no quintal, totalizando 14 cabeças e 32 pés. Quantos coelhos tenho no sítio?

(A) 2 (B) 8 (C) 7 (D) 12 (E) 18

438) IFPE – Dividindo $-10x^2 + 11x + 90$ por $-2x + 5$, obtemos um quociente Q1. E dividindo $28x^3 -47x^2 + 19x - 5$ por $7x^2 -3x + 1$ encontramos um quociente Q2. O valor de x para que se tenha Q1 = Q2 é:

(A) –10 (B) 11 (C) –12 (D) 13 (E) –14

439) IFTO – Sobre a equação $|3x - 16| = x - 12$ podemos afirmar que:

(A) Não possui raiz real alguma.
(B) Sua única raiz é um número primo ímpar.
(C) Uma de suas raízes é um múltiplo de 2.
(D) Possui uma raiz negativa.
(E) A soma de suas raízes é um múltiplo de 3.

440) IFPA – Felipe trabalha em uma loja de calçados. Seu salário mensal é representado por uma função polinomial do primeiro grau, $S = 0{,}02q + 50$, onde q representa o total das vendas, em reais. Num determinado mês, Felipe recebeu de salário o valor de R$ 1.250,00. Podemos afirmar que o valor das vendas, em reais, efetuadas por Felipe foi de:

(A) R$ 740,00 (B) R$ 6.000,00 (C) R$ 60.000,00 (D) R$ 7.400,00 (E) R$ 2.550,00

Teste 45

441) IFMT - Na figura abaixo, o losango ACEG está inscrito no retângulo BDFH. A área deste losango pode ser representada por:

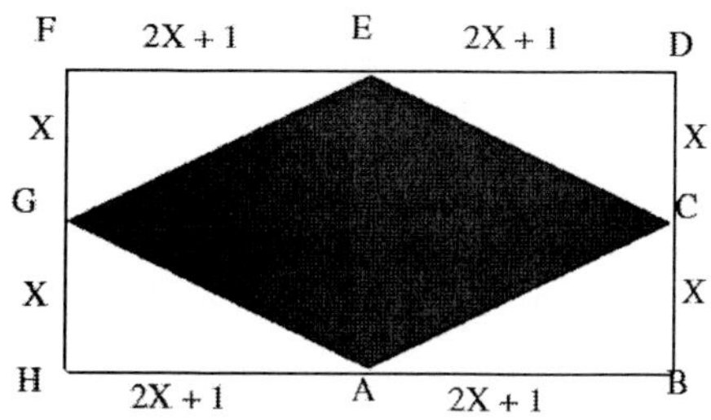

(A) $4x^2 + 4$
(B) $4x^2 + 4x$
(C) $4x^2 + 2x$
(D) $8x^2 + 4x$
(E) $4x^2 + 2$

442) IFRO - O domínio da função $f(x)=\dfrac{x^5+121x}{\sqrt{5x+65}}$ é

(A) $D(f) = \{x \in \mathbb{R} \mid x < -13\}$
(B) $D(f) = \{x \in \mathbb{R} \mid x > 13\}$
(C) $D(f) = \{x \in \mathbb{R} \mid x \geq 13\}$
(D) $D(f) = \{x \in \mathbb{R} \mid x \leq 13\}$
(E) $D(f) = \{x \in \mathbb{R} \mid x > -13\}$

443) IFAM - O conjunto solução da equação $\dfrac{x+2}{2}+\dfrac{2}{x-2}=-\dfrac{1}{2}$, com $x \neq 2$, em $\mathbb{R}$, é:

(A) $S = \{-1, -2\}$
(B) $S = \{-2, 1\}$
(C) $S = \{-4, 3\}$
(D) $S = \{-3, -4\}$
(E) $S = \emptyset$

444) IFRN - Técnicos de uma instituição que avaliam o desmatamento na Amazônia sobrevoam a região e identificam uma área desmatada que formava um triângulo, em que a hipotenusa media 13 km e um dos catetos, 7 km a mais que o outro. Nessas condições, o cateto menor medida

(A) 5 km (B) 6 km (C) 7 km (D) 8 km

445) IFPB - Um problema que resulta numa equação da forma $2x + 3y = 5$ tem infinitas soluções para x e y $\in \mathbb{Z}$, mas, se adicionarmos ao problema a restrição $xy = -21$ para x e y $\in \mathbb{Z}$, o problema passa a ter apenas uma solução. Sendo assim, é correto afirmar que a soma do valor de x com o valor de y que solucionam o problema, quando adicionada a restrição é:

(A) 1 (B) 4 (C) -4 (D) 20 (E) -20

446) CMM - Sejam r e s as raízes da equação do 2º grau $x^2 - 7x + 1 = 0$. É correto afirmar que:

(A) $\sqrt{r}+\sqrt{s}=\sqrt{7}$
(B) $\sqrt{r}+\sqrt{s}=\sqrt{5}$
(C) $\sqrt{r}+\sqrt{s}=\sqrt{3}$
(D) $\sqrt[4]{r}+\sqrt[4]{s}=\sqrt{3}$
(E) $\sqrt[4]{r}+\sqrt[4]{s}=\sqrt{5}$

447) CMPA – Fatorando o número $2^{20} - 1$, obtém-se um produto de quatro números distintos C, M, P e A. Sabe-se que, cada um deles, tem apenas dois algarismos e que:
$20 < P < C < M < A < 50$
Sendo assim, tem-se que $(M + 7 - C + A) \div P$ é igual a

(A) M + C (B) P + M (C) A + C (D) C – P (E) M – C

448) CMR – Uma maneira de se enviar uma mensagem secreta é a partir de uma expressão aritmética que, após ter seu resultado decomposto em fatores primos, indique as letras (cada fator primo representa uma letra de acordo com uma tabela predefinida) que formam o texto da mensagem. Considere a tabela abaixo seguinte que converte números primos para letras.

2	3	5	7	11	13	17	19	23	29	31	37	41	43	47	53	59	61	67	71	73	79	83
A	E	I	O	U	B	C	D	F	G	H	J	L	M	N	P	Q	R	S	T	V	X	Z

Por exemplo, a expressão aritmética 5.102 + 30 pode representar a palavra PAI, uma vez que $5.10^2 + 30 = 530 = 2.5.53$, estes números correspondem respectivamente às letras A, I e P e que, quando reorganizadas, formam a palavra PAI. Com base na tabela anteriores, a expressão

$$\left(\frac{\sqrt[3]{128}}{\sqrt[3]{2}}\right).\left(\frac{\sqrt{10^9}}{\sqrt{10^3}}\right)-\left[900+\left(\sqrt[3]{36}\right)\left(\sqrt[3]{6}\right)\right]$$

pode representar a palavra:

(A) POUCA (B) BANCO (C) PENA (D) RISO (E) BOCA

449) CMSM – Um *quadrado mágico* é um arranjo de números naturais onde a soma dos números em cada linha, coluna ou diagonal é a mesma como mostra o exemplo abaixo.

6	7	2
1	5	9
8	3	4

Pouco se conhece sobre a história primitiva dos quadrados mágicos, porém existem estudiosos do assunto que afirmam que eles surgiram há cerca de 3000 anos na China. Hoje sabemos que a soma de todos os números de um quadrado mágico n×n é dado pela fórmula $S_n = \frac{n^2(n^2+1)}{2}$. Qual é a soma em cada linha de um quadrado mágico 7×7?

(A) 7 (B) 49 (C) 315 (D) 1225 (E) 175

450) CMRJ – A equação do segundo grau $ax^2 + bx - 3 = 0$ tem –1 como uma de suas raízes. Sabendo que os coeficientes **a** e **b** são números primos positivos e que a > b, podemos afirmar que $\mathbf{a}^2 - \mathbf{b}^2$ é igual a

(A) 15 (B) 18 (C) 21 (D) 34 (E) 53

Teste 46

451) IFBA – Sendo **x** a solução da equação $\frac{x+4}{6}+\frac{2x-3}{2}=1$, então o valor correspondente ao valor de E, na equação E = 49x, é:

(A) 7 (B) 11 (C) 11/7 (D) 111 (E) 77

452) IFMA – A equação do 2º grau $6x^2 + 5x + 1 = 0$ possui duas raízes reais e distintas. Sabendo-se que a maior delas é também raiz da equação $3x^2 + kx = 0$, o valor de k será:

(A) 1 (B) −1/2 (C) −3 (D) 4 (E) −4

453) IFSC - Considere a equação

$2(x + 4).(x + 3) = (x + 5)^2 + x + 9$

Assinale a alternativa correta.

(A) É uma equação do 1º grau cuja solução é 2.
(B) É uma equação do 2º grau que não apresenta soluções reais.
(C) É uma equação do 2º grau que tem soluções reais e iguais entre si.
(D) É uma equação do 1º grau cuja solução é −5.
(E) É uma equação do 2º grau que tem soluções −5 e 2.

454) IFTO - Considere $A = \frac{x^3 - xy + x^2y^2 - y^3}{x^2 - y}$

Simplificando A, encontra-se:

(A) $x + y^2$ (B) $x - y^2$ (C) $2x - y$ (D) $(x - y)^2$ (E) $x^2 - y$

455) IFRO - Resolvendo a expressão $(2012^2 - 1982^2)$ encontramos como resposta:

(A) 404.814 (B) 392.832 (C) 119.820 (D) 200.012 (E) 100.082

456) CMM - Os alunos de uma turma resolveram comprar um presente custando R$ 48,00 para o professor de Matemática, dividindo igualmente o gasto entre eles. Depois que 6 (seis) alunos recusaram-se a participar da divisão, cada um dos alunos restantes teve que contribuir com mais R$ 0,40 para a compra do presente. Qual a porcentagem de alunos da turma que contribuíram para a compra do presente?

(A) 85% (B) 65% (C) 60% (D) 80% (E) 75%

457) CMPA - Seja S a raiz da equação $x^2 - 6x + 7 = 0$. Sendo assim, tem-se que o valor do produto $(S - 5)(S - 4)(S - 2)(S - 1)$ é igual a

(A) 0 (B) −2 (C) 1 (D) −1 (E) 2

458) CMSM - A primeira crise da Matemática aconteceu no século VI A.C., ainda com Pitágoras e seus discípulos. Eles acreditavam que todos os números podiam ser escritos na forma de uma razão de inteiros. No entanto, a comunidade Matemática grega fora assombrada com a descoberta de números que não eram razão de inteiros. Um desses números é o $\sqrt{2}$.

O argumento usado para mostrar esse fato foi: suponha que $\sqrt{2} = \frac{p}{q}$ com p e q inteiros, positivos e primos entre si. Elevado ao quadrado obtemos $p^2 = 2q^2$. Isso mostra que p é _____, donde vem que q é _____, o que é um absurdo, pois p/q é uma fração __ __.
Marque a alternativa que completa corretamente os espaços em branco:

(A) par, par, irredutível. (B) par, ímpar, própria. (C) ímpar, par, imprópria.
(D) ímpar, ímpar, irredutível. (E) ímpar, ímpar, própria.

459) CMRJ - Considere a equação $px^2 - 5x + q = 0$, $p>0$, de raízes a e b, sendo $a>b$. É dada também a equação $qx^2 - 5x + p = 0$, $q>0$, cujas raízes são α e β, com $\alpha > \beta$. Calculando o valor da expressão $\frac{a.\alpha + \beta}{\beta.b + \alpha}$ em função das variáveis a e b, encontramos a forma fracionária

(A) $\frac{a+b^2}{a^2+b}$ (B) $\frac{a-b^2}{a^2-b}$ (C) $\frac{a^2+b}{a+b^2}$ (D) $\frac{a^2-b}{a-b^2}$ (E) $\frac{a-b^2}{a^2+b^2}$

460) EAM - É correto afirmar que a soma das raízes reais da equação $x^4 = 7x^2 + 18$ é um número:

(A) primo (B) divisor de 36 (C) múltiplo de 3 (D) divisor de 16 (E) divisor de 25

Teste 47

461) EAM - O valor de k na equação $(k - 1)x^2 - (k + 6)x + 7 = 0$, de modo que a soma de suas raízes seja 8, é:

(A) -2 (B) -1 (C) 0 (D) 1 (E) 2

462) CEFET RJ - Seja **m** a média aritmética dos números 1, 2, 3, 4 e 5. Qual é a opção que mais se aproxima do resultado da expressão abaixo?

$$\sqrt{\frac{(1-m)^2+(2-m)^2+(3-m)^2+(4-m)^2+(5-m)^2}{5}}$$

(A) 1,1 (B) 1,2 (C) 1,3 (D) 1,4

463) CEFET RJ - Chamaremos de força do conjunto solução de um sistema de inequações resolvido no conjunto dos números inteiros, a soma de todos os elementos desse conjunto solução. No sistema a seguir:

$$\begin{cases} 2(x+2) \geq 5x+13 \\ \frac{x}{2}-\frac{x}{3} > -1 \end{cases}$$

Se x é um número do conjunto dos inteiros que torna verdadeiras as inequações, a força do conjunto solução desse sistema será igual a:

(A) -12 (B) -9 (C) -6 (D) -3

464) IFSP - Em uma determinada empresa, os trabalhadores devem se especializar em pelo menos uma língua estrangeira, francês ou inglês. Em uma turma de 76 funcionários, têm-se:
49 que optaram somente pela língua inglesa;
12 que optaram em se especializar nas duas línguas estrangeiras.
O número de funcionários que optaram por se especializar em língua francesa foi

(A) 15 (B) 27 (C) 39 (D) 44 (E) 64

465) IFRR - Lucas e Fábio são grandes amigos e gostam muito de matemática. Lucas pediu a Fábio que escolhesse dois números naturais distintos, ambos maiores que 873, e fizesse a seguinte operação matemática: $x = (p + q)^2 + (p - q)^2$. Sabendo que p e q são os números escolhidos por Fábio, então é correto afirmar que:

(A) x é um número par.
(B) x é um número negativo.
(C) x é um número primo.
(D) x tem uma quantidade ímpar de divisores positivos.
(E) x é múltiplo de 6.

466) IFRO - Sendo $x = \frac{1+\sqrt{1996}}{2}$, qual o valor numérico da expressão $\frac{4x^3-1999x-1997}{2}$?

(A) 1 (B) 2 (C) -1 (D) -2 (E) -3

467) CMR – Simplificando a expressão abaixo, obtêm-se

$$\frac{\left(\sqrt[5]{31+\sqrt[6]{10-\sqrt{83-\sqrt{4}}}}\right)^2}{\left(\sqrt[3]{\sqrt[6]{2^9}}\right)^4 \cdot \left(\sqrt[6]{\sqrt[3]{2^9}}\right)^4}$$

(A) $(-2)^{-2}$ (B) -2^{-2} (C) -2^2 (D) $(-2)^2$ (E) 1

468) CMBH – Um número x mais o seu inverso é igual a 5. Então o valor de y + 1/y, onde y é a terceira potência de x, é igual a:

(A) 125 (B) 110 (C) 100 (D) 80 (E) 15

469) CMF – Sejam x e y ∈ $\mathbb{R}^*$, tais que x ≠ y e, $x-\frac{1}{x}=y-\frac{1}{y}$. Assim, o produto xy é:

(A) 2 (B) –1 (C) –2 (D) 0 (E) 1

470) CMJF – A expressão $(365)^2 + (366)^2 - (366).(364) - (364)^2$ é equivalente a:

(A) 731 (B) 733 (C) 1463 (D) 1461

Teste 48

471) IFPR – Considere um quadrado de lado igual a uma unidade. O número que representa a diagonal deste quadrado, é um número que pertence ao conjunto dos números:

(A) Naturais. (B) Inteiros. (C) Irracionais. (D) Racionais.

472) IFMS – Pensar sobre a Matemática, em especial sobre as muitas relações numéricas, é um passatempo para Mary Fairfax. Certo dia, ela pensou em um número, multiplicou esse número pelo seu sucessor e percebeu que o produto resultou em 182. Em que número Mary pensou?

(A) 27 (B) 19 (C) 121 (D) 91 (E) 13

473) IFPE – A figura abaixo representa um terreno retangular cuja área é 440 m^2, e suas dimensões estão indicadas na figura. Deseja-se cercá-la com um alambrado que custa R$ 13,00 o metro linear. Nessas condições, o custo do cercado será de:

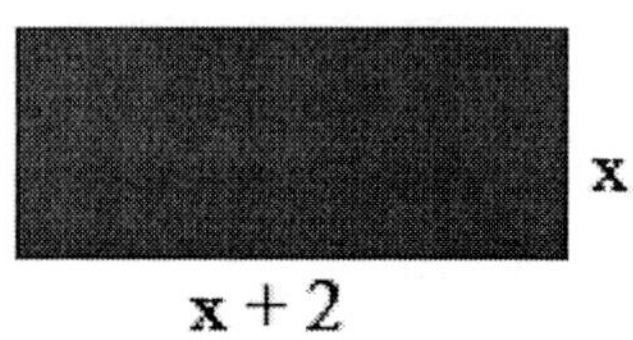

(A) R$ 1.080,00 (B) R$ 1.124,00 (C) R$ 1.022,00
(D) R$ 1.090,00 (E) R$ 1.092,00

474) CFN – Qual o número que multiplicando por ele mesmo e do resultado subtraindo 9, você obtém 112?

(A) 0 (B) ±11 (C) ±103 (D) ±111 (E) ±113

475) CFN – Qual o ponto de interseção das retas:
x + y = 5 e x – 2y = –4 ?

(A) (2, 3) (B) (8, 3) (C) (–2, 5) (D) (8, 5) (E) (–2, –3)

476) CMPA – Simplifique a expressão abaixo:

$$\left[\frac{125^2 - 25^2}{125^2 + 25^2 + 2.125.25}\right]$$

(A) 1 (B) 1/3 (C) 2/3 (D) 3/2 (E) 1/5

477) CMM – Um funcionário de certa empresa recebeu 120 documentos para arquivar. Durante a execução da tarefa, uma pausa para um café e, nesse instante, percebeu que já havia arquivado $1/(n - 1)$ do total de documentos ($n \in \mathbb{N}-\{0, 1\}$). Observou também que, se tivesse arquivado 9 (nove) documentos a menos, a quantidade arquivada corresponderia a $1/(n + 2)$ do total. A partir do instante da pausa para o café, a quantidade de documentos que ele ainda deverá arquivar é

(A) 92 (B) 94 (C) 96 (D) 98 (E) 100

478) CMR – Sendo **b**, **c** e **a** inteiros positivos com $b < c < a$ dizemos que (b, c, a) é um *terno pitagórico* se $a^2 = b^2 + c^2$. Assim, (3, 4, 5) é um terno pitagórico.
Uma forma de se encontrar ternos pitagóricos é escolhendo **m** e **n** inteiros positivos com $m > n$ e fazendo $b = m^2 - n^2$ e $a = m^2 + n^2$. Sabe-se que o terno pitagórico (304, 690, 754) foi encontrado usando a forma descrita.
Sendo assim, considerando o terno (304, 690, 754) para análise das afirmativas I, II, III e IV

I – m é um número primo.
II – n é um múltiplo de 15.
III – c = 2.m.n.
IV – um triângulo com lados medindo 304 cm, 690 cm e 754 cm, respectivamente, é retângulo.

pode-se afirmar corretamente que:

(A) todas são falsas.
(B) apenas uma delas é verdadeira.
(C) apenas duas delas são verdadeiras.
(D) apenas uma delas é falsa.
(E) todas são verdadeiras.

479) CMJF – Se x e y são números inteiros positivos, tais que $x^2 - y^2 = 29$, assinale a única afirmativa correta.

(A) Os números x e y são primos
(B) $x = 2y$
(C) $(x - y)^2 = 29$
(D) O módulo de $(y - x)$ é igual a 1.

480) CMRJ – Na variável x, a equação $3(mx - p + 1) - 4x = 2(-px + m - 4)$ admite uma infinidade de soluções. A soma dos valores reais de **m** e **p** é igual a

(A) 3 (B) 2 (C) 0 (D) –2 (E) –3

Teste 49

481) CMSM – Uma vinícola em Bento Gonçalves – RS vende, mensalmente, x unidades de vinho tinto Cabernet Sauvignon. Suponha que:
I. o modelo matemático que representa a receita obtida com as vendas é dado por $R(x) = -2x^2 + 24x - 40$.
II. o custo da produção é dado por $C(x) = -x^2 + 5x + 20$.

Sabendo-se que o lucro é a diferença entre a receita e o custo obtido na produção, determine o intervalo que expressa a quantidade de vinhos vendidos para que a vinícola obtenha lucro.

(A) $5 < x < 20$ (B) $6 < x < 18$ (C) $3 < x < 17$ (D) $7 < x < 16$ (E) $4 < x < 15$

482) CMJF – Em um mesmo plano cartesiano, são representadas duas funções, sendo uma do primeiro grau e outra do segundo grau, com as seguintes características:

Função do 1º grau: variável: x
coeficiente numérico da variável x: 2
termo independente: –4

Função do 2º grau: variável: x
coeficiente numérico em x^2: 1
coeficiente numérico em x: –2
termo independente: 0 (zero)

Podemos afirmar que o ponto de interseção da reta com a parábola tem:

(A) abscissa 2
(B) ordenada 2
(C) coordenadas (0, 2)
(D) coordenadas (0, –2)

483) CMBH – O gráfico abaixo representa a quantidade de indivíduos presentes em uma colônia de bactérias. De acordo com o grau de temperatura ambiente em que se encontra, baseando-se no gráfico da função afim, podemos concluir que:

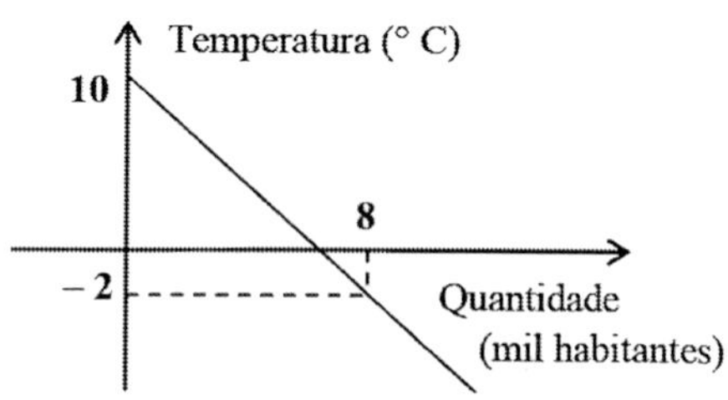

(A) Em temperaturas acima de 9°C, não há indivíduos sobreviventes na colônia.
(B) A 0°C, existem mais de 7 mil indivíduos na colônia.
(C) Para que haja 6 mil indivíduos na colônia, é necessário que a temperatura esteja a 1°C.
(D) Quanto maior a temperatura, maior a quantidade de indivíduos na colônia.
(E) A –3°C há 9 mil indivíduos na colônia.

484) CMPA – Um grupo de alunos do Colégio Militar de Porto Alegre organizou uma festa de fim de ano. Para cobrir o total das despesas, cada um deveria contribuir com R$ 135,00. Como 7 alunos deixaram o Colégio antes da arrecadação, e como as despesas permaneceram as mesmas, cada um dos estudantes contribuintes teve de pagar R$ 27,00 a mais. Então, o valor total arrecadado foi

(A) R$ 6.804,00 (B) R$ 6.420,00 (C) R$ 6.140,00 (D) R$ 5.930,00 (E) R$ 5670,00

485) CMB – Um fazendeiro estabelece o preço da saca de café em função da quantidade de sacas adquiridas pelo comprador através da equação $P = 50 + 200/x$, em que P é o preço em dólares e x é o número de sacas vendidas. Quanto deve pagar, por saca, um comprador que adquirir cem (100) sacas?

(A) 520 dólares (B) 52,5 dólares (C) 52 dólares (D) 50,5 dólares (E) 51 dólares

486) CFN – O gráfico abaixo pode representar qual das expressões?

(A) y = 2x – 3
(B) y = –2x + 3
(C) y = 1,5x + 3
(D) 3y = –2x
(E) –2y = 3x

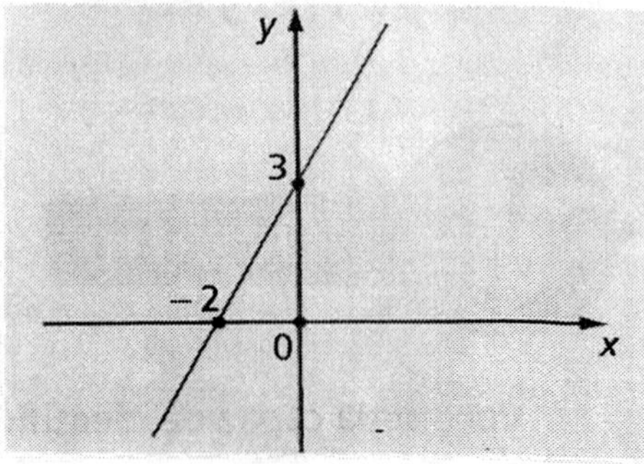

487) IFAM – Simplificando a expressão abaixo, obtemos:

$$\frac{\sqrt{a}+\sqrt{b}}{\sqrt{a}-\sqrt{b}}+\left(\frac{\sqrt{a}+\sqrt{b}}{\sqrt{a}-\sqrt{b}}\right)^{-1}-\frac{a+3b}{a-b},\ a \neq b.$$

(A) Um polinômio de grau zero
(B) Um polinômio do 1º grau
(C) Um polinômio identicamente nulo
(D) Uma expressão algébrica irracional
(E) Uma expressão algébrica fracionária

488) IFTO – O pai de Paulo e Lucas deu a eles R$ 58,00 para que comprassem dois tipos de figurinhas: Paulo comprou figuras de R$ 6,00, e Lucas comprou figuras de R$ 7,00. Se os dois gastaram todo o dinheiro e compraram um total de 9 figurinhas, quantas figurinhas Paulo e Lucas compraram, respectivamente?

(A) 4 e 5 (B) 5 e 4 (C) 3 e 6 (D) 6 e 3 (E) 7 e 2

489) IFRS – A área de um triângulo retângulo inscrito em uma circunferência de raio 5, em função de um de seus catetos, x, é dada por:

(A) $A(x)=\frac{x\sqrt{10-x^2}}{2}$ (B) $A(x)=\frac{x\sqrt{100-x^2}}{2}$ (C) $A(x)=x\sqrt{100-x^2}$

(D) $A(x)=x\sqrt{10-x^2}$ (E) $A(x)=\frac{x(10-x)}{2}$

490) IFBA – Jorge planta tomates em uma área de sua fazenda, e resolveu diminuir a quantidade Q (em mil litros) de agrotóxicos em suas plantações, usando a lei $Q(t) = 7 + t^2 - 5t$, onde t representa o tempo, em meses, contado a partir de t=0. Deste modo, é correto afirmar que a quantidade mínima de agrotóxicos usada foi atingida em:

(A) 15 dias (B) 1 mês e 15 dias (C) 2 meses e 10 dias
(D) 2 meses e 15 dias (E) 3 meses e 12 dias

Teste 50

491) FIOCRUZ – Um par ordenado (x, y) é solução de um sistema de duas equações e duas incógnitas. Ao substituirmos esse par ordenado (x, y) nas equações, encontramos igualdades verdadeiras. Dessa forma, é possível afirmar que o par ordenado (1, 2) é solução do sistema:

(A) $\begin{cases}x+y=3\\2x+y=5\end{cases}$ (B) $\begin{cases}x+2y=5\\2x+y=6\end{cases}$ (C) $\begin{cases}x+2y=3\\2x+3y=10\end{cases}$ (D) $\begin{cases}x+4y=8\\2x+y=5\end{cases}$ (E) $\begin{cases}x+y=3\\2x+y=4\end{cases}$

492) CEFET RJ - O único par de números naturais m e n que satisfaz a igualdade $m^2 - n^2 = 17$ é tal que:

(A) seu produto é 72 (B) sua soma é 18 (C) seu quociente é 17 (D) sua diferença é 2

493) IFES - A equação modular $\left| |x - 3| - 6 \right| = 2$ possui quatro soluções inteiras. A soma dessas soluções é igual a:

(A) 20 (B) 9 (C) 11 (D) 12 (E) -7

494) IFSP - Subtraindo o triplo de um número de seu quadrado, temos como resultado 40. O número inteiro negativo que satisfaz essa condição é

(A) -7 (B) -6 (C) -5 (D) -4 (E) -3

495) IFMG - A soma das raízes da equação $2^{2x} - 5.2^x + 4 = 0$ é:

(A) 7 (B) 6 (C) 5 (D) 2

496) CMRJ - Uma função f: $\mathbb{R} \to \mathbb{R}$, definida por $f(x) = ax^2 + bx + c$, com a, b e c reais, assume um valor negativo quando $x = -5$ e positivo quando $x = -1$ e $x = 2$. Logo, é correto afirmar que

(A) $a>0$ (B) $a<0$ (C) $c>0$ (D) $c<0$ (E) $b>0$

497) CMBH - A área de um retângulo é calculada pelo produto de suas dimensões: comprimento e largura. Deseja-se cercar um terreno em formato retangular com área equivalente a 280 m^2, sendo que seu comprimento precisa ter 8 m a menos que o dobro de sua largura. A largura desse terreno a ser cercado, conforme a descrição, é igual a:

(A) 8 m (B) 16 m (C) 10 m (D) 12 m (E) 14 m

498) CMPA - Um paralelepípedo retângulo tem suas dimensões dadas, em centímetros, pelas expressões $(x - 4)$, $(x - 3)$ e 15. Se o volume do paralelepípedo é 30 cm^3, então sua área total, em centímetros quadrados, é

(A) 62 (B) 64 (C) 37 (D) 31 (E) 94

499) CMM - Uma cidade de 38.000 habitantes foi acometida por uma epidemia de gripe causada por um vírus contagioso. A velocidade (V) de contaminação da população da cidade foi calculada pela função $V = k.x(38.000 - x)$, sendo k um número real positivo e x o número de pessoas contaminadas. Quando a velocidade de contaminação atingiu o seu valor máximo, o número de pessoas contaminadas era de:

(A) 15.000 (B) 20.000 (C) 19.000 (D) 11.000 (E) 38.000

500) CMF - Sabendo que **a** é um número real que satisfaz a igualdade $a^2 - 6a - 2 = 0$, então, o valor de $(a^2 - 5)^2 - 10a(a^2 - 5) + 25a^2$ é

(A) 10 (B) 11 (C) 12 (D) 13 (E) 14

Respostas dos testes

Respostas do Teste 41

401) D 403) D 405) E 407) B 409) C
402) C 404) B 406) E 408) A 410) BE

Respostas do Teste 42

411) D 413) B 415) D 417) C 419) A
412) E 414) E 416) D 418) A 420) C

Respostas do Teste 43

421) B 423) A 425) C 427) E 429) E
422) C 424) D 426) B 428) B 430) B

Respostas do Teste 44

431) E 433) A 435) D 437) A 439) A
432) C 434) B 436) E 438) C 440) C

Respostas do Teste 45

441) C 443) B 445) B 447) E 449) E
442) E 444) A 446) C 448) E 450) C

Respostas do Teste 46

451) E 453) E 455) C 457) B 459) C
452) A 454) A 456) D 458) A 460) C

Respostas do Teste 47

461) E 463) A 465) A 467) A 469) B
462) D 464) A 466) C 468) B 470) D

Respostas do Teste 48

471) C 473) E 475) A 477) C 479) D
472) E 474) B 476) C 478) E 480) A

Respostas do Teste 49

481) E 483) C 485) C 487) B 489) B
482) A 484) E 486) C 488) B 490) D

Respostas do Teste 410

491) E 493) D 495) D 497) E 499) C
492) A 494) C 496) C 498) E 500) B

Resoluções dos testes

Resoluções do teste 41

401) CEFET RJ – Resolvemos independentemente as duas equações, e no final fazemos a interseção dos conjuntos solução de cada uma delas.

A: $2(x-3)-4(x-1)\le -2$

$2x-6-4x+4\le -2$

$-2x-2\le -2$

$-2x\le 0$

$2x\ge 0$

$x\ge 0$

Ou seja, o conjunto solução da primeira equação é $\mathbb{R}_+$., o mesmo que [0, +∞)

B: $\frac{x}{2}-\frac{1}{3}\le\frac{x}{6}$. Multipliquemos toda a inequação por 6 para eliminar os denominadores.

$3x-2\le x$

$2x\le 2$

$x\le 1$

O conjunto solução desta inequação é (–∞, 1]

Fazendo a interseção dos dois conjuntos, ficamos com:

Fazendo a interseção dos dois conjuntos, ficamos com:

A: [0, +∞)

B: (–∞, 1]

A∩B = [0, 1] ,

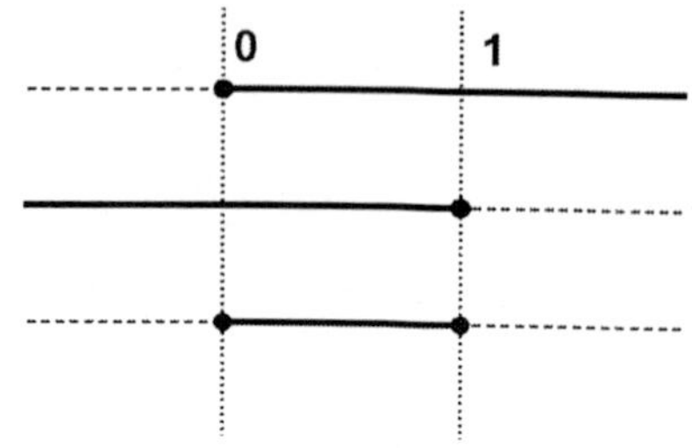

Resposta: (D) 0 ≤ x ≤ 1

402) IFSP – É uma equação do 6º grau, mas sua solução é fácil, pois está na forma fatorada. O produto dos três fatores vale zero se cada um dos fatores é zero. Cada fator que é igualado a zero resulta em novas raízes:

$x^2 + 1 = 0$ ➔ Este fator nunca vale zero, pois x^2 nunca pode ser –1, para x real.

$x^2 - 25 = 0$ ➔ Este fator é zero para x = 5 ou x = –5.

$x^2 - 5x + 6 = 0$ ➔ Equação do 2º grau com soluções 2 e 3.

Portanto as soluções inteiras da equação do 6º grau são 5, –5, 2 e 3. A soma das soluções é 5.

Resposta: (C) 5

403) CEFET ES – Como R$ 4,50 é a parte fixa, e o preço total foi R$ 13,50, então foram pagos pela quilometragem, R$ 13,50 – R$ 4,50 = R$ 9,00. Esses R$ 9,00 são iguais a R$ 0,75 multiplicado pelo número de quilômetros:

9 = 0,75x

x = 9/0,75 = 12

Resposta: (D) 12

404) Colégio Pedro II (RJ) – Encontrar a fórmula que fornece o número de aperto de mãos em um grupo de n pessoas é um tópico da Análise Combinatória, uma parte da Matemática que é estudada no Ensino Médio. Mas resolver uma equação do 2º grau, é matéria do Ensino Fundamental. Temos que encontrar o valor de **n** para o qual o número de apertos de mão é igual a 78.

Número de pessoas	Número de apertos de mão
3	3
4	6
5	10
...	...
n	$\frac{n.(n-1)}{2}$

$$\frac{n.(n-1)}{2} = 78$$

$$n^2 - n = 156$$

$$n^2 - n - 156 = 0$$

Uma equação do 2º grau, cujo Δ vale $1^2 + 4\times156 = 625$

Portanto as raízes são:

$\frac{1 \pm \sqrt{625}}{2} = \frac{1 \pm 25}{2}$, cujas soluções são 13 e –12. Como **n** é um número de pessoas, serve apenas a solução positiva: n = 13, que é um número primo, a única resposta que serve.

Resposta: (B) um número primo.

405) IFRS – As informações da primeira frase nos permitem encontrar o valor de **a**:

$\frac{a}{2} + 2.(a+1) = 42$. Multiplicando toda a expressão por 2, temos:

$$a + 4.(a+1) = 84$$

$$a + 4a + 4 = 84$$

$$5a = 80$$

$$a = 16$$

Sabendo o valor de a, podemos calcular a expressão pedida:

$(a - 31.a^{-1})^{1/2}$, o mesmo que

$$\sqrt{a - \frac{31}{a}} = \sqrt{\frac{a^2 - 31}{a}} = \sqrt{\frac{a^2 - 31}{a}} = \sqrt{\frac{16^2 - 31}{a}} = \sqrt{\frac{256 - 31}{a}} = \sqrt{\frac{225}{16}} = \frac{15}{4}$$

Resposta: (E) 15/4

406) IFGO – Chamando de P e V o número de bolas pratas e de bolas vermelhas, temos:

P + V = 200

Além disso, foi dado que "o dobro do número de bolinhas pratas era igual ao número de bolinhas vermelhas, adicionadas de mais 40 bolinhas". Isso pode ser escrito algebricamente como:

2P = V + 40

Agora basta resolver o sistema. Da 1ª equação temos que P = 200 – V, que substituído na 2ª equação resulte em:

2(200 – V) = V + 40

400 – 2V = V + 40

360 = 3V

V = 120 (logo P = 80).

Resposta: (E) 120

407) FIOCRUZ – Somando as duas equações, a incógnita y irá desaparecer. Ficamos apenas com

$$\begin{cases} 3x + y = 14 \\ \frac{2}{3}x - y = \frac{2}{3} \end{cases}$$

$3x + \frac{2}{3}x = 14 + \frac{2}{3}$.

Multiplicando toda a equação por 3, ficamos com

$9x + 2x = 42 + 2$

$11x = 44$

$x = 4$

Usando esse valor de x na 1ª equação, encontramos y:

y = 14 – 3x = 14 – 12 = 2

Portanto x=4 e y=2.

Resposta: (B) x = 4 e y = 2

408) IFF – Temos 3 incógnitas, chamemos de x (peso da moeda de R$ 1,00), y (peso da moeda de R$ 0,50) e z (peso da moeda de R$ 0,10). As informações dadas são as seguintes:

5x + 4y = 67

7x + 6z = 79

y = z + 3

Vamos calcular y e z nas duas primeiras equações e substituir na terceira. Ficaremos então com uma equação envolvendo apenas x.

1ª equação: $y = \frac{67 - 5x}{4}$

2ª equação: $z = \frac{79 - 7x}{6}$

Fazendo y = z + 3 (3ª equação), ficamos com:

$\frac{67 - 5x}{4} = \frac{79 - 7x}{6} + 3$. Multiplicando toda a expressão por 12, eliminamos os denominadores:

$3(67 - 5x) = 2(79 - 7x) + 36$

$201 - 15x = 158 - 14x + 36$

$x = 7$. Logo, os valores de y e z, pelas fórmulas dadas, são:

$y = \frac{67 - 5x}{4} = 8$

$z = \frac{79 - 7x}{6} = 5$

A pergunta do problema: a soma dos pesos dos três tipos de moedas: 7 + 8 + 5 = 20.

Resposta: (A) 20

409) ETAM – Temos um polinômio do 3º grau para dividir por um polinômio de 2º grau. Teremos que realizar a divisão polinomial, e para isso é preciso completar e ordenar os polinômios. No caso, ambos já estão completos e ordenados. Ordenar um polinômio é colocar seus termos na ordem decrescente das potências de x. Completar é adicionar um termo de coeficiente zero no lugar de um termo inexistente. Por exemplo, para completar $x^3 + 2x$, escrevemos $x^3 + 0x^2 + 2x + 0$.

$$\begin{array}{rrrr|l} x^3 & -6x^2 & +11x & -12 & x^2 - 2x + 3 \\ \hline -x^3 & +2x^2 & -3x & & x \\ \hline & -4x^2 & +8x & & \end{array}$$

Dividimos o primeiro termo do dividendo (x^3) pelo primeiro termo do divisor (x^2), e escrevemos o resultado no quociente: x.

Multiplicamos este resultado (x) pelo divisor, e escrevemos abaixo do dividendo, com os sinais trocados. Fazemos a soma algébrica, que no caso resulta em $-4x^2 + 8x$.

$$\begin{array}{rrrr|l} x^3 & -6x^2 & +11x & -12 & x^2 - 2x + 3 \\ \hline -x^3 & +2x^2 & -3x & & x - 4 \\ \hline & -4x^2 & +8x & & \\ & 4x^2 & -8x & +12 & \\ \hline & & & 0 & \end{array}$$

Repetimos o processo: $-4x^2 / x^2 = -4$

O valor -4 é multiplicado pelo divisor e colocado sob o dividendo, com os sinais trocados.

Abatendo do dividendo, temos o resto igual a zero, e o quociente é $x - 4$.

Resposta: (C) x – 4

410) IFAL – Analisando as expressões:

(A) o quadrado da diferença entre **a** e **b** é a expressão $a^2 - b^2$. ERRADO. É $(a - b)^2$, que não é a mesma coisa que $a^2 - b^2$.

(B) o cubo do quadrado de **a** é expresso por $(a^3)^2$. CERTO. Na verdade a expressão indicada é $(a^2)^3$, mas o resultado é o mesmo nos dois casos: a^6.

(C) o quadrado de **c**, que é a soma dos quadrados de a e b, é expresso por $c^2 = (a + b)^2$. ERRADO. Como descrito, seria $c^2 = a^2 + b^2$.

(D) a terça parte do quadrado da soma de a e b é a expressão $\left(\frac{a+b}{3}\right)^2$. ERRADO. Da forma como indicada, a expressão seria $\frac{(a+b)^2}{3}$

(E) o quociente do quadrado da diferença entre a e b, pela diferença entre o quadrado de a e b resulta em $\frac{a-b}{a+b}$. CERTO. A expressão dada é $\frac{(a-b)^2}{a^2-b^2}$, que simplificado fica $\frac{(a-b)(a-b)}{(a+b)(a-b)} = \frac{(a-b)}{(a+b)}$

A questão merece ser anulada, pois tanto (B) como (E) estão corretas. Na letra (B), quadrado do cubo e cubo do quadrado são expressões diferentes, mas os resultados são iguais.

Resposta: (B) e (E)

Resoluções do teste 42

411) CFN – Se multiplicarmos toda a expressão por 6, os denominadores irão desaparecer. Ficamos com:

$$6.\frac{1}{2}+6.\frac{2x}{3}>6.\frac{3}{2}$$
$$3+2.2x>3.3$$
$$3+4x>9$$
$$4x>6$$
$$2x>3$$
$$x>\frac{3}{2}$$

Resposta: (D) x>3/2

412) CFN – Primeiro precisamos resolver a inequação. Para eliminar os denominadores, podemos multiplicar toda a expressão por 10. Ficamos com:

$$10.\frac{x}{2}+10.\frac{4x}{5}<10.1$$
$$5x+8x<10$$
$$13x<10$$
$$x<\frac{10}{13}\approx 0{,}76$$

Como x é menor que 0,76 o maior valor de x inteiro que satisfaz à inequação é 0

Resposta: (E) 0

413) CFN – Coloque C (certo) ou E (errado) na afirmação sobre as inequações, assinalando a seguir a opção correta.

(C) Se –2x > 4, então x < –2.
–2x > 4 ➔ –x > 4 ➔ x < –2 (multiplicar por um negativo inverte o sentido da desigualdade)
(E) Se 3x > –18, então x < –6.
3x > –18 ➔ x > –6 (basta dividir por 3)
(C) Se –6 < –x, então 6 > x.
–6 < –x ➔ 6 > x (multiplicar por um negativo inverte o sentido da desigualdade)
(C) Se –5x < 35, então x > –7.
–5x < 35 ➔ –x < 7 ➔ x > –7 (multiplicar por um negativo inverte o sentido da desigualdade)

Resposta: (B) C, E, C, C

414) CFN – Multiplicamos toda a equação por 6 para eliminar os denominadores:

$$x-\frac{3+x}{6}=\frac{1}{3}.\frac{(x-7)}{(2)} \Rightarrow 6x-6.\frac{3+x}{6}=6.\frac{1}{3}.\frac{(x-7)}{(2)}$$

$$6x-(3+x)=x-7$$
$$6x-3-x=x-7$$
$$4x=-4$$
$$x=-1$$

Resposta: (E) –1

415) CFN – Multiplicando "cruzado" ficamos com equações sem denominadores:

$$\frac{6}{x}=\frac{9}{12} \Rightarrow 9x=72 \Rightarrow x=8$$

$\frac{2y}{3} = -\frac{24}{15}$ → 30y = –72 → y = –12/5

Resposta: (D) 8,0 e –12/5

416) EAM – É preciso analisar cada um dos elementos citados e identificar aqueles que estão apenas em A, apenas em B, na interseção, e os que não estão nem em A nem em B. Descobriremos isso com as informações dadas.

Em geral esses problemas sobre conjuntos ficam mais fáceis quando começamos com a interseção. Como foi dado que A∩B = {o, p}, colocamos logo essa informação na figura.

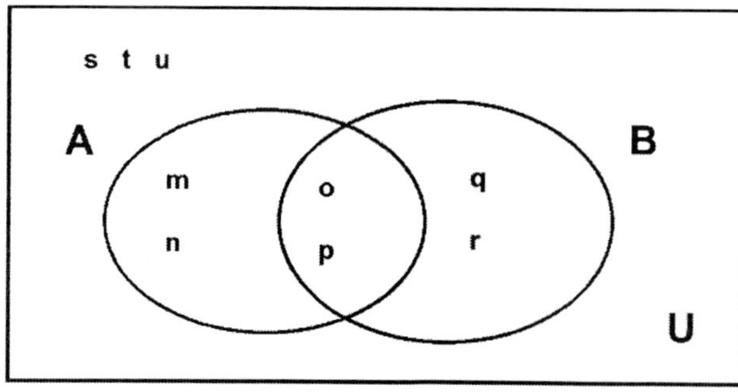

Foi dado ainda que A∪B = {m, n, o, p, q, r}, então além de o e p, temos em A ou em B, os elementos m, n, q e r.

Foi dado ainda $\overline{A}$={q, r, s, t, u}, que é o conjunto dos elementos que não pertencem a A. Portanto daquela união, que ainda tem m, n, q e r, os elementos q e r não estão em A, mas estão em A∪B, logo não pertencem a A mas pertencem a B.

Sendo assim, os outros elementos de A∪B que estão faltando, estão em A. São eles m e n.

O problema cita ainda $\overline{A}$={q, r, s, t, u}, os elementos que não estão em A. Desses, já localizamos q e r, faltam s, t e u. Estes estão em U mas estão fora de A∪B. Assim podemos finalmente identificar A e B:

A = {m, n, o, p}

B = {o, p, q, r}

Resposta: (D) A tem quatro elementos e B tem quatro elementos.

417) EAM – Uma função afim, da forma y = ax + b, com a negativo, é decrescente em todo o seu domínio. O domínio é o conjunto dos reais, logo a função é decrescente para todos os reais. A questão é passível de anulação por recurso (também chamado de "chôrôrô"), pois é de fato decrescente em qualquer subconjunto dos reais, ou seja, decrescente para x < 2 e decrescente para x ≥ 2. Ficaria mais claro se fosse indicado "decrescente apenas para x<2" e "decrescente apenas para x ≥ 2", então não restaria dúvida alguma, sem dupla interpretação. Tipicamente a banca examinadora desse concurso (Diretoria de Ensino da Marinha) não leva em conta recursos como este, baseados em interpretação.

Resposta: (C) decrescente para todos os reais.

418) EAM – Para que a expressão seja um real, o radicando deve ser positivo ou zero:

$f(x) = \sqrt{2x-3}$

$2x - 3 \geq 0$

$2x \geq 3$

$x \geq \frac{3}{2}$

Resposta: (A) x ≥ 3/2

419) EAM – Temos que formar a expressão pedida (6x – 6) a partir da expressão dada.

2x + 13 = 4y + 9

2x = 4y + 9 – 13 = 4y – 4

6x = 12y – 12

6x – 6 = 12y – 12 – 6 = 12y – 18

Resposta: (A) 12y – 18

420) EAM – Nem pense nisso: substituir o valor dado para x e calcular a expressão. Na maioria dos problemas que envolvem expressões algébricas, em geral é mais fácil simplificar antes a expressão, para apenas no final substituir os valores numéricos dados.

A expressão dada pode ter seu numerador fatorado, e os fatores resultantes poderão simplificar com fatores do denominador.

$$\frac{x^3+x^2-4x-4}{(x+1).(x-2)}=\frac{x^2(x+1)-4(x+1)}{(x+1).(x-2)}=\frac{(x+1)(x^2-4)}{(x+1).(x-2)}=\frac{(x+1).(x+2).(x-2)}{(x+1).(x-2)}$$

Entre numerador e denominador, temos dois fatores que podem ser simplificados: x+1 e x–2.

$$\frac{(x+1).(x+2).(x-2)}{(x+1).(x-2)}=\frac{(x+2).(x-2)}{(x-2)}=(x+2)$$

Finalmente, com a expressão simplificada ao máximo, fazemos a substituição x=987, ficando com:

987 + 2 = 989.

Resposta: (C) 989

Resoluções do teste 43

421) CMB – Com gasolina o automóvel percorre 297 km com 33 litros, isso é o mesmo que 9 km/litro (basta fazer a divisão). Com etanol, são 180 km com 30 litros, o mesmo que 6 km/litro. Para comparar preços por quilômetro percorrido, termos que trabalhar, não com km/litro, mas com litro por quilômetro.

Gasolina: 9 km/litro, ou percorre 1 km com 1/9 do litro.

Etanol: 6 km/litro, ou percorre 1 km com 1/6 do litro.

Como 1 litro de gasolina custa R$ 2,88, percorrer 1 km com o carro movido a gasolina representa um gasto de 1/9 do litro, ou R$ 2,88/9 = R$ 0,32

Para percorrer o mesmo quilômetro, o automóvel consome 1/6 de litro de etanol, e para que este valor seja igual a R$ 0,32, o preço de 1 litro de etanol deve ser R$ 0,32 × 6 = R$ 1,92.

Resposta: (B) R$ 1,92

422) CMBH – Seja n o número de pessoas. Cada uma delas irá cumprimentar as restantes n – 1 pessoas, então seriam ao todo n(n – 1) apertos de mão, mas nesse cálculo estamos contando cada cumprimento duas vezes, por exemplo, João cumprimenta Pedro e Pedro cumprimenta João. Para ficar com o número correto, temos que dividir o resultado por 2, portanto o número correto de cumprimentos é:

$\frac{n(n-1)}{2}$. Para que este número seja igual a 1540, temos que resolver a equação:

$$\frac{n(n-1)}{2}=1540$$

$$n^2-n-3080=0$$

Para resolver esta equação do 2º grau, será preciso calcular o seu delta:

$\Delta = 1 + 4.3080 = 12.321 = 111^2$

As raízes são:

$\frac{1\pm111}{2}$, que são 56 e –55. Portanto n = 56.

OBS.: Não é simples encontrar de forma rápida a raiz quadrada de 12.321. Sabe-se que é maior que 100, e que termina com 9 ou 1, então testamos 101, 109, 111, 119, na ordem, e rapidamente encontramos que é 111.

Resposta: (C) 56

423) CMF – As misturas disponíveis são:
M1: (10 L) = 4 litros de X e 6 litros de Y
M2: (4 L) = 3 litros de X e 1 litro de Y
Queremos formar quantidades iguais das substâncias X e Y, e "por sorte", a mistura total de todo o estoque disponível de M1 e M2 resultará em 7 litros de X e 7 litros de Y. A soma de todo o estoque resultará em uma mistura com quantidades iguais (7 litros cada) de X e de Y, mas o total assim será 14 litros, e deveriam ser apenas 7 litros, a metade de 14.
Portanto, usamos exatamente a metade das misturas M1 e M2 disponíveis:
M1 5 litros : 2 litros de X e 3 litros de Y
M2: 2 litros : 1,5 litros de X e 0,5 litros de Y
Ficaremos com 3,5 litros de X e 3,5 litros de Y. Quantidades iguais de X e Y, e total de 7 litros. Isso nos leva à solução (A).

Se não tivéssemos a "sorte" de conseguir quantidades iguais usando o total de M1 e M2 disponíveis, deveríamos resolver o problema de outra forma.
Como 10 litros de M1 têm 4 litros de X e 6 litros de Y, cada litro de M1 tem 0,4 litros de X e 0,6 litros de Y.
Da mesma forma, 1 litro de M2 tem 0,75 litros de X e 0,25 litros de Y.
Como queremos um total de 7 litros da mistura total, chamemos de z o número de litros de M1 e 7 – z o número de litros de M2.
A mistura teria a composição: $z(0{,}4X + 0{,}6Y) + (7 - z)(0{,}75X + 0{,}25Y)$
Assim o total é 7 litros, e a quantidade das substâncias são:
X: $0{,}4z + 0{,}75(7 - z)$
Y: $0{,}6z + 0{,}25(7 - z)$
Para que as quantidades das substâncias X e Y sejam iguais, devemos ter:
$0{,}4z + 0{,}75(7 - z) = 0{,}6z + 0{,}25(7 - z)$
$0{,}5(7 - z) = 0{,}2z$
$5(7 - z) = 2z$
$35 - 5z = 2z$
$35 = 7z$
$z = 5$
Logo devemos usar 5 litros de M1 e 2 litros de M2.

Resposta: (A) 5 e 2

424) CMJF – Os preços cobrados pelas duas locadoras para um trajeto de x quilômetros é:
São Jorge: $20 + 9x$
São Lucas: $(21 + 8x) \times 1{,}1 = 23{,}1 + 8{,}8x$
A primeira cobra 9 reais por quilômetro rodado, e a segunda cobra 8,80 reais por quilômetro rodado, entretanto o valor fixo da 2ª locadora é maior. Existirá uma determinada quilometragem a partir da qual é mais vantajoso usar a 2ª locadora. Isto ocorrerá para:

$23{,}1 + 8{,}8x < 20 + 9x$
$3{,}1 < 0{,}2x$
$31 < 2x$
$x > 15{,}5$
Para trajetos maiores que 15,5 km, o custo da segunda locadora (São Lucas) será menor que o da primeira locadora (São Jorge), ou seja, deixará de ser vantajoso optar pela locadora São Jorge.

Resposta: (D) 15,5 km

425) CMRJ – É dado que Branca = 3 azuis = vermelha/2. Portanto podemos usar os preços:
Azul: x
Branca: 3x
Vermelha: 6x
A preta vale 5 vermelhas, portanto, 30x.
É dado que a ficha azul vale R$ 5,00, portanto os preços de todas as fichas são:
A = R$ 5,00
B = R$ 15,00
V = R$ 30,00
P = R$ 150,00

O aluno possui 2P + 5V + 6B + 10A = 300 + 150 + 90 + 50 = 590, portanto, R$ 590,00

Resposta: (C) R$ 590,00

426) CEFET RJ – Cada retângulo indicado tem as medidas iguais às raízes da equação $x^2 - 4x + 1 = 0$. A área de cada um deles é igual ao produto das raízes da equação. Não é difícil encontrar essas raízes, apesar de serem números irracionais, mas na verdade não precisamos das raízes, e sim o produto delas, e este produto pode ser encontrado apenas pelos coeficientes da equação (produto = c/a). Portanto o produto das raízes é 1, a área de cada retângulo é 1, e a área hachurada total é 2.

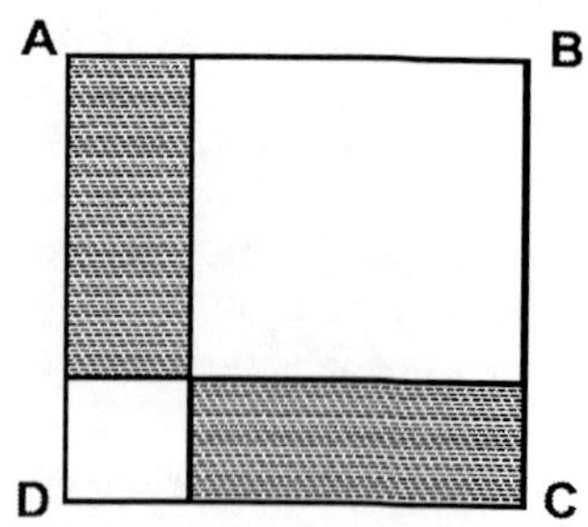

Resposta: (B) 2

427) IFSP – O simétrico de um ponto em relação ao eixo y tem o mesmo valor de y, mas x com o sinal contrário. Das opções, a única que atende é (4, 1) como simétrico de (–4, 1).

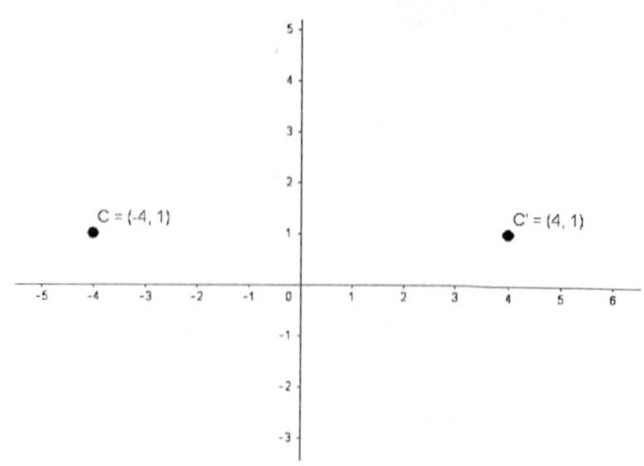

Resposta: (E) (4, 1)

428) IFGO – Sejam P o preço do pão de queijo e C o preço do café. Os consumos e as despesas foram:
Carol = 3P + C = 4,20
Pablo = 2P + 2C = 3,60
Da 1ª equação temos que C = 4,20 – 3P, e substituindo este valor de C na 2ª equação ficamos com:
2P + 2(4,20 – 3P) = 3,60
2P + 8,40 – 6P = 3,60
4,80 = 4P
P = 1,20 e em consequência, C = 4,20 – 2×1,20 = 0,60
O preço de um café e um pão de queijo é R$ 1,20 + R$ 0,60 = R$ 1,80.

Resposta: (B) R$ 1,80

429) IFAL – Um típico problema de Diagrama de Venn para 3 conjuntos. Antes de preencher os valores, temos que interpretar o que significa ter "dificuldade em uma matéria". Pode ser dificuldade apenas naquela matéria, ou dificuldade naquela matéria, incluindo outras matérias ou não. A interpretação correta é a segunda, pois e considerarmos a primeira, o número total de alunos vai ser bem maior que 2016.

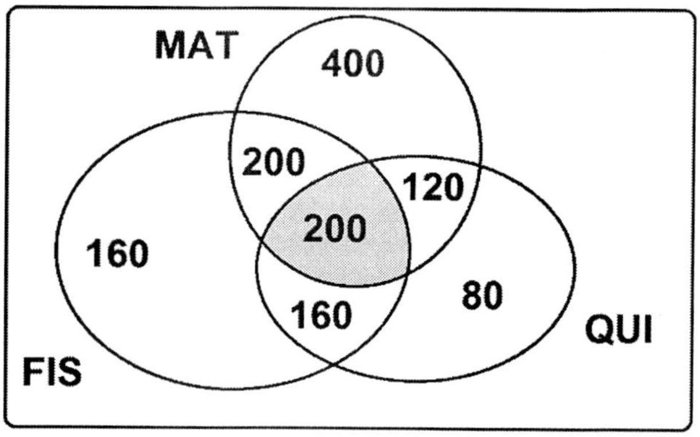

Sando assim, dificuldades em matemática, engloba só matemática, matemática + física, matemática + química, e as três matérias juntas.

Comecemos com a interseção dos três conjuntos, que tem os alunos com dificuldades nas três matérias: são 200 alunos.

A partir dos números fornecidos de alunos com dificuldades em duas matérias, incluindo as três, encontramos os que têm dificuldades em apenas duas matérias:

Apenas Matemática e Física: 400 – 200 = 200
Apenas Matemática e Química: 360 – 200 = 160
Apenas Física e Química: 320 – 200 = 120

Finalmente abatendo esses valores, encontramos o número de alunos com dificuldades em apenas uma matéria:

Apenas em Matemática: 920 – 200 – 200 – 120 = 400
Apenas em Física: 720 – 200 – 200 – 160 = 160
Apenas em Química: 560 – 160 – 200 – 120 = 80

Agora podemos somar todos os subconjuntos:
400 + 200 + 200 + 120 + 160 + 160 + 80 = 1320

Os que não têm dificuldades em nenhuma das três matérias são 2016 – 1320 = 696

Resposta: (E) 696

430) OBMEP – Qualquer número natural formado por **n** algarismos iguais pode ser expresso em função da potência 10^n. Por exemplo, 999 tem 3 algarismos 9, e é igual a $10^3 - 1$. Se fosse 1111, escreveríamos como 1/9 de 9999, ou seja, $(10^4 - 1)/9$. Se fosse 5555555, seria 5 vezes 1/9 de $10^7 - 1$. Ou seja, o expoente do 10 é o número de algarismos repetidos. Subtraímos 1 para ficar com 999...9999, e dividimos por 9 para ficar com 111....1111, e finalmente multiplicamos pelo algarismo que se repete. Na questão do exemplo, escrevemos:

$1111111111 = (10^{10} - 1)/9$
$22222 = 2.(10^5 - 1)/9$

Sendo assim, nossa expressão se reduz a:

$$\sqrt{1111111111-22222} = \sqrt{\frac{10^{10}-1}{9} - 2.\frac{10^5-1}{9}} = \sqrt{\frac{10^{10}-1-2.10^5+2}{9}} = \sqrt{\frac{10^{10}-2.10^5+1}{9}}$$

Por sorte, a expressão que aparece no numerador é o quadrado de $(10^5 - 1)$, e no denominador é 3^2, portanto numerador e denominador têm raiz quadrada exata, igual a:

$$\frac{10^5-1}{3} = \frac{99999}{3} = 33333$$

Este é o resultado da expressão. A soma dos seus algarismos é 15.

Resposta: (B) 15

OBS.: Existem inúmeras questões de concursos que utilizam expressões semelhantes a esta. A técnica ensinada aqui resolve praticamente todas elas.

Resoluções do teste 44

431) CMM – Sabemos que a soma de racionais é um racional, e a diferença também. Mas pelas duas informações iniciais, não podemos identificar se os números dados são racionais ou não, a decisão dependerá das informações de I, II e III.

I. Se r1 é racional, ou r2 é racional, então r3 é racional.

Se r1 é racional, como r1 – r2 é racional, então r2 tem que ser racional, sendo r1 e r2 racionais, r3 resulta de adição e subtração de racionais, então tem que ser racional.

Analogamente, se r2 é racional, então r1 tem que ser racional, o mesmo ocorrendo com r3. Logo se r1 ou r2 são racionais, r3 tem que ser racionais = VERDADEIRA.

II. VERDADEIRA, pois no caso r1 + r2 é o resultado de uma subtração de racionais, que é racional.

III. Se r3 é racional, então r1+r2 é racional. Como foi dado que r1–r2 é racional, temos que r1 = [(r1+r2) + (r1–r2)]/2, que é um racional. Da mesma forma, r2 é dado por [(r1+r2) – (r1–r2)]/2, que é também um racional. Logo, a afirmativa é VERDADEIRA.

Resposta: (E) I, II e III

432) CMPA – A princípio poderíamos pensar que 1 palito vale 1/10 de um sorvete, mas temos que lembrar que com 1 sorvete ganhamos um palito a mais que poderá ser usado na troca futura por outro sorvete. Fazemos então:

10 palitos = 1 sorvete + 1 palito (que acompanha o sorvete)

9 palitos = 1 sorvete

1 palito = 1/9 de um sorvete.

Resposta: (C) 1/9

433) CMR – O lucro é a diferença entre o valor das vendas e o custo de fabricação. O valor das vendas é dado pela informação:

500 unidades vendidas por R$ 80,00 cada

Cada aumento de R$ 2,00 resulta na diminuição de 10 unidades vendida. Seja k o número de aumentos de R$ 2,00. O preço de venda em função de k é 80 + 2k, e o número de unidades vendidas é 500 – 10k. Então o valor obtido com as vendas é

$(80 + 2k).(500 - 10k) = -20k^2 + 200k + 40000$

O problema não pergunta o lucro máximo, mas pergunta qual o lucro semanal para a receita máxima. O valor de k é a abscissa do vértice da parábola, que vale $-b/(2a) = 200/40 = 5$

Com k = 5, termos 450 unidades produzidas semanalmente e vendidas ao preço de R$ 90,00, totalizando R$ 40.500

O custo para produção dessas 450 unidades é dado pela fórmula:

$C(x) = x.\left(\dfrac{2700}{x} + 51\right)$, e fazendo x = 450, ficamos com:

$$C(450) = 450.\left(\frac{2700}{450} + 51\right) = 25.650$$

Sendo assim, o lucro é R$ 40.500 – R$ 25.650 = R$ 14.850,00

Resposta: (A) R$ 14850

434) CMSM – Trata-se de uma equação do 4º grau, que é difícil de ser resolvida algebricamente. Se estivesse fatorada como uma expressão igualada a zero, a solução seria bem simples. Bastaria igualar cada um dos fatores a zero, ficando então com equações de grau menor. No caso, o produto dos fatores não está igualdado a zero, portanto este método não

pode ser usado. Apenas foi dada a informação que x é um valor inteiro positivo (o número de ingressos).

$1 + (x^2 + x)(x^2 + 5x + 6) = 89^2$

$(x^2 + x)(x^2 + 5x + 6) = 89^2 - 1$

A expressão do segundo membro é uma diferença de quadrados, portanto pode ser fatorada como o produto de uma soma pela diferença:

$(x^2 + x)(x^2 + 5x + 6) = 89^2 - 1 = (89 + 1)(89 - 1) = 90.88$

Da mesma forma, a expressão do 1º membro também pode ser fatorada.

$x(x + 1)(x + 2)(x + 3) = 90.88$. Claro, é preciso de um pouco de atenção ao fatorar o trinômio do 2º grau $x^2 + 5x + 6$ (Produto de Stevin: soma=5, produto=6, os números são 2 e 3)

Sendo assim temos quatro inteiros consecutivos: x, x + 1, x + 2 e x + 3, e esses fatores estão na fatoração de 90×88.

Como 90 = 2×3×3×5 e 88 = 2×2×2×11, podemos escrever o segundo membro como:

2×3×3×5×2×2×2×11

Com esses fatores, podemos formar o produto de quatro números inteiros consecutivos. Um deles é 11, outros devem ser 10, 9 e 8. De fato, podemos agrupar:

2×2×2×3×3×5×2×11 = 8×9×10×11

Sendo assim, x vale 8 e x + 3 vale 11. O produto pedido, x(x + 3) vale 8 × 11 = 88.

Resposta: (B) 88

435) CMRJ – Encontremos a citada equação:

$(x - 2)(x - 3) + (x - 3)(x + 1) + (x + 1)(x - 2) = 0$

$x^2 - 5x + 6 + x^2 - 2x - 3 + x^2 - x - 2 = 0$

$3x^2 - 8x + 1 = 0$

As raízes dessa equação são irracionais: $\frac{4 \pm \sqrt{13}}{3}$, o que resultará em cálculos trabalhosos se substituirmos os valores de α e β na expressão. Felizmente não é preciso trabalhar com α e β, basta trabalhar com sua soma e seu produto. A soma e o produto das raízes são determinadas facilmente pelos coeficientes da equação. A soma das raízes é 8/3, e o produto é 1/3.

$(\alpha+1)(\beta+1) = \alpha\beta + (\alpha + \beta) + 1 = 1/3 + 8/3 + 1 = 4$, seu inverso é 1/4.

$(\alpha-2)(\beta-2) = \alpha\beta + - 2(\alpha + \beta) + 4 = 1/3 - 16/3 + 4 = -1$, seu inverso é –1.

$(\alpha-3)(\beta-3) = \alpha\beta + - 3(\alpha + \beta) + 9 = 1/3 -8 +9 = 4/3$, seu inverso é 3/4;

Ficamos portanto com 1/4 – 1 + 3/4 = 0

Resposta: (D) –1 e 1

436) CFN – A primeira providência é tentar resolver a equação.

$$x + 1 = \frac{8 - x}{x}$$

$$x^2 + x = 8 - x$$

$$x^2 + 2x - 8 = 0$$

As raízes da equação, aplicando a fórmula de resolução da equação do 2º grau, são: 2 e –4. A soma dos seus quadrados é 4 + 16 = 20.

Resposta: (E) 20

437) IFMS – Coelhos têm 4 patas, marrecos têm 2 patas. Chamando de C o número de coelhos e de M o número de marrecos, temos:

C + M = 14

4C + 2M = 32. Multiplicando a 1ª equação por 2, ficamos com:

2C + 2M = 28. Subtraindo as equações, resulta em:

2C = 4 → C=2

Logo M = 12.

Resposta: (A) 2

438) IFPE – Nessa questão não podemos usar o famoso método de “Briot-Ruffini”, pois este só serve para divisores do 1º grau, e identifica apenas o resto, e não o divisor. Nessa questão precisamos utilizar o método da *divisão polinomial*. Lembrando que nesse caso, tanto o dividendo como o divisor devem estar completos e ordenados.

$$
\begin{array}{r|l}
-10x^2 + 11x + 90 & -2x + 5 \\
\underline{10x^2 - 25x} & \overline{5x + 7} \\
-14x + 90 & \\
\underline{15x - 35} & \\
55 &
\end{array}
$$

Dividindo $-10x^2$ por $-2x$, encontramos $5x$. Multiplicamos $5x$ pelo divisor e colocamos o resultado sob o dividendo, com os sinais trocados. Fica $10x^2 - 25x$.

Depois dividimos $-14x$ por $-2x$, o resultado é 7.

Multiplicamos 7 pelo divisor, trocamos o sinal e escrevemos o resultado sob o dividendo. Fica $14x - 35$.O resto da divisão é 55, e o quociente é $5x + 7$.

$$
\begin{array}{r|l}
28x^3 - 47x^2 + 19x - 5 & 7x^2 - 3x + 1 \\
\underline{-28x^3 + 12x^2 - 4x} & \overline{4x - 5} \\
-35x^2 + 15x & \\
\underline{35x^2 - 15x + 5} & \\
0 &
\end{array}
$$

Fazemos a mesma coisa com os outros dois polinômios. Ambos já estão completos e ordenados. Dividindo $28x^3$ por $7x^2$, encontramos $4x$. Multiplicamos $4x$ pelo divisor e trocamos todos os sinais, colocando o resultado sob o dividendo.

Dividindo $-35x^2$ por $7x^2$, o resultado é -5. Multiplicamos -5 pelo divisor, trocamos os sinais e escrevemos o resultado sob o dividendo. Ficamos com quociente $4x - 5$ e resto igual a 0.

Portanto temos $Q1 = 5x + 7$ e $Q2 = 4x - 5$. Para que tenhamos $Q1 = Q2$, devemos ter:

$5x + 7 = 4x - 5$

$x = -12$

Resposta: (C) –12

439) IFTO – Como $x - 12$ é o igual ao resultado de um módulo, o valor de $x - 12$ é positivo ou zero. Portanto $3x - 16$ é maior que 20. Sendo assim, como $3x - 16$ é positivo, seu módulo é seu próprio valor. Portanto

$3x - 16 = x - 12$

$2x = 4$

$x = 2$

Esta seria a resposta, entretanto testando com x=2 na equação original, temos:

$|3.2 - 16| = x - 12$

$|-10| = 2 - 12 = -10$

$10 = -10.$

Portanto, a raiz que encontramos, x = 2 é o que chamamos de *raiz estranha*. É encontrada com a resolução da equação, mas a mesma não funciona na equação original. Sendo assim, a equação não tem solução.

Resposta: (A) Não possui raiz real alguma.

440) IFPA – Fazendo 0,02q + 50 = 1250, encontramos:
0,02q = 1200
Q = 1200 / 0,02 = 120000 / 2 = 60.000

Resposta: (C) R$ 60.000,00

Resoluções do teste 45

441) IFMT – O modo mais rápido de calcular a área de um losango, é multiplicar as diagonais e dividir por 2. No caso, temos:
$2x \,.\, (4x + 2) /2 = 4x^2 + 2x$
Uma outra forma é partir do retângulo grande, que tem área $2x.(4x + 2) = 8x^2 + 4x$, e subtrair os quatro triângulos retângulos menores, que juntos têm área $4.x.(2x+1)/2 = 4x^2 + 2x$.
Fazendo a subtração, temos $8x^2 + 4x - (4x^2 + 2x) = 4x^2 + 2x$

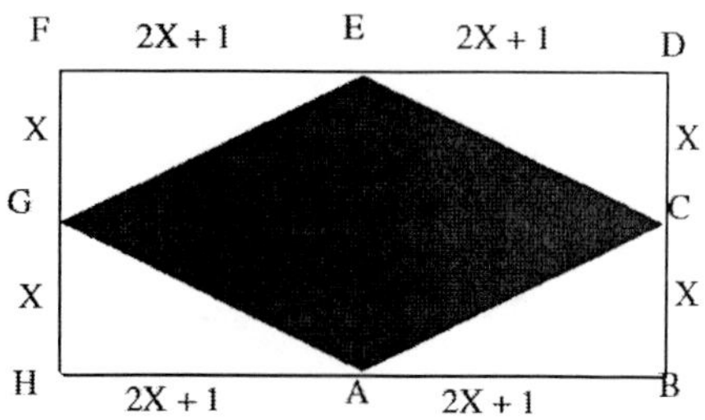

Resposta: (C) $4x^2 + 2x$

442) IFRO – Para encontrar o domínio de uma função, partimos do conjunto dos reais e descontamos os valores de x que resultem em "fórmulas proibidas". As mais comuns são raízes quadradas de números negativos e denominadores que se anulam. Neste exemplo, basta obrigar a expressão 5x + 65 a ser maior que zero, e assim estaremos descartando as "proibições" que se aplicam. Ficamos com:
$5x + 65 > 0$
$x > -65/5 = -13$.

Resposta: (E) D(f) = $\{x \in \mathbb{R} \mid x > -13\}$

443) IFAM – Temos que eliminar os denominadores. O MMC entre os denominadores é 2.(x – 2), já que esses são os dois únicos fatores que aparecem nos denominadores. A primeira fração terá seus termos multiplicados por (x – 2), a segunda por 2 e a terceira por (x – 2). Ficamos com:

$$\frac{(x+2)(x-2)}{2.(x-2)} + \frac{2.2}{2.(x-2)} = -\frac{1.(x-2)}{2.(x-2)}$$

$$x^2 - 4 + 4 = -(x-2)$$

$$x^2 = -x + 2$$

$$x^2 + x - 2 = 0$$

Ficamos com uma equação do 2º grau que tem Δ igual a 1 + 4.2 = 9, portanto as raízes são: $\frac{-1 \pm 3}{2}$, ou seja, 1 e –2.

Observe que como é uma equação fracionária, temos que testar as raízes na equação original, pois podem ocorrer *raízes estranhas*, que anulam denominadores, e por isso devem ser eliminadas. No presente caso, nenhuma das duas raízes encontradas anulam denominadores.

Resposta: (B) S = {–2, 1}

444) IFRN – Como um cateto é 7 km maior que o outro, podemos chamá-los de x e x + 7. Aplicando o Teorema de Pitágoras, ficamos com:

$13^2 = x^2 + (x + 7)^2$

$169 = x^2 + x^2 + 14x + 49$

$2x^2 + 14x - 120 = 0$

$x^2 + 7x - 60 = 0$

Ficamos com uma equação do 2º grau, cujas raízes são 5 e –12. No nosso caso, como x é uma medida, tem que ser positivo. Logo os catetos são 5 km e 12 km.

Resposta: (A) 5 km

445) IFPB – Apenas considerando as duas equações, temos:

$2x + 3y = 5 \Rightarrow y = (5 - 2x)/3$

Fazendo xy = –21, ficamos com:

$$x.\frac{5-2x}{3} = -21$$

$$5x - 2x^2 = -63$$

$$2x^2 - 5x - 63 = 0$$

Uma equação do 2º grau com Δ igual a:

25 + 4.2.63 = 529, cuja raiz quadrada é 23. Portanto

$x = \frac{5 \pm 23}{4}$. As raízes são x=7 e x=–9/2

Como as raízes são inteiras, dado no enunciado, a solução x = –9/2 não serve. Para x = 7, o valor de y correspondente é (5 – 2.7)/3 = –3

Portanto x = 7 e y = –3. A soma dos valores de x e y é 4.

Resposta: (B) 4

446) CMM – As raízes r e s são positivas, já que seu produto é 1 e sua soma é 7. Poderíamos encontrar os valores de r e s, mas seriam valores irracionais e difíceis de manipular algebricamente. Aplicando a fórmula de resolução, encontramos as raízes $\frac{7 \pm \sqrt{45}}{2}$. Para não ter que lidar com esses números ameaçadores, vamos avaliar as expressões das opções do problema, usando ao valores da soma e do produto das raízes, que já observamos que valem 7 e 1. Ou seja, r + s = 7 e r.s = 1

Elevando ao quadrado as expressões dadas, temos:

$$\left(\sqrt{r} + \sqrt{s}\right)^2 = r + s + 2.\sqrt{rs} = 7 + 2 = 9 = 3^2$$

Como $\left(\sqrt{r} + \sqrt{s}\right)^2$ vale 3^2, concluímos que $\sqrt{r} + \sqrt{s} = \sqrt{3}$.

Resposta: (C) $\sqrt{r} + \sqrt{s} = \sqrt{3}$

447) CMPA – Podemos fatorar o número dado usando diferença de quadrados. Temos:

$2^{20} - 1 = (2^{10} + 1).(2^{10} - 1)$

O número $2^{10} - 1$ também pode ser fatorado como uma diferença de quadrados, e ficamos com:

$(2^{10} + 1).(2^5 + 1).(2^5 - 1)$

Substituindo os valores $2^{10} = 1024$ e $2^5 = 32$, ficamos com:

1025.33.31

O número 1025 também pode ser fatorado como 41.25. Portanto ficamos com o produto:

41.25.33.31

31 e 41 são primos, mas 25 e 33 são compostos. Então poderiam ser escritos também como:

25.33 = 5.5.3.11 = 15.55 = 11.75.

Ocorre que o enunciado informou que os números P, M, C e A são maiores que 20 e menores que 50, portanto só podem ser 25 e 33. Os quatro números são:

P = 25, C = 31, M = 33 e A = 41. Logo a expressão pedida vale:

(M + 7 – C + A) ÷ P = (33 + 7 – 31 + 41) ÷ 25 = 50 ÷ 25 = 2, que é o mesmo que M – C = 33 – 31.

Resposta: (E) M – C

448) CMR – Calculemos o valor da expressão:

$$\left(\frac{\sqrt[3]{128}}{\sqrt[3]{2}}\right)\cdot\left(\frac{\sqrt{10^9}}{\sqrt{10^3}}\right)-\left[900+\left(\sqrt[3]{36}\right)\left(\sqrt[3]{6}\right)\right]=\sqrt[3]{\frac{128}{2}}\cdot\sqrt{\frac{10^9}{10^3}}-\left[900+\left(\sqrt[3]{36.6}\right)\right]$$

$$=\sqrt[3]{64}.\sqrt{10^6}-\left[900+\left(\sqrt[3]{6^3}\right)\right]=4.1000-[900+6]=3094$$

Agora fatoramos o número 3094.

3094 = 2.7.13.17

As letras que correspondem a esses fatores primos são A, O, B e C. Deve ser CABO, ou então BOCA.

Resposta: (E) BOCA

449) CMSM – Usando a fórmula dada, para n = 7, encontramos como soma dos 49 valores:

$$S_7=\frac{7^2\left(7^2+1\right)}{2}$$

Como são 7 linhas (e também 7 colunas), a soma dos números de uma linha é o total, dividido por 7:

$$\frac{7^2\left(7^2+1\right)}{2.7}=\frac{7\left(7^2+1\right)}{2}=\frac{7.50}{2}=175$$

6	7	2
1	5	9
8	3	4

Resposta: (E) 175

450) CMRJ – Se –1 é uma das raízes, fazendo x = –1 temos que encontrar 0 como resultado:

$a(-1)^2 + b.(-1) - 3 = 0$

$a - b = 3$

Quase todos os números primos são ímpares, com exceção do 2. A diferença de dois ímpares é um número par. Como 3 é ímpar, a única forma de encontrar dois primos cuja diferença é 3, é se um deles for 2. Como b é o primo menor, devemos ter b = 2.

$a - 2 = 3$

$a = 5$

Portanto a=5 e b=2. O valor de $a^2 - b^2$ é 25 – 4 = 21

Resposta: (C) 21

Resoluções do teste 46

451) IFBA – A primeira providência é resolver a equação. Podemos eliminar todos os denominadores, bastando para tal multiplicar a expressão completa por 6:

$$\frac{x+4}{6}+\frac{2x-3}{2}=1 \;\rightarrow\; x+4+3(2x-3)=6$$

$$x+4+6x-9=6$$
$$7x=6+9-4$$

$x = \frac{11}{7}$

O valor de E=49x é

$E = 49 \times \frac{11}{7} = 77$

Resposta: (E) 77

452) IFMA – A primeira informação é redundante. Se foi dada a equação, é possível resolvê-la e encontrar suas raízes. Temos $\Delta = 5^2 - 4.6.1 = 1$

As raízes são: $\frac{-5 \pm 1}{12}$, que são –1/2 e –1/3. A maior delas é –1/3. Como é também raiz da segunda equação, temos:

$3.(-1/3)^2 + k.(-1/3) = 0$

$3.(1/9) - k/3 = 0$

$k/3 = 1/3$

$k = 1$

Resposta: (A) 1

453) IFSC – Desenvolvendo a equação, ficamos com:

$2(x + 4).(x + 3) = (x + 5)^2 + x + 9$

$2(x^2 + 7x + 12) = x^2 + 10x + 25 + x + 9$

$2x^2 + 14x + 24 = x^2 + 11x + 34$

$x^2 + 3x - 10 = 0$

É uma equação do 2º grau com raízes –5 e 2.

Resposta: (E) É uma equação do 2º grau que tem soluções –5 e 2.

454) IFTO – Cabe aqui uma fatoração por agrupamento:

$$A = \frac{x^3 - xy + x^2y^2 - y^3}{x^2 - y} = \frac{x(x^2 - y) + y^2(x^2 - y)}{x^2 - y} = \frac{(x^2 - y)[x + y^2]}{x^2 - y} = x + y^2$$

Resposta: (A) $x + y^2$

455) IFRO – Uma típica questão que se resolve usando fatoração por diferença de quadrados:

$2012^2 - 1982^2 = (2012 + 1982)(2012 - 1982) = 3994 \times 30 = 119.820$

Resposta: (C) 119.820

456) CMM – Usemos como incógnita, n, o número de alunos da turma. Originalmente estava planejado dividir o gasto entre todos os n alunos. Como 6 desistiram, o gasto aumentou, pois o valor total passou a ser dividido por menos pessoas. A diferença entre esses valores [e R$ 0,40.

$\frac{48}{n-6} - \frac{48}{n} = 0{,}4$. Dividindo a equação por 4 e multiplicando por 10, ficamos com:

$\frac{120}{n-6} - \frac{120}{n} = 1$. Devemos reduzir as frações ao mesmo denominador. O MMC é n(n – 6):

$$\frac{120n}{n(n-6)} - \frac{120(n-6)}{n(n-6)} = \frac{n(n-6)}{n(n-6)}$$

$$120n - 120n + 720 = n(n-6)$$

$$n^2 - 6n - 720 = 0$$

Uma equação do 2º grau que tem $\Delta = 36 + 4.720 = 2916$, cuja raiz é 54. As raízes são

$\frac{6 \pm 54}{2}$, que resulta em n=30 e n= –24 (que não serve)

O cálculo do delta e sua raiz é um pouco "indigesto", mas podemos resolver de uma forma mais simples. Voltemos à equação original.

$n^2 - 6n - 720 = 0$. Como a soma das raízes é um múltiplo de 6, e o produto das raízes é um múltiplo de 6×6, vamos formar uma equação auxiliar que tem as raízes 6 vezes menores. A soma é 1/6 da original (1), e o produto é 1/6 de 1/6 do original (20):

$m^2 - m - 20 = 0$

Essa é mais fácil de resolver. As raízes são –4 e 5. Multiplicando novamente por 6, ficamos com –24 (que não serve) e 30.

Sendo assim, a turma tem 30 alunos. Como são 6 desistentes, são 24 participantes, ou seja, 80%.

Resposta: (D) 80%

457) CMPA – Na verdade não é correto falar em "a raiz", mas sim, "uma raiz", pois temos duas raízes reais e diferentes, pois Δ > 0. Resolvendo a equação, encontramos $3 \pm \sqrt{2}$. Esses são os valores possíveis de S. Façamos o cálculo da expressão desejada usando a raiz maior: $3 + \sqrt{2}$. Os valores que estão sendo multiplicados são:

$(\sqrt{2} - 2)(\sqrt{2} - 1)(\sqrt{2} + 1)(\sqrt{2} + 2)$

Agrupando o 1º com o 4º termos, temos o produto de uma soma pela diferença dos mesmos valores, o que resulta em uma diferença de quadrados: $(\sqrt{2})^2 - 2^2 = 2 - 4 = -2$

Agrupando o 2º com o 3º termos, temos outra diferença de quadrados, que resulta em 2–1=1. Portanto o produto pedido é 1.(–2) = –2.

Se resolvêssemos a questão com a outra raiz S possível, $3 - \sqrt{2}$, encontraríamos o mesmo resultado.

Resposta: (B) –2

458) CMSM – A clássica demonstração de que o número $\sqrt{2}$ é irracional. Tipicamente este tópico é estudado apenas no ensino médio, mas essa questão encontrou uma forma de adaptá-lo ao ensino fundamental. Ao invés de pedir dados e informações a respeito, realiza a demonstração com a omissão de algumas palavras que o aluno deve descobrir. Esta demonstração é feita pelo *método da redução ao absurdo*. Partimos do princípio de que aquilo que queremos provar é falso, e tentamos chegar a uma contradição.

No caso, partimos da suposição de que $\sqrt{2}$ é um racional, ou seja, um número da forma p/q, ou se p e q são inteiros. Vejamos a argumentação:

"O argumento usado para mostrar esse fato foi: suponha que $\sqrt{2} = \frac{p}{q}$ com p e q inteiros, positivos e primos entre si. Elevado ao quadrado obtemos $p^2 = 2q^2$. Isso mostra que p é PAR (claro, pois escrevemos p^2 como um número múltiplo de 2. Se p ao quadrado é par, então p também é par), donde vem que q é PAR (q é par também pois se já concluímos que p é ár., podemos escrever p como sendo 2k, portanto p2 = 4k2. Simplificando por 2, ficamos com $2k^2 = q^2$, logo q também é par), o que é um absurdo, pois p/q é uma fração IRREDUDÍVEL (o ou seja, já está simplificada ao máximo). Isso mostra que $\sqrt{2}$ não pode ser escrito na forma p/q, ou seja, é um irracional.".

Portanto as palavras que completam a sentença são: PAR, PAR, IRREDUTÍVEL.

Resposta: (A) par, par, irredutível.

459) CMRJ – Note que essas duas equações têm uma característica interessante. Possuem o mesmo coeficiente de 1º grau (B), e os coeficientes de 2º grau e de grau 0 (A e C) são

trocados. Quando isso ocorre, as raízes dessas equações estão relacionadas. A relação é que as raízes de uma equação são as inversas das raízes da outra equação.

Isso é fácil demonstrar, mas é claro que o aluno deve ter estudado isso na sua preparação para o concurso, pois é muito difícil descobrir isso na hora da prova.

Considere a primeira equação: $px^2 - 5x + q = 0$. Chamando suas raízes de **a** e **b**, temos que a soma das raízes é 5/p, e o produto das raízes é q/p:

a + b = 5/p

a.b = q/p.

Vamos formar a equação cujas raízes são os inversos de a e b, ou seja, 1/a e 1/b. Essa equação é:

(x – 1/a)(x – 1/b) = 0 (forma fatorada).

Desenvolvendo, ficamos com

$x^2 - x(1/a + 1/b) + 1/(ab) = 0$

$x^2 - x(a + b)/(ab) + 1/(ab) = 0$

Como a + b = 5/p e a.b = q/p, ficamos com

$x^2 - x(5/p)/(q/p) + 1/(q/p) = 0$

$x^2 - x(5/q) + q/p = 0$

$px^2 - 5x + q = 0$

Esta é exatamente a 2ª equação, cujas raízes são α e β. Note que foi dado que a>b e α > β. Logo, β é o inverso de **a** e α é o inverso de **b**. Substituindo esses valores de α e β na expressão a ser calculada, ficamos com:

$$\frac{a.\alpha+\beta}{\beta.b+\alpha}=\frac{a.1/b+1/a}{b.1/a+1/b}=\frac{a^2+b}{b^2+a}$$

Resposta: (C) $\dfrac{a^2+b}{a+b^2}$

460) EAM – Trata-se de uma equação biquadrada.

$x^4 - 7x^2 - 18 = 0$

É resolvida através de uma equação auxiliar do 2º grau, obtida fazendo $y = x^2$.

$y^2 - 7y - 18 = 0$

Tal equação possui duas soluções para y:

y = 9 e y = –2

Os valores de y encontrados darão origem a valores de x:

$x^2 = 9$ ➔ x = 3 ou x = –3

$x^2 = -2$ ➔ resulta em raízes imaginárias

As raízes reais são apenas duas: 3 e –3. O problema pergunta a soma das raízes reais, que no caso é zero. Entre as opções, a única que se refere ao zero, é (C), um múltiplo de 3. Zero não é primo e não é divisor de nenhum número.

Resposta: (C) múltiplo de 3

Resoluções do teste 47

461) EAM – Os coeficientes desta equação do 2º grau são a = (k – 1), b = –(k + 6) e c = 7. Em qualquer equação do 2º grau, a soma das raízes vale –b/a, que no nosso caso resulta em:

$$-\frac{b}{a}=-\frac{-(k+6)}{(k-1)}=\frac{(k+6)}{(k-1)}$$

No problema, este valor é 8, portanto:

$$\frac{(k+6)}{(k-1)}=8$$

$8(k-1)=(k+6)$
$8k-8=k+6$
$7k=14$
$k=2$

Resposta: E) 2

462) CEFET RJ - A média aritmética dos valores dados é:

$$m=\frac{1+2+3+4+5}{5}=\frac{15}{5}=3$$

Basta então calcular a expressão fazendo m = 3. Como as expressões envolvidas são muito simples, será mais fácil substituir de início, o valor numérico m=3. Cuidado, existem expressões que ficam mais complicadas de calcular dessa forma, e convém primeiro fatorar e simplificar a expressão, para somente no final atribuir o valor numérico. No exemplo dessa questão, um caminho ou outro não serão muito diferentes.

$$\sqrt{\frac{(1-m)^2+(2-m)^2+(3-m)^2+(4-m)^2+(5-m)^2}{5}}=\sqrt{\frac{(2)^2+(1)^2+(0)^2+(1)^2+(2)^2}{5}}$$

$=\sqrt{\frac{4+1+0+1+4}{5}}=\sqrt{2}$. Como sabemos, a raiz quadrada de 2 é aproximadamente 1,41.

Resposta: (D) 1,4

463) CEFET RJ - Primeiramente devemos resolver o sistema:

$$\begin{cases} 2(x+2)\geq 5x+13 \\ \frac{x}{2}-\frac{x}{3}>-1 \end{cases}$$

1ª inequação: $2x+4\geq 5x+13$
$-3x\geq 9$
$x\leq -3$

2ª inequação: $\frac{x}{2}-\frac{x}{3}>-1$
$3x-2x>-6$
$x>-6$

Fazendo a interseção das duas soluções, ficamos com:
$-6<x\leq -3$
Os números inteiros nessa faixa são: –5, –4 e –3. Portanto a soma dos seus elementos, ou seja, a "força" do conjunto é –12.

Resposta: (A) –12

464) IFSP - Pelo enunciado, todos os trabalhadores foram especializados em uma ou duas línguas estrangeiras. Portanto existem três grupos:
Somente Inglês = 49
Inglês e Francês = 12
Somente Francês = ?
Como o total dos grupos é 76, o terceiro grupo tem ao todo:
76 – 49 – 12 = 15 funcionários.

Resposta: (A) 15

465) IFRR - É fácil concluir que x será um número par, independentemente dos números p e q escolhidos. É porque dados dois números p e q quaisquer, a sua soma e a sua diferença terão a mesma "paridade", ou seja, ambos serão pares e ambos serão ímpares, já que a diferença entre eles, é 2q, que é par. Lembrando ainda que o quadrado de um par, é também par, e que o quadrado de um ímpar, é também ímpar, o valor de x indicado é a soma de dois pares, ou a soma de dois ímpares. De qualquer forma, o resultado será par.

Outra forma de observar isso é usando produtos notáveis:
$x = (p + q)^2 + (p - q)^2 = p^2 + 2pq + q^2 + p^2 - 2pq + q^2 = 2(p^2 + q^2)$, que é par .

Resposta: (A) x é um número par.

466) IFRO – O maior trabalho é calcular o valor de x^3. Lembremos da fórmula do cubo da soma:
$(a + b)^3 = a^3 + 3a^2b + 3ab^2 + b^3$

Aplicando a fórmula para $x = \dfrac{1+\sqrt{1996}}{2}$, ficamos com:

$$x^3 = \frac{1}{8}\left(1 + 3\sqrt{1996} + 3.1996 + 1996\sqrt{1996}\right)$$

Portanto a expressão fica:

$$\frac{\frac{4}{8}\left(1 + 3\sqrt{1996} + 3.1996 + 1996\sqrt{1996}\right) - 1999.\left(\frac{1+\sqrt{1996}}{2}\right) - 1997}{2}$$

$$= \frac{\left(1 + 3\sqrt{1996} + 3.1996 + 1996\sqrt{1996}\right) - 1999.\left(1+\sqrt{1996}\right) - 1997.2}{4}$$

Agrupemos os termos que possuem $\sqrt{1996}$ e os que não têm.

$$= \frac{1 + 3\sqrt{1996} + 1996\sqrt{1996} - 1999\sqrt{1996} + 3.1996 - 1999 - 1997.2}{4}$$

Os três termos com $\sqrt{1996}$ irão cancelar. Sobram os termos racionais:

$$= \frac{1 + 3.1996 - 1999 - 1997.2}{4} = \frac{1 - 3 - 1 - 1}{4} = -1$$

Resposta: (C) –1

467) CMR – Para calcular o denominador, trabalhamos a partir dos radicais mais internos.
$\sqrt{4} = 2;\ \sqrt{83-2} = \sqrt{81} = 9;$
$10 - 9 = 1;\ \sqrt[6]{1} = 1;\ \sqrt[5]{31+1} = 2$. Não esquecendo de elevar ao quadrado, ficamos com $2^2 = 4$.
Portanto já temos o valor do numerador: 4.
No denominador, será preciso lidar com expoentes fracionários, lembrando que:

$$\sqrt[q]{a^p} = a^{\frac{p}{q}}$$

$$\left(\sqrt[3]{\sqrt[6]{2^9}}\right)^4 = \left(\left(\left(2^9\right)^{\frac{1}{6}}\right)^{\frac{1}{3}}\right)^4 = 2^{\frac{4\times 9}{6\times 3}} = 2^{\frac{36}{18}} = 2^2$$

$$\left(\sqrt[6]{\sqrt[3]{2^9}}\right)^4 = \left(\left(\left(2^9\right)^{\frac{1}{3}}\right)^{\frac{1}{6}}\right)^4 = 2^{\frac{4\times 9}{3\times 6}} = 2^2$$

Portanto nossa expressão resulta em:

$$\frac{4}{4\times 4} = \frac{1}{4}$$

O valor 1/4 pode ser escrito como 2^{-2} ou $(-2)^{-2}$.
A forma correta é a da opção (A). As outras formas resultam em:
B: –1/4, C: –4, D: 4.

Resposta: (A) $(-2)^{-2}$

468) CMBH – Temos que $x+\frac{1}{x}=5$. O número y vale x^3, então temos que calcular $x^3+\frac{1}{x^3}$. Este cálculo pode ser feito com a ajuda da fórmula do cubo da soma:

$(a + b)^3 = a^3 + 3a^2b + 3ab^2 + b^3$

Essa fórmula pode ser escrita com o agrupamento dos dois termos centrais:

$(a + b)^3 = a^3 + 3ab(a + b) + b^3$

Agora fazemos a=x e b=1/x. A soma desses valores foi dado como 5, e o seu produto vale 1, já que são números inversos. Ficamos com:

$\left(x+\frac{1}{x}\right)^3=x^3+3.x.\frac{1}{x}.\left(x+\frac{1}{x}\right)+\frac{1}{x^3}$. Usando que x + 1/x vale 5, e que x.1/x = 1, ficamos com:

$5^3=x^3+3\times1\times5+\frac{1}{x^3}$

$x^3+3\times1\times5+\frac{1}{x^3}=125-15=110$

Resposta: (B) 110

469) CMF – Pelo enunciado, x e y são números reais diferentes entre si, e ambos diferentes de zero. Tentemos encontrar xy a partir da fórmula dada.

$x-\frac{1}{x}=y-\frac{1}{y}$. Vamos eliminar os denominadores, multiplicando toda a expressão por xy:

$x^2y-y=xy^2-x$

$x^2y-xy^2-y+x=0$

Podemos fatorar a expressão usando agrupamento:

$xy(x-y)-y+x=0$

$(xy+1)(x-y)=0$

Para que o produto desses fatores seja zero, um deles, ou ambos, precisam ser zero. Como foi dado no enunciado que x ≠ y, então o fator (x – y) não pode ser zero. Logo, a única forma da expressão ser zero é se o outro fator valer zero:

xy + 1 = 0

xy = –1

Resposta: (B) –1

470) CMJF – A ideia dessas questões é encontrar uma forma rápida de fazer os cálculos, usando produtos notáveis. Sem usar, teríamos que realizar quatro multiplicações de números de três algarismos. Usando produtos notáveis, evitaremos o trabalho dessas multiplicações. No caso, podemos usar diferença de quadrados (1º e 4º termos) e fatoração por evidência (2º e 3º termos).

$355^2 - 364^2 = (365 + 364)(365 - 364) = 729.1 = 729$

$366^2 - 366.364 = 366(366 - 364) = 366.2 = 732$

729 + 732 = 1461

Resposta: (D) 1461

Resoluções do teste 48

471) IFPR – Sendo 1 o lado do quadrado, o valor da sua diagonal, pelo Teorema de Pitágoras, é:

$D^2 = 1^2 + 1^2$

$D^2 = 2$

$D = \sqrt{2}$

Aliás, isso vale para qualquer quadrado. Se o lado vale x, a diagonal vale $x\sqrt{2}$. Não é preciso aplicar o Teorema de Pitágoras cada vez que precisamos calcular a diagonal de um quadrado, basta lembrar dessa relação, ou seja, a diagonal é igual ao lado multiplicado por $\sqrt{2}$.

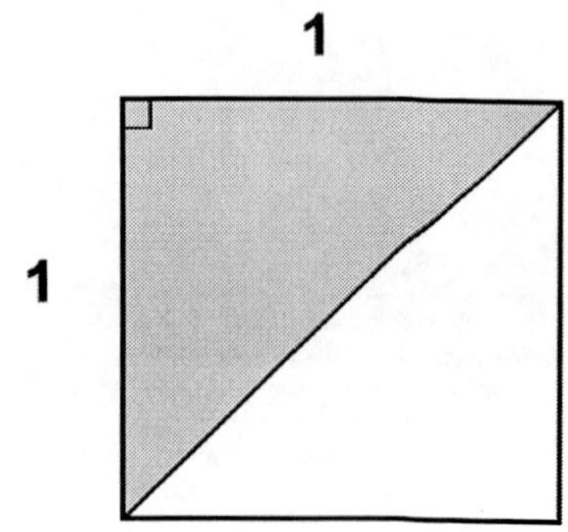

No presente problema, a pergunta é sobre o tipo de número que isso representa. No caso, trata-se de um *número irracional.*

Resposta: (C) Irracionais.

472) IFMS – Isso pode ser resolvido por uma equação do 2º grau, mas resolve-se de forma ainda mais fácil através de *fatoração de números naturais*, pois a noção de sucessor de um número aplica-se aos conjuntos dos naturais e dos inteiros, ou seja, o sucessor é "o número que vem depois". Não faz sentido falar em "o número que vem depois de 1/2", com o sendo 1/2 + 1 = 3/2, pois entre 1/2 e 3/2 existe uma infinidade de outras frações.

Fatorando o número 182, temos:

182 = 2 × 91 = 2 × 7 × 13

Portanto podemos escrever 182 como sendo 13 × 14. Teríamos o número 13 multiplicado pelo seu sucessor, 14.

O problema também pode ser resolvido usando álgebra. Chamando o número desconhecido de n e seu sucessor de n + 1, ficamos com:

$n(n + 1) = 182 \rightarrow n^2 + n - 182 = 0$

Uma equação do 2º grau com $\Delta = 1 + 4 \times 182 = 729$

729 é o quadrado de 27, então $\sqrt{\Delta} = 27$

As soluções da equação são $\dfrac{-1 \pm 27}{2}$, sendo 13 a raiz positiva. Observe que a solução –14 também é correta para o problema, pois números inteiros negativos também têm sucessores, e o sucessor de –14 é –13, e seu produto é 182, o que torna a solução x= –14 também correta. Mas no caso das opções apresentadas, a única correta é 13.

Resposta: (E) 13

473) IFPE – As dimensões são dois números cujo produto é 440 e cuja diferença é de 2 unidades, ou seja, um é 2 unidades maior que o outro. Esses números só podem ser 20 e 22. O perímetro é 20+22+20+22 = 84, e como o metro da cerca custa R$ 13,00, o gasto total será:

84 × 13 = 1092, o que resulta na opção (E).

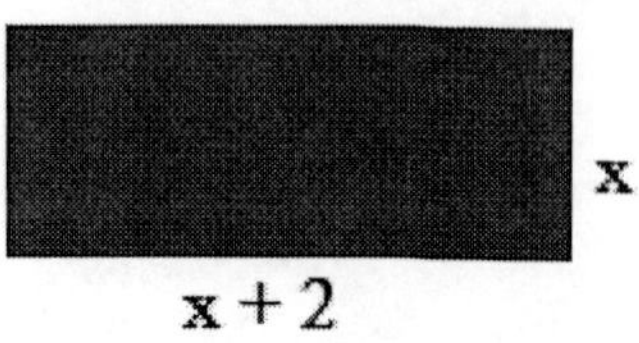

A descoberta das dimensões 20 e 22, que fizemos por "adivinhação", pode também ser feita por uma equação do 2º grau:

$x(x + 2) = 440$

$x^2 + 2x - 440 = 0$

Equação um pouco trabalhosa para resolver, pois o valor de seu d é 4 + 4×440 = 1764, e qual é mesmo a raiz quadrada de 1764? Se fosse 40, o quadrado seria 1600, então um número um pouco maior: 42^2 é exatamente 1764. Portanto as soluções da equação são:

$\frac{-2 \pm 42}{2}$, o que resulta em x=20 e x = –22. Como x é uma medida do retângulo, só serve x positivo. Isso confirma que as mediadas são 20 e 22.

Resposta: (E) R$ 1.092,00

474) CFN – Outro problema que pode ser resolvido através de uma equação, mas também pode ser resolvido se raciocinarmos "ao contrário", como ver um filme do final para o início. Se subtraindo 9 o resultado é 112, então antes de subtrair 9 tínhamos 112 + 9 = 121. Se 121 é o quadrado do número, e como $11^2 = 121$, então o número procurado é 11. De fato, conferindo: multiplicando 11 por ele mesmo ficamos com 121, e subtraindo 9 ficamos com 112.
Note que nas opções temos ±11, pois $(-11)^2$ também vale 121.
Podemos também resolver a questão através de uma equação:
x.x – 9 = 112
$x^2 - 9 = 112$
$x^2 = 112 + 9 = 121$
$x^2 = 121 \Rightarrow x = \pm 11$.

Resposta: (B) ±11

475) CFN – O ponto de interseção de duas retas é a solução do sistema formado pelas equações dessas duas retas.
x + y = 5 ➔ y = 5 – x
Substituindo este valor de y na 2ª equação, temos:
x – 2y = –4
x – 2(5 – x) = –4
x – 10 + 2x = –4
3x = 6
x = 2, e y = 5 – 2 = 3
Portanto a interseção das retas é (2, 3).

Resposta: (A) (2, 3)

476) CMPA – A simplificação da expressão ficará bastante fácil se observarmos que só existem dois números envolvidos: 25 e seu quíntuplo, que é 125. Podemos então fazer os cálculos usando x no lugar de 25 e 5x no lugar de 125. No final encontraremos uma expressão simplificada com x, e fazemos então a substituição de x por 25, porém em uma expressão mais simples.

$$\left[\frac{125^2 - 25^2}{125^2 + 25^2 + 2.125.25}\right] - \left[\frac{(5x)^2 - x^2}{(5x)^2 + x^2 + 2.(5x).x}\right] = \frac{25x^2 - x^2}{25^2 + x^2 + 10x^2}$$

$$= \frac{25x^2 - x^2}{25^2 + x^2 + 10x^2} = \frac{24x^2}{36x^2}.$$

A expressão pode ser simplificada por x^2, resultando em 24/36 = 2/3. Nem foi necessário fazer x=25 no final, pois o valor x "sumiu" nas simplificações.

Resposta: (C) 2/3

477) CMM – Outro problema que pode ser resolvido por uma equação do 2º grau, e também usando apenas aritmética. Façamos a resolução usando equação do 2º grau.

Se são 120 documentos, e foram arquivados antes do café, 1/(n – 1) desse total, essa quantidade é: $\frac{120}{n-1}$.

Se fossem arquivados 9 documentos a menos, esta quantidade seria 1/(n+2) do total, ou seja: $\frac{120}{n-1}-9=\frac{120}{n+2}$. Para resolver essa equação, vamos inicialmente simplificar por 3:

$$\frac{40}{n-1}-3=\frac{40}{n+2}.$$

Apesar de estarmos no meio da resolução de uma equação do 2º grau, a expressão acima "pede" para que usemos uma solução por aritmética. As duas frações que aparecem na expressão são divisores de 40, cuja diferença é de 3 unidades. Os divisores de 40 são: 1, 2, 4, 5, 8, 10, 20 e 40. Os únicos que têm diferença de 3 unidades são: 2 e 5, ou então 5 e 8. Os divisores 5 e 8 são obtidos se fizermos n = 6, pois ficaríamos com 40/5 e 40/8. Já os divisores 2 e 5 não podem ser obtidos para nenhum valor de n. Assim concluímos que n = 6.

Sem usar aritmética, e sim equação do 2º grau, ficamos com:

$$\frac{40}{n-1}-3=\frac{40}{n+2} \rightarrow 40(n+2)-3(n-1)(n+2)=40(n-1) \quad \text{(Denominadores eliminados)}$$

$$40n+80-3(n^2+n-2)=40n-40$$

$$120=3(n^2+n-2)$$

$$40=n^2+n-2$$

$$n^2+n-42=0$$

As soluções são n = 6 e n = –7. Como n é positivo, serve apenas n = 6.
Então o número de documentos arquivados antes do café foi:
120/(6 – 1) = 24
A quantidade de documentos faltando arquivar é 120 – 24 = 96

Resposta: (C) 96

478) CMR – Como a hipotenusa é dada por $a = m^2 + n^2$, e um dos catetos é dado por $b = m^2 - n^2$, foi deixado a cargo do aluno o cálculo do outro cateto:
$c^2 = a^2 - b^2 = (m^2 + n^2)^2 - (m^2 - n^2)^2 = m^4 + 2m^2n^2 + n^4 - m^4 + 2m^2n^2 - n^4 = 4m^2n^2$
Logo o outro cateto vale 2mn. Isso quer dizer que atribuindo valores naturais diversos a m e n, e usando as fórmulas $m^2 + n^2$, $m^2 - n^2$ e 2mn, formamos diversos ternos pitagóricos, ou seja, encontramos triângulos retângulos que tenham lados como números inteiros.

Hipotenusa: $m^2 + n^2$,
Cateto: $m^2 - n^2$
Cateto: 2mn

Esses triângulos são chamados de *triângulos pitagóricos*, os triângulos retângulos que têm lados como números inteiros. Se fizermos, por exemplo, m = 2 e n = 1, formamos o triângulo retângulo de lados 3, 4 e 5. Se fizermos m = 3 e n = 2, formamos o triângulo retângulo de lados 5, 12 e 13. Muito interessante, mas não para descobrir na hora da prova. Seria melhor colocar este tópico no programa e dar tempo para os alunos exercitarem o conteúdo, antes de cobrar na prova. Daí a frase "não preciso estudar isso porque não está no programa do concurso" é um erro. Estudar tópicos que não estão no programa do concurso é uma forma de aprender a lidar com o desconhecido. Qualquer tema que não esteja no programa pode ser cobrado em uma prova, basta que a questão faça uma introdução sobre o assunto.

A presente questão pede a descoberta dos valores de m e n, em função dos valores numéricos dos lados já conhecidos, dados pelo terno pitagórico: (304, 690 e 754).

1) A hipotenusa é o maior lado, então temos que $m^2 + n^2 = 754$.
2) Os dois lados restantes são os catetos. Um deles vale 2mn, o outro vale $m^2 - n^2$.
O cateto 2mn é aquele que, somando com a hipotenusa, resulta em um quadrado prefeito:
$m^2 + n^2 + 2mn = (m + n)^2$.
Note que essa propriedades vale em qualquer triângulo retângulo. No triângulo 3 – 4 – 5, 5 + 4 é um quadrado perfeito. No triângulo 5 – 12 – 13, 13 + 12 é um quadrado prefeito. No triângulo 6 – 8 – 10, 10 + 6 é um quadrado perfeito.
O outro cateto, que vale $m^2 - n^2$, também tem uma propriedade interessante. Somando a hipotenusa com este cateto, encontraremos o dobro de um quadrado perfeito:
$m^2 + n^2 + m^2 - n^2 = 2m^2$
Também a diferença entre a hipotenusa e este cateto resultará no dobro de outro quadrado perfeito:
$m^2 + n^2 - m^2 + n^2 = 2n^2$
Isso pode ser checado no triângulo 3 – 4 – 5, já que 5 – 3 e 5 + 3 são cada um deles, o dobro de um quadrado perfeito. O mesmo ocorre no triângulo 5 – 12 – 13, usando 13 + 5 e 13 – 5.
No nosso problema, os lados valem (304, 690, 754). Somando a hipotenusa com um dos catetos encontraremos um quadrado perfeito. Este cateto será 2mn. Fazendo a soma e a diferença entre a hipotenusa e o outro cateto, encontraremos $2m^2$ e $2n^2$, que são cada um, os dobros dos quadrados de m e n.
754 + 690 = 1444. Este número é o quadrado de 38.. Portanto 690 é 2mn. O outro cateto, 304, é o que faz papel de $m^2 - n^2$.
754 + 304 = 1058 = 2.529. Este valor é $2m^2$, portanto m^2 vale 529 ➔ m = 23
754 – 304 = 450 = 2.225. Este valor é $2n^2$, portanto n^2 vale 225 ➔ n = 15

Agora que encontramos os valores de m e n para formar o terno pitagórico dado, a questão ficou fácil. O valor de m é 23, um primo. O valor de n é 15, Em qualquer terno pitagórico com hipotenusa $m^2 + n^2$, os catetos são $m^2 - n^2$ e 2mn.
Finalmente, sendo um terno pitagórico, o triângulo formado com os lados 304, 690 e 750 é retângulo.
Como vemos, todas as afirmativas estão corretas.

Resposta: (E) todas são verdadeiras.

479) CMJF – Não tente resolver esta equação. Isso não é um problema de álgebra, é um problema de aritmética. De propósito, está colocado em um capítulo de álgebra, para que você saiba que é assim que aparecem nas provas. Somos levados a pensar que vamos usar técnicas algébricas, como resolução de equações, para chegar à solução do problema. Note que são duas incógnitas mas apenas uma equação. Não é possível formar um sistema para encontrar as soluções. Ao mesmo tempo, é dado que os valores de x e y são números inteiros positivos. Isso caracteriza um problema de aritmética, mesmo que misturado com álgebra.

A expressão $x^2 - y^2$ pode ser fatorada como $(x + y)(x - y)$. Esses dois fatores são também inteiros, positivos, pois o enunciado informou que x e y são inteiros positivos. Além disso é preciso que tenhamos $x > y$, para que o fator $(x - y)$ seja positivo.
$(x + y)(x - y) = 29$
Ocorre que 29 é um número primo, e só pode ser expresso como 29×1. Logo:
$x + y = 29$ e $x - y = 1$
Resolvendo esse sistema, encontramos x = 15 e y = 14.
Com esses valores encontrados, vemos que a única resposta correta é (D).

Resposta: (D) O módulo de (y – x) é igual a 1.

480) CMRJ – Como a variável é x (melhor seria dizer *incógnita x*), trata-se de uma equação do 1º grau. Esse tipo de equação tem em geral uma única solução, o que chamamos de *equação possível determinada.* Uma equação do 1º grau também pode ser *possível indeterminada* ou

também pode ser *impossível*. Tudo depende dos valores dos coeficientes da equação. Se a equação do 1º grau for escrita na forma Ax = B, teremos:

$A \neq 0$: possível determinada
$A = 0$ e $B = 0$: possível indeterminada
$A = 0$ e $B \neq 0$: impossível

Exemplos de equações possíveis determinadas (uma única solução)
5x = 3 ➔ x = 3/5
3x = 0 ➔ x = 0

Exemplo de equação possível indeterminada (qualquer x satisfaz = infinitas soluções)
0.x = 0 ➔ satisfeita para qualquer valor real de x

Exemplos de equações impossíveis (nenhum x satisfaz)
0x = 1
0x = 5
0x = 1000

Na presente questão, a equação deve ser possível indeterminada (A=0 e B=0)

3(mx – p + 1) – 4x = 2(–px + m – 4)
3mx – 4x + 2px = 2m – 8 + 3p – 3
(3m – 4 + 2p)x = 2m + 3p – 11
Portanto devemos ter ambos os coeficientes valendo zero:
3m – 4 + 2p = 0
2m + 3p – 11 = 0

Da 1ª equação temos $m = \frac{4-2p}{3}$. Substituindo na 2ª equação, ficamos com

$$2 \times \frac{4-2p}{3} + 3p - 11 = 0$$

$$8 - 4p + 9p - 33 = 0$$

$$5p = 25$$

$p = 5$. Da 1ª equação encontramos $m = \frac{4-2p}{3} = \frac{4-10}{3} = -2$

Logo a soma m + p vale 3.

Resposta: (A) 3

Resoluções do teste 49

481) CMSM – O lucro é a diferença entre a receita (vendas) e a despesa (custo de produção), e ambos são função da quantidade x produzida. Poremos escrever:
Lucro = Receita – Despesa
L(x) = R(x) – C(x)
$L(x) = -2x^2 + 24x - 40 - (-x^2 + 5x + 20)$
$L(x) = -x^2 + 19x - 60$
O objetivo do problema é encontrar o valor de x para que ocorra lucro, ou seja, o lucro deve ser positivo. Portanto a função do 2º grau $-x^2 + 19x - 60$ deve ser positiva.

O gráfico dessa função é uma parábola com a concavidade voltada para baixo. Seu valor será positivo quando x estiver compreendido entre as raízes da função.

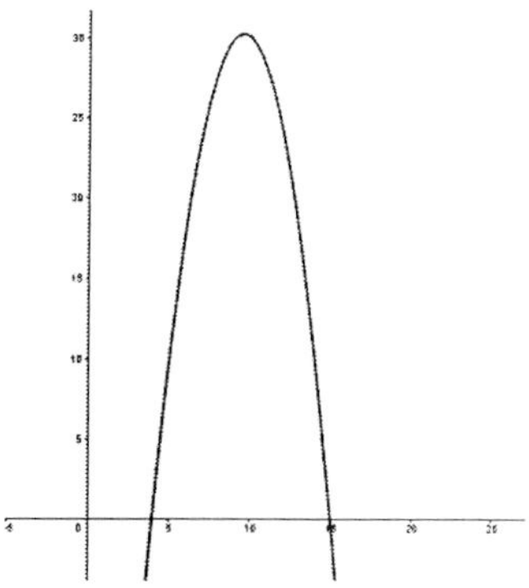

As raízes são 4 e 15, e podem ser encontradas pelo método mental (soma 19 e produto 60), ou com o uso da fórmula de resolução da equação do 2º grau. A função será positiva para x (unidades produzidas) compreendido entre 4 e 15.

Resposta: (E) $4 < x < 15$

482) CMJF – As informações permitem encontrar as fórmulas das duas funções.
Função do 1º grau: $y = 2x - 4$
Função do 2º grau: $y = x^2 - 2x$
Igualando as duas funções, encontraremos os pontos de interseção.
$x^2 - 2x = 2x - 4$
$x^2 - 4x + 4 = 0$
As soluções dessa nova equação fornecerão os valores de x (abscissas) das duas interseções.
$\Delta = b^2 - 4ac = 4^2 - 4.1.4 = 0$
Temos duas raízes iguais, já que Δ vale 0:

$$x = \frac{4 \pm 0}{2} = 2$$

Sendo assim, as duas funções dadas no enunciado cortam-se em um único ponto. Isso significa que a reta dada é *tangente* à parábola dada. Não foi pedido, mas se o problema perguntasse a ordenada do ponto de interseção, bastaria substituir o valor de x encontrado nas fórmulas originais. No presente problema, esse valor de y resulta em 0.

Resposta: (A) abscissa 2

483) CMBH – O gráfico apresenta uma "pegadinha". Ao invés de usar a quantidade de bactérias em função da temperatura, apresen4ta o contrário: a temperatura necessária para apresentar a quantidade de bactérias especificada. As afirmativas que o problema apresenta podem ser facilmente analisadas se descobrirmos a fórmula para T (temperatura) em função de Q (quantidade de bactérias, em milhares).

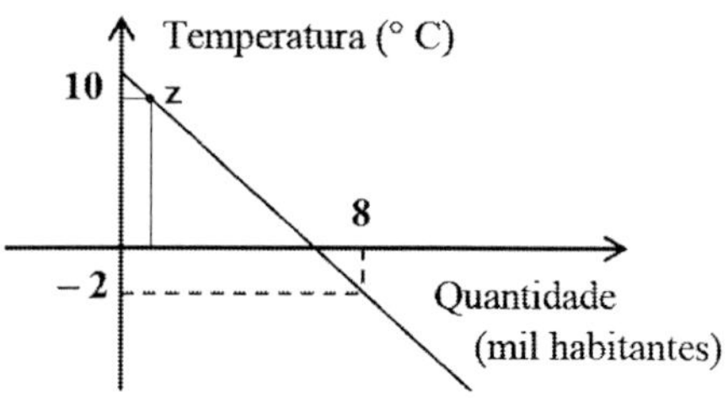

Sabemos que a reta representa uma função do 1º grau, também chamada de *função afim*. Sua fórmula é y = ax + b, onde **a** e **b** são coeficientes a serem determinados. No nosso caso, ao invés de x e y, temos Q e T, então podemos escrever:
T = a.Q + b
Os valores de a e b são determinados através do uso de pontos conhecidos do gráfico. Por exemplo, para Q = 0, temos T = 10. Logo:
10 = a.0 + b ➔ b = 10
O outro ponto conhecido do gráfico é Q=8, T = –2.
–2 = a.8 + 10
a = –12/8 = –1,5
Portanto a fórmula da função é T = –1,5Q + 10
De fato, Q=0 resulta em T=10, e Q=8 resulta em T = –2, conforme está no gráfico.

A) ERRADO. Fazendo T = 9, resulta em Q = 2/3, então não é verdade que não é sobreviventes na colônia. Esta condição está indicada no ponto Z. Com T>0, a quantidade é pequena, mas ainda não chegou a zero. Apenas com T = 10 a quantidade chega a zero.
B) ERRADO. Fazendo T = 0 na fórmula, encontramos:
0 = –1,5Q + 10 ➔ Q = 10/1,5 = 6,6 mil. Não são mais de 7 mil, e sim, menos de 7 mil.
C) CERTO. Fazendo Q = 6, encontramos T = –1,5×6 + 10 = 1.
D) ERRADO. Quanto maior a temperatura, menor é a quantidade, de acordo com o gráfico.
E) ERRADO. Fazendo Q = 9 encontramos T = –1,5×9 + 10 = –13,5 + 10 = –2,5, e não –3.

Resposta: (C)

484) CMPA – Com a retirada dos 7 alunos, ficou faltando um valor a cobrir de 7 × 135 reais. Dividido este valor pelo número de alunos restantes, resultou em 27 reais a mais para cada um:
7 × 135 ÷ restantes = 27
Logo o número de alunos restantes é:

$$\frac{7\times135}{27}=\frac{7\times5}{1}=35$$

São portanto 35 alunos restantes, então a quantidade original de alunos era 35 + 7 = 42.
A despesa total é o número original de alunos, multiplicado pelo valor original que cada um deveria pagar:
42 × R$ 135,00 = R$ 5.670,00

Resposta: (E) R$ 5670,00

485) CMB – Se o comprador adquirir 100 sacas, temos x = 100, então o preço por saca, de acordo com a fórmula dada, é P = 50 + 200/100 = 50 + 2 = 52. Claro que de acordo com a precedência das operações aritméticas, aquele denominador x atua somente sobre o numerador 200, e não sobre o 50, que está apenas somando com o resultado da fração.

Resposta: (C) 52 dólares

486) CFN – Pelo gráfico, fazendo x = 0, devemos encontrar y = 3. Só as reesposas (B) e (C) se enquadram. Também pelo gráfico, fazendo x = –2, devemos encontrar y = 0. Entre (B) e (C), apenas a resposta (C) se enquadra.

Resposta: (C) y = 1,5x + 3

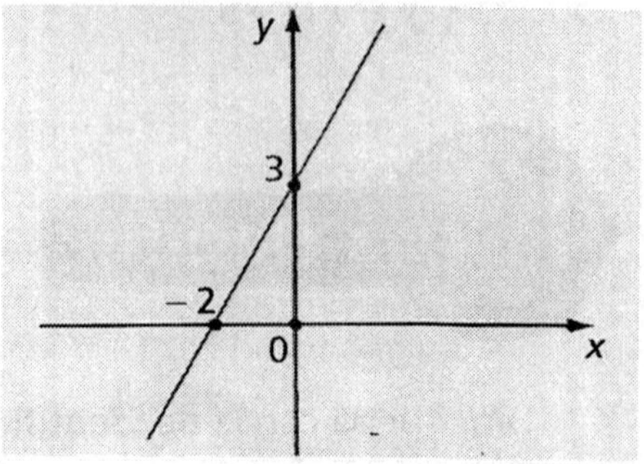

487) IFAM – Lembrando que elevar uma fração a –1 equivale a inverter esta fração. Portanto nossa expressão pode ser escrita como:

$$\frac{\sqrt{a}+\sqrt{b}}{\sqrt{a}-\sqrt{b}}+\left(\frac{\sqrt{a}-\sqrt{b}}{\sqrt{a}+\sqrt{b}}\right)-\frac{a+3b}{a-b}\cdot$$

Note que o terceiro denominador é igual ao produto dos dois primeiros denominadores. Então o MMC dos denominadores é igual a **(a – b)**. Reduzindo as três frações ao mesmo denominador e eliminando os denominadores,, ficamos com:

$\left(\sqrt{a}+\sqrt{b}\right)^2+\left(\sqrt{a}-\sqrt{b}\right)^2-(a+3b)$

$a+b+2\sqrt{ab}+a+b-2\sqrt{ab}-a-3b$

$a-b$, o que representa um polinômio do 1º grau, a única resposta correta.

Resposta: (B) Um polinômio do 1º grau

488) IFTO – Se x for o número de figurinhas compradas por Paulo (R$ 6,00 cada), será 9–x o número de figurinhas compradas por Lucas (R$ 7,00 cada). O gasto total foi:

6x + 7(9 – x) = 58

6x + 63 – 7x = 58

5 = x

Portanto Paulo comprou 5 figurinhas, e Lucas comprou o restante, 4 figurinhas.

Resposta: (B) 5 e 4

489) IFRS – Um problema de geometria, porém muito algébrico. Quando temos um triângulo retângulo inscrito em uma circunferência, a hipotenusa é diâmetro da circunferência. Pelo Teorema de Pitágoras, o outro cateto do triângulo retângulo mede $\sqrt{10^2-x^2}$. A área do triângulo retângulo pode ser calculada como a metade do produto dos catetos, no caso, $\frac{x.\sqrt{10^2-x^2}}{2}$

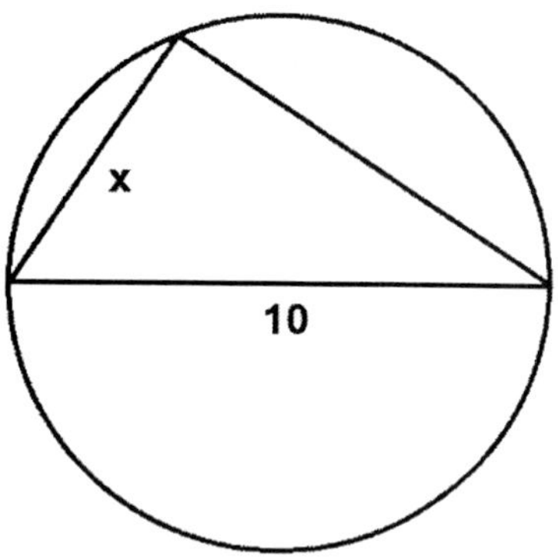

Resposta: (B) $A(x)=\frac{x\sqrt{100-x^2}}{2}$

490) IFBA – Não é necessário desenhar o gráfico da função, mas pela fórmula, é possível observar que trata-se de uma parábola com a concavidade voltada para cima. O valor para x=0 (ou melhor, t=0) vale 7. O vértice tem sua abscissa igual a –b/(2a) = 2,5. Fazendo x = 2,5 encontramos y = 3/4. Então encontramos o esboço do gráfico, similar à curva ao lado.

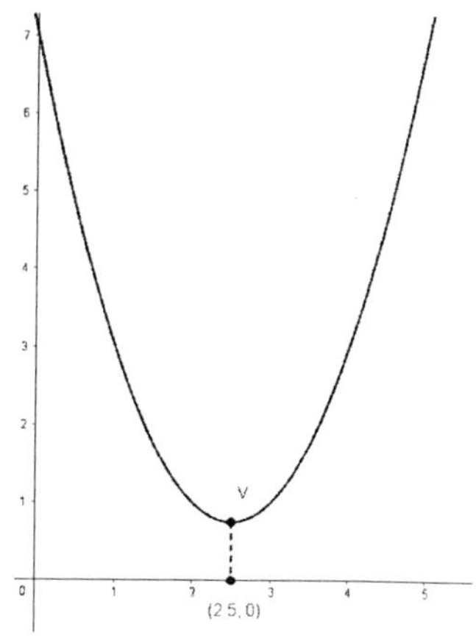

Notamos que começando em t=0, a quantidade diminui até atingir o seu mínimo em t = 2,5 meses, o mesmo que 2 meses e meio.

Resposta: (D) 2 meses e 15 dias

Resoluções do teste 50

491) FIOCRUZ – Devemos fazer x = 1 e y = 2 e testar em qual dos cinco sistemas, ambas as equações são verificadas. No caso, apenas a opção (E) tem as duas equações corretas.

1 + 2 = 3

2×1 + 2 = 4

Resposta: (E)

492) CEFET RJ – O problema não é 100% algébrico, é 50% algébrico e 50% aritmético, pois apresenta apenas uma equação para 2 incógnitas, e acrescenta a informação de que tratam-se se números naturais. Podemos fatorar a expressão como:

$m^2 - n^2 = 17$

$(m + n)(m - n) = 17$

Lembra o problema 479. Como m e n são naturais, os fatores (m + n) e (m – n) também são naturais, e seu produto é 17. A única foram disso ocorrer é tendo m + n = 17 e m – n = 1, já que a soma der dois naturais é maior que sua diferença. Aí estão as duas equações:

$m + n = 17$

$m - n = 1$

$2m = 18 \rightarrow m = 9$

$n = 17 - m = 8$

Sendo assim, m e n valem, respectivamente, 9 e 8. Seu produto é 72.

Resposta: (A) seu produto é 72

493) IFES – Se $\big| |x - 3| - 6 \big| = 2$, então $|x - 3| - 6$ vale 2 ou –2.

a) $|x - 3| - 6 = 2$

Isso resulta em $|x - 3| = 8$, o que ocorre para x – 3 valendo 8 ou –8. Portanto x = 11 ou x = –5 são soluções.

b) $|x - 3| - 6 = -2$

Isso ocorre se $|x - 3|$ valer 4, ou seja, x – 3 deve valer 4 ou –4. Para isso, x precisa valer 7 ou –1.

Sendo assim, temos quatro soluções para x: 11, –5, 7 ou –1. A soma dessas quatro soluções é 12.

Resposta: (D) 12

494) IFSP – Subtrair A de B significa B – A. O número antecedido por "de" é o primeiro termo (minuendo) da subtração. No caso, temos:

$x^2 - 3x = 40$. Isso resulta na equação do 2º grau:

$x^2 - 3x - 40 = 0$

Calculando Δ, ficamos com $\Delta = 3^2 + 4 \times 40 = 169$. Logo $\sqrt{\Delta} = 13$.

As raízes são $\dfrac{3 \pm 13}{2}$, que resultam em 8 e –5.

Conforme o problema pergunta, o número inteiro negativo que satisfaz à condição é –5.

Conferindo, de fato temos $(-5)^2 - 3.(-5) = 40$

Resposta: (C) –5

495) IFMG – Temos uma equação exponencial, cuja solução é feita com a ajuda de uma equação auxiliar. Fazendo $2^x = k$. Nesse caso, 2^{2x} é o mesmo que $(2^x)^2 = k^2$. A equação fica:

$k^2 - 5k + 4 = 0$

Resolvendo esta equação do 2º grau auxiliar, ficamos com as soluções k = 1 e k = 4.

$2^x = 1 \rightarrow x = 0$

$2^x = 4 \rightarrow x = 2$

A soma das raízes é 0 + 2 = 2. As raízes são da equação original, de incógnita x, e não da equação auxiliar.

Resposta: (D) 2

496) CMRJ – Não é possível identificar se a parábola tem concavidade voltada para baixo ou para cima, pois nos dois casos, podemos desenhar parábolas atendendo às condições dadas. Sendo assim não podemos identificar se **a** é positivo ou negativo. Já sobre o valor de c,

podemos chegar facilmente a uma conclusão. O valor de c de um trinômio do 2º grau é o valor da função para x = 0. É dado que f(–1) e f(2) são ambos positivos. Como já existe um trecho negativo que contém x = –5, é impossível que a função se torne negativa, depois positiva novamente, entre x = –1 e x = 2. Logo f(0) é positivo, portanto c é positivo.

Resposta: (C) c>0

497) CMBH – Se o comprimento deve ter 8 metros a menos que o dobro da largura, se chamarmos a largura de x, o comprimento é 2x – 8. Para que a área seja 280 (todas as medidas em metros), devemos ter:
$x(2x - 8) = 280$
$2x^2 - 8x - 280 = 0$
$x^2 - 4x - 140 = 0$
$\Delta = 4^2 + 4\times140 = 576$, portanto $\sqrt{\Delta} = 24$.
$x = \dfrac{4 \pm 24}{2}$, o que resulta nas raízes x=14 e x= –10 (a solução negativa não serve nesse problema). A outra medida é 2x – 8 = 28 – 8 = 20.
Sendo assim as medidas são 14 e 20.
ATENÇÃO: O problema pergunta a medida da largura, ou seja, x.

Resposta: (E) 14 m

498) CMPA – Para saber a área total, precisamos saber as três dimensões, e para isso precisamos saber o valor de x. Isso será descoberto a partir da informação do volume.
$(x - 4).(x - 3).15 = 30$
$(x - 4).(x - 3) = 2$
$x^2 - 7x + 12 = 2$
$x^2 - 7x + 10 = 0$
Resolvida, a equação fornece as soluções x = 2 e x = 5. A solução x = 2 não serve, pois levaria a lados negativos (x – 3) e (x – 4). Logo a única solução é x = 5, e os lados são:
2, 1 e 15.
A área total é a soma de:
dois triângulos de área 1 × 15 ➔ 2 × 15 = 30
dois triângulos de área 1 × 2 ➔ 2 × 2 = 4
dois triângulos de área 2 × 15 ➔ 2 × 30 = 60
A área total é 94 cm^2.

Resposta: (E) 94

499) CMM – A velocidade de contaminação é função de x, o número de pessoas contaminadas. Trata-se de uma função do 2º grau com coeficiente de segundo grau negativo, ou seja, seu gráfico é uma parábola com a concavidade voltada para baixo:
$V(x) = -kx^2 + 38000kx$.
A função atinge o valor máximo no vértice da parábola, ou seja, para x = –b/(2a). Portanto este valor de x procurado é:

$x = \dfrac{-38000k}{-2k} = 19000$, ou seja, a abscissa do vértice.

Resposta: (C) 19.000

500) CMF – Inicialmente podemos encontrar o valor de **a**, resolvendo a primeira equação. Existem dois valores possíveis de **a**, que são as soluções da equação do 2º grau. Não confundir

a incógnita com **a** coeficiente. Para evitar confusão, você pode usar **x** ao invés de **a**, e assim encontramos:

$x = 3 \pm \sqrt{11}$

A expressão que precisamos calcular é um pouco maliciosa. É preciso observá-la atentamente para notar que é o quadrado de uma diferença:

$(x^2 - 5)^2 - 10x(x^2 - 5) + 25x^2$ é o mesmo que $[(x^2 - 5) - 5x]^2$.

O valor de x pode ser escrito como 3+k, onde k pode ser $\sqrt{11}$ ou $-\sqrt{11}$. Portanto a expressão que precisamos calcular pode ser escrita como:

$[(x^2 - 5) - 5x]^2 = [(3+k)^2 - 5 - 5.(3+k)]^2$

$= [9 + 6k + k^2 - 5 - 15 - 5k]^2$

$= [9 + k + 11 - 5 - 15]^2$

$= [k]^2 = 11.$

Resposta: (B) 11

■

Capítulo 6

Álgebra

Teste 51

501) CMBH – Determine como verdadeiro (V) ou falso (F) as proposições a seguir. Depois assinale a opção que corresponde à sequência correta:

[I] Se x = $\sqrt{3-2\sqrt{2}}-\sqrt{3+2\sqrt{2}}$, então x é um número irracional.

[II] Se x = $\sqrt{7}-\sqrt{2}=\sqrt{A-\sqrt{B}}$, então (B – 2)/A=6

[III] Se a∈ℝ* e $y=\left(a\sqrt{a\sqrt{a}}\right)^{-\frac{1}{2}}$, então $y=\frac{\sqrt[8]{a^7}}{a}$

(A) V – F – V (B) F – V – F (C) V – V – V (D) V – F – F (E) F – F – F

502) EAM – Se $A=2+\sqrt{3}$ e $B=\frac{2}{\sqrt{3}-1}$, o valor de A – B é igual a

(A) $-\sqrt{3}$ (B) -1 (C) 1 (D) $\sqrt{3}$ (E) 3

503) EAM – Sendo $a=\sqrt{6}+1$ e $b=\frac{1}{\sqrt{2}}+\sqrt{3}$, qual o valor de a^2+b^2?

(A) $\frac{21}{2}+3\sqrt{6}$ (B) $\frac{21+3\sqrt{6}}{2}$ (C) $\frac{11}{2}+3\sqrt{6}$ (D) $11+3\sqrt{6}$ (E) $\frac{11}{2}$

504) CMB – Simplifique a seguinte expressão $\frac{\sqrt{5}-\sqrt{3}}{\sqrt{5}+\sqrt{3}}+2\sqrt{15}$. O resultado é um número:

(A) Irracional (B) Irracional e menor que 1 (C) Inteiro e menor que 8
(D) Múltiplo de 5 (E) Racional e compreendido entre 0 e 5

505) CMF – O valor da expressão $\left[\frac{8\left(2^{-1}+2^{-2}+2^{-3}\right)}{\left(\sqrt{5}-\sqrt{3}\right)\left(\sqrt{5}+\sqrt{3}\right)}\right]\cdot\frac{10}{7}$ é

(A) um número negativo
(B) um número irracional
(C) um número não real
(D) um número primo
(E) uma dízima periódica composta

506) CMSM - A expressão $\dfrac{2-\sqrt{2}}{\sqrt{2}-1}$ é igual a:

(A) 2 (B) $\sqrt{2}$ (C) $\dfrac{1}{2}$ (D) $\dfrac{\sqrt{2}}{2}$ (E) 3

507) IFAL - O número $N=\dfrac{1}{\sqrt{32+10\sqrt{7}}}+\dfrac{1}{\sqrt{32-10\sqrt{7}}}$ é um decimal ilimitado periódico. Se N for escrito sobre a forma de fração irredutível a/b, então a + b é igual a:

(A) 11 (B) 12 (C) 13 (D) 14 (E) 15

508) IFRR - Calcule o resultado da expressão numérica indicada abaixo:

$\sqrt{7-4\sqrt{3}}+\sqrt{3}$

(A) $\dfrac{4\sqrt{3}}{3}$ (B) $\sqrt{3}+\dfrac{1}{3}$ (C) 1 (D) 3 (E) 2

509) CEFET ES - O valor da expressão $\left(\sqrt{2-\sqrt{2}}\right).\left(\sqrt{2+\sqrt{2}}\right)$ é

(A) $\sqrt{2}$ (B) 2 (C) 1 (D) $-\sqrt{2}$ (E) 0

510) IFRS - Se $\sqrt[3]{a}=2$, então o valor da expressão $-\sqrt[3]{a^2}+\sqrt[3]{\dfrac{1}{a}}$ é:

(A) -7/2 (B) -5/2 (C) -1 (D) 1/2 (E) 7/2

Teste 52

511) CMBH - A racionalização de denominadores consiste na obtenção de uma expressão com denominador racional, equivalente a uma anterior, cujo denominador possuía um ou mais radicais. Assim, calcule o valor da soma:

$\dfrac{1}{1+\sqrt{2}}+\dfrac{1}{\sqrt{2}+\sqrt{3}}+\dfrac{1}{\sqrt{3}+\sqrt{4}}+...+\dfrac{1}{\sqrt{15}+\sqrt{16}}$

(A) 3 (B) 4 (C) 5 (D) 6 (E) 7

512) CMF - O valor numérico da expressão $a^3-b^3-3a^2b+3ab^2$ para $a=\dfrac{\sqrt[3]{5}+6}{6.\sqrt[3]{5}}$ e $b=\dfrac{\sqrt[3]{5}-6}{6.\sqrt[3]{5}}$ é

(A) 1/5 (B) 3/5 (C) 1 (D) 8/5 (E) 11/5

513) CMJF - Considerando $K=\sqrt{3}+\sqrt{7}$, então $\sqrt{21}$ é igual a:

(A) $K^2/2$ (B) $(K^2-10)/2$ (C) K^2 (D) $(K^2-7)/3$

514) CMSM - Simplificando as raízes $\sqrt[3]{4-2\sqrt{2}}.\sqrt[3]{4+2\sqrt{2}}$, obtemos:

(A) $2\sqrt{2}$ (B) $\sqrt{2}$ (C) $2\sqrt[3]{2}$ (D) $\sqrt{\sqrt{2}}$ (E) 2

515) CMRJ – Utilize a identidade abaixo para resolver a questão:

$$\sqrt{\frac{A+\sqrt{A^2-B}}{2}}+\sqrt{\frac{A-\sqrt{A^2-B}}{2}}=\sqrt{A+\sqrt{B}}$$

Essa identidade pode ser provada elevando-se ao quadrado ambos os membros da igualdade.

A figura a seguir ilustra um plano inclinado de 1 m de comprimento e aclive de 15°. A projeção horizontal p dessa rampa mede, em metros, $\sqrt{\frac{2+\sqrt{3}}{4}}$. A medida de p também pode ser expressa com exatidão por

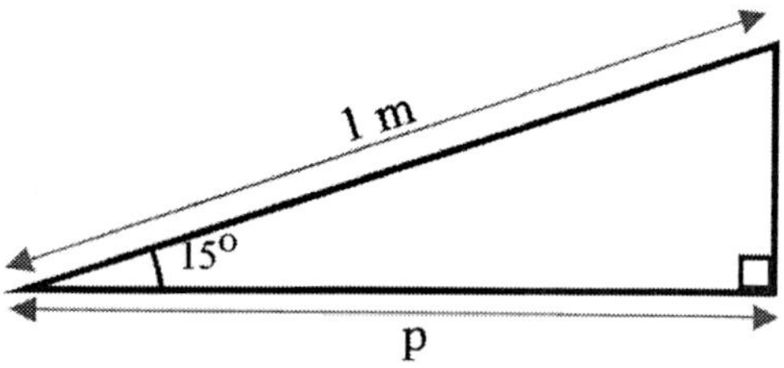

(A) $\frac{2\sqrt{2}}{3}$ (B) $\frac{\sqrt{5}+\sqrt{3}}{4}$ (C) $\frac{\sqrt{6}+\sqrt{2}}{4}$

(D) $\frac{\sqrt{10}+\sqrt{3}}{5}$ (E) $\frac{\sqrt{11}+\sqrt{6}}{6}$

516) CFN – Transforme em uma única raiz: $\frac{\sqrt[6]{4}.\sqrt{\sqrt[3]{10}}}{\sqrt[6]{120}}$

(A) $\sqrt[2]{\frac{1}{3}}$ (B) $\sqrt[6]{\frac{1}{3}}$ (C) $\sqrt[3]{2}$ (D) $\sqrt[3]{\frac{1}{3}}$ (E) $\sqrt[6]{2}$

517) EAM – Se $A=\sqrt{\sqrt{6}-2}.\sqrt{2+\sqrt{6}}$, então o valor de A^2 é:

(A) 1 (B) 2 (C) 4 (D) 6 (E) 36

518) CEFET ES – Sabendo-se que $A=\left(\sqrt{\sqrt{20}+2}\right).\left(\sqrt{\sqrt{20}-2}\right)$, então:

(A) $\sqrt{A}=2$ (B) $\sqrt{A}=16$ (C) $\sqrt{A}\notin\mathbb{R}$ (D) $\sqrt{A}=4$ (E) $\sqrt{A}=3$

519) IFSC – Sabendo que $Y=\frac{1}{\sqrt[3]{x+3}}$ e para Y = 3, qual é o valor de X para que a sentença seja verdadeira?

(A) X = –80/27 (B) X=–27/81 (C) X=–27/80 (D) X=–80/27 (E) Nenhuma das anteriores

520) IFMG – Ao resolver uma questão de um concurso, Juracêlio encontrou com o solução a fração $\frac{1}{\sqrt{3}-\sqrt{2}}$. Sabendo que ele executou todas as operações corretas, racionalizou o denominador e simplificou o máximo possível, a respostas que ele chegou foi:

(A) $\sqrt{2}$ (B) $\sqrt{3}$ (C) $\sqrt{5}$ (D) $\sqrt{3}+\sqrt{2}$

Teste 53

521) CMRJ – O número irracional $\frac{1}{\sqrt[4]{49+20\sqrt{6}}}$ é igual a:

(A) $\sqrt{7}-\sqrt{2}$ (B) $\sqrt{3}+\sqrt{2}$ (C) $\sqrt{7}-2$ (D) $\sqrt[4]{\sqrt{7}-\sqrt{2}}$ (E) $\sqrt{3}-\sqrt{2}$

522) CMB – A expressão $\sqrt{\left(\sqrt[3]{63}+4\right)^2}+\sqrt{\left(\sqrt[3]{63}-4\right)^2}$ é igual a

(A) 0 (B) $2\sqrt[3]{63}$ (C) 8 (D) $\sqrt[3]{63}$ (E) 4

523) CMBH – O desenvolvimento da expressão $\left(\sqrt{3}+1+\sqrt{27}\right)^2$ resulta numa expressão do tipo $m+n\sqrt{3}$, com m e n racionais. O valor de $\sqrt{m}.\sqrt{n}$ é:

(A) $7\sqrt{2}$ (B) $2\sqrt{7}$ (C) $14\sqrt{2}$ (D) $7\sqrt{3}$ (E) $14\sqrt{3}$

524) CMJF – A expressão $\frac{1}{2-\sqrt{2}}-\frac{1}{2+\sqrt{2}}-1$ é equivalente a:

(A) -1 (B) $\sqrt{2}+1$ (C) $\sqrt{2}-1$ (D) 1

525) CFN – Transforme o radical duplo na soma de dois radicais simples:
$\sqrt{13+2\sqrt{30}}$

(A) $2\sqrt{10}+3\sqrt{3}$ (B) $\sqrt{10}+\sqrt{3}$ (C) $5\sqrt{3}+2\sqrt{2}$ (D) $\sqrt{3}+\sqrt{2}$ (E) $\sqrt{3}+2\sqrt{10}$

526) EAM – Sabendo que a fração $\frac{y}{4}$ é proporcional à fração $\frac{3}{6-2\sqrt{3}}$, é correto afirmar que y é igual a:

(A) $1-2\sqrt{3}$ (B) $6+3\sqrt{3}$ (C) $2-\sqrt{3}$ (D) $4+3\sqrt{3}$ (E) $3+\sqrt{3}$

527) CEFET ES – A soma dos números inteiros consecutivos que sucedem e antecedem a $\frac{\sqrt{5}+\sqrt{2}}{\sqrt{5}-\sqrt{2}}$ vale:

(A) 10 (B) 9 (C) 7 (D) 6 (E) 5

528) IFGO – Simplifique a expressão $\frac{\sqrt{5+\sqrt{13}}\times\sqrt{5-\sqrt{13}}}{\sqrt{\frac{5}{13}}\times\sqrt{\frac{13}{5}}}$

(A) 5 (B) $12-\sqrt{13}$ (C) $\sqrt{12}$ (D) 11 (E) $\sqrt{5}$

529) ETAM – A expressão $\frac{\sqrt{2}+1}{\sqrt{2}-1}+\frac{\sqrt{2}-1}{\sqrt{2}+1}$ é igual a um número real n. O valor de n está compreendido entre os números:

(A) –8 e –3 (B) –2 e 0 (C) 1 e 7 (D) 8 e 13

530) IFAL – Se $A=\frac{1}{\sqrt{3}}$ e $B=\frac{4}{\sqrt{2}}$, então A + B é

(A) $\frac{2\sqrt{3}+2\sqrt{2}}{3}$ (B) $\frac{\sqrt{2}+6\sqrt{3}}{3}$ (C) $\frac{2\sqrt{3}+\sqrt{2}}{3}$ (D) $\frac{\sqrt{3}+2\sqrt{2}}{3}$ (E) $\frac{\sqrt{3}+6\sqrt{2}}{3}$

Teste 54

531) IFS – Podemos afirmar sobre os valores de a e b, de acordo com a expressão abaixo
$\sqrt{9-4\sqrt{2}}=a+b\sqrt{2}$

(A) Não existem valores para acontecer a igualdade

(B) a = 1 e b = $-\frac{1}{\sqrt{2}}$

(C) a = $-2\sqrt{2}$ e b = $\sqrt{2}$

(D) {a = $\pm 2\sqrt{2}$ e b = $\mp\frac{\sqrt{2}}{2}$ } ou {a = ± 1 e b = ∓ 2 }

532) IFCE – O valor de $\left[\sqrt[6]{6}.\left(\sqrt{\frac{3}{2}}-\sqrt{\frac{2}{3}}\right)\right]^{-3}$ é

(A) 1 (B) $\frac{\sqrt{6}}{6}$ (C) $\frac{\sqrt[3]{6}}{6}$ (D) 6 (E) $6\sqrt{6}$

533) IFMA – Sendo $a=\frac{x+\sqrt{2}}{2}$ e $b=\frac{x-\sqrt{2}}{2}$, o valor numérico de $a^2 - b^2$ para x = –1, é:

(A) $-\sqrt{2}$ (B) $\sqrt{2}$ (C) 0 (D) 1 (E) $-\frac{1}{2}$

534) IFAM – Usando a mudança de variável $\sqrt[6]{x}=t$ para simplificar completamente a expressão $\frac{\sqrt{x}-a^3}{\sqrt[3]{x}-a^2}$, obtemos:

(A) $\frac{t-a}{t+a}$ (B) $\frac{t^2-at+a^2}{t+a}$ (C) $\frac{t^2+at+a^2}{t+a}$ (D) $\frac{t^2+at+a^2}{t-a}$ (E) $\frac{t^2+at-a^2}{t-a}$

535) IFRO – O valor da expressão $\left(2^{-2}+5^{-1}\right)^{-1}.3^{\frac{3}{2}}$ é

(A) $\frac{10\sqrt{3}}{3}$ (B) $\frac{20\sqrt{3}}{3}$ (C) $\frac{15\sqrt{3}}{2}$ (D) $20\sqrt{3}$ (E) $\frac{20\sqrt{2}}{3}$

536) IFRR – Considere os números $m=\sqrt{2}+\sqrt{3}$ e $n=\sqrt{4-\sqrt{12}}$. O valor da expressão $\frac{m^2-n^2}{m+n}$ é

(A) $\sqrt{2}+2$ (B) $\sqrt{2}-2$ (C) $\sqrt{2}+1$ (D) $\sqrt{2}-1$ (E) $\sqrt{2}$

537) CMBH – O valor numérico da expressão $a^3 - b^3 - 3a^2b + 3ab^2$, quando $a = \dfrac{\sqrt[3]{7}+2}{\sqrt[3]{2}}$ e $2b = \dfrac{2\sqrt[3]{7}-4}{\sqrt[3]{2}}$, é:

(A) 28 (B) 30 (C) 32 (D) 34 (E) 35

538) CMF – Sobre a equação $4x + \sqrt{16x} = 3$, podemos afirmar que:

(A) admite 9/4 como solução.
(B) possui uma única solução que é um número inteiro.
(C) admite um número racional como solução.
(D) não admite soluções reais.
(E) possui duas soluções reais.

539) CMJF – A expressão $\dfrac{5}{\sqrt{x+5}-\sqrt{x}}$, sendo x um número real positivo, equivale a:

(A) 5 (B) $\sqrt{5}$ (C) $\dfrac{\sqrt{7}}{7}$ (D) $\sqrt{x+5}+\sqrt{x}$

540) CMM – A solução da equação $x - \sqrt{2x+2} = 3$ é:

(A) 1 (B) –1 (C) 2 (D) 3 (E) 7

Teste 55

541) FAETEC – A soma das raízes da equação $x - 1 = \sqrt{3x+15}$ é igual a:

(A) 2 (B) 3 (C) 5 (D) 6 (E) 7

542) ETAM – Um aluno determinou corretamente as quatro raízes x1, x2, x3 e x4 da equação biquadrada $4x^4 - 17x^2 + 4 = 0$. Se x1 < x2 < x3 < x4, o produto x3.x4 é igual a:

(A) 4 (B) 3 (C) 2 (D) 1

543) IFMG – O domínio da função $y = \dfrac{\sqrt{x^2-1}}{x+1}$ é o conjunto:

(A) $(-\infty,-1) \cup [1, \infty)$ (B) $[1, \infty)$ (C) $(1, \infty)$ (D) $(-\infty, -1) \cup (1, \infty)$

544) IFAL – Se x e y são números inteiros positivos, tais que $2^x + 2^{x+1} + 3^y - 3^{y+2} = 0$, então o valor de x/y é

(A) 2 (B) 3 (C) 4 (D) 6 (E) 9

545) IFCE – A solução real positiva da equação $x^2 - \sqrt{2}.x - 12 = 0$ é o número:

(A) $2\sqrt{2}$ (B) $3\sqrt{2}$ (C) $\sqrt{2}$ (D) $4\sqrt{2}$ (E) $5\sqrt{2}$

546) IFMA – A respeito do valor de x, que satisfaz a equação $3^{2x+2} + 9^x = 30$, é correto afirmar que:

(A) $x^2 = 9$ (B) $2x = 1$ (C) $x^{-1} = 4$ (D) $2x = 3$ (E) $x = 3^{-1}$

547) IFAM – A soma dos quadrados das raízes da equação biquadrada $3x^4 - 15x^2 + 17 = 0$ é:

(A) 10 (B) 9 (C) 8 (D) 7 (E) 5

548) IFPE – O polinômio $x^4 + x^3 + 2x^2 + x + 1$ admite uma fatoração na forma $(x^2 + A)(x^2 + Bx + C)$ com A, B e C números naturais. Calculando-se A + B + C, obtém-se um número:

(A) primo. (B) par. (C) múltiplo de 5. (D) divisível por 7. (E) quadrado perfeito.

549) IFRR – Efetuando $\frac{3+\sqrt{5}}{3-\sqrt{5}}+\frac{3-\sqrt{5}}{3+\sqrt{5}}$ obtém-se:

(A) 1 (B) 5 (C) 8 (D) 7 (E) 2

550) CFN – Determine o valor real de **x** para que se tenha:

$\sqrt{x+\sqrt{x-1}} = \sqrt{2x-3}$

(A) 10 (B) (2,5) (C) 5 (D) (7,5) (E) 1

Teste 56

551) CMBH – Se X e Y são números reais positivos tais que $(X^2 + Y - 5)^2 + (Y - 2X + 3)^2 = 0$, então podemos afirmar que $X^2 + Y^2$ é igual a:

(A) 10 (B) 13 (C) 26 (D) 5 (E) 8

552) CMJF – Dada a equação $\frac{1}{\sqrt{x+2}+\sqrt{x+1}} = 2$, com $x \neq -2$ e $x \neq -1$ podemos afirmar que x, em $\mathbb{R}$:

(A) não torna verdadeira a equação (B) pertence ao intervalo $1 \leq x \leq 3$
(C) é um número irracional (D) é um decimal infinito

553) CMM – Determinar os possíveis valores reais de x que satisfazem a inequação

$$\frac{(x^2-1)^{2015}.(2x+2)^{2016}}{(-x^2+4x)^{2017}} \leq 0$$

(A) $\{x \in \mathbb{R};\ x \leq -1 \text{ ou } 0 < x \leq 1 \text{ ou } x > 4\}$
(B) $\{x \in \mathbb{R};\ x < -1 \text{ ou } x \geq 4\}$
(C) $\{x \in \mathbb{R};\ 0 \leq x \leq 1 \text{ ou } x > 4\}$
(D) $\{x \in \mathbb{R};\ x < -1 \text{ ou } 0 < x \leq 1 \text{ ou } x \geq 4\}$
(E) $\{x \in \mathbb{R};\ x \leq -1 \text{ ou } x \geq 4\}$

554) CMPA – Jorjão estava fazendo cálculos com uma calculadora eletrônica, quando observou que algumas operações tinham como resultado números nos quais todos os seus algarismos eram iguais a 5. Abaixo, estão os resultados observados por ele.

8 - 3 = 5
78 - 23 = 55
778 - 223 = 555
7.778 - 2.223 = 5.555
77.778 - 22.223 = 55.555
777.778 - 222.223 = 555.555
7.777.778 - 2.222.223 = 5.555.555
77.777.778 - 22.222.223 = 55.555.555

Como essa calculadora faz operações com até 8 dígitos, quando Jorjão tentou calcular $7.777.778^2$, que é um número de 14 dígitos, a palavra ERROR apareceu no visor, indicando que o resultado dessa operação não pode ser obtido naquela calculadora. Entretanto, caso sigamos o padrão das operações observadas anteriormente, mesmo sem utilizar a calculadora, qual é o valor de $7.777.778^2 - 2.222.223^2$?

(A) 55.555.555.555.555 (B) 5.555.555.555.555 (C) 555.555.555.555
(D) 55.555.555.555 (E) 5.555.555.555

555) CMR – Na Feira de Ciências realizada no Colégio Militar do Recife em 2017, um aluno do 1º ano do Ensino Médio lançou um foguete que por sua vez descreveu uma trajetória parabólica. Curioso com o fato, o aluno representou a trajetória no gráfico a seguir. Com isso, chegou às seguintes conclusões:

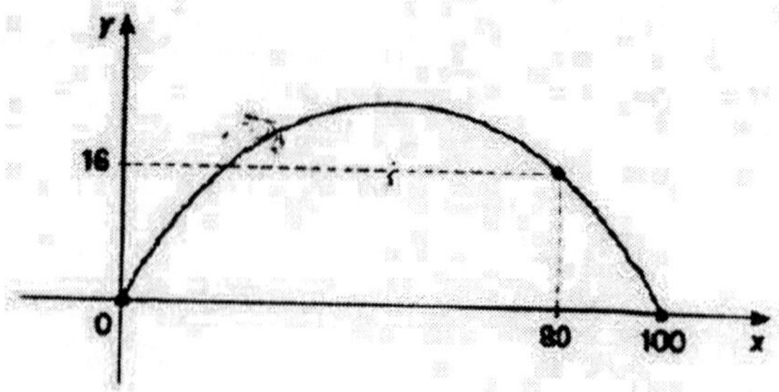

- Os valores nos eixos OX e OY indicam, respectivamente, as distâncias, em metros percorridas pelo foguete na horizontal e na vertical (altura);
- quando o foguete apresentou uma distância horizontal de 80 metros, a sua distância vertical foi de 16 metros.
- O foguete entrou em contato com o solo após ter percorrido uma distância horizontal de 100 metros.

Calcule a distância horizontal associada à distância vertical de 9 metros na subida do foguete.

(A) 24 metros (B) 20 metros (C) 16 metros (D) 12 metros (E) 10 metros

556) CEFET RJ – Considere as frações algébricas $A = \frac{x+1}{x-1} - \frac{x-1}{x+1}$ e $B = \frac{3x^2-5x-2}{x^2-1}$ onde $x \neq 1$ e $x \neq -1$.

a) Determinar a forma irredutível da fração algébrica A.
b) Determinar a forma fatorada da fração algébrica A + B.

557) IFSP – Considere a equação do 2º grau, em x, dada por $2x^2 + bx + c = 0$. Se as raízes dessa equação são r1 = 2 e r2 = –3, então a diferença b – c é igual a

(A) 8 (B) 14 (C) 19 (D) 23 (E) 27

558) CEFET ES – Uma empresa produz e vende aparelhos telefônicos com custo diário de produção dado pela função $C(x) = x^2 - 86x + 2500$, em que x é o número de unidades produzidas. Quantos aparelhos devem ser produzidos diariamente para que o custo diário de produção seja mínimo?

(A) 22 (B) 35 (C) 43 (D) 50 (E) 55

559) Colégio Pedro II (RJ) – De uma caixa contendo B bolas brancas e P bolas pretas, retiram-se 15 bolas brancas, permanecendo entre as bolas restantes uma relação de 1 branca para 2 pretas. Em seguida, retiram-se 10 pretas, restando, na caixa, um número de bolas na razão de 4 brancas para 3 pretas. Um sistema de equações que permite determinar os valores de B e P pode ser representado por:

(A) $\begin{cases} 2B - P = 30 \\ 3B - 4P = 5 \end{cases}$ (B) $\begin{cases} B + P = 30 \\ B - P = 5 \end{cases}$ (C) $\begin{cases} 2B + P = -30 \\ -3B - 4P = -5 \end{cases}$ (D) $\begin{cases} 2B + P = 30 \\ 3B - 4P = 5 \end{cases}$

560) IFRS – Desenhando sobre um mesmo sistema de eixos cartesianos os gráficos de $y = x^2 + 1$ e de $x^2 + y^2 = 4$, quantos pontos em comum a ambos existirão?

(A) 0 (B) 1 (C) 2 (D) 3 (E) 4

Teste 57

561) CMBH – Se $x + \frac{1}{x} = \sqrt{2}$, então $x^3 + \frac{1}{x^3}$ é igual a:

(A) $2\sqrt{2}$ (B) $\sqrt{2}$ (C) $-\sqrt{2}$ (D) $-2\sqrt{2}$ (E) -2

562) CMM – Calculando o valor numérico da expressão $\sqrt[4]{\frac{16a^4b^8(a^2+2ab+b^2)^2}{81(a+b)^8}}$

para a = 1/2 e b = 3, obtemos:

(A) 1/2 (B) 6/7 (C) 7/6 (D) 1/3 (E) 1

563) CMR – Suponha que as parábolas do gráfico cartesiano a seguir representam as trajetórias das águas liberadas por dois esguichos: um localizado no ponto $A(-\sqrt{2},0)$ (esguicho 1) e outro localizado no ponto $B(0,0)$ (esguicho 2). A altura máxima que o esguicho 1 proporciona é de 2 metros enquanto o esguicho 2 proporciona 4 metros de altura máxima. Pode-se afirmar que as trajetórias coincidirão a uma altura em relação ao solo de

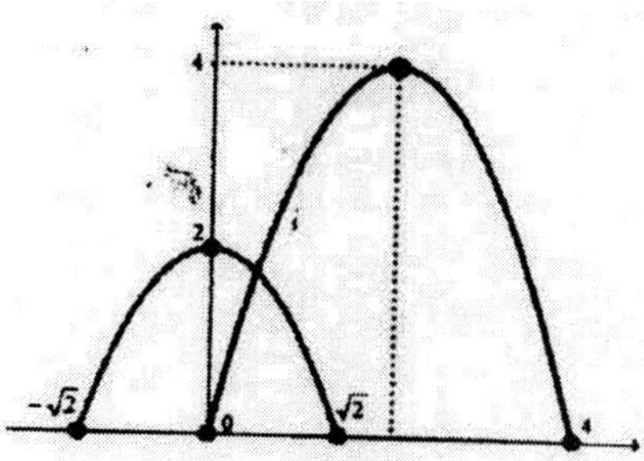

(A) 0,5 m (B) 1,25 m (C) 1,45 m
(D) 1,65 m (E) 1,75 m

564) CMSM – A soma dos n primeiros números naturais é dado pela $S_n = \frac{(n+1)n}{2}$. Por exemplo, $S_{10} = 1 + 2 + ... + 10 = \frac{(10+1)10}{2} = 55.$

Ela foi usada pela primeira vez por Carl Friedrich Gauss (1777 – 1855), um dos maiores matemáticos de todos os tempos, quando tinha apenas 10 anos de idade.

Use essa fórmula para resolver o seguinte problema: listamos os inteiros de 1 a n. Desta lista apagamos o inteiro m. A média dos n – 1 números restantes é 134/11. Qual o valor de n e m?

(A) n=23 e m=8 (B) n=22 e m=10 (C) n=24 e m=12 (D) n=22 e m=13 (E) n=25 e m=10

565) CEFET RJ – Seja F a forma fatorada irredutível equivalente à expressão algébrica a seguir:

$$\frac{x^2.(x-1)+(x-2)^2-(x-2).(x-1)-1}{x^2-1}$$

a) Escreva F.
b) Calcule o valor numérico de F quando x=2.

566) IFPR – Um terreno retangular possui largura medindo 8 metros a menos do que o comprimento. Sabe-se que a área desse terreno mede 384 m^2. Uma das dimensões desse terreno mede:

(A) 15 m (B) 16 m (C) 18 m (D) 32 m (E) 48 m

567) IFTO – O reto da divisão do polinômio $A(x) = -12x^4 + 10x^3 - 20x^2 - 10nx - 3$ pelo polinômio $B(x) = 6x - 2$ é $R(x) = 5$. Calcule o valor de n.

(A) 5 (B) 1/3 (C) 3 (D) –3 (E) –1/3

568) IFPE – Qual é o número positivo que, diminuído de sete vezes a sua raiz quadrada, dê como resultado o número 44?

(A) 225 (B) 196 (C) 169 (D) 144 (E) 121

569) IFRO – A soma de três números ímpares e consecutivos resulta em 81. A divisão do menor deles por 5 resulta em:

(A) 10 (B) 5 (C) 15 (D) 20 (E) 25

570) IFSP – A equação $2x^2 - 5x + 4 = 0$ possui as raízes α e β. Uma outra equação do 2º grau que admite as raízes α^2 e β^2 pode ser

(A) $4x^2 - 25x - 16 = 0$ (B) $4x^2 - 25x + 16 = 0$ (C) $4x^2 + 9x + 16 = 0$
(D) $4x^2 - 9x + 16 = 0$ (E) $4x^2 + 9x - 16 = 0$

Teste 58

571) CMBH – Seja $ax^2 + bx + c = 0$ uma equação do 2º grau com os coeficientes a, b e c reais. Sejam x1 e x2 as raízes dessa equação, tais que $\frac{1}{x_1} + \frac{1}{x_2} = \frac{2-\sqrt{3}}{2+\sqrt{3}}$. O valor da razão c/b é dado por:

(A) $4\sqrt{3}+7$ (B) $-11\sqrt{3}$ (C) $-4\sqrt{3}-7$ (D) $-4\sqrt{3}+7$ (E) $4\sqrt{3}-7$

572) CMSM – Com apenas 19 anos de idade, *Gauss* publicou sua tese de doutorado. Nela encontra-se uma demonstração do *Teorema Fundamental da Álgebra*. Esse teorema garante que toda função polinomial de grau n pode ser decomposta em n fatores do primeiro grau. Use esse resultado para resolver a inequação:

$$\frac{2x^2 - 6x + 4}{x - 2} \geq 0$$

(A) $\{x \in \mathbb{R} \mid x \geq 1\}$ (B) $\{x \in \mathbb{R} \mid x \leq 2\}$ (C) $\{x \in \mathbb{R} \mid x \leq 2 \text{ e } x \neq 1\}$
(D) $\{x \in \mathbb{R} \mid x \geq 1 \text{ e } x \neq 2\}$ (E) $\{x \in \mathbb{R} \mid x \leq 1 \text{ ou } x \geq 2\}$

573) CMRJ – Considere o retângulo ABCD, cuja base mede 40 cm e altura mede 60 cm, e o triângulo BEF construído com vértices sobre os lados do retângulo, conforme a figura abaixo. Sabendo que ED=3.DF e a área do triângulo BEF é a maior possível, qual a área deste triângulo?

(A) 750 cm^2 (B) 900 cm^2 (C) 1050 cm^2
(D) 1200 cm^2 (E) 1350 cm^2

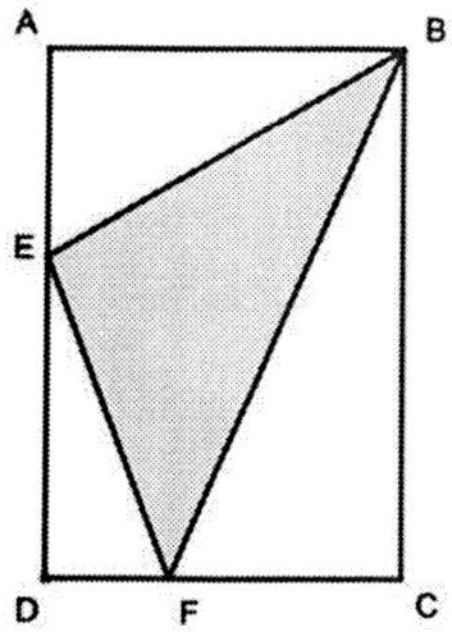

574) CFN – Numa classe que tem 42 alunos, a média dos pesos é 37 kg. Certo dia em que faltaram 2 alunos, a média caiu para 36 kg. Quanto pesam, juntos, os alunos faltosos?

(A) 42 kg (B) 72 kg (C) 84 kg (D) 114 kg (E) 122 kg

575) EAM – Se a soma dos quadrados das raízes da equação $x^2 + px + 10 = 0$ é igual a 29, é correto afirmar que o valor de p^2 é um múltiplo de:

(A) 2 (B) 3 (C) 5 (D) 7 (E) 9

576) CMR – Se m + n + p = 6, m.n.p = 2 e mn + mp + np = 11, podemos dizer que o valor de $\frac{m}{np}+\frac{n}{mp}+\frac{p}{mn}$ é:

(A) 1 (B) 3 (C) 7 (D) 18 (E) 22

577) IFSC – Analise as afirmações seguintes:

I. $-5^2-\sqrt{16}.(-10)\div(\sqrt{5})^2=-17$
II. $35\div(3+\sqrt{81}-2^3+1)\times 2=10$
III. Efetuando-se $(3+\sqrt{5})(3-\sqrt{5})$, obtém-se um número múltiplo de 2.

Assinale a alternativa correta.

(A) Todas são verdadeiras.
(B) Apenas I e III são verdadeiras.
(C) Todas são falsas.
(D) Apenas uma das afirmações é verdadeira.
(E) Apenas II e III são verdadeiras.

578) EAM – A expressão $\frac{2+a^2-3a}{6+a^2-5a}\div\frac{4+a^2-5a}{12-7a+a^2}$, quando simplificada, considerando a condição de existência dessa simplificação, tem como resultado:

(A) $a^2 + 1$ (B) a + 1 (C) 2 (D) 1 (E) a – 1

579) IFGO – Pablo participou, na sua escola, das Olimpíadas de Matemática. A prova continha 35 questões. A soma dos valores reais de x que satisfazem a equação do 2º grau $x^2 - 9x + 8 = 0$ expressa a quantidade de questões que Pablo errou. Dessa maneira, o número de questões que Pablo acertou é

(A) 2 (B) 9 (C) 11 (D) 23 (E) 26

580) IFAL – Determine o valor de k na equação $x^2 - 12x + k = 0$ de modo que uma raiz seja o dobro da outra:

(A) 12 (B) 18 (C) 24 (D) 28 (E) 32

Teste 59

581) CMRJ – Uma ponte metálica, em forma de arco de parábola, será construída. Sua sustentação será feita com seis pendurais metálicos, três de cada lado, distando 30m um do outro, como ilustra a figura abaixo. Sabendo que a ponte tem 40m de altura, quantos metros de pendurais serão necessários para a construção desta ponte?

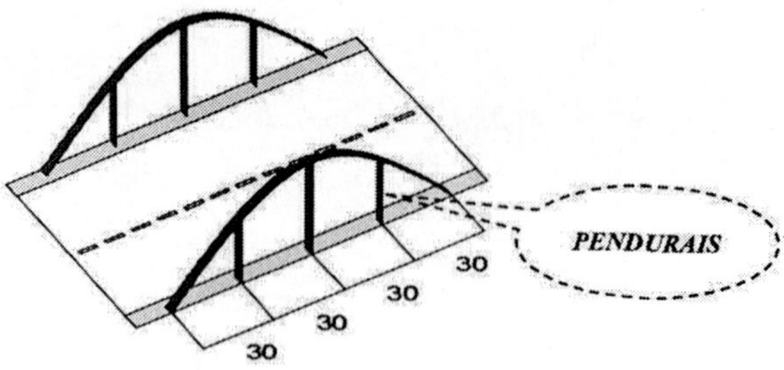

(A) 120m (B) 140m (C) 160m
(D) 180m (E) 200m

582) CMB – A final da Copa do Mundo será disputada em 13 de julho de 2014, por duas seleções X e Y e terá um placar a × b, em que a é o número de gols da seleção X e b é o número de gols da seleção Y. Supondo que a é uma raiz da equação A e b é o resultado da expressão B, dadas abaixo:

Equação A: $\dfrac{x}{x+1} + \dfrac{1}{x-1} = \dfrac{x+3}{x^2-1}$ Expressão B: $\dfrac{2.\left(\dfrac{1}{4}\right)^{-1} - 2^2}{\left(\dfrac{1}{2}\right)^{-2}}$

Então, o placar a × b será de:

(A) 1×0 (B) 2×1 (C) 2×2 (D) 3×1 (E) 3×2

583) CMBH – O número real x satisfaz a desigualdade $-(x - 5)^2 < -4^2$. Qual alternativa inclui todas as possibilidades para x?

(A) $1 < x < 9$ (B) $x < 1$ ou $x > 9$ (C) $x < 1$ (D) $x < 9$ (E) $x > 9$

584) CMF – Simplificando a expressão algébrica

$\left(\dfrac{5x}{7} - 3\right)^3 + 9.\left(\dfrac{5x}{7} - 3\right)^2 + 27.\left(\dfrac{5x}{7} - 3\right) - \dfrac{125x^3}{343} + 2.(x-2) + 35$, vamos obter o resultado:

(A) 2x+1 (B) 2x+2 (C) 2x+3 (D) 2x+4 (E) 2x+5

585) EAM – Sendo $x - \dfrac{2}{x} = a$, então $x^2 + \dfrac{4}{x^2}$ é igual a:

(A) $a^2 + 4$ (B) $a^2 - 4$ (C) a^2 (D) $a + 4$ (E) $a - 4$

586) EAM – Seja f uma função real, definida por $f(x) = x^2 - 3x + 2$. O conjunto imagem dessa função é o intervalo:

(A) $\left[-\dfrac{1}{3}; +\infty\right)$ (B) $\left[-\dfrac{1}{6}; +\infty\right)$ (C) $\left[-\dfrac{1}{4}; +\infty\right)$ (D) $\left[-\dfrac{1}{2}; +\infty\right)$ (E) $\left[\dfrac{1}{4}; +\infty\right)$

587) IFAL – A altura atingida por um peixe em relação ao nível da superfície da água, em metros, ao saltar dela, é dada em função do tempo, em segundos, pela função $H(t) = -t^2 + 4t - 1$. A altura máxima atingida pelo peixe é de:

(A) 1 m (B) 2 m (C) 3 m (D) 4 m (E) 5 m

588) IFS – Determine o valor de k para que 2 seja raiz da equação $x^2 - kx + 6 = 0$.

(A) 4 (B) 5 (C) 6 (D) 7 (E) 8

589) IFCE – O resto da divisão de $p(x) = 4x^3 + 2x^2 - mx + 5$ por $D(x) = x + 2$ é igual a 1. Então, m é igual a:

(A) 12 (B) –15 (C) 15 (D) 10

590) IFPI – O conjunto das soluções reais da inequação $(2x + 4).(-3x + 12) \geq 0$ é

(A) $[-2, 4]$ (B) $(-\infty, -2]$ (C) $(-\infty, 4]$ (D) $[4, \infty)$ (E) $[2, \infty)$

Teste 60

591) EAM – O conjunto solução, nos reais, da inequação $\dfrac{5}{x-1} > 1$ é o intervalo:

(A) $]5, 6[$ (B) $]-\infty, 6[$ (C) $\mathbb{R}$ (D) $]1, +\infty[$ (E) $]1, 6[$

592) CMB – Numa partida de futebol, uma bola é chutada de um ponto O e, em seguida, toca o solo nos pontos A, B e C, descrevendo, ao longo de sua trajetória, três parábolas representadas no plano cartesiano a seguir. Nesse plano cartesiano, o eixo y representa a altura da bola e o eixo x representa seu alcance, ambos em metros.

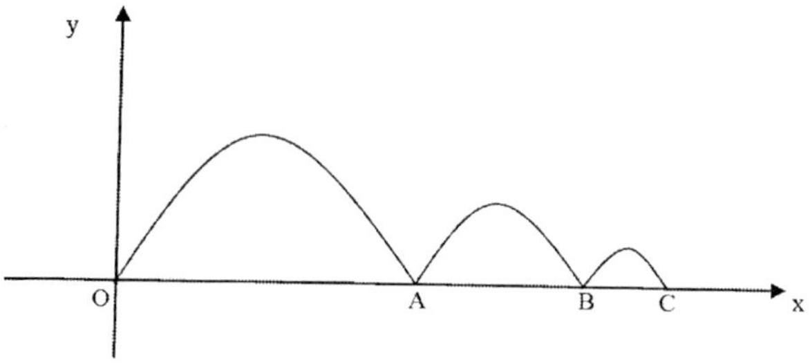

A distância entre os pontos B e C é de 1 m e o ponto P(9, 3) pertence a uma das parábolas e, além disso, a equação de uma das parábolas é $y = -x^2/4 + 7x - 48$ então a altura máxima atingida pela bola é igual a:

(A) 2m (B) 3m (C) 4m (D) 5m (E) 6m

593) CMBH – Se $A = \dfrac{1}{1-\sqrt{2}} + 2\sqrt{2}$ e $B = \cfrac{1}{2 + \cfrac{1}{2 + \cfrac{1}{1+\sqrt{2}}}}$, então é correto afirmar que:

(A) A = 1/B (B) A>B (C) B>A (D) A=B (E) A+B=0

594) CMJF – Analise as afirmativas abaixo, julgando-as como verdadeiras ou falsas.

I. O conjunto solução da inequação $x^2 \leq 9$ é $\{x \in \mathbb{R} \mid x \leq 3\}$

II. Sendo $a + b = 5$ e $ab = 2$, o valor numérico de $a^2 + b^2 = 21$

III. Se $x = \sqrt[3]{2}$ e $y = 1$, então y/x vale $\dfrac{\sqrt[3]{4}}{2}$

IV. $\sqrt{\dfrac{2^{28}+2^{30}}{5}}=2^{14}$

Em relação às afirmativas apresentadas, podemos concluir:

(A) Apenas as afirmativas III e IV são verdadeiras.
(B) Todas as afirmativas são verdadeiras.
(C) Apenas as afirmativas I e III são falsas.
(D) Apenas a afirmativa I é falsa.

595) CMM – O portal de uma igreja tem a forma de um arco de parábola, conforme a figura abaixo. A medida da sua base AB é de 6m e da sua altura máxima é 5m. Uma faixa CD paralela à base foi colocada 3m acima da base AB. Dessa forma, podemos afirmar que o comprimento da faixa CD é igual a:

Considere: $\sqrt{10} \cong 3$

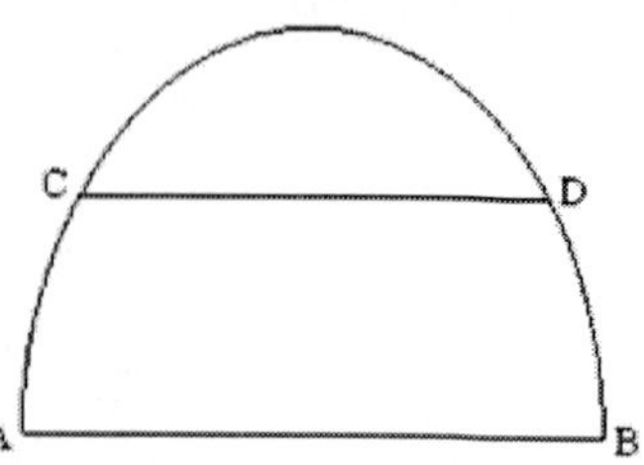

(A) 3,2m (B) 3m (C) 4m (D) 4,2m (E) 3,6m

596) CEFET ES – A equação $\dfrac{x}{1-x}+\dfrac{x-2}{x}-1=0$ tem duas raízes. A soma e o produto dessas raízes são iguais a:

(A) –4 (B) –2 (C) 0 (D) 2 (E) 4

597) IFSP – O conjunto solução de $\begin{cases} x-y=2 \\ \dfrac{4}{x-6}=\dfrac{2}{y-3} \end{cases}$ é:

(A) S = {(1, 3)} (B) S = {(4, 0)} (C) S = {(4, 2)} (D) S = {(2, 2)} (E) S = {(2,43)}

598) IFRS – O gráfico abaixo representa uma função $f(x) = ax^2 + bx + c$. Neste caso, podemos afirmar que:

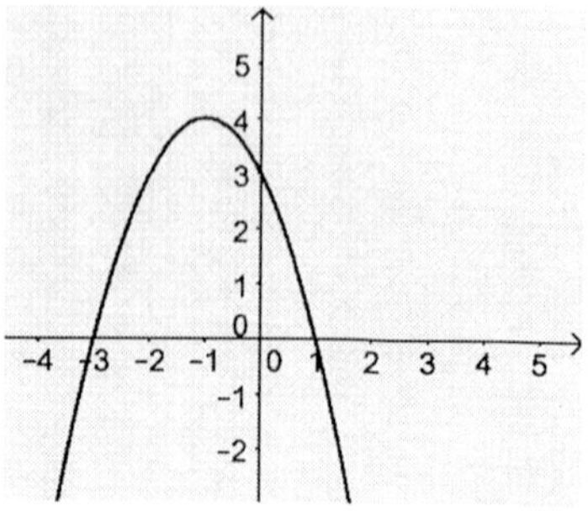

(A) $ab<0$ (B) $ac>0$ (C) $bc>\left(\dfrac{a}{2}\right)^2$

(D) $ac>\left(\dfrac{b}{2}\right)^2$ (E) $ac<\left(\dfrac{b}{2}\right)^2$

599) IFSC – Uma indústria fabrica ventiladores. O custo de produção é composto de várias parcelas, correspondentes a matéria-prima, salário, transportes, energia elétrica, aluguéis, impostos, etc. Algumas dessas parcelas são fixas, independentemente do número de unidades produzidas. Assim, o custo de produção por unidade diminui conforme aumenta o número de unidades produzidas. Para cada x ventiladores fabricados em um dia, o custo de produção por ventilador é 30 – x/40 reais. Sabendo que a capacidade máxima de produção dessa indústria é de 300 ventiladores por dia, quantos ventiladores devem ser fabricados nesse dia para que o custo total de produção seja R$ 5.000,00 ?

(A) 100 (B) 150 (C) 200 (D) 250 (E) 1000

600) IFRJ – Considere a figura como uma ponte suspensa onde o cabo principal entre os postes (suspensores) tem a forma de um arco de parábola que tangencia o solo da ponte. Admita ainda que a altura dos postes seja de 50 metros e a distância entre eles seja de 100 metros.

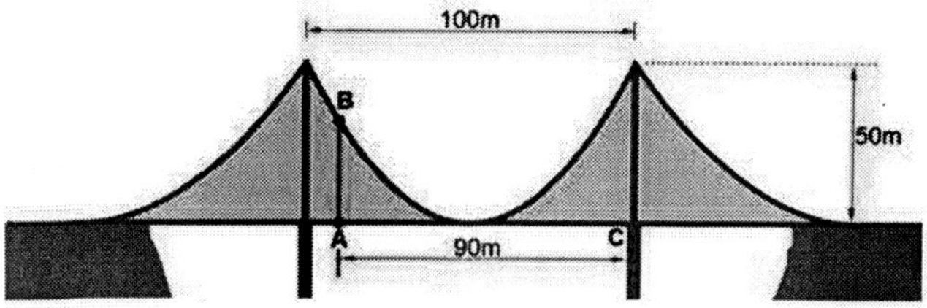

DICA: Para um sistema de coordenadas cartesianas centrado no ponto de tangência citado, a equação da parábola entre os postes tem a forma $y = a.x^2$, com $a \in \mathbb{R}$.
Logo, a altura AB entre o cabo e o solo da ponte, distante 90 metros do poste C, é igual, em metros, a:

(A) 12,5 (B) 25 (C) 32 (D) 45

Respostas dos testes

Respostas do Teste 51

501) B	503) A	505) D	507) D	509) A
502) C	504) A	506) B	508) E	510) A

Respostas do Teste 52

511) A	513) B	515) C	517) B	519) D
512) D	514) E	516) D	518) A	520) D

Respostas do Teste 53

521) E	523) C	525) B	527) B	529) C
522) C	524) C	526) E	528) C	530) E

Respostas do Teste 54

531) *	533) A	535) B	537) C	539) D
532) D	534) C	536) C	538) C	540) E

531) Anulada

Respostas do Teste 55

541) E	543) A	545) B	547) A	549) D
542) D	544) B	546) B	548) A	550) C

Respostas do Teste 56

551) D	553) A	555) E	557) B	559) A
552) A	554) A	556) *	558) C	560) C

556) a) $\frac{4x}{(x+1)(x-1)}$; b) $\frac{3x+2}{x+1}$

Respostas do Teste 57

561) C	563) E	565) *	567) D	569) B
562) B	564) A	566) B	568) E	570) D

565) a) x – 1; b) 1

Respostas do Teste 58

571) C	573) D	575) D	577) B	579) E
572) D	574) D	576) C	578) D	580) E

Respostas do Teste 59

581) E	583) B	585) B	587) C	589) D
582) B	584) C	586) A	588) B	590) A

Respostas do Teste 510

591) E	593) D	595) E	597) C	599) C
592) C	594) D	596) D	598) E	600) C

Resoluções dos testes

Resoluções do teste 51

501) CMBH – Extrema habilidade de cálculo algébrico é um requisito para quem vai prestar concurso para o Colégio Militar. Essa questão trata sobre cálculo de radicais, um dos assuntos mais árduos do cálculo algébrico. As duas primeiras são a respeito de *radicais duplos*.
É curioso que em algumas expressões com radicais, a parte irracional "cancela", e sobram apenas termos inteiros ou racionais. Um caminho para verificar isso é elevar a expressão ao quadrado.

[I] - ERRADO. Elevando a expressão ao quadrado, ficamos com:

$$x^2 = \left(\sqrt{3-2\sqrt{2}} - \sqrt{3+2\sqrt{2}}\right)^2 = 3-2\sqrt{2}+3+2\sqrt{2}+2.\sqrt{3-2\sqrt{2}}.\sqrt{3+2\sqrt{2}}$$

$$x^2 = 6-2\sqrt{(3-2\sqrt{2})(3+2\sqrt{2})} = 6-2\sqrt{9-8} = 6-2 = 4$$

$$x^2 = 4$$

Cuidado, pois o Colégio Militar gosta muito de usar uma "pegadinha" nessa hora. Encontramos $x^2 = 4$. Se fosse uma equação, teríamos duas soluções: x = 2 ou x = –2. Mas não é uma equação, é uma expressão numérica que estamos calculando. E é uma expressão numérica negativa, pois x é o resultado da subtração de dois radicais duplos, e vemos claramente que o segundo radical é maior que o primeiro. Portanto x = –2. No entanto, a "pegadinha" não foi usada aqui. Foi perguntado apenas se x é um número irracional, o que está errado.

[II] CERTO. Podemos resolver pelo mesmo método, elevando a expressão ao quadrado.

$$\sqrt{7}-\sqrt{2} = \sqrt{A-\sqrt{B}}$$

$$\left(\sqrt{7}-\sqrt{2}\right)^2 = A-\sqrt{B}$$

$$9-2\sqrt{14} = 9-\sqrt{56} = A-\sqrt{B}$$

Logo A=9 e B=56. A expressão $\frac{B-2}{A}$ vale $\frac{56-2}{9} = 6$

[III] ERRADO. A primeira expressão vale $\left(a\sqrt{a\sqrt{a}}\right)^{-\frac{1}{2}} = \left(a^1.a^{\frac{1}{2}}.a^{\frac{1}{4}}\right)^{-\frac{1}{2}} = a^{-\frac{1}{2}.\frac{7}{4}} = a^{-\frac{7}{8}}$

A segunda expressão vale $\frac{\sqrt[8]{a^7}}{a} = \frac{a^{\frac{7}{8}}}{a} = a^{\frac{7}{8}-1} = a^{-\frac{1}{8}}$

Logo, as expressões são diferentes.

Resposta: (B) F – V – F

502) EAM – O cálculo da expressão requer a racionalização do denominador da 2ª fração. Para racionalizar o denominador, multiplicamos ambos os termos da fração pelo *fator racionalizante*. Para um irracional da forma $x+\sqrt{y}$, o fator racionalizante é $x-\sqrt{y}$ ou $-x+\sqrt{y}$, ou seja, basta trocar o sinal de um dos termos, que pode ser a parte racional ou a parte irracional. Com $\sqrt{3}+1$, usaremos o fator $\sqrt{3}-1$.

$$B = \frac{2}{\sqrt{3}-1} = \frac{2\left(\sqrt{3}+1\right)}{\left(\sqrt{3}-1\right)\left(\sqrt{3}+1\right)}$$

O denominador da fração resultará em uma diferença de quadrados.

$$\frac{2\left(\sqrt{3}+1\right)}{\left(\sqrt{3}-1\right)\left(\sqrt{3}+1\right)} = \frac{2\left(\sqrt{3}+1\right)}{3-1} = \sqrt{3}+1$$

Logo $A-B = 2+\sqrt{3}-\left(\sqrt{3}+1\right) = 1$

Resposta: (C) 1

503) EAM – Comecemos com a^2, que está mais fácil de calcular:

$a = \sqrt{6}+1$ ➔ $a^2 = 6+1+2\sqrt{6} = 7+2\sqrt{6}$ (produtos notáveis, quadrado da soma)

O calculo de b^2 ficará mais fácil se antes formarmos uma só fração:

$$b=\frac{1}{\sqrt{2}}+\sqrt{3}=\frac{1}{\sqrt{2}}+\frac{\sqrt{3}}{1}=\frac{1}{\sqrt{2}}+\frac{\sqrt{3}.\sqrt{2}}{1.\sqrt{2}}=\frac{1+\sqrt{6}}{\sqrt{2}}$$

Não é necessário racionalizar o denominador pois iremos elevar a fração ao quadrado, e o denominador passará a ser 2.

$$b^2=\left(\frac{1+\sqrt{6}}{\sqrt{2}}\right)^2=\frac{1+6+2\sqrt{6}}{2}=\frac{7+2\sqrt{6}}{2}$$

Finalmente calculamos $a^2 + b^2$:

$$=7+2\sqrt{6}+\frac{7+2\sqrt{6}}{2}=\frac{7+2\sqrt{6}}{1}+\frac{7+2\sqrt{6}}{2}=\frac{14+4\sqrt{6}+7+2\sqrt{6}}{2}=\frac{21+6\sqrt{6}}{2}$$

A expressão ficará idêntica à opção (A) se separamos o radical do numerador:

$$\frac{21+6\sqrt{6}}{2}=\frac{21}{2}+\frac{6\sqrt{6}}{2}=\frac{21}{2}+3\sqrt{6}$$

Resposta: (A) $\frac{21}{2}+3\sqrt{6}$

504) CMB – A primeira providência é racionalizar o denominador. Usaremos o fator racionalizante $\sqrt{5}-\sqrt{3}$. Ficamos com:

$$\frac{(\sqrt{5}-\sqrt{3})(\sqrt{5}-\sqrt{3})}{(\sqrt{5}+\sqrt{3})(\sqrt{5}-\sqrt{3})}+2\sqrt{15}$$

Assim ficaremos com uma diferença de quadrados no denominador, e os radicais irão "sumir". No numerador, teremos o quadrado de uma diferença, outro produto notável comum.

$$\frac{5+3-2.\sqrt{15}}{5-3}+2\sqrt{15}=\frac{8-2.\sqrt{15}}{2}+2\sqrt{15}=4-\sqrt{15}+2\sqrt{15}=4+\sqrt{15}$$

Trata-se de um número irracional, o que invalida as opções (C), (D) e (E). Este irracional não é menor que 1, vale 4 somando com um irracional positivo, então não é menor que 1, o que invalida (B). A única correta é (A).

Resposta: (A) Irracional

505) CMF – A expressão do denominador é, a princípio, ameaçadora, para quem não está acostumado com cálculo de radicais. Na verdade é uma das expressões com radicais mais simples que existem: o produto da soma pela diferença, que resulta em uma diferença de quadrados: $(x + y)(x - y) = x^2 - y^2$.
Os quadrados envolvidos são 5 e 3, portanto o denominador será igual a 2.
Este denominador 2 irá cancelar com o fator 8 do denominador. Ficarmos então com:

$$\left[4\left(2^{-1}+2^{-2}+2^{-3}\right)\right]\frac{10}{7}$$

Tudo se resume agora a operações com frações. Temos:

$$\left[4\left(2^{-1}+2^{-2}+2^{-3}\right)\right]\frac{10}{7}=\left[4\left(\frac{1}{2}+\frac{1}{4}+\frac{1}{8}\right)\right].\frac{10}{7}$$

A soma das três frações resulta em 7/8. Ficamos com:

$$\left[4\left(\frac{1}{2}+\frac{1}{4}+\frac{1}{8}\right)\right].\frac{10}{7}=4.\frac{7}{8}.\frac{10}{7}=5$$

Entre as opções, a única que se aplica ao 5, é (D).

Resposta: (D) um número primo

506) CMSM – A racionalização do denominador vai nos levar à resposta do problema, mas faremos a resolução por um outro método. Notamos que o numerador pode ser fatorado, e um dos fatores resultantes irá "cancelar" com o denominador. Basta observar que

$2-\sqrt{2}=\sqrt{2}\left(\sqrt{2}-1\right)$

Isso mesmo, colocando $\sqrt{2}$ em evidência no numerador, aparecerá outro fator que é igual ao denominador:

$$\frac{\sqrt{2}\left(\sqrt{2}-1\right)}{\sqrt{2}-1}=\sqrt{2}$$

Resposta: (B) $\sqrt{2}$

507) IFAL – Para quem conhece a *fórmula do radical duplo*, a resolução é bastante facilitada. O número que está dentro do primeiro radical é o quadrado de $5+\sqrt{7}$, e o número que está dentro do segundo radical é o quadrado de $5-\sqrt{7}$, e isso simplifica bastante o cálculo da expressão. Entretanto, vamos resolver a questão sem usar esse recurso.
Vamos somar as duas frações, e para isso vamos reduzi-las ao mesmo denominador. Multipliquemos ambos os termos da primeira fração por $\sqrt{32-10\sqrt{7}}$, e ambos os termos da segunda fração por $\sqrt{32+10\sqrt{7}}$. A expressão se reduz a:

$$\frac{\sqrt{32-10\sqrt{7}}}{\sqrt{32+10\sqrt{7}}\sqrt{32-10\sqrt{7}}}+\frac{\sqrt{32+10\sqrt{7}}}{\sqrt{32-10\sqrt{7}}\sqrt{32+10\sqrt{7}}}.$$

O denominador comum vale o produto dos radicais dos denominadores:
$\sqrt{32+10\sqrt{7}}\sqrt{32-10\sqrt{7}}$. Esses radicais podem ser operados, usando a diferença de quadrados:

$$\sqrt{32+10\sqrt{7}}\sqrt{32-10\sqrt{7}}=\sqrt{32^2-700}=\sqrt{1024-700}=\sqrt{324}=18$$

Surpreendentemente, o produto dos dois radicais ameaçadores da expressão original vale 18. Ficamos com a expressão:

$\dfrac{\sqrt{32-10\sqrt{7}}+\sqrt{32+10\sqrt{7}}}{18}$. Agora é preciso simplificar o numerador. Novamente lembramos que ficaria fácil se soubéssemos a fórmula do radical duplo (será apresentada mais adiante), mas também é possível resolver a expressão sem conhecer essa fórmula. Basta elevar ao quadrado. Chamemos de N o numerador da fração acima, e calculemos N^2:

$$N=\sqrt{32-10\sqrt{7}}+\sqrt{32+10\sqrt{7}}$$

$$N^2=\left(\sqrt{32-10\sqrt{7}}+\sqrt{32+10\sqrt{7}}\right)^2=32-10\sqrt{7}+32+10\sqrt{7}+2.\sqrt{32-10\sqrt{7}}.\sqrt{32+10\sqrt{7}}$$

$$=64+2.\sqrt{32-10\sqrt{7}}.\sqrt{32+10\sqrt{7}}$$

No produto dos radicais, aparece uma diferença de quadrados:

$$N^2=64+2.\sqrt{32^2-700}=64+2.\sqrt{324}=64+2\times 18=100$$

N = 10.

Portanto o resultado da nossa expressão, como fração irredutível, é

$$\frac{10}{18}=\frac{5}{9}=\frac{a}{b}$$

Para resultar em uma fração irredutível na forma a/b, é preciso que a=5 e b=9, então a + b vale 14.

Resposta: (D) 14

508) IFRR – Problemas que envolvem radicais duplos podem ser trabalhosos. Existe uma fórmula para simplificação de radicais duplos, mas é comum os alunos esquecerem quando precisam usá-la. Mostramos na questão anterior, uma forma de resolver questões de radicais duplos sem usar a fórmula: elevando a expressão ao quadrado. Isso pode ser feito quando temos a soma de dois radicais duplos conjugados, ou seja, expressões semelhantes sendo uma com + e outra com –.

No pressente problema, este método é trabalhoso, e fica mais fácil usar a fórmula. Mas temos um outro modo de resolver o radical duplo sem saber a fórmula. Na presente questão, precisamos calcular $\sqrt{7-4\sqrt{3}}$. A ideia é tentar encontrar no radicando, o quadrado de uma expressão com raiz quadrada. No exemplo, é óbvio que a expressão utiliza $\sqrt{3}$. Também é óbvio que a expressão envolve uma diferença, devido à subtração existente no radicando. Sendo assim, a expressão pode ter a forma $A-\sqrt{B}$ ou $\sqrt{B}-A$, sendo que B possui o fator 3. Como os números são pequenos, podemos testar valores. É possível formar expressões como $1-\sqrt{3}$, $\sqrt{3}-1$, $2-\sqrt{3}$, $\sqrt{3}-2$, $1-2\sqrt{3}$, $2\sqrt{3}-1$, etc.

Ao elevarmos ao quadrado a expressão, ficaremos com uma parte sem radical, que é $A^2 + B$, e esse resultado no exemplo é 7. Funcionaria por exemplo, com A=2 e B=3. Façamos o teste:

$\left(2-\sqrt{3}\right)^2 = 7-4\sqrt{3}$. Isso nos permite concluir que

$\sqrt{7-4\sqrt{3}} = 2-\sqrt{3}$.

É preciso prestar atenção ao sinal. O resultado de uma raiz quadrada é um valor positivo, logo o correto é $2-\sqrt{3}$, e não $\sqrt{3}-2$. Mas em alguns casos é preciso inverter os sinais, por exemplo, $\sqrt{9-4\sqrt{2}} = 2\sqrt{2}-1$.

Agora podemos calcular nossa expressão:

$$\sqrt{7-4\sqrt{3}}+\sqrt{3} = 2-\sqrt{3}+\sqrt{3} = 2$$

Resposta: (E) 2

509) CEFET ES – Apesar da expressão ter radicais duplos, não precisaremos utilizar métodos especiais para lidar com os radicais duplos. Bata realizar a multiplicação, o que resultará em uma diferença de quadrados. Os radicais deixarão de ser duplos.

$$\left(\sqrt{2-\sqrt{2}}\right).\left(\sqrt{2+\sqrt{2}}\right) = \sqrt{\left(2-\sqrt{2}\right)\left(2+\sqrt{2}\right)} = \sqrt{2^2-2} = \sqrt{2}$$

Resposta: (A) $\sqrt{2}$

510) IFRS – Se $\sqrt[3]{a} = 2$, então a vale 8. O valor da expressão fica:

$$-\sqrt[3]{8^2}+\sqrt[3]{\frac{1}{8}} = -\sqrt[3]{64}+\frac{1}{\sqrt[3]{8}} = -4+\frac{1}{2} = -\frac{7}{2} \text{ é:}$$

Resposta: (A) –7/2

Resoluções do teste 52

511) CMBH – As expressões, depois de racionalizadas, ficarão todas com denominador 1, e os numeradores serão radicais que irão "cancelar", sobrando apenas o primeiro e o último termo:

$$\frac{1}{1+\sqrt{2}}=\frac{1.\left(\sqrt{2}-1\right)}{\left(1+\sqrt{2}\right)\left(\sqrt{2}-1\right)}=\frac{\sqrt{2}-1}{2-1}=\sqrt{2}-1$$

$$\frac{1}{\sqrt{2}+\sqrt{3}}=\frac{1.\left(\sqrt{3}-\sqrt{2}\right)}{\left(\sqrt{2}+\sqrt{3}\right)\left(\sqrt{3}-\sqrt{2}\right)}=\frac{\sqrt{3}-\sqrt{2}}{3-2}=\sqrt{3}-\sqrt{2}$$

$$\frac{1}{\sqrt{3}+\sqrt{4}}=\frac{1.\left(\sqrt{4}-\sqrt{3}\right)}{\left(\sqrt{3}+\sqrt{4}\right)\left(\sqrt{4}-\sqrt{3}\right)}=\frac{\sqrt{4}-\sqrt{3}}{4-3}=\sqrt{4}-\sqrt{3}$$

...

$$\frac{1}{\sqrt{15}+\sqrt{16}}=\frac{1.\left(\sqrt{16}-\sqrt{15}\right)}{\left(\sqrt{15}+\sqrt{16}\right)\left(\sqrt{16}-\sqrt{15}\right)}=\frac{\sqrt{16}-\sqrt{15}}{16-15}=\sqrt{16}-\sqrt{15}$$

Ao somar todas as expressões racionalizadas, os termos irão cancelar, sobrando apenas $\sqrt{16}$ e –1, que resulta em 4 – 1 = 3.

Resposta: (A) 3

512) CMF – Mais uma vez lembramos que em questões de cálculo de valor numérico, devemos tentar simplificar a expressão (produtos notáveis, fatoração, etc.) antes de substituir os valores numéricos. No caso, a expressão a ser calculada é bastante conhecida. Trata-se da fórmula do *cubo da diferença*:

$$a^3-b^3-3a^2b+3ab^2=(a-b)^3$$

Portanto, o invés de usar os valores de a e b na expressão dada, vamos usar esses valores na sua forma fatorada:

$$(a-b)^3=\left(\frac{\sqrt[3]{5}+6}{6.\sqrt[3]{5}}-\frac{\sqrt[3]{5}-6}{6.\sqrt[3]{5}}\right)^3=\left(\frac{12}{6.\sqrt[3]{5}}\right)^3=\left(\frac{2}{\sqrt[3]{5}}\right)^3=\frac{8}{5}$$

Resposta: (D) 8/5

513) CMJF – Note que todas as opções de respostas apresentam K^2. Isso é uma pista para a resolução, ou seja, provavelmente o problema será resolvido se elevarmos a expressão ao quadrado.

$$K=\sqrt{3}+\sqrt{7}$$
$$K^2=\left(\sqrt{3}+\sqrt{7}\right)^2$$
$$K^2=3+7+2.\sqrt{21}$$
$$K^2=10+2.\sqrt{21}$$
$$\sqrt{21}=\frac{K^2-10}{2}$$

Resposta: (B) $(K^2 - 10)/2$

514) CMSM – Temos um produto de raízes cúbicas, que vale o mesmo que a raiz cúbica do produto.

$$\sqrt[3]{4-2\sqrt{2}}.\sqrt[3]{4+2\sqrt{2}}=\sqrt[3]{\left(4-2\sqrt{2}\right)\left(4+2\sqrt{2}\right)}$$

A expressão dentro do radical é um produto notável conhecido: produto da soma pela diferença, que resulta na diferença de quadrados: $(x + y)(x - y) = x^2 - y^2$. Logo ficamos com

$$\sqrt[3]{\left(4-2\sqrt{2}\right)\left(4+2\sqrt{2}\right)}=\sqrt[3]{16-8}=\sqrt[3]{8}=2$$

Resposta: (E) 2

515) CMRJ - A questão é completamente maliciosa. Afirma que com a medida do plano inclinado (hipotenusa) valendo 1 metro, e com um ângulo de 15°, o valor do cateto p vale $\sqrt{\frac{2+\sqrt{3}}{4}}$. Isso poderia ser um problema de geometria ou trigonometria, mas o valor de p não está sendo pedido, ao invés disso está sendo fornecido. É como se fosse um problema dentro de outro problema, e o problema interior já vem com a solução.

O que essa questão pede é que seja expresso o valor de $p=\sqrt{\frac{2+\sqrt{3}}{4}}$, que é um radical duplo, na forma de soma de dois radicais simples, usando a fórmula fornecida. Essa fórmula nada mais é que a famosa "fórmula do radical duplo", já citada em outras questões. No caso, temos que converter $\sqrt{\frac{2+\sqrt{3}}{4}}$ em soma de radicais. A fórmula dada apresenta o radical duplo

$\sqrt{A+\sqrt{B}}$, mas o radical do nosso problema tem um denominador 4. Podemos colocar este denominador para fora do radical.

$$\sqrt{\frac{2+\sqrt{3}}{4}}=\frac{\sqrt{2+\sqrt{3}}}{2}$$

Agora trabalhamos com o radical $\sqrt{2+\sqrt{3}}$, ou seja, temos A = 2 e B = 3. Usando esses valores de A e B na fórmula dada, ficamos com:

$$\sqrt{A+\sqrt{B}}=\sqrt{\frac{A+\sqrt{A^2-B}}{2}}+\sqrt{\frac{A-\sqrt{A^2-B}}{2}}$$

$$\sqrt{2+\sqrt{3}}=\sqrt{\frac{2+\sqrt{2^2-3}}{2}}+\sqrt{\frac{2-\sqrt{2^2-3}}{2}}=\sqrt{\frac{3}{2}}+\sqrt{\frac{1}{2}}=\frac{\sqrt{6}}{2}+\frac{\sqrt{2}}{2}$$

Logo, o valor de p é:

$$p=\sqrt{\frac{2+\sqrt{3}}{4}}=\frac{\sqrt{2+\sqrt{3}}}{2}=\frac{\sqrt{6}+\sqrt{2}}{4}$$

Resposta: (C) $\frac{\sqrt{6}+\sqrt{2}}{4}$

516) CFN - Para transformar um produto/divisão de raízes, em uma única raiz, precisamos expressar todas as raízes no mesmo índice. Temos no numerador e no denominador uma raiz sexta, então podemos "juntar" os seus radicandos, no caso, em uma fração 4/120. Mas o outro termo não pode ser juntado de imediato, precisamos convertê-lo também para uma raiz sexta. Felizmente isso é fácil, pois temos a raiz quadrada de uma raiz cúbica. Podemos multiplicar os índices dos radicais:

$$\sqrt{\sqrt[3]{10}}=\sqrt[6]{10}$$

Logo, nossa expressão se reduz a:

$\frac{\sqrt[6]{4}.\sqrt[6]{10}}{\sqrt[6]{120}}=\sqrt[6]{\frac{4\times 10}{120}}=\sqrt[6]{\frac{1}{3}}$. Não é necessário racionalizar, pois este valor já consta na letra (D).

Resposta: (D) $\sqrt[3]{\frac{1}{3}}$

517) EAM – Temos o produto de duas raízes quadradas. Elevando ao quadrado, cada um dos dois fatores será elevado ao quadrado, e seus radicais irão "desaparecer".

$$\left(\sqrt{\sqrt{6}-2}.\sqrt{2+\sqrt{6}}\right)^2=\left(\sqrt{6}-2\right)\left(\sqrt{6}+2\right)$$

Trocamos a posição dos termos do segundo fator apenas para ficar mais fácil de visualizar que o que temos agora é uma diferença de quadrados, que vale:

6 – 4 = 2

Resposta: (B) 2

518) CEFET ES – O produto de raízes é o mesmo que a raiz do produto. Então podemos escrever a expressão como:

$$A=\left(\sqrt{\sqrt{20}+2}\right).\left(\sqrt{\sqrt{20}-2}\right)=\sqrt{\left(\sqrt{20}+2\right).\left(\sqrt{20}-2\right)}$$

A expressão dentro do radical é uma diferença de quadrados:

$\sqrt{20-4}=\sqrt{16}=4$. Portanto A vale 4, e sua raiz quadrada é 2.

Resposta: (A) $\sqrt{A}=2$

519) IFSC 2014 – Basta resolver a equação:

$$\frac{1}{\sqrt[3]{x+3}}=3$$

$$\sqrt[3]{x+3}=\frac{1}{3}$$

$$x+3=\frac{1}{27}$$

$$x=\frac{1}{27}-3=-\frac{80}{27}$$

Resposta: (D) X=–80/27

520) IFMG – Temos que racionalizar o denominador:

$$\frac{1}{\sqrt{3}-\sqrt{2}}=\frac{\left(\sqrt{3}+\sqrt{2}\right)}{\left(\sqrt{3}-\sqrt{2}\right)\left(\sqrt{3}+\sqrt{2}\right)}=\frac{\left(\sqrt{3}+\sqrt{2}\right)}{3-2}=\sqrt{3}+\sqrt{2}$$

Resposta: (D) $\sqrt{3}+\sqrt{2}$

Resoluções do teste 53

521) CMRJ – Uma boa hora para relembrar a fórmula do radical duplo. Primeiro devemos escrever o radical duplo na forma:

$$\sqrt{A+\sqrt{B}}$$

Se existir um número multiplicando $\sqrt{B}$, este deve ser colocado para dentro do radical.

A seguir calculamos C, dado por:

$$\sqrt{A^2-B}$$

Note que A^2 tem que ser maior que B para que o cálculo possa ser feito. Além disso, A^2 – B precisa ser um quadrado perfeito, caso contrário o radical não terá uma forma simplificada. Finalmente podemos desmembrar o radical duplo na soma de dois radicais simples:

$$\sqrt{A+\sqrt{B}}=\sqrt{\frac{A+C}{2}}+\sqrt{\frac{A-C}{2}}$$

Se o radical duplo tiver uma subtração, os radicais do 2º membro aparecerão em uma subtração:

$$\sqrt{A-\sqrt{B}}=\sqrt{\frac{A+C}{2}}-\sqrt{\frac{A-C}{2}}$$

Vamos utilizar a fórmula para resolver este problema. Note que temos uma raiz quarta, então teremos que aplicar a raiz quadrada duas vezes.

$\sqrt{49+20\sqrt{6}}=\sqrt{49+\sqrt{2400}}$. Colocamos 20 para dentro do radical. Temos A = 49 e B=2400.

$C=\sqrt{A^2-B}=\sqrt{49^2-2400}=\sqrt{2401-2400}=\sqrt{1}=1$

Portanto ficamos com:

$$\sqrt{\frac{49+1}{2}}+\sqrt{\frac{49-1}{2}}=5+\sqrt{24}$$

Agora extraímos novamente a raiz quadrada, pois precisamos formar a raiz quarta.

$\sqrt{5+\sqrt{24}}$; A = 5 e B = 24;

$C=\sqrt{A^2-B}=\sqrt{5^2-24}=\sqrt{1}=1$

Aplicando a fórmula do radical duplo, ficamos com:

$$\sqrt{\frac{5+1}{2}}+\sqrt{\frac{5-1}{2}}=\sqrt{3}+\sqrt{2}$$

Sendo assim, nossa expressão se reduz a:

$$\frac{1}{\sqrt[4]{49+20\sqrt{6}}}=\frac{1}{\sqrt{3}+\sqrt{2}}$$

Com a racionalização do denominador, resulta em $\sqrt{3}-\sqrt{2}$

Resposta: (E) $\sqrt{3}-\sqrt{2}$

522) CMB – A questão tem uma clássica "pegadinha", na qual só não cai o aluno que fez bastante exercícios. A resolução começa de forma correta se fizermos:

$\sqrt{\left(\sqrt[3]{63}+4\right)^2}=\sqrt[3]{63}+4$. Está correto pois estamos calculando a raiz quadrada de um quadrado, então o resultado é o próprio número. É como fazer $\sqrt{x^2}=x$. Isso está correto, mas apenas para números positivos. Na segunda parte da expressão, não teremos tal sorte.

$\sqrt{\left(\sqrt[3]{63}-4\right)^2}=\sqrt[3]{63}-4$, desta vez está errado. O motivo é que o número $\sqrt[3]{63}-4$ é negativo, já que 64 é maior que 63, o que resulta em $\sqrt[3]{64}$ ser maior que $\sqrt[3]{63}$, e portanto o número $\sqrt[3]{63}-4$ é negativo. Para números negativos, não vale a fórmula $\sqrt{x^2}=x$, mas sim, $\sqrt{x^2}=-x$. A expressão correta da raiz quadrada de um quadrado é $\sqrt{x^2}=|x|$, que vale para x positivo e para x negativo. No caso, para ficarmos com o resultado positivo, devemos ter:

$\sqrt{\left(\sqrt[3]{63}-4\right)^2}=\left|\sqrt[3]{63}-4\right|=4-\sqrt[3]{63}$

Portanto nossa expressão fica:

$\sqrt[3]{63}+4+4-\sqrt[3]{63}=8$

Resposta: (C) 8

523) CMBH – É melhor elevar ao quadrado uma expressão de 2 termos, que uma expressão de 3 termos. Felizmente podemos reduzir a expressão do problema a 2 termos, pois o número $\sqrt{27}$ é igual a $3\sqrt{3}$. Nossa expressão fica:

$$\left(\sqrt{3}+1+\sqrt{27}\right)^2=\left(\sqrt{3}+1+3\sqrt{3}\right)^2=\left(1+4\sqrt{3}\right)^2$$

Aplicando a fórmula do quadrado da soma, ficamos com

$1+48+8\sqrt{3}=49+8\sqrt{3}$. Para escrever na forma $m+n\sqrt{3}$, ficamos com m = 49 e n = 8. O valor de $\sqrt{m}.\sqrt{n}$ é:

$$\sqrt{49}.\sqrt{8}=7.2\sqrt{2}=14\sqrt{2}$$

Resposta: (C) $14\sqrt{2}$

524) CMJF – Racionalizar os denominadores resolve, mas reduzir as frações ao mesmo denominador também resolverá. Se for necessário, podemos racionalizar o denominador final. O MMC entre os denominadores é o produto $\left(2+\sqrt{2}\right)\left(2-\sqrt{2}\right)$.

$$\frac{1}{2-\sqrt{2}}-\frac{1}{2+\sqrt{2}}-1=\frac{1.\left(2+\sqrt{2}\right)}{\left(2-\sqrt{2}\right)\left(2+\sqrt{2}\right)}-\frac{1.\left(2-\sqrt{2}\right)}{\left(2+\sqrt{2}\right)\left(2-\sqrt{2}\right)}-\frac{1.\left(2+\sqrt{2}\right)\left(2-\sqrt{2}\right)}{\left(2+\sqrt{2}\right)\left(2-\sqrt{2}\right)}$$

$$=\frac{1.\left(2+\sqrt{2}\right)-1.\left(2-\sqrt{2}\right)-1.\left(2+\sqrt{2}\right)\left(2-\sqrt{2}\right)}{\left(2-\sqrt{2}\right)\left(2+\sqrt{2}\right)}=\frac{2+\sqrt{2}-2+\sqrt{2}-1.(4-2)}{4-2}=\frac{2\sqrt{2}-2}{2}=\sqrt{2}-1$$

Resposta: (C) $\sqrt{2}-1$

525) CFN – É possível encontrar a resposta rapidamente sem saber a fórmula de transformação. A parte inteira do radicando do radical duplo, no caso, 13, é a soma dos quadrados dos radicais simples. Tudo o que temos a fazer é procurar nas respostas, números que elevados ao quadrado resultem em soma 13. É o que temos na letra (B). Elevando ao quadrado a expressão $\sqrt{10}+\sqrt{3}$, encontramos:

$\left(\sqrt{10}+\sqrt{3}\right)^2=10+3+2.\sqrt{10}.\sqrt{3}=13+2\sqrt{30}$, que é exatamente a expressão original do enunciado. Então a resposta é (B).

O problema também pode ser resolvido através da fórmula. Primeiro temos que encontrar A e B:

$\sqrt{13+2\sqrt{30}}=\sqrt{13+\sqrt{120}}$, então A=13 e B=120.

A seguir calculamos $C=\sqrt{A^2-B}=\sqrt{169-120}=\sqrt{49}=7$. Agora usamos a fórmula:

$$\sqrt{\frac{A+C}{2}}+\sqrt{\frac{A-C}{2}}=\sqrt{\frac{13+7}{2}}+\sqrt{\frac{13-7}{2}}=\sqrt{10}+\sqrt{3}$$

Resposta: (B) $\sqrt{10}+\sqrt{3}$

526) EAM – Proporção é uma igualdade entre duas razões, ou seja, duas frações. Por exemplo, quando a/b é proporcional a c/d, dizemos que $\frac{a}{b}=\frac{c}{d}$.

Nessa questão, isso é o mesmo que escrever

$\frac{y}{4}=\frac{3}{6-2\sqrt{3}}$, ou $y=\frac{12}{6-2\sqrt{3}}$, que com simplificação por 2 fica $y=\frac{6}{3-\sqrt{3}}$.

Portanto tudo o que temos a fazer é racionalizar o denominador do 2º membro. O fator racionalizante é $3+\sqrt{3}$, então ficamos com:

$$y=\frac{6}{\left(3-\sqrt{3}\right)}=\frac{6.\left(3+\sqrt{3}\right)}{\left(3-\sqrt{3}\right)\left(3+\sqrt{3}\right)}=\frac{6.\left(3+\sqrt{3}\right)}{9-3}=\frac{6.\left(3+\sqrt{3}\right)}{6}=3+\sqrt{3}$$

Resposta: (E) $3+\sqrt{3}$

527) CEFET ES – A primeira coisa a fazer é encontrar uma aproximação decimal para o valor dado, e para isso usaremos a racionalização do denominador.

$$\frac{\sqrt{5}+\sqrt{2}}{\sqrt{5}-\sqrt{2}}=\frac{\left(\sqrt{5}+\sqrt{2}\right)\left(\sqrt{5}+\sqrt{2}\right)}{\left(\sqrt{5}-\sqrt{2}\right)\left(\sqrt{5}+\sqrt{2}\right)}=\frac{7+2\sqrt{10}}{5-2}=\frac{7+2\sqrt{10}}{3}.$$

Para encontrar um valor aproximado da expressão, devemos ter uma ideia aproximada para $\sqrt{10}$. Os dois quadrados perfeitos, menor e maior que 10, são 9 e 16. Então concluímos que $\sqrt{10}$ é um número entre 3 e 4. Além disso, muito mais próximo de 3 que de 4, pois 10 está mais próximo de 9 que de 16. Poderíamos estimar um valor como 3,1, 3,2, ou 3,3. A exatidão não importa, pois para resolver o problema precisamos de uma aproximação de décimos. Usemos o valor 3,3 (o valor correto, com centésimos, é 3,16, mas sem calculadora fica difícil ter essa ideia).

$$\frac{7+2\sqrt{10}}{3}\approx\frac{7+2\times 3{,}3}{3}=\frac{13{,}6}{3}\approx 4{,}5$$

Ou seja, este valor está compreendido entre dois números inteiros: 4 e 5. A sua soma é 9.

Resposta: (B) 9

528) IFGO – O denominador vai simplificar completamente, "cortando" 5 com 5 e 13 com 13, e o resultado será 1. No numerador, temos uma diferença de quadrados: 25 – 13 = 12.

$$\frac{\sqrt{5+\sqrt{13}}\times\sqrt{5-\sqrt{13}}}{\sqrt{\frac{5}{13}}\times\sqrt{\frac{13}{5}}}=\frac{\sqrt{25-13}}{\sqrt{\frac{5}{13}\times\frac{13}{5}}}=\frac{\sqrt{12}}{\sqrt{1}}=\sqrt{12}$$

Se for necessário, pode ser ainda escrito como $2\sqrt{3}$

Resposta: (C) $\sqrt{12}$

529) ETAM – Ao racionalizarmos os denominadores, ambos passarão a ser iguais a 1. Temos:

$$\frac{\sqrt{2}+1}{\sqrt{2}-1}+\frac{\sqrt{2}-1}{\sqrt{2}+1}=\frac{\left(\sqrt{2}+1\right)\left(\sqrt{2}+1\right)}{\left(\sqrt{2}-1\right)\left(\sqrt{2}+1\right)}+\frac{\left(\sqrt{2}-1\right)\left(\sqrt{2}-1\right)}{\left(\sqrt{2}+1\right)\left(\sqrt{2}-1\right)}=\frac{2+1+2\sqrt{2}}{2-1}+\frac{2+1-2\sqrt{2}}{2-1}$$

$3+2\sqrt{2}+3-2\sqrt{2}=6$. A única resposta que serve é (C), um número entre 1 e 7.

Resposta: (C) 1 e 7

530) IFAL – Primeiro vamos reduzir as expressões ao mesmo denominador e somá-las.

$$\frac{1}{\sqrt{3}}+\frac{4}{\sqrt{2}}=\frac{\sqrt{2}}{\sqrt{3}.\sqrt{2}}+\frac{4\sqrt{3}}{\sqrt{2}.\sqrt{3}}=\frac{\sqrt{2}+4\sqrt{3}}{\sqrt{6}}$$

A seguir, racionalizamos o denominador.

$$\frac{\sqrt{2}+4\sqrt{3}}{\sqrt{6}}=\frac{\left(\sqrt{2}+4\sqrt{3}\right).\sqrt{6}}{\sqrt{6}.\sqrt{6}}=\frac{\sqrt{12}+4\sqrt{18}}{6}=\frac{2\sqrt{3}+12\sqrt{2}}{6}=\frac{\sqrt{3}+6\sqrt{2}}{3}$$

Resposta: (E) $\dfrac{\sqrt{3}+6\sqrt{2}}{3}$

Resoluções do teste 54

531) IFS – Façamos a transformação do radical duplo em soma de radicais simples.

$\sqrt{9-4\sqrt{2}}=\sqrt{9-\sqrt{32}}$, temos A=9 e B=32

$C=\sqrt{A^2-B}=\sqrt{81-32}=\sqrt{49}=7$. A expressão se reduz a:

$$\sqrt{\frac{A+C}{2}}-\sqrt{\frac{A-C}{2}}=\sqrt{\frac{9+7}{2}}-\sqrt{\frac{9-7}{2}}=\sqrt{8}-1=2\sqrt{2}-1$$

Ficamos então com a igualdade

$2\sqrt{2}-1=a+b\sqrt{2}$

Observe que o enunciado não deu informações adicionais sobre os números a e b. Se tivesse indicado que são números naturais, deveríamos ter obrigatoriamente a = –1 e b = 2. Quando não existe a restrição de serem naturais, a igualdade seria verificada para outros valores de a e b. Por exemplo, poderíamos ter $a=2\sqrt{2}$ e $b=-\dfrac{1}{\sqrt{2}}$. Na verdade, permitindo que a e b sejam dois números reais quaisquer, algebricamente teríamos um sistema com duas incógnitas (a e b) e apenas uma equação, o que resultaria em infinitas soluções.
Sendo assim, a questão deveria ser <u>anulada</u>. Porém modificando o enunciado, colocado a restrição de que a e b devem ser números inteiros, obrigatoriamente deveríamos ter:

b = 2 e a = –1, e de qualquer forma, não constaria entre as opções.

532) IFCE – A expressão parece ser muito ameaçadora. Comecemos fazendo a parte mais interna, que é a subtração dos radicais fracionários:

$\sqrt{\dfrac{3}{2}}-\sqrt{\dfrac{2}{3}}=\dfrac{\sqrt{3}}{\sqrt{2}}-\dfrac{\sqrt{2}}{\sqrt{3}}$. Reduzindo ao mesmo denominador e subtraindo, ficamos com:

$$\frac{\sqrt{3}}{\sqrt{2}}-\frac{\sqrt{2}}{\sqrt{3}}=\frac{\sqrt{3}\sqrt{3}}{\sqrt{2}\sqrt{3}}-\frac{\sqrt{2}\sqrt{2}}{\sqrt{3}\sqrt{2}}=\frac{3-2}{\sqrt{6}}=\frac{1}{\sqrt{6}}$$

A expressão se reduz a:

$\left[\sqrt[6]{6}.\dfrac{1}{\sqrt{6}}\right]^{-3}=\left[\dfrac{\sqrt{6}}{\sqrt[6]{6}}\right]^{3}$. Agora ficou fácil, dois radicais fáceis de elevar ao cubo:

$$\left[\frac{\sqrt{6}}{\sqrt[6]{6}}\right]^{3}=\frac{6\sqrt{6}}{\sqrt{6}}=6$$

Resposta: (D) 6

533) IFMA – Temos dois caminhos para resolver esse tipo de questão: ou substituímos o valor de x na expressão e fazemos os cálculos, ou simplificamos antes a expressão, para no final substituir o valor de x. Em alguns casos, um método é mais trabalhoso que outro. Na presente questão, não haverá muita diferença entre escolher um método e outro. Vamos escolher a simplificação antes da substituição.
A expressão a ser calculada, $a^2 - b^2$, pode ser escrita como (a + b)(a – b). A soma a+b resultará em x ($\sqrt{2}$ irá cancelar), a diferença resultará em $\sqrt{2}$. Portanto com a simplificação ficamos com $x\sqrt{2}$. Fazendo x = –1, o resultado é $-\sqrt{2}$.

Resposta: (A) $-\sqrt{2}$

534) IFAM - Com a mudança de variável sugerida, podemos exprimir $\sqrt{x}$ e $\sqrt[3]{x}$ em função de t:

$\sqrt[6]{x}=t$ ➔ $\sqrt{x}=t^3$

$\sqrt[6]{x}=t$ ➔ $\sqrt[3]{x}=t^2$

A expressão se reduz a:

$$\frac{\sqrt{x}-a^3}{\sqrt[3]{x}-a^2}=\frac{t^3-a^3}{t^2-a^2}=\frac{(t-a)(t^2+at+a^2)}{(t+a)(t-a)}=\frac{(t^2+at+a^2)}{(t+a)}$$

Resposta: (C) $\frac{t^2+at+a^2}{t+a}$

535) IFRO - Comecemos pela adição das potências negativas.

$$2^{-2}+5^{-1}=\frac{1}{2^2}+\frac{1}{5}=\frac{1}{4}+\frac{1}{5}=\frac{9}{20}$$

$$\left(\frac{9}{20}\right)^{-1}.3^{\frac{3}{2}}=\frac{20}{9}.3.3^{\frac{1}{2}}=20.\frac{3^{\frac{1}{2}}}{3}=\frac{20\sqrt{3}}{3}$$

Resposta: (B) $\frac{20\sqrt{3}}{3}$

536) IFRR - A expressão algébrica $\frac{m^2-n^2}{m+n}$ admite simplificação:

$$\frac{m^2-n^2}{m+n}=\frac{(m+n)(m-n)}{m+n}=m-n$$

A expressão de **n** é um radical duplo que pode ser convertido na soma de radicais simples:

$n=\sqrt{4-\sqrt{12}}$, temos A=4 e B=12, $\sqrt{A^2-B}=\sqrt{16-12}=2$

$$\sqrt{\frac{A+C}{2}}-\sqrt{\frac{A-C}{2}}=\sqrt{\frac{4+2}{2}}-\sqrt{\frac{4-2}{2}}=\sqrt{3}-1$$

Portanto nossa expressão m - n vale:

$\sqrt{2}+\sqrt{3}-(\sqrt{3}-1)=\sqrt{2}+1$

Resposta: (C) $\sqrt{2}+1$

537) CMBH - Questão idêntica à 512. Caiu no Colégio Militar de Belo Horizonte, depois caiu no Colégio Militar de Fortaleza. O que mostra que estudar apenas as questões do Colégio Militar da sua cidade, é um grande equívoco. As bancas de professores algumas vezes criam questões de provas, outras vezes copiam e modificam questões de outros concursos, de anos anteriores.

A expressão dada é um produto notável, o cubo da diferença:

$a^3 - b^3 - 3a^2b + 3ab^2 = (a - b)^3$

Ao invés de substituir os valores de **a** e **b** na expressão da esquerda, calculamos **a - b** da expressão da direita, e elevamos o resultado ao cubo.

$$a-b=\frac{\sqrt[3]{7}+2}{\sqrt[3]{2}}-\frac{\sqrt[3]{7}-2}{\sqrt[3]{2}}=\frac{4}{\sqrt[3]{2}}$$

Elevando ao cubo, resulta em $4^3/2 = 32$

Resposta: (C) 32

538) CMF – Trata-se de uma *equação irracional*. Temos que fazer "desaparecer" a raiz quadrada, e isso é feito elevando a expressão ao quadrado. Antes de elevar ao quadrado, devemos mudar a posição dos termos para resultar em uma expressão mais simples. Se elevamos ao quadrado como está, a raiz quadrada não irá "desaparecer". A expressão ficará mais simples se passarmos o termo 4x para o segundo membro, antes de elevar ao quadrado.

$$4x+\sqrt{16x}=3$$

$$\sqrt{16x}=3-4x$$

$$16x=(3-4x)^2=9-24x+16x^2$$

$$16x^2-40x+9=0$$

$\Delta = 40^2 - 4.16.9 = 1600 - 576 = 1024$

$$\sqrt{\Delta}=32$$

$x=\dfrac{40\pm 32}{32}$, as soluções são 9/4 e 1/4.

Em toda equação irracional, devemos testar as soluções na equação original, pois a operação de elevar ao quadrado pode introduzir "raízes estranhas". Testando:

1/4: ➔ $4.\frac{1}{4}+\sqrt{16.\frac{1}{4}}=3$: OK

9/4: ➔ $4.\frac{9}{4}+\sqrt{16.\frac{9}{4}}=3$: ERADO! Trata-se de uma raiz estranha.

Então a solução é apenas 1/4.

Resposta: (C) admite um número racional como solução.

539) CMJF – Se x for um número real positivo, ambos os radicandos do denominador serão positivos, e as respectivas raízes quadradas podem ser calculadas. Também por x ser positivo, a primeira raiz é sempre maior que a segunda, então o denominador nunca será zero. Todo o que temos a fazer é racionalizar o denominador.

$$\frac{5}{\sqrt{x+5}-\sqrt{x}}=\frac{5.\left(\sqrt{x+5}+\sqrt{x}\right)}{\left(\sqrt{x+5}-\sqrt{x}\right)\left(\sqrt{x+5}+\sqrt{x}\right)}=\frac{5.\left(\sqrt{x+5}+\sqrt{x}\right)}{x+5-x}=\frac{5.\left(\sqrt{x+5}+\sqrt{x}\right)}{5}=\left(\sqrt{x+5}+\sqrt{x}\right)$$

Resposta: (D) $\sqrt{x+5}+\sqrt{x}$

540) CMM – Mais uma equação irracional, envolvendo raiz quadrada. Para resolvê-la teremos que elevá-la ao quadrado, mas antes deixamos o radical isolado dos demais termos:

$$x-\sqrt{2x+2}=3$$

$$x-3=\sqrt{2x+2}$$

$$x^2-6x+9=2x+2$$

$$x^2-8x+7=0$$

As soluções são 1 e 7.

Agora temos que testar as soluções encontradas na equação original:

1: ➔ $1-\sqrt{2+2}=3$: ERRADO! Raiz estranha !

7: ➔ $7-\sqrt{2.7+2}=3$: OK

Portanto a única solução é x=7.

Resposta: (E) 7

Resoluções do teste 55

541) FAETEC – Elevando a equação ao quadrado temos:

$x-1=\sqrt{3x+15}$

$x^2-2x+1=3x+15$

$x^2-5x-14=0$

As soluções da equação do 2º grau são –2 e 7. Testando:

–2: ➔ $-2-1=\sqrt{-6+15}$: ERRADO, pois o símbolo $\sqrt{\ }$ significa "a raiz quadrada positiva"

7: ➔ $7-1=\sqrt{21+15}$: CERTO!

A soma dar raízes tem uma só parcela, que é 7.

Resposta: (E) 7

542) ETAM – Um belo dia surgiu o hábito das bancas examinadoras de usar expressões como "um aluno calculou corretamente...", "um professor passou para seus alunos o problema tal, que foi resolvido corretamente, pergunta-se: qual é a solução correta que os alunos encontraram...". Deve ter ocorrido algo estranho para as questões apresentarem esses preâmbulos desnecessários. Talvez algum aluno tenha entrado na justiça reclamando que em nenhum lugar do edital estava escrito que as questões deveriam ser respondidas corretamente. Quem sabe?

A equação biquadrada dada é

$4x^4 - 17x^2 + 4 = 0$.

Para resolver uma equação biquadrada, fazemos a substituição $y=x^2$, recaindo em uma equação auxiliar do 2º grau. No nosso caso, ficamos com

$4y^2 - 17y + 4 = 0$.

A equação tem Δ valendo $17^2 - 4.4.4 = 289 - 64 = 225$, e $\sqrt{\Delta}=15$. As soluções são:

$\frac{17\pm15}{8}$, ou seja, 4 e 1/4. Agora encontramos os valores de x:

y = 4 ➔ $x=\pm\sqrt{4}=\pm2$

y = 1/4 ➔ $x=\pm\sqrt{\frac{1}{4}}=\pm\frac{1}{2}$

Observe que o enunciado informou que x3 e x4 são as duas maiores raízes, ou seja, x3 = 1/2 e x4 = 2. Seu produto vale 1.

Resposta: (D) 1

543) IFMG – Para encontrar o domínio de uma função, partimos do conjunto dos reais e retiramos os "valores proibidos". Na função apresentada, os dois tipos de valores proibidos são aqueles que:

- Anulam o denominador
- Tornam o radicando negativo

O único valor que anula o denominador é –1. Os que tornam o radicando negativo são aqueles que fazem:

$x^2 - 1 < 0$

Essa é uma inequação do 2º grau fácil de resolver. Quanto temos $x^2 < a^2$, sendo a positivo, isto nos leva a $x < a$, mas não podemos esquecer também os valores entre 0 e –a, ou seja, para que tenhamos $x^2 < a^2$, é preciso que $-a < x < a$. No nosso caso, isso resulta em $-1 < x < 1$. Sendo assim, os valores proibidos são x = –1 e –1 < x < 1. O domínio é o conjunto dos reais, excluindo esses valores proibidos. Excluindo os números x tais que –1 < x < 1, restam duas partes dos reais: x ≤ –1 e x ≥ 1. Daí tiramos também –1, que anula o denominador. Então resta para domínio, os números x tais que x < –1 ou x ≥ 1, que na forma de intervalo, fica: (–∞,–1) ∪ [1, ∞)

Resposta: (A) (–∞,–1) ∪ [1, ∞)

544) IFAL – Lembremos que 2^{x+1} é o mesmo que 2.2^x, e que 3^{y+2} é o mesmo que $3^2.3^y$. Então nossa equação pode ser escrita como:

$2^x + 2^{x+1} + 3^y - 3^{y+2} = 0$

$2^x + 2.2^x + 3^y - 9.3^y = 0$

$3.2^x - 8.3^y = 0$

$3.2^x = 8.3^y$

O enunciado informou que x e y são inteiros positivos. Logo as expressões dos dois membros são números inteiros, ambos múltiplos de 2 e de 3, e esses são os únicos fatores primos que aparecem na fatoração dos dois números. Então, o número de fatores 2 e de fatores 3 deve ser o mesmo nos dois membros da equação. Logo, temos

$3 = 3^y$ ➔ y = 1

$2^x = 8$ ➔ x = 3

O valor de x/y é portanto, 3.

Resposta: (B) 3

545) IFCE – À primeira vista parece uma equação irracional, mas não é. Uma equação irracional é aquela que tem incógnita dentro de um radical. Nessa, temos apenas um coeficiente irracional, que pode ser manipulado normalmente, ou seja, é uma equação do 2º grau comum.

Δ = 2 + 4.12 = 50

$$x = \frac{\sqrt{2} \pm \sqrt{50}}{2} = \frac{\sqrt{2} \pm 5\sqrt{2}}{2}$$

As soluções são $3\sqrt{2}$ e $-2\sqrt{2}$

A solução real positiva é $3\sqrt{2}$.

Resposta: (B) $3\sqrt{2}$

546) IFMA – O caminho para resolver uma equação exponencial é reduzir todas as potências à mesma base. Neste problema temos base 3 e base 9. A base 9 pode ser expressa em função da base 3. Bata fazer $9^x = (3^2)^x = 3^{2x}$. Podemos então escrever a equação como

$3^{2x+2} + 3^{2x} = 30$

$3^2.3^{2x} + 3^{2x} = 30$

$9.3^{2x} + 3^{2x} = 30$

$10.3^{2x} = 30$

$3^{2x} = 3$

2x = 1 ➔ x = 1/2.

Resposta: (B) 2x = 1

547) IFAM – Podemos resolver a equação biquadrada e encontrar suas quatro raízes, mas foi colocada de propósito uma equação que resulta em raízes algebricamente complicadas.

$3y^2 - 15y + 17 = 0$

Encontrando y e fazendo $y = x^2$, encontramos as quatro raízes para x:

$\pm\sqrt{\frac{15\pm\sqrt{21}}{6}}$

Os quadrados dessas quatro raízes, somados, resultarão em:

$\frac{15+\sqrt{21}}{6}$, $\frac{15+\sqrt{21}}{6}$, $\frac{15-\sqrt{21}}{6}$ e $\frac{15-\sqrt{21}}{6}$

Somados esses quatro quadrados, as parcelas $\sqrt{21}$ irão cancelar, sobrando apenas quatro vezes 15/6, que resulta em $4\times\frac{15}{6}=10$

Resposta: (A) 10

548) IFPE – Levando em conta o que o problema informou, de que A, B e C são naturais, observamos que o termo independente 1 no polinômio de 4º grau, é o produto dos termos independentes A e C dos dois polinômios que estão sendo multiplicados. Logo A.C = 1, e sendo A e C naturais, a única forma disso ocorrer é com A=1 e C=1. Podemos então escrever os polinômios que estão sendo multiplicados como:

$x^4 + x^3 + 2x^2 + x + 1 = (x^2 + 1)(x^2 + Bx + 1)$

Falta apenas descobrir o valor de B. A expressão acima é uma identidade de polinômios, que significa que seus valores são iguais para qualquer x. Façamos então x = 1 e ficaremos com uma igualdade que permitirá descobrir o valor de B:

1 + 1 + 2 + 1 + 1 = (1 + 1)(1 + B + 1)

6 = 2.(B+2)

B = 1

Logo temos A = 1, B = 1 e C = 1

O valor pedido de A + B + C vale 3, que é um número primo (A).

Resposta: (A) primo.

549) IFRR – A expressão ficará simplificada assim que reduzirmos as frações ao mesmo denominador e executarmos a adição. O MMC dos denominadores é $(3-\sqrt{5})(3+\sqrt{5})$

$$\frac{3+\sqrt{5}}{3-\sqrt{5}}+\frac{3-\sqrt{5}}{3+\sqrt{5}}=\frac{(3+\sqrt{5})(3+\sqrt{5})}{(3-\sqrt{5})(3+\sqrt{5})}+\frac{(3-\sqrt{5})(3-\sqrt{5})}{(3+\sqrt{5})(3-\sqrt{5})}=\frac{9+5+6\sqrt{5}+9+5-6\sqrt{5}}{9-5}$$

$$=\frac{28}{4}=7$$

Resposta: (D) 7

550) CFN – Começamos elevando a expressão ao quadrado:

$\sqrt{x+\sqrt{x-1}}=\sqrt{2x-3}$

$x+\sqrt{x-1}=2x-3$

$\sqrt{x-1}=x-3$. Elevamos ao quadrado novamente:

$x-1=x^2-6x+9$

$x^2-7x+10$

Equação do 2º grau, que resolvida resulta em x = 2 e x = 5. Precisamos agora testar as raízes, pois estamos lidando com uma equação irracional.

x = 2: ➔ $\sqrt{2+\sqrt{2-1}}=\sqrt{4-3}$: ERRADO! Raiz estranha!

x = 5: ➔ $\sqrt{5+\sqrt{5-1}}=\sqrt{10-3}$: OK!

Logo, a única solução é x = 5.

Resposta: (C) 5

Resoluções do teste 56

551) CMBH – Quadrados não podem ser negativos. A única forma da soma de quadrados ser igual a zero, é se todos eles formem zero. Portanto temos:

$(X^2 + Y - 5)^2 = 0 \rightarrow X^2 + Y - 5 = 0$

$(Y - 2X + 3)^2 = 0 \rightarrow Y - 2X + 3 = 0$

Das duas equações, igualamos os valores de Y, resultando em

$5 - X^2 = 2X - 3$

$X^2 + 2X - 8 = 0$

As soluções são X = –4 e X = 2, mas como o enunciado informa que X e Y são reais positivos, a solução –4 deve ser eliminada. Portanto, X=2.

O valor de Y correspondente pode ser obtido por qualquer uma das equações originais:

$Y = 5 - X^2 = 1$

Logo, X = 2 e Y = 1.

O valor de $X^2 + Y^2$ é 4 + 1 = 5.

Resposta: (D) 5

552) CMJF – Quando temos mais de um radical em uma equação irracional, é recomendável separar os radicais nos dois membros da equação, o que em geral resulta em expressões algebricamente mais simples.

$$\frac{1}{\sqrt{x+2}+\sqrt{x+1}} = 2$$

$$\sqrt{x+2}+\sqrt{x+1} = \frac{1}{2}$$

$$2\sqrt{x+2} = 1 - 2\sqrt{x+1}$$

$$4(x+2) = 1 + 4(x+1) - 2\sqrt{x+1}$$

$$4x+8 = 1+4x+4-2\sqrt{x+1}$$

$$2\sqrt{x+1} = -3$$

Impossível, pois o símbolo $\sqrt{x}$ significa "a raiz quadrada positiva de x", portanto não podemos ter satisfeita a equação acima.

Resposta: (A) não torna verdadeira a equação

553) CMM – O termo $(2x + 2)^{2016}$ é sempre positivo para qualquer x, e zero para x = –1.
Para saber quando a expressão é negativa ou zero, basta verificar os outros dois fatores de grau ímpar, e não é preciso tomar os expoentes 2015 e 2017, basta tomar expoente 1, pois os sinais serão os mesmos. Ficamos então com a equação:

$$\frac{(x^2-1)}{(-x^2+4x)} \le 0$$

x pode assumir os valores que anulam o numerador, que são 1 e –1, pois a inequação é do tipo "menor ou igual a zero". Não são permitidos valores de x que anulem o denominador, ou seja, 4 e 0. Resta apenas fazer um quadro de variação de sinal do numerador e do denominador. Ambos são trinômios do 2º grau. As raízes do numerador são 1 e –1. O numerador será negativo entre as raízes (sua concavidade é voltada para cima). As raízes do denominador são 0 e 4. O denominador será positivo entre as raízes (sua concavidade é voltada para baixo).

	−1	0	1	4	
$x^2 - 1$	+	−	−	+	+
$-x^2 + 4x$	−	−	+	+	−
Resultado:	−	+	−	+	−
	0	x	0	x	

Os intervalos em que a fração é negativa ou zero são:
$x \leq -1$; $0 < x \leq 1$; $x > 4$

Resposta: (A) {x∈ℝ; x ≤ −1 ou 0 < x ≤ 1 ou x > 4}

554) CMPA – O valor a ser calculado é $7.777.778^2 - 2.222.223^2$, que pode ser escrito na forma fatorada:
(7.777.778 – 2.222.223).(7.777.778 + 2.222.223)

O primeiro fator, fornecido pelo problema, é 5.555.555. O segundo fator é a soma das mesmas parcelas, que armando a conta de adição, resulta em:
7.777.778 + 2.222.223 = 10.000.001. Esse número pode ser desmembrado como
10.000.000 + 1
Portanto escrevemos o produto procurado como:
5.555.555 × (10.000.000 + 1) = 55.555.550.000.000 + 5.555.555 = 55.555.555.555.555, ou seja, 14 algarismos 5.

Resposta: (A) *55.555.555.555.555*

555) CMR – A função do 2º grau fornecida tem raízes 0 e 100. Conhecendo as raízes, podemos formar a equação da função na forma fatorada:
$y = a(x - x_1)(x - x_2) =$
$a(x - 0)(x - 100) =$
$ax(x - 100)$
Podemos descobrir o valor do coeficiente **a**, usando o valor conhecido da função em x = 80, e y = 16.
$a.80(80 - 100) = 16$
$a = -16/1600 = -1/100$

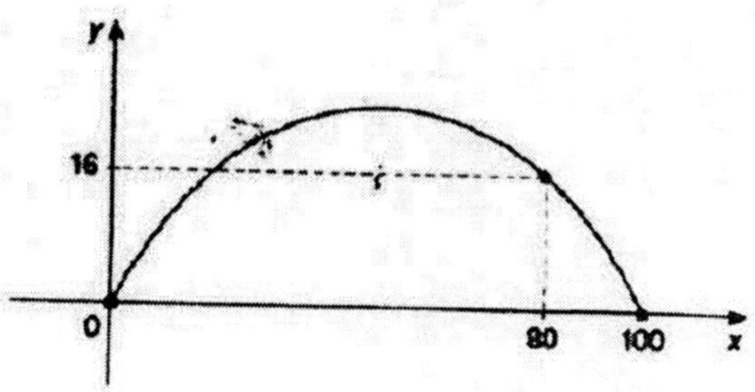

Logo a função é:

$$y = -\frac{x(x-100)}{100}$$

Usando a distância vertical de 9 metros, temos a seguinte distância horizontal:

$$9 = -\frac{x(x-100)}{100}$$

$$900 = -x(x-100)$$

$$x^2 - 100x + 900 = 0$$

As raízes são x = 10 e x = 90
Logo, a altura de 9 metros será atingida na subida para x = 10.

Resposta: (E) 10 metros

556) CEFET RJ – Uma questão discursiva, na qual não adianta usar "técnica de chute", como alguns infelizmente ensinam ou utilizam. Chutar só em último caso, quando o tempo está terminando e não é possível resolver todas as questões restantes. O estudo não pode ser

baseado no chute, e sim, na matemática. A necessidade de resolver questões discursivas é comum em alguns concursos, como aqueles que utilizam fase 1 (objetiva) e fase 2 (discursiva).

a) Calculando a fração algébrica A:

$$A=\frac{x+1}{x-1}-\frac{x-1}{x+1}=\frac{(x+1)(x+1)}{(x-1)(x+1)}-\frac{(x-1)(x-1)}{(x+1)(x-1)}=\frac{x^2+2x+1-(x^2-2x+1)}{(x+1)(x-1)}=\frac{4x}{(x+1)(x-1)}$$

b) Forma fatorada da fração algébrica A + B:

$$A+B=\frac{4x}{x^2-1}+\frac{3x^2-5x-2}{x^2-1}=\frac{3x^2-x-2}{x^2-1}$$

O denominador é fácil de fatorar, é uma diferença de quadrados: (x + 1)(x – 1). O numerador é um trinômio do 2º grau. A forma fatorada do trinômio do 2º grau é: $a(x - x_1)(x - x_2)$, onde **a** é o coeficiente de 2º grau e x_1, x_2 são as raízes.
As raízes de $3x^2 - x - 2$ são:
$\Delta = 1 + 4.3.2 = 25$

Raízes: $\frac{1\pm\sqrt{25}}{6}=\frac{1\pm 6}{6}$, ou seja, 1 e –2/3. Logo a forma fatorada é

$$3.(x-1)\left(x+\frac{2}{3}\right)=(x-1)(3x+2)$$

Logo A+B pode ser escrito como:

$$A+B=\frac{(x-1)(3x+2)}{(x+1)(x-1)}=\frac{3x+2}{x+1}$$

Resposta: a) $\frac{4x}{(x+1)(x-1)}$ **; b)** $\frac{3x+2}{x+1}$

557) IFSP – Conhecendo as raízes, é possível formar a equação do segundo grau fazendo:
$x^2 - Sx + P = 0$, onde S é a soma e P é o produto das raízes. No caso, ficamos com:
S = –1 e P = –6, o que resulta na equação $x^2 + x - 6 = 0$
Como a equação dada tem o termo $2x^2$, significa que todos os seus coeficientes foram multiplicados por 2, então temos:
$2x^2 + 2x - 12 = 0$
Logo b = 2 e c = –12, e b – c vale 2 + 12 = 14.

Resposta: (B) 14

558) CEFET ES – O custo é uma função do 2º grau. A função tem mínimo no seu vértice, pois o coeficiente de 2º grau é positivo, portanto seu gráfico é uma parábola com a concavidade voltada para cima. O seu vértice é um ponto de mínimo.
O valor de x que resulta nesse mínimo (vértice) é –b/(2a), que no nosso caso resulta em:
86/2 = 43

Resposta: (C) 43

559) Colégio Pedro II (RJ) – A caixa tinha B brancas e P pretas. Sendo retiradas 15 brancas, restaram B – 15 brancas, e as mesmas P pretas. Se a razão entre os números de bolas é de 1 brancas para 2 pretas, temos:

$$\frac{B-15}{P}=\frac{1}{2}$$

A seguir são retiradas 10 pretas, e permanecem as mesmas B – 15 brancas e P – 10 pretas. A proporção entre brancas e pretas é de 4 para 3, então:

$$\frac{B-15}{P-10}=\frac{4}{3}$$

Das duas igualdades, podemos chegar às equações:

1) 2B – 30 = P ➔ 2B – P = 30

2) 3B – 45 = 4P – 40 ➔ 3B – 4P = 5

Essas duas equações formam exatamente o sistema da opção (A).

Resposta: (A) $\begin{cases} 2B-P=30 \\ 3B-4P=5 \end{cases}$

560) IFRS – Os pontos de interseção são encontrados através da resolução do sistema formado pelas equações dadas. Usando na 2ª equação, o valor de x^2 obtido pela primeira equação, temos:

$x^2 = y - 1$

$x^2 + y^2 = 4$ ➔ $y - 1 + y^2 = 4$

$y^2 + y - 5 = 0$

Esta equação do 2º grau tem Δ valendo 1 + 20 = 21, positivo, logo tem duas soluções reais e diferentes. Correspondem aos dois pontos de interseção entre as duas funções dadas.

Resposta: (C) 2

Resoluções do teste 57

561) CMBH – Este problema fica fácil se usarmos a fórmula do cubo da soma de um modo diferente:

$(a + b)^3 = a^3 + b^3 + 3ab(a + b)$

Com os termos que estamos usando, fazemos a = x e b = 1/x. A soma a + b é x + 1/x, que é dado, e o produto é x.1/x = 1. Ficamos com:

$(x + 1/x)^3 = x^3 + 1/x^3 + 3.1.(x + 1/x)$

$$\left(\sqrt{2}\right)^3 = x^3 + \frac{1}{x^3} + 3.1.\sqrt{2}$$

$$x^3 + \frac{1}{x^3} = 2\sqrt{2} - 3\sqrt{2} = -\sqrt{2}$$

Resposta: (C) $-\sqrt{2}$

562) CMM – Nesse tipo de problema, em geral os cálculos ficam bem mais fáceis quando fazemos a simplificação da expressão. No numerador do radicando, temos $(a + b)^2$, e no denominador, $(a + b)^8$, e assim podemos simplificar. Como a e b são valores positivos, não precisamos tomar cuidado com os sinais.

$$\sqrt[4]{\frac{16a^4b^8\left((a+b)^2\right)^2}{81(a+b)^8}} = \sqrt[4]{\frac{16a^4b^8(a+b)^4}{81(a+b)^8}} = \sqrt[4]{\frac{16a^4b^8}{81(a+b)^4}} = \frac{2ab^2}{3(a+b)}$$

Agora fazemos as substituições de a por 1/2 e b por 3:

$$\frac{2ab^2}{3(a+b)} = \frac{2.\frac{1}{2}3^2}{3\left(\frac{1}{2}+3\right)} = \frac{3}{\left(\frac{7}{2}\right)} = \frac{6}{7}$$

Resposta: (B) 6/7

563) CMR – Esguicho menor:

$y = A(x-\sqrt{2})(x+\sqrt{2})$

Pelo gráfico, fazendo x = 0, resulta em y = 2

$2 = A(0-\sqrt{2})(0+\sqrt{2})$ ➔ $A = -1$

$y = -(x-\sqrt{2})(x+\sqrt{2})$

Esguicho maior:

$y = A'(x-0)(x-4)$

Fazendo x = 2 (vértice), encontramos y = 4.

$4 = A'(2-0)(2-4)$ ➔ $A' = -1$

$y = -1(x-0)(x-4) = -x(x-4)$

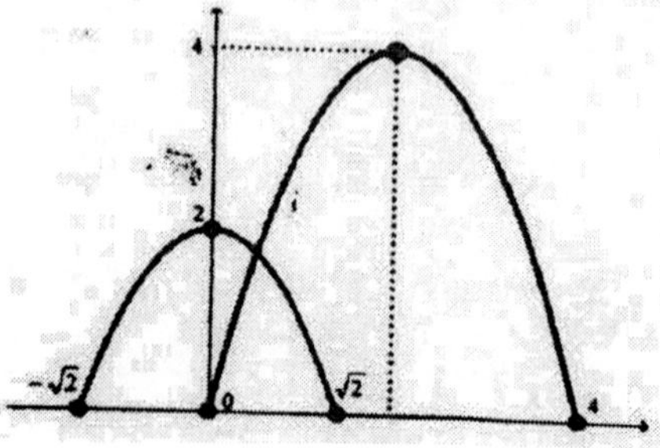

Igualando as duas equações, encontraremos as coordenadas da interseção dos esguichos:

$-(x-\sqrt{2})(x+\sqrt{2}) = -x(x-4)$

$2 - x^2 = -x^2 + 4x$

$x = \dfrac{1}{2}$. Substituindo este valor de x em qualquer das equações dos esguichos (usemos o esguicho 1), temos:

$y = -(x-\sqrt{2})(x+\sqrt{2}) = -x^2 + 2$

$y = -\left(\dfrac{1}{2}\right)^2 + 2 = -\dfrac{1}{4} + 2 = \dfrac{7}{4} = 1{,}75$

Resposta: (E) 1,75 m

564) CMSM – A soma dos n primeiros números naturais $S_n = \dfrac{(n+1)n}{2}$., informação fornecida pelo enunciado. O número m (obviamente, compreendido entre 1 e n) é retirado da lista, passando as ser um total de n – 1 números, com soma igual a $\dfrac{(n+1)n}{2} - m = \dfrac{n^2+n-2m}{2}$ Para saber a média desses n – 1 valores, basta dividir sua soma por n – 1. Ficamos com:

$$\frac{n^2+n-2m}{2(n-1)} = \frac{134}{11}$$

A fração 134/11 é irredutível, pois 134 não é múltiplo de 11 (podemos descobrir isso aplicando o critério de divisibilidade por 11, ou então desmembrando em 134 = 110 + 24).

Isto significa que a fração no membro esquerdo da equação acima possui um fator 11 no denominador. Como 2 não é esse fator, concluímos que n – 1 possui um fator 11. Então n – 1 pode ser 11, 22, 33, etc, e em consequência, n deve ser 12, 23, 34, ou seja, um múltiplo de 11 somando com 1. Agora temos um caminho bem curto para chegar à solução do problema: a única opção que apresenta para n, um valor igual a um múltiplo de 11 mais 1, é a opção (A). Sem usar esse atalho, a resolução pode ficar muitíssimo trabalhosa.

Para confirmar, façamos n = 23 e m = 8 para calcular a fração:

$$\frac{23^2+23-2.8}{2(23-1)} = \frac{529+23-16}{44} = \frac{536}{44} = \frac{134}{11}$$

Resposta: (A) n=23 e m=8

565) CEFET RJ – Mais um questão discursiva, comum na 2ª fase de alguns CEFETs e Institutos Federais. O numerador apresenta um polinômio que provavelmente é do 3º grau, devido ao termo $x^2(x-1)$. Ficamos com o seguinte resultado para o numerador:

$x^2(x - 1) + (x - 2)^2 - (x - 2)(x - 1) - 1 =$
$x^3 - x^2 + x^2 - 4x + 4 - (x^2 - 3x + 2) - 1 =$
$x^3 - x^2 + x^2 - 4x + 4 - x^2 + 3x - 2 - 1 =$
$x^3 - x^2 - x + 1$
Essa expressão pode ser fatorada por agrupamento:
$x^3 - x^2 - x + 1 = x^2(x - 1) - (x - 1) = (x^2 - 1)(x - 1)$
Agora escrevemos a fração:

$$\frac{(x^2-1)(x-1)}{x^2-1} = x-1$$

A forma simplificada e irredutível de F é x – 1.
Seu valor para x = 2 é 1.

Respostas: a) x – 1; b) 1

566) IFPR – Se a largura vale 8 metros a menos que o comprimento, podemos chamar as dimensões de x e x – 8. Sua área é o produto das dimensões:
$x.(x - 8) = 384$
$x^2 - 8x - 384 = 0$
O modo tradicional para resolver essa equação é calcular Δ e usar a fórmula de resolução, o que às vezes pode ser um pouco trabalhoso.
$\Delta = 8^2 + 4.1.384 = 64 + 1536 = 1600$
$\sqrt{\Delta} = 40$. As soluções são:
$\frac{8 \pm 40}{2}$, o que resulta em 24 e –16. Obviamente a solução negativa não serve, então serve apenas x = 24. As dimensões do terreno são 24 e 16.

Resposta: (B) 16 m

567) IFTO – Fazendo a divisão polinomial resolvemos o problema, mas esse método é muito trabalhoso, e nesse caso é desnecessário. Sempre que temos um divisor do 1º grau é fácil usar o método a seguir:
Como A(x) foi dividido pelo polinômio (6x – 2) e encontrado resto 5, podemos escrever:
$A(x) = Q(x).(6x - 2) + 5$
Estamos usando a propriedade da divisão conhecida desde os primeiros anos do Ensino Fundamental:
Dividendo = Divisor . Quociente + Resto
Essa fórmula vale não só para números naturais (Divisão Euclidiana), mas também para polinômios. Ficamos com:
$-12x^4 + 10x^3 - 20x^2 - 10nx - 3 = Q(x).(6x - 2) + 5$

O polinômio Q(x) é o quociente, mas é desnecessário conhecer o seu valor. A relação acima, que retrata a divisão polinomial <u>é válida para qualquer valor de x</u>. Essa é uma característica da divisão polinomial. Então podemos atribuir a x, valores convenientes que nos levem à solução. O valor que escolheremos é aquele que faz o binômio 6x – 2 se tornar zero, anulando a parcela Q(x)(6x – 2). Esse valor procurado é 1/3, que é a raiz do binômio 6x – 2. Ficamos com:
$-12(1/3)^4 + 10(1/3)^3 - 20(1/3)^2 - 10n(1/3) - 3 = 5$

$$\frac{-12}{81} + \frac{10}{27} - \frac{20}{9} - \frac{10n}{3} - 3 = 5$$

$$\frac{-4}{27} + \frac{10}{27} - \frac{20}{9} - \frac{10n}{3} = 8$$

$$\frac{6}{27} - \frac{20}{9} - \frac{10n}{3} = 8 \rightarrow \frac{2}{9} - \frac{20}{9} - \frac{10n}{3} = 8 \rightarrow 2 - 20 - 30n = 72$$

$30n = -90$ ➔ $n = -3$

Resposta: (D) –3

568) IFPE – Na linguagem corrente, o uso das expressões "diminuído de" ou "subtraído de" resulta ambiguidades. A expressão matemática A – B aparece nos textos da língua portuguesa como "A diminuído de B", e igualmente como "B diminuído de A", o mesmo ocorrendo com a expressão "subtraído de". Por exemplo, podemos encontrar "o salário é subtraído dos descontos" ou "os descontos são subtraídos do salário".
Apesar do dicionário esclarecer a forma correta de uso, um aluno não tem como escapar da utilização errada em provas de concursos. É preciso interpretar o significado de acordo com o enunciado, ou mesmo fazer as duas resoluções. Nesse enunciado, devemos adotar os dois caminhos:

$n - 7\sqrt{n} = 44$, e $7\sqrt{n} - n = 44$

a) Com a primeira forma, $n - 7\sqrt{n} = 44$, façamos $y = \sqrt{n}$. Ficamos com a equação

$y^2 - 7y = 44$

$y^2 - 7y - 44 = 0$

A equação resultará nas soluções –7 e 11, e como o símbolo $\sqrt{\ }$ significa a raiz quadrada positiva, não pode ser –7. Sendo assim, y vale 11, e n vale 121.

b) Com a segunda forma, $7\sqrt{n} - n = 44$

Nesse caso a equação resultante é

$y^2 - 7y + 44 = 0$, que resulta em Δ negativo, portanto sem soluções reais.

Resposta: (E) 121

569) IFRO – Três números ímpares consecutivos podem ser chamados de n, n + 2 e n + 4. Claro que sendo n ímpar, os dois próximos ímpares são obtidos somando 2 e somando 4 ao primeiro dos três ímpares. Se a soma vale 81, temos:

n + n + 2 + n + 4 = 81

3n + 6 = 81 ➔ 3n = 75 ➔ n = 25

Logo os números são 25, 27 e 29.

A divisão do menor deles por 5 resulta em 25/5 = 5.

Resposta: (B) 5

570) IFSP – Algumas questões desse tipo podem ser feitas pela simples resolução da primeira equação. Sabendo suas raízes, podemos responder às perguntas feitas pelo problema. No presente caso, não podemos resolver dessa forma, pois a equação original resultará em raízes complexas, e no Ensino Fundamental, não sabemos ainda trabalhar com números complexos. Temos que resolver a questão sem resolver a equação, usando relações entre coeficientes e raízes.
Quando conhecemos as raízes de uma equação do 2º grau, podemos formar a equação, calculando a soma S e o produto P das raízes. A equação que tem aquelas raízes como soluções é $x^2 - Sx + P = 0$.
Portanto para resolver o problema, temos que encontrar a soma e o produto de α^2 e β^2.

α^2 e β^2 = ?

$\alpha^2 \,.\, \beta^2$ = ?

O produto é o mais fácil de calcular. É o mesmo que $(\alpha.\beta)^2$, ou seja, o quadrado do produto das raízes da equação original. Lembrando que em uma equação $ax^2 + bx + c = 0$, a soma das raízes é –b/a, e o produto é c/a. No nosso caso, temos:

$\alpha.\beta = 4/2 = 2$, logo $(\alpha.\beta)^2 = 4$

Agora temos que calcular $\alpha^2 + \beta^2$. Para isso, elevamos ao quadrado a expressão $\alpha + \beta$:

$(\alpha + \beta)^2 = \alpha^2 + \beta^2 + 2\alpha.\beta$
$\alpha^2 + \beta^2 = (\alpha + \beta)^2 - 2\alpha.\beta$
$\alpha^2 + \beta^2 = (5/2)^2 - 2.2 = 25/4 - 4 = 9/4$
(Soma de dois quadrados negativa, pois são números complexos)

Agora podemos formar a equação pedida:
$x^2 - Sx + P = 0$
$x^2 - (9/4)x + 4 = 0$, que pode ser escrita com coeficientes inteiros:
$4x^2 - 9x + 16 = 0$

Resposta: (D) $4x^2 - 9x + 16 = 0$

Resoluções do teste 58

571) CMBH – Trabalhando com a expressão dada, temos:

$$\frac{1}{x_1} + \frac{1}{x_2} = \frac{2-\sqrt{3}}{2+\sqrt{3}} = \frac{x_1 + x_2}{x_1.x_2}$$

O numerador é a soma das raízes, que sabemos ser igual a –b/a (relações entre coeficientes e raízes). O denominador é o produto, que vale c/a. Portanto a fração do 2º membro é

$\frac{2-\sqrt{3}}{2+\sqrt{3}} = \frac{x_1 + x_2}{x_1.x_2} = \frac{-\frac{b}{a}}{\frac{c}{a}} = -\frac{b}{c}$. Este valor é praticamente o que o problema pergunta: c/b.

Para ficar igual, basta inverter e trocar o sinal. Portanto devemos inverter e trocar o sinal da expressão numérica do 1º membro:

$\frac{c}{b} = \frac{2+\sqrt{3}}{-2+\sqrt{3}}$. Agora basta racionalizar a expressão. Vamos utilizar o fator racionalizante $-2-\sqrt{3}$:

$$\frac{c}{b} = \frac{2+\sqrt{3}}{-2+\sqrt{3}} = \frac{(2+\sqrt{3})(-2-\sqrt{3})}{(-2+\sqrt{3})(-2-\sqrt{3})} = \frac{-(2+\sqrt{3}).(2+\sqrt{3})}{4-3} = -(4+3+4\sqrt{3}) = -7-4\sqrt{3}$$

Resposta: (C) $-4\sqrt{3}-7$

572) CMSM – Fatorando o numerador, ficamos com:
$2x^2 - 6x + 4 = 2(x^2 - 3x + 2) = 2(x - 1)(x - 2)$ = fatoração do trinômio do 2º grau. Logo a inequação se reduz a:

$$\frac{2(x-1)(x-2)}{x-2} \geq 0$$

$$\frac{(x-1)(x-2)}{x-2} \geq 0$$

$x - 1 \geq 0$, levando em conta que x não pode ser 2, o que anularia o denominador.
$x \geq 1$
A solução é o conjunto dos reais maiores ou iguais a 1, exceto 2, ou seja:
$1 \leq x < 2$ ou $x > 2$, mas que também pode ser escrito como:
$x \geq 1$ e $x \neq 2$

Resposta: (D) $\{x \in \mathbb{R} \mid x \geq 1 \text{ e } x \neq 2\}$

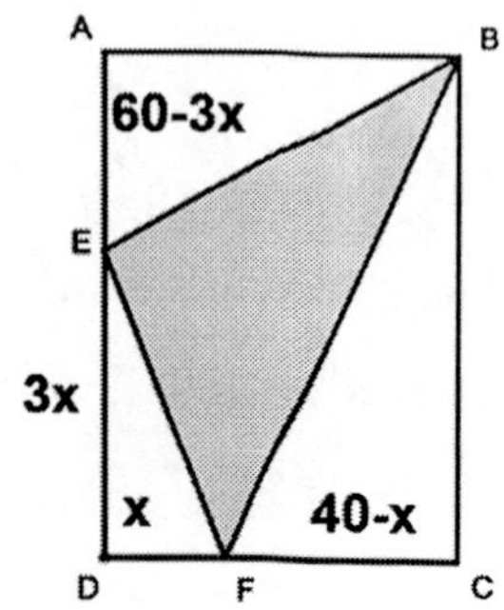

573) CMRJ – Chamando DF de x, ficamos com:
ED = 3x
FC = 40 – x
AE = 60 – 3x
Temos ainda as dimensões do retângulo, CD=40 e AD=60.
A área do triângulo BEF é igual à área do retângulo ABCD, menos as áreas dos três triângulos ABE, DEF e BFC.

$$S(x) = 40 \times 60 - \frac{x.3x}{2} - \frac{60.(40-x)}{2} - \frac{40.(60-3x)}{2}$$

$$= 2400 - \frac{3x^2}{2} - 1200 + 30x - 1200 + 60x$$

$$= -\frac{3x^2}{2} + 90x$$

Temos uma função do 2º grau com coeficiente de x^2 negativo, portanto com a concavidade voltada para baixo. A função possui um máximo no vértice da parábola, obtido para x = –b/(2a), ou seja, –90/(–3) = 30.
Agora vem a "pegadinha" na qual a própria banca examinadora caiu. Se x valer 30, a área seria S(x) = $-3.30^2/2$ + 90.30 = –1350 + 2700 = 1350, mas existe um problema.
A medida de DE = 3x não pode ser superior a 60, que é a altura do retângulo, ou seja, x não pode valer 30. Como 3x tem que variar entre 0 e 60, que é a altura do triângulo, 3x deve estar entre 0 e 60, ou seja, x deve estar entre 0 e 20. Não podemos ter x valendo 30. Caso contrário, o ponto E estaria fora do retângulo! Ou seja, o domínio desta função do 2º grau vai apenas de 0 a 20, ou seja, não temos a parábola inteira, e seu vértice está fora do domínio. Sendo assim, como o vértice não pode representar o máximo da função, o máximo procurado deve estar em um dos extremos do domínio:
x = 0 ➔ S(x) = 0
x = 20 ➔ S(x) = $-3.20^2/2$ + 90.20 = 1200
Sendo assim, a área máxima é obtida para x = 20, o mesmo que 3x = 60, ou seja, o ponto E está exatamente sobre o ponto A, e a área do triângulo assim formado é 1200.

OBS: Na prova aplicada na época pela CMRJ, foi publicado o gabarito errado (E), pois os professores da banca caíram na "pegadinha". Os cursos preparatórios na época também não perceberam o erro, e não foi apresentado recurso a tempo, já que o prazo para recurso era de apenas 3 dias, e a questão ficou com gabarito errado definitivamente. Mas a solução correta é a que apresentamos aqui.

Resposta: (D) 1200 cm²

574) CFN – O peso total dos alunos é a média, multiplicada pelo número de alunos. Esse peso é portanto: 42 × 37 = 1.554 kg.
No dia em que faltaram 2 alunos, ficamos com total de 40 alunos e média igual a 36. A soma dos pesos desses 40 alunos é: 40 × 36 = 1.440 kg. Esta diferença é a soma dos pessoas dos dois alunos que faltaram: 1554 – 1440 = 114 kg.

Resposta: (D) 114 kg

575) EAM – Os coeficientes da equação do 2º grau permitem encontrar a soma e o produto das raízes. Se chamarmos essas raízes de m e n, temos que:
m + n = –p/1 = –p
m.n = 10/1 = 10.
O problema se refere à soma dos quadrados das raízes, ou seja, $m^2 + n^2$. A soma dos quadrados está relacionada com a soma e com o produto:
$(m + n)^2 = m^2 + n^2 + 2mn$ (produtos notáveis, quadrado da soma)

$m^2 + n^2 = (m + n)^2 - 2mn$
$m^2 + n^2 = (-p)^2 - 2.10$
$m^2 + n^2 = p^2 - 20$
Como foi dado que a soma dos quadrados das raízes é 29, temos:
$29 = p^2 - 20$
$p^2 = 49$
Logo, p^2 é um múltiplo de 7.

Resposta: (D) 7

576) CMR – A resolução da questão requer um pequeno malabarismo algébrico, ou seja, o aluno deve estar craque em álgebra, especificamente em produtos notáveis. A soma dos produtos de números tomados dois a dois, como mn + mp + np deste problema, aparece no quadrado da soma, com mais de dois termos. Por exemplo:
$(a + b + c)^2 = a^2 + b^2 + c^2 + 2.(ab + ac + bc)$. Se for com quatro termos, fica:
$(a + b + c + d)^2 = a^2 + b^2 + c^2 + d^2 + 2.(ab + ac + ad + bc + bd + cd)$
No nosso exemplo, podemos trabalhar com $(m + n + p)^2$:
$(m + n + p)^2 = m^2 + n^2 + p^2 + 2.(mn + mp + np)$

A expressão que precisamos calcular pode ser escrita como:

$$\frac{m}{np}+\frac{n}{mp}+\frac{p}{mn}=\frac{m^2}{mnp}+\frac{n^2}{mnp}+\frac{p^2}{mnp}=\frac{m^2+n^2+p^2}{mnp}$$

O valor de mnp foi dado pelo problema, vale 2. A soma dos quadrados do numerador pode ser calculada pela fórmula do quadrado da soma de 3 termos, pois sabemos os valores de m + n + p e de mn + mp + np.
$m^2 + n^2 + p^2 = (m + n + p)^2 - 2.(mn + mp + np)$
$= 6^2 - 2.11 = 14$
Logo nossa expressão vale:

$$\frac{m}{np}+\frac{n}{mp}+\frac{p}{mn}=\frac{m^2+n^2+p^2}{mnp}=\frac{14}{2}=7$$

Resposta: (C) 7

577) IFSC – Para responder é preciso fazer todos os cálculos.

I) $-5^2-\sqrt{16}.(-10)\div\left(\sqrt{5}\right)^2=-25-4.(-10)\div 5=-25+40\div 5=-25+8=-17$ (V)

II) $35\div(3+9-8+1)\times 2=35\div(5)\times 2=7\times 2=14$ (F)

III) $\left(3+\sqrt{5}\right)\left(3-\sqrt{5}\right)=9-5=4$, múltiplo de 2: (V)

Portanto ficamos com V, F, V

Resposta: (B) Apenas I e III são verdadeiras.

578) EAM – Os quatro trinômios do 2º grau estão fáceis de fatorar, pois suas raízes podem ser obtidas rapidamente e facilmente, usando soma e produto. As fatorações ficam:

$a^2 - 3a + 2 = (a - 1)(a - 2)$
$a^2 - 5a + 6 = (a - 2)(a - 3)$
$a^2 - 5a + 4 = (a - 1)(a - 4)$
$a^2 - 7a + 12 = (a - 3)(a - 4)$

Lembrando ainda que dividir é o mesmo que multiplicar pelo inverso, ficamos com:

$$\frac{2+a^2-3a}{6+a^2-5a}\div\frac{4+a^2-5a}{12-7a+a^2}=\frac{2+a^2-3a}{6+a^2-5a}\times\frac{12-7a+a^2}{4+a^2-5a}=\frac{(a-1)(a-2)}{(a-2)(a-3)}\times\frac{(a-3)(a-4)}{(a-1)(a-4)}$$

$$= \frac{(a-1)}{(a-3)} \times \frac{(a-3)}{(a-1)} = 1$$

Resposta: (D) 1

579) IFGO – As soluções da equação dada são muito fáceis de encontrar. $x^2 - 9x + 8 = 0$. Podemos resolver usando a fórmula, mas fica fácil também usando o método da soma e produto. O produto das raízes é 8 e a soma é 9. As raízes são 1 e 8. A soma dessas raízes é 9, e representa o número de questões erradas. Como são ao todo 35 questões, a quantidade de questões certas é 35 – 9 = 26.

Resposta: (E) 26

580) IFAL – A equação dada é $x^2 - 12x + k = 0$. De início, observamos que a soma das raízes é 12 (o valor de –b/a). Dois números cuja soma é 12, sendo que um é o dobro do outro, são fáceis de encontrar: 4 e 8. Portanto essas são as raízes da equação. O seu produto é 32, que é também dado por c/a, que vale k. Portanto k = 32.

Resposta: (E) 32

Resoluções do teste 59

581) CMRJ – Temos uma parábola (na verdade duas iguais), mas não temos suas equações. Apesar disso, o problema fornece informações que permitem encontrar tal equação. Podemos escolher os eixos que sejam mais convenientes para os cálculos. Vamos usar como origem, a parte mais baixa do pendural central. O eixo y será o pendural central, e o eixo x será o que passa pelos pés dos pendurais.

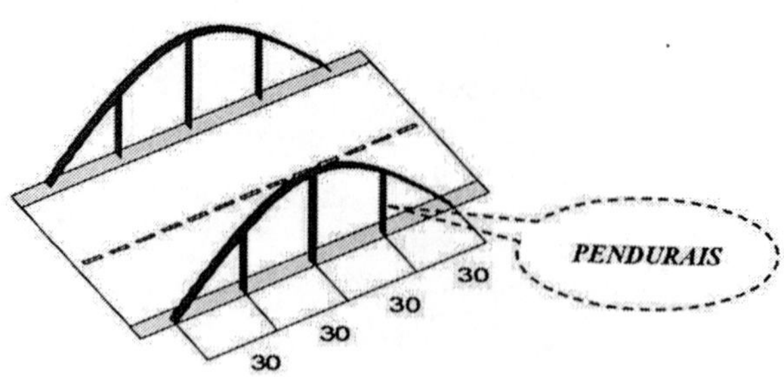

Considerando apenas o trecho frontal (o outro terá medidas idênticas), temos raízes 60 e –60. A equação é:
y = A(x – 60)(x + 60)
A altura foi dada como 40 metros, que é a do pendural central. Logo
40 = A(0 – 60)(0 + 60)
A = –40/3600 = –1/90
Portanto a equação é y = –(x – 60)(x + 60)/90
A medida dos pendurais menores é encontrada fazendo x = 30. Ficamos com:
y = –(30 – 60)(30 + 60)/90 = 30.90/90 = 30
Logo temos ao todo:
2 pendurais de 40 metros + 4 pendurais de 30 metros. Total = 80 + 120 = 200 metros.

Resposta: (E) 200m

582) CMB – Copa do Mundo irrelevante. Podiam simplesmente ter pedido para o aluno calcular o valor das expressões. Além disso, falar sobre uma partida de futebol que ocorreria um ano depois (essa questão foi do concurso de 2013) é fora da realidade. Isso é devido à ordem "a prova tem que falar alguma coisa sobre a Copa...".

Equação A: $\frac{x}{x+1} + \frac{1}{x-1} = \frac{x+3}{x^2-1}$

$$\frac{x(x-1)}{(x+1)(x-1)}+\frac{1(x+1)}{(x-1)(x+1)}=\frac{x+3}{x^2-1}$$

$$x^2-x+x+1=x+3$$
$$x^2-x-2=0$$

Resolvendo esta equação, pela fórmula de resolução ou usando soma e produto, ficamos com as soluções –1 e 2. Se a é o número de gols da seleção X, só pode ser a raiz 2, não podemos ter quantidade negativa de gols. Portanto a = 2.

Expressão B: $\dfrac{2.\left(\frac{1}{4}\right)^{-1}-2^2}{\left(\frac{1}{2}\right)^{-2}}$. Lembremos que elevar a um expoente negativo é o mesmo que inverter a fração, e elevar ao expoente tornado positivo. Logo a expressão se reduz a:

$$\frac{2.\left(\frac{1}{4}\right)^{-1}-2^2}{\left(\frac{1}{2}\right)^{-2}}=\frac{2.(4)-2^2}{(2)^2}=\frac{8-4}{4}=1$$

Portanto b vale 1. O placar a×b é 2×1.
(Mas se preferir 7×1 aguarde, vai ter um jogo do Brasil assim...)

Resposta: (B) 2×1

583) CMBH – Temos aqui uma inequação do 2º grau:

$-(x-5)^2 < -4^2$
$-(x-5)^2 < -16$
$(x-5)^2 > 16$
$x^2-10x+25 > 16$
$x^2-10x+9 > 0$

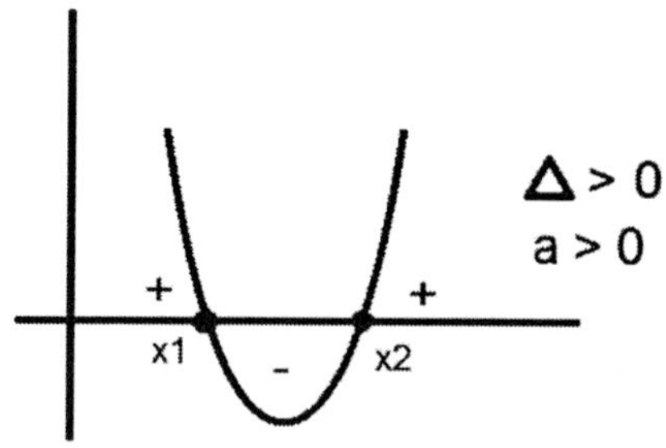

Para resolver uma inequação do 2º grau, identificamos inicialmente a posição do gráfico da função que representa a parábola. Esta parábola tem coeficiente de 2º grau positivo, portanto com a concavidade voltada para cima. A função tem duas raízes: 1 e 9. Portanto a função é negativa entre as raízes, e positiva fora do intervalo entre as raízes. Queremos que a expressão $x^2-10x+9$ seja positiva, então devemos ter $x < 1$ ou $x > 9$

Resposta: (B) x < 1 ou x > 9

584) CMF – Expressão super maliciosa, que requer algum trabalho algébrico. Os quatro termos inicial parecem o cubo de uma soma. Seria o cubo da soma:

$\left[\left(\frac{5x}{7}-3\right)+3\right]^3$. Para completar esta expressão, falta apenas o termo “cubo do segundo”, que no caso seria $3^3 = 27$. Portanto vamos somar e subtrair 27 na nossa expressão:

$$\left(\frac{5x}{7}-3\right)^3+9.\left(\frac{5x}{7}-3\right)^2+27.\left(\frac{5x}{7}-3\right)+27-27-\frac{125x^3}{343}+2.(x-2)+35$$

$$=\left[\left(\frac{5x}{7}-3\right)+3\right]^3.-27-\frac{125x^3}{343}+2.(x-2)+35$$

Aquela primeira expressão que está elevada ao cubo pode ser operada dentro dos colchetes, o 3 vai cancelar e ficaremos com $(5x/7)^3$. = $125x^3/343$.

$$=\frac{125x^3}{343}-27-\frac{125x^3}{343}+2.(x-2)+35$$

O termo de terceiro grau irá cancelar e ficaremos com

$$-27+2.(x-2)+35=2x+3$$

Resposta: (C) 2x+3

585) EAM – A expressão pedida aparecerá se elevamos ao quadrado a expressão original, x – 2/x = a

$$x-\frac{2}{x}=a \rightarrow \left(x-\frac{2}{x}\right)^2=a^2$$

$$x^2+\frac{4}{x^2}-2.x.\frac{2}{x}=a^2$$

$$x^2+\frac{4}{x^2}-4=a^2$$

$$x^2+\frac{4}{x^2}=a^2-4$$

Resposta: (B) $a^2 – 4$

586) EAM – O gráfico desta função é uma parábola com a concavidade voltada para cima, pois o coeficiente de 2º grau é positivo. O valor mínimo corresponde ao vértice da parábola. O valor de x do vértice é dado por –b/(2a) = 3/2. O valor correspondente de y é encontrado pela fórmula da função, usando o valor que encontramos para x no vértice. Portanto o valor de y no vértice é
$f(3/2) = (3/2)^2 – 3.(3/2) + 2 =$

$$\frac{9}{4}-\frac{9}{2}+2=-\frac{1}{4}.$$

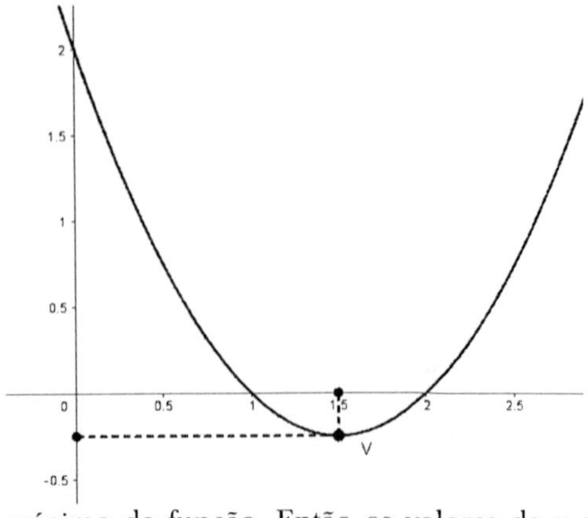

Portanto esta é a ordenada do vértice, que é o mínimo da função. Então os valores de y são sempre maiores ou iguais a –1/4. Portanto a imagem da função é $\left[-\frac{1}{3};+\infty\right)$

Resposta: (A)

587) IFAL – Muitas vezes os professores de matemática esquecem o que aprenderam de física: que um corpo que sofre um lançamento sob efeito da gravidade da Terra sofre uma aceleração de cerca de 10 m/s^2. Não importa se é um peixe saltando da água, ou uma bola de basquete lançada ao cesto. Na equação do lançamento oblíquo, não importa qual seja o ângulo de lançamento, a altura H, em função do tempo, sempre sofrerá esta aceleração, que aparece na fórmula como componente $-g.t^2/2$. , portanto o coeficiente do termo em t^2 deve ser sempre –5, ou com maior aproximação, –4,9. Diferentes coeficientes podem aparecer quando

representamos a parábola na forma y = f(x), mas a equação da altura em relação ao tempo deve ter coeficiente –5 (mais precisamente, –4,9). Mas vamos resolver a questão assim mesmo. Suponha que seja um peixe em outro planeta, então ainda precisamos descobrir vida fora da Terra!

Podemos encontrar a altura máxima, que é a ordenada do vértice, usando na fórmula da altura, o valor de t correspondente ao vértice (note, vértice em relação a t, estamos considerando altura em função do tempo, e não altura em função de x). Este valor de t do vértice é dado por –b/2a, que no caso resulta em –4/(2.(–1)) = 2.
Fazendo t = 2, encontramos $H(2) = -2^2 + 4.2 - 1 = -4 + 8 - 1 = 3$

Resposta: (C) 3 m

588) IFS – A equação deve ser satisfeita para x = 2. Ficamos então com:
$x^2 - kx + 6 = 0$
$2^2 - k.2 + 6 = 0$
$4 - 2k + 6 = 0$
$2k = 10$
$k = 5$

Resposta: (B) 5

589) IFCE – Se o resto da divisão de p(x) por D(x) é igual a 1, significa que podemos escrever:
P(x) = Q(x).D(x) + R
Não é necessário fazer a divisão, nem encontrar o quociente Q(x).
$4x^3 + 2x^2 - mx + 5 = Q(x).(x + 2) + 1$
Se fizermos x = –2, o binômio (x + 2) irá "zerar", o mesmo ocorrendo com Q(x).(x + 2), não importa qual seja Q(x).

$4(-2)^3 + 2(-2)^2 - m(-2) + 5 = Q(x).((-2) + 2) + 1$
$4(-8)+ 2(4) - m(-2) + 5 = 0 + 1$
$-32 + 8 + 2m + 5 = 1$
$2m = 32 - 8 - 5 + 1 = 20$
$m = 10$

Resposta: (D) 10

590) IFPI – Trata-se de uma inequação do 2º grau. Pode ser resolvida através de um quadro de variação de sinal, ou então analisando o sinal do trinômio do 2º grau resultante.
$(2x + 4).(-3x + 12) \geq 0$
$(x + 2)(-x + 4) \geq 0$
$(x + 2)(x - 4) \leq 0$
O primeiro membro é um trinômio do 2º grau na forma fatorada. Suas raízes são –2 e 4. O coeficiente de 2º grau é positivo, portanto tem a concavidade voltada para cima. Logo é negativo entre as raízes, ou seja, entre –2 e 4. Como queremos justamente que o trinômio seja negativo ou zero, a solução é $-2 \leq x \leq 4$.

Resposta: (A) [–2, 4]

Resoluções do teste 60

591) EAM – Para que a fração dada seja maior que 1, é necessário que o numerador seja maior que o denominador, ou seja,
$5 > x - 1$
$6 > x$
O raciocínio está parcialmente correto, mas o princípio utilizado é válido apenas para números positivos. Se o denominador x – 1 for menor que 5, porém negativo, a fração não será maior

que 1. Então temos que adicionar uma segunda condição: o denominador tem que ser positivo:

$x - 1 > 0$

$x > 1$

Portanto essas duas condições têm que ocorrer: $x < 6$ e $x > 1$, que pode ser escrito como $1 < x < 6$. Essa é a resolução do problema, letra (A), mas existe uma forma mais segura de resolver a inequação fracionária, sem corrermos o risco de esquecimentos (no caso desse problema, o esquecimento de obrigar o denominador a ser positivo).

O método é o seguinte: passamos todos os termos para o primeiro membro, deixamos zero no segundo membro, mantemos o denominador caso tenha x (não é permitido eliminar denominadores com incógnita em uma inequação) e fazemos um estudo da variação do sinal da expressão, em função de x.

$$\frac{5}{x-1} > 1 \rightarrow \frac{5}{x-1} - 1 > 0 \rightarrow \frac{5}{x-1} - 1.\frac{x-1}{x-1} > 0 \rightarrow \frac{5-x+1}{x-1} > 0 \rightarrow \frac{6-x}{x-1} > 0$$

Agora fazemos um quadro indicando os valores que anulam o numerador e o denominador, e esses valores devem ser colocados em ordem crescente. No caso são 1 e 6.

	1	6	
6 – x	+	+	–
x – 1	–	+	+
Fração	–	+	–

O quadro mostra que os valores de x que tornam a fração positiva são os compreendidos entre 1 e 6. Precisamos ainda analisar o que ocorre nas fronteiras, 1 e 6. No numerador não pode ser zero, pois a inequação usa o sinal ">", logo não podemos ter $x = 6$. O denominador nunca pode ser anular, então não podemos ter $x = 1$. Sendo assim, o intervalo é aberto, ou seja, $1 < x < 6$, que na forma de intervalo é (1, 6)

Resposta: (E)]1, 6[

592) CMB – A princípio, qualquer uma das três parábolas da figura pode ser a que tem a equação dada, $y = -x^2/4 + 7x - 48$. Vejamos o que pode ser descoberto através dessa fórmula. O ponto (0, 0) não satisfaz à equação, então esta fórmula não se refere à primeira parábola. Encontremos as raízes da parábola dada:

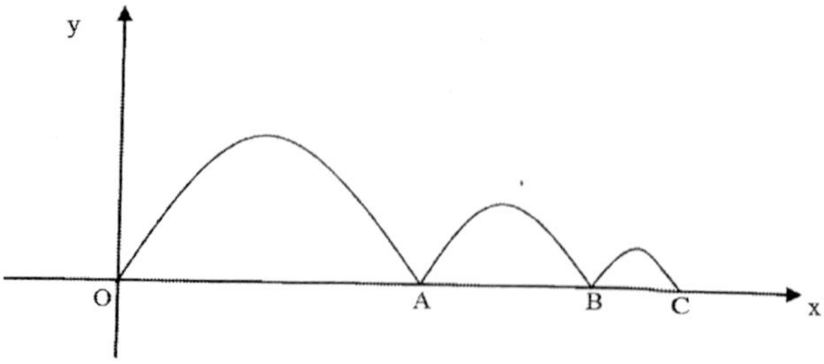

$-x^2/4 + 7x - 48 = 0$

$-x^2 + 28x - 192 = 0$

$\Delta = 28^2 - 4.192 = 16$, $\sqrt{\Delta} = 4$. As raízes são

$\frac{-28 \pm 4}{-2}$. Isso resulta nas raízes 16 e 12. Obviamente esta é a segunda parábola, pois na terceira, foi dado que BC = 1, ou seja, a diferença das raízes vale 1. Portanto encontramos a equação da segunda, e agora podemos encontrar a equação da primeira, pois conhecemos a menor raiz da segunda (12), que é também a maior raiz da primeira parábola. Sendo assim, as raízes da primeira parábola são 0 e 12, e sua equação é:

$y = A(x - 0)(x - 12)$

$y = Ax(x - 12)$

O ponto dado, (9, 3) como pertencente a uma das parábolas, só pode pertencer à primeira parábola, pois é a única que pode ter um ponto com abscissa 9 e y positivo. Logo, substituindo (9, 3) na equação da primeira parábola, encontrarmos o valor de A:
3 = A.9.(9 – 12) ➔ A = –1/9. A equação da primeira parábola é
y = –x(x – 12)/9
A altura máxima atingida pela bola é a ordenada do vértice da primeira parábola. O valor de x é a média das raízes, 6, e a ordenada é:
y = –6.(6 – 12)/9 = 4.

OBS.: Essa questão foi provavelmente anulada, pois no enunciado original a equação dada tinha coeficiente de x^2 positivo ($y = x^2/4 + 7x - 48$), o que representa uma parábola com a concavidade voltada para cima, o que torna a resolução impossível.

Resposta: (C) 4m

593) CMBH – A expressão $\frac{1}{1-\sqrt{2}}$ vale:

$$\frac{1}{1-\sqrt{2}} = \frac{1.\left(1+\sqrt{2}\right)}{\left(1-\sqrt{2}\right)\left(1+\sqrt{2}\right)} = \frac{1+\sqrt{2}}{1-2} = -1-\sqrt{2}$$

Somando com $2\sqrt{2}$, ficamos com $-1+\sqrt{2} = \sqrt{2}-1$, portanto este é o valor de A.
A expressão para B é mais complicada. Comecemos pelo termo mais "interno":

$\frac{1}{1+\sqrt{2}} = \frac{1}{\sqrt{2}+1} = \frac{1.\left(\sqrt{2}-1\right)}{\left(\sqrt{2}+1\right)\left(\sqrt{2}-1\right)} = \frac{\sqrt{2}-1}{2-1} = \sqrt{2}-1$, que somado com 2 fica $\sqrt{2}+1$. Logo

$B = \frac{1}{2+\frac{1}{1+\sqrt{2}}}$. A expressão que fica no denominador, $2+\frac{1}{1+\sqrt{2}}$, é uma repetição da que acabamos de calcular, portanto seu valor é $\sqrt{2}+1$. Sendo assim, a expressão de B vale:

$$B = \frac{1}{\sqrt{2}+1}$$

Finalmente, fazemos esta última racionalização e ficamos com:

$$B = \frac{1}{\sqrt{2}+1} = \frac{1.\left(\sqrt{2}-1\right)}{\left(\sqrt{2}+1\right)\left(\sqrt{2}-1\right)} = \sqrt{2}-1$$

Então $A = \sqrt{2}-1$ e $B = \sqrt{2}-1$. A e B são iguais !

Resposta: (D) A=B

594) CMJF – Analise as afirmativas abaixo, julgando-as como verdadeiras ou falsas.
I. ERRADO. $x^2 \leq 9$ significa que x está entre as raízes, ou seja, $-3 \leq x \leq 3$.
II. CERTO. Partindo de a + b = 5 e elevando ao quadrado, ficamos com $(a + b)^2 = a^2 + b^2 + 2ab$. Portanto $a^2 + b^2 = (a + b)^2 - 2ab = 5^2 - 2.2 = 25 - 4 = 21$.

III. CERTO. $\frac{y}{x} = \frac{1}{\sqrt[3]{2}} = \frac{1.\sqrt[3]{2^2}}{\sqrt[3]{2}.\sqrt[3]{2^2}} = \frac{\sqrt[3]{4}}{2}$

IV. CERTO. $\sqrt{\frac{2^{28}+2^{30}}{5}} = \sqrt{\frac{2^{28}\left(1+2^2\right)}{5}} = \sqrt{\frac{2^{28}(5)}{5}} = \sqrt{2^{28}} = 2^{14}$

Logo, apenas a afirmativa I está errada.

Resposta: (D) Apenas a afirmativa I é falsa.

595) CMM – Um bom sistema de eixos a ser usado é com origem em A, eixo x ao longo de AB, e eixo y perpendicular, partindo de A. Como AB vale 6 metros, a abscissa de B vale 6. A equação da parábola é:
y = A(x – 0)(x – 6), já que as raízes são 0 e 6.
A altura máxima vale 6, que é a ordenada do vértice, obtido para x igual à média das raízes (x = 3). Logo temos:

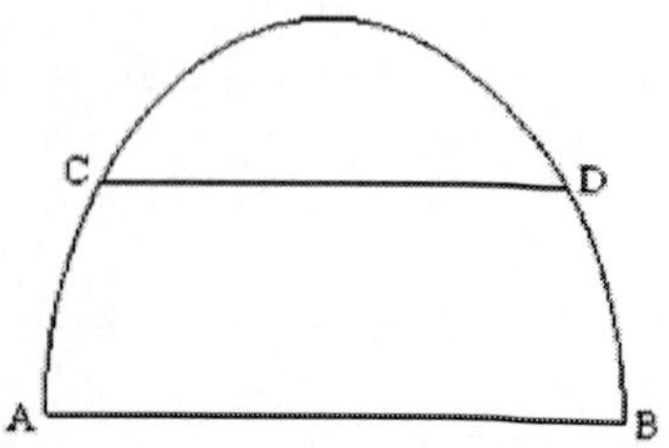

5 = A(3 – 0)(3 – 6) ➔ A = –5/9. Assim formamos a equação da parábola:
y = (–5/9).x.(x – 6)
Como a faixa CD está 3m acima da base, as ordenadas dos pontos C e D são iguais a 3. Logo:
3 = (–5/9).x.(x – 6). Resolvendo encontraremos os valores de x, que correspondem às abscissas de C e D.
3 = (–5/9).x.(x – 6)
27 = –5x(x – 6)
27 = $-5x^2$ + 30x
$5x^2$ – 30x + 27 = 0
Δ = 900 – 4.5.27 = 900 – 540 = 360
$\sqrt{\Delta} = 6\sqrt{10} \approx 18$ (valor aproximado de $\sqrt{10}$ dado pelo problema).
Logo as abscissas de C e D são:
$\dfrac{30 \pm 18}{10}$, que resulta em 4,8 m e 1,2 m. O comprimento CD é a diferença entre as abscissas, 3,6 m.

Resposta: (E) 3,6m

596) CEFET ES – Em uma equação, podemos eliminar os denominadores, ao contrário do que ocorre em uma inequação:

$$\frac{x}{1-x}+\frac{x-2}{x}-1=0$$

$$\frac{x.x}{x.(1-x)}+\frac{(x-2)(1-x)}{x.(1-x)}-\frac{1.x.(1-x)}{x.(1-x)}=0$$

$$x^2+(x-2)(1-x)-x.(1-x)=0$$
$$x^2-x^2+3x-2+x^2-x=0$$
$$x^2+2x-2=0$$

A soma das raízes é –b/a, e o produto é c/a. No caso, ambos valem 2.

Resposta: (D) 2

597) IFSP – Será necessário simplificar a segunda equação.

$$\begin{cases} x-y=2 \\ \dfrac{4}{x-6}=\dfrac{2}{y-3} \end{cases}$$

$\dfrac{4}{x-6}=\dfrac{2}{y-3}$ ➔ $\dfrac{2}{x-6}=\dfrac{1}{y-3}$ ➔ $2(y-3)=x-6$ ➔ $2y-6=x-6$ ➔ $x=2y$

Substituindo na 1ª equação, ficamos com:
$2y-y=2$ ➔ $y=2$, e x vale o dobro, $x=4$

A solução (x, y) é (4, 2).

Resposta: (C) S = {(4, 2)}

598) IFRS - Com os dados fornecidos no gráfico, está facílimo formar a equação e conhecer os valores de a, b e c. A forma fatorada da função é y = a.(x - x1).(x - x2), onde a é o coeficiente de 2º grau, e x1, x2 são as raízes. No caso temos:
y = a(x + 3)(x - 1)
Temos um ponto conhecido da parábola: (0, 3). Assim poderemos determinar o valor de **a**:
3 = a.(0 + 3)(0 - 1) ➔ a = -1. Então a função é:
$y = -1(x + 3)(x - 1) = -(x^2 + 2x - 3)$
$y = -x^2 - 2x + 3$
Assim temos a = -1, b = -2 e c = 3. Assim podemos testar se cada uma das respostas é verdadeira ou falsa. A única correta é (E).

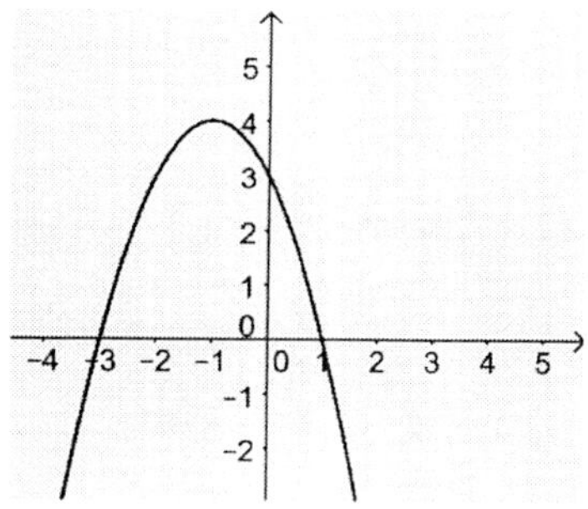

Resposta: (E) $ac < \left(\frac{b}{2}\right)^2$

IMPORTANTE: Essa questão pode ser resolvida mesmo sem conhecer os valores do gráfico ao lado, e às vezes aparece sem os valores em determinados concursos (Ex: EPCAr). Apenas pela forma do gráfico, é possível identificar que a < 0 (concavidade para baixo) e c > 0 (ordenada onde o gráfico corta o eixo y). O sinal de b pode ser descoberto a partir da ordenada do vértice. Esta ordenada é -b/2a. Como no gráfico, esta ordenada é negativa, então b/2a é positivo, ou seja, b tem o mesmo sinal de a. Então b é negativo. Descobrindo os sinais de a, b e c, podemos verificar comparações que dependem apenas desses sinais, como (A) e (B), ambas falsas. As outras três comparações estão relacionadas com o delta da função. Como temos duas raízes reais e diferentes, o valor de delta é positivo, ou seja, $b^2 - 4ac > 0$. Daí sabemos que $b^2/4 > ac$, portanto concluímos que (E) é verdadeira.

599) IFSC - O custo total de produção é igual ao custo unitário, multiplicado pelo número de unidades produzidas. Portanto esse custo é:

$$x.\left(30 - \frac{x}{40}\right) = 30x - \frac{x^2}{40}$$

Para que esse custo seja 5000, devemos ter:

$$30x - \frac{x^2}{40} = 5000$$

$$\frac{x^2}{40} - 30x + 5000 = 0$$

$$x^2 - 1200x + 200000 = 0$$

(por soma e produto, é fácil descobrir que as raízes são 200 e 1000: soma 1200 e produto 200.000). Mas usando a fórmula, temos:

$\Delta = 1200^2 - 4.200.000 = 1.440.000 - 800.000 = 640.000$

$\sqrt{\Delta} = \sqrt{640000} = \sqrt{64}.\sqrt{10000} = 800$. As soluções são

$\frac{1200 \pm 800}{2}$, que resulta em 1000 e 200.

O enunciado informou que a fábrica pode construir no máximo 300 unidades por dia, então a única raiz que serve é x = 200.

Resposta: (C) 200

600) IFRJ – Conforme foi lembrado pela "DICA", considerando um sistema de coordenadas cartesianas com origem no vértice da parábola, e eixos x e y respectivamente no horizontal e na vertical, a equação do arco de parábola central da ponte é
$y = a.x^2$

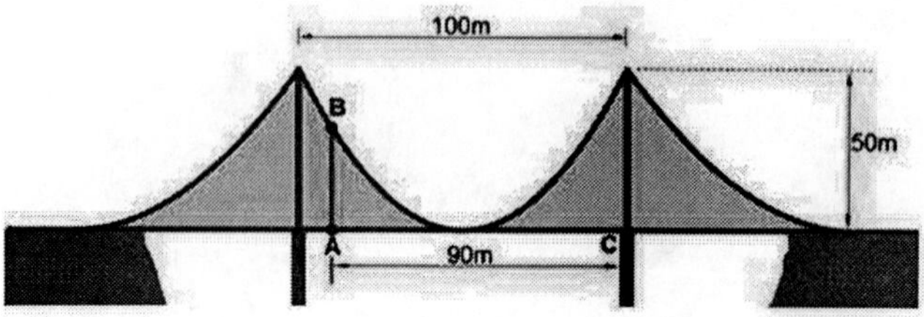

Para descobrir o valor de a, usamos mais um ponto conhecido da parábola. No caso, temos dois pontos conhecidos, que são os topos das colunas. O topo da coluna direita tem coordenadas x = 50 e y = 50. Substituindo na equação temos

$50 = a.50^2$.

$a = \frac{1}{50}$. Logo a equação é

$$y = \frac{1}{50}x^2$$

A distância AB é igual à ordenada do ponto B. Fazendo x = –40, encontramos:

$$y = \frac{1}{50}(-40)^2 = \frac{1600}{50} = 32$$

Resposta: (C) 32

Capítulo 7

Álgebra

Teste 61

601) CEFET RJ – Uma pequena piscina de plástico estava com 10 litros de água. Num dado instante, abriu-se uma torneira e, em 5 minutos, a piscina atingiu a sua capacidade máxima. Suponha que a água que alimentou a piscina manteve uma vazão constante durante todo o tempo. A figura abaixo fornece, pelo segmento de reta, o gráfico que representa o volume (em litros) de água na piscina em função do tempo (em minutos). Com base nessas informações, determine a capacidade máxima da piscina, em litros (discursiva).

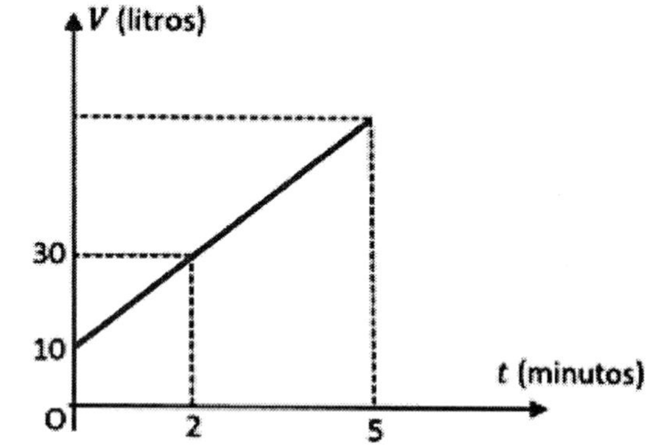

602) IFSP – Traçando, em um mesmo plano cartesiano, a reta que contém as soluções da equação $x + y = 5$, e a reta que contém as soluções da equação $x - y = 1$, assinale a alternativa que apresenta os pontos que representam o cruzamento dessas retas.

(A) (3, 2) (B) (2, 3) (C) (–3, 2) (D) (–3, 3) (E) (2, –3)

603) CEFET ES – Sabe-se que o lucro total de uma empresa é dado pela fórmula $L = R - C$, em que L é o lucro total, R é a receita total e C é o custo da produção. Numa empresa que produziu x unidades verificou-se que $\mathbf{R(x) = 6000x - x^2}$ e $\mathbf{C(x) = x^2 - 2000x}$. Nessas condições, qual deve ser a produção **x** para que o lucro da empresa seja máximo?

(A) 1500 unidades (B) 2500 unidades (C) 2000 unidades
(D) 1000 unidades (E) 3000 unidades

604) Colégio Pedro II (RJ) – Para comemorar seu aniversário, Alexandre pesquisou o preço de alguns salgadinhos. Na confeitaria Docebom, para comprar 120 quibes e 150 coxinhas, gastaria R$ 510,00. Na confeitaria Vovó Tânia, para as mesmas quantidades de quibes e coxinhas, o preço de cada quibe era 10% menor e o de cada coxinha 20% menor. Em comparação aos preços da Docebom, o gasto de Alexandre seria de R$ 432,00.
Resolvendo o sistema a seguir, encontraremos os valores de x e y, que representam, respectivamente, o preço de cada quibe e de cada coxinha.

$$\begin{cases} 120x + 150y = 510 \\ 120(x.0,9) + 150.(y.0,8) = 432 \end{cases}$$

Então, o preço, em reais, de cada quibe na confeitaria da Vovó Tânia é

(A) 1,70 (B) 1,80 (C) 1,90 (D) 2,00

605) IFRS – A prefeitura de uma cidade pretende fazer um pequeno espaço de convivência em um terreno retangular com medidas de 20 metros por y metros. Para isso, será necessário plantar grama no pentágono HGFBE, conforme figura abaixo. O valor de y, em metros, para que a área de grama a ser plantada seja de 180 m², é

(A) 18 (B) 15 (C) 10 (D) 7,5 (E) 5

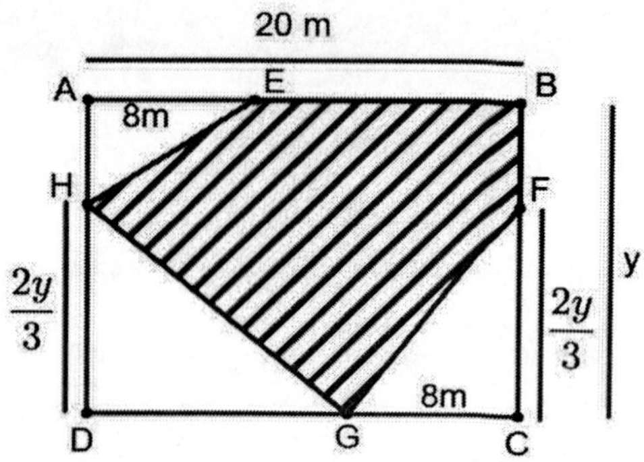

606) EAM – Considerando os conjuntos ℕ, ℤ, ℚ e ℝ, coloque V (verdadeiro) ou F (falso) nas sentenças abaixo, assinalando a seguir a opção correta.

( ) $(\mathbb{N}^* \cap \mathbb{Q}) = \mathbb{N}^*$

( ) $(\mathbb{Z} - \mathbb{Z}_-) = \mathbb{Z}_+$

( ) $(\mathbb{R} \cup \mathbb{Z}) = \mathbb{Q}$

(A) (V)(V)(V) (B) (V)(V)(F) (C) (V)(F)(F) (D) (F)(V)(F) (E) (F)(F)(V)

607) CMB – A relação entre o investimento x (em milhões de reais) na propaganda para a divulgação de um produto em um site da Internet e o número k de potenciais consumidores (em milhões) atingidos por essa campanha é dada pela lei k(x) = a.x + b. a ≠ 0. Para avaliar o retorno dessa campanha, calculam-se dois índices, A e B, tais que $A = \frac{x_2}{x_1}$ e $B = \frac{x_3}{x_2}$, em que x_1, x_2 e x_3 são os valores para os quais 1, 2 e 4 milhões de potenciais consumidores são atingidos, respectivamente. Se k(0,25) = 1 e k(1) = 2, então o valor da potência A^B é igual a

(A) 3 (B) 4 (C) 10 (D) 16 (E) 32

608) CMBH – O conjunto que representa os valores de **m** para os quais a equação do 2º grau $\mathbf{(m^2 - 4)x^2 - (m + 2)x - 1 = 0}$ possui raízes reais é:

(A) $\{m \in \mathbb{R} \mid m \leq -2 \text{ ou } m \geq 6/5 \text{ e } m \neq 2\}$

(B) $\{m \in \mathbb{R} \mid -2 < m \leq 6/5\}$

(C) $\{m \in \mathbb{R} \mid m \leq -2 \text{ ou } m \geq 6/5\}$

(D) $\{m \in \mathbb{R} \mid -2 \leq m \leq 6/5\}$

(E) $\{m \in \mathbb{R} \mid m < -2 \text{ ou } m > 6/5 \text{ e } m \neq 2\}$

609) CMF – Sobre as retas que representam graficamente as equações do sistema $\begin{cases} y + 2x = k,\ k \in R \\ \frac{x}{5} + \frac{y}{10} = -\frac{1}{2} \end{cases}$, podemos afirmar que são

(A) paralelas distintas se k = –5.
(B) concorrentes se k ≠ –5.
(C) coincidentes se k = –5.
(D) coincidentes para todo valor de k ∈ ℝ.
(E) concorrentes para todo valor de k ∈ ℝ.

610) CMJF – O conjunto verdade da equação abaixo, no conjunto dos números reais, é:

$$\frac{3}{x}+\frac{1}{x-1}=\frac{4-3x}{x^2-x}$$

(A) {–1} (B) {0} (C) {1} (D) { }

Teste 62

611) CMM – Um professor de matemática propõe aos seus alunos a resolução de exercícios por meio de códigos matemáticos através das operações Δ e π definidas no conjunto dos números reais, tais que $x \,\Delta\, y = x - 3^y$ e $x \,\pi\, y = 2x^2 - xy + 1$. Dessa forma, podemos afirmar que o valor numérico resultante da expressão
$[(3 \,\pi\, 1)^{10 \,\Delta\, 2}] \,\Delta\, [(2 \,\Delta\, 1) \,\pi\, (5 \,\Delta\, 2)]$ é igual a:

(A) 15 2/3 (B) 5 2/5 (C) 15 3/5 (D) 12 2/3 (E) 12 1/2

612) CMPA – Fazendo estudos sobre temperatura em um deserto, um meteorologista observou que a temperatura atingiu o seu valor máximo às 15 h. Além disso, percebeu que, nesse mesmo dia, a temperatura T, medida em graus Celsius, em função do tempo t, medido em horas, podia ser obtida pela função $\mathbf{T(t) = -t^2/5 + bt - 20}$, onde b é um número real. A partir da análise dessa função, podemos afirmar que a maior variação positiva possível da temperatura, no intervalo das 5h até as 20 h, corresponde a

(A) 5°C (B) 10°C (C) 15°C (D) 20°C (E) 25°C

613) CMR – Definimos pressão relativa no interior de um recipiente fechado como a diferença entre a pressão interna e a pressão atmosférica local, nessa ordem. Suponha que, em uma experiência realizada pelo Professor de Química do Colégio Militar do Recife, a pressão interna de um recipiente tenha variado por injeção e exaustão de ar a partir de uma função quadrática do tipo $\mathbf{p(t) = -t^2/8 + 3t/4 - 5/8}$. Em que p expressa a pressão relativa interna do recipiente, em atmosfera (atm), em função do tempo t, em minuto, durante o tempo que durou a experiência.
Para qual intervalo de tempo, em minutos, a pressão interna relativa do recipiente foi positiva?

(A) $0 < t < 3$ (B) $3 \le t < 7$ (C) $1 < t \le 6$ (D) $1 < t < 5$ (E) $3 \le t < 6$

614) CMSM – Um estudante do CMSM resolve uma equação do tipo $x^2 + bx + c = 0$ e, enganando-se no valor de c, obteve as raízes –1 e –5. Um colega seu, resolvendo a mesma equação, enganou-se no valor de b e obteve as raízes –16 e 1. Resolvendo-se a equação correta, quanto se obtém somando-se o dobro da menor raiz com o triplo da outra?

(A) –20 (B) 20 (C) 10 (D) 12 (E) –10

615) CMRJ – "A área de um triângulo é a metade do produto da medida de sua base pela medida de sua altura".
Três pontos de duas funções f: ℝ→ℝ e g: ℝ→ℝ definidas, respectivamente, por $f(x) = 3x^2 + 6x - 24$ e $g(x) = x^2/10 + 2x + 9$, serão utilizados para construção de um triângulo. Esse triângulo será construído com seus vértices sobre os gráficos dessas funções, conforme o descrito abaixo:

I. um dos seus vértices no ponto de menor imagem da função g;

II. dois vértices nos pontos de interseção da função f com o eixo das abscissas.

Dessa forma, a área desse triângulo é igual a:

(A) 30 (B) 15 (C) 9 (D) 6 (E) 3

616) CFN – Em um triângulo retângulo, as medidas dos catetos são expressas, em centímetros, pelas raízes da equação $x^2 - 8x + 12 = 0$. Nessas condições, determine a medida da hipotenusa.

(A) 20 cm (B) 40 cm (C) $2\sqrt{10}$ cm (D) $5\sqrt{4}$ cm (E) $2\sqrt{17}$ cm

617) IFPR – Dado o quadrado Q1 de lado **a** e o quadrado Q2 de lado **b**, a parte hachurada da figura obtida pela composição dos quadrados Q1 e Q2 é igual a:

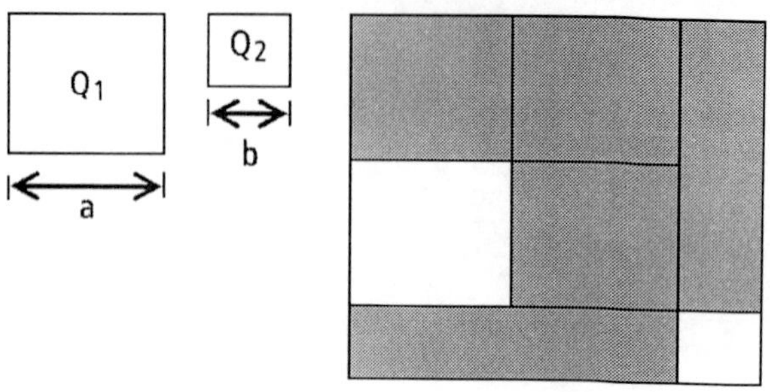

(A) $(a - b)^2 + b^2 - a^2$
(B) $(2a + b)^2 - (a + b)(a - b) - 2b^2$
(C) $(2a - b)^2 - (a + b)(a - b)$
(D) $(2a + b)^2 - (a + b)(a - b) + b$

618) IFMG – Considere S o conjunto solução da inequação $x^2 + 5x - 14 < 0$. Sobre S, podemos afirmar que:

(A) $[-9, 5] \supset S$
(B) o conjunto S possui 12 números naturais
(C) $S \subset \emptyset$
(D) o conjunto S possui 12 elementos

619) FIOCRUZ – Sabendo que **b** é um número natural ímpar e que a equação $x^2 + bx + 6 = 0$ não possui raízes reais, podemos afirmar que:

(A) b = 1 ou b = 3 (B) b = 5 (C) b = 6 (D) b = 24 ou b = –24

620) Colégio Pedro II (RJ) – Luíza estava brincando com seu joguinho no celular, no qual uma serpente deve comer os insetos que aparecem na tela. No início do jogo, a serpente é formada por um retângulo de dimensões x mm por (5x + 12) mm e, a cada inseto que come, ela aumenta o seu tamanho em um quadrilátero de área 10 mm^2. Após comer 8 insetos, a serpente, totalmente esticada, representa um retângulo de área 112 mm^2. As dimensões da serpente, em milímetros, no início do jogo são, respectivamente, iguais a

(A) 1,6 e 20,0 (B) 2,0 e 22,0 (C) 3,6 e 30,0 (D) 4,0 e 32,0

Teste 63

621) FAETEC – Calcule a seguinte expressão numérica: $100.000^2 - 99.999^2 + 1$.

(A) 99.999 (B) 199.999 (C) 200.000 (D) 299.999 (E) 300.000

622) CTUR – Em um trajeto exclusivamente formado por subidas e descidas, um caminhante percorre 2 metros a cada segundo nas subidas e 3 metros a cada segundo nas descidas. Se o caminhante percorreu, no trajeto todo, 1.380 metros em 9 minutos e 40 segundos, sem paradas, pode-se afirmar que, no total, ele

(A) desceu 40 metros a mais do que subiu.
(B) desceu 50 metros a mais do que subiu.
(C) desceu 60 metros a mais do que subiu.
(D) subiu 50 metros a mais do que desceu.
(E) subiu 60 metros a mais do que desceu.

623) IFF – Gilberto tem uma pequena empresa que produz camisas personalizadas. Ao realizar um estudo sobre o lucro que sua empresa lhe proporciona, ele chegou a seguinte função: $L_1(x) = -(x - 3)(x - 7)$, cujo x é uma variável que engloba todos os parâmetros de interesse para o lucro de sua empresa. Não satisfeito com o lucro obtido, ele estudou um pouco mais e chegou a uma nova função $L_2(x) = -2(x - 2)(x - 6)$. Para que valores de x, $L_2(x)$ e $L_1(x)$ possuirão o mesmo valor?

(A) 2 e 3 (B) 6 e 7 (C) $\left(2-\sqrt{6}\right)$ e $\left(2+\sqrt{6}\right)$
(D) $\left(-3-\sqrt{6}\right)$ e $\left(-3+\sqrt{6}\right)$ (E) $\left(3-\sqrt{6}\right)$ e $\left(3+\sqrt{6}\right)$

624) ETEC – Um vencedor do Prêmio Nobel deseja encomendar a construção de uma caixa para acomodar a medalha que recebeu como parte da premiação. A medalha tem a forma de uma circunferência com raio igual a 3,3 cm. A caixa terá a forma de um paralelepípedo de base quadrada, sobre a qual sabe-se que:

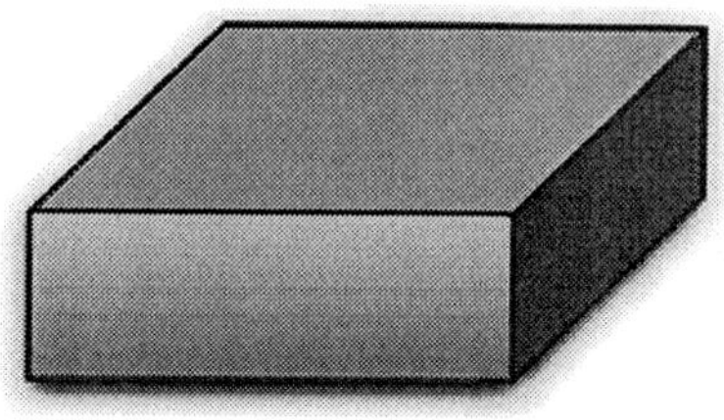

- A medida do lado da base é 4 mm maior do que o diâmetro da medalha;
- O volume total é igual a 147 cm^3.
- O material do qual a caixa será feita tem espessura desprezível.

A altura da caixa, em centímetros, será igual a:

(A) 2,0 (B) 2,3 (C) 3,0 (D) 3,3 (E) 4,0

625) ETAM – A equação do segundo grau $x^2 + 4x - 1 = 0$ tem raízes m e n. A expressão $(m + 5)(n + 5)$ é igual a:

(A) 4 (B) 5 (C) 6 (D) 7

626) IFAL – A função quadrática $\mathbf{f(x) = ax^2 + bx + c}$, com **a** real positivo, **b** e **c** reais, tem como zeros da função os valores x' = –1 e x" = 3. Essa função é representada pela expressão:

(A) $f(x) = x^2 + 2x + 3$ (B) $f(x) = x^2 + 4x + 3$ (C) $f(x) = x^2 - 2x - 3$
(D) $f(x) = x^2 - 4x - 3$ (E) $f(x) = x^2 + 2x - 3$

627) CMBH – Se um conjunto de pontos de um plano constitui um Lugar Geométrico (LG), então todos os pontos desse conjunto satisfazem uma dada condição e nenhum outro ponto desse plano que esteja forma desse conjunto satisfaz a mesma condição. Dessa forma, a mediatriz é um LG dos pontos do plano que estão situados à mesma distância de dois pontos distintos dados.

No Plano Cartesiano abaixo, está representada a mediatriz **r** relativa aos pontos **A** e **B**. A soma das coordenadas do ponto de interseção dessa mediatriz com o segmento de reta AB é:

(A) $-\frac{5}{2}$ (B) -2 (C) $-\frac{1}{2}$ (D) $\frac{1}{2}$ (E) $\frac{5}{2}$

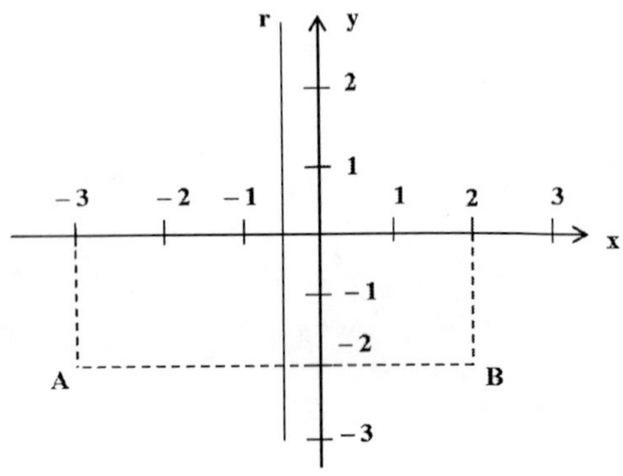

628) CMB – Geogebra é um aplicativo de matemática que combina conceitos de geometria e de álgebra. O programa permite realizar construções geométricas a partir de objetos-base e, sempre que o usuário alterá-los, é possível verificar automaticamente as implicações que essas alterações produzem nas construções.
O professor Laércio, fazendo uso do aplicativo Geogebra, construiu o gráfico da função quadrática f: $\mathbb{R}\rightarrow\mathbb{R}$ tal que $f(x) = x^2 + 4x + 3$, conforme ilustrado na figura abaixo. Em seguida, propôs a seus alunos a construção do gráfico da função g: $\mathbb{R}\rightarrow\mathbb{R}$ tal que $g(x) = (x - 2)^2 + 4(x - 2) + 3$. Em relação à função g, é correto afirmar que

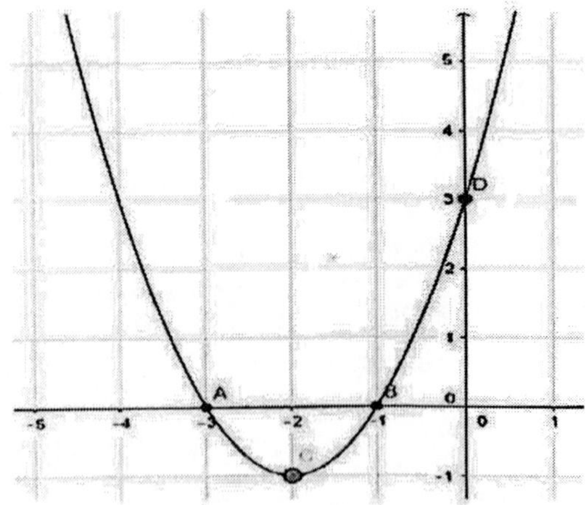

(A) tem concavidade voltada para baixo.
(B) a soma de suas raízes é igual a 1/2.
(C) intercepta o eixo das ordenadas no ponto de coordenadas (0, 1).
(D) o seu gráfico é simétrico em relação ao eixo das ordenadas.
(E) é crescente para $x \geq -1$.

629) CMF – Analise o gráfico da função quadrática abaixo, definida por $\mathbf{f(x) = ax^2 + bx + c}$ e classifique cada sentença em verdadeira ou falsa.

I – ( ) $a.b < 0$.
II – ( ) $a.c > 0$.
III – ( ) $b.c < 0$.
IV – ( ) $b^2 - 4ac < 0$
V – ( ) os zeros da função têm sinais contrários.

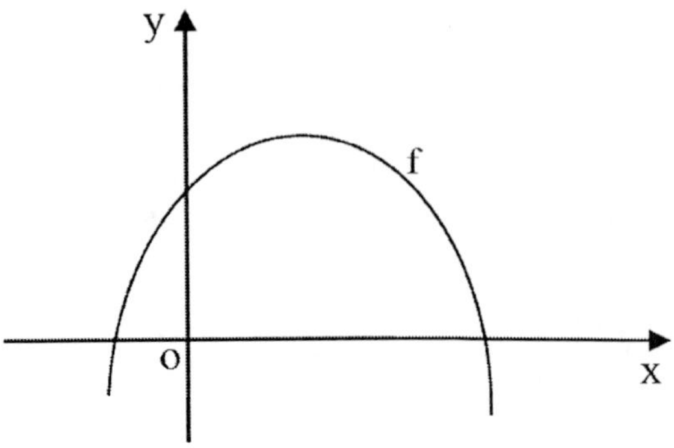

Podemos afirmar que são verdadeiras apenas as sentenças:

(A) I e IV. (B) I, II e III. (C) II, III e IV (D) II, III e V. (E) I e V.

630) CMJF - Uma fábrica de camisas tem a receita financeira dada pela função $R(x) = 3x^2 + 16x + 8$ e o custo de produção das camisas dado pela função $C(x) = 2x^2 + x - 6$, em que x representa o número de camisas fabricadas e vendidas. Sabendo que o lucro é dado pela receita menos o custo de fabricação das camisas, podemos dizer que os valores válidos de x para que a fábrica tenha lucro estão na alternativa:

(A) x pertencente a R, tal que $x < -1$
(B) x pertencente a R, tal que $x < -14$ ou $x > -1$
(C) x pertencente a R, tal que $x > 0$
(D) x pertencente a R, tal que $-14 < x < -1$

Teste 64

631) CMJF - O conjunto verdade da equação $\frac{2}{x} - \frac{x}{1-x} = \frac{x^2}{x^2 - x}$ no conjunto dos números reais é:

(A) { } (B) {1} (C) {1, 2} (D) {2}

632) CMM - A primeira descoberta de um número irracional é geralmente atribuída a Hipaso de Metaponto, um seguidor de Pitágoras. Ele teria produzido uma demonstração (provavelmente geométrica) de que a raiz de 2 (ou talvez que o número de ouro) é irracional. No entanto, Pitágoras considerava que a raiz de 2 "maculava" a perfeição dos números, e portanto não poderia existir. Mas ele não conseguiu refutar os argumentos de Hipaso com a lógica, e a lenda diz que Pitágoras condenou seu seguidor ao afogamento. A partir daí os números irracionais entraram na obscuridade, e foi só com Eudoxo Cnido que eles voltaram a ser estudados pelos gregos. O décimo livro da série "Os elementos de Euclides" é dedicado à classificação de números irracionais. Foi só em 1872 que o matemático alemão Dedekind (1831 - 1916) fez entrar na Aritmética, em termos rigorosos, os números irracionais que a geometria sugerira havia mais de vinte séculos.

Dessa forma, sobre o número $x = \sqrt{14 - 6\sqrt{5}} + \sqrt{5}$, é correto afirmar que:

(A) $\sqrt{3x}$ é um número irracional (B) $0 < x < 3$ (C) $x^3 - 1$ é irracional
(D) $2x - 3$ é racional (E) $0 < x < 2$

633) CMPA - Considere as seguintes proposições envolvendo operações com números reais, produtos notáveis e fatoração de expressões algébricas.

I) Sendo e x y números reais não nulos, a expressão $2 + \sqrt{\frac{x^2}{y^2} + \frac{y^2}{x^2} + 2}$ é equivalente a $\left(\frac{x+y}{xy}\right)^2$.

II) A diferença entre o cubo da soma de dois números inteiros e a soma dos cubos desses mesmos números é sempre um múltiplo de 3.

III) O valor da expressão $\frac{22032011^2 - 1}{22332010}$ é 22032012.

IV) $4^{10} + 4^{10} + 4^{10} + 4^{10} = 2^{22}$

Podemos afirmar que a quantidade de proposições falsas é

(A) 1 (B) 2 (C) 3 (D) 4 (E) zero.

634) CMR – No século XVII, o físico Galileu Galilei concluiu por meio de experimentos, que dois corpos de massas diferentes, quando abandonados simultaneamente da mesma altura, desprezando a resistência do ar, alcançam o solo no mesmo instante. Ele percebeu também que existe uma relação entre a distância percorrida **"d"**, em metros, e o tempo de queda **"t"**, em segundos, do corpo. Tal relação é dada pela igualdade $\mathbf{d = k.t^2}$.
Supondo que dois corpos A e B sejam abandonados, simultaneamente, das alturas de 20m e 245m, respectivamente, determine o tempo em segundos que o corpo B permanece no ar após o corpo A tocar o solo. Considere k = 5 m/s^2.

(A) 2 s (B) 3 s (C) 4 s (D) 5 s (E) 6 s

635) CFN – Em um triângulo retângulo, as medidas dos catetos são expressas, em centímetros, pelas raízes da equação $\mathbf{x^2 - 10x + 16 = 0}$. Nessas condições, determine a medida da hipotenusa.

(A) 2 cm (B) 8 cm (C) $8\sqrt{17}$ cm (D) $6\sqrt{8}$ cm (E) $2\sqrt{17}$ cm

636) EAM – Sabendo-se que $x - \frac{1}{x} = 1$ é correto afirmar que $x^3 - \frac{1}{x^3}$ é igual a:

(A) 1 (B) 4 (C) 8 (D) 12 (E) 27

637) IFSC – Considerando a equação $\mathbf{-5(3x - 8) = -45}$, é correto afirmar que ela é equivalente a

(A) $-8x - 32 = 0$ (B) $-15x + 5 = 0$ (C) $-8x - 58 = 0$ (D) $-15x + 85 = 0$ (E) $-15x - 53 = 0$

638) IFMG – O intervalo no qual a função $\mathbf{f(x) = -x^2 + 5x - 6}$ é decrescente é:

(A) x>3/5 (B) x>2/5 (C) x>5/3 (D) x>5/2

639) IFES – Ao resolver a equação $2 + \cfrac{1}{1 + \cfrac{2}{1+x}} = 4$ determina-se o valor de x. O inverso multiplicativo de x é:

(A) –5 (B) 5 (C) 0 (D) 1/5 (E) –1/5

640) ETAM – Dados três conjuntos, A = {1, 2, 3}, B = {4, 5} e C = {1, 2, 4}, observe os pares ordenados apresentados graficamente na figura abaixo. Esses pares correspondem, graficamente, a

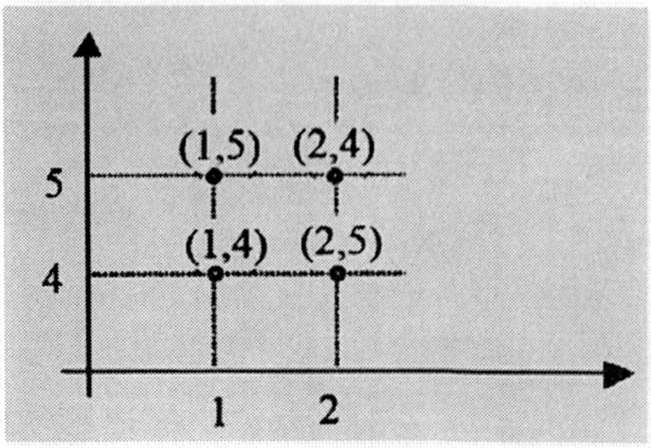

(A) B × (A ∩ C)
(B) (A ∪ C) × B
(C) (A ∩ C) × B
(D) B × (A ∪ C)

Teste 65

641) CMBH – Seja a um número real diferente de 1 (um) e K também um número real, tal que K = $(1 + a)(1 + a^2)(1 + a^4)(1 + a^8)...(1 + a^{128})$. Identifique a ordenada do ponto onde o gráfico da função quadrática $\mathbf{f(x) = x^2 + x + K}$ corta o eixo OY.

(A) $\dfrac{1-a^{256}}{1-a}$ (B) $\dfrac{1+a^{128}}{1-a}$ (C) $\dfrac{a^{128}}{a-1}$ (D) $\dfrac{a^{128}+1}{a-1}$ (E) $\dfrac{a^{256}}{a-1}$

642) CMSM – A ginástica olímpica é um esporte que exige ampla gama de habilidades, como força, agilidade, coordenação e técnica. Representando por A, B e C as equipes masculinas dos três países que ganharam medalhas nessa competição, nos Jogos Olímpicos de 2012, e considerando que as pontuações obtidas por cada uma delas sejam dadas pelos resultados das operações abaixo:

- Pontuação da equipe do país A: $27^{0,333...} + 27^{\frac{2}{3}}$
- Pontuação da equipe do país B: $2\left[\left(\sqrt{2}\right)^4 + \left(\sqrt{3}\right)^2\right]$
- Pontuação da equipe do país C: $\dfrac{3\sqrt{10}.2\sqrt{5}}{\sqrt{8}}$

Qual país ficou com o 1º lugar, 2º lugar e 3º lugar, respectivamente, na competição de ginástica olímpica?

(A) A, B e C. (B) B, A e C. (C) C, A e B. (D) A, C e B. (E) C, B e A.

643) CMRJ – A equação do segundo grau cujas raízes são iguais ao triplo do valor das raízes da equação $x^2 + bx + c = 0$ é

(A) $x^2 + 3bx + 9c = 0$ (B) $x^2 + 3bx + 3c = 0$ (C) $x^2/3 + 3bx + 9c = 0$
(D) $3x^2 + 3bx + 3c = 0$ (E) $3x^2 + 3bx + 9c = 0$

644) CMB – O brasileiro Diego Alves, jogador do Valência, é um dos 20 melhores goleiros do game FIFA 2016. Suponha que, numa partida disputada em um torneio, ao bater um tiro de meta, a bola, chutada por Diego Alves, teve sua trajetória descrita pela equação
$h(t) = \alpha t^2 + 12t$, em que $t(t \geq 0)$ é medido em segundos e $h(t)$ é a altura em metros da bola no instante t. Se a bola atingiu a altura máxima no instante $t = 2$, o valor de α é igual a:

(A) -3 (B) -2 (C) -4 (D) 2 (E) 3

645) CFN – Determine o valor de **x** na proporção

$\dfrac{0{,}30}{x+1} = \dfrac{\frac{2}{3}}{\frac{1}{2}}$, sendo **x** diferente de –1.

(A) $-\dfrac{19}{20}$ (B) $-\dfrac{31}{40}$ (C) $+\dfrac{3}{4}$ (D) $-\dfrac{10}{39}$ (E) $+\dfrac{5}{13}$

646) IFS – Calcule a raiz da função **f(x) = |2x – 2| – |2x – 4|**

(A) 3/2 (B) 2 (C) 1/2 (D) 4/3

647) IFCE – Se r e s são as raízes reais da equação $x^2 + 7x = 2$, o valor de $r^2 + s^2$ é

(A) 55 (B) 53 (C) 57 (D) 69 (E) 81

648) IFPI – Em certa escola, fez-se uma pesquisa com 40 alunos de uma turma. Constatou-se que 28 alunos acessam a Internet sempre nos sábados e domingos, 15 acessam de segunda a sexta e 6 alunos não acessam a Internet. Quantos alunos acessam a Internet durante toda a semana?

(A) 10 (B) 9 (C) 8 (D) 7 (E) 6

649) IFBA – Considerando os conjuntos

A = {x∈ℝ; $4x^2 + 8x - 5 = 0$}

B = {x∈ℚ; $\sqrt{4-2x} + \sqrt{9} = 3{,}5$ }

e C = {x∈ℤ; $\frac{(x-1)}{2} - \frac{(2-x)}{3} = 0{,}75$ }, é correto afirmar que

(A) A ∪ B ∪ C possui 4 elementos.
(B) Se x_1 e x_2 são os elementos do conjunto A, $x_1 < x_2$, então MDC($-16x_1$, $56x_2$) = 2.
(C) A ∩ B = { }
(D) C ∪ B tem um elemento primo.
(E) Sendo S o número que representa a soma dos elementos do conjunto A, então –15.S tem 12 divisores naturais.

650) IFMA – Se Isael multiplicar 2,5 por um número racional x e ao resultado adicionar 3,25 vai encontrar números maiores que 20. Os valores que x pode assumir para satisfazer essa condição são:

(A) $x > 6{,}7$ (B) $x > 4{,}5$ (C) $x > 3{,}5$ (D) $x > 8{,}5$ (E) $4 \leq x \leq 8$

Teste 66

651) EAM – Sejam os conjuntos A = {x∈ℝ; $1 \leq x \leq 4$}, B = {y∈ℝ; $3 \leq y \leq 7$}. Considerando o conjunto A × B (A cartesiano B) pode-se afirmar que a diagonal do polígono formado por esse conjunto é representada numericamente por:

(A) 2 (B) 3 (C) 4 (D) 5 (E) 6

652) CMBH – Uma fábrica produz aparelhos para a correção de defeitos da audição que são de alta qualidade tecnológica. O lucro obtido pela fábrica na venda desses aparelhos é dado pela relação **L(x) = ax² + bx + c**, com **a**, **b** e **c** constantes reais não nulas. L(x) indica o lucro em mil reais e x, a quantidade de produtos fabricados. Sabe-se que a produção de 50 aparelhos não dá lucro nem prejuízo e que o lucro máximo obtido pela fábrica é de R$ 22.500,00.
Assinale a opção cujo gráfico melhor representa a variação de lucro da fábrica em relação à quantidade de aparelhos produzidos.

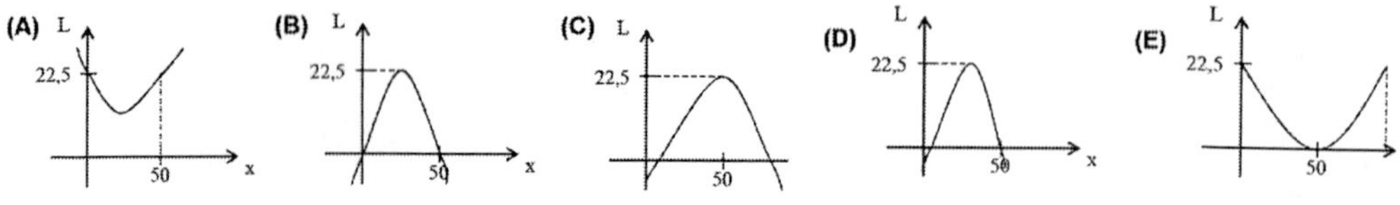

653) CMF – As dimensões de um paralelepípedo retângulo, em centímetros, são 2, x – 2 e x + 2. Sabendo-se que o volume do paralelepípedo é 64 cm³, a soma das áreas de todas as faces do paralelepípedo é

(A) 72 cm² (B) 96 cm² (C) 102 cm² (D) 112 cm² (E) 122 cm²

654) CMJF – O valor de mercado de um produto é alterado, a cada mês, com um acréscimo de 13% em relação ao mês anterior. Se o valor inicial do produto era de x reais, então a expressão algébrica que representa o seu valor ao final do décimo mês é:

(A) $x.(1{,}13)^{10}$ (B) $x.(1{,}013)^{10}$ (C) $x.(1{,}03)^{10}$ (D) $x.(0{,}13)^{10}$

655) CMM – Durante uma partida de futebol, o goleiro de um dos times desferiu um chute na bola que descreveu uma trajetória parabólica segundo a equação $h(x) = -\frac{1}{32}x^2 + \frac{5}{2}x$, em que x é o deslocamento horizontal da bola e h(x) é a altura da bola em função de x, dados em metros, conforme mostra a figura abaixo. Dessa maneira, o alcance do chute desferido pelo goleiro foi de:

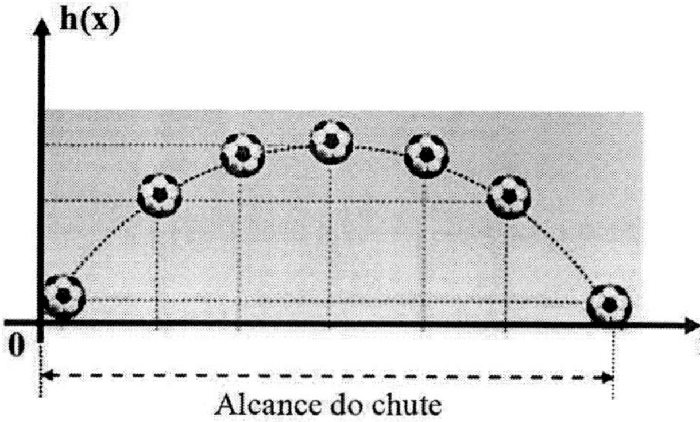

(A) 50 m (B) 60 m (C) 70 m
(D) 80 m (E) 90 m

656) IFPE – O lucro mensal de uma empresa de fruticultura irrigada é dado por $L = -x^2 + 3000x + 5000$, em que x é a quantidade em quilogramas mensal vendida. Os valores da quantidade de quilogramas vendidos que correspondem ao lucro máximo, bem como o valor do lucro máximo velem, respectivamente:

(A) 1.500 e 2.255.000,00 (B) 1.500 e 2.775.000,00 (C) 800 e 1.765.000,00
(D) 900 e 1.895.000,00 (E) 1.200 e 2.165.000,00

657) IFAM – Dividindo os polinômios $A = x^3 - 2x^2 - 8x + 17$ e $B = x^3 - 3x^2 - 8x + 28$ por um polinômio P, os restos são os binômios $x - 1$ e $x + 1$, respectivamente. Nessas condições, o polinômio P de maior grau possível é:

(A) $x - 3$ (B) $x - 2$ (C) $x^2 + 9$ (D) $x^2 - 9$ (E) $x^2 + 8$

658) IFRO – Dois carros com a mesma quantidade de combustível saem numa viagem. Um deles consome todo o combustível em 9 horas e o outro em 6 horas. Em quanto tempo um carro terá o dobro do combustível do outro?

(A) 5 horas (B) 4 horas (C) 3,5 horas (D) 4,5 horas (E) 2,45 horas

659) IFMT – A forma fatorada equivalente do polinômio $100a^6 - 25$ é:

(A) $(10a^2 + 5).(10a^3 - 5)$ (B) $(10a^2 + 5).(10a^3 + 5)$ (C) $(10a^2 + 5).(10a^2 + 5)$
(D) $(10a^3 - 5).(10a^3 - 5)$ (E) $(10a^3 + 5).(10a^3 - 5)$

660) IFPA – A equação $px^2 - 2x - 8 = 0$ tem uma raiz cujo valor é 1. O valor da outra raiz é

(A) –1 (B) –3/8 (C) –6/7 (D) –3/5 (E) –4/5

Teste 67

661) IFTO – Se $P(x) = 2x^4 - x^2 - x + 5$, então $P(-2)$ é:

(A) 39 (B) 43 (C) 31 (D) –21 (E) 35

662) IFMS – Durante uma aula de Educação Física, os alunos do 1º semestre do IFMS estavam jogando futebol. O professor de Matemática filmava, registrando o momento em que Juca chutou a bola, que realizou uma trajetória parabólica no ar.

O professor examinou em câmera lenta o referido momento e concluiu que se tratava da parábola representada por $f(x) = -x^2 + 6x$, onde o chute representa a origem dos espações, conforme a figura. Qual a altura máxima atingida pela bola?

(A) 8 (B) 9 (C) 10 (D) 11 (E) 12

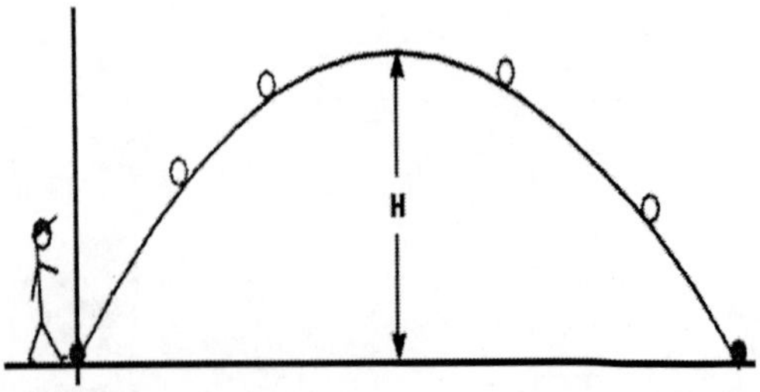

663) IFRR – Qual é a soma dos quadrados das raízes da equação $3x^2 - x - 5 = 0$?

(A) 31/3 (B) 31/18 (C) 31/9 (D) 62/9 (E) 61/9

664) IFMG – Dada a função $f(x) = x^2 - 2x + 1$, sabe-se que $f(a) = 1$ e $f(b) = 36$. A soma de todos os possíveis valores de **a** e **b** vale:

(A) 4 (B) 6 (C) 8 (D) 10

665) IFSP – O valor de x para o qual $\mathbf{(31)^{5x+1} = 1}$ é um número

(A) irracional. (B) inteiro negativo. (C) inteiro positivo.
(D) racional negativo. (E) racional positivo.

666) EAM – Considere o gráfico abaixo de uma função real, definida por $y = ax + b$. Com base nesse gráfico, é correto afirmar que a equação que define essa função é:

(A) $4y = -4x + 16$
(B) $4y = -4x + 8$
(C) $y = -2x + 4$
(D) $y = 2x + 2$
(E) $2y = x - 2$

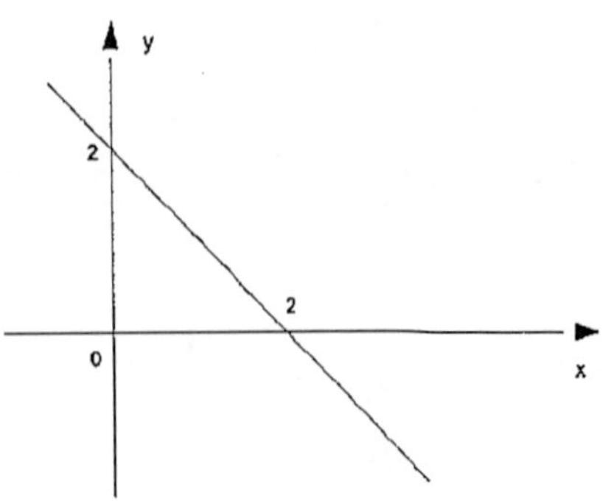

667) CMBH – No plano cartesiano abaixo, estão representadas as retas r, s, u e v, com r//s e u//v. A reta s corta o eixo das abscissas no ponto (2, 0), assim como a reta v em (a, 0) e a reta u em (x, 0), em que $2 < a < x$. P é o ponto de interseção entre as retas s e v e Q, entre as retas r e u. A reta PQ passa pela origem do plano cartesiano. O valor de x é:

(A) a^2 (B) $a^2/2$ (C) $a^2 + a$
(D) $2a + 1$ (E) $a/2 + 1$

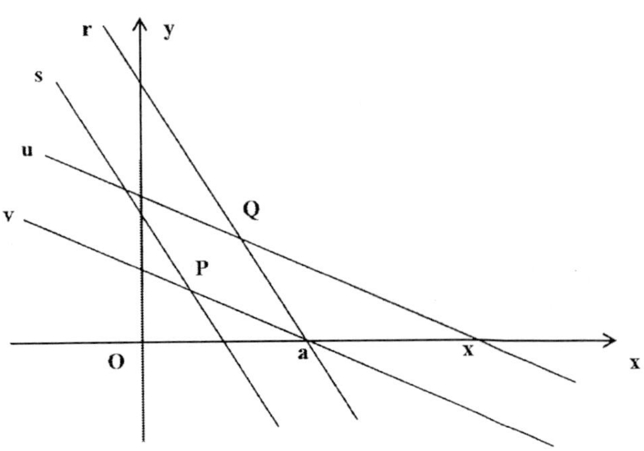

668) CMF – Sabe-se que no fim do século XVIII eram utilizadas mais de sessenta escalas termométricas diferentes. Destacam-se, entre elas, a Celsius, a Fahrenheit e a Kelvin. Cada país, de acordo com suas necessidades básicas e científicas, utilizava a escala que lhe fosse mais conveniente. Nos dias de hoje, os países de língua inglesa utilizam a escala Fahrenheit, embora a Celsius seja convencionada como sendo a escala termométrica padrão para todos os países. Desse modo, comumente surge a necessidade de se fazer a conversão de valores de uma escala para outra. No caso das três escalas acima, essa conversão é feita pelas proporções: $\frac{C}{5}=\frac{F-32}{9}=\frac{K-273}{5}$, onde C, F e K representam, respectivamente, as temperaturas em graus Celsius (°C), graus Fahrenheit (°F) e Kelvin (K).
Considerando os dados acima, é correto afirmar que

(A) 40°C correspondem a –40K.
(B) 40°C correspondem a –40°F.
(C) –40°C correspondem a 40°F.
(D) –40°C correspondem a –40°F.
(E) –40°C correspondem a 40K.

669) CMJF – Para conhecer Tiradentes, cidade histórica de Minas Gerais, um determinado grupo de estudantes planejou uma excursão, cujas despesas, totais foram calculadas no valor de R$ 2400,00, dividido igualmente entre eles. No entanto, 10 estudantes do grupo desistiram, ocasionando um acréscimo de R$ 40,00 na contribuição de cada um dos demais. Baseados nessas informações, podemos afirmar que:

(A) Pelo fato de 10 estudantes não participarem da excursão, ocorreu um acréscimo de 40% da contribuição dos demais.
(B) As despesas da excursão foram pagas por 20 estudantes.
(C) O grupo era composto inicialmente por 20 estudantes.
(D) Se todos os estudantes do grupo inicial participassem da excursão, cada um contribuiria com R$ 120,00.

670) CMM – A turma do 1º ano do Ensino Médio do CMM 2017 contratou uma costureira com o objetivo de confeccionar 200 camisas para um campeonato de basquete. Nos dois primeiros dias, ela conseguiu confeccionar 2/(x+1) (x ∈ ℕ) do total de camisas. Ela percebeu que se tivesse confeccionado 10 camisas a menos, nesses dois dias, o número de camisas confeccionadas seria 1/(x+7) do total. Com base nessas informações, marque a alternativa correta:

(A) Nos dois dias de trabalho, a costureira confeccionou uma quantidade de camisas que representa um número ímpar.
(B) Se a costureira mantiver o ritmo de trabalho dos dois dias, ela gastaria menos de 15 dias para confeccionar todas as camisas.
(C) A razão entre o número de camisas confeccionadas nos dois dias e o número de camisas que ainda faltou confeccionar, nessa ordem, é igual a 1/11.
(D) Após os dois dias de trabalho, ainda faltava confeccionar mais 120 camisas.
(E) Se a costureira mantiver o ritmo de trabalho dos dois dias, ela gastaria 20 dias para confeccionar todas as camisas.

Teste 68

671) CEFET RJ – Em uma brincadeira, uma bola é arremessada para o alto, e sua altura em relação ao solo, em função do tempo, é dada pela fórmula $h(t) = -(t-2)^2/2 + 5$, com h em metros e t em segundos. A seguir temos o gráfico de h em função de t.
Dessa forma, determine a altura máxima atingida pela bola, e em que instante (tempo) isso acontece.

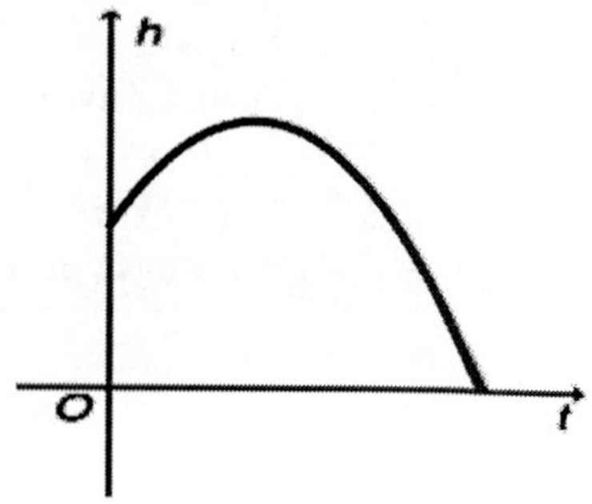

672) IFCE – O algarismo 5 aparece 221 vezes na numeração de páginas de um livro.
a) Qual é o número mínimo de páginas que esse livro pode ter?
b) Qual é o número máximo de páginas que esse livro pode ter?

673) CEFET ES – Jaime comprou um caro bicombustível zero quilômetro, que saiu da concessionária apenas com uma certa quantidade de gasolina brasileira no tanque. Parou no primeiro posto e abasteceu o carro com 15 litros de álcool, ficando, dessa forma, com uma proporção de "um para um" dos dois combustíveis no tanque. Sabendo que a gasolina brasileira possui 25% de álcool em sua composição, quantos litros de gasolina haveria no tanque do carro de Jaime ao chegar no posto?

(A) 15 (B) 22,5 (C) 30 (D) 35 (E) 37,5

674) IFSP – Considere a equação do 2º grau, em x, dada por $2x^2 + bx + c = 0$. Se as raízes dessa equação são r1=2 e r2 = –3, então a diferença b – c é igual a:

(A) 8 (B) 14 (C) 19 (D) 23 (E) 27

675) CFN – A quantidade de água (V), em litros, que uma bomba pode elevar é dada pela expressão V = 45t + 10, onde t é o tempo em minutos. Quantos litros essa bomba terá colocado na caixa d'água, após uma hora de funcionamento?

(A) 2.830 (B) 2.710 (C) 2.640
(D) 2.320 (E) 2.110

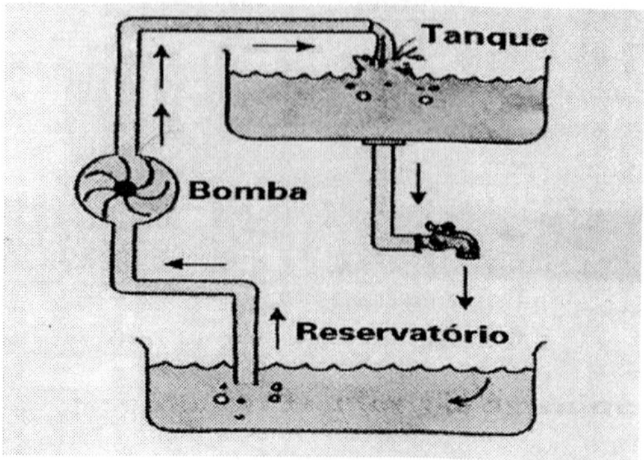

676) EAM – A expressão $\dfrac{\dfrac{x}{2x-1}-1}{1+\dfrac{x}{1-2x}}$ para x ≠ 1, e x ≠ 1/2 e x ≠ –1/2, é igual a:

(A) –2 (B) –1 (C) 0 (D) 2 (E) 3

677) IFRS – Na equação $6x^2 - 13x + m - 5 = 0$, o valor de m para que as raízes reais sejam inversas uma da outra é

(A) 5 (B) –5 (C) –11 (D) 11 (E) 6

678) IFSC – Dada a equação quadrática $3x^2 + 9x - 120 = 0$, determine suas raízes. Assinale a alternativa que contém a resposta correta.

(A) –16 e 10 (B) –5 e 8 (C) –8 e 5 (D) –10 e 16 (E) –9 e 15

679) FAETEC – A figura abaixo representa o gráfico da função $y = -x^2 + bx$, sendo b um número inteiro. O valor de b é igual a:

(A) 1 (B) 2 (C) 3 (D) 4 (E) 5

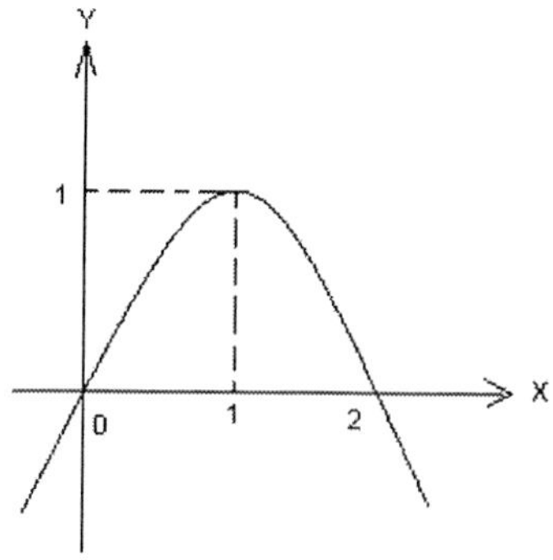

680) Colégio Pedro II (RJ) – Jorge, Marcos e Paulo são três irmãos que adoram colecionar figurinhas e também adoram charadas. Como eles têm uma prima, Lavínia, que também adora decifrar enigmas, propuseram a ela o seguinte problema:
Jorge e Marcos têm juntos, 110 figurinhas.
Jorge e Paulo têm juntos, 73 figurinhas.
Marcos e Paulo têm juntos, 65 figurinhas.
Quem tem mais figurinhas e quantas são elas?
Se Lavínia conseguir decifrar o enigma, sua resposta será

(A) Paulo, com 14 figurinhas. (B) Marcos, com 56 figurinhas.
(C) Jorge, com 59 figurinhas. (D) Jorge e Marcos, ambos com 55 figurinhas.

Teste 69

681) CEFET RJ – Uma reta real é uma representação do conjunto dos números reais, onde cada ponto da reta representa um número real, de modo, que se o ponto X representa o número x e o ponto Y representa o número y, a distância entre os pontos X e Y é dada pela diferença positiva entre os números x e y, que é representada por $|x - y|$.
Considere uma reta real em que a distância entre os pontos que representam os números 0 e 1 é igual a 1 metro. Os pontos P e Q dessa reta representam as raízes da equação $6x^2 + 5x + 1 = 0$. A distância, em centímetros, entre os pontos P e Q é um número:

(A) maior que 17. (B) igual a 17. (C) entre 15 e 17. (D) igual a 15.

682) CEFET ES – Considere R como sendo o conjunto dos números reais. Sejam $x_1, x_2 \in R$ as raízes da equação $3x^2 + x - 2 = 0$, onde $x_1 < x_2$. Qual o valor da expressão $(3x_1.x_2 + 3x_2 - x_1)$?

(A) –1 (B) 2/3 (C) 1 (D) 3/2 (E) 2

683) IFSP – Chama-se conjunto das partes de um conjunto A o conjunto formado por todos os subconjuntos de A. Seja o conjunto A = {a, 3, f, 5, i, r, 9, j, 7}. O número de elementos do conjunto das partes de A é:

(A) 81 (B) 128 (C) 162 (D) 512 (E) 648

684) CMRJ – O valor numérico da expressão $\left(\dfrac{x^2 - y^2 + x - y}{x - y} + \dfrac{x - y}{y - x}\right)^{-2}$ para $x = 2^{-1}$ e $y = 2^{-1/2}$ é

(A) $\frac{2+\sqrt{2}}{2}$ (B) 5 (C) $4(3-2\sqrt{2})$ (D) 3 (E) $12-2\sqrt{2}$

685) CFN – Se f é uma função de R em R tal que $f(x) = 3x^3 + x^2$, então $f(0) + f(1) + f(-1)$ é igual a:

(A) 0 (B) 1 (C) 2 (D) 3 (E) 4

686) EAM – A solução da equação irracional $\sqrt{1+4x}+x-1=0$ é

(A) {0} (B) {6} (C) {0, 4} (D) {0, 5} (E) {0, 6}

687) Colégio Pedro II (RJ) – Uma empresa de turismo vende pacotes para cruzeiros marítimos ao preço de R$ 2.000,00. Em dezembro de 2014 foram vendidos 50 pacotes. Após análise, o gerente da empresa estimou que a cada R$ 100,00 de desconto no preço, consegue vender 10 pacotes a mais. Daí decidiu, a partir de janeiro, que o preço do pacote diminuiria R$ 100,00 a cada mês. Abaixo, uma tabela com a evolução do preço do pacote e do número de pacotes vendidos, em função do número de meses.

Número de meses	Preço do pacote	Número de pacotes
1	2000 – 100.1	50 + 10.1
2	2000 – 100.2	50 + 10.2
3	2000 – 100.3	50 + 10.3
...	...	...
x		

Sabe-se que em um determinado mês "x", após a aplicação do desconto, o faturamento foi R$ 136.000,00. Assinale a alternativa que apresenta uma equação do 2º grau que nos permite determinar em que mês x este faturamento ocorreu:

(A) $x^2 + 10x - 50 = 136$ (B) $x^2 + 20x + 50 = 136$
(C) $-x^2 + 20x + 10 = 136$ (D) $-x^2 + 15x + 100 = 136$

688) IFRS – Um triângulo tem base medindo 2x + 1 e altura 2x – 8, ambas em cm. Assinale a alternativa que contém a medida x, em cm, sabendo que a área do triângulo é 11 cm^2.

(A) 2,5 (B) 4 (C) 5 (D) 6 (E) 8

689) ETAM – Quais são os valores de x, y e z respectivamente, no sistema abaixo?

$$\begin{cases} 2x+y-2z=3 \\ x+2y-3z=12 \\ -x-2y+z=-6 \end{cases}$$

(A) –3, 3 e –3 (B) 3, 3 e 3 (C) 3, –3 e –3 (D) –3, –3 e –3

690) IFES – Determine o conjunto-solução da inequação $\frac{(x-1)^{2009}(-x+5)^{2010}}{(2x-1)^{2010}} \leq 0$.

(A) $\{x \in \mathbb{R} \mid x \leq 1 \text{ e } x \neq 1/2\}$
(B) $\{x \in \mathbb{R} \mid x < 1 \text{ e } x \neq 1/2\}$
(C) $\{x \in \mathbb{R} \mid x \leq 1 \text{ ou } x = 5 \text{ e } x \neq 1/2\}$
(D) $\{x \in \mathbb{R} \mid x \geq 5 \text{ e } x \neq 1/2\}$
(E) $\{x \in \mathbb{R} \mid x = 5 \text{ e } x \neq 1/2\}$

Teste 70

691) CMBH – Sobre o sistema de equações $\begin{cases} \dfrac{xy}{x+y} = 10 \\ \dfrac{xz}{x+z} = 20 \\ \dfrac{yz}{y+z} = 10 \end{cases}$ pode-se afirmar que o valor de x é:

(A) um número primo. (B) o menor múltiplo comum entre 10 e 20
(C) um número múltiplo de 8. (D) um número divisor de 100. (E) um número irracional.

692) CMRJ – O gráfico de uma função real $f(x) = Ax^2 + Bx + C$, de variável real, passa pelo ponto de coordenadas (0, 4). Quando x vale 3, sua imagem é 7, que é o valor máximo dessa função. Utilizando os dados acima, podemos afirmar que o valor de A é

(A) 1/6 (B) –1/6 (C) –1/2 (D) 1/3 (E) –1/3

693) CMRJ – O valor da expressão:
$[100^2 + 200^2 + 300^2 + 400^2 + 500^2] - [99^2 + 199^2 + 299^2 + 399^2 + 499^2]$ é igual a

(A) 100 (B) 815 (C) 1090 (D) 2105 (E) 2995

694) CMB – A resolução da equação $3 + \dfrac{1}{2 + \dfrac{2}{x+1}} - \dfrac{1}{2} = 3$

(A) apresenta duas soluções.
(B) não apresenta solução.
(C) apresenta infinitas soluções.
(D) apresenta solução única.
(E) apresenta solução igual a 1.

695) CMF – Sabe-se que $\left(x + \dfrac{1}{x}\right)^2 - 3 = 0$. Sobre o valor de $2x^3 + \dfrac{2}{x^3} + 3$ podemos afirmar que:

(A) é um divisor de 20 (B) é um múltiplo de 9 (C) é um número par
(D) é um número primo maior que 3 (E) é um divisor de 111.

696) ETAM – Se A e B são os conjuntos
A = {0, 1, 2}, B = {1, 2}, então o produto cartesiano de A por B é o conjunto:

(A) {(1, 1), (2, 2)} (B) {(1, 0), (1, 1), (1, 2), (2, 0), (2, 1), (2, 2)}
(C) {(0, 1), (0, 2), (1, 1), (1, 2), (2, 1), (2, 2)} (D) {0, 1, 2}

697) IFAL – Um jogo de cara ou coroa tinha a seguinte regra: quando o lado da moeda era cara, o jogador ganhava 3 pontos e, quando era coroa, o jogador ganhava apenas um ponto. Após lançar a moeda 10 vezes, um determinado jogador obteve 24 pontos. Quantas vezes, nesses 10 lançamentos, saiu o lado cara da moeda para esse jogador?

(A) 3 (B) 4 (C) 5 (D) 6 (E) 7

698) IFS – Determine todas as soluções da expressão
$|x^2 - 6x + 5| + 1 = x$

(A) 1 (B) 3 (C) 3 e 4 (D) 1, 4 e 6

699) IFCE – Sabendo-se que **f(x) = x^2 + 1** e **g(x) = f(x + 1) – f(x)** e calculando **g(f(x))**, obtém-se

(A) x (B) 2x (C) $2x^2$ (D) $2x^2 + 3$ (E) $2x^2 + 13$

700) IFMA – O produto de todas as soluções da equação **$|x^2 - 12| = 4$** é igual a:

(A) –96 (B) –16 (C) –8 (D) 128 (E) $-4\sqrt{2}$

Respostas dos testes

Respostas do Teste 61

601) 60	603) C	605) B	607) E	609) C
602) A	604) B	606) C	608) E	610) D

Respostas do Teste 62

611) A	613) D	615) E	617) B	619) A
612) D	614) E	616) C	618) A	620) A

Respostas do Teste 63

621) C	623) E	625) C	627) A	629) E
622) E	624) C	626) C	628) D	630) B

Respostas do Teste 64

631) A	633) A	635) E	637) D	639) E
632) D	634) D	636) B	638) D	640) C

Respostas do Teste 65

641) A	643) A	645) B	647) B	649) C
642) E	644) A	646) A	648) B	650) A

Respostas do Teste 66

651) D	653) D	655) D	657) D	659) E
652) D	654) A	656) A	658) D	660) E

Respostas do Teste 67

661) E	663) C	665) D	667) B	669) B
662) B	664) A	666) B	668) D	670) C

Respostas do Teste 68

671) *	673) B	675) B	677) D	679) B
672) *	674) B	676) B	678) C	680) C

671) h=5; t = 2s. 672) a) 605; b) 614

Respostas do Teste 69

681) C	683) D	685) C	687) D	689) A
682) C	684) C	686) A	688) C	690) C

Respostas do Teste 610

691) C	693) E	695) E	697) E	699) D
692) E	694) B	696) C	698) D	700) D

Resoluções dos testes

Resoluções do teste 61

601) CEFET RJ – Pelo gráfico, entre 0 e 2 minutos, o volume aumentou de 10 para 30 litros. Foram adicionados 20 litros em 2 minutos, ou 10 litros por minutos. No tempo total de 5 minutos, foram adicionados 5 x 10 = 50 litros, então a piscina ficou com 10 + 50 = 60 litros.

Resposta: 60 litros

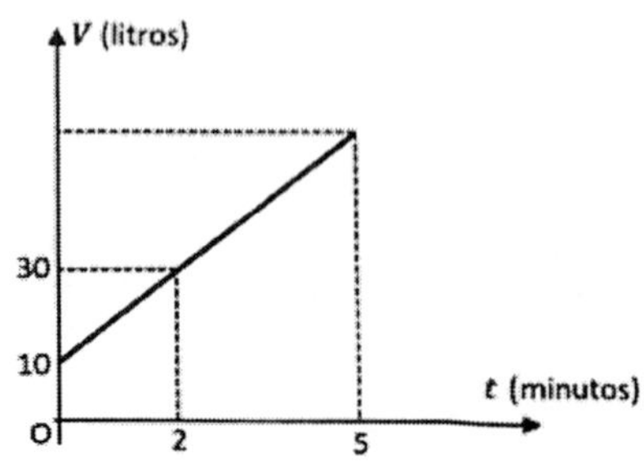

602) IFSP – O ponto de cruzamento das duas retas é a solução do sistema formado por essas duas equações:

$$\begin{cases} x + y = 5 \\ x - y = 1 \end{cases}$$

Somando as duas equações, ficamos com 2x = 6 ➔ x = 3

Substituindo x por 3 em qualquer uma delas, encontramos y. Usemos a primeira:

3 + y = 5 ➔ y = 2

Portanto o cruzamento das retas é o ponto (3, 2).

Resposta: (A) (3, 2)

603) CEFET ES - Calculando o lucro L(x) como sendo R(x) – C(x), ficamos com
$L(x) = 6000x - x^2 - (x^2 - 2000x)$
$L(x) = -2x^2 + 8000x$
O gráfico é uma parábola com concavidade voltada para baixo (pois o coeficiente de 2º grau é negativo). Logo o vértice é um ponto de máximo. A abscissa do vértice é –b/(2a), que no caso vale:
–8000/(–4) = 2000

Portanto o lucro máximo se forem produzidas 2000 unidades.

Resposta: (C) 2000 unidades

604) Colégio Pedro II (RJ) – A questão foi muitíssimo benevolente. Apenas com as informações dadas no enunciado, o aluno teria plenas condições de descobrir as equações a serem usadas. O problema não deu essa tarefa para o aluno, preferiu apresentar as equações prontas, livrando o aluno da tarefa de raciocínio. A pergunta do problema pode ser obtida através dos valores de x e y. Note que esses valores de x e y são os preços praticados na primeira padaria (Docebom) Para saber os preços na segunda padaria (Vovó Tânia), temos que usar 0,9x e 0,8y. Resolvemos então o sistema. Os coeficientes de x e y na 2ª equação podem ser escritos como:
120×0,9 = 108
150×0,8 = 120
Ainda para facilitar, podemos simplificar a 1ª equação por 30, e a 2ª equação por 12. Ficamos com:

$$\begin{cases} 4x+5y=17 \\ 9x+10y=36 \end{cases}$$

Está quase perfeito. Vamos multiplicar a 2ª equação por 2:

$$\begin{cases} 8x+10y=34 \\ 9x+10y=36 \end{cases}$$

Agora, fazendo a 2ª menos a 1ª equação, o termo 10y irá cancelar, e ficaremos com
x = 2
Substituindo x por 2 em qualquer das equações, encontramos y.
9×2 + 10y = 36
y = 1,8
Portanto os preços são 2,00 e 1,8. Os mesmos preços na segunda padaria são:
Quibe: R$ 2,00 × 0,9 = R$ 1,80 e Coxinha: R$ 1,80 × 0,8 = R$ 1,44

O problema pergunta o preço do quibe, que no caso é R$ 1,80;

Resposta: (B) 1,80

605) IFRS – A área gramada é o retângulo (20 × y), menos os três triângulos. Os lados desses retângulos são calculados em função de y:

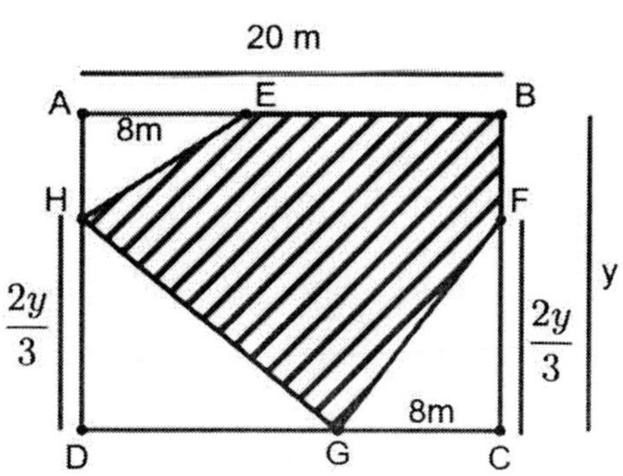

$$\text{AEH: } \frac{\frac{y}{3}\times 8}{2} = \frac{4y}{3}$$

$$\text{DGH: } \frac{\frac{2y}{3}\times 12}{2} = 4y$$

CFG: $\frac{8 \times \frac{2y}{3}}{2} = \frac{8y}{3}$

Ficamos então com:

$$180 = 20y - \frac{4y}{3} - 4y - \frac{8y}{3}$$
$$540 = 60y - 4y - 12y - 8y$$
$$540 = 36y$$
$$y = 15$$

Resposta: (B) 15

606) EAM – Analisemos as três afirmativas:

( ) ($\mathbb{N}^* \cap \mathbb{Q}$) = $\mathbb{N}^*$

A primeira afirmativa é VERDADEIRA por um princípio muito simples da *Teoria dos Conjuntos*. Quando um conjunto está contido em outro, a interseção é o próprio conjunto que está contido, como mostra a figura ao lado, ou seja, $A \cap B = A$. No nosso exemplo, o conjunto $\mathbb{N}^*$ está contido em $\mathbb{Q}$ ($\mathbb{N}^* \subset \mathbb{Q}$). Logo a sua interseção é o próprio $\mathbb{N}^*$.

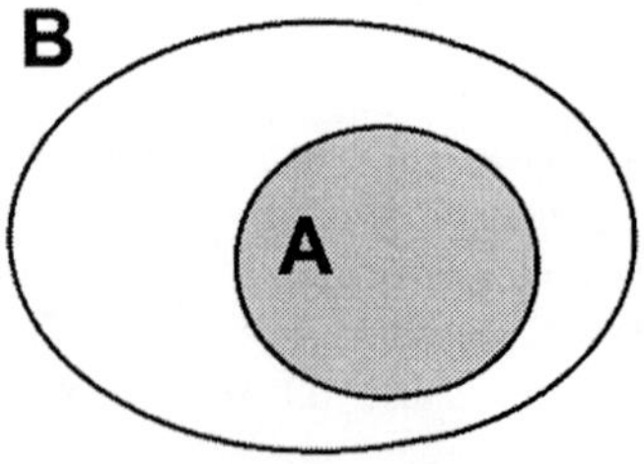

( ) ($\mathbb{Z} - \mathbb{Z}_-$) = $\mathbb{Z}_+$

A segunda afirmativa é maliciosa, o aluno pode errar se estiver distraído. O conjunto $\mathbb{Z}_-$ não é o conjunto dos inteiros, negativos, pois o zero faz parte de $\mathbb{Z}_-$, ou seja, $\mathbb{Z}_- = \{0, -1, -2, -3, ...\}$.

Convenciona-se usar a seguinte nomenclatura para os subconjuntos de $\mathbb{Z}$:

$\mathbb{Z}_+ = \{0, 1, 2, 3, ...\}$ = conjunto dos inteiros não negativos

$\mathbb{Z}^*_+ = \{1, 2, 3, ...\}$ = conjunto dos inteiros positivos

$\mathbb{Z}_- = \{0, -1, -2, -3, ...\}$ = conjunto dos inteiros não positivos

$\mathbb{Z}^*_- = \{-1, -2, -3, ...\}$ = conjunto dos inteiros negativos

Note que * indica a ausência do zero. No nosso exemplo, estamos fazendo a diferença dos conjuntos, $\mathbb{Z} - \mathbb{Z}_-$. Ou seja, partindo dos inteiros, retiramos o zero e todos os negativos, assim sobram os positivos: $\{1, 2, 3, ...\} = \mathbb{Z}^*_+$. Portanto esta afirmativa é FALSA.

( ) ($\mathbb{R} \cup \mathbb{Z}$) = $\mathbb{Q}$

Finalmente na terceira afirmativa temos a união dos reais com os inteiros. Como o conjunto dos reais contém todos os demais conjuntos inferiores, esta união é o próprio conjunto $\mathbb{R}$. Portanto temos aqui mais uma FALSA.

Sendo assim, a sequência correta é (V)(F)(F).

Resposta: (C) (V)(F)(F)

607) CMB – Para calcular o que o problema pergunta, A^B, é preciso descobrir os valores de x_1, x_2 e x_3. Esses valores têm o seguintes significados:

x1: Valor de x para temos k = 1

x2: Valor de x para termos k = 2

x3: Valor de x para termos k = 4

Note que x não é dado em reais, mas em milhões de reais, e o valor de k é dado em milhões de consumidores.
Foi ainda dado que
k(0,25) = 1, significa que 0,25 é o valor de x para termos k = 1 milhão de consumidores.
k(1) = 2, significa que 1 é o valor de x para termos k = 2 milhões de consumidores.
Das informações acima, concluímos que $x_1 = 0{,}25$ e $x_2 = 1$.
Para calcular x3, precisaremos descobrir os valores de **a** e **b**. As duas informações acima permitem encontrar **a** e **b**:
a.0,25 + b = 1
a.1 + b = 2
Subtraindo a 2ª menos a 1ª equação, ficamos com
a.0,75 = 1 ➔ a = 1/0,75 = 4/3
Substituindo na 2ª equação, ficamos com b = 2 – a = 2/3
Logo k(x) = (4/3)x + 2/3
Para termos k = 4 (4 milhões de consumidores), o valor de x é:
4 = (4/3)x + 2/3
12 = 4x + 2
x = 10/4 = 2,5
Logo $x_3 = 2{,}5$
Agora sabemos que $x_1 = 0{,}25$, $x_2 = 1$, e $x_3 = 2{,}5$.
Logo $A = x_2/x_1 = 4$ e $B = x^3/x^2 = 2{,}5$

O valor pedido A^B vale:

$$4^{2,5} = \left(2^2\right)^{\frac{5}{2}} = 2^5 = 32$$

Resposta: (E) 32

608) CMBH – Basta obrigar Δ a ser positivo ou zero:
$(m + 2)^2 + 4.(m^2 - 4) \geq 0$
$m^2 + 4m + 4 + 4m^2 - 16 \geq 0$
$5m^2 + 4m - 12 \geq 0$
Trata-se de um trinômio do 2º grau, com **a** positivo. O gráfico tem a concavidade voltada para cima. Portanto seu valor é negativo entre as raízes e positivo fora do intervalo entre as raízes. Como a desigualdade é do tipo "maior ou igual a zero", as raízes também satisfazem à inequação. Temos portanto que encontrar as raízes do trinômio.
Claro que podemos encontrar as raízes usando a fórmula de resolução da equação do 2º grau, erradamente conhecida apenas no Brasil como "Fórmula de Bháskara" (Assista no Youtube o vídeo "Por que fórmula de Bháskara?")
Vamos relembrar um método para resolver equações do 2º grau "de cabeça", baseado em "soma e produto". Este método é bastante conhecido e fácil quando o coeficiente de x^2 é igual a 1. Por exemplo, em $x^2 - 7x + 10 = 0$, temos soma 7 e produto 10, então as raízes são 2 e 5.
Entretanto em $5m^2 + 4m - 12 = 0$, temos o coeficiente de 2º grau diferente de 1. Nesse caso, formamos uma equação auxiliar:
$n^2 + 4n - 60 = 0$
A equação auxiliar é formada fazendo o coeficiente de 2º grau igual a 1, o de 1º grau igual ao da equação original, e o termo independente igual ao produto dos coeficientes **a** e **c** da equação original.
Como o produto é negativo, as raízes têm sinais contrários. Portanto temos produto 60 e diferença 4. Os números procurados são 10 e 6. Agora falta decidir qual será o positivo e qual será o negativo. O número menor ficará com o sinal do termo de 1º grau. No caso, ficaremos com 6 e –10. Agora, dividimos essas soluções da equação auxiliar pelo valor de **a** da equação original, resultando em 6/5 e –2.

As soluções da inequação são $m \leq -2$ ou $m \geq 6/5$, mas existe ainda uma "pegadinha". O enunciado acima exige que a equação original seja do 2º grau, portanto o coeficiente de x^2 não pode ser zero. Logo, m não pode ser 2 nem –2. Aplicando isso na nossa solução, ficamos com:

$m \leq -2$ ou $m \geq 6/5$ e $m \neq 2$ e $m \neq -2$ ➔ $m < -2$ ou $m > 6/5$ e $m \neq 2$

Resposta: (E) $\{m \in \mathbb{R} \mid m < -2$ ou $m > 6/5$ e $m \neq 2\}$

609) CMF – Sem frações, é sempre mais fácil. Vamos multiplicar a segunda equação por 10:

$$\begin{cases} 2x + y = k, \; k \in R \\ 2x + y = -5 \end{cases}$$

Não há o que resolver nesse sistema, podemos apenas discuti-lo, e é isso o que é pedido na questão. Ambas as equações têm valores de 2x + y. Equações assim podem ser indeterminadas ou impossíveis. No plano cartesiano, essas equações representam retas paralelas ou coincidentes.

1º : Paralelas = nenhuma interseção = sistema impossível

2º : Coincidentes = infinitas interseções = sistema indeterminado

O que distinguirá entre as duas situações acima são os segundos membros das equações. Se forem diferentes, temos o 1º caso, e se forem iguais, temos o 2º caso. Sendo assim, a única resposta que está de acordo com as condições acima é (C). O valor de k = –5 tornará as duas equações iguais, portanto serão retas coincidentes.

Resposta: (C) coincidentes se k = –5.

610) CMJF – A solução de uma equação fracionária começa pela eliminação dos denominadores. Devemos reduzir as frações ao denominador comum, que é o MMC dos denominadores. Os fatores dos denominadores são x e x – 1, já que $x^2 - x$ nada mais é que o produto x(x – 1). Ficamos com:

$$\frac{3}{x} + \frac{1}{x-1} = \frac{4-3x}{x^2-x} \;\rightarrow\; \frac{3(x-1)}{x(x-1)} + \frac{x}{x(x-1)} = \frac{4-3x}{x^2-x}$$

$$3(x-1) + x = 4 - 3x$$
$$3x - 3 + x = 4 - 3x$$
$$7x = 7$$
$$x = 1$$

Atenção, estamos resolvendo uma equação fracionária. A primeira coisa fazer é eliminar os denominadores, e a última coisa a fazer é testar as raízes na equação original. No caso, esta raiz encontrada, x = 1, não serve, pois anula denominadores. Sendo assim, a equação não tem solução, ou seja, o conjunto solução é o vazio.

Resposta: (D) { }

Resoluções do teste 62

611) CMM – É preciso calcular a expressão levando em conta as operações definidas:

$x \,\Delta\, y = x - 3^y$

$x \,\pi\, y = 2x^2 - xy + 1$

Calculemos a expressão por partes:

$3 \,\pi\, 1 = 2.3^2 - 3.1 + 1 = 16$

$10 \,\Delta\, 2 = 10 - 3^2 = 1$

$2 \,\Delta\, 1 = 2 - 3^1 = -1$

$5 \,\Delta\, 2 = 5 - 3^2 = -4$

Com esses números, a expressão até agora está reduzida a

$[16^1] \,\Delta\, [(-1) \,\pi\, (-4)]$

$(-1)\ \pi\ (-4) = 2.(-1)^2 - (-1)(-4) + 1 = 2 - 4 + 1 = -1$
Finalmente temos
$16\ \Delta\ (-1) = 16 - 1/3 = 47/3 = 15\ 2/3$

Resposta: (A) 15 2/3

612) CMPA – A função do 2º grau dada tem como gráfico uma parábola com a concavidade voltada para cima, pois o coeficiente de 2º grau é negativo. O valor de t que fornece este máximo é a abscissa do vértice, que vale –b/(2a). Temos então

$$15 = \frac{-b}{2.\left(-\frac{1}{5}\right)} = \frac{5b}{2}$$

$b = 6$
A temperatura correspondente é obtida pela fórmula da temperatura fazendo t=15.
$T(6) = -15^2/5 + 6.15 - 20 = -45 + 90 - 20 = 25$
Temos que calcular ainda as temperaturas nos extremos do intervalo:
$t = 5 \rightarrow T = -5^2/5 + 6.5 - 20 = -5 + 30 - 20 = 5$
$t = 20 \rightarrow T = -20^2/5 + 6.20 - 20 = -80 + 120 - 20 = 20$
Ou seja, a temperatura começa com 5 graus às 5 da manhã, atinge 25 graus às 15 horas e cai para 20 graus às 20 horas. A menor temperatura no período é 5 graus, e a maior é 25 graus, portanto a variação máxima é 20 graus.

Resposta: (D) 20°C

613) CMR – O enunciado é um pouco confuso, pois fala de três tipos de pressão:
1º Pressão interna
2º Pressão externa
3º Pressão relativa
Note que a fórmula dada para p(t) é o 3º tipo de pressão indicado acima, a pressão relativa. Note também que a pergunta feita é justamente a sobre a pressão relativa. Então não precisamos lidar com o 1º e 2º tipos de pressão, e trabalhar apenas com o 3º.
O problema pergunta os valores de t (tempo em minutos) para que a pressão seja positiva. Tudo o que temos que fazer é resolver a inequação do 2º grau:

$$-\frac{t^2}{8} + \frac{3t}{4} - \frac{5}{8} > 0$$

$$-t^2 + 6t - 5 > 0$$

Uma função do 2º grau com coeficiente de 2º grau negativo, portanto com a concavidade para baixo, e positiva entre as raízes.
As raízes são 1 e 5. Portanto a solução é $1 < t < 5$.

Resposta: (D) 1 < t < 5

614) CMSM – Conhecendo as raízes de uma equação do segundo grau, podemos formar a equação a partir da sua soma S e seu produto P. A equação é:
$x^2 - Sx + P = 0$
É muito fácil chegar a essa conclusão. Se as raízes forem x_1 e x_2, podemos escrever a equação na forma fatorada:
$(x - x_1)(x - x_2) = 0$
Obviamente, fazendo $x = x_1$ ou $x = x_2$, a equação acima será satisfeita.
Desenvolvendo a expressão ficamos com
$x^2 - x.x_2 - x.x_1 + x_1.x_2 = 0$
$x^2 - (x_1 + x_2)x + x_1.x_2 = 0$
$x^2 - Sx + P = 0$

Se o estudante encontrou as raízes –1 e –5, a equação que resolveu foi $x^2 + 6x + 5 = 0$. Se ocorreu um erro no coeficiente **c**, significa que o coeficiente **b** estava correto, então temos
$b = 6$
O seu colega também cometeu um engano, porém no coeficiente **b**, portanto **c** estava correto. Tendo encontrado raízes –16 e 1, a equação que resolveu foi $x^2 + 15x - 16 = 0$. Logo, temos
$c = -16$.
A equação correta era então $x^2 + 6x - 16 = 0$. As soluções da equação correta são 2 e –8.
A soma do dobro da menor raiz com o triplo da outra é:
$2.(-8) + 3.2 = -10$

Resposta: (E) –10

615) CMRJ – É praticamente uma questão de Geometria Analítica, que é matéria do Ensino Médio. Ocorre que em grande parte da Geometria Analítica, lidamos com elementos do Ensino Fundamental, como é o caso dessa questão. Precisamos apenas localizar os três vértices do triângulo.
I. A função g(x) é uma função do 2º grau. Seu coeficiente de 2º grau é positivo, portanto a concavidade está voltada para cima e o seu valor mínimo corresponde ao vértice.
$x^2/10 + 2x + 9$
abscissa do vértice: $-b/(2a) = -2/(1/5) = -10$.
ordenada do vértice: $g(-10) = 10^2/10 + 2(-10) + 9 = 10 - 20 + 9 = -1$
Portanto este vértice é (–10, –1).
II. Os outros vértices são as interseções do gráfico de f(x) com o eixo das abscissas. Esses valores de x são as raízes de f(x).
$3x^2 + 6x - 24 = 0$
$x^2 + 2x - 8 = 0$
Raízes: 2 e –4, então os outros dois vértices são (0, 2) e (0, –4)

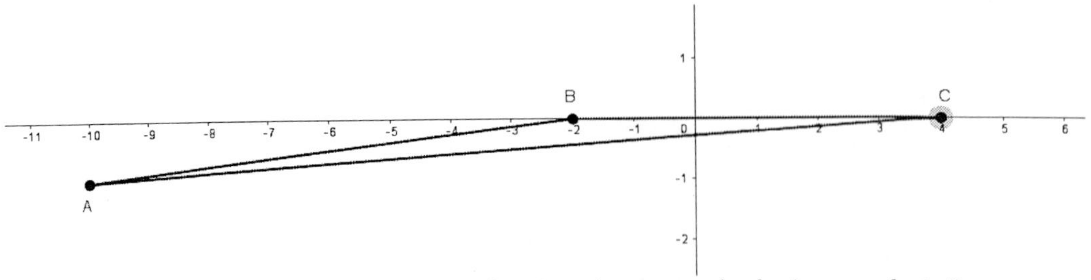

Conhecemos agora do triângulo, a base BC = 6, e altura traçada de A que vale 1. Logo a área do triângulo é $\frac{6 \times 1}{2} = 3$

Resposta: (E) 3

616) CFN – Resolvendo a equação, encontramos as raízes, que são as medidas dos catetos, em centímetros. A equação $x^2 - 8x + 12 = 0$ pode ser resolvida facilmente por soma e produto nos leva a:
Soma = 8; Produto = 12 ➔ 2 e 6.
Claro que podemos usar a fórmula quadrática, e para máxima satisfação, podemos até chamar de "Fórmula de Bháskara".
$\Delta = 64 - 4.12 = 16$. As raízes são:
$\frac{8 \pm 4}{2}$, ou seja, 6 e 2.
Com catetos 6 e 2, a hipotenusa do triângulo retângulo é

$\sqrt{6^2 + 2^2} = \sqrt{40} = 2\sqrt{10}$

Resposta: (C) $2\sqrt{10}$ **cm**

617) IFPR – Cada quadrado maior tem área a^2. Temos 3 deles, portanto até aqui temos uma área de $3a^2$. Cada um dos dois retângulos têm dimensões b e 2a, portanto área 2ab. Como são dois deles, suas áreas somadas são 4ab. Finalmente somamos todas as áreas : $3a^2 + 4ab$.

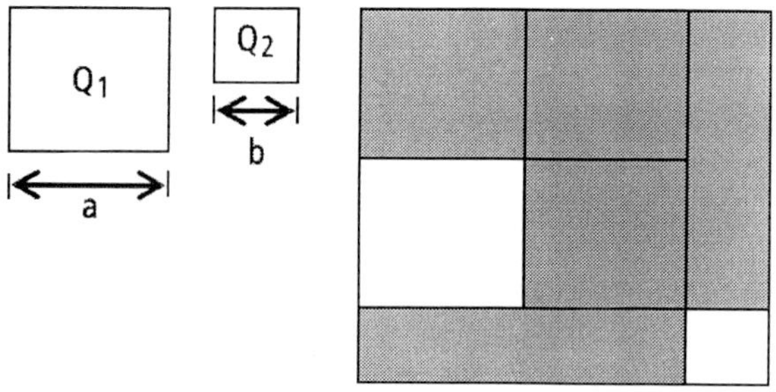

Agora temos que testar as quatro respostas e identificar qual delas, depois de simplificada, vale $3a^2 + 4ab$.

(A) $(a - b)^2 + b^2 - a^2 = a^2 - 2ab + b^2 + b^2 - a^2 = 2b^2 - 2ab$
(B) $(2a + b)^2 - (a + b)(a - b) - 2b^2 = 4a^2 + 4ab + b^2 - a^2 + b^2 - 2b^2 = 3a^2 + 4ab$
(C) $(2a - b)^2 - (a + b)(a - b) = 4a^2 - 4ab + b^2 - a^2 + b^2 = 3a^2 - 4ab + 2b^2$
(D) $(2a + b)^2 - (a + b)(a - b) + b = 4a^2 + 4ab + b^2 - a^2 + b^2 + b = 3a^2 + 2b^2 + 4ab + b$

Resposta: (B)

618) IFMG – Uma função do 2º grau com coeficiente de x^2 positivo tem seu gráfico com a concavidade voltada para cima, e seu sinal é negativo entre as raízes. Nesse problema, queremos que a função seja negativa, então x deve estar compreendido entre as raízes, que são 2 e –5. Ou seja, $-5 < x < 2$

Note que x é um número real, então o conjunto S tem infinitos elementos, então (D) está errada. (C) também está errada, pois o único subconjunto do vazio é o próprio vazio, e vimos que S não é vazio. (B) também está errada, pois S possui 2 elementos naturais: 0 e 1. A única que sobre é (A), que é verdadeira, já que o conjunto S está contido em [–9, 5].

Resposta: (A) $[-9, 5] \supset S$

619) FIOCRUZ – A equação tem Δ negativo, pois não temo raízes reais. Logo

$b^2 - 4.1.6 < 0$

$b^2 < 24$

Por essa condição, b só pode ser –4, –3, –2, –1, 0, 1, 2, 3 ou 4. Sendo b um número natural ímpar, só pode ser 1 ou 3.

Resposta: (A) b = 1 ou b = 3

620) Colégio Pedro II (RJ) – Após comer 8 insetos, a área aumentou em 80 mm^2. Se ficou com 112 mm^2, então a área inicial era 32 mm^2.

$x(5x + 12) = 32$

$5x^2 + 12x - 32 - 0$

$\Delta = 144 + 4.5.32 = 144 + 640 = 784$

$\sqrt{\Delta} = 28$

As raízes são $\dfrac{-12 \pm 28}{10}$, que resultam em –4 e 1,6

Logo x = 1,6 e a outra dimensão, 5x + 12, vale 20

Resposta: (A) 1,6 e 20,0

Resoluções do teste 63

621) FAETEC – Basta utilizar produtos notáveis: diferença de quadrados
$100.000^2 - 99.999^2 = (100.000 + 99.999)(100.000 - 99.999) = 199.999.1 = 199.999$
Somando 1, resulta em 200.000

Resposta: (C) 200.000

622) CTUR – Tipicamente esse tipo de problema pode ser resolvido com um sistema de 2 equações e 2 incógnitas, mas com um pouco de raciocínio, podemos trabalhar com uma só incógnita, o que normalmente nos leva a uma solução muito mais simples.
O trajeto total durou 9 min 40s, que é o mesmo que 580 segundos. Podemos então considerar que foram x segundos em descidas e 580 – x segundos eu subidas. Lembrando que nas subidas, são percorridos 2 metros a cada segundo, e nas descidas, 3 metros a cada segundo.
Temos então:
Subidas: $(580 - x).2 = 1160 - 2x$
Descidas: $x.3 = 3x$
Distância total percorrida: $1160 - 2x + 3x = 1160 + x$
Como a distância total foi dada como 1380 metros, temos
$1380 = 1160 + x$
$x = 1380 - 1160 = 220$
Foram portanto 220 segundos nas subidas, e o restante, 580 – 220 = 360 segundos nas descidas.
Os trajetos foram:
Subidas: 2 x 360 = 720 metros
Descidas: 3 x 220 = 660 metros
Com esses valores testamos as opções e encontramos a correta: (E)

Resposta: (E) subiu 60 metros a mais do que desceu.

623) IFF – Basta resolver a equação $L_1(x) = L_2(x)$
$-(x - 3)(x - 7) = -2(x - 2)(x - 6)$
$(x^2 - 10x + 21) = 2(x^2 - 8x + 12)$
$x^2 - 10x + 21 = 2x^2 - 16x + 24$
$x^2 - 6x + 3 = 0$
$\Delta = 6^2 - 4.1.3 = 36 - 12 = 24$
$\sqrt{\Delta} = \sqrt{24} = 2\sqrt{6}$

As raízes são dadas por $\dfrac{6 \pm 2\sqrt{6}}{2}$, ou seja, $3+\sqrt{6}$ e $3-\sqrt{6}$

Resposta: (E) $(3-\sqrt{6})$ e $(3+\sqrt{6})$

624) ETEC – Com raio de 3,3 cm, o diâmetro da medalha é 6,6 cm. O lado da base é 4 mm maior, ou seja, 7 cm. Sendo assim o volume da caixa é 7 x 7 x h = 147 cm^3.
$49h = 147$
$h = 3$.

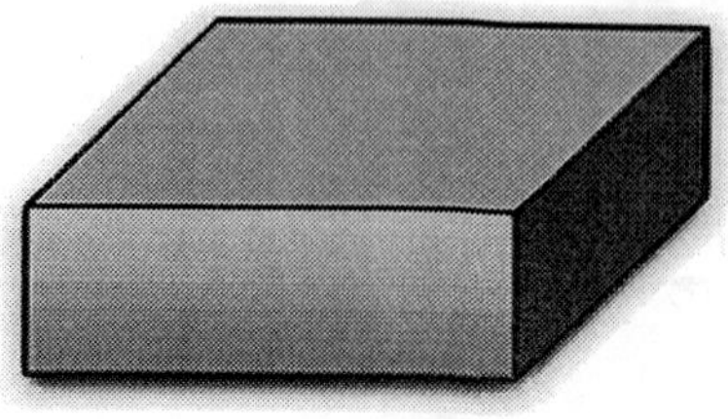

Resposta: (C) 3,0

625) ETAM – Poderíamos resolver a equação e encontrar as raízes, e então substituir esses valores na expressão dada, (m + 5)(n + 5). Entretanto podemos fazer isso de uma forma mais rápida, sem resolver a equação.
$(m + 5)(n + 5) = mn + (m + n).5 + 25$

mn é o produto das raízes, que vale 1 (c/a), e m + n é a soma das raízes, que vale –4 (–b/a). Portanto a expressão resulta em
1 + –4.5 + 25 = 6

Resposta: (C) 6

626) IFAL – Conhecendo as raízes, podemos encontrar a função quadrática, na forma
$f(x) = x^2 - Sx + P$
No caso, com raízes –1 e 3, temos S = 2 e P = –3. Ficamos então com a função
$f(x) = x^2 - 2x - 3$

Resposta: (C) $f(x) = x^2 - 2x - 3$

627) CMBH – A mediatriz r corta ao meio o segmento que vai de 2 até –3. O ponto onde a mediatriz r corta o eixo x tem abscissa igual a –1/2, ficando assim a 2,5 unidades de distância dos pontos de abscissa 2 e –3.

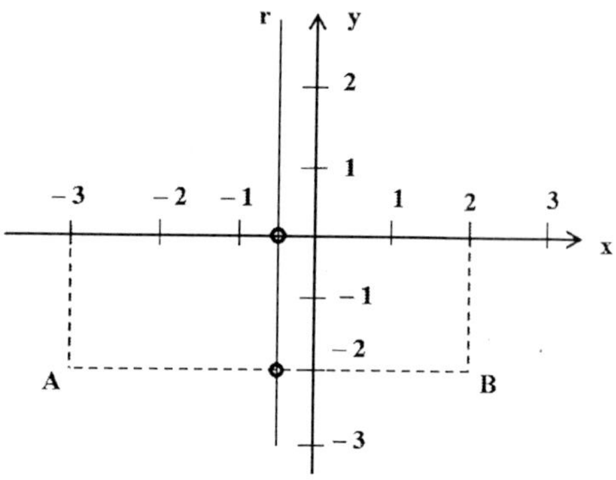

O segmento AB, por sua vez, pertente à reta de equação y = –2, já que –2 é a ordenada do ponto onde o segmento AB corta o eixo y. Portanto o ponto onde a mediatriz r corta o segmento AB temo coordenadas:
x = –1/2
y = –2
A soma dessas coordenadas é
–1/2 – 2 = –5/2.

Resposta: (A) $-\frac{5}{2}$

628) CMB – A função g(x) é dada por:
$g(x) = (x - 2)^2 + 4(x - 2) + 3$
$= x^2 - 4x + 4 + 4x - 8 + 3 =$
$= x^2 - 1$
É uma parábola com a concavidade para cima e com raízes 1 e –1. Intercepta o eixo y no ponto de ordenada y = –1. Note que essas informações não são sobre a função f(x) indicada no gráfico ao lado, mas sobre a função $g(x) = x^2 - 1$. Analisemos as opções:

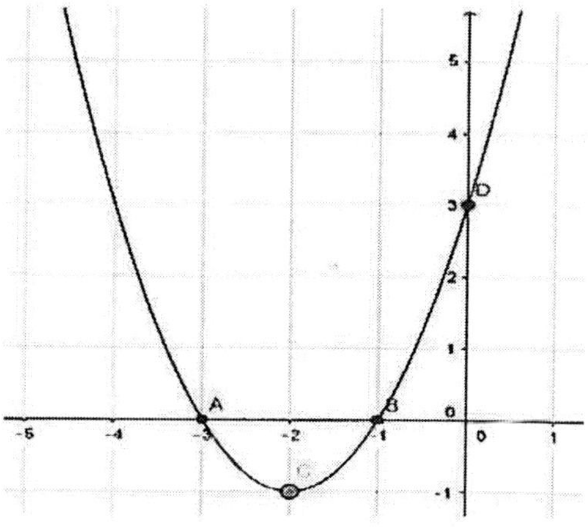

(A) tem concavidade voltada para baixo.
ERRADO, a concavidade está voltada para cima, pois o coeficiente de x^2 é positivo.
(B) a soma de suas raízes é igual a 1/2.
ERRADO, a soma das raízes é 0.
(C) intercepta o eixo das ordenadas no ponto de coordenadas (0, 1).
ERRADO, o ponto correto é (0, –1)
(D) o seu gráfico é simétrico em relação ao eixo das ordenadas.

CERTO. Trocando x por –x, a função não se altera. Isso se chama *função par*, e sua característica gráfica é justamente a simetria em relação ao eixo y.

(E) é crescente para $x \geq -1$.

ERRADO. Apenas para $x \geq 0$ a função é crescente. Para $x \geq -1$, a função começa decrescente, e apenas se torna crescente a partir de 0.

Resposta: (D)

OBS.: O professor Laércio citado na questão, não sou eu, Laércio, autor deste livro.

629) CMF – Pelo gráfico, podemos descobrir algumas informações sobre os sinais dos coeficientes.

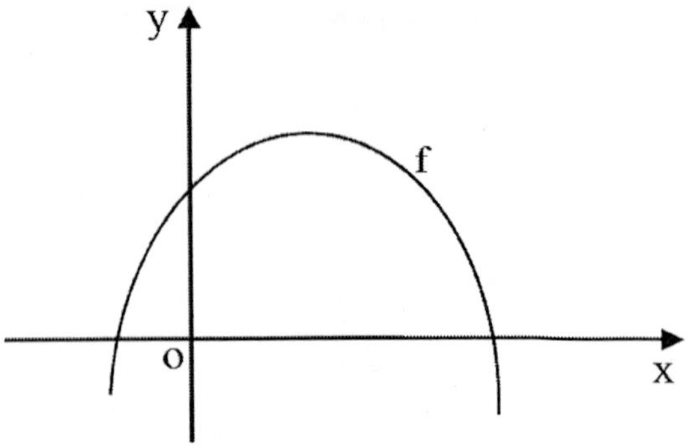

a) A concavidade está voltada para baixo, portanto $a<0$.

b) f(0) é positivo, ou seja, o ponto onde a curva corta o eixo y. Logo, $c>0$.

c) A abscissa do vértice é maior que zero, portanto, $-b/(2a) > 0$. Então o sinal de b é contrário ao sinal de a. Portanto $b>0$.

d) A função tem duas raízes reais, portanto Δ é positivo.

e) A função tem uma raiz positiva e uma raiz negativa.

Assim, as afirmativas são:

I – (V) $a.b < 0$.
II – (F) $a.c > 0$.
III – (F) $b.c < 0$.
IV – (F) $b^2 - 4ac < 0$
V – (V) os zeros da função têm sinais contrários.

As verdadeiras são apenas I e V.

Resposta: (E) I e V.

630) CMJF – O lucro é a diferença entre a receita e o custo:

$L(x) = R(x) - C(x) = 3x^2 + 16x + 8 - (2x^2 + x - 6) = x^2 + 15x + 14$

A fábrica tem lucro quando a função L(x) é positiva. Como se trata de um trinômio do 2º grau com concavidade voltada para cima, será negativo entre as raízes, e positivo fora do intervalo entre as raízes.

As raízes são: –1 e –14.

Logo L(x) será positivo para $x < -14$ e para $x > -1$.

Resposta: (B) x pertencente a R, tal que $x < -14$ ou $x > -1$

Resoluções do teste 64

631) CMJF – É muito importante resolver provas de anos anteriores. Essa questão caiu em duas versões bastante parecidas, em dois anos consecutivos, na prova do CMJF. Não significa que devemos consultar apenas a prova do ano anterior. Às vezes encontramos a mesma questão parecida, em provas de vários anos atrás, e também em provas de outros concursos.

A primeira coisa a fazer nessa questão é eliminar os denominadores. A última é testar as soluções encontradas, pois trata-se de uma equação fracionária, e os denominadores não podem ser anulados.

Os fatores dos denominadores são x e 1 – x. O denominador da terceira fração é o produto desses dois fatores, porém com sinal trocado.

$$\frac{2}{x}-\frac{x}{1-x}=\frac{x^2}{x^2-x} \rightarrow \frac{2(1-x)}{x.(1-x)}-\frac{x.x}{(1-x).x}=-\frac{x^2}{x.(1-x)}$$

$$2-2x-x^2=-x^2$$
$$2-2x=0$$
$$x=1$$

Infelizmente essa raiz não serve, pois anula os denominadores da 2ª e da 3ª frações. Logo a equação não tem soluções, ou seja, o conjunto solução é o vazio.

Resposta: (A) { }

632) CMM – O longo texto da questão não tem utilidade alguma. O que interessa é trabalhar com o número $x=\sqrt{14-6\sqrt{5}}+\sqrt{5}$. O fato de ter raízes, não significa que seja de fato um número irracional – em alguns casos as raízes "cancelam".

Para simplificar a expressão de x, fazemos a transformação de radical duplo na soma de dois radicais simples. No capítulo 6 já mostramos que existe uma fórmula para essa transformação, mas em muito casos, o uso dessa fórmula não é necessário. Podemos descobrir a resposta por inspeção. O número dentro do radical deve ser o quadrado de uma expressão como $A-\sqrt{B}$, e o termo $\sqrt{B}$ deve ter $\sqrt{5}$ ou um múltiplo, como $2\sqrt{5}$, $3\sqrt{5}$ A expressão procurada pode ser algo como $1-\sqrt{5}$, $2-\sqrt{5}$, $3-\sqrt{5}$, $1-2\sqrt{5}$, etc. Elevando ao quadrado os dois termos, teremos o total de 14. Pode ser, por exemplo, $3-\sqrt{5}$ elevado ao quadrado. O resultado seria exatamente $9+5-6\sqrt{5}=14-6\sqrt{5}$. Portanto $14-6\sqrt{5}=(3-\sqrt{5})^2$

$$x=\sqrt{14-6\sqrt{5}}+\sqrt{5}=\sqrt{(3-\sqrt{5})^2}+\sqrt{5}=3-\sqrt{5}+\sqrt{5}=3$$

Surpreendentemente, a expressão do número x resultou em 3, um número racional.

Logo, (A) $\sqrt{3.3}=3$ é irracional, está ERRADA

(B) $0 < x < 3$ está ERRADA

(C) $3^3 - 1$ é irracional está ERRADA

(D) $2.3 - 3$ é racional está CERTA

(E) $0 < x < 2$ está ERRADA.

Resposta: (D)

633) CMPA – Devemos calcular e conferir cada uma das expressões.

I) ERRADO.

$$2+\sqrt{\frac{x^2}{y^2}+\frac{y^2}{x^2}+2}=2+\sqrt{\frac{x^4}{x^2y^2}+\frac{y^4}{x^2y^2}+\frac{2x^2y^2}{x^2y^2}}=2+\sqrt{\frac{(x^2+y^2)^2}{x^2y^2}}=2+\frac{x^2+y^2}{xy}=$$

$=\frac{x^2+y^2+2xy}{xy}=\frac{(x+y)^2}{xy}$, que não é a mesma coisa que $\left(\frac{x+y}{xy}\right)^2$.

II) CERTO.

$(x + y)^3 - (x^3 + y^3) = x^3 + y^3 + 3xy(x + y) - x^3 - y^3 = 3xy(x + y)$, que é um múltiplo de 3.

III) CERTO.

$$\frac{22032011^2-1}{22332010}=\frac{(22032011+1)(22032011-1)}{22332010}=\frac{(22032012)(22032010)}{22332010}=22032012$$

IV) CERTO.

$4^{10} + 4^{10} + 4^{10} + 4^{10} = 4.4^{10} = 4^{11} = (2^2)^{11} = 2^{22}$.

$4^{10} + 4^{10} + 4^{10} + 4^{10} = 2^{22}$

Apenas a afirmativa (I) é falsa.

Resposta: (A) 1

634) CMR – O corpo A é abandonado de uma altura de 20 metros, e a distância percorrida é dada pela fórmula $d = k.t^2 = 5t^2$
Até o corpo A chegar ao solo, temos d = 20m, e o tempo correspondente é encontrado pela equação
$20 = 5.t^2 \rightarrow t = 2$
Significa que depois de 2 segundos de largado, o corpo A atingiu o solo.
Já o corpo B percorreu 245 metros até chegar ao solo. O tempo do trajeto é obtido pela mesma equação:
$245 = 5.t^2 \rightarrow t = 7$
O corpo B levou 7 segundos até chegar ao solo, ou seja, 5 segundos a mais que A. Portanto o corpo B permaneceu no ar mais 5 segundos, depois que o corpo A chegou ao solo.

Resposta: (D) 5 s

635) CFN – Encontremos as raízes da equação por soma e produto. A soma é 10 e o produto é 16, então as raízes são 2 e 8. Sendo esses os valores dos catetos, a medida da hipotenusa é:
$\sqrt{2^2 + 8^2} = \sqrt{4 + 64} = \sqrt{68} = 2\sqrt{17}$

Resposta: (E) $2\sqrt{17}$ cm

636) EAM – A expressão procurada será encontrada se elevarmos ao cubo a expressão $x - \frac{1}{x} = 1$. Lembrando da fórmula do cubo da soma:
$(a + b)^3 = a^3 + b^3 + 3.ab.(a + b)$
Os números envolvidos são x e –1/x. Colocando esses valores no lugar de **a** e **b** da fórmula acima, ficamos com

$\left(x - \frac{1}{x}\right)^3 = x^3 + \left(-\frac{1}{x}\right)^3 + 3.x.\left(-\frac{1}{x}\right).\left(x - \frac{1}{x}\right)$ [(x – 1/x) é o mesmo que x somado com (–1/x)]

$1 = x^3 - \frac{1}{x^3} + 3(-1).(1)$

$x^3 - \frac{1}{x^3} = 1 + 3 = 4$

Resposta: (B) 4

637) IFSC – Equações equivalentes são aquelas que têm as mesmas soluções. A equação dada no enunciado é
$-5(3x - 8) = -45$
$-15x + 40 = -45$
$15x = 85$
$x = 17/3$
Temos que encontrar outra equação que tenha a mesma solução, o que está muito fácil. A opção (D) tem uma equação idêntica à do enunciado:
$-15x + 85 = 0$

$15x = 85$
$x = 17/3$

Resposta: (D) $-15x + 85 = 0$

638) IFMG – É possível resolver a questão sem precisar desenhar o gráfico. A função do 2º grau muda de crescimento no vértice. Quando a concavidade está para cima, passa de decrescente para crescente. Quando a concavidade está voltada para baixo, muda de crescente para decrescente.
A função do enunciado tem coeficiente de x^2 negativo, então sua concavidade está voltada para baixo. Logo é decrescente a partir do vértice, ou seja, para $x > x_v$. O valor de x correspondente ao vértice é $-b/(2a) = -5/(-2) = 5/2$. Portanto a função é decrescente para $x > 5/2$.

Resposta: (D) x>5/2

639) IFES – Podemos resolver e equação de uma forma bem simples, tentando realizar as operações "ao contrário":

$$2+\frac{1}{1+\frac{2}{1+x}}=4 \rightarrow \frac{1}{1+\frac{2}{1+x}}=2 \rightarrow 1+\frac{2}{1+x}=\frac{1}{2} \rightarrow \frac{2}{1+x}=\frac{1}{2}-1=-\frac{1}{2}$$

Por último, podemos fazer a "multiplicação cruzada":

$$\frac{2}{1+x}=-\frac{1}{2} \rightarrow 4=-1-x \rightarrow x=-5.$$

Logo, o inverso multiplicativo de x é $-1/5$.

Resposta: (E) –1/5

640) ETAM – Os pares dados formam o produto cartesiano {1, 2} × {4, 5}. Como {4, 5} é B, fica faltando apenas indicar {1, 2} em função dos conjuntos A e C dados. Os números 1 e 2 são aqueles que pertencem simultaneamente a A e C, ou seja, A∩C. Portanto os pares indicados formam o produto cartesiano de {A∩C} por B.

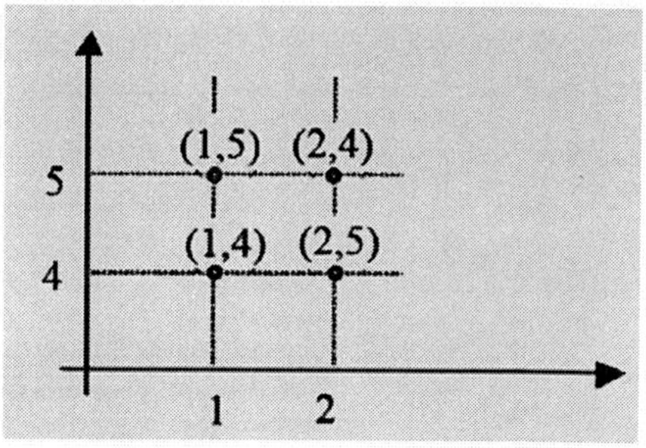

Resposta: (C) (A ∩ C) × B

Resoluções do teste 65

641) CMBH – No gráfico de qualquer função, o ponto onde o eixo y é cortado é (0, f(0)). Portanto a ordenada procurada é $f(0) = 0^2 + 0 + K = K$. Ou seja, o próprio valor dado no enunciado:
$(1 + a)(1 + a^2)(1 + a^4)(1 + a^8)...(1 + a^{128})$

Ocorre que este valor não está entre as opções, mas sim, expressões mais compactas. Note que a expressão original de K possui vários fatores, e dentre as respostas, a que pode ser representada com vários fatores é (A). O seu numerador pode ser fatorado usando potências decrescentes de a, em diferenças de quadrados:

$1 - a^{256} = (1 - a^{128})(1 + a^{128}) =$
$(1 - a^{64})(1 + a^{64})(1 + a^{128}) = (1 - a^{32})(1 + a^{32}) (1 + a^{64})(1 + a^{128}) =$
$(1 - a^{16})(1 + a^{16})(1 + a^{32}) (1 + a^{64})(1 + a^{128}) = (1 - a^8)(1 + a^8)(1 + a^{16})(1 + a^{32}) (1 + a^{64})(1 + a^{128}) =$

$(1 - a^4)(1 + a^4)(1 + a^8)(1 + a^{16})(1 + a^{32})\ (1 + a^{64})(1 + a^{128}) =$

$(1 - a)(1 + a)(1 + a^2)(1 + a^4)(1 - a^8)(1 + a^{16})(1 + a^{32})\ (1 + a^{64})(1 + a^{128}) =$

Dividindo a expressão por (1 – a), encontramos exatamente a expressão de K. Logo

$$K = \frac{1-a^{256}}{1-a}$$

Resposta: (A)

642) CMSM – A ginástica olímpica blá blá blá. E viva as Olimpíadas do Rio de Janeiro. Agora só falta pagar as dívidas que ficaram para o futuro.

Falando em matemática, devemos calcular os valores de A, B e C e colocar em ordem decrescente.

A: $27^{0,333...} + 27^{\frac{2}{3}} = \sqrt[3]{27} + \left(\sqrt[3]{27}\right)^2 = 3 + 9 = 12$

B: $2\left[\left(\sqrt{2}\right)^4 + \left(\sqrt{3}\right)^2\right] = 2.[4+3] = 14$

C: $\dfrac{3\sqrt{10}.2\sqrt{5}}{\sqrt{8}} = \dfrac{3\sqrt{5}.2\sqrt{5}}{\sqrt{4}} = \dfrac{6\times 5}{2} = 15$

Então a ordem correta é: C, B, A

Resposta: (E) C, B e A.

643) CMRJ – Quando triplicamos as raízes de uma equação do 2º grau, a soma das raízes fica 3 vezes maior, e o produto fica 9 vezes maior. O que era $x^2 - Sx + P = 0$ passa a ser: $x^2 - 3Sx + 9P = 0$. Logo a nova equação é (A).

Resposta: (A) $x^2 + 3bx + 9c = 0$

644) CMB – Lá vem mais uma bola chutada em outro planeta, com aceleração diferente da aceleração da gravidade. Mas vamos lá...

$h(t) = \alpha t^2 + 12t$

O valor de t que fornece a altura máxima é aquele do vértice da parábola (tendo t como abscissa, não x).

OBS.: Na física, considerando a parábola como h = f(x), o coeficiente de x^2 pode ter qualquer valor, mas quando consideramos h = f(t), o coeficiente de t^2 tem que ser a metade da aceleração da gravidade, cerca de $-5m/s^2$. Mas quase sempre as questões de prova cometem esse erro e usam valores diferentes.

Como t = 2 resulta na altura máxima, este valor é igual a –b/2a:

$2 = -12/2\alpha \rightarrow \alpha = -3$

Resposta: (A) –3

645) CFN – A divisão de frações do segundo membro resulta em

$\dfrac{2}{3} \div \dfrac{1}{2} = \dfrac{2}{3} \times \dfrac{2}{1} = \dfrac{4}{3}$. Portanto a proporção fica:

$\dfrac{0{,}30}{x+1} = \dfrac{4}{3}$. Multiplicando "cruzado", resulta em

$0{,}90 = 4x + 4$

$4x = -3{,}1$

$x = \dfrac{-3{,}1}{4} = \dfrac{-31}{40}$

Resposta: (B) $-\dfrac{31}{40}$

646) IFS – Raiz de uma função é o valor (ou valores) de x que faz a função ser igual a zero.
$|2x - 2| - |2x - 4| = 0$
$|2x - 2| = |2x - 4|$
Dois números têm o mesmo módulo quando são iguais, ou quando são simétricos (iguais com sinais contrários). Temos então duas situações:
a) $2x - 2 = 2x - 4$
$-2 = -4$ (Impossível)

b) $2x - 2 = -(2x - 4)$
$2x - 2 = -2x + 4$
$4x = 6$
$x = 3/2$

Resposta: (A) 3/2

647) IFCE – Questão clássica. O valor pedido, $r^2 + s^2$, pode ser calculado como:
$(r + s)^2 - 2rs$
Isso é o quadrado da soma dos valores menos o dobro do produto dos valores.
A soma e o produto podem ser descobertos pelos coeficientes da equação:
$x^2 + 7x = 2 \Rightarrow x^2 + 7x - 2 = 0$

Soma = $-b/a = -7$; Produto = $c/a = -2$.
Logo, $(r + s)^2 - 2rs = 49 + 4 = 53$

Resposta: (B) 53

648) IFPI – A soma de todos os grupos citados vale 28 + 15 + 6 = 49, sendo que são apenas 40 alunos. Esses 9 alunos a mais na contagem ocorrem porque estão sendo contados em duplicidade.
6 alunos não acessam a Internet, de um total de 40
Logo 34 acessam e 6 não acessam, o que totaliza 40.
Nesses 34 temos:
28 que acessam sábados e domingos
15 que acessam de 2ª a 6ª feira
O total nessa contagem tem 9 a mais que 34, que são os alunos que pertencem aos dois grupos, ou seja, os alunos que acessam a Internet durante a semana + fins de semana.

Resposta: (B) 9

649) IFBA – Os conjuntos A, B e C citados são os conjuntos das raízes das equações:
A: $4x^2 + 8x - 5 = 0$
$\Delta = 64 + 4.4.5 = 144$, $\sqrt{\Delta} = 12$
Raízes: $\frac{-8 \pm 12}{8}$, que são 1/2 e –5/2
A = {1/2, –5/2}

B: $\sqrt{4-2x} + \sqrt{9} = 3{,}5$
$\sqrt{4-2x} = \frac{1}{2} \Rightarrow 4-2x = \frac{1}{4} \Rightarrow x = \frac{15}{8}$. Sendo uma equação irracional, é preciso testar a raiz encontrada:
$$\sqrt{4-2.\frac{15}{8}} + \sqrt{9} = \sqrt{4-\frac{15}{4}} + 3 = \sqrt{\frac{1}{4}} + 3 = \frac{1}{2} + 3 = 3{,}5\text{, OK!}$$
B = {15/8}

C: $\frac{(x-1)}{2}-\frac{(2-x)}{3}=0{,}75$

$3(x-1)-2(2-x)=6\times 0{,}75=4{,}5$

$3x-3-4+2x=4{,}5$

$5x=11{,}5$

$x=2{,}3$

Como essa equação tem indicado que $x\in\mathbb{Z}$, não tem solução.

C = {}

Logo A = {1/2, –5/2}, B = {15/8} e C = {}.

É fácil identificar que apenas (C) é verdadeira, mas vamos testar todas elas como exercício:

(A) A ∪ B ∪ C possui 4 elementos: ERRADO, tem 3 elementos.

(B) Se x_1 e x_2 são os elementos do conjunto A, $x_1 < x_2$, então MDC($-16x_1$, $56x_2$) = 2. ERRADO, os números dados são 40 e 28, sem MDC é 4.

(C) A ∩ B = { } CERTO, A e B não têm elementos comuns.

(D) C ∪ B tem um elemento primo. ERRADO, Os números envolvidos nem são naturais, então não se pode falar em primos.

(E) Sendo S o número que representa a soma dos elementos do conjunto A, então –15.S tem 12 divisores naturais. ERRADO, o número calculado é 30, que tem os divisores 1, 2, 3, 5, 6, 10, 15 e 30, são 8 divisores.

Resposta: (C)

650) IFMA – A inequação que descreve o problema é 2,5x + 3,25 > 20. Resolvendo, ficamos com:

2,5x + 3,25 > 20

10x + 13 > 80

10x > 67

x > 6,7

Resposta: (A) x > 6,7

Resoluções do teste 66

651) EAM – O produto cartesiano de conjuntos que são sequências de naturais, são também pontos em um retângulo. Por outro lado, quando os conjuntos envolvidos são intervalos, esses produtos cartesianos formam retângulos.

Sendo A e B dados por:

A = {x∈ℝ; 1 ≤ x ≤ 4}

B = {y∈ℝ; 3 ≤ y ≤ 7}

O produto cartesiano A×B é representado pelo retângulo ao lado. Seus lados medem 3 e 4, então pelo Teorema de Pitágoras, suas diagonal mede 5.

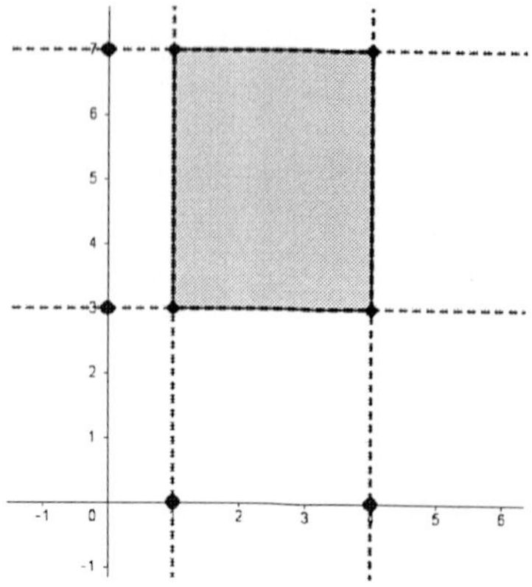

Resposta: (D) 5

652) CMBH – Pela descrição do problema, a primeira coisa que temos que observar é que a função dada é uma função do 2º grau, portanto seu gráfico é uma parábola. Se possui um máximo, que é sempre o vértice da parábola, esta tem a concavidade voltada barra baixo, o que nos deixa como opções, (B), (C) e (D). Note que as três indicam um valor máximo de 22,5 mil unidades. Existe ainda a condição de que 50 unidades produzidas não dá lucro nem prejuízo. Isso é o mesmo que lucro=0-, ou seja, 50 é uma das raízes da equação, o que nos

deixa com apenas duas escolhas: (B) e (D). Mas note que foi dado ainda que a, b e c são constantes reais não nulas, e o gráfico (B) tem c=0, que é o ponto onde o gráfico corta o eixo y. Logo a única opção correta é (D).

Resposta: (D)

653) CMF – O volume foi dado como 64, então temos, com todas as medidas em centímetros:
$2.(x - 2)(x + 2) = 64$
$x^2 - 4 = 32$
$x^2 = 36$
As raízes são –6 e 6, mas a raiz negativa não serve, pois tornaria as dimensões negativas. Logo x = 6 e as medidas do paralelepípedo são 2, 4 e 8.
As áreas das faces são das seguintes:
2 faces 2×4 ➔ 16
2 faces 2×8 ➔ 32
2 faces 4×8 ➔ 64
Total: 112 cm^2.

Resposta: (D) 112 cm^2

654) CMJF – Aumentar 13% é o mesmo que multiplicar por 1,13. Se esses aumentos ocorreram em 10 meses seguidos, o preço final depois do 1º mês é $x.(1{,}13)^{10}$.

Resposta: (A) $x.(1{,}13)^{10}$

655) CMM – A parábola é o gráfico da função do 2º grau dada. Essa função tem duas raízes:

$$-\frac{1}{32}x^2+\frac{5}{2}x=0$$

$$-\frac{1}{32}x+\frac{5}{2}=0$$

$$-x+80=0$$

As raízes são x=0 (a origem) e x = 80, que representa o alcance da bola.

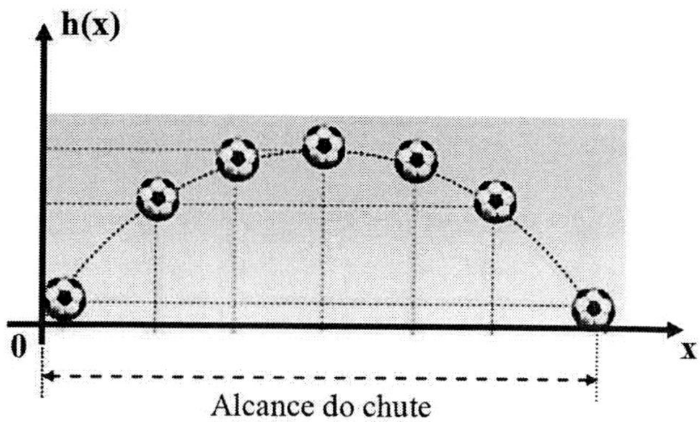

Resposta: (D) 80 m

656) IFPE – Sendo uma função do 2º grau com coeficiente de x^2 negativo, possui um valor máximo obtido para x = –b/2a. Isso resulta em:
-3000/(–2) = 1500
Para encontrar o valor de L correspondente (lucro máximo), basta substituir este valor de x na função:

$L_{MAX} = -1500^2 + 3000.1500 + 5000 = -2.250.000 + 4.500.000 + 5000 = 2.255.000$
Logo os valores pedidos são 1500 e 2.255.000

Resposta: (A) 1.500 e 2.255.000,00

657) IFAM – A partir das informações dadas, podemos representar as divisões polinomiais das seguintes formas:
A: $x^3 - 2x^2 - 8x + 17 = P(x).Q1(x) + x - 1$
B: $x^3 - 3x^2 - 8x + 28 = P(x).Q2(x) + x + 1$

As duas expressões acima indicam que os polinômios A(x) e B(x) foram divididos por P(x), resultando respectivamente em quocientes Q1 e Q2, e restos x – 1 e x + 1. Podemos passar os restos para os primeiros membros das equações e ficar com:

A: $x^3 - 2x^2 - 9x + 18 = P(x).Q1(x)$

B: $x^3 - 3x^2 - 9x + 27 = P(x).Q2(x)$

Cada uma dessas duas expressões podem ser fatoradas por agrupamento:

A: $x^2(x - 2) - 9(x - 2) = P(x).Q1(x)$

B: $x^2(x - 3) - 9(x - 3) = P(x).Q2(x)$

Terminando as fatorações, podemos escrever:

A: $(x + 3)(x - 3)(x - 2) = P(x).Q1(x)$

B: $(x + 3)(x - 3)(x - 3) = P(x).Q2(x)$

Queremos encontrar P(x) com grau máximo, ou seja, o polinômio de maior grau cujos fatores estão presentes simultaneamente nas expressões do 1º membro em A e B acima. Esse P(x) de grau máximo é $(x + 3)(x - 3) = x^2 - 9$

Resposta: (D) $x^2 - 9$

658) IFRO – O primeiro carro consome a cada hora, 1/9 do combustível, e o segundo consome a cada hora, 1/6 do combustível. Considere como 1 a representação do tanque cheio. Depois de x horas, os carros terão a seguinte porção do tanque cheio:

1º carro: 1 – x/9

2º carro: 1 – x/6

Onde x é o número de horas passadas. De fato, para x = 0, ambos terão o valor 1, que representa o tanque cheio. Depois de 9 horas, o 1º carro terá 1 – 9.1/9 = 1 – 1 = 0, que é o tanque vazio. O carro 2 terá o tanque vazio depois e 6 horas, com 1 – 6.1/6 = 1 – 1 = 0.

Note que o carro que consome o combustível em 9 horas terá sempre mais combustível no seu tanque que o outro, que consome o combustível mais rápido. Então temos:

$$1-\frac{x}{9}=2\left(1-\frac{x}{6}\right)$$

$$1-\frac{x}{9}=2-\frac{x}{3}$$

$$9-x=18-3x$$

$$x=4{,}5$$

Resposta: (D) 4,5 horas

659) IFMT – Poderíamos colocar 25 em evidência e prosseguir a partir daí, mas notamos nas respostas que não foi feita uma fatoração completa. Todas as opções possuem fatores com +5 e –5. Então vamos pelo caminho da diferença de quadrados. Os termos $100a^6$ e 25 são quadrados perfeitos, então podemos escrever:

$100a^6 - 25 = (10a^3 + 5)(10a^3 - 5)$. É exatamente o que temos na opção (E).

Resposta: (E) $(10a^3 + 5).(10a^3 - 5)$

660) IFPA – Sabendo que uma raiz é 1, podemos encontrar o valor de p. Basta fazer x=1 e o resultado da expressão será zero.

p.1 – 2.1 – 8 = 0

p = 10

Logo a equação é $10x^2 - 2x - 8 = 0$. Que pode ser simplificada para

$5x^2 - x - 4 = 0$

Como o produto das raízes é –4/5, e uma das raízes é 1, logo a outra raiz é:

$x_1.x_2 = -4/5$

$x_1 = 1 \Rightarrow x_2 = -4/5$.

Resposta: (E) –4/5

Resoluções do teste 67

661) IFTO – A questão pede que seja calculado o valor do polinômio para $x = -2$.
$P(x) = 2x^4 - x^2 - x + 5$
$P(-2) = 2.(-2)^4 - (-2)^2 - (-2) + 5$
$P(-2) = 2.16 - 4 + 2 + 5 = 32 - 4 + 2 + 5 = 35$

Resposta: (E) 35

662) IFMS – A equação da parábola, na forma $y = f(x)$, é:
$f(x) = -x^2 + 6x$
O máximo é atingido para $x = -b/2a$, que vale:
$-6/(-2) = 3$
Fazendo $x = 3$, encontramos o valor de y correspondente, que é a altura máxima atingida pela bola:
$f(3) = -3^2 + 6.3 = -9 + 18 = 9$

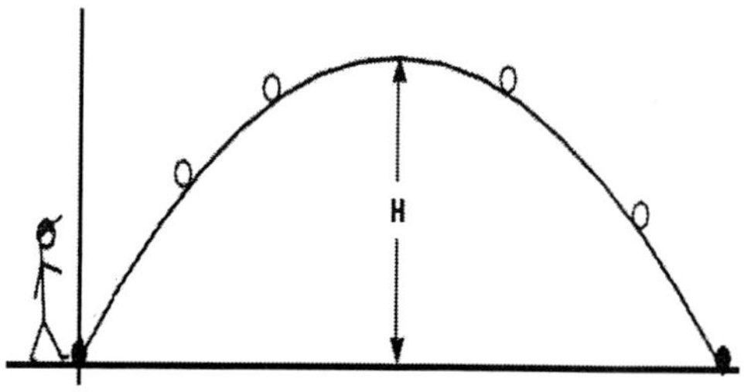

Resposta: (B) 9

663) IFRR – A soma dos quadrados das raízes pode ser calculada pela fórmula derivada de produtos notáveis:
$m^2 + n^2 = (m + n)^2 - 2mn$.
Ou seja, basta elevar ao quadrado, a soma das raízes, e subtrair o dobro do produto das raízes.
Tanto a soma como o produto podem ser determinados a partir dos coeficientes da equação:
Soma = $-b/a$; produto = c/a.
Logo, $m + n = 1/3$ e $m.n = -5/3$.
Portanto o valor pedido é
$m^2 + n^2 = (1/3)^2 - 2.(-5/3) = 1/9 + 10/3 = 31/9$

Resposta: (C) 31/9

664) IFMG – Sendo $f(x) = x^2 - 2x + 1$, temos:
$f(a) = 1$ ➔ $a^2 - 2a + 1 = 1$ ➔ $a^2 - 2a = 0$ ➔ $a=0$ ou $a=2$
$f(b) = 36$ ➔ $b^2 - 2b + 1 = 36$ ➔ $b^2 - 2b - 35 = 0$ ➔ $b = -5$ ou $b = 7$
Somando todos os valores possíveis de **a** e **b**, ficamos com
$0 + 2 - 5 + 7 = 4$

Resposta: (A) 4

665) IFSP – Resolvendo a equação exponencial, temos:
$(31)^{5x+1} = 1$
$5x + 1 = 0$ (uma potência de base diferente de 1, dá resultado 1, somente quando o expoente é 0).
$x = -1/5$. Um racional negativo.

Resposta: (D) racional negativo.

666) EAM – Fazendo x = 0, o valor de y tem que ser 2, pois a reta passa por (0, 2), ou seja, corta o eixo das ordenadas em y=2. As opções que atendem a essa condição são:
(B) e (D)
Fazendo x = 2, o valor da função tem que ser 0, pois a reta corta o eixo x no ponto (2, 0). Testando as respostas (B) e (D), vemos que a única que satisfaz é (B).

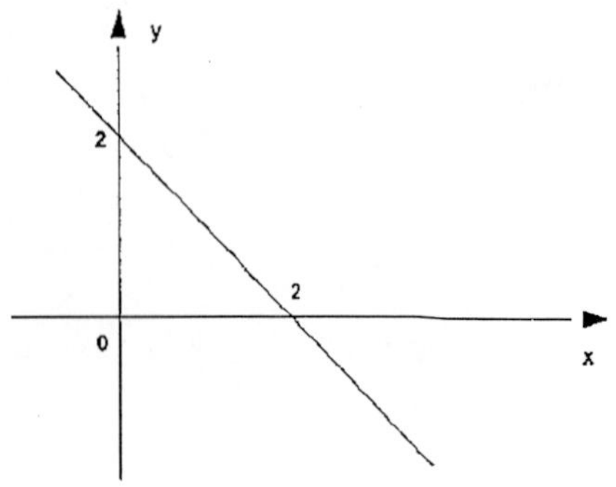

Resposta: (B) 4y = –4x + 8

667) CMBH – Temos que usar o Teorema de Thales (feixe de paralelas) duas vezes.
Dados os segmentos OP=n e PQ=m, considerando as paralelas u e v, temos:

$$\frac{x-a}{a}=\frac{m}{n}$$

Considerando as paralelas r e s, temos:

$$\frac{a-2}{2}=\frac{m}{n}$$

Logo as razões acima são todas iguais:

$$\frac{x-a}{a}=\frac{a-2}{2}$$

$$2x-2a=a^2-2a$$

$$x=a^2/2$$

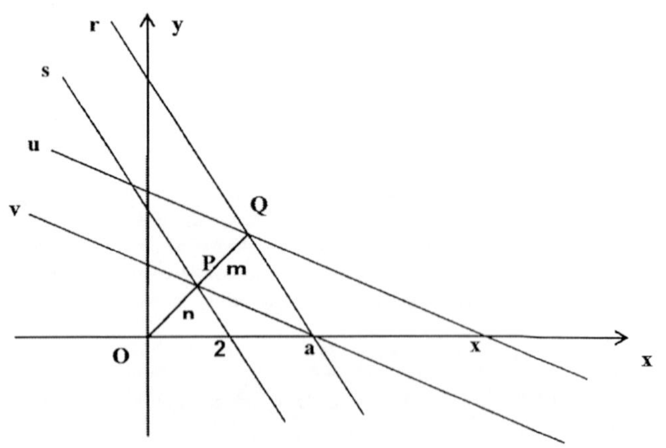

Resposta: (B) $a^2/2$

668) CMF – A partir da fórmula dada, $\frac{C}{5}=\frac{F-32}{9}=\frac{K-273}{5}$, temos que testar todas as cinco opções:

(A) 40°C correspondem a –40K.
Substituímos C por 40 e K por 40 e testamos:

$$\frac{C}{5}=\frac{K-273}{5} \rightarrow \frac{40}{5}=\frac{40-273}{5} \text{ ERRADO!}$$

(B) 40°C correspondem a –40°F.
Usamos C = 40 e F = –40:

$$\frac{C}{5}=\frac{F-32}{9} \rightarrow \frac{40}{5}=\frac{40-32}{9} \text{ ERRADO!}$$

(C) –40°C correspondem a 40°F.
Fazemos C = –40 e F=40

$$\frac{C}{5}=\frac{F-32}{9} \rightarrow \frac{-40}{5}=\frac{40-32}{9} \text{ ERRADO!}$$

(D) –40°C correspondem a –40°F.

Fazemos C = –40 e F = –40

$\frac{C}{5}=\frac{F-32}{9}$ ➔ $\frac{-40}{5}=\frac{-40-32}{9}$ ➔ $\frac{-40}{5}=\frac{-72}{9}$ CERTO!

(E) –40°C correspondem a 40K.

$\frac{-40}{5}=\frac{40-273}{5}$ ➔ ERRADO!

Resposta: (D)

669) CMJF – Seja n o número original de estudantes. Com as desistências, passaram a ser n – 10. Originalmente, cada um deveria pagar 2400/n, mas com as desistências, os restantes passaram a pagar 2400/(n – 10), o que resultou em um aumento de 40 reais para cada um. Note que o segundo valor é maior, que o primeiro, então tivemos:

$$\frac{2400}{n-10}-\frac{2400}{n}=40$$

$$\frac{60}{n-10}-\frac{60}{n}=1$$

$$60n-60(n-10)=n(n-10)$$

$$60n-60n+600=n^2-10n$$

$$n^2-10n-600=0$$

$\Delta = 10^2 + 4.600 = 2500$

$$\sqrt{\Delta}=50$$

$n=\frac{10\pm 50}{2}$. A raiz positiva é n = 30.

Conferindo: os 2400 reais seriam divididos entre 30 alunos, cada um pagaria 80 reais.

Como 10 desistiram, restaram 20. Cada um passou a pagar 2400/20 = 120 reais, ou seja, 40 reais a mais. Agora podemos conferir as alternativas:

(A) Pelo fato de 10 estudantes não participarem da excursão, ocorreu um acréscimo de 40% da contribuição dos demais. ERRADO. De 80 para 120, o acréscimo foi de 50%.

(B) As despesas da excursão foram pagas por 20 estudantes. CERTO.

(C) O grupo era composto inicialmente por 20 estudantes. ERRADO, eram 30.

(D) Se todos os estudantes do grupo inicial participassem da excursão, cada um contribuiria com R$ 120,00. ERRADO, seriam 80 reais.

Resposta: (B)

670) CMM – Nesses dois dias foram confeccionadas 200.2/(x + 1) = 400/(x + 1) camisas. Se fossem 10 a menos, seriam 200/(x + 7), então

$$\frac{400}{x+1}-10=\frac{200}{x+7}$$

$$\frac{40}{x+1}-1=\frac{20}{x+7}$$

$$40(x+7)-(x+1)(x+7)=20(x+1)$$

$$40x+280-x^2-8x-7=20x+20$$

$$x^2-12x-253=0$$

$\Delta = 144 + 1012 = 1156$, o quadrado de 34.

$x = \frac{12 \pm 34}{2}$, cuja raiz positiva é 23.

Agora, que alegria, testar as cinco afirmativas! Com x valendo 23, foram confeccionados 2/24 = 1/12 nos primeiros dias. Curiosamente este não é um número inteiro, pois 200/12 = 50/3 = 16 2/3 ou 16,666.... Tudo indica que a costureira deixou no final do 2º dia, uma camisa incompleta.

(A) Nos dois dias de trabalho, a costureira confeccionou uma quantidade de camisas que representa um número ímpar. ERRADO, foi uma quantidade fracionária de camisas.

(B) Se a costureira mantiver o ritmo de trabalho dos dois dias, ela gastaria menos de 15 dias para confeccionar todas as camisas. ERRADO. Em dois dias confeccionou 1/12 do total, então foi 1/24 em um dia, precisaria de 24 dias para fazer todo o trabalho.

(C) A razão entre o número de camisas confeccionadas nos dois dias e o número de camisas que ainda faltou confeccionar, nessa ordem, é igual a 1/11. CERTO, se foi 1/12 do total no final dos dois primeiros dias, faltavam 11/12, então a razão é mesmo 1/11.

(D) Após os dois dias de trabalho, ainda faltava confeccionar mais 120 camisas. ERRADO, Faltava uma quantidade fracionária: 11/12 de 200.

(E) Se a costureira mantiver o ritmo de trabalho dos dois dias, ela gastaria 20 dias para confeccionar todas as camisas. ERRADO, já vimos que são 24 dias.

Resposta: (C)

Resoluções do teste 68

671) CEFET RJ – O caminho tradicional é desenvolver a expressão para que fique na forma $at^2 + bt + c$, identificar os coeficientes a, b e c, e calcular o valor de t para que o corra o máximo, ou seja: $-b/(2a)$.

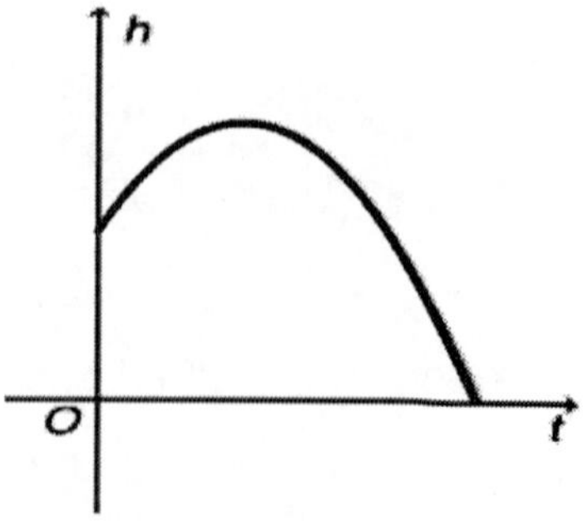

Ocorre que nessa função, não precisamos fazer isso, pois sua fórmula já está separada como sendo uma constante (5), menos uma função quadrática $-(t-2)^2/2$. O máximo ocorrerá quando esta função quadrática tiver o seu menor valor, ou seja, quando tivermos t = 2. Assim ficaremos com 5 – 0 = 5. Logo será atingida a altura máxima igual a 5, o que ocorrerá quando t valer 2.

Ainda assim, vamos fazer uma segunda resolução, usando o método tradicional. A função h(t) é dada por:

$$-\frac{(t-2)^2}{2} + 5 = -\frac{t^2 - 4t + 4}{2} + 5 = -\frac{1}{2}t^2 + 2t + 3$$

A função do 2º grau tem coeficiente do termo se segundo grau negativo, logo terá um valor máximo. Esse máximo ocorre para $t = -b/(2a) = -2/(-1) = 2$

O valor de h para t = 2 é:

$$-\frac{1}{2}2^2 + 2.2 + 3 = -2 + 4 + 3 = 5$$

OBS.: Mais uma bola lançada em outro planeta, gravidade 10 vezes menor que a da Terra. Uma bola na Terra demora cerca de 1 segundo para cair de uma altura de 5 metros até o chão, esta irá demorar 3,16 segundos.

Resposta: Altura máxima h=5 metros que ocorre para t = 2s.

672) IFCE – Observe como desenvolvendo o raciocínio em Álgebra, fica mais fácil resolver um problema de Aritmética, mesmo que a resolução do problema não use Álgebra.

Nos 100 primeiros números (1 a 100), o algarismo 5 é usado 20 vezes. São 10 vezes nas unidades (5, 15, 25, ..., 95) e 10 vezes nas dezenas (50, 51, ..., 59). Chegando em 499, foram 5 centenas, e $5 \times 20 = 100$ vezes foi usado o algarismo 5.

No trecho entre 500 e 599 o algarismo 5 aparece 120 vezes, sendo 20 nas unidades e dezena, e 100 vezes na posição das centenas.

Temos até aqui $100 + 120 = 220$ algarismos 5.

O próximo algarismo 5 irá aparecer no número 605, portanto este é o número mínimo. O próximo 5 aparece no número 615, então o livro pode ter até 614 páginas, sem usar este 222º algarismo 5.

Portanto o número mínimo de páginas é 605, e o máximo é 614.

Respostas: a) 605; b) 614

673) CEFET ES – O problema cita três tipos de combustível:

Álcool = álcool puro

Gasolina = gasolina pura

Gasolina brasileira = mistura contendo 75% de gasolina e 25% de álcool.

O carro chegou ao posto com uma certa quantidade de gasolina brasileira, que pode ser representada como:

GGGA

Para abastecer com álcool e ficar com quantidades iguais de álcool e gasolina, este álcool colocado no posto deve ser AA, então ficando com

GGGA AA, ou seja, quantidades iguais de álcool e gasolina.

Se este AA abastecido corresponde a 15 litros, cada letra acima indica 7,5 litros.

Portanto a quantidade de gasolina no tanque era $GGG = 3 \times 7{,}5 = 22{,}5$ litros

Se fosse perguntado "quantos litros de gasolina brasileira", ou "quantos litros de combustível", a resposta seria $4 \times 7{,}5 = 30$ litros.

Resposta: (B) 22,5

674) IFSP – Sabendo as raízes, é fácil formar a equação do 2º grau. A forma é:

$x^2 - Sx + P = 0$, onde S é a soma e P é o produto das raízes. Logo, temos

$x^2 + x - 6 = 0$

A equação dada foi multiplicada por 2, pois seu coeficiente de 2º grau é 2, então a equação dada é

$2x^2 + 2x - 12 = 0$, ou seja, $b = 2$ e $c = -12$. A diferença $b - c$ vale 14.

Resposta: (B) 14

675) CFN – Com 1 hora de funcionamento temos $t = 60$, já que t da fórmula foi dado em minutos e V em litros.

Temos então

V = 45 × 60 + 10 = 2700 + 10 = 2710 litros.

Resposta: (B) 2.710

676) EAM – Os denominadores 2x – 1 e 1 – 2x são semelhantes, apenas têm os sinais contrários. Para que fiquem iguais, vamos trocar os sinais da fração que está no denominador.

$$\frac{\frac{x}{2x-1}-1}{1+\frac{x}{1-2x}}=\frac{\frac{x}{2x-1}-1}{1+\frac{-x}{2x-1}}$$

Poderíamos ter também optado por trocar os sinais da fração do numerador, chegaríamos ao mesmo objetivo. Agora, tanto o numerador quanto o denominador têm frações com denominadores idênticos. Para "sumir" com esses denominadores, vamos multiplicar numerador e denominador da fração maior, por (2x – 1):

$$\frac{\left(\frac{x}{2x-1}-1\right).(2x-1)}{\left(1+\frac{-x}{2x-1}\right).(2x-1)}$$

. Agora, tanto no numerador como no denominador, o fator (2x – 1) irá multiplicar o conteúdo do outro termo entre parênteses. As frações terão seus denominadores cancelados, e os termos –1 e 1 ficarão multiplicados pelo fator (2x – 1).

$$\frac{\left(\frac{x}{2x-1}-1\right).(2x-1)}{\left(1+\frac{-x}{2x-1}\right).(2x-1)}=\frac{(x-1.(2x-1))}{(1.(2x-1)-x)}=\frac{-x+1}{x-1}=\frac{-(x-1)}{x-1}=-1$$

A resolução pode ser feita de outras formas. Por exemplo, poderíamos somar as duas frações algébricas do numerador, e somar as duas frações algébricas do denominador (lembre-se que 1 pode ser considerado como a fração 1/1). Ficaríamos com a divisão de duas frações algébricas. Fazendo a divisão das frações (multiplicar a primeira pelo inverso da segunda) e realizando as simplificações, chegaríamos ao mesmo resultado, –1.

Resposta: (B) –1

677) IFRS – Quando uma raiz é o inverso da outra, o seu produto é 1. Logo, temos:

$$\frac{m-5}{6}=1$$

$$m-5=6$$

$$m=11$$

Resposta: (D) 11

678) IFSC – É raro uma questão de prova pedir simplesmente para que seja resolvida uma equação. Mas isso ocorre. Nesse caso, podemos ainda simplificar a equação por 3, e ficará ainda mais fácil:

$3x^2 + 9x - 120 = 0$

$x^2 + 3x - 40 = 0$

$\Delta = 9 + 4.40 = 169$

$\sqrt{\Delta}=13$

Raízes: $\frac{-3\pm 13}{2}$, que resulta em –8 e 5.

Resposta: (C) –8 e 5

679) FAETEC – Um caminho para a resolução é trabalhando com o vértice, como em muitas questões resolvidas aqui. Um outro caminho é trabalhando com as raízes, pois ambas são conhecidas. Formamos a equação, a partir das suas raízes, que são 0 e 2. A soma é 2 e o produto é 0. A equação do 2º grau, sendo conhecidos a soma e o produto das suas raízes é

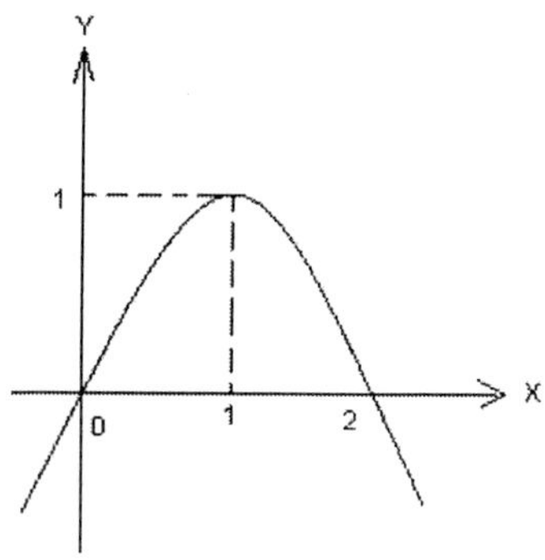

$x^2 - Sx + P = 0$

$x^2 - 2x = 0$

Logo o trinômio do 2º grau correspondente tem uma expressão que é um múltiplo dessa expressão. Para ficar na forma $-x^2 + bx$, temos que multiplicá-la por –1.

A expressão é então:

$-x^2 + 2x$, ou seja, b = 2.

Resposta: (B) 2

680) Colégio Pedro II (RJ) – As informações do problema são as seguintes:

j + m = 110

j + p = 73

m + p = 65

O problema é na verdade um sistema de 3 equações e 3 incógnitas. Existem inúmeras formas de resolver um sistema. Vamos utilizar o método da substituição. Usaremos a 1ª e a 2ª equações para calcular m e p em função de j, e substituiremos os resultados na 3ª equação.

j + m = 110 ➔ m = 110 – j

j + p = 73 ➔ p = 73 – j

m + p = 65 ➔ (110 – j) + (73 – j) = 65

183 – 2j = 65

183 – 65 = 2j

118 = 2j

j = 59

Sabendo j, podemos calcular m e p:

m = 110 – j = 110 – 59 = 51

p = 73 – j = 73 – 59 = 14

Quem tem mais figurinhas é Jorge, com 59 figurinhas.

Resposta: (C) Jorge, com 59 figurinhas.

Resoluções do teste 69

681) CEFET RJ – A solução do problema é a diferença das raízes da equação do 2º grau. Basta resolvê-la e calcular a diferença das raízes encontradas.

$6x^2 + 5x + 1 = 0$

$\Delta = 5^2 - 4.6.1 = 1$

As soluções são $\frac{-5 \pm 1}{12}$, que resulta em –6/12 e –4/12. A diferença é 2/12 = 1/6, ou seja, 1/6 do metro, ou cerca de 16,6 cm.

Resposta: (C) entre 15 e 17.

682) CEFET ES – Está fácil encontrar as raízes da equação. São elas:

$3x^2 + x - 2 = 0$

$\Delta = 1^2 + 4.3.2 = 25$

$\frac{-1 \pm 5}{6}$, que resulta em –1 e 2/3.

Foi dado que x_1 é a menor raiz, então $x_1 = -1$ e $x_2 = 2/3$. A expressão a ser calculada é:
$3x_1.x_2 + 3x_2 - x_1 = 3.(-2/3) + 3.2/3 + 1 = -2 + 2 + 1 = 1$

Resposta: (C) 1

683) IFSP – Conjuntos era um assunto estudado no Ensino Fundamental, mas nos últimos anos, algumas escolas o eliminaram do programa, motivados por vários problemas, como greves e redução da carga horária de Matemática. Ocorre que muitas escolas continuam cobrando esses assuntos eliminados, como é o caso do IFSP e várias outras. O conjunto das partes é o conjunto de todos os subconjuntos possíveis de um conjunto dado.
Por exemplo, se tivermos A = {a, b}, podemos formar os seguintes subconjuntos de A:
{a}, {b, {a, b} e ∅. Dizemos então que P(A) = {{a}, {b, {a, b}, ∅}, ou seja, P(A) tem 4 elementos.
Outro exemplo: se tivermos A = {a, b, c}, os subconjuntos de A que podem ser formados são:
∅, {a}, {b}, {c}, {a, b}, {a, c}, {b, c}, e {a, b, c}
Logo P(A) = {∅, {a}, {b}, {c}, {a, b}, {a, c}, {b, c}, e {a, b, c}}, então P(A) tem 8 elementos
De um modo geral, se A tem n elementos, P(A) tem 2^n elementos.
É fácil entender por que 2^n. Para formar um subconjunto de A, temos que fazer n escolhas. Cada escola consiste em decidir SIM ou NÃO, se cada elemento de A estará ou não no subconjunto que estamos formando. Então o número total de possibilidades para essa escolha é $2 \times 2 \times 2 \times 2 ... 2 \times 2 = 2^n$, então existem 2^n maneiras de formar um subconjunto, logo existem ao todo 2^n subconjuntos possíveis.

Neste problema, o conjunto A tem 9 elementos, todos distintos. Logo o número de elementos do conjunto das partes é $2^9 = 512$.

CUIDADO: Às vezes as questões usam "pegadinhas" neste tema. Se tivermos elementos repetidos no conjunto, temos que contá-los apenas uma vez. Por exemplo, o conjunto {a, b, b} tem apenas 2 elementos, pois em conjuntos, não contamos os elementos repetidos.

Resposta: (D) 512

684) CMRJ – Lembre-se de sempre fazer as simplificações antes de atribuir os valores numéricos. Na primeira fração, vamos usar fatoração.

$$\frac{x^2 - y^2 + x - y}{x - y} = \frac{(x+y)(x-y) + x - y}{x - y} = \frac{(x-y)[x+y+1]}{x-y} = x + y + 1$$

Na segunda fração, o numerador e o denominador são iguais mas com sinais trocados:

$$\frac{x-y}{y-x} = \frac{x-y}{-(x-y)} = -1$$

Logo a expressão que está elevada a –2 é
$x + y + 1 - 1 = x + y$
A expressão resultante fica:

$$(x+y)^{-2} = \frac{1}{(x+y)^2}$$

Agora podemos atribuir os valores dados no problema: $x = 2^{-1}$ e $y = 2^{-1/2}$

$x + y = \frac{1}{2} + \frac{1}{\sqrt{2}} = \frac{1}{2} + \frac{\sqrt{2}}{2} = \frac{1+\sqrt{2}}{2}$. Agora temos que inverter, depois elevar ao quadrado.

$$\frac{2}{1+\sqrt{2}}=\frac{2}{1+\sqrt{2}}=\frac{2\left(1-\sqrt{2}\right)}{\left(1+\sqrt{2}\right)\left(1-\sqrt{2}\right)}=\frac{2\left(1-\sqrt{2}\right)}{-1}=2\sqrt{2}-2$$

Depois de inverter e racionalizar, elevamos ao quadrado:

$$\left(2\sqrt{2}-2\right)^2=8+4-8\sqrt{2}=12-8\sqrt{2}=4\left(3-2\sqrt{2}\right)$$

Resposta: (C) $4\left(3-2\sqrt{2}\right)$

685) CFN – Calculamos f(0), f(1) e f(–1) a partir da fórmula dada da função:
$f(x) = 3x^3 + x^2$
f(0) = 3.0 + 0 = 0
f(1) = 3.1 + 1 = 4
f(–1) = –3 + 1 = –2
Então f(0) + f(1) + f(–1) vale 0 + 4 – 2 = 2

Resposta: (C) 2

686) EAM – Antes de elevar ao quadrado, devemos distribuir os termos da equação, para que o radical "suma" quando elevarmos ao quadrado:

$$\sqrt{1+4x}+x-1=0$$

$$\sqrt{1+4x}=-x+1$$

$$1+4x=\left(-x+1\right)^2=x^2-2x+1$$

$$x^2-6x=0$$

As soluções são 0 e 6. Finalmente, como é uma equação irracional, temos que testar as soluções na equação original:

1º x=0 ➔ $\sqrt{1+4.0}+0-1=1-1=0$: OK!

2º x = 6 ➔ $\sqrt{1+4.6}+6-1=5+6-1=10$. ERRADO, deveria resultar em 0. Logo esta é uma raiz estranha e deve ser eliminada. A única solução é x=0.

Resposta: (A) {0}

687) Colégio Pedro II (RJ) – Pela tabela, no mês x, preço do pacote era 2000 – 100x, e o número de pacotes vendidos foi 50 + 10x. O faturamento total é o produto desses valores: preço vezes o número de pacotes vendidos.
(50 + 10x)(2000 – 100x)

Número de meses	Preço do pacote	Número de pacotes
1	2000 – 100.1	50 + 10.1
2	2000 – 100.2	50 + 10.2
3	2000 – 100.3	50 + 10.3
...	...	...
x		

Para que este produto seja 136.000, deve ser satisfeita a relação:
(50 + 10x)(2000 – 100x) = 136.000
Note que todas as respostas têm 136 no segundo membro. Então vamos simplificar toda a equação por 1000. No primeiro membro, podemos simplificar o primeiro fator por 10 e o segundo fator por 100. Ficamos com:
10.(5 + x).100.(20 – x) = 136.000
(5 + x).(20 – x) = 136
Desenvolvendo o primeiro membro, ficamos com:
$-x^2 + 20x + 100 - 5x = 136$

$-x^2 + 15x + 100 = 136$

Resposta: (D) $-x^2 + 15x + 100 = 136$

688) IFRS – A área do triângulo pode ser calculada como:

$$\frac{base \times altura}{2} = \frac{(2x+1)(2x-8)}{2} = \frac{4x^2-16x+2x-8}{2} = \frac{4x^2-14x-8}{2} = 2x^2-7x-4$$

Para que a área seja igual a 11, devemos ter

$2x^2-7x-4=11$

$2x^2-7x-15=0$

$\Delta = 49 + 120 = 169$

As soluções da equação são:

$\frac{7 \pm 13}{4}$, que resultam em x=5 e x=–3/2

A raiz negativa não vai servir, pois tornaria as dimensões negativas.

Logo, x = 5

Resposta: (C) 5

689) ETAM – Que simpáticas as equações (2) e (3). Somando as duas, as incógnitas x e y irão "cancelar", sobrará apenas z:

$-3z + z = 12 - 6$

$-2z = 6$

$z = -3$

Agora podemos substituir z por –3 na 1ª e em outra equação, pode ser a 2ª, e ficar com um sistema de 2 equações e 2 incógnitas:

1ª : $2x + y = -3$

2ª : $x + 2y = 3$

Vamos calcular y nas duas equações e igualar os resultados

1ª : $y = -3 -2x$

2ª : $y = (3 - x)/2$

$$-3-2x = \frac{3-x}{2}$$

$-6-4x = 3-x$

$-9 = 3x$

$x = -3$

O valor de y é $-3 -2x = 3$

Então os valores de x, y e z são –3, 3 e –3.

Resposta: (A) –3, 3 e –3

690) IFES – Os termos que estão com expoente 2010 não afetam o sinal da fração, pois nunca são negativos. Então o único termo que define o sinal é o de expoente ímpar: $(x - 1)^{2009}$. Então tudo dependerá do sinal do fator (x – 1). Se for negativo, a fração toda será negativa. Então a solução é

$x - 1 < 0$

$x < 1$

Mas ainda não acabou. A desigualdade é "menor ou igual a zero". Então os números que anulam o numerador também são soluções. Esses números que tornam o numerador igual a zero são x = 1 e x = 5.

Agora temos que excluir os números que anulam o denominador.

$2x - 1 \neq 0$

$x \neq 1/2$

Portanto os valores de x que satisfazem à equação são
$x < 1$ ou $x = 1$ ou $x = 5$ mas $x \neq 1/2$.
Convém marcar esses pontos na reta numérica:

Portanto a solução é $x \leq 1$ ou $x = 5$ e $x \neq 1/2$

Resposta: (C) $\{x \in \mathbb{R} \mid x \leq 1 \text{ ou } x = 5 \text{ e } x \neq 1/2\}$

Resoluções do teste 70

691) CMBH – Esse é um sistema de 3 equações e 3 incógnitas, mas as equações não são lineares. Será preciso fazer algum malabarismo algébrico para recair em um sistema algebricamente mais fácil de resolver.

Tentemos transformar a primeira equação em uma equação linear, através de uma mudança de variável. Invertendo a equação ficamos com

$$\frac{x+y}{xy} = \frac{1}{10}$$

$$\frac{1}{y} + \frac{1}{x} = \frac{1}{10}$$

Se fizermos $1/x = a$ e $1/y = b$, ficaremos com uma equação linear, da forma:
$a + b = 0{,}1$
O mesmo pode ser feito nas duas outras equações. Fazendo $1/z = c$, e usando os valores de a e b já introduzidos na 1ª equação, ficamos com:
$a + c = 0{,}05$
$b + c = 0{,}1$
Note que pudemos fazer essa mudança de variáveis porque nem x, nem y nem z podem valer zero, caso contrário os segundos membros das equações originais seriam 0, e não 10, 20, 10.
$a + b = 0{,}1 \Rightarrow b = 0{,}1 - a$
$a + c = 0{,}05 \Rightarrow c = 0{,}05 - a$
$b + c = 0{,}1 \Rightarrow 0{,}1 - a + 0{,}05 - a = 0{,}1$
Calculamos acima os valores de b e c em função de a nas duas primeiras equações e substituímos na terceira. Ficamos com
$0{,}1 - a + 0{,}05 - a = 0{,}1$
$-a + 0{,}05 - a = 0$
$-2a = -0{,}05$
$a = 0{,}025 \Rightarrow x = 1/0{,}025 = 40$
$b = 0{,}1 - 0{,}025 = 0{,}075 \Rightarrow y = 1/0{,}075 = 40/3$
$c = 0{,}05 - 0{,}025 = 0{,}025 \Rightarrow z = 1/0{,}025 = 40$
O valor de x é 40, ou seja, um múltiplo de 8.

Resposta: (C) um número múltiplo de 8.

692) CMRJ – A partir das informações dadas, é possível formar um esboço do gráfico da função. É conhecido o ponto de máximo (3, 7). Se a função tem ponto de máximo, significa que a concavidade está voltada para baixo. A curva passa também no ponto dado (0, 4). Sabemos que este ponto é o C da função. Portanto a fórmula da função é:

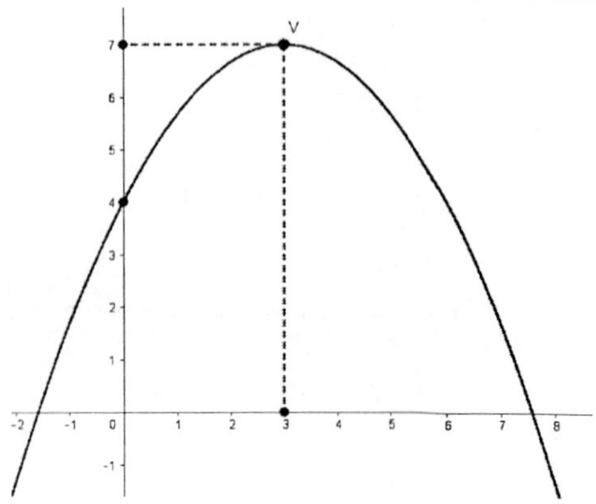

$y = A.x^2 + Bx + 4$

Conhecemos também o ponto (3, 7) que pertence ao gráfico. Então temos f(3) = 7

$7 = A.3^2 + B.3 + 4$

$3 = 9A + 3B$

$1 = 3A + B$ ➔ $B = 1 - 3A$

Como 3 é a abscissa do vértice, podemos escrever

$3 = -B/(2A)$ ➔ $B = -6A$

Então $1 - 3A = -6A$

$A = -1/3$, o que responde à questão:

Resposta: (E) –1/3

693) CMRJ – Esse é o velho truque da diferença de quadrados. Se fizermos as contas como estão, serão muito trabalhosas. Imagine elevar 499 ao quadrado...

Mas podemos agrupar a expressão na forma de 5 diferenças de quadrados:

$[100^2 + 200^2 + 300^2 + 400^2 + 500^2] - [99^2 + 199^2 + 299^2 + 399^2 + 499^2] =$

$100^2 - 99^2 + 200^2 - 199^2 + 300^2 - 299^2 + 400^2 - 399^2 + 500^2 - 499^2 =$

$(100 + 99)(100 - 99) + (200 + 199)(200 - 199) + (300 + 299)(300 - 299) + (400 + 399)(400 - 399) + (500 + 499)(500 - 499)$

Todas as cinco diferenças indicadas acima valem 1. Então sobram apenas as soma:

100 + 99 + 200 + 199 + 300 + 299 + 400 + 399 + 500 + 499

Temos 99 cinco vezes = 495, somado com

100 + 200 + 100 + 300 + 200 + 400 + 300 + 500 + 400 = 2500

Total: 2500 + 495 = 2995

Resposta: (E) 2995

694) CMB – Tente resolver mentalmente, sem escrever nada, e concluir que a equação é impossível. É um bom exercício mental.

Ao invés de lidar com as frações, fazendo redução ao mesmo denominador, vamos trabalhar com a igualdade e cancelar termos iguais.

$3+\dfrac{1}{2+\dfrac{2}{x+1}}-\dfrac{1}{2}=3$. Cancelando 3 nos dois membros, ficamos com

$\dfrac{1}{2+\dfrac{2}{x+1}}-\dfrac{1}{2}=0$ ➔ $\dfrac{1}{2+\dfrac{2}{x+1}}=\dfrac{1}{2}$. Se essas duas frações com numeradores iguais a 1 são iguais, então seus denominadores são iguais.

$2+\dfrac{2}{x+1}=2$

$\dfrac{2}{x+1}=0$

$2=0$ IMPOSSÍVEL !!!!

Resposta: (B) não apresenta solução.

695) CMF – A expressão a ser calculada, $2x^3+\dfrac{2}{x^3}+3$, pode ser escrita como:

$$2\left(x^3+\frac{1}{x^3}\right)+3=2.\left(x+\frac{1}{x}\right)\left(x^2-x.\frac{1}{x}+\frac{1}{x^2}\right)+3=2.\left(x+\frac{1}{x}\right)\left(x^2+\frac{1}{x^2}-1\right)+3$$

Da expressão $\left(x+\dfrac{1}{x}\right)^2-3=0$, temos que $\left(x+\dfrac{1}{x}\right)^2=x^2+2x.\dfrac{1}{x}+\dfrac{1}{x^2}=3$, ou seja, a expressão $x^2+\dfrac{1}{x^2}$ vale 1.

Sendo assim, o fator $\left(x^2+\dfrac{1}{x^2}-1\right)$ que aparece na expressão a ser calculada, vale 0.

Logo, a expressão a ser calculada vale 3.
Dentre as respostas, a única que se aplica ao 3 é (E).

Resposta: (E) é um divisor de 111.

696) ETAM – Como A tem 3 elementos e B tem 2 elementos, o produto cartesiano A×B tem 3×2 = 6 elementos. O produto cartesiano é o conjunto de todos os pares ordenados, onde x pertence ao primeiro conjunto e y pertence ao segundo conjunto. Os conjuntos são:
A = {0, 1, 2}, B = {1, 2}
A × B = {(0, 1), (0, 2), (1, 1), (1, 2), (2, 1), (2, 2)}, que é exatamente a opção (C). A opção (B) é B × A.

Resposta: (C) {(0, 1), (0, 2), (1, 1), (1, 2), (2, 1), (2, 2)}

697) IFAL – Sendo x o número de caras, o número de coroas é 10 – x. A pontuação é:
3x + 1.(10 – x) = 2x + 10.
Se a pontuação foi 24, então temos
2x + 10 = 24
2x = 14
x = 7

Resposta: (E) 7

698) IFS – Se |A| = B, então A=B ou A= –B. No nosso caso, temos
$|x^2 - 6x + 5| + 1 = x$
$|x^2 - 6x + 5| = x - 1$

Portanto temos duas situações:
a) $x^2 - 6x + 5 = x - 1$
$x^2 - 7x + 6 = 0$
As soluções são 6 e 1

b) $x^2 - 6x + 5 = -x + 1$
$x^2 - 5x + 4 = 0$
As soluções são 4 e 1

Testando as soluções:
a) x = 1
$|x^2 - 6x + 5| + 1 = x$
|1 – 6 + 5| + 1 = 1 OK!
b) x = 6

$|x^2 - 6x + 5| + 1 = x$

$36 - 36 + 5 + 1 = 6$ OK!

c) $x = 4$

$|x^2 - 6x + 5| + 1 = x$

$|16 - 24 + 5| + 1 = 4$ OK!

Então as três soluções são válidas.

Resposta: (D) 1, 4 e 6

699) IFCE – Calculemos g(f(x))

f(x) é dado pela fórmula do enunciado, $x^2 + 1$.

A função g opera pela fórmula:

$g(y) = f(y+1) - f(y)$

se queremos calcular g(f(x)), basta colocar f(x) no lugar de y, ou seja:

$f(x^2 + 1 + 1) - f(x^2 + 1) =$

$f(x^2 + 2) - f(x^2 + 1)$

Agora, lembrando o que a função f faz com seu argumento: eleva ao quadrado e soma 1. Logo ficamos com

$(x^2 + 2)^2 + 1 - [(x^2 + 1)^2 + 1] =$

$x^4 + 4x^2 + 4 + 1 - [x^4 + 2x^2 + 1 + 1] =$

$x^4 + 4x^2 + 4 + 1 - x^4 - 2x^2 - 1 - 1 =$

$2x^2 + 3$

Resposta: (D) $2x^2 + 3$

700) IFMA – A equação modular $|x^2 - 12| = 4$ é desmembrada em duas:

a) $x^2 - 12 = 4$

$x^2 = 16$

$x = 4$ ou $x = -4$

b) $x^2 - 12 = -4$

$x^2 = 8$

$x = 2\sqrt{2}$ ou $x = -2\sqrt{2}$.

O produto das quatro soluções é:

$4.(-4).2\sqrt{2}.(-2\sqrt{2}) = 128$

Resposta: (D) 128

■

Capítulo 8

Geometria

Teste 71

701) CFN – Na figura abaixo, a medida do suplemento do menor ângulo é:

(A) 120° (B) 130° (C) 132°
(D) 135° (E) 140°

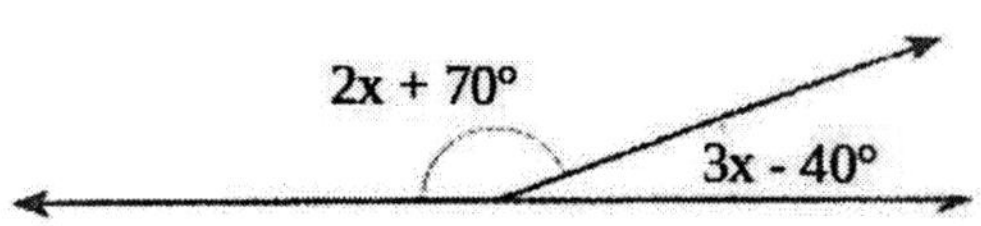

702) EAM 2018 – Analise a figura a seguir. Na figura, AB=AC, BX=BY e CZ=CY. Se o ângulo $\hat{A}$ mede 40°, então o ângulo $X\hat{Y}Z$ mede:

(A) 40° (B) 50° (C) 60° (D) 70° (E) 90°

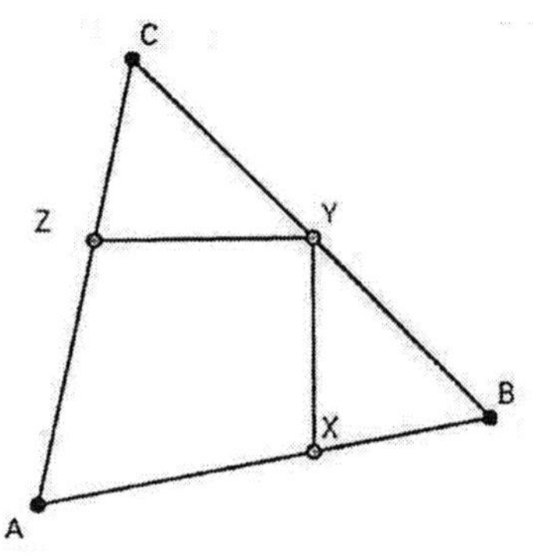

703) CEFET RJ – Considerando que as retas suportes dos segmentos AB e DE são paralelas, indique o valor de x + y.

(A) 30° (B) 60° (C) 80° (D) 90°

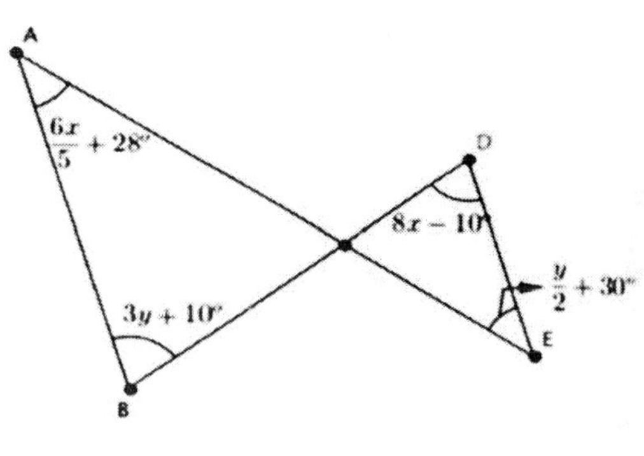

704) IFSP – Ana estava participando de uma gincana na escola em que estuda e uma das questões era "quanto vale a soma das medidas dos ângulos internos do polígono regular da figura?". Para responder a essa pergunta, ela lembrou que seu professor ensinou que a soma das medidas dos ângulos internos de um triângulo era igual a 180°, e que todo polígono pode ser decomposto em um número mínimo de triângulos. Sendo assim, Ana respondeu à pergunta dizendo:

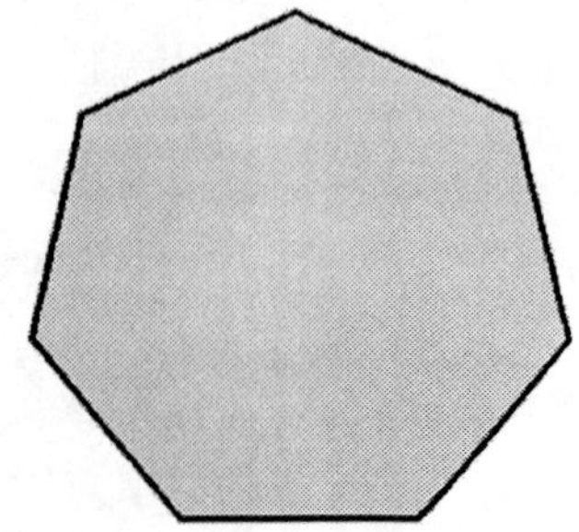

(A) 720° (B) 900° (C) 540° (D) 1080° (E) 630°

705) CEFET ES – Observe a figura. As retas r e s são parelelas e o ângulo 2 mede 80°. A soma dos ângulos 1 e 3 vale:

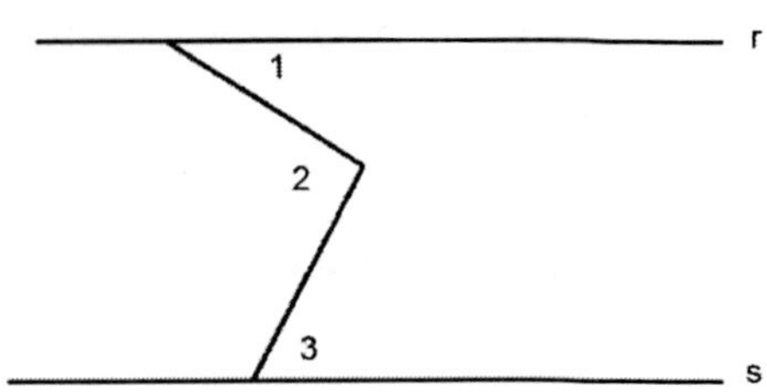

(A) 40° (B) 50° (C) 60° (D) 70° (E) 80°

706) CMBH – O pol[igono ABCD... é regular. As bissetrizes dos ângulos internos dos vértices A e C formam um ângulo de 72°. É correto afirmar que nesse polígono o número de diagonais que não passam pelo seu centro é igual a:

(A) 15 (B) 20 (C) 25 (D) 30 (E) 40

707) CMF – Na figura abaixo, AB=AC, o ângulo β mede 30° e AE=AD. Então, o ângulo α mede

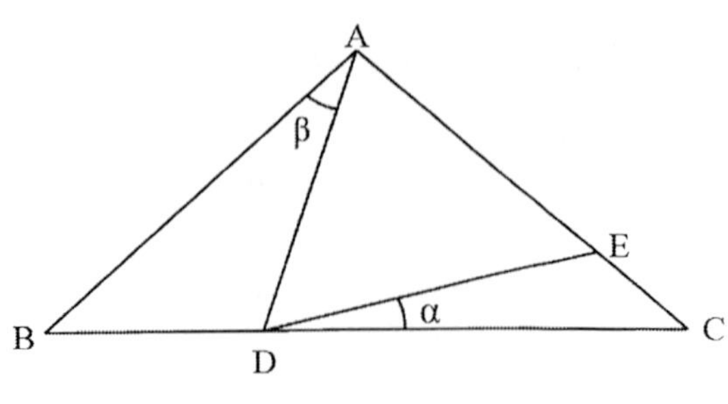

(A) 10° (B) 12° (C) 15°
(D) 18° (E) 20°

708) CMJF – Na figura a seguir, $\overline{AB} = \overline{BC}$, $\overline{BD}$ é bissetriz do ângulo $A\hat{B}C$, $\overline{CE}$ é bissetriz do ângulo $B\hat{C}D$ e a medida do ângulo $A\hat{C}F$ é 100°. A medida do ângulo $D\hat{E}C$ é:

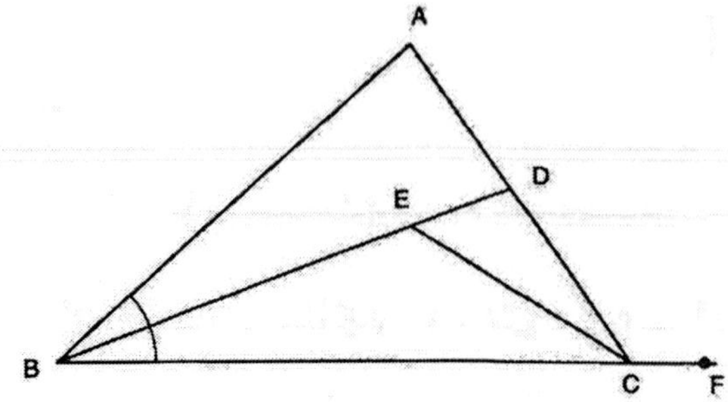

(A) 25 (B) 40 (C) 45 (D) 50

709) CMM – Na figura abaixo, estão indicdas as medidas de alguns ângulos formados pelos cruzamentos de ruas. Sabendo-se que as ruas Natal e Santa Isabel são paralelas, a medida do ângulo agudo formado pela rua Nova e pela rua Paz é

(A) 38° (B) 24° (C) 34° (D) 28° (E) 36°

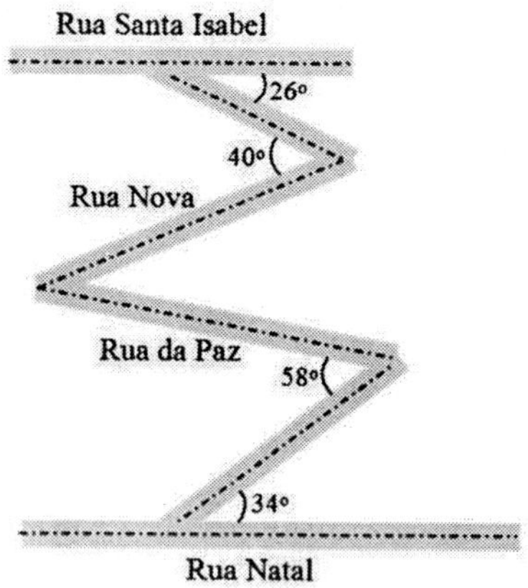

710) CMRJ – No triângulo ABC da figura abaixo, os pontos D e M pertencem, respectivamente, aos lados AC e BC. Sabe-se que AB=BD, que o ângulo $D\hat{B}C = 48°$ e que $A\hat{B}D = M\hat{A}C = B\hat{C}A = \alpha$. Nestas condições, podemos afirmar que a medida do menor ângulo formado pelas retas AM e BD é igual a

(A) 60° (B) 76° (C) 78°
(D) 81° (E) 86°

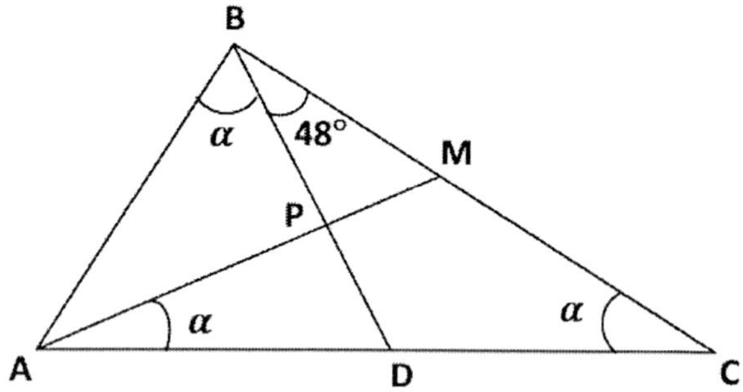

Teste 72

711) CFN – Na figura abaixo, sendo r//s, quais os valores de X, Y e Z, respectivamente?

(A) 50°, 80° e 20°
(B) 60°, 120° e 40°
(C) 70°, 100° e 30°
(D) 80°, 150° e 100°
(E) 100°, 80° e 30°

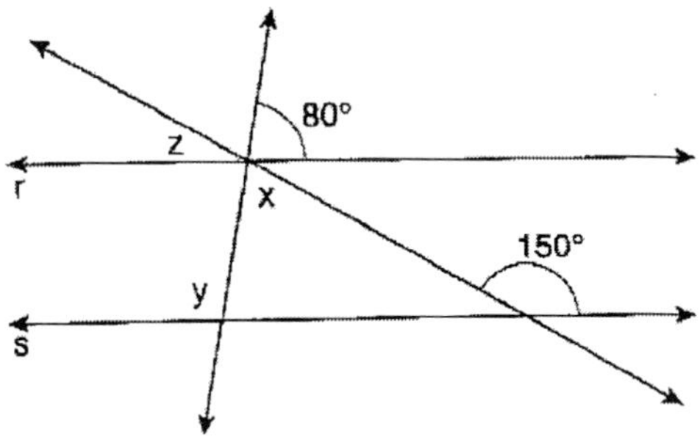

712) CFN – Qual o polígono cuja soma das medidas dos ângulos internos é 900?

(A) Pentágono (B) Heptágono (C) Eneágono (D) Dodecágono (E) Icoságono

713) CEFET RJ – Uma fita de papel retalgular é dobrada conforme a figura a seguir. O valor do ângulo α marcado na figura é

(A) 155° (B) 150° (C) 140° (D) 130°

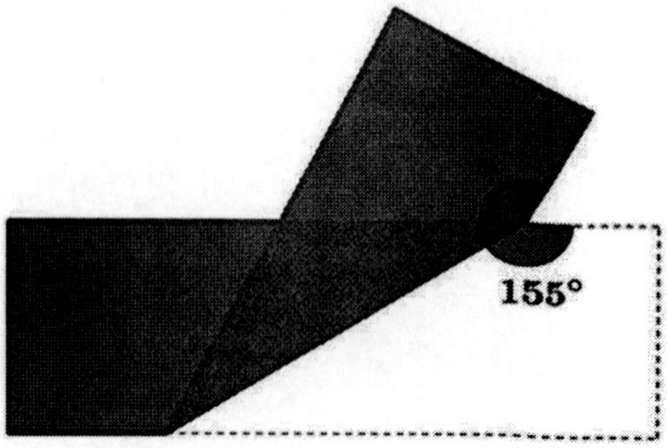

714) IFMG – O relógio da figura está marcando 1 hora e 15 minutos. Qual o menor ângulo formado pelos ponteiros do relógio 3 horas e meia antes deste instante?

(A) 10° (B) 15° (C) 18° (D) 22,5°

715) FIOCRUZ – O quadrilátero ABCD da figura a seguir é um quadrado. Com base nas informações contidas na figura, é possível afirmar que o triângulo CDE é:

(A) Isósceles, com somente dois de seus lados com mesmas medidas.
(B) Escaleno, ou seja, as medidas dos seus três lados são diferentes.
(C) Retângulo, ou seja, um de seus ângulos internos é reto.
(D) Obtusângulo, ou seja, um de seus ângulos internos é maior que 90°.
(E) Equilátero, ou seja, seus três lados possuem as mesmas medidas.

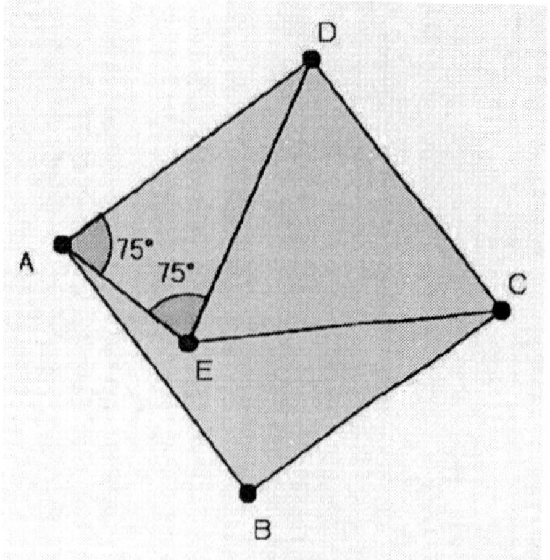

716) CMBH – Na figura abaixo, as retas r e s são paralelas. O complemento do ângulo α vale:

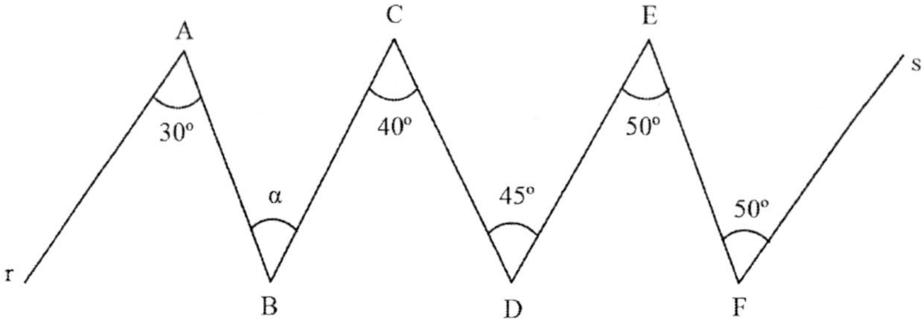

(A) 25° (B) 30° (C) 65° (D) 60° (E) 70°

717) CMBH – Observe a figura abaixo e identifique a alternativa que completa a frase corretamente: Os ângulos $\hat{A}$ e $\hat{E}$ possuem a mesma medida porque são ....

(A) colaterais internos. (B) alternos internos.
(C) opostos pelo vértice (D) alternos externos.
(E) colaterais externos.

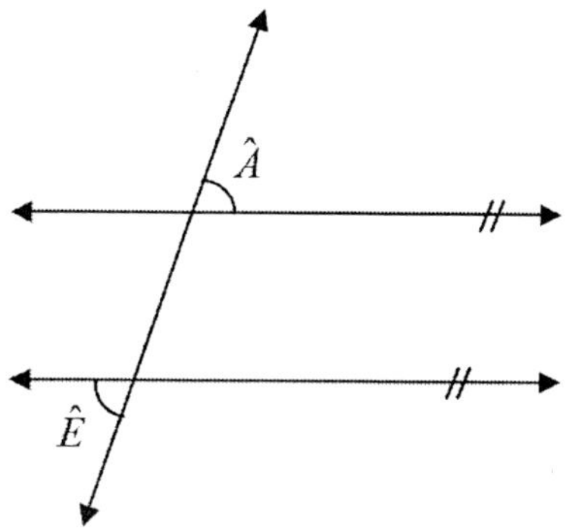

718) CMF – No Colégio Militar de Fortaleza, existe uma banda de música onde é possível aprender a tocar vários instrumentos. Atualmente há 6 alinos inscritos em violino, 15 em flauta, 24 em guitarra, 6 em violão e 9 em clarinete. Se fizermos a representação da distribuição dos alunos por instrumento num gráfico de setores, o ângulo central do setor circular correspondente ao clarinete é de:

(A) 36°. (B) 54°. (C) 60°. (D) 90°. (E) 144°.

719) CMJF – Na figura, estão duas retas paralelas, r^1 e r^2 e duas retas transversais t^1 e t^2. Com essas informações e os dados da figura, é correto afirmar que o valor do ângulo x é:

(A) 100° (B) 120°
(C) 140° (D) 160°

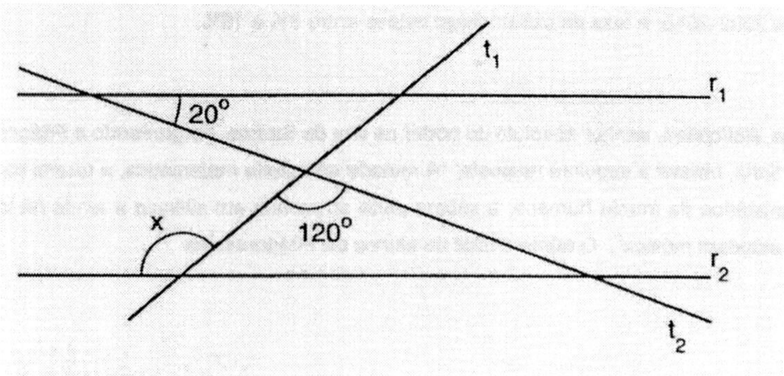

720) CMM – Considerando-se os ângulos assinalados abaixo e as retas r e s cortadas pela transversal t, com r//s. Então o suplemento do complemento de 2x + y é igual a

(A) 150° (B) 170° (C) 190° (D) 140° (E) 160°

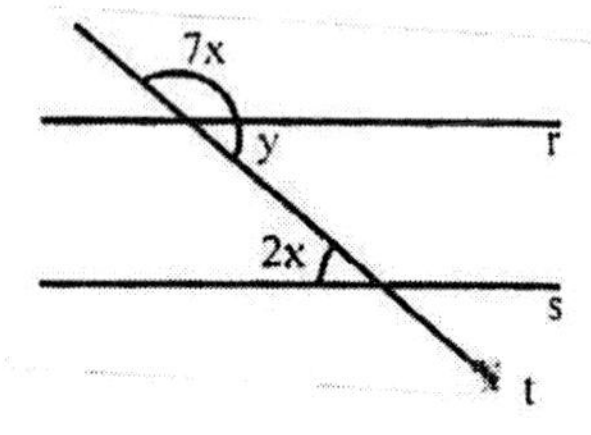

Teste 73

721) CFN – Na figura abaixo, os pontos A, B e C estão alinhados. Qual é a soma dos ângulos marcados em cinza?

(A) 120°
(B) 180°
(C) 270°
(D) 360°
(E) 540°

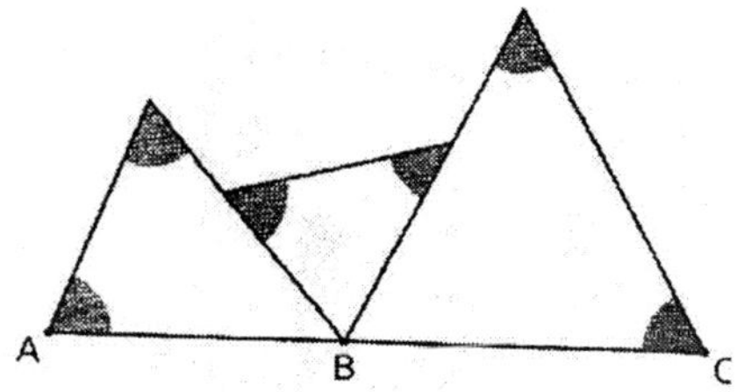

722) EAM – Observe a figura a seguir. Sabendo que na figura, as retas r e s são paralelas, é correto afirmar que o valor de x é igual a:

(A) 90° (B) 85° (C) 80°
(D) 75° (E) 70°

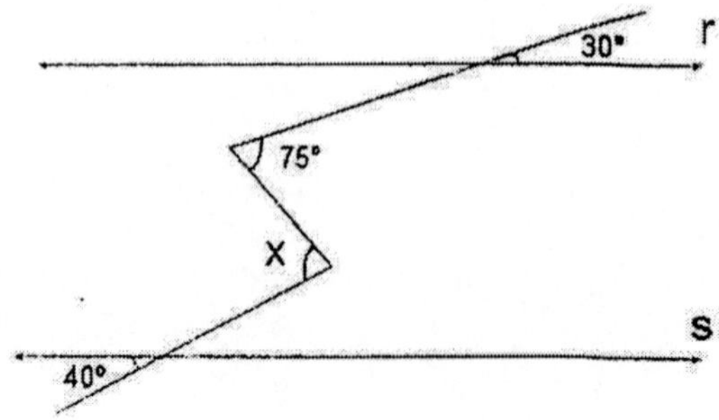

723) CEFET ES – As retas r e s do esboço abaixo são **paralelas** e as retas p e q são **perpendiculares**. A medida do menor ângulo positivo entre **r** e **p** é:

(A) 20° (B) 30° (C) 35° (D) 40° (E) 45°

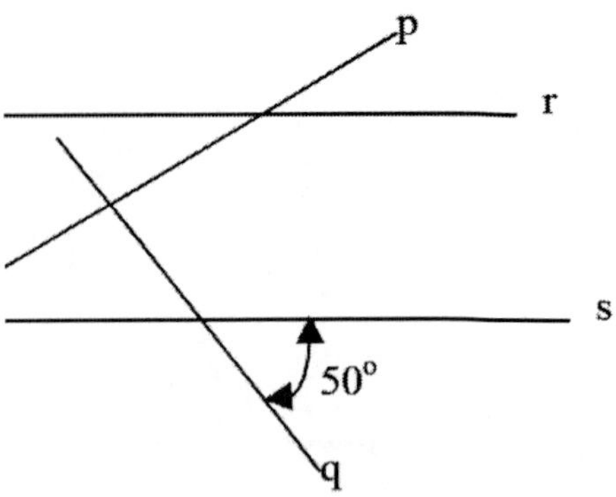

724) CTUR – No CTUR, o início da primeira aula da noite ocorre às 18h 30 min. Nesse exato instante, o menor ângulo formado pelos ponteiros da hora e do minuto de um relógio analógico é de

(A) 15° (B) 30° (C) 45° (D) 60° (E) 75°

725) IFF – Na figura a seguir, temos um quadrado BCDE e um pentágono regular DFGHI. Utilizando as informações contidas na figura, determine a medida α do ângulo $G\hat{H}J$.

(A) 15° (B) 16° (C) 17°
(D) 18° (E) 19°

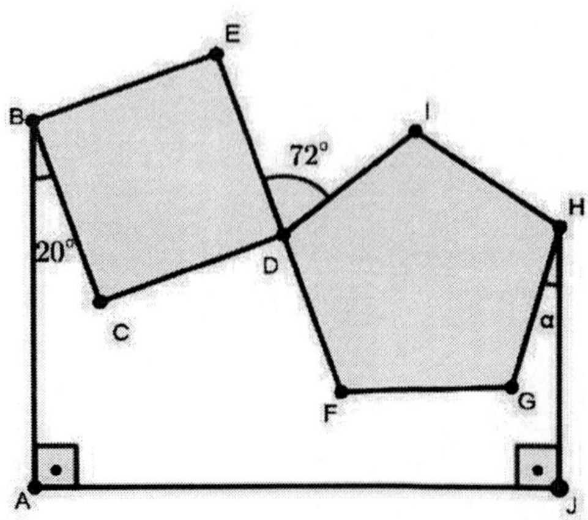

726) CMBH – O triângulo ABC é tal que o ângulo interno $\hat{A}$ mede 120°. Seja BD, a bissetriz interna do ângulo B, tal que BD = DC, logo o valor do ângulo ADB é igual a:

(A) 50° (B) 20° (C) 60° (D) 30° (E) 40°

727) CMRJ - Em um triângulo ABC, os pontos D e E pertencem, respectivamente, aos lados AB e AC e são tais que DE//BC. Se F é um ponto de AB tal que EF//CD e as medidas de AF e FD são, respectivamente, 4 e 6, a medida do segmento DB é:

(A) 15 (B) 10 (C) 20 (D) 16 (E) 36

728) CMRJ - Considerando as congruências AB ≡ AC, BC ≡ BD ≡ BE e ED ≡ EA, a medida do ângulo $A\hat{C}B$ em graus é

(A) 64 (B) 50 (C) 75 (D) 52 (E) 72

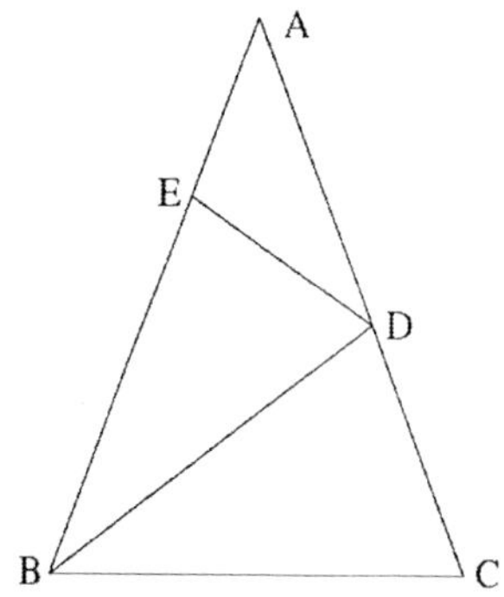

729) CMRJ - A diferença entre as medidas do ângulo interno e do ângulo externo de um polígono regular vale 144°. O número de lados deste polígono é igual a:

(A) 18 (B) 20 (C) 22 (D) 24 (E) 26

730) CMB - Num triângulo ABC, a medida AC = medida CD, onde D é um ponto que pertence a BC. Se medida $C\hat{A}B$ - medida $A\hat{B}C$ = 30°, então a medida $B\hat{A}D$ é igual a:

(A) 30° (B) 20° (C) 22°30' (D) 10° (E) 15°

Teste 74

731) EAM - Observe a representação abaixo. No paralelogramo PQRS, PS=ST, e o ângulo PQR mede 56. A medida do ângulo STP, em graus, é

(A) 59 (B) 60 (C) 61 (D) 62 (E) 64

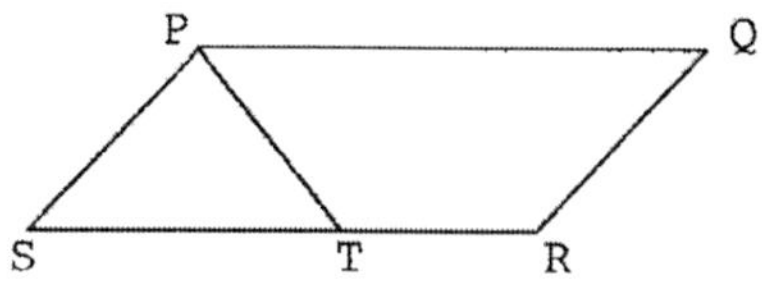

732) EAM - Observe a figura abaixo. Sabendo que a reta a é paralela à reta b, pode-se afirmar que, a partir dos dados da figura, o valor do ângulo **x** é igual a

(A) 10° (B) 30° (C) 50° (D) 70° (E) 100°

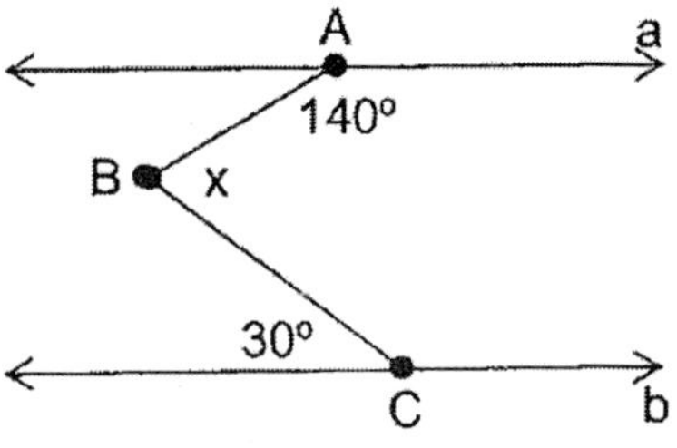

733) IFMG – Na figura a seguir temos BD=AD=AC e $A\hat{B}D = 35°$. Qual é a medida do ângulo $B\hat{A}C$?

(A) 40° (B) 70° (C) 75° (D) 35°

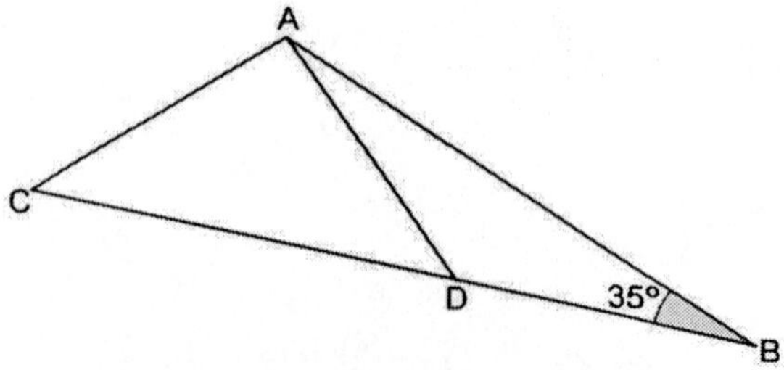

734) ETAM – Um polígono regular convexo possui um total de 27 diagonais. A medida, em graus, do ângulo interno desse polígono é igual a:

(A) 150 (B) 140 (C) 135 (D) 120

735) IFMG – O quadrado ABCD, conforme a figura, possui 64 cm^2 de área. Os pontos médios dos lados CD e BC são, respectivamente, M e N.
A área do triângulo AMN, em cm^2, é:

(A) 60 (B) 48 (C) 36 (D) 24

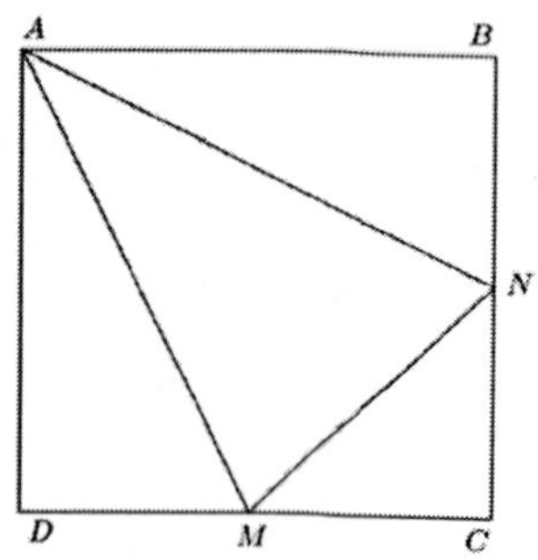

736) CMBH – Identifique a alternativa que apresenta o nome do polígono que possui duas diagonais para cada lado.

(A) Heptágono (B) Decágono (C) Pentágono (D) Eneágono (E) Undecágono

737) CMRJ – A diferença entre o número de lados de dois polígonos é sete, e a soma de todos os ângulos internos dos dois polígonos é 4140°. O que tem menos vértices é um

(A) heptágono. (B) icoságono. (C) decágono. (D) eneágono. (E) octógono.

738) CFN – Determine o valor da expressão 90° – 45° 40'.

(A) 45° 20' (B) 45° 10' (C) 44° 40' (D) 44° 30' (E) 44° 20'

739) CMBH – Na figura abaixo, r//s. Então, os valores do complemento, do suplemento e do replamento de x são, respectivamente:

(A) 313°, 133° e 43°
(B) 133°, 43° e 313°
(C) 47°, 137° e 317°
(D) 137°, 47° e 317°
(E) 43°, 133° e 313°

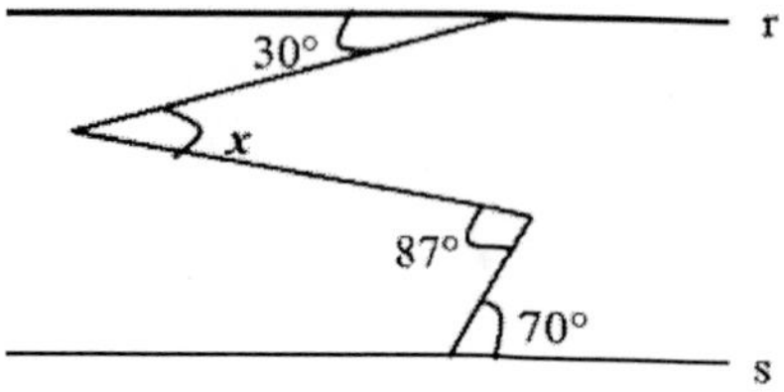

740) CMF – Considere o triângulo ABC da figura abaixo. Se a bissetriz interna BD, do ângulo $\hat{B}$, forma com a bissetriz externa CD, do ângulo $\hat{C}$, um ângulo de 40, a medida do ângulo interno $\hat{A}$, vale:

(A) 40° (B) 50° (C) 60° (D) 70° (E) 80°

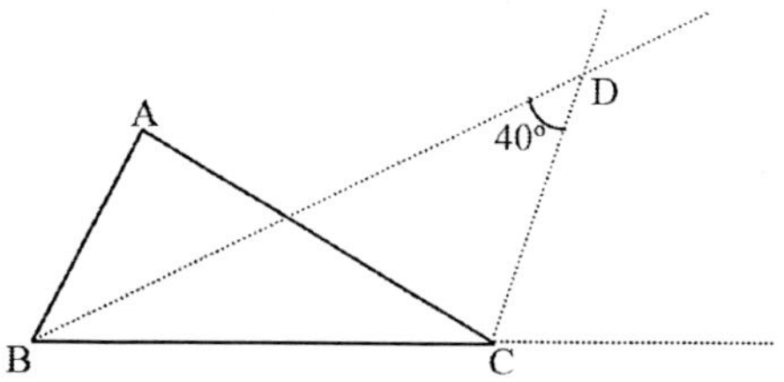

Teste 75

741) CFN – De acordo com a figura abaixo, determine o valor da incógnita x.

(A) 85° (B) 45° (C) 38° (D) 27° (E) 12°

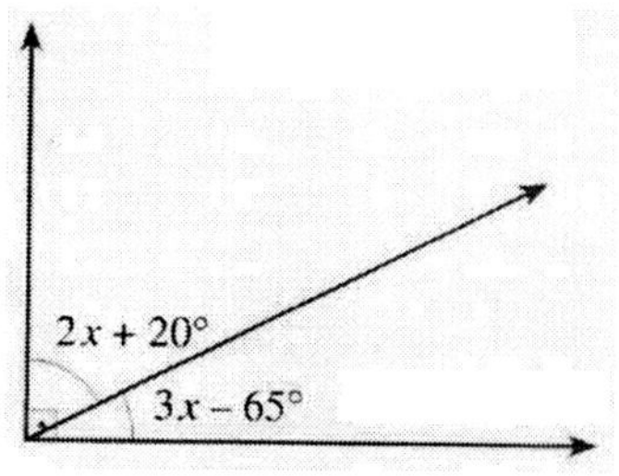

742) EAM – Na figura, AB=AC, BX=BY e CZ=CY. Se o ângulo A mede 40°, quanto mede o ângulo XYZ?

(A) 40° (B) 50° (C) 60°
(D) 70° (E) 90°

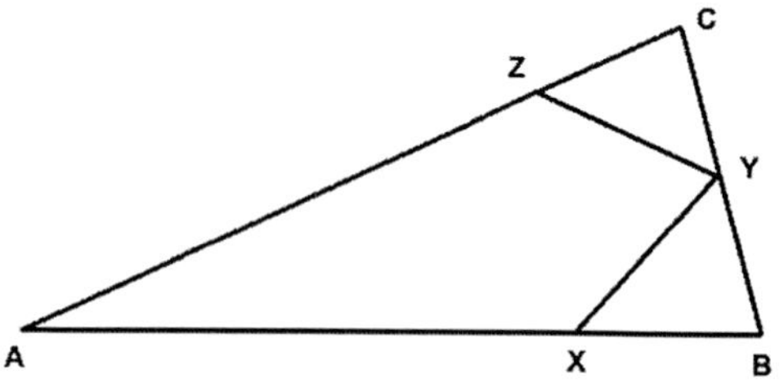

743) IFAL – Na figura a seguir, calcule o ângulo α.
DICA: Use o resultado do ângulo externo de um triângulo.

(A) 30°. (B) 33°. (C) 37°.
(D) 38°. (E) 42°.

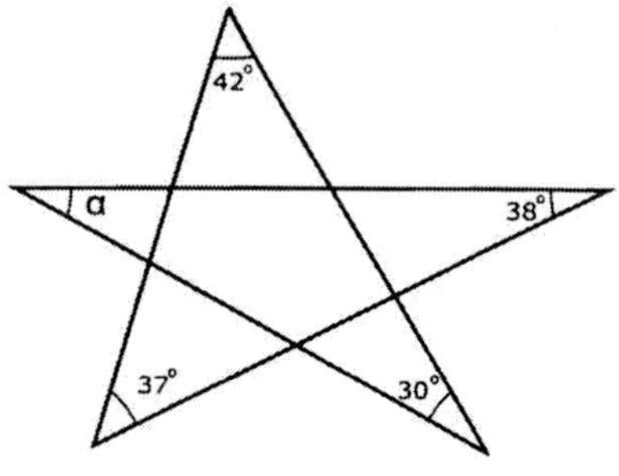

744) IFMG – A figura abaixo apresenta um hexágono regular no qual foram destacados alguns ângulos. Com relação aos valores de x e y, é correto afirmar que x + y é igual a:

(A) 25°. (B) 40°. (C) 70°. (D) 180°.

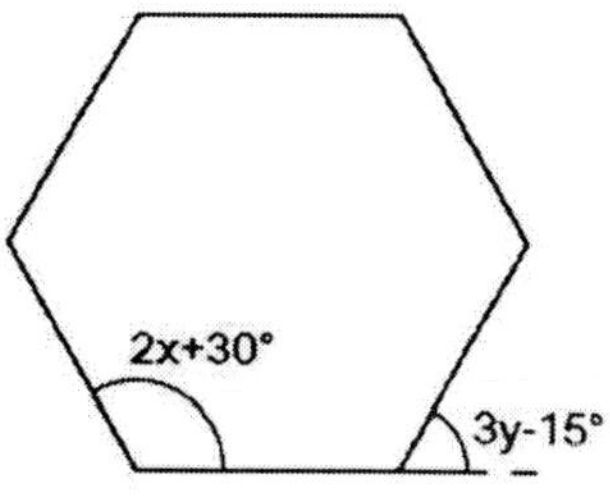

745) IFS – Se OC é a bissetriz do ângulo AOB, então determine a medida do ângulo AOC de acordo com a figura, onde x + 30° = AOC e y – 10° = COB.

(A) 10° (B) 20° (C) 30° (D) 40°

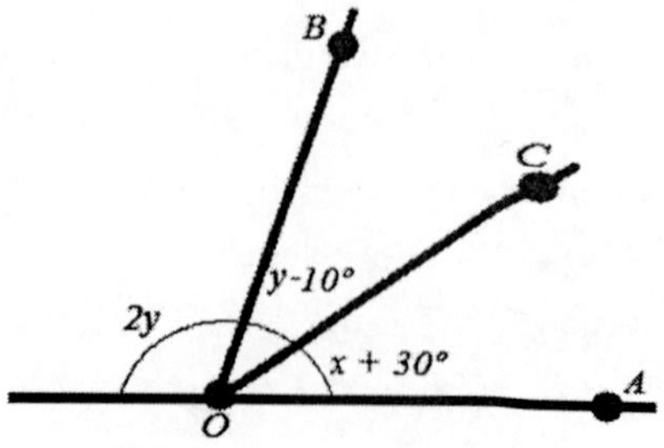

746) CMJF – Considere o trapézio isósceles ABCD de base maior AB. Sabe-se que:
I) As diagonais se encontram no ponto O;
II) COB mede 36°.
III) DAB mede 72°.
Desta forma, a medida de DBC vale:

(A) 51° (B) 52° (C) 53° (D) 54° (E) 55°

747) CMB – O ângulo agudo formado pelo encontro das bissetrizes internas de dois ângulos consecutivos de um certo polígono regular, cujo ângulo externo relativo a um dos lados, mede 72°, é igual a:

(A) 108°. (B) 82°. (C) 72°. (D) 54°. (E) 36°.

748) CMBH – Em um triângulo ABC, qualquer, o maior ângulo entre as bissetrizes dos ângulos $\hat{A}$ e $\hat{C}$ vale 105°. Então, o ângulo $\hat{B}$ mede:

(A) 75° (B) 60° (C) 37° 30' (D) 30° (E) 25° 30'

749) CMF – Um polígono tem **n** lados e 170 diagonais. Então, o valor de $\mathbf{n}^2 + \mathbf{n}$ é:

(A) 380 (B) 306 (C) 420 (D) 462 (E) 240

750) CMJF – Na figura abaixo, temos um hexágono regular e um quadrado, a medida do ângulo α é:

(A) 90° (B) 75° (C) 72° (D) 60°

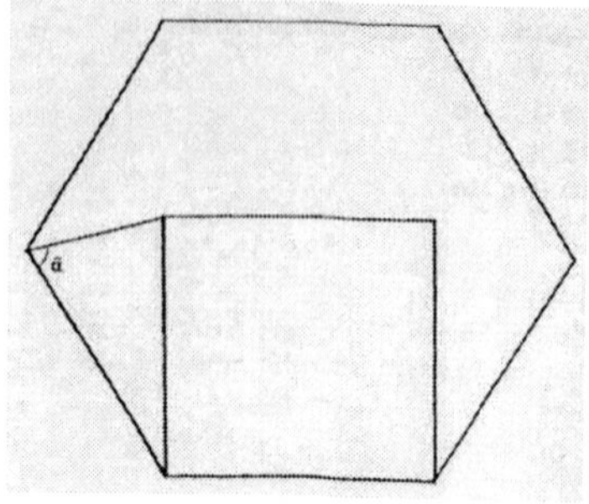

Teste 76

751) CEFET ES – Sendo **r** e **s** retas paralelas, o valor de x é:

(A) 60° (B) 70° (C) 95°
(D) 100° (E) 130°

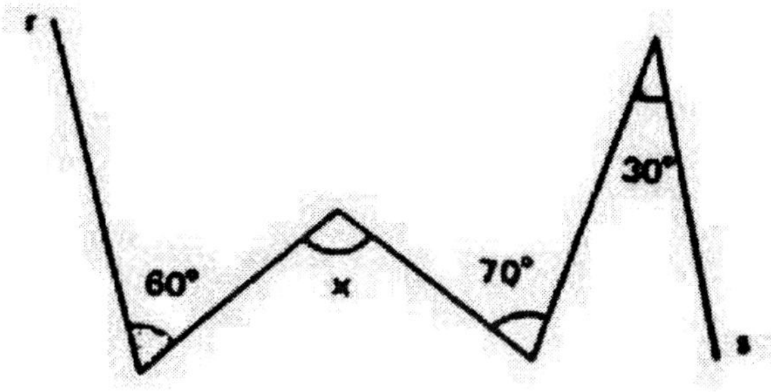

752) IFCE – O número de diagonais de um polígono cujo ângulo interno mede 120° é igual a:

(A) 16 (B) 10 (C) 12 (D) 9 (E) 20

753) IFBA – Considere um decágono de perímetro 30 cm, cujo raio da circunferência inscrita mede 4 cm. Assim sendo, a medida da área da região poligonal formada pelo decágono é igual a:

(A) 60 cm^2. (B) 80 cm^2. (C) 100 cm^2. (D) 120 cm^2. (E) 240 cm^2.

754) IFMA – No polígono ABCDE da figura, os ângulos A, B e E são retos. Qual a medida do ângulo x?

(A) 145° (B) 130° (C) 140° (D) 155° (E) 150°

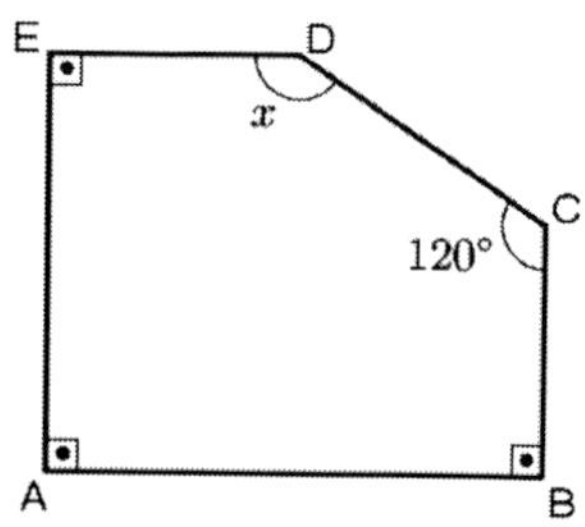

755) IFAM – A soma dos ângulos internos de um polígono vale 2340°. O número de diagonais desse polígono é:

(A) 160 (B) 145 (C) 138 (D) 123 (E) 90

756) CFN – Determine as medidas dos ângulos z, w, x e y.

(A) 40°, 180°, 40° e 10°.
(B) 40°, 140°, 40° e 140°.
(C) 140°, 60°, 140° e 60°.
(D) 140°, 40°, 40° e 140°.
(E) 180°, 90°, 30° e 60°.

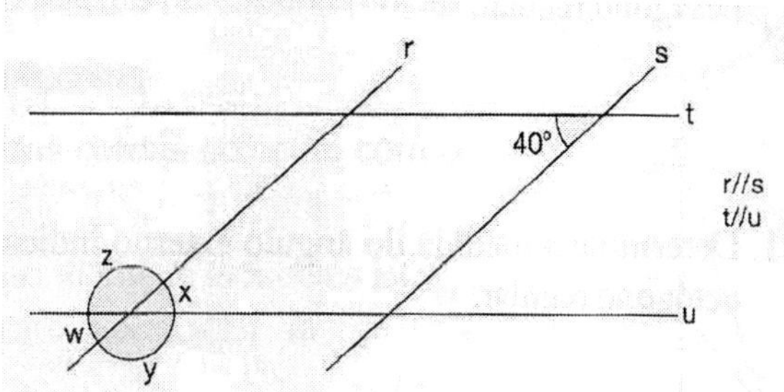

757) CMPA – Calculando o valor de x na figura abaixo, encontramos

(A) 40°. (B) 60°. (C) 70°. (D) 80°. (E) 90°.

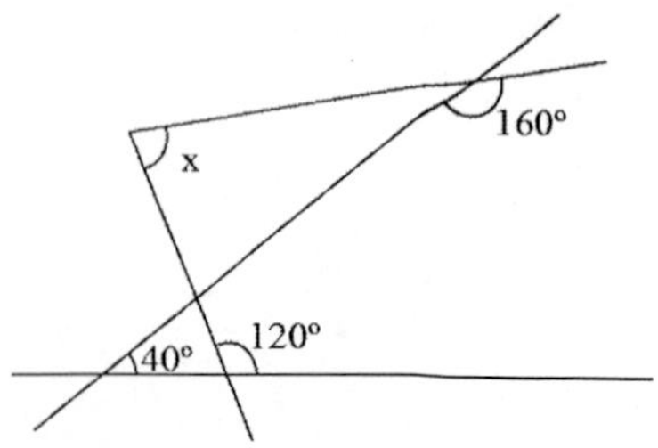

758) CMS – Na figura abaixo as retas **r** e **s** são paralelas e **t** é transversal. Sabendo que α é igual ao triplo de β, então o valor do seno de β é:

(A) $\frac{\sqrt{2}}{2}$ (B) 0 (C) 1 (D) $-\frac{\sqrt{2}}{2}$ (E) $\frac{1}{2}$

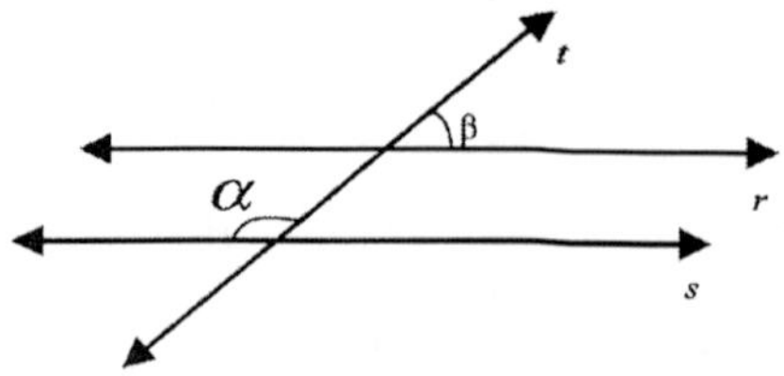

759) CMRJ – Os triângulos ABC e ABD da figura são isósceles com AB=AC=BD. Seja E o ponto de interseção de BD com AC. Se BD é perpendicular a AC, então a soma dos ângulos $\hat{C}$ e $\hat{D}$ vale:

(A) 115° (B) 120° (C) 130° (D) 135° (E) 140°

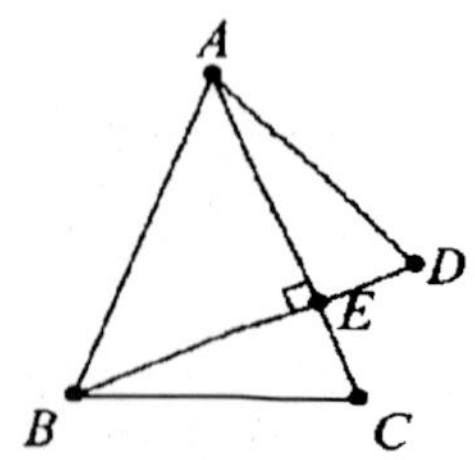

760) CMJF – Considere um polígono regular ABCD... de 20 lados, em que A, B, C, D, ... são os vértices desse polígono. Quando prolongamos os lados AB e CD do polígono, o maior ângulo formado pelos prolongamentos é:

(A) 15° (B) 36° (C) 60° (D) 144°

Teste 77

761) IFAM – A razão entre o número de diagonais de um eneágono e o núemro de diagonais de um pentadecágono é:

(A) 3/10 (B) 1/5 (C) 1/2 (D) 3/8 (E) 2/5

762) IFRO – Na figura, as retas **u** e **v** são paralelas, α ≠ β. Podemos afirmar que o ângulo M vale:

(A) a soma de α com β.
(B) a subtração entre α e β.
(C) o dobro do ângulo α.
(D) o dobro do ângulo β.
(E) A soma α + β/2

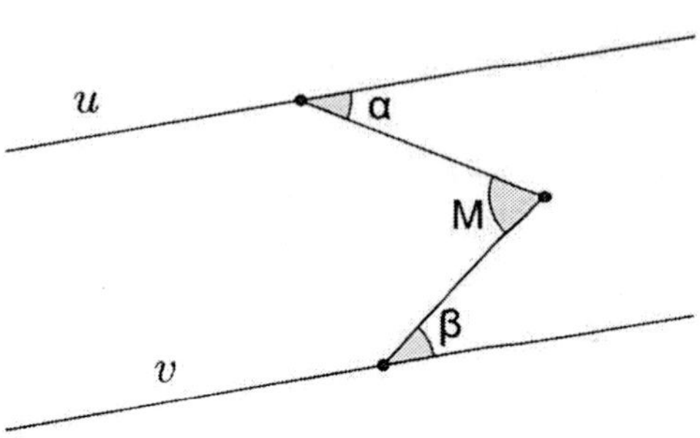

763) IFMT – Indique o valor de x na figura abaixo.

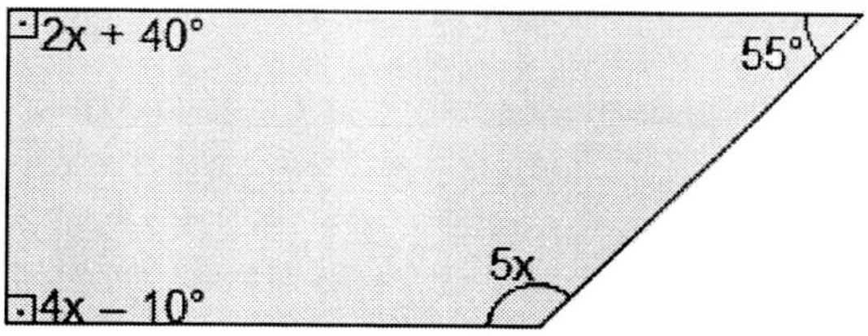

(A) 15° (B) 25° (C) 30° (D) 35°
(E) 40°

764) CFN – Determine as medidas x, y e z em graus, respectivamente, de acordo com a figura abaixo.

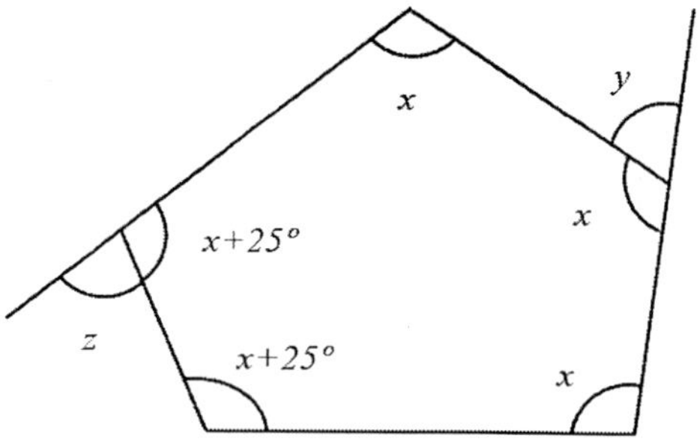

(A) 98, 88 e 68
(B) 98, 82 e 57
(C) 87, 74 e 89
(D) 87, 93 e 57
(E) 89, 82 e 98

765) IFMT – Determine o valor do segmento x na figura.

(A) 15 m (B) 20 m (C) 10 m (D) 18 m (E) 25 m

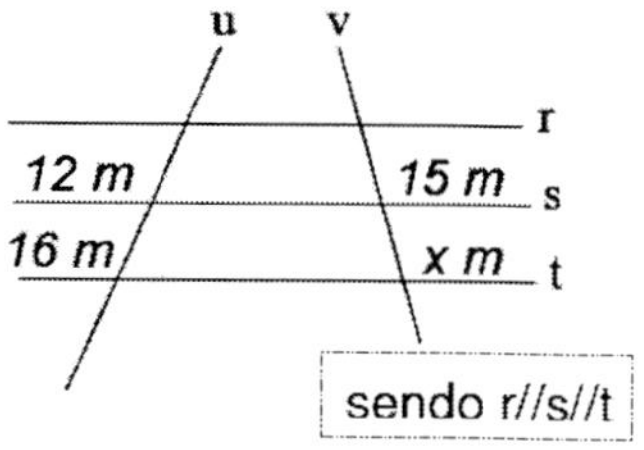

766) IFTO – Na figura a seguir, os lados BC e DE são paralelos. Se BC=10m, DE=6m e BD=12m, então o comprimento de AD é:

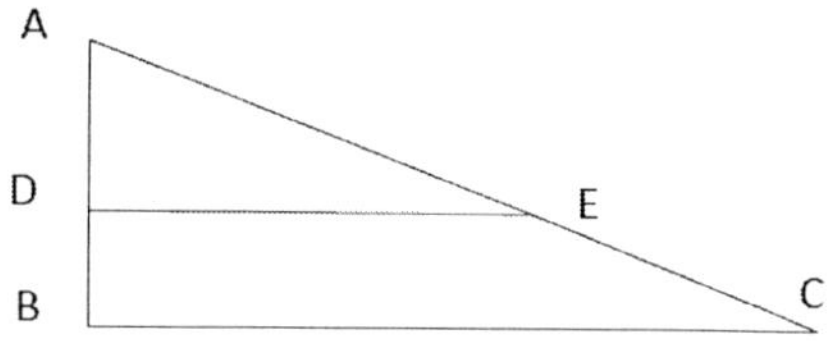

(A) 14 m. (B) 16 m. (C) 18 m.
(D) 12 m. (E) 24 m.

767) IFMS – Carlos estava estudando topografia e realizou o levantamento de um terreno, conforme imagem abaixo. Carlos precisava passar ao pedreiro as medidas de cada ângulo. Indique a alternativa que apresenta os valores dos ângulos: A, B, C e D, respectivamente.

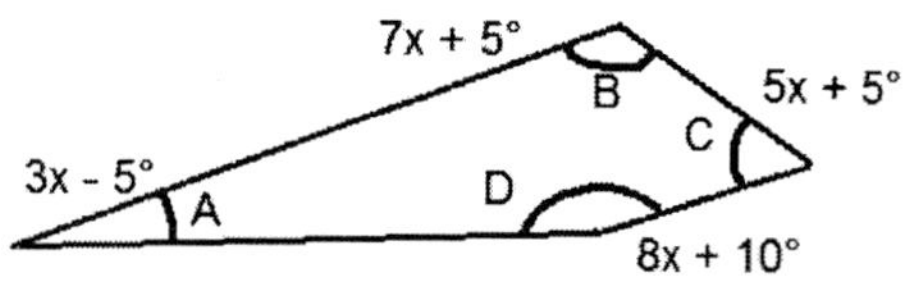

(A) 41,9°, 114,5°, 83,3° e 120,3°.
(B) 20°, 55°, 40° e 65°.
(C) 40°, 110°, 80° e 130°.
(D) 27°, 60°, 43° e 70°.
(E) 53,9°, 119,2°, 86,5° e 140,4°.

768) CMBH – Sobre os quadriláteros, assinale a alternativa correta:

(A) O quadrilátero formado pelos pontos médios dos lados de um quadrilátero convexo é sempre um paralelogramo.
(B) Não se pode inscrever num círculo um trapézio isósceles.
(C) A média aritmética entre as medidas da base média e da mediana de Euler de um trapézio é igual à quarta parte da medida da base maior do trapézio.
(D) Os ângulos internos opostos de um quadrilátero convexo são sempre iguais.
(E) Nunca se pode circunscrever um retângulo a um círculo.

769) CMF – Seja um triângulo ABC de modo que:
- BM é a mediana relativa ao lado AC;
- o ponto N pertence ao lado BC e o segmento de reta AN é perpendicular a BM;
- o ponto P é a interseção dos segmentos AN e BM;
- a medida de BC é o dobro da medida de AP.

Nessas condições, a medida do ângulo $A\hat{N}B$ é

(A) 60°. (B) 30°. (C) 45°. (D) 75°. (E) 15°.

770) CMJF – Analise as proposições:
I. O incentro é o ponto de encontro das bissetrizes internas de um triângulo.
II. A mediana relativa à hipotenusa de um triângulo retângulo é igual à metade da hipotenusa.
III. O centro da circunferência circunscrita a um triângulo é denominado circuncentro.
IV. O ortocentro é o ponto de encontro das retas suportes das alturas de um triângulo.
Em relação às proposições acima, podemos afirmar:

(A) Todas são falsas.
(B) Todas são verdadeiras.
(C) Apenas I e IV são verdadeiras.
(D) Apenas I e III são verdadeiras.

Teste 78

771) IFAM – A medida do ângulo x na figura abaixo, onde r//s, é

(A) 22° (B) 49° (C) 65° (D) 71° (E) 82°

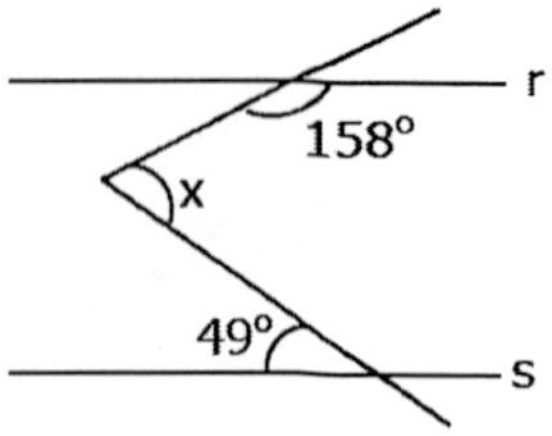

772) IFMT – A figura dada é um trapézio retângulo. Então, determine as medidas do ângulo agudo e do ângulo obtuso desse trapézio.

(A) 30° e 150°
(B) 45° e 135°
(C) 50° e 130°
(D) 60° e 120°
(E) 80° e 100°

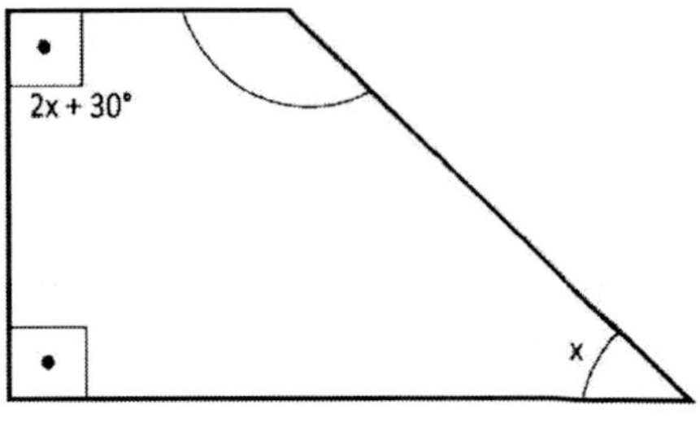

773) CFN – Sabendo-se que as retas r e s da figura acima são paralelas e que a reta t é a bissetriz do ângulo θ, quais são os valores de α e β, respectivamente?

(A) 100° e 40° (B) 80° e 40° (C) 50° e 100°
(D) 40° e 80° (E) 40° e 100°

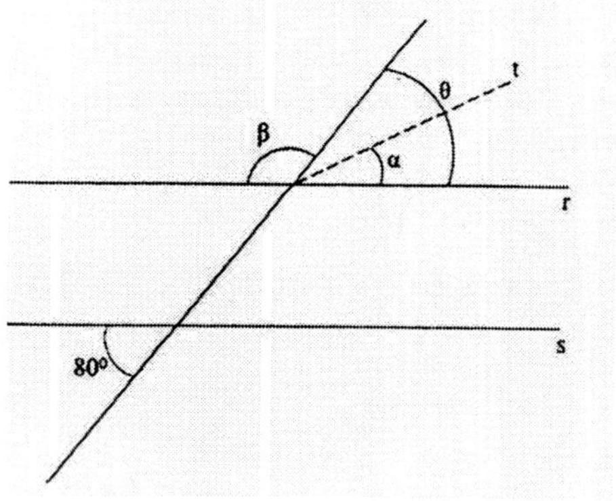

774) EAM – A partir de um dos vértices de um polígono convexo pode-se traçar tantas diagonais quantas são o total de diagonais de um pentágono. É correto afirmar que esse polígono é um:

(A) Hexágono. (B) Heptágono. (C) Octógono. (D) Decágono. (E) Dodecágono.

775) IFRS – Na figura abaixo, o quadrado maior tem 625 m^2 de área e o menor, 225 m^2. Determine, em m^2, a área da região sombreada, sabendo que a medida de AB é igual à medida de BC.

(A) 175 (B) 275 (C) 400 (D) 425 (E) 500

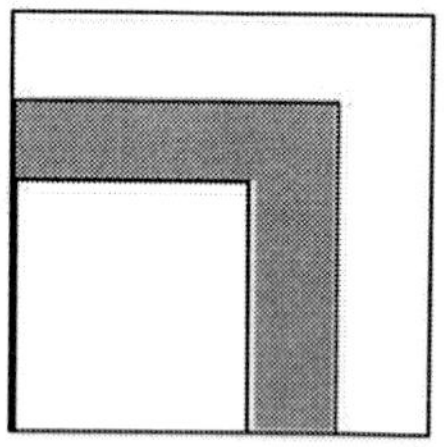

776) IFSC – A figura a seguir mostra um triângulo isósceles ABC de base BC e com o ângulo $B\hat{A}C = 20°$. Se BF e CE são as bissetrizes dos ângulos $A\hat{B}C$ e $A\hat{C}B$, respectivamente, qual a medida, em graus, do ângulo $B\hat{D}E$?

(A) 30° (B) 75° (C) 60° (D) 45° (E) 80°

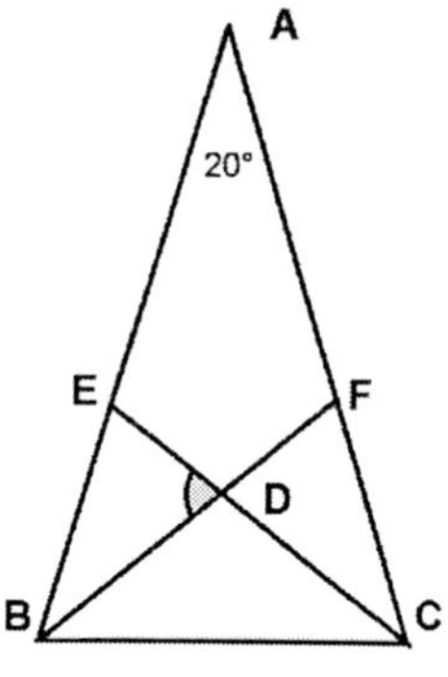

777) CMJF – Na figura abaixo, o quadrado ABCD está inscrito no triângulo AMN, cujos lados AM e NA medem, respectivamente, m e n. Então, o lado do quadrado ABCD mede:

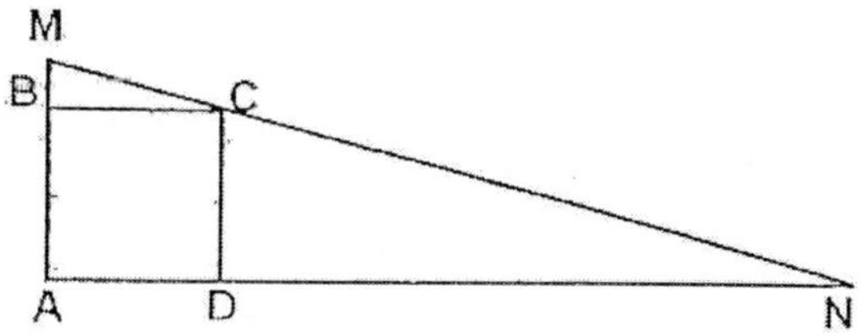

(A) $\dfrac{m.n}{m+n}$ (B) $\dfrac{m^2+n^2}{8}$

(C) $\dfrac{m^2+n^2}{12}$ (D) $\dfrac{\sqrt{m.n}}{2}$

778) CMM – Dois postes perpendiculares ao solo estão a uma distância de 4 metros um do outro, e um fio bem esticado de 5 metros liga seus topos, como mostra a figura. Prolongando este fio até prendê-lo no solo, são utilizados mais 4 metros de fio. A altura do maior poste é igual a:

(A) 5,4 m (B) 6,2 m (C) 6,8 m
(D) 8,4 m (E) 9,2 m

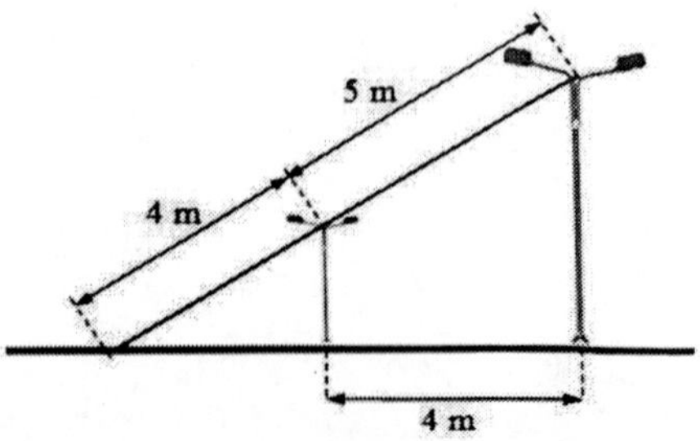

779) CFN – O quadrilátero ABCD da figura abaixo está circunscrito. Qual é o seu perímetro?

(A) 24 (B) 25 (C) 26 (D) 27 (E) 28

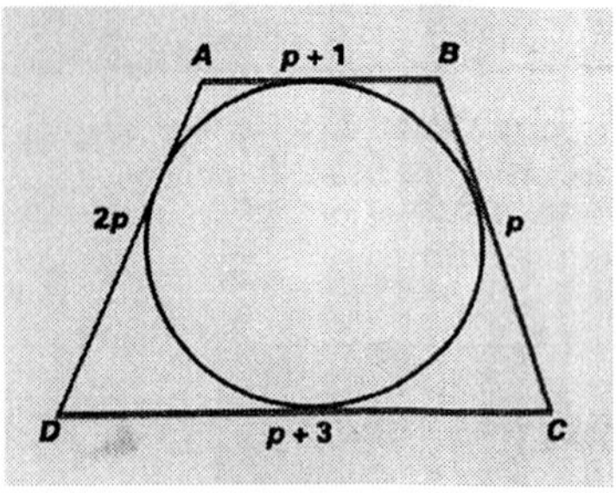

780) CFN – Na figura abaixo, M é o ponto médio do segmento AB e N é o ponto médio do segmento MB. Sabendo que AB = 100 cm, a razão entre os segmentos NA e NB é:

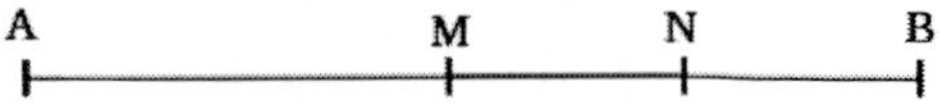

(A) 2 (B) 3 (C) 4 (D) 5 (E) 6

Teste 79

781) CEFET ES – O octógono da figura abaixo é regular. Em seu interior é construído um triângulo cujo vértice coincide com o centro do octógono e cuja base coincide com um dos lados do octógono. Considerando-se que x é a medida do ângulo do vértice e y é a medida do ângulo da base do triângulo destacado na figura, então o valor de 2y é igual a:

(A) 120° (B) 150° (C) 90° (D) 180° (E) 135°

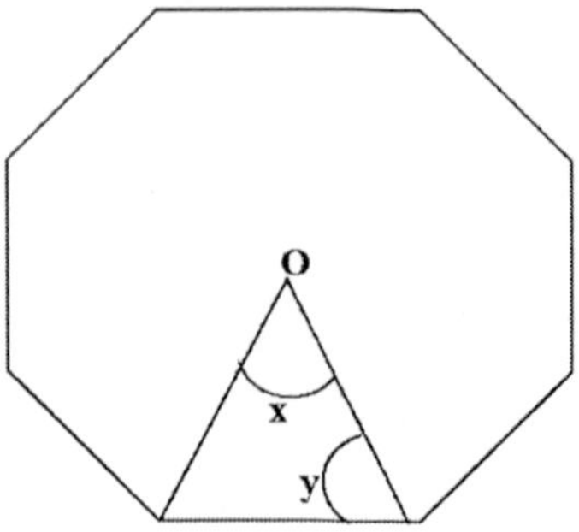

782) IFAM – Sendo OB a bissetriz do ângulo $A\hat{O}C$, a medida do ângulo $A\hat{O}B$ é:

(A) 20° (B) 30° (C) 40° (D) 50° (E) 60°

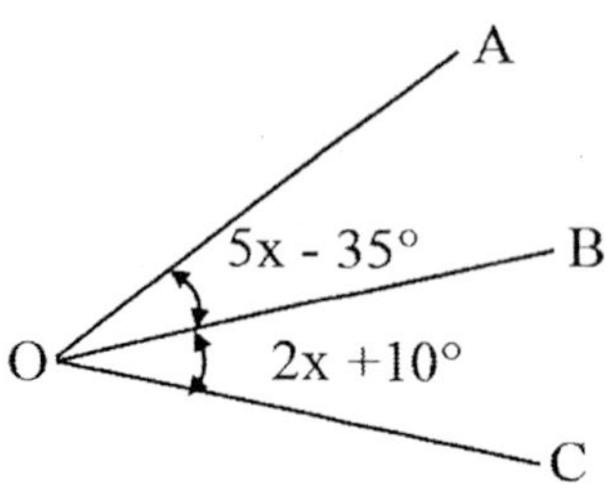

783) IFGO – Seja o triângulo ABC da figura com as seguintes medidas: AC=50 cm; AE=20 cm e AD = 10 cm. Sabendo que DE é paralelo ao lado BC, a medida do lado AB é

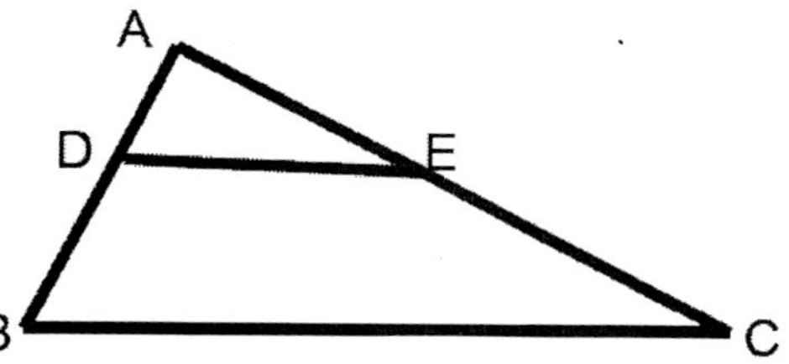

(A) 15 cm (B) 20 cm (C) 25 cm
(D) 30 cm (E) 35 cm

784) CEFET RJ – Na figura abaixo, ABCD é um paralelogramo, as retas r e s são paralelas, D e E são pontos de s, F e G são pontos de r, F é um ponto de AD, $A\hat{B}C = 30°$ e $C\hat{D}E = 120°$. Quanto mede, em graus, o ângulo $D\hat{F}G$?

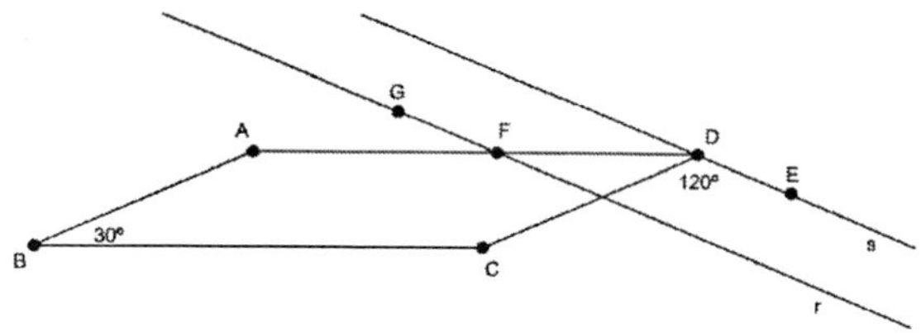

(A) 120° (B) 130° (C) 140°
(D) 150°

785) FAETEC – Um polígono regular cujo perímetro mede 30 cm possui n lados, cada um deles medindo (n – 1) cm. Esse polígono é classificado como um:

(A) triângulo (B) quadrado (C) hexágono (D) heptágono (E) pentágono

786) IFAM – No triângulo abaixo, os pontos do segmento de reta AD são equidistantes dos lados adjacentes. Com as medidas indicadas, pode-se garantir que o lado BC mede:

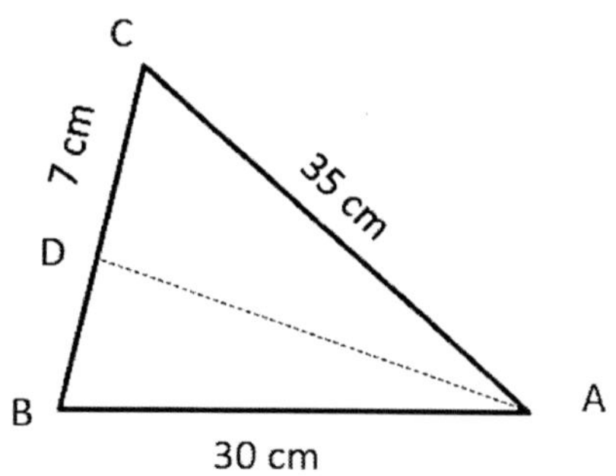

(A) 20 cm (B) 19 cm (C) 18 cm
(D) 15 cm (E) 13 cm

787) CFN – Quais das medidas de lados abaixo podem formar um triângulo?

(A) 12 cm, 10 cm e 8 cm.
(B) 12 cm, 10 cm e 2 cm.
(C) 16 cm, 10 cm e 26 cm.
(D) 16 cm, 10 cm e 5 cm.
(E) 12 cm, 15 cm e 30 cm.

788) EAM – Os ângulos internos de um triângulo são diretamente proporcionais a 2, 7 e 9. Então, o menor ângulo desse triângulo mede:

(A) 90° (B) 80° (C) 70° (D) 40° (E) 20°

789) CMB – Um triângulo escaleno XYZ tem área igual a 100 dm^2. Sejam A e B os pontos médios dos lados XY e XZ, respectivamente. A área do quadrilátero AYZB mede:

(A) 75 cm^2 (B) 7,5 dm^2 (C) 5 dm^2 (D) 0,75 m^2 (E) 0,5 m^2

790) CMBH – Sendo r//s, observe a figura. O valor de x é:

(A) 2 (B) 4 (C) 5 (D) 10 (E) 20

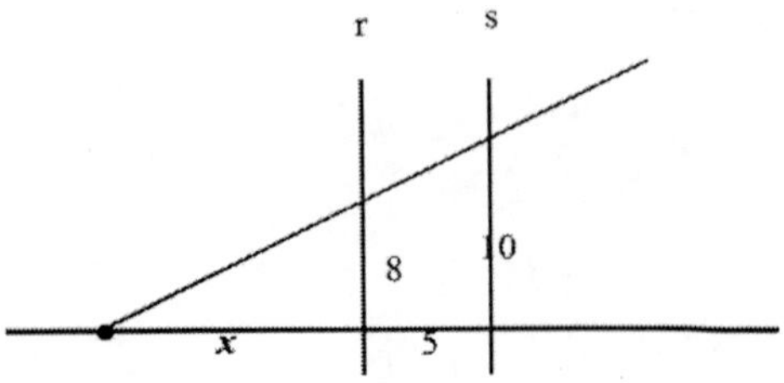

Teste 80

791) CTUR – A figura indica dois lotes de terreno com frente para a rua Galileu Galilei e fundos para a rua Teles de Mileto. As divisas dos lotes são perpendiculares à rua Teles de Mileto. Se o total da frente mede 80 metros, somadas as frentes A e B, e os fundos medem 30 e 45 metros, respectivamente, a medida da frente B, em metros, é

(A) 48 (B) 50 (C) 54 (D) 60 (E) 65

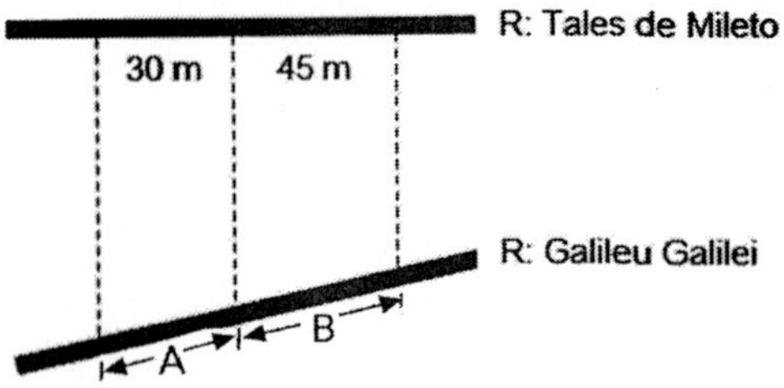

792) IFRJ – Suponha que, na figura a seguir, esteja representado o terreno em que o cemitério está sendo construído, com algumas de suas medidas. Se o terreno tem a forma de um trapézio retângulo, então o seu perímetro, em metros, é:

(A) 825 (B) 850 (C) 875 (D) 900

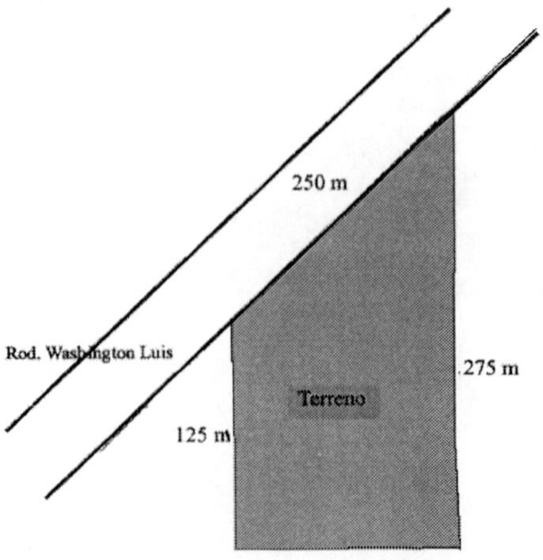

793) IFAL – Sendo MN//BC. O valor de x é

(A) 10 (B) 20 (C) 25 (D) 30 (E) 35

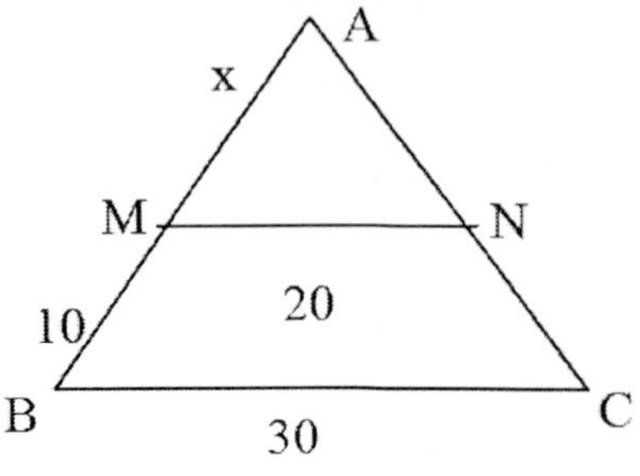

794) IFPI – Dado um triângulo retângulo cuja diferença entre os catetos é igual a uma unidade, a soma dos quadrados desses catetos para que este triângulo tenha uma circunferência unitária inscrita é:

(A) 9 (B) 16 (C) 36 (D) 25 (E) 4

795) CMS – Na figura abaixo, o ângulo $A\hat{B}C$ é reto. Sabendo que os segmentos AD, BD e DC medem respectivamente 8 cm, 2 cm e 10 cm, pode-se afirmar que o valor de AC é:

(A) 15 cm (B) $2\sqrt{51}$ cm (C) $3\sqrt{53}$ cm
(D) $2\sqrt{41}$ cm (E) 16 cm

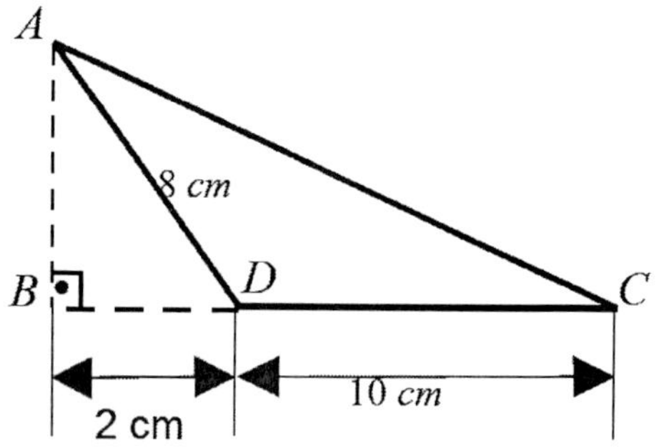

796) IFAM – A figura abaixo representa a planificação de uma árvore de Natal, vista em corte, com as medidas reais em metro, desenhada em centímetros na escala 1:10. Neste caso, a medida real do lado AB é

(A) 2,55 m (B) 2,50 m (C) 2,45 m (D) 2,40 m (E) 2,35 m

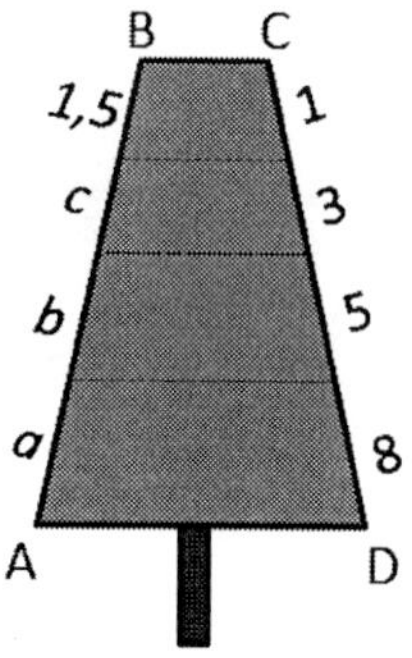

797) CMF – Na figura abaixo, as retas AP, BO, CN, DM, EL, FJ e GI são paralelas e os pontos B, C, D, E, F e G dividem o segmento AH em sete partres congruentes. A medida do segmento PH é 42 cm e AB/PO = 1/2. A medida do segmento de reta CE é:

(A) 5 cm (B) 6 cm (C) 7 cm
(D) 8 cm (E) 9 cm

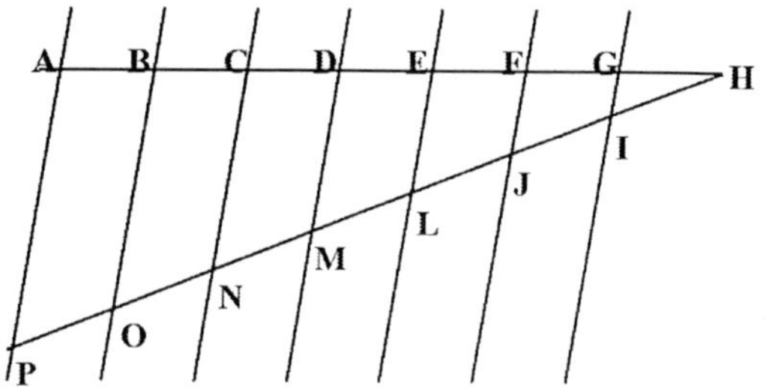

798) CMJF – A área hachurada é:

(A) $\frac{(a^2+b^2)}{2}$ (B) $a-b$ (C) a^2-b^2
(D) $a+b$ (E) $(a+b)^2$

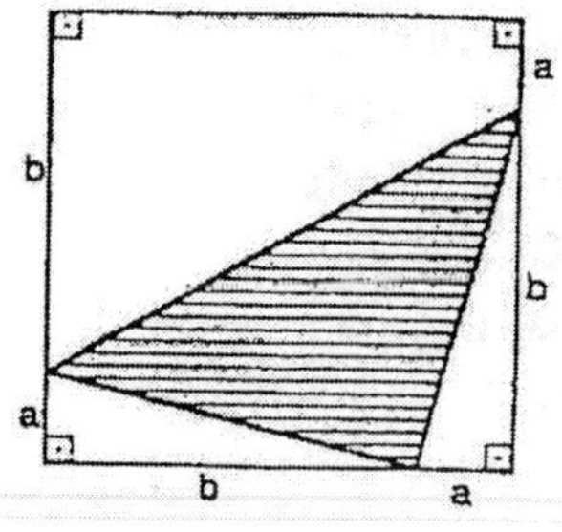

799) CMM – Na figura abaixo, ABCD é um quadrado inscrito no triângulo EFG. Se a medida FG é 10, o perímetro do quadrado é:

(A) 20 (B) 15 (C) 18
(D) 16 (E) 17

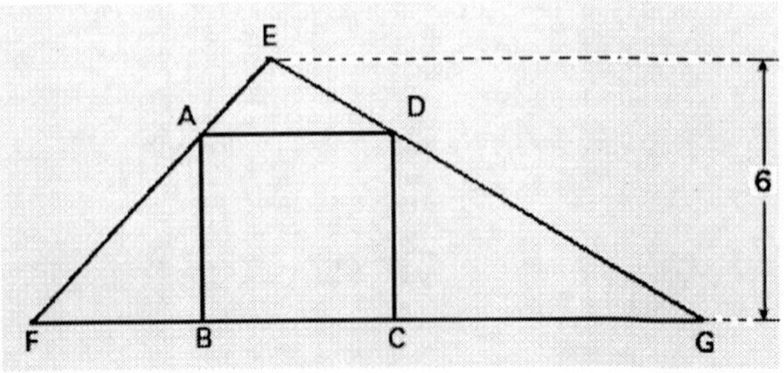

800) CMS – Nos triângulos abaixo, os segmentos BD e CE são paralelos, além disso, AB mede 8 cm, AC mede 12 cm e BD mede 6 cm. Assim, podemos afirmar que o valor do segmento CE é:

(A) 7 cm (B) 8 cm (C) 12 cm
(D) 10 cm (E) 9 cm

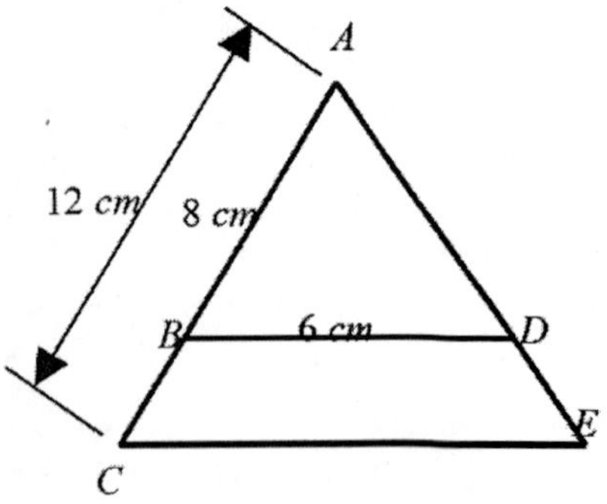

Respostas dos testes

Respostas do Teste 71

701) B	703) A	705) E	707) C	709) A
702) D	704) B	706) D	708) D	710) B

Respostas do Teste 72

711) C	713) D	715) E	717) D	719) C
712) B	714) D	716) C	718) B	720) B

Respostas do Teste 73

721) D	723) D	725) B	727) A	729) B
722) B	724) A	726) E	728) E	730) E

Respostas do Teste 74

731) D	733) C	735) D	737) C	739) E
732) D	734) B	736) A	738) E	740) A

Respostas do Teste 75

741) D	743) B	745) D	747) C	749) C
742) D	744) C	746) D	748) D	750) B

Respostas do Teste 76

751) D	753) A	755) E	757) D	759) D
752) D	754) E	756) D	758) A	760) D

Respostas do Teste 77

761) A	763) B	765) B	767) C	769) A
762) A	764) B	766) C	768) A	770) B

Respostas do Teste 78

771) D	773) E	775) A	777) A	779) A
772) A	774) C	776) E	778) A	780) B

Respostas do Teste 79

781) E	783) C	785) C	787) A	789) D
782) C	784) D	786) E	788) E	790) E

Respostas do Teste 710

791) A	793) B	795) B	797) B	799) B
792) B	794) D	796) A	798) A	800) E

Resoluções dos testes

Resoluções do teste 71

701) CFN – Uma questão sobre ângulos bastante tranquila. Primeiro temos que encontrar x, e usaremos o fato dos dois ângulos dados na figura são *suplementares*, ou seja, sua soma e 180°.

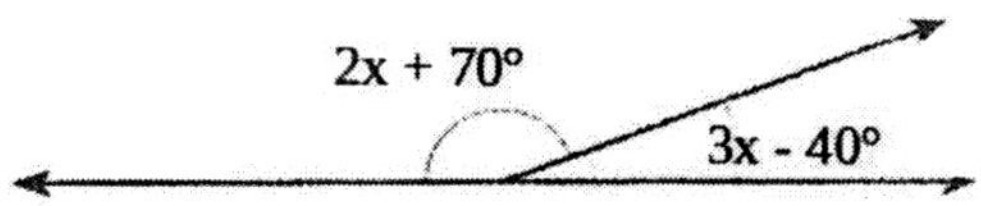

$2x + 70 + 3x - 40 = 180$
$5x = 180 - 70 + 40$
$5x = 150 \rightarrow x = 30$

Agora podemos calcular os dois ângulos da figura;

$2x + 70 = 130$

O outro é o suplemento, 50.

O suplemento do menor ângulo é o suplemento de 50, que é o próprio 130, ou seja, o maior ângulo.

Resposta: (B) 130°

702) EAM – O desenho foi feito de forma a tornar mais difícil a resolução. Os segmentos BX e BY não estão iguais na figura, nem os segmentos CY e CZ. Em casos como este, é recomendável fazer um novo desenho mais de acordo com o que está descrito na figura.

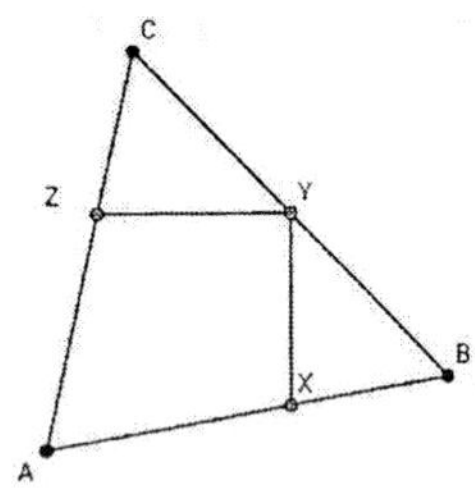

Sendo o ângulo A igual a 40°, os ângulos C e B valem 70°, já que ABC é isósceles. Da mesma forma, os triângulos CZY e BXY também são isósceles, com ângulos do vértice valendo 70°. Logo, os outros ângulos valem 55°. O ângulo pedido, XYZ, vale o suplemento de 55+55, ou seja, 70°.

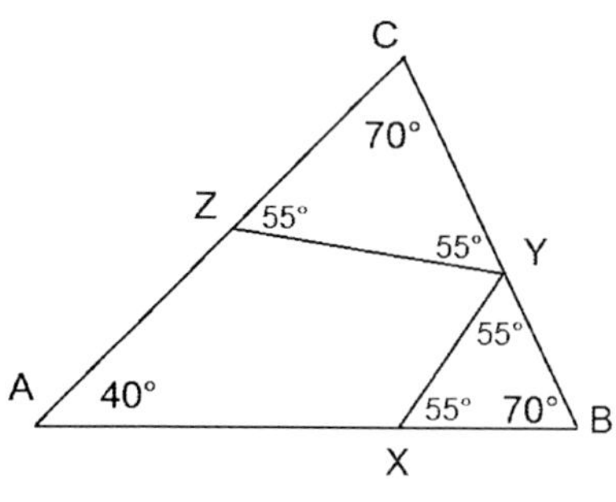

Resposta: (D) 70°

703) CEFET RJ – Temos dois pares de ângulos iguais, por serem *alternos internos*:

$\hat{B} = \hat{D} \rightarrow 8x - 10 = 3y + 10$

$\hat{A} = \hat{E} \rightarrow 6x/5 + 28 = y/2 + 30$

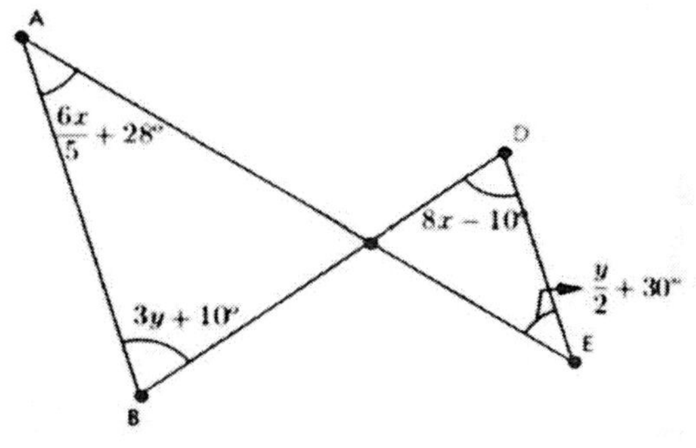

Agora basta resolver o sistema.

$8x - 10 = 3y + 10 \rightarrow y = \dfrac{8x-20}{3}$ (1)

$\dfrac{6x}{5} + 28 = \dfrac{y}{2} + 30 \rightarrow \dfrac{6x}{5} - 2 = \dfrac{y}{2} \rightarrow 12x - 20 = 5y \rightarrow y = \dfrac{12x-20}{5}$ (2)

Igualando os valores de y das duas equações (1) e (2):

$\dfrac{8x-20}{3} = \dfrac{12x-20}{5}$

$40x - 100 = 36x - 60$

$4x = 40$

$x = 10$

O valor de y, conhecido x, pode ser obtido das equações (1) ou (2) acima:

(1): $y = \dfrac{8x-20}{3} = \dfrac{80-20}{3} = 20$

Então temos x = 10 e y = 20, o valor pedido de x + y vale 30°.

Resposta: (A) 30°

704) IFSP – Em um polígono de 7 lados como o da figura ao lado (heptágono), podemos escolher um vértice qualquer e desenhar 5 triângulos, como fizemos na figura. Cada triângulo tem seus três ângulos internos medindo juntos, 180°, portanto a soma de todos os ângulos desses 5 triângulos é 180° + 180° + 180° + 180° + 180° = 900°.

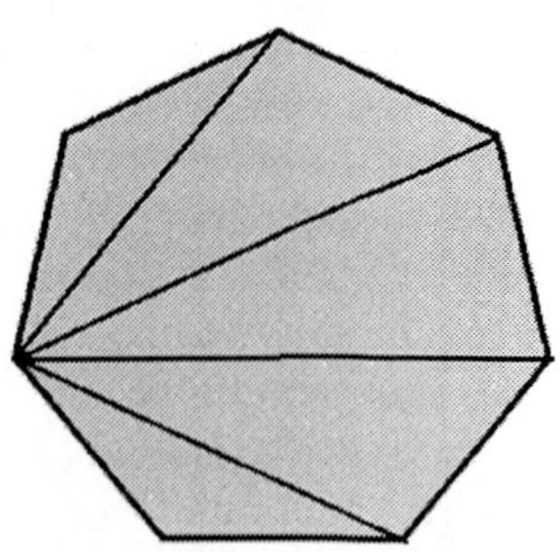

Isso se aplica mesmo quando o polígono original não é regular, ou seja, seus ânbgulos não são iguais e seus lados não são iguais, mas o que importa é que sendo um heptágono, sempre poderemos dividi-lo em 5 triângulos, e cada um desses triângulos sempre terá a soma dos seus ângulos medindo 180°, e o total sempre será 900°.

Resposta: (B) 900°

705) CEFET ES – Se traçarmos uma reta paralela às duas retas dadas, passando pelo vértice do ângulo indicado como "2", teremos o ângulo "2" dividido em duas partes, respectivamente iguais ao ângulo "1" e ao ângulo "3". Isso ocorre porque formamos ângulos *alternos internos*, que sabemos serem iguais. Logo o ângulo 2 é a soma dos ângulos 1 e 3. O que o problema pergunta, é a soma dos ângulos 1 e 3, ou seja, o valor do ângulo 2 = 80°.

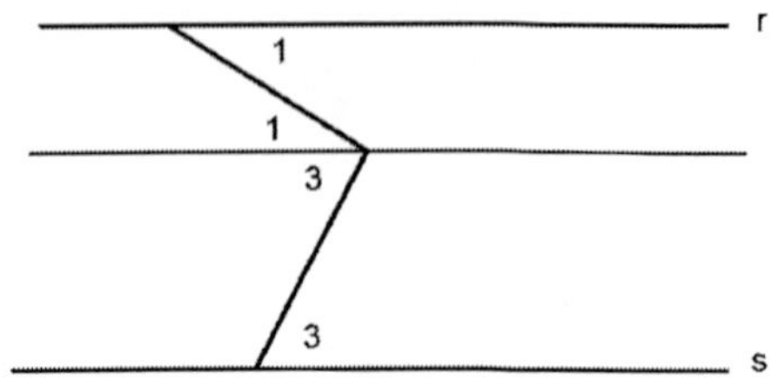

Resposta: (E) 80°

706) CMBH - Observe que A e C não são vértices consecutivos, existe o vértice B entre eles. Sendo assim o ângulo central formado entre dois raios que ligam o centro a vértices consecutivos é 36°. Este valor é 360°, dividido pelo número de lados. Logo o número de lados é 10.

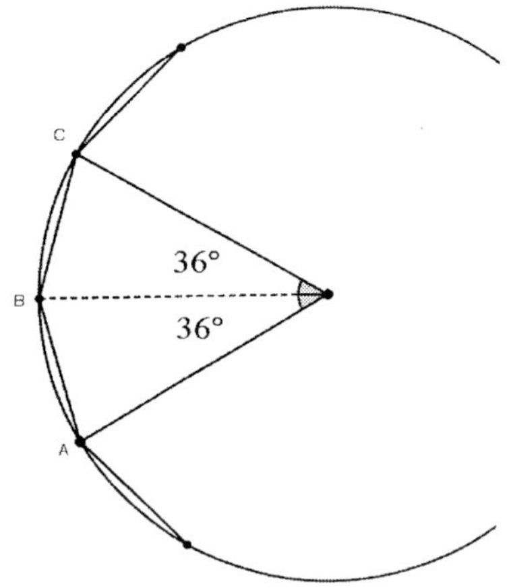

Sabendo n=10, podemos responder à pegunta. O número de diagonais que não passam pelo centro é o número total de diagonais, menos o númermo de diagonais que passam pelo centro. Somente polígonos regulares com número PAR de lados têm diagonais passando pelo centro. Seu número é a metade do número de lados. Logo são 5 diagonais passando pelo centro, e o número total pode ser calculado pela fórmula:

$d=\frac{n(n-3)}{2}$, que no nosso caso resulta em $d=\frac{10(10-3)}{2}=35$. Descontando as 5 que passam pelo centro, temos 30 diagonais.

Resposta: (D) 30

707) CMF - Depois de cair na prova do Colégio Militar de Fortaleza, essa questão caiu também na prova da EAM (Marinha). Sua resolução é fácil, basta trabalhar com os ângulos, levando em conta que temos dois triângulos isósceles: ABC e ADE. Chamemos os ângulos $\hat{B}$ e $\hat{C}$ de x.

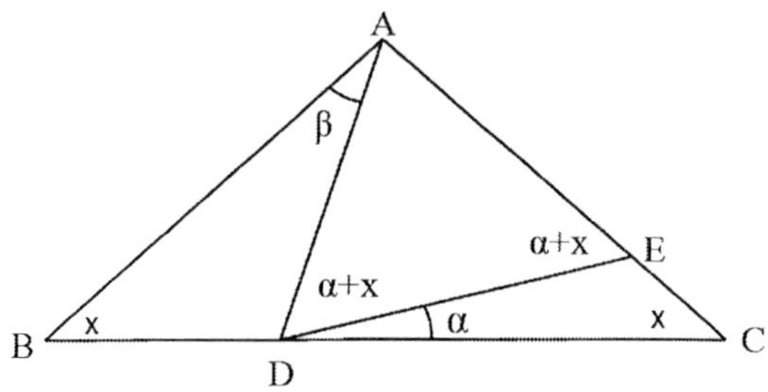

O ângulo $\hat{E}$ do triângulo ADE vale α+x, pois trata-se de um ângulo externo do triângulo ADC, e sabemos que o ângulo intero é igual à soma dos internos não adjacentes.

Como o triângulo ADE é também isósceles, seu ângulo $\hat{D}$ é igual ao seu ângulo $\hat{E}$, ou seja, também vale α+x. Os ângulos citados estão marcados na figura.

Finalmente, podemos usar no triângulo ABD, o fato do ângulo externo $\hat{D}$, no triângulo ABD, ser igual à soma dos internos não adjacentes. Logo

$\alpha+x+\alpha = \beta + x$

$\beta = 2\alpha$

Como foi dado que β mede 30°, α vale 15°.

A questão tem uma "pegadinha" interessante, é que não existem informações suficientes para calcular o ângulo x, mas é possível identificar a relação entre α e β, mesmo sem saber x.

Resposta: (C) 15°

708) CMJF – Se o ângulo ACF vale 100°, então o ângulo $\hat{C}$ interno do triângulo ABC vale 80°. Como CE é bissetriz de $B\hat{C}D$, o segmento $\overline{CE}$ divide o ângulo interno $\hat{C}$ em dois ângulos de 40°. Além disso, como AB=BC, o ângulo $\hat{A}$ também vale 80°.

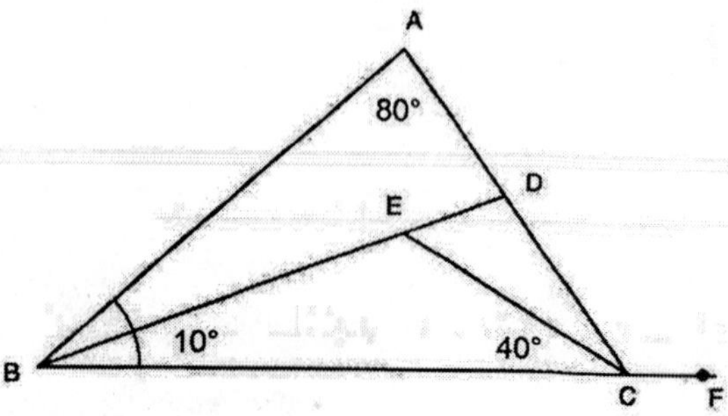

Como o triângulo ABC tem os ângulos $\hat{A}$ e $\hat{C}$ medindo 80° cada um, o ângulo $\hat{B}$ mede 20°. Como BE é bissetriz de $\hat{B}$, o ângulo $E\hat{B}C$ mede 10°.

Finalmente, o ângulo pedido $D\hat{E}C$ é um ângulo externo do triângulo BEC, e vale a soma dos ângulos internos não adjacentes: 10 + 40 = 50.

Resposta: (D) 50

709) CMM – Traçando paralelas às ruas Santa Isabel e Natal, passando pelos pontos de encontro dos segmentos transversais dados, formamos diversos ângulos alternos internos.
Agora calculamos todos esses ângulos, lembrando que ângulos *alternos internos* são iguais. Partindo do ângulo mais ao Norte, e indo para o Sul, encontramos os ângulos:
26°, 14° e 14°.
Depois, partindo do Sul para o Norte e calculando os ângulos, temos:
34°, 24° e 24°.
Portanto o ângulo entre as duas ruas pedidas é
14° + 24° = 38°

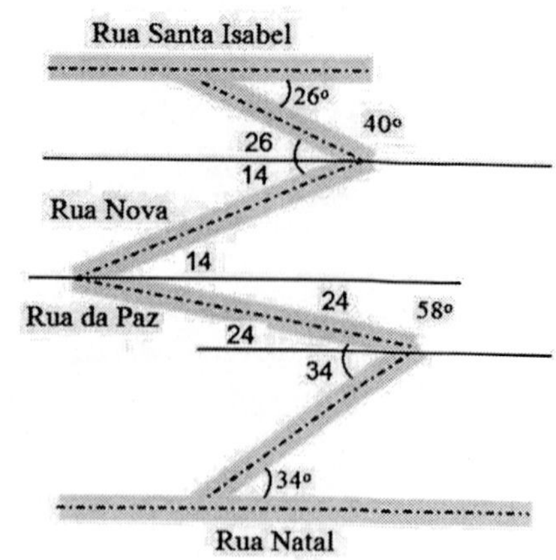

Resposta: (A) 38°

710) CMRJ – Dois ângulos vão resultar na resolução do problema:

1) $B\hat{D}A = \alpha + 48°$

Porque este é um ângulo externo do triângulo BDC, que vale a soma dos internos não adjacentes, que são α e 48°.

2) $B\hat{A}P = 48°$

Como AB=BD, o ângulo $B\hat{A}D$ também vale α + 48°, logo $B\hat{A}P$ = 48°.

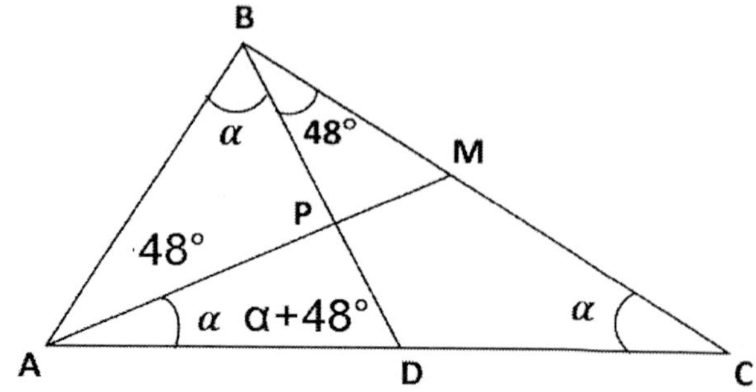

A soma dos ângulos do triângulo ABC vale 180°, com isso podemos calcular α:

$\alpha + 48° + \alpha + 48° + \alpha = 180°$

$3\alpha = 84°$

$\alpha = 28°$

Agora podemos saber os ângulos do triângulo APD:

$\hat{A} = \alpha = 28°$

$\hat{D} = \alpha + 48° = 76°$

$\hat{P} = 180° - 28° - 76° = 76°$

Logo o menor ângulo pedido é 76°.

Resposta: (B) 76°

Resoluções do teste 72

711) CFN – O ângulo da figura mais fácil de ser identificado é z. Comparando o z original com o novo z que foi colocado na figura, vemos que são ângulos *correspondentes*, levando em conta as paralelas r e s, cortadas pela transversal.

No novo z, vemos que é o suplemento de 150°.

Logo z = 30°.

Note na figura que adicionamos um novo X. Os dois ângulos indicados como x são iguais, pois são *opostos pelo vértice*.

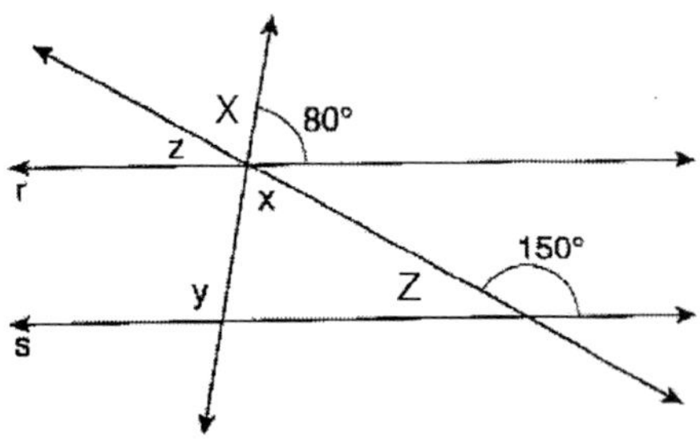

Finamente verificando novamente as paralelas r e s, a transversal mais à esquerda forma com s um ângulo y, e com r forma o ângulo x+z. Esses valores são iguais, pois são *ângulos correspondentes*.

Logo y = x + z

Mas no mesmo vértice onde temos x e z, notamos que x+z é o suplemento de 80°.

Então x + z = 100°, e como z = 30°, temos x vale 70°. O ângulo y é a soma de x com z, ou seja, 100°. Ficamos então com

x = 70°, y = 100°, z = 30°.

Resposta: (C) 70°, 100° e 30°

712) CFN – A soma dos ângulos internos de um polígono é sempre um múltiplo de 180. Neste problema, a soma é 900° = 5 × 180°.

Este fator 5 encontrado, é n – 2, sendo n o número de lados. Logo n = 7. Trata-se do *heptágono.*

Lembramos que a fórmula da soma dos ângulos internos de um polígono convexo de n lados é:

$$S_n = 180°.(n-2)$$

Resposta: (B) Heptágono

713) CEFET RJ – Ao lado do ângulo de 155°, temos um ângulo de 25°, que é o seu suplemento. Levando em conta o trapézio que foi dobrado para cima, é idêntico (congruente) ao trapézio inferior, ou seja, a parte que foi dobrada para cima é idêntica à parte que agora está faltando na fita original. Ambos os trapézios têm o maior ângulo valendo 155°. Então:

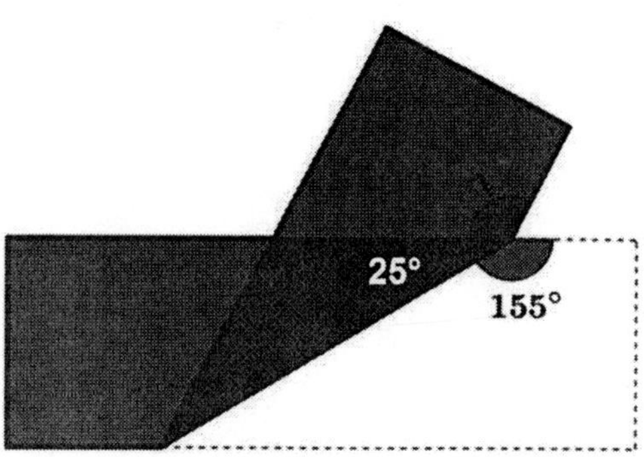

$\alpha + 25° = 155°$

$\alpha = 130°$

Resposta: (D) 130°

714) IFMG – O desenho do relógio no enunciado não tem utilidade. O horário ao qual o problema se refere é 3 horas e meia antes de 1h 15 min, portanto, 9:45. Entre 9h e 9:45h, o porteiro das horas fez 3/4 do seu percurso entre o 9 e o 10, pois 45 minutos são 3/4 da hora.

O ângulo entre as horas consecutivas no relógio é 1/12 de 360°, ou seja, 30°.
Portanto o ângulo entre os ponteiros nesse horário é 3/4 de 30°, que resulta em 22,5°.

Resposta: (D) 22,5°

715) FIOCRUZ – Como dois ângulos indicados valem 75°, o triângulo DAE é isósceles. Então podemos concluir:
1) DE=DA, o lado do quadrado.
2) O ângulo $A\hat{D}E$ vale 30°.

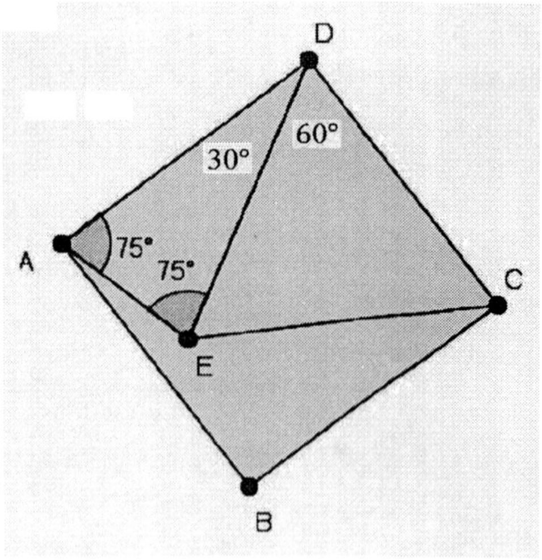

Agora, considerando o triângulo EDC, temos:
1) $\hat{D}$ = 60°, pois os ângulos internos do quadrado valem 90°.
2) DE = DC, pois já vimos que DE vale o lado do quadrado.
Logo o triângulo DEC é isósceles e com um ângulo de 60° entre lados iguais, o que resulta que trata-se de um *triângulo equilátero.*

Resposta: (E) Equilátero, ou seja, seus três lados possuem as mesmas medidas.

716) CMBH – Este problema pode ser resolvido de forma análoga aos problemas 705 e 709, mas existe um "macete" para resolver de forma mais rápida.

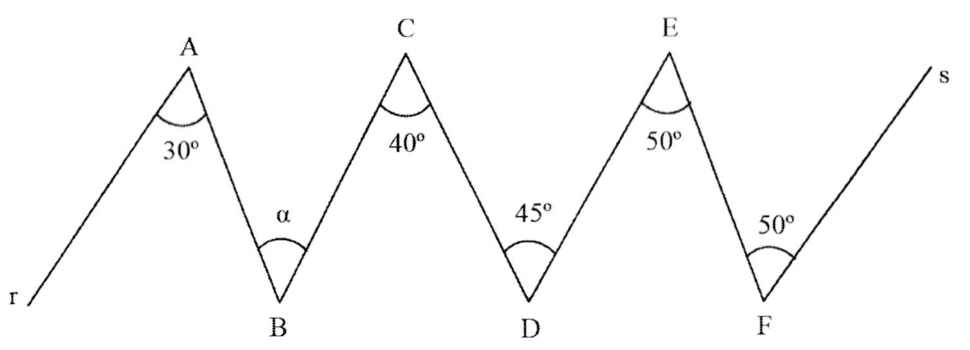

Quando temos um arranjo como este, iniciando e terminando com retas paralelas, e entre elas a soma de um "zigue zague" de ângulos, temos que a soma dos ângulos de um lado é igual à soma dos ângulos do outro lado (nos problemas 705 e 709, os lados eram esquerda e direita, mas no presente problema os lados são para cima e para baixo).

A explicação para o "macete" é similar às resoluções dos problemas citados acima. Traçando paralelas à reta inicial e final, passando por cada um dos vértices, ocorrerá a formação de diversos ângulos alternos internos, que são iguais. A cada ângulo voltado para um lado, existirá um ângulo idêntico, alterno interno, voltado para o outro lado. Logo as somas são iguais.

Aplicando o "macete", temos:
$30 + 40 + 50 = \alpha + 45 + 50$
$\alpha = 25$.
Apenas tome cuidado com a pergunta do problema: não é perguntado o ângulo α, mas sim, o complemento de α, que vale $90° - 25° = 65°$.

Resposta: (C) 65°

717) CMBH – Em alguns casos, não basta saber que os ângulos são iguais, ou se são suplementares: é preciso saber os nomes: correspondentes, opostos pelo vértice, alternos internos, alternos externos, colaterais internos, colaterais externos.
Os ângulos indicados são alternos, pois estão de lados opostos da transversal. Quanto à posição em relação à transversal, são classificados em colaterais (mesmo lado) ou alternos (lados diferentes).
Quanto ao posicionamento em relação às paralelas, podem ser internos (entre as retas) ou externos (fora da região entre as retas).
Portanto os ângulos indicados são *alternos externos*.

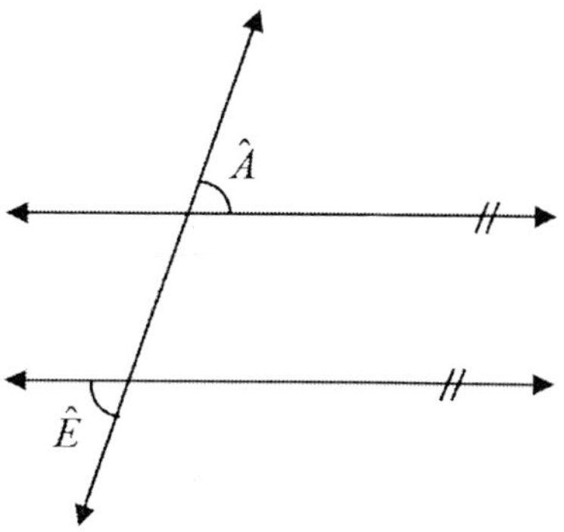

Resposta: (D) alternos externos.

718) CMF – A rigor, esse tipo de questão nem deveria ser considerada como geometria. É uma questão de *divisão proporcional*, onde trocamos a unidade, ou o valor 100%, por uma circunferência inteira: 360°. Então usamos uma regra de três

$$\frac{parte}{total} = \frac{x}{360}$$

onde x é a representação do valor na forma de um ângulo central. Por exemplo, uma quantidade que indica 25% do total, é representada por um setor de 90°. Uma parte de 10% é um setor de 36°.
No nosso exemplo, temos:
Violino = 6
Flauta = 15
Guitarra = 24
Violão = 6
Clarinete = 9
TOTAL = 60
O clarinete tem 9 participantes, então fazemos

$$\frac{9}{60} = \frac{x}{360} \rightarrow x = 54$$

Resposta: (B) 54°.

719) CMJF – Temos um segundo ângulo de 20° na figura (alternos internos). Logo x é ângulo externo de um triângulo que tem ângulos internos não adjacentes valendo 120° e 20°. O ângulo externo vale a soma dos internos não adjacentes, então x = 140°.

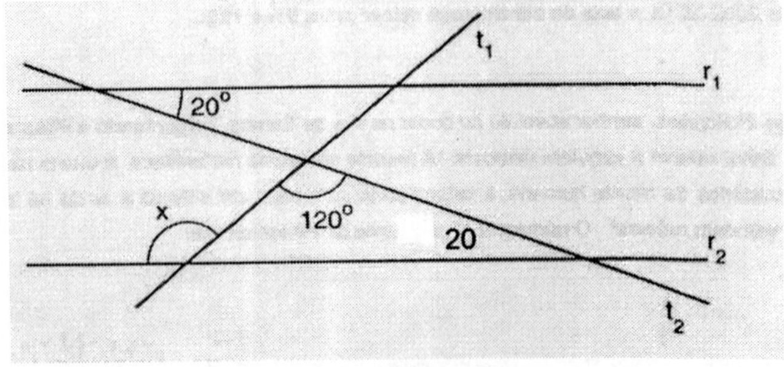

Resposta: (C) 140°

720) CMM – A figura tem um segundo ângulo valendo 2x, indicado ao lado (ângulos correspondentes são iguais). Logo, formamos um ângulo raso composto de 2x e 7x.

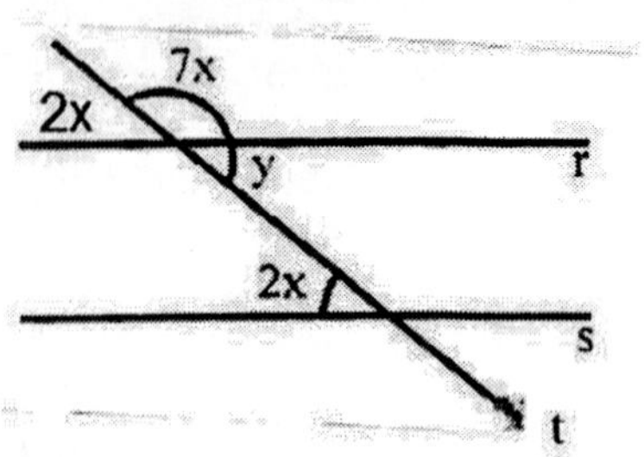

2x + 7x = 180°
x = 20°
Ainda na figura, vemos que y e 2x são alternos internos, portanto iguais. Então y = 40°.
O valor de 2x + y = 40° + 40° = 80°
O complemento de 80° é 10°
O suplemento de 10° é 170°.

Resposta: (B) 170°

Resoluções do teste 73

721) CFN – Não sabemos os valores dos seis ângulos indicados na figura, mas podemos calcular a sua soma, por partes.
No triângulo AEC, temos que
A + E + x = 180° ➔ A + E = 180° – x
Nos outros dois triângulos, temos:
F + G = 180° – y
H + C = 180° – z

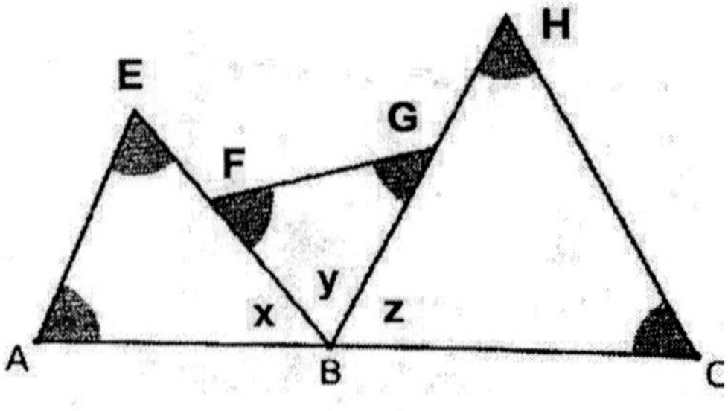

Somando essas três relações, ficaremos no primeiro membro com a soma que é pedida no problema:
A + E + F + G + H + C = 540° – x – y – z
Como os pontos A, B e C estão alinhados, temos x + y + z formando um ângulo raso, ou seja, 180°.
Logo a soma dos ângulos pedidos é
540° – 180° = 360°

Resposta: (D) 360°

722) EAM – Na figura temos um outro ângulo de 30° e um outro ângulo de 40°. Lembrando que esses respectivos ângulos têm esses valores porque ângulos *opostos pelo vértice* são iguais.

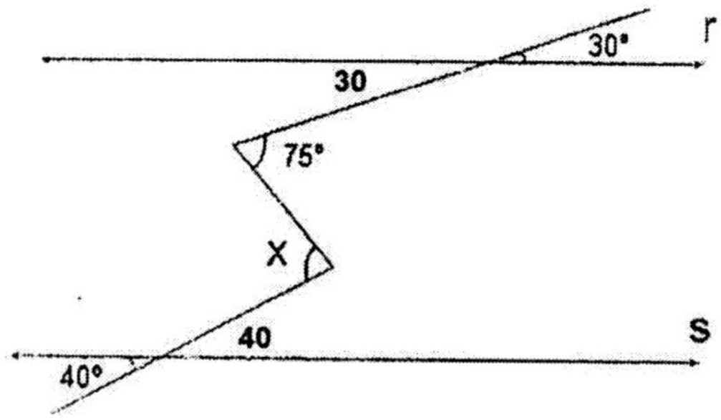

A seguir, usamos o "macete" que foi ensinado no problema 716:

Sendo as retas inicial e final paralelas (r e s), os ângulos à esquerda da linha em "zig-zag" têm a soma igual à dos ângulos à direita. Ou se preferir, pode resolver usando o método básico, mostrado nos problemas 705 e 709.

$30° + x = 75° + 40°$

$x = 85°$

Resposta: (B) 85°

723) CEFET ES – Dado o ângulo de 50° original, temos outro ângulo de 50°, oposto pelo vértice. Depois, traçando uma paralela às retas **r** e **s**, passando pelo encontro das retas perpendiculares, temos a formação de outro ângulo de 50° (alternos internos).

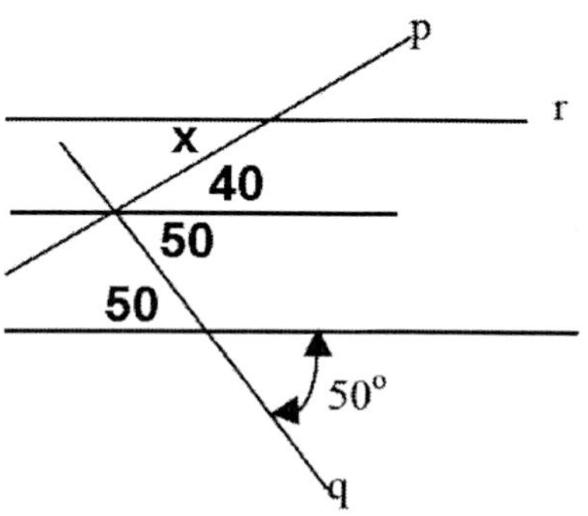

A seguir, mais acima, é formado um ângulo de 40°, já que temos duas retas perpendiculares, e esses ângulos são complementares.

Finalmente, mais cima, o ângulo x é igual ao ângulo de 40°, pois são alternos internos.

Então o menor ângulo entre r e p é x = 40°.

Resposta: (D) 40°

724) CTUR – O aluno não deve deixar de desenhar o relógio para resolver esse tipo de problema. Na hora dada, 18:30, o ponteiro dos minutos está exatamente no 6 (30 min), e o ponteiro das horas andou a metade do caminho entre o 6 e o 7. Portanto o ângulo entre os ponteiros é a metade do ângulo entre horas consecutivas, que é 30. Logo o ângulo pedido é 15°.

Resposta: (A) 15°

725) IFF – É melhor não usar nesse caso, o método do "macete do zig-zag", porque a linha BCDFGH não segue exatamente o padrão de "zig-zag" dos outros problemas. É mais seguro resolver pelo método tradicional. As retas inicial e final são paralelas, pois ambas são perpendiculares ao segmento AJ.

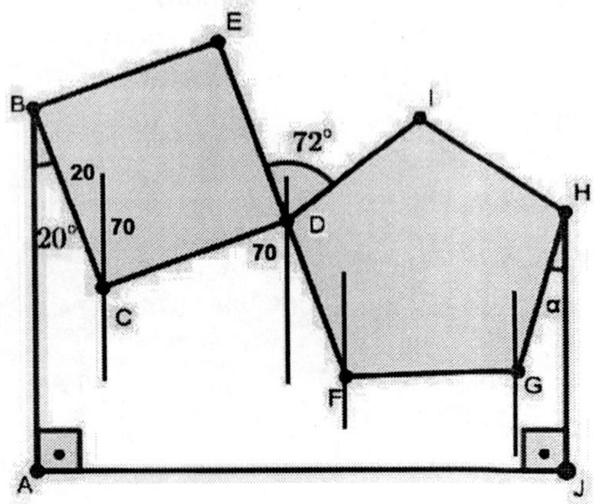

Traçamos paralelas a essas duas retas citadas, passando por C, D, F e G, assim formando vários ângulos iguais (alternos internos).

Da esquerda para a direita, identificamos os ângulos 20°, 70°, 70°.

Agora é preciso identificar a medida do ângulo CDF.

O ponto D é o encontro de vértices de um quadrado e de um pentágono regular. A soma dos ângulos internos de um pentágono é 3.180° = 540°, e sendo o pentágono regular, cada ângulo interno mede 540° ÷ 3 = 108°.

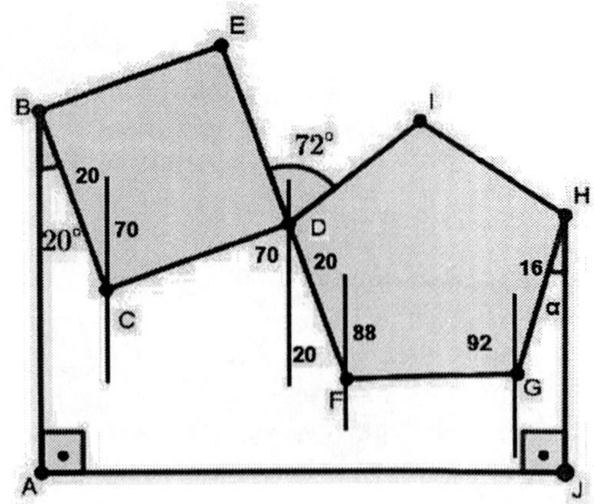

Em torno do ponto D, temos portanto os ângulos: 90°, 72° e 108°, portanto o ângulo CDF mede 90°.

Continuando assim, encontramos os próximos ângulos:

20°, 20°, 88° (108° – 20°)

O próximo ângulo é 92°, pois são colaterais internos, portanto suplementares.

O ângulo seguinte é 16° (108° – 92°), que é igual a α, por serem alternos internos.

Resposta: (B) 16°

726) CMBH – O aluno precisa desenvolver a habilidade de fazer um rascunho da figura em problemas de geometria.

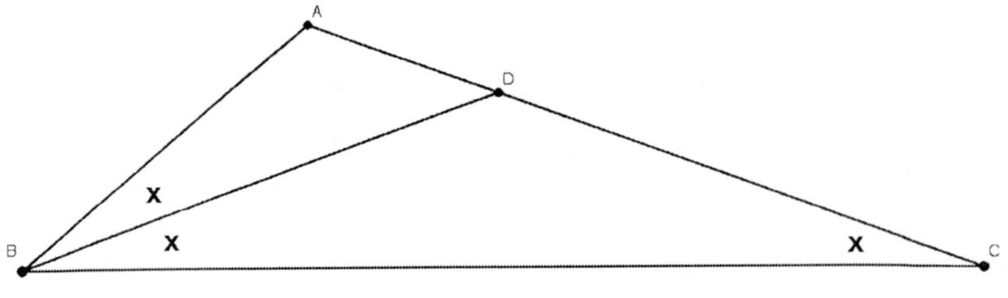

Antes de chegar ao desenho da figura definitiva, precisamos fazer um desenho simplificado "rabisco" no rascunho, e muitas vezes fazer outro mais de acordo com o enunciado, até chegar à figura definitiva. No desenho acima, o ângulo A tem 120°, que é 1/3 de uma volta completa. Se ficar mal desenhado, o aluno poderá sentir dificuldades em visualizar a solução. A bissetriz interna BD é tal que BD=DC, ou seja, o triângulo BDC é isósceles. Isso explica o fato de

existirem três ângulos indicados com **x** na figura: Os dois com vértice B são iguais porque BD é bissetriz, e aquele com vértice C também é igual porque o triângulo BDC é isósceles.
Agora levamos em conta o fato da soma dos ângulos do triângulo ABC ser 180°:

120° + 2x + x = 180° ➔ ... ➔ x = 20°.

O ângulo pedido ADB é ângulo externo do triângulo ADB, que vale a soma dos internos não adjacentes. Logo este ângulo vale x + x = 2x = 40°.

Resposta: (E) 40°

727) CMRJ – As retas DC e EF formam um feixe de paralelas (Teorema de Thales). Se os segmentos FA e FD medem 4 e 6, os segmentos correspondentes, EA e DC medem 4x e 6x, ou seja, são proporcionais a 4 e 6. Não é possível determinar o valor de x, pois o problema não tem dados suficientes.
Por outro lado, BC e DE formam outro feixe de paralelas. Então DA e DB são proporcionais a 4x e 6x.

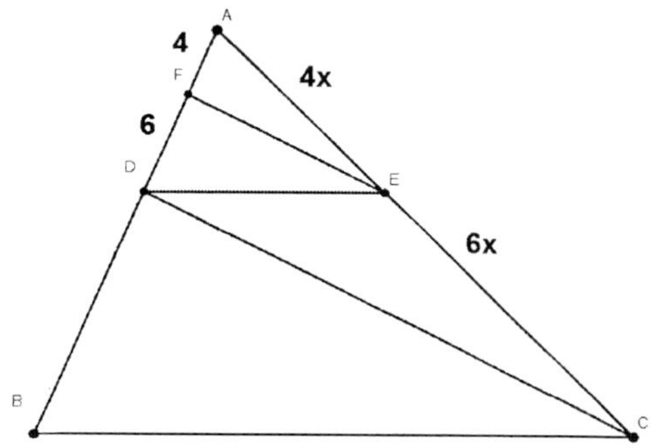

$$\frac{DA}{DB}=\frac{EA}{EC}=\frac{4x}{6x}$$

$$DB=\frac{6}{4}.DA=\frac{6}{4}.10=15$$

Resposta: (A) 15

728) CMRJ – O triângulo ABC é isósceles. Se chamarmos o ângulo $\hat{A}$ de 2x, os ângulos $\hat{B}$ e $\hat{C}$ serão iguais a 90 – x cada um. Escolhemos chamar $\hat{A}$ de 2x para não ficar com frações nos cálculos.
Como BC=BD, o ângulo BDC também vale 90 – x.
Como EA=ED, o ângulo EDA também vale 2x. O ângulo BED vale 4x, pois é ângulo externo do triângulo AED, que vale a soma dos internos não adjacentes.
Como BE=BD, o triângulo BED é isósceles, então o ângulo EDB também vale 4x.
Finalmente, em torno do ponto D, temos a soma dos ângulos valendo 180°:
2x + 4x + 90 – x = 180
5x = 90 ➔ x = 18
Se x vale 18, o ângulo pedido ACB = 90 – x, mede 72°.

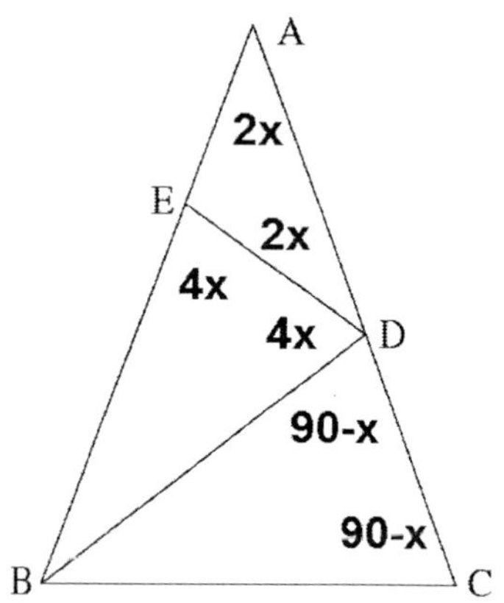

Resposta: (E) 72

729) CMRJ – A soma dos ângulos externos de um polígono regular é 360°. Se esquecer disso, é fácil lembrar.
A soma dos ângulos internos de um polígono regular é $180(n-2)$. Isso vale porque podemos sempre dividir um polígono regular em n – 2 triângulos, e com cada um contribuindo com 180, resulta na fórmula dada. Isso pode ser escrito como 180n – 360. Como cada ângulo

internos, somado com o externo correspondente, resulta em 180 graus, a soma de todo os internos, com todos os externos, resulta em 180n. Portanto a soma dos externos é:

180n – (180n – 360) = 360

O problema deu que a diferença entre as medidas do ângulo interno e do externo é 144 graus. O interno vale 180 – o externo, então:

180 – E – E = 144

E = 18

Como a soma dos externos é 360, cada um deles vale 360/n.

$$\frac{360}{n} = 18$$

$$n = 20$$

Resposta: (B) 20

730) CMB – Outra questão onde o aluno precisa desenhar a figura para resolver, habilidade que só se adquire com a prática, com a resolução de problemas.

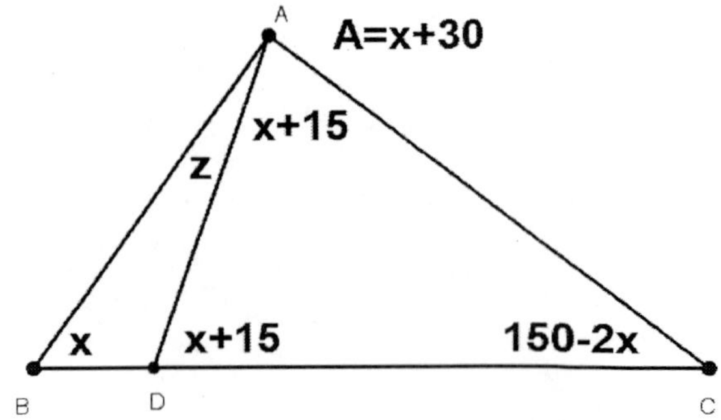

Conforme o enunciado, temos AC=CD, formando um triângulo ACD isósceles.

Como a diferença entre os ângulos CAB e ABC é 30°, podemos chamar esses ângulos de x + 30° e x.

Com ângulos de x + 30° e x, o terceiro ângulo (C) do triângulo ABC tem que ser 150° – 2x. Assim, no triângulo isósceles ACD, os ângulos iguais valem x + 15° cada um. Finalmente, no triângulo ABD, o ângulo externo D vale a soma dos internos não adjacentes, A e B. Então:

x + 15° = x + z

z = 15°

Resposta: (E) 15°

Resoluções do teste 74

731) EAM – Os ângulos opostos de um paralelogramo são iguais. Logo o ângulo $\hat{S}$ indicado na figura também vale 56°. Foi dado ainda que OS=ST, apesar da figura estar mal desenhada. Sendo o triângulo STP isósceles, pois PS=ST, seus outros dois ângulos são iguais, ou seja:

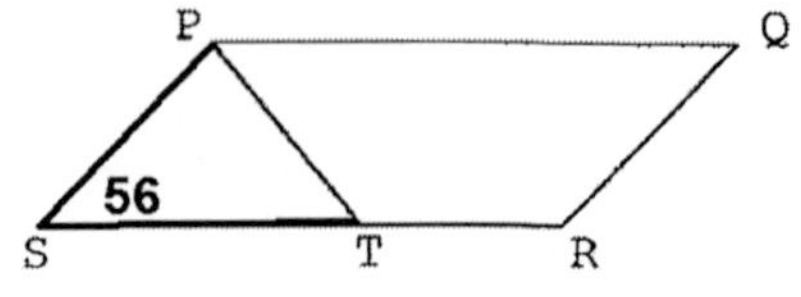

x + x + 56 = 180

2x = 124

x = 62

Resposta: (D) 62

732) EAM – Esse problema pode ser resolvido pelo "macete do zig-zag", mas para isso é preciso usar ângulos alternados. O ângulo de 140 não está alternado com x, estão ambos voltados para o mesmo lado. Então usaremos o suplemento de 140, que está alternado com x. Ficamos então com:
Esquerda: 40 + 30 = 70
Direita: x
Logo, x = 70

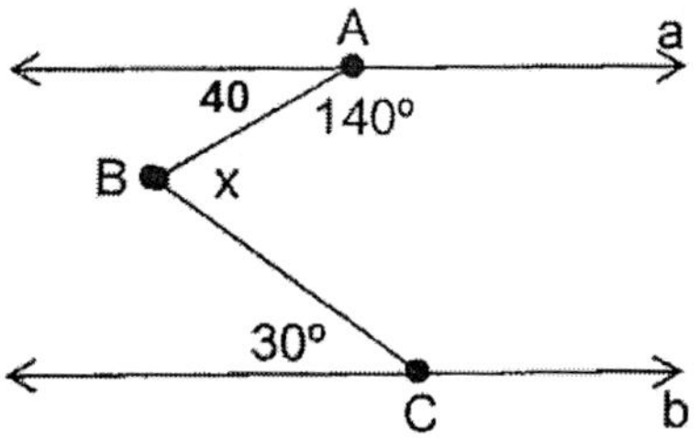

Resposta: (D) 70°

733) IFMG – Marcando os segmentos iguais, visualizaremos dois triângulos isósceles.

No triângulo ADC, temos $\hat{DAB} = 35°$
O ângulo externo é igual à soma dos internos não adjacentes, então
$\hat{ADC} = 35° + 35° = 70°$
Como o triângulo ACD é isósceles, o ângulo $\hat{ACD} = 70°$.
Como o triângulo ABC tem ângulos de 70° e 35°, o ângulo $\hat{BAC}$ mede 75°.

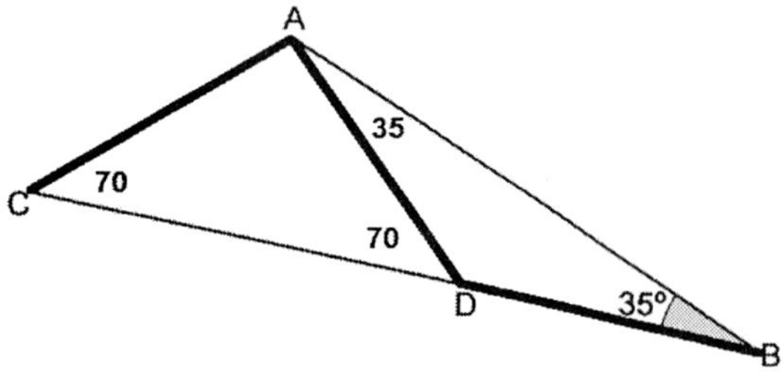

Resposta: (C) 75°

734) ETAM – Sabendo o número de diagonais, podemos encontrar o número de lados. O número de diagonais é dado pela fórmula:

$d = \frac{n(n-3)}{2}$. Com d=27, temos:

$$27 = \frac{n(n-3)}{2}$$

$$n^2 - 3n - 54 = 0$$

As soluções desta equação do 2º grau são 9 e –6. Apenas a raiz positiva é válida, pois representa o número de lados do polígono.
A soma dos ângulos internos é 180.(9 – 2) = 180×7
Sendo um polígono regular, os ângulos são iguais. Cada um deles mede:

$$\frac{180 \times 7}{9} = 140°$$

Resposta: (B) 140

735) IFMG – Se a área do quadrado é 64 cm^2, então os lados medem 8 cm. Como M e N são pontos médios, BN, CN, MC e MD medem 4 cm cada.
A área do triângulo AMN pode ser calculada como a área total (64 cm^2), menos as áreas dos três triângulos ABN, ADM (esses dois são iguais) e CMN:

$S_{ABN} = \frac{8 \times 4}{2} = 16 = S_{ADM}$, e $S_{CMN} = \frac{4 \times 4}{2} = 8$

Logo a área do triângulo AMN vale:
64 – 16 – 16 – 8 = 24

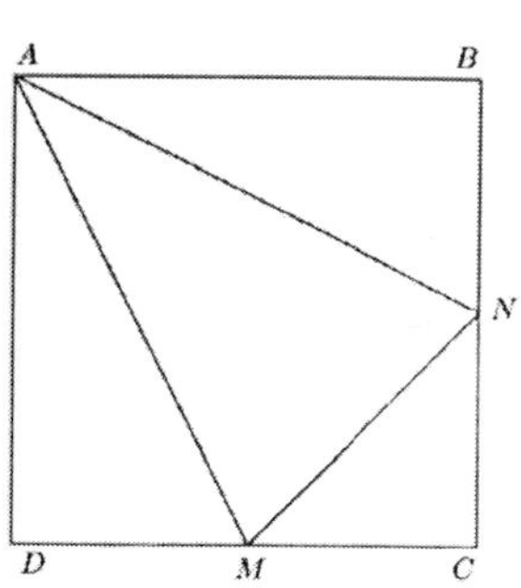

Resposta: (D) 24

736) CMBH – Duas diagonais para cada lado significa que sendo n o número de lados, o número de diagonais vale 2n.

$$\frac{n(n-3)}{2} = 2n$$
$$n-3=4$$
$$n=7$$

Resposta: (A) Heptágono

737) CMRJ – Consideremos como n e n + 7 os números de lados desses dois polígonos, já que a diferença entre o número de lados é 7.
A soma dos ângulos é
1º polígono: 180(n – 2)
2º polígono: 180(n + 7 – 2)
Soma: 180(2n + 3)
Logo 180(2n + 3) = 4140
18(2n + 3) = 414
2n + 3 = 23
n = 10
Portanto os polígonos tem, respectivamente, 10 e 17 lados.
O que temo menos vértices é um decágono.

Resposta: (C) decágono.

738) CFN – Para fazer a conta, vai ser preciso “pedir emprestado”. O número de graus da 1ª parcela vai passar a ser 89° + 60’

$$\begin{array}{r} 89° \; 60' \\ \underline{-\,45° \; 40'} \\ 44° \; 20' \end{array}$$

Resposta: (E) 44° 20’

739) CMBH – Este pode ser feito pelo “macete do zig-zag”, pois temos ângulos agudos alternados:

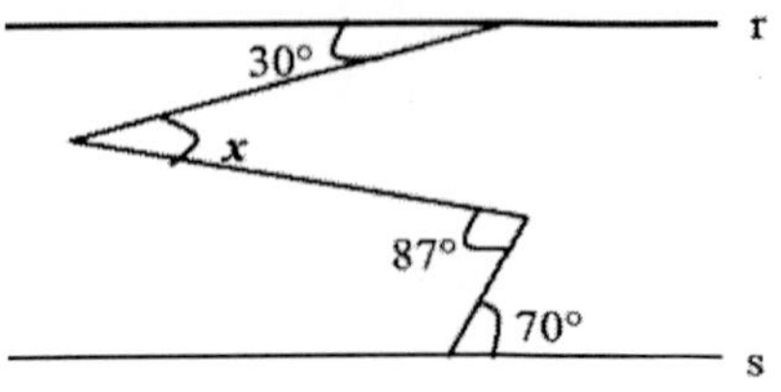

70° + x = 87° + 30°
x = 47°
O problema pergunta o complemento, o suplemento e o replemento de x:
Complemento de x = 90° – x = 43°
Suplemento de x = 180° – x = 133°
Replemento de x = 360° – x = 313°

Resposta: (E) 43°, 133° e 313°

740) CMF – Chamemos os ângulos internos A, B e C, de 2a, 2b e 2c, respectivamente (para evitar frações). Como a soma desses três ângulos é 180°, temos que a + b + c = 90°.
Como BD é bissetriz, os dois ângulos que BD forma com BA e BC são iguais a b, indicados na figura.

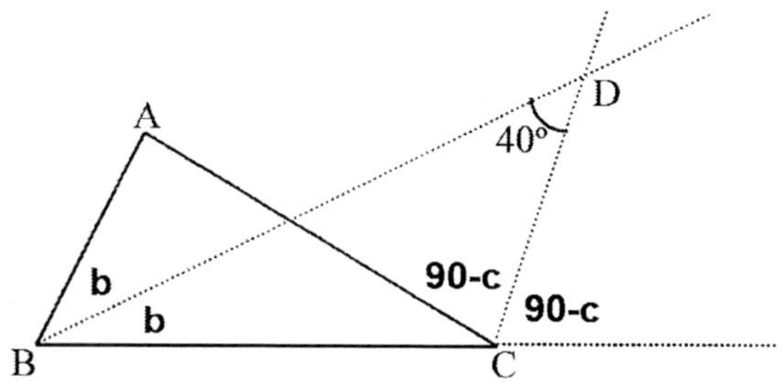

O ângulo externo C vale 180° – 2c, e cada metade do ângulo externo vale 90° – c, como indicado na figura.
Finalmente, considerando o triângulo BCD, temos que 90° – c é ângulo externo, que vale a soma dos internos não adjacentes. Ou seja,
40° + b = 90° – c
b + c = 50°
Já que a + b + c = 90°, então podemos escrever
a + 50° = 90°
a = 40°.

Resposta: (A) 40°

Resoluções do teste 75

741) CFN – A figura tem a indicação de ângulo reto no encontro das três retas. Então temos
2x + 20 + 3x – 65 = 90
5x – 45 = 90
5x = 135
x = 27

Resposta: (D) 27°

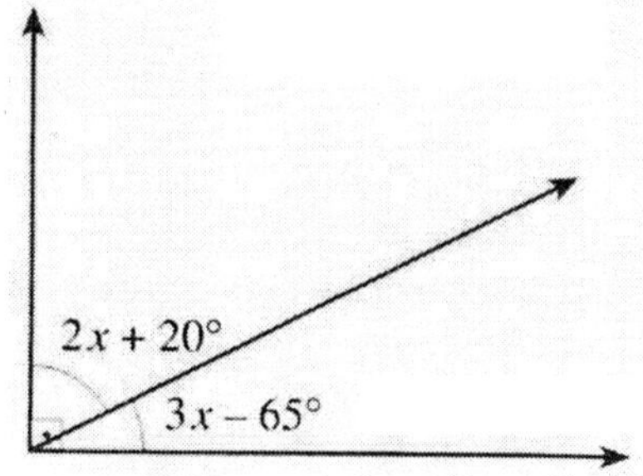

742) EAM – Se A = 40° e o triângulo ABC é isósceles, então os ângulos B e C medem (180° – 40°)/2 = 70° cada.
Da mesma forma, se B e C valem 70° cada, e os triângulos CZY e BXY também são isósceles, então seus ângulos valem: (180° – 70) °/2 = 55°.
Portanto, os ângulos CYZ e XYB medem 55° cada, logo o ângulo pedido XYZ mede 180° – 55° – 55° = 70°.

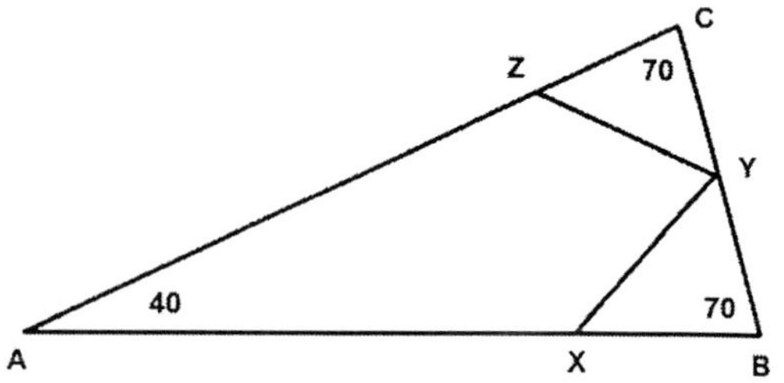

Resposta: (D) 70°

743) IFAL – No triângulo CDG, o ângulo x é externo, e vale a soma dos internos não adjacentes. Logo
$x = \alpha + 30$.
No triângulo BEF, o ângulo y é externo, e vale a soma dos internos não adjacentes. Então
$y = 37 + 38$
No triângulo ABC, $42 + x + y = 180$
$42 + \alpha + 30 + 37 + 38 = 180$
$\alpha = 180 - 42 - 30 - 37 - 38 = 33$

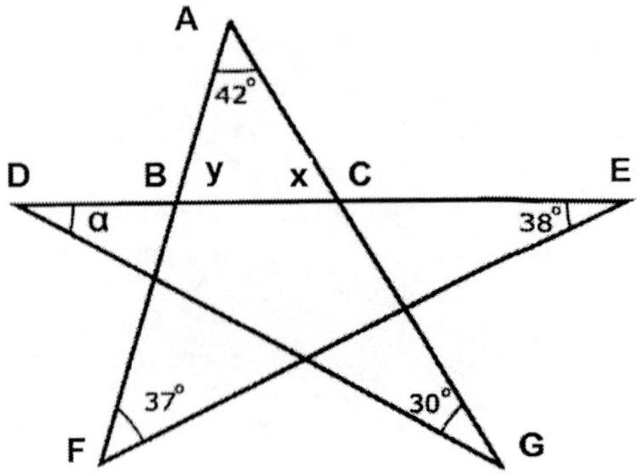

Resposta: (B) 33°.

744) IFMG – O ângulo interno de um hexágono regular é 120, e o externo é 60. Isso é fácil de calcular:
A soma dos internos é $180(n - 2) = 180.4 = 720$
Cada ângulo interno é 1/6 da soma de todos eles. Logo um ângulo interno vale $720 / 6 = 120$
O ângulo externo é o suplemento, no caso, 60.
Podemos então formar as seguintes igualdades:
$2x + 30 = 120 \rightarrow x = 45$
$3y - 15 = 60 \rightarrow y = 25$
O valor de $x + y$ é $45 + 25 = 70$

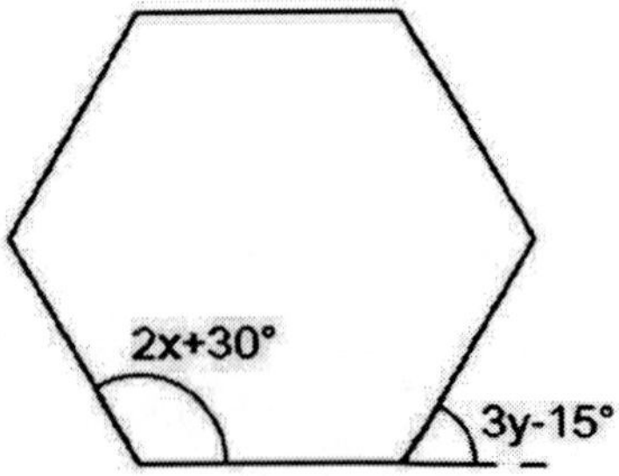

Resposta: (C) 70°.

745) IFS – Os ângulos AOC e COB são iguais. O valor $x + 30$ está no problema apenas para confundir o aluno. Já que os ângulos citados são iguais, podemos chama-los os dois de $y - 10$. Sendo assim, temos um ângulo raso valendo $2y + y - 10 + y - 10$. Como essa soma vale 180, temos que $4y - 20 = 180$, então y vale 50.
A medida de AOC é a mesma de COB, ou $y - 10 = 40$.

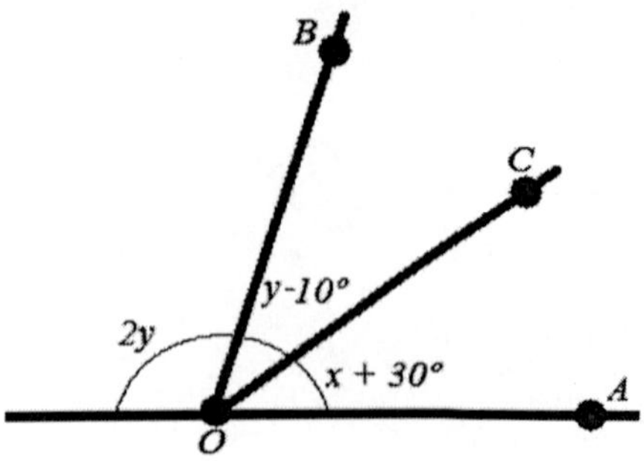

Resposta: (D) 40°

746) CMJF – Questão bastante tranquila, basta fazer o desenho e ter calma. O trapézio isósceles tem os lados não paralelos iguais. Os ângulos que uma base forma com os dois lados não paralelos são iguais.
Como o trapézio é isósceles, os triângulos ADB e BCA são iguais. Logo as diagonais formam ângulos iguais com as bases. Como COB vale 36, os ângulos CAB e DBA são iguais, e com soma 36, cada um mede 18 (medidas em graus).
Sendo DAB = 72, o ângulo DAC mede 54, assim como DBC.

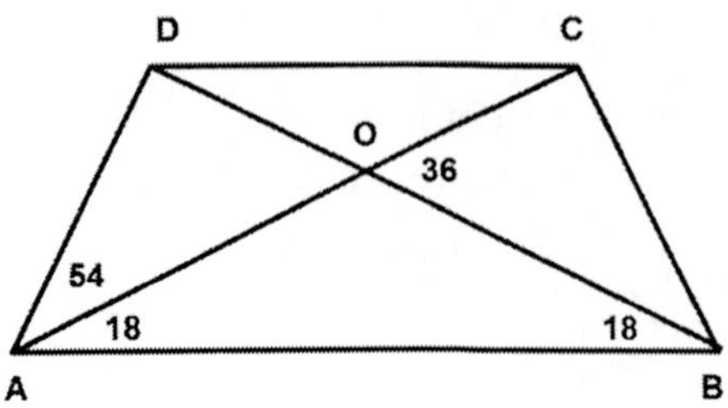

Resposta: (D) 54°

747) CMB – Se o ângulo externo mede 72°, pois a soma dos ângulos externos de qualquer polígono regular é 360°, e sendo todos iguais, o número de vértices e lados é 360/72 = 5.
O ângulo formado pelo encontro de duas bissetrizes internas de vértices consecutivos é 360/n, no caso, 360/5 = 72.

Resposta: (C) 72°.

748) CMBH – O ângulo formado entre duas bissetrizes internas está relacionado com o valor do terceiro ângulo. Fazendo o desenho do triângulo nas condições do problema, ficará fácil visualizar a solução.
Aqui está um resultado que vale a pena ser lembrando. O maior ângulo formado entre as bissetrizes internas de dois ângulos de um triângulo, vale 90° mais a metade do terceiro ângulo.

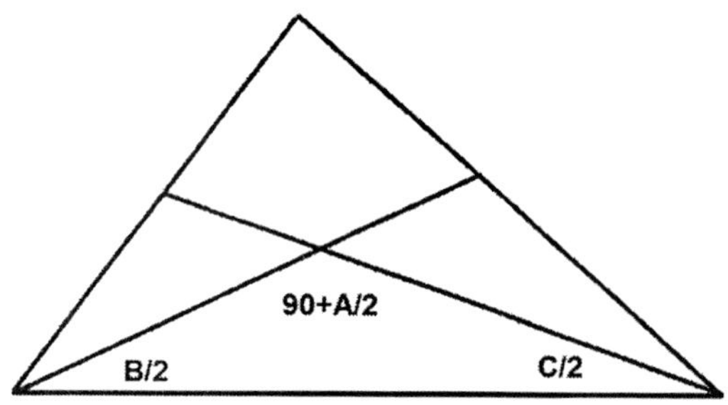

Isso é óbvio, pois este é o único valor que faz com que a soma dos três ângulos do triângulo formado entre um lado e as duas bissetrizes, resulte em 180°. Se não soubermos este resultando, chamamos este ângulo de x, e levando em conta que A+B+C=180, temos A/2 + B/2 + C/2 = 90, ou seja, B/2 + C/2 = 90 – A/2.
Usando a lei angular de Thales no triângulo formado pelas bissetrizes e pelo lado, temos:
x = 180 – B/2 – C/2 = 180 – (B/2 + C/2) = 180 – (90 – A/2) = 90 + A/2.
No nosso caso, temos 90 + A/2 = 105, então A vale 30°.
Corrigindo, no nosso problema os papéis de A e B estão trocado, então o ângulo na verdade é 90 + B/2, e o valor de B é 30.

Resposta: (D) 30°

749) CMF – Lembrando da fórmula do número de diagonais, temos:

$$d = \frac{n(n-3)}{2} = 170$$

$$n^2 - 3n - 340 = 0$$

As raízes são –17 e 20 (soma 3 e produto –340).
Portanto o valor correto é n = 20. Devemos calcular $n^2 + n = 400 + 20 = 420$

Resposta: (C) 420

750) CMJF – O ângulo interno do hexágono regular é 120°. Lembrando que pode ser facilmente calculado:
Soma dos internos = 180(n – 2) = 180.4 = 720
Cada ângulo interno = 720/6 = 120
Abatendo os 90° do quadrado, como na figura ao lado, sobram 30°. No triângulo formado, que é isósceles (tem dois lados iguais ao lado do hexágono e do quadrado, que são idênticos), ficamos com:
30° + α + α = 180°
α = (180° – 30°)/2 = 75°

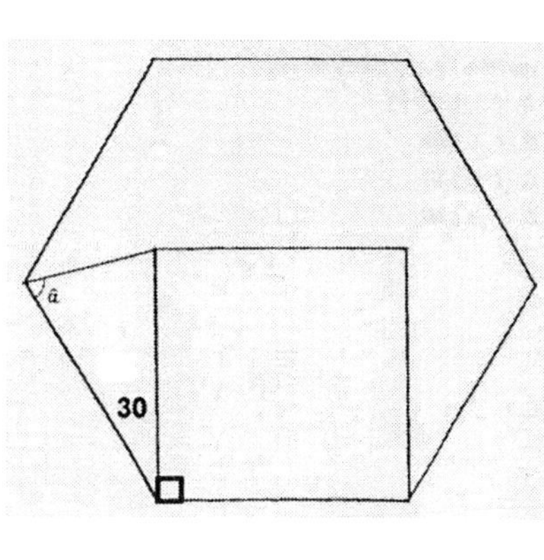

Resposta: (B) 75°

Resoluções do teste 76

751) CEFET ES – Já que as retas r e s são paralelas, podemos aplicar o "macete do zig-zag":

x + 30 = 60 + 70

x = 100

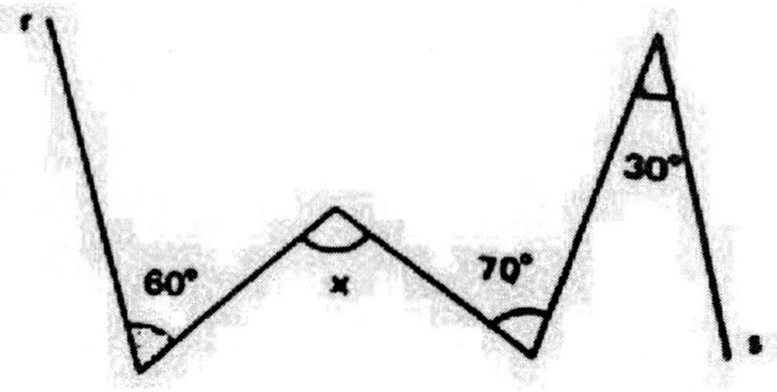

Resposta: (D) 100°

752) IFCE – Da maneira como está no enunciado, a questão poderia ser anulada. Não foi dito que o polígono é regular, apenas que é um polígono. Sem a informação de que o polígono é regular, não há como resolver o problema. A rigor, a questão deveria ser anulada. Infelizmente, o aluno não pode contar com a certeza da anulação, pois muitas vezes acaba não ocorrendo. Vamos resolver a questão considerado que trata-se de um polígono regular, que é o único tipo de polígono que permite resolução, apesar do enunciado estar incompleto.

O ângulo interno é igual a soma dos internos (= 180(n – 2)), dividida pelo número de lados.

$$\frac{180(n-2)}{n}=120$$

$$180(n-2)=120n$$

$$18(n-2)=12n$$

$$3(n-2)=2n$$

$$3n-6=2n$$

$n=6$, ou seja, trata-se do hexágono regular.

O número de diagonais pode ser calculado pela fórmula:

$d=\frac{n(n-3)}{2}$, que no caso resulta em 9.

Resposta: (D) 9

753) IFBA – Nem todo polígono tem uma circunferência inscrita. O único polígono que sempre tem uma circunferência inscrita e uma circunscrita é o triângulo. Os demais polígonos, poderão ter essas circunferências ou não. A figura ao lado mostra um decágono que tem uma *circunferência inscrita*. Todos os lados distam uma distância r (o raio) do centro do círculo, ou seja, são todos tangentes à circunferência.

A área desse polígono é formada por vários triângulos, onde a base é um lado do polígono, e a altura é o raio da circunferência. A área do triângulo indicado na figura é $r.\frac{a}{2}$

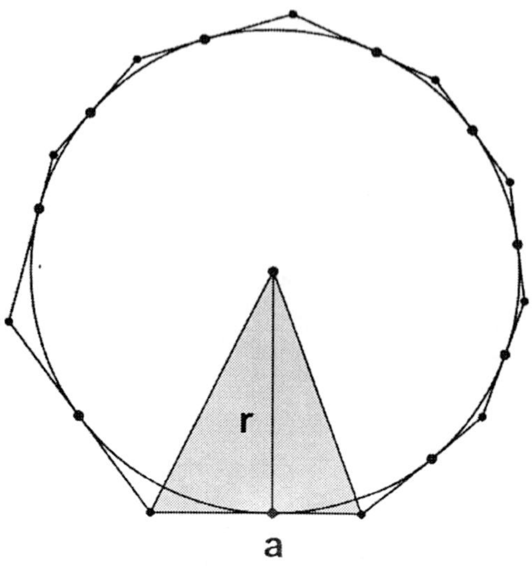

Se fizermos a mesma coisa com todos os 10 lados do decágono, ficaremos com as áreas de 10 triângulos somadas: $r.\frac{a}{2}+r.\frac{b}{2}+r.\frac{c}{2}+...+r.\frac{j}{2}=r.\left(\frac{a+b+c+d+...+j}{2}\right)$.

Ou seja, a área do polígono é igual à metade do perímetro (p = semi-perímetro), multiplicado pelo raio. Essa fórmula vale para qualquer polígono que tenha uma circunferência inscrita. Esses polígonos são chamados de *circunscritíveis*, pois podem ser circunscritos a uma circunferência.

$S = p.r$: Área do polígono circunscritível é igual ao semi-perímetro, multiplicado pelo raio do círculo inscrito.

No nosso problema, o perímetro vale 30 cm, então p=15 cm, e o raio r da circunferência inscrita foi dado como 4 cm. Então a área do decágono é

$S = 15.4 = 60$

Resposta: (A) 60 cm².

754) IFMA – A soma dos ângulos de um pentágono (n=5) é 180(5 – 2) = 540. Os ângulos do pentágono da figura, somados, resultam em 540 graus:

x + 120 + 90 + 90 + 90 = 540

x + 390 = 540 ➔ x = 150.

Outra forma de resolver é prolongar os lados CB e ED, formando um triângulo retângulo. O ângulo C desse triângulo mede 60, o suplemento de 120. Então o ângulo D mede 30, logo x vale o suplemento de 30, 150.

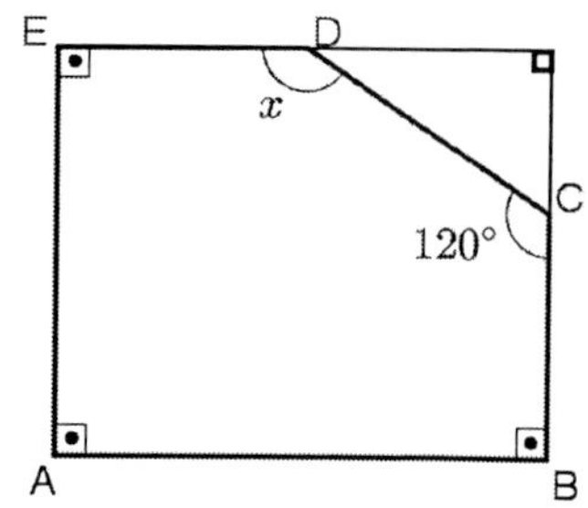

Resposta: (E) 150°

755) IFAM – Esse problema não exige que o polígono seja regular, pois lida apenas com a soma dos ângulos e com o número de diagonais. Calculemos o número de lados:

180(n – 2) = 2340

18(n – 2) = 234

n – 2 = 234/18 = 13

n = 15

O número de diagonais é dado pela fórmula $d = \frac{n(n-3)}{2}$

Fazendo n = 15, o número de diagonais resulta em 15.12/2 = 90

Resposta: (E) 90

756) CFN – O ângulo entre as retas u e s é 40° (alternos internos). Este novo ângulo de 40° é igual a x (ângulos correspondentes). No ponto de encontro entre r e u, temos:

w = x = 40° (opostos pelo vértice)

z = y = 140° (suplemento de x)

Portanto os ângulos pedidos são 140, 40, 40 e 140.

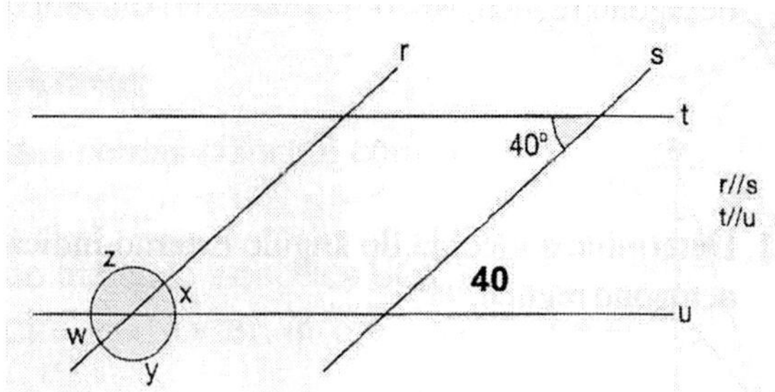

Resposta: (D) 140°, 40°, 40° e 140°.

757) CMPA – Chamamos os vértices da figura de A, B, C , D e E. Calculemos inicialmente os ângulos do triângulo ABC:

B = 40, C = 60 (interno) ➔ A = 80

O ângulo A do triângulo ADE é igual ao ângulo A do triângulo ABC (opostos pelo vértice).

Portanto no triângulo ADE temos:

A = 80, E = 20 (interno) ➔ D = x = 80

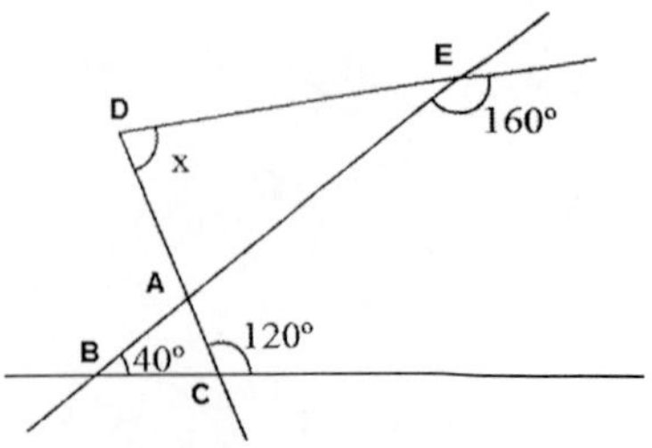

Resposta: (D) 80°.

758) CMS – Sendo r e s paralelas e t transversal, o ângulo α aparece acima, sendo o ângulo maior formado entre as retas r e t.

Foi dado que $\alpha = 3\beta$, e como sua soma é 180, temos:

$3\beta + \beta = 180$

$\beta = 45$

O problema pergunta o seno de β.

$\text{sen}(45°) = \dfrac{\sqrt{2}}{2}$

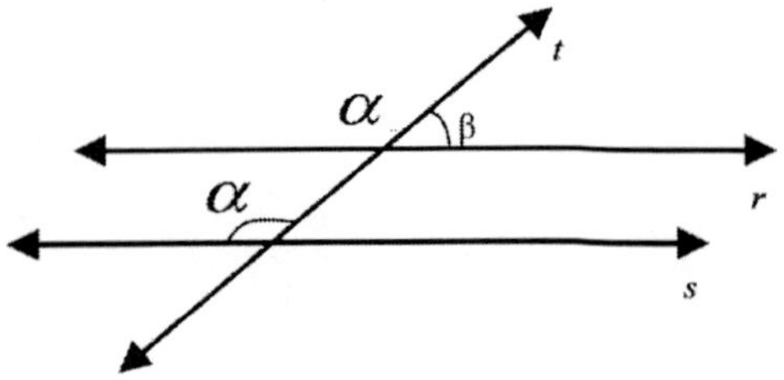

Resposta: (A) $\dfrac{\sqrt{2}}{2}$

759) CMRJ – O problema é muitíssimo maldoso, pois dá uma ideia, pelo desenho, de que as retas AB e CD são paralelas, o que não é verdade. O fato dos segmentos AB, AC e BD serem iguais, e dos segmentos AC e BD serem perpendiculares, não implica que as retas AB e CD sejam paralelas, como sugere o desenho original. O desenho ao lado respeita as mesmas condições do problema e nele não ocorre o sugerido paralelismo entre esses segmentos.

O que ocorre é que pelo fato do triângulo ABD ser isósceles, temos os ângulos A e D iguais, sendo o terceiro ângulo B=x.

D + D + x = 180

2D = 180 – x

Analogamente, no triângulo ABC isósceles, temos C = B, sendo o terceiro ângulo y:

C + C + y = 180

2C = 180 – y

Somando essas duas igualdades temos

2D + 2C = 180 – x + 180 – y

C + D = 180 – (x + y)/2

Usando o fato das retas AC e BD serem perpendiculares, temos o triângulo retângulo ABD, onde x + y vale 90.

Logo C + D = 180 – 45 = 135

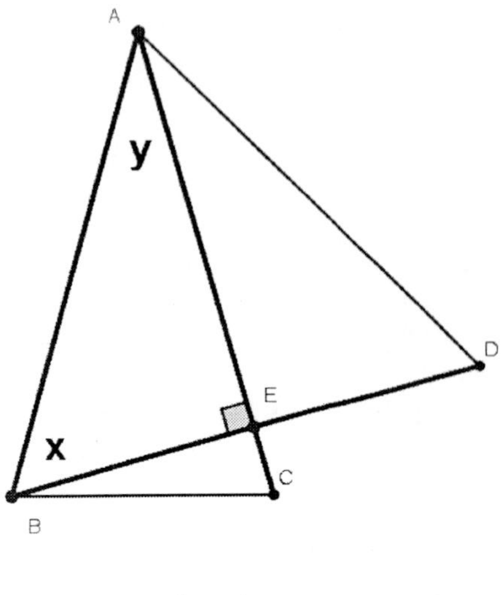

Resposta: (D) 135°

760) CMJF – Mais um problema em que cabe ao aluno fazer o desenho, sem o qual não se pode resolver a questão.

Começamos calculando o ângulo central, formado entre raios que ligam o centro a dois vértices consecutivos. Como n = 20, este ângulo vale 360/20 = 18.

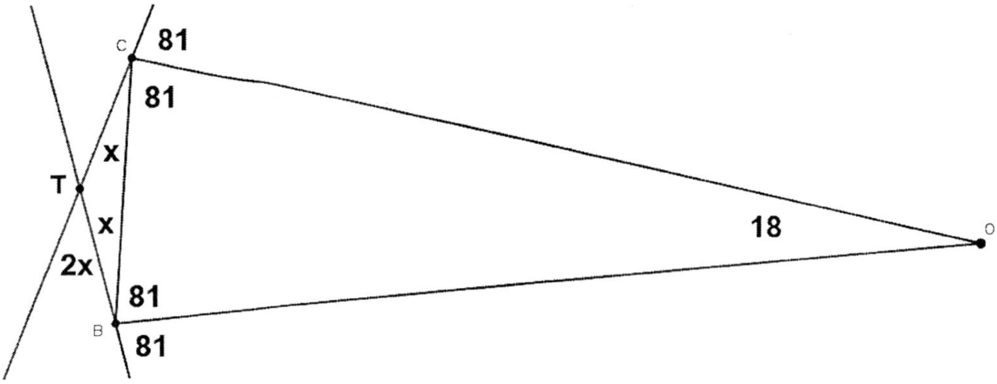

O triângulo formado entre dois vértices consecutivos e o centro do polígono tem ângulos 81, 81 e 18. Basta obrigar a soma a ser 180, ou então tomar a metade do valor do ângulo interno:

$$\frac{1}{2}.\frac{180(n-2)}{20}=81$$

Em torno de B e também de C, temos ângulos x, 81 e 81. Logo x vale 18.

No triângulo TBC, que é isósceles, o ângulo T externo vale 2x = 2.18 = 36

Portanto é 36° o ângulo menor entre os prolongamentos citados. Atenção pois o problema ainda usou uma "pegadinha" no final: é perguntado o MAIOR ângulo entre essas retas: 180° - 36° = 144°.

O uso da "pegadinha" significa o seguinte: o aluno que sabe resolver o problema e cai na "pegadinha" tem o mesmo valor que o aluno que não sabe resolver a questão. Este autor discorda de tal entendimento, mas precisa mostrar a realidade que de fato acontece nos concursos.

Resposta: (D) 144°

Resoluções do teste 77

761) IFAM - O Eneágono tem 9 lados, e o Penta decágono tem 15 lados. O número de diagonais de cada um deles é:

Eneágono: $\frac{9(9-3)}{2}=9.3$ Penta decágono: $\frac{15(15-3)}{2}=15.6$

A razão é:

$$\frac{9.3}{15.6}=\frac{3}{5.2}=\frac{3}{10}$$

Resposta: (A) 3/10

762) IFRO – Pode ser feito pelo "macete do zig-zag", mas a figura é tão simples que vamos resolver pelo método tradicional, traçando por M uma paralela às retas u e v. Fazendo isso, em M, aparecem os ângulos iguais a α e β, já que são alternos internos. Logo M = α + β

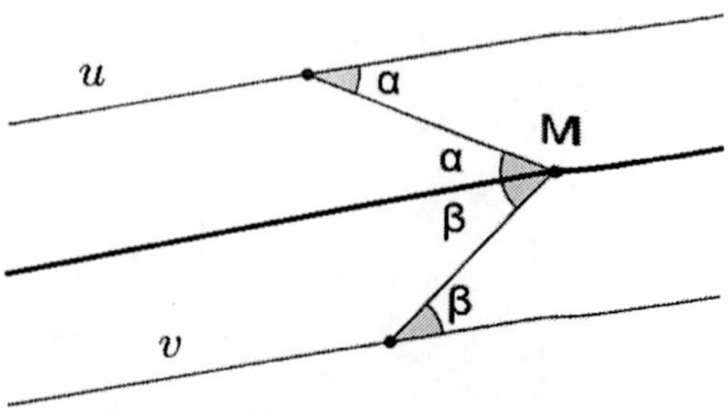

Resposta: A) a soma de α com β.

763) IFMT – O polígono ao lado é um quadrilátero. A soma dos ângulos internos de um quadrilátero é 360°. Logo, temos:

2x + 40 + 55 + 5x + 4x – 10 = 360
11x + 85 = 360
11x = 275
x = 25

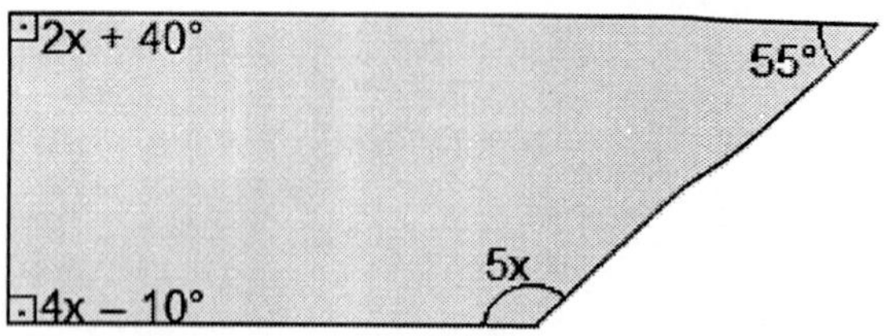

Isso já é a resposta correta do problema, mas em casos como este, é bom testar as respostas, pois existem problemas de solução impossível. Por exemplo, a figura indica que existem dois ângulos retos, e um ângulo que é o suplemento de 55. Testando esses três ângulos com x = 25, ficamos com:

2.25 + 40 = 90: OK
4.25 – 10 = 90: OK
5.25 = 125 = suplemento de 55: OK

Resposta: (B) 25°

764) CFN – Primeiro, a soma dos ângulos do pentágono é 3.180 = 540 graus.

x + x + x + x + 25 + x + 25 = 540
5x + 50 = 540
x = 98

O ângulo y é o suplemento de x (180 – x), que vale 82, e z é o suplemento de x + 25:

180 – (98 + 25) = 57
Então x=98, y = 82 e z = 57

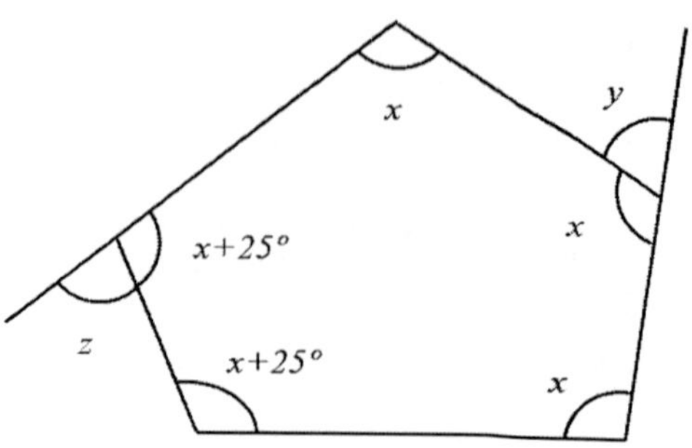

Resposta: (B) 98, 82 e 57

765) IFMT – Em um feixe de paralelas, os segmentos determinados em transversais são proporcionais (Teorema de Thales). Logo temos:

$$\frac{x}{15} = \frac{16}{12}$$

$x = 20$

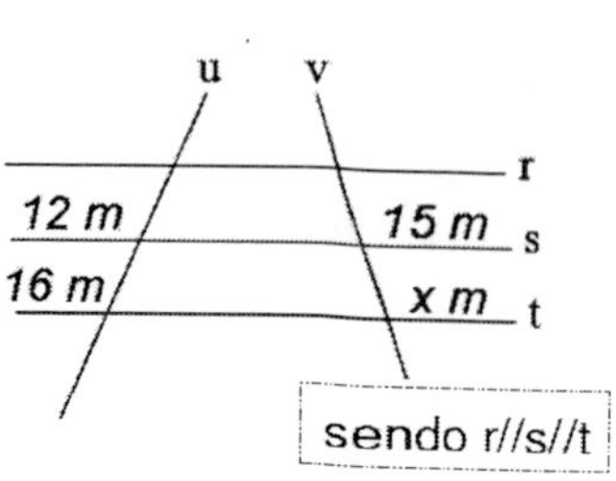

Resposta: (B) 20 m

766) IFTO – Como os lados DE e BC são paralelos, os triângulos ADE e ABC são semelhantes, pois seus ângulos são iguais. Podemos armar a semelhança, relacionando os lados homólogos de um triângulo com os do outro. Os lados homólogos conhecidos são os catetos:

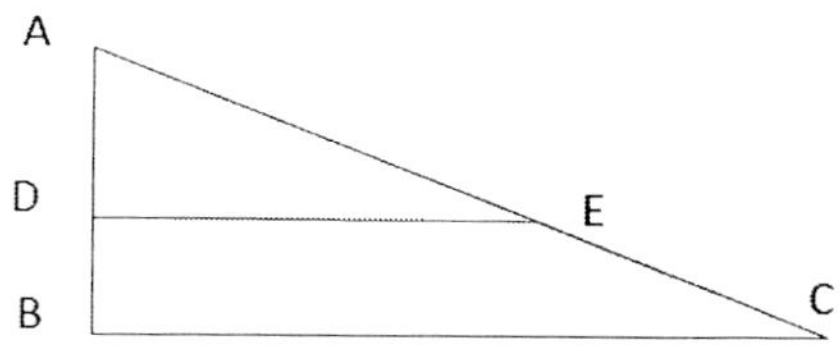

$$\frac{cateto\ menor\ de\ \mathbf{A}DE}{cateto\ menor\ de\ ABC} = \frac{cateto\ maior\ de\ \mathbf{A}DE}{cateto\ maior\ de\ ABC}$$

$$\frac{AD}{AD+12} = \frac{6}{10}$$

Chamar os catetos de "maior" ou "menor" é força de expressão, porque a figura dada no enunciado da questão está totalmente fora de escala, mas isso não invalida a solução.

$$\frac{AD}{AD+12} = \frac{3}{5}$$

$$5AD = 3AD + 36$$

$$2AD = 36$$

$$AD = 18$$

Resposta: (C) 18 m.

767) IFMS – Sendo um quadrilátero, a soma dos ângulos internos é 360 graus:

3x – 5 + 7x + 5 + 5x + 5 + 8x + 10 = 360

23x = 345

x = 15

Logo os ângulos A, B, C e D, nesta ordem, medem:

40°, 110°, 80° e 130°.

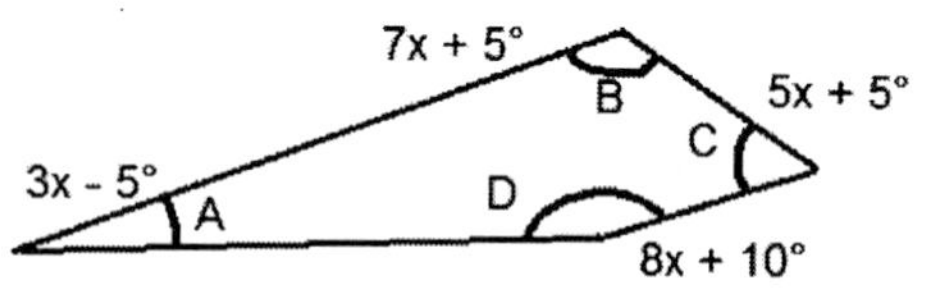

Resposta: (C) 40°, 110°, 80° e 130°.

768) CMBH – Analisando as afirmativas, temos:

(A) O quadrilátero formado pelos pontos médios dos lados de um quadrilátero convexo é sempre um paralelogramo. CERTO. Os segmentos que ligam os pontos médios dos lados são paralelos e valem a metade da diagonal correspondente.

(B) Não se pode inscrever num círculo um trapézio isósceles. ERRADO, basta traçar duas cordas paralelas, mesmo com tamanhos diferentes.

(C) A média aritmética entre as medidas da base média e da mediana de Euler de um trapézio é igual à quarta parte da medida da base maior do trapézio. ERRADO. Sendo B e b as bases do trapézio (maior e menor) a base média vale (B+b)/2, e a mediana de Euler mede (B – b)/2. Somando e dividindo por 2, resulta na metade da base maior, e não na quarta parte.

(D) Os ângulos internos opostos de um quadrilátero convexo são sempre iguais. ERRADO, podemos construir quadriláteros com ângulos quaisquer, desde que respeitada a soma de 360 graus.

(E) Nunca se pode circunscrever um retângulo a um círculo. ERRADO. O quadrado é um retângulo, e pode ser circunscrito em um círculo.

Resposta: (A)

769) CMF – Um tipo de problema que não basta olhar a figura a encontrar a solução. É preciso fazer um "traçado mágico", o que só se aprende com a experiência na resolução de problemas.

O primeiro trabalho é fazer a figura conforme descrito no enunciado. O triângulo ABC ao lado traz todas as condições do problema:

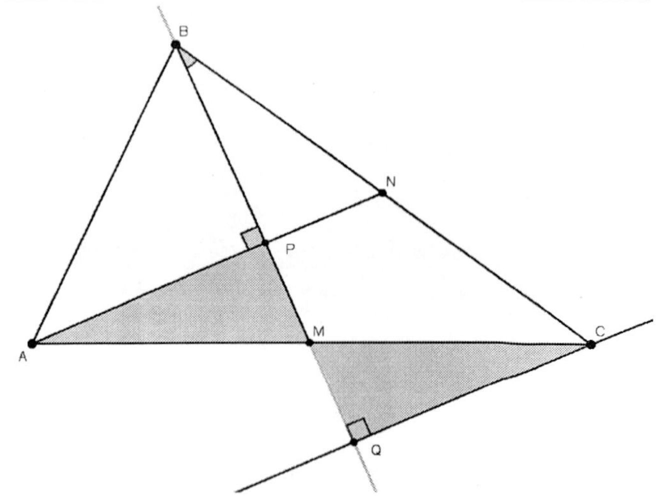

- BM é a mediana relativa ao lado AC;
- o ponto N pertence ao lado BC e o segmento de reta AN é perpendicular a BM;
- o ponto P é a interseção dos segmentos AN e BM;
- a medida de BC é o dobro da medida de AP.

A "pista" para resolver o problema é a condição "BC é o dobro de AP". Quais propriedades da geometria você conhece onde um segmento é o dobro do outro, temos o envolvimento de um ângulo reto e queremos saber outros ângulos?

A propriedade que lembra isso é:

"O cateto oposto a 30° vale a metade da hipotenusa".

Se prolongarmos a mediana CM e traçarmos um perpendicular CQ, os dois triângulos formados são congruentes, e teremos AP=CQ.

Como BC = 2.AP, temos que BC = 2.CQ

Ou seja, considerando o triângulo retângulo BCQ, temos que o cateto CQ vale a metade da hipotenusa BC. Logo o ângulo QBC vale 30°. Então levando em conta o triângulo retângulo BPN, temos que o ângulo ANB vale 60°.

Resposta: (A) 60°.

770) CMJF – Questão para o aluno mostrar que conhece os pontos notáveis do triângulo: Encentro, circuncentro e baricentro (faltou apenas o baricentro, que é o encontro das medianas).

I. O incentro é o ponto de encontro das bissetrizes internas de um triângulo.

CERTO, o incentro é de fato o encontro das bissetrizes internos.

II. A mediana relativa à hipotenusa de um triângulo retângulo é igual à metade da hipotenusa.

CERTO. Basta tomar um retângulo e traças as diagonais, que são iguais e cortam-se ao meio. Cada diagonais divide o retângulo em dois triângulos retângulos, e a cada metade da diagonal cortada, é a mediana relativa à hipotenusa.

III. O centro da circunferência circunscrita a um triângulo é denominado circuncentro.

CERTO.

IV. O ortocentro é o ponto de encontro das retas suportes das alturas de um triângulo.

CERTO

Resposta: (B) Todas são verdadeiras.

Resoluções do teste 78

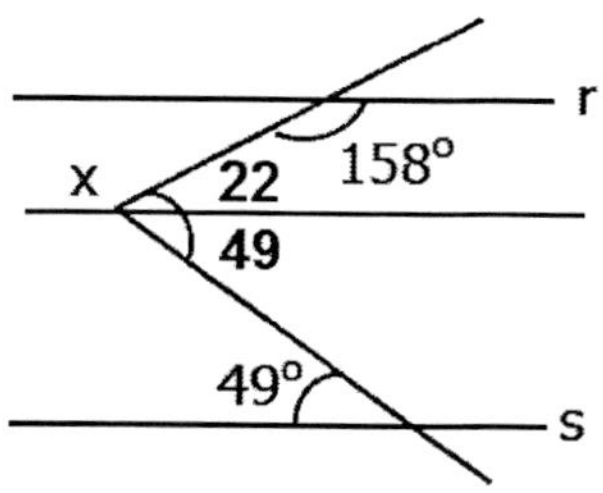

771) IFAM – As bancas examinadoras gostam desse tipo e problema, mas simplesmente usar o "macete do zig-zag" pode levar o aluno ao erro. Os ângulos envolvidos devem ser alternados ao longo da poligonal usada. Neste problema, os ângulos de 49° e x estão em lados alternados, mas o ângulo de 158° não, seria preciso usar o seu suplemento. Sempre podemos resolver a questão com mais segurança usando o princípio geométrico básico: traçamos pelo vértice do ângulo x uma paralela às retas r e s, e então calculamos as partes em que o ângulo x fica dividido:
Uma parte valendo 22° (colaterais internos) e uma valendo 49° (alternos internos). O ângulo x vale a soma
22° + 49° = 71°.

Resposta: (D) 71°

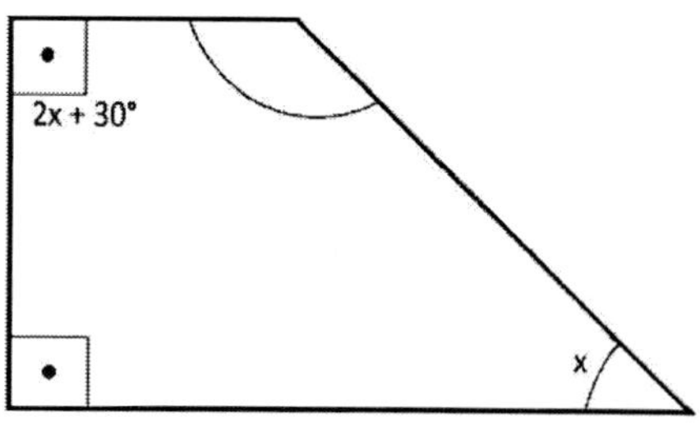

772) IFMT – O ângulo 2x + 30 é reto, então temos
2x + 30 = 90 ➔ x = 30°
Portanto o ângulo agudo do trapézio vale x = 30°, e o ângulo obtuso é seu suplemento, 150°.

Resposta: (A) 30° e 150°

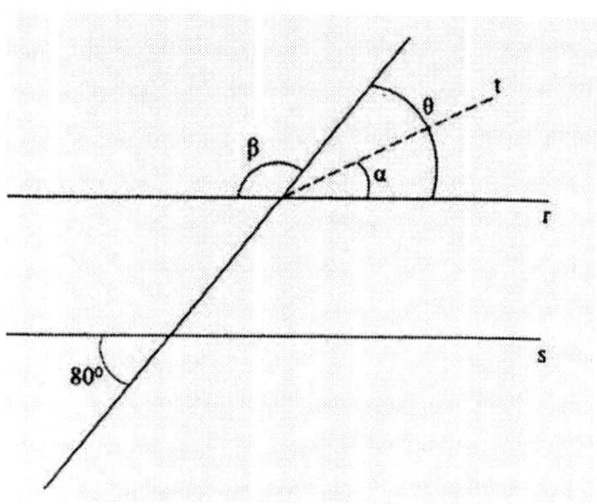

773) CFN – Uma transversal forma ao todo 8 ângulos com duas paralelas, sendo que desses 8 ângulos, com duas medidas: 4 têm um valor, e 4 valem o suplemento deste valor.
Na figura, o ângulo θ vale 80°, e β vale seu suplemento, 100°. Como a reta t é bissetriz do ângulo θ, o ângulo α mede 40°.

Resposta: (E) 40° e 100°

774) EAM – Lembremos da fórmula do número de diagonais de um polígono de n lados:

$$d = \frac{n(n-3)}{2}$$

A justificativa da fórmula é a seguinte: de cada lado, podemos traçar n – 3 diagonais. Isso porque estamos descontando 3 lados do total: um é o próprio lado, e dois são os lados adjacentes ("vizinhos"). Como de cada vértice podemos traçar n – 3 diagonais, o número total é n(n – 3).... mas está faltando uma coisa: dividir esse total por 2, caso contrário, estaremos contando em dobro cada diagonal.
O número de diagonais do pentágono é:

$$\frac{n(5-3)}{2} = 5$$

Portanto, no polígono do problema, de cada lado podemos traçar 5 diagonais. Como esse número é (n – 3), significa que nosso polígono tem 8 lados, ou seja, é um octógono.

Resposta: (C) Octógono

775) IFRS – Sem olhar para a figura, essas informações já nos permitem saber as medidas dos lados dos quadrados. A área é o valor do lado elevado ao quadrado, o que é o mesmo que dizer que o lado é a raiz quadrada da área. Lembrando que $625 = 25^2$ e que $225 = 15^2$, descobrimos que os lados dos quadrados maior e menor são, respectivamente, 25 e 15.

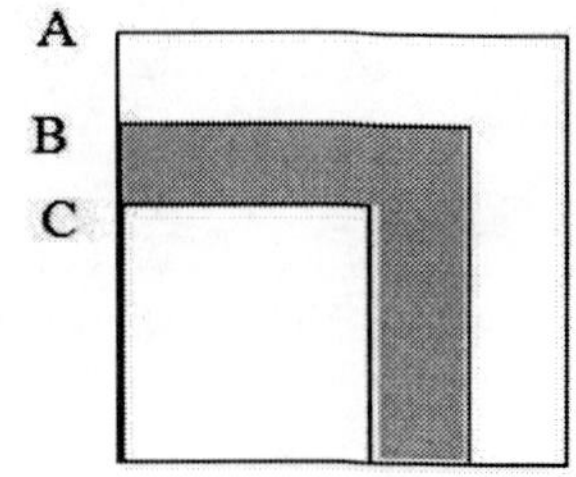

Como AB=BC, B é o ponto médio de AC. Como AC vale 10 (a diferença entre os lados do quadrado, maior e menor), temos que o lado do quadrado médio vale 15 + 5 = 20.
A área sombreada é igual à área do quadrado médio (400), menos a área do quadrado menor: 400 – 225 = 175.

Resposta: (A) 175

776) IFSC – Como o ângulo $\hat{A}$ mede 20°, os ângulos $\hat{B}$ e $\hat{C}$ medem 80° cada um. Levando em conta que CE e BF são bissetrizes, os ângulos $C\hat{B}F$ e $B\hat{C}E$ medem, cada um, 40°. Finalmente, no triângulo BCD, temos que o ângulo pedido é um ângulo externo, que vale a soma dos internos não adjacentes, ou seja, 40° + 40° = 80°.

Resposta: (E) 80°

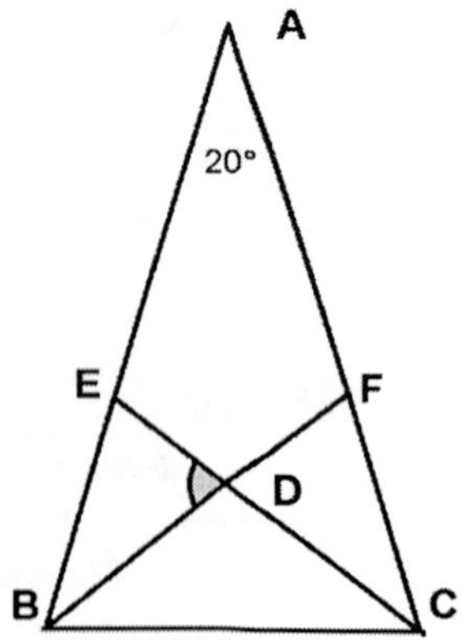

777) CMJF – Os triângulos MBC e NDC são semelhantes, pois têm os ângulos iguais. Chamando o lado do quadrado de x, temos que MB = m – x, e ND = n – x. Armando a semelhança, ficamos com:

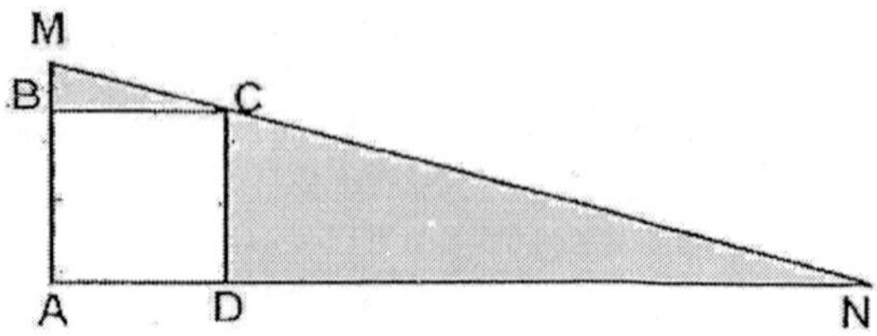

$$\frac{MB}{BC} = \frac{CD}{DN}$$

$$\frac{m-x}{x} = \frac{x}{n-x}$$

$$mn - mx - nx + x^2 = x^2$$

$$x = \frac{mn}{m+n}$$

Resposta: (A)

778) CMM – Um problema que pode ser resolvido com uma semelhança de triângulos e uma aplicação do Teorema de Pitágoras. Existem na figura, dois triângulos cujos catetos são os postes. No triângulo menor, o cateto horizontal é x e a hipotenusa é 4, o prolongamento do fio. No triângulo maior, o cateto horizontal é 4 + x e a hipotenusa é 9. Ficamos com:

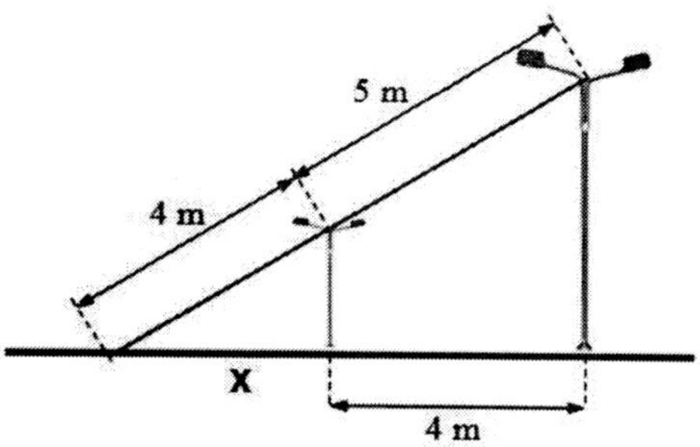

$$\frac{x}{4} = \frac{x+4}{9}$$
$$9x = 4x + 16$$
$$5x = 16$$
$$x = 3{,}2$$

Para facilitar os cálculos, é melhor trabalhar com frações, pois em geral resultam em menos contas que números decimais:

x = 16/5, e o cateto horizontal do triângulo maior é x + 4 = 16/5 + 4 = 36/5.

Agora podemos usar o Teorema de Pitágoras no triângulo maior. Sendo h a altura do poste maior, temos:

$9^2 = h^2 + (36/5)^2$

$$h^2 = 81 - \left(\frac{36}{5}\right)^2 = \frac{2025 - 1296}{25} = \frac{729}{25}$$

729 é 27 elevado ao quadrado...

$$h = \frac{27}{5} = 5{,}4$$

Uma outra forma de fazer esses cálculos de forma mais fácil é a seguinte:

A hipotenusa 9 pode ser escrita como 10 x 0,9. O cateto horizontal mede 7,2, que 8 x 0,9. Lembrando do triângulo retângulo de lados 6 – 8 – 10, temos que o cateto vertical, que é a altura do poste pode ser calculado pela proporcionalidade dos lados desse triângulo:

10 × 0,9; 8 × 0,9 e 6 × 0,9 = 5,4.

Resposta: (A) 5,4 m

779) CFN – A questão tem uma "pegadinha" para quem apenas memoriza fórmulas sem entender o seu significado. A letra **p** na geometria é usada para representar o semi-perímetro, mas o fato de aparecer uma letra **p** em um problema não significa que esta regra é válida, ou seja, o **p** existente na figura não é o semi-perímetro, pois o problema não fez tal afirmação.

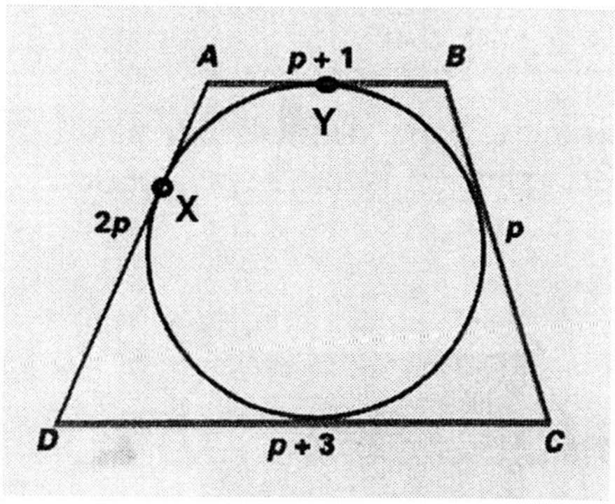

O que temos que saber para resolver o problema é que este é um *quadrilátero circunscritível.* Sua propriedade é que a soma dos lados opostos tem valores iguais, se tomados dois a dois, ou seja, AB + CD = AD + BC.

Isso ocorre porque se tomarmos os pontos de tangência entre a circunferência e os lados, as medidas são iguais. Por exemplo, na figura, temos AX = AY. Fazendo o mesmo com todos os vértices e pontos de tangência, chegamos à conclusão que AB + CD = AD + BC. Ficamos então com:

p + 1 + p + 3 = 2p + p

p = 4.
Logo os lados são: 5, 4, 7 e 8. O perímetro vale esta soma, 24.

Resposta: A) 24

780) CFN – Basta calcular todos os segmentos, em função das informações do problema:

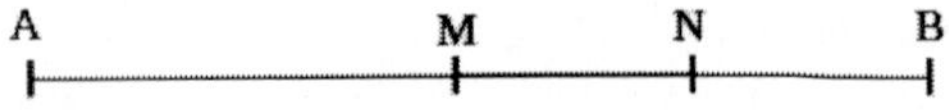

AB = 100
M médio de AB → MA=MB=50
N médio de MB → NM=NB=25
Logo a razão pedida NA/NB vale 75/25 = 3.

Resposta: (B) 3

Resoluções do teste 79

781) CEFET ES – Como o octógono é regular, temos um ângulo central medindo 1/8 de 360°, ou seja, x = 45°.
O triângulo formado é isósceles, pois dois de seus lados são iguais ao raio da circunferência. Os ângulos desse triângulo são x, y e y, então 2y vale 180° – x.
Portanto, 2y vale 180° – 45° = 135°.

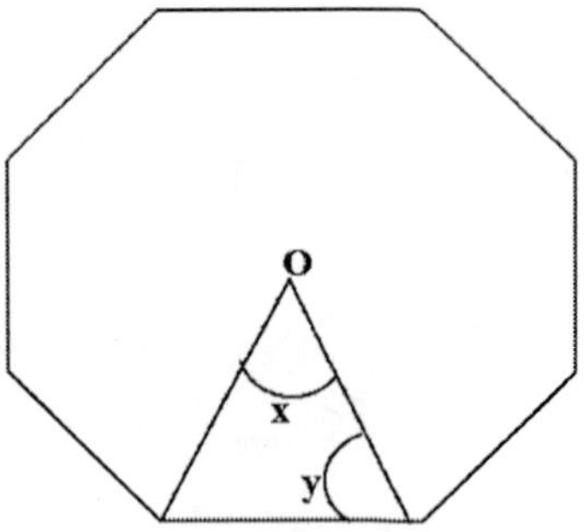

Resposta: (E) 135°

782) IFAM – Já que OB é bissetriz de AOC, os ângulos AOB e BOC são iguais.
$5x - 35 = 2x + 10$
$3x = 45$
$x = 15$
O ângulo AOB mede $5 \times 15 - 35 = 40$

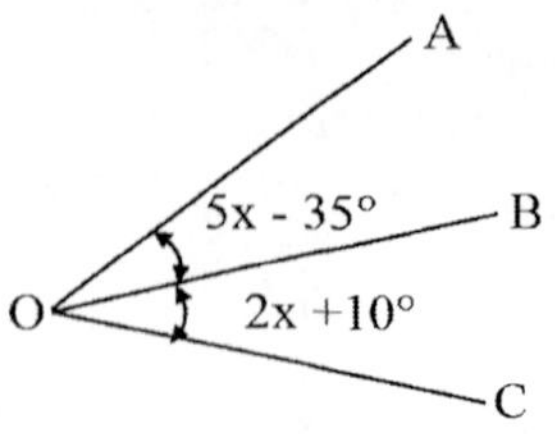

Resposta: (C) 40°

783) IFGO – Os segmentos BC e DE formam um feixe de paralelas. Pelo Teorema de Thales, sabemos que a relação entre segmentos correspondentes se mantém. Como AE é o dobro de AD, significa que segmentos da reta que passa por A e C valem o dobro de segmentos correspondentes da reta que passa por AB. Assim sendo, 50 é o dobro de AB, ou AB=25.

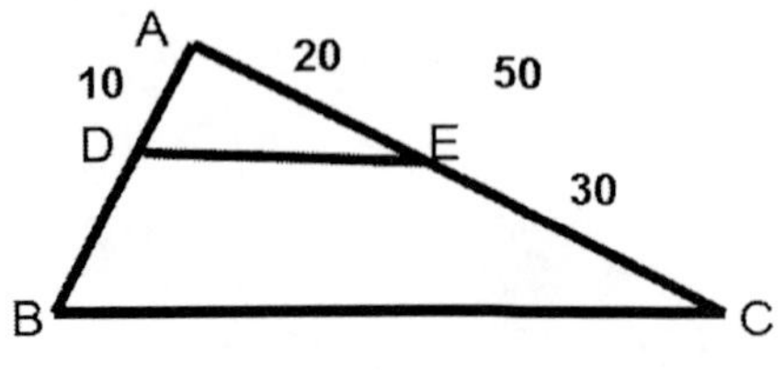

Resposta: (C) 25 cm

784) CEFET RJ – Em torno do ponto D, além do ângulo de 120° indicado, temos dois ângulos de 30°. ADC vale 30 porque ângulos opostos de um paralelogramo são iguais.

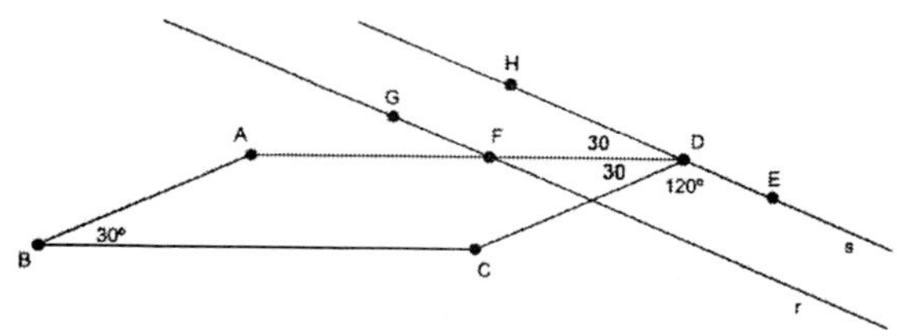

O ângulo HDF também vale 30°, para que sejam completados 180° em torno do ponto D. O ângulo DFG vale o suplemento de 30° (colaterais internos), portanto, 150°.

Resposta: (D) 150°

785) FAETEC – O valor de cada lado é o perímetro dividido pelo número de lados. Este valor foi dado como sendo também igual a n – 1. Temos então:

$\frac{30}{n} = n - 1$ ➔ $n^2 - n - 30 = 0$

Esta equação do 2º grau tem raízes 6 e –5. Sendo n o número de lados, não pode ser –5, e resta a raiz positiva, n = 6. Trata-se de um hexágono.

Resposta: (C) hexágono

786) IFAM – A reta AD é a bissetriz interna do ângulo CAB. Lembremos que a bissetriz tem duas propriedades, que são equivalentes:
a) Divide o ângulo ao meio
b) Seus pontos equidistam dos lados do ângulo.
Como AD é bissetriz de CAB, podemos usar o *Teorema das bissetrizes*, que diz o seguinte:
"Uma bissetriz interna de um triângulo divide o lado oposto em segmentos proporcionais aos lados adjacentes ao ângulo". Ou seja:

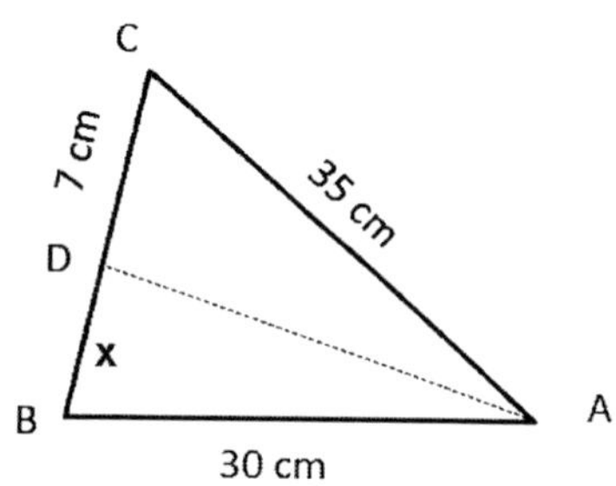

$\frac{x}{7} = \frac{30}{35}$ ➔ $x = 6$

Com x valendo 6, o lado BC mede 6 + 7 = 13.

Resposta: (E) 13 cm

787) CFN – Em qualquer triângulo, cada lado tem que ser menor que a soma dos outros dois. Isso se chama *desigualdade triangular*.

(A) 12 cm, 10 cm e 8 cm. SIM. Temos 12<18, 10<20 e 8<22
(B) 12 cm, 10 cm e 2 cm. NÃO. 12<10+2 está errado.
(C) 16 cm, 10 cm e 26 cm. NÃO. 26<10+16 está errado.
(D) 16 cm, 10 cm e 5 cm. NÃO. 16<10+5 está errado
(E) 12 cm, 15 cm e 30 cm. NÃO, 30<12+15 está errado

Resposta: (A) 12 cm, 10 cm e 8 cm.

788) EAM – Se são proporcionais a 2, 7 e 9, podemos chama-los de 2x, 7x e 9x. A soma vale 180°, que é 18x.
180 = 18x ➔ x = 10
Então os ângulos são 2x=20, 7x=70 e 9x=90. O menor dos ângulos é 20°.

Resposta: (E) 20°

789) CMB – Quando marcamos os pontos médios dos lados de um triângulo e os ligamos, estamos formando quatro triângulos congruentes, ou seja, com os lados e ângulos iguais, e também com as mesmas áreas. Se a área do triângulo original (XYZ) é 100 dm^2, a área de cada um desses quatro triângulos menores é 25 dm^2.

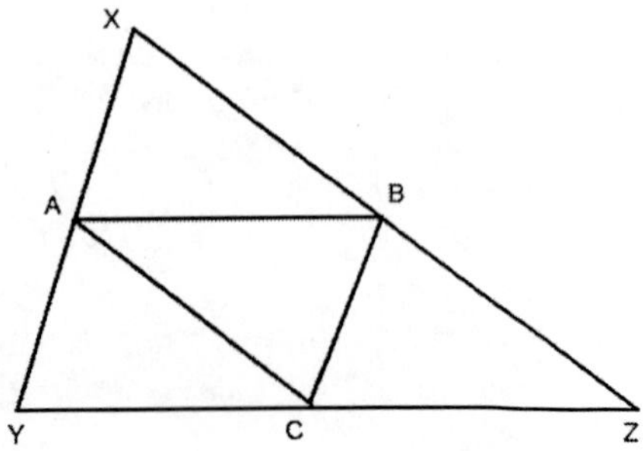

Logo a área do quadrilátero AXYB é:
$25\ dm^2 + 25\ dm^2 + 25\ dm^2 = 75\ dm^2$
Para passar para m^2, temos que andar duas casas para a esquerda com a vírgula, o que resulta em 0,75 m^2.

Resposta: (D) 0,75 m^2

790) CMBH – Formamos dois triângulos semelhantes. Armando a semelhança ficamos com:

$$\frac{8}{x} = \frac{10}{x+5}$$
$$8x + 40 = 10x$$
$$x = 20$$

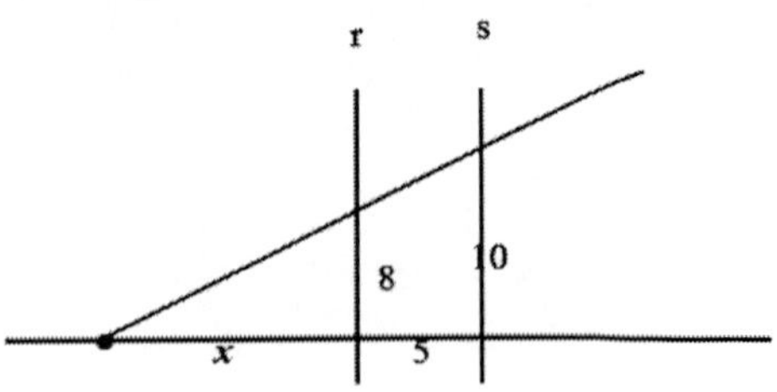

Resposta: (E) 20

Resoluções do teste 80

791) CTUR – Pelo Teorema de Thales, existe uma proporcionalidade entre os segmentos das duas transversais, delimitado pelas paralelas. Foi dado que a frente total (A+B) mede 80 metros. Nos fundos, este total mede 75 metros, e as partes medem 30 e 45. Ou seja, a razão entre a medida do lote B, em relação ao total, é a mesma, na frente e nos fundos.
Fundos: 45/75
Frente: B/80
Logo, temos:

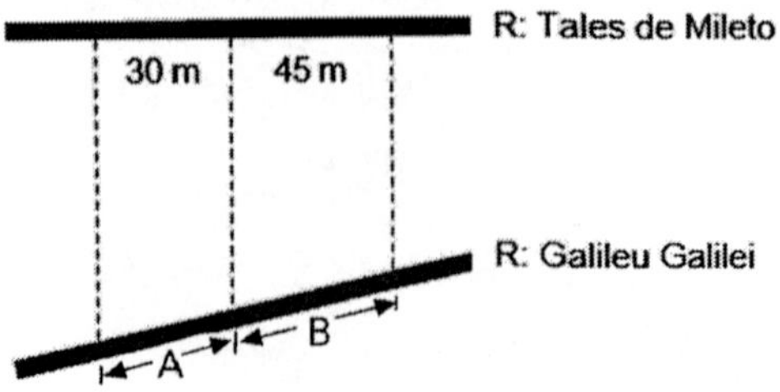

$$\frac{45}{75} = \frac{B}{80} \rightarrow \frac{3}{5} = \frac{B}{80} \rightarrow \frac{3}{1} = \frac{B}{16}$$

$$B = 48$$

Resposta: (A) 48

792) IFRJ – Problemas com medidas de lados de trapézios geralmente se resolvem dividindo o trapézio em um paralelogramo e um triângulo. No caso, como trata-se de um trapézio retângulo, temos um retângulo e um triângulo retângulo. O triângulo retângulo formado tem hipotenusa 250, e seu cateto no sentido vertical tem 275 – 125 = 150 metros.
250 e 150 são números proporcionais a 5 e 3.

Logo este triângulo tem seus lados proporcionais a 3, 4 e 5. O cateto no sentido horizontal do mapa mede 4.50 = 200. Esta medida é a mesma dos fundos do terreno. Logo seu perímetro é:

125 + 250 + 275 + 200 = 850 metros.

Resposta: (B) 850

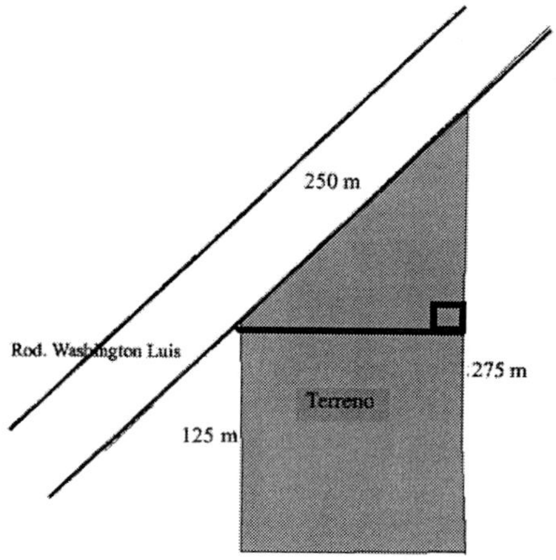

793) IFAL – Como MN e BC são paralelos, os triângulos AMN e ABC são semelhantes. A razão de semelhança é 20/30, o mesmo que 2/3. Então a razão x/x+10 (AM/AB) também é 2/3:

$$\frac{x}{x+10}=\frac{2}{3}$$
$$3x=2x+20$$
$$x=20$$

Resposta: (B) 20

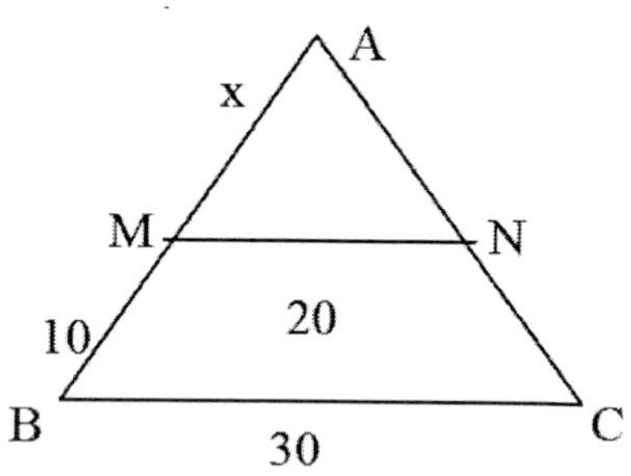

794) IFPI – O problema fala sobre um triângulo retângulo com uma circunferência inscrita, então façamos o desenho.

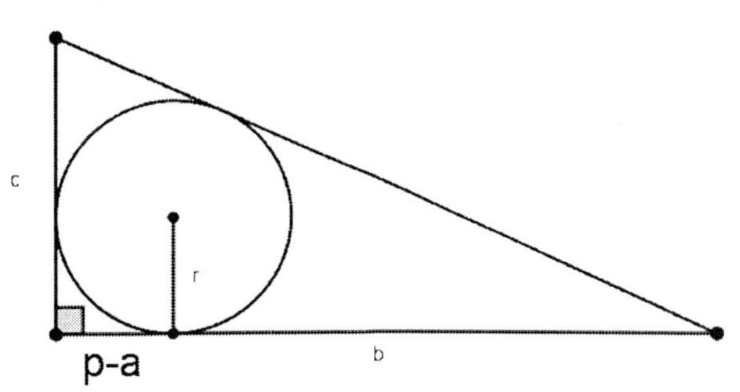

A diferença entre os catetos é igual à unidade, então podemos chama-los de c e c + 1.

A hipotenusa é a soma dos quadrados dos catetos, ou seja,

$$\sqrt{c^2+(c+1)^2}=\sqrt{2c^2+2c+1}$$

Em qualquer triângulo, o segmento que liga um vértice ao ponto de tangência da circunferência circunscrita vale:

p – a (semi-perímetro – lado oposto)

No caso específico do triângulo retângulo, levando em conta o vértice do ângulo reto, esta medida também é igual ao raio da circunferência inscrita. Isso porque se ligarmos o vértice do ângulo reto, os dois pontos de tangência próximos e o centro da circunferência inscrita, formamos um quadrado.

Temos então:

Semi-perímetro = $\frac{c+c+1+\sqrt{c^2+(c+1)^2}}{2}$; lado oposto = $\sqrt{c^2+(c+1)^2}$

Raio = semi-perímetro – lado oposto = $\frac{2c+1-\sqrt{c^2+(c+1)^2}}{2}$

O problema informa que o raio vale 1, portanto:

$$\frac{2c+1-\sqrt{c^2+(c+1)^2}}{2}=1$$

$$2c+1-\sqrt{c^2+(c+1)^2}=2$$

$$2c-1=\sqrt{c^2+(c+1)^2}$$

$$4c^2-4c+1=2c^2+2c+1$$

$$2c^2-6c=0$$

As soluções são c=0 (que não serve) e c=3.
Sendo c=3, os lados do triângulo são 3, 4 e 5.
A soma dos quadrados dos catetos é $3^2 + 4^2 = 25$

O problema ficaria mais fácil se o aluno "chutasse" que se tratava de um triângulo de lados 3, 4 e 5, e conferisse o valor de r, mas o método que usamos é mais rigoroso, válido para uma resolução discursiva, enquanto "chutar" os lados não.

Resposta: (D) 25

795) CMS – Inicialmente usemos o Teorema de Pitágoras no triângulo ABD para calcular AB.

$AB^2 = 8^2 - 2^2 = 64 - 4 = 60$ ➔ $AB=\sqrt{60}$

Agora usamos o Teorema de Pitágoras no triângulo ABC para calcular AC:

$AC^2 = AB^2 + BC^2$

$AC^2 = 60 + 12^2 = 204$

$AC=\sqrt{204}=2\sqrt{51}$

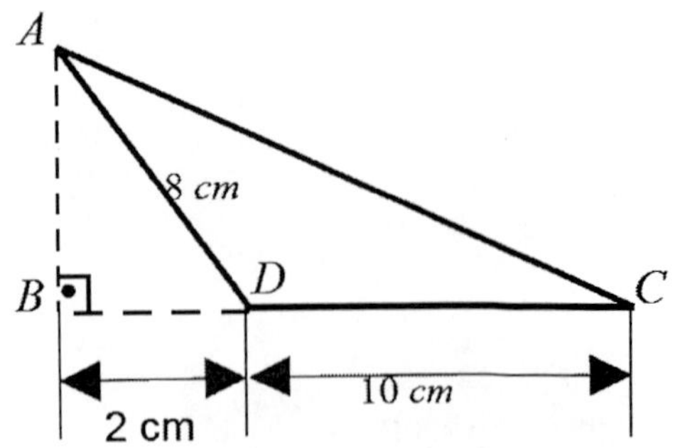

Resposta: (B) $2\sqrt{51}$ **cm**

796) IFAM – Pelo Teorema de Thales, os segmentos das duas transversais cortados pelas paralelas têm medidas proporcionais. Do lado esquerdo da figura, a única medida conhecida é a do primeiro segmento: 1,5. Esta medida é 1,5 vezes a medida correspondente do lado direito, que é 1.

Portanto a medida total do segmento AB é 1,5 vezes a medida do total do segmento CD.

CD = 1 + 3 + 5 + 8 = 17

AB = 1,5 × 17 = 25,5 cm = 0,255 m

Como a escala usada no desenho é 1:10, então a medida real é 10 vezes maior, ou seja:

0,255 m × 10 = 2,55 m

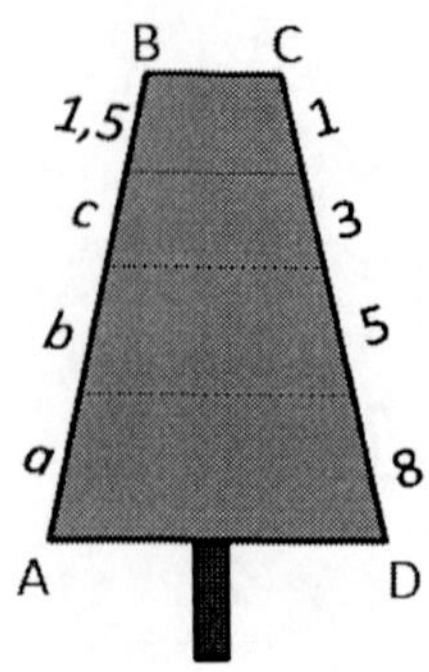

Resposta: (A) 2,55 m

797) CMF – Temos que usar o Teorema de Thales para o feixe de paralelas. O segmento PH vale 42, e foi dada a relação AB/PO=1/2, ou seja, os segmentos correspondentes na reta AB valem a metade dos segmentos em PH. Como PH vale 42, o segmento AH mede a metade, 21.

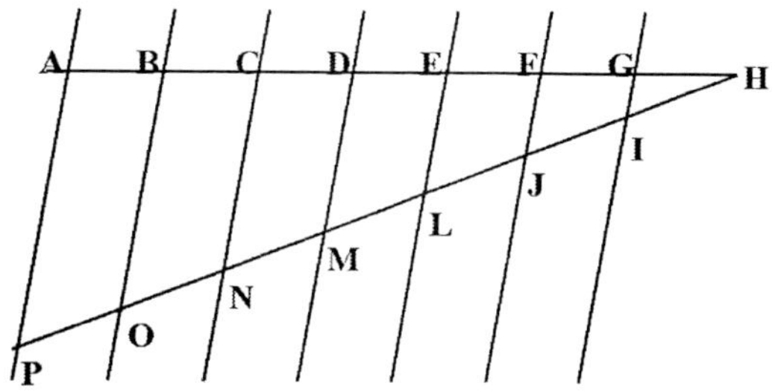

Como AH está dividido em 7 segmentos iguais, cada um deles vale 3 cm.
Finalmente, o segmento CE mede dois desses segmentos, portanto, 6 cm.

Resposta: (B) 6 cm

798) CMJF – Esse tipo de problema é muito comum, e é resolvido de forma mais fácil por subtração de áreas. Partimos da área do retângulo (no caso, é na verdade um quadrado, com lados iguais a a+b), e subtraímos os dois triângulos e o trapézio.

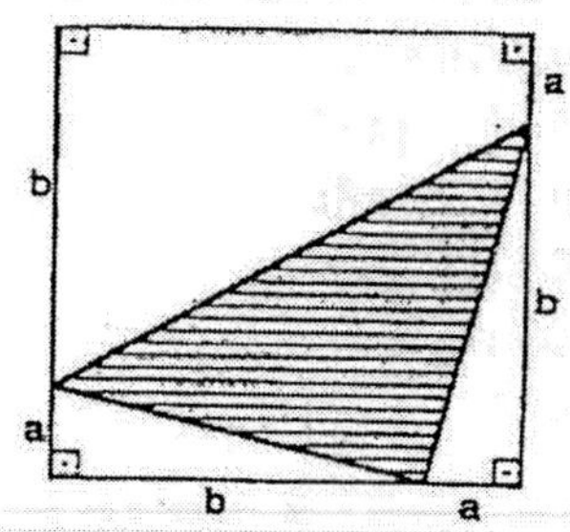

Quadrado: $(a + b)^2$
Triângulos: a.b/2 e a.b/2
Trapézio
A área do trapézio vale a base média, multiplicada pela altura.
Base média = (a + b)/2
Altura = a + b
Área do Trapézio = (a + b).(a + b)/2

Calculando agora a área do triângulo hachurado:

$$(a+b)^2-\frac{ab}{2}-\frac{ab}{2}-\frac{(a+b)^2}{2}=\frac{(a+b)^2}{2}-\frac{ab}{2}-\frac{ab}{2}=\frac{a^2+2ab+b^2-ab-ab}{2}=\frac{a^2+b^2}{2}$$

Resposta: (A) $\frac{(a^2+b^2)}{2}$

799) CMM – Usemos o fato dos triângulos EAD e AFG serem semelhantes. Usaremos na proporção, as alturas e as bases. O triângulo EFG tem altura 6 e base 10. O triângulo EAD tem altura 6 – x e base x, onde x é o lado do quadrado.

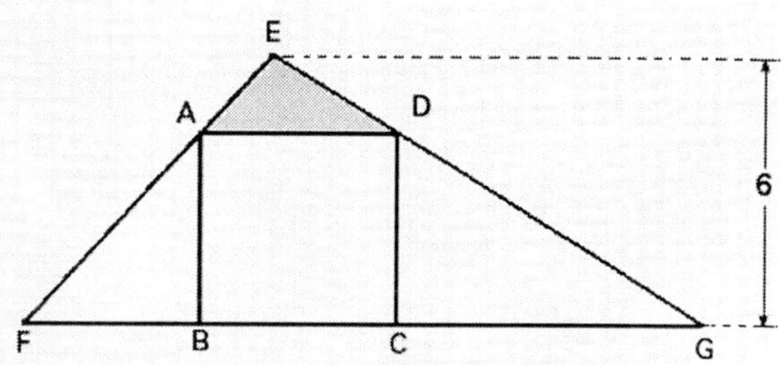

$$\frac{6}{10}=\frac{6-x}{x}$$
$$6x=60-10x$$
$$16x=60$$
$$4x=15$$

O perímetro do quadrado é 4x, ou seja, 15.

Resposta: (B) 15

800) CMS – Os triângulos ABD e ACE são semelhantes, pois seus ângulos são iguais. Armando a semelhança, temos:

$\frac{AB}{AC} = \frac{BD}{CE}$ ➔ $\frac{8}{12} = \frac{6}{CE}$ ➔ $CE = 9$

Resposta: (E) 9 cm

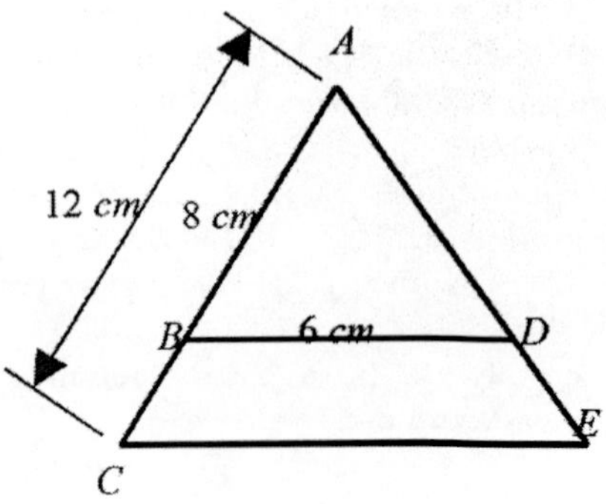

■

Capítulo 9

Geometria

Teste 81

801) CEFET RJ – Na figura abaixo temos dois arcos de circunferência, e O é o ponto médio de AP = 10 cm. Sabendo que $\alpha_1 = 2.\alpha_2 = 60°$ e utilizando a aproximação $\pi=3$, calcule a área da figura hachurada que é delimitada pelo segmento de reta BC e pelos arcos AB e AC.

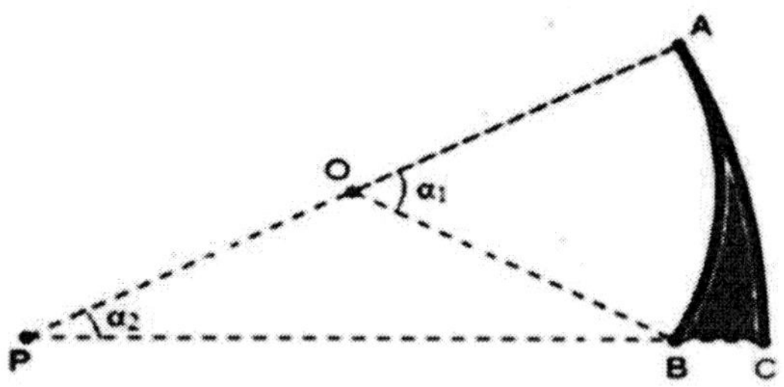

Discursiva

802) IFSP – Ao lotear suas terras no Jaguaré, o arquiteto Henrique Dumont Villares escolheu o ponto mais alto para a construção de um farol (observe a fotografia), concluído em 1942, que serviria para orientar a navegação nos rios Tietê e Pinheiros. Hoje, este local, na Rua Salatiel de Campos, é tombado pelo Patrimônio Histórico. Um observador de 1,80 m de altura, colocado a 42 metros do farol, conforme mostra a figura A, vê o seu ponto mais alto sob um ângulo de 30°.

Dados: $\sqrt{2} = 1,41$, $\sqrt{3} = 1,73$

A altura desse farol é, aproximadamente:

(A) 26 m
(B) 23 m
(C) 20 m
(D) 18 m
(E) 15 m

Figura A

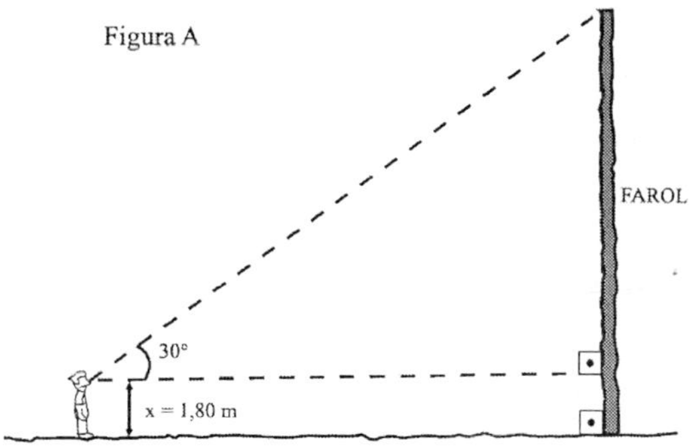

803) CEFET ES – Um terreno com a forma de um triângulo isósceles ABC de base BC medindo 12 km e lados congruentes de medidas iguais a 10 km, será dividido em três triângulos de mesma área. A divisão se dará de tal modo que os três triângulos tenham um vértice comum sobre a altura do triângulo ABC, relativamente à base BC e cada lado do triângulo ABC é uma base para um novo terreno triangular, pode-se afirmar que:

(A) A altura do triângulo de base AB é igual à altura do triângulo de base BC.
(B) A altura do triângulo de base AC é a terça parte da altura do triângulo de base BC.
(C) A altura do triângulo de base AB é diferente da altura do triângulo de base AC.
(D) A altura do triângulo de base BC é maior que a altura do triângulo de base AC.
(E) A altura do triângulo de base BC é 5/6 da altura do triângulo de base AB.

804) IFRS – Para uma composição qualquer de **n** hexágonos regulares de lado 1, justapostos com **m** lados comuns a dois deles, teremos constituído um mosaico cujo perímetro é dado por

(A) 3n – m (B) 6n – 2m (C) 3n + 4m (D) 2(m + n) (E) 2(n + m + 2)

805) CFN – Uma aeronave decolou sob um ângulo de 30° em relação à pista. Após percorrer 100 metros de distância, no ar, nessa mesma angulação, qual a sua altura em relação à pista?

(A) 50 m (B) 100 m (C) 150 m (D) 200 m (E) 250 m

806) CFN – O diâmetro da roda de um caminhão é 1 metro. Para evitar um acidente, trafegando a 60 km/h, sabe-se que o caminhão percorrer 157 metros até parar. Quantas voltas completas a roda do caminhão dará nessa situação? Considere $\pi=3,14$.

(A) 50 (B) 60 (C) 80 (D) 100 (E) 150

807) CMSM – Em um treino de basquete, um atleta lança a bola em direção à cesta localizada no ponto "A", a uma distância de "k" metros, como mostra a figura.

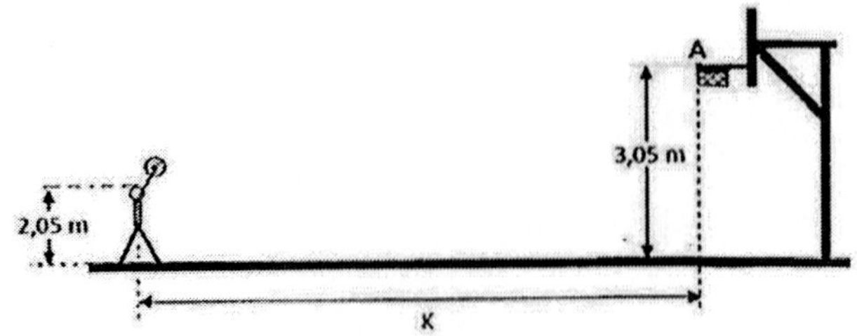

No momento do primeiro lançamento, o jogador observa o ponto "A" a uma inclinação de 30°. Após esse lançamento, o atleta anda "x" metros em direção à cesta, estando agora a uma distância "y" metros das cesta. Então, ele olha novamente para o ponto "A" a uma inclinação de 60° e faz um segundo lançamento. Pode-se afirmar que a razão entre "x" e "k" é

(A) 1 (B) $\sqrt{3}$ (C) $\frac{2}{3}$ (D) $\frac{2\sqrt{3}}{3}$ (E) $\frac{\sqrt{3}}{3}$

808) CMBH – Uma tenda será levantada a partir do solo através de cabos de aço totalmente esticados na frente e atrás. Os cabos de aço da frente serão fixados com extremos em P e em A, B, C, E, e F, respectivamente. P se encontra no ponto médio de AF. A mesma fixação será montada na parte de trás, sendo que barras de ferro unirão as duas estruturas, assim como seu contorno.

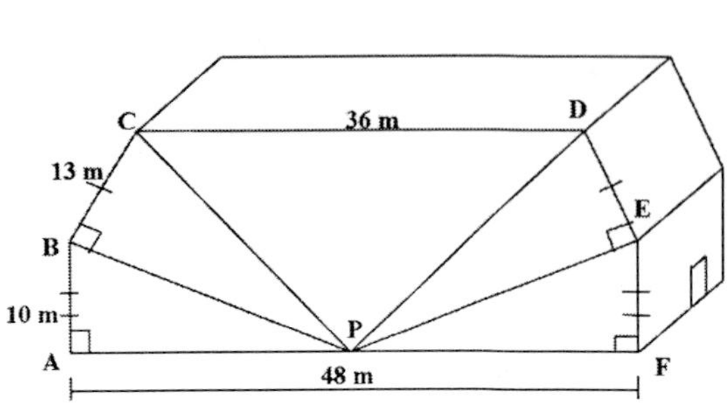

Assinale a opção que aponte, corretamente, a quantidade, em metros, de cabo de aço necessária para levantar esta estrutura. (considere $\sqrt{5} = 2{,}2$)

(A) 157,2 m (B) 314,4 m (C) 78,6 m
(D) 239,2 m (E) 478,4 m

809) CMF – Um triângulo ABC tem os lados AC e BC medindo 16 cm e 18 cm, respectivamente. Por um ponto M, no lado AC, a 6 cm do vértice C, traçamos uma paralela ao lado AB, que determina um ponto N em BC. A medida do segmento NB, em cm, é

(A) 9,25 (B) 10,05 (C) 10,25 (D) 11,15 (E) 11,25

810) CMJF – Um balão se encontra a 3m de altura conforme mostra a figura. De uma estaca localizada no ponto A, é possível visualizá-lo segundo um certo ângulo desconhecido. Afastando-se 2 m, o ângulo passa a ser de 45°. Com base nesses dados, podemos concluir que o dobro da distância de A até D é:

(A) $\sqrt{68}\ m$ (B) $2\sqrt{34}\ m$
(C) $17\sqrt{2}\ m$ (D) $2\sqrt{17}\ m$

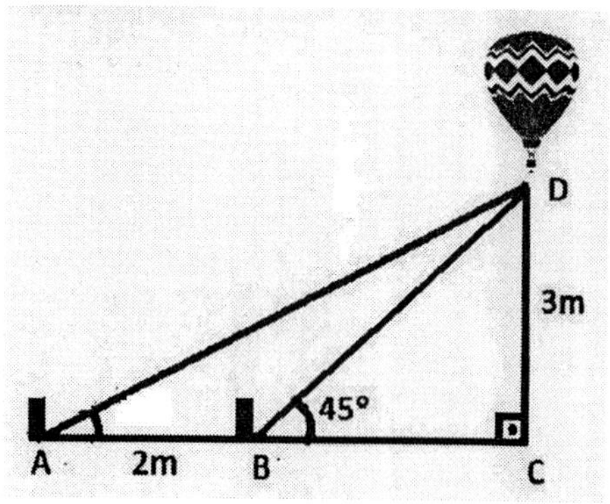

Teste 82

811) CEFET RJ – Os lados AB, BC, CD e DA de um quadrado foram divididos em 3 partes iguais, respectivamente, pelos pontos P, Q, R, S, T, U, V e W, conforme a figura a seguir. As interseções dos segmentos AR e DP, AR e UQ, WS e DP e WS e UQ são vértices de um quadrado de área 1, ressaltado na figura. Qual a área do quadrado ABCD?

(A) 8 (B) 9 (C) 10 (D) 11

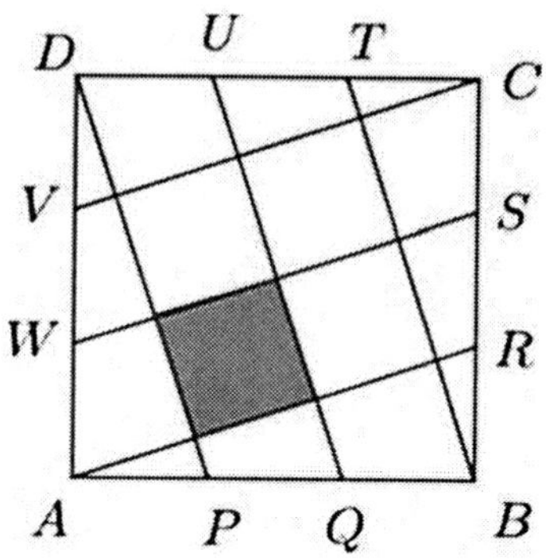

812) IFSP – Na figura, a reta t é tangente, no ponto P, ao círculo de centro O. A medida do arco AB é 100° e a do arco BCP é 194°. O valor de x, em graus, é

(A) 53 (B) 57 (C) 61 (D) 64 (E) 66

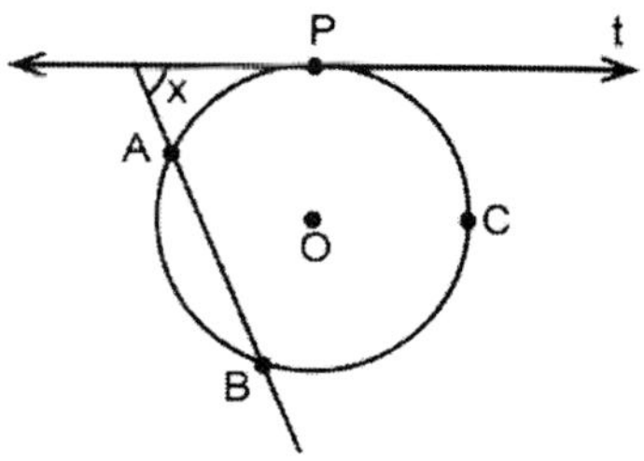

813) IFRS – Se a área do hexágono regular abaixo é de 12 cm^2, então a área da região sombreada é de

(A) 6 cm^2 (B) 7 cm^2 (C) 8 cm^2 (D) 9 cm^2 (E) 10 cm^2

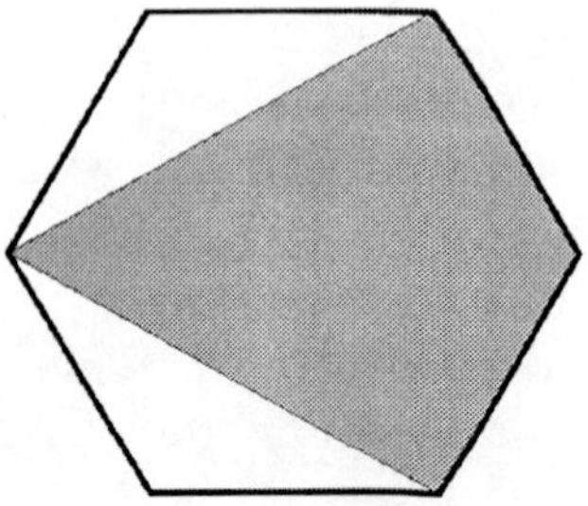

814) IFSC – Na cidade de São Paulo o metro quadrado é um dos mais caros do país. Bernardo tem um terreno em um dos bairros de São Paulo cujo preço do metro quadrado é de R$ 600,00 e pretende vender este terreno. Qual o valor do terreno de Bernardo, sabendo que o ângulo $\hat{A}$ mede 30°, AB = 50m e AC = 32m?

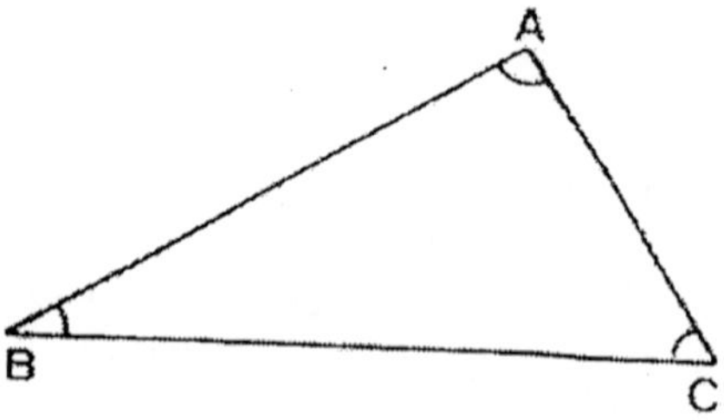

(A) R$ 480.000,00 (B) R$ 120.000,00
(C) R$ 240.000,00 (D) R$ 360.000,00
(E) R$ 200.000,00

815) CFN – Em um cilindro reto, a área lateral é 64π cm^2. A medida da altura (h) é igual ao dobro da medida dos raios (r) das bases. A altura (h) e o raio (r) são, respectivamente:

(A) 8 e 4 (B) 4 e 2 (C) 4 e 8 (D) 3 e 6 (E) 2 e 4

816) CFN – Na figura abaixo, determine as medidas de x, y e z, respectivamente.

(A) $2\sqrt{5}$, $2\sqrt{29}$, $6\sqrt{3}$ (B) 8, 11, 16 (C) $2\sqrt{5}$, $\sqrt{29}$, $3\sqrt{6}$
(D) $2\sqrt{10}$, 7, $\sqrt{6}$ (E) $2\sqrt{5}$, $\sqrt{29}$, $\sqrt{7}$

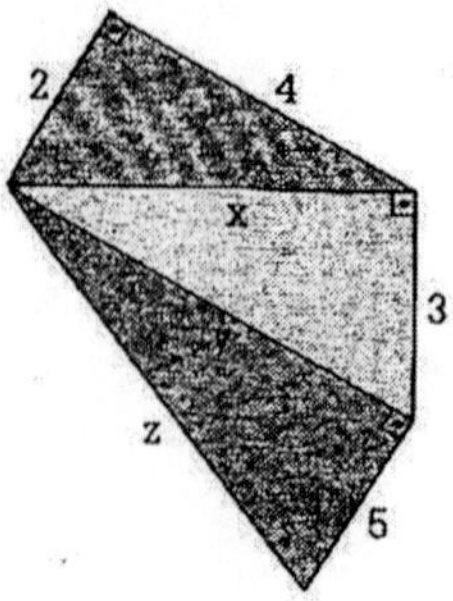

817) CMM – A projeção ortogonal de uma figura geométrica qualquer sobre o plano é o conjunto das projeções ortogonais de seus pontos sobre o plano. Sendo assim, cada ponto dessa figura representa a extremidade de um segmento de reta. A outra extremidade está no plano, e a figura formada por todas essas últimas é a **projeção ortogonal** da figura geométrica.

Considere a circunferência λ, abaixo, de centro O e raio R e uma reta t tangente a λ no ponto A. Traçando-se o diâmetro PQ oblíquo à reta t, a projeção de PQ sobre t será o segmento MN. Sabendo-se que a razão entre ON

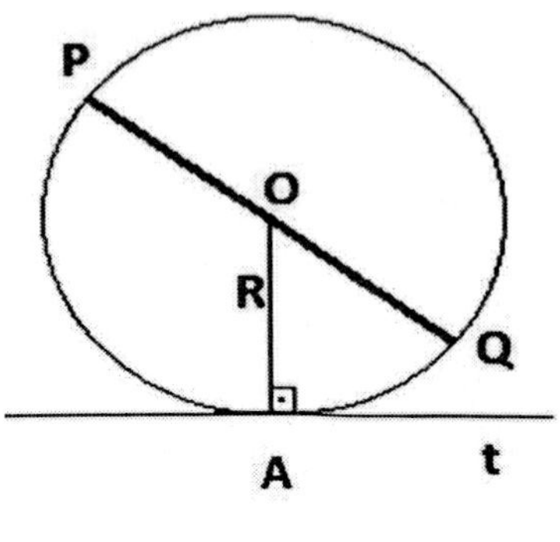

e o raio R é $\frac{\sqrt{7}}{2}$, o ângulo entre PQ e MN é igual a:

(A) 30° (B) 60° (C) 15° (D) 45° (E) 75°

818) CMPA – Considere dois triângulos semelhantes T_1 e T_2. Os comprimentos dos lados do triângulo T_1 medem 24 cm, 70 cm e 74 cm e a área do triângulo T_2 mede 3360 cm^2. Sendo assim, tem-se que um dos lados do triângulo maior, em cm, mede

(A) 148 (B) 296 (C) 74 (D) 270 (E) 150

819) CMRJ – Considere o quadrado ABCD, cujo lado mede 5 cm, e M um ponto sobre o círculo circunscrito a este quadrado, não coincidente com os vértices A, B, C e D, conforme ilustra a figura a seguir. Qual o valor da soma $(MA)^2 + (MB)^2 + (MC)^2 + (MD)^2$?

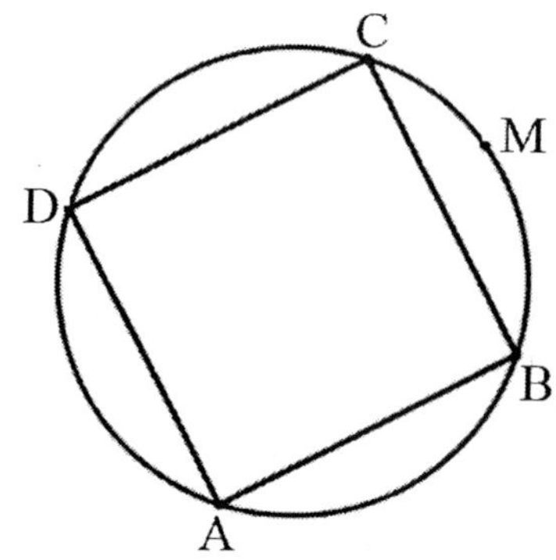

(A) 10 (B) $10\sqrt{2}$ (C) 50
(D) $50\sqrt{2}$ (E) 100

820) CMJF – Na figura a seguir, ABCD é um quadrado (medida do lado em metros) e o arco AP tem centro em D. Se a área sombreada mede $\frac{4-\pi}{8}$ metros quadrados, então o perímetro do triângulo BCD, em metros, é:

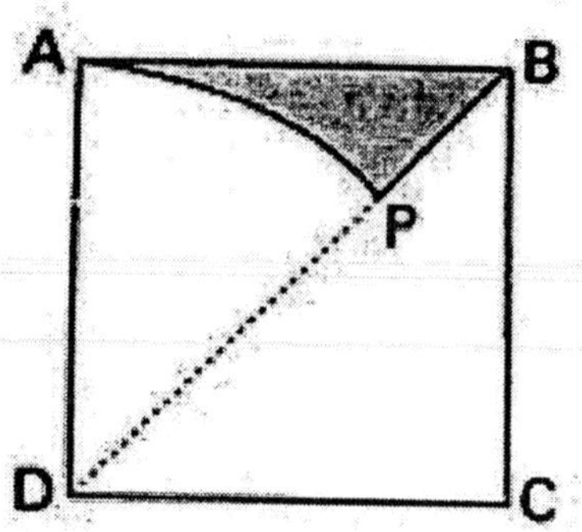

(A) $\sqrt{2}$ (B) $\frac{\sqrt{2}+2}{2}$ (C) 4 (D) $\sqrt{2}+2$

Teste 83

821) IFSP – Considere o retângulo ABCD com as medidas indicadas na figura, sendo E e F pontos dos lados AD e AB, respectivamente. Se $0 < x < 15$ e a área do polígono BCDEF é igual a 121 cm^2, então o valor de x é um número entre

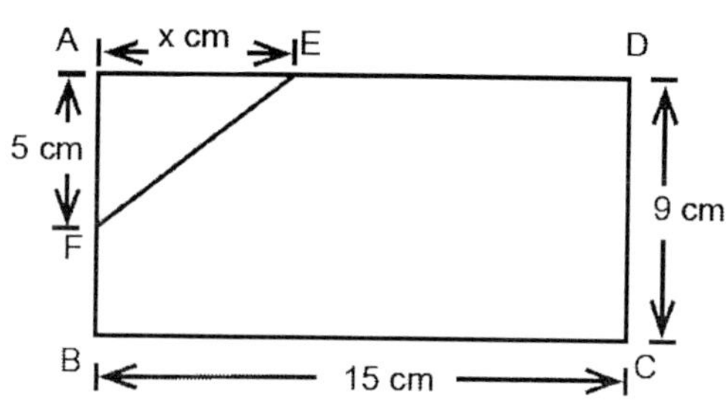

(A) 5,0 e 5,4 (B) 5,4 e 5,8 (C) 5,8 e 6,2
(D) 6,2 e 6,6 (E) 6,6 e 7,0

822) CEFET ES – No octógono regular ABCDEFGH, o valor do ângulo α é:

(A) 100°
(B) 75° 30'
(C) 50°
(D) 25° 30'
(E) 22° 30'

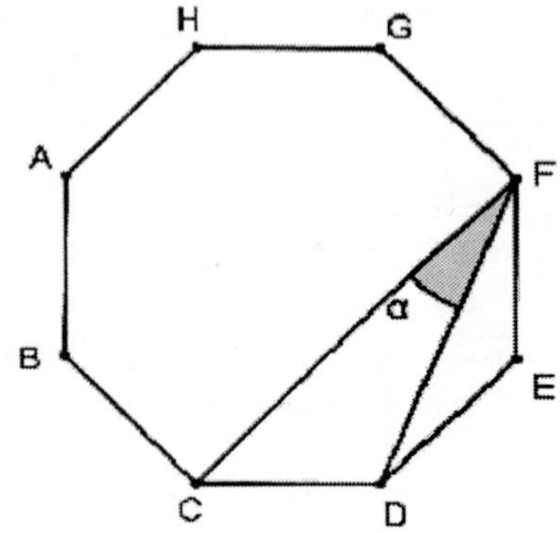

823) IFRS – Dois triângulos retângulos semelhantes são sobrepostos de maneira que seus ângulos retos coincidam e suas hipotenusas interceptam-se em um único ponto, como ilustra a figura abaixo. Se os ângulos agudos de cada triângulo estão na razão 3:1, x é o maior ângulo determinado pela interseção das hipotenusas, então podemos concluir que $(\text{sen}(x) + \cos(x))^2$ é igual a:

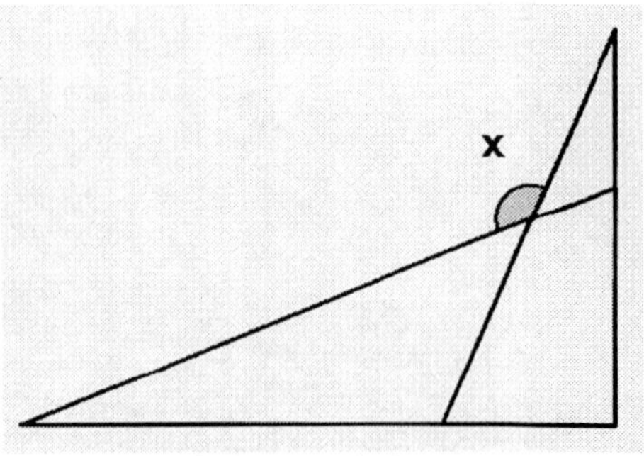

(A) 0 (B) $1-\dfrac{\sqrt{3}}{2}$ (C) $\dfrac{\sqrt{3-1}}{2}$

(D) 1 (E) $\sqrt{2}$

824) IFPR – Se o raio de uma circunferência aumenta em $1/(2\pi)$ metros, assinale a alternativa que indica qual é o aumento no perímetro dessa circunferência (em metros).

(A) 1 (B) 2 (C) 3 (D) 4

825) CFN – De acordo com a figura abaixo, determine os valores das incógnitas x e y respectivamente.

(A) $50\sqrt{3}$ e $50\sqrt{2}$ (B) $50\sqrt{2}$ e 50
(C) $50\sqrt{2}$ e $50\sqrt{3}$ (D) $50\sqrt{3}$ e 50
(E) 50 e 50

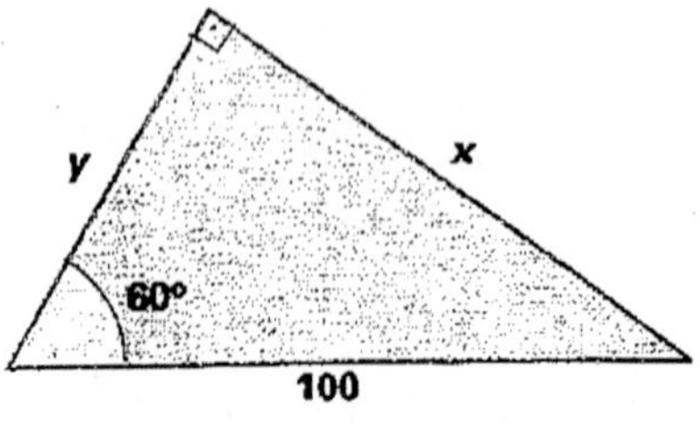

826) CFN – Qual a medida do lado de um triângulo equilátero, inscrito num círculo de diâmetro igual a 8 m?

(A) $2\sqrt{3}$ (B) $4\sqrt{3}$ (C) 8 (D) $4\sqrt{2}$ (E) 4

827) CMF – Em um círculo de centro O, é traçada uma corda AB de tal forma que o seu prolongamento, até o ponto C, determina o segmento BC de comprimento igual ao raio do círculo. Em seguida, traçam-se os segmentos AO e CO, prolongando-se este último até o ponto D. Sabe-se que a medida do ângulo α é igual a 20°. Pode-se afirmar que a medida do ângulo β é

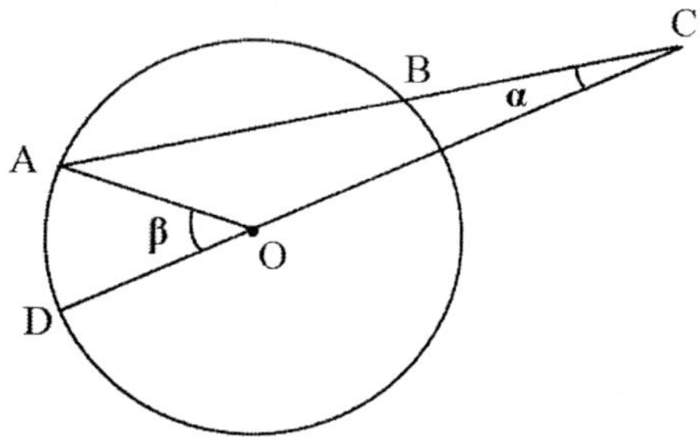

(A) 30° (B) 35° (C) 40° (D) 50° (E) 60°

828) CMM – Um terreno rural tem a forma do triângulo ABC representado na figura. A região cultivada corresponde apenas à porção sombreada. Sabendo-se que $AD = \frac{3}{5}AB$ e $AE = \frac{3}{5}AC$, então a porcentagem rural cultivada é:

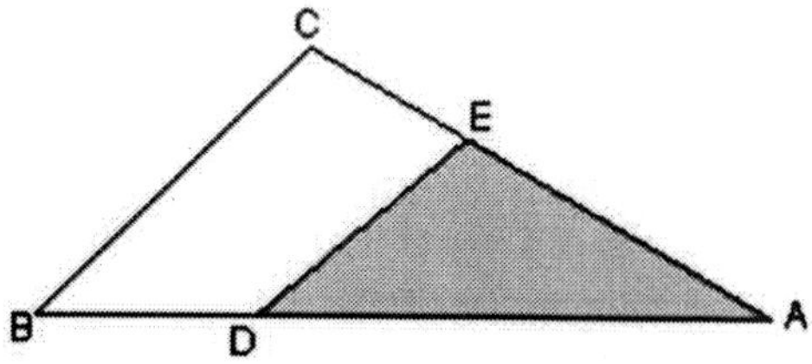

(A) 50% (B) 60% (C) 36%
(D) 75% (E) 40%

829) CMPA – Seja K um retângulo que tem 16 cm de perímetro. Unindo-se os pontos médios dos lados de K, obtém-se um quadrilátero Q inscrito em K. Então, a medida do lado do quadrilátero Q, para que sua área seja máxima, é

(A) 4 (B) $2\sqrt{2}$ (C) $4\sqrt{2}$ (D) $\sqrt{2}$ (E) 2

830) CMRJ – Utilizando as três definições apresentadas a seguir, responda à questão.
I . Um círculo de centro O e raio k é o lugar geométrico dos pontos do plano cuja distância ao centro O é menor ou igual a k.
II. Reta tangente a um círculo, de centro O, em um ponto P é a reta que intersecta o círculo no ponto P e é perpendicular ao raio OP.
III. Círculos tangentes exteriores são círculos que se intersectam em apenas um ponto, e a distância entre seus centros é igual a soma dos seus raios.

Na figura abaixo, são apresentados três círculos de centros O_1, O_2 e O_3 e raios R, n e r, respectivamente. Esses círculos são tangentes exteriores e também tangentes a uma reta t. Assim, o valor de n é

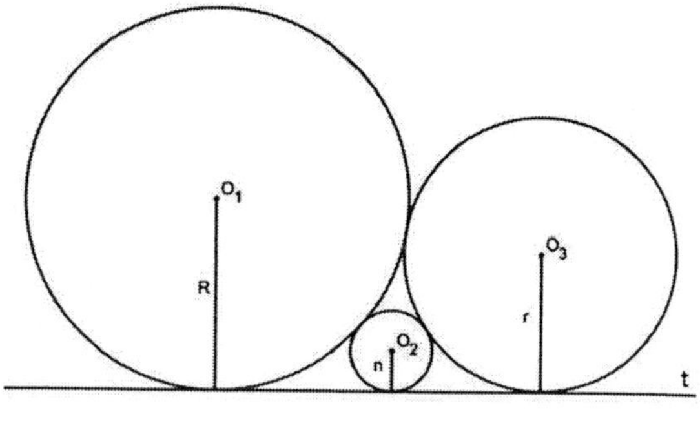

(A) $\dfrac{Rr}{2\sqrt{R}+2\sqrt{r}}$ (B) $\dfrac{Rr}{R+2\sqrt{Rr}+r}$

(C) $\dfrac{Rr}{R-2\sqrt{Rr}+r}$ (D) $\dfrac{Rr}{2(R^2-r^2)}$

(E) $\dfrac{Rr}{2(\sqrt{R}-\sqrt{r})}$

Teste 84

831) IFSC – Num triângulo retângulo as medidas dos lados estão expressas em centímetros. A medida da hipotenusa vale x, um cateto mede 6 e o outro cateto tem medida x – 2. É correto afirmar a respeito deste triângulo:

(A) Um cateto mede 4 cm.
(B) Os lados tem medidas iguais a 6 cm, 10 cm e 12 cm.
(C) A área é igual a 24 cm.
(D) A medida da hipotenusa vale 8 cm.
(E) O perímetro mede 24 cm.

832) IFMG – O retângulo sombreado na figura está inscrito em um triângulo retângulo, de modo que o ponto A é o local em que um dos vértices do retângulo se posiciona sobre o ponto médio da hipotenusa do triângulo.

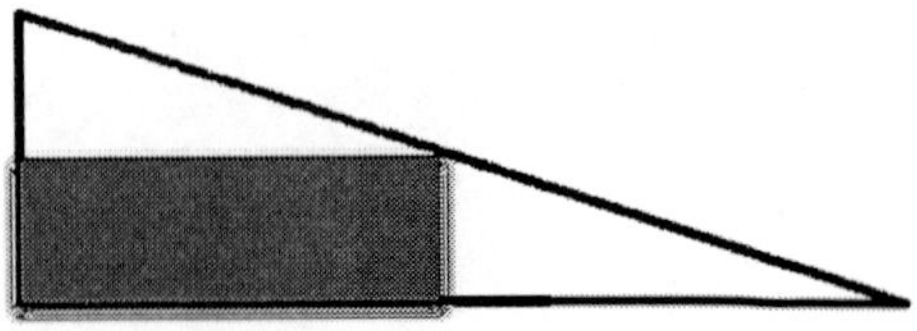

A área do triângulo retângulo é 60 cm^2. Qual é a área do retângulo sombreado?

(A) 15 (B) 20 (C) 25 (D) 30

833) IFGO – Considere um triângulo retângulo com um cateto medindo $\sqrt{3}$ cm e o cosseno do ângulo adjacente a ele valendo $\frac{\sqrt{3}}{2}$. Sendo assim, as medidas do outro cateto e da hipotenusa valem, respectivamente, em centímetros:

(A) 1 e 2 (B) 2 e 3 (C) 3 e 4 (D) 4 e 5 (E) 5 e 6

834) FIOCRUZ – Davi ficou encarregado de elaborar um logotipo para o uniforme que seria utilizado por sua turma em uma gincana escolar. O logotipo foi elaborado a partir de uma circunferência, utilizando dois de seus arcos e dois diâmetros, conforme a figura. Davi deseja saber qual deve ser o comprimento de cada arco. Considerando as informações da figura e a medida ideal de 9 cm para o raio, qual é o comprimento de cada arco? (utilize π = 3,14).

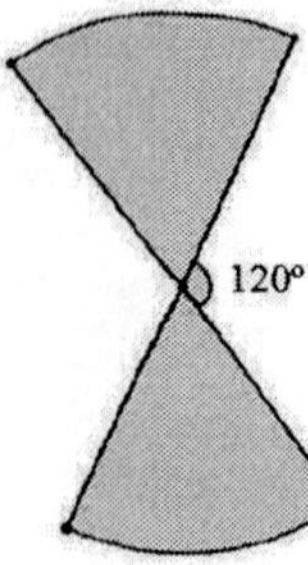

(A) 3,14 (B) 6,28 (C) 9,42 (D) 12,56 (E) 15,7

835) CFN – Determine a área da região hachurada na figura abaixo, onde AM = MB.

(A) 200,86 cm^2 (B) 198,00 cm^2 (C) 100,48 cm^2
(D) 50,24 cm^2 (E) 25,12 cm^2

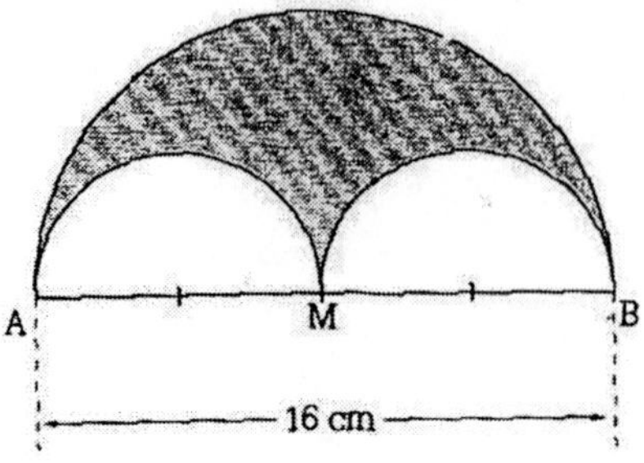

836) CFN – Na figura seguinte, a região hachurada recebe o nome de *coroa circular*. Calcule a área da região hachurada na figura.

(A) 195,36 cm^2 (B) 196,85 cm^2
(C) 197,00 cm^2 (D) 197,82 cm^2
(E) 198,00 cm^2

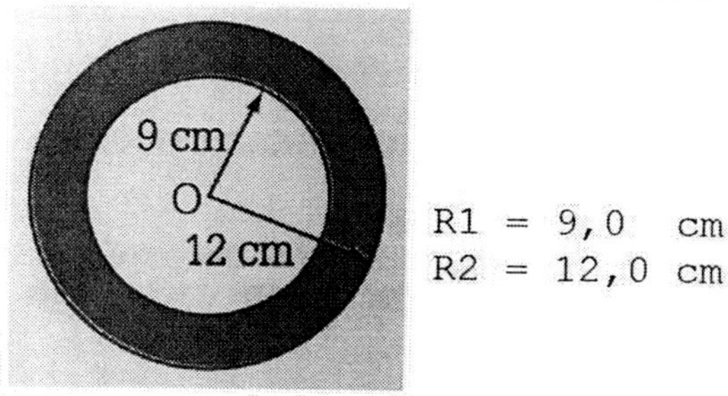

837) CMBH – Uma pequena central elétrica foi instalada para alimentar pontos de luz nos extremos dos corredores paralelos de uma mina. Os pontos de luz P_1 e P_2 são interligados por um fio elétrico esticado, assim como P_3 e P_4. A medida do corredor 2 é, em metros:

(A) $60\sqrt{5}$ (B) $60(\sqrt{5}-1)$ (C) $50\sqrt{5}$
(D) $50(\sqrt{5}-1)$ (E) $10(5+\sqrt{5})$

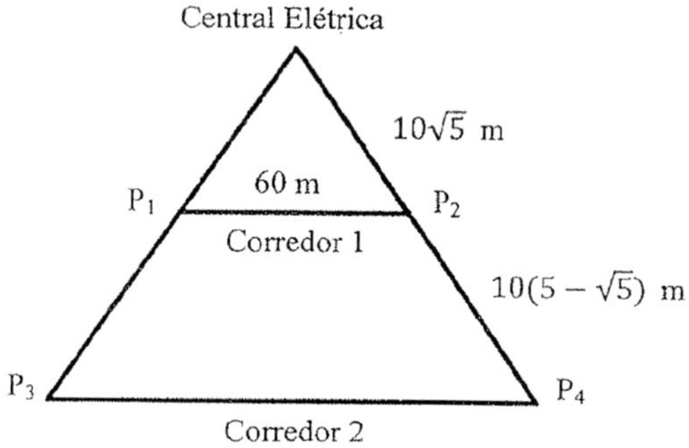

838) CMF – O lampião é uma lanterna grande que pode ser portátil ou fixa. Foi largamente utilizado na zona rural, principalmente antes da grande expansão da energia elétrica, uma das conquistas do povo sertanejo. Considere o lampião da figura abaixo, suspenso por duas cordas perpendiculares entre si, presas ao teto nos pontos A e B, distantes 20 cm um do outro. Sabendo-se que a razão entre as medidas das cordas é 3/4, então a soma das medidas das cordas, em metros, é

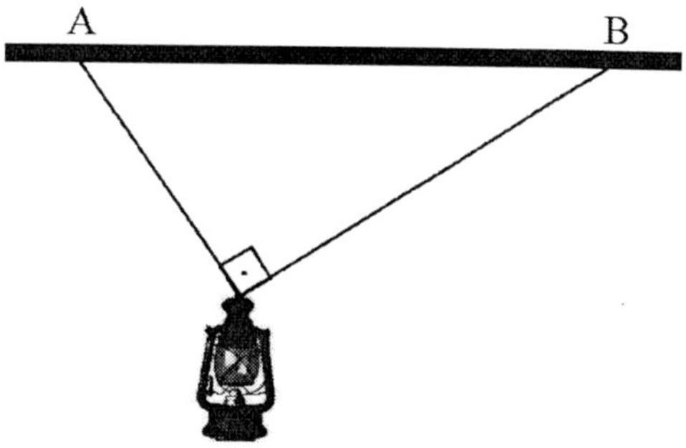

(A) 0,36 (B) 0,34 (C) 0,32
(D) 0,30 (E) 0,28

839) CMM – Um avião é visto por dois observadores que estão nos pontos A e B, sob os ângulos de 30° e 45°, respectivamente. Se a distância entre os dois observadores é 390 m, então, a altitude em que o avião se encontra é de: (Utilize $\sqrt{3}=1,7$)

(A) 1020 m (B) 810 m (C) 600 m
(D) 510 m (E) 340 m

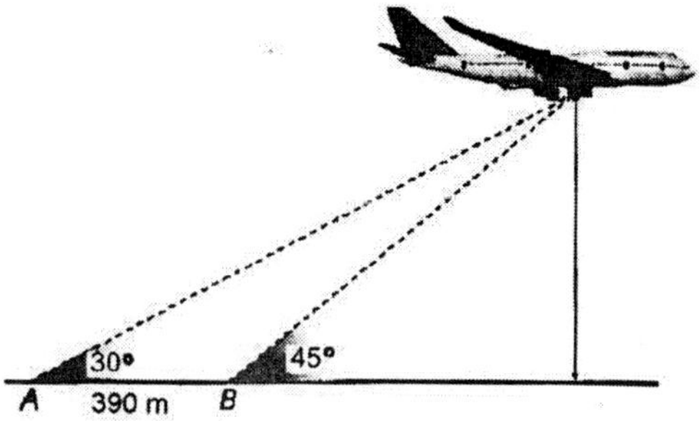

840) CMPA – Na figura abaixo, as três circunferências têm 1 cm de raio e são tangentes entre si e aos lados do triângulo ABC. O lado do triângulo ABC, em cm, é

(A) $2+2\sqrt{3}$ (B) $3+2\sqrt{3}$ (C) $5\sqrt{3}$
(D) $3+5\sqrt{3}$ (E) $8\sqrt{3}$

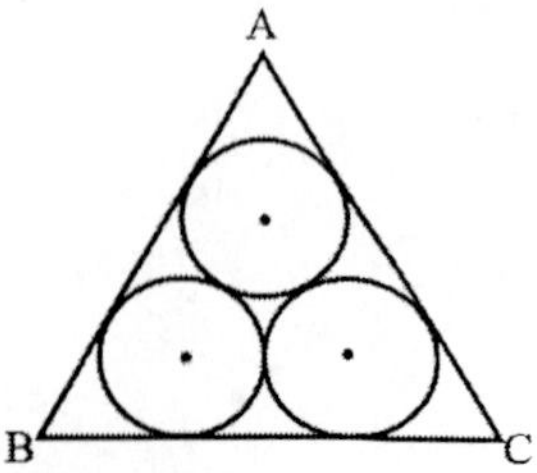

Teste 85

841) FAETEC – As diagonais de dois quadrados Q_1 e Q_2 medem, em centímetros, respectivamente d e $d\sqrt{2}$. A razão entre as áreas dos quadrados Q_1 e Q_2 é igual a:

(A) 8 (B) 4 (C) 2 (D) $\sqrt{2}$ (E) $\frac{\sqrt{2}}{2}$

842) CEFET RJ – Na figura abaixo, ABCE é um retângulo e CDE é um triângulo equilátero. Sabendo que o perímetro do polígono ABCDE é 456 cm e CD mede 68 cm, qual é a medida do lado BC?

(A) 118 cm (B) 126 cm
(C) 130 cm (D) 142 cm

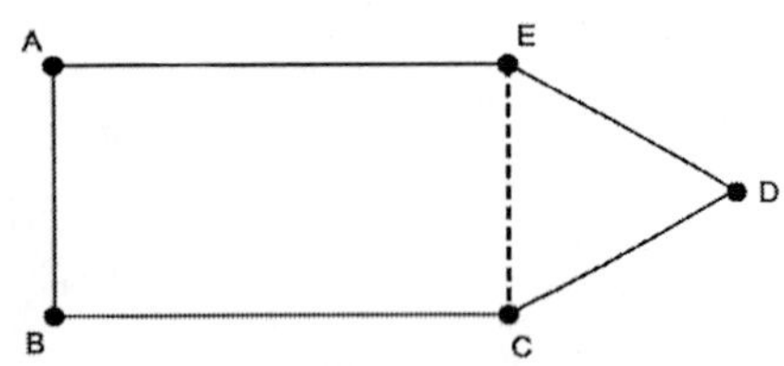

843) Colégio Pedro II (RJ) – Na figura a seguir, os triângulos ABC e ABD são retângulos em A e D, respectivamente. Sabe-se que AC = 15 cm, AD = 16 cm e BD = 12 cm. A área do triângulo ABE é de:

(A) 100 cm^2 (B) 96 cm^2 (C) 75 cm^2 (D) 60 cm^2

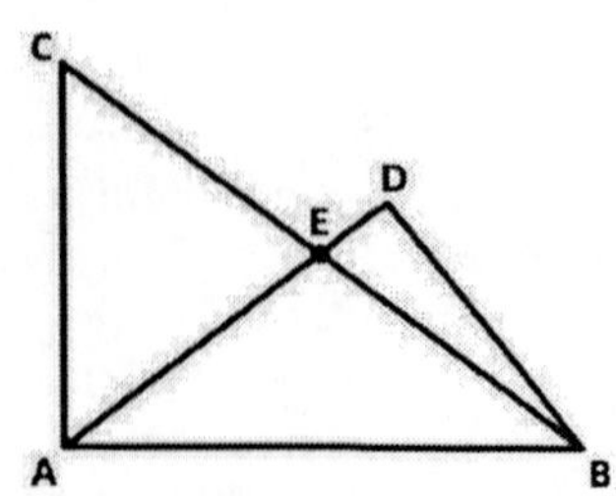

844) CTUR – Duas circunferências concêntricas possuem raios iguais a 4 cm e 5 cm. Qual a medida da corda AB da circunferência maior que tangencia a menor?

(A) 3 cm (B) 4 cm (C) 6 cm (D) 8 cm (E) 10 cm

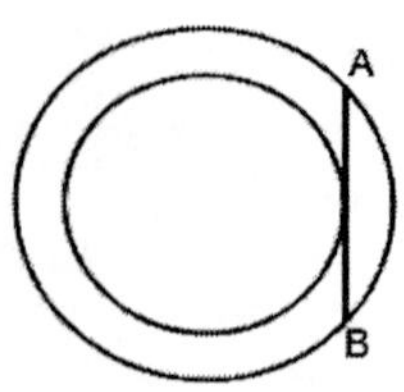

845) CFN – Na figura abaixo, o triângulo ABC está inscrito na circunferência de centro O. Sabendo que AB = 4 cm e AC = $2\sqrt{5}$, determine a medida do comprimento da circunferência. Use π = 3,14.

(A) 18,84 cm (B) 12,05 cm (C) 10,16 cm
(D) 9 cm (E) 3 cm

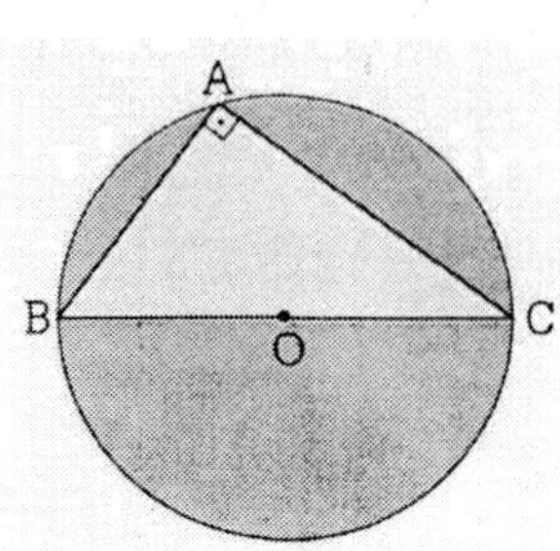

846) CFN – Na busca de um paraquedista que se perdeu após um salto, foi feito o desenho abaixo por uma equipe de resgate. A que distância do ponto B deve ter caído o paraquedista?

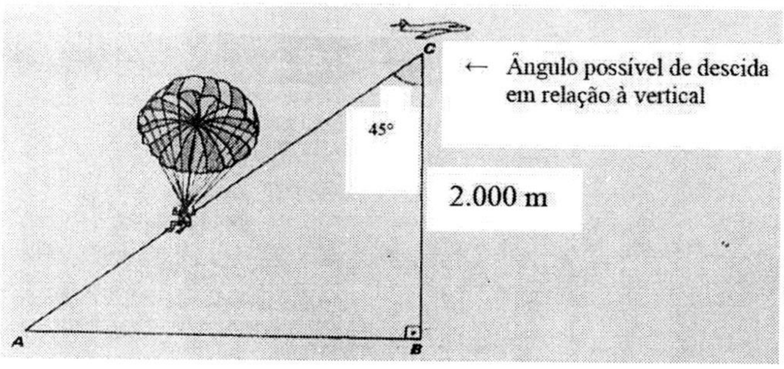

(A) 5.750 m (B) 3.255 m
(C) 2.900 m (D) 2.300 m
(E) 2.000 m

847) CMBH – Uma escada com 6 metros de comprimento está apoiada em um muro de forma que o ângulo formado pela escada e o muro é igual a 45°. Em determinado momento, a escada desliza para baixo parando em um ponto sobre o muro, de forma que o ângulo formado entre o muro passe a ser igual a 60°. Nessas condições, o pé da escada que se encontra sobre o solo deslocou-se, em relação à sua posição inicial, uma distância, em metros, de:

(A) $\left(\sqrt{3}-\sqrt{2}\right)$ (B) $\dfrac{3}{\sqrt{3}+\sqrt{2}}$ (C) $\left(\sqrt{3}+\sqrt{2}\right)$ (D) $\sqrt{3}$ (E) $\dfrac{3}{\sqrt{3}-\sqrt{2}}$

848) CMRJ – Dado que a bissetriz do ângulo $A\hat{C}B$ é o lugar geométrico dos pontos que equidistam das semirretas CA e CB e, portanto, divide o ângulo em dois ângulos congruentes, considere um triângulo ABC isósceles com AB=AC=1 cm e $med\left(\hat{A}\right)=36°$. Se D∈AB de forma que CD seja a bissetriz do ângulo $\hat{C}$, então a medida BC é

(A) $\dfrac{\sqrt{5}-1}{2}\,cm$ (B) $\dfrac{\sqrt{5}-\sqrt{2}}{2}\,cm$ (C) $\dfrac{2-\sqrt{2}}{2}\,cm$ (D) $\dfrac{2+\sqrt{2}}{2}\,cm$ (E) $\dfrac{2+\sqrt{5}}{2}\,cm$

849) CMS – Dada a circunferência de centro O e raio r=OM, onde os segmentos PM e OM medem, respectivamente, 10 cm e 15 cm e sabendo que T é o ponto de tangência da reta PT com a circunferência, podemos afirmar que o segmento PT mede:

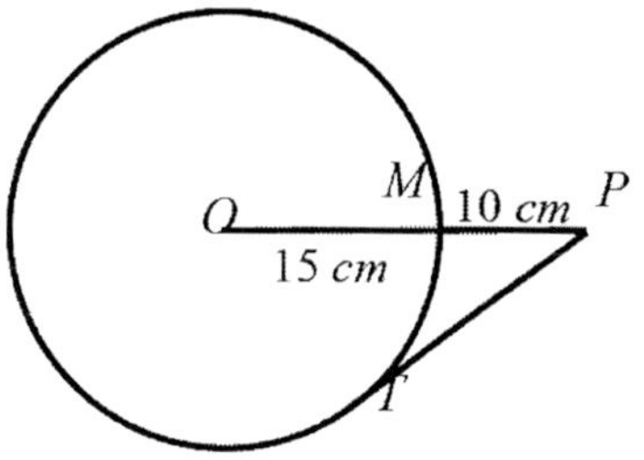

(A) 14 cm (B) 16 cm (C) 17 cm
(D) 18 cm (E) 20 cm

850) CMR – Dados um triângulo ABC, de lados AB=7, BC=8 e AC=9, e um ponto P interior a este triângulo, tal que PA=x, PB=y e PC=z. Então, x + y + z pode ser:

(A) 13 (B) 12 (C) 11 (D) 10 (E) 9

Teste 86

851) CTUR – O terreno representado na figura foi vendido ao preço de R$ 15,00 o metro quadrado. Tomando por base as medidas abaixo, informe quanto custou o terreno.

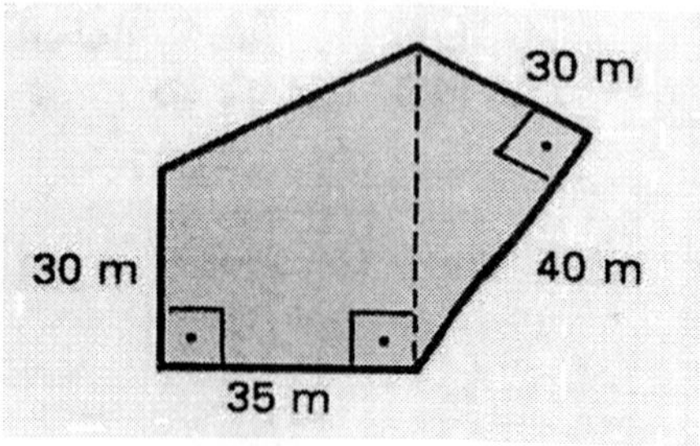

(A) R$ 30.000,00 (B) R$ 60.000,00
(C) R$ 75.000,00 (D) R$ 80.000,00
(E) R$ 135.000,00

852) IFRJ – Observe a figura, formada por dois triângulos ABC e CDF e dois quadrados ACDE e BCFG. Se os lados dos quadrados ACDE e BCFG medirem, respectivamente, 5 cm e 8 cm, a área do triângulo CDF, em cm^2, é igual a

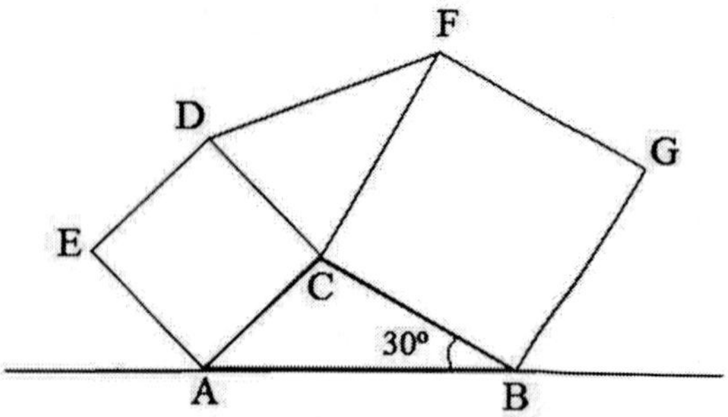

(A) $2+6\sqrt{3}$ (B) $6+2\sqrt{3}$
(C) $6+8\sqrt{3}$ (D) $8+6\sqrt{3}$

853) IFF – Na figura a seguir, o triângulo ABC é retângulo em A e o triângulo ABD é equilátero. Sabe-se que o ponto E é ponto médio do segmento AC e a área do triângulo DCE é 6 cm^2. Podemos afirmar que a área, em cm^2, do triângulo ABD é:

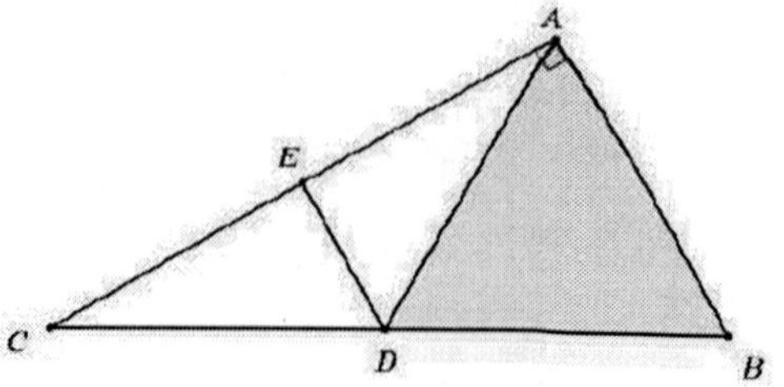

(A) 8 (B) 10 (C) 12 (D) 18 (E) 24

854) ETEC – A Estrela da Morte é um ícone da série cinematográfica *Star Wars*. De formato esférico ela era considerada similar a uma Lua. Essa arma/estação espacial podia se locomover pelo espaço na velocidade da luz, ou seja, 3.0×10^5 km/s.
Admita que a Estrela da Morte precisasse se posicionar de maneira a realizar um ataque de máxima eficiência ao planeta C. Inicialmente, a estação espacial encontrava-se no ponto A e, entre ela e o Planeta C, havia um grande asteroide, por isso necessitou ir para o ponto B, de modo a poder visualizar perfeitamente o Planeta C, conforme a figura.
Assinale a alternativa que contém o tempo que a Estrela da Morte demorou para se locomover do ponto A para o B.

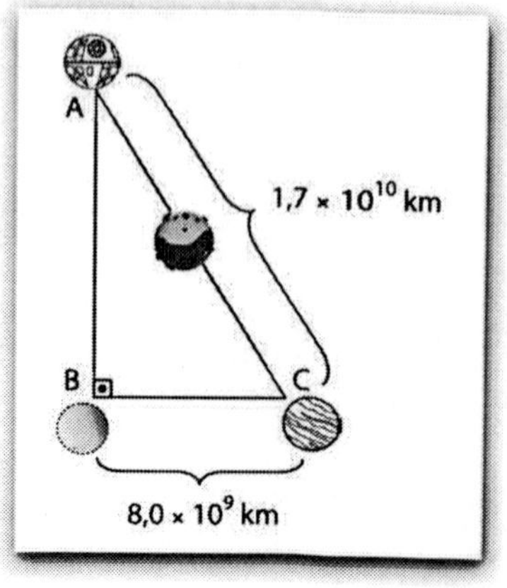

(A) $5,0 \times 10^4$ s (B) $15,0 \times 10^4$ s
(C) $45,0 \times 10^4$ s (D) $\sqrt{353} \times 10^4 s$
(E) $\dfrac{\sqrt{353}}{3} \times 10^4 s$

855) CFN – Qual a medida da base (b) do paralelogramo abaixo, de área 27,3 cm^2?

(A) 9,1 cm (B) 9,3 cm
(C) 24,2 cm (D) 27,3 cm
(E) 30,6 cm

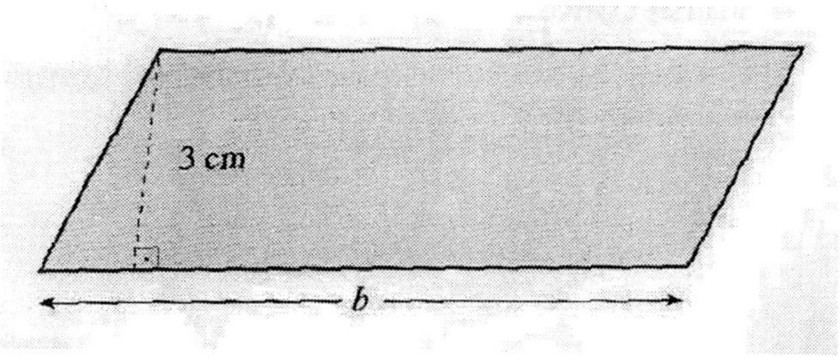

856) CFN – Observe o trapézio retângulo da figura abaixo. Determine, em cm, a medida **x** da base maior AB e a medida **y** da diagonal maior BD, respectivamente.

(A) $6\sqrt{2}$, 18 (B) $3\sqrt{3}$, 3 (C) $5\sqrt{2}$, 9
(D) $3\sqrt{2}$, 9 (E) $9\sqrt{3}$, 18

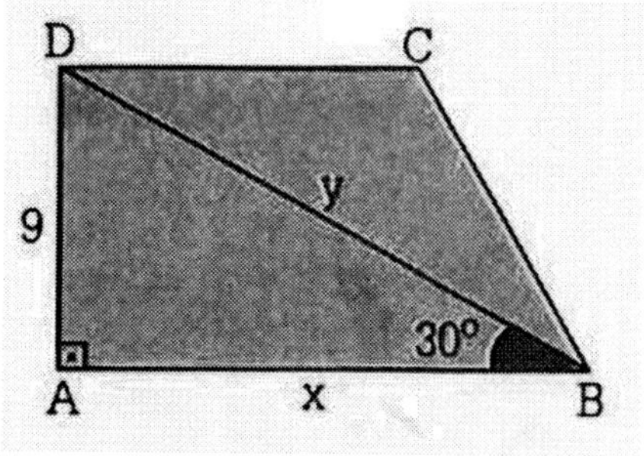

857) CMBH – Na figura abaixo, as retas r e s são paralelas e AD≡AC e BC≡BE. Traçando-se o segmento DE e marcando-se o seu ponto médio M, pode-se afirmar que o segmento CM mede o mesmo que:

(A) CE (B) CD (C) DE/2
(D) (CD+DE)/2 (E) DE/3

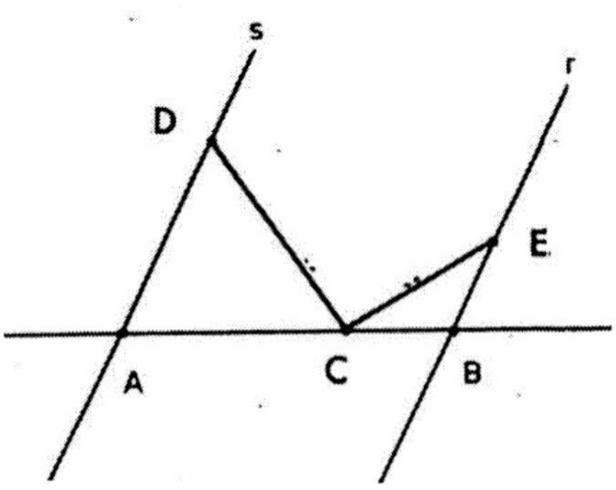

858) CMM – A figura abaixo ilustra três circunferências, tangentes duas a duas e tangentes à reta t. As duas circunferências maiores têm raios iguais a 9 cm e 4 cm, respectivamente. O raio da circunferência menor mede:

(A) 1,45 cm (B) 1,44 cm (C) 1,40 cm
(D) 1,20 cm (E) 1,10 cm

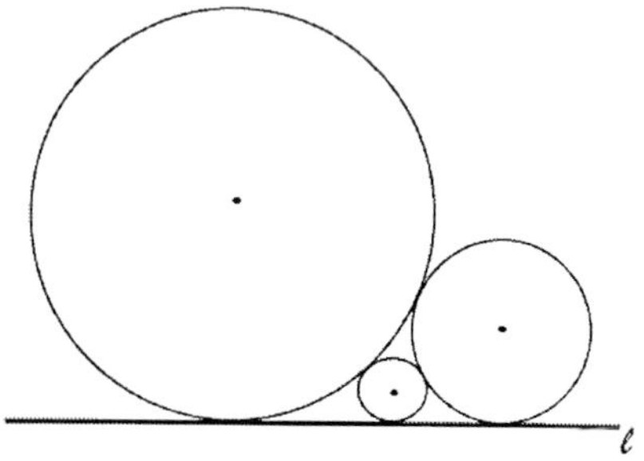

859) CMPA – Considere o setor circular LRB representado na figura abaixo. Sabendo que a medida do seu raio é 10 cm e que os pontos B, A e S estão alinhados, podemos afirmar que o comprimento da linha poligonal **BRASIL**, em cm, é igual a

(A) 24 (B) 25 (C) 30 (D) 35 (E) 40

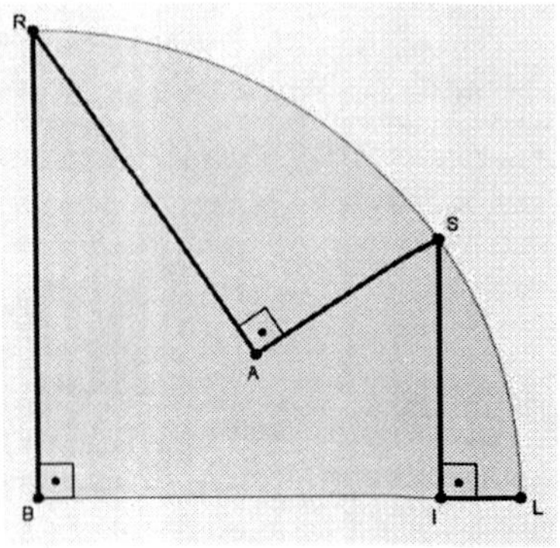

860) CMRJ – A figura a seguir ilustra uma haste AC articulada em B com as respectivas medidas horizontais e verticais referentes a uma das suas possíveis configurações. A maior distância possível entre as extremidades A e C, em decímetros, é:

(A) $20\sqrt{2}$ (B) $20\sqrt{3}$ (C) 24
(D) 30 (E) 32

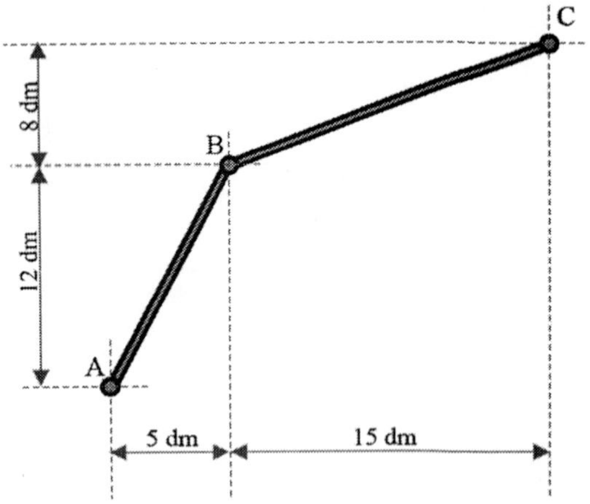

Teste 87

861) CTUR – A área de um triângulo pode ser calculada em função das medidas a, b e c de seus lados, usando a fórmula, atribuída ao matemático grego Heron (séc. I D.C.):

$S=\sqrt{p.(p-a).(p-b).(p-c)}$, onde $p=\dfrac{a+b+c}{3}$

Calcule a área de um triângulo cujos lados medem 7 cm, 8 cm e 9 cm.

(A) $12\sqrt{5}$ cm² (B) $8\sqrt{9}$ cm² (C) $7\sqrt{8}$ cm²
(D) $5\sqrt{12}$ cm² (E) $3\sqrt{13}$ cm²

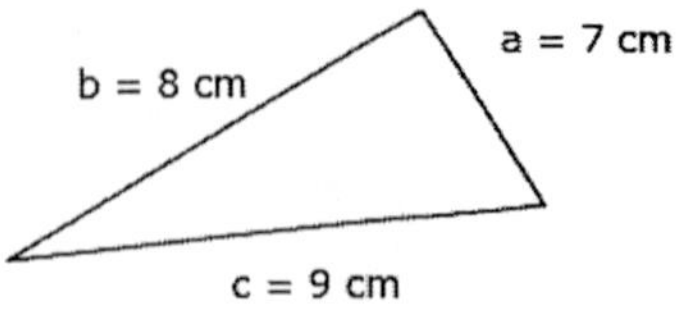

862) IFF – Determine o perímetro da região hachurada sabendo que $R_1 + R_2 + R_3 = 12$.

(A) 12π (B) 18π (C) 24π
(D) 32π (E) 36π

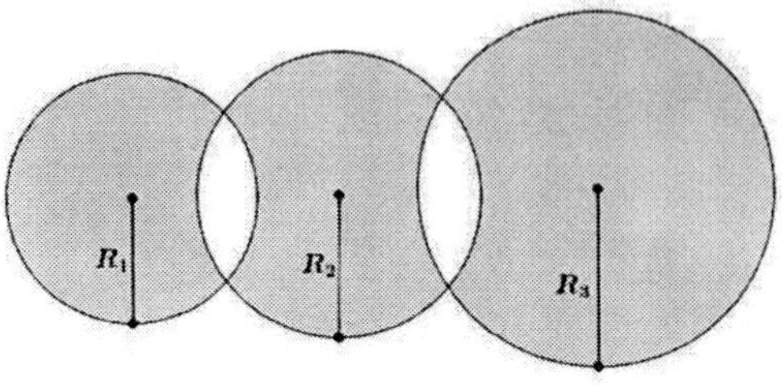

863) ETAM – Observe o triângulo retângulo a seguir, que possui um ângulo interno α. A expressão sen(α) + tg(α) é equivalente a:

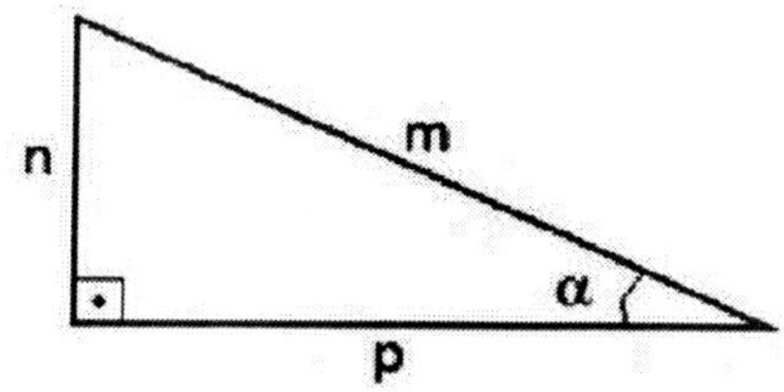

(A) $\frac{n(m+p)}{mp}$ (B) $\frac{p(m+n)}{m.n}$

(C) $\frac{mp(m+n)}{m+p}$ (D) $\frac{mn(m+p)}{n+p}$

864) IFAL – Um triângulo possui lados iguais a 6, 9 e 11. O cosseno do maior ângulo interno desse triângulo é:

(A) 11/15 (B) –1/27 (C) 26/33 (D) –2/27 (E) –1

865) CFN – Calcule a área da região colorida da figura, sabendo-se que o triângulo é equilátero.

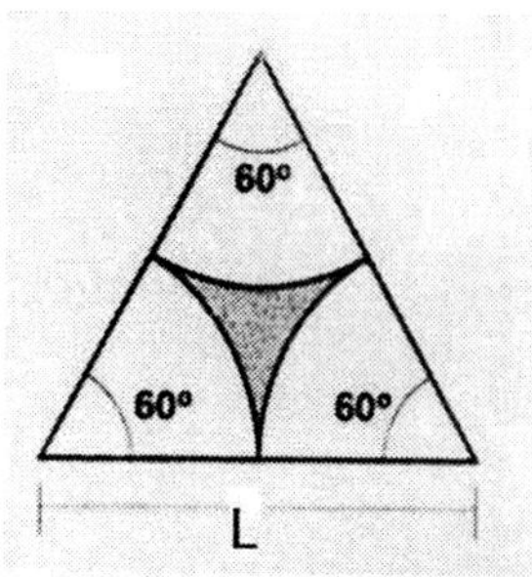

(A) $2L^2\left(3-\frac{\pi}{4}\right)$ (B) $L^2\left(1-\frac{\pi}{4}\right)$ (C) $3L^2\left(\sqrt{3}-\frac{\pi}{2}\right)$

(D) $\frac{L^2}{8}\left(2\sqrt{3}-\pi\right)$ (E) $L^2\sqrt{2}(\pi-4)$

866) CFN – Três cidades, Itaitaba, Ocatiba e Opateba formam um triângulo equilátero no mapa. A distância entre cada duas delas é de 54 km. Certo dia, houve um terremoto de pequenas proporções na região, apresentando um epicentro coincidente com o baricentro do triângulo. A única residência destruída estava localizada na outra extremidade do apótema, entre Ocatiba e Opateba. A que distância essa residência estava do epicentro do terremoto? (como os terremotos se propagam em linhas circulares, temos um triângulo equilátero inscrito na circunferência, dado por $l = r\sqrt{3}$ e $a = \frac{r}{2}$.)

(A) 9 km (B) $9\sqrt{3}$ km (C) $18\sqrt{2}$ km (D) $18\sqrt{3}$ km (E) $27\sqrt{2}$ km

867) CMBH – Seja um retângulo ABCD, cuja base AB mede 18 cm, conforme se vê na figura abaixo. M é o ponto médio de CD. O triângulo ABM é equilátero. Nessas condições, o segmento AP mede

(A) 15 cm (B) 8 cm (C) 12 cm (D) 6 cm (E) 10 cm

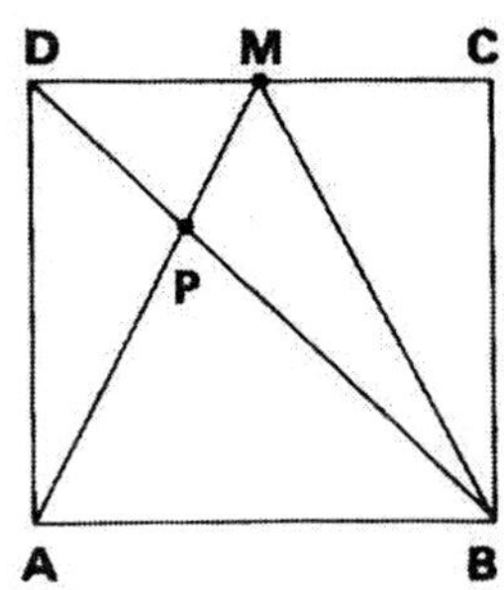

868) CMF – Na figura abaixo, AB = 6 cm, AC = 8 cm. Os segmentos AB, AC e BC são diâmetros das semicircunferências C_1, C_2 e C_3, respectivamente. A soma das áreas das regiões sombreadas é

(A) 26 cm^2 (B) 24 cm^2 (C) 22 cm^2
(D) 20 cm^2 (E) 18 cm^2

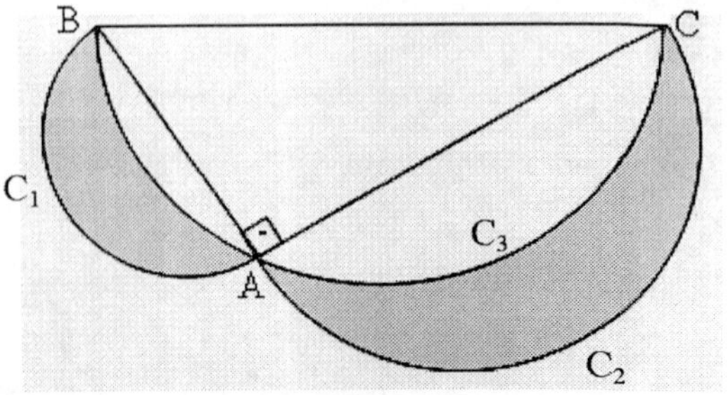

869) CMR – BOLINHA DE GUDE TEM HISTÓRIA!
[...] De origem desconhecida, tem-se a informação de que os faraós já praticavam o jogo (3.000 A.C.). A paixão era tanta que diversas escavações encontraram bolinhas de gude nos túmulos dos soberanos egípcios.
Após uma jogada, Rafael verificou que duas bolas de gude de raios R e r (com R > r) tangenciam-se num ponto. Sejam A e B os pontos de contato dessas bolas com uma superfície plana, de modo que AB = 1,8 cm. A figura a seguir mostra a representação plana do problema.

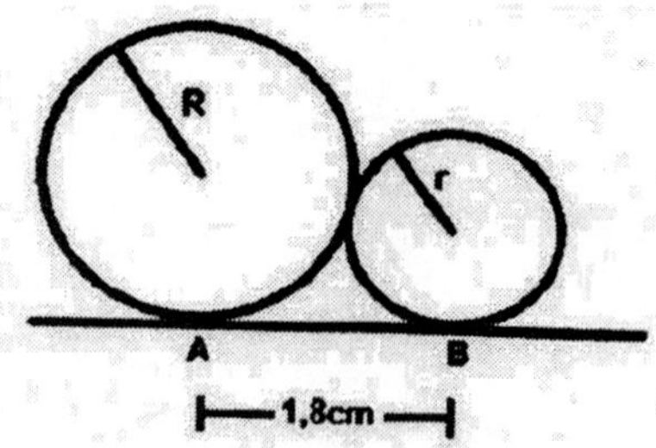

Com base nas informações do texto e da figura, pode-se concluir que o produto R.r é numericamente igual a:

(A) 0,36 (B) 0,54 (C) 0,64 (D) 0,72 (E) 0,81

870) CMS – As medidas dos lados de dois quadrados, expressas em centímetros, são números inteiros. Se a diferença entre suas áreas for 143 cm^2, determine a soma dos possíveis valores para o lado do quadrado de maior área.

(A) 12 (B) 24 (C) 36 (D) 78 (E) 84

Teste 88

871) IFF – Sobre um dos lados do triângulo retângulo ABC foi construído um triângulo equilátero conforme a figura a seguir. Podemos afirmar que a área, em centímetros quadrados, do triângulo equilátero ACF é

(A) $\frac{3\sqrt{3}}{4}$ (B) $\frac{3\sqrt{3}}{2}$ (C) $3\sqrt{3}$
(D) $4\sqrt{3}$ (E) $6\sqrt{3}$

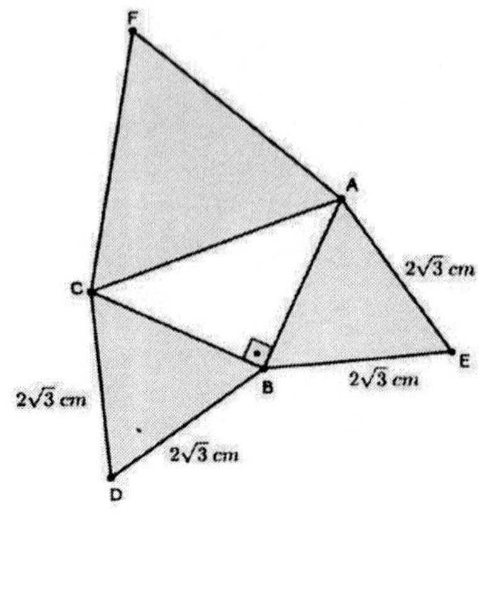

872) IFAL – Calcule o valor de m na figura, onde C é o centro do círculo e o raio vale 10.

(A) 1 (B) 2 (C) 3 (D) 4 (E) 5

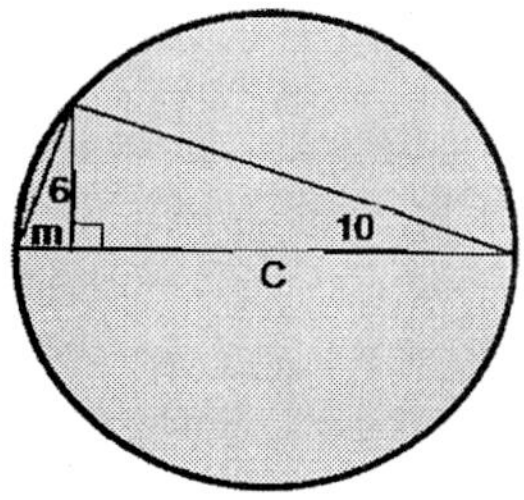

873) IFS – Três circunferências de raios r, 2r e 3r são tais que, cada uma delas tangencia exteriormente as outras duas. O triângulo, cujos vértices são os centros dessas circunferências, tem área:

(A) r^2 (B) $\frac{\sqrt{3}}{2}r^2$ (C) $4r^2$ (D) $6r^2$ (E) $12r^2$

874) IFCE – O quadrilátero convexo ABCD é tal, que a diagonal AC mede 5, e os lados AB e CD medem 4 e 13, respectivamente. Sabendo-se que os ângulos DAC e ABC são retos, podemos concluir corretamente que o perímetro de ABCD é

(A) 22 (B) 42 (C) 32 (D) 52 (E) 62

875) CFN – Na figura abaixo, calcule o valor de **x**, sabendo que a circunferência tem 5 cm de raio.
(OBS: o triângulo é retângulo)

(A) 5 cm (B) $5\sqrt{2}$ cm (C) $5\sqrt{3}$ cm
(D) 10 cm (E) $10\sqrt{3}$ cm

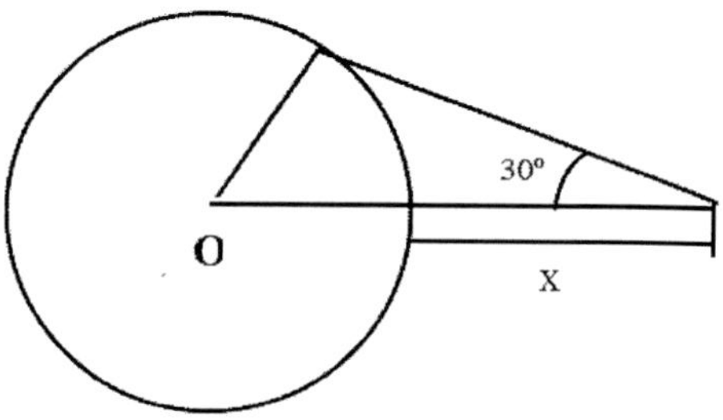

876) EAM – Analise a figura abaixo. A área do trapézio da figura acima é 12. Considere que o segmento EC = 4; CD = 2 e GH = 2r. Considere, ainda, que os pontos C, G e H são pontos de tangência e r é o raio do semicírculo sombreado. Sendo assim, é correto afirmar que a área do semicírculo sombreado é igual a:

(A) π (B) 2π (C) 3π (D) 4π (E) 5π

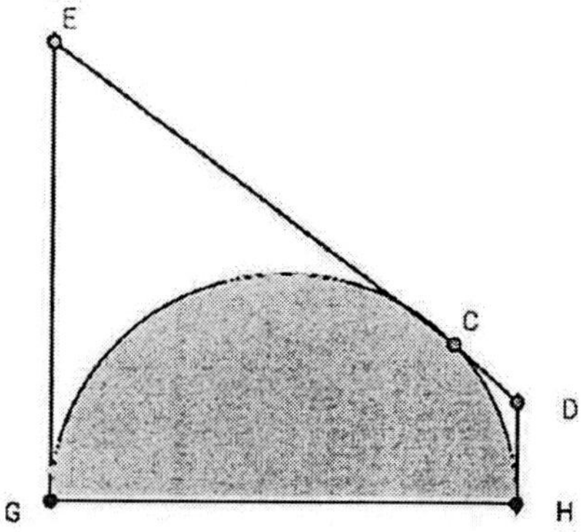

877) CMBH – Chama-se retângulo áureo qualquer retângulo (ABCD) com a seguinte propriedade: se suprimirmos um quadrado (ABEF), o retângulo resultante (CDEF), será semelhante ao retângulo original. Se (a + b) e a são os comprimentos dos lados do retângulo original, a definição acima se traduz na relação $\frac{a}{a+b}=\frac{b}{a}$.

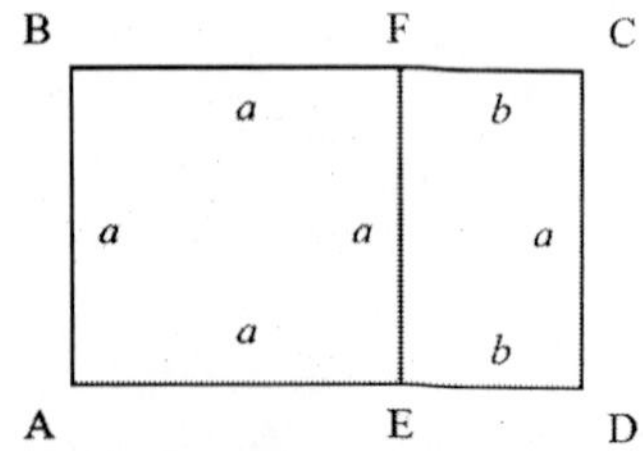

Podemos construir um retângulo áureo a partir do lado de um quadrado (ABEF). Sendo M o ponto médio do lado AE, ao traçarmos o arco FD de centro M, encontramos o ponto D na reta AE. Como os lados AD devem possuir a mesma medida BC, encontramos C na reta BF e, consequentemente, temos o retângulo ABCD.

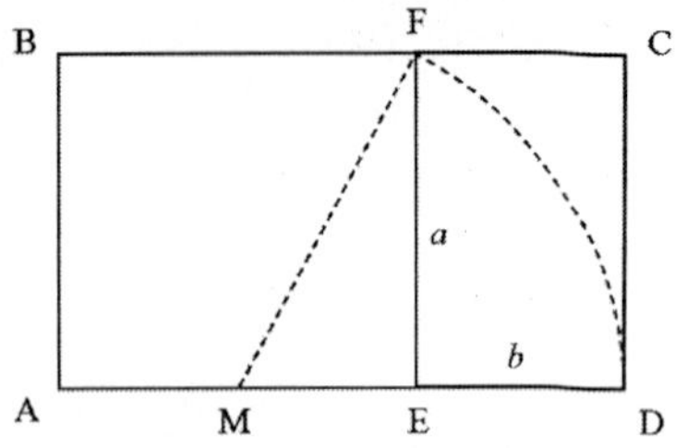

Tomando como referência o texto acima, temos um terreno retangular áureo, cuja largura mede 20 metros e deve ser demarcado com a profundidade maior que a largura. Assinale a alternativa que apresenta a medida do perímetro do terreno, em metros.

(A) $60+20\sqrt{5}$ (B) $20+20\sqrt{5}$ (C) $40+20\sqrt{5}$ (D) $20+40\sqrt{5}$ (E) $20+60\sqrt{5}$

878) CMM – No retângulo ABCD da figura abaixo tem-se CD = L e AD = 2L. Além disso, o ponto E pertence à diagonal BD, o ponto F pertence ao lado BC e EF é perpendicular a BD. Sabendo que a área do retângulo ABCD é cinco vezes a área do triângulo BEF, então BF mede

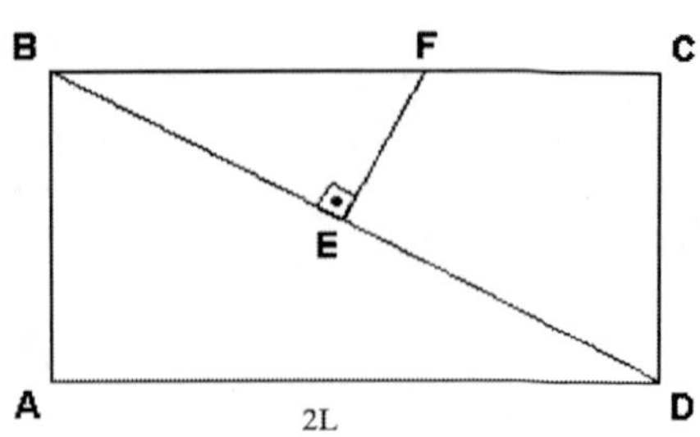

(A) $\frac{L\sqrt{2}}{8}$ (B) $\frac{L\sqrt{2}}{4}$ (C) $\frac{L\sqrt{2}}{2}$

(D) $\frac{3L\sqrt{2}}{4}$ (E) $L\sqrt{2}$

879) CMSM – As áreas verdes da Vila Olímpica de Londres possuem cerca de 4 mil árvores e diversos jardins. Em um desses jardins, temos dois canteiros de flores em formato circular, conforme mostra o esquema abaixo. A distância entre os centros dos dois canteiros é igual a 28 m e seus raios medem, respectivamente, 8 m e 6 m. Qual é a medida dos segmentos que a reta tangente comum interior determina sobre o segmento que une os centros dos dois canteiros (OE e OE', respectivamente)?

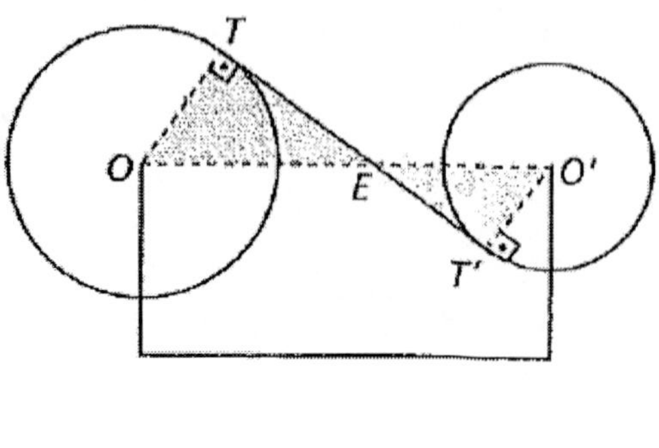

(A) 12m e 16m (B) 14m e 14m (C) 16m e 12m (D) 18m e 10m (E) 20m e 8m

880) CMRJ – Em um pentágono regular ABCDE cujos lados medem 10cm, as diagonais AC e BD cruzam-se no ponto P, conforme representado na figura abaixo.
A medida do segmento CP, em centímetros, é:

(A) 5
(B) $5+5\sqrt{3}$
(C) $-5+5\sqrt{5}$
(D) $5\sqrt{2}$
(E) $5\sqrt{5}$

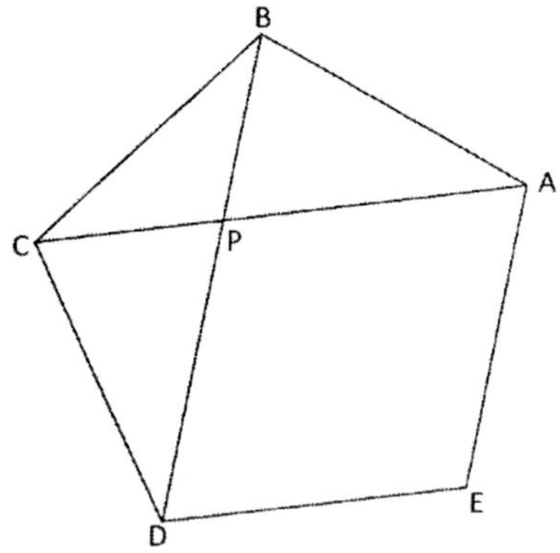

Teste 89

881) IFPI – Considere duas cordas perpendiculares de um círculo λ que se interceptam em um ponto P do círculo. Se o ponto P divide a menor das cordas em dois segmentos de medida 6 e 4 e a medida da maior corda é 14 então a área do círculo é igual a:

(A) 50π (B) 60π (C) 26π (D) 38π (E) 28π

882) IFBA – Um triângulo retângulo de perímetro 12 cm está inscrito numa circunferência cuja área mede 25π/4 cm^2. Deste modo, a medida da área desse triângulo, em cm^2, é igual a:

(A) 4 (B) 6 (C) 8 (D) 10 (E) 12

883) IFMA – A área e o perímetro do triângulo ABC são, respectivamente, em cm^2:

(A) $32\sqrt{3}$ e $8(3+\sqrt{3})$.
(B) $64\sqrt{3}$ e $32\sqrt{3}$.
(C) $16\sqrt{3}$ e $8\sqrt{3}$.
(D) $8\sqrt{3}$ e $8(2+\sqrt{3})$.
(E) $24\sqrt{3}$ e $16\sqrt{3}$.

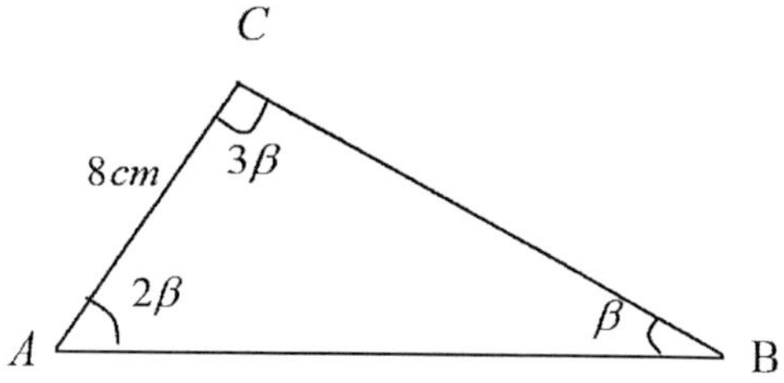

884) IFPB – O triângulo ABC da figura abaixo é retângulo em A e o segmento AD é a mediana relativa ao vértice A. Sabendo que o ângulo $A\hat{D}C$ mede 120°, é correto afirmar que o ângulo $B\hat{A}D$ mede:

(A) 30° (B) 45° (C) 60°
(D) 75° (E) 80°

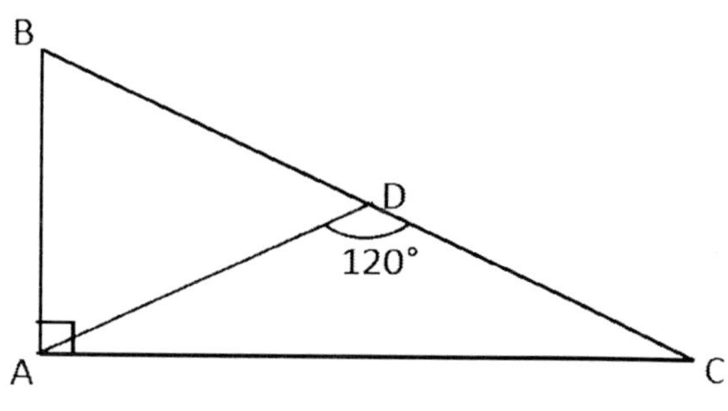

885) EAM – Analise a figura a seguir. Calcule a soma das áreas hachuradas da figura acima, sabendo que os polígonos I e II são quadrados, e assinale a opção correta.

(A) $22\sqrt{3}$ (B) 22 (C) $13+4\sqrt{3}$ (D) 11 (E) $11\sqrt{3}$

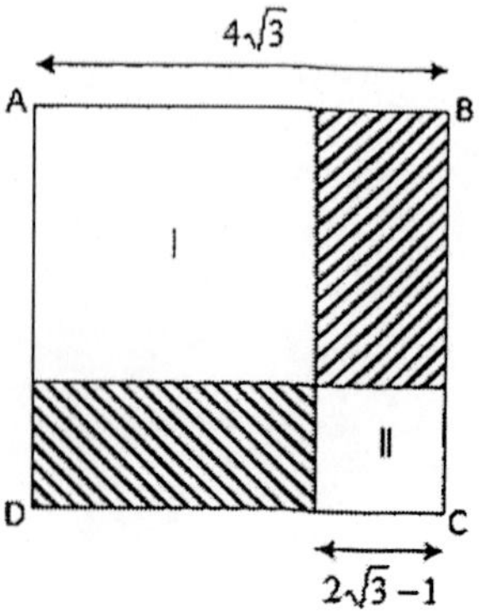

886) EAM – Observe a figura a seguir. Na figura, tem-se um triângulo isósceles ACD, no qual o segmento AB mede 3 cm, o lado desigual AD mede $10\sqrt{2}$ e os segmentos AC e CD são perpendiculares. Sendo assim, é correto afirmar que o segmento BD mede:

(A) $\sqrt{53}\ cm$ (B) $\sqrt{97}\ cm$ (C) $\sqrt{111}\ cm$

(D) $\sqrt{149}\ cm$ (E) $\sqrt{161}\ cm$

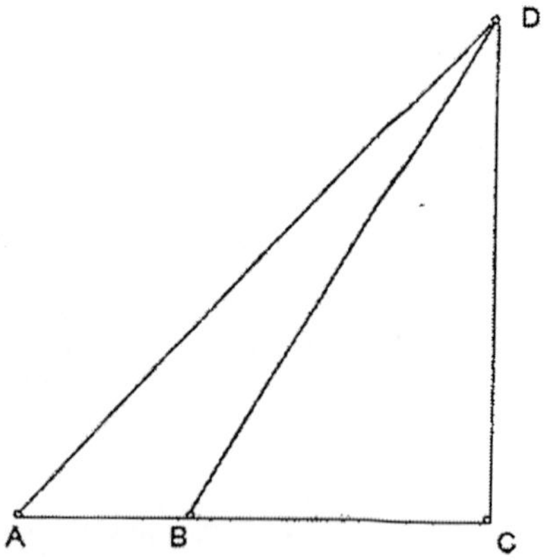

887) CMRJ – Na figura a seguir, o lado do quadrado ABCD tem medida 8 cm e, com centros nos pontos B e A respectivamente, traçam-se os arcos de circunferência AC e BD. A área da parte hachurada da figura mede:

(A) $16\left(\sqrt{3}-\dfrac{\pi}{3}\right) cm^2$ (B) $32\left(\sqrt{3}-\dfrac{\pi}{3}\right) cm^2$

(C) $32\left(\sqrt{3}+\dfrac{2\pi}{3}\right) cm^2$ (D) $32\pi\ cm^2$

(E) $\left(\sqrt{3}+\pi\right) cm^2$

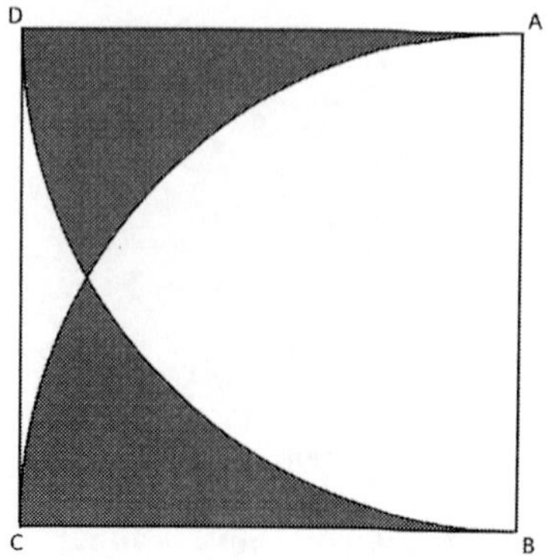

888) CMB – Alguns alunos do CMB participam de uma banda, de muito sucesso no colégio, chamada "CMB Rock". Na comemoração do aniversário do CMB a banda foi convidada a se apresentar. Esse evento aconteceu no Pátio Duque de Caxias.

O Pátio Duque de Caxias tem a forma de um retângulo de dimensões 100 metros e 60 metros. Nesse pátio, foi construído um palco em forma de setor circular com 20 metros de raio e 40 metros de comprimento de arco. Adotando $\pi = 3$ e considerando que a ocupação média de pessoas assistindo ao show, por metro quadrado, era de três pessoas e que não havia espectadores sobre o palco, dentre as opções abaixo, qual está mais próxima do número de espectadores no dia do show?

(A) 11 mil (B) 13 mil (C) 15 mil (D) 17 mil (E) 19 mil

889) CMBH – O retângulo de ouro, ou áureo, teve suas proporções estabelecidas pelo matemático grego Eudoxus de Cnidus (410 ou 408 A.C. – 355 ou 347 A.C.). Ao estudar a Teoria das Proporções, Eudoxus mostrou que o retângulo de ouro é um retângulo especial em que valem as relações entre comprimento (c) e largura (l); conhecidas como proporção áurea:

$$\frac{c}{l} = \frac{l}{c-l}.$$

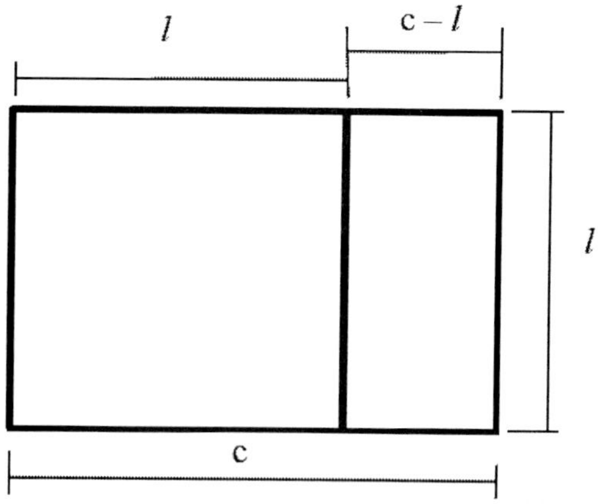

Se considerarmos c = 1, a proporção áurea será uma equação do 2º grau. Sendo $\sqrt{5} = 2{,}236$, o valor aproximado do inverso da raiz positiva dessa equação é:

(A) 0,618 (B) 0,681 (C) 1,618 (D) 1,681 (E) 1,861

890) CMF – Na figura abaixo, as quatro circunferências têm o mesmo raio r = 2 cm. Cada uma das circunferências tangencia outras duas, bem como dois lados do quadrado. A área da região sombreada é

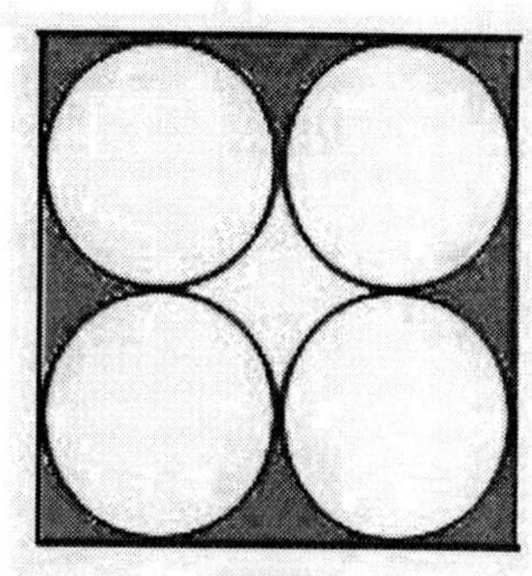

(A) $6(7-\pi)\ cm^2$ (B) $6(8-\pi)\ cm^2$ (C) $6(9-\pi)\ cm^2$
(D) $6(7-2\pi)\ cm^2$ (E) $6(8-2\pi)\ cm^2$

Teste 90

891) IFPE – A área da região sombreada abaixo é:

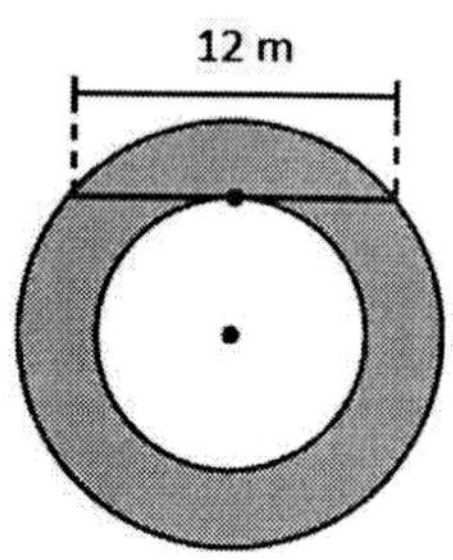

(A) $9\pi\ m^2$
(B) $16\pi\ m^2$
(C) $36\pi\ m^2$
(D) $100\pi\ m^2$
(E) $144\pi\ m^2$

892) IFRN – Um produtor de tilápias da região amazônica tem um viveiro de criação de peixes que ocupa uma área de 10.000 m^2 e produz 15.000 kg desse peixe. Seu novo viveiro ocupará uma área retangular, cujas dimensões serão 120 m e 100 m. Considerando que o nível de produção se mantenha o mesmo, por metro quadrado ocupado, a produção do novo viveiro será

(A) 15% maior que o anterior.
(B) 20% maior que o anterior.
(C) 25% maior que o anterior.
(D) 30% maior que o anterior.

893) IFAM – O segmento AD da figura abaixo é a bissetriz externa relativa ao ângulo $\hat{A}$. Considerando as medidas indicadas, o segmento AB mede:

(A) 20 cm (B) 24 cm (C) 25 cm
(D) 27 cm (E) 28 cm

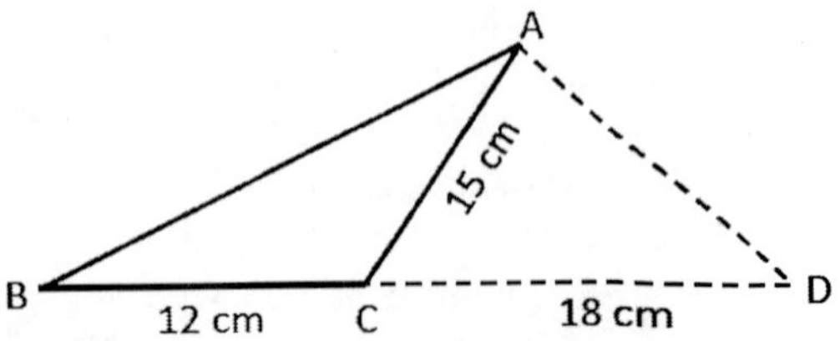

894) IFMT – Sofia deu de presente para sua avó um bibelô que lembrava um pavão. A avó curiosa resolveu fazer as medições dos lados da peça (bibelô). Os valores encontrados por ela para os lados x, y e z foram respectivamente:

(A) $\sqrt{2}$; $\sqrt{5}$; 2 (B) $\sqrt{3}$; $\sqrt{5}$; 2 (C) $\sqrt{2}$; $\sqrt{3}$; 2
(D) $\sqrt{5}$; $\sqrt{3}$; $\sqrt{2}$ (E) 2; $\sqrt{3}$; $\sqrt{2}$

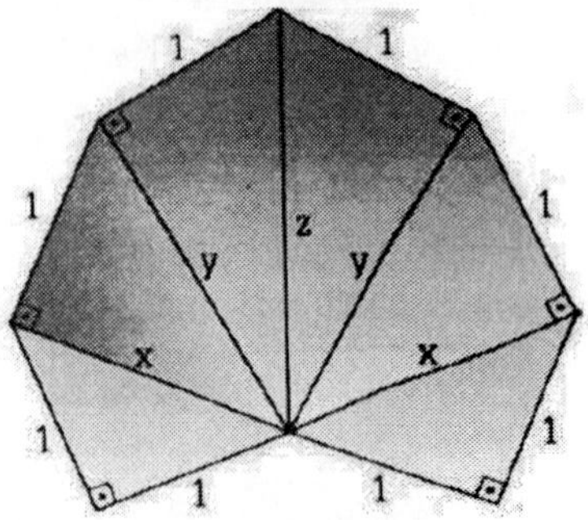

895) EAM – Analise a figura a seguir. Sabendo que EP é raio da semicircunferência de centro em E, como mostra a figura, determine o valor da área mais escura e assinale a opção correta. Dado: número π = 3

(A) 10 cm^2 (B) 12 cm^2 (C) 18 cm^2
(D) 22 cm^2 (E) 24 cm^2

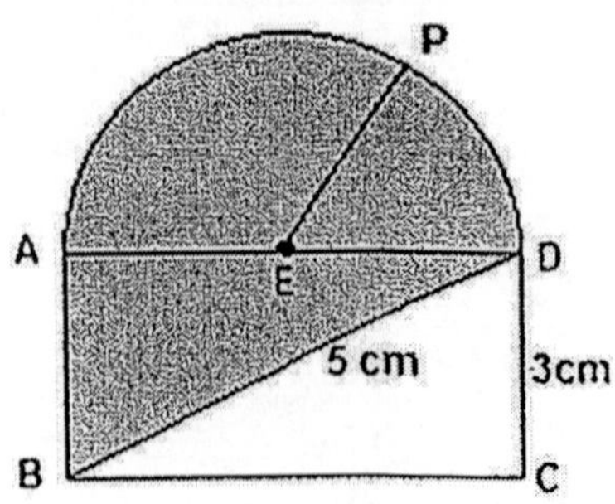

896) EAM – A figura representa duas circunferências concêntricas. Sendo o raio da menor igual a 2 cm e o raio da maior igual a 0,4 dm, quanto mede a área da coroa circular sombreada?

(A) 12π cm^2 (B) 15π cm^2 (C) 17π cm^2
(D) 19π cm^2 (E) 21π cm^2

897) CMSM – Um dos mais famosos matemáticos da antiguidade foi Pitágoras (576 – 496 A.C.). Ele fundou a Escola Pitagórica que era politicamente conservadora e tinha como lema "tudo é número". O pentágono regular (figura abaixo), era, ao que se diz, o símbolo especial da Escola Pitagórica porque possui várias propriedades matemáticas. Qual a razão entre a diagonal e o lado desse pentágono regular?

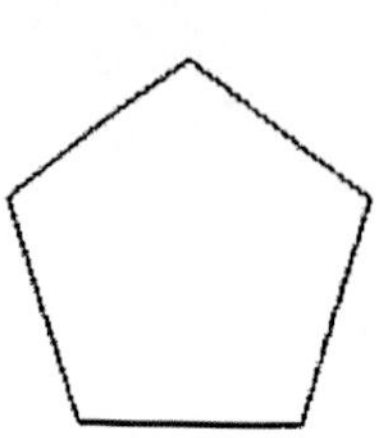

(A) $\frac{1-\sqrt{5}}{2}$ (B) $\frac{\sqrt{5}}{2}$ (C) $\frac{\sqrt{5}}{4}$ (D) $\frac{1+\sqrt{5}}{2}$ (E) 2

898) CMRJ - Os retângulos ABCD e EFCD são semelhantes, e ABFE é um quadrado. Para que ABCD possa ser inscrito em um círculo de raio $\sqrt{10-2\sqrt{5}}$, o segmento BC deve medir:

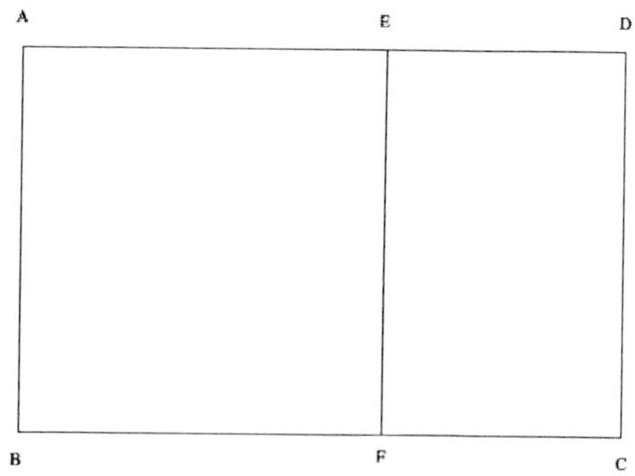

(A) $\frac{\sqrt{5}-1}{2}$ (B) $\frac{\sqrt{10-2\sqrt{5}}-1}{2}$

(C) 4 (D) 2 (E) 1

899) CMJF - Seja P um ponto interior de um retângulo ABCD. Se PA = 3m, PB = 4m e PC = 5m, então a medida PD, em metros, é igual a:

(A) 3 (B) $3\sqrt{2}$ (C) 6 (D) $6\sqrt{2}$

900) CMM - Navegando em linha reta, um navio passa sucessivamente pelos pontos A e B. O comandante quando o navio está no ponto A, observa um farol em um ponto C e verifica que o ângulo $A\hat{C}B$ mede 30°. Sabendo que o ângulo $A\hat{B}C$ é reto e que a distância entre os pontos A e B é de 6 milhas, então a distância entre o farol e o ponto B, em milhas, é de:

(A) $2\sqrt{3}$ (B) $3\sqrt{2}$ (C) $4\sqrt{3}$ (D) $6\sqrt{2}$ (E) $6\sqrt{3}$

Respostas dos testes

Respostas do Teste 81

801) * 803) E 805) A 807) C 809) E
802) A 804) B 806) A 808) E 810) B

801) $\frac{25}{2}-\frac{25\sqrt{3}}{4}$

Respostas do Teste 82

811) C 813) C 815) A 817) A 819) E
812) D 814) C 816) C 818) A 820) D

Respostas do Teste 83

821) B 823) A 825) D 827) E 829) B
822) C 824) A 826) B 828) C 830) B

Respostas do Teste 84

831) C 833) A 835) D 837) A 839) E
832) D 834) C 836) D 838) E 840) A

Respostas do Teste 85

841) C 843) C 845) A 847) B 849) E
842) B 844) C 846) E 848) A 850) A

Respostas do Teste 86

851) A 853) C 855) A 857) C 859) C
852) C 854) A 856) E 858) B 860) D

Respostas do Teste 87

861) A 863) A 865) D 867) C 869) E
862) C 864) B 866) B 868) B 870) E

Respostas do Teste 88

871) E 873) D 875) A 877) A 879) C
872) B 874) C 876) D 878) E 880) C

Respostas do Teste 89

881) A 883) A 885) B 887) B 889) A
882) B 884) C 886) D 888) D 890) E

Respostas do Teste 810

891) C 893) C 895) B 897) D 899) B
892) B 894) C 896) A 898) C 900) E

Resoluções dos testes

Resoluções do teste 81

801) CEFET RJ – O fato de um ponto ser chamado de "O" não indica que se trata do centro de uma circunferência. O problema deveria ter dado essa informação, e vamos resolver a questão levando em conta essa condição. Sendo o centro, as medidas AO e OB são iguais ao raio da circunferência.

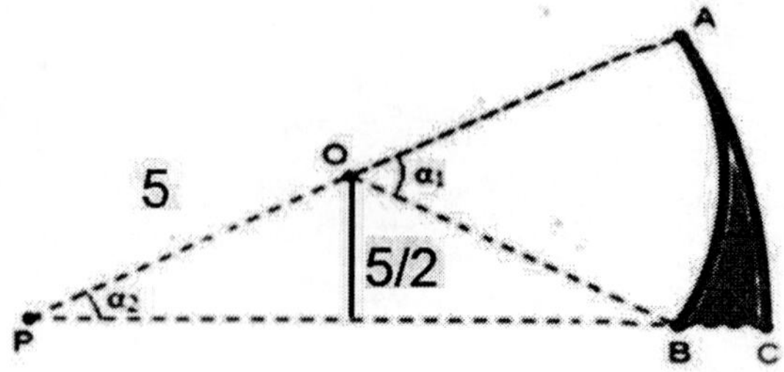

Como $\alpha_1 = 2.\alpha_2$, temos que o triângulo OPB é isósceles, e OP também é igual a raio da circunferência que passa por A e B. Sendo AP=10, temos OP=AO=OB=5.

Também é preciso supor que AC é um arco da circunferência de centro P, o que não foi dado no enunciado, ou seja, a questão, a rigor, deveria ser anulada.

A área pedida é igual a um setor de 30° (α_2) do círculo de raio PA=PC=10, menos a área do triângulo OPC, menos a área do setor de 60° (α_1) do círculo de raio PA=PB=5.

$\frac{1}{12}\pi.10^2 - S_{OPB} - \frac{1}{6}\pi.5^2$. Fazendo π = 3, resulta em

$$25 - S_{OPB} - \frac{25}{2} = \frac{25}{2} - S_{OPB}$$

Falta apenas calcular a área do triangulo OPB.

Sendo o raio AO=OB=OP=5, a altura do triângulo OPB, traçada de O, vale 5/2 (o cateto oposto a 30° vale a metade da hipotenusa). Além disso, o triângulo OPB é a união de dois triângulos do tipos 30 – 60 – 90, e nesse tipo de triângulo, o cateto maior é igual ao cateto menor multiplicado por $\sqrt{3}$. Logo o segmento PB mede $5\sqrt{3}$.

Portanto a área do triângulo OPB vale:

$$\frac{1}{2} \times \frac{5}{2} \times 5\sqrt{3} = \frac{25\sqrt{3}}{4}$$

A área hachurada pedida é então $\frac{25}{2} - \frac{25\sqrt{3}}{4}$

Resposta: $\frac{25}{2} - \frac{25\sqrt{3}}{4}$

802) IFSP – A figura tem um triângulo do tipo 30 – 60 – 90, que aparece em praticamente todas as provas. Nesse triângulo, o cateto maior é igual ao menor multiplicado por $\sqrt{3}$. Isso é o mesmo que dizer que o cateto menor é o maior dividido por $\sqrt{3}$. Como o cateto maior é 42 m (a distância até o farol), o menor é

Figura A

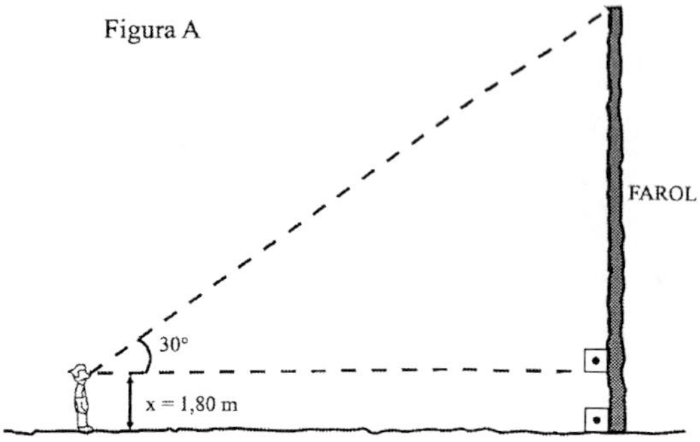

$$\frac{42}{\sqrt{3}} = 14\sqrt{3} = 24{,}22m$$

Somando a este valor a altura do observador, temos a altura do farol:

24,22 + 1,80 = 26,02 m

Resposta: (A) 26 m

803) CEFET ES – É possível calcular todas as alturas envolvidas, ou até mesmo resolver a questão sem calcular altura alguma, somente raciocinando com áreas. Como o cálculo das alturas é muito fácil, vamos fazer esses cálculos. É fundamental fazer o desenho para resolver o problema com segurança. Como BC=12 e AB=AC=10, o triângulo ABC pode ser dividido em dois triângulos retângulos com hipotenusa 10 e um cateto igual a 6. Logo sua altura é 8 e sua área é 12.8/2 = 48. A terça parte da área é 16,

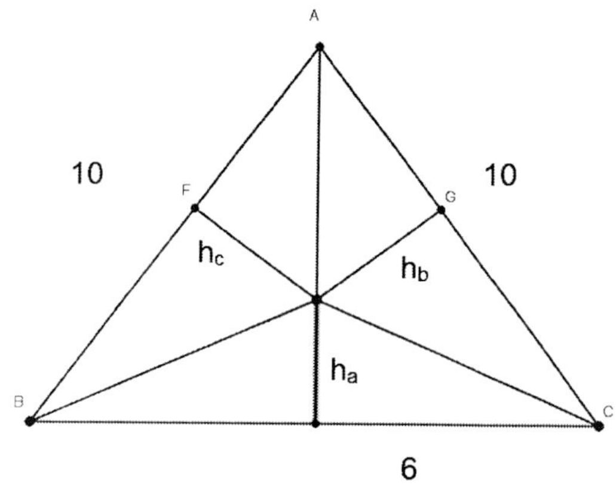

Se chamarmos de h_a, h_b e h_c, as alturas dos três triângulos referidos, temos, a partir das três áreas iguais:

$12.h_a/2 = 16 \rightarrow h_a = 8/3$

$10.h_b/2 = 16 \rightarrow h_b = 16/5$, assim como h_c.

Com esses valores, analisamos as afirmativas:

(A) A altura do triângulo de base AB é igual à altura do triângulo de base BC. ERRADO, h_c e h_a não são iguais.

(B) A altura do triângulo de base AC é a terça parte da altura do triângulo de base BC. ERRADO, h_b não é a terça parte de h_a.

(C) A altura do triângulo de base AB é diferente da altura do triângulo de base AC. ERRADO, h_c e h_b são iguais.

(D) A altura do triângulo de base BC é maior que a altura do triângulo de base AC. ERRADO, h_a é menor que h_b, ou seja, 8/3 é menor que 16/5.

(E) A altura do triângulo de base BC é 5/6 da altura do triângulo de base AB. CERTO, a altura ha vale 8/3, que é exatamente 5/6 de 16/5.

Resposta: (E)

804) IFRS – A soma de todos os lados é 6n, mas os lados comuns não contribuem para o perímetro. Portanto para cada lado comum, temos que descontar duas unidades. Assim sobrarão apenas aqueles que não são lados comuns.

Total = 6n

Abatendo 2 unidades de cada lado comum: 2m

Total: 6n – 2m

Resposta: (B) 6n – 2m

805) CFN – O cateto oposto a 30° vale a metade da hipotenusa. Isso é o mesmo que dizer que o seno de 30° é 1/2. Logo a altura é 50 metros.

Resposta: (A) 50 m

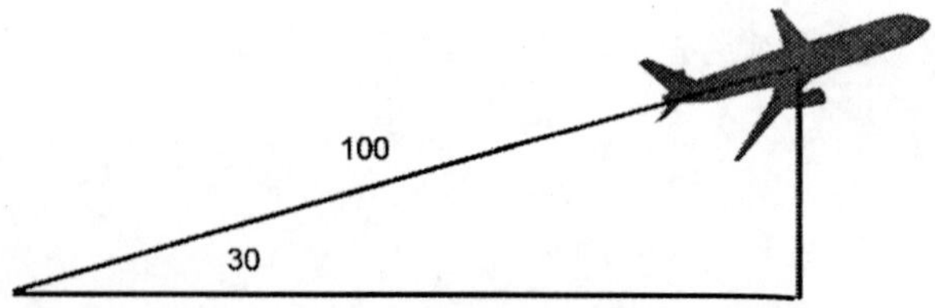

806) CFN – O comprimento da circunferência é igual a π vezes o diâmetro. Sendo assim, o comprimento da circunferência da roda é 3,14 m. Para percorrer 157 metros, o número de voltas será:

$\frac{157}{3{,}14}=\frac{15700}{314}=\frac{15700}{2\times157}=\frac{100}{2}=50$. Portanto são 50 voltas.

Resposta: (A) 50

807) CMSM – Sendo 2,05 e 3,05 as alturas do atleta e da cesta, existe uma diferença de 1 metro entre suas alturas. Os dois triângulos citados, indicados na figura, têm ângulos de 30° e 60°. Ambos são triângulos do tipo 30 – 60 – 90, aqueles que aparecem em praticamente todas as provas.

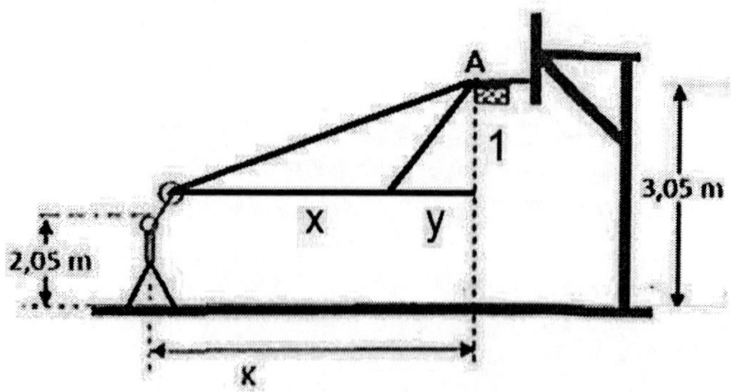

No primeiro triângulo, o cateto menor vale 1 e o cateto maior vale k. Então temos $k=\sqrt{3}$. Lembrando que no triângulo 30-60-90, o cateto maior é igual ao menor, multiplicado por $\sqrt{3}$. No segundo lançamento, o atleta está a uma distância y = k – x, e esta medida y é o cateto menor do segundo triângulo 30-60-90. Logo $y=\frac{1}{\sqrt{3}}=\frac{\sqrt{3}}{3}$.

Portanto x vale:

y = k – x

x = k – y

$x=\sqrt{3}-\frac{\sqrt{3}}{3}=\frac{2\sqrt{3}}{3}$

A razão entre x e k é

$\frac{2\sqrt{3}}{3}\div\sqrt{3}=\frac{2}{3}$

Resposta: (C) $\frac{2}{3}$

808) CMBH – O triângulo retângulo ABP é semelhante ao triângulo retângulo de lados 5 – 12 – 13, pois AB = 2×5 e AP = 2×12. Logo sua hipotenusa vale 2×13.
O triângulo retângulo PBC é semelhante ao triângulo de lados 1, 2 e $\sqrt{5}$, já que seus catetos valem 13×1 e 13×2. Logo sua hipotenusa PC vale $13\times\sqrt{5}$.
Assim calculamos os comprimentos de cabos:
PA=PF=24
PB=PE=26
PC=PD=$13\times\sqrt{5}$=28,6
CD=36
AB=EF=10
CB=DE=13 ➔ Total: 239,2
Levando em conta o lado oposto, temos 478,4 metros.

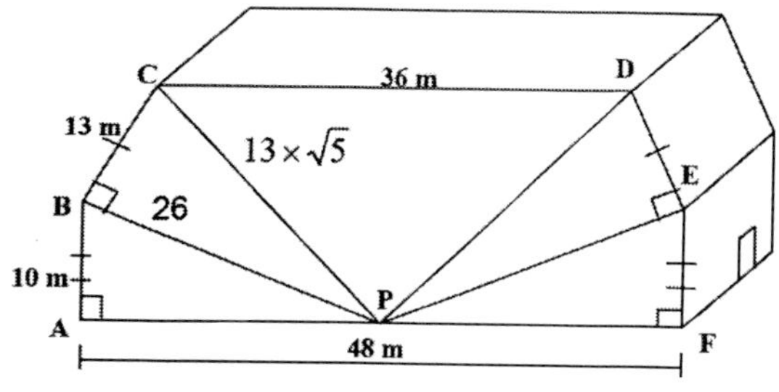

Resposta: (E) 478,4 m

809) CMF – A construção do desenho em problemas de geometria é fundamental para a resolução. Alguns problemas apresentam o desenho, outros apresentam uma descrição, e cabe ao aluno desenhar o que está descrito. Isso só se aprende com prática, e com o conhecimento dos termos técnicos da geometria. Nem sempre fazemos o desenho correto logo no primeiro traçado. O ideal é fazer um desenho simples no rascunho, e fazer um segundo, um terceiro, até conseguir desenhar o que o problema descreve.

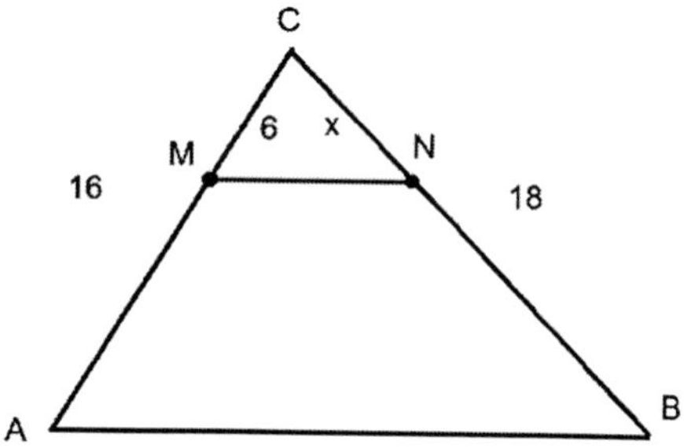

Por exemplo, às vezes é preciso mudar a posição dos vértices de um triângulo, nem sempre no primeiro desenho usamos a posição correta ou ideal.

Neste problema, temos que calcular NB, e para isso usaremos o fato dos triângulos ABC e CMN serem semelhantes, já que seus ângulos são iguais, o que por sua vez é devido ao fato dos segmentos MN e AB serem paralelos, formando assim ângulos CMN e CNM iguais aos ângulos $\hat{A}$ e $\hat{B}$ do triângulo ABC. Podemos assim armar a semelhança:

$$\frac{CM}{CA}=\frac{CN}{CB}$$

Na proporção acima, usamos no numerador, lados do triângulo CMN, e no denominador, lados do triângulo ABC. Em cada fração usamos lados homólogos: CM é homólogo a CA e CN é homólogo a CB. Ficamos com

$$\frac{6}{16}=\frac{x}{18}$$ ➔ x = 27/4 = 6,75

O segmento NB é CB – CN = 18 – 6,75 = 11,25

Resposta: (E) 11,25

810) CMJF – Essa questão como apareceu originalmente em sua prova, tinha um erro de enunciado. O ângulo CÂD não era dado como desconhecido, mas como sendo 30°. Essa informação criava uma inconsistência no problema, ou seja, se fosse usado aquele ângulo de 30°, chegaríamos a uma resposta diferente. Neste livro corrigimos o enunciado original retirando o referido ângulo de 30°.

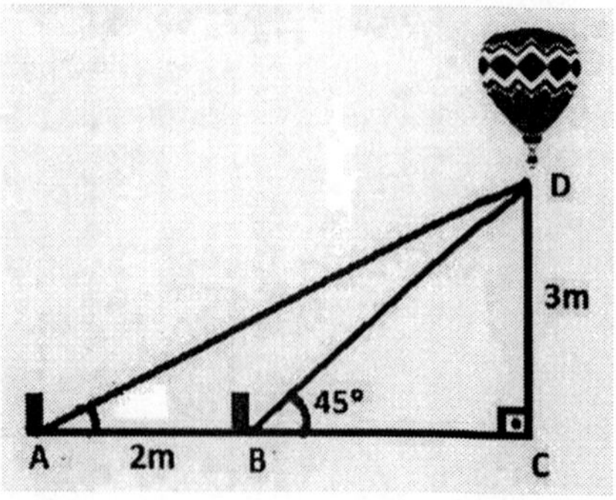

Se fosse 30°, AD valeria 6m, pois o cateto oposto a 30° vale a metade da hipotenusa. Como este cateto é a altura do balão, 6m, teríamos a hipotenusa AD = 6m, o dobro de DC. A resposta do problema, que é o dobro de AD, seria 12m, que não está entre as respostas.

Descartando o ângulo de 30°, temos que CB vale 3m, pois o triângulo BCD é isósceles. Então AC vale 5. Usando o Teorema de Pitágoras, calculamos AD:

$AD^2 = AC^2 + CD^2 = 5^2 + 3^2 = 25 + 9 = 34$ ➔ $AD = \sqrt{34}\ m$

O problema pede o dobro de AD, ou seja, $2\sqrt{34}\ m$

Resposta: (B) $2\sqrt{34}\ m$

Resoluções do teste 82

811) CEFET RJ – Considerando os pontos X, Y e Z da figura, os segmentos DX, XY e YZ são iguais ao lado do quadrado. Isso porque o quadrado hachurado foi criado a partir de um feixe de paralelas partindo de V, W e A, que dividem AD em 3 partes iguais. Como DV, VW e WA são iguais, temos que DX, XY e YZ são iguais, no caso iguais a 1, que é o lado do quadrado menor.

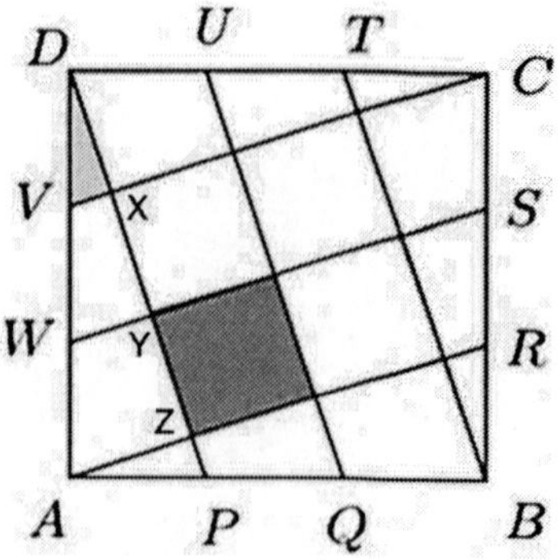

O triângulo hachurado VDX é semelhante ao triângulo ADP, pois ambos são retângulos e têm um ângulo D comum. Sendo semelhantes, como AP = AD/3, temos que VX = DX/3.

Logo, os catetos do triângulo hachurado VDX valem 1 e 1/3. Sua hipotenusa, pelo Teorema de Pitágoras, é

$$DV^2 = 1^2 + (1/3)^2 = 10/9$$

$$DV = \frac{\sqrt{10}}{3}$$

Logo o lado do quadrado ABCD é o triplo de DV: $\sqrt{10}$. Elevando ao quadrado temos sua área, que vale 10.

Resposta: (C) 10

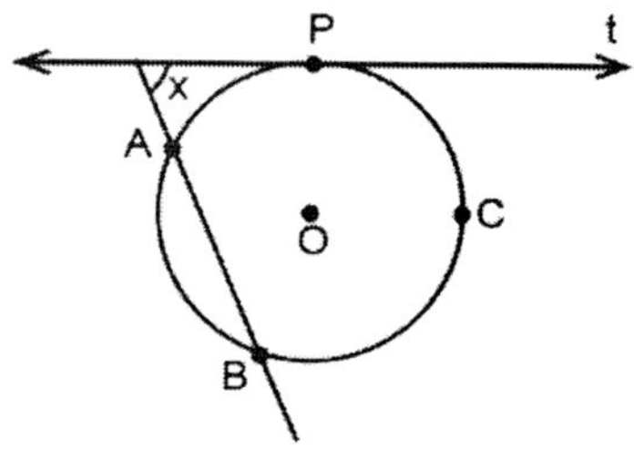

812) IFSP - Calculando o arco AP, podemos calcular o ângulo x.

AP = 360° - 100° - 194° = 66°

O ângulo x é excêntrico externo, que vale a semi-diferença dos arcos por ele compreendidos:

$$x = \frac{194° - 66°}{2} = 64°$$

Resposta: (D) 64

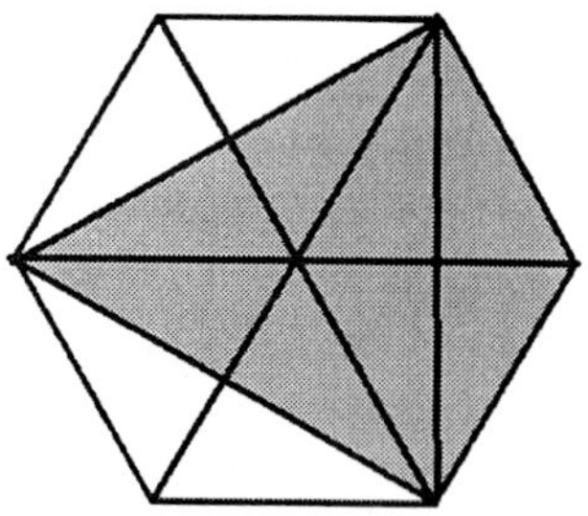

813) IFRS - Traçando as diagonais indicadas, percebemos que a área do hexágono ficou dividida em 12 partes iguais, sendo cada uma é a metade de um triângulo equilátero, e esses 6 triângulos equiláteros têm lados e áreas iguais. A área sombreada tem dessas partes, portanto sua área é 8/12 da área do hexágono, ou 8/12 de 12 cm^2 = 8 cm^2.

Resposta: (C) 8 cm^2

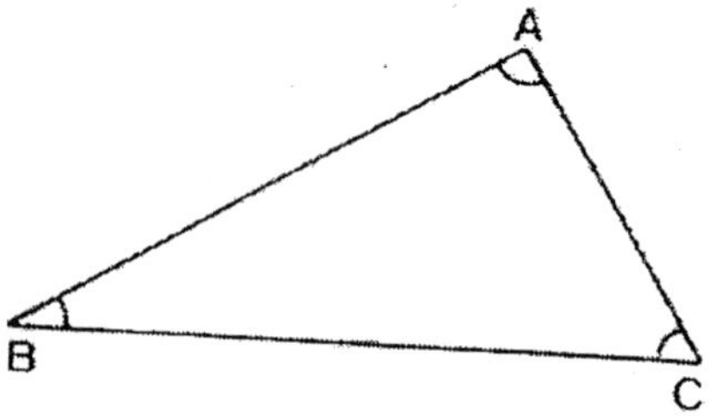

814) IFSC - A figura está totalmente fora de escala. O ângulo $\hat{A}$ indicado mais parece 90°, e não 30°. Mas isso não invalida a solução do problema.

Conhecendo dois lados de um triângulo, b e c, e o ângulo $\hat{A}$ entre eles, a área do triângulo pode ser calculada pela fórmula:

$$\frac{b.c.\text{sen}\,\hat{A}}{2}$$

Como sen(30°) = 1/2, temos:

$$S = \frac{32.50.\frac{1}{2}}{2} = 400$$

O terreno tem portanto uma área de 400 m^2. Como o preço do metro quadrado é R$ 600,00, o preço total do terreno é:

400 × R$ 600,00 = 240.000,00

Resposta: (C) R$ 240.000,00

815) CFN – A rigor é uma questão de Geometria Espacial, mas toda questão de Geometria Espacial é resolvida com a ajuda da Geometria Plana. Se pensarmos em uma lata de leite, que é um cilindro, a sua *superfície lateral* nada mais é que um papel colado, em forma de retângulo. Uma dimensão do retângulo é a altura do cilindro, a outra é a circunferência da base retificada, ou seja, $2\pi r$. Temos ainda a *superfície total*, que é igual à lateral, mais dois círculos.

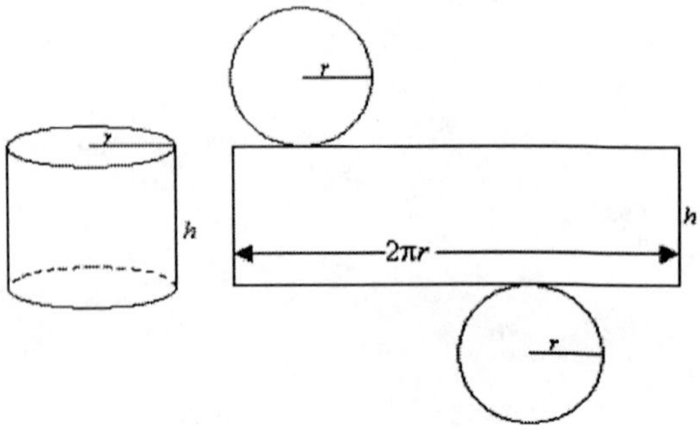

Nessa questão, a área lateral foi dada como sendo 64π. Foi dado ainda que a altura tem o dobro da medida dos raios da base, então h = 2r. Portanto a área lateral vale

$2\pi rh = 2\pi.r.2r = 4\pi r^2 = 64\pi$.

$4r^2 = 64$

$r^2 = 16$

$r = 4$

Sendo assim o raio da base mede 4 cm, e a altura, como mede o dobro, vale 8 cm. Na ordem perguntada pelo problema, h=8 e r=4.

Resposta: (A) 8 e 4

816) CFN – Usando o Teorema de Pitágoras 3 vezes, descobrimos os valores de x, y e z.

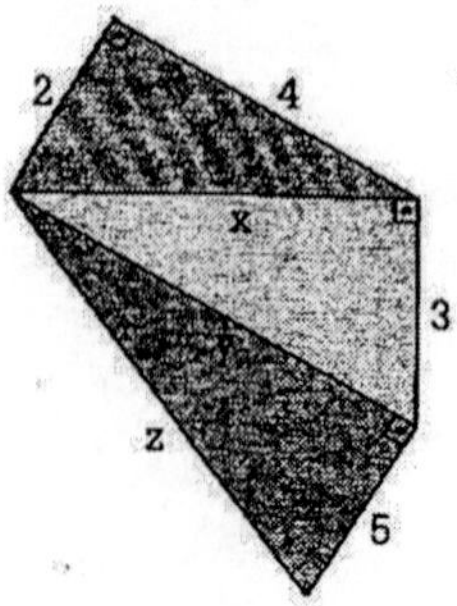

1) Triângulo superior: $x^2 = 2^2 + 4^2 = 4 + 16 = 20$

$x = \sqrt{20} = \sqrt{4.5} = 2\sqrt{5}$

2) Triângulo do meio: $y^2 = 3^2 + x^2 = 9 + 20 = 29$ ➔ $y = \sqrt{29}$

3) Triângulo inferior: $z^2 = 5^2 + z^2 = 25 + 29 = 54$

$z = \sqrt{54} = \sqrt{9.6} = 3\sqrt{6}$

Sendo assim, os valores de x, y e z são $2\sqrt{5}$, $\sqrt{29}$, $3\sqrt{6}$

Resposta: (C)

817) CMM – Os segmentos OP e OQ são iguais a R. Logo, suas projeções AM e AN também são iguais, assim como os segmentos OM e ON, já que são formados triângulos congruentes (iguais) AOM e AON.

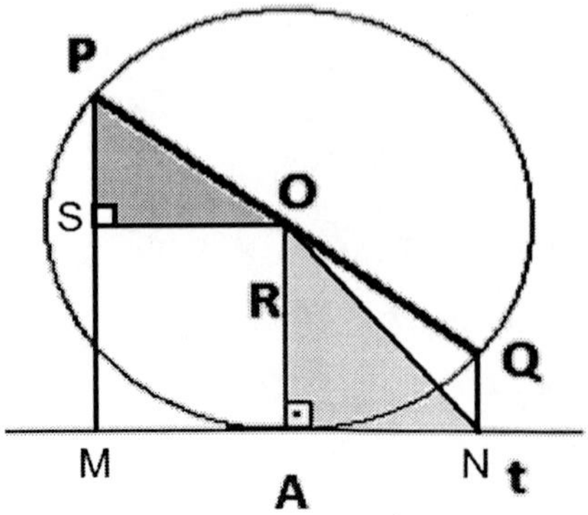

Foi dado que a razão ON/R vale $\frac{\sqrt{7}}{2}$, logo ON = $\frac{R\sqrt{7}}{2}$. Usando o Teorema de Pitágoras no triângulo OAN, podemos calcular AN:

$ON^2 = OA^2 + AN^2$

$AN^2 = ON^2 - OA^2 = \frac{R^2.7}{4} - R^2 = \frac{R^2.3}{4}$

$AN = \frac{R\sqrt{3}}{2}$.

Conhecendo AN = AM = OS, o triângulo OPS tem dois lados conhecidos:

OP=R e OS=$\frac{R\sqrt{3}}{2}$.

Um triângulo retângulo que temo uma hipotenusa R e um cateto valendo $\frac{R\sqrt{3}}{2}$ é um triângulo do tipo 30 – 60 – 90. OS é o cateto maior, e o cateto menor, PS, vale a metade da hipotenusa, ou seja, R/2. Os ângulos opostos a esses catetos são: P = 60° (oposto ao maior cateto) e O = 30° (oposto ao menor cateto). Este ângulo de 30° é exatamente o ângulo que o segmento PQ faz com a reta t.

Resposta: (A) 30°

818) CMPA – Conhecendo os lados **a**, **b** e **c** de um triângulo, podemos calcular a sua área usando a *Fórmula de Heron*. Primeiro calculamos o semi-perímetro:

$$p = \frac{a+b+c}{2}$$

A seguir usamos a fórmula:

$$S = \sqrt{p(p-a)(p-b)(p-c)}$$

No triângulo T_1, os lados, em cm, medem 24, 70 e 74, O semi-perímetro mede 84. Então a área vale:

$$S = \sqrt{84.60.14.10} = \sqrt{6.14.6.10.14.10} = 6.10.14 = 840$$

A área de T_1 mede 840 cm^2, e foi dado que a área de T_2 mede 3360 cm^2, ou seja, 4 vezes maior. Se a área de T_2 é quatro vezes maior, então seus lados valem respectivamente o dobro dos lados de T_1. Porque a razão entre as áreas de figuras semelhantes é igual ao quadrado da razão de semelhança, portanto esta razão de semelhança vale 2.
Assim podemos calcular os lados de T_2, que são cada um deles, o dobro do lado homólogo de T_1: 48, 140 e 148. Entre as alternativas, a que apresenta um desses números é (A).

Resposta: (A) 148

819) CMRJ – Essa soma de quadrados lembra da fórmula da mediana de um triângulo. Chamando de **m** a mediana relativa ao lado a de um triângulo de lados **a**, **b** e **c**, sua fórmula é:

$4m^2 = 2(b^2 + c^2) - a^2$

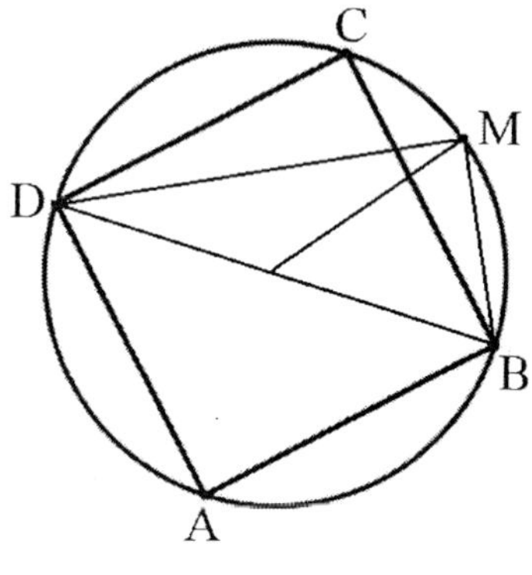

Na figura ao lado, considerando o triângulo MBD, temos que o raio MO (O é o centro do círculo) é R (raio), o lado BD vale 2R, e MB e MD são os lados do triângulo considerado, além de BD. Aplicando a fórmula, ficamos com

$4R^2 = 2(MB^2 + MD^2) - (2R)^2$

$8R^2 = 2(MB^2 + MD^2)$

$4R^2 = MB^2 + MD^2$

Fazendo o mesmo com o triângulo MAC (não desenhado), ficamos com:

$4R^2 = MA^2 + MC^2$

Logo a soma dos quadrados de MA, MB, MC e MD vale $8R^2$.

Sendo R o raio do círculo, o lado do quadrado vale $R\sqrt{2}$. Temos então

$$R\sqrt{2} = 5$$

$$R = \frac{5}{\sqrt{2}}$$

A soma dos quadrados pedida é $8R^2 = 8\frac{25}{2} = 100$

Resposta: (E) 100

820) CMJF – Se o lado do quadrado mede **a**, a área sombreada é a metade do que sobra se partimos de um quadrado de lado **a**, e subtraímos a quarta parte de um círculo de raio **a**:

$\frac{1}{2}\left(a^2 - \frac{\pi a^2}{4}\right)$. Esse valor foi dado como sendo $\frac{4-\pi}{8}$, então com isso podemos calcular **a**, o lado do quadrado:

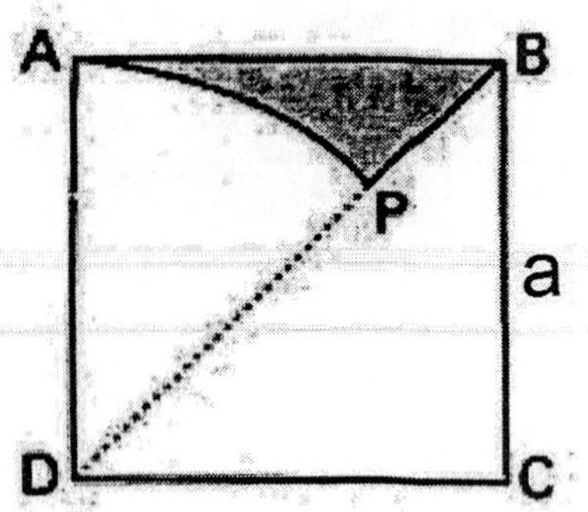

$$\frac{1}{2}\left(a^2 - \frac{\pi a^2}{4}\right) = \frac{a^2}{2}\left(1 - \frac{\pi}{4}\right) = \frac{a^2}{2}\left(\frac{4-\pi}{4}\right) = \frac{a^2(4-\pi)}{8}$$

Para que este valor seja igual a $\frac{4-\pi}{8}$, devemos ter **a=1**.

Sendo assim, o perímetro do triângulo BCD é igual a dois lados mais a diagonal do quadrado. A diagonal é igual ao lado multiplicado por $\sqrt{2}$. O perímetro é:

$2 + \sqrt{2}$.

Resposta: (D) $\sqrt{2} + 2$

Resoluções do teste 83

821) IFSP – A área do polígono BCDEF é igual à área do retângulo ABCD (15 × 9 = 135), menos a área do triângulo sombreado AEF. Como a área do referido polígono foi dada como sendo 121 (medidas todas em cm e cm^2), temos que a área do triângulo AEF vale:

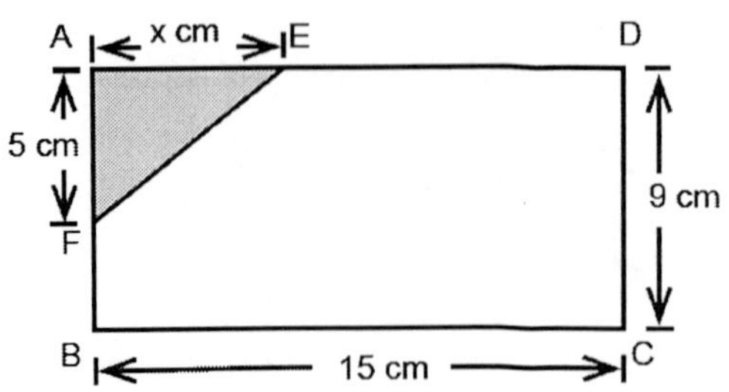

135 – 121 = 14

Esta área de 14 cm^2, por sua vez, é também calculada como sendo 5.x/2. Então

5x/2 = 14

5x = 28

x = 28/5 = 5,6. Um número dentro da faixa indicada na opção (B).

Resposta: (B) 5,4 e 5,8

822) CEFET ES – Sendo um octógono regular, todos os seus lados e todos os seus ângulos são iguais, bem como os 8 arcos da circunferência circunscrita vale, 360°/8 = 45°. O ângulo α indicado na figura é um ângulo inscrito no arco que passa por C e D. Como esse arco mede 45°, lembrando que o ângulo inscrito vale a metade do arco por ele subentendido, temos que α mede 45°/2 = 22,5°, o mesmo que 22° 30'.

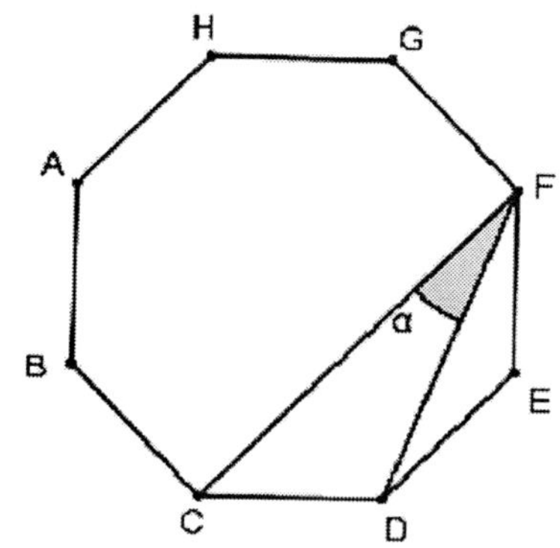

Resposta: (E) 22° 30'

823) IFRS – Se os ângulos agudos estão na razão 3:1, podemos chamá-los de 3α e α, sendo que sua soma vale 90°, então temos:
$\alpha = 22{,}5°$
$3\alpha = 67{,}5°$
Podemos identificar na figura os dois ângulos agudos dos triângulos, que chamamos de ABC e CDE.
Considerando como X o ponto de encontro dos segmentos AB e DE, temos em B, um ângulo externo de 3α, portanto seu ângulo interno em B vale $180 - 3\alpha = 5\alpha$, já que α vale 22,5°. Como o ângulo B externo mede 3α, e D vale α, o ângulo interno em X mede 2α.
Finalmente, o ângulo externo x mede $\alpha + 5\alpha = 6\alpha = 6 \times 22{,}5° = 135°$.

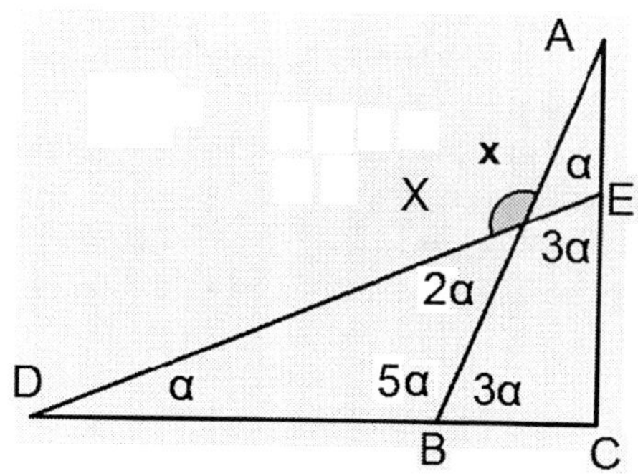

Portanto $\text{sen}(x) = \frac{\sqrt{2}}{2} =$ e $\cos(x) = -\frac{\sqrt{2}}{2}$

O valor pedido, $(\text{sen}(x) + \cos(x))^2$, vale $0^2 = 0$.

Resposta: (A) 0

824) IFPR – Antes do aumento, considere como R o valor do raio. O perímetro da circunferência era $2\pi R$.
Depois do aumento, o novo raio passou a ser $(R + 1/(2\pi))$. O novo perímetro passou a ser $2\pi.(R + 1/(2\pi)) = 2\pi R + 1$, ou seja, ocorreu um aumento de 1 unidade.

Resposta: (A) 1

825) CFN – Observe que temos um triângulo retângulo com um ângulo de 60°. Trata-se de um triângulo do tipo 30 – 60 – 90. Nesse tipo de triângulo ocorrem as seguintes relações:

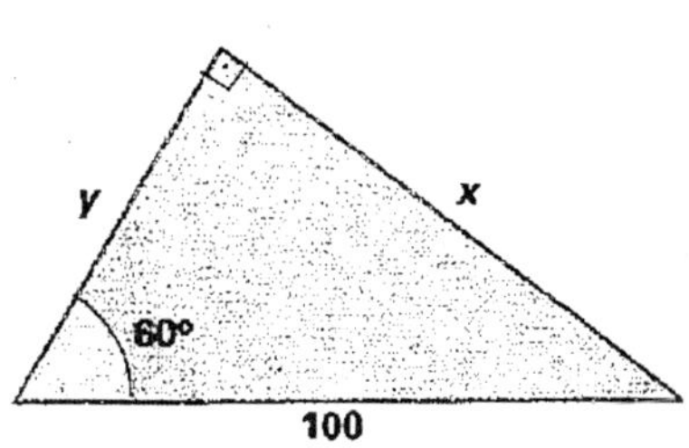

1) O cateto oposto a 30° vale a metade da hipotenusa. Isso é o mesmo que dizer que o seno de 30° vale 1/2.
2) O cateto maior é igual ao cateto menor, multiplicado por $\sqrt{3}$. Isso é devido ao Teorema de Pitágoras, ou então do fato do cosseno de 30°

valer $\frac{\sqrt{3}}{2}$.

Sendo a hipotenusa igual a 100, temos que o cateto oposto a 30°, y, vale 50.

Da propriedade 2, temos que o cateto maior, x, vale $50\sqrt{3}$. Prestando atenção na ordem, x e y, temos:

Resposta: (D) $50\sqrt{3}$ **e** 50

826) CFN – O lado do triângulo equilátero inscrito em uma circunferência de raio R, é $R\sqrt{3}$. Uma fórmula que vale a pena lembrar. Se for esquecida, não tem desculpa: usamos a relação entre os lados do triângulo de ângulos 30 – 60 – 90 graus, pois este triângulo aparece em praticamente todas as provas de matemática. Ou seja, o cateto menor (oposto a 30°) vale a metade da hipotenusa, e o cateto maior é igual ao menor, multiplicado por $\sqrt{3}$. Sendo assim, na figura ao lado, o segmento MB (M médio de AB) vale $\frac{R\sqrt{3}}{2}$, e o lado do triângulo equilátero inscrito vale o dobro, ou seja, $R\sqrt{3}$.

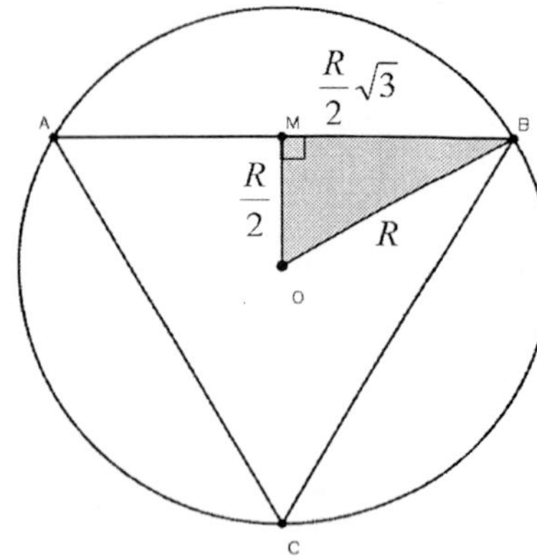

Se o círculo do problema tem diâmetro igual a 8 (medidas todas em metros), o seu raio vale 4. Logo o lado do triângulo equilátero vale $R\sqrt{3} = 4\sqrt{3}$.

Resposta: (B) $4\sqrt{3}$

827) CMF – O problema é resolvido com o traçado do raio OB e a determinação dos ângulos.

A figura está mal desenhada de propósito, mas o triângulo OBC é isósceles, pois foi dado que BC=R. Logo os ângulos BOC e BCO são iguais, no caso, a α.

Sendo assim, o ângulo ABO mede 2α, pois é ângulo externo do triângulo OBC.

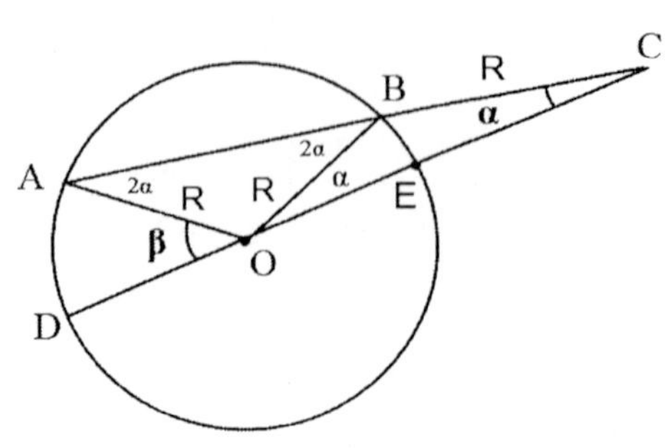

Como o triângulo OAB é isósceles, temos que o ângulo OAB também mede 2α.

Finalmente, no triângulo AOC, o ângulo β é externo no vértice O, portanto vale a soma dos internos não adjacentes: α + 2α = 3α. Portanto β = 60°.

Outra forma de chegar a essa conclusão é observar que BCO é ângulo excêntrico externo, e vale a semi-diferença dos arcos AD e BE. Ou seja:

$$\alpha = \frac{\beta - \alpha}{2} \rightarrow \beta = 3\alpha$$

Resposta: (E) 60°

828) CMM – Um tipo de problema muito comum, que trata sobre *razão entre áreas*. Quando dois triângulos são construídos como na figura ao lado, com um vértice comum, a razão entre suas áreas é igual ao produto da razão entre os lados que têm aquele ângulo comum.

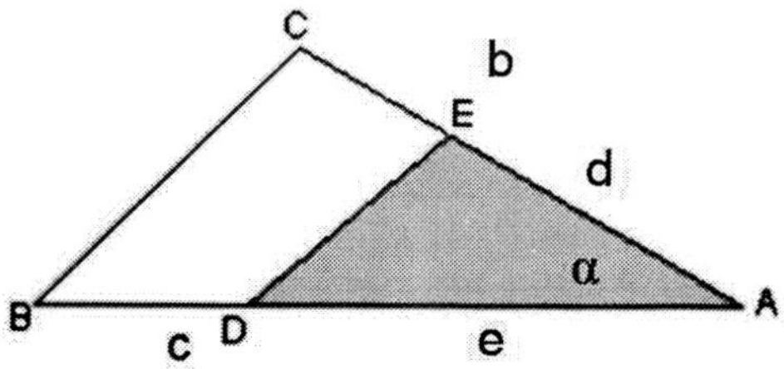

No caso, a área sombreada é igual à área total, multiplicada por

$\frac{3}{5} \times \frac{3}{5} = \frac{9}{25}$.

Medindo em porcentagem, ficamos com $\frac{9}{25} = \frac{9 \times 4}{25 \times 4} = \frac{36}{100} = 36\%$, que corresponde à resposta (C).

O resultado citado acima é justificado da seguinte forma:

Seja α o ângulo comum, e sejam as medidas AC=b, AB=c, AD=d e AD=e. As áreas desses dois triângulos são:

$$S_{AED} = \frac{d.e.sen(\alpha)}{2}$$

$$S_{ABC} = \frac{a.b.sen(\alpha)}{2}$$

Dividindo uma área pela outra, o sen(α) e o 2 irão cancelar, e ficaremos com:

$$\frac{S_{AED}}{S_{ABC}} = \frac{d.e}{a.b} = \frac{d}{b}.\frac{e}{a}$$

Ou seja, a razão entre as áreas é igual ao produto das razões entre os lados, quando temos os triângulos construídos como na figura.

Resposta: (C) 36%

829) CMPA – Para chegar à solução, é preciso concluir que as medidas do retângulo K são variáveis. Porque se fossem fixas, sendo o quadrilátero Q um losango, sua área também seria fixa, igual à metade da área do retângulo. Logo, as dimensões do retângulo precisam ser variáveis. Chamemos então essas dimensões de 2x e 8 – 2x (usamos 2x ao invés de x para evitar frações), que resultam em soma 16.

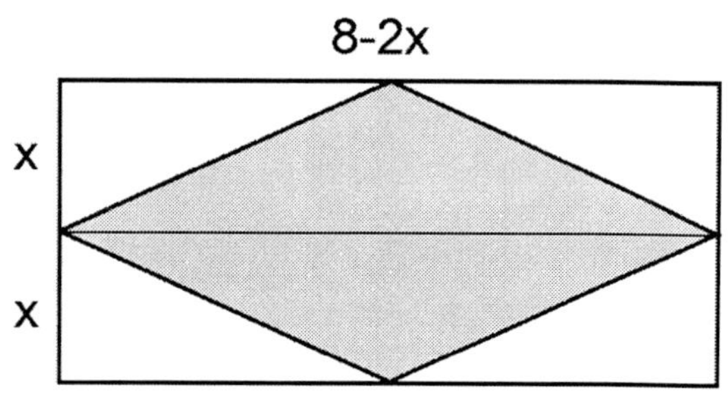

A área do losango Q é igual a dois triângulos de base 8 – 2x e altura x:

$$S = 2.\frac{1}{2}.(8-2x).x = 8x - 2x^2$$

Uma função do 2º grau com coeficiente de x^2 negativo, que portanto tem um máximo no vértice, para x = –b/(2a) = (–8)/(–4) = 2.

Com x = 2, os lados do retângulo valem 4 e 4, ou seja, é na verdade um quadrado, com lado 4. O losango Q tem lado igual a $2\sqrt{2}$.

Resposta: (B) $2\sqrt{2}$

830) CMRJ – As três definições apresentadas são lembretes da teoria da Geometria Plana. Provavelmente foram apresentadas como pistas ou sugestões para a resolução.

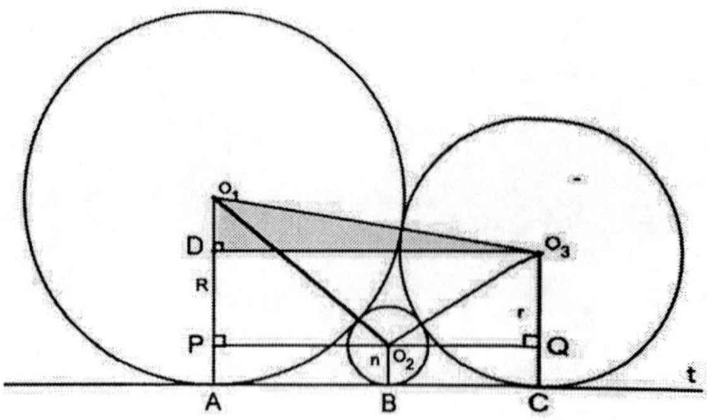

Problemas de círculos tangentes são resolvidos ligando-se os centros, que estarão sempre alinhados com o ponto de tangência. Lembrando ainda que os raios são perpendiculares à tangente, no ponto de tangência. Isso nos permite fazer a construção ao lado.
Esse é um problema muito comum, aparece em diversas provas. Quem já resolveu deve lembrar que a medida do segmento tangente comum a dois círculos de raio R e r, mede $2\sqrt{Rr}$.
Usando isso, e mais duas linhas de cálculo, chegamos à solução do problema. Mas vamos relembrar porque vale esse resultado: que a medida do segmento comum é $2\sqrt{Rr}$.

Considere na figura ao lado, apenas os dois círculos maiores. Se ligarmos os seus centros, lembremos que a linha dos centros passa pelo ponto de tangência. Então a medida O_1O_3 é R+r. Traçando por O_3 uma paralela a t, determinamos o ponto D no raio O_1A, formando assim um triângulo retângulo O_1O_3D. O segmento O_3D é o cateto maior, que é igual a AC, a medida do segmento comum entre os dois círculos maiores. O cateto O_1D vale R–r. Chamando esse segmento AC de x e aplicando o Teorema de Pitágoras, temos:

$$(R+r)^2 = x^2 + (R-r)^2$$
$$R^2 + 2Rr + r^2 = x^2 + R^2 - 2Rr + r^2$$
$$4Rr = x^2$$
$$x = 2\sqrt{Rr}$$

Se fizermos a mesma coisa com os círculos de centros O_1 e O_2, encontraremos a medida do segmento AB:

$$AB = 2\sqrt{Rn}$$

Entre O_2 e O_3, encontraremos o segmento BC:

$$BC = 2\sqrt{rn}$$

Como AC = AB + BC, ficamos com:

$$2\sqrt{Rr} = 2\sqrt{Rn} + 2\sqrt{rn} \rightarrow \sqrt{Rr} = \sqrt{n}\left(\sqrt{R}+\sqrt{r}\right) \rightarrow \sqrt{n} = \frac{\sqrt{Rr}}{\left(\sqrt{R}+\sqrt{r}\right)}$$

$$n = \frac{Rr}{R + 2\sqrt{Rr} + r}$$

Resposta: (B)

Resoluções do teste 84

831) IFSC – Temos aqui um problema de resolução simples, nem mesmo é preciso desenhar a figura, mas convém anotar as informações sobre o triângulo retângulo dado:
Hipotenusa: x
Cateto: 6
Cateto: x – 2
Basta aplicar o Teorema de Pitágoras: O quadrado da hipotenusa é igual à soma dos quadrados dos catetos:
$x^2 = 6^2 + (x - 2)^2$
$x^2 = 36 + x^2 - 4x + 4$

4x = 40 ➔ x = 10
Portanto a hipotenusa vale 10, e os catetos valem 6 e 10 – 2 = 8.
Testando as respostas, vemos que a verdadeira é (C), pois com catetos 6 e 8, a área do triângulo mede: 6×8/2 = 24.

Resposta: (C) A área é igual a 24 cm.

832) IFMG – Sendo A o ponto médio da hipotenusa do triângulo grande, formamos assim quatro triângulos menores, todos eles semelhantes ao triângulo grande. Esses quatro triângulos são idênticos (congruentes), pois todos têm o cateto menor e o cateto maior iguais, respectivamente, às metades dos catetos do triângulo grande. Logo a área de cada um é igual à quarta parte da área do triângulo grande, 15 cm^2.
Sendo assim, a área sombreada mede 30 cm^2.

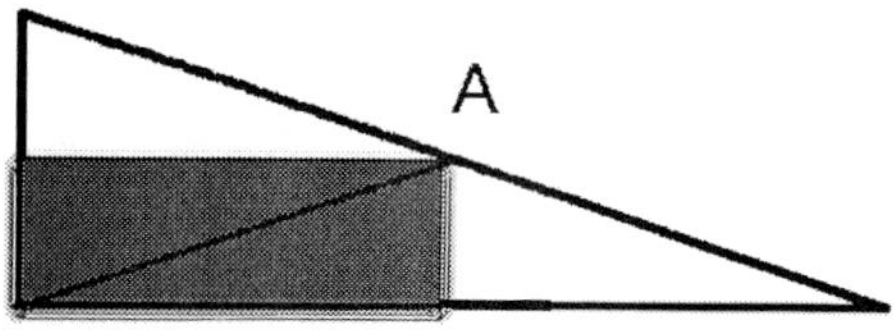

Resposta: (D) 30

833) IFGO – Temos aqui mais uma vez aquele triângulo que aparece em quase todas as provas de matemática, o triângulo 30 – 60 – 90. Apenas é preciso tomar cuidado com a informação dada a respeito do cosseno valendo $\frac{\sqrt{3}}{2}$. Esse valor é o cosseno de 30°. Então, recapitulando: o cateto que mede $\sqrt{3}$ é adjacente ao ângulo de 30°. Com isso podemos desenhar a figura.

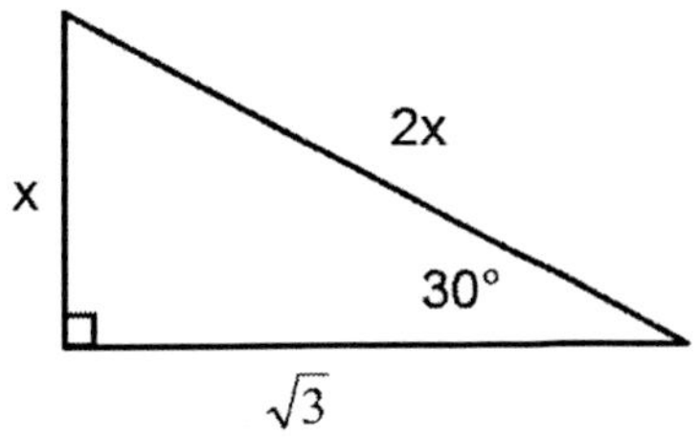

No triângulo 30 – 60 – 90, o cateto maior é aquele adjacente ao ângulo de 30°. Ou outro cateto, o oposto ao ângulo de 30°, é o menor, que vale a metade da hipotenusa. O cateto maior é igual ao menor multiplicado por $\sqrt{3}$. Temos então:

$x\sqrt{3} = \sqrt{3}$ ➔ $x = 1$

O cateto menor vale 1 e a hipotenusa vale 2.

Resposta: (A) 1 e 2

834) FIOCRUZ – Se o ângulo maior entre os diâmetros é 120°, o ângulo menor é seu suplemento, 60°. Portanto temos dois arcos de 60°. Um arco de 60° mede 1/6 da circunferência, ou seja, 60/360 = 1/6. A medida da circunferência é 2πR, ou seja, 18π, já que o raio mede 9 cm. 1/6 deste valor é 3π, aproximadamente 3 × 3,14 = 9,42 cm, cada arco.

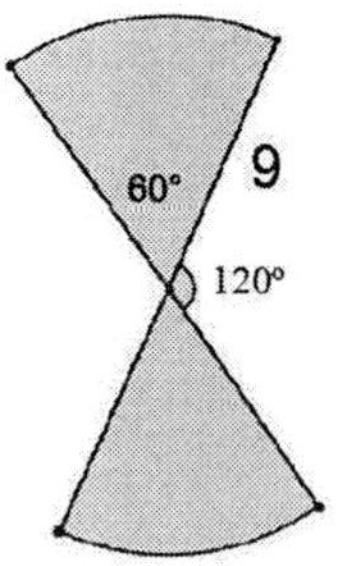

Resposta: (C) 9,42

835) CFN – A área sombreada é igual a um semicírculo de diâmetro 16 cm, menos dois semicírculos de diâmetro 8 cm.

Diâmetro 16 equivale a raio valendo 8. O semicírculo maior tem área:

$$\frac{\pi.8^2}{2} = 32\pi$$

É recomendável substituir o valor de π apenas no final, pois assim fazemos menos cálculos, e menor é a chance de erro.

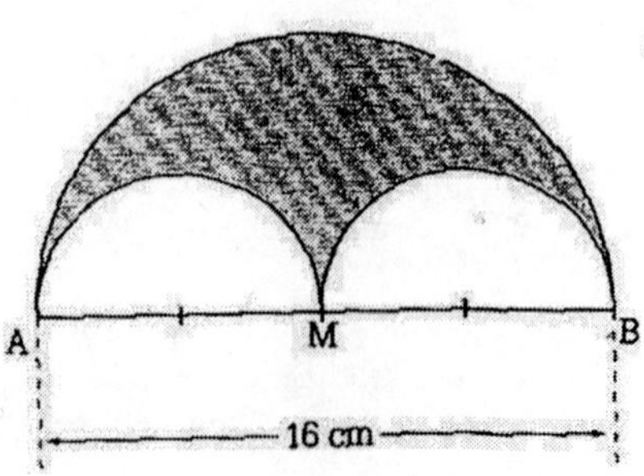

Os dois semicírculos de diâmetro 8, ou raio 4, juntos, formam um círculo inteiro de raio 4. Esta área a ser subtraída é

$$\pi.4^2 = 16\pi$$

Sendo assim, a área sombreada é 32π = 16π = 16π.

Agora fazemos uma única multiplicação:

$16 \times 3{,}14 = 50{,}24$

A rigor, nem mesmo é preciso fazer essa multiplicação, pois tomando um valor aproximado de π=3, esta área aproximada seria 48, e vemos que a opção (D) é a única que apresenta um valor próximo.

Resposta: (D) 50,24 cm^2

836) CFN – A área da coroa circular é igual à diferença entre as áreas do círculo maior e do círculo menor:

Círculo maior: $\pi.12^2 = 144\pi$.

Círculo menor: $\pi.9^2 = 81\pi$.

Diferença: 63π.

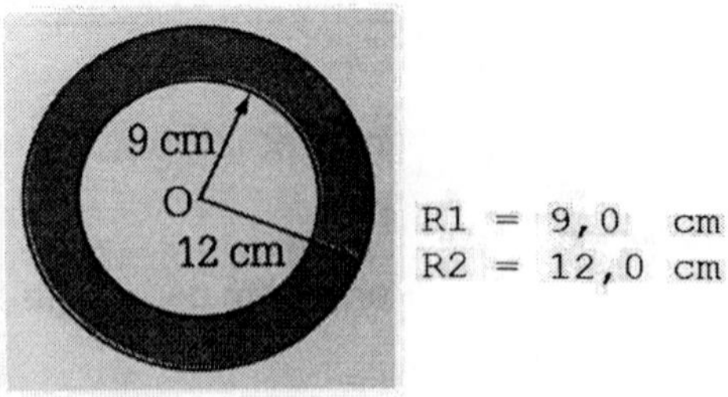

Aqui as respostas têm valores muito próximos. Somos obrigados a fazer o cálculo com duas casas decimais, usando π=3,14.

$63 \times 3{,}14 = 197{,}82$

Resposta: (D) 197,82 cm^2

837) CMBH – Chamando de C o ponto onde está a central elétrica, temos que os triângulos CP_1P_2 e CP_3P_4 são semelhantes, já que seus ângulos são iguais. A razão de semelhança pode ser identificada a partir dos segmentos CP_2 e CP_4.

$$CP_2 = 10\sqrt{5}$$

$$CP_4 = 10\sqrt{5} + 10\left(5 - \sqrt{5}\right) = 50$$

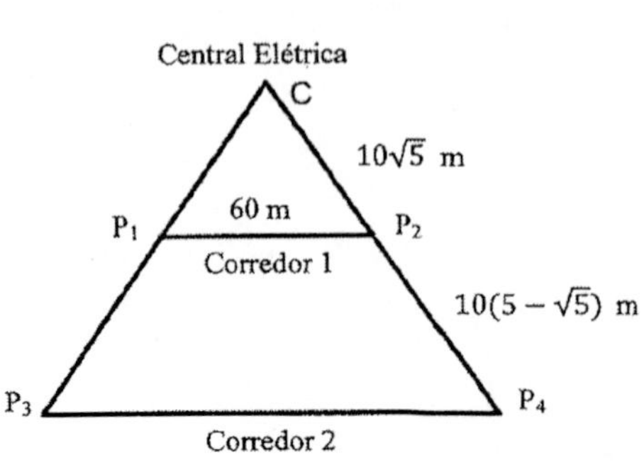

A razão de semelhança entre o maior e o menor é $CP_4/CP_2 = 50/10\sqrt{5} = \sqrt{5}$. Ou seja, os lados do triângulo CP_3P_4 são $\sqrt{5}$ vezes maiores que os lados do triângulo CP_1P_2. Como P_1P_2 mede 60m, temos que P_3P_4 mede $60\sqrt{5}$ m.

Resposta: (A) $60\sqrt{5}$

838) CMF – Se a razão entre os catetos do triângulo retângulo é 3/4, trata-se de um triângulo retângulo de lados proporcionais a 3, 4 e 5, chamado *triângulo pitagórico básico*. Chamando os catetos de 3x e 4x, temos que pelo Teorema de Pitágoras, a hipotenusa vale 5x. Como essa medida foi dada como 20 cm, temos

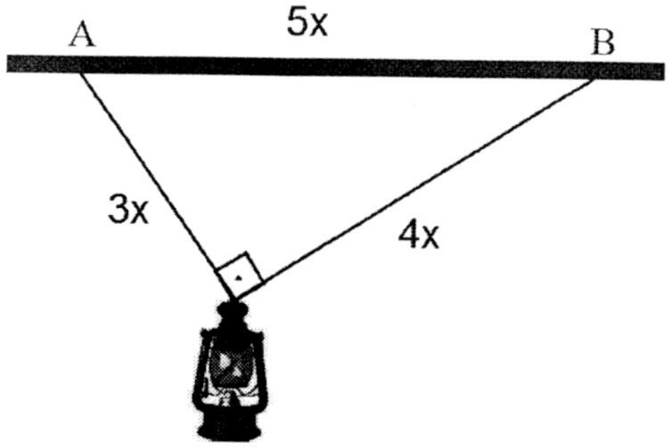

5x = 20 ➔ x = 4

Logo as cordas medem 3x = 12 e 4x = 16. A soma das medidas dessas duas cordas é 12 + 16 = 28. Lembrando que essas medidas foram dadas em centímetros, mas a pergunta final está em metros. 28 cm = 0,28 m.

Resposta: (E) 0,28

839) CMM – Questão com respostas erradas, poderia ter sido anulada. A resposta mais próxima é a (D).

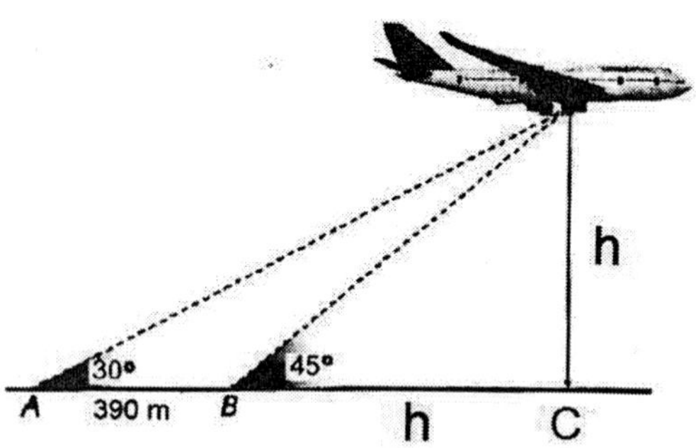

Sendo C o pé da perpendicular traçada do avião, formamos dois triângulos muito conhecidos:

Triângulo retângulo isósceles

Triângulo 30 – 60 – 90

Do primeiro triângulo, concluímos que BC = h. Do segundo, temos que o cateto maior é igual ao menor multiplicado por $\sqrt{3}$.

Aqui existe um dilema. Quando usamos aproximações para os números irracionais, como ocorreu neste problema ($\sqrt{3} = 1{,}7$), encontramos valores diferentes, dependendo do momento em que usamos o valor aproximado. Vamos resolver primeiro usando a aproximação dada nesse momento.

Logo AB vale $h\sqrt{3} - h = 0{,}7h$, já usando o valor aproximado de 1,7 para $\sqrt{3}$. Como essa distância também vale 390 metros, temos:

0,7h = 390

h = 390/0,7 = 557 (1ª aproximação). Note que este valor não está nas respostas. Os valores mais próximos são 600 e 510, mas ambos apresentam aproximadamente a mesma diferença em relação a 557.

Isso ocorre porque quando fazemos cálculos com valores aproximados, o erro de aproximação vai aumentando à medida que mais operações são feitas.

Vamos fazer um novo cálculo, dessa vez usando a aproximação $\sqrt{3} = 1{,}7$ apenas no final. Voltando ao nosso cálculo antes de usar a aproximação:

$$h\sqrt{3} - h = 390$$

$h = \dfrac{390}{\sqrt{3} - 1}$, que racionalizado resulta em

$$h = \frac{390\left(\sqrt{3} + 1\right)}{2} = 195\left(\sqrt{3} + 1\right)$$

Este é o resultado final para h, então podemos usar a aproximação $\sqrt{3} = 1{,}7$, pois não serão feitos mais cálculos e não haverá propagação de erro. O valor de h é:

h = 195 × (1,7 + 1) = 195 × 2,7 = 526

Ainda assim não existem respostas tão próximas, mas o valor 510 ficou razoavelmente próximo, e o valor 600 ficou bem diferente. Isso nos leva a marcar a opção (D). Provavelmente a intenção da banca era usar o valor de 380m, mas por algum erro, usou 390.

Resposta: (D) 510 m

840) CMPA – Problemas que envolvem circunferências tangentes são resolvidos com a ligação dos centros. Nesse problema, basta ligar duas delas e conseguiremos relacionar o lado do triângulo com os raios dos círculos. Ligamos também os centros de duas dessas circunferências aos pontos B e C. Os dois triângulos formados são do tipo 30 – 60 – 90, já que os centros das circunferências estão sobre as bissetrizes do triângulo ABC. Nesses dois triângulos, sendo o cateto menor igual a R, o cateto maior vale $R\sqrt{3}$. Além disso, no retângulo formado entre esses dois triângulos, temos que o lado maior vale 2R. Sendo assim, o lado do triângulo é:

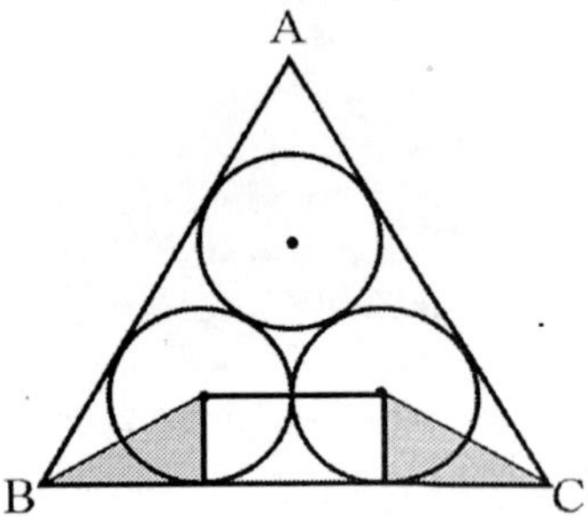

$2R+2R\sqrt{3}$

Como os círculos têm raio igual a 1, o lado do triângulo vale $2+2\sqrt{3}$.

Resposta: (A) $2+2\sqrt{3}$

Resoluções do teste 85

841) FAETEC – Não é preciso fazer cálculo algum. A razão entre as áreas de figuras semelhantes é igual ao quadrado da razão de semelhança. Como a razão entre as diagonais é $\sqrt{2}$, a razão de semelhança é $\sqrt{2}$. Sendo assim, a razão entre as áreas é o quadrado de $\sqrt{2}$, que vale 2.

Resposta: (C) 2

842) CEFET RJ – Fazendo AB=a e AE=b, temos que EC também vale a, então o lado do triângulo mede **a**. Pelo enunciado, temos que a = 68. O perímetro do polígono é 3a + 2b, ou 204 + 2b, que vale 456

204 + 2b = 456

2b = 252

b = 126, que é o lado BC.

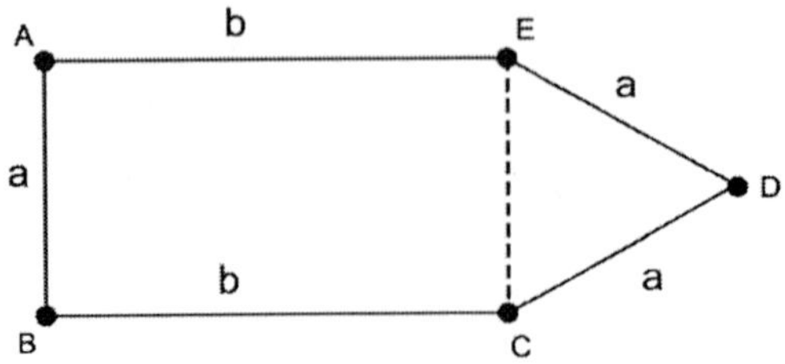

Resposta: (B) 126 cm

843) Colégio Pedro II (RJ) – O triângulo retângulo ADB tem catetos valendo 16 e 12. Note que esses números são proporcionais a 4 e 3. Podem ser escritos como 4×4 e 4×3. Logo é um triângulo de lados proporcionais a 3, 4 e 5. Sendo assim, sua hipotenusa BD vale 4×5 = 20. Essa conclusão também poderia ser obtida com o uso do Teorema de Pitágoras:

$AB^2 = 16^2 + 12^2 = 256 + 144 = 400$ ➔ AB=20.

Note que o triângulo ABC também tem catetos proporcionais a 3 e 4: 15 e 20. Logo é também um

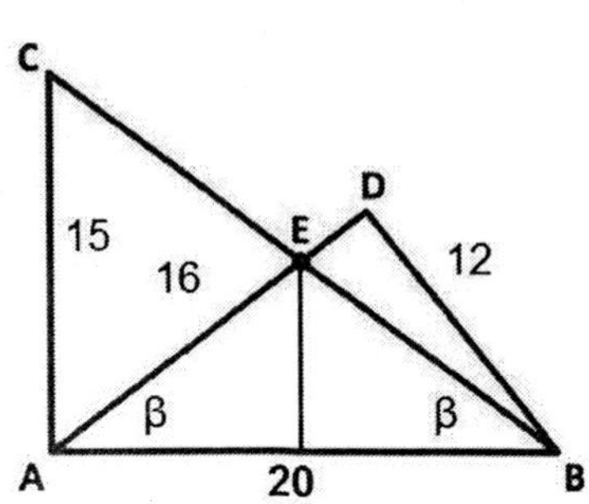

triângulo do tipo 3-4-5. Sendo assim os triângulos ABC e ABD são semelhantes.

Os ângulos opostos aos catetos menores são CBA e DAB, na figura indicados como β, iguais. Portanto o triângulo ABE é isósceles, e a altura traçada de E é também mediana. O pé desta altura divide AB ao meio. Por isso, o ponto E também é médio do lado BC, fazendo com que a área do triângulo AEB seja igual à metade da área do triângulo ABC.

Logo a área pedida é

$$\frac{1}{2}\times\frac{15\times 20}{2}=75$$

Resposta: (C) 75 cm²

844) CTUR – Ligando o centro das circunferências ao ponto A, e ao ponto médio da corda AB, formamos um triângulo retângulo com hipotenusa 5 e um cateto valendo 4. Logo, o outro cateto vale 3, e a corda AB mede 6 cm.

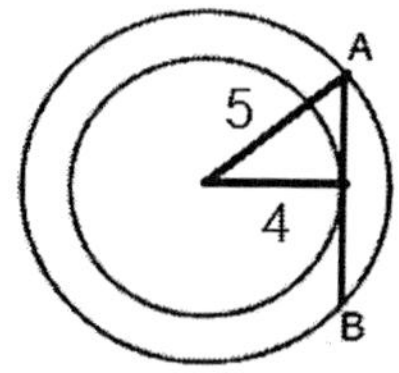

Resposta: (C) 6 cm

845) CFN – O diâmetro da circunferência, que é a hipotenusa do triângulo retângulo ABC, pode ser calculado pelo Teorema de Pitágoras:

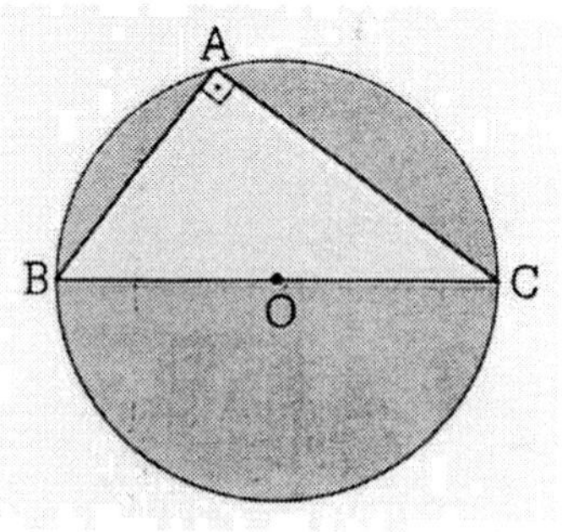

$$BC^2 = 4^2 + \left(2\sqrt{5}\right)^2 = 16 + 20 = 36$$

$$BC = 6$$

Logo o raio da circunferência mede 3, e o comprimento da circunferência, 2πR, vale:

2×3,14×3=18,84

Resposta: (A) 18,84 cm

846) CFN – O triângulo ABC é retângulo e isósceles. Logo AB=BC=2000.

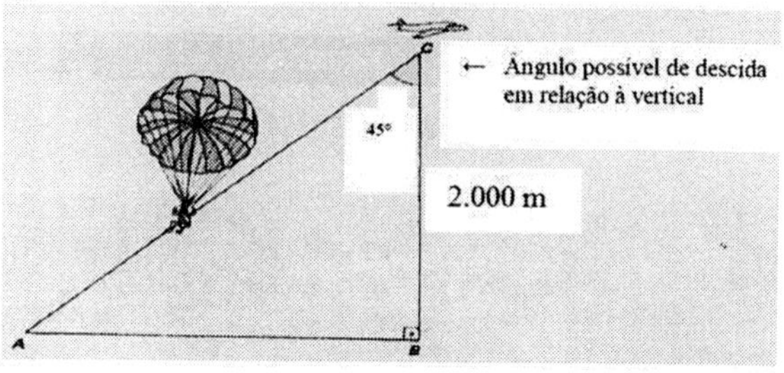

Resposta: (E) 2.000 m

847) CMBH – A figura ao lado mostra a escada nas duas situações. Na primeira formava 45° com o muro, e a distância do seu pé ao muro era:

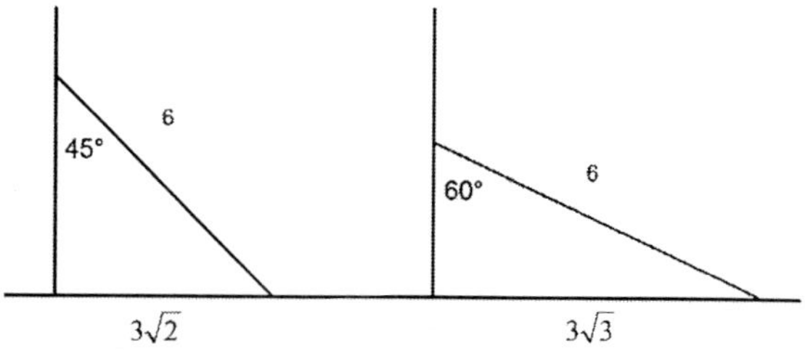

$$6.sen(45°) = 6\frac{\sqrt{2}}{2} = 3\sqrt{2}$$

Na segunda situação, a distância passou a ser:

$$6.sen(60°) = 6\frac{\sqrt{3}}{2} = 3\sqrt{3}$$

A distância deslocada pelo pé da escada foi $3\sqrt{3}-3\sqrt{2}$, que não tem nas opções, mas existem opções parecidas, com denominador para racionalizar. Trabalhando com a opção (B), temos: $\frac{3}{\sqrt{3}+\sqrt{2}}=\frac{3(\sqrt{3}-\sqrt{2})}{(\sqrt{3}+\sqrt{2})(\sqrt{3}-\sqrt{2})}=\frac{3(\sqrt{3}-\sqrt{2})}{3-2}=3(\sqrt{3}-\sqrt{2})$, que é exatamente o valor calculado.

Resposta: (B) $\frac{3}{\sqrt{3}+\sqrt{2}}$

848) CMRJ – Uma questão de geometria que cai com frequência nas provas do Colégio Militar para ingresso no Ensino Médio: segmento áureo e segmentos do triângulo de ângulos 36°, 72° e 72°.

O triângulo ABC tem ângulos de 36°, 72° e 72°, pois uma vez conhecido A=36°, para que os três ângulos do triângulo isósceles ABC somem 180°, os outros dois têm que valer 72° cada. Considerando CD bissetriz do ângulo C, são formados dois ângulos de 36°. Assim podemos calcular os ângulos dos triângulos ACD e BCD, e concluímos que ambos são isósceles. Logo, BC = CD = AD. Chamando esse valor de x, temos que BD = 1 – x. O triângulo BCD é semelhante ao triângulo ABC, e armando a semelhança, ficamos com:

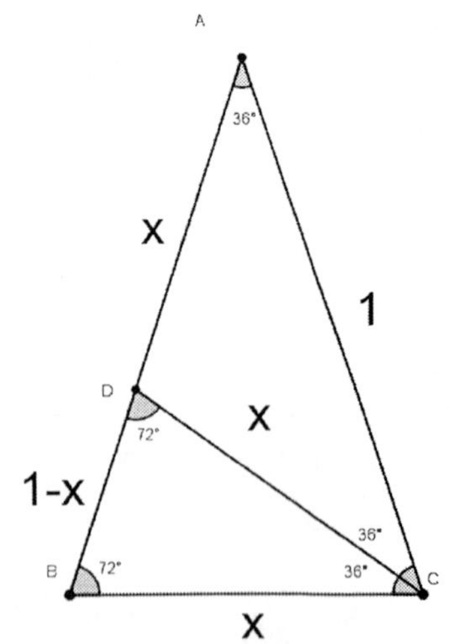

$$\frac{x}{1}=\frac{1-x}{x}$$

$$x^2=1-x$$

$x^2+x-1=0$, que resolvida, e tomando apenas a solução positiva, ficamos com:

$$x=\frac{-1+\sqrt{5}}{2}$$

Resposta: (A) $\frac{\sqrt{5}-1}{2}\ cm$

849) CMS – Esses segmentos estão relacionados com o conceito de potência de um ponto em relação a um círculo. Dado um ponto P fixo, tranando uma secante à circunferência que a intercepta em A e B, o produto dos segmentos PA.PB, para qualquer secante considerada, e vale o quadrado do segmento tangente, PT^2.

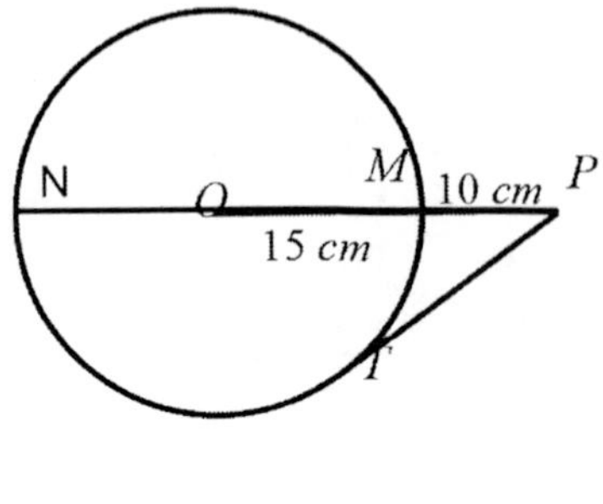

Considerando a secante PMN, temos:

$PM.PN = PT^2$

No caso, PM = 10 e PN = 40. Então

$10.40 = PT^2$

PT = 20

Resposta: (E) 20 cm

850) CMR – O problema é resolvido com o uso da *Desigualdade Triangular*, que diz que em qualquer triângulo, cada lado é menor que a soma dos outros dois. Aplicaremos a Desigualdade Triangular nos triângulos PAB, PAC e PBC:

$7 < x + y$
$9 < x + z$
$8 < y + z$.

Somando as três desigualdades, temos:

$24 < 2x + 2y + 2z$
$x + y + z > 12$

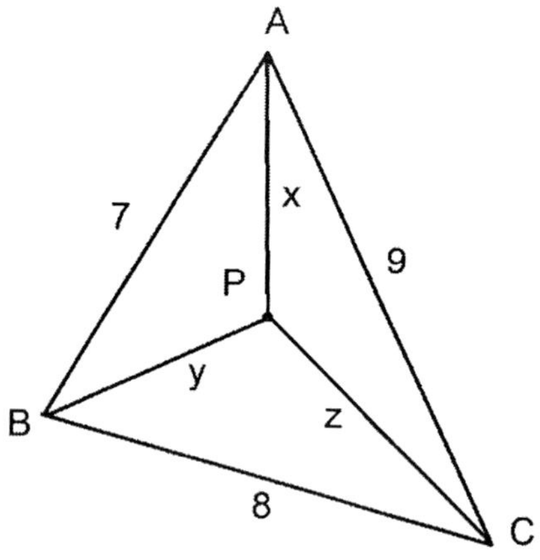

Portanto, a soma dos valores de x, y e z não pode ser 12, nem valores menores. O único valor que respeita a desigualdade triangular é 13.

Resposta: (A) 13

Resoluções do teste 86

851) CTUR – O cálculo da área ficará fácil se for feito como sendo de duas figuras: um trapézio retângulo e um triângulo retângulo. Este triângulo retângulo tem catetos 30 e 40, logo sua hipotenusa vale 50. Sua área é a metade do produto dos catetos:

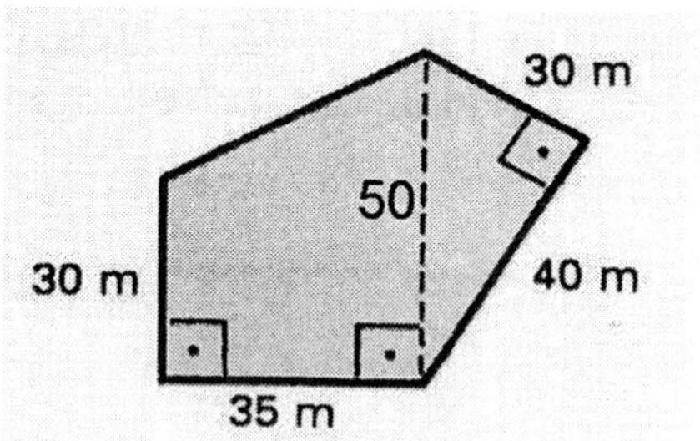

$$\frac{30 \times 40}{2} = 600$$

Já a área do trapézio é calculada pela fórmula:

$\frac{b+B}{2}.h$, onde b e B são as bases, e h é a altura. No caso, temos as bases valendo 30 e 50, e a altura valendo 35. Sua área é:

$$\frac{30+50}{2} \times 35 = 1400$$

Somando as duas áreas, resulta em 2000 m^2. Como o preço do metro quadrado é R$ 15,00, o preço total do terreno é R$ 30.000,00.

Resposta: (A) R$ 30.000,00

852) IFRJ – A primeira coisa a observar é que os ângulos FCD e BCA não são iguais, são suplementares, e por isso têm o mesmo seno. Como a área de um triângulo de lados b e c e ângulo α entre eles pode ser calculada pela fórmula $\frac{b.c.sen(\alpha)}{2}$, e os senos dos ângulos FCD e BCA são iguais (porque são

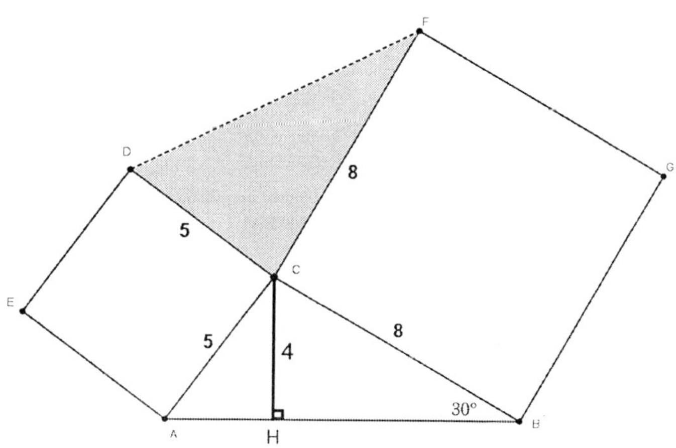

suplementares), e levando em conta que os lados 5 e 8 também são os mesmos, concluímos que os triângulos FCD e ABC têm áreas iguais.

Portanto tudo o que temos que fazer é calcular a área do triângulo ABC. Traçando a altura CH, formamos um triângulo 30 – 60 – 90 CHB. O cateto oposto a 30° vale a metade da hipotenusa, então CH=4, e BH=$4\sqrt{3}$. O triângulo CAH, por sua vez, tem lados 3-4-5. Então AH=3. AB mede $3+4\sqrt{3}$ e a área pedida é:

$$\frac{(3+4\sqrt{3})\times 4}{2}=6+8\sqrt{3}$$

Resposta: (C) $6+8\sqrt{3}$

853) IFF – Sendo ABD equilátero, identificamos três ângulos de 60°. A partir deles, identificamos outros de 30°, todos indicados na figura. Formamos assim quatro triângulos iguais (congruentes), portanto com a mesma área. Essa área é a mesma do triângulo DCD, 6 cm^2. A área do triângulo ABD é igual a duas dessas porções, ou seja, 12 cm^2.

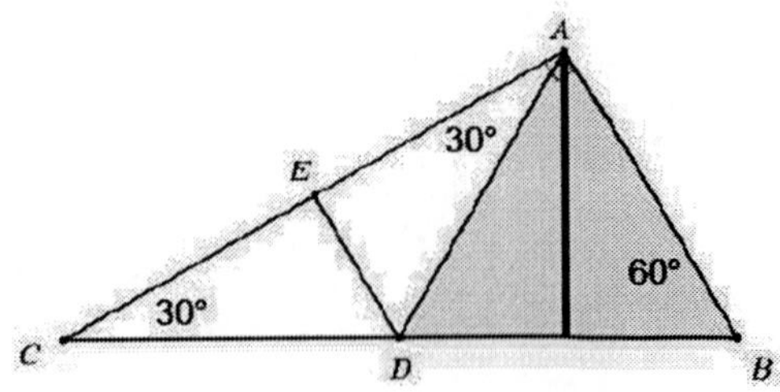

Resposta: (C) 12

854) ETEC – A hipotenusa AC mede:
$1{,}7\times 10^{10}=17\times 10^{9}$.
O cateto BC mede 8×10^{9}.
Portanto os lados são proporcionais a 17 (hipotenusa) e 8 (cateto). O outro cateto será proporcional a:

$$\sqrt{17^2-8^2}=\sqrt{289-64}=\sqrt{225}=15$$

Portanto AB mede 15×10^{9}.
O tempo para percorrer essa distância na velocidade de luz é dado pela fórmula:

$$TEMPO=\frac{Distância}{Velocidade}=\frac{15\times 10^{9}\,km}{3\times 10^{5}\,km/s}=5\times 10^{4}\,s$$

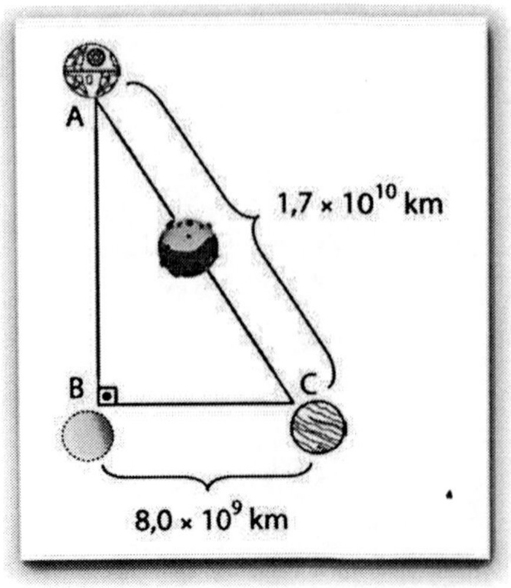

Resposta: (A) $5{,}0\times 10^{4}$ **s**

855) CFN – A fórmula da área do paralelogramo é

S = Base × altura

Temos a área e a altura e queremos calcular a base **b**:

27,3 = b × 3

B = 27,3 ÷ 3 = 9,1

Resposta: (A) 9,1 c

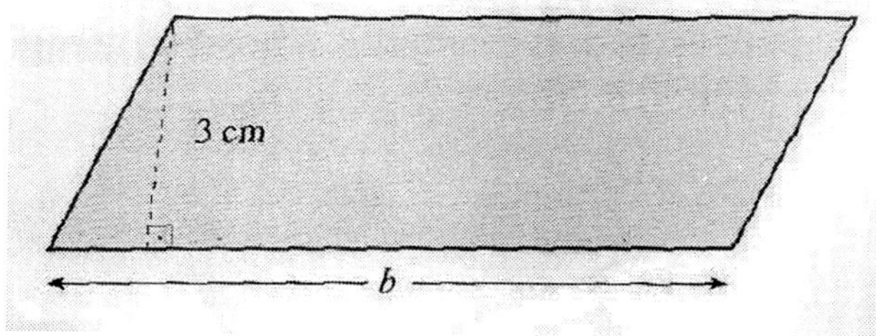

856) CFN – O triângulo retângulo ABD é do tipo 30 – 60 – 90. Nesse triângulo, o cateto maior é igual ao menor vezes $\sqrt{3}$. Portanto x = AB = $9\sqrt{3}$. A hipotenusa vale o dobro do cateto menor. Portanto y = BD = 18.

Resposta: (E) $9\sqrt{3}$, 18

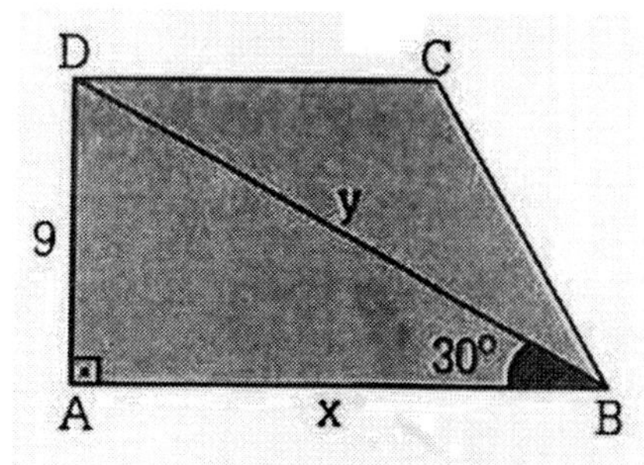

857) CMBH – A resolução requer que notemos que o ângulo DCE é reto. Isso ocorre devido ao fato das retas r e s serem paralelas, e aos segmentos AD e AC serem iguais, bem como BC e BE. Devido a essas igualdades de segmentos, os triângulos ACD e BCE são isósceles. Sejam seus ângulos x e y como indicados na figura. Os dois triângulos citados terão ângulos externos 2x e 2y, que serão suplementares, já que r e s são paralelas. Então 2x + 2y = 180, e x + y = 90.
Como resultado, o ângulo DCE vale 180 – x – y – 90. Portanto o triângulo DCE é retângulo em D.

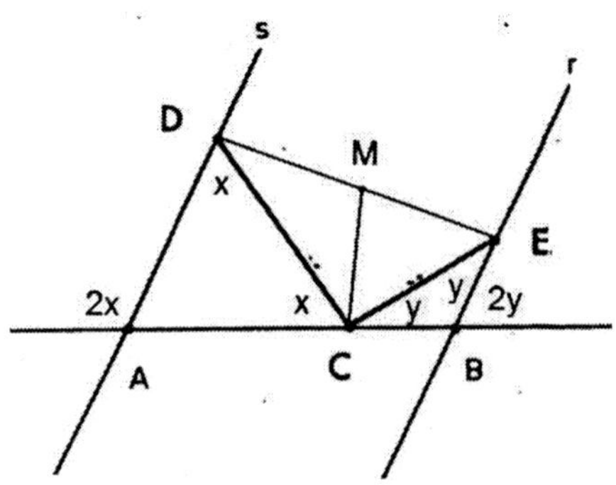

Sendo M médio de DE, CM é mediana relativa à hipotenusa DE. E em qualquer triângulo retângulo, a mediana relativa à hipotenusa vale a metade da hipotenusa, ou seja:
CM = DE/2

Resposta: C) DE/2

858) CMM – Totalmente similar ao problema 830. O problema 830 caiu na prova do CMRJ de 2018, e também no CMR em 2017, mas este havia caído no CMM em 2016. Daí conclui-se que não resolver as provas dos anos anteriores de outros colégios militares é uma decisão de estudo totalmente equivocada.
Naquela questão 830 mostramos que o segmento da tangente comum a duas circunferências de raios r e R vale $2\sqrt{Rr}$.
Sendo 9 e 4 os raios das duas maiores, e x o raio da menor, temos:

$AC = 2\sqrt{9 \times 4} = 12$

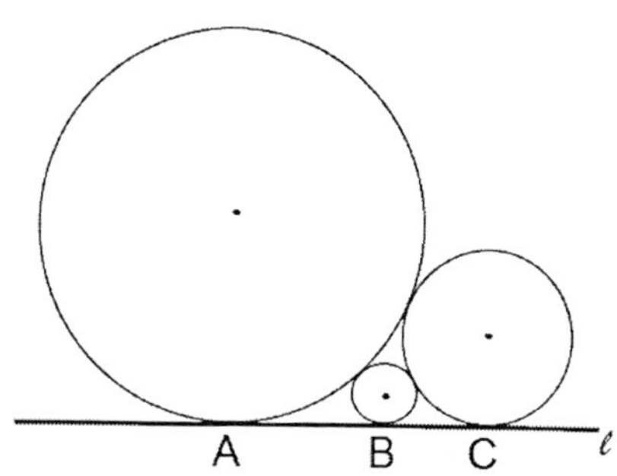

$AB = 2\sqrt{9x} = 6\sqrt{x}$

$BC = 2\sqrt{4x} = 4\sqrt{x}$

AC = AB + BC

$12 = 10\sqrt{x}$

$\sqrt{x} = 1,2$

$x = 1,44$

Resposta: (B) 1,44 cm

859) CMPA – O aluno atento irá desconfiar que a resposta é 30...

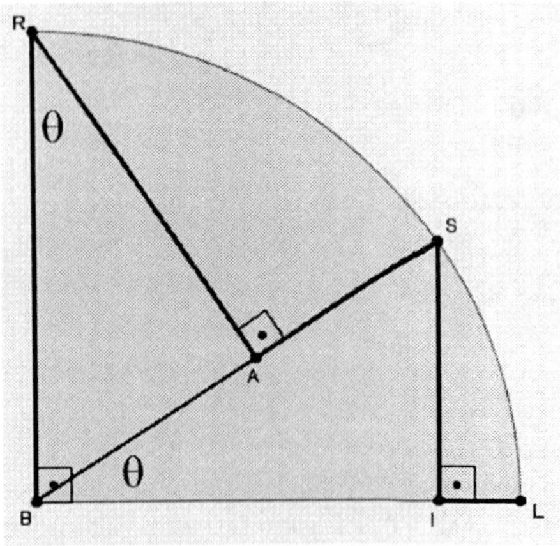

Note que o ângulo θ não foi dado. O problema apenas informou que os pontos B, A e S estão alinhados. A posição do ponto S dentro do arco RL não está definida. Isso quer dizer que, provavelmente, a resposta do problema será sempre a mesma, independentemente da posição do ponto S. Se tomarmos o ponto S bem próximo de L, de tal forma que o arco SL seja bem pequeno, teremos:

RB = R

RA = praticamente igual a R

AS = praticamente igual a R

SI = praticamente 0

IL = praticamente 0.

Logo a soma será praticamente igual a 3R.

Mas para resolver com maior segurança, calculemos os segmentos citados em função de um ângulo θ genérico.

RB = R

RA = R.cos(θ)

AS = R – R.sen(θ)

SI = R.sen(θ)

IL = R – R.cos(θ)

Soma = R + R.cos(θ) + R –R.sen(θ) + R.sen(θ) + R – R.cos(θ) = 3R.

Os termos que dependem de θ irão cancelar, e sempre sobrará o valor 3R, não importa qual seja o ângulo θ.

Como R = 10 cm, 3R vale 30 cm.

Resposta: (C) 30

860) CMRJ – A maior distância possível entre as extremidades A e C ocorrerá quando os pontos A, B e C estiverem alinhados, e essa distância será igual à soma AB + BC. Tudo o que temos que fazer é calcular os valores de AB e BC em função das informações dadas. Temos triângulos retângulos para fazer esses cálculos:

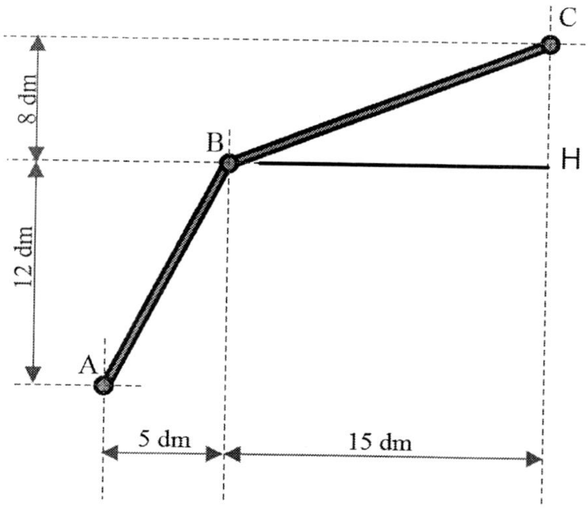

Triângulo ABC:
Catetos 5 e 12,
hipotenusa $\sqrt{5^2+12^2}=\sqrt{169}=13$
Triângulo BCH:
Catetos 15 e 8,
hipotenusa = $\sqrt{15^2+8^2}=\sqrt{225+64}=\sqrt{289}=17$
Portanto a distância pedida é:
13 + 17 = 30

Resposta: (D) 30

Resoluções do teste 87

861) CTUR – Apesar de parecer complicada, a fórmula de Heron é de simples aplicação. Primeiro calculamos o semi-perímetro p = (8 + 7 + 9)/2 = 12
Os fatores (p – a), (p – b) e (p – c) são 4, 5 e 3. O radical resulta em: $S=\sqrt{12.4.5.3}=12\sqrt{5}$

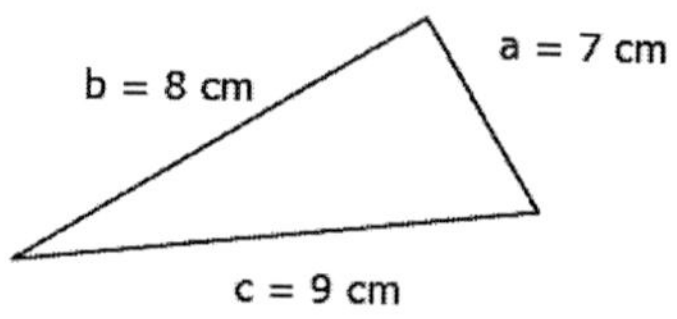

Resposta: (A) $12\sqrt{5}$ **cm²**

862) IFF – Os arcos que delimitam as regiões A e B indicadas em branco, são exatamente o que faltam às regiões sombreadas para completar as circunferências inteiras. O perímetro total é portanto $2\pi R_1 + 2\pi R_2 + 2\pi R_3 = 2\pi(R_1 + R_2 + R_3) = 2\pi.12 = 24\pi$

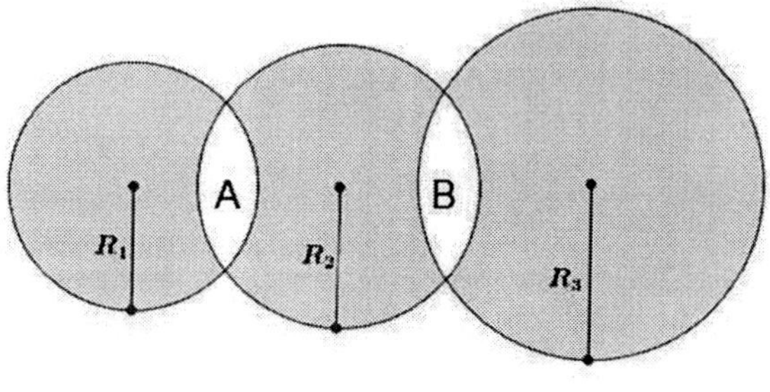

Resposta: (C) **24π**

863) ETAM – Do triângulo dado, temos que sen(α) = n/m e tg(α) = n/p. Sua soma vale:

$$\frac{n}{m}+\frac{n}{p}=\frac{np}{mp}+\frac{mn}{mp}=\frac{n(p+m)}{mp}$$

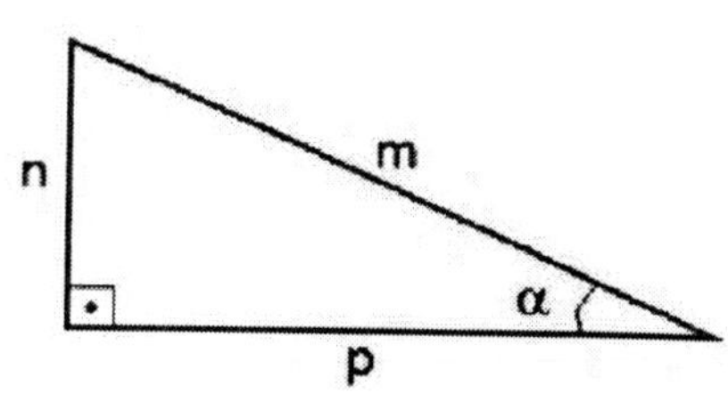

Resposta: (A) $\frac{n(m+p)}{mp}$

864) IFAL – O maior ângulo é oposto ao maior lado, no caso, 11. O cosseno deste ângulo pode ser calculado pela lei dos cossenos:

$$a^2 = b^2 + c^2 - 2.b.c.\cos(A)$$

Substituindo os valores, levando em conta que o lado **a** é o maior (11), os lados **b** e **c** são intercambiáveis.

$11^2 = 6^2 + 9^2 - 2.6.9.\cos(A)$

$121 = 36 + 81 - 108.\cos(A)$

$\cos(A) = -1/27$

Resposta: (B) –1/27

865) CFN – A área do triângulo equilátero de lado l mede $\frac{L^2\sqrt{3}}{4}$. Daí temos que subtrair 3 setores de 60° de um círculo de raio L/2. 3 setores de 60° é o mesmo que um semicírculo. Esta área é:

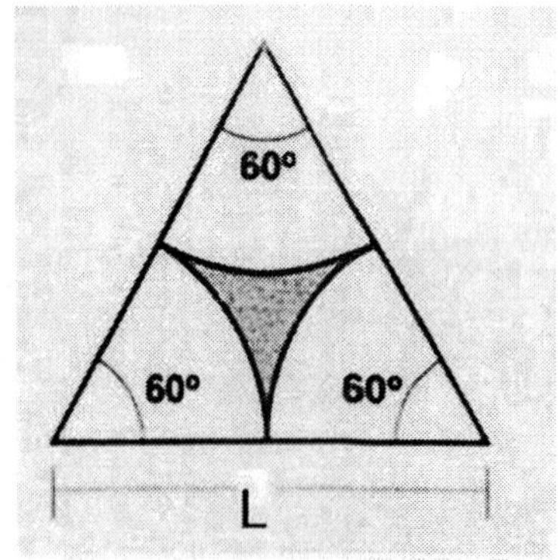

$\frac{1}{2}\times\pi\left(\frac{L}{2}\right)^2 = \frac{\pi L^2}{8}$. Portanto a área sombreada é

$$\frac{L^2\sqrt{3}}{4} - \frac{\pi L^2}{8} = \frac{L^2}{8}\left(2\sqrt{3} - \pi\right)$$

Resposta: (D)

866) CFN – Em qualquer triângulo, o baricentro divide as medianas em partes proporcionais a 1 e 2, ou seja, a distância entre o baricentro e o ponto médio do lado oposto, vale 1/3 da mediana.

No caso do triângulo equilátero, este segmento que vale 1/3 da mediana, que também é altura, é chamado de apótema, e vale 1/3 da altura.

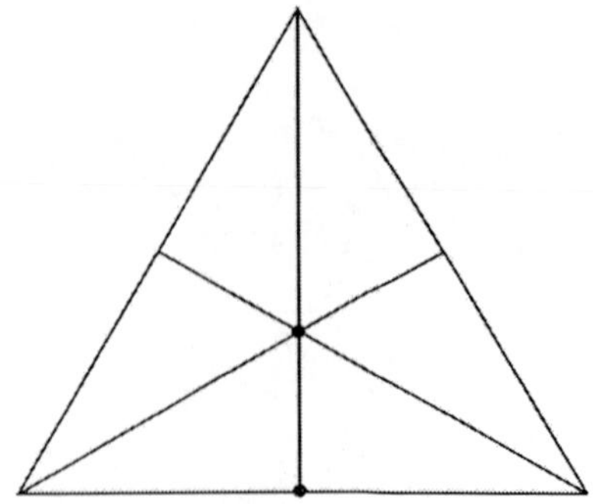

A altura é $\frac{L\sqrt{3}}{2}$, sendo L o lado do triângulo. Logo o apótema mede $\frac{L\sqrt{3}}{6}$. Como foi dado que L = 54km, a distância pedida é $9\sqrt{3}$ km.

Resposta: (B) $9\sqrt{3}\ km$

867) CMBH – Os triângulos PDM e PAB são semelhantes, devido aos seus ângulos alternos internos, e a razão de semelhança é 1:2, já que M é médio de CD. Sendo assim, os segmento PA é o dobro do segmento PM (2x e x). Como o triângulo ABM é equilátero, AM=18, logo PM=6 e AP=12.

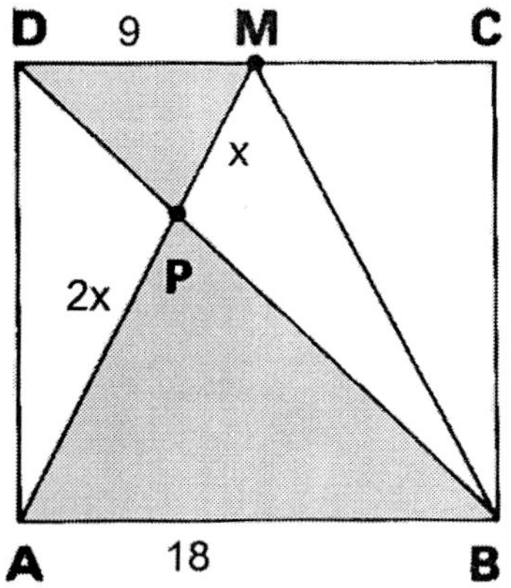

Resposta: (C) 12 cm

868) CMF – A área sombreada é igual a dois semicírculos, de diâmetros AB=6 e AC=8, menos os dois segmentos circulares de cordas AB e AC. As áreas dos segmentos circulares, juntas, equivalem à área do semicírculo de diâmetro BC, menos a área do triângulo ABC.

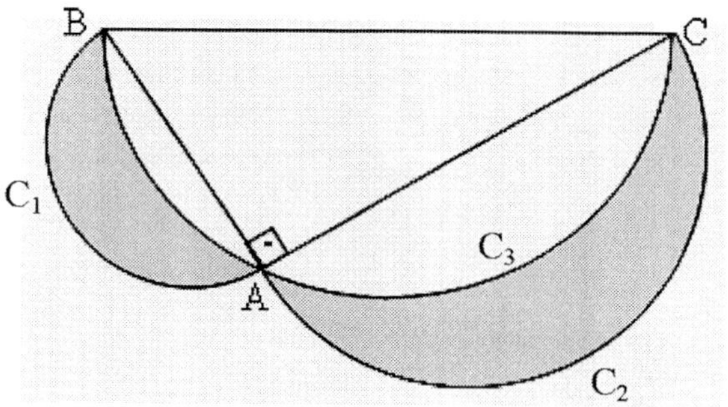

Calculando essa área, ficamos com:

1) Semicírculos AB e AC:

$$\frac{1}{2}\pi.3^2 + \frac{1}{2}\pi.4^2 = \frac{25\pi}{2}$$

2) Semicírculo BC: A hipotenusa BC vale 10, o raio é 5.

$$\frac{1}{2}\pi.5^2 = \frac{25\pi}{2}$$

3) Triângulo ABC:

6.8/2 = 24

A área pedida é:

$$\frac{25\pi}{2} - \left(\frac{25\pi}{2} - 24\right) = 24$$

Resposta: (B) 24 cm²

869) CMR – Quem lembrar que o segmento tangente vale $2\sqrt{Rr}$ leva vantagem na resolução do problema. Isso já foi demonstrado na questão 830. Ligando os centros e traçando pelo centro do círculo menor, uma paralela à tangente comum, formamos um triângulo retângulo com um cateto (R – r) e com hipotenusa (R + r). Usando o Teorema de Pitágoras, encontramos que o outro cateto, que é a medida da tangente comum, mede $2\sqrt{Rr}$. Um resultado que vale a pena ser lembrado para quem vai fazer um concurso com uma prova de Geometria Plana.

Neste problema, temos

$$2\sqrt{Rr} = 1{,}8$$

$$\sqrt{Rr} = 0{,}9$$

$Rr = 0{,}9^2 = 0{,}81$

Resposta: (E) 0,81

870) CMS – Sejam a e b os lados do quadrados, números inteiros, como indicou o problema. Sem perda de generalidade, podemos considerar **a** como sendo o lado maior, e **b** o menor. Temos que a diferença entre as áreas é 143, portanto

$a^2 - b^2 = 143$

A expressão acima pode ser fatorada (diferença de quadrados)

$(a + b)(a - b) = 143$

Como **a** e **b** são inteiros positivos, temos que a + b e a – b também são números inteiros, positivos (já que a>b), cujo produto é 143. O número 143, por sua vez, pode ser escrito como 13 × 11. Esses são seus dois únicos fatores primos.

Sendo assim, as únicas formas de escrever 143 como um produto de números inteiros positivos é:

11 × 13

1 × 143

Nos dois casos acima, o número maior indica a soma a + b, e o número menor indica a diferença, a – b. Analisemos as duas opções:

a) Se a – b = 11 e a + b = 13, ficamos com um sistema de equações:

$$\begin{cases} a - b = 11 \\ a + b = 13 \end{cases}$$

Resolvendo este sistema, encontramos a = 12 e b = 1

b) Se a – b = 1 e a + b = 143, ficamos com um sistema de equações:

$$\begin{cases} a - b = 1 \\ a + b = 143 \end{cases}$$

Resolvendo este sistema, ficamos com a = 72 e b = 71

A soma dos possíveis valores para o lado do quadrado de maior área é:

12 da opção (a) e 72 da opção (b), totalizando 84.

Resposta: (E) 84

Resoluções do teste 88

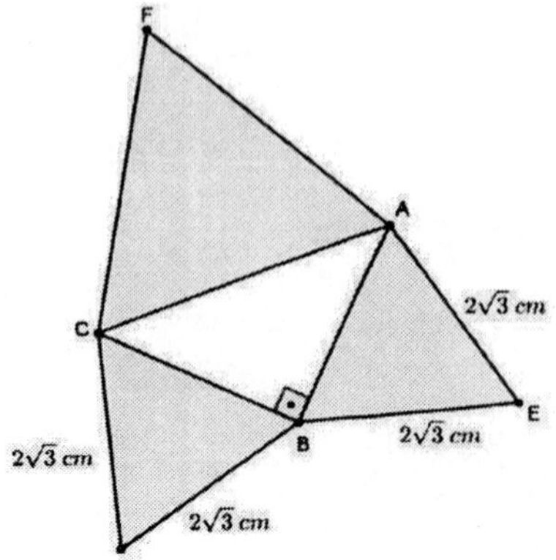

871) IFF – Podemos calcular a área do triângulo ACF se conhecermos o seu lado. O lado AC pode ser calculado com o Teorema de Pitágoras no triângulo ABC, que foi dado como sendo retângulo em B.

$AC^2 = AB^2 + BC^2$

$= (2\sqrt{3})^2 + (2\sqrt{3})^2 = 12 + 12 = 24$

$AC = \sqrt{24}$

A área de um triângulo equilátero de lado L é dada pela fórmula $\frac{L^2\sqrt{3}}{4}$. No nosso caso, ficamos com

$\frac{24\sqrt{3}}{4} = 6\sqrt{3}$

Resposta: (E) $6\sqrt{3}$

872) IFAL – O triângulo dado é retângulo em A, pois como tem um lado que passa pelo centro, este lado é diâmetro do círculo, que o divide em dois arcos de 180°. Sendo assim, o ângulo A é inscrito em um arco de 180°, então vale sua metade, 90°. Isso vale em qualquer triângulo inscrito: quando um triângulo inscrito em uma circunferência tem um lado que passa pelo centro (é diâmetro), o ângulo oposto a este lado vale 90°.

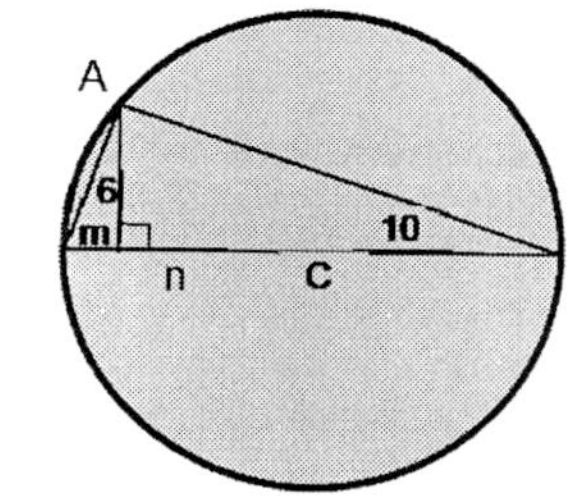

Sendo o triângulo retângulo, podemos utilizar uma fórmula que faz parte da *Relações Métricas no Triângulo Retângulo*:

Se a altura h, relativa à hipotenusa, determina nesta hipotenusa segmentos m e n, então $\mathbf{h^2 = m.n}$ (este resultado é resultante de uma semelhança entre os triângulos formados). Temos então:

$6^2 = m.(20 - m)$

$36 = 20m - m^2$

$m^2 - 20m + 36 = 0$

As soluções são m=2 e m=18. O valor 18 serviria. A figura mostra um valor de **m** menor que o raio do círculo, mas esse tipo de medida não tem valor na resolução. Apesar disso, entre as opções temos apenas m=2, então essa é a solução correta.

Resposta: (B) 2

873) IFS – Ligando os centros das circunferências para formar o triângulo, os lados desse triângulo passarão pelos pontos de tangência. As medidas dos lados são as somas dos raios, tomados 2 a 2: 3r, 4r e 5r. Para calcular a área deste triângulo, existem diversas fórmulas. Percebemos que seus lados são proporcionais a 3, 4 e 5, então trata-se de um triângulo retângulo. A área é a metade do produto dos catetos:

$$\frac{3r \times 4r}{2} = 6r^2$$

Se o triângulo formado não fosse retângulo, não poderíamos calcular sua área pelo método acima. Teríamos que calcular usando a fórmula de Heron, que serve para quaisquer valores dos lados. O cálculo seria da seguinte forma:

Semi-perímetro: $(3r + 4r + 5r)/2 = 6r$

$$S = \sqrt{p(p-a)(p-b)(p-c)} = \sqrt{6r.3r.2r.r} = \sqrt{36r^4} = 6r^2$$

Resposta: (D) $6r^2$

874) IFCE – Resolvemos o problema anterior sem desenhar a figura, pois tratava-se de uma figura muito simples e fácil de imaginar: 3 círculos tangentes com os centros formando um triângulo. No problema atual, a situação é mais difícil: temos que desenhar a figura, de acordo com a descrição dada no enunciado. O objetivo do problema é justamente fazer o desenho corretamente e calcular os lados que não foram dados, para calcular seu perímetro. Para fazer a figura, desenhamos no rascunho um quadrilátero com os lados mais ou menos iguais (um quadrado mal desenhado) e colocamos os lados e ângulos indicados no enunciado.

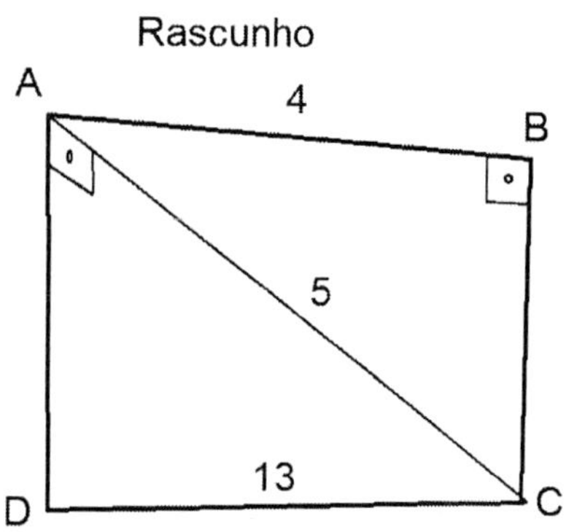

Obviamente ficou uma figura mal feita, mas a próxima será melhor. Observe ainda que quando um quadrilátero é chamado de "ABCD", seus vértices estão dispostos nesta ordem, no sentido horário ou anti-horário.

A partir do primeiro desenho, podemos fazer um segundo bem melhor, levando em conta as medidas e os ângulos dados.

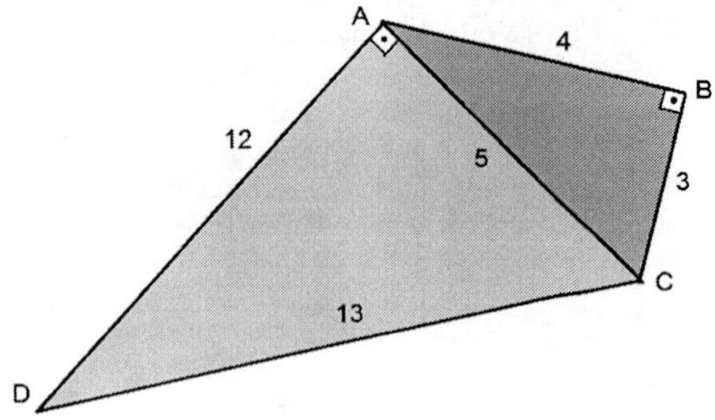

A figura construída para a resolução de um problema não precisa ser perfeita, mas se estiver mais próxima da realidade, ficará mais fácil para o aluno visualizar o caminho da resolução. No caso desse problema, fica mais fácil visualizar que existem dois triângulos retângulos e calcular os lados que faltam:

Triângulo ABC: lado BC = 3

Triângulo ADC: lado AD = 12

O perímetro pedido é: 12 + 4 + 3 + 13 = 32

Resposta: (C) 32

875) CFN – Mais uma figura mal desenhada, provavelmente de forma proposital e com o objetivo de confundir o aluno. Sabemos que quando uma reta é tangente a uma circunferência, o raio é perpendicular à tangente, exatamente no ponto de tangência. Como foi dado que o triângulo é retângulo, obviamente em A, este ponto é de tangência, mas pela figura não parece ser uma tangente. Isso é proposital, para dificultar a resolução.

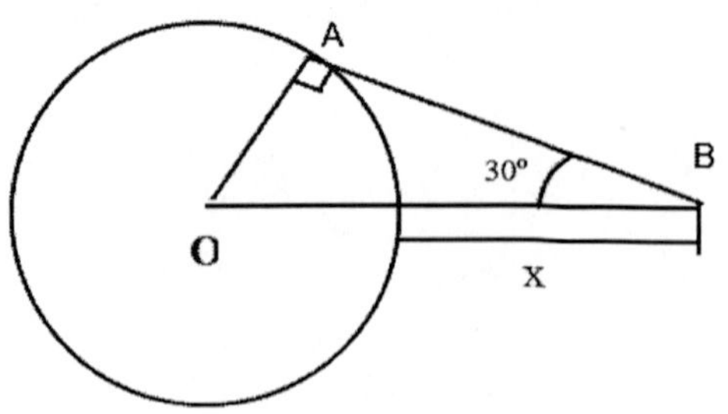

Sendo OAB um triângulo retângulo com um ângulo de 30°, trata-se de um triângulo 30 – 60 – 90. Sabemos que nesse tipo de triângulo, o cateto oposto a 30° vale a metade da hipotenusa. O cateto oposto a 30° é o raio do círculo, 5 cm. Logo OB=10. Descontado um raio, ficamos com x = 10 – R = 10 – 5 = 5.

Resposta: (A) 5 *cm*

876) EAM – Novamente uma figura mal desenhada. Não parece que EC é o dobro de CD, como foi dado no enunciado. Ou a figura foi aproveitada de outro problema (preguiça de fazer uma figura nova), ou foi colocada na escala errada de propósito, para confundir o aluno. Jamais saberemos. Seja como for, marquemos os segmentos dados.

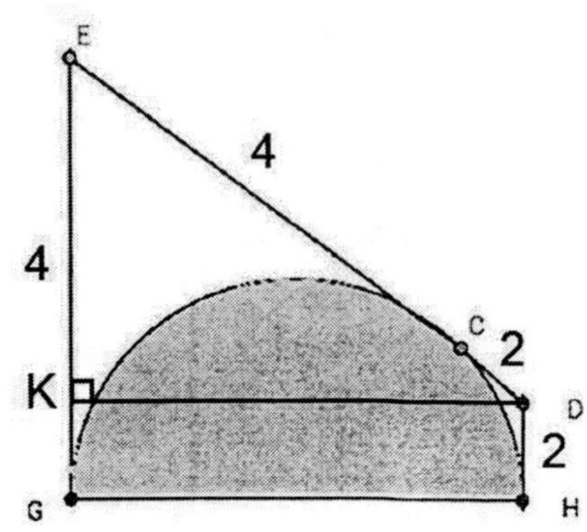

Temos que EG=EC e DH=DC, pois quando traçamos de um ponto, dois segmentos tangentes a uma circunferência, esses segmentos são iguais.

Formando o triângulo retângulo EDK, temos:

DE=4 + 2 = 6, EK=4 – 2 = 2; KD=2r

Usando o Teorema de Pitágoras, encontramos r:

$6^2 = 2^2 + (2r)^2$
$36 = 4 + 4r^2$
$32 = 4r^2 \rightarrow r^2 = 8$

Claro que podemos achar, r, que vale $\sqrt{8} = 2\sqrt{2}$, mas deixemos r^2 mesmo, pois teremos que elevar ao quadrado novamente para calcular a área.
Essa área é a metade da área de um círculo de raio r: $\pi r^2/2 = \pi.8/2 = 4\pi$

Resposta: (D) 4π

877) CMBH – Da forma como a construção do segmento áureo foi definida, é formado um triângulo retângulo, como MEF na figura, em que um cateto é o dobro do outro, no caso, 20 e 10.
Com o Teorema de Pitágoras, calculamos MF:

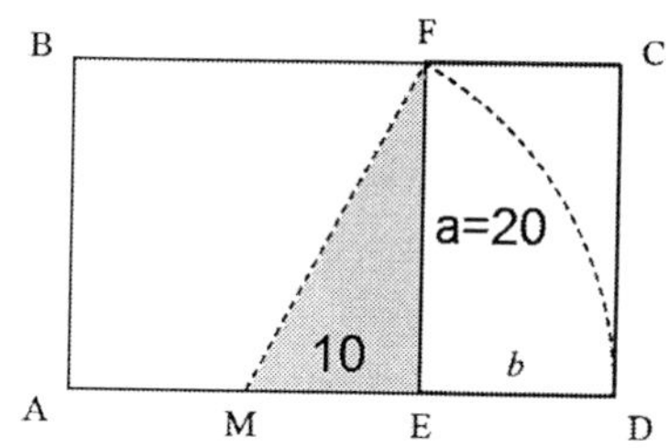

$MF = \sqrt{20^2 + 10^2} = \sqrt{500} = 10\sqrt{5}$

Na construção, usamos MD=MF, então ficamos com
ED = MF – ME
$b = ED = 10\sqrt{5} - 10 = 10(\sqrt{5} - 1)$
O perímetro do terreno é:
4a + 2b
$= 80 + 20(\sqrt{5} - 1) = 60 + 20\sqrt{5}$

Resposta: (A) $60 + 20\sqrt{5}$

878) CMM – A figura apresenta três triângulos semelhantes: BFE, BCD e ABD. Todos são retângulos e apresentam o ângulo α.
Nesses triângulos retângulos, o cateto maior vale o dobro do cateto menor (Ex: L e 2L). Nesses dois maiores, a hipotenusa vale, pelo Teorema de Pitágoras, $L\sqrt{5}$.
$BD^2 = L^2 + (2L)^2 \rightarrow CD = \sqrt{5L^2} = L\sqrt{5}$

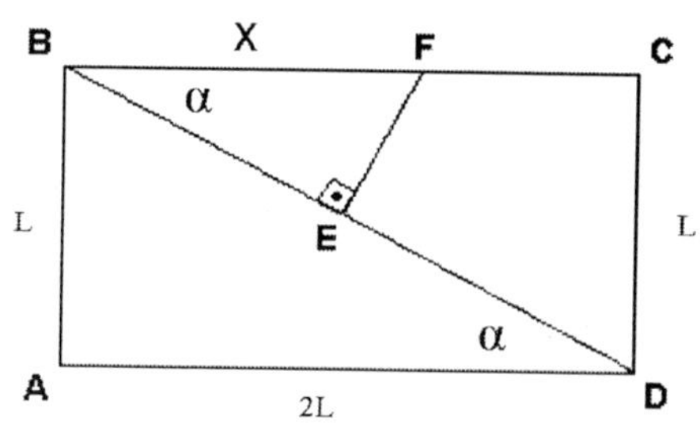

Isto significa que, sabendo a hipotenusa, para saber o cateto menor, basta dividi-la por $\sqrt{5}$. O cateto maior será o dobro desse valor.

No triângulo BFE, como a hipotenusa é x, o cateto menor (EF) vale $\frac{x}{\sqrt{5}}$, e o cateto maior (BE) vale o dobro, $\frac{2x}{\sqrt{5}}$. A área do triângulo BEF resulta em:

$$S_{BEF} = \frac{1}{2}.\frac{x}{\sqrt{5}}.\frac{2x}{\sqrt{5}} = \frac{x^2}{5}$$

O problema informa que a área do retângulo ABCD é 5 vezes a área do triângulo BEF, então:

$$L.2L = 5 \times \frac{x^2}{5}$$

$x^2 = 2L^2 \rightarrow x = L\sqrt{2}$

Resposta: (E) $L\sqrt{2}$

879) CMSM – Dois triângulos semelhantes são formados, e a razão de semelhança é 8/6, já que os raios medem 8 e 6. Logo suas hipotenusas podem ser chamadas de 8x e 6x. A distância entre os centros é 28, logo:

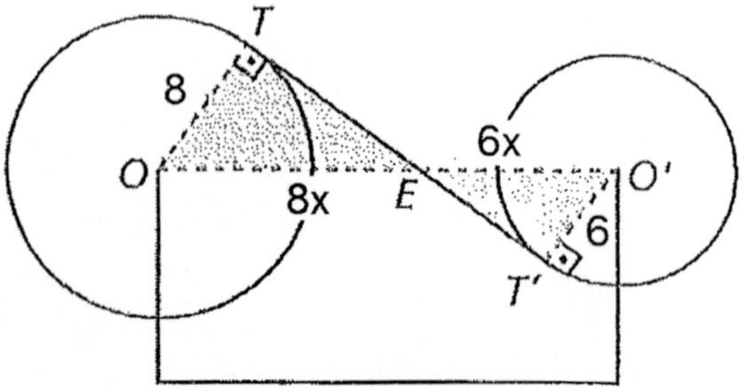

8x + 6x = 28
14x = 28
x = 2

As distâncias de E aos centros dos círculos valem portanto 16 e 12 metros. Isso é exatamente o que o problema pergunta. É preciso prestar atenção na ordem dos segmentos: OE e OE', que são 16 e 12.

Resposta: (C) 16m e 12m

880) CMRJ – Para a prova do Colégio Militar, é muito importante lembrar que a diagonal de um pentágono regular de lado a, vale $a\frac{\sqrt{5}+1}{2}$. É uma fórmula de polígonos regulares que deve ser memorizada, pois esse concurso já cobrou várias vezes esse assunto.

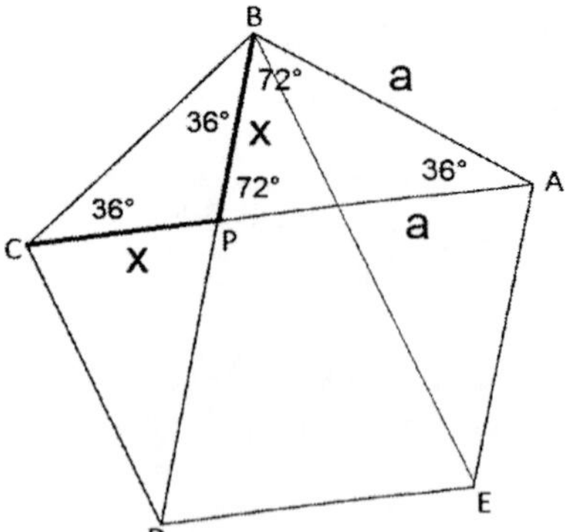

Caso esqueça, será preciso deduzi-la na hora da prova. O pentágono regular determina na circunferência, arcos de 72°. Por isso temos ângulos inscritos de 36°, como indicados na figura, bem como os ângulos de 72°.

Sendo **a** o valor do lado e **d** o valor da diagonal, usamos a semelhança entre os triângulos ABP e BDE, que têm ângulos de 36°, 72° e 72°:

$$\frac{BP}{BA}=\frac{DE}{BD}$$

$$\frac{d-a}{a}=\frac{a}{d}$$

$$d^2-ad=a^2$$

$$d^2-ad-a^2=0$$

Equação do 2º grau com incógnita **d** e parâmetro **a**. Tomando apenas a raiz positiva, resulta em:

$$d=a.\frac{1+\sqrt{5}}{2}$$

Claro que lembrar da fórmula é muito melhor, pois ganha-se tempo, e no caso do Colégio Militar, esse assunto já foi cobrado diversas vezes.

Voltando à figura, o valor pedido, CP=x, é o mesmo que **d – a**:

$$CP=d-a=a.\frac{1+\sqrt{5}}{2}-a=a.\frac{\sqrt{5}-1}{2}$$

No problema, é dado que o lado do pentágono vale 10, logo:

$CP = 10.\dfrac{\sqrt{5}-1}{2} = 5\sqrt{5} - 5$

Resposta: (C) $-5+5\sqrt{5}$

Resoluções do teste 89

881) IFPI - As informações dadas no enunciado devem ser suficientes para encontramos o raio do círculo. Ligando o centro do círculo aos pontos médios das duas cordas, e ligando o centro a uma extremidade da corda de medida 14, formamos um triângulo retângulo de hipotenusa R. O cateto maior vale 7, que é a metade da corda de medida 14. O cateto menor é 1, que vale a semi-diferença dos segmentos de 4 e 6 da primeira corda. Usando o Teorema de Pitágoras, determinamos R:

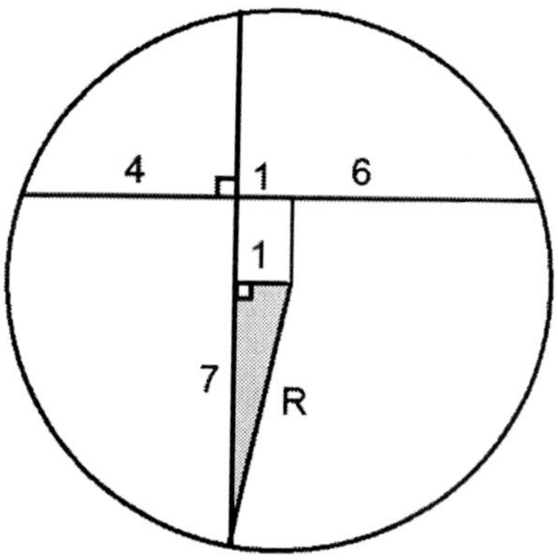

$R^2 = 1^2 + 7^2$

$R^2 = 50 \rightarrow R = \sqrt{50}$

A área do círculo é πR^2.

Resposta: (A) 50π

882) IFBA - A partir da área do círculo fornecida, podemos calcular a hipotenusa do triângulo. A hipotenusa de um triângulo retângulo inscrito em uma circunferência é igual ao diâmetro. No caso, foi fornecida a área, que vale πR^2.

$\pi R^2 = \dfrac{25\pi}{4} \rightarrow R = \dfrac{5}{2}$

Se o raio vale 5/2, o diâmetro, que é a hipotenusa, vale 5. Como foi dado ainda que o perímetro é 12, e com a hipotenusa valendo 5, é fácil perceber que este é um triângulo retângulo de lados 3, 4 e 5. Sua área é 3.4/2 = 6

Resposta: (B) 6

883) IFMA - Como a soma dos ângulos internos do triângulo é 180°, temos que

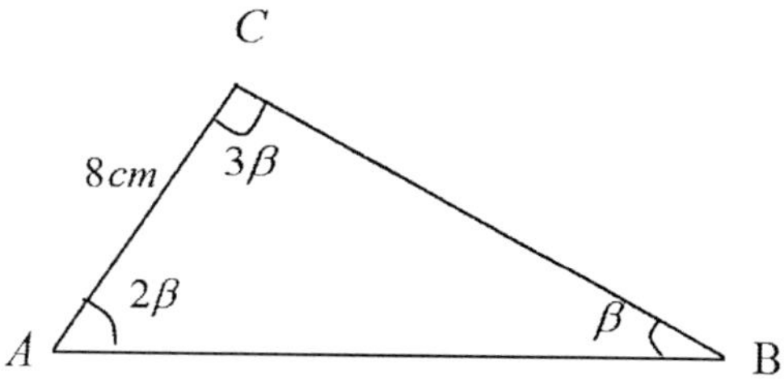

$\beta + 2\beta + 3\beta = 180$

$6\beta = 180 \rightarrow \beta = 30$

Os ângulos do triângulo são 30°, 60° e 90°.

O cateto oposto a 30° vale 8, que é a metade da hipotenusa, logo a hipotenusa vale 16. O outro cateto é igual ao menor cateto multiplicado por $\sqrt{3}$, portanto vale $8\sqrt{3}$.

A área vale $8\sqrt{3} \times 8/2 = 32\sqrt{3}$ e o perímetro vale $8\sqrt{3}+8+16 = 8\sqrt{3}+24$.

Resposta: (A) $32\sqrt{3}$ **e** $8(3+\sqrt{3})$.

884) IFPB – Em qualquer triângulo retângulo, a mediana relativa à hipotenusa vale a metade da hipotenusa. Fazendo AD=m, temos que DC e DB também valem m. Como o ângulo BDA é 60°, isso é suficiente para concluir que o triângulo ABD é equilátero. Logo o ângulo BAD mede 60°.

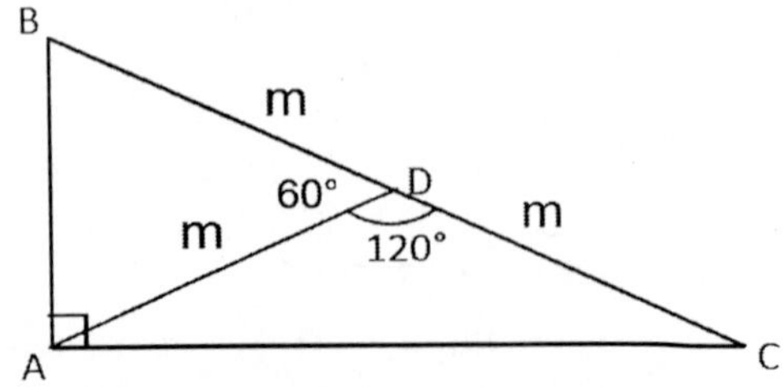

Resposta: (C) 60°

885) EAM – O lado do quadrado foi dado como $2\sqrt{3}-1$ e o do quadrado I é a diferença $4\sqrt{3}-\left(2\sqrt{3}-1\right)=2\sqrt{3}+1$.
Cada retângulo hachurado é o produto dessas duas medidas, logo a área total é:

$$2\times\left(2\sqrt{3}-1\right)\left(2\sqrt{3}-1\right)=2\times\left(12-1\right)=22$$

Resposta: (B) 22

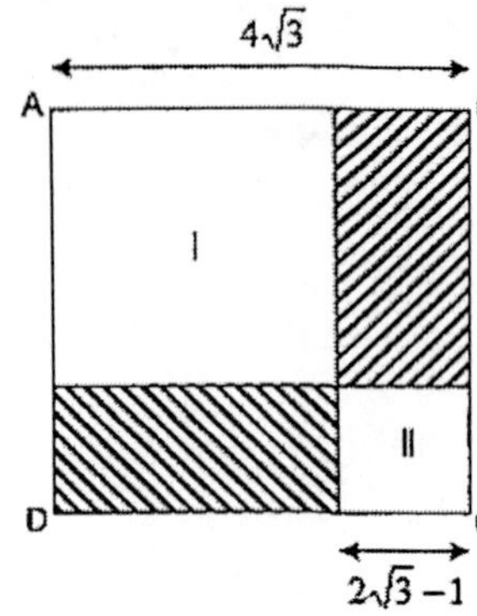

886) EAM – O triângulo ACD é retângulo isósceles. A hipotenusa é igual ao cateto multiplicado por $\sqrt{2}$. Se a hipotenusa vale $10\sqrt{2}$, os catetos medem 10.
Então CD=CA=10.
Como foi dado AB=3, temos que BC=7.
Agora conhecemos os dois catetos do triângulo retângulo BCD (7 e 10) e podemos calcular sua hipotenusa:

$$BD^2=10^2+7^2=149$$
$$BD=\sqrt{149}$$

Resposta: (D) $\sqrt{149}\ cm$

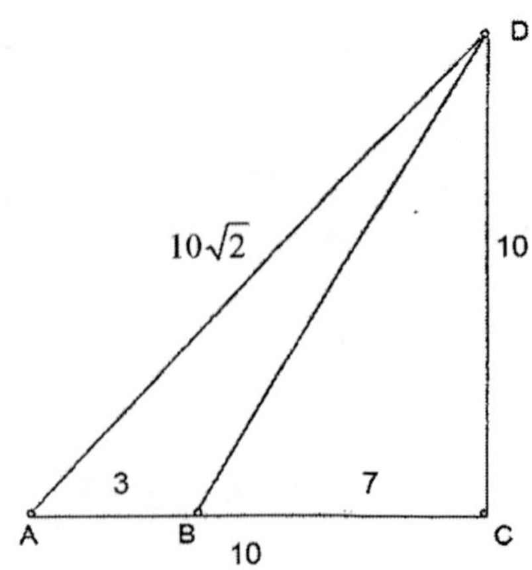

887) CMRJ – Chamemos de R o lado do quadrado. Claro que já sabemos que vale 8, porém é mais fácil e prático trabalhar algebricamente com R, e substituir o valor no final. Corremos menos chance de erros.
Sendo E o encontro dos arcos, temos que o triângulo ABE é equilátero. Sendo assim, a área sombreada é igual a:
2 setores de 30° – 2 segmentos circulares de 60°.

Cada segmento circular de 60° vale um setor de 60° menos um triângulo equilátero de lado R.

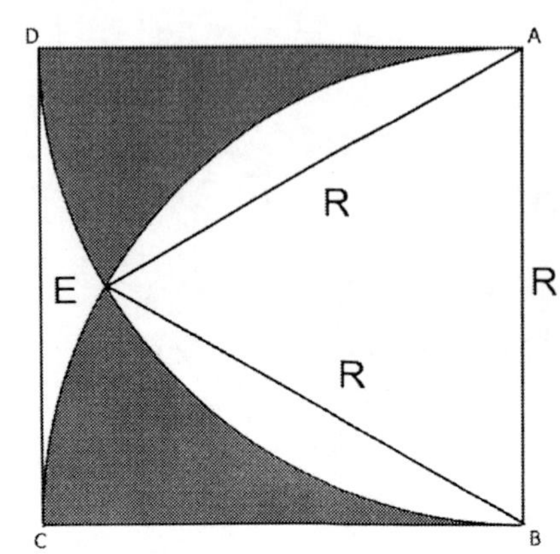

O setor de 30° é uma fração de 1/12 da área do círculo, e temos dois deles. O setor de 60° é uma fração de 1/6 da área do círculo, e também temos dois, porém subtraídos. A área é:

$$2\times\left[\frac{\pi R^2}{12}\right]-2\times\left[\frac{\pi R^2}{6}-\frac{R^2\sqrt{3}}{4}\right]$$

Lembrando que a área do triângulo equilátero de lado R é $\frac{R^2\sqrt{3}}{4}$. O cálculo resulta em:

$$\frac{\pi R^2}{6}-\frac{\pi R^2}{3}+\frac{R^2\sqrt{3}}{2}=\frac{R^2\sqrt{3}}{2}-\frac{\pi R^2}{6}$$

Finalmente, fazendo R=8, ficamos com:

$32\sqrt{3}-\frac{32\pi}{3}$, resposta que corresponde à opção (B).

Resposta: (B) $32\left(\sqrt{3}-\frac{\pi}{3}\right)cm^2$

888) CMB – A área ocupada pelo público é igual à área do retângulo que é o pátio inteiro (100 m × 60 m = 6000 m^2), menos a área do palco. A área deste palco terá que ser calculada de forma aproximada, usando a aproximação π=3 dada pelo problema.
Se fosse um círculo inteiro, a área do palco seria πR^2, mas é um setor que determina um arco de 40m. Lembrando que o arco correspondente à circunferência inteira é 2πR = 2π.20. A área do setor é calculada por uma regra de três:

Arco de 2π.20 ..... área $\pi.20^2$
Arco de 40 .... área x

$$x=\frac{40\times 400\pi}{40\pi}=400$$

Note que é irrelevante usar uma aproximação para π, pois seu valor cancela no cálculo acima.
A área ocupada pelo público, em m^2, é 6000 – 400 = 5600.
Como a ocupação média era de 3 pessoas por m^2, o público estimado foi de:
5600 × 3 = 16.800 pessoas

Resposta: (D) 17 mil

889) CMBH – De acordo com a explicação, a chamada razão áurea é c/l. Dividimos o numerador e o denominador da segunda fração por L, e ficamos com:

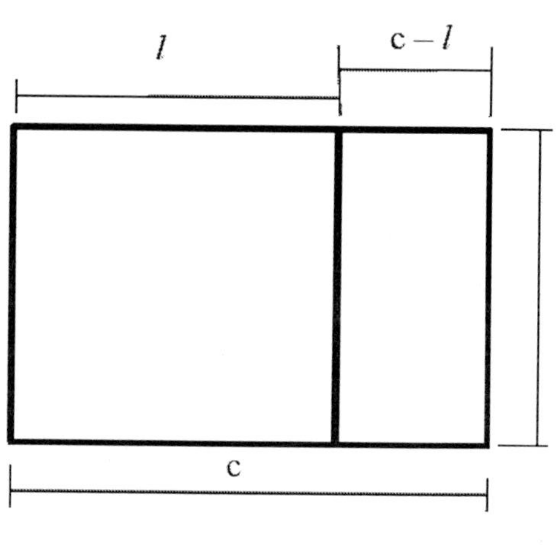

$$\frac{c}{l}=\frac{l}{c-l}=\frac{1}{\frac{c}{l}-1}$$

Chamando de x a razão c/l, resulta em:

$$x=\frac{1}{x-1}$$

$$x^2-x-1=0$$

Equação que resolvida, fornece a raiz positiva $\frac{1+\sqrt{5}}{2}$, a já conhecida razão áurea.

Significa que a medida C é igual a $\frac{1+\sqrt{5}}{2}$ vezes a medida L.

Não importa o valor de C, a razão C/L é dada por $\frac{1+\sqrt{5}}{2}$. O seu inverso, também independentemente do valor de C, é

$\frac{2}{1+\sqrt{5}}$. Racionalizando o denominador, resulta em:

$$\frac{2}{\sqrt{5}+1}=\frac{2(\sqrt{5}-1)}{(\sqrt{5}+1)(\sqrt{5}-1)}=\frac{2(\sqrt{5}-1)}{4}$$

$$=\frac{\sqrt{5}-1}{2}$$

Substituindo o valor dado $\sqrt{5}=2{,}236$, resulta em

$$\frac{2{,}236-1}{2}=\frac{1{,}236}{2}=0{,}618$$

Resposta: (A) 0,618

890) CMF – Sendo x a medida da parte superior esquerda da região sombreada, temos nos outros quatro cantos do quadrado, regiões idênticas. As regiões próximas aos centros dos lados do quadrado são duas vezes maiores, 2x. Logo a área sombreada total é 12x.

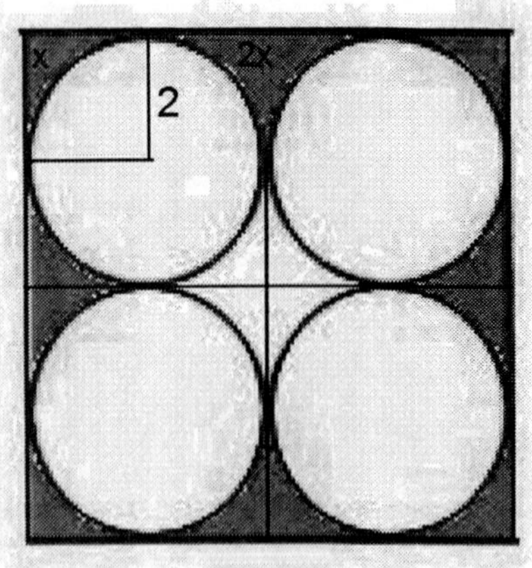

Cada x é igual a um quadrado de lado 2, menos um setor de 90° de um círculo de raio 2:

$$x=2^2-\frac{\pi.2^2}{4}=4-\pi$$

$12x=12.(4-\pi)=48-12\pi$, que corresponde a (E).

Resposta: (E) $6(8-2\pi)\ cm^2$

Resoluções do teste 90

891) IFPE – A área da coroa circular é a diferença entre as áreas dos círculos, externo e interno, ou seja, $\pi R^2 - \pi r^2$. , o mesmo que $\pi(R^2 - r^2)$. Não sabemos os valores dos raios, mas podemos calcular a sua diferença de quadrados, através do triângulo retângulo formado quando ligamos o centro ao ponto médio da corda de 12m dada. Sabemos que o segmento que liga o centro ao ponto médio de uma corda é perpendicular a esta corda. Formamos assim um triângulo retângulo com hipotenusa R, e catetos valendo r e 6.

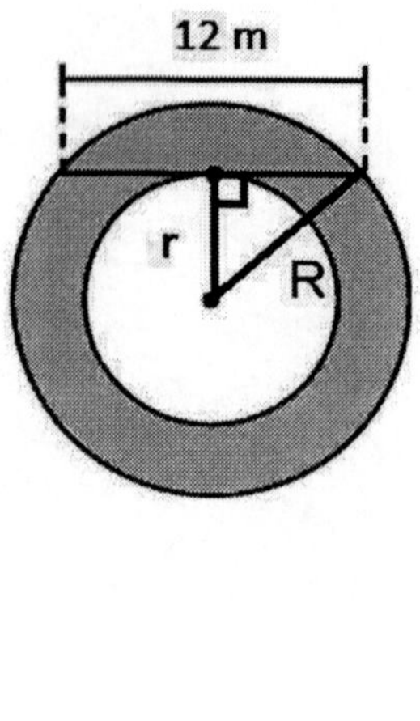

$R^2 = r^2 + 6^2$

$R^2 - r^2 = 36$

Isso é suficiente para o cálculo da área pedida.

$S = \pi(R^2 - r^2) = 36\pi$

Resposta: (C) $36\pi\ m^2$

892) IFRN – Às vezes um problema que parece ser de geometria plana, é na verdade de Aritmética, já que o início da geometria plana é ensinado junto com a aritmética básica.

O importante nesse problema é o fato de que a produção de peixes por metro quadrado é a mesma nos dois casos. Significa que o aumento na produção é igual ao aumento de área. A área passou de 10.000 m^2 para 120 × 100 = 12.000 m^2, um aumento de 20%. Então a produção de peixes também aumentará em 20%. Não interessa qual será a produção total, o problema não perguntou, mas apenas o aumento percentual: 20%.

Resposta: (B) 20% maior que o anterior.

893) IFAM – Problema que se resolve com o uso do *Teorema das Bissetrizes*. Este teorema diz que os segmentos que uma bissetriz determina sobre o lado oposto são proporcionais aos lados que formam o ângulo relativo a aquela bissetriz. No caso, esses lados são 15 e x. Os segmentos determinados pela bissetriz são DC e DB, que valem 18 e 30. Temos então:

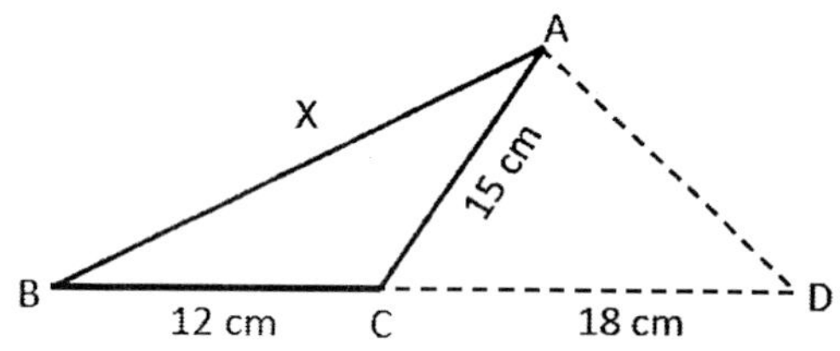

$$\frac{15}{x} = \frac{18}{30}$$

$$x = \frac{15 \times 30}{18} = \frac{5 \times 10}{2} = 25$$

Resposta: (C) 25 cm

894) IFMT – Vários lados medem 1 cm, e as medidas x, y e z podem ser calculadas pelo Teorema de Pitágoras. Vovó sabe tudo!

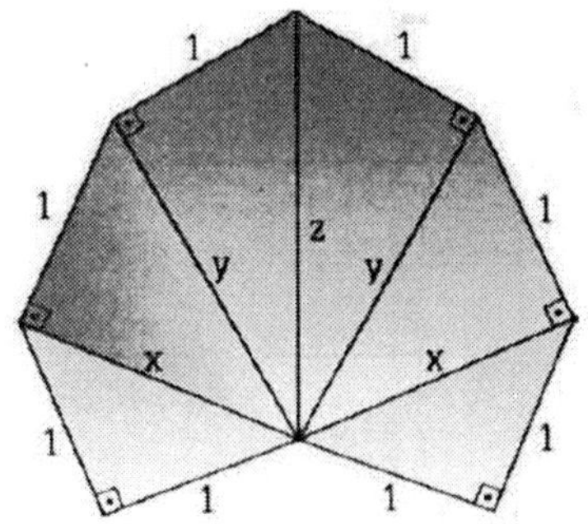

$$x^2 = 1^2 + 1^2 \rightarrow x = \sqrt{2}$$
$$y^2 = 1^2 + x^2 \rightarrow y = \sqrt{3}$$
$$z^2 = 1^2 + y^2 \rightarrow z = 2$$

Resposta: (C) $\sqrt{2}$; $\sqrt{3}$; 2

895) EAM – O problema não informa, mas temos que supor que ABCD é um retângulo. "Parecer um retângulo" não é o mesmo que "ser um retângulo". Em um problema de matemática, "parecer não vale um tostão furado". Isso poderia resultar em anulação da questão. Mas iremos considerar que é de fato um retângulo. Podemos calcular o segmento AD, que é o diâmetro do círculo, usando o Teorema de Pitágoras. Triângulo 3-4-5, bastante conhecido, temos AD=4 e o raio do círculo valendo 2.

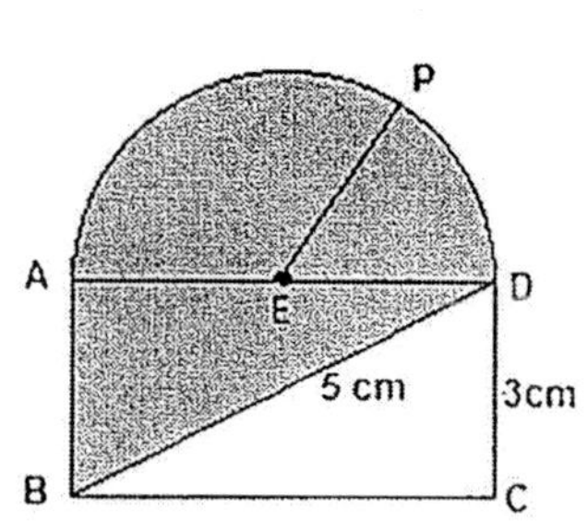

A área sombreada é meio círculo ($\pi R^2/2$), que com R=2 e com o valor aproximado de π resulta em 6. Somamos a área do triângulo ABD, que é 3.4/2=6. A área total é 12.

Resposta: (B) 12 cm^2

896) EAM – A área da coroa circular com raios R e r é $\pi(R^2 - r^2)$. Os raios foram dados como 4 cm para o maior (0,4 dm) e 2 cm para o menor. Então a área em cm^2 é:

$\pi(R^2 - r^2) = \pi(4^2 - 2^2) = 12\pi$

Resposta: (A) 12π cm²

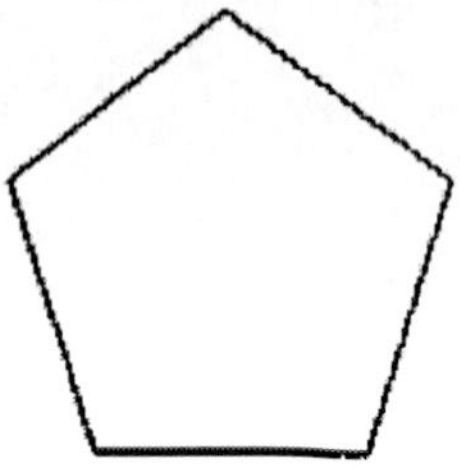

897) CMSM – Em um pentágono regular, a razão entre a diagonal e o lado é igual à famosa razão áurea, que vale $\frac{1+\sqrt{5}}{2}$, aproximadamente 1,62. Uma fórmula que vale a pena lembrar, principalmente para quem vai prestar concurso para o Colégio Militar, pois isto já foi cobrado em vários anos, em várias unidades deste colégio.

Você encontrará a demonstração geométrica desta propriedade, conhecida como *razão áurea*, na questão 880, que por acaso também caiu em uma prova do Colégio Militar. Atenção: é a razão entre diagonal e lado. Se for entre lado e diagonal, é o valor inverso.

Resposta: (D) $\frac{1+\sqrt{5}}{2}$

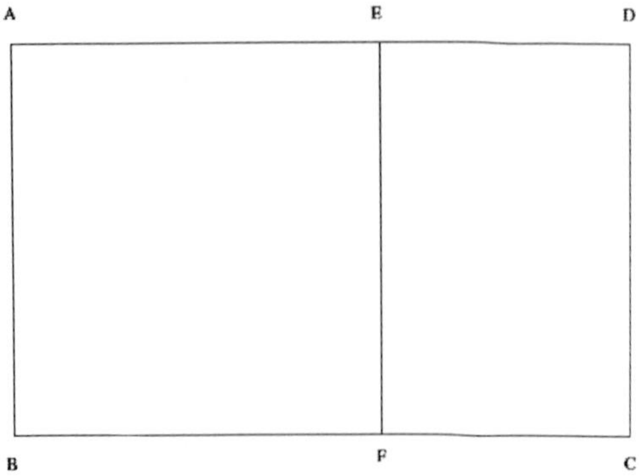

898) CMRJ – Um problema "matador" para quem não conhece o conceito de *razão áurea* (ver problemas 877 e 889). Observe que o problema nem tocou no assunto, ele parte do princípio de que o aluno conhece a definição de razão áurea. Quando de um retângulo, retiramos um quadrado e ficamos com um triângulo menor semelhante ao original, a razão entre os lados dos retângulos é a razão áurea. Isso significa que o lado maior AD vale $\frac{\sqrt{5}+1}{2}$ vezes o lado menor AB. Para que o retângulo ABCD possa ser inscrito em um círculo de raio $\sqrt{10-2\sqrt{5}}$, é preciso que a diagonal do retângulo seja igual ao diâmetro deste círculo, no caso, $2\sqrt{10-2\sqrt{5}}$

Fazendo BC=x, temos que $x = \frac{\sqrt{5}+1}{2}.AB$ (razão áurea)

$$AB = x.\frac{2}{\sqrt{5}+1} = x.\frac{2(\sqrt{5}-1)}{(\sqrt{5}+1)(\sqrt{5}-1)} = x.\frac{\sqrt{5}-1}{2}$$

Conhecemos os catetos do triângulo ABC e sua hipotenusa. Logo:

$$\left(2\sqrt{10-2\sqrt{5}}\right)^2 = x^2 + \left(x\frac{\sqrt{5}-1}{2}\right)^2$$

$$4.\left(10-2\sqrt{5}\right) = x^2\left(1+\left(\frac{\sqrt{5}-1}{2}\right)^2\right) = x^2\left(\frac{4+6-2\sqrt{5}}{4}\right) = x^2\left(\frac{10-2\sqrt{5}}{4}\right)$$

Temos um fator $\left(10-2\sqrt{5}\right)$ que irá cancelar nos dois membros, restando

$4 = \frac{x^2}{4}$ ➔ $x = 4$

Resposta: (C) 4

899) CMJF – Questão que lembra a (819), que usa a *fórmula da mediana*. A presente questão caiu no CMJF em 2014, e a questão 819 caiu no CMRJ em 2018, ou seja, a presente questão caiu 4 anos antes. Isto significa que um aluno, estudando para o CMRJ em 2018, e tomando a decisão de não chegar a prova do CMRJ de 2014, tomou uma péssima decisão. Infelizmente muitos alunos, estudando para o Colégio Militar, insistem em ver apenas as provas da sua unidade, desprezando as demais. Antes de resolver a questão vamos demonstrar a fórmula da mediana, que é uma fórmula bastante útil.

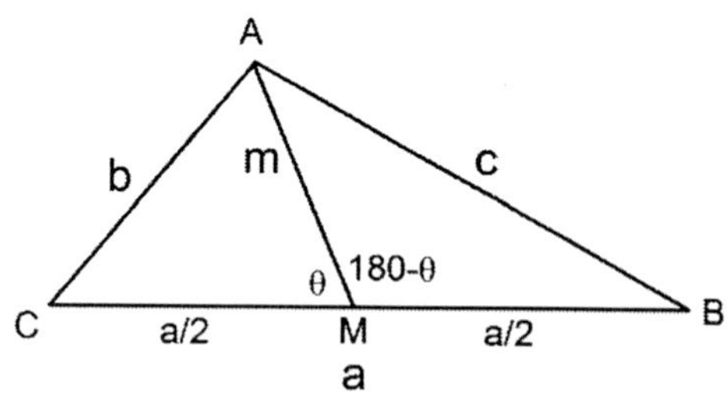

Considerando um triângulo com lados **a**, **b** e **c**, tracemos a mediana relativa ao lado **a**, e seja **m** o seu valor. Seja θ o menor ângulo que a mediana AM forma com o lado BC. Podemos utilizar a lei dos cossenos nos triângulos AMC e AMB:

AMC: $b^2 = m^2 + (a/2)^2 - 2.m.(a/2).\cos(\theta)$

AMB: $c^2 = m^2 + (a/2)^2 - 2.m.(a/2).\cos(180-\theta)$

Ao somarmos as duas fórmulas, notamos que cos(θ) e cos(180–θ) são iguais e com sinais contrários, logo os termos com os cossenos irão cancelar. Ficarmos com:

$b^2 + c^2 = 2m^2 + a^2/2$

$4m^2 = 2(b^2 + c^2) - a^2$

Agora podemos usar a fórmula na solução do problema. Mas nem pense em "descobrir" esta fórmula na hora da prova, é importante chegar na prova conhecendo as fórmulas.

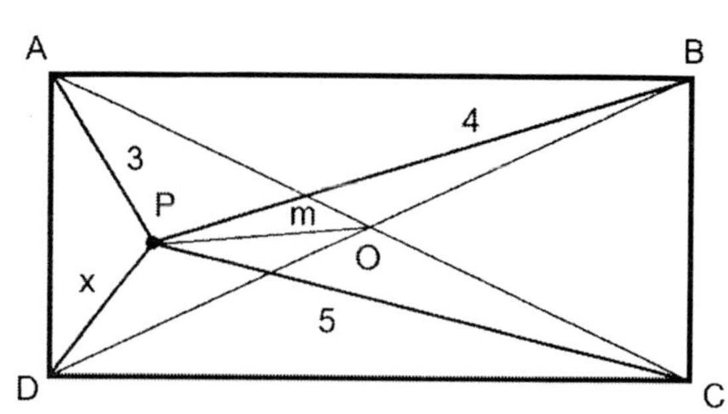

Se marcarmos os segmentos PA, PB, PC e PD, e ligarmos P ao centro do retângulo, lembrando que suas diagonais são iguais e cortam-se ao meio, teremos dois triângulos PAC e PBD em que os lados são as diagonais e os segmentos dados, e PO é mediana. Não sabemos os valores das diagonais, mas podemos chama-las de **d**, pois irão "cancelar". Usemos a fórmula da mediana:

APC: $4m^2 = 2(3^2 + 5^2) - d^2$

BPD: $4m^2 = 2(4^2 + x^2) - d^2$

Igualando $4m^2$ nas duas fórmulas, ficamos com

$2(3^2 + 5^2) - d^2 = 2(4^2 + x^2) - d^2$
$2(3^2 + 5^2) = 2(4^2 + x^2)$
$9 + 25 = 16 + x^2$
$x^2 = 18$
$x = 3\sqrt{2}$

Resposta: (B) $3\sqrt{2}$

900) CMM – Pelos ângulos indicados no enunciado, o triângulo formado é do tipo 30 – 60 – 90. Neste tipo de triângulo, o cateto maior, que é o oposto a 60°, é igual ao menor (o oposto a 30°) vezes $\sqrt{3}$. Sendo o cateto menor igual a 6, o maior (BC) é igual a $6 \times \sqrt{3}$.

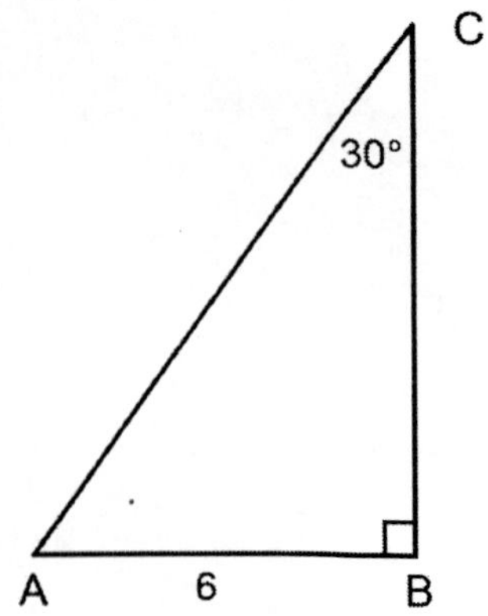

Resposta: (E) $6\sqrt{3}$

■

Capítulo 10

Geometria

Teste 91

901) CEFET RJ – Numa circunferência a expressão indica a relação entre arco, ângulo correspondente ao mesmo, e raio. Veja no exemplo a medida do arco correspondente a um ângulo com abertura de 60 numa circunferência de raio com medida 5 cm. $A = \frac{60°.\pi.5}{180°} \cong \frac{60°.3{,}14.5}{180°} = \frac{3{,}14.5}{3} \cong 5{,}23\ cm$

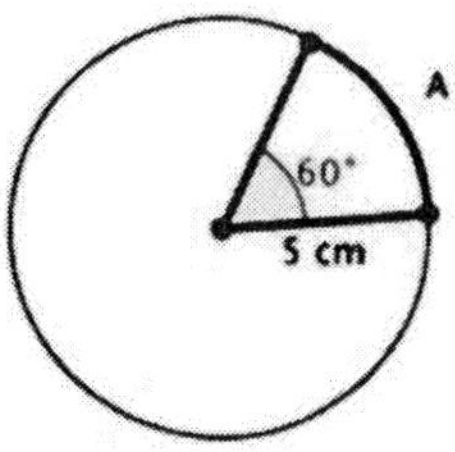

Qual das medidas angulares abaixo corresponde a um arco que tem a mesma medida do raio?

(A) $\frac{90°}{\pi}$ (B) $\frac{180°}{\pi}$ (C) π (D) $90°.\pi$

902) CEFET RJ – No bloco retangular mostrado na figura a seguir, as faces ABCD e EFGH são quadrados iguais e as demais faces são retângulos iguais.

Cada quadrado tem perímetro 1600 cm e cada retângulo tem um dos lados medindo 7m.

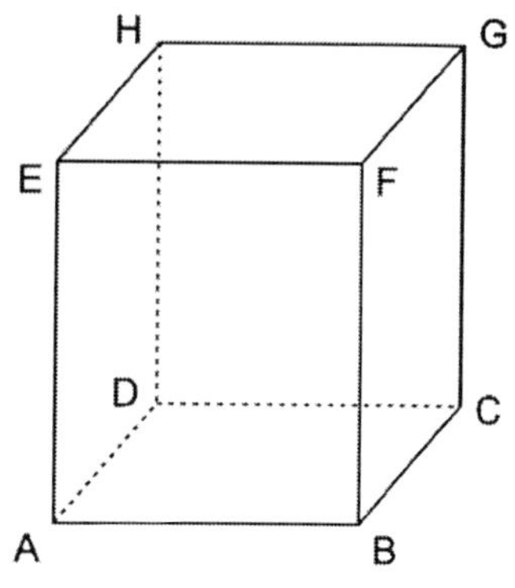

a) Qual a distância, em metros, do ponto A ao ponto G?
b) Qual o volume, em litros, do bloco retangular?

903) IFSP – ABCDEFGH é um cubo de aresta 4 cm. Unindo-se os pontos médios das arestas AD, AE, EF, FG, CG e CD, obtém-se um polígono cujo perímetro, em centímetros, é igual a

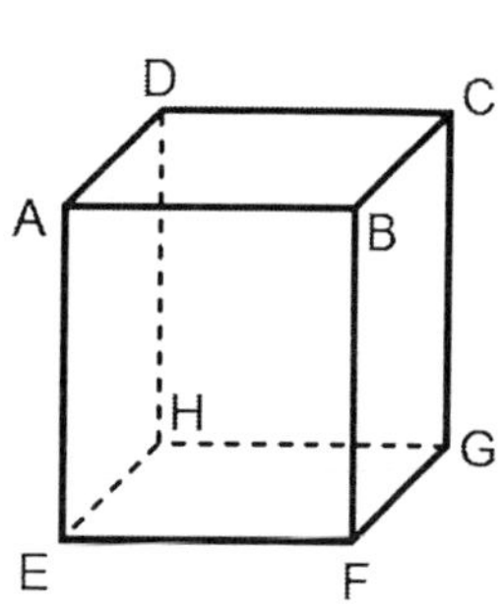

(A) $6\sqrt{2}$ (B) $9\sqrt{2}$ (C) $12\sqrt{2}$ (D) $15\sqrt{2}$ (E) $18\sqrt{2}$

904) IFRR – Na figura abaixo, ABCD é um trapézio escaleno, de modo que AB = 2, BC = 6, CD = $5+2\sqrt{5}$ e DA = 5. Assim, a área do trapézio retângulo ABED é:

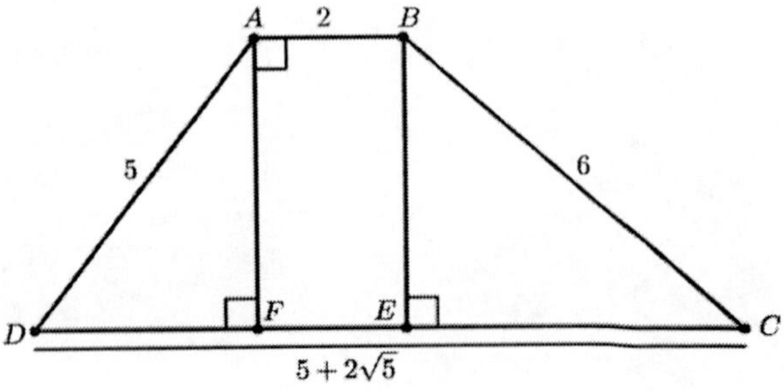

(A) 10 (B) 16 (C) 15
(D) 14 (E) 12

905) CMBH – Em uma mineradora, as cargas são transportadas de uma montanha à outra através de um teleférico de cargas, cujos extremos do cabo de aço se encontram afixados em A e B. Na figura, o teleférico se encontra na posição C mostrada, formando um ângulo reto, com AC>BC. Os pontos fixos A e B tem 125 m de distância entre si e o ponto C está a 60 m de distância de AB. Desconsidere a espessura do cabo de aço. A medida do comprimento do cabo de aço para o transporte de cargas, em metros, é:

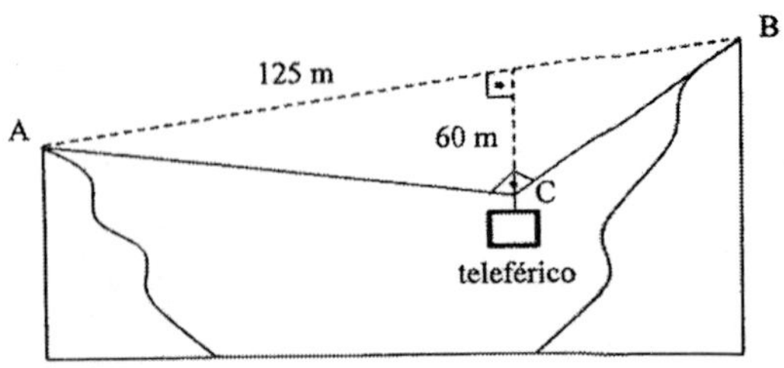

(A) 285 (B) 225 (C) 200 (D) 180
(E) 175

906) EAM – Sendo um hexágono regular inscrito em um círculo de raio 2, calcule a medida da diagonal maior desse hexágono e assinale a opção correta.

(A) 4 (B) $4\sqrt{3}$ (C) 8 (D) $6\sqrt{3}$ (E) 12

907) CMBH – Nos atuais cinemas digitais, os filmes são exibidos através de uma pequena câmera que projeta a imagem na tela, como mostra a figura. A frente da câmera assim como a tela de cinema tem formato retangular. Em uma determinada tela, a proporção entre a tela de exibição e a frente da câmera de projeção é de 200:3.

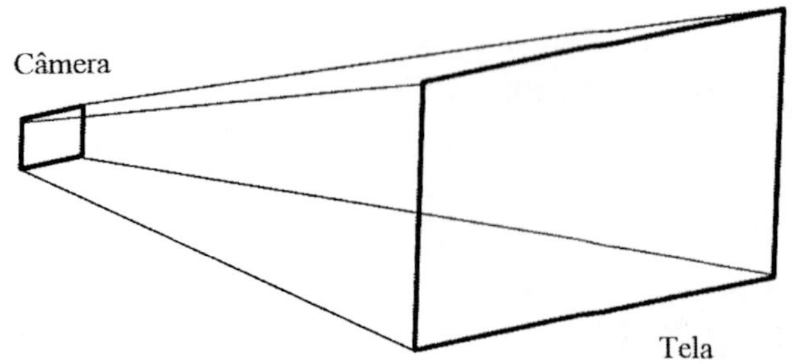

Se a área da tela é igual a 352 m^2 e a diferença entre suas dimensões é de 6 m, as dimensões da frente da câmera são:

(A) 15 cm × 12 cm (B) 20 cm × 15 cm (C) 22 cm × 1 cm
(D) 30 cm × 21 cm (E) 33 cm × 24 cm

908) CMJF – De um ponto A situado a 3 m de um ponto B, um observador vê uma edificação sob um ângulo de 30, conforme a figura abaixo. Podemos dizer que a altura dessa edificação é:

(A) $5\ m$ (B) $\frac{\sqrt{3}}{3}\ m$ (C) $3\ m$ (D) $3\sqrt{3}\ m$

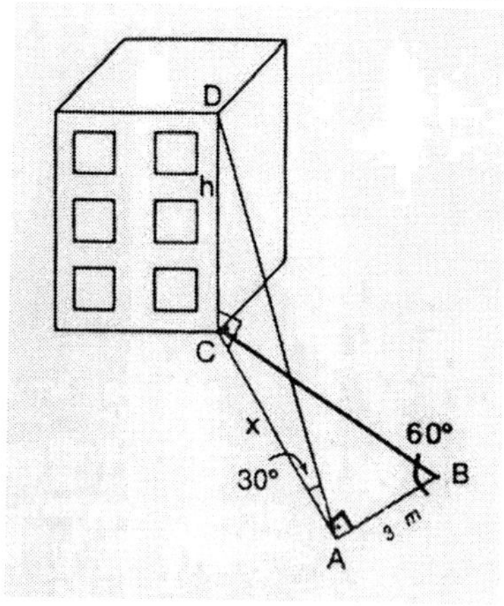

909) CMM – Na figura abaixo, temos dois recipientes fechados, um com a forma de um paralelepípedo retângulo de dimensões **10 cm**, **x cm** e **20 cm**, e o outro com a forma de um cilindro circular reto com diâmetro de **20 cm** e altura igual a **4 cm**. A área da superfície total do paralelepípedo é igual à área da superfície total do cilindro. Dessa maneira, o volume do paralelepípedo é: (considere π = 3,1).

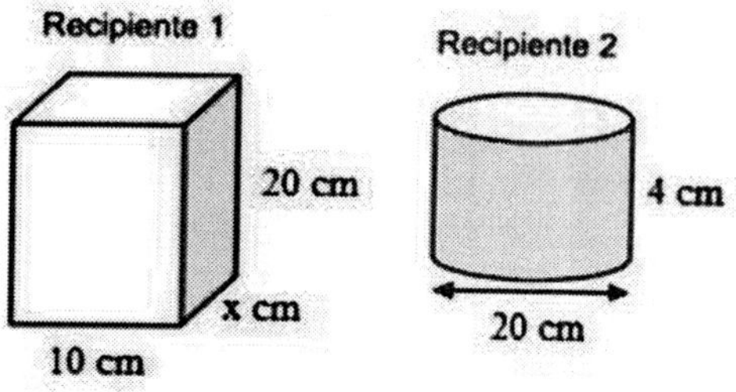

(A) 1650 cm^3 (B) 1560 cm^3 (C) 1506 cm^3
(D) 1605 cm^3 (E) 1065 cm^3

910) CMB – Considere o triângulo ABC da figura equilátero de perímetro 30 cm e M o ponto médio do lado AB. Sendo CD = 6 cm, então AE é, em cm, igual a?

(A) 76/11 (B) 7 (C) 78/11
(D) 79/11 (E) 80/11

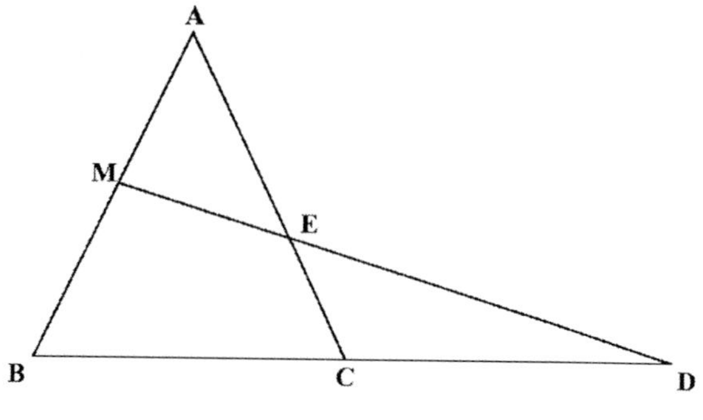

Teste 92

911) IFSP – O triângulo ABC é retângulo em $\hat{A}$. Se o seno do ângulo B é 0,8, qual o valor da tangente do ângulo C?

(A) 0,75 (B) 1,25 (C) 0,50 (D) 0,25 (E) 1,75

912) CEFET ES – A área da região hachurada na figura, onde AC é o arco de circunferência de centro em B e raio **a** cm, é igual a:

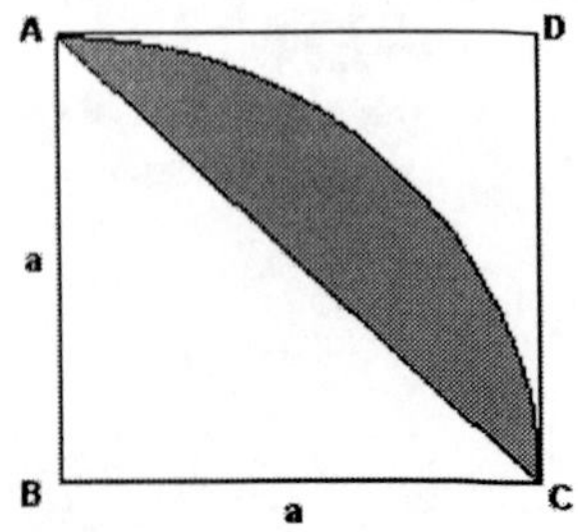

(A) $\frac{a^2}{4}\pi\ cm^2$ (B) $a^2\pi\ cm^2$ (C) $\frac{a^2}{2}\pi\ cm^2$

(D) $2a^2\pi\ cm^2$ (E) $\frac{a^2}{4}(\pi-2)\ cm^2$

913) IFPE – O triângulo ABC da figura abaixo tem área igual a 40 cm^2. O lado BC está dividido em cinco partes iguais pelos pontos D, E, F e G, e o lado AC está dividido em quatro partes iguais pelos pontos J, H e L. Nessas condições, a área do triângulo JDE é igual a:

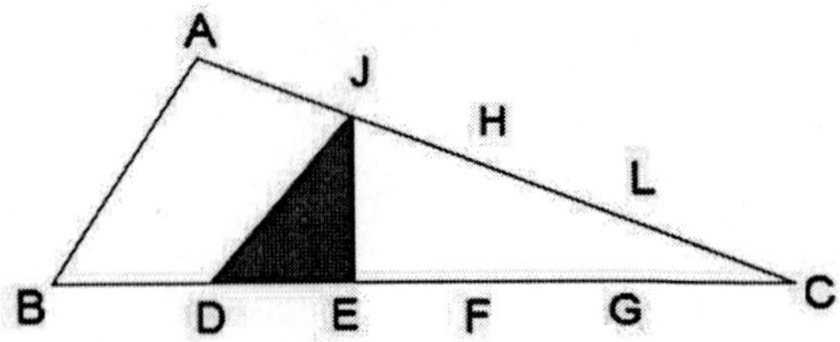

(A) 6 cm^2 (B) 4 cm^2 (C) 12 cm^2
(D) 8 cm^2 (E) 15 cm^2

914) FIOCRUZ – Um observador consegue visualizar somente os vértices D, E, F, G e Q do sólido abaixo. As formas geométricas encontradas nas faces que esse observador consegue ver constituem:

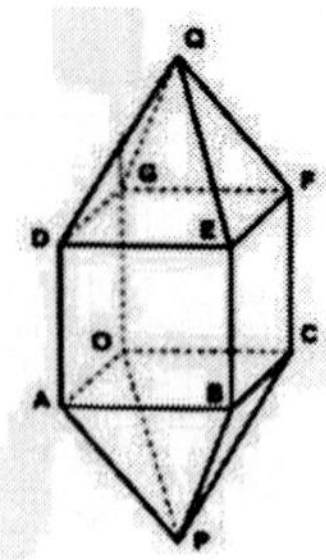

(A) 2 triângulos (B) 2 triângulos e 2 quadrados
(C) 4 triângulos (D) 4 triângulos e 2 quadrados

915) CFN – Um foguete é lançado de uma rampa situada no solo, sob um ângulo de 30°. A que altura encontra-se esse foguete após percorrer 8 km?
Dados: tg 30° = 0,577; cos 30° = 0,866 e sen 30° = 0,500.

(A) 2,5 km (B) 3,15 km (C) 4,60 km (D) 5,00 km (E) 5,45 km

916) CMM – Considere o polígono regular cujos vértices são os pontos médios dos lados AD, AE, EF, FG, CG e CD do cubo da figura abaixo. Sabendo-se que a aresta do cubo mede 6 cm, o perímetro do polígono, em centímetros, é:

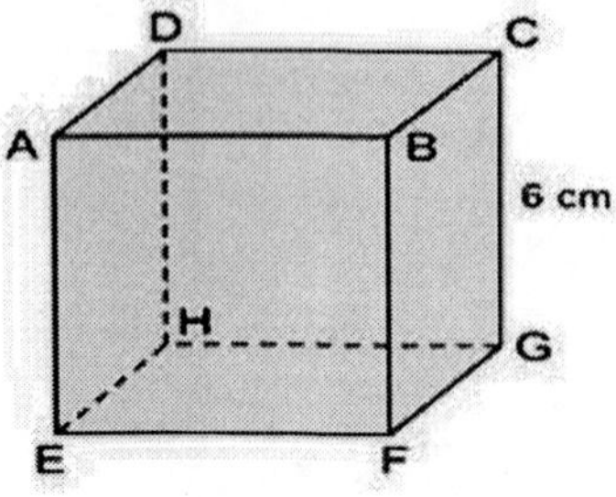

(A) $21\sqrt{2}$ (B) $24\sqrt{2}$ (C) $15\sqrt{2}$
(D) $20\sqrt{2}$ (E) $18\sqrt{2}$

917) CMBH – Os ângulos α e β são complementares, com sen α = 0,8.

O valor de $y=\sqrt{\dfrac{sen\alpha.\cos\beta-\dfrac{tg\beta}{5}}{tg^2\alpha-3.sen\beta+5\cos^2\alpha}}$ para 0° < α < 90° é

(A) 0,254 (B) 0,342 (C) 0,435 (D) 0,525 (E) 0,618

918) CMBH – A estátua do Cristo Redentor, na cidade do Rio de Janeiro, possui 38m de altura. Para pintar 19 réplicas semelhantes à original e com um metro de altura é necessário um galão de tinta. Identifique a alternativa que apresenta a quantidade de galões necessários para pintar a estátua original do Cristo Redentor.

(A) 20 (B) 50 (C) 76 (D) 80 (E) 100

919) CMM – Uma antena retransmissora de rádio, perpendicular ao plano do solo, é sustentada por três cabos de aço que ligam o topo da antena ao solo, em pontos que estão a 15 m do pé da antena, conforme mostra a figura abaixo. Foram gastos 117 m de cabo de aço para sustentar a antena. Desse modo, a altura da antena é igual a:

(A) 36 m (B) 38 m (C) 40 m (D) 42 m (E) 46 m

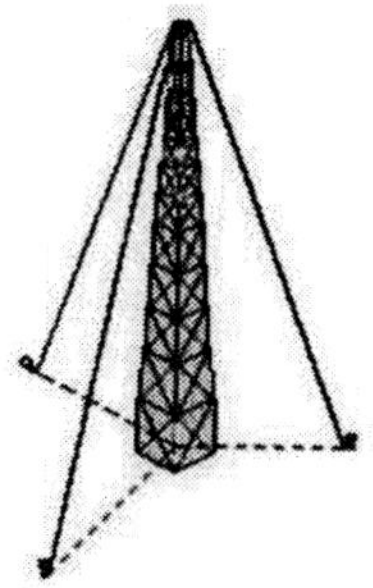

920) CMB – No triângulo ABC abaixo, **a** é a base, **x** é a altura relativa a esta base e $\mathbf{y}^{1/2}$ é o lado oposto ao ângulo de 45°. Se a + x = 4, então o valor mínimo de y é:

(A) 16 (B) 16/5 (C) 4/5
(D) $4\sqrt{5}$ (E) $16\sqrt{5}$

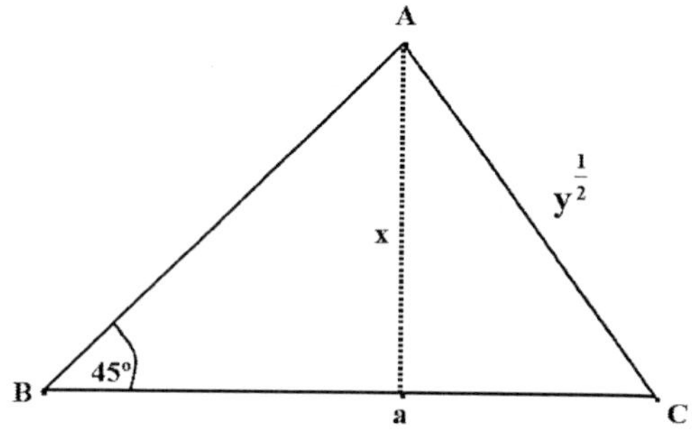

Teste 93

921) IFRS – Um avião voa, numa altura h constante, se afastando de um observador parado. Sendo θ o ângulo formado pelo chão e a reta que passa pelo avião e pelo observador (considere que o avião e o observador são representados por pontos, ou seja, não tem altura, largura e profundidade), a distância entre o observador e o ponto do solo mais próximo do avião pode ser expressa por

(A) $\dfrac{h}{sen(\theta)}$ (B) $\dfrac{h}{\cos(\theta)}$ (C) $h\dfrac{sen(\theta)}{\cos(\theta)}$

(D) $(h+1)\left(\sqrt{-1+\dfrac{1}{sen^2\theta}}\right)$ (E) $h\left(\sqrt{-1+\dfrac{1}{sen^2\theta}}\right)$

922) IFGO – Considere um triângulo retângulo com um cateto medindo $\sqrt{3}$ cm e o cosseno do ângulo adjacente a ele valendo $\dfrac{\sqrt{3}}{2}$. Sendo assim, as medidas do outro cateto e da hipotenusa valem, respectivamente,

(A) 1 cm e 2 cm (B) 2 cm e 3 cm (C) 3 cm e 4 cm (D) 4 cm e 5 cm (E) 5 cm e 6 cm

922) CMS – O polígono AEBFCGDH na figura abaixo tem lados medindo 1 cm e ângulo $\alpha = 120°$. Assim, podemos dizer que a área interior ao quadrilátero ABCD e exterior ao polígono AEBFCGDH é, em cm^2:

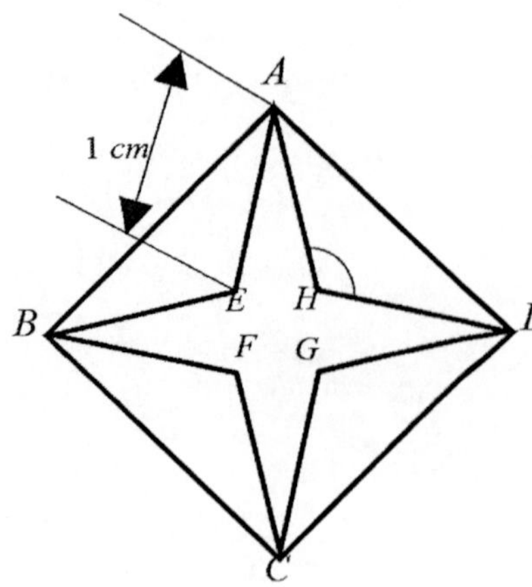

(A) $\sqrt{3}$ (B) $3+\sqrt{3}$ (C) $\dfrac{\sqrt{6}}{2}$

(D) $\dfrac{\sqrt{3}}{2}$ (E) $\dfrac{\sqrt{2}}{2}$

923) ETAM – Duas das dimensões do paralelepípedo reto retângulo a seguir medem 4 cm e 6 cm. Se a diagonal PQ mede $2\sqrt{14}$ cm, o volume desse sólido, em cm^3, é:

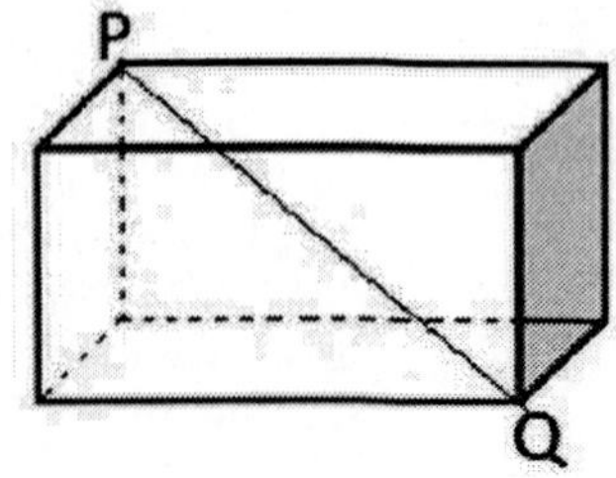

(A) 42 (B) 48 (C) 54 (D) 58

924) IFES – Sejam A e B ângulos suplementares. Sabendo que B é a terça parte de A, determine o seno do ângulo 10B.

(A) -1 (B) $-\dfrac{\sqrt{2}}{2}$ (C) 0 (D) $\dfrac{\sqrt{2}}{2}$ (E) 1

925) EAM – Considere a figura abaixo. Considerando que os triângulos BDA e BCA apresentados acima são, respectivamente, retângulos em D e C, calcule o valor de x em função do lado c e assinale a opção correta.

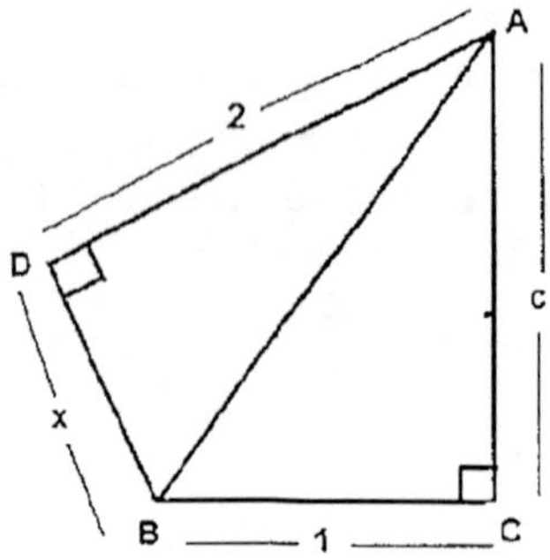

(A) $\sqrt{c^3-2}$ (B) $\sqrt{c^2-1}$ (C) $\sqrt{c^2+5}$

(D) $\sqrt{c-3}$ (E) $\sqrt{c^2-3}$

926) CMBH – Tendo como referência o paralelepípedo retangular ABCDEFGH abaixo apresentado, assinale a alternativa correta.

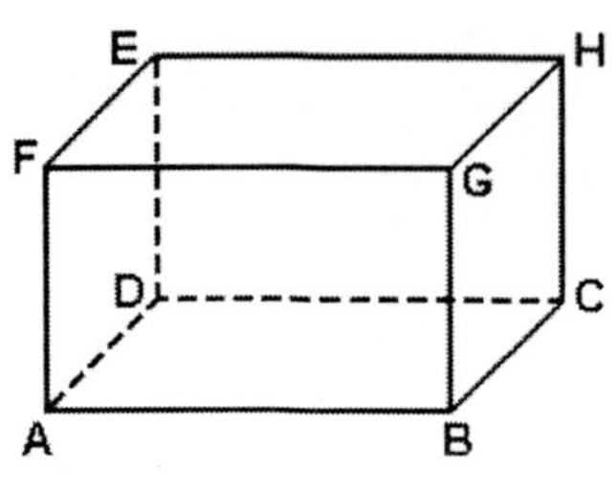

(A) As retas AD e GH são reversas.
(B) As retas AH e DC são coplanares.
(C) As retas EC e BC são perpendiculares.
(D) As retas AB e GH são coplanares.
(E) As retas FB e DH não são reversas.

927) CMBH – A base de um monumento foi exposta no centro de uma praça. Determine a altura total **b** da base do monumento.

(A) 36 cm (B) 34 cm (C) 32 cm
(D) 29 cm (E) 24 cm

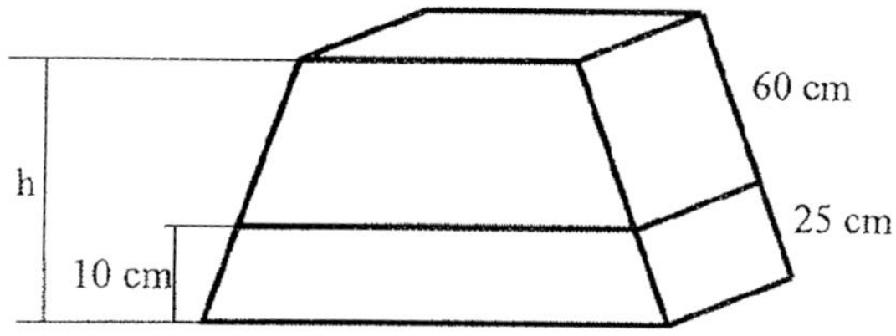

928) CMM – Dado um cilindro circular reto de altura 24 cm e raio da base 1 dm, faz-se um corte longitudinal no cilindro com um diedro de 60°, de acordo com a figura 2, gerando o sólido da figura 1. Sabendo-se que os pontos A, B, C, A', B' e C' pertencem ao sólido formado, a área da superfície BB'C'C, contida na face lateral do sólido, em cm^2, é igual a

(A) 16π (B) $40\sqrt{3}\pi$ (C) 80π
(D) $90\sqrt{3}\pi$ (E) 160π

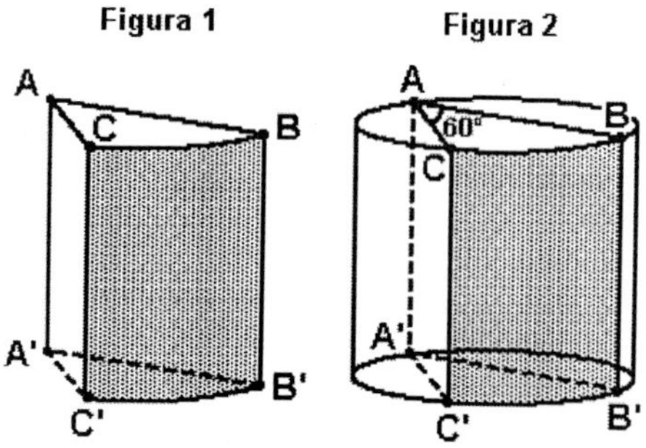

929) CMR – Pedrinho dobrou uma folha de papel retangular, de modo a obter os retângulos ACFD e CBEF, congruentes entre si, localizados em dois espaços que formam entre si um ângulo de 60°, de acordo com a figura a seguir. Sabendo que o segmento AF tem duas unidades a mais que o segmento AD e que este por sua vez tem duas unidades a mais que o segmento AC, pode-se afirmar que o cosseno do ângulo $E\hat{A}F$ é:

(A) 0,74 (B) 0,82 (C) 0,84 (D) 0,36 (E) 0,45

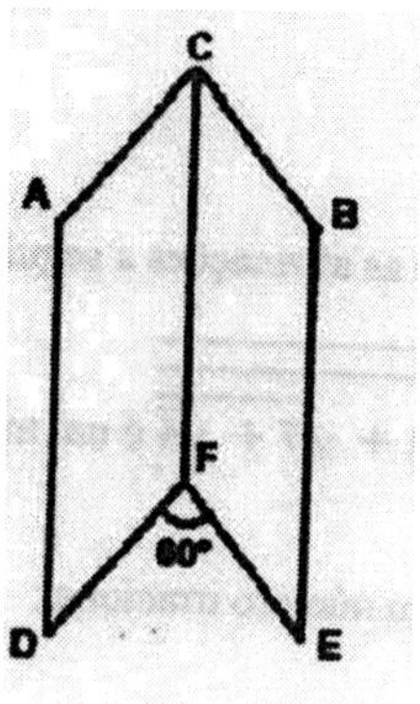

930) CMB – Numa pista triangular, como mostra a figura, as equipes Alfa e Bravo partem para uma caminhada a partir do ponto A, ambas com a mesma velocidade: a equipe Alfa em direção a C, que forma um ângulo de 60° com o lado AB, e a equipe Bravo, em direção a B. Sabendo que as equipes irão encontrar-se sobre o lado BC, pode-se afirmar que a equipe Bravo encontrará a equipe Alfa após ter percorrido sobre este lado, aproximadamente:

(A) 500 m (B) 2500 m (C) 2600 m
(D) 1300 m (E) 1000 m

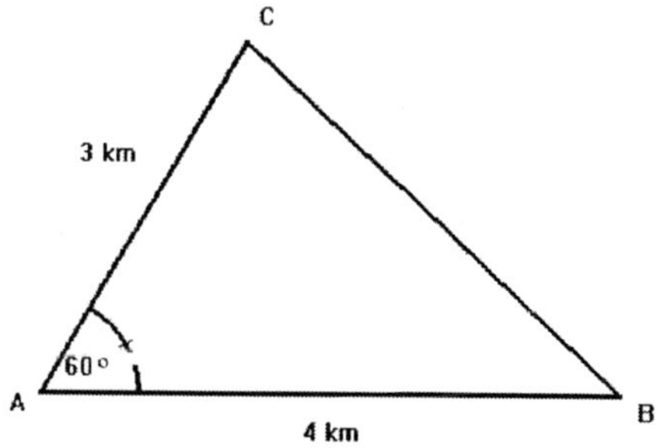

Teste 94

931) IFRS – A figura abaixo apresenta o modelo de uma tesoura pré-fabricada, estrutura utilizada para cobertura de galpões e outras construções. Neste caso, temos a base BC = 6m e a altura AM = $\sqrt{3}$ m. Se os triângulos ABC e NBM são isósceles, então sen(α) é

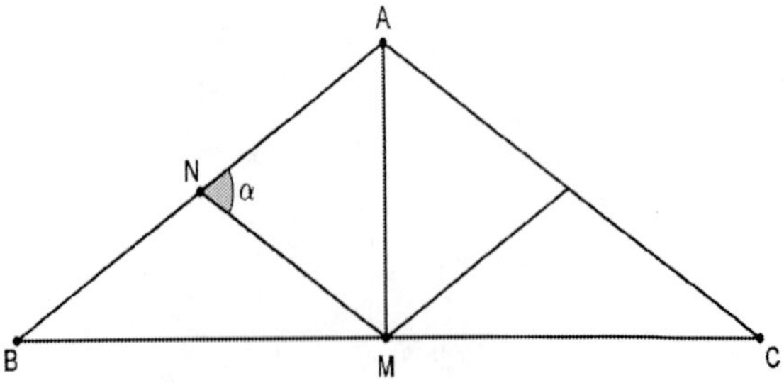

(A) $\frac{1}{2}$ (B) $\frac{\sqrt{3}}{3}$ (C) $\frac{\sqrt{2}}{2}$ (D) $\frac{\sqrt{3}}{2}$ (E) 1

932) ETAM – Admita que, no interior de uma caixa cúbica, seja colocada uma divisória retangular ABCD, como mostra a figura abaixo. Se os pontos A, B, C e D são vértices da caixa e a área da divisória, em dm^2, mede $4\sqrt{2}$, o volume dessa caixa, em dm^3, é igual a:

(A) 64 (B) 32 (C) 8 (D) 4

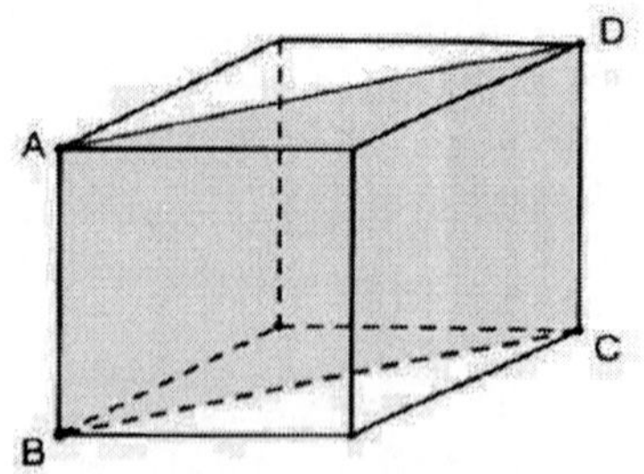

933) IFES – Se **cos(x) = 1/3**, e x ∈ [0, π/2], então a alternativa que indica sen(x) é

(A) 0,94 (B) 0,666... (C) 0,47 (D) 0,57666... (E) 0,8131

934) IFAL – Considere um triângulo retângulo, cujos ângulos agudos α e β satisfazem à condição cos(α) = 0,8 e cos(β) = 0,6. Determine a área desse triângulo, em cm^2, sabendo que o comprimento da hipotenusa é 5 cm.

(A) 4.5 (B) 6 (C) 7,5 (D) 8 (E) 10

935) EAM – Sendo x real tal que $sen(x) = \frac{m-1}{2}$ e $\cos(x) = \frac{m+1}{2}$, determine o conjunto dos valores de **m** e assinale a opção correta.

(A) {$-\sqrt{2}$, $+\sqrt{2}$} (B) {−1, +1} (C) {−2, +2} (D) ℝ (E) ∅

936) CMBH – A figura abaixo é um prisma regular hexagonal. Sobre esse sólido é incorreto afirmar:

(A) Possui 12 vértices.
(B) A reta suporte do segmento EL é paralela à reta suporte do segmento DJ.
(C) A reta suporte do segmento FM é reversa à reta suporte do segmento FE.
(D) Possui 8 faces.
(E) A interseção do plano que contém o retângulo FELM com o plano que contém o hexágono ABCDEF é a reta suporte do segmento FE.

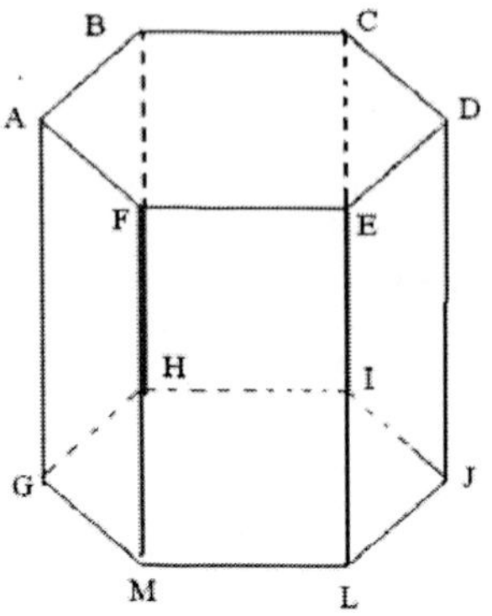

937) CMM – O galpão representado na figura foi inteiramente construído de um único material, vendido com placas. Desprezando a espessura da placa, o volume do galpão é

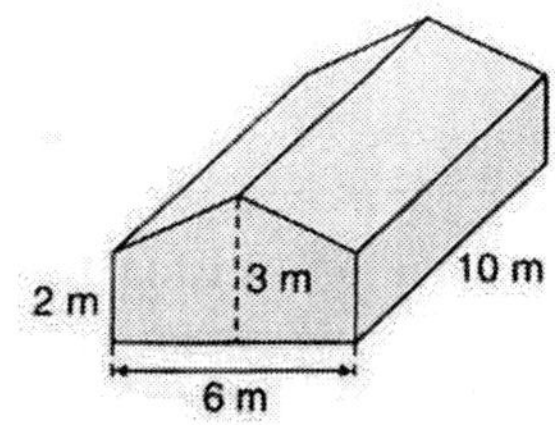

(A) 150 m^3 (B) 120 m^3 (C) 135 m^3
(D) 130 m^3 (E) 125 m^3

938) CMSM – Joaquim está projetando usar parte do seu quintal para o plantio orgânico de hortaliças. Ele possui duas lonas que, quando estendidas, visam proteger a plantação durante o inverno, conforme ilustra a figura abaixo. As lonas têm formato quadrangular. A primeira delas de lado x unidades de comprimento, e a segunda de lado y unidades de comprimento. Fazendo uso das duas lonas, tem-se que $x^2 + y^2 = 25$ e $x + y = 7$.

Dessa forma, pode-se afirmar que, desprezado as unidades de medidas, o produto de x por y é igual a:

(A) 10 (B) 12 (C) 24 (D) 26 (E) 32

939) CMRJ – A figura abaixo mostra uma rampa de acesso que foi construída adjacente a uma escada existente em uma das entradas de um prédio em uma escola. A rampa foi construída dentro das normas que regulam a inclinação de rampas para pessoas com necessidades especiais (cadeirantes e pessoas com mobilidade limitada).

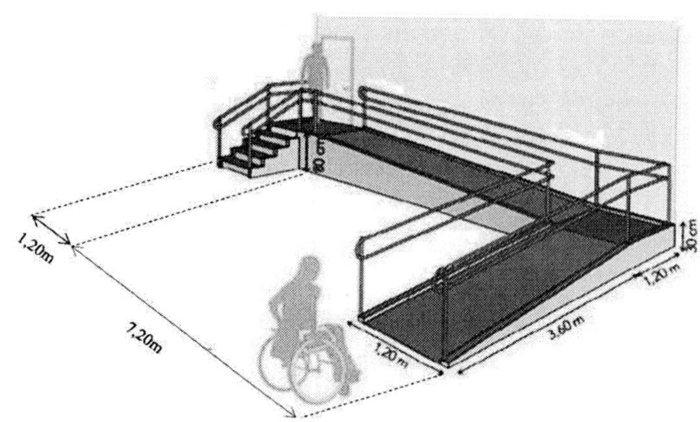

Para que a rampa fique dentro das normas são necessários mais alguns ajustes, como por exemplo a sinalização com piso tátil para deficientes visuais, em toda a sua extensão até a frente da porta. O custo do piso tátil instalado, de 1,20 m de largura é 150 reais por metro. Para sinalizar a rampa, a escola gastará, aproximadamente

(A) 1780 reais (B) 1785 reais (C) 1790 reais (D) 1795 reais (E) 1805 reais

940) CMB – Calcule o valor da área hachurada em cm^2, considerando que a circunferência maior trem o raio R = 1 cm e as quatro circunferências menores são tangentes entre si e de raio r.

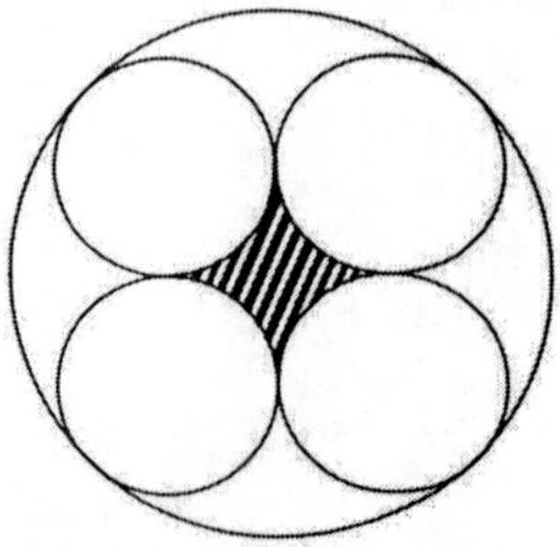

(A) $(\sqrt{2}-1)(2+\pi)$ (B) 4π (C) $(3-2\sqrt{2})(4-\pi)$

(D) $\frac{\pi}{4}$ (E) $(\pi+2\sqrt{2})$

Teste 95

941) ETAM – O resultado de 2.cos(45°).tg(30°).tg(60°) é:

(A) 0,5 (B) $\sqrt{2}$ (C) $\sqrt{3}$ (D) $2\sqrt{2}$

942) IFAL – Na figura abaixo, a parte hachurada representa a vista ortogonal da pérgola de uma piscina. Sua área em cm^2 é:

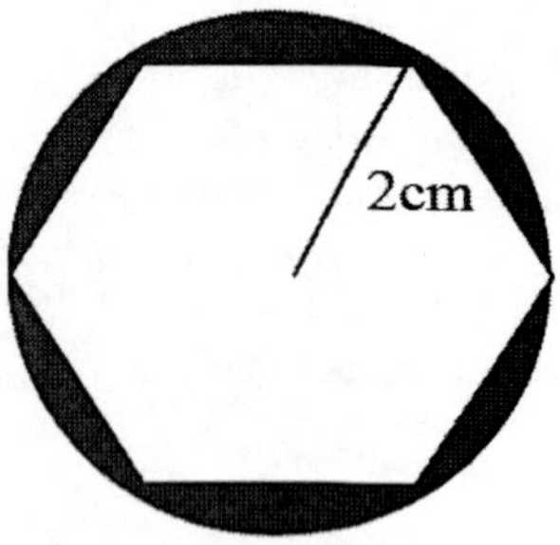

(A) $2(2\pi-3\sqrt{3})$

(B) $3(\pi-2\sqrt{3})$

(C) $4(\pi-\sqrt{3})$

(D) $2(2\pi-\sqrt{3})$

(E) $3(2\pi-\sqrt{3})$

943) IFCE – No triângulo ABC, os ângulos internos nos vértices A e B medem 75° e 60°, respectivamente. Sabendo-se que a medida de AB é $4\sqrt{3}$ cm, conclui-se corretamente que a medida do lado AC é

(A) $5\sqrt{3}$ cm (B) $5\sqrt{2}$ cm (C) $6\sqrt{2}$ cm (D) $3\sqrt{3}$ cm (E) $2\sqrt{3}$ cm

944) IFPI – Dada a figura abaixo, o valor da área do triangulo hachurado é:

(A) ab/8 (B) ab/4 (C) ab/6 (D) ab/2 (E) ab/10

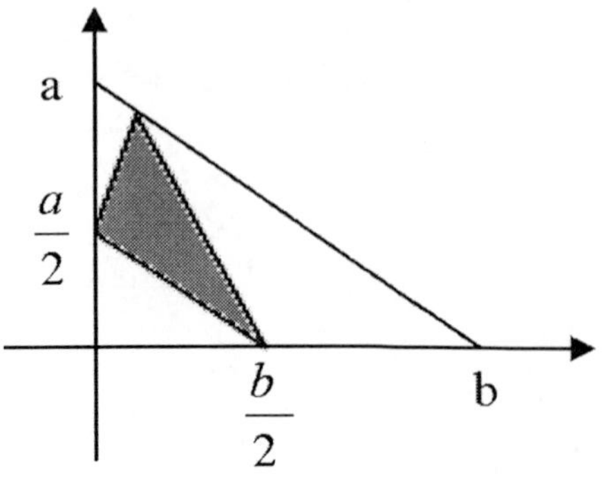

945) EAM – Os lados de um triângulo medem 30 cm, 70 cm e 80 cm. Ao traçarmos a altura desse triângulo em relação ao maior lado, dividiremos esse lado em dois segmentos. Sendo assim, calcule o valor do menor segmento em centímetros e assinale a opção correta.

(A) 15 (B) 14 (C) 13 (D) 12 (E) 11

946) CMSM – Euclides de Alexandria que viveu durante os anos de 330 e 270 A.C. é autor do texto matemático mais bem sucedido de todos os tempos, *Os Elementos*. Um dos postulados contido nessa obra afirma que: *"Por um ponto fora de uma reta existe uma única paralela à reta dada."* Riemann, um matemático alemão do século XIX, transformou o plano euclidiano em uma superfície esférica de centro O, onde as retas são circunferências máximas, ou seja, circunferências com centro também em O, como mostra a figura abaixo.

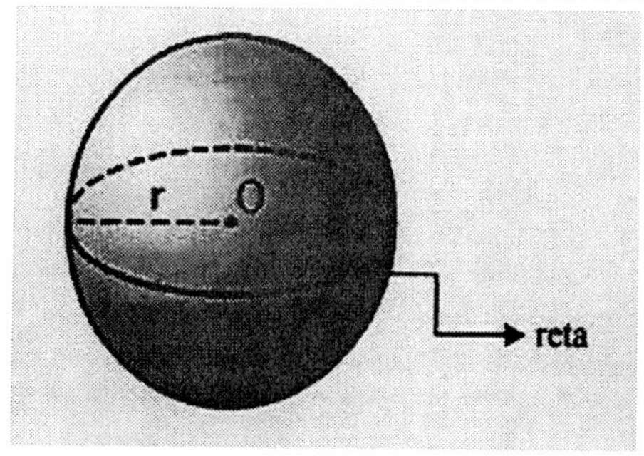

Como ficaria este postulado na geometria de Riemann:

(A) Por um ponto fora de uma reta não existe qualquer reta paralela à reta dada.
(B) Por um ponto fora de uma reta existe uma reta paralela à reta dada.
(C) Por um ponto fora de uma reta existem infinitas retas paralelas à reta dada.
(D) Há infinitos pontos pertencentes a uma reta e finitos não pertencentes.
(E) Dois pontos determinam um triângulo.

947) CMB – Duas retas concorrentes r e s se interceptam num ponto P. Os pontos A e B, pertencentes às retas r e s, respectivamente, são os pontos que tangenciam uma circunferência α. Um ponto Q está localizado sobre α e forma com os pontos A e B, o ângulo agudo $A\hat{Q}B$. Se a medida $A\hat{P}B = 50°$, qual a medida do ângulo $A\hat{Q}B$?

(A) 50° (B) 55° (C) 65° (D) 130° (E) 260°

948) CMBH – Observe a figura. O valor de **x** é:

(A) 40° (B) 50° (C) 60° (D) 70° (E) 80°

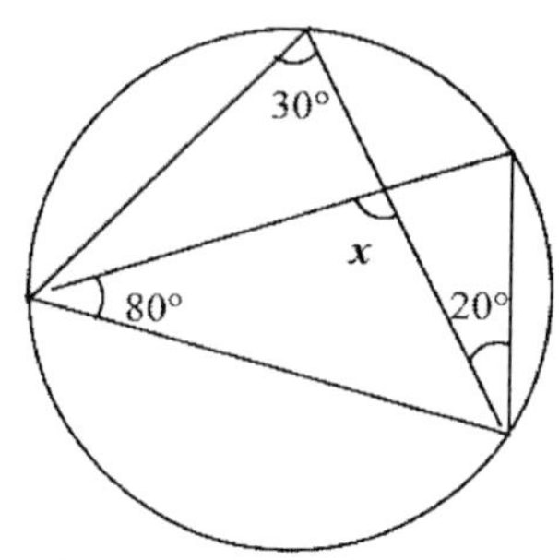

949) CMF – Na figura, os segmentos AB e CD são, respectivamente, os lados de um quadrado e de um hexágono regular inscritos na circunferência de centro no ponto O e raio igual a 1 (um). As retas r e s são paralelas. Então, a distância entre as retas r e s é:

(A) $\frac{\sqrt{3}+\sqrt{2}}{2}$ (B) $\frac{\sqrt{3}-\sqrt{2}}{2}$

(C) $\sqrt{3}+\sqrt{2}$ (D) $\frac{\sqrt{5}+1}{2}$

(E) $\frac{\sqrt{2}-1}{2}$

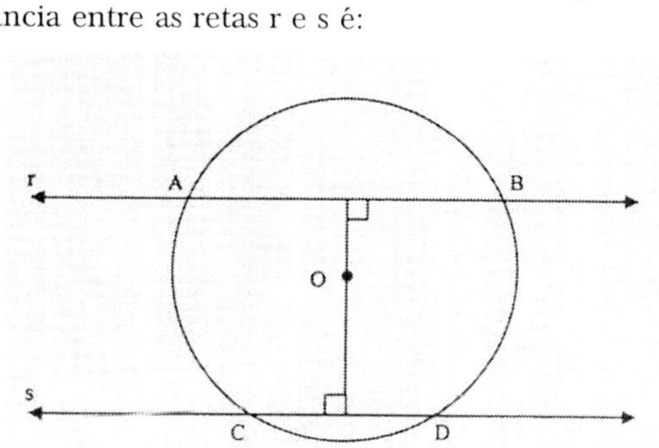

950) CMJF – No triângulo RPQ, representado na figura abaixo, o lado PQ mede 10 cm. A área desse triângulo mede, em cm^2:

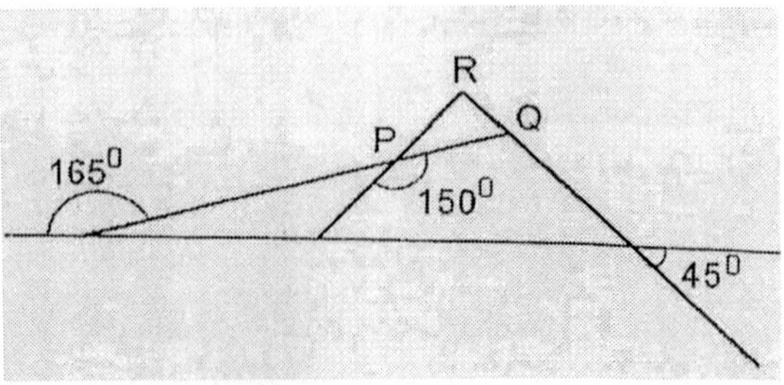

(A) $35\frac{\sqrt{2}}{2}$ (B) $15\sqrt{2}$ (C) $12\sqrt{3}$

(D) $25\frac{\sqrt{3}}{2}$

Teste 96

951) ETAM – Em relação às relações trigonométricas, avalie se são falsas (F) ou verdadeiras (V) as afirmativas a seguir:

I. $sen(65°) < sen(75°)$

II. $cos(38°) > cos(56°)$

III. $tg(6°) > tg(88°)$

As afirmativas I, II e III são respectivamente

(A) V, V, V (B) V, F, V (C) F, F, F (D) F, F, V (E) V, V, F

952) IFAL – Ao soltar uma pipa, um garoto libera 90 m e linha. Supondo que a linha fique esticada e forme um ângulo de 30° com a horizontal. A que altura a pipa se encontra do solo?

(A) $45\,m$ (B) $45\sqrt{3}\,m$ (C) $30\sqrt{3}\,m$ (D) $45\sqrt{2}\,m$ (E) $30\,m$

953) IFPI – Na figura a seguir, qual é o valor de x, tal que $tg(\theta) = 3$ e $sen(\beta) = 3/5$?

(A) 20 (B) 20/3 (C) 15/2 (D) 24 (E) 18

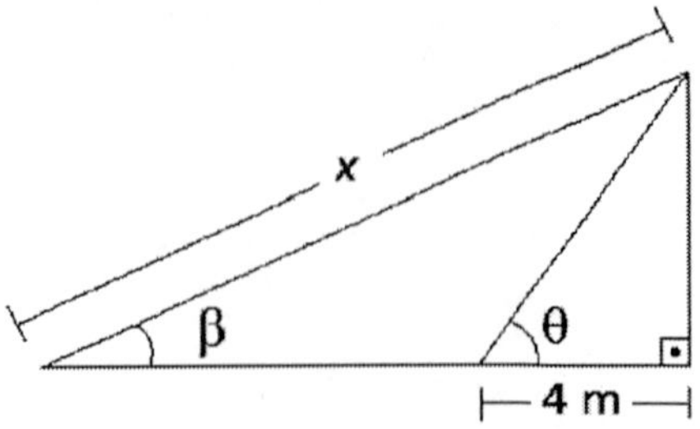

954) IFAM – A medida AM, em cm, no triângulo retângulo abaixo é:

(Dados: $sen(30°) = 1/2$, $cos(30°) = \frac{\sqrt{3}}{2}$, $tg(30°) = \frac{\sqrt{3}}{3}$)

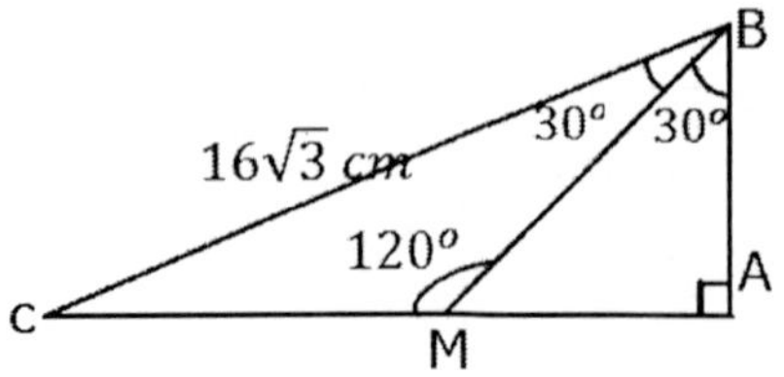

(A) 8 (B) $9\sqrt{3}$ (C) 12 (D) $12\sqrt{3}$ (E) 16

955) EAM – Considere o triângulo ABC, isósceles, de lados AB=AC. Seja o ponto D, sobre o lado BC, de forma que o ângulo BAD é 30°. Seja E o ponto sobre o lado AC, tal que o ângulo EDC vale x graus. Tendo em vista que os segmentos AD e AE têm as mesmas medidas, é correto afirmar que o valor da quarta parte de x é:

(A) 3° (B) 3° 20’ (C) 3° 30’ (D) 3° 35’ (E) 3° 45’

956) CMBH – Um holofote está situado no ponto A, a 40m de altura, no alto de um poste, perpendicularmente ao plano do chão. Ele ilumina uma parte do chão (de C a D) com os alinhamentos mostrados na figura. Assim, cos(α) vale:

(A) –2/5 (B) –1/4 (C) –1/2 (D) –3/4 (E) –3/5

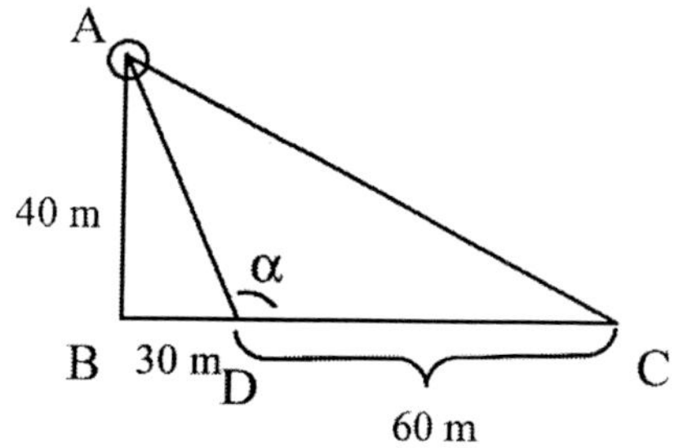

957) CMB – Tem-se um quadrado ABCD, cuja área mede 144 cm². Deve-se marcar os pontos P e Q sobre os lados BC e CD, respectivamente, de tal modo que $\frac{PC}{PB}=\frac{CQ}{QD}=\frac{1}{2}$. Deve-se unir o ponto A aos pontos P e Q. Determinar a área do quadrilátero APCQ.

(A) 144 cm² (B) 128 cm² (C) 96 cm² (D) 72 cm² (E) 48 cm²

958) CMF – Considerando-se a figura abaixo, podemos concluir que a medida (AB + CD), em centímetros, é de:

(A) 8 (B) 5 (C) $\sqrt{19}$

(D) $2+\sqrt{5}$ (E) $5+\sqrt{2}$

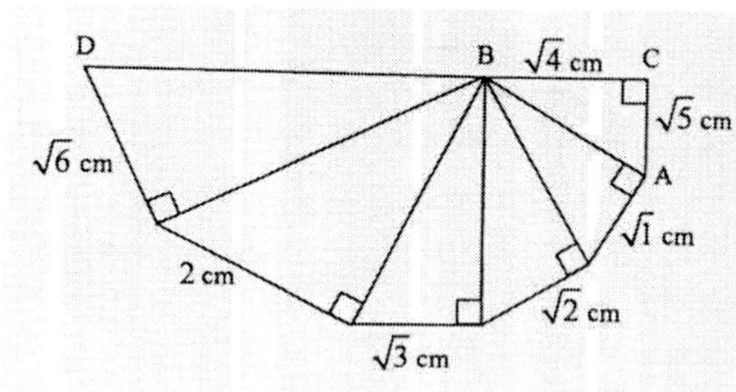

959) CMJF – No quadrilátero abaixo, BC = CD = 3 cm, AB = 2 cm, $A\hat{D}C=60°$ e $A\hat{B}C=90°$. A medida, em cm, do perímetro do quadrilátero é

(A) 11 (B) 12 (C) 13 (D) 14

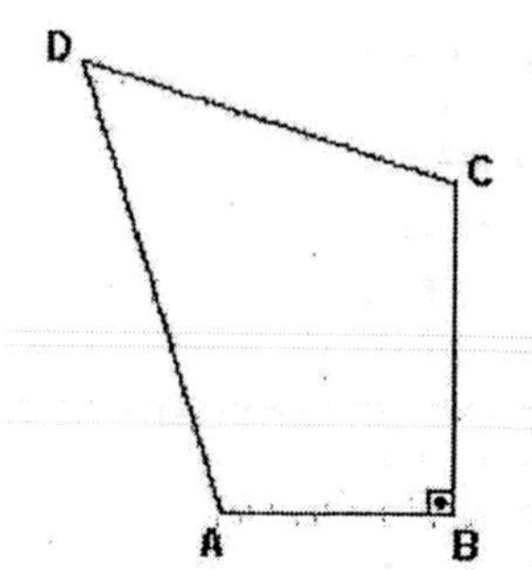

960) CMM – Um triângulo retângulo está circunscrito a uma circunferência de diâmetro d e inscrito em outra de diâmetro D. O perímetro do triângulo vale:

(A) d+D (B) 2d+D (C) d+2D (D) 3/(2d+2D) (E) 2(d+D)

Teste 97

961) ETAM – Sabendo que sen(b) = 0,8 e sen(a) = 0,6, pode-se afirmar que sen(2b+a) vale:

(A) 0,6 (B) 0,628 (C) 1,4 (D) 1,656

962) IFMT – Na figura abaixo, determine o valor da altura h do prédio, em metros, usando os dados fornecidos:

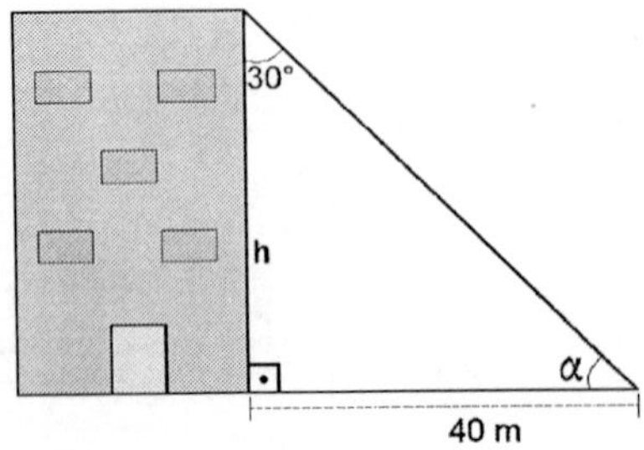

$$\begin{cases} \text{sen } 30° = \frac{1}{2} & \text{sen } 60° = \frac{\sqrt{3}}{2} \\ \cos 30° = \frac{\sqrt{3}}{2} & \cos 60° = \frac{1}{2} \\ \text{tg } 30° = \frac{\sqrt{3}}{3} & \text{tg } 60° = \sqrt{3} \end{cases}$$

(A) 40 (B) 60
(C) $40\sqrt{3}$ (D) $60\sqrt{3}$
(E) $30\sqrt{3}$

963) IFPA – O professor levou seus alunos a um canteiro de obras e mostrou-lhes um bloco de concreto no formato retangular ABCDEFGH, representado pela figura ao lado, que tem as arestas que medem 3 cm, 4 cm e 6 cm. A medida da diagonal FC do bloco de concreto, em cm, é

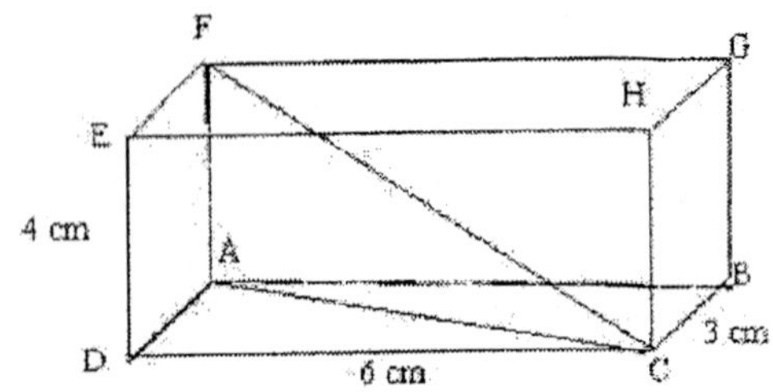

(A) 3 (B) 5 (C) $4\sqrt{6}$
(D) $2\sqrt{13}$ (E) $\sqrt{61}$

964) EAM – Em um triângulo retângulo ABC, o ângulo interno em A é o dobro do ângulo interno em B. Sabendo que o ângulo interno em C é o triplo do ângulo interno em A, o menor ângulo interno deste triângulo é

(A) 30° (B) 25° (C) 20° (D) 15° (E) 10°

965) EAM – Uma escada de 10 metros de comprimento forma ângulo de 60° com a horizontal quando encostada ao edifício de um dos lados da rua, e ângulo de 45° se for encostada ao edifício do outro lado, apoiada no mesmo ponto do chão. A largura da rua, em metros, vale aproximadamente

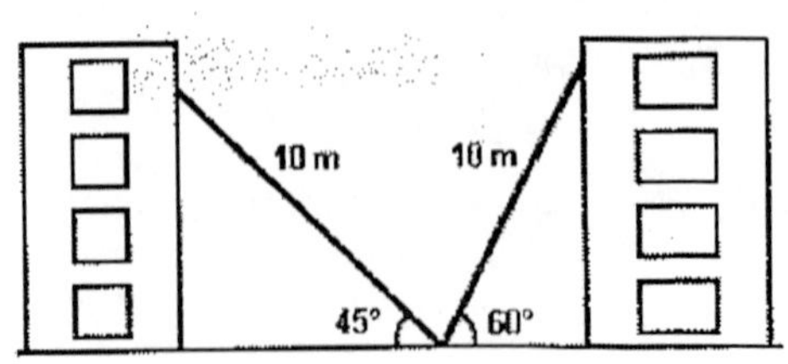

(A) 15 (B) 14 (C) 13 (D) 12 (E) 11

966) CMB – Em uma semicircunferência de diâmetro GH, centro C e raio 2 cm, inscreve-se um triângulo equilátero CMB. Seja F o ponto onde a bissetriz do ângulo BCM intercepta essa semicircunferência. Com base nessas informações, pode-se afirmar que o comprimento da corda FM, em centímetros, é igual a

(A) $2-\sqrt{3}$ (B) $2+\sqrt{3}$ (C) $\sqrt{2}+\sqrt{3}$ (D) $2\sqrt{2-\sqrt{3}}$ (E) $2\sqrt{2+\sqrt{3}}$

967) CMBH – Seja um triângulo retângulo ABC, retângulo em A, cuja hipotenusa mede 10 cm. Se o ângulo formado pela altura relativa à hipotenusa e pela bissetriz do ângulo reto é igual a 15°, então a medida do menor cateto desse triângulo é:

(A) 6 cm (B) 8 cm (C) 5 cm (D) 4 cm (E) $6\sqrt{3}$ cm

968) CMF – Dado o triângulo retângulo abaixo e sabendo que $\frac{sen(y)}{sen(x)} = \frac{\sqrt{3}}{3}$ e $\frac{\cos(y)}{sen(x)} = 1$, então a diferença entre as medidas de x e y é igual a:

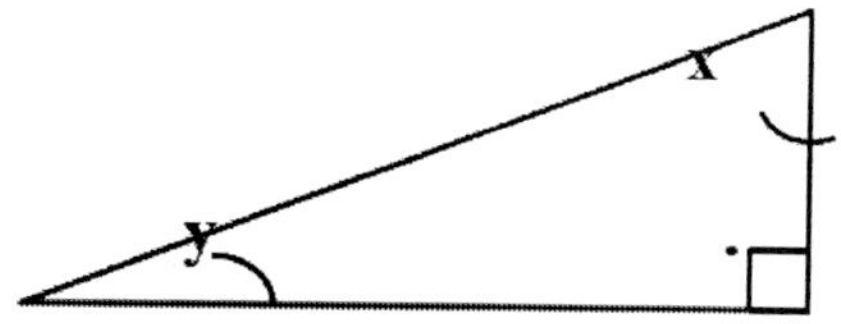

(A) 10° (B) 15° (C) 30° (D) 45° (E) 60°

969) CMJF – A figura ao lado representa um triângulo equilátero ABC de lado igual a 16 uc; MN, NP e PM são arcos de circunferência com centros, respectivamente, nos vértices A, B e C e de raio igual a 8 uc. Se a área da região sombreada é igual a F, calcule o valor numérico de K, em que $K = \frac{(F + 32\pi)}{\sqrt{3}}$.

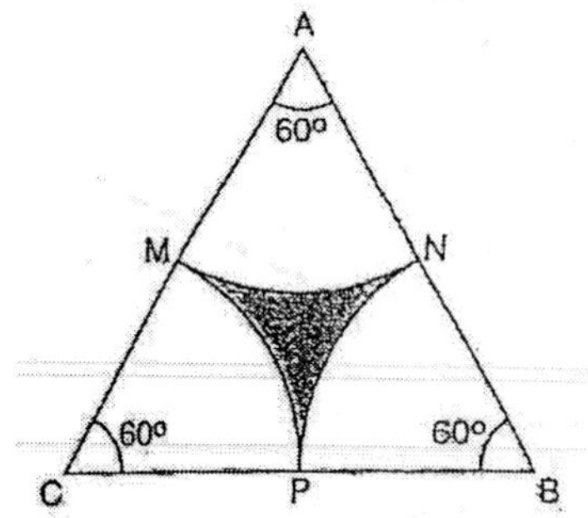

(A) 16 (B) 20 (C) 36 (D) 48 (E) 64

970) CMPA – A água utilizada na casa em um sítio é captada e bombeada do rio para uma caixa d'água a 50 m de distância. A casa está a 80 m de distância da caixa d'água e o ângulo formado pelas direções caixa d'água – bomba e caixa d'água – casa é de 60°. Pretende-se bombear água no mesmo ponto de captação até a casa. Sendo assim, tem-se que será necessária uma quantidade de metros de tubulação para a condução da água igual a

(A) 60 (B) 65 (C) 68 (D) 70 (E) 73

Teste 98

971) ETAM – O terreno que Maria adquiriu tem formato de um triângulo retângulo com as medidas indicadas na planta a seguir. O seno do ângulo α indicado na planta é igual a

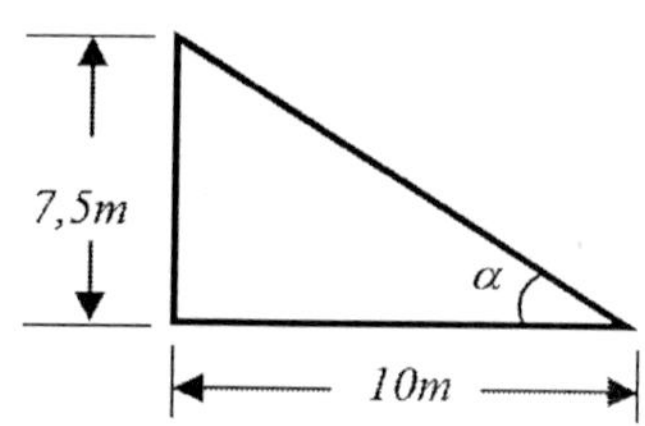

(A) 0,45 (B) 0,5 (C) 0,6 (D) 0,75

972) IFMT – Dois topógrafos estão na mesma margem de um rio, separados por uma distância de 64 m, um do outro. Um deles observa uma pedra, junto à outra margem, bem em frente ao seu companheiro. Com a ajuda de um teodolito, ele verifica que a linha perpendicular que une a pedra a seu colega forma um ângulo de 44° com a linha que mira o teodolito à pedra. Dentre as alternativas abaixo, qual é o número inteiro que mais se aproxima da largura do rio, em metros?

Dados: sen 44^0 = 0,69, cos 44^0 = 0,71 e tg 44^0 = 0,97.

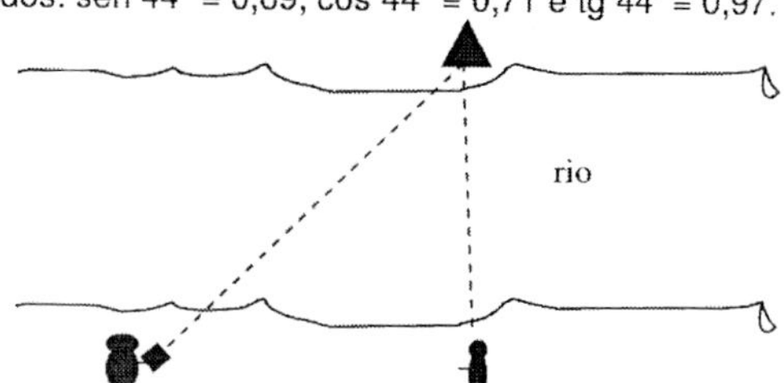

(A) 66 (B) 93 (C) 90 (D) 62 (E) 45

973) IFPA – Em uma pesquisa no laboratório de mecânica, os alunos observaram conjuntamente com seu professor como é interessante o movimento de um pêndulo, pois é periódico ou repetitivo. Em seguida, o professor representou esse movimento no gráfico ao lado.
A função que representa este gráfico é:

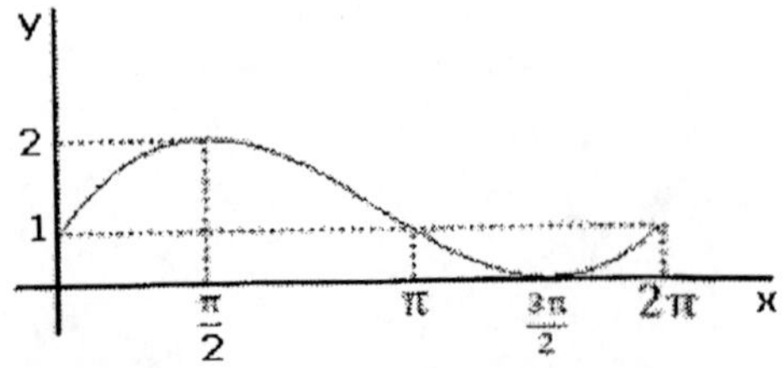

(A) y = 1 + cos(x) (B) y = –1 + cos(x)
(C) y = 1 + sen(x) (D) y = –1 + sen(x)
(E) y = 1 + tg(x)

974) IFMS – Uma bomba de água foi instalada na margem de um rio para levar água a duas caixas de água A e B conforme a figura abaixo. Qual a quantidade de cano necessária para ligar a bomba de água às duas caixas de água?

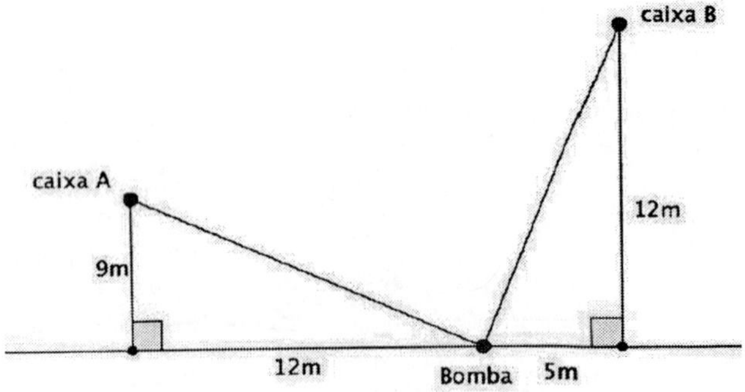

(A) 38 (B) 36 (C) 32
(D) 28 (E) 24

975) CMSM – Um trapézio isósceles circunscrito a um círculo tem perímetro igual a 20 cm, e a medida de uma das bases excede a outra em 6 cm. A área do círculo é:

(A) 10π cm^2 (B) 5π cm^2 (C) 8π cm^2 (D) 6π cm^2 (E) 4π cm^2

976) CMB – Num triângulo ABC, retângulo em A, o ângulo interno $\hat{B}$, formado entre a hipotenusa BC e o cateto AB, tem medida θ. Considerando que a medida da hipotenusa BC é 7 cm e do cateto AB é de 2 cm, podemos afirmar que a expressão

$$\sqrt{\frac{[\cos(\theta)+sen(\theta)]^2-2.sen(\theta).\cos(\theta)}{1-sen^2(\theta)}}$$ vale:

(A) 3,5 (B) 3,3 (C) 3,1 (D) 3,0 (E) 2,8

977) CMF – Na construção do galpão da figura abaixo, temos que CD = 2.AD, IE = 5.AD/4 e AE=BE. O valor de tg(α) é:

(A) 0,18 (B) 0,25 (C) 0,35
(D) 0,49 (E) 0,65

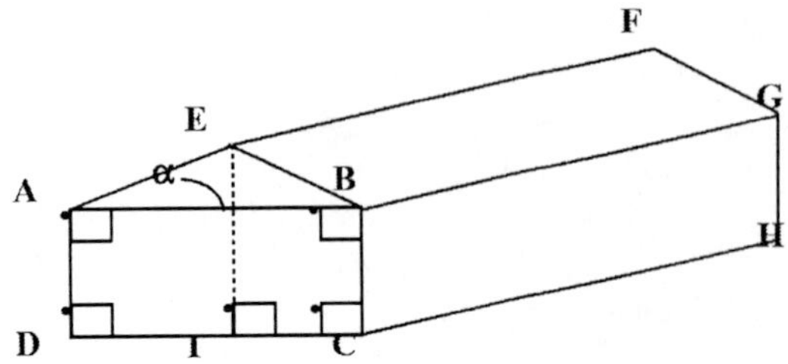

978) CMPA – Considere um pentágono regular convexo cujo lado mede 2008 m. Determinando, em metros, o comprimento de uma de suas diagonais, obtém-se $1+\sqrt{5}$ multiplicado por:

(A) 2008 (B) 2006 (C) 2004 (D) 1003 (E) 1004

979) CMS – Na figura abaixo, AD é a altura relativa ao lado BC, AB = 5m, BC = 10m e AC = 9 m. Assim, o valor de BD, em metros, é:

(A) 11/5 (B) 16/5 (C) 3,5 (D) 2,5 (E) 14/3

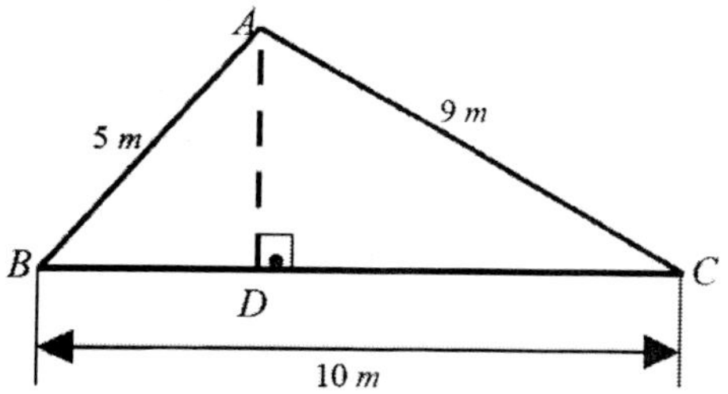

980) CMM – Considere um quadrado de lado a conforme a figura abaixo. A área sombreada da figura é igual a:

(A) $a^2(\pi-2)$ (B) $a^2(\pi-1)$ (C) $a^2\left(\frac{\pi}{2}-1\right)$

(D) $2a^2(\pi-1)$ (E) $2a^2(\pi-2)$

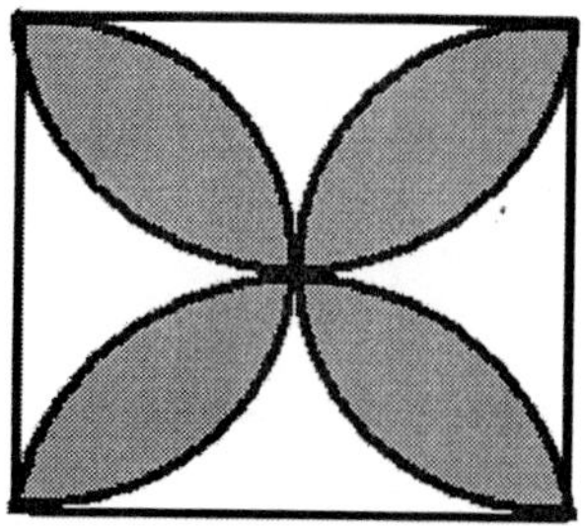

Teste 99

981) ETAM – Considere o cubo a seguir. O segmento de reta EB é paralelo ao seguinte segmento:

(A) AH (B) DG (C) CH (D) AF

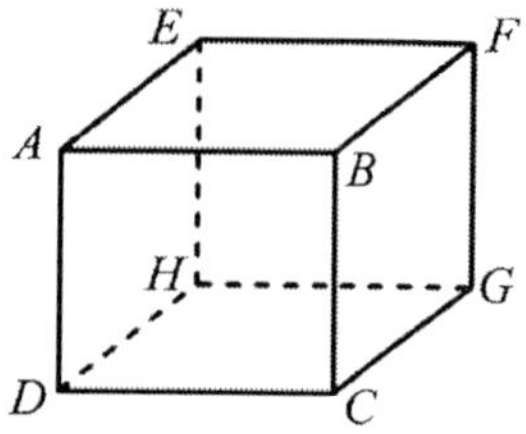

982) IFMT – Uma antena transmissora tem 72 m de altura e é sustentada por 3 cabos de aço que ligam o topo da antena ao solo, em pontos que estão a 30 m no pé da antena, como mostra a figura abaixo. Para sustentar a antena, aproximadamente, quantos metros de cabo foram necessários?

(A) 78 (B) 156 (C) 234 (D) 258 (E) 312

983) IFPA – Na figura, uma pirâmide está inscrita em um cubo. A base da pirâmide coincide com uma face do cubo, e o vértice da pirâmide é o centro da face superior do cubo. Sabendo que o volume da pirâmide é 6 m^3, determine o volume do cubo, em m^3.

(A) 9 (B) 12 (C) 15 (D) 18 (E) 21

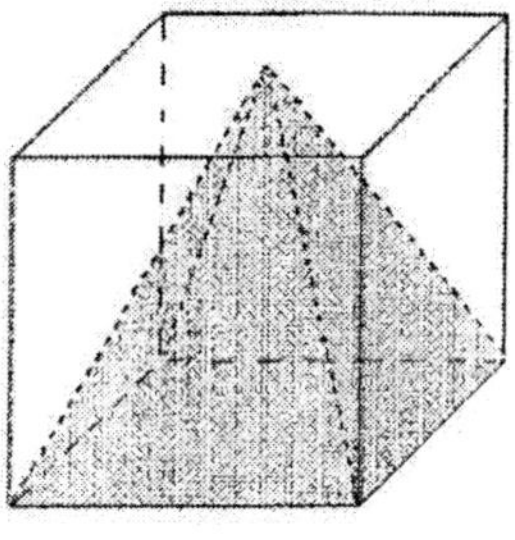

984) IFRR – A figura abaixo mostra um triângulo ABC, retângulo em A, com D pertencente ao lado AC e AD=3. Além disso, as retas BD e BC formam com a reta AC, ângulos agudos de medidas iguais a 60° e 30°, respectivamente. Se p e q são as áreas dos triângulos BCD e ABD, respectivamente, então, pode-se afirmar que:

(A) $p = 2{,}5q$ (B) $p = 2q$
(C) $p = \sqrt{2}.q$ (D) $p = \sqrt{2q}$ (E) $p = \sqrt{9q}$

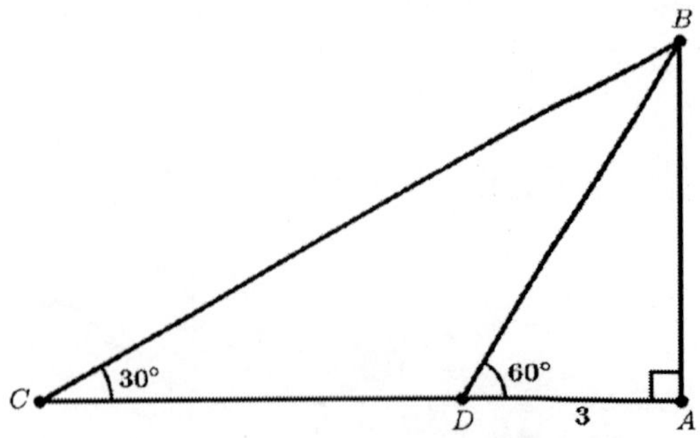

985) UERJ – O Tangram é um quebra-cabeça chinês que contém sete peças: um quadrado, um paralelogramo e cinco triângulos retângulos isósceles. Na figura, o quadrado ABCD é formado com as peças de um Tangram.
Observe os seguintes componentes da figura:
NP – lado do quadrado
AM – lado do paralelogramo
CDR e ADR – triângulos congruentes, bem como CNP e RST.
A razão entre a área do trapézio AMNP e a área do quadrado ABCD equivale a:

(A) 3/32 (B) 5/32 (C) 3/16 (D) 5/16

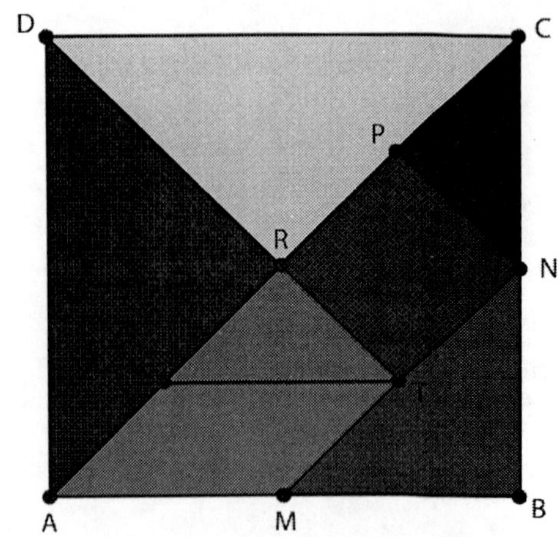

986) EAM – Considere a função f(x) = K.cos(x), onde K é uma constante real, diferente de zero, e x é o valor em graus. É correto afirmar que a razão entre f(60°) e f(45°) é igual a:

(A) $\frac{\sqrt{2}}{2}$ (B) $\frac{1}{2}$ (C) $\frac{\sqrt{3}}{2}$ (D) $\frac{\sqrt{2}}{3}$ (E) 2

987) CMF – O valor da expressão $\frac{\cos(20°)}{sen(70°)}$ equivale ao valor de:

(A) sen 45° (B) cos 45° (C) tg 30° (D) sen 60° (E) tg 45°

988) CMRJ – A figura a seguir é composta por duas retas AB e AC e três quadrados com um dos seus lados sobre a reta AC e um de seus vértices sobre a reta AB. Se as áreas dos quadrados menor e maior são iguais, respectivamente, a 36 cm^2 e 64 cm^2, então a área do quadrado intermediário é igual a

(A) 45 cm^2 (B) 45,5 cm^2 (C) 48 cm^2
(D) 48,5 cm^2 (E) 49 cm^2

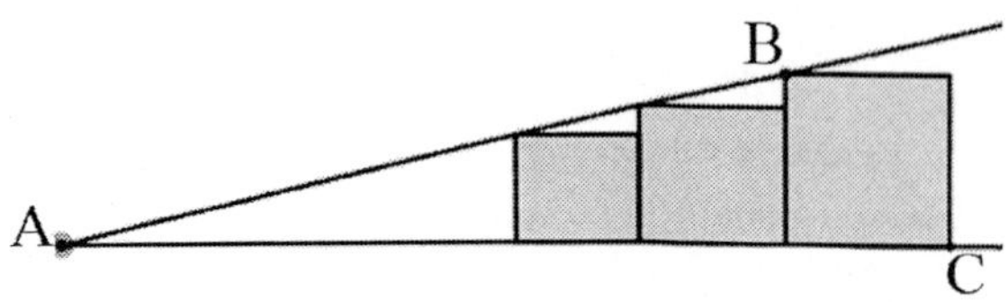

989) CMPA – Considere um triângulo equilátero ABC. Sobre o lado AB, marcamos o ponto P, tal que AP = PB. Sobre o lado AC, marcamos o ponto Q, tal que $A\hat{P}Q = 75°$. Sabendo que PQ = $\sqrt{6}$ cm, podemos afirmar que a área do triângulo ABC, em cm^2, é igual a

(A) 2 (B) $\sqrt{3}$ (C) 4 (D) $2\sqrt{6}$ (E) $4\sqrt{3}$

990) CMS – Uma formiga encontra-se no vértice A de uma caixa cúbica de 20 cm de aresta, conforme a figura abaixo. A menor distância que ela percorrerá até o vértice G, considerando que o seu percurso deve passar pelo ponto médio da aresta FB, será:

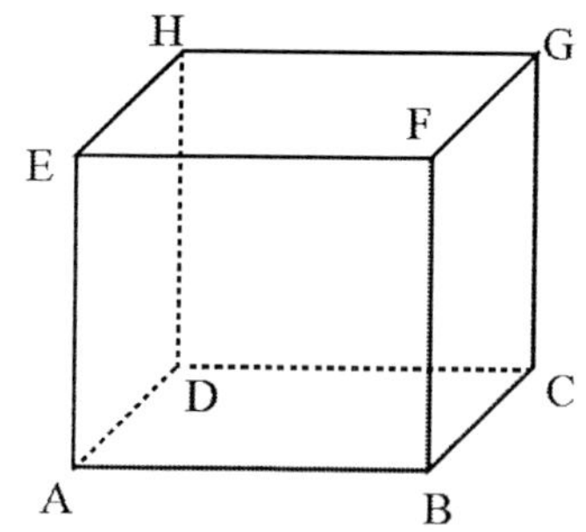

(A) $\sqrt[3]{20}$ cm (B) $20\sqrt{3}$ cm (C) $20(\sqrt{2}+1)$cm
(D) $20\sqrt{5}$ cm (E) 40 cm

Teste 100

991) CMJF – Na figura abaixo, são dados:
$A\hat{B}C = E\hat{D}C$, AB=6cm, BC=9cm, AC=12cm e DE=2,5cm.
Se os triângulos ABC e EDC são semelhantes, o perímetro do triângulo EDC, em centímetros, é:

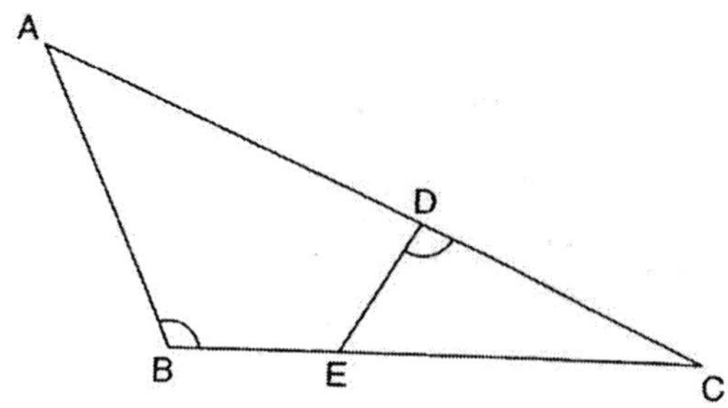

(A) 11,25 (B) 11,50
(C) 12,75 (D) 13,05

992) IFSP – A tirolesa é uma atividade esportiva de aventura, originária da região do Tirol, na Áustria. O equipamento utilizado nessa atividade consiste em um cabo aéreo ancorado em dois pontos, pelo qual o praticante desliza preso a esse cabo. Tal atividade permite ao praticante sobrevoar o terreno para admirar a paisagem, sem exigir esforço físico. A figura apresentada a seguir representa uma tirolesa instalada em dois postes. Nessas condições, o comprimento do cabo, em metros, é:

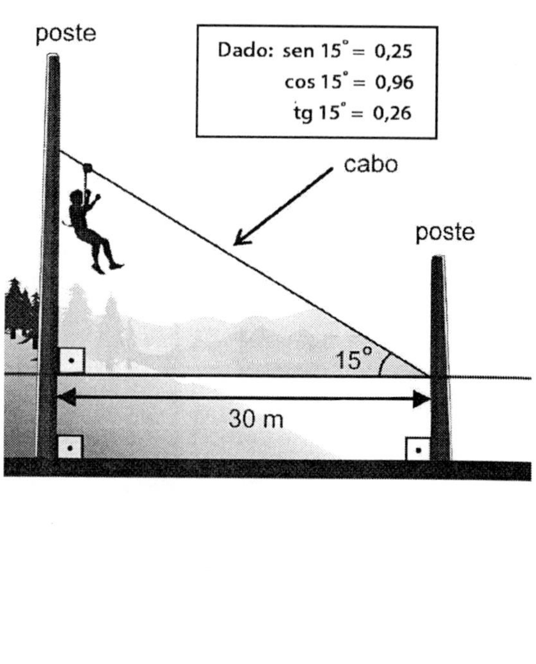

(A) 31,25 (B) 31,30 (C) 31,35
(D) 31,45 (E) 31,50

993) CEFET ES – A figura abaixo mostra o quadrado ABCD de perímetro 16 cm, com linhas curvas que são arcos de circunferência centrados em B e D. O valor da área sombreada, em cm^2, é:

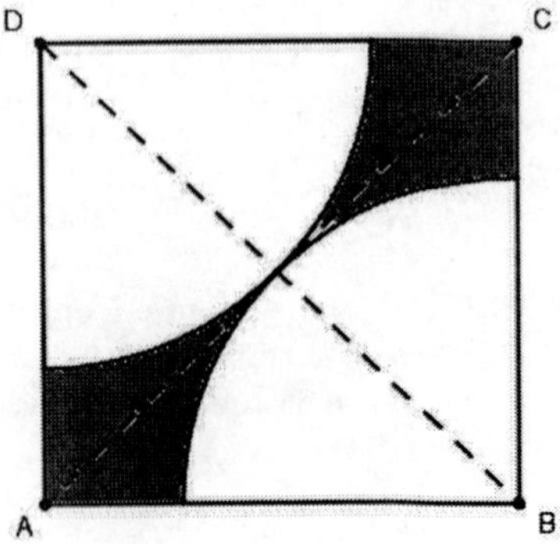

(A) $8(2-\pi)$ (B) $8(4-\pi)$ (C) $4(4-\pi)$
(D) $4(8-\pi)$ (E) $2(4-\pi)$

994) CMJF – O trapézio isósceles da figura tem um ângulo agudo de 60° e área de $8\frac{\sqrt{3}}{3}cm^2$. Então o comprimento da circunferência inscrita no trapézio, em centímetros, é:

(Se necessário, utilize π = 3,14).

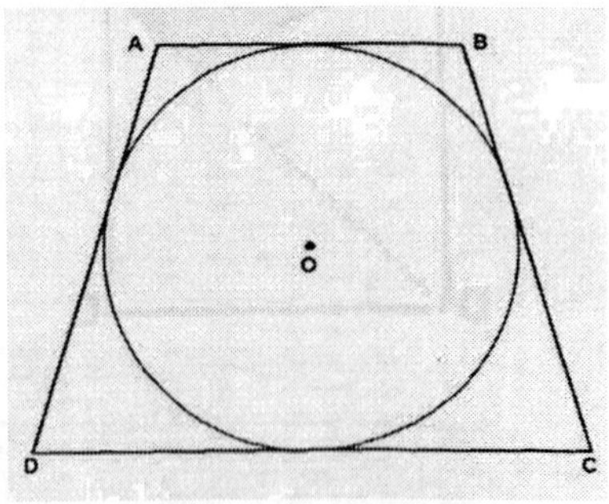

(A) 6,28 (B) 3,14 (C) 1,57 (D) 0,86

995) CMR – O *fidget spinner* foi criado nos anos 1990 por uma engenheira que queria manter o filho entretido. O funcionamento acontece a partir de um sistema interno de rolamento. De acordo com os usuários, observar a rotação propicia uma experiência sensorial agradável.

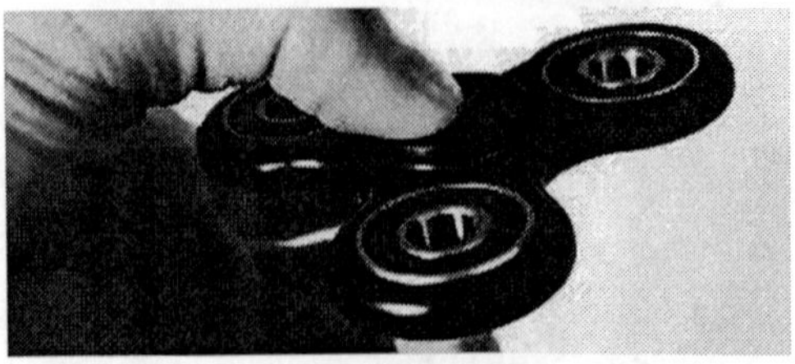

O aluno Rafael observou que o seu Spinner é formado por quatro círculos: três nos extremos e um no centro. Sabendo que os centros dos três círculos externos são vértices de um triângulo equilátero de lado L medindo $\frac{5\sqrt{3}}{2}$ cm e que o centro do círculo localizado no centro do Spinner é equidistante aos centros dos três círculos dos extremos e que essa distância é D cm, pode-se afirmar que o valor de D é

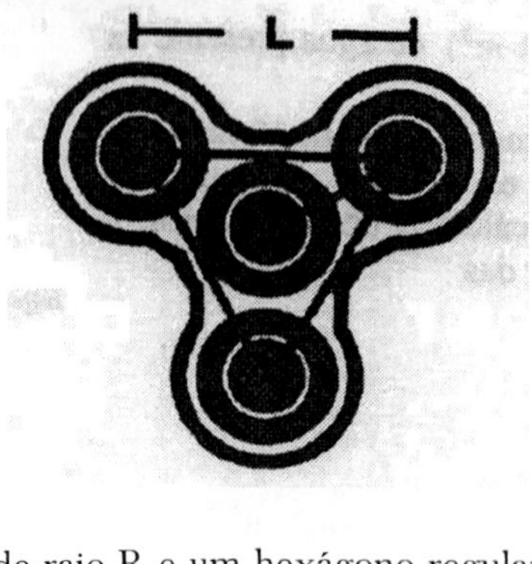

(A) 2,0 (B) 2,5 (C) 3,0 (D) 3,2 (E) 3,5

996) CMS – A área compreendida entre uma circunferência de raio R e um hexágono regular inscrito nessa circunferência é

(A) $R^2.(\pi+3\sqrt{3})$ u.a. (B) $R^2.(\pi-3\sqrt{3})$ u.a. (C) $R^2.\left(\pi-\frac{2\sqrt{3}}{3}\right)$ u.a.

(D) $R^2.\left(\pi-\frac{3\sqrt{3}}{2}\right)$ u.a. (E) $R^2.\left(\pi-\frac{\sqrt{3}}{3}\right)$ u.a.

997) CMM – Na figura abaixo, AB = AC. A área do triângulo ABC é:

(A) 1/2 (B) 3/4 (C) 1/4 (D) 3/2 (E) 4/3

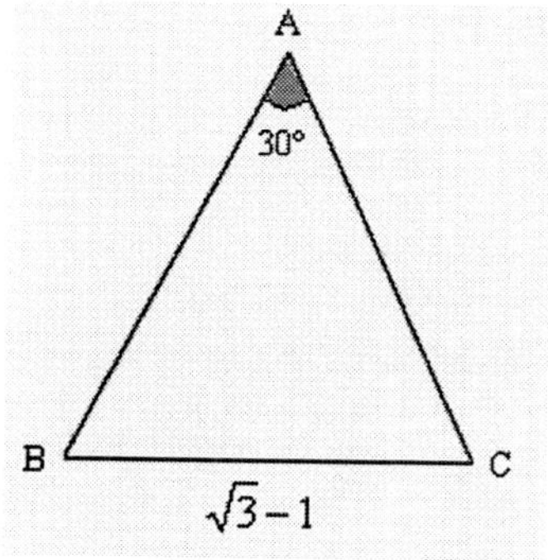

998) CMPA – A figura ao lado é formada a partir de 15 triângulos retângulos justapostos unidos pelo vértice V. Os catetos indicados, VA, AB, BC, CD, DE, ... OP, são congruentes, com medidas iguais a 1 cm. Podemos afirmar que, em cm, o perímetro do polígono não convexo formado é igual a:

(A) 20 (B) 19 (C) 18 (D) 17 (E) 16

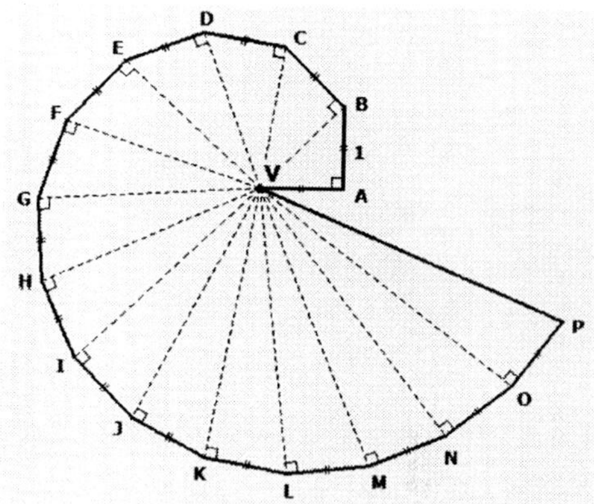

999) CMSM – Não basta saber os conceitos e relações, é necessário que saibamos utilizá-los adequadamente. Observe o desenho abaixo e calcule a medida do segmento PT, ou seja, med(PT). As medidas dos segmentos AE e PC são iguais, a medida do segmento CE é igual à metade da medida do segmento CP e o segmento PT é tangente à circunferência no ponto T.

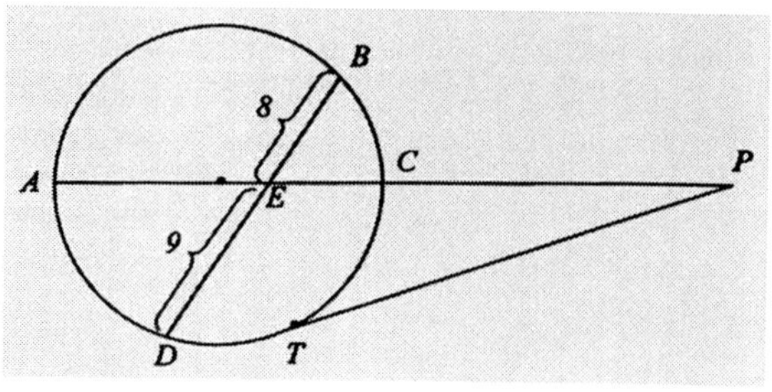

(A) PT = 24 (B) 18 < PT < 24 (C) PT=18 (D) 12 < PT < 18 (E) PT=12

1000) CMRJ – Na figura abaixo, temos o semicírculo de diâmetro AB = 4 cm e centro O. Sejam M o ponto médio de AO e N o ponto médio de OB. Com centros em M, O e N, traçam-se 3 semicírculos de raios iguais a 1 cm e contidos no interior do semicírculo de diâmetro 4 cm e centro O. A área da região sombreada, em cm^2, a qual está situada no interior do semicírculo maior e exterior aos três semicírculos menores, vale:

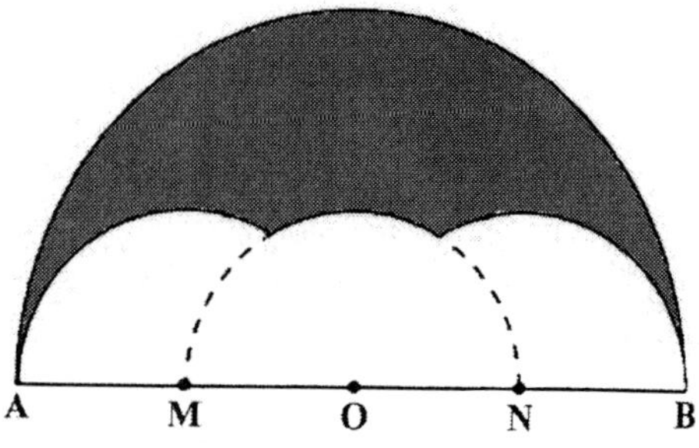

(A) $\pi-\sqrt{3}$ (B) $\pi-\sqrt{2}$ (C) $\dfrac{\pi+\sqrt{2}}{2}$ (D) $\dfrac{\pi+\sqrt{3}}{2}$ (E) $\dfrac{7\pi}{6}-\dfrac{\sqrt{3}}{2}$

Respostas dos testes

Respostas do Teste 91

901) B	903) C	905) E	907) E	909) B
902) *	904) D	906) E	908) C	910) E

902) a) 9m; b) 112 m^3.

Respostas do Teste 92

911) A	913) A	915) C	917) D	919) A
912) E	914) C	916) E	918) C	920) B

Respostas do Teste 93

921) E	923) B	925) E	927) B	929) B
922) A	924) E	926) C	928) E	930) D

Respostas do Teste 94

931) D	933) A	935) B	937) A	939) E
932) C	934) B	936) C	938) B	940) C

Respostas do Teste 95

941) B	943) C	945) A	947) C	949) A
942) A	944) A	946) A	948) B	950) D

Respostas do Teste 96

951) E	953) A	955) E	957) E	959) B
952) A	954) A	956) E	958) A	960) C

Respostas do Teste 97

961) A	963) E	965) D	967) C	969) E
962) C	964) C	966) D	968) E	970) D

Respostas do Teste 98

971) C	973) C	975) E	977) B	979) A
972) A	974) D	976) A	978) E	980) C

Respostas do Teste 99

981) C	983) D	985) D	987) E	989) E
982) C	984) B	986) A	988) C	990) D

Respostas do Teste 100

991) A	993) C	995) B	997) A	999) B
992) A	994) A	996) D	998) A	1000) E

Resoluções dos testes

Resoluções do teste 91

901) CEFET RJ – O cálculo exemplificado na questão nada mais é que a medida do arco, conhecendo o raio da circunferência e o ângulo central, ou seja, um lembrete da fórmula. Esta fórmula pode ser deduzida a partir de uma regra de três, lembrando que o comprimento do arco é proporcional ao ângulo central. Se uma volta inteira representa o comprimento da circunferência ($2\pi R$), então um ângulo central α, dado em graus, representa o arco de medida **A**:

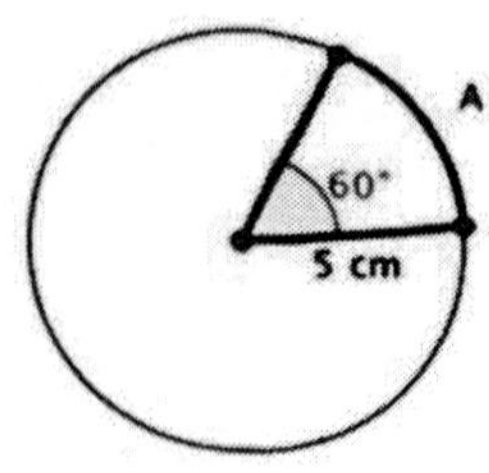

360°.... $2\pi R$
α.......... A

$$A = \frac{\alpha.2\pi R}{360^\circ} = \frac{\alpha.\pi R}{180^\circ}$$

Isso justifica a fórmula dada: a medida do arco vale o ângulo central (medido em graus), vezes π, vezes o raio, dividido por 180°. Ou seja, o problema lembrou a fórmula, mas poderia ter exigido que o aluno a conhecesse.

Tudo o que temos que fazer é calcular α para que a medida do arco (A) seja igual a R.

$$\frac{\alpha.\pi R}{180^\circ} = R$$

$$\alpha.\pi = 180^\circ$$

$$\alpha = \frac{180^\circ}{\pi}$$

Resposta: (B) 180°/π

902) CEFET RJ – A figura é chamada *prisma de base quadrada*. O perímetro de cada base é 1600 cm, então cada lado vale 400 cm, o mesmo que 4 metros. Então todas as arestas das bases mede 4m.

As faces laterais têm um dos seus lados valendo 7 m. Como os lados que fazem parte das bases têm outra medida (4 m), então os lados que medem 7 m são os lados maiores de cada retângulo (AE, BF, CG e DH).

No bloco retangular mostrado na figura a seguir, as faces ABCD e EFGH são quadrados iguais e as demais faces são retângulos iguais.

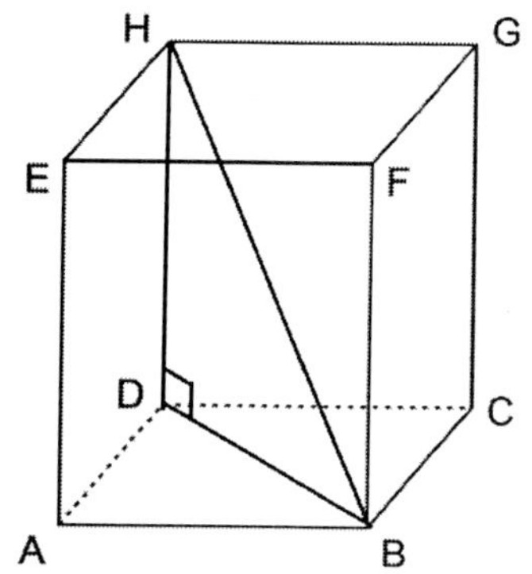

Cada quadrado tem perímetro 1600 cm e cada retângulo tem um dos lados medindo 7m.

A distância de A a G é igual à distância de B a H (e também EC e FD). Este segmento é chamado diagonal do sólido, e pode ser calculado pelo Teorema de Pitágoras:

Triângulo ABD: $BD^2 = AD^2 + AB^2 = 4^2 + 4^2 = 32$

Triângulo BDH: $BH^2 = BD^2 + HD^2 = 32 + 7^2 = 81$

$BH = 9$

O segmento AG tem o mesmo valor, AG=9.

O volume é o produto das dimensões:

V = 4×4×7=112

Resposta: a) 9m; b) 112 m^3.

903) IFSP – A figura formada é um hexágono. Seus lados, tomados dois a dois, são paralelos e iguais às metades dos lados do triângulo ACF formado pelas diagonais AC, AF e FC, que é equilátero. Logo o hexágono citado é regular: seus seis lados são iguais e orientados em três direções dos três lados de um triângulo equilátero, então os ângulos entre suas arestas são 120° / 60°.

Cada um dos seus lados vale a metade da diagonal de uma face do cubo. Como a aresta do cubo vale 4, as diagonais das faces medem $4\sqrt{2}$, e o lado do hexágono vale a metade, $2\sqrt{2}$. O perímetro do hexágono mede portanto 6 vezes este valor, $12\sqrt{2}$.

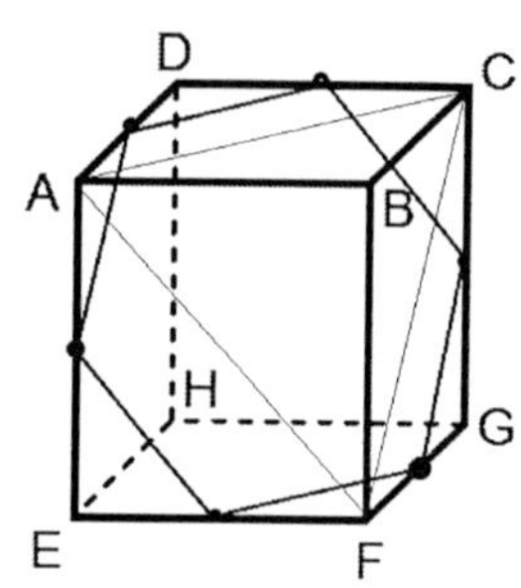

Resposta: (C) $12\sqrt{2}$

904) IFRR – Para "marcar a letra certa", vale usar adivinhação. Se o aluno desconfiar que o triângulo ADF tem lados 3, 4 e 5, com AF=4 e DF=3, terá que confirmar se as medidas do triângulo BCE estão de acordo com essa suposição. Se esta suposição for válida (AF=4 e DF=3), termos EC=$2\sqrt{5}$, e com BE=4, realmente resultará em BC=6. O referido trapézio tem portanto bases 3 e 5, e altura 4, portanto área 14. Mas isso não é forma de resolver um problema. Apesar do "chute" ser válido, o aluno precisa saber fazer o cálculo, pois na maioria dos problemas o "chute" não é viável.

Chamando DF de x, calculemos os catetos dos dois triângulos retângulos envolvidos.

$AF = \sqrt{25 - x^2} = BE$

$EC = 5 + 2\sqrt{5} - 2 - x = 3 + 2\sqrt{5} - x$

Agora usamos o Teorema de Pitágoras no triângulo BCE:

$BE^2 + EC^2 = BC^2$

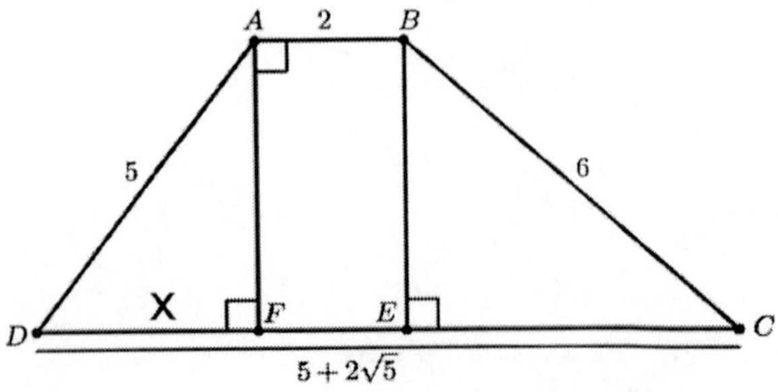

$$25 - x^2 + (3 + 2\sqrt{5} - x)^2 = 36$$

Agora devemos ter atenção e considerar a expressão entre parênteses acima como o quadrado da diferença de $3 + 2\sqrt{5}$ e x.

$$25 - x^2 + 9 + 20 + 12\sqrt{5} - 2x.(3 + 2\sqrt{5}) + x^2 = 36$$

$$18 + 12\sqrt{5} = 2x.(3 + 2\sqrt{5})$$

$$x = \frac{9 + 6\sqrt{5}}{3 + 2\sqrt{5}} = \frac{3(3 + 2\sqrt{5})}{3 + 2\sqrt{5}} = 3$$

Depois de algumas contas um pouco trabalhosas encontramos x = 3, e a altura do trapézio igual a 4. A área do trapézio de bases **b** e **B** e altura **h** mede:

$$S = \frac{b + B}{2}.h = \frac{2 + 5}{2}.4 = 14$$

Resposta: (D) 14

905) CMBH – A dificuldade do problema é que a figura está EXTREMAMENTE MAL DESENHADA!

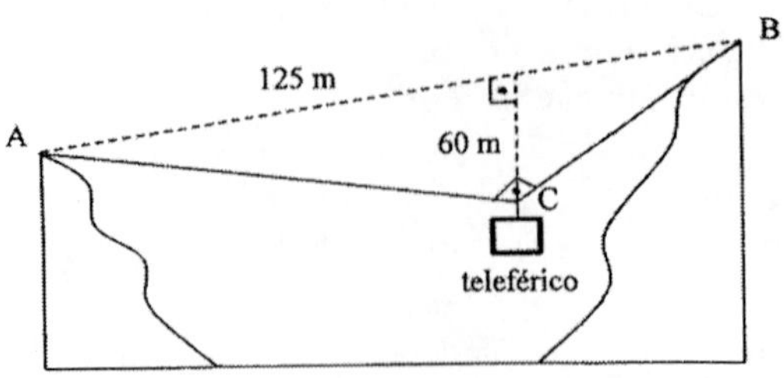

O ângulo C, indicado na figura como sendo reto, não está desenhado reto, está claramente obtuso.

Outro detalhe é que a reta pontilhada passando por C que está indicada como sendo perpendicular a AB. Não ficou claro se o segmento AB é horizontal, e se o segmento que passa por C é vertical, mas apenas que os dois segmentos são perpendiculares. Sendo assim, vamos redesenhar a figura no modelo abaixo.

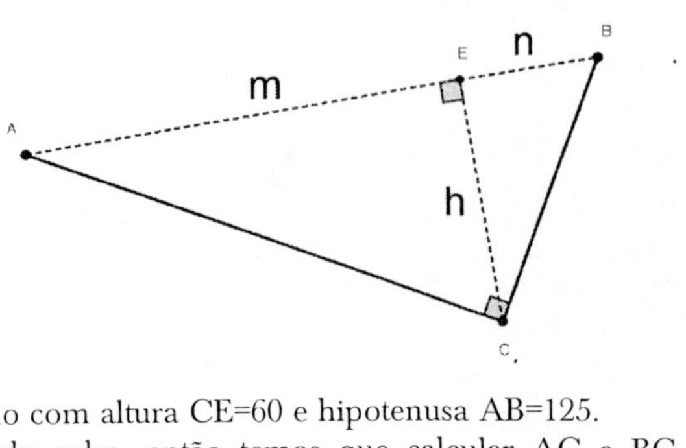

O que existe fisicamente são os dois cabos AC e BC. Os demais segmentos são linhas pontilhadas. O segmento AB pode ser inclinado, e o segmento que passa por C (CE) também inclinado (não vertical), mas perpendicular a AB.

O que temos na figura é um triângulo retângulo com altura CE=60 e hipotenusa AB=125.

O problema pergunta o comprimento total do cabo, então temos que calcular AC e BC. Poderemos calcular esses valores se conhecermos m e n, os segmentos em que a altura do triângulo retângulo divide a hipotenusa. Para isso usaremos a fórmula conhecida que faz parte das relações métricas no triângulo retângulo:

$h^2 = m.n$

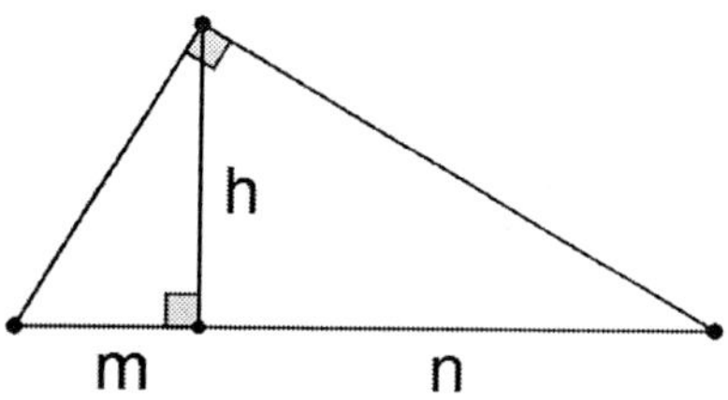

Temos portanto que encontrar dois números m e n, tais que seu produto seja $60^2 = 3600$ e sua soma seja AB=125. Conhecendo soma **S** e produto **P**, encontramos os números resolvendo a equação do 2º grau $x^2 - Sx + P = 0$.

$x^2 - 125x + 3600 = 0$

Que beleza, elevar 125 ao quadrado....

Vamos fugir do trabalho, trabalhando com uma figura menor. As medidas envolvidas são 125 e 60. Se tivéssemos uma figura 5 vezes menor, 125 seria 25 e 60 seria 12. Então vamos trabalhar com um a "maquete imaginária" com medidas 25 e 12. Assim ficamos com a equação com soma = 25 e produto = 12^2:

$x^2 - 25x + 144 = 0$

Equação mais fácil de resolver, as soluções são 9 e 16.

Como foi dado que AC > BC, temos que m>n, então m = 16 e n = 9.

Assim podemos calcular os catetos AC e BC:

AC = 20 e BC = 15 (na maquete imaginária)

As medidas reais são 5 vezes maiores, então

AC = 100 e BC = 75

O comprimento total de cabo é 175 m.

Resposta: (E) 175

906) EAM – Sabemos que o lado do hexágono regular inscrito em uma circunferência de raio R, vale R. Isso porque são formados 6 ângulos de 60° quando ligamos o centro aos vértices, portanto são 6 triângulos equiláteros, e os lados são todos iguais a R. Quanto às diagonais, são duas. A maior delas é aquela que passa pelo centro, como na figura ao lado. Uma corda que passa pelo centro é justamente o diâmetro da circunferência, 2R.

Se o raio vale 2, o diâmetro (a diagonal a ser calculada) vale 4.

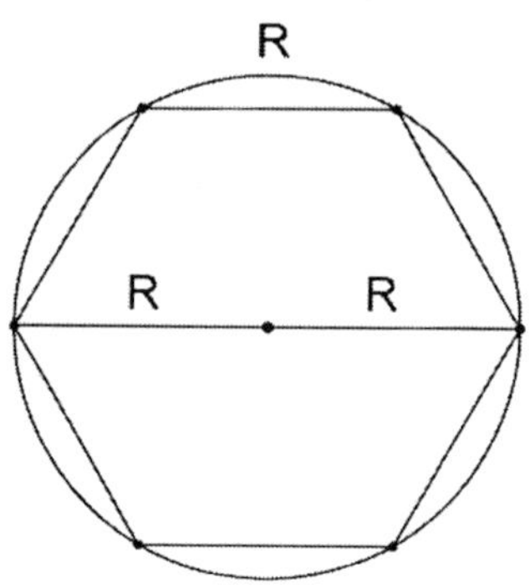

Resposta: (A) 4

907) CMBH – Primeiramente calculamos as dimensões da tela, usando as informações dadas. O produto vale 352 e a diferença vale 6. Vamos então chama-las de x e x+6. Ficamos com:

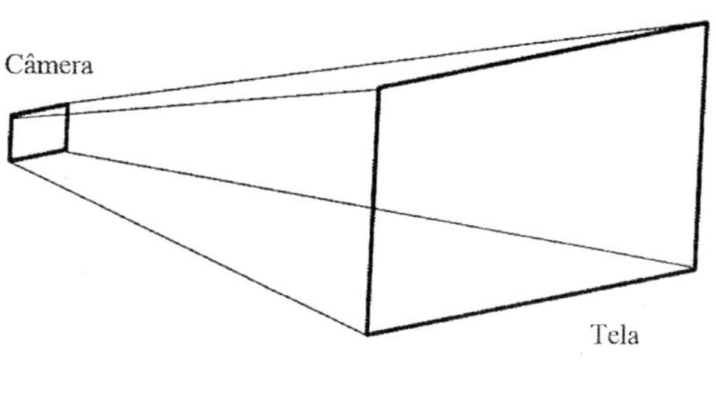

$x.(x + 6) = 352$

$x^2 + 6x - 352 = 0$

$\Delta = 6^2 + 4\times1\times352 = 36 + 1408 = 1444$

$\sqrt{\Delta} = 38$

A raiz positiva é $\frac{-6+38}{2}=16$

Portanto as dimensões da tela são 16m e 22m.

A relação entre as medidas da tela e da câmera é 200:3. Então para saber as dimensões da câmera, dividimos a tela por 200 e multiplicamos por 3. Isso resulta em:

16m ➔ 8 cm ➔ 24 cm

22m ➔ 11 cm ➔ 33 cm

Resposta: (E) 33 cm × 24 cm

908) CMJF – Problema que a rigor é de geometria espacial, mas que pode ser resolvido por um raciocínio de geometria plana. Os dois triângulos ABC e ACD são retângulos, e ambos com ângulos de 30° – 60° – 90°.

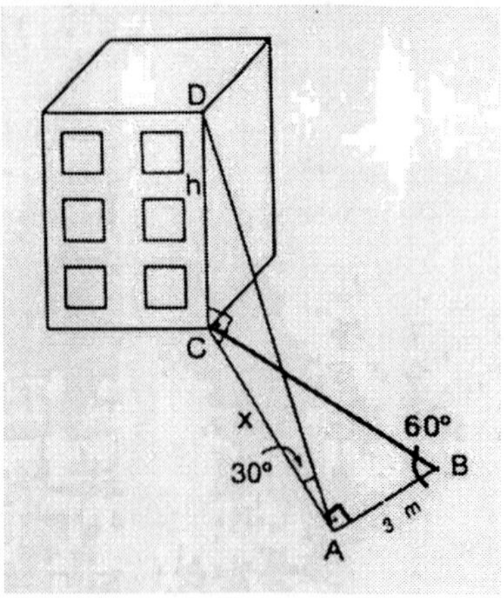

No triângulo ABC, o cateto AB é oposto a 30°. Então o cateto maior, AC=x, vale o menor (3) multiplicado por $\sqrt{3}$. Temos então $AC=3\sqrt{3}$.

Já no triângulo ACD, também do tipo 30° – 60° – 90°, h=DC é o cateto menor, pois este é o oposto a 30°, então vale x dividido por $\sqrt{3}$.

$$DC=\frac{AC}{\sqrt{3}}=\frac{3\sqrt{3}}{\sqrt{3}}=3$$

Resposta: (C) 3 *m*

909) CMM – Calculemos a área da superfície total do cilindro:

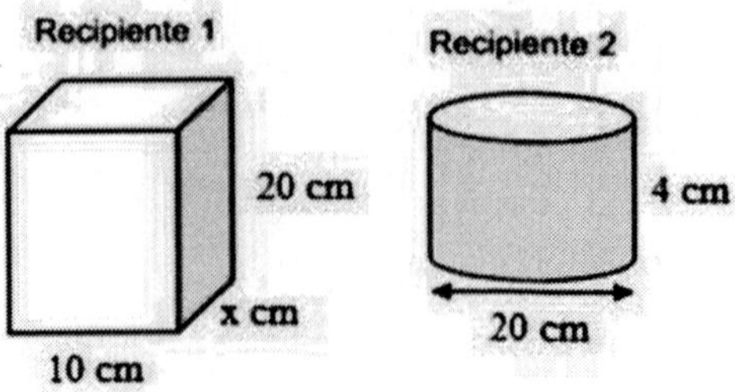

1) Superfície lateral = retângulo de largura 4 cm e comprimento 2πr = 2.π.10. A área lateral vale 4.20π = 80π.

2) Bases: dois círculos de raio 10 = $2.\pi.10^2$ = 200π.

A área total do cilindro é 80π + 200π = 280π. Esta área tem que ser igual à área total do paralelepípedo. Fazendo = 3,1π resulta em:

280 × 3,1 = 868

A área do paralelepípedo é:

2(10.x + 20.x + 10.20) = 2(30x + 200) = 60x + 400

Igualando as áreas, temos:

60x + 400 = 868

60x = 468

x = 7,8

O volume do paralelepípedo é o produto das suas dimensões:

7,8 × 10 × 20 = 1560

Resposta: (B) 1560 cm³

910) CMB – Dado o perímetro do triângulo equilátero ABC, igual a 30, temos seu lado que vale 10.
Traçando por M uma paralela a BC, temos MF = base média = 5 cm.
Formamos assim dois triângulos semelhantes, MFE e ECD. A razão de semelhança é 5:6. Logo, o lado CF, que vale 5, fica dividido em partes proporcionais a 5 e 6, sendo o seu total igual a 5, a metade do lado do triângulo ABC. Portanto temos:

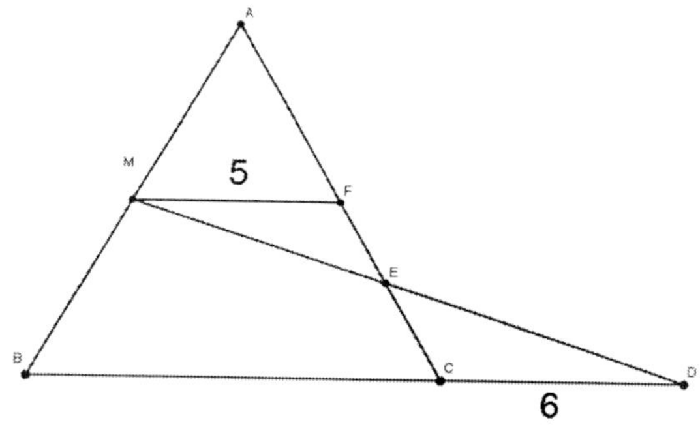

$$FE = \frac{5}{11}.5 = \frac{25}{11}$$

AE vale 5 + FE

$$AE = 5 + \frac{25}{11} = \frac{80}{11}$$

Resposta: (E) 80/11

Resoluções do teste 92

911) IFSP – Os lados do triângulo não foram fornecidos, e nem é preciso, pois o problema pergunta a tangente do ângulo C, valor que depende apenas dos ângulos, e não dos lados. Vamos escolher um triângulo com uma hipotenusa conhecida, por exemplo, 10.
Nesse caso, como o seno de B vale 0,8, o cateto oposto a AB mede 8. Usando o Teorema de Pitágoras, calculamos o cateto que falta, AB = 6.
A tangente do ângulo C vale:

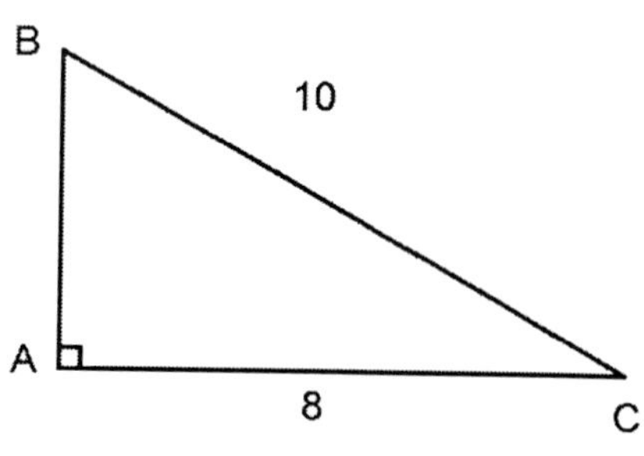

$$tg(C) = \frac{AB}{AC} = \frac{6}{8} = 0,75$$

Resposta: (A) 0,75

912) CEFET ES – A região é um *segmento circular* de 90°. Sua área vale a área do setor, menos a área do triângulo. No caso, o setor considerado é um setor de 90° de um círculo de raio **a**. O triângulo a ser considerado é ABC.

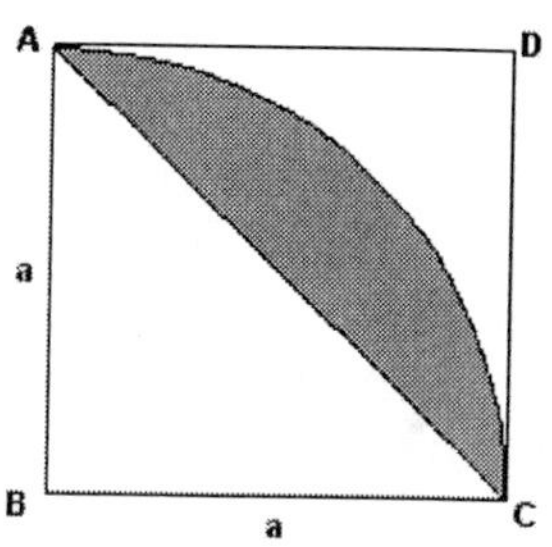

$$\frac{\pi.a^2}{4} - \frac{a^2}{2} = \frac{a^2}{4}(\pi - 2)$$

Resposta: (E) $\frac{a^2}{4}(\pi - 2)\ cm^2$

913) IFPE – A base de JDE vale 1/5 da base de ABC, e sua altura JE é 3/4 da altura de ABC. Logo sua área vale 40 × (1/5) × (3/4) = 6.

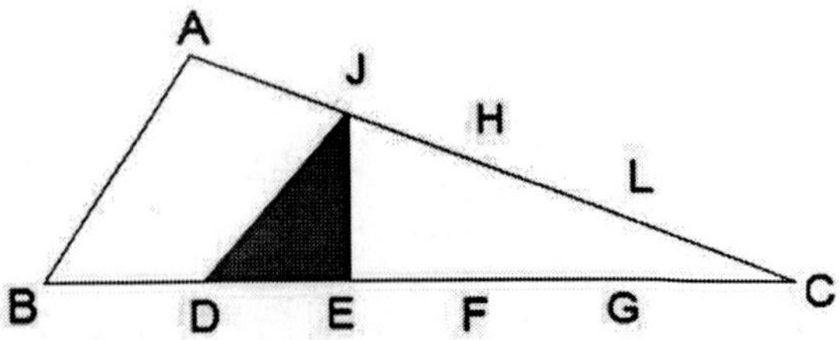

Resposta: (A) 6 cm^2

914) FIOCRUZ 2016 – A única forma de visualizar apenas D, E, F, G e Q, ficando os demais vértices ocultos, é olhando a figura exatamente de cima. Assim enxerga-se apenas as quatro faces triangulares superiores, ficando as demais ocultas. Visualizamos apenas 4 triângulos.

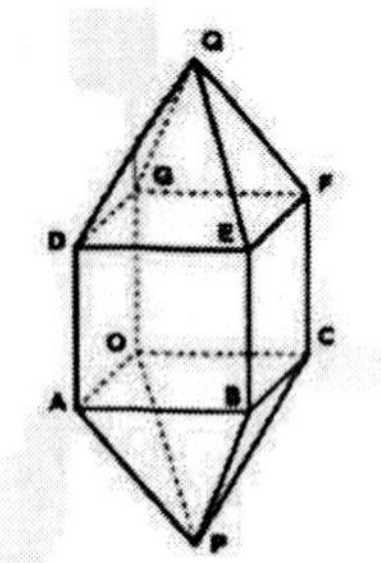

Resposta: (C) 4 triângulos

915) CFN – O problema não deixou claro o que significa "percorrer 8 km". Essa pode ser a distância percorrida pelo foguete no sentido horizontal, ou no sentido inclinado. Se fosse no sentido inclinado, a altura atingida seria 8 km vezes o seno de 30°, resultando em 4 km. Ocorre que não existe essa resposta entre as opções. Logo concluímos que o que ele chama de "distância percorrida", é a distância na horizontal. Conhecendo a tangente de 30°, podemos calcular a altura como sendo o outro cateto:

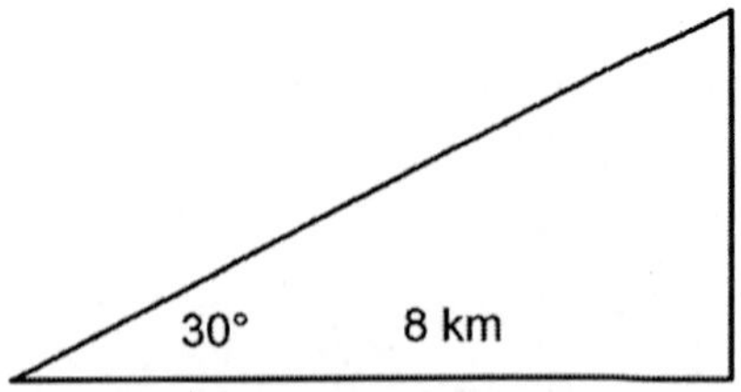

h = 8km × tg(30°) = 8 × 0,577 = 4,61 km

Resposta: (C) 4,60 km

916) CMM – Este problema caiu na prova do CMM em 2015, mas já havia caído na prova do IFSP de 2013 (problema 903). Isto significa que, não se deve "rejeitar" uma questão por ter caído em um concurso diverso daquele que você vai fazer.

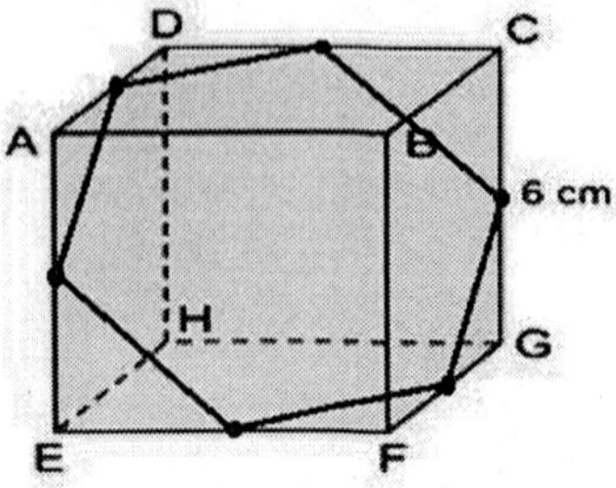

Os pontos médios dos referidos lados formam um hexágono regular, como já foi mostrado na questão 903. O polígono formado tendo esses pontos como vértices é um hexágono regular, e seu lado vale a metade da diagonal de uma face do cubo.

Cada aresta do cubo mede 6 cm, então as diagonais das faces medem $6\sqrt{2}$. O lado do hexágono vale a metade, $3\sqrt{2}$. O perímetro do hexágono é 6 vezes o seu lado, total de $18\sqrt{2}$.

Resposta: (E) $18\sqrt{2}$

917) CMBH – Quando dois ângulos são complementares, o seno de um deles é igual ao cosseno do outro, e vice-versa. Temos então:

$\text{sen}\,\alpha = 0{,}8$

$\cos\alpha = 0{,}6$ (lembrando que $\text{sen}^2\alpha + \cos^2\alpha = 1$)

$\text{sen}\,\beta = 0{,}6$

$\cos\beta = 0{,}8$

Temos ainda que $\text{tg}\,\alpha = 0{,}8/0{,}6 = 4/3$ e $\text{tg}\,\beta = 0{,}6/0{,}8 = 3/4$

Assim calculamos a expressão:

$$y = \sqrt{\frac{sen\alpha.\cos\beta - \dfrac{tg\beta}{5}}{tg^2\alpha - 3.sen\beta + 5\cos^2\alpha}} = \sqrt{\frac{0{,}8.0{,}8 - \dfrac{3/4}{5}}{16/9 - 3.0{,}6 + 5.0{,}36}} =$$

Para fazer os cálculos, fica mais fácil usar todos os valores na forma de fração.

$$\sqrt{\frac{0{,}8.0{,}8 - \dfrac{3/4}{5}}{16/9 - 3.0{,}6 + 5.0{,}36}} = \sqrt{\frac{\dfrac{4}{5}.\dfrac{4}{5} - \dfrac{3}{20}}{\dfrac{16}{9} - \dfrac{9}{5} + \dfrac{9}{5}}} = \sqrt{\frac{\dfrac{64}{100} - \dfrac{15}{100}}{\dfrac{16}{9}}} = \sqrt{\frac{\dfrac{49}{100}}{\dfrac{16}{9}}} = \frac{\dfrac{7}{10}}{\dfrac{4}{3}} = \frac{7}{10} \times \frac{3}{4} = \frac{21}{40} = 0{,}525$$

Resposta: (D) 0,525

918) CMBH – Se pintamos 19 réplicas com 1 galão, para pintar uma réplica é necessário usar 1/19 de um galão. A réplica tem 1 m de altura, enquanto o original tem 38 m de altura. É uma altura 38 vezes maior, mas a área é 38×38 vezes maior, pois a razão entre as áreas de figuras semelhantes é igual ao quadrado da razão de semelhança. Portanto a quantidade de tinta para pintar a estátua original, em galões, é:

$$\frac{1}{19} \times 38 \times 38 = 76$$

Resposta: (C) 76

919) CMM – Questão que caiu em 2015 na prova do CMM, mas havia caído em 2011 na prova do IFMT.

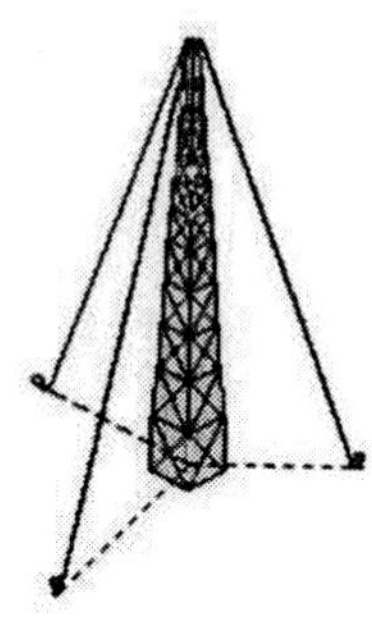

Foram gastos 117 m de cabo, portanto cada cabo mede 39 m, que é 3 × 13. As distâncias dos pontos de fixação até o pé da antena valem 15m, ou 3 × 5. Temos cateto 3×5 e hipotenusa 3×13. Isso lembra o triângulo retângulo de lados 12 – 5 – 13. Portanto o outro cateto (a altura da antena é 3×12 = 36m.

Ao invés de usar o Teorema de Pitágoras, e fazer cálculos como $39^2 - 15^2$, depois extrair a raiz quadrada, é sempre mais fácil "simplificar" o triângulo para calcular o lado desejado usando números menores, e depois multiplicar o valor encontrado pelo fator de ampliação/redução.

Resposta: (A) 36 m

920) CMB – Chamando de H o pé da altura traçada de A, temos que o triângulo ABH é isósceles, e BH=x. Como foi dado que a + x = 4, temos que a = 4 – x, e como HC = a – x, temos que HC = 4 – x – x = 4 – 2x.
AH = x
HC = 4 – 2x

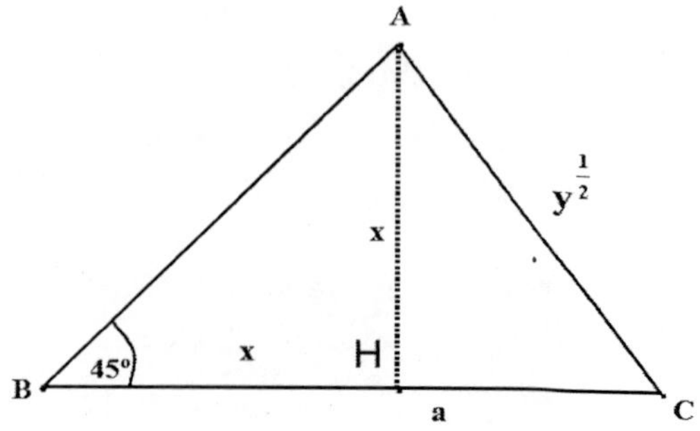

A hipotenusa AC vale $\sqrt{x^2+(4-2x)^2}$, o mesmo que $\sqrt{5x^2-16x+16}$
Portanto o valor de y é
$5x^2 - 16x + 16$
O valor de x é variável, e o valor de y é um trinômio do 2º grau que tem valor mínimo para x = 16/(10) = 8/5. Note que com esse valor de x, o segmento HC mede:
4 – 2x = 4 – 16/5 = 4/5, felizmente um valor positivo, ou seja, o x que resulta no mínimo de y está dentro do domínio da função.

O valor de y correspondente é:
$5(8/5)^2 - 16(8/5) + 16 =$
64/5 – 128/5 + 16 = 16/5

Resposta: (B) 16/5

Resoluções do teste 93

921) IFRS – Considere B o ponto onde está o observador e A o ponto onde está o avião. O ponto do solo mais próximo do avião é o pé da perpendicular traçada do avião ao solo. Pelo triângulo retângulo formado, temos

$$tg(\theta)=\frac{h}{d} \rightarrow \frac{sen(\theta)}{\cos(\theta)}=\frac{h}{d} \rightarrow d=\frac{h.\cos(\theta)}{sen(\theta)}$$

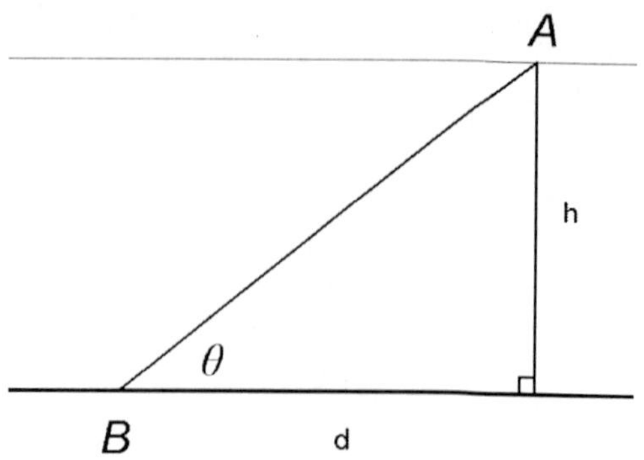

Não existe resposta nessa forma exata entre as opções, mas a resposta (E), se manipulada, resulta no mesmo valor que encontramos. Como θ é um ângulo agudo, tanto seu seno quando seu cosseno são positivos. Então podemos escrever a resposta encontrada como:

$$d=\frac{h.\cos(\theta)}{sen(\theta)}=h\sqrt{\frac{\cos^2(\theta)}{sen^2(\theta)}}=h\sqrt{\frac{1-sen^2(\theta)}{sen^2(\theta)}}$$
$$=h\sqrt{\frac{1}{sen^2(\theta)}-1}$$

Resposta: (E)

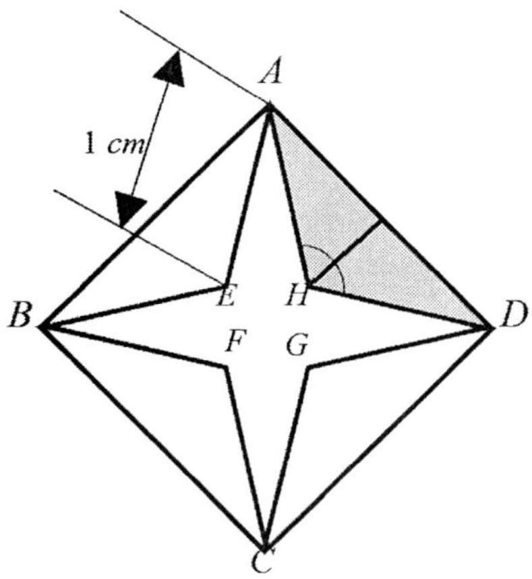

922) CMS – A figura tem quatro triângulos congruentes ao triângulo AHD. Esses triângulos têm dois lados iguais a 1 e um ângulo de 120° entre eles. Cada um deles pode ser considerado como a união das duas metades de um triângulo equilátero de lado 1.
Portanto, lembrando a fórmula da área de um triângulo equilátero de lado L, que é $\frac{L^2\sqrt{3}}{4}$, temos que a área do triângulo AHD é $\frac{\sqrt{3}}{4}$. Os quatro triângulos iguais juntos, somam área igual a $\sqrt{3}$. Essa é exatamente a área que o problema pede: interior a ABCD e exterior ao polígono.

Resposta: (A) $\sqrt{3}$

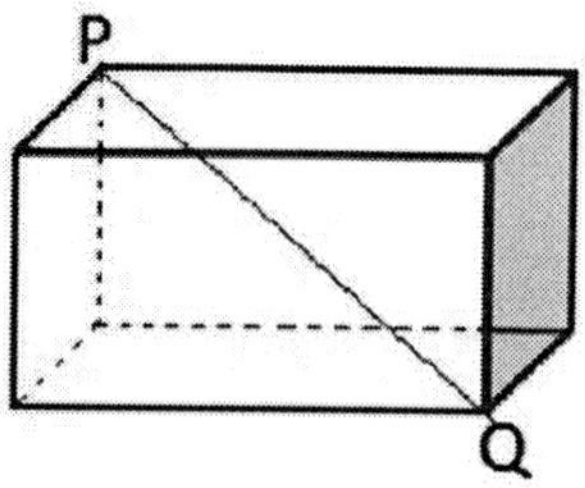

923) ETAM – A diagonal de um paralelepípedo retângulo de arestas a, b e c, vale $\sqrt{a^2+b^2+c^2}$.
Ou seja, elevando ao quadrado a diagonal, o resultado é a soma dos quadrados das arestas. Assim podemos saber a aresta que está faltando:
$(2\sqrt{14})^2 = 4^2+6^2+x^2$
$56 = 16 + 36 + x^2$
$x = 2$
Agora podemos calcular o volume, que é o produto das três dimensões:
V = 4.6.2 = 48

Resposta: (B) 48

924) IFES – Ângulos suplementares são aqueles que somam 180°. Se A é o triplo de B e a soma vale 180°, então temos A = 135° e B = 45°. O problema pergunta o seno de 10B, ou seja, de 450°. Subtraindo 360°, temos 90°. Significa que o seno de 450° é igual ao seno de 90°. Dizemos que tratam-se de *arcos côngruos*, ou seja, são representados pelo mesmo ponto no círculo trigonométrico. O seno pedido é igual ao seno de 90°, que vale 1.

Resposta: (E) 1

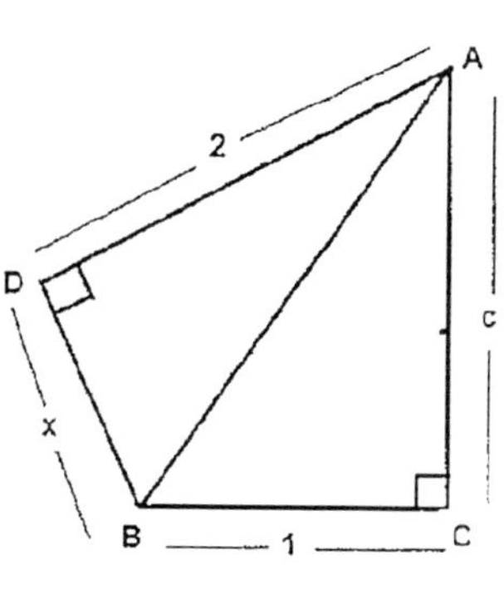

925) EAM – Problema bem simples, basta aplicar duas vezes o Teorema de Pitágoras:
Triângulo ABC: $AB^2 = c^2 + 1$
Triângulo ABD: $AB^2 = 2^2 + x^2$
Os valores de AB^2 são o mesmo nas duas relações acima. Igualando-as, temos:
$c^2 + 1 = 4 + x^2$
$x^2 = c^2 - 3$
$x = \sqrt{c^2-3}$

Resposta: (E) $\sqrt{c^2-3}$

926) CMBH – A única afirmativa correta é sobre a perpendicularidade das retas EC e BC. De fato, os pontos E, B e C formam um triângulo retângulo porque a aresta BC é perpendicular ao plano da face EHCD.
(A) é falsa, pois AD e GH são paralelas, (B) é falsa pois AH e DC são reversos, (D) é falsa por AB e GH são reversos, e (E) é falsa pois (FB) e (DH) são reversos.

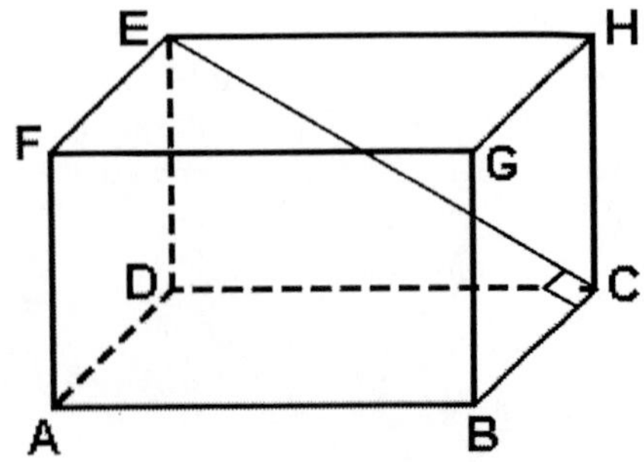

Resposta: (C) As retas EC e BC são perpendiculares.

927) CMBH – Pelo Teorema de Thales, os segmentos inclinados estão na mesma proporção dos segmentos verticais concorrentes, ou seja, a distância entre as retas. A altura 10 corresponde ao segmento de 25 cm, e a altura h corresponde ao segmento de 85 cm (60 + 25). Temos então:

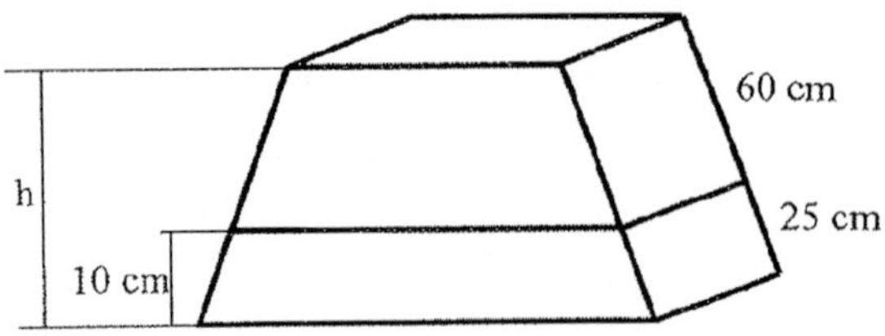

$$\frac{h}{85}=\frac{10}{25} \rightarrow h=\frac{10\times 85}{25}=\frac{2\times 17}{1}=34$$

Resposta: (B) 34 cm

928) CMM – Esta superfície lateral é um retângulo "curvado". Sua área pode ser calculado como a de um retângulo, cujas dimensões são a altura do cilindro e o comprimento do arco BC.
Como o ângulo inscrito no arco BC é 60°, a medida do arco é 120°. Isso equivale a 1/3 do comprimento da circunferência.
Como o raio é 10 cm, o comprimento é 20π. Logo o comprimento do arco BC é $20\pi/3$.
Multiplicando a altura por este comprimento de arco, temos a área lateral pedida:

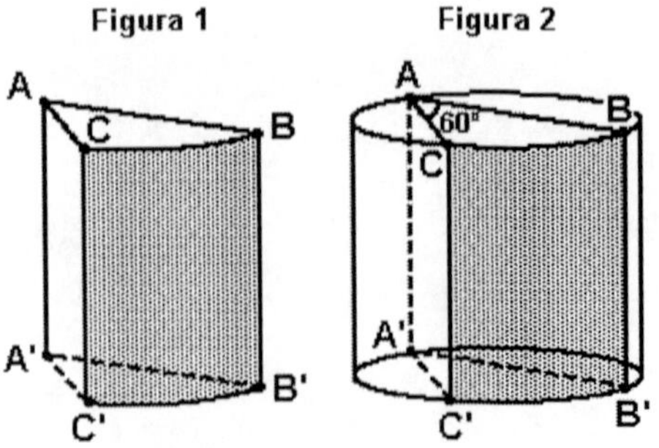

$$\frac{20\pi}{3}\times 24=160\pi$$

Resposta: (E) 160π

929) CMR – Pela descrição do problema, chamando AC=FD de **a**, temos que AD = **a + 2** e AF = **a + 4**.

Usando o Teorema de Pitágoras no triângulo AFD, temos

$(a + 4)^2 = (a + 2)^2 + a^2$

$a^2 + 8a + 16 = a^2 + 4a + 4 + a^2$

$a^2 - 4a - 12 = 0$

A solução positiva é a = 6

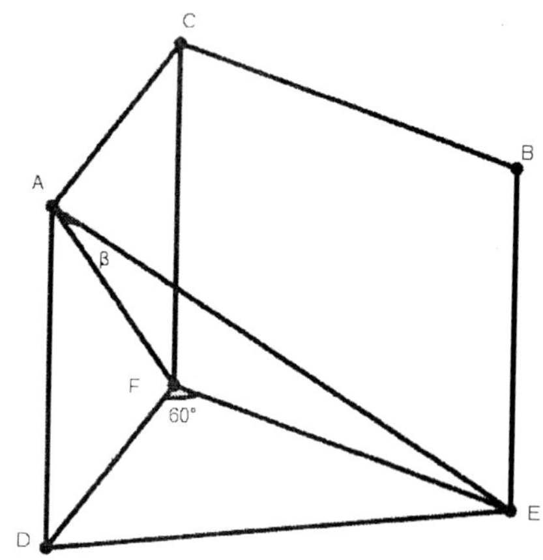

O ângulo EÂF pode ser calculado com a *Lei dos Cossenos*, mas precisamos antes calcular AE, que ainda não é conhecido.

O valor de AE pode ser calculado pelo triângulo ADE, que é retângulo em D.

$AE^2 = AD^2 + DE^2$

Como o triângulo FDE é equilátero, DF=a=6.

$AE^2 = 8^2 + 6^2 = 64 + 36 = 100$

AE = 10

Agora usamos a lei dos cossenos no triângulo AFE:

$FE^2 = AF^2 + AE^2 - 2.AF.AE.\cos\beta$

$6^2 = 10^2 + 10^2 - 2.10.10.\cos\beta$

$$\cos\beta = \frac{200-36}{200} = \frac{164}{200} = 0{,}82$$

Resposta: (B) 0,82

930) CMB – Inicialmente calculemos a distância BC, usando a Lei dos Cossenos:

$BC^2 = AC^2 + AB^2 - 2.AC.AB.\cos(60°)$

$BC^2 = 9 + 16 - 2.3.4.(0,5)$

$BC^2 = 25 - 12 = 13$

Logo $BC = \sqrt{13}$, em quilômetros

Precisamos calcular esta raiz quadrada, mas não temos calculadora. Como 13 está entre 9 e 16, sua raiz está entre 3 e 4.

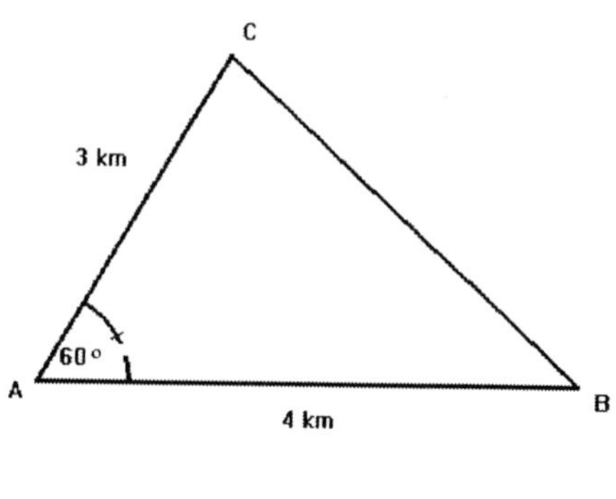

Testemos um valor intermediário, 3,5:

$(3,5)^2 = 12,25$

Valor abaixo de 13. Deve ser 3,6:

$(3,6)^2 = 12,96$

Valor bem próximo de 13, então podemos usar com aproximação razoável:

$BC = \sqrt{13} \approx 3{,}6$

Sendo assim, o comprimento de BC é cerca de 3,6 km.

Quando a equipe Bravo chegar a B, terá caminhado 4 km, e a equipe Alfa, tendo também caminhado 4 km, já terá ultrapassado 1 km a partir do ponto C. A distância entre as equipes será 2,6 km, e percorrendo distâncias iguais a partir daí, faltarão à equipe Bravo, 1,3 km a partir de B para chegar ao ponto de encontro.

Resposta: (D) 1300 m

Resoluções do teste 94

931) IFRS – Nunca esqueça que o triângulo retângulo de ângulos 30-60-90 aparece em praticamente todas as provas que tenham geometria plana. Isso porque é um triângulo que envolve cálculos simples. O triângulo AMC indicado na figura ao lado, e seu simétrico AMB, são do tipo 30-60-90, porque o seu cateto maior, que vale 3, é $\sqrt{3}$ vezes o cateto menor, que é AM. O triângulo retângulo 30-60-90 é o único que tem essa relação entre os catetos.

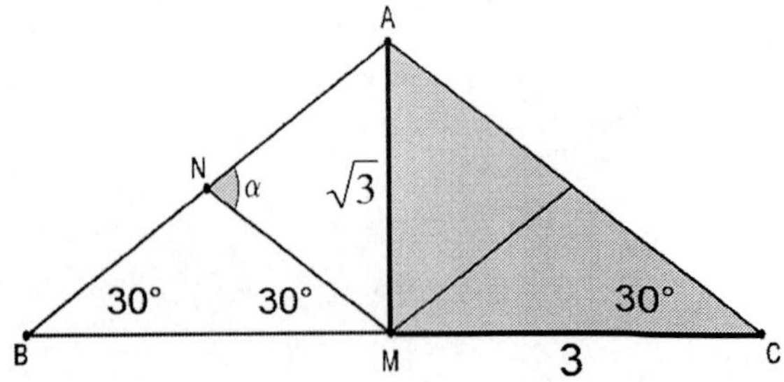

Isso nos permite descobrir os ângulos de 30° e de 60° dos triângulos AMC e AMB: $\hat{B}$ e $\hat{C}$.

O ângulo $B\hat{M}N$ também vale 30°, pois foi dado no enunciado que o triângulo BMN é isósceles.

Finalmente concluímos que o ângulo α vale 60°, pois é ângulo externo do triângulo BMN, e vale a soma dos internos não adjacentes, portanto 30° + 30° = 60°.

O problema pergunta o seno deste ângulo e sabemos que o seno de 60° vale $\frac{\sqrt{3}}{2}$.

Resposta: (D) $\frac{\sqrt{3}}{2}$

932) ETAM – Se chamarmos o lado do cubo de **a**, sua diagonal vale $a\sqrt{2}$. Então a área do retângulo que forma a divisória é:

$a.a\sqrt{2} = a^2\sqrt{2}$

Como este valor é $4\sqrt{2}$, temos:

$a^2\sqrt{2} = 4\sqrt{2}$ ➔ a = 2

As medidas estão dadas em decímetros.

O volume do cubo é $a^3 = 2^3 = 8$ dm^3.

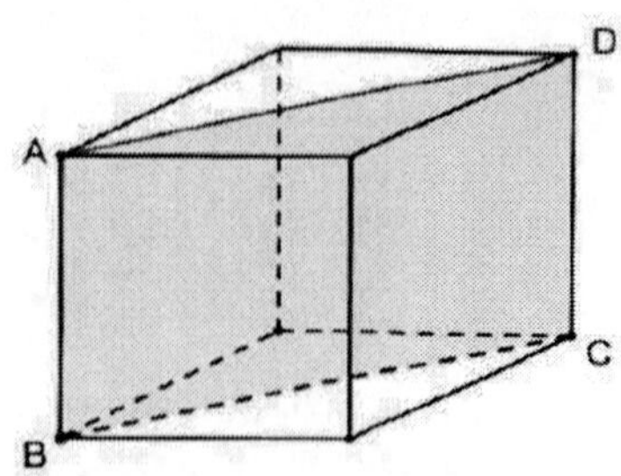

Resposta: (C) 8

933) IFES – O ângulo x está no 1º quadrante (entre 0 e π/2). Nesse quadrante, o seno e o cosseno são positivos. Usamos então a informação cos(x) = 1/3 e a relação trigonométrica fundamental entre seno e cosseno: $(\text{sen}\,x)^2 + (\cos x)^2 = 1$, que também pode ser escrita como $\text{sen}^2(x) + \cos^2(x) = 1$. Ficamos com

$(\text{sen}\,x)^2 + (1/3)^2 = 1$

$(\text{sen}\,x)^2 + 1/9 = 1$

$(\text{sen}\,x)^2 = 8/9$

$$\text{sen}\,x = \sqrt{\frac{8}{9}} = \frac{2\sqrt{2}}{3}$$

Fazendo $\sqrt{2} = 1{,}41$, isso resulta em

$$\frac{2 \times 1{,}41}{3} = 0{,}94$$

Resposta: (A) 0,94

934) IFAL – Em um triângulo retângulo, quando conhecemos a hipotenusa a e os ângulos agudos α e β, podemos calcular os catetos. Observe a figura ao lado.

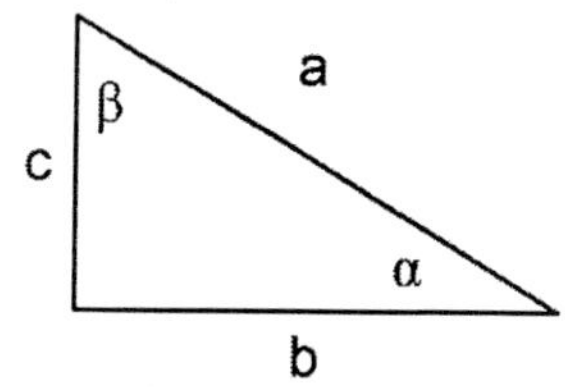

Note que para ângulos entre 0 e 90°, quanto maior é o ângulo, maior é o seu seno e menor é o seu cosseno. Como foi dado que cos(α) = 0,8, significa que α é o ângulo agudo menor, e β é o maior.

Os catetos valem:

$b = a.\cos(\alpha) = 5 \times 0{,}8 = 4$

$c = a.\cos(\beta) = 5 \times 0{,}6 = 3$

Como os catetos valem 3 e 4, a área do triângulo vale:

$\dfrac{b \times c}{2} = \dfrac{3 \times 4}{2} = 6$

Resposta: (B) 6

935) EAM – Usamos relação fundamental da trigonometria: $sen^2(x) + cos^2(x) = 1$.

Usando os valores dados, ficamos com:

$$\left(\frac{m-1}{2}\right)^2 + \left(\frac{m+1}{2}\right)^2 = 1 \rightarrow \frac{m^2-2m+1}{4} + \frac{m^2+2m+1}{4} = 1$$

$$\frac{2m^2-2m+2m+2}{4} = 1 \rightarrow \frac{2m^2+2}{4} = 1 \rightarrow \frac{m^2+1}{2} = 1$$

$m^2 + 1 = 2$

$m^2 = 1$

$m = \pm 1$

Com esses valores de m, os valores de sen(x) e cos(x) são:

m = 1 ➔ sen(x) = 0 e cos(x) = 1

m = –1 ➔ sen(x) =–1 e cos(x) = 0

Ou seja, ambos os valores de m são válidos. Seriam inválidos se resultassem em valores de sen(x) e cos(x) fora do intervalo [–1, 1]

Resposta: (B) {–1, +1}

936) CMBH – A figura abaixo é um prisma regular hexagonal. Sobre esse sólido é incorreto afirmar:

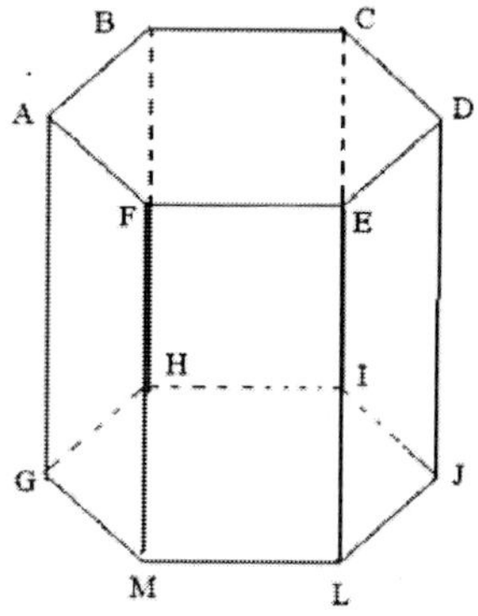

(A) Possui 12 vértices. CORRETO. São 6 vértices em uma base e 6 na outra base.

(B) A reta suporte do segmento EL é paralela à reta suporte do segmento DJ. CORRETO. As arestas laterais de um prisma regular são paralelas.

(C) A reta suporte do segmento FM é reversa à reta suporte do segmento FE. ERRADO. Não são reversas, são concorrentes, portanto coplanares.

(D) Possui 8 faces. CORRETO. São as duas bases, mais as 6 faces laterais.

(E) A interseção do plano que contém o retângulo FELM com o plano que contém o hexágono ABCDEF é a reta suporte do segmento FE. CORRETO. A aresta FE está na interseção dos dois planos citados.

Resposta: (C)

937) CMM – O sólido citado é um prisma. Sua base é um pentágono, formado por dois trapézios. A área de cada um desses trapézios vale:

$$\frac{Base + base}{2}.altura$$

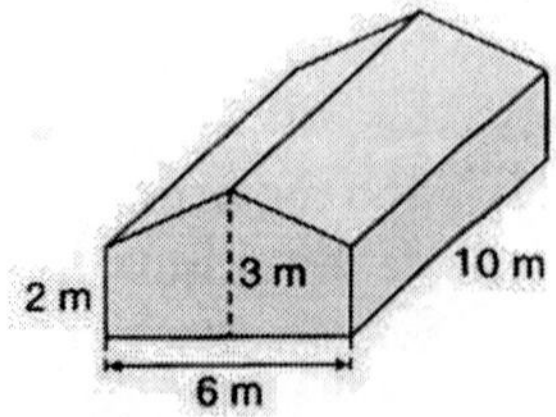

As duas bases medem 2m e 3m, a altura vale 3 m. Esta área vale portanto $\frac{3+2}{2}.3 = 7,5$

A área da base do prisma vale o dobro, 15 m^2.
Logo o volume do prisma é
15 $m^2 \times$ 10 m = 150 m^3

Resposta: (A) 150 m^3

938) CMSM – Independentemente da figura dada, o que precisamos fazer é descobrir os valores de x e y que atendam a $x^2 + y^2 = 25$ e $x + y = 7$.
Elevando ao quadrado a segunda equação, ficamos com:
$(x + y)^2 = 49$
$x^2 + y^2 + 2xy = 49$
Como foi dado que $x^2 + y^2$ vale 25, temos:
$25 + 2xy = 49$
$2xy = 24$
$xy = 12$

Resposta: (B) 12

939) CMRJ – Note que toda a extensão do trajeto tem largura de 1,20 m, a mesma largura padrão do piso. Portanto tudo o que temos que fazer é calcular o comprimento.

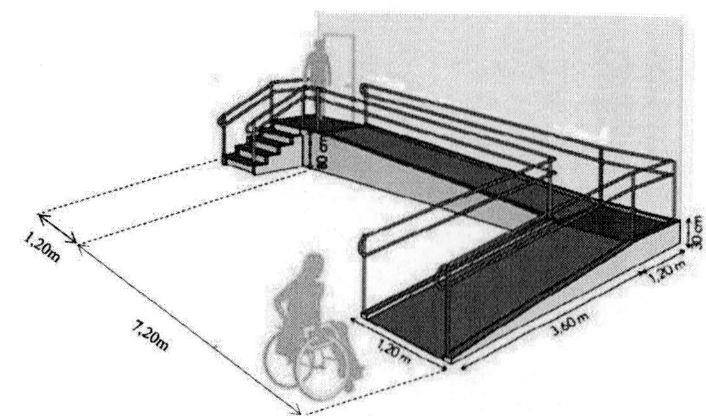

O trajeto completo pode ser dividido em 4 partes, de baixo para cima:
A primeira e a terceira parte são rampas, e a segunda e a quarta são horizontais. As rampas são hipotenusas de triângulos indicados na figura.
1ª parte (rampa). Os catetos são 3,60m e 30 cm. Para evitar as vírgulas, vamos trabalhar com decímetros: 36 dm e 3 dm.
2ª parte (horizontal): Um quadrado de lado 1,2 m, portanto 12 dm de comprimento de piso.
3ª parte (rampa): O cateto horizontal é 7,20m – 1,20m = 6m, ou 60 dm. O cateto vertical é 80 cm – 30cm = 50 cm = 5 dm.
4ª parte (horizontal): Outro quadrado de 1,20m e lado, necessita de 12 dm de comprimento de piso.
Ficamos então com:
1ª parte: rampa com catetos 36 dm (horizontal) e 3 dm (vertical)
2ª parte: horizontal com comprimento 12 dm
3ª parte: rampa com catetos 60 dm (horizontal) e 5 dm (vertical)

4ª parte: horizontal com comprimento de 12 dm

Se não existisse a elevação, se fossem somente os comprimentos horizontais, o comprimento total do piso seria 36 + 12 + 60 + 12 = 120 dm = 12 m

Isso resultaria em um gasto de 12 × R$ 150,00 = R$ 1800,00

Ocorre que o comprimento verdadeiro é um pouco maior, pois existem os catetos verticais. Seria preciso usar o Teorema de Pitágoras para calcular esses comprimentos com exatidão. Ou seja, estaríamos calculando raízes quadradas de números que não têm raiz exata. Cálculos muito trabalhosos.

O problema foi criado para o aluno resolver com a ajuda as respostas. Note que entre as opções, apenas uma delas é maior que R$ 1800,00, as outras são menores. Portanto apenas a opção (E) tem chance de ser a correta. Esse era o raciocínio que a banca esperava do aluno na resolução deste problema.

Resposta: (E) 1805 reais

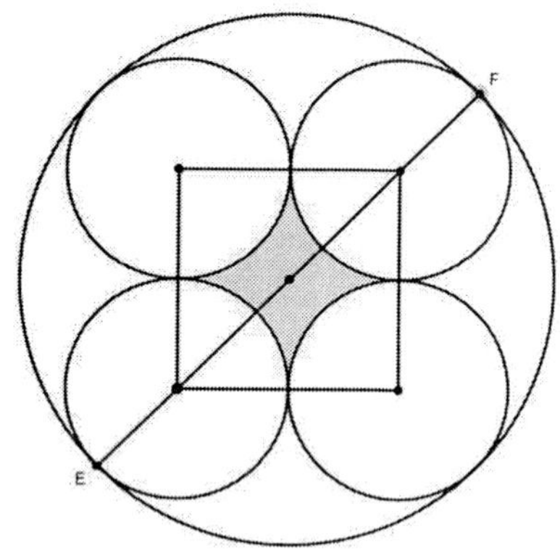

940) CMB – É desvantajoso substituir valores numéricos de variáveis geométricas no início da resolução de um problema. É mais vantajoso usar as variáveis na forma literal, fazer os cálculos e fazer as substituições apenas no final. Por incrível que pareça, proceder como recomendamos resultará em cálculos mais simples.

Sejam portanto R o raio do círculo maior, e r o raio dos círculos menores. Claro que podemos calcular r em função de R. Uma vez sabendo r, ficará fácil calcular a área pedida.

Pela simetria da figura, os centros dos círculos menores formam um quadrado. Seus lados são iguais a 2r, e sua diagonal vale $2r\sqrt{2}$.

A diagonal do quadrado passará pelo centro do círculo maior, também por simetria da figura. Prolongando a diagonal indicada na figura, esta passará pelos pontos de tangência entre o círculo maior e os círculos menores, como os pontos E e F da figura. Isto ocorre porque a linha dos centros de círculos tangentes está alinhada com os pontos de tangência. Portanto, o segmento EF vale 2R, mas também é igual a $2r\sqrt{2}+2r$ (diagonal do quadrado mais dois raios r).

$$2r\sqrt{2}+2r=2R \rightarrow r=\frac{R}{\sqrt{2}+1}$$

Racionalizando o denominador, r resultará em:

$$r=\frac{R}{\sqrt{2}+1}=\frac{R(\sqrt{2}-1)}{(\sqrt{2}+1)(\sqrt{2}-1)}=R(\sqrt{2}-1)$$

A área hachurada é igual a um quadrado de lado 2r, menos quatro setores de 90 de círculos de raio r, ou seja um círculo inteiro.

$$A=4r^2-\pi.r^2=r^2(4-\pi)$$

Usando o valor de r calculado em função de R, temos:

$$A=\left[R(\sqrt{2}-1)\right]^2(4-\pi)$$

Finalmente, fazemos R=1 e calculamos o valor da área:

$$A=\left[2-2\sqrt{2}+1\right](4-\pi)$$

$$A=\left[3-2\sqrt{2}\right](4-\pi)$$

Resposta: (C) $(3-2\sqrt{2})(4-\pi)$

Resoluções do teste 95

941) ETAM – Para as provas de concursos, é preciso ter memorizados os senos e cossenos dos ângulos 30°, 45° e 60°. Além desses, lembremos ainda de 0° e 90°.

$$\text{sen}(0°) = 0;\ \text{sen}(30°) = \frac{1}{2};\ \text{sen}(45°) = \frac{\sqrt{2}}{2};\ \text{sen}(60°) = \frac{\sqrt{3}}{2};\ \text{sen}(90°) = 1;$$

$$\cos(0°) = 1;\ \cos(30°) = \frac{\sqrt{3}}{2};\ \cos(45°) = \frac{\sqrt{2}}{2};\ \cos(60°) = \frac{1}{2};\ \cos(90°) = 0;$$

A expressão pedida pelo problema é portanto:

$$2.\cos(45°).\text{tg}(30°).\text{tg}(60°) = 2.\frac{\sqrt{2}}{2}.\frac{\frac{1}{2}}{\frac{\sqrt{3}}{2}}.\frac{\frac{\sqrt{3}}{2}}{\frac{1}{2}} = \sqrt{2}.\frac{\sqrt{3}}{\sqrt{3}} = \sqrt{2}$$

Resposta: (B) $\sqrt{2}$

942) IFAL – A figura indicada é um círculo de raio 2, menos seis triângulos equiláteros de lado 2:

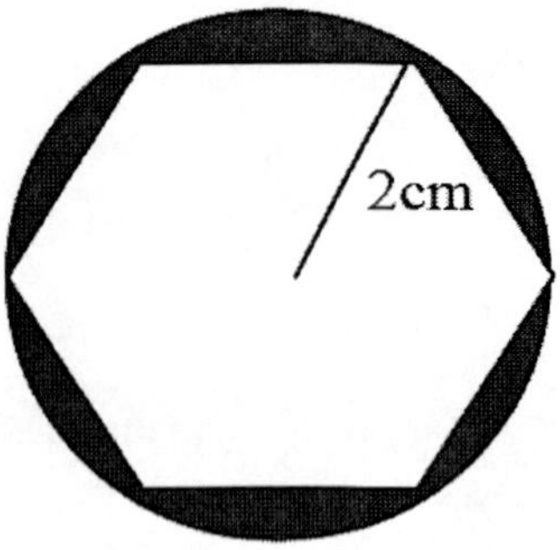

$$\pi.2^2 - 6\times\frac{2^2\sqrt{3}}{4} = 4\pi - 6\sqrt{3}$$

Lembrando aqui da fórmula da área de um triângulo equilátero de lado L, que é $\frac{L^2\sqrt{3}}{4}$.

Resposta: (A) $2\left(2\pi - 3\sqrt{3}\right)$

943) IFCE – Dados os ângulos A e B, determinamos o ângulo C, que vale 45°.

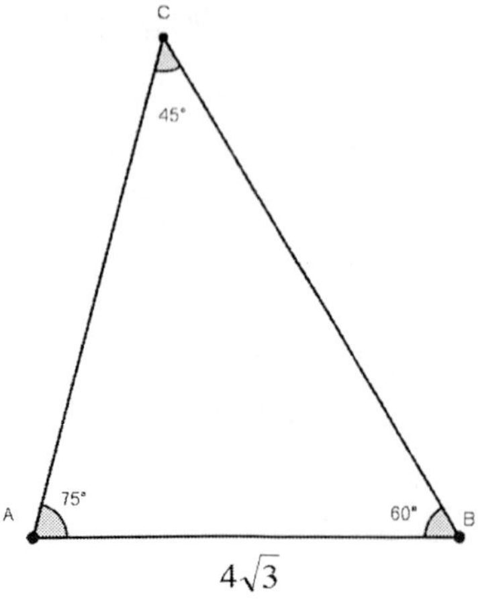

Agora usamos a Lei dos Senos. Se os lados a, b e c são respectivamente opostos aos ângulos A, B e C, temos:

$$\frac{a}{\text{sen}(\hat{A})} = \frac{b}{\text{sen}(\hat{B})} = \frac{c}{\text{sen}(\hat{C})}$$

Levando em conta apenas os ângulos B e C, temos:

$$\frac{AC}{\text{sen}(60°)} = \frac{4\sqrt{3}}{\text{sen}(45°)}$$

Substituindo os senos de 60° e 45°, encontramos AC:

$$AC = \frac{4\sqrt{3}.\text{sen}(60°)}{\text{sen}(45°)}$$

O que resulta em $6\sqrt{2}$

Resposta: (C) $6\sqrt{2}$ **cm**

944) IFPI – O problema traz duas dificuldades para que o aluno encontre a solução. A primeira é que a figura está mal desenhada. Os pontos que dividem os catetos em a/2 e b/2 não estão exatamente nas metades desses catetos. A segunda dificuldade é que não foi dada a medida ou posição do vértice do triângulo sombreado localizado na hipotenusa do triângulo maior.

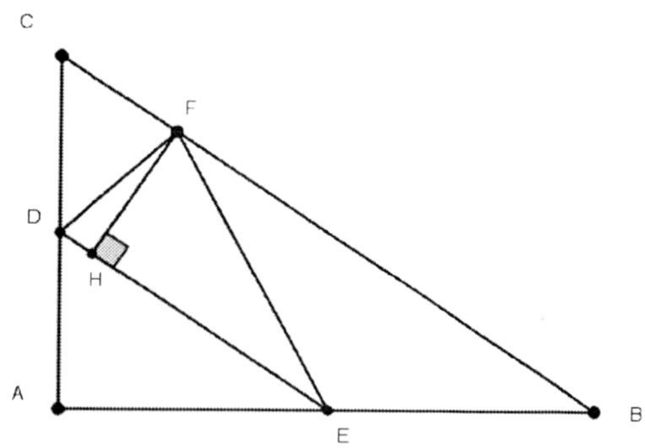

Como os pontos D e E são médios dos catetos, o segmento DE é base média do triângulo ABC, portanto DE é paralelo a BC.
A localização do ponto F não foi dada, porém a área pedida (triângulo DEF) é sempre a mesma, qualquer que seja a localização de F ao longo de BC. Isso porque essa área vale base × altura/2, mas a base DE é fixa, e altura traçada de F tem sempre o mesmo valor, já que DE é paralelo a BC. Por acaso essa altura vale a metade da altura do triângulo ABC, traçada de A. Então a área pedida terá sempre o mesmo valor para qualquer posição de F ao longo de BC,. Se usarmos F como ponto médio de BC, a área resultante será igual à área do triângulo ADE, que vale (a/2) × (b/2) / 2 = ab/8.

Resposta: (A) ab/8

945) EAM – A EAM está usando questões de provas anteriores do Colégio Militar. Veja a questão número 979 deste capítulo. Esta questão caiu anteriormente no Colégio Militar de Fortaleza.

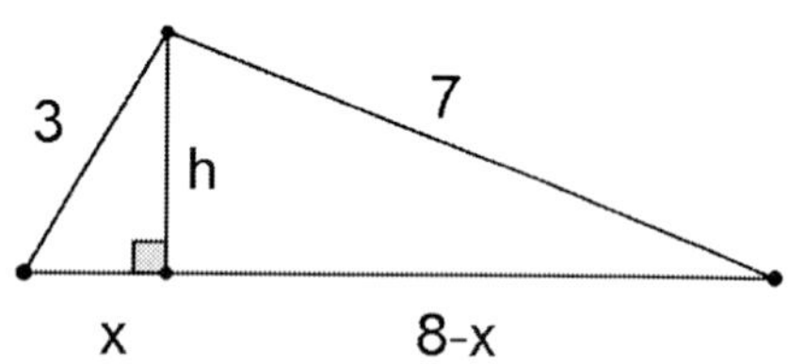

Trabalhemos com decímetros para ficar com números mais simples. Os lados do triângulo medem 3, 7 e 8 decímetros. A altura traçada em relação ao maior lado forma dois triângulos retângulos. O valor pedido pelo problema é **x** da figura. A outra parte do lado maior é **8 – x**. A altura pode ser calculada pelo Teorema de Pitágoras nos dois triângulos:

Triângulo menor: $h^2 = 9 - x^2$

Triângulo maior: $h^2 = 49 - (8 - x)^2$

Igualando os valores de h^2 nas duas equações, ficamos com:

$9 - x^2 = 49 - (8 - x)^2$

$9 - x^2 = 49 - (64 - 16x + x^2)$

$9 - x^2 = 49 - 64 + 16x - x^2$

$24 = 16x$

$x = 1{,}5$

Este é o valor de x em decímetros, o mesmo que 15 centímetros. O problema pede o menor segmento do lado maior, que é exatamente x.

Resposta: (A) 15

946) CMSM – Questão totalmente maldosa. Apesar do conceito ser simples, o aluno é cobrado sobre um assunto fora do programa, com apenas uma breve apresentação: Geometria não-Euclidiana. De acordo com a breve explicação, as retas que passam por um ponto são semicírculos que dividem a esfera em duas, como se fossem meridianos partindo do Polo Norte. A figura ao lado mostra, segundo a concepção dessa geometria estranha, algumas retas passando pelos pontos A e B. Apenas uma dessas retas passa simultaneamente por A e B.

É difícil perceber isso na hora da prova, mas note que pela figura, todas as retas que passam por B cortam todas as retas que passam por A, e vice-versa.

Usando essa ideia de que, nessa geometria "maluca", uma reta passando por um ponto A (ver figura ao lado) é uma circunferência máxima, tal reta funcionaria como uma "linha do Equador", como mostra a figura. Note que podemos, por um ponto B, traçar uma "paralela", como uma segunda linha que não intercepta aquele equador em ponto algum.

Entretanto essa linha passando por B não é uma circunferência máxima, logo não é uma reta nessa geometria especial. Fazendo uma analogia com a Terra, tal reta seria um paralelo, mas não o equador.

Concluímos assim que não existem retas passando por B que sejam paralelas à reta dada passando por A.

Isso resulta na resposta (A):

Resposta: (A) Por um ponto fora de uma reta não existe qualquer reta paralela à reta dada.

947) CMB – O ângulo central AOB vale 130°, pois conhecemos três ângulos do quadrilátero APBO: 90°, 50° e 90°. Para completar 360°, restam 130° para AOB. Logo o arco menor AB mede 130°, e o arco maior mede 360° – 130° = 230°.

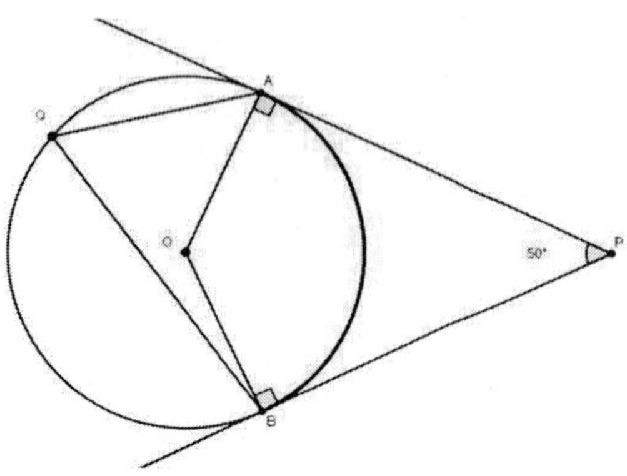

Como foi dado que o ângulo AQB é agudo, Q precisa estar localizado sobre o arco maior AB, pois se estivesse no arco menor, estaria inscrito em um arco de 230°, valendo então 115°. Logo Q pertence ao arco maior AB, e está inscrito no arco AB menor, de 130°. Logo seu valor é 130°/2 = 65°.

Resposta: (C) 65°

948) CMBH – Sabemos que o ângulo inscrito em um arco vale a metade deste arco. A partir dos três ângulos inscritos dados (30°, 20° e 80°), podemos determinar os arcos correspondentes, que são, respectivamente 60°, 40° e 160°. Obviamente a figura foi feita totalmente fora de escala.
O ângulo x é um ângulo chamado **Excêntrico Interno**, e vale a semi-soma dos arcos compreendidos, que no caso são 40° e 60°. Logo temos que x = (40 + 60)/2 = 50.

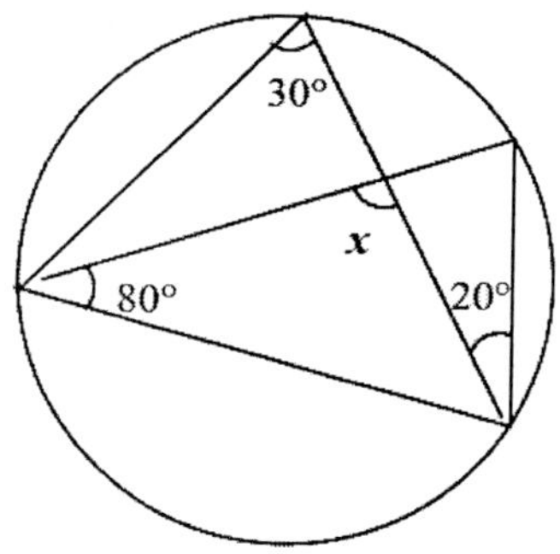

Resposta: (B) 50°

949) CMF – O raio da circunferência vale R=1. Como CD é lado de um hexágono regular inscrito, os pontos O, C e D formam um triângulo equilátero. O segmento OG indicado como y na figura, é a altura do triângulo equilátero de lado R, ou seja,

$$y = \frac{R\sqrt{3}}{2}$$

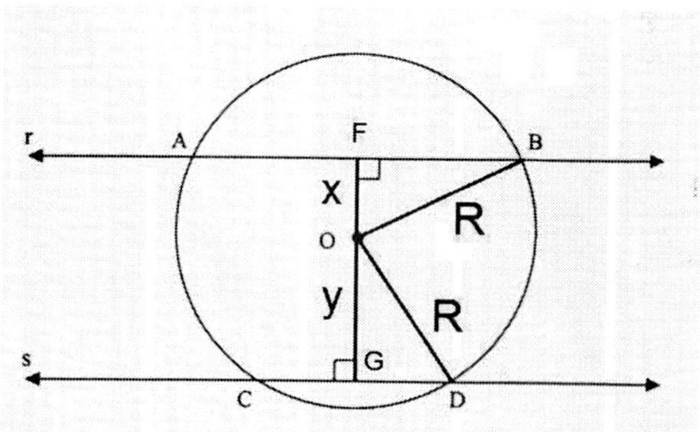

Mais uma vez uma figura completamente mal desenhada, pois como AB é o lado do quadrado inscrito na mesma circunferência, o ângulo AOB é reto, ou seja, OFB é um triângulo retângulo isósceles. Logo $x = OF = FB = \frac{AB}{2} = \frac{R\sqrt{2}}{2}$

A distância entre as retas é portanto x + y que vale:

$$x + y = \frac{R\sqrt{2}}{2} + \frac{R\sqrt{3}}{2} = R\frac{\sqrt{2}+\sqrt{3}}{2}$$

Como R=1, o resultado é o da letra (A).

Resposta: (A) $\frac{\sqrt{3}+\sqrt{2}}{2}$

950) CMJF – Como sabemos PQ, se conhecermos os ângulos do triângulo RPQ, podemos usar a Lei dos Senos para calcular os demais lados. Sabendo os lados e os ângulos, podemos encontrar a área desse triângulo.
O ângulo P interno mede 30°.
Q é ângulo externo do triângulo abaixo, que cujos outros ângulos são 45° (oposto pelo vértice a 45°) e 15° (suplemento de 165°).

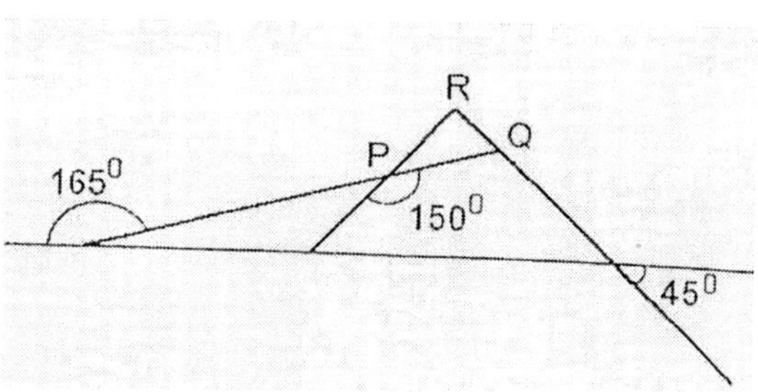

Portanto o ângulo Q do triângulo RPQ mede 15° + 45° = 60°.
Sendo assim, o triângulo RPQ tem ângulos de 30° e 60°, logo o ângulo R mede 90°.
Trata-se de um triângulo retângulo, do tipo 30-60-90, com hipotenusa PQ dada no enunciado como 10 cm.

Portanto o cateto menor RQ mede 5, e o cateto maior RP mede $5\sqrt{3}$. A área do triângulo RPQ vale:

$$\frac{5\times5\sqrt{3}}{2}=\frac{25\sqrt{3}}{2}$$

Resposta: (D) $25\frac{\sqrt{3}}{2}$

Resoluções do teste 96

951) ETAM – Em relação às relações trigonométricas, avalie se são falsas (F) ou verdadeiras (V) as afirmativas a seguir:

I. sen(65°) < sen(75°). CORRETO.

O seno é crescente no 1º quadrante, ou seja, quanto maior é o ângulo, maior é o seno. Começa com 0 e vai até 1.

II. cos(38°) > cos(56°). CORRETO.

O cosseno é decrescente no 1º quadrante, ou seja, quanto menor é o ângulo, maior é o seu cosseno.

III. tg(6°) > tg(88°). ERRADO.

A tangente é crescente no 1º quadrante, ou seja, quanto maior é o ângulo, maior é a sua tangente, e vice-versa.

A ordem é V V F.

Resposta: (E) V, V, F

952) IFAL – A medida da altura é

90m.sen(30°) = 90m.(1/2) = 45m

Outra forma equivalente de resolver o problema é lembrar que no triângulo 30-60-90, o cateto oposto a 30° vale a metade da hipotenusa.

Resposta: (A) 45**m**

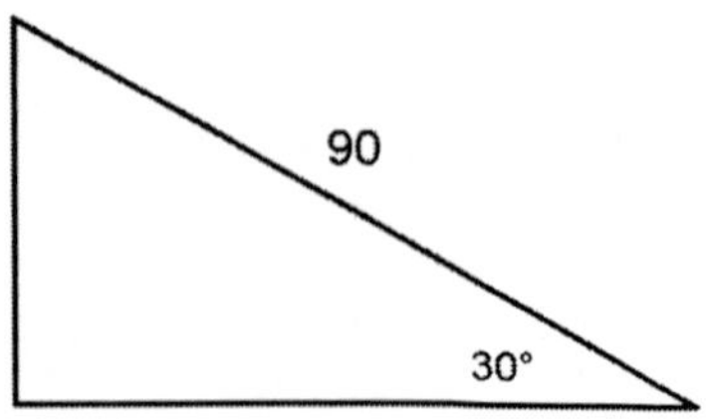

953) IFPI – Como tg(θ) = 3, temos no triângulo menor, que o cateto oposto a θ mede 3×4=12.

Além disso, como sen(β) = 3/5, temos no triângulo maior, que:

$$\frac{12}{x}=sen(\beta)=\frac{3}{5}$$

$$x=20$$

Resposta: (A) 20

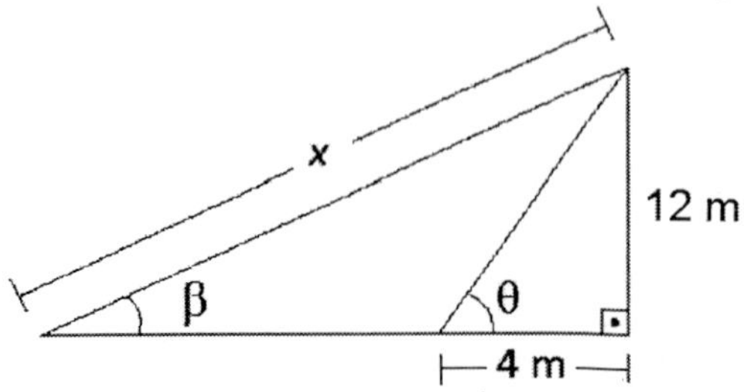

954) IFAM – Observando os ângulos, verificamos facilmente que o triângulo ABC é do tipo 30-60-90, assim como o triângulo AMB.

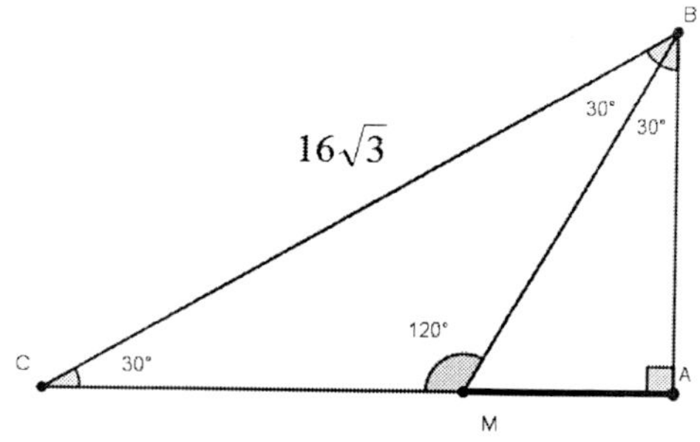

Nesse tipo de triângulo, o cateto oposto a 30° vale a metade da hipotenusa. Logo, no triângulo ABC, temos:

$$AB = \frac{1}{2} \times 16\sqrt{3} = 8\sqrt{3}$$

Também no triângulo 30-60-90, o cateto menor é igual ao cateto maior, dividido por $\sqrt{3}$. Logo, no triângulo ABM, temos:

$$AM = \frac{AB}{\sqrt{3}} = \frac{8\sqrt{3}}{\sqrt{3}} = 8$$

Resposta: (A) 8

955) EAM – Problema interessante, que já havia sido cobrado alguns anos antes na prova do Colégio Militar de Fortaleza, veja a questão 707.

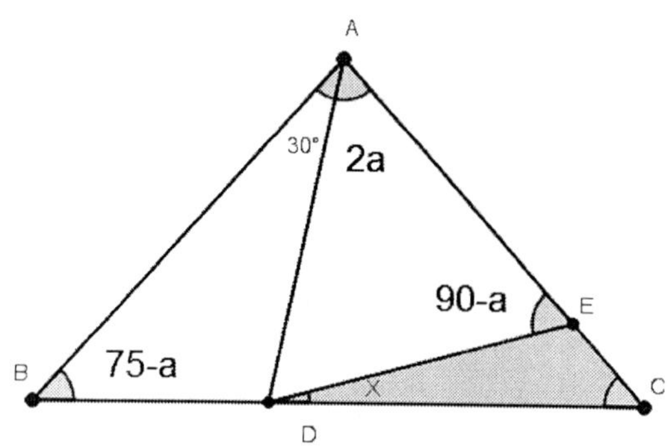

A dificuldade do problema é que não é possível descobrir os ângulos do triângulo ABC, e nem do triângulo ADE. Apenas o ângulo X está determinado, e ele depende apenas do valor do ângulo BAD, que neste problema é 30°.

Chamemos de 2a (para evitar frações) o ângulo DAE, ou seja, o ângulo do vértice do triângulo ADE. Podemos assim determinar os demais ângulos em função de **a**:

Triângulo isósceles ADE: Com DAE=2a, os outros dois ângulos deste triângulo valem 90–a.

Triângulo isósceles ABC: Com BAC=30+2a. os ângulos ABC e ACB medem 75 – a.

Assim, no triângulo sombreado DEC, o ângulo 90 – a (DEA) é externo, e vale a soma dos internos não adjacentes:

90 – a = x + 75 – a

x = 15

Ou seja, o valor do ângulo x é 15, independentemente do valor do ângulo A, e depende apenas daquele ângulo de 30° dado no início.

O problema pede a quarta parte de x, ou seja, 15/5 = 3,75 graus, e 0,75 grau é o mesmo que 45 minutos.

Resposta: (E) 3° 45’

956) CMBH – O cosseno do ângulo α pode ser calculado apenas em função do triângulo ABD, sem usar as demais informações, tais como CD=60 e o valor da hipotenusa AC.

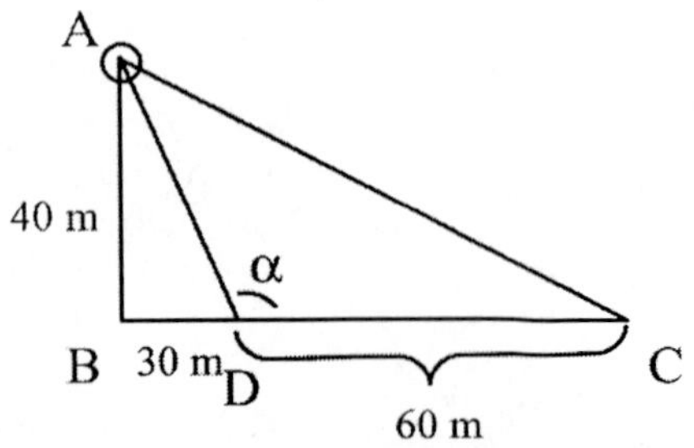

O suplemento do ângulo α é um dos ângulos agudos do triângulo ABD. Sendo seus catetos 40 e 30, a sua hipotenusa vale 50. Então temos que:

$$\cos\hat{D} = \frac{30}{50} = \frac{3}{5}$$

Como α é o suplemento do ângulo $\hat{D}$, temos que o cosseno de α é igual ao de $\hat{D}$, porém com sinal contrário, ou seja:

cos(α) = –3/5

Resposta: (E) –3/5

957) CMB – Com área 144, o lado do quadrado vale 12. De acordo com a relação dada, temos que PB é o dobro de PC, e como PB+PC vale 12, então temos PC=4 e PB=8. Da mesma forma, QC=4 e QD=12.

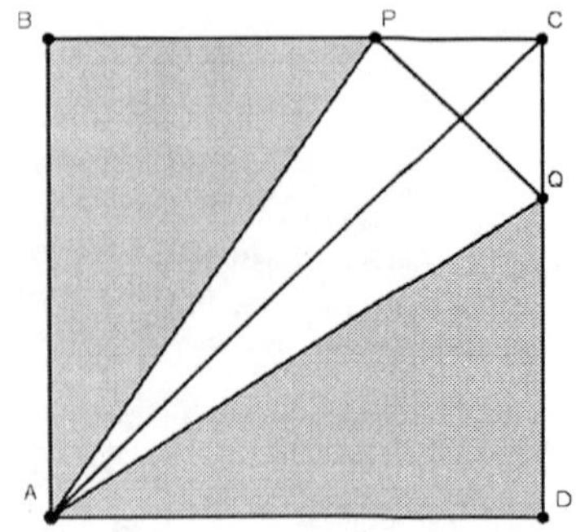

A área pedida pode ser calculada por diferentes formas: por adição e por subtração. Muitas vezes, como é esse caso, é mais fácil o cálculo por subtração. A área pedida, do quadrilátero APCQ, é igual ao quadrado, menos os dois triângulos sombreados: ABP e ADQ. Ambos são triângulos retângulos com catetos 12 e 8, e área 48. Logo a área pedida é:

144 – 48 – 48 = 48

Resposta: (E) 48 cm²

958) CMF – Será preciso aplicar o Teorema de Pitágoras várias vezes:

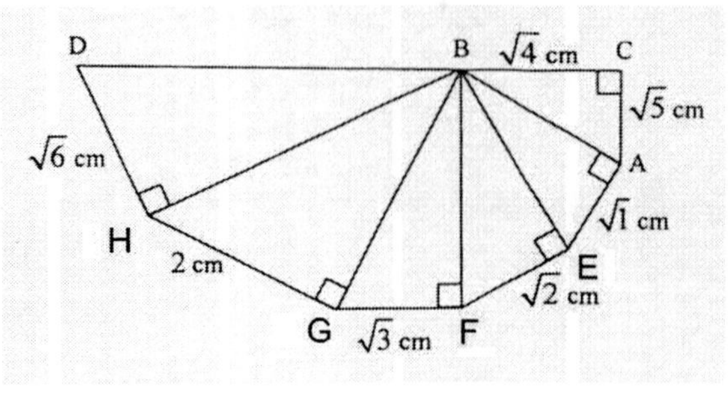

No triângulo ABC: AB = $\sqrt{4+5} = 3$

Nos triângulos seguintes, determinamos:

BE = $\sqrt{1+9} = \sqrt{10}$

BF = $\sqrt{2+10} = \sqrt{12}$

BG = $\sqrt{3+12} = \sqrt{15}$

BH = $\sqrt{4+15} = \sqrt{19}$

BD = $\sqrt{6+19} = \sqrt{25} = 5$

A medida que o problema pergunta é:

3 + 5 = 8

Resposta: (A) 8

959) CMJF – Para calcular o perímetro do quadrilátero, falta apenas descobrir o lado AD=x, pois os demais lados foram dados. O ângulo $\hat{D}$ é conhecido, 60°. Podemos usar a Lei dos Cossenos no triângulo ACD, mas antes precisamos do valor de AC, que pode ser calculado com o Teorema de Pitágoras no triângulo ABC:

$AC^2 = 2^2 + 3^2$

$AC = \sqrt{13}$

Agora a Lei dos Cossenos em ACD:

$AC^2 = CD^2 + AD^2 - 2.AD.CD.\cos(60°)$

$13 = 9 + x^2 - 2.3.x.\frac{1}{2}$

$x^2 - 3x - 4 = 0$

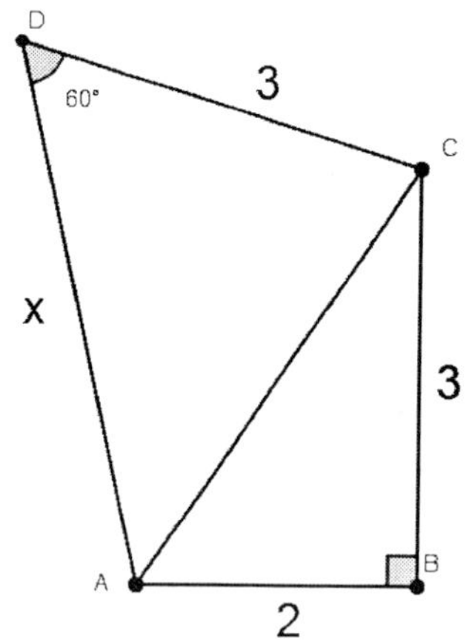

As raízes são –1 e 4. A raiz negativa não serve, porque x é um segmento.

Logo temos x=4, e o perímetro do quadrilátero pedido é:

4 + 3 + 3 + 2 = 12

Resposta: (B) 12

960) CMM – Observe que ONAP é um quadrado, sendo N e P os pontos onde a circunferência inscrita tangencia os catetos. Isso ocorre porque temos os três ângulos retos indicados. O ângulo A é reto, e lembrando que o raio é perpendicular à tangente no ponto de tangência. Com os ângulos retos e dois lados iguais ao raio r, fica mostrado que ONAP é realmente um quadrado, e NA=AP=r. Isso vai ser usado no cálculo do perímetro do triângulo ABC.

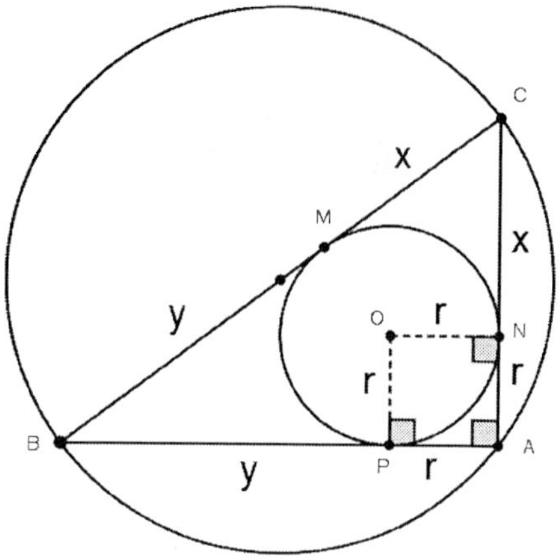

Sobre a circunferência circunscrita, seu diâmetro é a hipotenusa do triângulo ABC. Isso porque o ângulo reto está inscrito em um arco de 180°. Isso só ocorre se a corda correspondente for diâmetro.

Partindo do ponto C, temos duas tangentes à circunferência menor: CM e CN. Tangentes traçadas de um mesmo ponto a uma circunferência são iguais, então CM=CN=x. Da mesma forma, BM=BP=y

Sendo assim, o perímetro do triângulo ABC é 2x + 2y + 2r. Como x + y é igual ao diâmetro do círculo maior, temos que este perímetro é 2D + 2r = 2D + d.

Resposta: (C) d+2D

Resoluções do teste 97

961) ETAM – Para calcular o que se pede, devemos usar duas fórmulas da trigonometria:

Seno do arco soma

Seno e cosseno do arco duplo

1) Arco soma

As duas fórmulas devem ser lembradas, pois realmente são necessárias em uma prova que cobre trigonometria:

sen(x + y) = sen(x).cos(y) + sen(y).cos(x)]

2) Arco duplo

Usando x=y na fórmula acima, podemos calcular sen(2x). O resultado é:

sen(2x) = 2.sen(x).cos(x)

Já a fórmula para cos(2x) pode ser escrita de três formas equivalentes:

$\cos(2x) = \cos^2(x) - \text{sen}^2(x)$

$\cos(2x) = 2\cos^2(x) - 1$

$\cos(2x) = 1 - 2\text{sen}^2(x)$

No nosso problema, usaremos essas fórmulas para calcular o que se pede.

sen(2b+a) pode ser calculado com a fórmula do seno da soma.

sen(2b+a) = sen(2b).cos(a) + sen(a).cos(2b)

Agora usamos as fórmulas para sen(2b) e cos(2b), ficando com

$2.\text{sen(b)cos(b).cos(a)} + \text{sen(a)}.[2\cos^2(b) - 1]$

Para calcular a expressão, precisamos de sen(b) e sen(a), que foram dados, mas também de cos(b) e cos(a). Devemos considerar a e b no primeiro quadrante, que têm seno e cosseno positivos.

sen(b) = 0,8 ➔ cos(b) = 0,6

sen(a) = 0,6 ➔ cos(a) = 0,8

Logo a expressão resulta em:

$2.\ 0{,}8\ .\ 0{,}6\ .\ 0{,}8 + 0{,}6\ .\ [2\ .\ 0{,}6^2 - 1] =$

$0{,}768 + 0{,}6\ .\ (-0{,}28) =$

$0{,}768 - 0{,}168 = 0{,}6$

Existe um modo de resolver o problema sem usar essas fórmulas trigonométricas, apenas usando geometria. Essa será nossa 2ª solução.

2ª solução:

Os ângulos a e b, com os senos dados, são os ângulos agudos do famoso triângulo retângulo da lados 3 – 4 – 5, que têm senos iguais a 3/5 e 4/5. Juntando dois desses triângulos retângulos, formamos o triângulo isósceles ao lado.

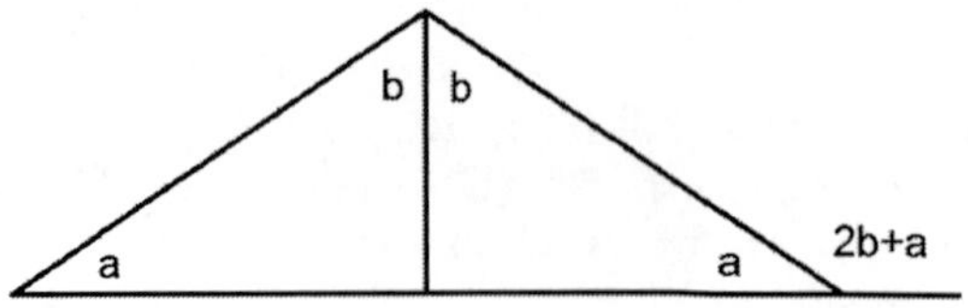

O ângulo externo indicado é 2b+a, a soma dos internos não adjacentes. Como a+b = 90, temos que 2b+a é o suplemento de a. E ângulos suplementares possuem o mesmo seno. Portanto sen(2b+a) = sen(a) = 0,6

Resposta: (A) 0,6

962) IFMT – Sempre devemos procurar nas questões de prova, triângulo do tipo 30 – 60 – 90, pois estes aparecem em todas as provas. É o nosso caso. Apesar da figura original estar propositadamente mal desenhada, para o aluno ter dificuldade de perceber, o triângulo presente é desse tipo, pois lá estão o ângulo de 90° e o de 30°. Logo o ângulo α vale 60°.

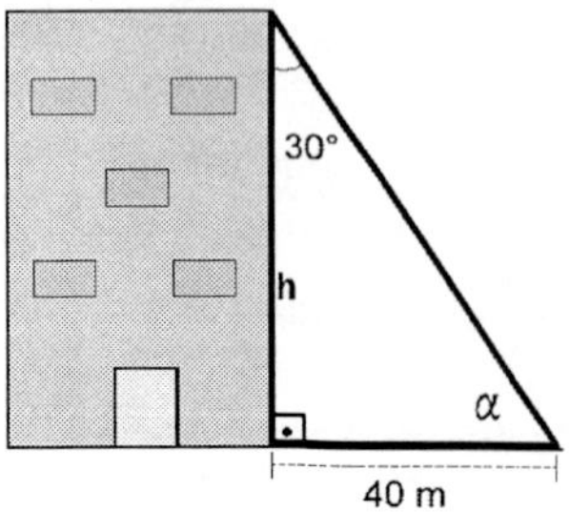

Sendo assim, 40 m, oposto a 30°, é o cateto menor, e a altura do prédio, oposta a 60°, é o cateto maior. E no triângulo 30 – 60 – 90 sabemos que o cateto maior é igual ao menor multiplicado por $\sqrt{3}$. Sendo assim, a altura do prédio é:

$40 \times \sqrt{3}$

Não é preciso usar os vários senos, cossenos e tangentes fornecidos (na verdade bastaria a tangente de 60°), basta lembrar da relação entre os lados do triângulo 30 – 60 – 90.

Resposta: (C) $40\sqrt{3}$

963) IFPA - A diagonal do paralelepípedo retângulo de dimensões x, y e z, é dada por:

$$d = \sqrt{x^2 + y^2 + z^2}$$

Isso pode ser visto facilmente se aplicamos o Teorema de Pitágoras duas vezes, uma para calcular AC no triângulo ADC e outra para calcular FC no triângulo AFC. No nosso caso temos:

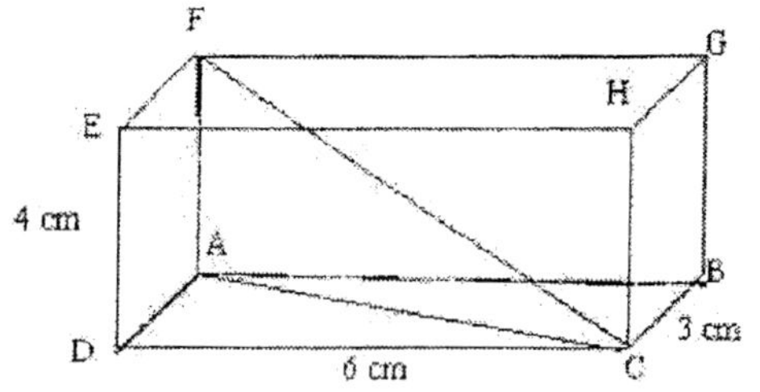

$$FC^2 = \sqrt{4^2 + 3^2 + 6^2} = \sqrt{61}$$

Resposta: (E) $\sqrt{61}$

964) EAM – Chamando os ângulos internos de a, b e c, usamos as informações do problema:
Ângulo A: a = 2b
Ângulo B: b
Ângulo C: c = 3a
Sendo assim, podemos calcular os três ângulos em função de B, usando A=2b, B=b e C=3a=6b. Logo os ângulos são 2b, b e 6b. A soma é 9b, portanto b = 20°. Os ângulos do triângulo são 20°, 40° e 120°. O problema pergunta o menor ângulo, no caso, 20°.

Resposta: (C) 20°

965) EAM - A figura traz dois triângulos "famosos": o triângulo retângulo isósceles (45 – 45 – 90) e o triângulo 30 – 60 – 90. Ambos têm hipotenusa 10, que é o comprimento da escada. No triângulo retângulo isósceles, a medida da hipotenusa é igual a medida dos catetos (que são iguais), multiplicada por $\sqrt{2}$. Isso é o mesmo que dizer que a medida do cateto é a da hipotenusa, dividida por $\sqrt{2}$. No caso o valor é:

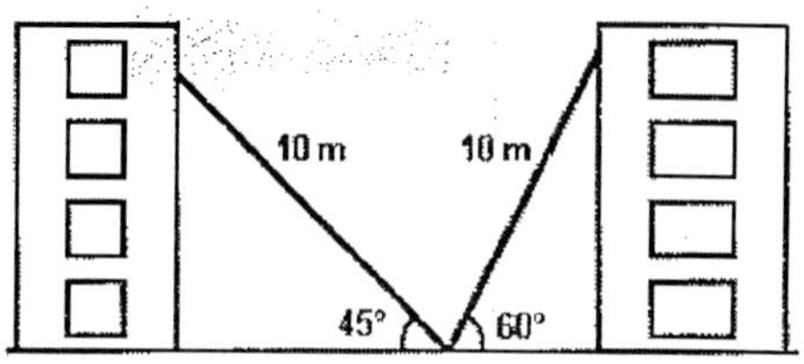

$$\frac{10}{\sqrt{2}} = \frac{10.\sqrt{2}}{\sqrt{2}.\sqrt{2}} = 5\sqrt{2}\,.$$

O outro triângulo é do tipo 30 – 60 – 90. Nesse triângulo, o cateto menor vale a metade da hipotenusa. No caso, isso resulta em 5.

A medida pedida é $5\sqrt{2}+5$. Fazendo $\sqrt{2} = 1{,}4$, que é um valor aproximado com uma casa decimal, isso resulta em

$$5 \times 1{,}4 + 5 = 7 + 5 = 12$$

2ª solução:
A medida pedida pode também ser calculada como soma de catetos, usando cossenos:

$$10.\cos(45°) + 10.\cos(60°)$$

$$= 10.\frac{\sqrt{2}}{2} + 10.\frac{1}{2} = 5\sqrt{2} + 5 \approx 7 + 5 = 12$$

Resposta: (D) 12

966) CMB – Da forma como descrito, o triângulo formado é equilátero, com lado igual ao raio da circunferência. Note que o ponto B é coincidente com o ponto H.

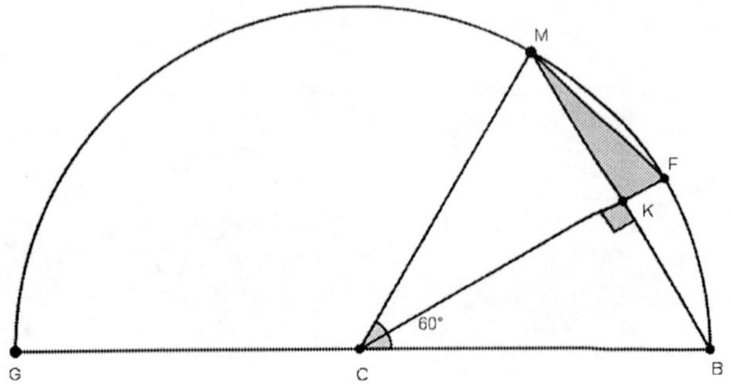

Para calcular FM, trabalharemos com o triângulo sombreado MFK.

Primeiro precisamos calcular os catetos KM e KF. Levamos em conta que CMB é um triângulo isósceles de lado R.

MB = R (triângulo CMB é isósceles) ➔ MK = R/2.

FK = R – CK = $R - \frac{R\sqrt{3}}{2}$ (lembrando que CK é altura do triângulo equilátero).

Sabendo esses dois catetos, MK e FK, podemos calcular a hipotenusa FM:

$$FM^2 = \left(R - \frac{R\sqrt{3}}{2}\right)^2 + \left(\frac{R}{2}\right)^2$$

$$FM^2 = R^2\left[1 - \sqrt{3} + \frac{3}{4} + \frac{1}{4}\right] = R^2\left[2 - \sqrt{3}\right]$$

$$FM = R\sqrt{2 - \sqrt{3}}$$

Fazendo R=2 como dado no enunciado, ficamos com:

$$FM = 2\sqrt{2 - \sqrt{3}}$$

Resposta: (D) $2\sqrt{2-\sqrt{3}}$

967) CMBH – Conhecendo o ângulo entre a bissetriz e a altura, ambas relativas à hipotenusa, podemos calcular os ângulos indicados na figura. Descontando 15° da metade do ângulo reto, ficamos com 30° para o ângulo HAC. Logo, o ângulo C vale 60°, e o triângulo ABC é do tipo 30-60-90.

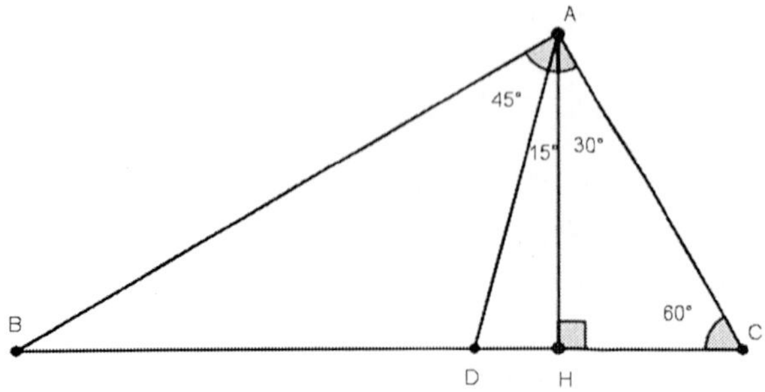

Como a hipotenusa vale 10, o cateto menor vale a sua metade, 5.

Resposta: (C) 5 cm

968) CMF – A informação cos(y)/sen(x)=1 é o mesmo que sen(x) = cos(y), o que é óbvio, irrelevante e sem utilidade alguma. Como x e y são ângulos complementares, é claro que o seno de um deles é igual ao cosseno do outro. Portanto esta informação foi dada apenas para confundir o aluno.

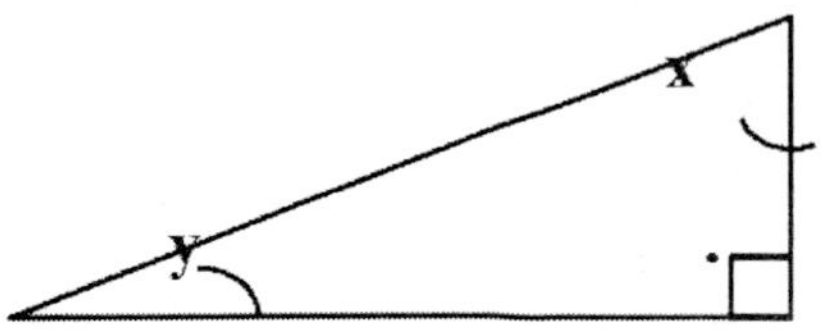

A informação que de fato vai ser usada na resolução do problema é a primeira: $\frac{sen(y)}{sen(x)} = \frac{\sqrt{3}}{3}$.

Como vimos, sendo x e y complementares, temos que sen(y) = cos(x). Então a expressão pode ser escrita como:

$\frac{\cos(x)}{sen(x)} = \frac{\sqrt{3}}{3}$ ➔ ... ➔ $tg(x) = \sqrt{3}$

O ângulo do 1º quadrante cuja tangente vale $\sqrt{3}$ é 60°.

2ª solução:

Partindo da equação $\frac{\cos(x)}{sen(x)} = \frac{\sqrt{3}}{3}$, temos:

$3.\cos(x) = \sqrt{3}.sen(x)$

$\sqrt{3}.\cos(x) = sen(x)$

Fazendo sen(x) = s e cos(x) = c, a equação acima fica:

$\sqrt{3}.c = s$

Lembrando que $s^2 + c^2 = 1$, ficamos com:

$(\sqrt{3}.c)^2 + c^2 = 1$

$3c^2 + c^2 = 1$

$4c^2 = 1$

c = 1/2, já que a solução negativa não serve, pois os ângulos estão no primeiro quadrante (senos e cossenos são positivos).

cos(x) = 1/2 ➔ x = 60° (levando em conta que x está no 1º quadrante).

Resposta: (E) 60°

969) CMJF – Os três setores de 60°, juntos, formam um semi-círculo. Sendo 16 o lado do triângulo, o raio do círculo considerado é 8. Portanto, meio semi-círculo, com raio 8, tem área de

$\frac{1}{2}\pi.8^2 = 32\pi$

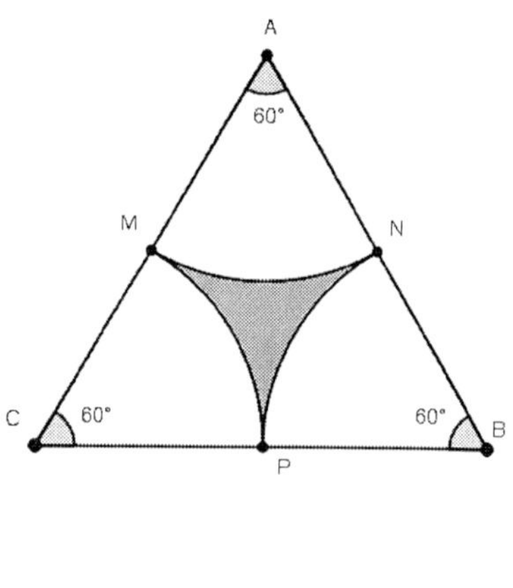

A área de um triângulo equilátero de lado L vale $\frac{L^2\sqrt{3}}{4}$. No nosso caso, o lado vale 16, então a área do triângulo é

$\frac{16^2\sqrt{3}}{4} = \frac{256\sqrt{3}}{4} = 64\sqrt{3}$

Logo a área sombreada vale $64\sqrt{3} - 32\pi$

O problema pede o cálculo da expressão $K = \frac{(F + 32\pi)}{\sqrt{3}}$, onde F é o valor da área. Portanto este valor é:

$\frac{(64\sqrt{3} - 32\pi + 32\pi)}{\sqrt{3}} = 64$

Resposta: (E) 64

970) CMPA – Basta utilizar a Lei dos Cossenos:
$a^2 = b^2 + c^2 - 2.b.c.\cos(A)$

onde a é o lado oposto ao ângulo A, e b e c são os demais lados, que formam entre si o ângulo A. No nosso caso temos:
$x^2 = 50^2 + 80^2 - 2.50.80.\cos(60°)$

Lembrando que o cosseno de 60° é igual ao seno de 30°, ou seja, 1/2.

$x^2 = 2500 + 6400 - 4000 = 4900$
$x = 70$

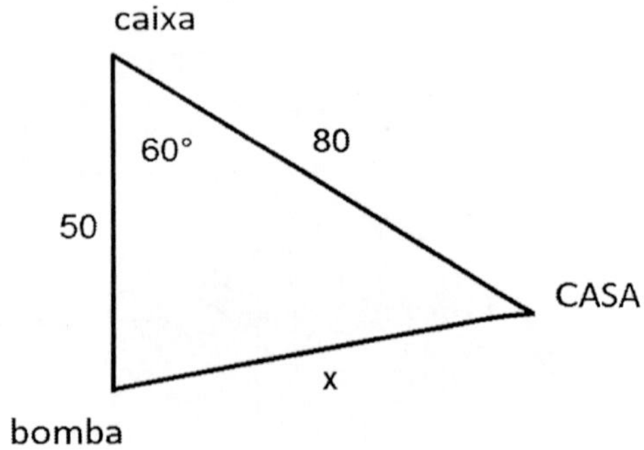

Resposta: (D) 70

Resoluções do teste 98

971) ETAM – A solução padrão é usar o Teorema de Pitágoras para encontrar a hipotenusa, e dividindo 7,5 por essa hipotenusa, encontramos o seno de α. Podemos entretanto trabalhar com um triângulo alternativo, semelhante ao triângulo dado, com lados que têm valores mais simples. Note que os catetos 7,5 e 10 são proporcionais a 3 e 4, já que podem ser expressos como 3 × 2,5 e 4 × 2,5.
Sendo assim o triângulo de catetos 3 e 4 (e hipotenusa 5) tem os mesmos ângulos que o triângulo dado pelo problema. O seno do ângulo menor é 3/5 = 0,6, e assim encontramos a resposta com muito menos cálculos.

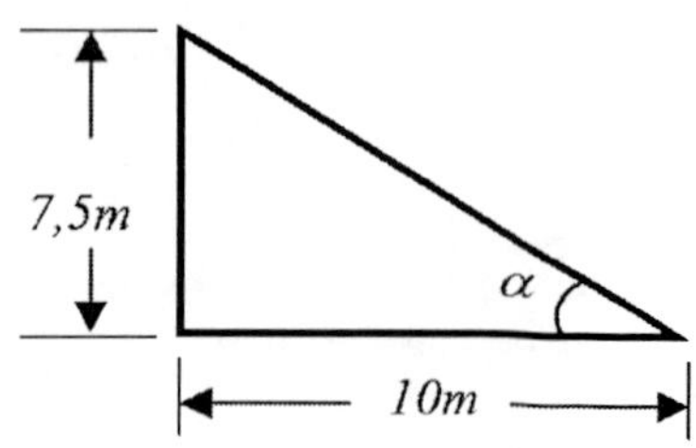

Resposta: (C) 0,6

972) IFMT – A figura forma de modo aproximado, um triângulo retângulo com um cateto medindo 64, e outro medindo L, que é a largura do rio. A razão entre esses valores é a tangente de 44°, que foi dada: 0,97.
Temos então:

Dados: sen 44° = 0,69, cos 44° = 0,71 e tg 44° = 0,97.

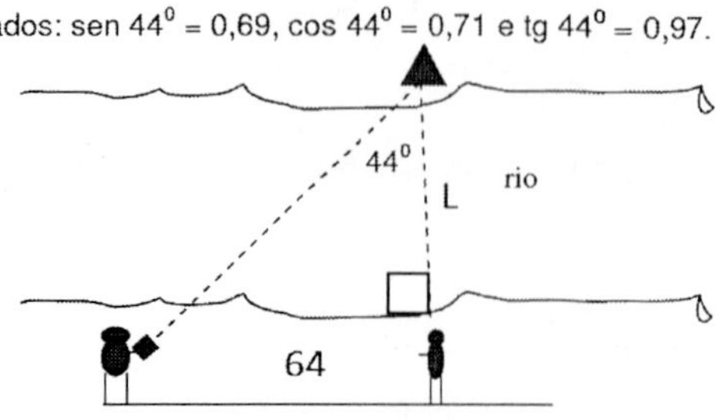

$$tg(44°) = \frac{64}{L}$$

$$L = tg(44°) = \frac{64}{tg(44°)} = \frac{64}{0,97}$$

Uma conta um pouco trabalhosa, mas é óbvio que como estamos dividindo 64 por um valor um pouco MENOR que 1, teremos como resultado um valor um pouco MAIOR que 1. Entre as respostas, o número que satisfaz a essa condição é 66. Não é necessário fazer o cálculo.

Resposta: (A) 66

973) IFPA – A figura está mal desenhada. Quatro das respostas indicam funções seno ou cosseno, adicionadas com 1 ou –1. Esses gráficos têm formas semelhantes, exceto pela posição em relação ao eixo x e ao eixo y. O gráfico da função tangente é totalmente diferente, por isso descartamos a resposta (E).

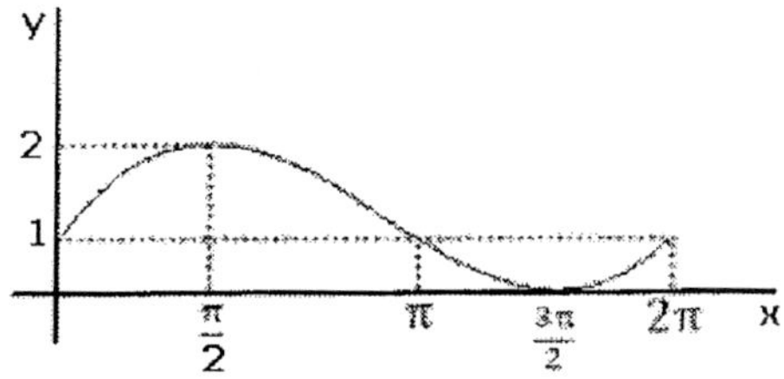

A função seno é que começa na origem, ou seja, sen(0) = 0. Faz uma oscilação completa entre 0 e 2π. Em π chega ao seu valor máximo que é 1, depois decresce até chegar a 0 para o ângulo π, ou seja, sen(π) = 0, decresce mais ainda chegando a sen(3π/2) = –1, e finalmente cresce até que sen(2π) = 0.
Se somarmos 1 com a função seno, ficamos exatamente com a função dada pelo problema. Portanto esta função é sen(x) + 1.

Resposta: (C) y = 1 + sen(x)

974) IFMS – Basta somar as hipotenusas dos dois triângulos retângulos indicados na figura:
Para a caixa A:
$\sqrt{9^2+12^2}=\sqrt{81+144}=\sqrt{225}=15$ Para a caixa B:
$\sqrt{5^2+12^2}=\sqrt{25+144}=\sqrt{169}=13$
Total: 15 + 13 = 28

Resposta: (D) 28

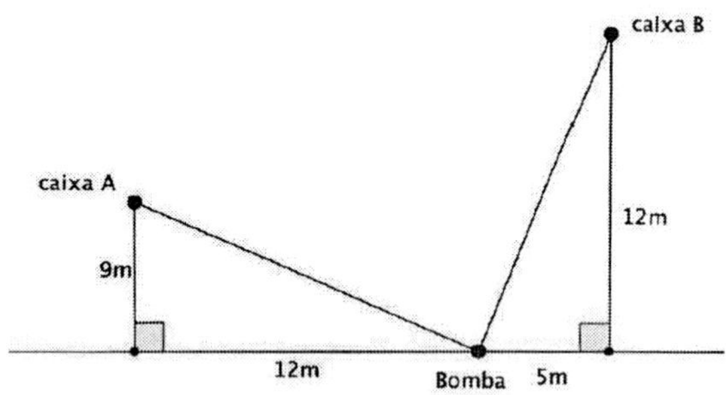

975) CMSM – Uma propriedade importante dos quadriláteros circunscritíveis, é que a soma de dois lados opostos é igual à soma dos outros dois lados opostos. Isso é devido a outra propriedade, de que os segmentos tangentes traçados a uma circunferência são iguais. Por exemplo, CH=CI. Como o trapézio é isósceles, temos segmentos iguais na base menor, seja x a sua medida. A base maior tem 6 cm a mais, então sua medida é 2x+6.

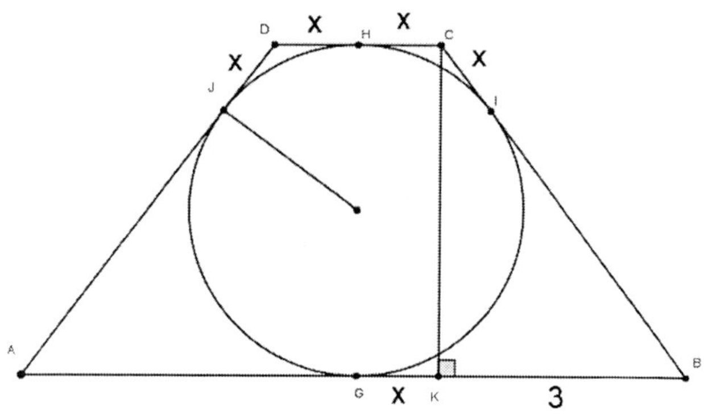

Traçando a altura a partir de C, determinamos o pé dessa altura, K. Temos então GK=x e BK=3, para que a diferença entre as bases seja 6.
A soma dos lados não paralelos também vale a metade do perímetro, 10. Então cada um dos lados não paralelos mede 5.
Para que a soma das bases também seja 10, devemos ter:
2x + 2x + 6 = 10
x = 1
Então as bases medem 2 e 8. O segmento BK mede 4 – x = 3. Sendo assim, o triângulo retângulo indicado tem hipotenusa 5 e um cateto valendo 3. Logo o outro cateto, que é altura do trapézio, vale 4.

Os lados do trapézio valem portanto 2, 8 (bases), 5 e 5 (lados não paralelos).
A área vale (b+B)h/2, ou seja, 10.4/2 = 20
Finalmente, lembramos que o raio do círculo inscrito em um polígono circunscritível pode ser calculado pela fórmula p.r, ou seja, semi-perímetro multiplicado pelo raio. No nosso caso, o semi-perímetro é 10 e a área é 20.
20 = 10.r ➔ r = 2
Sendo 2 o valor do raio, a área do círculo inscrito é 4π.

Resposta: (E) 4π cm²

976) CMB – Chamando sen(θ)=s e cos(θ) = c, a expressão dada pela problema é:

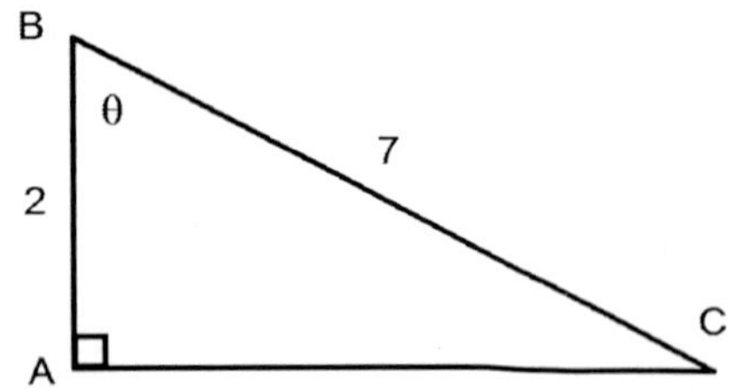

$$\sqrt{\frac{[c+s]^2-2.sc}{1-s^2}}=\sqrt{\frac{c^2+s^2+2sc-2.sc}{1-s^2}}=\sqrt{\frac{c^2+s^2}{1-s^2}}$$

No numerador do radical, os termos 2sc cancelaram. A expressão $s^2 + c^2$ é igual a 1. No denominador, a expressão $1 - s^2$ equivale a c^2. Sendo θ um ângulo do 1º quadrante, seu seno e seu cosseno são positivos. Logo a expressão se reduz a:

$$\sqrt{\frac{c^2+s^2}{1-s^2}}=\sqrt{\frac{1}{c^2}}=\frac{1}{c}$$

Logo a expressão é o inverso do cos(θ), ou seja, 7/2 = 3,5.

Resposta: (A) 3,5

977) CMF – É preciso aprender a conviver com as figuras mal desenhadas de muitas questões de concursos. Na parte frontal superior, temos os pontos A, B e E, além do ângulo α. Na parte inferior da mesma parede, temos D, I e C.

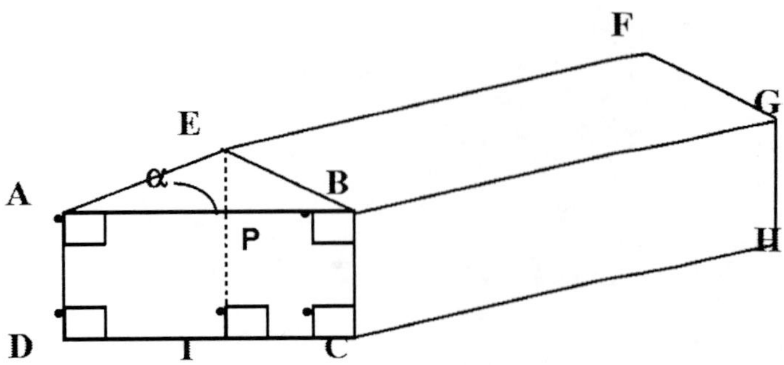

Chamemos de P a interseção dos segmentos AB e EI. Como CD vale o dobro de AD, concluímos que APID é um quadrado. Como IE vale 5/4 de AD, temos que EP vale 1/4 de AD. Sendo assim, o triângulo AEP tem o cateto EP valendo 1/4 do cateto AP. Logo, a tangente do ângulo α vale 1/4, ou 0,25.

Resposta: (B) 0,25

978) CMPA – É preciso lembrar, e o Colégio Militar sempre cobra isso, que a diagonal e o lado do pentágono regular estão em uma razão áurea, ou seja, $\frac{1+\sqrt{5}}{2}$. Ou seja, se o lado vale 2008, a diagonal vale $2008.\frac{1+\sqrt{5}}{2}$. Esse valor é o mesmo que $1+\sqrt{5}$ multiplicado por 1004.

Resposta: (E) 1004

979) CMS – Observe que o triângulo ABC da figura NÃO É RETÂNGULO!

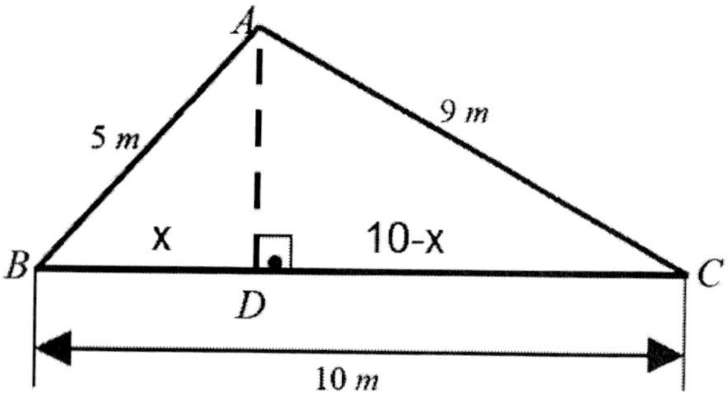

Entretanto os triângulos ABD e ADC são retângulos, e com isso podemos encontrar o valor pedido de x. A altura AD é cateto de ambos os triângulos retângulos, ABD e ACD:

$AD^2 = 5^2 - x^2$

$AD^2 = 9^2 - (10 - x)^2$

Igualando os valores de AD^2:

$25 - x^2 = 81 - (100 - 20x + x^2)$

$25 - x^2 = 81 - 100 + 20x - x^2$

$20x = 100 - 81 + 25 = 44$

$x = 44/20 = 11/5$

Resposta: (A) 11/5

980) CMM – Um círculo, menos o quadrado inscrito, resulta em 4 segmentos circulares de 90° cada. A figura dada é equivalente ao dobro disso, ou seja, 8 segmentos circulares de 90°, portanto o dobro do valor indicado inicialmente. Sendo R o raio do círculo, temos:

Área do círculo: πR^2

Área do quadrado: Sendo R o raio, o lado do quadrado vale $R\sqrt{2}$, e sua área é $2R^2$.

A área pedida é portanto:

$2\times(\text{círculo} - \text{quadrado}) = 2.(\pi R^2 - 2R^2) = 2.R^2(\pi - 2)$

Sendo **a** o lado do quadrado, R vale a/2. A área pedida é:

$$2.\left(\frac{a}{2}\right)^2(\pi - 2) = \frac{a^2}{2}(\pi - 2) = a^2\left(\frac{\pi}{2} - 1\right)$$

Resposta: (C) $a^2\left(\frac{\pi}{2} - 1\right)$

Resoluções do teste 99

981) ETAM – Dos segmentos citados, o único paralelo a EB é o segmento CH. Inclusive a figura formada, EBCH, é um retângulo.

Resposta: (C) CH

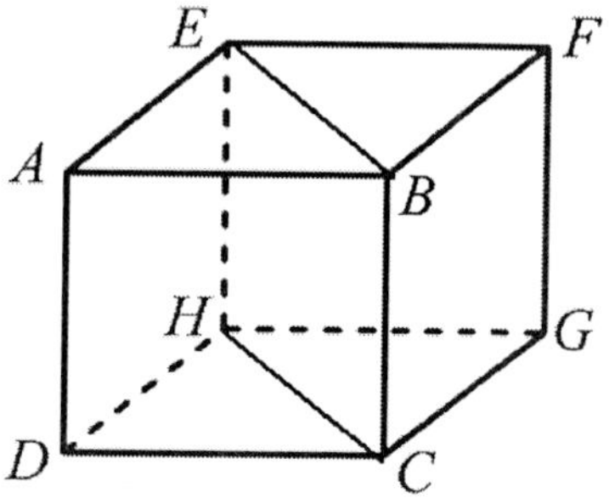

982) IFMT – O comprimento total de cabo usado é o de 3 hipotenusas dos triângulos retângulos formados, nos quais os catetos são 30 e 72. Os cálculos serão um pouco trabalhosos, mas podemos simplifica-los, trabalhando com medidas menores, como se fosse uma "maquete".

30 e 72 → 5 e 12

O que fizemos acima foi dividir ambas as medidas por 6. Agora calculamos a hipotenusa da "maquete", com mais facilidade:

$\sqrt{5^2+12^2}=\sqrt{25+144}=\sqrt{169}=13$

A medida real é 6 vezes maior:

$6 \times 13 = 78$

Além disso, são 3 cabos ao todo, e o comprimento resulta em:

$78 \times 3 = 234$ m

Resposta: (C) 234

983) IFPA – O volume de uma pirâmide é $V=\frac{h.S}{3}$, onde h é a altura e S é a área da base.

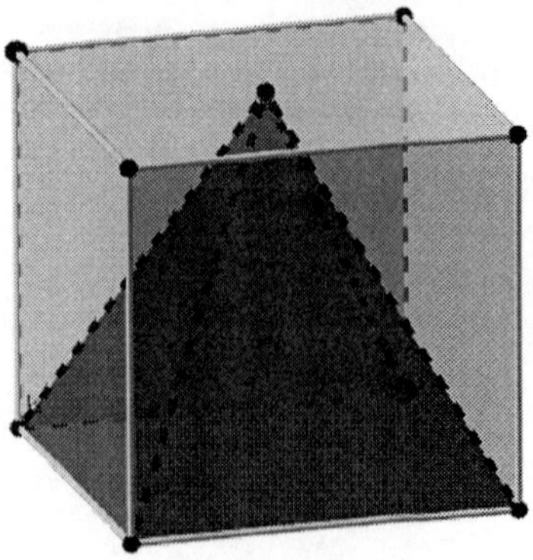

Como a pirâmide está inscrita em um cubo, temos que h = **a** e S = $\mathbf{a}^2$, sendo **a** a medida da aresta do cubo. Ficamos com:

$V=\frac{a.a^2}{3}=\frac{a^3}{3}$

Como este volume foi dado como sendo 6, podemos encontrar a aresta:

$6=\frac{a^3}{3}$ → $a^3=18$

O volume do cubo é exatamente o cubo de sua aresta, ou seja, a^3, que vale 18.

Resposta: (D) 18

984) IFRR – ABD é um triângulo do tipo 30-60-90, então seu cateto maior, AB, mede $3\sqrt{3}$, ou seja, o cateto menor multiplicado por $\sqrt{3}$.

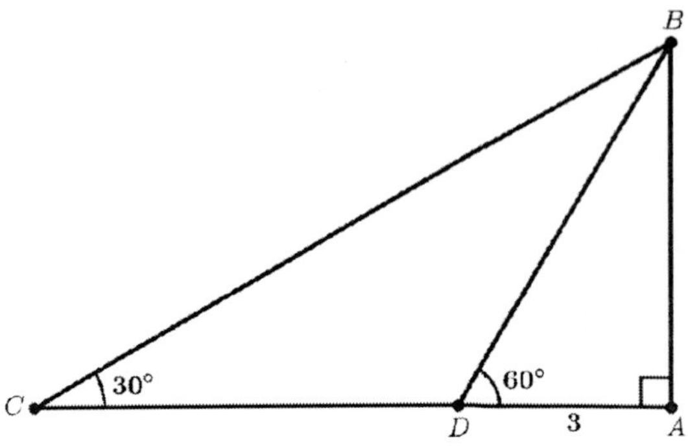

ABC também é um triângulo do tipo 30-60-90, então seu cateto maior, AC, é igual ao cateto menor (AB), multiplicado por $\sqrt{3}$.

$AC=AB.\sqrt{3}=9$. Logo, CD vale 9 – 3 = 6. Com isso podemos calcular as áreas dos triângulos:

ABD: $\frac{AD.AB}{2}=\frac{3.3\sqrt{3}}{2}=\frac{9\sqrt{3}}{2}=q$

BCD: $\frac{CD.AB}{2} = \frac{6.3\sqrt{3}}{2} = 9\sqrt{3} = p$

Observamos que p é o dobro de q.

Resposta: (B) $p = 2q$

985) UERJ – É fácil notar que a área do triângulo MAS vale 1/4 da área do quadrado que tem vértices R, M, A e X. Este quadrado RMAX, por sua vez, tem área igual a 1/4 da área do quadrado ABCD. Logo a área do triângulo MAS vale 1/16 da área do quadrado ABCD.
O trapézio indicado no problema, AMNP, tem ao todo 5 dessas áreas, ou seja, 5/16 do quadrado ABCD.

Resposta: (D) 5/16

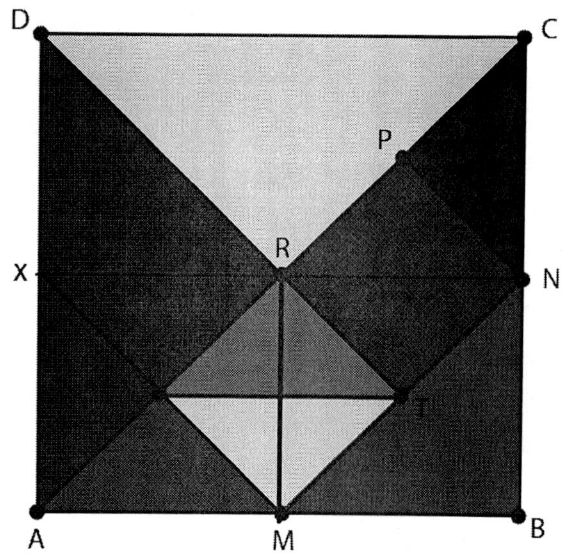

986) EAM – Sendo f(x) = K.cos(x), temos a razão pedida igual a:

$$\frac{f(60°)}{f(45°)} = \frac{K.\cos(60°)}{K.\cos(45°)} = \frac{\cos(60°)}{\cos(45°)} = \frac{\frac{1}{2}}{\frac{\sqrt{2}}{2}} = \frac{1}{2} \times \frac{2}{\sqrt{2}} = \frac{1}{\sqrt{2}} = \frac{\sqrt{2}}{2}$$

Nos cálculos acima, aplicamos os valores da função, depois a constante K simplifica, depois usamos os valores dos cossenos indicados, realizamos a divisão de frações e finalmente racionalizamos o denominador.

Resposta: (A) $\frac{\sqrt{2}}{2}$

987) CMF – Quando dois ângulos agudos são complementares, o seno de um é igual ao cosseno do outro, e vice-versa. Logo, cos(20°) é igual a sen(70°).
Sendo assim, a expressão indicada é igual a 1.
Lembrando ainda que tg(45°) vale 1, pois o seno e o cosseno de 45° são iguais, temos que a resposta certa é (E).

Resposta: (E) tg 45°

988) CMRJ – Dadas as áreas dos quadrados menor e maior, seus lados valem 6 e 8. Temos que descobrir o lado x do quadrado do meio, para calcular sua área. Os dois triângulos retângulos indicados como "1" e "2" na figura são semelhantes, pois seus ângulos são iguais, devido aos lados paralelos.

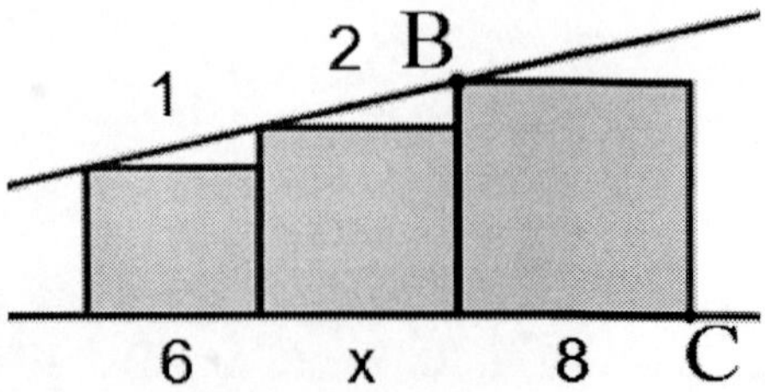

Catetos do triângulo "1": 6 e x – 6.
Catetos do triângulo "2": 8 – x e x.
Armando a semelhança, ficamos com:

$$\frac{6}{x-6} = \frac{x}{8-x}$$

$$48 - 6x = x^2 - 6x$$

$$48 = x^2$$

O valor encontrado, x^2, é exatamente a área do quadrado do meio. Note que é a média geométrica das áreas dos quadrados menor e maior.

Resposta: (C) 48 cm²

989) CMPA – Ângulos de 75° são tratados mais facilmente quando desmembrados em 30° e 45°. Neste problema, podemos fazer essa divisão, traçando por P uma perpendicular a AC. Como o ângulo A vale 60°, APD vale 30°, restando 45° para o ângulo DPQ. Assim, o triângulo APD é do tipo 30-60-90, e o triângulo PDQ é do tipo 45-45-90. Como PQ vale $\sqrt{6}$ (hipotenusa), os catetos PD e DQ valem este valor dividido por $\sqrt{2}$, ou seja, $\sqrt{3}$.

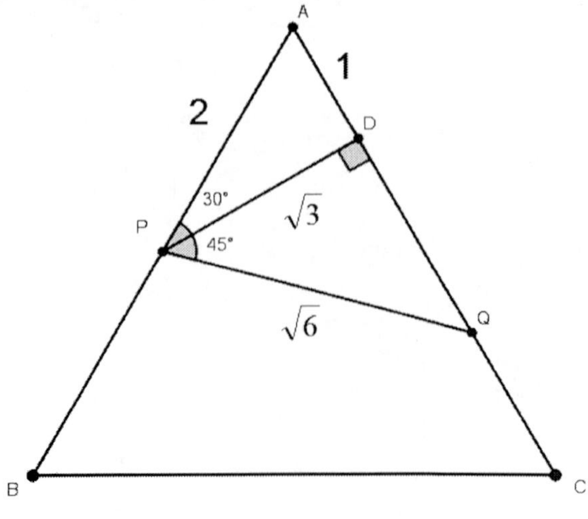

Como o triângulo APD é 30-60-90, o cateto menor AD vale o cateto maior PD, dividido por $\sqrt{3}$. Então AD = 1. A hipotenusa AP vale o dobro, 2, e o lado do triângulo ABC vale 4.

A área do triângulo ABC é dada pela fórmula, $\frac{L^2\sqrt{3}}{4}$, o que resulta em $4\sqrt{3}$.

Resposta: (E) $4\sqrt{3}$

990) CMS – O trajeto da formiga é composto de duas hipotenusas, AM e MG, sendo M o ponto médio da aresta FB, que é de passagem obrigatória. Claro que a menor distância é obtidas com linhas retas entre AM e MG. Essas hipotenusas são iguais, e os catetos correspondentes valem 20 e 10. Cada hipotenusa vale:

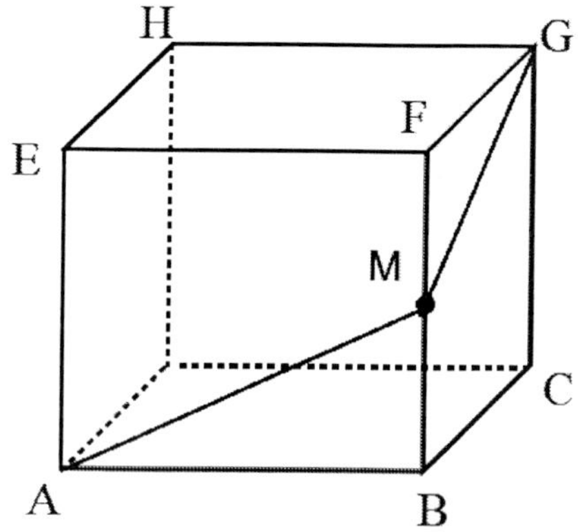

$\sqrt{20^2+10^2}=\sqrt{500}=10\sqrt{5}$

Os dois trajetos AM+MG totalizam $20\sqrt{5}$.

Resposta: (D) $20\sqrt{5}$ **cm**

Resoluções do teste 100

991) CMJF – Não era necessário informar que os triângulos ABC e EDC, pois isso é consequência do enunciado. Ambos têm o mesmo ângulo C, e seus ângulos ABC e EDC são iguais. Logo, os terceiros ângulos de cada um deles também são iguais, ou seja, BAC e DEC. Os triângulos ABC e DEC são de fato semelhantes, e a razão de semelhança pode ser calculada como sendo a razão entre lados homólogos quaisquer. No caso, conhecemos AB=6 e DE=2,5. Então a razão de semelhança, do menor para o maior, é 2,5/6 = 5/12.

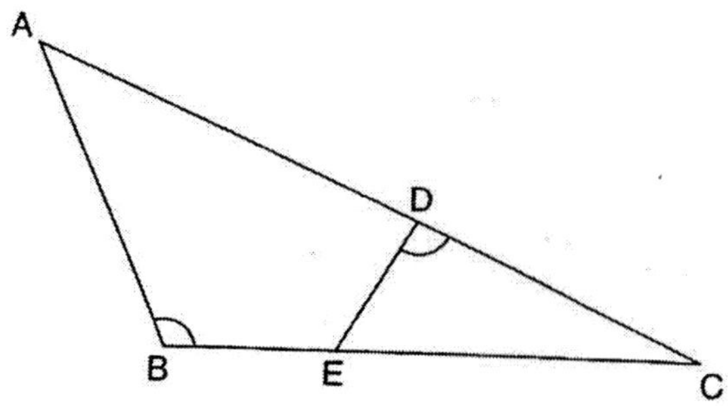

Os lados do triângulo ABC são AC=12, AB=6 e BC=9, seu perímetro é 27. Logo o perímetro de EDC é 27, multiplicado pela razão de semelhança, 5/12:

$$27\times\frac{5}{12}=9\times\frac{5}{4}=\frac{45}{4}=11,25$$

Resposta: (A) 11,25

992) IFSP – O comprimento do cabo pode ser determinado com a ajuda do cosseno do ângulo usado, 15°. Sendo C o comprimento do cabo, temos:

$30 = C.\cos(15°)$

$$C = \frac{30}{\cos(15°)}$$

O problema forneceu o dado:

$\cos(15°) = 0{,}96$

$$C = \frac{30}{0{,}96} = \frac{3000}{96} = \frac{1000}{32} = \frac{500}{16} = \frac{250}{8}$$

$= 31{,}25$

Resposta: (A) 31,25

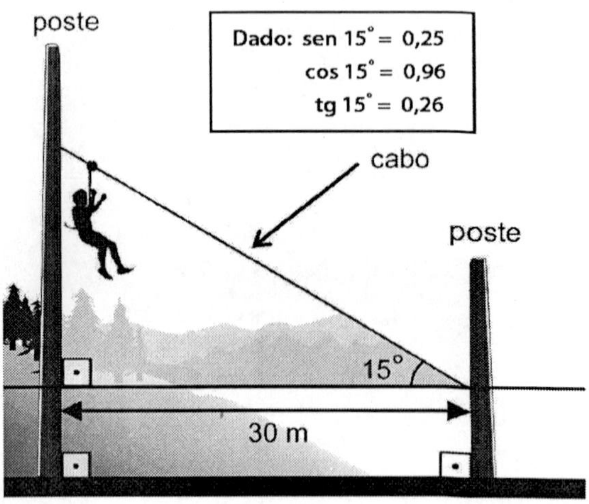

OBS: Na vida real, não existem "cordas esticadas" formando uma linha perfeitamente reta, exceto quando são muito finas e curtas. Um cabo esticado sempre assume a forma de uma curva chamada *catenária*. O próprio peso da corda faz com que a curva seja formada. Mas em questões de provas, tipicamente são consideradas como linhas retas.

993) CEFET ES – O quadrado tem perímetro 16, ou seja, lado igual a 4. Sua área é portanto, 16. Temos que subtrair daí, dois setores circulares de 90°, e para isso, precisamos saber o raio do círculo. Os dois setores juntos somam 180°, portanto equivalem à metade da área do referido círculo.

Traçando as diagonais que encontram-se no centro O do quadrado, formamos triângulos do tipo 45-45-90. Como a hipotenusa vale 4, os catetos, que são iguais ao raio, medem $\frac{4}{\sqrt{2}} = 2\sqrt{2}$. Este é o raio do círculo, e sua área vale:

$\pi.(2\sqrt{2})^2 = 8\pi$

As áreas dos dois setores juntas valem a metade desse círculo, portanto, 4π.

Finalmente, a área pedida pelo problema é:

$16 - 4\pi$ (quadrado menos setores).

Resposta: (C) $4(4-\pi)$

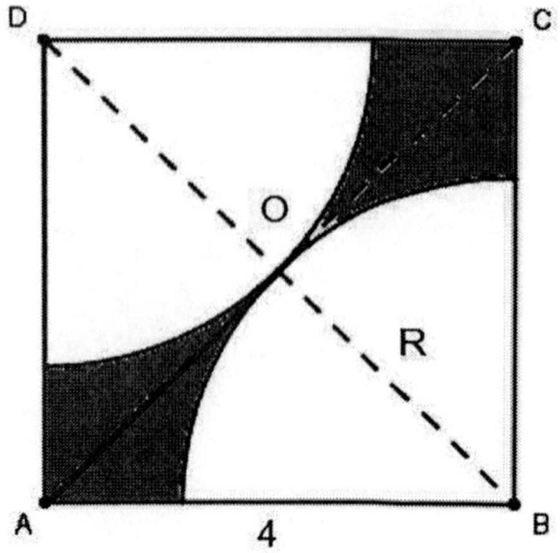

994) CMJF - Sendo A, B, C e D os vértices do trapézio, e sendo E, F, G e H os pontos em que seus lados tangenciam a circunferência, a partir do ângulo dado de 60°, é possível calcular os demais ângulos dos quatro triângulos retângulos indicados e constatar que são do tipo 30-60-90. Sendo assim, se tivermos AE=AF=x, o raio será $x\sqrt{3}$, de acordo com os triângulos OAE e OAF. Também nos triângulos ODF e ODG, usamos que os catetos maiores são iguais ao raio multiplicado por $\sqrt{3}$, o que resulta em 3x.

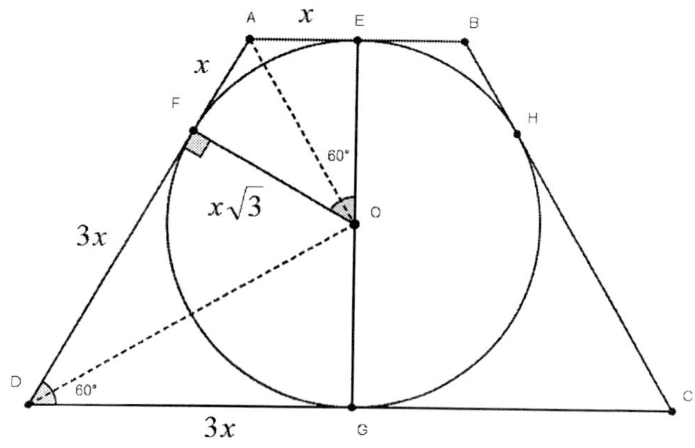

Com isso temos todas as medidas do trapézio, em função de x:

Bases: 2x e 6x

Altura: 2r = $2x\sqrt{3}$

Lados não paralelos: 4x

A área do trapézio pode ser calculada com as duas fórmulas usuais:

Base média × altura ou semi-perímetro × raio.

Façamos com a primeira fórmula:

$$área = \frac{b+B}{2}.h = \frac{2x+6x}{2}.2x\sqrt{3} = 8x^2\sqrt{3}$$

Como a área foi dada como sendo $8\frac{\sqrt{3}}{3}cm^2$, temos:

$8\frac{\sqrt{3}}{3} = 8x^2\sqrt{3}$ ➔ $x = \frac{1}{\sqrt{3}}$, e o raio do círculo inscrito vale $x\sqrt{3} = 1$

Logo o comprimento da circunferência, 2πr, vale 2.π.1 = 6,28

Resposta: (A) 6,28

995) CMR – Os centros dos três círculos externos formam um triângulo equilátero, e o centro do círculo interior é o centro deste triângulo, que como é equilátero, é ao mesmo tempo INCENTRO, CIRCUNCENTRO, BARICENTRO E ORTOCENTRO. Os triângulos formados na figura são do tipo 30-60-90. O cateto maior é a metade de L, ou seja, $\frac{5\sqrt{3}}{4}$. O cateto menor é este valor, dividido por $\sqrt{3}$, ou seja. 5/4. A hipotenusa é o dobro, ou seja, 5/2 = 2,5. Logo temos D = 2,5.

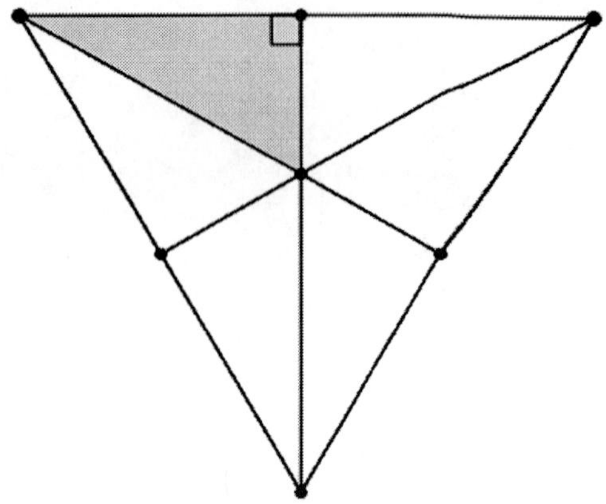

Resposta: (B) 2,5

996) CMS – A área pedida é igual à área do círculo menos a área do hexágono. A área do hexágono, por sua vez, são 6 triângulos equiláteros de lado R. A área do triângulo equilátero de lado R, como sabemos, é $R^2\frac{\sqrt{3}}{4}$. Ficamos então com:

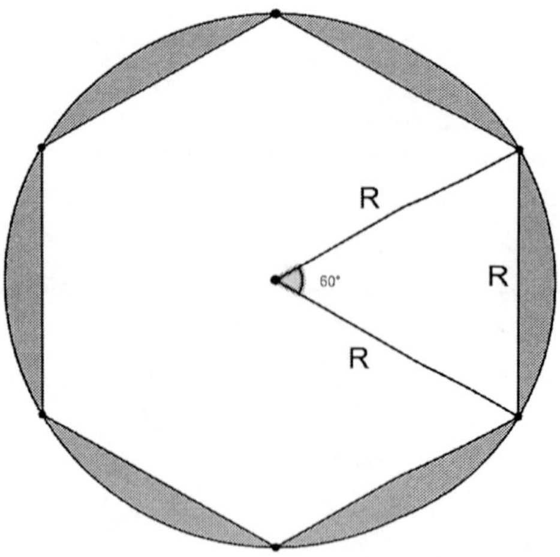

$$\pi R^2 - 6\times\frac{R^2\sqrt{3}}{4} = \pi R^2 - \frac{3R^2\sqrt{3}}{2}$$

Colocando R^2 em evidência, chegamos à resposta (D).

Resposta: (D) $R^2.\left(\pi - \frac{3\sqrt{3}}{2}\right)$ u.a.

997) CMM – A área de um triângulo, em função de um ângulo, pode ser calculada, mas para isso precisamos saber as medidas dos lados que formam aquele ângulo. Lembrando que quando temos lados **b** e **c**, e ângulo **α** entre eles, a área do triângulo é:

$$\frac{b.c.sen(\alpha)}{2}$$

Neste problema, precisamos conhecer as medidas de AB e AC. Chamando essas medidas de x, podemos calcular este valor usando a Lei dos Cossenos no triângulo ABC. Ficamos com:

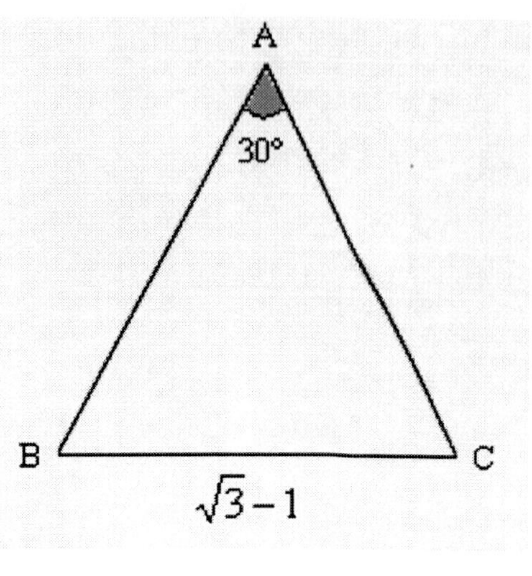

$BC^2 = AB^2 + AC^2 – 2.AB.AC.\cos(30°)$

$$\left(\sqrt{3}-1\right)^2 = x^2 + x^2 - 2.x.x.\cos(30°)$$

$$4-2\sqrt{3} = 2x^2 - 2.x.x.\frac{\sqrt{3}}{2}$$

$$4-2\sqrt{3} = x^2\left(2-\sqrt{3}\right)$$

$$x^2 = \frac{4-2\sqrt{3}}{2-\sqrt{3}} = \frac{2\left(2-\sqrt{3}\right)}{2-\sqrt{3}} = 2$$

Sabendo que $x^2=2$, podemos calcular a área do triângulo ABC:

$$\frac{x.x.sen(30°)}{2} = \frac{x^2}{4} = \frac{2}{4} = \frac{1}{2}$$

Resposta: (A) 1/2

998) CMPA – Usando o Teorema de Pitágoras, sendo os catetos VA e AB no triângulo retângulo VAB, sua hipotenusa vale $\sqrt{2}$. No triângulo retângulo VBC, calculamos VC= $\sqrt{3}$. No próximo, VCD, encontramos VD= $\sqrt{4}$, e no próximo, VE= $\sqrt{5}$. Continuando com os próximos segmentos, chegamos ao último, VP= $\sqrt{16}=4$.

No cálculo do perímetro, temos ao todo 16 catetos medindo 1, e a última hipotenusa, medindo 4, totalizando 20 cm.

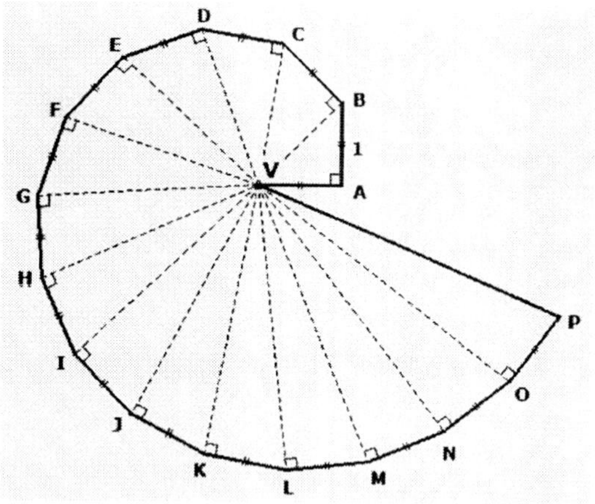

Resposta: (A) 20

999) CMSM – O problema pergunta o valor de PT, dado como tangente à circunferência. Pela propriedade da potência de um ponto em relação a um círculo, temos que PT^2 = PC.PA, o que é válido também para qualquer secante à circunferência passando por P. Se calcularmos PC e PA, podemos calcular PT.

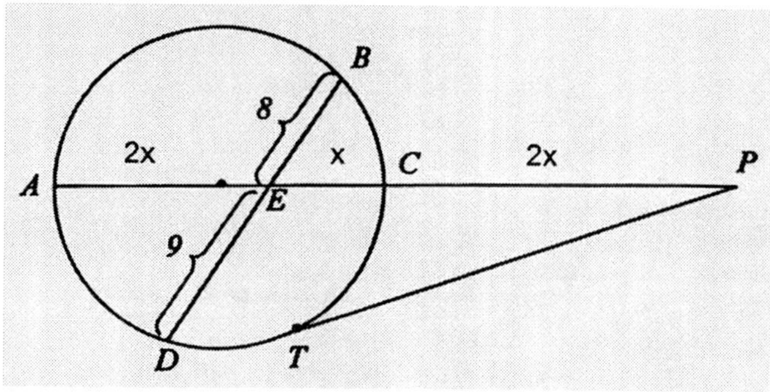

O problema deu informações sobre os segmentos da reta que passa por P, C, E e A que permitirão esse cálculo: CE é a metade de CP, e CP=AE. Podemos então chamar os segmentos como indicados na figura:

AE=2x, CE=x e CP=2x

Aplicando potência do ponto E em relação ao círculo, temos:

EB.ED = EC.EA

8.9 = x.2x

$2x^2 = 72 \rightarrow x = 6$

Com x=6, temos que PC=12 e PA=5x=30

Logo

PT^2 = PC.PA

$PT^2 = 12 \times 30 = 360$

$PT = \sqrt{360} = \sqrt{6 \times 6 \times 10} = 6\sqrt{10}$

Uma forma de prosseguir é observar que a raiz quadrada de 10 vale um pouco mais que 3, portanto PT vale um pouco mais de 18.

Outra forma é comparar 360 com os quadrados dos números que aparecem nas respostas:

$24^2 = 576$, $18^2 = 324$

E assim chegar à conclusão que o valor é um pouco superior a 18, porém inferior a 24.

Resposta: (B) 18 < PT < 24

1000) CMRJ – Os dois triângulos indicados com bases OM e ON são equiláteros de lado r=1. Isso é devido ao traçado das três circunferências de raio r, afastados também de uma distância r. Em torno do ponto O, temos dois ângulos de 60°, então o terceiro ângulo, que forma o pequeno setor circular sobre O, também é de 60°.

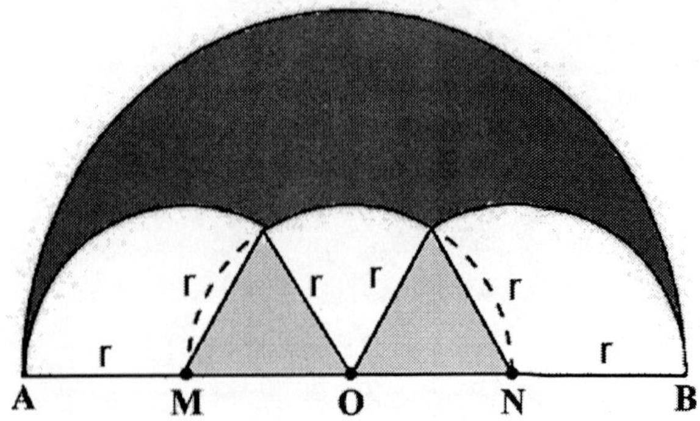

Da mesma forma, em torno de M e N, temos além dos ângulos de 60° que pertencem aos triângulos, temos os seus suplementos, 120°. Portanto são mais dois setores de 120°.

Sendo assim, os três setores juntos somam 120° + 60° + 120° = 300°, ou seja, 5/6 da área de um círculo de raio r. As partes ocupadas pelos círculos menores também incluem os dois triângulos equiláteros de lado r=1, ou seja, $2 \times \frac{r^2\sqrt{3}}{4} = \frac{\sqrt{3}}{2}$

Os setores somam:

$$\frac{5}{6} \times \pi.r^2 = \frac{5\pi}{6}$$

A área do semicírculo maior é a metade de um círculo de raio 2:

$$\frac{1}{2} \times \pi.2^2 = 2\pi$$

Agora podemos calcular a área pedida:

Semicírculo maior – triângulos – setores

$$2\pi - \frac{\sqrt{3}}{2} - \frac{5\pi}{6} = \frac{7\pi}{6} - \frac{\sqrt{3}}{2}$$

Resposta: (E) $\frac{7\pi}{6} - \frac{\sqrt{3}}{2}$

ANOTAÇÕES

Impressão e acabamento
Gráfica da Editora Ciência Moderna Ltda.
Tel: (21) 2201-6662